“十二五”江苏省高等学校重点教材

卓越工程师教育培养机械类创新系列教材

现代机械工程制图

主　编　戴立玲　袁　浩　黄　娟

副主编　薛宏丽　侯永涛　姚辉学

主　审　卢章平　林大钧

科学出版社

北　京

内 容 简 介

本书为“十二五”江苏省高等学校重点教材（编号：2013-2-044）。

本书紧扣机械零件与部件的工程实例，系统地阐述了机械工程制图的基本原理和方法。本书共10章，主要内容有：初识机械工程图样与投影方法，制图标准与制图基本技能，零件主体结构及其构成要素分析（含基本体及其构成要素——点、直线、平面），零件表面的交线，零件形体（组合体）视图的绘制与解读，表达零件形状的常用方法，常用机件及其结构要素的表示法，零件图，部件装配图，最后以“课程实践——装配体测绘”一章作为本书的一个实践性的总结和训练，以促使读者对这门课程的各个知识点的综合理解和掌握程度有一个实践性的检验。本书在各知识点中融入了计算机三维建模的基本思想与基本方法，意在帮助读者依托零件成形过程的可视化技术，提高读者二维三维图形转换的空间思维能力。

与同类教材的不同之处是：本书运用现代三维建模技术拓展了传统的画法几何图解图示分析方法，并采用大量的工程实例作为各知识点的引入，如在绪论中着重介绍了工程师的研究对象，机械产品从设计、制造到成品的完整过程，在附录中介绍了经典的加工方法，以提醒读者从中体会工程图样在工程实践中的重要地位；本书附录中还增加了机械制图常用术语的汉英对照表，为读者进行双语学习及外文资料查阅提供方便。另外，为教学需要，本书还配有精美的教学课件。

与本书配套的《现代机械工程制图习题集》也已同期出版，以供读者选用。

基于上述特点，本书及其配套的习题集可作为正在实施“卓越计划”的机械类工程图学课程的首选教材；更可供普通高等学校机械类、近机械类、非机械类等工程专业使用；还可作为其他高等院校如高等专科学校、职工大学等机械类及相关专业选用。对于工程技术人员，本书会是一本集理论与工程实践于一体的最佳参考书。

图书在版编目(CIP)数据

现代机械工程制图/戴立玲，袁浩，黄娟主编. —北京：科学出版社，2014.6
“十二五”江苏省高等学校重点教材・卓越工程师教育培养机械类创新系列教材
ISBN 978-7-03-040439-8

Ⅰ.①现… Ⅱ.①戴… ②袁… ③黄… Ⅲ.①机械制图—教材 Ⅳ.①TH126

中国版本图书馆CIP数据核字（2014）第076096号

责任编辑：邓 静 / 责任校对：刘亚琦
责任印制：霍 兵 / 封面设计：迷底书装

科学出版社出版
北京东黄城根北街16号
邮政编码：100717
http://www.sciencep.com
三河市骏杰印刷有限公司印刷
科学出版社发行 各地新华书店经销
*
2014年6月第 一 版 开本：787×1092 1/16
2023年8月第十一次印刷 印张：31
字数：735 000

定价：79.00元

（如有印装质量问题，我社负责调换）

本 书 序

利用投影理论表达产品结构的工程图样已经有了两百多年的历史。工程图样的阅读与绘制一直是每一位工程技术人员必须具备的能力，作为一门课程，伴随着工业发展的进程和科学技术的发展，机械制图不断地拓展、演化和发展。特别是20世纪50年代以后计算机绘图的出现，机械制图的教育理念、教学内容、教学手段发生了巨大的变化，随着教学改革的不断深入，涌现了一大批机械制图的教材。这些教材以传统内容为主融合计算机绘图、以计算机绘图为主融合传统内容、以二维绘图为主融合三维建模等，各种类型琳琅满目。但在教学实践中有一个逐渐被忽视的现象，即学生思维能力、创新能力的培养被弱化。随着计算机应用的不断普及，学生从小学到中学阶段的计算机应用能力已经有了很大的提升，在高等教育阶段，本门课程工具化、软件化的倾向必须纠正。如何立足思维能力、创新能力、应用能力的培养成为机械制图教学改革的必然趋势。

以戴立玲教授为首的教学团队，二十多年来一直致力于机械制图的教学研究与实践，形成了一大批教学研究成果，本书是科学研究成果的体现、教学研究成果的总结、教学实践成果的结晶。我作为本书的主审专家在第一时间拜读了书稿，感动、兴奋、佩服、沉思等各种心情交织在一起，为即将面世的这样一本好的教材感到高兴。相信这本教材一定会对新时期创新人才的培养、教学改革与实践的不断深入起到积极的推动作用，也一定会得到同行的高度认可。

在此感谢戴立玲教授及其团队成员的辛勤劳动！

卢章平

2014年3月于江苏大学校园

前　言

经过近五年的思索与总结，集二十多年的教学经验，《现代机械工程制图》一书终于要与读者见面了。

随着国家科学技术发展的不断加速，以及高新产业的不断标准化，世界各国工程师缺口很大，大量的岗位需求为竞争激烈的就业环境带来了春天般的活力。为此，我国教育部推出了“卓越工程师教育培养计划”，拟用10年时间，培养百余万名高质量各类型工程技术人才，为建设创新型国家、实现工业化和现代化奠定人力资源优势。

作为我国教育部第一批进入卓越工程师培养计划的参与者，本书以教育部工程图学教学指导委员会2010年北京工作会议原则为指导，以最新颁布的有关国家标准《技术制图》和《机械制图》为依据，以近4年来进行卓越计划试点的教学经验和教学成果为基础编撰而成。

卓越计划的培养目标要得到有力的实施，首先是急需一套合适的教材。特别是工程图学这门课程，是工科学生在大学第一学期所面临的第一门专业技术基础课，如何与学生高中阶段的理论课程衔接、与大学一年级通识平台的课程关联，又如何真正成为后续专业课程的基石，决定了这门课程的重要地位。本编写组成员在对本校卓越班近4年的教学改革与实践的基础上，围绕卓越计划中“强化培养学生的工程能力和创新能力”这一宗旨，经过对目前出版的教材的大量分析研究对比，提出了本教材基于“整体思维”的复式教学模式的改革思路，制定了以工程案例为主线、以CAD造型理论方法引导现代制图理论方法的改革主题。

所谓基于“整体思维”的复式教学模式，是指在结构体系上打破“点-线-面-体-零件-装配”的传统体系，从工程背景及机械产品出发，给出“机器-部件-零件”的总体工程概念，再由零件的主体结构（组合体）、局部工艺结构和功能结构出发引出组合体，并以“体-面-线-点”逐一铺开，进入基础制图部分；之后，在新的起点上又以零件的局部功能结构及局部工艺结构为节点，将零件几何形体的研究引回机械零件，即进入专业制图部分——机械产品的表达与识读（即零件图与装配图），从而形成一个螺旋式递进的回路；最后以工程图学课程实践为总结提升的归结点。

首先让学生看到一片“森林”，然后自上而下、有目的、有背景地引导学生去认识每一棵“树”，最后再由底层知识点进行提升回归，达到“俯瞰”这片森林的目的。为此，本书有如下特点：

（1）基于上述提出的“整体思维”的复式教学模式。本书在绪论中开篇介绍的是作为一个合格的工程师应具备的基本条件、工程师的研究对象；机械产品从设计、制造到成品的完整过程，意在提醒学生明确自己的专业学习的大目标，并从中体会工程图样在工程实践中的重要地位，以及机械制图的学习掌握与后续专业课程的关联。

（2）本书紧扣机械工程的背景，采用了大量的反映现代机械工程概念及基本方法的案例作为各知识点的引入，使学生从一开始就进入工程实践情境，并由此展开适合现代机械工程的表达方法的学习与研究。特别在零件结构分析时，注意前后呼应，以实例强调说明零件主体结构与其功能和工艺结构之间的关联与区别，同时还在附录中配备了“常用加工方法简介”的内容；在零件图与装配图的阅读部分，按典型零件图和典型装配图分类给出案例及解读，并将工程图学课程设计对象作为各模块的最终回归性案例写入教材。

（3）对于计算机辅助绘图，不是以教授软件操作为目的，而是将现代CAD建模技术（如拉伸、旋转、放样、扫掠和布尔运算等建模、组合方法）作为制图理论方法（形体分析法、线面分析法、辅助平面法（三面共点）等）的拓展及仿真再现，穿插在各知识点的分析与表达之中，指导制图学中的正投影原理、形体成形与分解、尺寸标注规律、零件图及装配图的绘制与阅读等知识点的学习、思维和训练。

本书附录中还增加了机械制图常用术语的中英文对照表，为学生进行双语学习提供方便。

本书教学内容符合专业培养目标和课程教学基本要求，取材合理，内容丰富，紧密结合工程实例，既符合本课程的教学要求，又为后续专业课程留下接口；既为各种不同学时的教学留下选择空间，也为学生课后的复习提供了丰富的阅读资料。

本书共分10章，并另外配有相应的习题集。本书主要内容有：初识机械工程图样与投影方法，制图标准与制图基本技能，零件主体结构及其构成要素分析（含基本体及其构成要素——点、直线、平面），零件表面的交线，零件形体（组合体）视图的绘制与解读，表达机件形状的常用方法，常用机件及其结构要素的表示法，零件图，部件装配图，最后以“课程实践——装配体测绘”一章作为本书的一个实践性的总结和训练，意在促使学生对这门课程的各个知识点的综合理解和掌握程度有一个实践性的检验。书中标有“*”的内容，可作为选学。

基于上述特点，本书及其配套的习题集不仅可为正在实施卓越计划的机械类工程图学课程提供首选教材；更可供普通高等学校机械类、近机械类、非机械类等工程专业使用；还可作为其他类型学校如高等专科学校、职工大学等机械类及有关专业选用。对于工程技术人员，本书会是一本集理论与工程实践于一体的最佳参考书。

本书由江苏大学戴立玲、袁浩、黄娟担任主编，薛宏丽、侯永涛、姚辉学担任副主编。由卢章平教授、林大钧教授担任主审。在此，还要感谢常凯、陈倩云、马玉梅等同学为本书绘制精致的插图。

由于编者水平有限，时间仓促，书中难免有一些不妥之处，恳请广大读者批评指正。

作　者

2014年3月

目　　录

第0章 绪 论

Preface

进入工程专业的大学生，所遇到的第一门专业技术基础课就是工程图学。这是一门什么样的课程？为什么要学习这门课程？怎样学好这门课？这是每一位选择了工程专业的学生面临的、必须认真思考的首要问题。要回答这些问题，还必须从你将要面对的职业道路说起。

0.1 工程师与工程图

选择了工程专业，就等于走上了工程师的专业道路。工程师是人类伟大的群体之一，选择了这一职业的人应该感到自豪，但也要准备付出更多的艰辛。工程师与科学家一样，对认识世界、改造世界、推动人类的进步均有着同等的作用和价值。科学家努力探索大自然，以发现一般性法则；工程师则遵照此既定原则，在数学和科学上解决技术问题。科学家研究事物，工程师建立事物。科学家关注的是“为什么”，工程师关注的是“为什么不能”。科学家探索世界以发现普遍法则，而工程师则要使用这些法则以设计并创造实际物品。

一般来说，工程师指具有从事工程系统操作、设计、管理和评估能力的人员。工程师的称谓，通常只用于在工程学其中一个范畴中持有专业性学位或相等工作经验的人士。按职称（资格）高低，分为：研究员级高级工程师（正高级）、教授级高级工程师（正高级）、高级工程师（副高级）、工程师（中级）和助理工程师（初级）。

工程学是一个庞大的学科领域，包含的专业范畴种类繁多，因此工程师按工程项目来分类，也有很多种类，如机械工程师、网络工程师、电气工程师，土木工程师、建筑工程师、水利工程师、水利水电工程师、园林园艺工程师、统计工程师、概预算工程师和销售工程师等。每一专业领域的工程师根据侧重点不同，还可细分，如机械工程领域，还可分为机械设计、机械制造和机械设备工程师等。

值得一提的是，每一类工程师所应具备的知识和技能，只有侧重点的不同，但不可孤立分界。如机械工程类的工程师，还必须有工程测量、电子信息、电气工程、自动化工程、机电工程、热能动力、设备安装、水电工程、计算机技术乃至管理、规划等方面的基本知识和基本素质。因此，作为一名合格的机械工程师，应把自己的目光放远一些、广阔一些，积极适应当今世界制造业全球化、信息化、绿色化、服务化的发展趋势，努力提高自身的综合素质，成为具有良好职业道德和创新理念，掌握机械制造技术，懂得经济、管理知识以及相关国际通则的新一代机械工程专业技术人员。

机械类工程师应具备的基本条件有如下几条：

（1）熟练掌握工程制图标准和表示方法，掌握公差配合的选用和标注。

（2）熟悉常用金属材料的性能、试验方法及其选用。掌握钢的热处理原理，熟悉常用金属材料的热处理方法及其选用。了解常用工程塑料、特种陶瓷、光纤和纳米材料的种类及应用。

（3）掌握机械产品设计的基本知识与技能，能熟练进行零、部件的设计。熟悉机械产品的设计程序和基本技术要素，能用电子计算机进行零件的辅助设计，熟悉实用设计方法，了解现代设计方法。

（4）掌握制订工艺过程的基本知识与技能，能熟练制订典型零件的加工工艺过程，并能分析解决现场出现的一般工艺问题。熟悉铸造、压力加工、焊接、切（磨）削加工、特种加工、表面涂盖处理、装配等机械制造工艺的基本技术内容、方法和特点并掌握某些重点。熟悉工艺方案和工艺装备的设计知识。了解生产线设计和车间平面布置原则及知识。

（5）熟悉与职业相关的安全法规、道德规范和法律知识。熟悉经济和管理的基础知识。了解管理创新的理念及应用。

（6）熟悉质量管理和质量保证体系，掌握过程控制的基本工具与方法，了解有关质量检测技术。

（7）熟悉计算机应用的基本知识；熟悉计算机数控（CNC）系统的构成、作用和控制程序的编制；了解计算机仿真的基本概念和常用计算机软件的特点及应用。

（8）了解机械制造自动化的有关知识。

如果你是工程专业的学生，那么，作为未来的工程师，你会发现，学校的专业主修课程都是围绕以上的基本条件设置的。从字面上看，工程图学这门工科专业学生的必修课对应的只是第一个条件，但它的知识技能却贯穿于工程师的整个职业生涯。因此，工程图学这门课的重要性和必要性不言自明。

图 0.1（a）所示的是一个高压锅，这是大家熟悉的一个家用产品；图 0.1（b）也容易理解，这是一个结构简图，往往可以在产品说明书上看到，它说明了组成该高压锅的零件和部件；图 0.1（c）则专门放大地表示了其中的一个部件（限压阀）的外观形状。这几个图都是对一个现成产品的形象描述和简单说明，仅此而已，显然不是工程图学的“图”。那么，工程图学中的“图”又是怎样一种图呢？图 0.2 和图 0.3 可以立刻给出答案。它们分别是限压阀的整体安装图（又称为装配图）和组成这个限压阀的各个零件的工作图（简称为零件图）。这才是工程图学之图——工程图样。

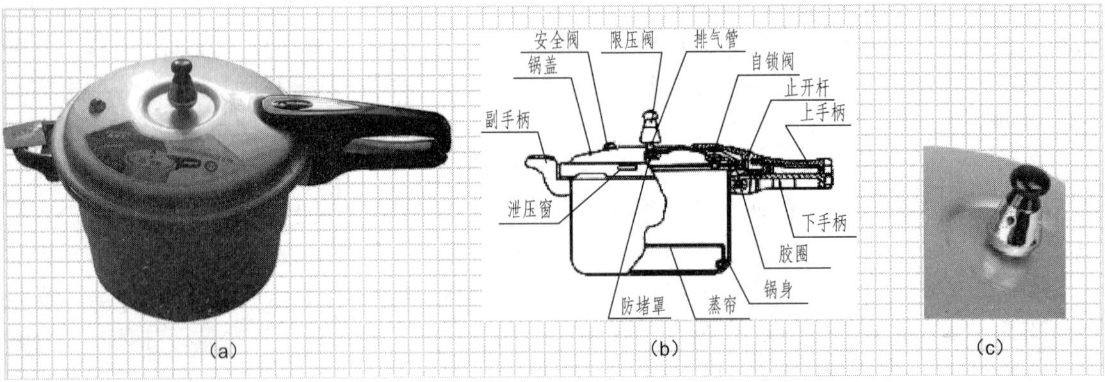

图 0.1　高压锅及其上的限压阀

任何一个产品，都是人们根据需要“设计”和“制造”出来的。例如，用一种新型的煮饭锅代替传统的煮饭锅，将人从煮饭过程中解脱出来，无需守在炉灶边等候水开揭盖、调节火力，是人们生活中的一种使用需求。根据煮饭的过程，设计师首先要对其进行功能设计和结构设计：为了使生米煮成熟饭又不至夹生或烧焦，就要合理设计锅内米与水的比例；为了防止水开了以后顶开锅盖，就必须设计限压阀、止开杆和自锁阀；要防止锅内压力过高，就要设计安全阀等。设计时还要研究采取何种制造方法、制造工序来低成本高质量地实现设计要求。因此，整个设计制造过程是一个创作过程，需要随时记录、交流和不断修改，这就要用到一种特定的表达交流方式——工程图样。

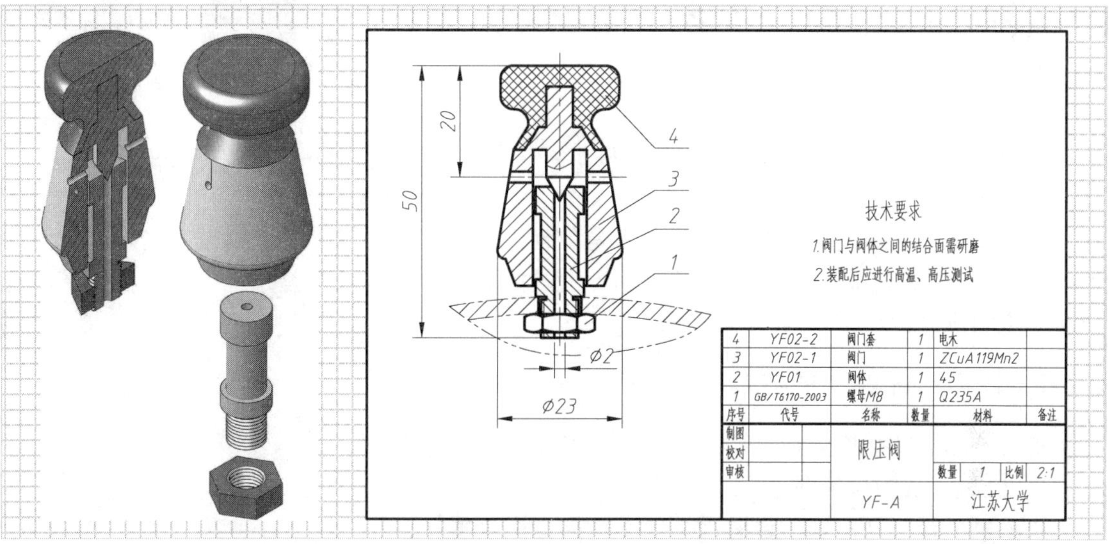

图 0.2 高压锅限压阀的 CAD 三维模型和装配图

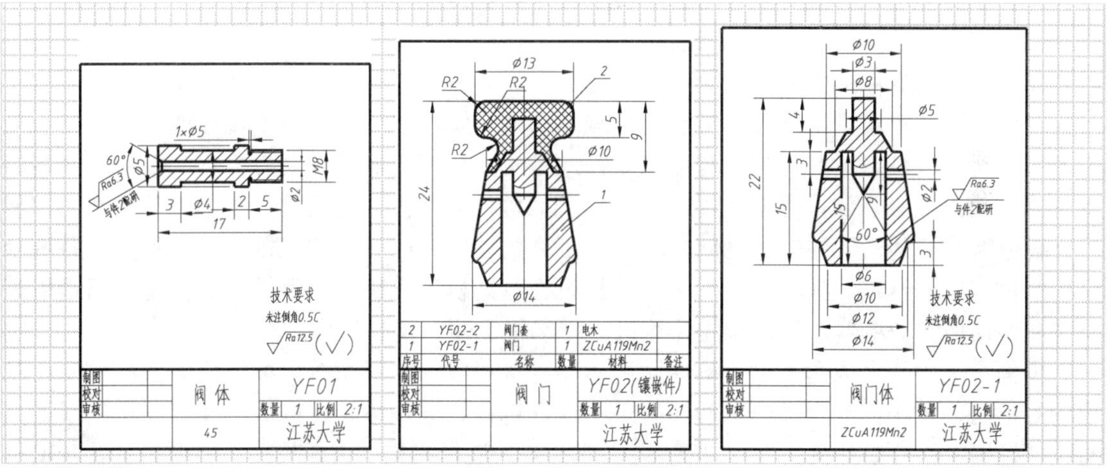

图 0.3 高压锅限压阀的零件图

以图 0.1（c）所示的限压阀为例。它被称为一个部件，是因为它由阀体、阀门和螺母等若干零件组成，其中阀门又由阀门体和阀门胶镶嵌而成。在工程上，把由多个零件组成的物品叫做“部件”，反过来，“零件”是组成部件的最小单元。图 0.1（c）所示的限压阀由 4 个零件组成。图 0.2 是它的 CAD（计算机辅助绘图）模型和装配图，图 0.3 中的 3 幅图分别是该阀的零件的工作图。

仔细观察这些零件图和装配图，其上除了表示产品形状的图形，还有很多尺寸、符号、文字、表格等标注。这说明，工程图样不仅是“图”，而是用图形、文字、符号的总和来记录和表达所设计的产品的形状、大小、生产和装配过程中应达到的技术要求、加工方法等，从而指导它的生产、制造、装配和维修。因此，工程图样是产品从设计、制造到成品完整过程中的一件不可或缺的指导性技术文件，被誉为工程界通用的技术语言。设计与绘制工程图样、用工程图样进行表达、解读和交流，是工程师必备的专业技能与专业素质。

工程图样也是随着所表达的工程对象的不同范畴有着不同分类的。如机械工程图、建筑工程图、电气工程图和化工设备图等。所以确切地说，图 0.2 与图 0.3 属于机械工程图。这也是本书所研究的主要对象。

0.2 机械工程师的研究对象

机械工程师的研究对象是机械产品，是如何设计、创作与指导制造机械产品。因此，作为一个未来的机械工程师，在面对第一门专业技术基础课的时候，首先有必要对机械产品有一个初步的概念性的了解。

0.2.1 机械产品的功能概念

机械产品的功能概念是机械。机械是机器和机构的总称。

1. 机器、机构与构件

机器是人类改造自然、发展进步的主要而重要的工具。

机器有以下 3 个特点：

（1）它们都是人们根据某种使用要求而设计创造的一种装置。

（2）它们必须执行确定的机械运动。

（3）用于完成包括机械力、运动和能量转换等动力学任务。

现代机器的定义则是：机器是执行机械运动的装置，它用来变换或传递能量、物料（指被加工的对象或被搬运的重物）与信息。按此定义，可将机器分为动力机器、工作机器和信息机器。动力机器是能量变换装置，如内燃发动机、电动机、涡轮机、发电机等，它们都能进行机械能和其他形式的能量之间的转换。工作机器是完成有用的机械功的装置，如各种金属切削机床、轧钢机、插秧机、汽车、拖拉机、缝纫机、飞机、起重机等。信息机器是用来获得和变换信息的机器，如机械式计算机、打字机、绘图仪等。

机构——由两个或两个以上**构件**通过活动连接形成的构件系统。按组成的各构件间相对运动的不同，机构可分为平面机构（如平面连杆机构、圆柱齿轮机构等）和空间机构（如空间连杆机构、蜗轮蜗杆机构等）；按结构特征可分为连杆机构、齿轮机构、斜面机构、棘轮机构等；按所转换的运动或力的特征可分为匀速和非匀速转动机构、直线运动机构、换向机构、间歇运动机构等；按功用可分为安全保险机构、联锁机构、擒纵机构等。

相对于机器而言，**机构主要反映机器的机械运动传递和运动形式转换的特征，但一个独立的机构是不能转换能量而做功的，这是机构与机器的主要区别。**

构件与零件——“零件”是指组成机器或机构的单个个体。“构件”则是指机械中具有确定运动的某个整体。构件可以是一个零件，也可以是连接在一起、不发生相对运动的几个零件的组合体。图 0.4 给出了一个实例：图 0.4（a）是摩托车上发动机上的曲柄连杆机构，图 0.4（b）是其上的连杆，它由 6 种零件组成（图 0.4（c））。安装时，连杆体与连杆盖用螺栓螺母连接固定，为了减小轴与轴孔之间的滑动摩擦，设置了轴瓦和衬套。这 6 种零件组装之后成为一个具有确定运动的整体，即总称为连杆，组成连杆的各零件之间不再产生相对运动。而作为一个运动单元，连杆与曲轴（零件）组成了一个机构（曲柄连杆机构）。因此也可以说：零件是制造的单元，而构件是机器中运动的单元。

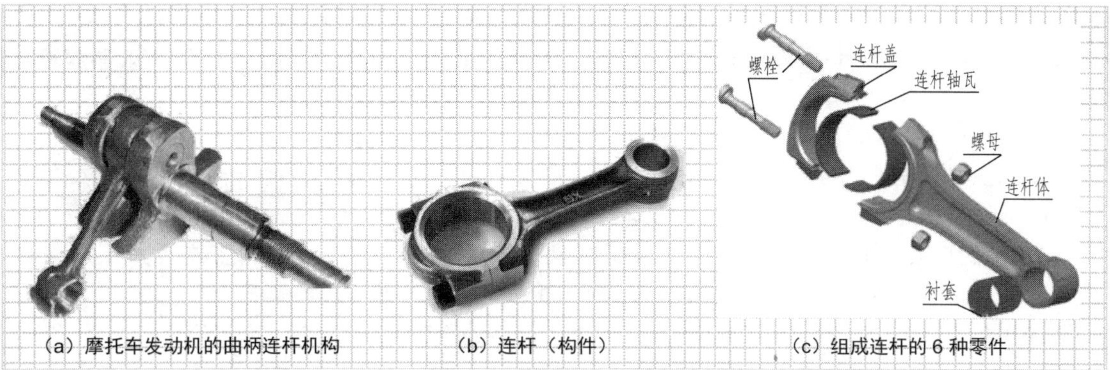

（a）摩托车发动机的曲柄连杆机构 （b）连杆（构件） （c）组成连杆的 6 种零件

图 0.4 内燃机中的曲轴和连杆

【机器组成示例】

内燃机是一部机器，它由曲柄滑块机构、齿轮机构、凸轮机构、带传动机构等主要机构组成（图 0.5）。其中：

曲柄滑块机构——将活塞的往复移动转化为曲轴的连续转动；

齿轮机构——实现转动的传递；

凸轮机构——将凸轮的转动变换为顶杆的往复移动；

带传动机构——将曲轴的转动传递给凸轮轴。

由此，通过上述 4 个机构的协调工作便能将燃气的热能转换为曲柄转动的机械能。

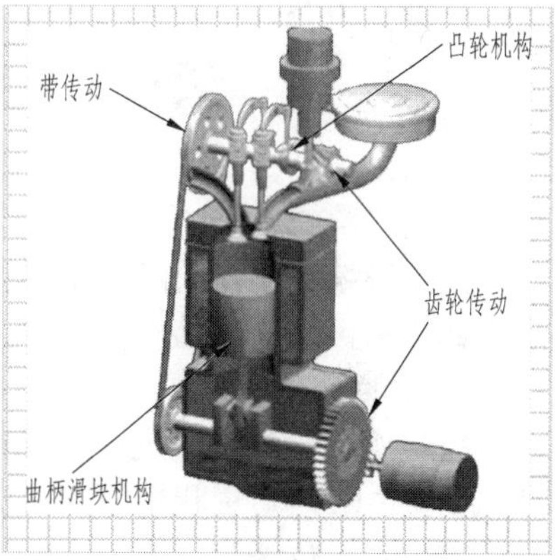

图 0.5 内燃机组成示例

结论：**机器是由各种机构组成的**。一部机器可能由多种机构组成，如上述的内燃机就是由曲柄滑块机构、齿轮机构、凸轮机构和带传动机构等组合而成的；也可能仅由一个最简单的机构组成，如电动机就是只包含一个由定子和转子所组成的双杆回转机构。

2. 机器的功能组成

机器的种类虽然很多，但一台完整的机器包括以下三个基本部分。

（1）动力部分。其功能是将其他形式的能量变换为机械能（如内燃机和电动机分别将热能和电能变换为机械能）。原动部分是驱动整部机器以完成预定功能的动力源。

（2）工作部分（或执行部分）。其功能是利用机械能变换或传递能量、物料、信号，如发电机把机械能变换成为电能，轧钢机变换物料的外形等。

（3）传动部分。其功能是把原动机的运动形式、运动和动力参数转变为工作部分所需的运动形式、运动和动力参数。

以上三部分都必须安装在支承部件上。为了使三个基本部分协调工作，并准确、可靠地完成整体功能，必须增加控制部分和辅助部分。

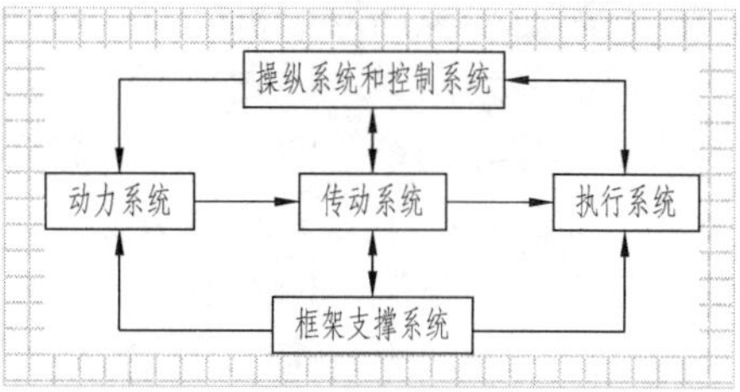

图 0.6 机器的功能组成

因此，一部机器的功能组成系统如图 0.6 所示。

1）动力系统

动力系统包括动力机及其配套装置；它的功能是向

机器提供运动和动力，是机械系统的动力源。如图 0.7 所示自动曲柄冲压机机械系统中的电动机。另外还有内燃机、液压马达、气马达、液压缸、气缸及电磁驱动等，都属于动力源。

2）执行系统

执行系统包括执行机构和执行构件，它的功能是驱动执行构件按给定的运动规律运动，实现预期的工作。执行系统一般处于机械系统的末端，执行构件直接与工作对象接触。执行系统可以只包含一个执行机构和多个执行构件，如图 0.7 中的曲柄冲压机，其曲柄、连杆、滑块及冲头组成曲柄滑块机构为冲压执行机构，滑块及冲头是执行构件。

3）传动系统

传动系统是把动力系统的运动和力传递给执行系统的中间装置。如图 0.7 中的一对齿轮组成的传动机构，就是将电机输出的运动和力传递给曲柄冲压机构。

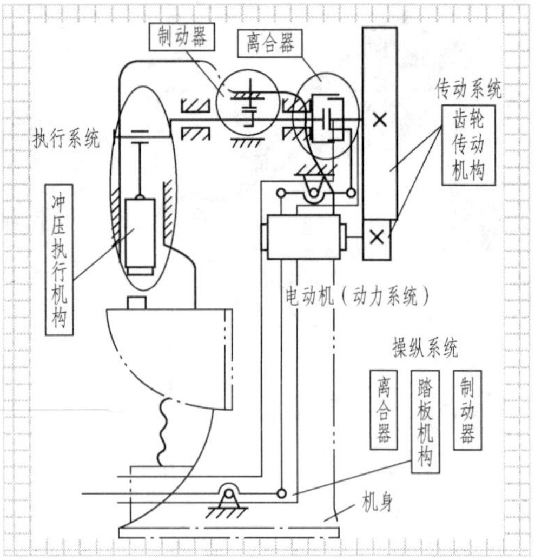

图 0.7　曲柄冲压机机械系统示意图

4）操纵系统和控制系统

操纵系统和控制系统都是为了使动力系统、传动系统、执行系统彼此协调工作，并准确可靠地完成整机功能的装置。

操纵系统：多指通过人工操作以实现上述要求的装置。如图 0.7 中的离合器，就是通过由连杆等构件组成的踏板机构控制其离合，实现传动的接入和分离。另外还有起动、制动（器）、变速、换向等装置。

控制系统：是指通过人工操作或测量元件获得的控制信号，经由控制器，使控制对象改变其工作参数或运行状态而实现上述要求的装置。如要想使图 0.7 所示的曲柄冲压机实现自动化操作，可以增设一个由电磁铁、电控换向阀和电控箱等组成的控制系统，以协调冲压、送料等动作配合，实现自动送料和冲压。

5）框架支撑系统及其他的辅助系统

框架支撑系统：包括基础件（如床身、底座、立柱等）和支撑构件（如支架、箱体等）。它们用于安装和支承动力系统、传动系统和操作系统等，如图 0.7 中的机身。

机器各部分的位置精度、运动精度和机器的承载能力等主要依靠框架支撑系统来保证，该系统是机械系统中必不可少的部分。

此外，根据机械系统的功能要求，还有一些辅助系统，如润滑、冷却、显示、照明等。

0.2.2　机械产品的物理概念

从制造角度出发，机械产品物理概念是在企业里制成的单一物品或成套物品。一般情况下，产品分为两类，一类是不编制明细表的产品，即单一的物体，如机械零件（简称机件），另一类是编制明细表的产品，即包含两个或两个以上的组成部分，如部件、组合件或成套设备。下面分别给出它们的确切定义。

零件——从制造的角度来定义，零件是用同一名称或牌号的材料、不经任何装配工序所制成的产品，是组成构件、机构或部件的不可拆分的最小单元。如图 0.3 所示高压锅限压阀的阀体和阀门体，再如图 0.4 所示连杆的连杆体、连杆盖、螺栓、螺母、轴瓦等。

部件——由两个或两个以上的零件、构件、一个或多个机构组成，制造厂家经装配工序将这几部分连接在一起成为一个整体，如以上提到的高压锅，以及其上的限压阀、安全阀，再如汽车上的减速器、变速器、联轴器、离合器、制动器等。

组合件——由两个或两个以上编制明细表的产品组成，它们有着相互依存的使用功能，但在制造厂家并不经过装配工序将它们连接在一起。在组合件中，除了起主要作用的产品，还可以包含起辅助作用的零件、部件，如为了将某组合件安装在使用地点所用的零件、部件和备用的总成等。如汽车驾驶室的挡风玻璃刮雨器（图 0.8），就是组合件的一个例子。它是由塑料箱 1（零件）、膜片泵 2（部件）、刷子 3（部件）、压气机 4（部件）和其他产品组成的。

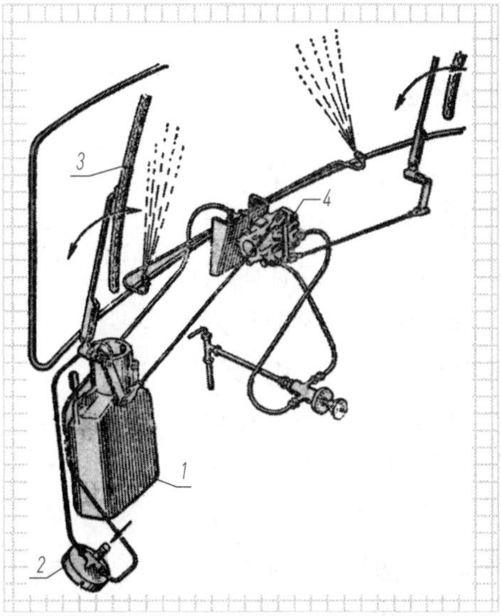

图 0.8　汽车挡风板上的刮雨器（组合件）

1-塑料箱；2-膜片泵；3-刷子；4-气压机

成套设备——制造厂家不将它们装配连接在一起的两个或数个产品。成套设备中的产品在使用中起辅助性作用。在成套设备中也可能包含制造厂家提供的、在使用该部件或构件时起辅助作用的零件和部件。如调整木工车床使用的一套工具（图 0.9）就是成套设备的一个例子。它是由万能量角器 1（部件）、指示器架 2（部件）、指示器 3（部件）、螺旋夹钳 4（部件）、弯杆 5（部件）、直杆 6（部件）、销钉 7（零件）所组成的。

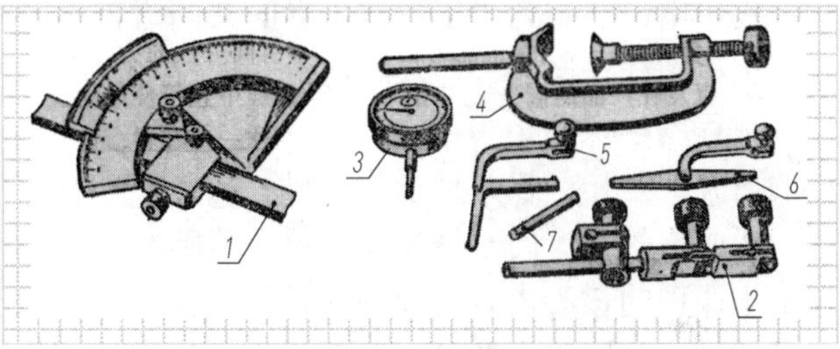

图 0.9　木工车床调整工具（成套设备）

1-万能量角器；2-指示器架；3-指示器；4-螺旋夹钳；5-弯杆；6-直杆；7-销钉

产品还可以根据其作用分为基本产品和辅助产品。

基本产品是预定为消费者使用而生产的；而辅助产品是供给企业厂家用于制造基本产品的，如各种机床、工具、夹具、模具等。

综上，机械产品的种类和组成如图 0.10 所示。

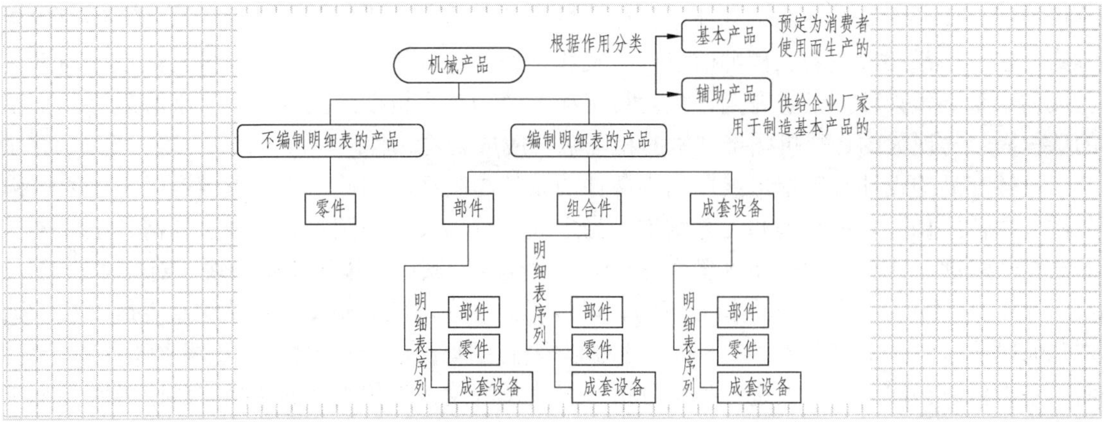

图 0.10　产品的分类

0.3 本课程的性质和地位

图 0.11 给出了一个机械产品实现过程的全过程。从中可以看到，工程图样起到了举足轻重的作用。它既要承担记录、传达整个设计阶段的过程与结果，还要作为产品制造、使用、维修等阶段的指导性文件，在设计阶段和制造阶段起到了纽带和桥梁的作用。由于工程图样同时具备直观性、形象性和逻辑性的特点，有着其他任何一种语言和文字无法替代的表达功能和现实作用，被誉为“工程技术界的共同语言”，每个工程技术人员都必须掌握这种语言。

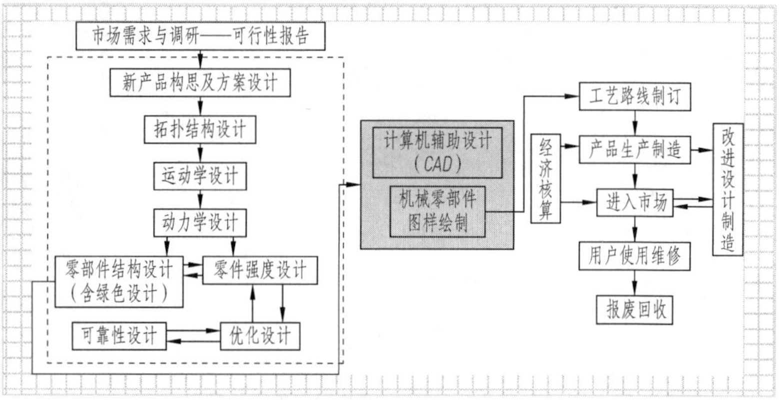

图 0.11 机械产品实现过程（PRP）

工程图样在产品设计及制造中的地位与作用，决定了工程图学课程的性质和内容。

工程图学课程是一门研究绘制和阅读机械图样的技术基础课。它来源于对空间物体形与位的研究，是一门以几何学为基础、机械产品构形为目标的学科，是工科专业学生跨入大学之门所面临的第一门必修的专业技术基础课。

本课程的核心内容是以画法几何、投影构形为基础建立起来的图示图解体系。它以机械产品的设计与制造为背景，以图形为主的工程图样为研究对象，涉及工程设计、制造技术及计算机图形技术，为解决工程中的定位、度量、计算等问题及进行设计和构思提供重要的方法与工具。

计算机科学和技术的发展及信息时代的到来，推进了工程设计方法和工程绘图工具的发展，设计方法从人工设计到计算机辅助设计，绘图工具从尺规绘图到计算机绘图，传递工程信息的方式已从通过图样形式表示在图纸上来作为指导生产的可视化文件和进行技术交流的可视化工具的传统方式，转变为以计算机三维实体造型为基础的特征建模形式，进而实现计算机辅助设计、计算机辅助工艺计划和计算机辅助制造一体化的无图纸生产这样一种现代化方式。这一切都在改变着工程师的思维方式和工作程序。毋庸置疑，计算机三维设计与表达已成为未来工程设计的发展方向，也使得工程图学与计算机图形技术结下了不解之缘，传统的课程内容与现代的计算机图形技术的相互融合应成为本课程的发展方向。

机械产品的设计与制造最终归结为零件的设计与制造。因此，本课程内容以零件的结构分析（主体结构、功能结构和工艺结构）为主线，分为投影制图基础、画法几何、工程图样的绘制与解读、计算机建模基本理论与方法 4 大模块。其中，**投影制图模块**（对应本书第 1、2、6 章）主要介绍在国家标准指导下的、以投影原理为基础的制图基本技能及表达方法；**画法几何模块**（对应本书第 3、4、5 章）主要以零件主体结构（组合体）的组成要素（点、线、面、基本体）为线索，对其进行投影分析、表达及解读；**工程图样的绘制与解读模块**（对应本书第 7、8、9 章）主要以零件图和部件装配图两大类工程图样为主线，以零件的局部功能与工艺结构为引子，紧密结合机械产品制造、装配、使用、维修阶段的工程实际，介绍和指导产品图样的绘制与阅读的基本过程和基本方法；**现代CAD建模理论方法**（如拉伸、旋转、放样、扫掠及布尔运算等建模、组合方法）并不独立成章，而是作为制图理论方法（形体分析法、线面分析法、辅助平面法（三面共点）等）的仿真再现，穿插在各知识点的分析与表达之中，指导制图学中的正投影原理、形体成形与分解、尺寸标注规律、零件图及装配图的绘制与阅读等知识点的学习、思维和训练。

最后的“课程实践——装配体测绘”部分，作为本课程的一个实践性的总结和训练，意在促使读者对这门课程的各个知识点的综合理解和掌握程度有一个实践性的检验，该部分可对应于工程图学的实践性教学环节。

作为工程图学课程的教材，“机械工程制图”之“图”，专指机械图样，被誉为工程界通用的技术语言；“制图”之“制”，并非单指“画图”，而是“绘图”与“解图”的总和，是溶入创造性设计内涵的“制图”，这是一个工程师最基本的素质和技能；在“机械工程制图”之前冠以“现代”二字，是为学习者授以现代先进的计算机二/三维建模方法及设计技术思路，使之融进传统图示图解理论与方法的学习之中，以指导读者空间思维能力、二/三维图形转换能力、工程图样的绘制与解读能力的形成与发展，从而为培养工程师良好的工程素质和工程实践能力打下坚固的基础。

0.4 本课程的学习目的和学习方法

1. 本课程的学习目的

学习本课程的主要目的是培养以下几方面的能力。

（1）正投影法的基本理论及运用能力。

（2）能够通过投影制图及画法几何部分的学习，借助计算机图形技术的基本思想和基本方法，培养空间图形的想象能力，空间图形的分析能力及二/三维图形转换能力。

（3）能够正确使用绘图仪器和工具，培养徒手绘图的技能，同时具备查阅常用件、标准件、标准结构和各项技术要求等国家标准，并掌握看图和绘图的技巧的能力。

（4）能够绘制和看懂一般和中等复杂程度的零件图和部件装配图。

（5）培养认真负责的工作态度、严谨细致的工作作风、一定的自学能力和审美能力，为今后专业课程的学习打下良好而扎实的基础。

2. 本课程的学习方法

本课程是既要求掌握系统理论又要求具有较强实践性训练环节的技术基础课。学习时应注意到以下几点。

（1）牢固掌握投影理论和投影方法这条主线，注意重点掌握投影分析和形体分析的基本方法，培养和提高空间思维能力及图形思维能力，并在理解的基础上，由浅入深地由物画图、由图想物，反复训练，从而具备一定的绘图和读图的能力。

（2）认真完成每章习题（见配套习题集），在作业过程中，牢牢把握住基本理论和基本方法，严格遵守国家标准的各项规定，做到投影正确、视图选择与配置恰当、尺寸齐全、字体工整、图面整洁、符合机械制图国家标准。切忌死记硬背、只翻书懒动手的不良习惯。由于研究对象是图形，它在很多方面具有“只可意会、无法言传”的特点，因此，只有通过由物到图、由图到物这样严格的反复训练，边看边想边画，眼到心到手到，才能达到手随心欲，心随手至之境界。从而培养出较强的空间图形转换能力，空间问题的想象能力和分析能力，良好的自学能力和审美能力，扎实的技能功底，以及耐心细致、严肃认真的工作作风。

（3）由于本课程是培养工程师基本素质和基本技能的技术基础课，因此在学习中一定不能忘记工程背景。一件机械产品从设计走向成品，最终归结到零件的设计与制造，这就要求设计者在设计与制图阶段，就必须同时考虑零件在制造阶段的加工过程、能达到各种装配精度和工作精度要求的加工方法。因此在学习本课程内容时，一定要紧紧抓住机器零件（机械产品的基本单元）的结构分析，结合计算机三维建模理论和方法，从零件的主体结构、功能结构和工艺结构三大分支来理解和指导制图和解图。为帮助初涉工程领域的学习者对零件功能结构和工艺结构分析中有深入的了解，在教材附录中还提供了关于“零件的常用加工方法”的简单介绍，以供随时参阅。

第1章　初识机械工程图样与投影方法

Mechanical Engineering Drawings and Methods of Projection

本章知识要点

什么是机械图？为什么要学习机械图？机械图是根据什么画出来的？这是每一位初学者都会问到的问题。本章从一个水龙头入手，为你解答这些问题。

机械图样是机械产品从设计、制造、检验、验收、使用和修理等走过一个完整历程的必不可少的主要技术文件，是用正投影方法表达机械产品的形状、大小和制造要求的图样，是一种通用的工程技术语言。

为了清楚地表达机械产品的真实形状和大小，在工程中一般采用正投影的方法获得一组图形来设计和表达工程对象，这一组图形称为投影图，在工程上又称为视图。有时，还需要用立体感较强的轴测图来进行辅助性的观察和看图。本章主要介绍投影法的基本概念、投影图的基本画法和常用轴测图的画法。

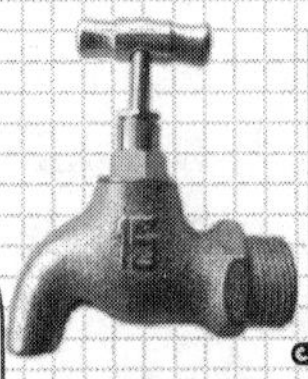

兴趣实践

请在学习和生活中再找出1～2例机械产品，观察它的工作原理、零件组成和装配关系。

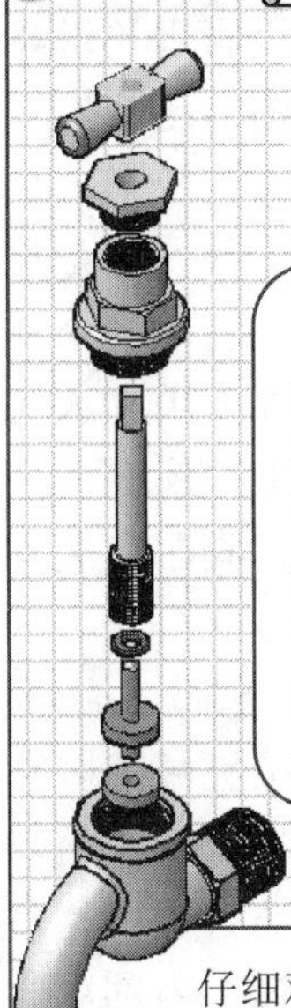

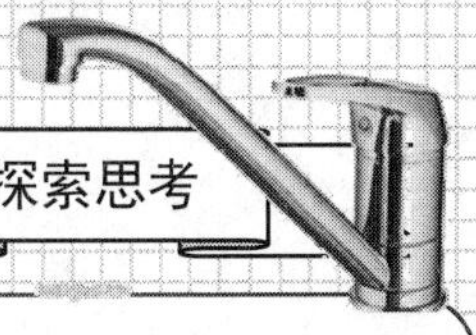

探索思考

本章给出的水龙头是一种老式的水龙头，与现在用的不一样，请上网找一个现在厨房常用的水龙头的效果图和结构图，进行观察比较，它们在外形上有什么不同，进一步地说，你能推测出其内部有些什么零件以及它的工作原理，并尝试用示意图表达出来吗？

预习准备

仔细观察水龙头的阀盖零件图（图1.4），推测它的大致结构形状，然后对照图1.6，验证你的感知能力。

1.1　初识机械图样——零件图与装配图

在有文献记载以前，就出现了人们描述各种物体的图样。可以说，图样是人类最原始的记录手段之一。

图样的形式和内容随着社会生产力的发展在不断地变化，机械图样就是其中典型的一大类型。

面对一个**机械产品**的诞生，一整套指导性的设计文件是不可缺少的。图样、示意图以及属于它们的文字说明（产品的明细表、技术条件、使用和检修须知等）都属于设计文件。这些文件的内容应该包含产品中的装置和各个组成部分的有关资料，以及产品在设计、制造、检验、验收、使用和修理等方面所需的全部资料。其中，图样是不可缺少的最基本的技术文件。在严格遵守制图标准的前提下，工程师（设计者）借助图样来表达产品的构思和意图；制造者借助图样来组织和指导生产，使工程师的设计得以实现；而使用者则需通过图样来了解机器或设备的结构和性能，从而进行操作、维修和保养等。因此，机械图样是传递和交流技术信息和思想的媒介和工具，是工程界通用的技术语言。

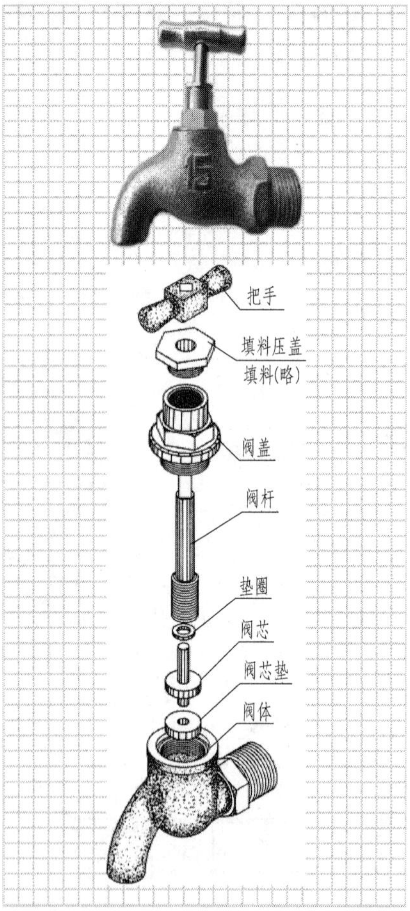

图 1.1　水龙头及其零件

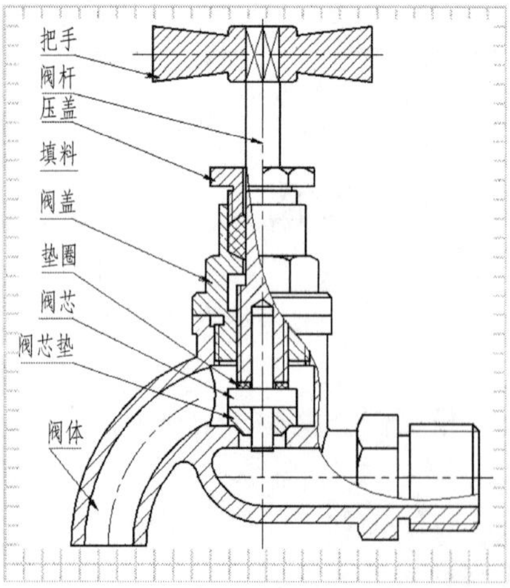

图 1.2　水龙头结构原理图

绘制图样要用到的基础理论称为画法几何（descriptive geometry）。

画法几何是一门以投影理论为基础、图示图解为方法、以工程领域为应用背景的几何学分支学科，主要研究在平面上用图形表示空间形体（图示）和利用平面图形解决空间几何问题（图解）的理论和方法。画法几何是机械制图的投影理论基础，它应用投影理论研究多面正投影图、轴测图、透视图和标高投影图等工程图样的绘制原理，其中多面正投影图是主要研究对象。

水龙头是日常生活中见到和使用的最多的一种机械产品。它是一个部件，是一种阀类部件（见图 1.1）。我们天天都要用到水龙头，却可能很少去想它的工作原理和结构。图 1.1 拆开了一个老式水龙头，可以看到，它由阀体、阀芯垫、阀芯、垫圈、阀盖、填料、填料压盖、阀杆和把手 9 个零件组成。

图 1.2 表示了水龙头的装配结构（该图的表达方式就运用了机械图样），对照图 1.1 的整体效果图和安装顺序图（又叫装配分解图），可以来认识其工作原理。从图中可以看到，水龙头阀体的右下方水平方向的外部有一段螺纹，可接入水管。内部空心，是进水通道。顺着这个通道从右往左走到头，沿轴线垂直转弯向上，依次安装了阀芯垫—阀芯—垫圈—阀杆—把手。从图 1.2 中可注意到，图示位置是处于关闭位置，因为此时阀芯垫下面的锥面是与阀体的锥形孔接触，堵住了通道口。当转动把手时，带动阀杆转动，而阀杆下方的一段螺纹与阀盖相连，故它的转动带动了阀芯向上移动，从而打开阀门。

工程师根据需要设计水龙头，就必须用一套以画法几何方法绘制的图样表达出来，以指导它的制作、装配和使用。因此，在一张机械图样上，不仅要有描述该产品形状的图形，而且还应有表征该产品大小的尺寸、达到该产品各项指标的技术要求，以及通过图形及尺寸和技术要求的标注所体现出来的加工、制作、装配、检验等各工艺过程方面的信息。这套图样就是装配图和零件图。

1.2　从零件图中可获得的工程信息

实际上，一个机械产品的设计文件不仅是零件图和装配图，还有以下几种形式：

（1）零件图——含有零件的图形以及为制造该零件所需的其他一些信息的文件；

（2）装配图——含有产品（部件）的图形以及其他一些为装配、检验和试验此产品所需信息的文件；

（3）总图——确定整个产品的结构，表明产品中各主要工作部分的工作原理和相互关系的文件。在总图上也可以列述产品的技术性能；

（4）外形图——简化了的产品轮廓的图形，并带有外形尺寸、安装尺寸和结合尺寸的文件；

（5）安装图——含有简化了的产品轮廓的图形和将产品安装在工作地点所需的资料的文件。为安装产品所用的基础图也属于安装图；

（6）示意图——以简化了的图形、符号或代号表达产品各组成部分及其相互联系的文件；

（7）明细表——逐项表列部件、组合件或成套设备各组成部分的文字式文件；

（8）技术条件——含有产品的使用指标及其质量检验方法的文件。

在这些设计文件中，本书所讨论的机械图样主要是指零件图与装配图。

表示零件结构、大小和技术要求的图样称为零件工作图，简称零件图。工程师设计出来的产品意图要实现，仅有装配图是不够的。还必须在零件图的指导下，在生产部门进行加工制造，再根据装配图进行装配。其中，零件结构是指零件的各组成部分及其相互关系，而表达零件的图形称为视图，是将零件置于一个空间直角坐标系中进行正投影而获得的图形（关于获得零件视图的方法，即投影方法，在第 2 章将深入讨论），而技术要求是指为保证零件功能在制造过程中应达到的质量要求。

浏览图 1.3 和图 1.4 给出的水龙头阀体、阀盖、阀杆、压盖、阀芯等主要零件的工作图，可以归结出，一张完整的零件图应具备以下内容。

（1）**一组图形**——用视图、剖视图、断面图及其他规定画法和简化画法等表达方法，以正确、完整、清晰地表达零件的内外结构形状。如图 1.3 所示的水龙头阀体零件，采用了 4 个视图，分别从前往后、从上往下、从左往右表达了该零件的内、外形体结构。

（2）**尺寸标注**——以正确、清晰、完整（包括定形尺寸、定位尺寸和总体尺寸）、合理地表达零件在制造和检验时所需的尺寸。

（3）**技术要求**——用规定的符号、文字、数字等说明零件在制造和检验时应达到的技术指标。如表面结构、几何公差（即形状和位置公差）、尺寸公差、热处理要求和零件表面修饰要求等。

（4）**标题栏**——用于填写零件名称、零件材料、图样的比例、图号及设计绘图人员的签字等内容。

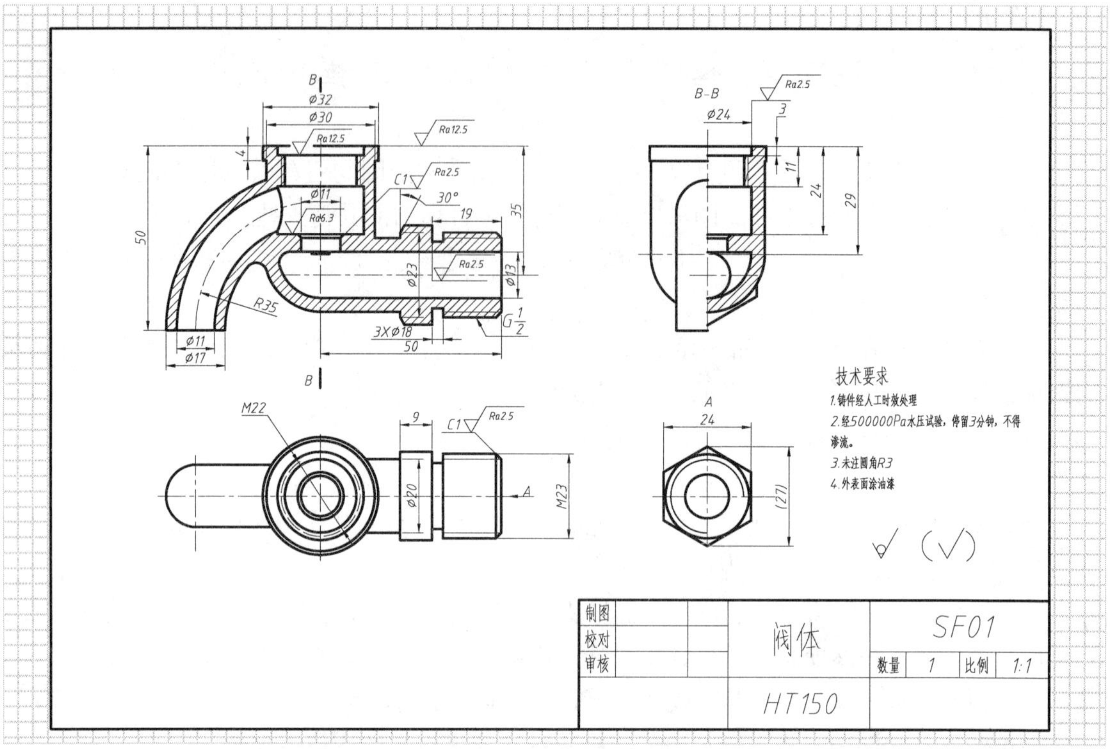

图 1.3　水龙头阀体零件图

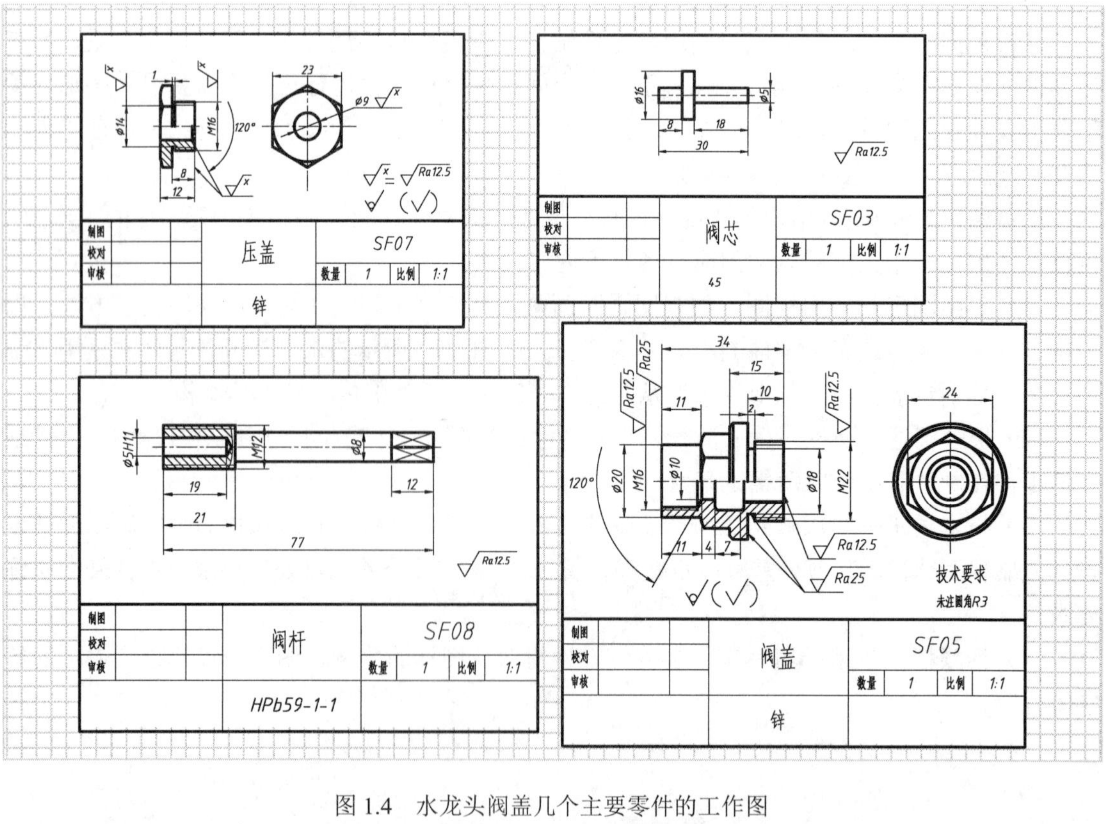

图 1.4　水龙头阀盖几个主要零件的工作图

1.3　从装配图中可获得的工程信息

装配图是表达机器、部件或组件的图样。表达机器中某个部件或组件的装配图，称为**部件装配图**；而表达一台完整机器的装配图，称为**总装配图**。在产品设计中，一般先画出机器、部件和组件的装配图，然后根据装配图设计并画出零件图；在产品制造中，机器、部件和组件的装配工作，都必须根据装配图来进行，当使用和维修机器时，也往往需要通过装配图来了解机器的构造。因此，装配图在生产中起着非常重要的作用。

如图 1.5 所示的水龙头装配图是一个部件装配图。从图中可以看出，一张完整的装配图（注：不含左侧立体图）包括如下基本内容：

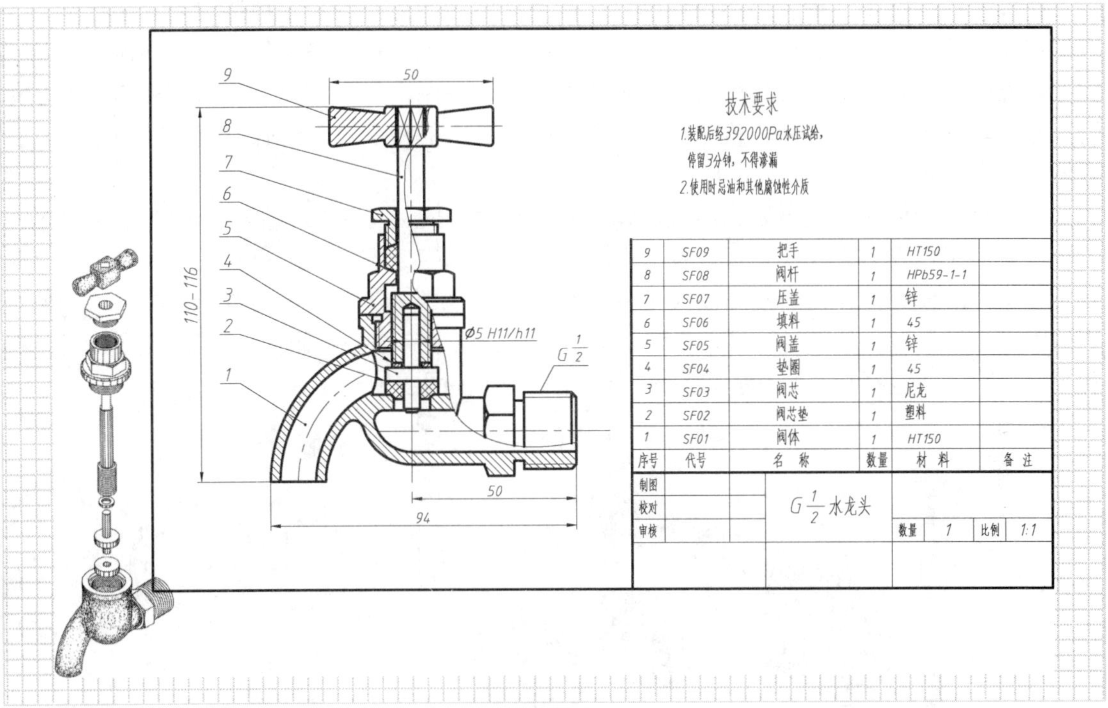

图 1.5　水龙头装配图

（1）**一组视图**。用以正确、完整、清晰地表达机器或部件的工作原理、结构特点、各组成零件的相互位置、装配关系、连接方式、运动传递、零件的动静情况以及主要零件的基本结构形状等。其表达方法与零件图的表达方法基本相同，即包括视图、剖视图、断面图及其他规定画法，与零件图不同之处是装配图还有自己特殊的表达方法。图示水龙头比较简单，仅采用了 1 个主视图。该主视图采用的是局部剖视的方法，同时表达了这个方向内、外的主要轮廓，清楚地表达了组成该部件的 9 个零件的相对位置关系、连接装配关系和工作原理。

（2）**必要的尺寸**。根据装配图拆画零件图以及装配、检验、安装和使用的需要，在装配图中，必须标注机器或部件的规格（性能）尺寸（如图中的尺寸“$G\frac{1}{2}$”），零件之间的装配尺寸，包括配合尺寸、零件间的连接尺寸及重要的相对位置尺寸（如图中的尺寸“ϕ5H11/h11”、“50”）、外形尺寸（总高、总宽、总长尺寸，如图中尺寸“94”、“50”、“110～116”）与安装尺寸，以及其他关键零件的定形、定位尺寸等设计时所确定的重要尺寸。

（3）**技术要求**。用文字和符号说明机器或部件在装配、调试中的方法和应达到的技术指标以及验收条件和使用要求等，如图中明细表上方的“技术要求”。

（4）**零件的编号和明细栏、标题栏**。在装配图中，应对每种不同的零件（或组件）编号（如图 1.5 中的“1”—“9”的编号），并在明细栏中依次填写序号、名称、数量、材料和备注等内容。根据生产组织和管理的要求，在标题栏内应填写机器或部件的名称、图号、比例及设计、制图、校核等人员的签名。

1.4 零件形体表达的基本方法——投影法

在以上的图例中，读者可能意识到，机械图样中的图形是用了某种特定的方法，将一个机械产品在图纸上进行表达。这种表达与平时的立体图不一样，最大的缺憾是立体感、直观性不强，但这却是机械工程制图的基本表达方法。这些图形称为视图，而形成视图的方法称为投影法，准确地说，称为正投影法。用正投影法画出的视图实形性强，便于准确度量，指导加工生产和制造。

为将空间物体在图纸上表达出来，即将三维空间中的立体用二维平面上的图形来表示，工程中采用正投影的方法来实现。那么，什么叫正投影呢？首先还是观察一下水龙头中“阀盖”的零件形体结构和它的投影图（见图 1.6），从中感悟一下正投影的概念和效果。当然，正投影只是投影法中的一种方法，工程上常用的投影法还有中心投影法（常用于绘制透视图）和平行投影法（包括正投影和斜投影——可用来绘制视图或轴测图）。

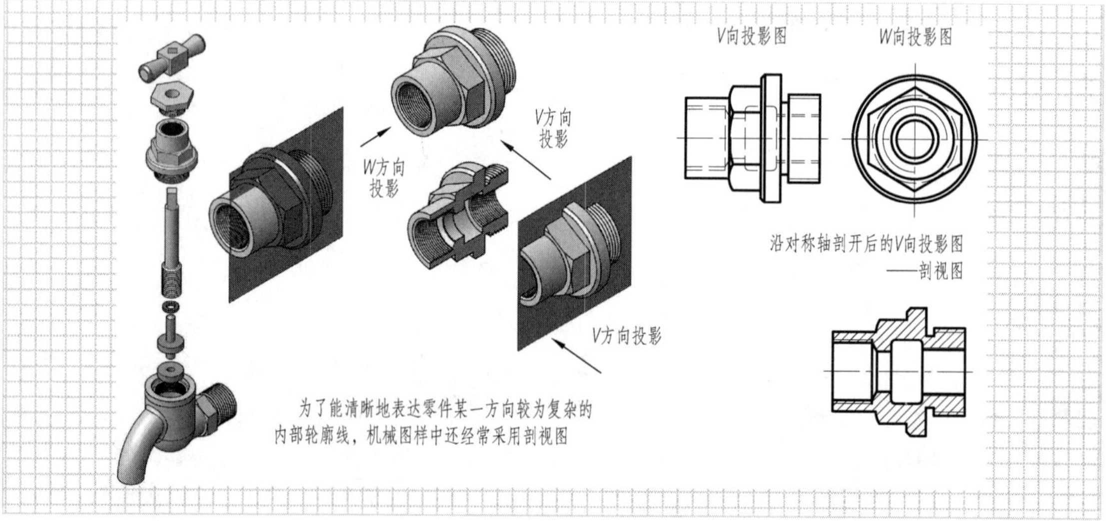

图 1.6 水龙头中阀盖零件形体及投影图

1.4.1 投影法的基本概念

很早以前，人们在日常生活中发现，当太阳光或灯光照射物体时，在墙壁或地面上会出现物体的影子，人们还发现，空间物体在一个平面上留下的影子会反映出该物体一定的形状。而且，根据投射线与平面的角度不同，或者投射源与投影平面的距离不同，同一个物体得到的影子也不同。其实，这就是一种自然的投影现象。根据这种现象，人类总结了其中的几何关系，创造了投影法，解决了用平面图形来表达空间物体的问题。

因此，假想用光线照射物体，使物体在平面上留下影子的方法就称为投影法。分别将光线、平面和影子抽象为投射线、投影面和投影，因此投影就是通过物体轮廓线的投射线与投影面的交线。用工程理论的术语来描述，把一定条件下、一系列投射线通过表达对象与投影面交点的总和称为投影，而获得投影的方法称为投影法，如表 1.1 所示。投影法是平面上表示空间形体的基本方法，是画法几何及机械制图的基础。

表 1.1　投影法的分类

<table>
<tr><th colspan="2">投影法</th><th colspan="2">投影法应用举例</th></tr>
<tr><td>中心投影法</td><td>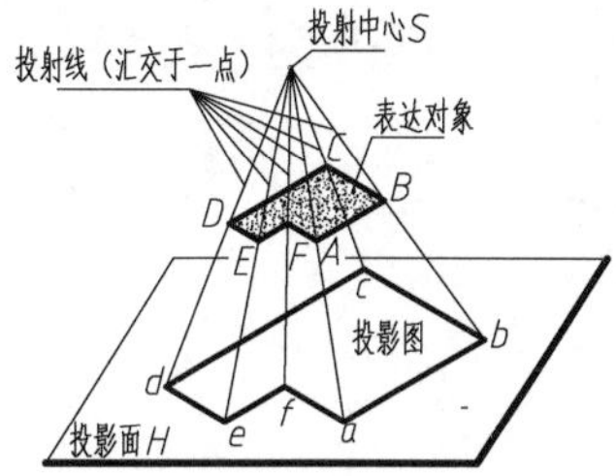
</td><td>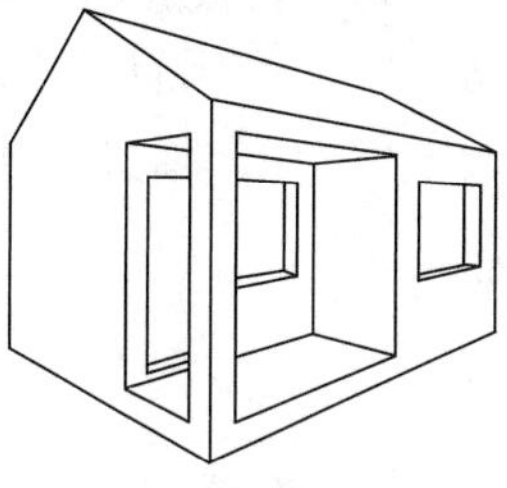
透视图</td><td>中心投影一般用于表达较大的场景或目标，如地貌、建筑物等，这种投影形成的图形称为透视图。透视图的立体感很强，常作为一种效果图，不注重于物体尺寸的表达</td></tr>
<tr><td rowspan="3">平行投影法</td><td rowspan="2">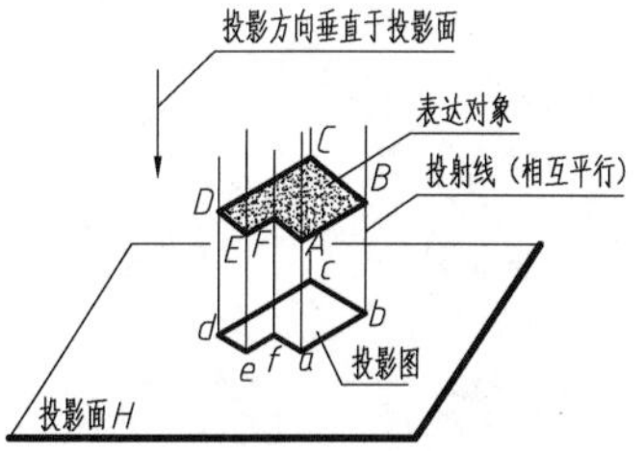

正投影法及正投影图</td><td>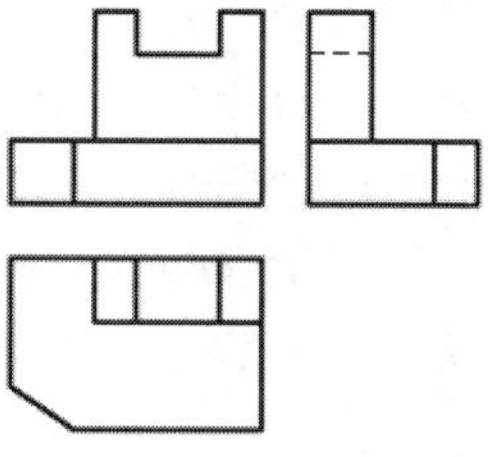
视图（多面正投影图）</td><td>用正投影能直接和方便地表达空间物体的真实形状、大小和空间位置，所得到的图形广泛地用于工程图样，因此常将正投影简称为投影。工程上常常将物体置于一个多投影面体系，用一组正投影从各个方向来表达物体</td></tr>
<tr><td>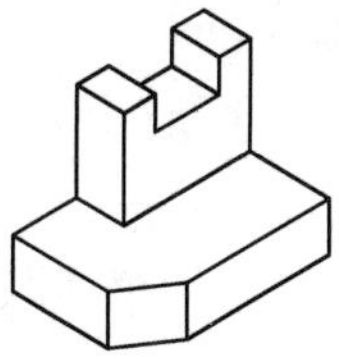
正轴测图（单面正投影图）</td><td rowspan="2">如果将物体相对于投影面倾斜放置而采用正投影法、或者将物体正放而采用斜投影法，可以在同一投影面上表达物体 3 个方向的形状，这种投影称为轴测投影。轴测投影的立体感强，直观性好、容易看懂，它对于人们理解和掌握物体的形状十分有利，但其尺寸的度量性却不如多面正投影图，因此在生产和设计中常作为辅助图样或商业广告</td></tr>
<tr><td>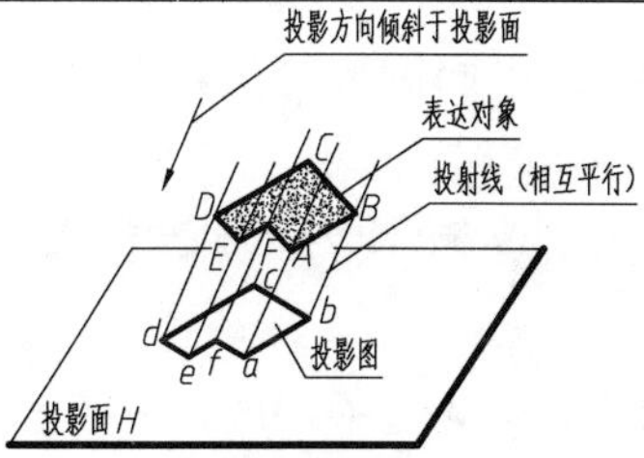

斜投影法及斜投影图</td><td>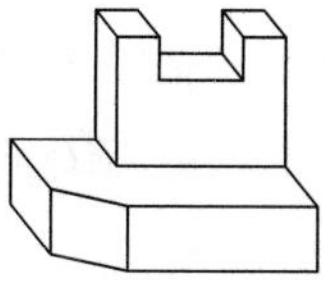
斜轴测图（单面斜投影图）</td></tr>
</table>

综上所述，投影法所具备的条件如下：

（1）投射中心以及从投射中心出发的投射线。

（2）不通过投射中心的投影面。

（3）表达对象（几何要素或物体）。

1.4.2 投影法的分类及其应用

根据投射线的类型（平行或汇交），投影面与投射线的相对位置及物体的主要轮廓线与投影面的相对关系，工程上常用的投影法一般分为中心投影法和平行投影法两类（见表 1.1）。其中，平行投影法有正投影法和斜投影法之分。

1. 中心投影法

投射线从一点发出来的投影法称为中心投影法，用中心投影法得到中心投影，如表 1.1 所示。

2. 平行投影法

投射线互相平行的投影法称为平行投影法，如表 1.1 所示。其中，投射线垂直于投影面时的平行投影法称为正投影法；投射线倾斜于投影面的平行投影法称为斜投影法。而用正投影法和斜投影法分别得到的投影称为正投影和斜投影。

1.4.3 平行投影的基本性质

平行投影有如下基本性质。

1. 实形性

当线段或平面图形平行于投影面时，其投影反映实长或实形。如图 1.7 所示为平行投影法中的正投影法：直线 *AD*、*BC*、*BM* 和 *EF* 等均平行于 *V* 面，在 *V* 面上的投影反映实长，即 $a'd'=AD$，$b'c'=BC$，$b'm'=BM$，$e'f'=EF$。平面 *ADFE* 平行于 *V* 面，在 *V* 面上的投影反映实形。平行投影法中的斜投影也有此规律。

2. 积聚性

当直线或平面图形平行于投射线时，其投影积聚成点或直线。在如图 1.7 所示，直线 *AC*、*EG*、*DM* 等垂直于 *V* 面，在 *V* 面上的投影积聚成一点；平面 *ACGE* 垂直于 *V* 面，在 *V* 面上的投影积聚成一条线。

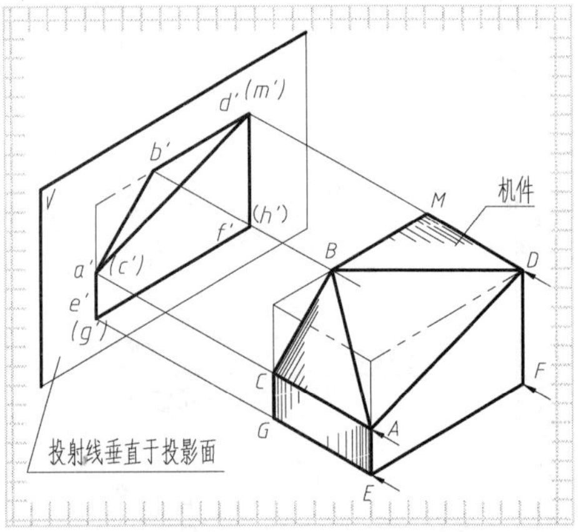

图 1.7　平行投影的投影特性

3. 类似性

当直线或平面图形倾斜于投影面时，直线的投影仍然是直线，平面图形的投影是原图形的类似形，但直线或平面图形的投影均小于实长或实形。这种原形与投影间不相等也不相似，而两者的边数、凸凹、曲直、平行关系不变的性质称为类似性。在图 1.7 中，平面三角形 *ABD* 在 *V* 面上的投影 $a'b'c'$即为该平面的类似形线框。

4. 平行性

如果空间直线平行，则它们投影仍然相互平行。在图 1.8（b）中，*EF*、*BM* 相互平行，它们在 *V* 面上的投影 $e'f'$ 、$b'm'$ 仍然相互平行。

5. 从属性

几何元素的空间从属关系在投影中不会发生改变：属于直线的点的投影必定落在直线的同面投影上，属于平面的点和线的投影必定落在平面的同面投影上。如图 1.8（a）所示，*K* 点在直线 *AB* 上，*K* 点的投影 *k* 一定在 *ab* 上。

6. **定比性**

（1）若空间直线上一点把该直线分成两段，则该两线段之比，等于其投影之比。如图 1.8（a）所示，点 *K* 在直线 *AB* 上，其投影必在 *ab* 上（从属性），且由于 *Aa*//*Kk*//*Bb*，故有 *AK*∶*KB*＝*ak*∶*kb*。

（2）空间平行线段的长度之比，等于其投影之比。如图 1.8（b）所示，分别过 *F* 和 *G* 作 *fe* 和 *gh* 的平行线，可得到两个相互平行的相似三角形及矩形，从而得 *EF*∶*HG*＝*ef*∶*hg*。

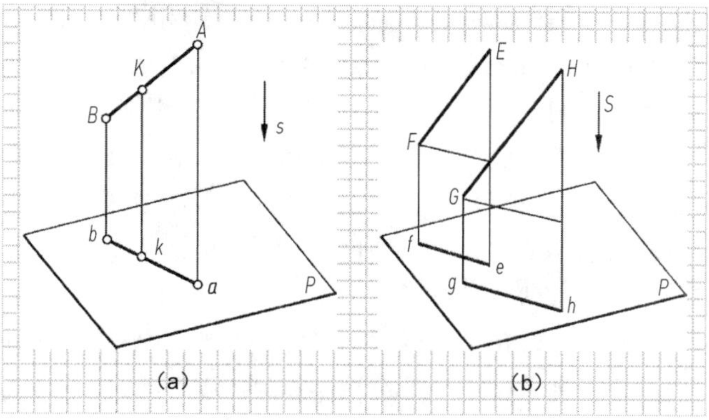

图 1.8　平行投影的定比性

1.5　三投影面体系及三面正投影

1.5.1　零件形体的正投影视图

机械工程中对机械产品的表达采用的是正投影图。根据上述平行投影的几个基本性质，再结合正投影法中，投影面垂直于投射方向的几何特征，正投影图的实形性体现得尤其突出，便于作为分析设计、加工测量的直接参照。但是，由于正投影的投射线与投影面相互垂直，由平行投影的“积聚性”可知，物体的一个投影只能反映出空间三维坐标的两个坐标，因此一个投影是无法唯一确定该物体在空间的完整形状和位置的。

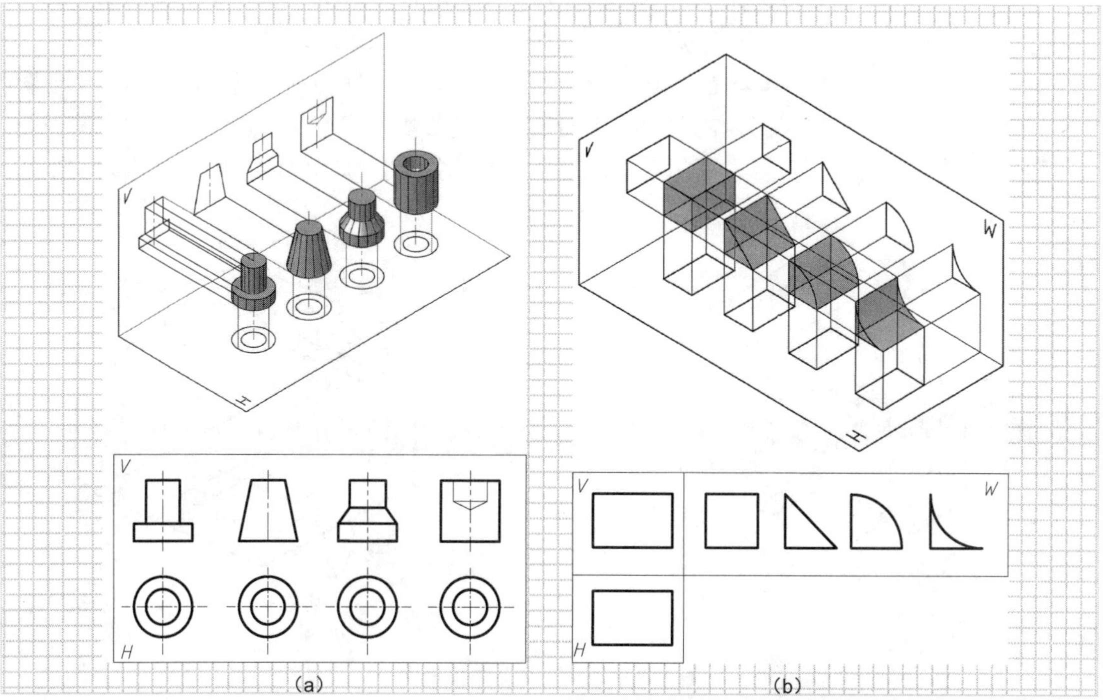

图 1.9　不同物体在同一投影面上的投影相同时需要两个以上的视图表达

从图 1.9（a）中的 4 个立体的投影情况可知，当把它们置于正投影中并从上往下进行投影时，它们在图示的 *H* 面上获得的投影相同，均为一对同心圆。如果不给出它们的另一个垂直方向（*V* 面）的投影，是无法唯一地表达物体的形状的；同理，如图 1.9（b）所示的 4 个物体，它们在图示的 *V* 面和 *H* 面上具有相同的正投影，如果没有第三个两两垂直的投影图，也是无法表达这些物体的完整形状的。因此必须建立一个投影面体系，将物体同时向几个投影面进行正投影，用多个正投影图确切、完整地表达空间物体。这种方法获得的一组投影称为多面正投影，亦简称为投影。

1. 三投影面体系

笛卡儿直角坐标系将三维空间分为 8 个象限（分角），每个象限的位置如图 1.10（a）所示。我国规定采用第一分角投影法（简称第一角画法）绘制图样，而国际上有的国家（如美国、日本等）则采用第三角投影法（简称第三角画法）。

在第一分角中，由正立投影面 *V*、水平投影面 *H* 和侧立投影面 *W* 共 3 个相互垂直的投影面（分别简称为 *V* 面、*H* 面和 *W* 面）构成的投影面体系，称为三投影面体系，如图 1.10（b）所示。三投影面两两相交产生的交线 *OX*、*OY*、*OZ*，称为投影轴，简称为 *X* 轴、*Y* 轴和 *Z* 轴。

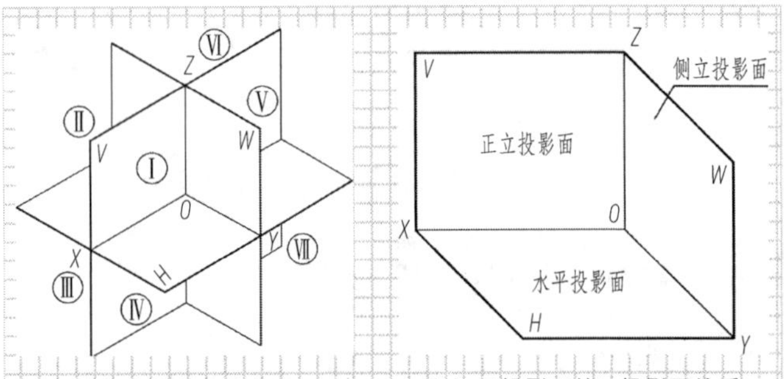

（a）空间的 8 个分角　（b）正投影下的三投影面体系

图 1.10　投影体系

2. 三面投影的形成

如图 1.11（a）所示，将物体置于三投影面体系中，用正投影法分别向 3 个投影面投影后，得到了物体的三面投影。国家标准规定：

对物体由前向后进行投影，在正立投影面上得到的投影，称为正面投影，又称为**主视图**；

对物体由上向下进行投影，在水平投影面上得到的投影，称为水平投影，又称为**俯视图**；

对物体由左向右进行投影，在侧立投影面上得到的投影，称为侧面投影，又称为**左视图**。

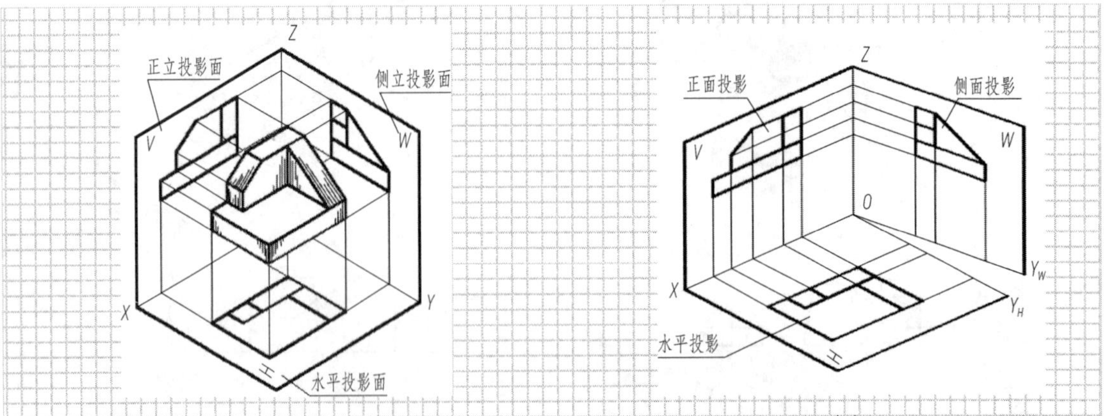

（a）　（b）

图 1.11　正投影体系与投影图

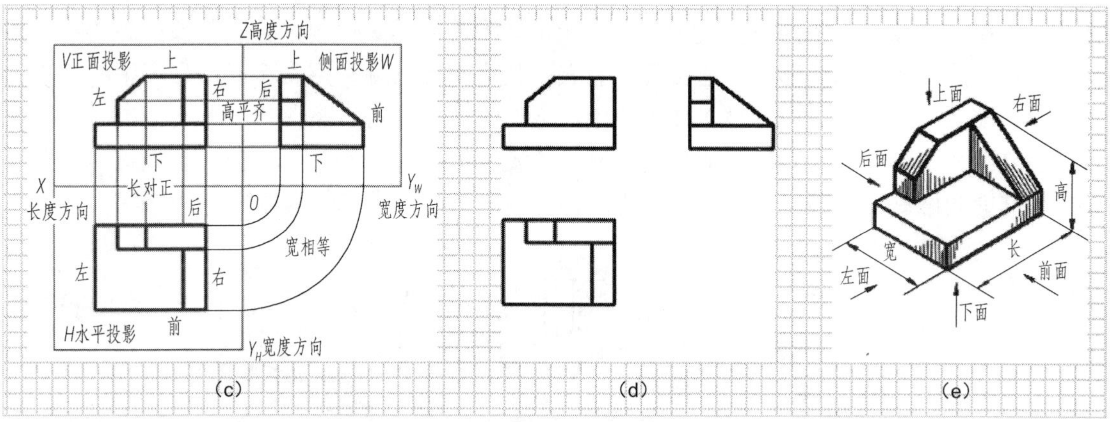

图 1.11　正投影体系与投影图（续）

如图 1.11（b）和图 1.11（c）所示，投影后将物体移开，V 面保持不动，将 H 面连同其投影绕 X 轴向下旋转 90°，W 面连同其投影绕 Z 轴向右旋转 90°，使它们与 V 面处于同一平面上，并约定投影轴和投影面的边框略去不画，从而得到物体的三面投影，如图 1.11（d）所示。

3. 三面投影的投影规律

上述投影过程表明，一旦物体在投影面体系中的位置确定，并规定 X、Y、Z 轴方向分别为物体的长、宽、高 3 个方向，如图 1.11（e）所示，则空间物体与其投影以及空间直角坐标系就有了一一对应的关系。

实际上，还可以这样理解三面投影的形成过程：所谓物体的正面投影，可看成是令该物体的空间坐标值 $Y=0$ 后获得的投影图，即完成了该物体从三维空间向二维平面的转换。因此正面投影仅反映出物体的长（X）和高（Z）方向的形状和大小；同理，物体的水平投影即令 $Z=0$，而侧面投影则是令 $X=0$，因此，物体的水平投影仅反映出物体的长（X）和宽（Y），侧面投影仅反映出物体的宽（Y）和高（Z）。

根据物体与其三面投影的位置和对应关系，可反映出以下几个特点：

（1）三面投影之间的位置配置关系是：水平投影在正面投影的正下方，侧面投影在正面投影的正右方。

（2）三面投影之间的对应关系是：每个投影反映物体长、宽、高中的两个尺度的大小。正面投影和水平投影同时反映物体的“长”；正面投影和侧面投影同时反映物体的“高”；水平投影和侧面投影同时反映物体的“宽”。由此而得到以下的三面投影规律（又称三等关系）：

① 正面投影（主视图）与水平投影（俯视图）**长对正**。

② 正面投影（主视图）与侧面投影（左视图）**高平齐**。

③ 水平投影（俯视图）与侧面投影（左视图）**宽相等**。

（3）三面投影与物体 6 个方位的关系是：正面投影反映物体的上、下、左、右 4 个方位；水平投影反映物体的前、后、左、右 4 个方位；侧面投影反映物体的上、下、前、后 4 个方位。

1.5.2　零件形体的剖视图

机械图样是工程界共同的技术语言，是表达设计思想、交流技术经验的必不可少的方法之一，是现代工业生产中的重要技术文件。无论装配图还是零件图，除了必须绘制的一组图形，用以表达其内外结构形状，还必须注有表示其大小的尺寸、用文字或符号表示的加工、制造、装配、检验所应达到的技术要求。因此，对于图上的每一条图线、每一个符号，甚至每一条文字术语，都必须有统一的规定，赋予特定的含义，否则会造成混乱和误解。这种统一的标准就叫做制图标准。关于这方面的内容，本书第 2 章中有较为详细的介绍。

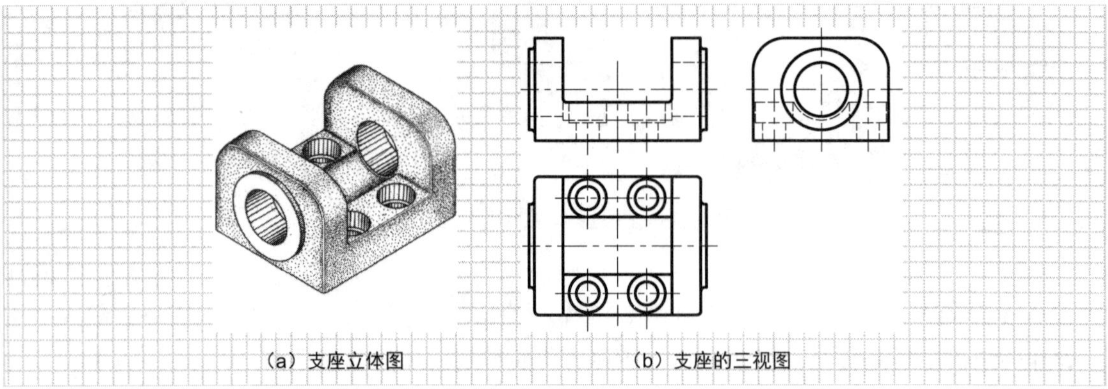

图 1.12　支座及其三视图

图 1.12 给出了某支座零件的立体图及其相应的三个视图。根据国家标准对图中图线的规定：在绘制零件形体的视图时，用粗实线表达物体的可见轮廓线，用虚线表达物体的不可见（即在某投影方向上被挡住的）轮廓线，同时，对于对称线、对称面和回转体的轴线的投影，要求用细点画线表示。

但是对于一个复杂的空间形体来说，图纸上过多的虚线会降低图形的清晰度，如图 1.12（b）中的主视图和左视图所示。因此，有关规定中采用剖视图来清晰地表达空间形体的内部结构和某处截断面的形状。即假想用一个剖切平面沿物体的对称面，或孔、槽等局部结构的对称面剖开，将处于观察者和剖切面之间的部分移去，将余留部分的可见轮廓线向投影面投射，并在剖切平面与机件相接触的截断面上画上剖面符号（又称为剖面线，通常为一组与水平方向成 45°角的相互平行、间隔均匀的细实线），这样得到的图形称为剖视图。

因此，对于图 1.12 所示的支座，一般会采用如图 1.13 所示的一组视图，它们还是主、左、俯 3 个视图，但其中主、左视图采用了剖视图的方法。其中，剖视后的主视图来自于剖切平面通过零件的前、后对称面，如图 1.14 所示；剖视后的左视图则来自于通过底部左边两个小孔的公共轴线的剖切（图中用 *A—A* 标记的平面），如图 1.15 所示。很明显，对比图 1.12（b）中的三视图，这一组表达方法更加清晰。

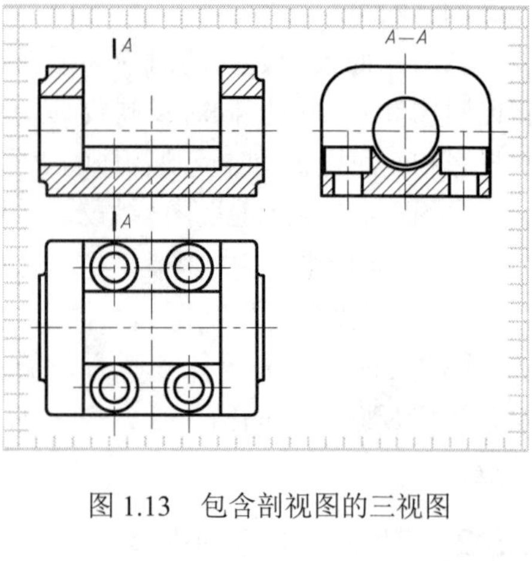

图 1.13　包含剖视图的三视图

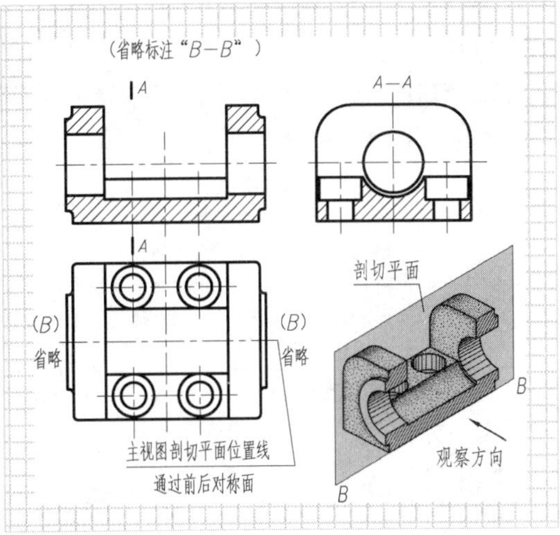

图 1.14　主视图的剖视

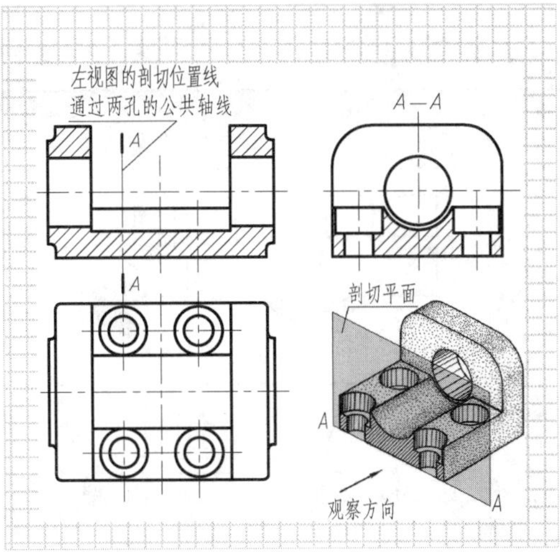

图 1.15　左视图的剖视

1.5.3　识读简单零件形体——基本体及其投影

所谓基本体，从几何意义上说，是指一类不可拆分的简单几何体，如棱柱、棱锥、圆柱、圆锥、球等，它们是组成复杂零件的基本单元。如图 1.16 所示的几个零件形状虽然简单，但从几何形体来说，却有一定的代表性。如图中的压块、拨杆等零件的基本形体是**四棱柱**，光杆是**六棱柱**，这些零件的表面都是平面，把它们归结为**平面基本体**；再如图中的轴闷头、活塞销、顶尖等零件的基本形体是**圆柱**、**圆锥**，表面是回转面，把它们归结为**回转基本体**。

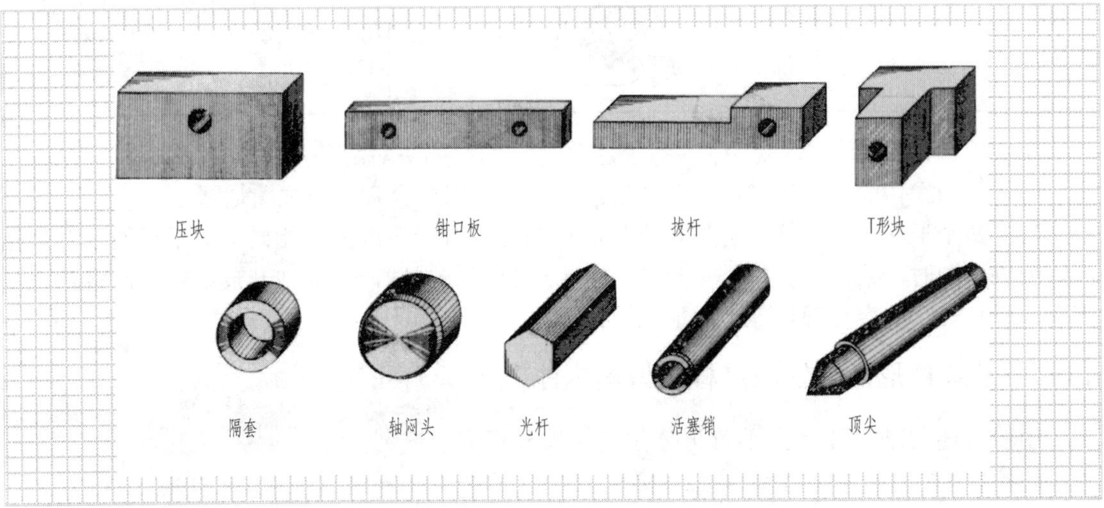

图 1.16　简单零件示例

为了便于初学者比较不同形体的投影特性，以及在对物看图时，能根据三视图较快地认出各种基本形体，在特殊情况下各基本形体的投影特点如表 1.2 所示，供读者分析比较。

表 1.2　基本形体的投影特点一览

形体名称	三视图与立体在投影体系中的位置	投影特点及对比说明
四棱柱	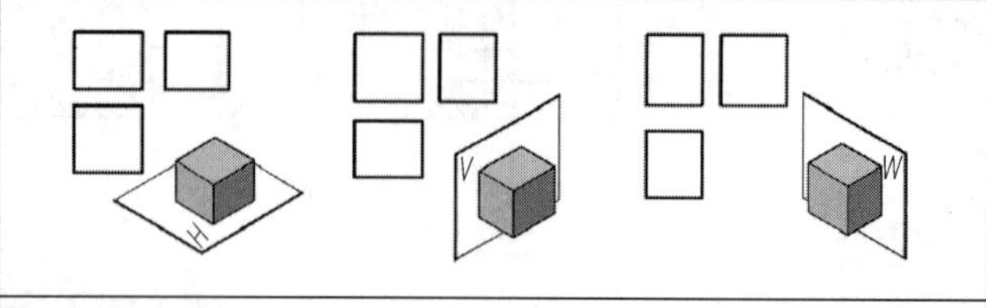	四棱柱按左图的三个位置放置时，三个投影都是矩形。且由于图示四棱柱底面为正方形，另外两个投影大小相同。 与圆柱之例相比，圆柱有两个投影也是矩形，但它第三个投影是圆。这是区别四棱柱和圆柱的关键
四棱台	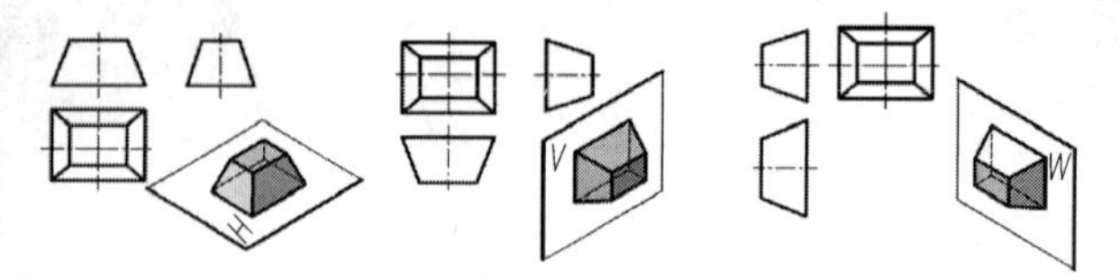	四棱台一个投影反映上、下底面形状，另外两个投影是等腰梯形。 与圆台之例相比，圆台也有两个投影是等腰梯形，但第三个投影是两个反映上、下底的同心圆。这是区别四棱台和圆台的关键
圆柱	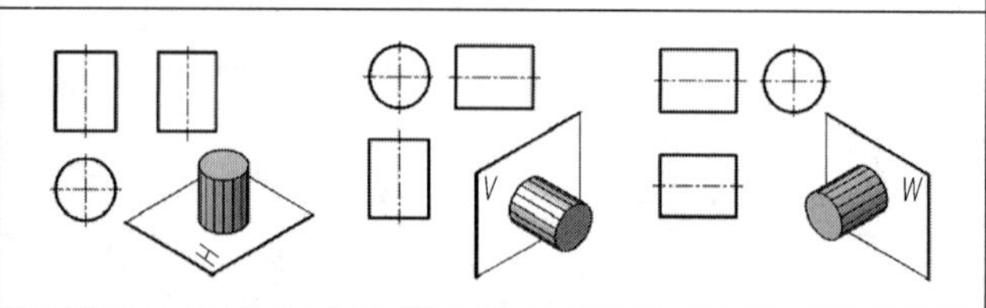	圆柱轴线垂直于哪个投影面，这个投影就是圆，另外两个投影是相同的两个矩形。与上述正四棱柱相比，区别在于平行于投影面的端面形状的投影。 对比下例各回转体，相同之处在于总有一个投影是圆
圆锥台	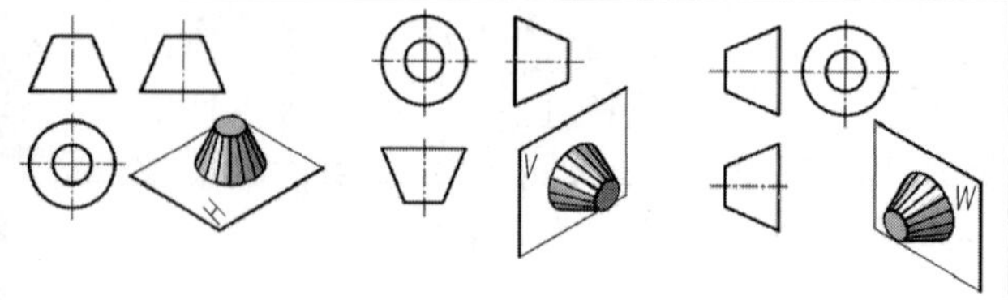	圆（锥）台轴线垂直于哪个投影面，这个投影就是圆，另外两个投影是相同的两个等腰梯形。与上述正四棱台相比，区别在于平行于投影面的端面形状的投影。 对比各回转体，相同之处在于总有一个投影是圆
圆球	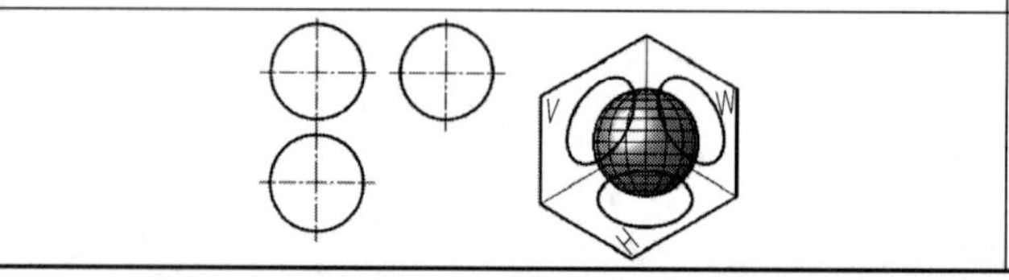	球的三个投影是直径相等的圆。因此要从投影上区别各种回转体，必须看另外两个非圆投影的形状

从表 1.2 中可以看出，视图和零件基本形体之间有如下对应关系：

（1）平面立体的三个视图都是多边形；而回转体则至少有一个视图是圆。

（2）两个形状不同的简单立体，它们的视图可能有一个或两个相同，但不可能三个都相同。所以看图时，要善于分析那些反映零件形体特点的视图，并抓住其投影特点，将几个视图配合起来看，就容易确定零件的形状了。

1.5.4　从零件形体的生成过程认识基本体

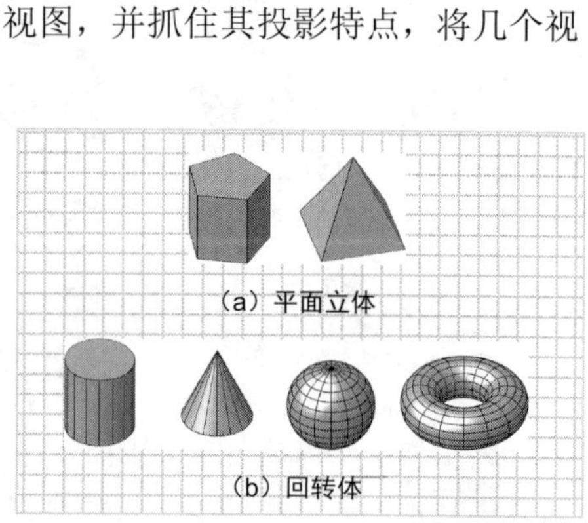

图 1.17　基本体及其分类

由前所述，基本体是指不可再分割的简单几何立体，如各种棱柱、棱锥（台）、圆柱、圆锥（台）、圆环等（图 1.17）。其中，如果围成基本体的表面都是平面，就称为平面立体（图 1.17（a）），如果围成基本体的表面中有曲面，就称为曲面立体，而最简单的曲面立体是回转体（图 1.17（b））。

随着计算机图形学的发展，现代 CAD 三维建模技术扩充了基本体的概念，基本体还可以看成是由某些形状的平面（这些平面暂且称为零件的成形面）经拉伸、旋转、放样和扫掠 4 种基本运算而成的几何立体，如图 1.18 所示。其中，拉伸体主要指垂直拉伸而非角度拉伸（角度拉伸主要指棱锥类的拉伸，在三维建模理论中，拉伸角度受到限制，涉及产生“自交”的问题，不属于简单拉伸，故不列入基本体范畴），故又称为柱体。柱体和旋转体还可分为单一柱体、复合柱体、单一旋转体和复合旋转体，如图 1.19 所示。

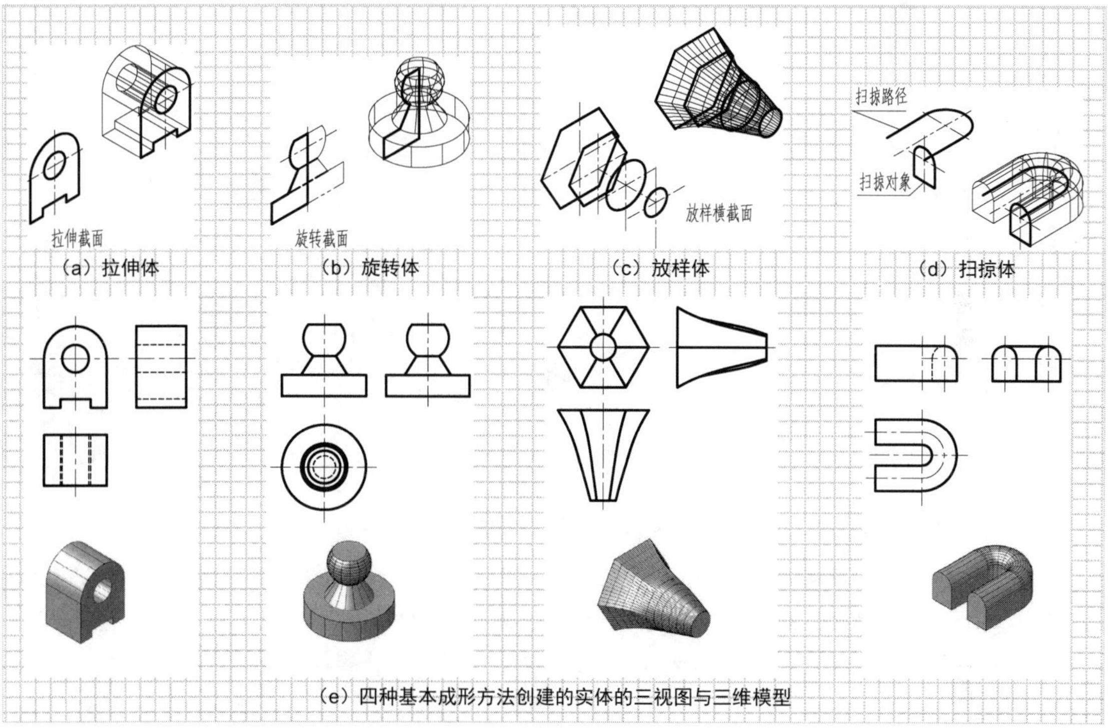

图 1.18 实例识读基于 CAD 三维建模技术的基本成形方法

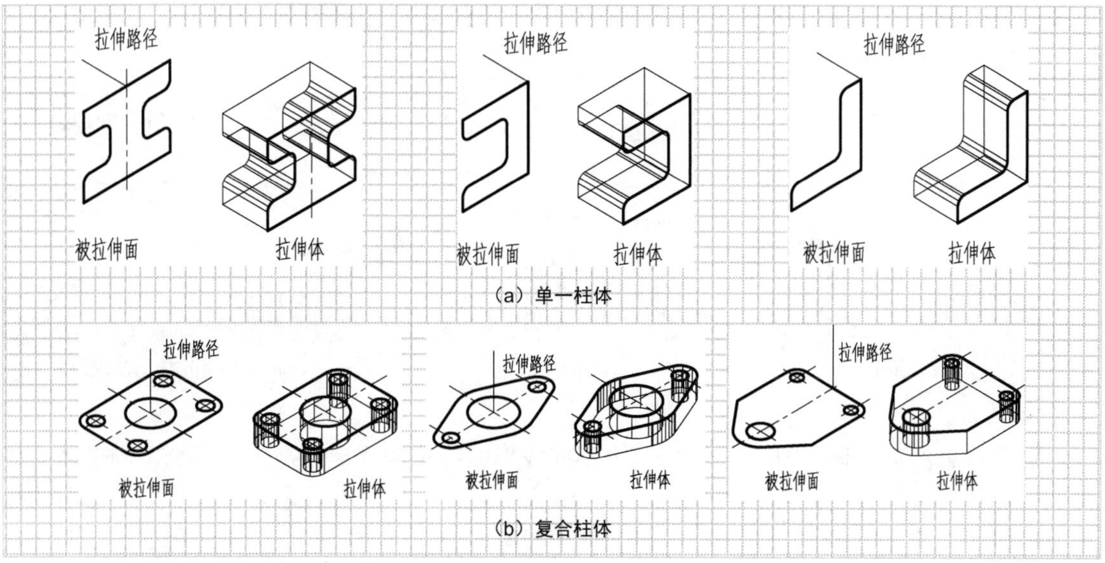

图 1.19 CAD 中的柱体与旋转体

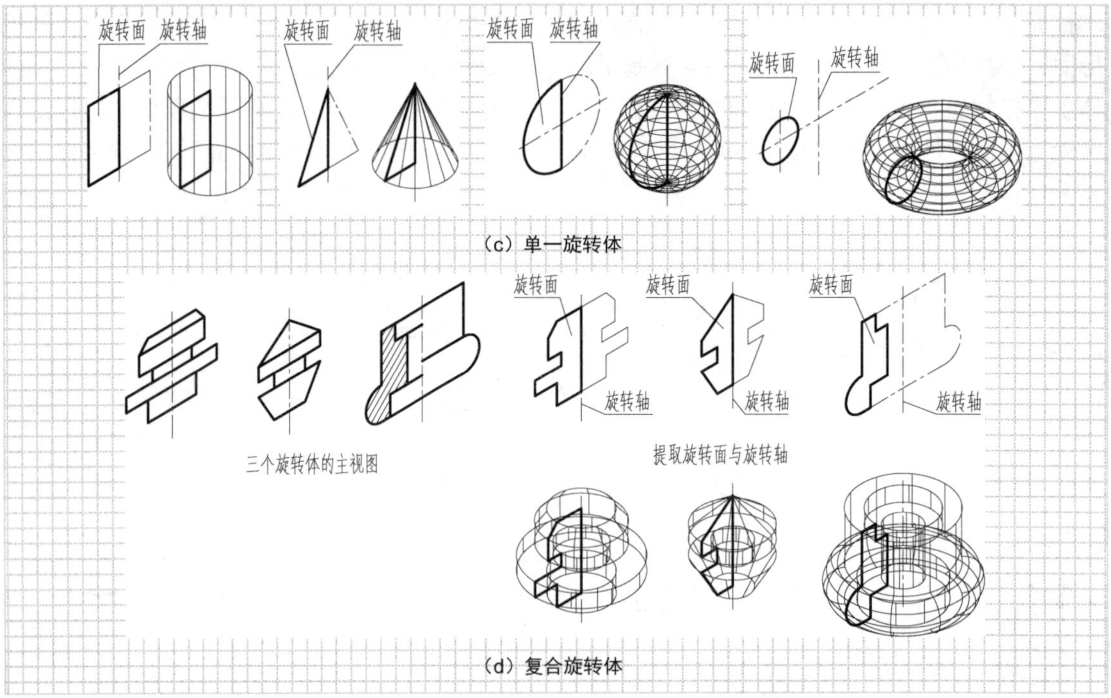

图 1.19 CAD 中的柱体与旋转体（续）

基于旋转体的三维生成，如果一个平面（封闭线框）绕自身的一条边旋转，生成一个实心旋转体；若绕非自身边旋转，则会形成空心旋转体，如图 1.20 所示。

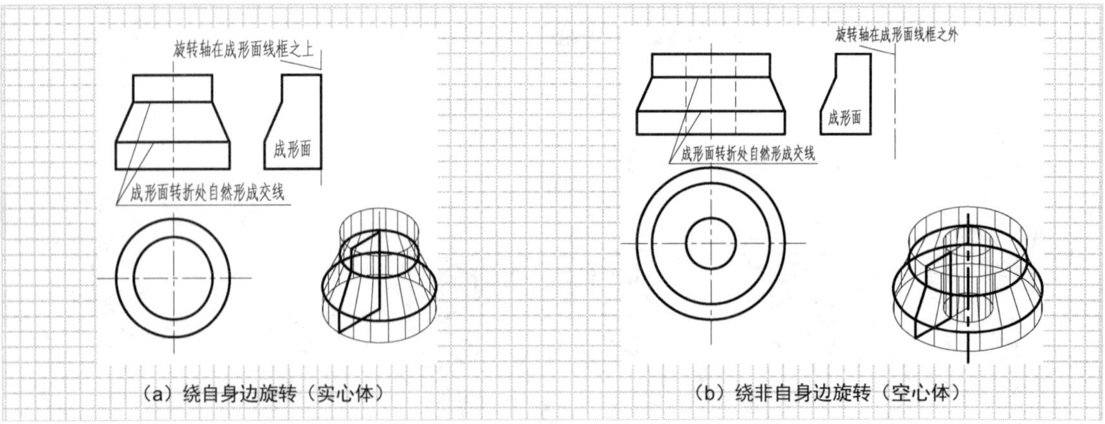

图 1.20 CAD 中实心与空心旋转体的生成

对于同一个平面图形（成形基面），分别用拉伸和旋转的方法，则会得到不同的立体，如图 1.21 所示。

更有意思的是，画出图 1.21 中的两个不同成形面经拉伸或旋转得到的四个不同形体的投影图，你会发现，它们分别有两个或一个投影形状完全一样，不同之处在于那个成形面的投影，如图 1.22 所示。因此，在识读一个物体的投影图时，一定要注意对比物体的至少两个投影，而不能单凭一个投影来识别。反之，在绘制一个物体的正投影图时，也是至少给出两个投影，特别是那个成形面的投影。

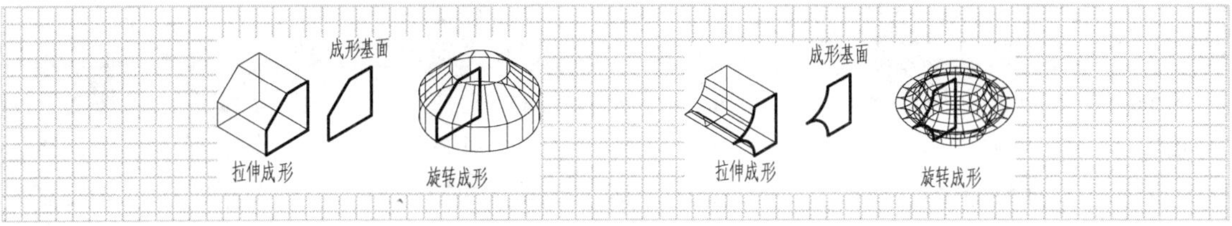

图 1.21　同一成形基面采用不同的成形方法得到不同的形体

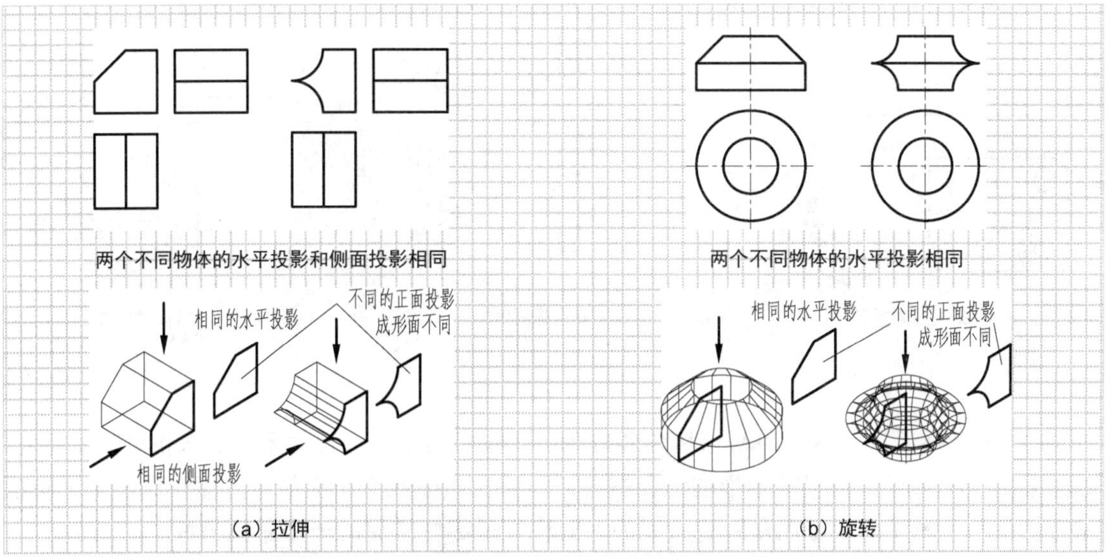

图 1.22　出现某些相同投影的不同形体，区别在于成形面的不同

1.5.5　对照实物看图

对照实物看图时，采用以下步骤。

(1) 对照主视图将零件的位置摆正——根据主视图的图形特点，找出实物上形状和它相同的一面后，摆正零件的位置；并按这个位置对照左视图和俯视图。如果符合，就是“摆正”了，否则重新调整。见图 1.23（b）、（c）中的两种摆放位置，对比图 1.23（a）的三视图，思考图 1.23（b）中位置是正确的，而图 1.23（c）中位置不正确的原因。

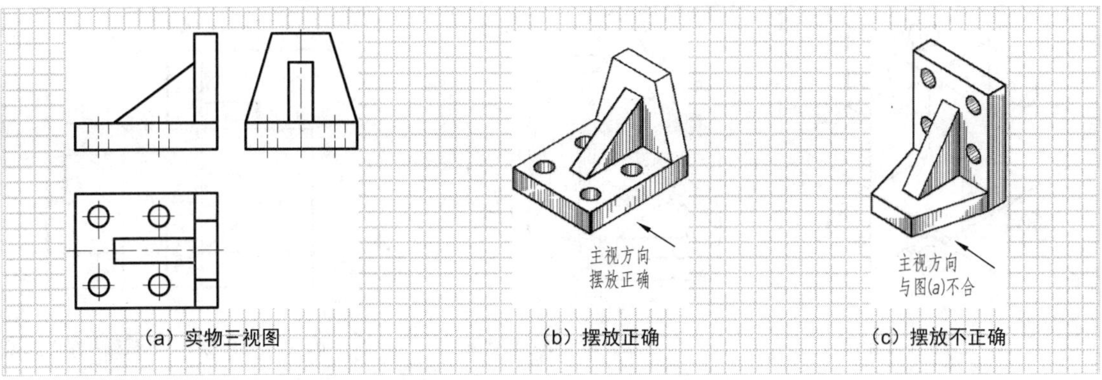

图 1.23　对照主视图摆正实物位置

（2）找投影，对形体——根据主视图的图形特点，划分几个线框，然后按“长对正、高平齐、宽相等”的投影关系，分别在俯视图和左视图上找到相应的投影，再在实物上找出每一部分的图形所表示的形体。如图 1.24（a）所示，可以把主视图分为三个线框，再按“三等关系”，同时对照俯、左视图，即可从实物上找到这三个基本形体，即一个平行于水平投影面的矩形板（上面钻有 4 个小孔），一个平行于侧立投影面的梯形板，和一个平行于正立投影面的三角板。

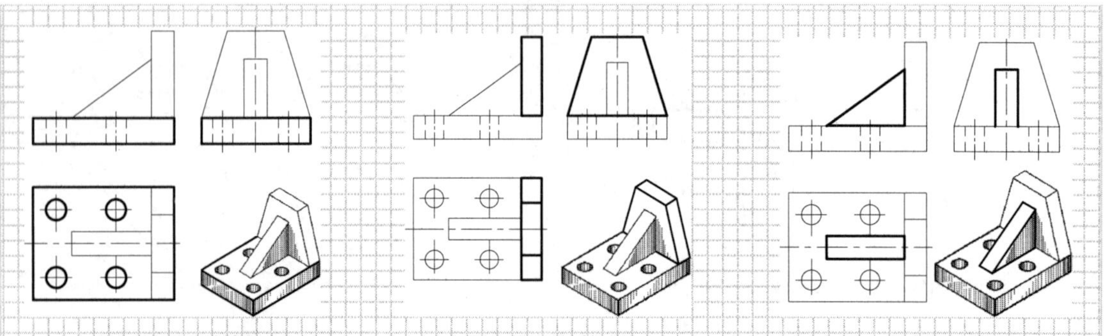

（a）矩形板对投影　　（b）梯形板对投影　　（c）三角板对投影

图 1.24　找投影，对形体

（3）全面看，对整体——最后按照各形体在实物中的相互位置关系，从而获得整体形象。如图中侧面梯形板在水平矩形板的上、右方，正面三角板在水平板的上方而在侧面梯形板的左方，且三个板在前后方向是对称布置的。**对称性是零件常见的一个重要特性。**

1.5.6　第三角投影体系及投影图简介

前面提到，世界各国的技术图样并非都是采用的第一角投影，有的国家是采用第三角投影画法的。为了加强国际化技术交流，消除单纯采用第一角画法造成的技术障碍，国家标准确认：必要时（如按合同规定）允许采用第三角画法。因此有必要了解一些第三角投影的画法。

图 1.25（a）是前面提到的空间的 8 个卦限，第三分角由编号Ⅲ表示。第三角画法的特点如下。

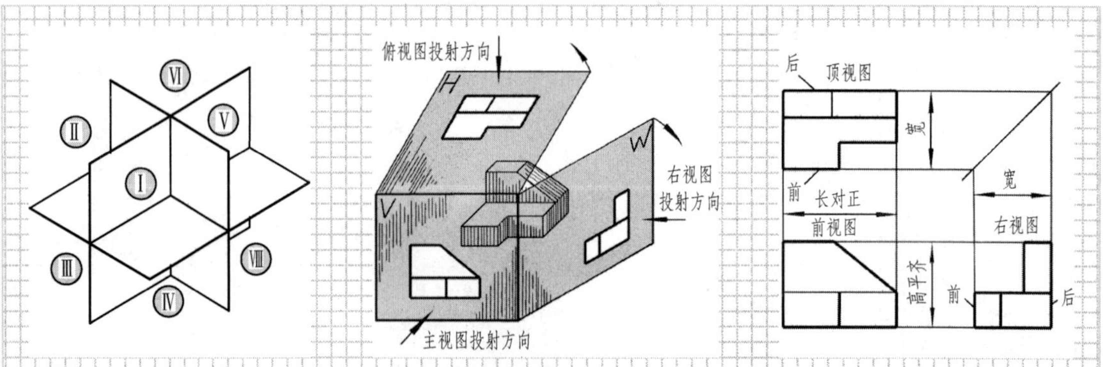

（a）空间的 8 个卦限　　（b）第三角投影体系　　（c）第三角投影下的三视图及投影规律

图 1.25　第三角画法中三视图的形成和投影规律

（1）把机件置于第三分角内，使投影面处于观察者和机件之间，假想投影面是透明的，从而得到机件的正投影。机件在 V、H 和 W 三个投影面上的投影，分别称为前视图、顶视图和右视图，如图 1.25（c）所示。

（2）投影体系展开时，V 面不动，H 和 W 面按图 1.25（b）所示箭头方向绕相应投影轴旋转 90°，展开后三视图的配置形式如图 1.25（c）所示。

（3）采用第三角画法绘制的图样中，必须在标题栏中画出投影识别符号“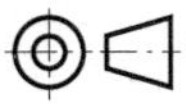”。相比之下，第一角画法的投影识别符号应为“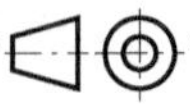”，但可省略。

1.6　轴测投影的基本概念

1.6.1　轴测图的基本知识

轴测图是工程上常用的一种立体图，它是一种能够同时反映物体正面、侧面和顶面形状的单面投影图。它也是用平行投影的方法获得的。如图 1.26（a）所示是使用正投影法（投影方向垂直于投影面）获得的正轴测图；如图 1.26（b）所示是使用斜投影法（投影方向倾斜于投影面）获得的斜轴测图。轴测图的立体感强、直观性好，一般人都能够看懂，对于人们理解和掌握物体的形状十分有利。但由于轴测图不能同时反映形体各个表面的真实形状和大小，所以度量性差，绘制不便，因此常用于生产和设计中的辅助图样或商业广告。

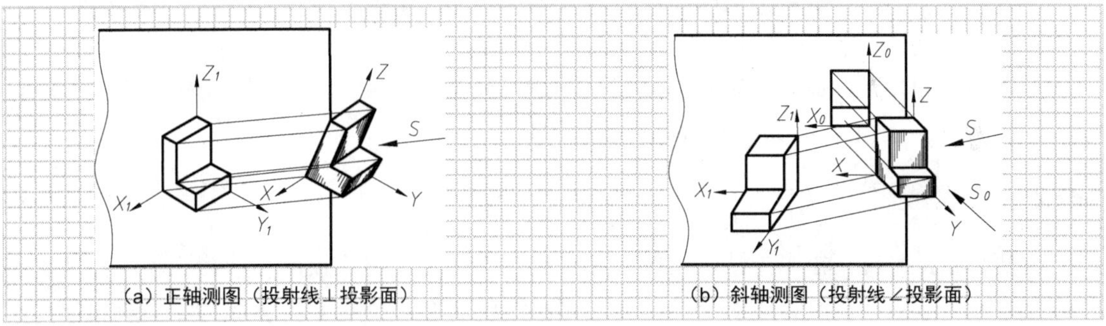

（a）正轴测图（投射线⊥投影面）　（b）斜轴测图（投射线∠投影面）

图 1.26　轴测图的形成

1. 轴测图的基本要素

轴测投影的基本要素有以下几点：

（1）轴测轴——空间坐标轴 OX、OY、OZ 在轴测投影面上的投影 O_1X_1、O_1Y_1、O_1Z_1，称为轴测轴。

（2）轴间角——轴测轴之间的夹角 $\angle X_1O_1Y_1$、$\angle X_1O_1Z_1$、$\angle Y_1O_1Z_1$ 称为轴间角。

（3）轴向伸缩系数——轴测轴 O_1X_1、O_1Y_1、O_1Z_1 上的线段与坐标轴 OX、OY、OZ 上的对应线段的长度比 p、q、r 分别称为 O_1X_1、O_1Y_1、O_1Z_1 轴测轴的轴向伸缩系数。

2. 轴测图的分类

轴测图根据投影时沿 X、Y、Z 三个方向所取的伸缩系数的不同，分为以下 6 种类型：

（1）正等测轴测图和斜等测轴测图（三个轴向伸缩系数均相等）；

（2）正二测轴测图和斜二测轴测图（三个轴向伸缩系数中有两个相等）；

（3）正三测轴测图和斜三测轴测图（三个轴向伸缩系数均不等）。

工程上常用的轴测图是**正等测图**和**斜二测图**。其轴间角及轴向伸缩系数如表 1.3 所示。

表 1.3 轴测投影中轴间角、轴向伸缩系数

轴测图种类	正 等 测	斜 二 测
轴向伸缩系数	$p=q=r=0.82$	$p=r=1$，$q=0.5$
简化轴向伸缩系数	$p=q=r=1$	$p=r=1$，$q=0.5$
轴间角	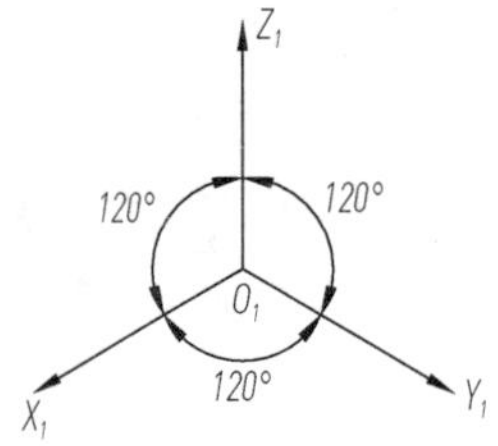	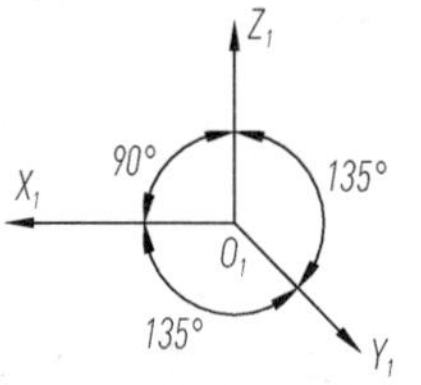

3. 轴测投影图的投影特性及其度量原则

1）投影特性

由于轴测投影图是依据平行投影法绘制的，所以它具有平行投影的所有投影特性：

（1）物体上互相平行的线段，在轴测投影图上仍互相平行；

（2）物体上两平行线段或同一直线上的两线段长度之比，在轴测投影图上保持不变；

（3）物体上平行于轴测投影面的直线段或平面图形，在轴测投影图上反映实长或实形。

2）度量原则

在绘制轴测投影图时，只能沿轴或其平行的方向按相应轴向伸缩系数换算后直接度量。“轴测图”也是由“沿轴向测量”而得名的。

1.6.2 正等测图

正轴测图是采用正投影方法获得的，那么它与前面也是用正投影法获得三视图的情况有什么不同呢？**区别就在于物体对于投影面的相对位置的不同**。图 1.27 就表明了这种情况。

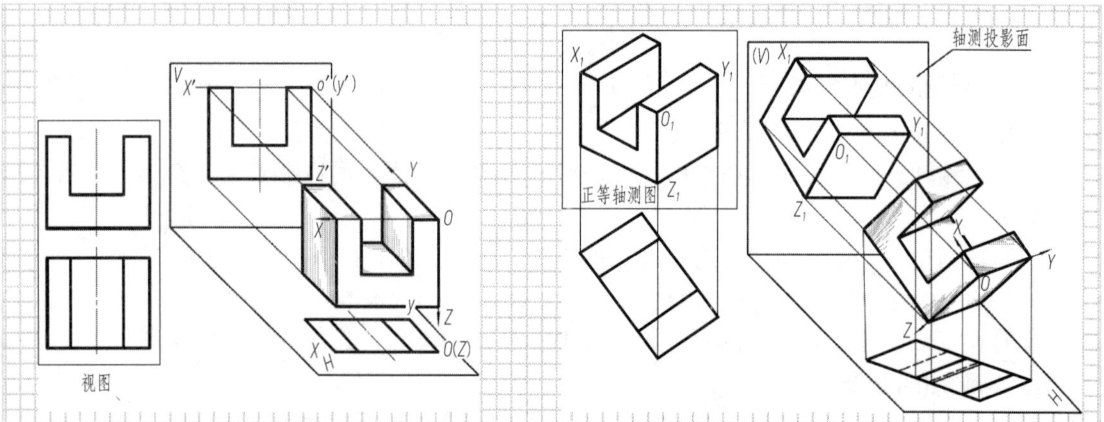

（a）物体上三个互相垂直的平面分别平行于 H、V、W 面——视图（正投影图）

（b）三条互相垂直的棱边对 V 面的倾角相等——正等轴测图

图 1.27 正投影图（视图）与正轴测图的区别

如果把物体上三条互相垂直的棱边当成直角坐标系，则由于每根坐标轴分别垂直于相应的某一投影面，物体的每个投影只反映两个坐标，这就是前面讨论的物体的视图，如图 1.27（a）所示。这种正投影图没有立体感，但度量性强，便于指导加工制造。而且在经过专业训练的工程技术人员眼中，多个视图配合想象，会在大脑中呈现或还原物体的空间形象。

如果把直角坐标系的三根坐标轴倾斜于正面，则实物的正面投影就可以反映出三个坐标，因此就有了立体感，如图 1.27（b）所示。凭借这个投影就可以大致看出实物的空间形状，因此不再需要水平投影。可见轴测图是单面投影。

如果使直角坐标系的三根坐标轴对轴测投影面的倾角相等，如图 1.28（b）所示，则所得的轴测图就叫正等轴测图，此时轴间角均为 120°，轴向伸缩系数均为 0.82。

图 1.28（a）所示为使用三角板正确而快速地画出正等轴测图中的三根轴测轴的方法；图 1.28（b）、（c）则给出了用正等测图表达一个物体的图例。

注意：为方便快速绘图，正等轴测图可采用简化的轴向伸缩系数 1，而不是 0.82，故整个图形是原形的 1/0.82＝1.22 倍。

回转体的投影中，至少有一个投影为圆，如图 1.29 所示。因此，要画出回转体的正等轴测图，首先要熟知平行于各坐标面的圆的轴测图的画法。

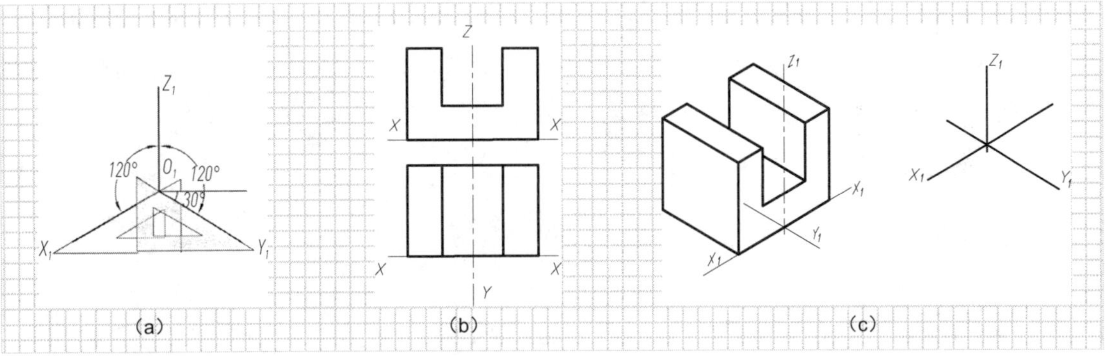

图 1.28 正等轴测轴的画法

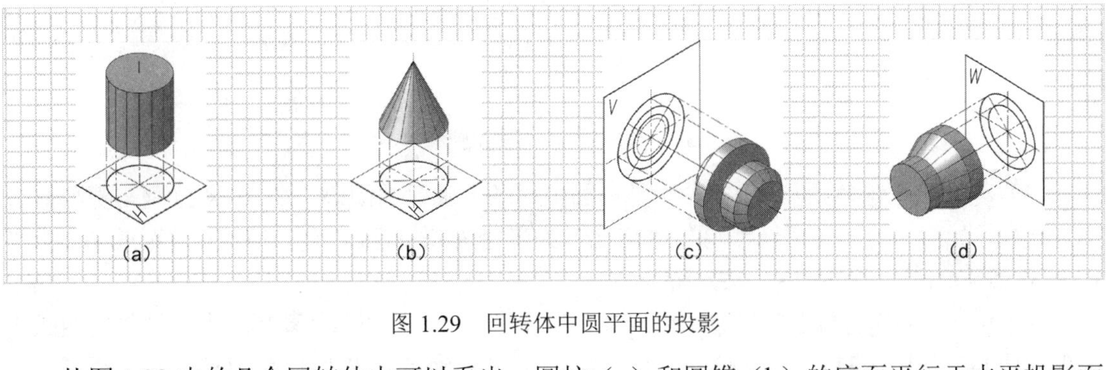

图 1.29 回转体中圆平面的投影

从图 1.29 中的几个回转体中可以看出，圆柱（a）和圆锥（b）的底面平行于水平投影面 H，物体（c）的圆平面平行于正立投影面 V，物体（d）的圆平面平行于侧立投影面 W，它们的正等轴测投影均分别为该投影面上的椭圆（图 1.30）。这些椭圆均有以下一些投影特性：

平行于 H 面（XOY 面）时，椭圆的长轴垂直于 Z_1 轴；

平行于 V 面（XOZ 面）时，椭圆的长轴垂直于 Y_1 轴；

平行于 W 面（YOZ 面）时，椭圆的长轴垂直于 X_1 轴。

由图 1.30 可知，对于一个同样大小的圆来说，平行于三个投影面的圆的正等轴测投影分别为三个形状相等的椭圆，只是长短轴的方向不一样，作图时可采用近似椭圆来代替圆的正等测。一般采用**四心椭圆法**（又称菱形法），只是这时寻找的 4 个圆心与该圆的正投影有相互约束作用。其作图步骤如图 1.31 所示。

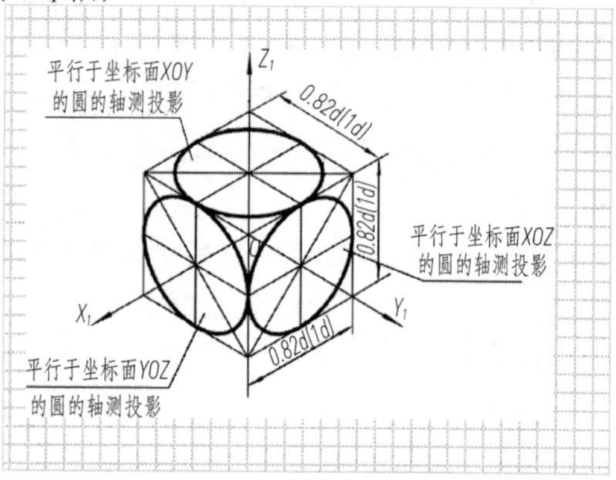

图 1.30　平行于坐标面的圆的正等测图

（1）在圆的四周作外切正方形，得切点 A、B、C、D。并设置坐标轴，如图 1.31（a）所示。

（2）画出正方形的正等测投影。如采用简化系数画图时，可以在 X_1、Y_1 轴的正、负方向上以圆半径长确定出 A_1、B_1、C_1、D_1 四个点，再过这四个点别作 Y_1、X_1 轴测轴的平行线，相交后得 *1324* 菱形，如图 1.31（b）、（c）所示。

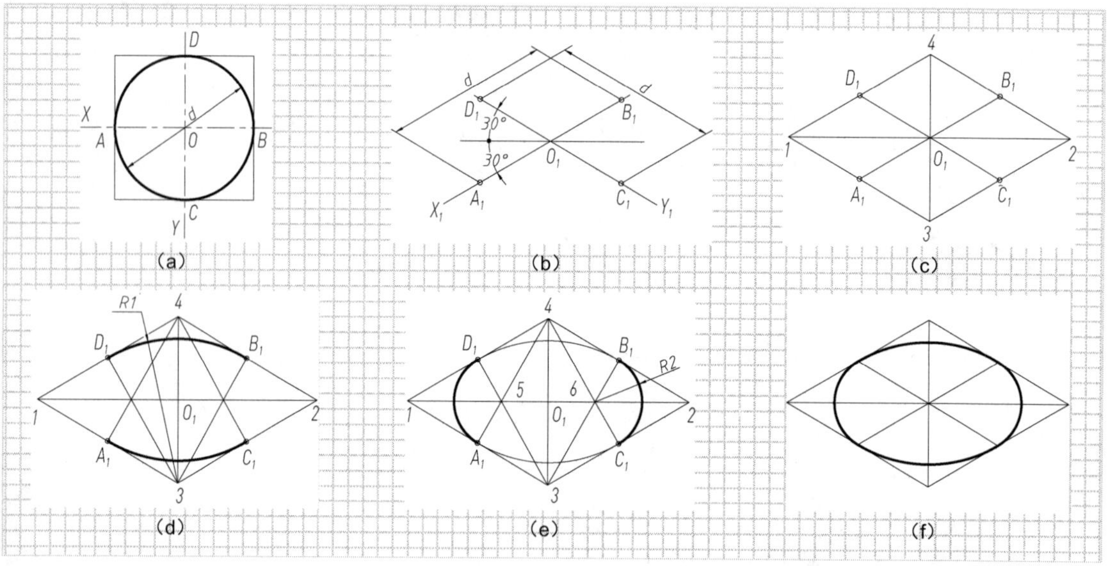

图 1.31　水平面圆的正等测投影画法

（3）菱形两个钝角顶点 *3*、*4* 分别是椭圆中两条大圆弧的圆心。由 *3*、*4* 分别与菱形对边中点连线，如图 1.31（d）所示。以 $3B_1$ 或 $3D_1$ 为半径 R_1 作圆弧 D_1B_1，同理以 $4A_1$ 或 $4C_1$ 为半径 R_1 作圆弧 A_1C_1。如图 1.31（d）所示。

（4）由 *3*、*4* 分别与菱形对边中点连线，所得交点 5、*6* 分别是菱形法中椭圆的另两条小圆弧的圆心，如图 1.31（d）、（e）所示。以 $6C_1$ 或 $6B_1$ 为半径 R_2 作圆弧 B_1C_1，同理以 $5A_1$ 或 $5D_1$ 为半径作圆弧 A_1D_1。如图 1.31（e）所示。

（5）加深四段圆弧完成水平面圆的正等轴测投影，如图 1.31（f）所示。

1.6.3　斜二测图

在图 1.32 中，将物体平行于空间直角坐标轴的平面仍置于平行于轴测投影面的位置，而将投射线对轴测投影面作一倾斜，即采用平行投影法中的斜投影法，就得到了实物的斜轴测图。

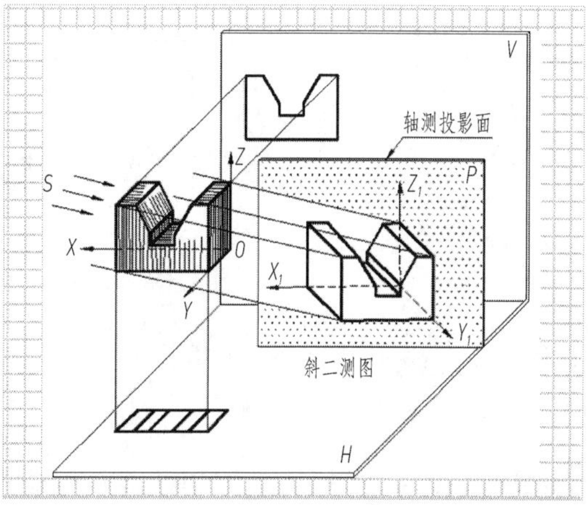

图 1.32　斜二测图的形成

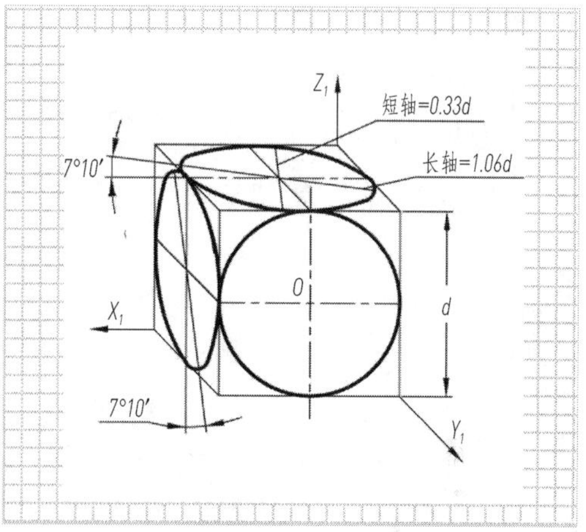

图 1.33　平行于坐标面的圆的斜二测

由于坐标面 *XOZ* 平行于轴测投影面 P_1，它在 *P* 面上的投影反映实形，X_1 和 Z_1 间的轴间角为 90°，并且 *X* 和 *Z* 的轴向伸缩系数都等于 1，因而叫做斜二测图。

由于斜二等测投影中与 Y_1 轴相关的轴间角及 Y_1 轴的轴向伸缩系数 *q* 互不关联，均可独立设定，为美观起见，Y_1 轴轴向伸缩系数 *q* 常取 0.5，即与 Y_1 轴相关的轴间角为 45°。

在平行于坐标面的圆的斜二测中，有一个坐标面反映实形，因此平行于该坐标面的圆的斜二测投影仍为圆，而另两个轴测投影为椭圆。如图 1.33 正面斜二测所示，由于 X_1、Z_1 方向的轴向伸缩系数为 1，所以所有平行于 *XOZ* 面的圆的斜二测投影反映实形圆，而平行于 *XOY* 和 *YOZ* 面的圆的斜二测投影变形为椭圆（**这种椭圆不可用上述的四心法代替**）。因此斜二测投影适合于绘制只有一个方向上圆较多、而另两个方向上没有圆出现的立体。

图 1.34（a）给出了斜二测图的轴间角和轴向伸缩系数，以及如何使用三角板准确而快速地画出三根轴测轴。图 1.34（b）则给出了斜二测图表示的图例，该图例也说明，要方便地画出一个实物的斜二测图，最好将众多的圆平面与轴测投影面平行放置。

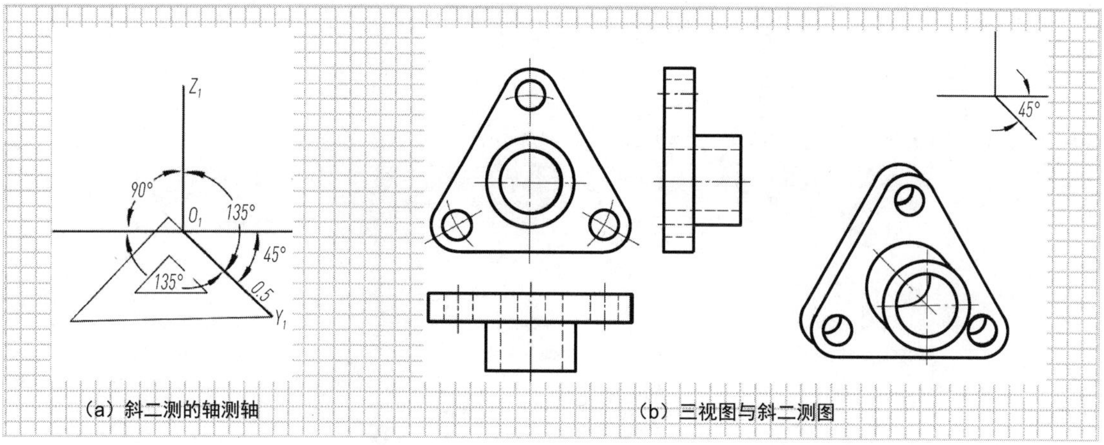

图 1.34　平行于坐标面的圆的斜二测

本章小结

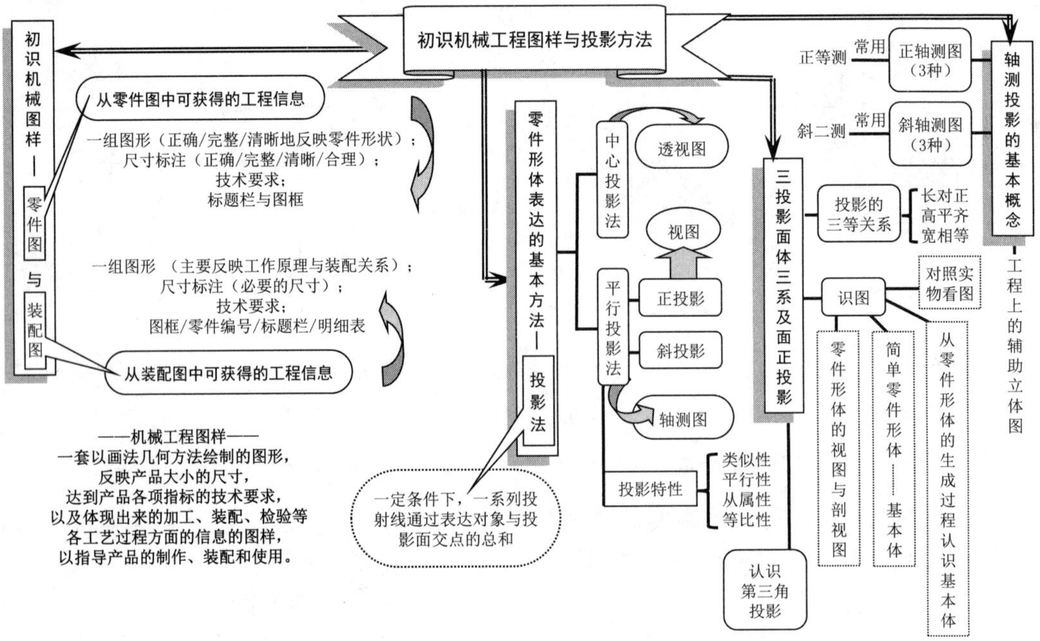

初识机械工程图样与投影方法
初识机械图样——零件图与装配图
从零件图中可获得的工程信息
一组图形（正确/完整/清晰地反映零件形状）；
尺寸标注（正确/完整/清晰/合理）；
技术要求；
标题栏与图框
一组图形 （主要反映工作原理与装配关系）；
尺寸标注（必要的尺寸）；
技术要求；
图框/零件编号/标题栏/明细表
从装配图中可获得的工程信息
——机械工程图样——
一套以画法几何方法绘制的图形，
反映产品大小的尺寸，
达到产品各项指标的技术要求，
以及体现出来的加工、装配、检验等
各工艺过程方面的信息的图样，
以指导产品的制作、装配和使用。
零件形体表达的基本方法——投影法
一定条件下，一系列投射线通过表达对象与投影面交点的总和
中心投影法
透视图
视图
平行投影法
正投影
斜投影
轴测图
投影特性
类似性
平行性
从属性
等比性
三投影面体系及正投影
投影的三等关系
长对正
高平齐
宽相等
识图
对照实物看图
零件形体的视图与剖视图
简单零件形体——基本体
从零件形体的生成过程认识基本体
认识第三角投影
正等测
常用
正轴测图（3种）
斜二测
常用
斜轴测图（3种）
轴测投影的基本概念
工程上的辅助立体图

第 2 章　制图标准与制图基本技能

Drawing Standards and Basic Skills of Mechanical Drawings

本章知识要点

本章的重点主要有两个方面，一个是国家标准《技术制图》和《机械制图》的基本规定，一个是几何图形的基本作图方法。前者是作为机械图样绘制、表达与识读的准则和参照，更是作为工程语言的法则规范；后者是作为一个工程师和工程技术人员的必备的基本技能。这些都是学习者必须练就的基本功。

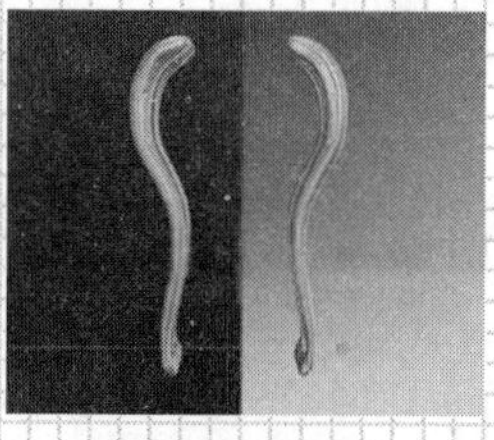

兴趣实践

在学习了本章内容后，你能结合第1章的立体成形方法，对你周围的生活用品抽象出其成形面的图形并分析作图吗(如花瓶、门窗把手等)？

探索思考

本章介绍了手工尺规绘图和计算机软件绘图工具，你能找到它们之间的那种相辅相成的联系吗？当然，这要在你投入大量的实践之后才能找到答案。去动手吧！只有动手才能引导动脑。

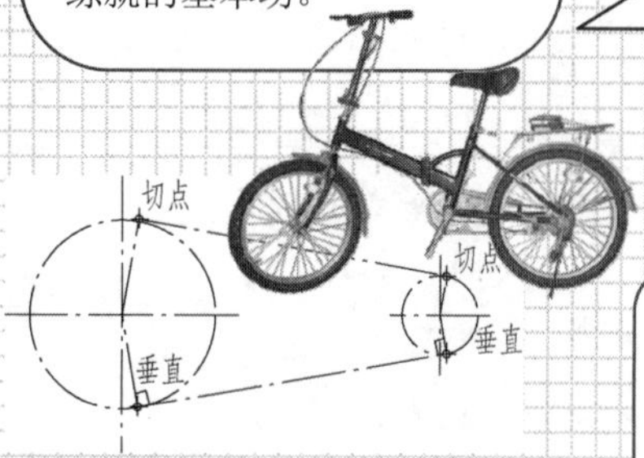

预习准备

回顾第一章中提到的基本体的形成过程，无论是拉伸成形还是旋转成形，都首先要有一个成形面。因此本章的预习思路在于：如何在国家标准的规范下，在几何原理基础上，正确运用尺规作图或CAD方法绘制这些成形面。

2.1　制图标准简介

机械图样是工程界共同的技术语言，是表达设计思想、交流技术经验必不可少的方法之一，是现代工业生产中的重要技术文件。因此，对于图上的每一条图线、每一个符号，乃至每一组文字术语，都必须有统一的规定，赋予特定的含义，否则会造成混乱和误解。这种统一的标准就叫做制图标准。制图标准有三个级别，最高级别的是国际标准（ISO），其次是国家标准（我国国家标准（简称国标）的代号是 GB），另外还有行业标准（JB）。

中华人民共和国国家标准《技术制图》和《机械制图》，是一个统一我国制图实践标准最具权威的强制性文件，每一位工程技术人员在绘制图样时，都应严格遵守和贯彻执行。

根据《标准化法》规定，国家标准分为强制性和推荐性标准。“G”、“B”、“T”分别为“国家”、“标准”、“推荐”汉语拼音第一个字母。例如，《GB/T 17453—2005 技术制图 图样画法 剖面区域表示法》，即表示制图标准中图样画法的剖面区域表示法部分。其中，GB/T 为推荐性国标，17453 为发布顺序号，2005 是年号。《机械制图》标准适用于机械图样，《技术制图》标准则普遍适用于工程界各种专业技术图样。

1959 年，我国首次颁布了国家标准《机械制图》。以后，随着生产技术和经济建设的不断进步，随着计算机技术的飞跃发展和对外技术交流的需要，又几次颁布了修订的《机械制图》国家标准及一些技术文件。

国家标准《机械制图》含有 17 个独立的标准，它们是参照国际标准化组织（ISO）制订的标准制定的。其中的 6 个基本标准为：

（1）技术制图　图纸幅面及格式（GB/T 14689—2008）（其中 GB 是国家标准代号，T 为推荐标准，14689 是标准号，2008 是标准颁布的年号）。

（2）技术制图　比例（GB/T 14690—1993）。

（3）技术制图　字体（GB/T 14691—1993）。

（4）机械制图　图样画法　图线（GB/T 4457.4—2002）；技术制图 图线（GB/T 17450—1998）。

（5）机械制图　图样画法　视图（GB/T 4458.1—2002）。

（6）机械制图　尺寸注法（GB/T 4458.4—2003）；技术制图（简化表示法 第 2 部分：尺寸注法（GB/T 16675.2—1996）。

本章将对此择要介绍。

2.1.1　图纸幅面及格式

本节内容摘自 GB/T 14689—2008，见表 2.1。

1. 图纸幅面

为了合理利用图纸和便于图样管理，国家标准中规定了 5 种标准图纸的幅面，其代号分别为 A0、A1、A2、A3、A4。绘制图样时，应优先选用国家标准中规定的幅面尺寸（见表 2.1）。必要时，允许由基本幅面的短边成整数倍增加幅面尺寸，具体尺寸可参考标准规定。

2. 图纸格式

标准幅面的图纸在绘图前必须按如表 2.1 所示的规定尺寸用粗实线画出图框（用来界定绘图边界）和标题栏。图纸可以横放，也可以竖放，其格式分为“不留装订边”和“留有装订边”两种，如表 2.1 中的图 1、图 2 所示。

3. 标题栏（摘自 GB/T 10609.1—2008）（表 2.2）

标题栏置于图框的右下角。一般情况下，绘图与看图的方向与标题栏中字头方向保持一致。有时为了利用预先印制好图框和标题栏的图纸，也允许将图纸逆时针旋转 90°，使标题栏置于图框的右上角，这时，绘图与看图的方向与标题栏呈不一致状态。因此，为了明确绘图或看图时图纸的方向，应在图框下边框中间位置画出“方向符号”，即用细实线绘制的等腰三角形，但此种方式尽量不要使用。

表 2.1　图纸幅面和格式——基本幅面　　（mm）

幅面代号	A0	A1	A2	A3	A4
$B\times L$	841×1189	594×841	420×594	297×420	210×297
e	20		10		
c	10			5	
a	25				
装订边的图框格式	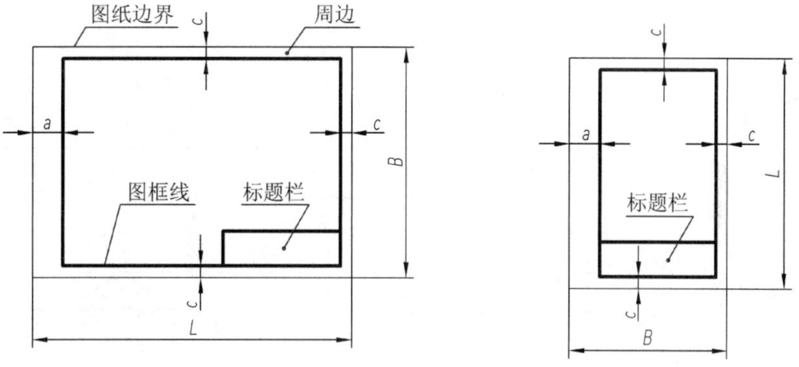 （a）A0～A3 幅面　　（b）A4 幅面 图 1　留有装订边的图框格式 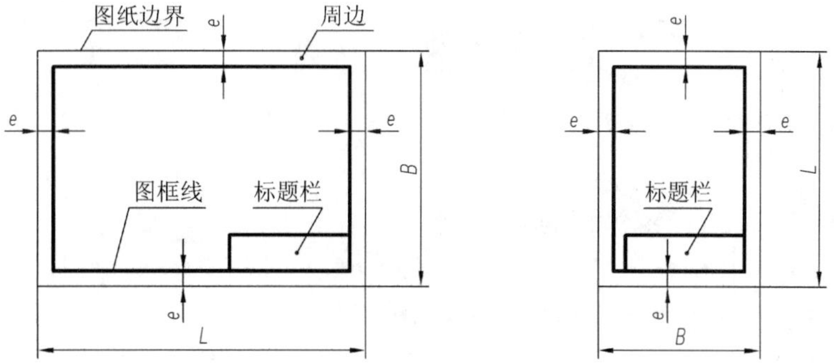 （a）A0～A3 幅面　　（b）A4 幅面 图 2　不留装订边的图框格式				

注：① 图纸幅面是指图纸的总体尺寸——$B\times L$。绘制技术图样时应优先选用基本幅面，必要时允许选用加长幅面，加长幅面的尺寸按基本幅面的短边成整数倍增加。

② 图框格式是指图纸上图框和标题栏的布局格式，分为留有装订边和不留装订边两种。图纸上必须用粗实线画出图框。

③ 同一产品的技术图样只能采用一种图框格式。

标题栏的基本要求、内容、尺寸及基本格式在国家标准《技术制图》中均有规定，见表 2.2 中第一行“标题栏格式和尺寸示例”。本书中对学生作业中使用的标题栏作了简化，如表 2.2 中第二行所示。

表 2.2　标题栏格式和尺寸

（mm）

标题栏格式和尺寸示例	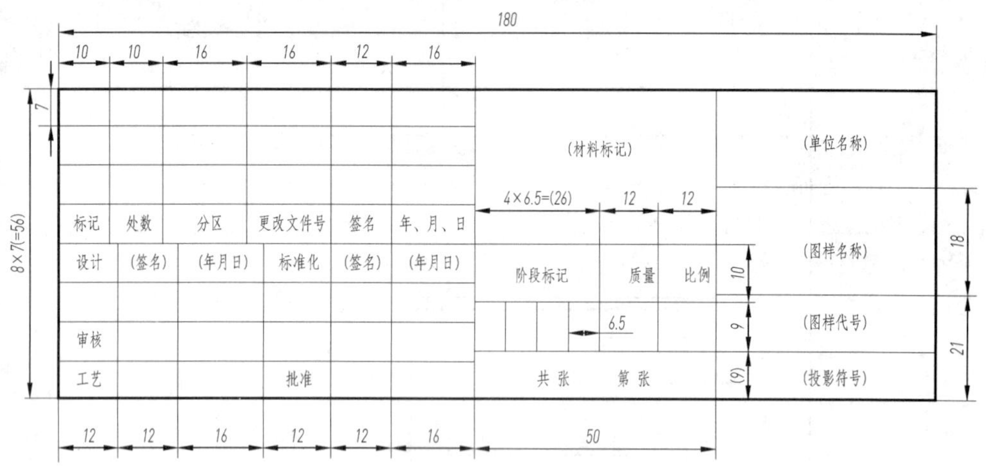
作业中使用的标题栏	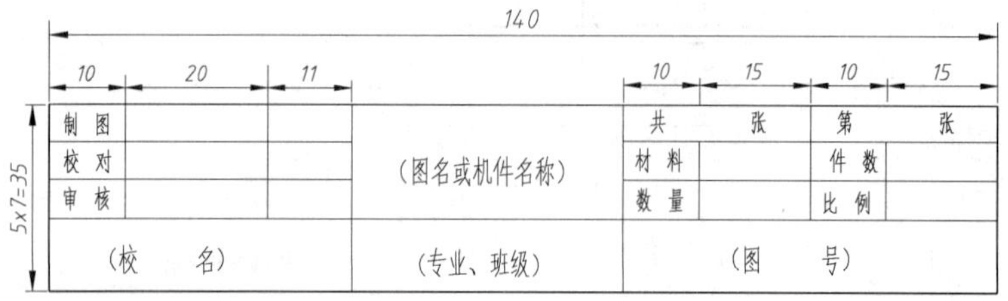

注：① 每张图纸上都必须画出标题栏，标题栏应位于图框的右下角；
② 标题栏中的文字方向即图纸看图方向。

2.1.2　比例

本节内容摘自 GB/T 14690—1993。

比例指图样中机件要素的线性尺寸与实际机件相应要素的线性尺寸之比。即，比例＝图样中机件要素的线性尺寸∶实际机件相应要素的线性尺寸。

表 2.3　标准比例系列

种　类	优先选用比例	允许选用比例
原值比例	1∶1	
放大比例	5∶1　2∶1 5×10^n∶1　2×10^n∶1	4∶1　25∶1 4×10^n∶1　25×10^n∶1
缩小比例	1∶2　1∶5　1∶10 1∶2×10^n　1∶5×10^n　1∶10×10^n	1∶1.5　1∶2.5　1∶3　1∶4　1∶6 1∶1.5×10^n　1∶2.5×10^n　1∶3×10^n　1∶4×10^n　1∶6×10^n

注：n 为正整数。

比例有“原值比例（比值＝1）”、“放大比例（比值＞1）”和“缩小比例（比值＜1）”之分。绘图时，尽量采用 1∶1 的比例，必要时也可根据物体的大小及结构的复杂程度不同，采用缩小或放大的比例。采用非原值比例时，应按表 2.3 中所列的比例系列选用。

绘制同一机件的各个图形一般应采用相同的比例，并填写在标题栏的“比例”一栏中。而当其中某个图形需采用不同比例绘制时，必须按规定在该图形正上方另行标注。

特别注意：同一物体采用不同比例绘制时，在图样中标注的线性尺寸，必须是物体的实际尺寸，与图形放大缩小无关，且角度尺寸不可随之放大与缩小，如图 2.1 所示。

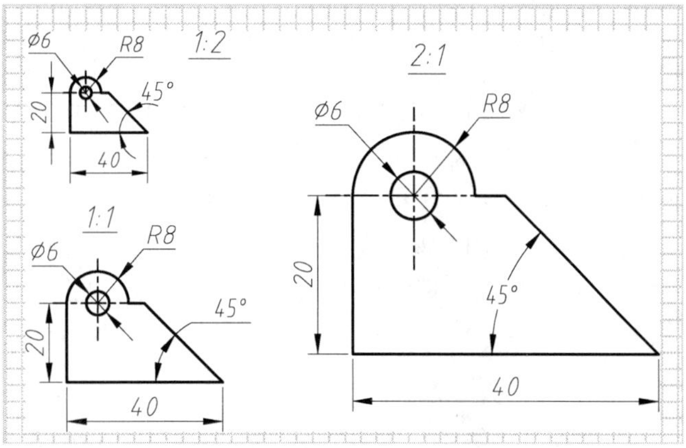

图 2.1 不同比例的图形及其尺寸标注

2.1.3 字体

本节内容摘自 GB/T 14691—1993。

1. 技术图样及有关技术图样中字体的基本要求

（1）字体的书写必须做到：字体端正、笔画清楚、间隔均匀、排列整齐。

（2）字体的号数用字体的高度 h 表示，其公称尺寸系列为 1.8mm，2.5mm，3.5mm，5mm，7mm，10mm，14mm，20mm。此字体高度数系列的公比为 $\sqrt{2}$ 。若有需要，字高还可按 $\sqrt{2}$ 的比率递增。

（3）图样上的字体一般为汉字、数字与拉丁字母。汉字应写成长仿宋体字，并采用国家正式公布推行的简化字。汉字的高度即字高 h 应不小于 3.5mm，其宽度一般为 $h/\sqrt{2}$ 。字母和数字分 A 型和 B 型。A 型字体的笔画宽度 b 为字高 h 的 1/14。B 型字体的笔画宽度 b 为字高 h 的 1/10。在同一图样上，只能允许选用一种形式的字体。

（4）字母和数字可写成斜体和直体，斜体字字头向右倾斜，与水平基准线成 75°夹角。

（5）用做指数、分数、极限偏差、注脚等的数字及字母，一般采用小一号字体。

（6）汉字、拉丁字母、数字等组合书写时，其排列格式和间距都应符合标准的规定。

2. 常用字体示例

常用汉字、数字与拉丁字母如表 2.4 所示。

表 2.4 图样字体示例

字 体		示 例
汉字 长仿宋体	10 号字	字体工整 笔画清楚 间隔均匀 排列整齐
	7 号字	横平竖直 注意起落 结构均匀 填满方格
	5 号字	技术制图机械电子汽车航空船舶土木建筑矿山井坑港口纺织服装
大小写拉丁字母(A 型)		ABCDEFGHIJKLMNOPQRSTUVWXYZ abcdefghijklmnopqrstuvwxyz
大小写希腊字母(B 型)		ΑΒΓΔΕΖΗΘΙΚΛΜΝΞΟΠΡΣΤΥΦΧΨΩ αβγδεζηθικλμνξοπρστυφχψω
阿拉伯数字和罗马数字（A 型）		0123456789 Ⅰ Ⅱ Ⅲ Ⅳ Ⅴ Ⅵ Ⅶ Ⅷ Ⅸ Ⅹ
指数、分数和极限偏差（A 型）		10^3 S^{-1} D_1 T_d $\phi 20^{+0.010}_{-0.023}$ $7^{\circ}{}^{+1^{\circ}}_{-2^{\circ}}$ $\frac{3}{5}$

2.1.4 图线

本节内容摘自 GB/T 17450—1998、GB/T 4457.4—2002。

图线是指图样中各种形式的线条。图样中图线的名称、形式、宽度及一般应用，其中机械制图中常用的线型有 9 种，在国家标准中都有明确规定。在绘制图样时，应严格遵守。国家标准中规定的基本线型有 15 种。所有线型的图线宽度（d）应按图样的类型、图样的大小和复杂程度在规定的数系（0.13、0.18、0.25、0.35、0.5、0.7、1、1.4、2）中选取，此数系的公比为$\sqrt{2}$。表 2.5 中列出了绘制工程图样时常用图线的名称、图线形式、线宽及其一般应用。

表 2.5 机械图样中的常用图线及其应用

图线名称	图线形式	线宽	一般应用
粗实线		d	可见轮廓线（过渡线） 螺纹牙顶线和终止线 齿轮齿顶圆（线）
细实线		$d/2$	作图辅助线 尺寸界线和尺寸线 指引线和基准线 剖面线、重合断面轮廓线 螺纹牙底线 齿轮齿根圆（线）
细虚线	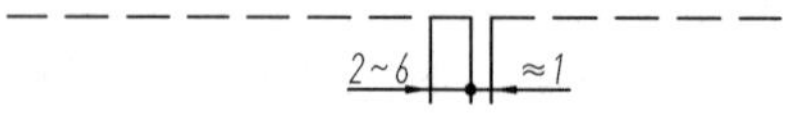	$d/2$	不可见轮廓线 不可见过渡线
细点画线		$d/2$	轴线、对称中心线 齿轮分度圆（线） 轨迹线
双点画线	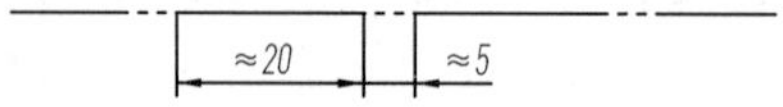	$d/2$	相邻辅助零件的轮廓线 可动零件的极限位置轮廓线 假想投影轮廓线
波浪线		$d/2$	断裂处边界线 局部剖视与视图的分界线
双折线		$d/2$	断裂处边界线
粗点画线	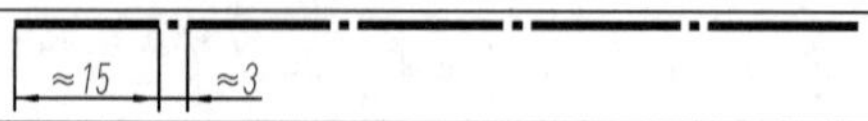	d	限定范围表示线
粗虚线		d	允许表面处理的表示线

在机械图样上，常用的图线有细点画线、粗实线、虚线和细实线等。其中，粗实线和虚线都是用来表示物体的轮廓线的，只是粗实线代表可见轮廓线，而虚线表示被挡住的轮廓线，又称不可见轮廓线；细点画线用来表示物体的对称面、回转体的轴线和中心线，这些点画线在设计与绘图中是非常重要的、不可缺少的图线，是几何分析、绘图及尺寸标注的定位基准线。

值得注意的是：由于点画线是一种仅反映几何语义的图线，在实物上并不出现，因此也是初学者在绘图时最容易忽略的图线，应引起注意。另外，虚线只能用来表示物体上的不可见轮廓线，不可以用来画辅助线等（在其他学科的示意图中，有用虚线来作为辅助线的，但那不能用于工程图），辅助线、剖面线及写字和标注是用细实线来表达的，这也是初学者要注意的问题。在初学绘图的阶段，一定要多查阅国家标准的各项基本规定，养成良好的绘图习惯。

表 2.6 给出了常用图线的画法以及应用示例。

表 2.6　常用图线画法及其应用示例

<table>
<tr><th>图线的画法及应用</th><th>画法说明</th></tr>
<tr><td>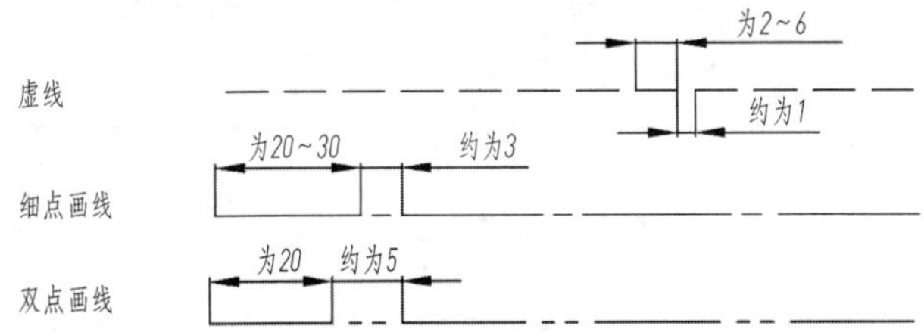
</td><td>同一图样中，同类图线的宽度应基本一致。虚线、细点画线及双点画线的线段长短和间隔应大致相等。
细点画线和双点画线的首尾两端应是长画而不是短画</td></tr>
<tr><td>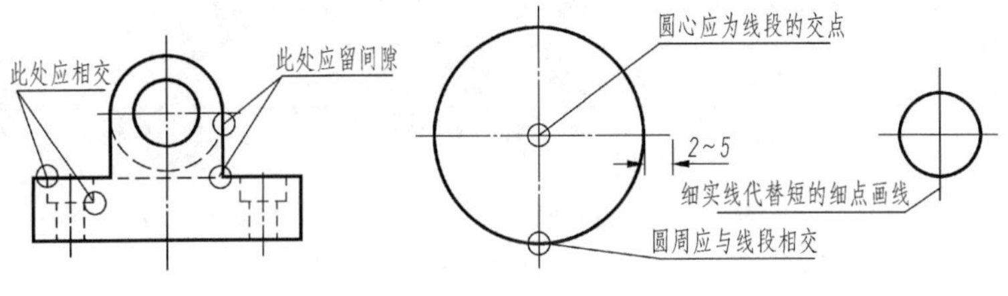

（a）　（b）
注：① 当细点画线与虚线或粗实线重合时，重合部分应画成虚线或粗实线。当虚线与粗实线重合时，重合部分应画成粗实线。
② 除非另有规定，两条平行线之间的最小间隙不得小于 0.7mm</td><td>图线相交时应以线段相交，但当虚线是粗实线的延长线时，其连接处应留空隙，如图（a）所示。
绘制圆的对称中心线时，圆心应为线段的交点，且对称中心线两端应超出圆弧 2～5mm。
在较小的图形上绘制细点画线或双点画线有困难时，可用细实线代替，如图（b）所示</td></tr>
<tr><td>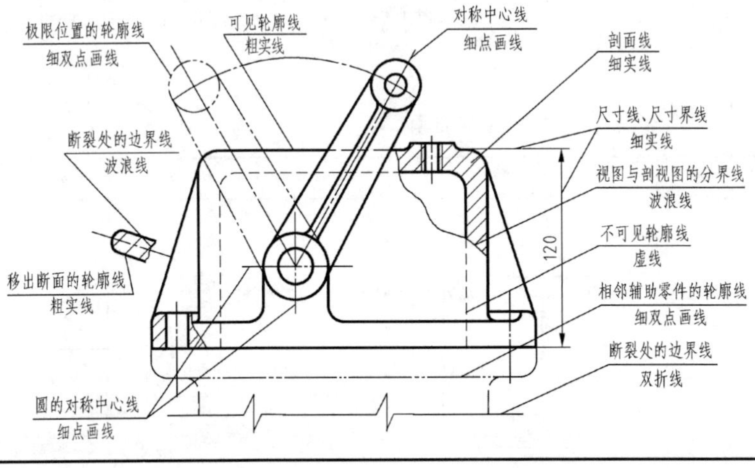
</td><td>图线应用综合示例</td></tr>
</table>

2.1.5　尺寸注法

图样中的视图只是表达了一个零件的形状，而它的大小必须由尺寸标注来说明。国家标准对图样中尺寸标注的规则和方法进行了详细的规定（GB/T 16675.2—1996、GB/T 4458.4—2003）。表 2.7 给出了国家标准关于尺寸标注的基本规定。

表 2.7　尺寸注法的基本规定

项目	基 本 规 定	图　　例
尺寸基本概念和规则	（1）图样中的尺寸确定了机件（机械零件）的真实大小，是制造和加工的依据。 （2）一个完整的尺寸一般由尺寸界线、尺寸线和尺寸数字组成，称为尺寸三要素，全用细实线绘制。其中，尺寸线包括线和终端（实心箭头）两部分	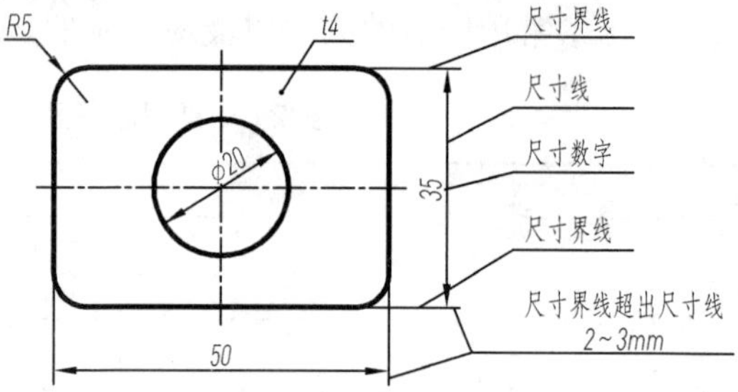
	图样中的尺寸有多种标注类型，较常见的有 6 种	（1）线性尺寸，标注直线长度或距离的尺寸。 （2）直径尺寸，标注圆或包角大于 180°圆弧的直径。 （3）半径尺寸，标注包角小于或等于 180°圆弧的半径。 （4）角度尺寸，标注两直线间的夹角或圆弧的包角。 （5）弧长尺寸，标注圆弧部分的弧长。 （6）引线尺寸，用引线引出标注的注释性尺寸
	尺寸注法的基本规则	（1）机件的真实大小应以图样上所注的尺寸数值为依据，与图形的大小及绘图的准确度无关。 （2）图样中的尺寸，默认以毫米（mm）为单位，不需标注单位符号或名称；如采用其他单位，则应注明相应的单位符号。 （3）图样中所标注的尺寸，为该图样所示机件的最后完工尺寸，否则应另加说明。 （4）机件的每一尺寸，一般只标注一次，并应标注在反映该机件最清晰的图形上

图样上一个完整的尺寸标注由尺寸界线、尺寸线和尺寸数字三大要素组成。表 2.8 分别介绍了它们的画法规则。

表 2.8　尺寸的组成要素

项目	基 本 规 定	图　　例
尺寸界线	尺寸界线用细实线绘制，并应由图形的轮廓线、轴线或对称中心线处引出。也可利用轮廓线、轴线或对称中心线作尺寸界线	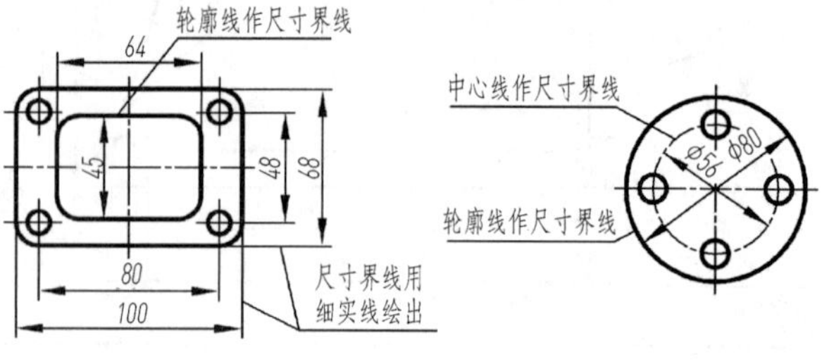
	当表示曲线轮廓上各点的坐标时，可将尺寸线或其延长线作为尺寸界线	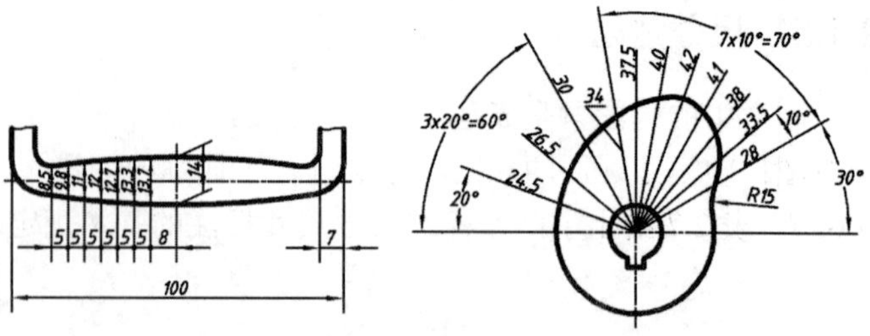

续表

项目	基本规定	图例
尺寸界线	（1）尺寸界线一般应与尺寸线垂直，必要时才允许倾斜。 （2）在光滑过渡处标注尺寸时，应用细实线将轮廓线延长，从它们的交点处引出尺寸界线	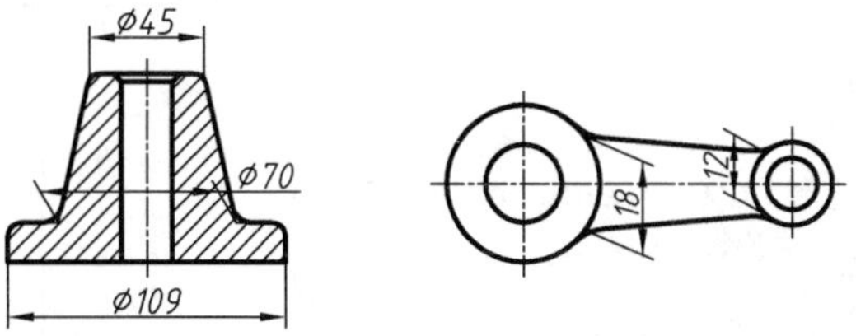
尺寸线	尺寸线用细实线绘制，其终端可以有下列两种形式： （1）箭头：适用于各种类型的图样；机械图样中一般采用箭头作为终端形式。 （2）斜线：用细实线绘制，常用于建筑图样	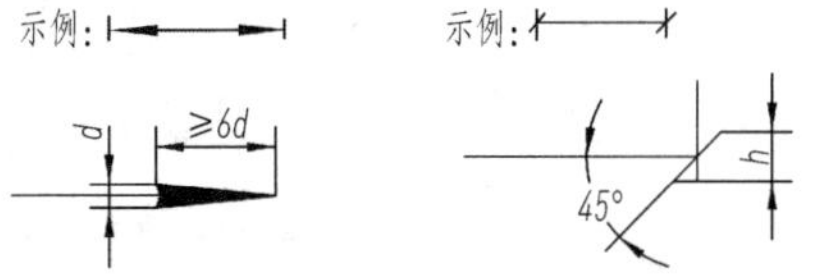 d-粗实线的宽度　　h - 尺寸数字的高度 （a）箭头　　（b）斜线
	当尺寸线与尺寸界线相互垂直时，同一张图样中只能采用一种尺寸线终端的形式	
	标注线性尺寸时，尺寸线应与所标注的线段平行	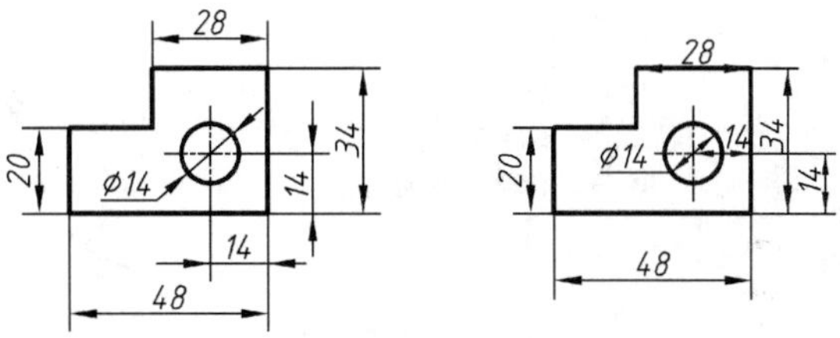 （a）正确　　（b）错误
	尺寸线不能用其他图线代替，一般也不得与其他图线重合或画在其延长线上。尺寸线一般不得与另一尺寸的尺寸界线相交	
尺寸数字	线性尺寸的数字一般应注写在尺寸线的上方，也允许注写在尺寸线的中断处	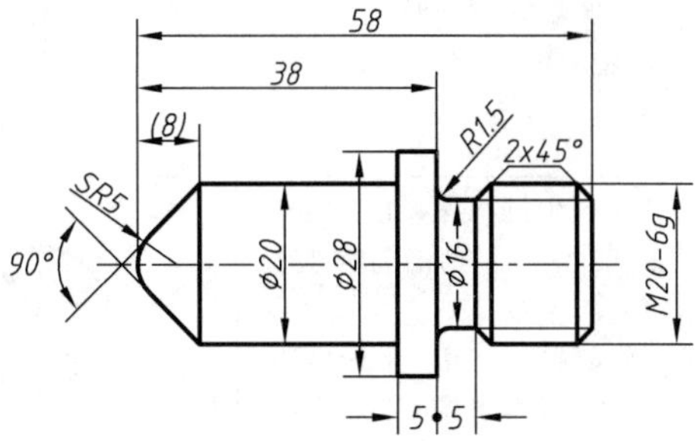
	标注参考尺寸时，应将尺寸数字加上圆括弧	
	线性尺寸数字的方向，一般应按图（a）所示的方向注写，其中，水平方向的尺寸数字书写在水平尺寸线的正上方；垂直方向的尺寸数字向左旋转90°，写在垂直尺寸线的正左方；其他方向的尺寸数字应保持字头向上的趋势，并尽可能避免在图示30°范围内标注尺寸，当无法避免时可按图（b）的三种形式之一进行标注。在一张图样中，应尽可能采用同一种注写方法	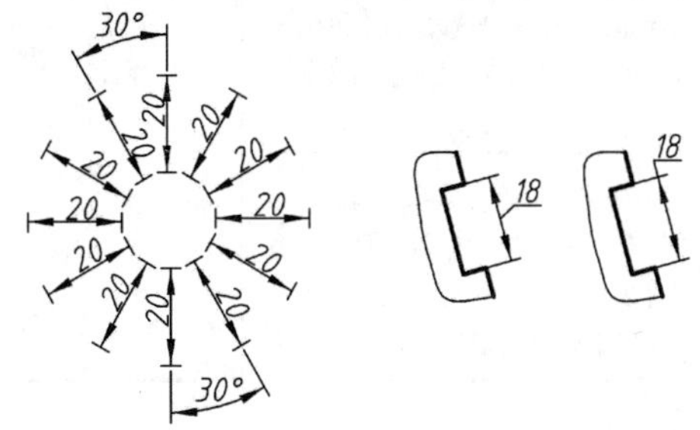 （a）　　（b）

续表

项目	基本规定	图例
尺寸数字	尺寸数字不可由任何图线所通过，否则应将该图线断开	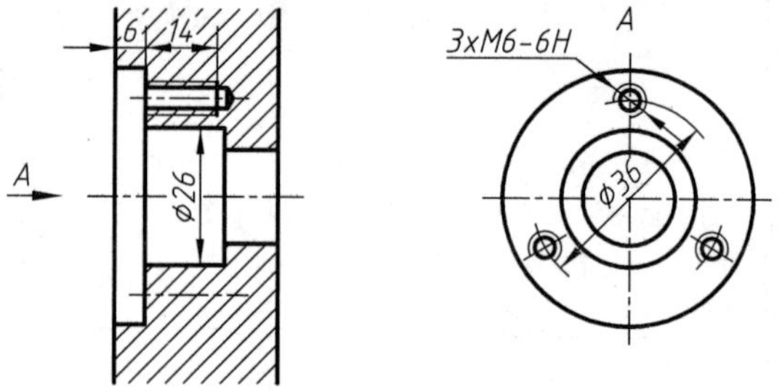

尺寸标注有“线性尺寸”、“直径半径尺寸”、“角度尺寸”、“弦长尺寸”、“弧长尺寸”、“引线尺寸”等多种形式，其标注规则见表 2.9。

表 2.9　尺寸标注形式及综合示例

项目	基本规定	图例
直径和半径尺寸	标注直径时，应在尺寸数字前加注符号“*ϕ*”；标注半径时，应在尺寸数字前加注符号“*R*”	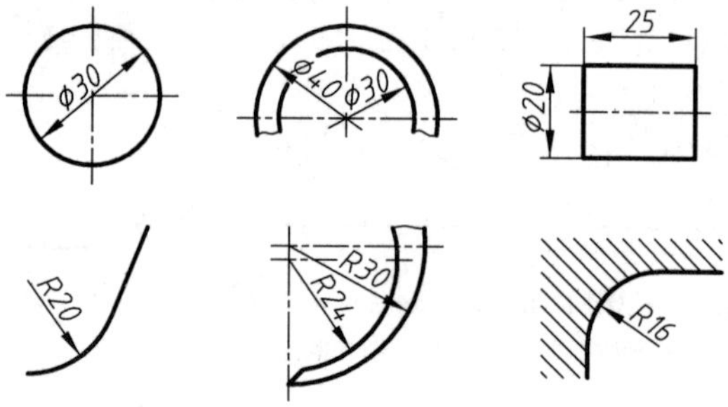
	圆的直径和圆弧半径的尺寸线应通过圆心，尺寸线的终端应画成箭头	
	当圆弧的半径过大或在图纸范围内无法标出其圆心位置时，可按图（a）的形式标注。若不需要标出其圆心位置时，可按图（b）的形式标注	 （a）　（b）
	标注球面的直径或半径时，应在符号“*ϕ*”或“*R*”前再加注符号“*S*”，见图（a）、（b）。 对于轴、螺杆、铆钉以及手柄等的端部，在不致引起误解的情况下可省略符号“*S*”，见图（c）	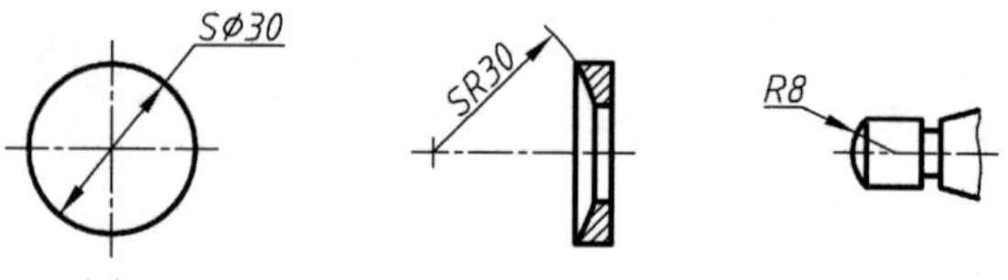 （a）　（b）　（c）
角度尺寸	标注角度的尺寸界线应沿径向引出。标注角度时，尺寸线应画成圆弧，其圆心是该角的顶点	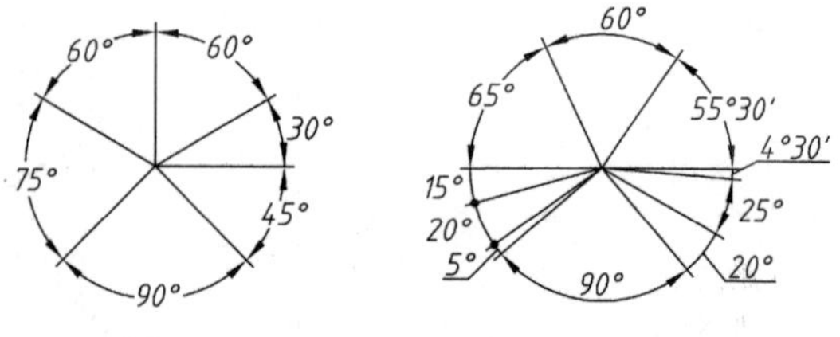 （a）　（b）
	角度的数字一律写成水平方向，一般注写在尺寸线的中断处，见图（a）；必要时也可注写在尺寸线的外侧或上方，狭小处可引出标注，见图（b）	

续表

项目	基本规定	图 例
弦长和弧长	标注弦长的尺寸界线应平行于该弦的垂直平分线，见图（b）；标注弧长的尺寸界线应平行于该弧所对圆心角的角平分线，见图（c），当弧度较大时，可沿径向引出标注，见图(d)	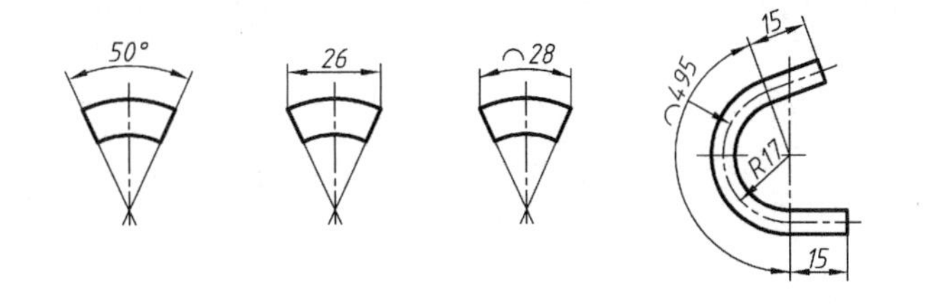 （a）（b）（c）（d）
	标注弧长时，应在尺寸数字左方加注符号“⌒”	
对称图形	当对称机件的图形只画出一半或略大于一半时，尺寸线应略超过对称中心线或断裂处的边界，此时仅在尺寸线的一端画出箭头	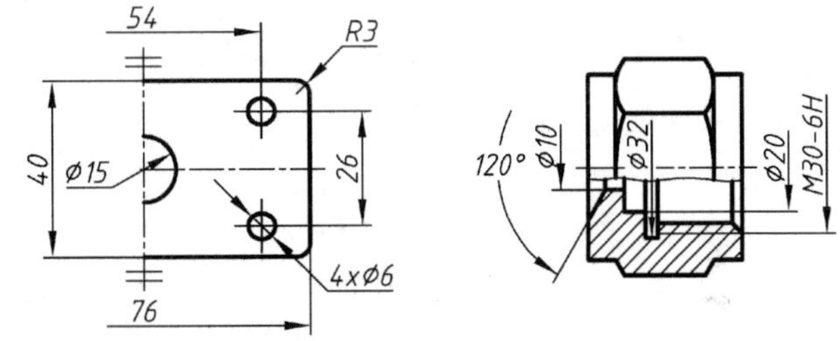
狭小位置	当尺寸界线之间没有足够的位置画箭头或注写数字时，可将箭头或数字布置在尺寸界线的外面。当位置更小时，可将两者都布置在外面	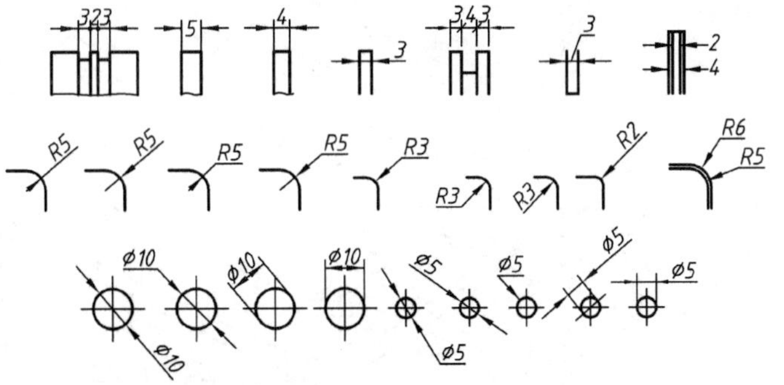
	多个小尺寸连续标注时，中间的箭头可用圆点或斜线代替	
其他	（1）标注剖面为正方形结构的尺寸时，可在正方形边长尺寸数字前加注符号“□”或用“$B\times B$”（B为正方形的对边距离）注出。 （2）标注板状零件的厚度时，可在尺寸数字前加注符号“t”。 （3）当需要指明半径尺寸是由其他尺寸所确定时，应用尺寸线和符号“R”标出，但不要注写尺寸数值	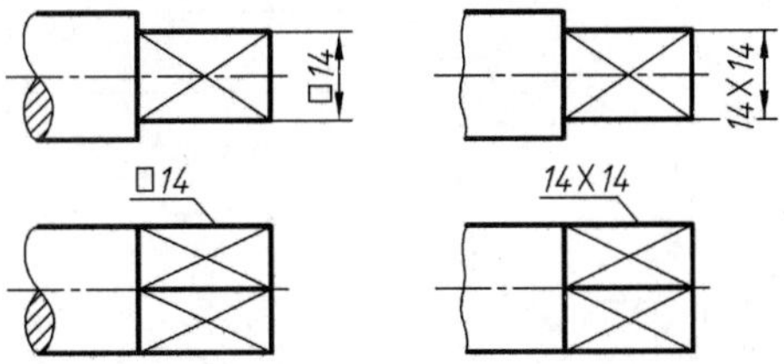 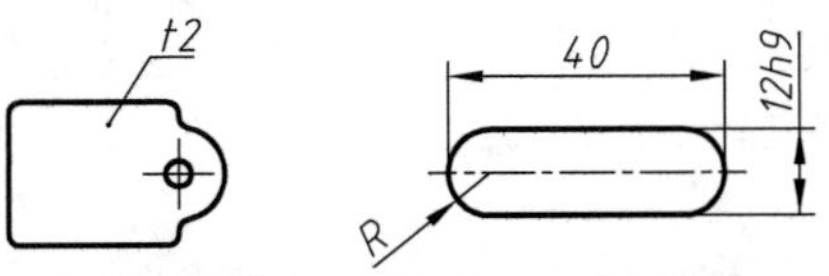

2.2 尺规绘图的操作方法和制图步骤

要确保绘图质量，提高绘图速度，就必须学会正确使用绘图工具和仪器。绘图工具有手工绘图和计算机软件绘图两类方式。表 2.10 简要介绍了几种常用的手工尺规绘图工具和仪器以及它们的使用方法。常用的手工绘图工具和仪器有图板、丁字尺、圆规三角板、比例尺、曲线板、绘图机等；而现代绘图工具则是计算机绘图系统所包含的各种绘图软件及各种打印机和绘图仪等硬件。

表 2.10　常用尺规绘图工具及用法

项目	绘图工具	使用说明
绘图铅笔	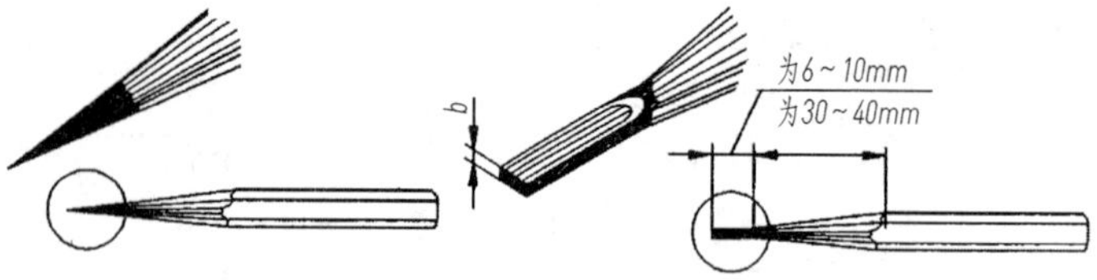	铅笔应采用木质绘图铅笔。这种绘图铅笔有软硬之分。笔芯的软硬用 B、H 表示，B 前的数字越大，表示铅芯越软，H 前的数字越大则表示铅芯越硬，HB 表示软硬适中。绘图时，通常根据需要应准备 2B、B、HB 及 H 等几种铅笔。铅笔一般削成锥形，也可削磨成凿形
图板与丁字尺	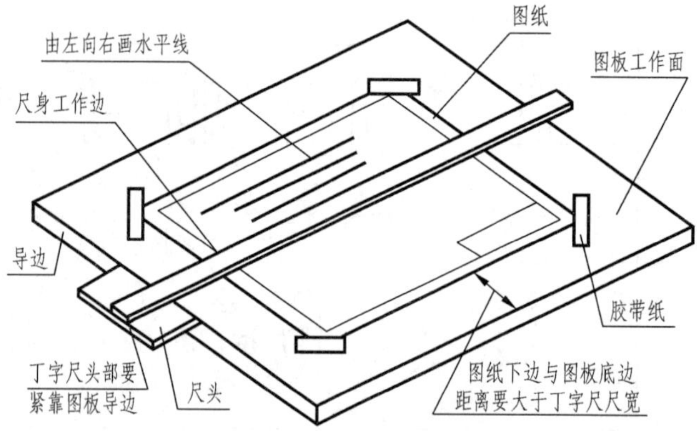	（1）图板是用来固定图纸的。根据不同规格的图纸，图板一般分 0 号、1 号和 2 号等 3 种型号。图板的工作表面应平坦光洁，一旦选定了绘图方向后，图板左侧即为导边，在绘图中不得更换导边。绘图前，用胶带纸将图纸固定在图板的适当位置。 （2）丁字尺由尺头和尺身两部分组成。使用时须将尺头紧靠图板的左侧导边。丁字尺与图板配合使用可画水平线，其画线方向为由左至右
图板丁字尺及三角板的配合使用	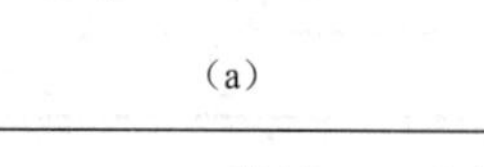 （a） 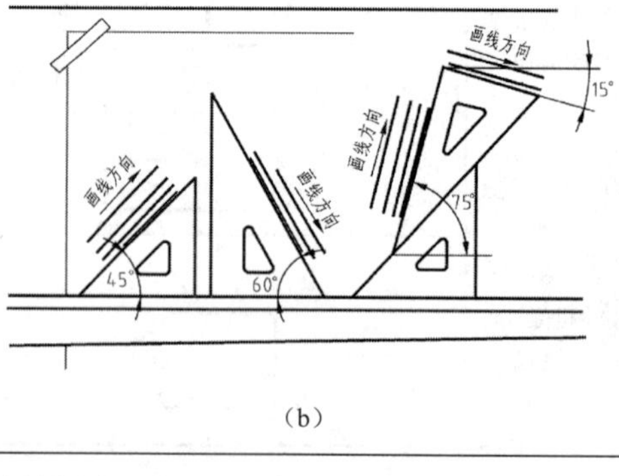 （b）	一副三角板由一块 45°的直角三角形板和一块 30°、60°的直角三角形板组成。三角板与丁字尺配合使用，可画出垂直线，见图（a），或与水平线成 30°、45°、60°的倾斜线，还可画出与水平线成 15°、75°及 $n\times15°$（n 为整数）的各种倾斜线，如图（b）所示
三角板的配合	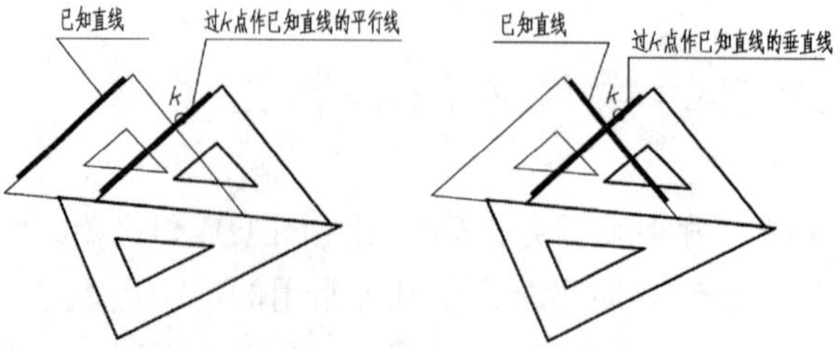	利用两块三角板配合，可画出已知直线的平行线或垂直线

续表

项目	绘图工具	使用说明
分规	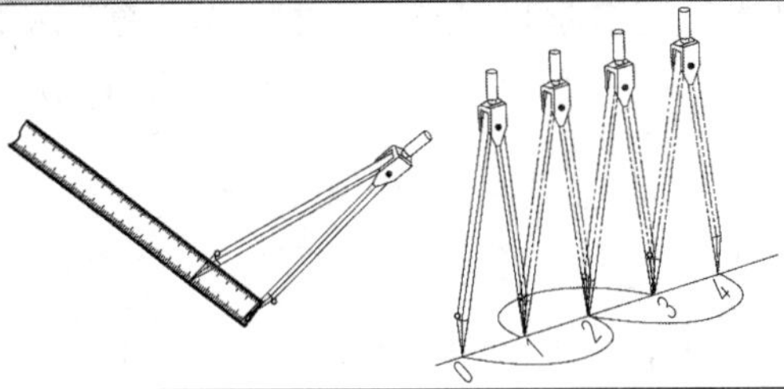	分规是用来量取尺寸和等分线段的工具。为了准确地度量尺寸，分规两腿端部的针尖应平齐
圆规及其使用	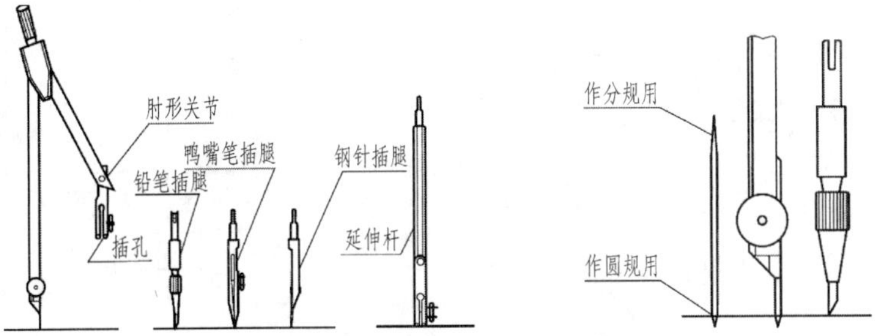 （a）圆规及其附件 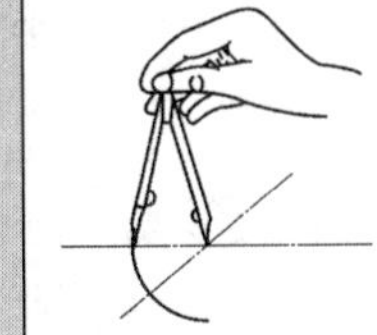 （b）画一般大小的圆 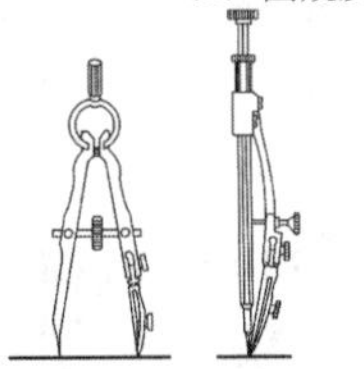 （c）弹性圆规和点圆规 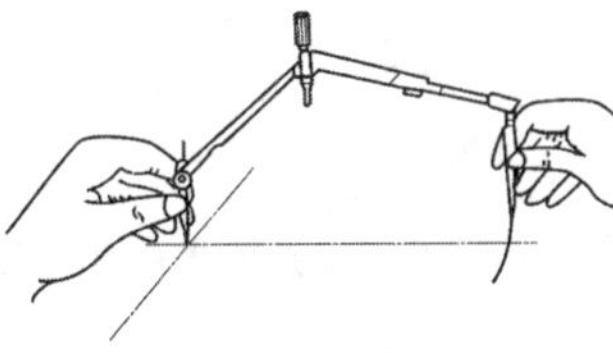 （d）画大直径圆时使用延伸杆	圆规是画圆和圆弧的工具。圆规及其附件如图（a）所示。画圆时，针尖应比铅芯稍长，以便在画圆或圆弧时，将针尖插入圆心中。在画粗实线圆时，圆规的铅芯应比画相应粗直线的铅芯软一号；同理，画细实线圆时，也应使用比画相应细直线软一号的铅芯。画圆或圆弧的方法如图（b）所示。 使用圆规时，应尽可能使钢针和铅芯插腿垂直于纸面，为保持这一垂直位置，画小圆时可用点（弹性）圆规，如图（c）所示；画大圆时，可用延伸杆来扩大其直径，如图（d）所示
曲线板及其使用	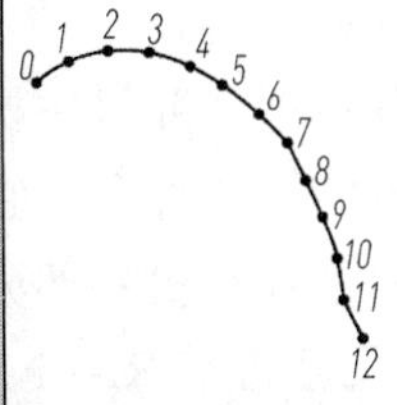 （a） 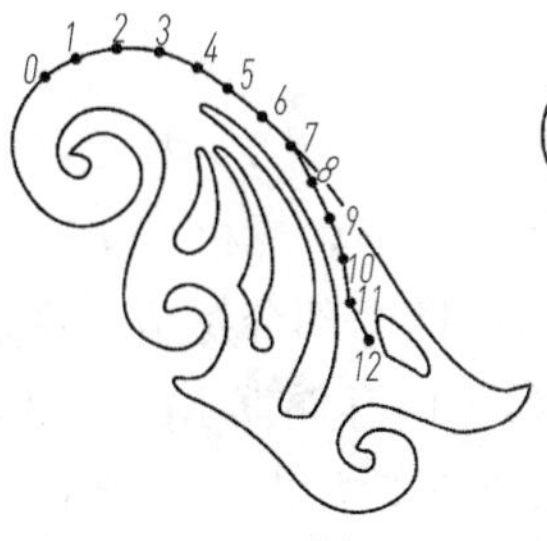 （b）  （c）	曲线板是用来描绘非圆曲线的一种模板，其曲线上各点具有不同的曲率半径，如图（a）所示。使用时，应先求出曲线上的若干点，并徒手将这一系列点依次轻轻地连接起来，然后在曲线板上找出与该曲线吻合的部分，分段连接成光滑曲线。其中每段曲线中至少要有4个点与曲线板上的曲线相吻合，并与已画成的相邻曲线有重合的一部分，以保持曲线的光滑，其作图过程如图（b）、图（c）所示

2.3　计算机软件绘图概要

计算机绘图是一门基于图形学、应用数学及计算机科学的新兴的综合学科，它应用计算机及其图形输入、输出设备，处理图形信息、实现图形生成和显示、辅助绘图及设计。其研究对象主要是图形输入、处理及输出等有关硬件和软件方面的技术，以及与图形生成和显示密切相关的算法研究。它包括二维图形的生成、图形变换、几何元素的交、切，三维模型的生成、变换、隐藏线的消除、立体构型、特征构型、曲面构型、剪裁、着色、科学计算可视化、虚拟现实、多媒体技术及反求技术等诸多学科门类。其中科学计算可视化、虚拟现实、多媒体技术及反求技术是当前最为热门的研究课题。因此，计算机图形技术是工程技术人员必须掌握的基本技能之一。

2.3.1 计算机绘图系统

计算机绘图系统由硬件和软件两大部分组成，一般应具备以下 5 个方面的基本功能，如图 2.2 所示。

（1）计算功能：包括图形、形体设计分析方法的程序库、描述形体的图形数据库，如形体变换、曲线、曲面的生成、交点交线的计算等。

（2）存储功能：在计算机的内、外存储器中存放图形数据以及这些数据之间的关系，根据需要可随时检索和调用。

（3）对话功能：可通过图形显示器直接进行人机通信，设计人员通过观察显示的设计结果，可用交互式输入设备进行修改、控制和操作。

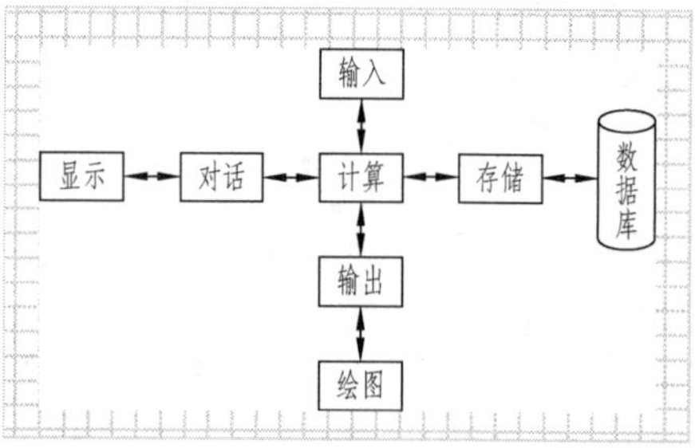

图 2.2 计算机图形系统的基本功能

（4）输入功能：可把设计过程中图形或结构的形状、尺寸等几何信息，以及必要的计算参数和命令等输入计算机中。

（5）输出功能：除了图形的显示输出，还应具有图形及数据的硬复制输出，如打印结果、绘制设计图样等，以长期保存设计分析结果。

2.3.2 计算机绘图系统的硬件组成

计算机绘图系统的硬件是指计算机绘图系统所必备的物质基础，一般包括计算机主机、输入/输出设备和外存储器等（图 2.3）几大部分。其中计算机主机是系统的核心部分，它又包括中央处理器（CPU，由控制器 CU 和运算器 ALU 两部分组成，用以协调计算机各部分之间的动作，同时完成数据的代数运算和逻辑运算）、内存储器 M（随机存取存储器 RAM、只读存储器 ROM）及输入/输出（I/O）接口等 3 大部分，如图 2.4 所示。

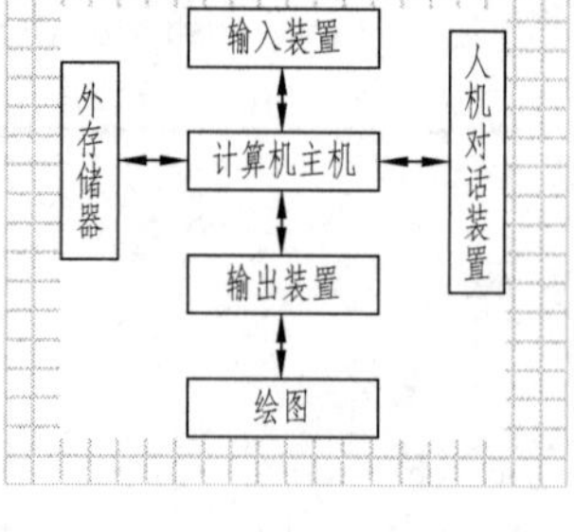

图 2.3 绘图系统的硬件组成

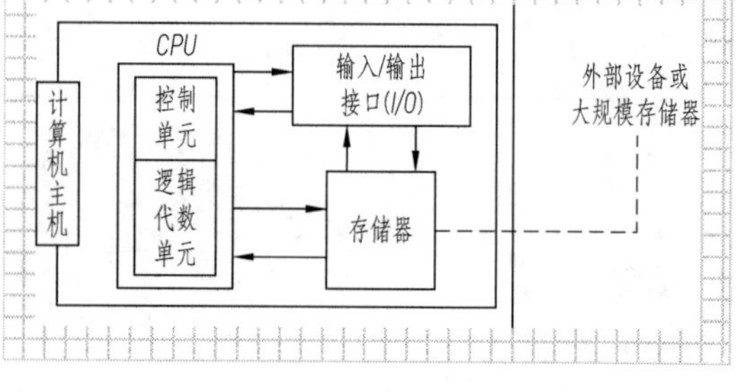

图 2.4 计算机主机硬件结构

常见的图形输入设备有键盘、鼠标、光笔、图形输入板等。图形输出设备一般又称为图形设备，包括图形显示器、图形打印机、绘图机、扫描仪等。外存储器通常指活动硬盘、U 盘等主机外部存储设备。

2.3.3　计算机绘图系统的软件

计算机绘图系统的软件是指由专业设计人员按照用户要求预先设计出的一系列控制计算机及其外部设备工作的指令及数据的集合，此集合统称为程序。只有在这些程序的控制下，计算机才能按照人们的意志自动地绘制出所需的图形。

计算机绘图软件一般可分为系统软件（一级软件）、支撑软件（二级软件）和应用软件（三级软件）等 3 个层次，如图 2.5 所示。

2.3.4　计算机辅助绘图工具

计算机辅助绘图工具主要是指基于工程产品设计和指导产品制造的图形图像处理软件，如 AutoCAD、SolidWorks、SolidEdge 、 Pro/ENGINEER（Pro/E）、Unigraphics（UG）、UG（NX）、等，以及这些软件中的二/三维建模、修改及辅助等各种命令。

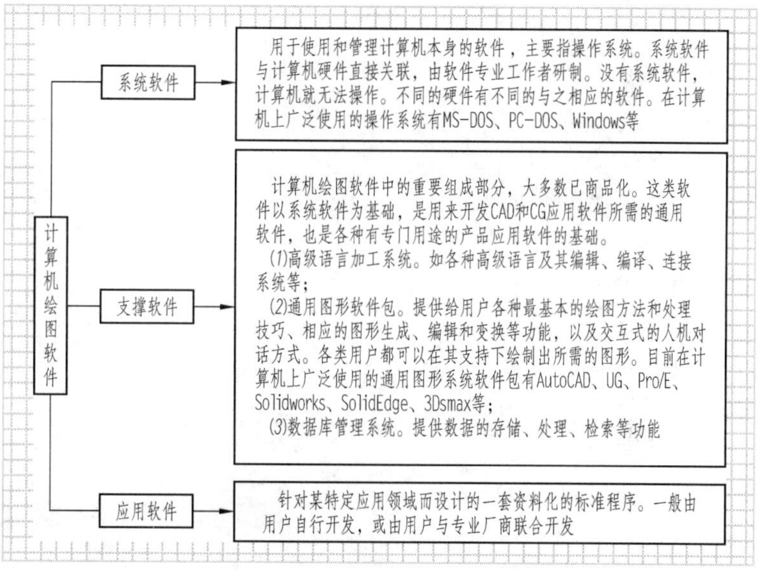

图 2.5　计算机绘图软件的组成

Pro/E 和 UG 主要功能特点在于建立三维模型，根据三维模型按照一定的投影方式生成二维工程图。从 CAD 的角度来说，这两种软件都属于基于特征的三维参数化造型软件。基于特征的参数化造型是指软件系统使用用户熟悉的特征作为产品几何模型的构造要素。这些特征可以是一些普通的机械对象，如孔特征、圆角特征和倒角特征等。在装配、加工、制造及其他领域，软件系统也都使用这些领域独特的特征。通过特征的累加建立三维模型，通过给这些特征设置参数（不但包括几何尺寸，还包括非几何属性），实现对模型的控制，这些参数非常容易修改，从而实现多次设计迭代，满足产品开发需求。Pro/E 具有单一数据库，全数据相关的优点。即在产品开发过程中某一处进行的修改，能够扩展到整个设计中，同时自动更新所有的工程文档，包括装配体、设计图纸和制造数据。UG（NX）相对于 Pro/E 来说，其建模方法更加灵活，支持显式建模、参数化建模和基于约束的建模。并且其复合建模技术使这 3 种建模技术能够无缝地集成在单一的建模环境内。

SolidWorks、SolidEdge 都是在 Windows 操作系统平台上运行的三维参数化 CAD 软件。建立三维参数化模型，二者在功能上不相上下。由于其操作界面是标准的 Windows 形式，用户只要具有基本的 Windows 使用经验，便可轻松快捷地上手、入门。

【CAD 软件实例】Auto CAD 是美国 AUTODESK 公司推出的既能在微型计算机上又能在工作站上运行的通用计算机绘图和设计软件包。该软件自问世以来已有几十年的时间，更新速度极快。AutoCAD 不仅具有直观的用户界面（图 2.6）、完整的二维绘图、编辑功能与日益强大的三维造型功能（图 2.7 和图 2.8）、各种帮助提高建模速度的辅助工具（图 2.9），而且还具有支持网络、外部参照等功能，并可利用它直接进行计算机辅助几何分析与基本的工程分析，一直是当今工程界的 CAD 主流软件之一。同时，该软件以符合人脑绘图思维习惯、易于掌握、使用方便、体系结构开放等特点而广为流行，是初次接触 CAD 领域的用户的入门软件，也是计算机辅助绘制工程图样的最佳选择。

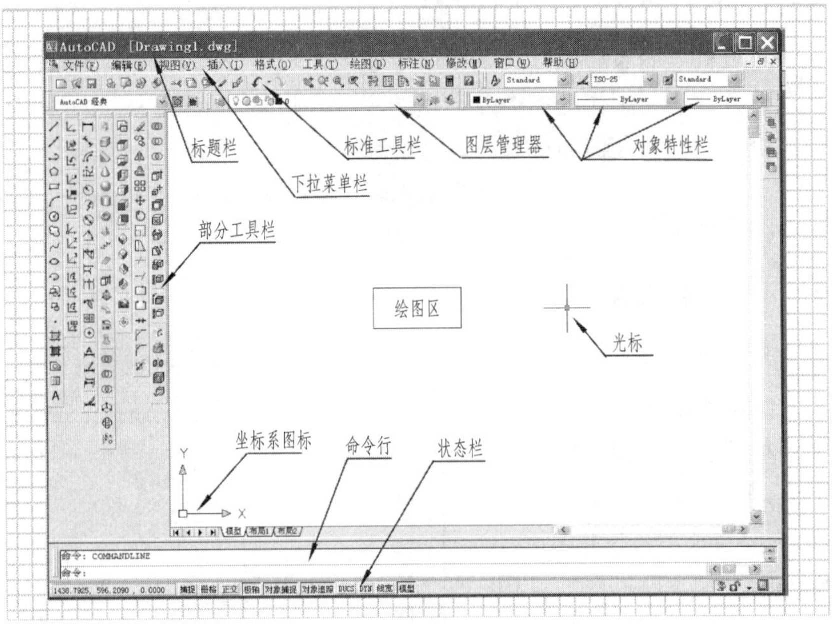

图 2.6 AutoCAD 主界面

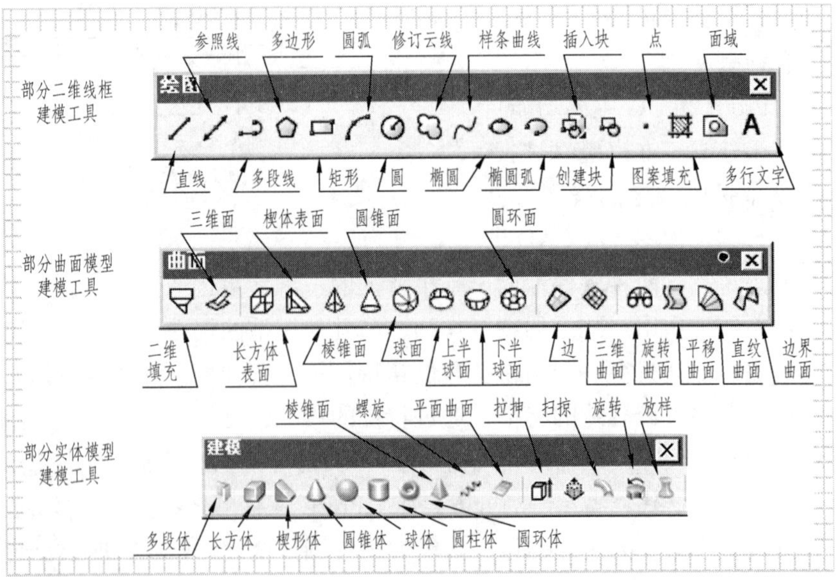

图 2.7 部分二/三维建模工具

1. AutoCAD 基本绘图工具简介

如图 2.9 所示的二/三维编辑、修改命令，可对图形进行整体或部分的平移、旋转、缩放和各种复制（如阵列、镜像、偏移等），可对两个立体进行布尔运算（并、交、差集运算），以实现立体的叠加式组合或切割式组合，还可对立体表面进行边或面的着色等。

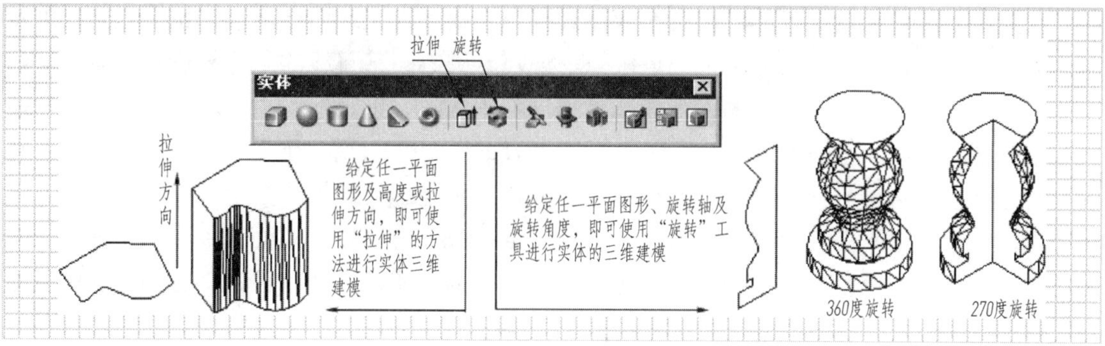

图 2.8　通过拉伸和旋转建立三维实体模型

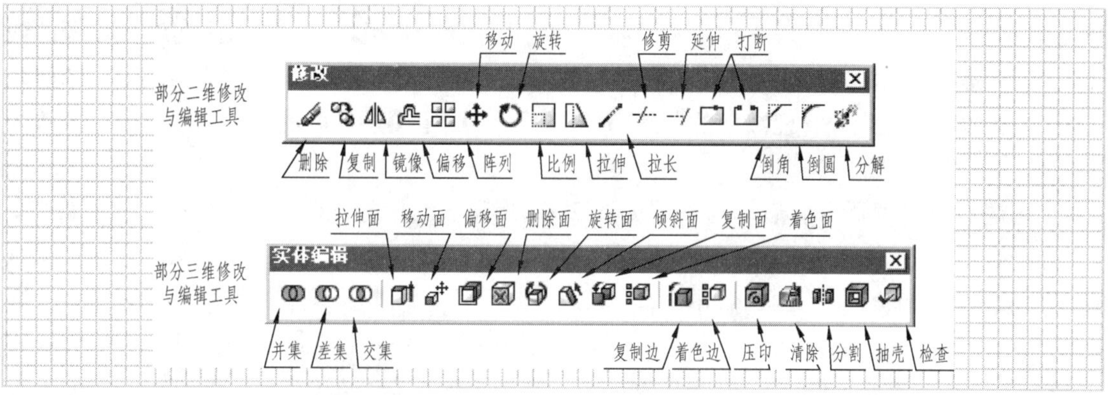

图 2.9　部分修改与编辑工具

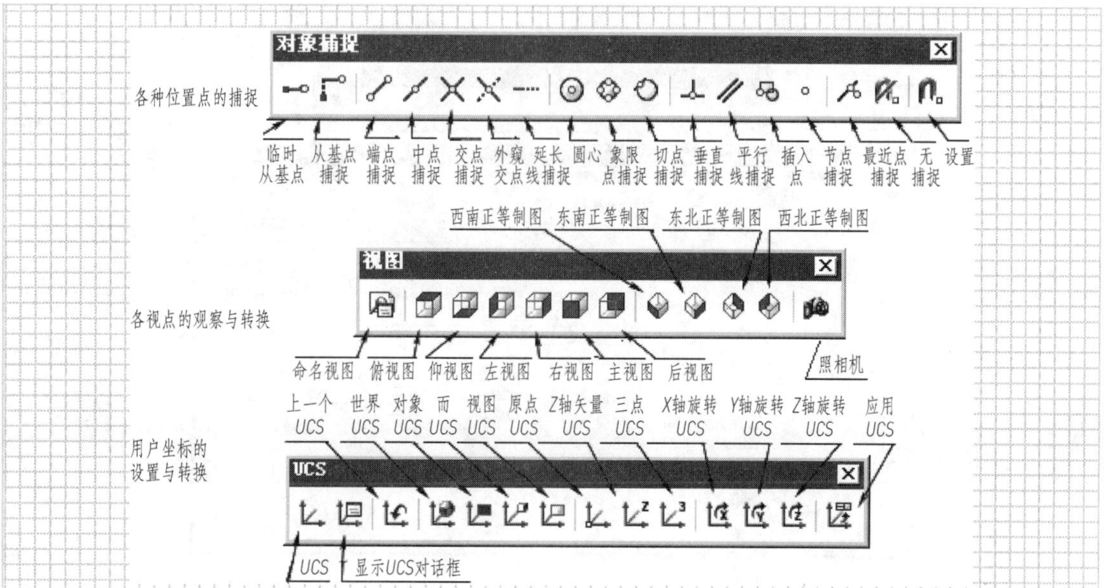

图 2.10　部分辅助工具

使用如图 2.10 所示的辅助工具，可使绘图的准确度与速度进一步提高。例如，“对象捕捉”工具栏中的各种捕捉工具，就是在绘图过程中将绘图点快速而准确地定位到指定的特征点，如某线段的端点、中点、圆上的象限点、切点、圆心、某直线的平行线、定位垂足等。视图工具栏中的各种工具可帮助设计者在建模过程中从上、下、前、后、左、右等各种角度来观察和创建实体；系统设定的绘图工作面是 *XOY* 面，UCS（用户坐标系）工具栏中的各种工具则是将空间直角坐标系中的平面按需要“贴在”指定的绘图工作面上，以方便绘图，换句话说，若想在空间任一平面上绘图，就可以使用 UCS 工具将 *XOY* 面设置到该平面上。以上这些工具均属于最基本的绘图功能，也是所有的工程绘图及设计软件中都必须具备的基本功能。

2. AutoCAD 中的图层管理器

在 AutoCAD 中，可通过“图层特性管理器”实现上述我国关于国家标准机械制图或技术制图的相关基本规定。“图层”相当于一叠透明的电子图纸，用户在每一层上可利用不同的线型、颜色画出不同的实体，最后将这些透明的层重叠在一起，便构成了完整的图形。图层是 AutoCAD 中用户组织、管理图形的非常有效的工具，利用图层，可使图形的清晰度、修改的易操作性等大大提高。

“图层特性管理器”的启动与设置如图 2.11 所示，其中线型的设置可通过“线型设置”栏打开 acadiso.lin 线型库（图 2.12）进行选择和确定。设置后的颜色、线型及线宽分别记录在“对象特性”的 3 个下拉列表中（图 2.13）；当颜色、线型及线宽均设置为 ByLayer（即随图层而变动）时，表示三者之间有了关联。使用时只要打开“图层”窗口的下拉列表中选择某层，其设置好的颜色、线型及线宽即处于当前使用状态，如图 2.14 所示，即准备好了各种颜色及粗细不一的绘图铅笔，分别用来绘制粗实线、细实线、虚线或细点画线等不同要求的线型。

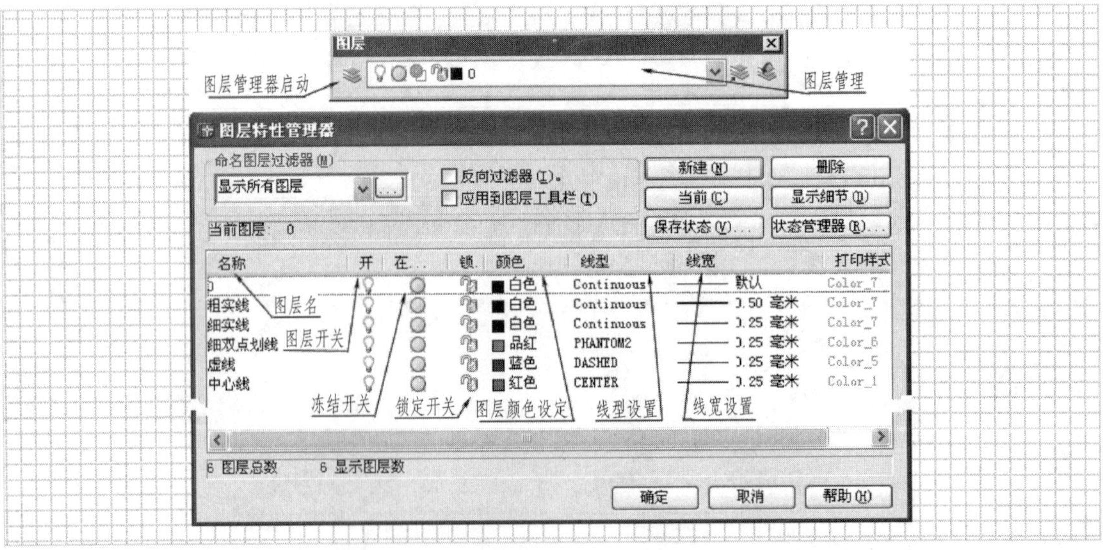

图 2.11 “图层特性管理器”的启动和设置

图样中的字体，可在“格式”菜单中调出“文字样式”对话框进行设置。其中与我国国家标准相符合的字体可设置为 gbcbig.shx-gbeitc.shx 格式，如图 2.15 所示。

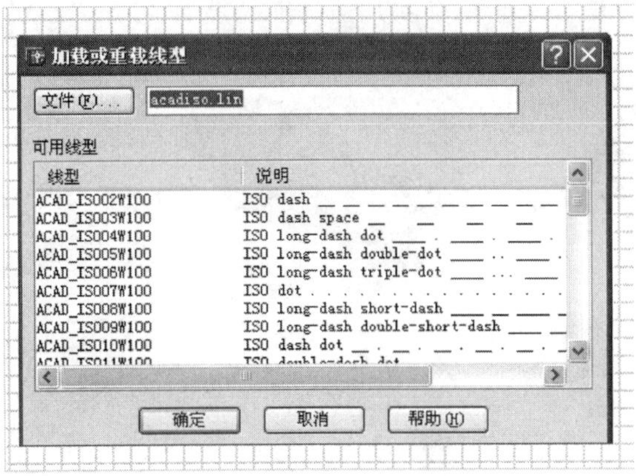

图 2.12　线型的加载

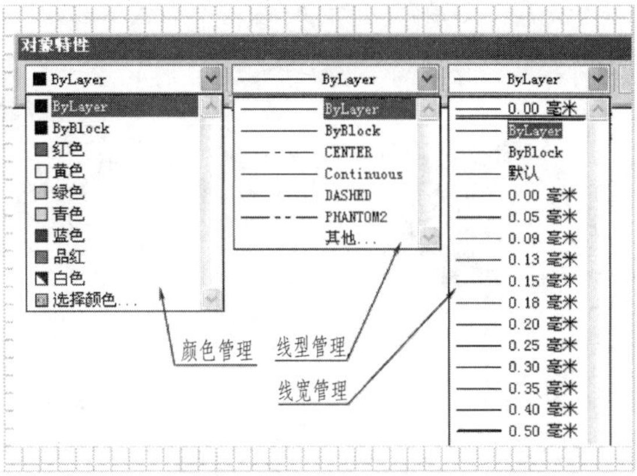

图 2.13　颜色、线型及线宽管理

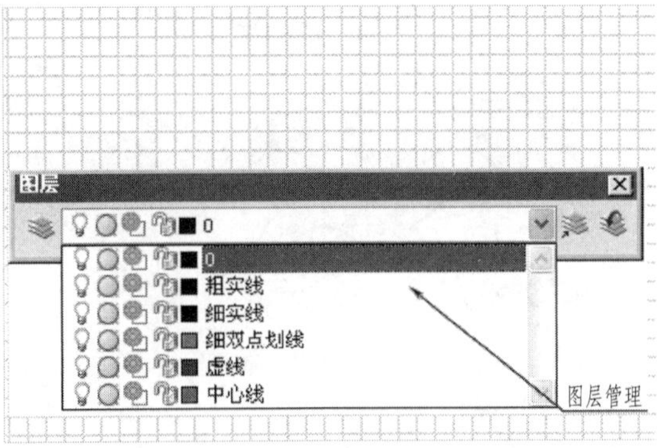

图 2.14　图层管理器的调用

图 2.15　字体的设置

2.4　零件形体成形面（平面图形）的几何作图方法

如何正确灵活地运用计算机绘图工具，准确而快速地绘制平面图形，这是绘制机械图样必须掌握的基本技能之一。

通过第 1 章的介绍已经知道，描述一个零件形体的图形，无论视图还是轴测图，最终都归结于平面图形。而从零件形体的建模方法出发，它们又都是由某一形状的平面图形（成形基面），经过拉伸、旋转、放样或扫掠等基本成形方法而成形的，如图 2.16 所示的法兰盘、底板、手柄和连杆等。它们的成形面往往也是它们的主要视图之一。对这些平面图形作进一步分解，可以发现，它们都是由一些直线段、圆或圆弧段等规则曲线所组成的，而且在相邻两线段之间，其连接方式也有不同，有相交、相切等形式。因此，在绘图之前，掌握图形的几何特点，才是准确而快速绘图的关键所在，否则，再先进的绘图工具也是“英雄无用武之地”。

对于一个平面图形，无论手工还是计算机绘制，其作图原理都是建立在几何学基础之上的。利用几何原理来进行图形设计及表达的方法称为图解法。最常见的几何作图有等分线段、圆内接正多边形、线段连接，以及椭圆、渐开线等非圆曲线的画法。

所有工程类计算机绘图软件绘图工具（命令），均包含绘图工具类、编辑与修改工具类和辅助工具类等三大类型。同时，它们还含有丰富的几何设计和数学计算功能，如等分线段、等分角度、求解并查询距离、角度值、面积、边长等平面和空间几何量的功能等。

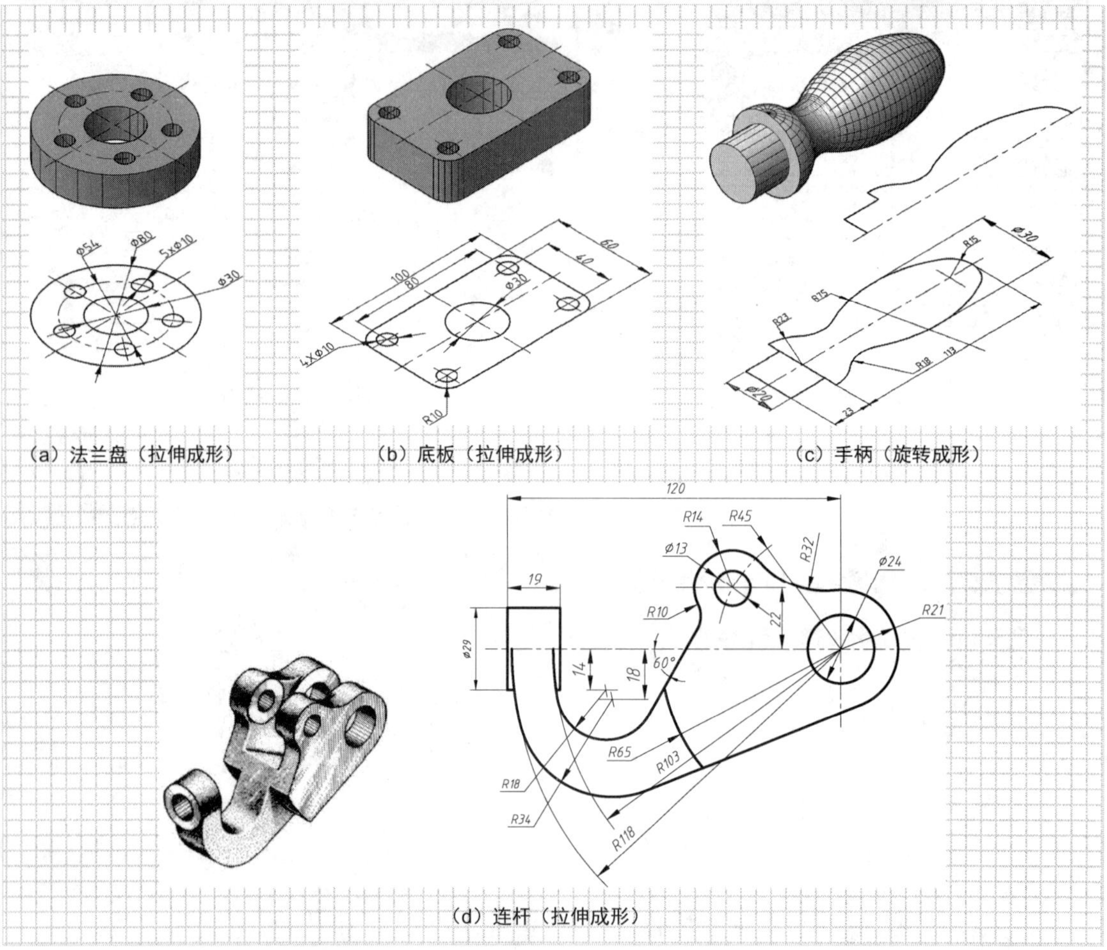

(a) 法兰盘（拉伸成形） (b) 底板（拉伸成形） (c) 手柄（旋转成形）

(d) 连杆（拉伸成形）

图 2.16 零件的基本成形方法——由平面图形拉伸或旋转

2.4.1 图形元素的概念

1. 图形元素及其特征值

细心观察分析，一个平面图形总是可以分解为若干个基本单元，如直线段、圆、三角形等，这种基本单元就称为图形元素。而一条直线段的两个端点、一个三角形的三个顶点、一个圆的圆心及半径或直径、一个椭圆的圆心及长短轴的长度等，都是相应图形元素的特征值，或者说，是绘制该图形元素的基本几何条件。

这些特征值无论是手工的尺规作图或是应用计算机软件绘图，最终都归结为点的坐标输入，绘图时将这些值在命令行按相应提示输入，即保证了图形的精确性。

例如，要绘制一条折线，其起点为（30, 50），转折点为（60, 80），终点相对于转折点的坐标分别为 $X=40$ 和 $Y=-60$。手工尺规绘图时，可按所给坐标条件首先确定三个点（起点、转折点和终点），然后连线；而用 CAD 软件绘图时（如 AutoCAD），则可直接调用“直线”工具（单击图标，或单击菜单“绘图/直线”，或输入命令 Line），按命令行的提示输入各组坐标值，注意终点的输入方法为“@40，−60”，其中“@”表示相对于前一点的坐标。绘制结果及命令执行过程如图 2.17（a）所示。

再如，要画一个圆，给出圆心点为（75，90），直径为 70。则在 CAD 中，调用画“圆”工具（单击图标，或单击菜单“绘图/圆”，或输入命令 Circle），按命令行提示输入圆心坐标和直径，绘制结果及命令执行过程如图 2.17（b）所示。

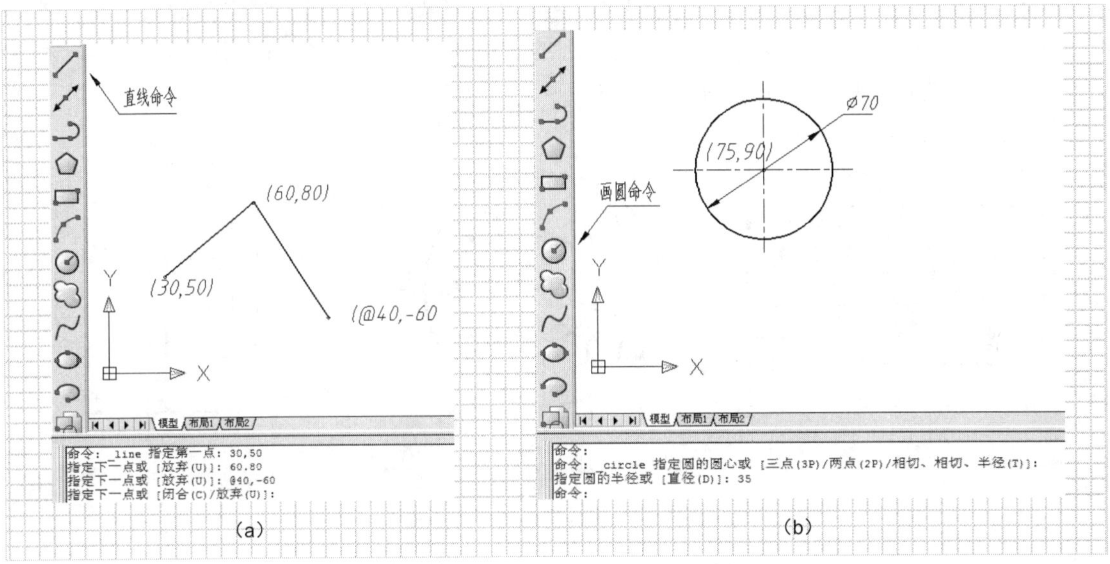

图 2.17 CAD 中图形元素的定形与定位

2. 图形元素的定形（尺寸）与定位（尺寸）

图形元素的定形是指决定某一图形元素的形状要素。而表明这些形状要素的数值就称为定形尺寸（如前所述，图样中的尺寸是确定一个机械零件真实大小的一组数值，针对不同含义的图线，有线性尺寸、直径和半径尺寸、角度尺寸、弧长或弦长等不同的类型和规定注法）。如一个矩形的定形要素为它的长和宽，其长度和宽度方向的线性尺寸就称为定形尺寸；又如，一个圆的定形要素是它的直径或半径，因此它的直径或半径尺寸就是它的定形尺寸。一个完整的平面图形总是由多个图形元素组合而成的，它们之间的相对位置需一定的数值来保证，这就是定位（尺寸）。如图 2.17（a）中的折线的起点坐标（30，50）、转折点为（60,80），终点相对于转折点的坐标分别为 $X=40$ 和 $Y=-60$，图 2.17（b）中的圆心坐标（75，90）就是折线和圆的定位要素。由此，在绘制这些平面图形元素时，上述坐标值就是定位尺寸的依据，绘图时应遵循“先定位后定形”的规则。特别是绘制对称的平面图形元素时，应首先用细点画线画出其对称线作为定位线，然后再作图定形。所谓对称图形，有左右对称，也有上下对称，有时还有上、下、左、右都对称（如一个圆），这时就要画出一对相互垂直的细点画线，又称为中心线。

2.4.2 平面图形的尺寸与线段分析

从形体分析的角度出发，一个平面图形通常可分解为一个或多个图形元素构成，而每一个图形元素一般又可看成由若干线段（直线、圆弧或曲线）组成，各元素的形状、大小及各线段间相对位置要靠所注的尺寸确定。所以在画图时，应根据图中尺寸对线段进行分类，以便确定画图步骤。

1. 平面图形的尺寸分析

根据尺寸在平面图形中所起的作用，可分为定形尺寸和定位尺寸两大类。

（1）**定形尺寸**：确定图形中线段长度、圆的直径、圆弧半径、角度大小等的尺寸称为定形尺寸。如图 2.18（a）中的ϕ10、ϕ5、*R*5、35、20 等。

（2）**定位尺寸**：凡用以确定平面图形中各封闭线框或线段之间相对位置的尺寸称为定位尺寸。如图 2.18（a）中的 18 和 10 即为ϕ5 圆的定位尺寸，图 2.18（b）中的ϕ26 和 45°即为 4 个均匀分布的直径相等的小圆的定位尺寸。

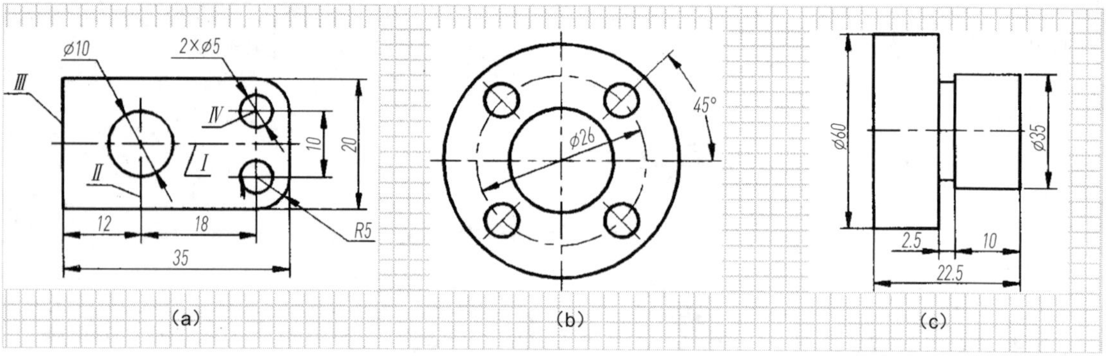

图 2.18 平面图形的尺寸分析

（3）**尺寸基准**：要给图形元素定位就要有一个测量并标注的起点，这个起点就称为尺寸基准，或称为定位基准。主要的定位尺寸一般应从基准出发进行标注（但不是所有的尺寸都从基准出发）。在平面图形中，一般常选用图形的对称线、主要圆的中心线、较长的直线或圆弧的圆心等作为尺寸基准，如图 2.18（a）中的对称中心线 *I*、中心线 *II*、轮廓线 *III* 和圆心 *IV* 等均用作为定位基准。

必须指出，定形尺寸与定位尺寸之间并没有明确的界线，有时一个尺寸可以兼有两种作用。如图 2.18（c）中的尺寸 10，既是右边矩形的定形尺寸，又是中间矩形的定位尺寸。

2. 平面图形的线段分析

以图 2.19 所示平面图形为例，根据图形中所注的尺寸和线段间的连接关系，平面图形中的线段可以分为以下三种。

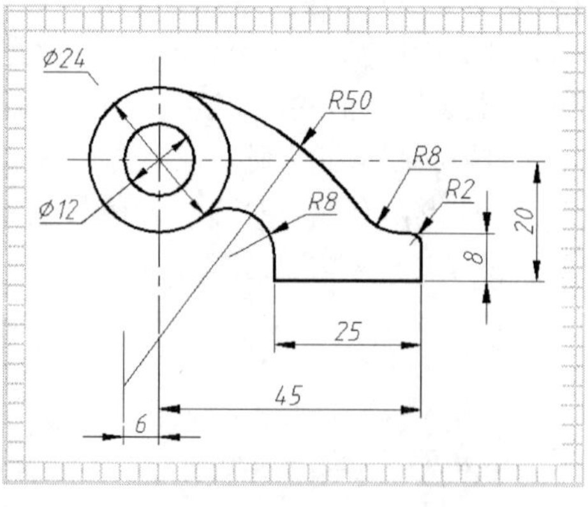

图 2.19 平面图形的尺寸与线段分析

（1）**已知线段**：定形尺寸和定位尺寸标注齐全、可直接根据标注画出的线段称为已知线段。如图 2.19 中ϕ24、ϕ12 圆，长 25 高 8 的不完整矩形，其定位尺寸为水平方向距两已知圆的圆心 45、垂直方向为 20 处，均为已知线段。

（2）**中间线段**：有定形尺寸、但定位尺寸不齐全、需待与其有关的线段按几何作图方法画出的线段称为中间线段。如图 2.19 中 *R*50 的圆弧，其定位尺寸只有水平方向的“6”。

（3）**连接线段**：只有定形尺寸而无定位尺寸、需待与其两端相连接的线段画出后、再用几何作图的方法求出其位置和连接点（如前述圆的切线、圆弧连接等）才能画出的线段，称为连接线段。

如图 2.19 中 $R8$、$R2$ 的圆弧。

2.4.3　等分线段的几何作图法

在掌握了对平面图形的尺寸分析和线段分析后，便要学会一些最为基本的尺规几何作图方法，如等分线段、切线或切线圆的作图等。注意，这里所说的尺规作图，即根据几何原理、仅用圆规、分规、三角板、丁字尺等绘图工具作图，而不需要量角器和计算器等工具。至于计算机软件绘图的工具命令，其实就是以几何原理为依据的。因此，训练手工绘图技能，就能更为深刻地认识几何学原理的应用，深刻地理解计算机绘图命令的由来，从而轻松地掌握计算机软件绘图的技巧。

如图 2.20（a）所示，要求将一直线段 AB 作五等分。作图步骤如下。

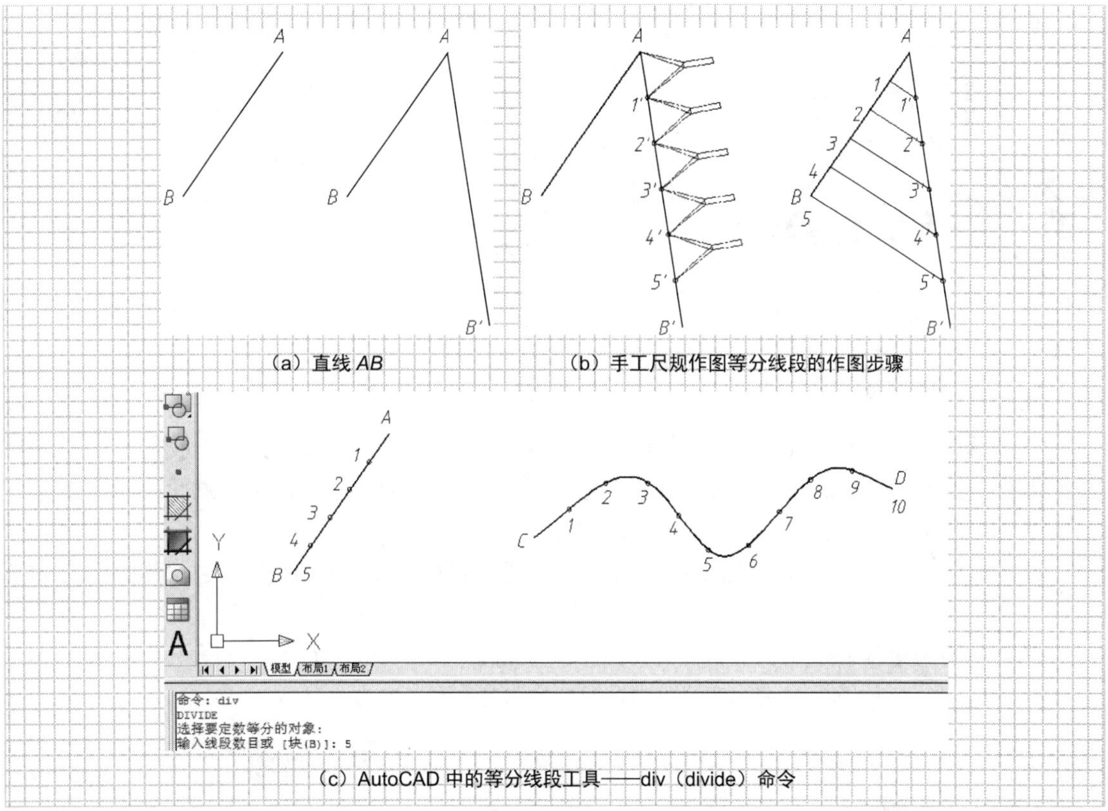

（a）直线 AB　（b）手工尺规作图等分线段的作图步骤
（c）AutoCAD 中的等分线段工具——div（divide）命令

图 2.20　CAD 中图形元素的定形与定位

（1）过任一端点（如 A 点）作任一长度直线段 AB'；

（2）以 $A1'$为单位长度，在 AB'上连续截取 5 次，得 $A1'$、$A2'$、…、$A5'$，如图 2.20（b）所示；

（3）连接 $B5'$，再分别过 $4'$、$3'$、$2'$、$1'$作 $B5'$的平行线，则得到了将 AB 作五等分的 4 个等分点，如图 2.20（c）所示。

如果用计算机来绘图，如在 AutoCAD 中，只要在命令行输入 div，并按提示给出等分数目，即可完成直线段的 n 等分操作，如图 2.20（c）所示。

2.4.4 等分圆周（圆内接正多边形）的几何作图法

零件形体中常会遇到正多边形棱柱或棱锥，它们的成形面就是正多边形。要作出一个正多边形图形，只需给出其外接圆的直径或半径，使用圆规和三角板配合作图，即可快速准确地作出图形，这种作图方法称为等分圆周的几何作图法。

1. 六等分圆周（圆内切或外接正六边形）

图 2.21（a）所示的物体读者应该并不陌生，它们是工程上常用的螺栓和螺母。而螺栓头部及螺母的主体部分就是正六棱柱。图 2.21（b）、（c）是正六棱柱的投影体系和三视图。而要绘制正六棱柱的三个视图，首先就要作正六边形（图 2.21（c）中的俯视图）。因此，正六棱柱及正六边形是常见的一种形体或形状。

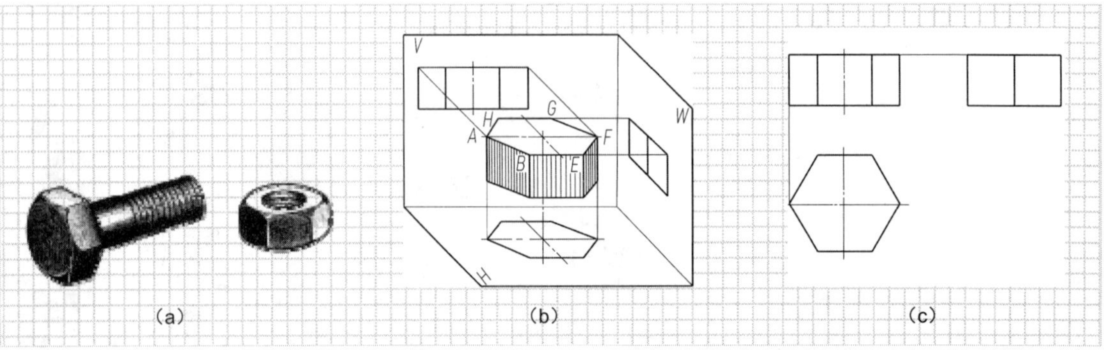

图 2.21　正六棱柱的应用和投影

绘图时所需正六边形的定形尺寸可以有很多组。对于尺规作图而言，一般需要的是外接圆或内切圆的直径尺寸以及边数即可，而通常不用边长和角度这样的几何条件；而定位尺寸则需要外接圆或内切圆的圆心和其中一个顶点 A 的位置。

以圆内接正六边形为例：已知正六边形的外切圆直径为 D，一顶点为 A，其画法有如下两种。

（1）利用三角板和丁字尺的配合作图，如图 2.22（a）、（b）所示。

（2）利用其外接圆用圆规作图，如图 2.22（c）所示。

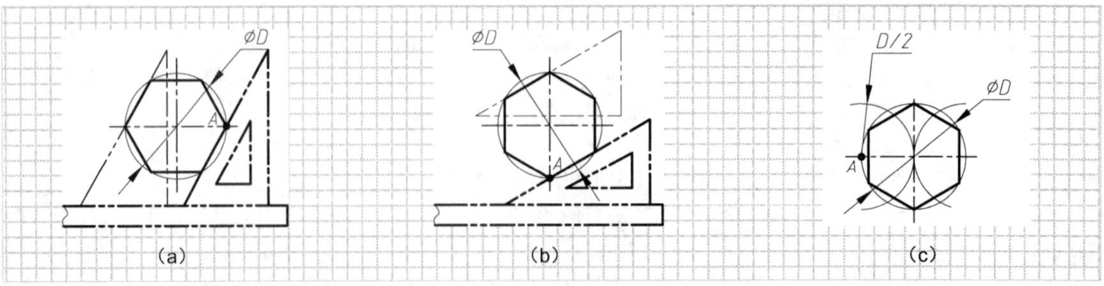

图 2.22　正六边形的作图方法

作图的关键在于定位——即作出定位中心线确定外接圆或内切圆的圆心（即只要是画圆或圆弧，或者是上下左右对称的几何图形，都要首先用细点画线画出一对相互垂直的中心线以确定圆心（或对称中心），然后再用圆规画圆）。

2. *n* 等分圆周及作圆内接正 *n* 边形

若已知圆周半径为 *R*，求作圆内接正 *n* 边形，则作图步骤如下（以图 2.23 所示正九边形为例）：

（1）用细点画线作出一对相互垂直的定位中心线；

（2）将直径 *AN* 作九等分；

（3）以 *N* 为圆心，*NA* 为半径作圆弧交水平中心线的延长线于点 *M*；

（4）自 *M* 与 *AN* 上的偶数或奇数点（图中为 2、4、6、8 点）连接并延长与圆周相交得 *B*、*C*、*D*，再作它们的对称点，依顺序连接即得正九边形，如图 2.23 所示。

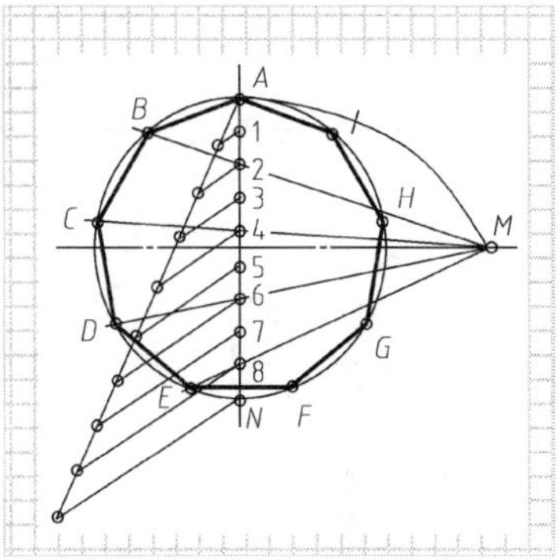

图 2.23　正九边形的画法

3. CAD 中的等分圆周及作圆内接（外切）正多边形

用 AutoCAD 等分圆周，与上述等分直线的操作过程一样，这里不再赘述。而绘制圆内接（或外切）正多边形，只需使用绘图工具栏中的“多边形”命令，按命令行提示给出边数及内切圆或外切圆的半径或直径，即可得到所需图形，如图 2.24 所示。

实际上，用 CAD 软件绘图与手工尺规绘图在几何原理上是一样的。抓住这一规律，要掌握 CAD 中的各种绘图命令就不是一件难事。如上述正多边形的 CAD 作图，命令行首先要求输入多边形的边数、外接圆或内切圆的圆心位置（这个位置在用坐标值确定后须用定位中心线标出），就是定位要素，或者是定位尺寸；而最后要求输入“外接圆或内切圆的半径或直径”，这就是该正多边形的定形尺寸。可见程序员也是按几何作图“先定位后定形”的规律编制绘图程序的。

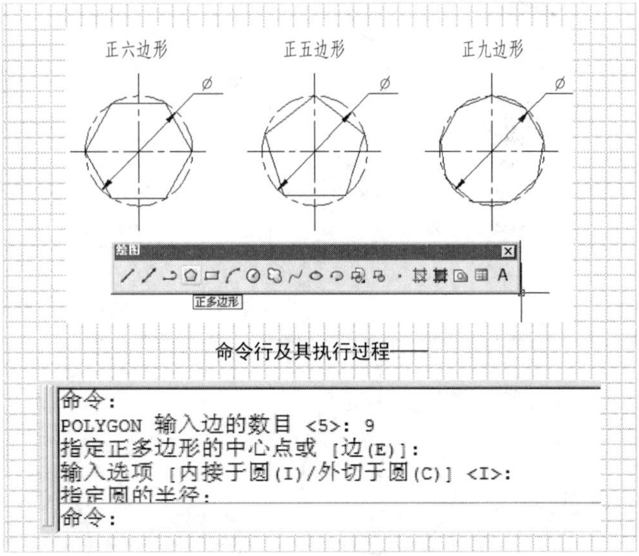

图 2.24　CAD 中的正多边形

2.4.5　切线的几何作图法

1. 圆的切线的几何作图法

在最基本的几何图形中，经常会遇见作圆的切线的问题。自行车的链轮传动就是生活中典型的例子（图 2.25）。为解决链条与链轮的运动关系和结构设计及计算，其传动结构可抽象归

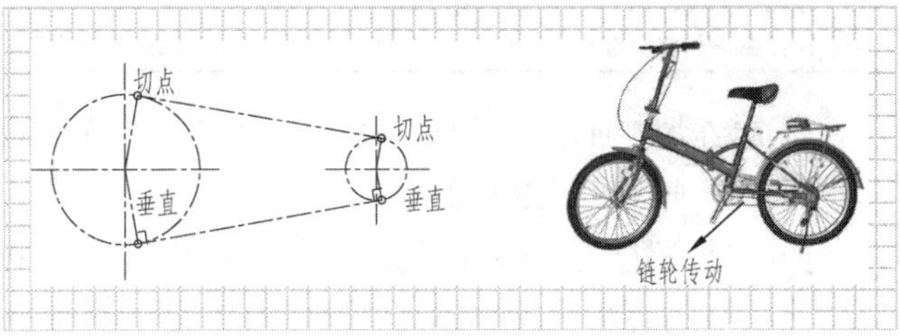

图 2.25　自行车链轮传动原理简图

结于作两圆的外公切线的几何问题。而从几何作图来说，这一问题最终转化为过圆外一点作圆的切线的问题，因此，求作圆的切线的情况有以下三种：

（1）过圆外一点作圆的切线（表 2.11）；

（2）作两圆的外公切线（表 2.12）；

（3）作两圆的内公切线（表 2.13）。

表 2.11　过圆外一点作圆的切线

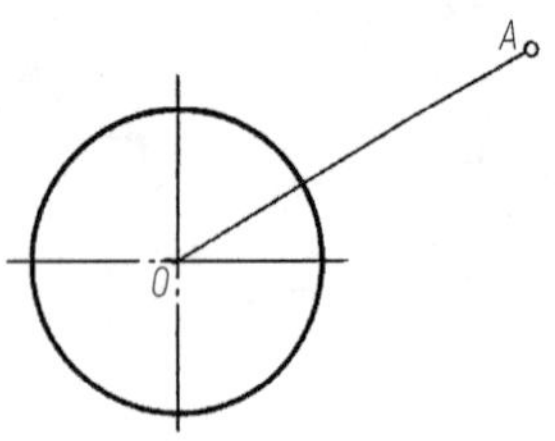	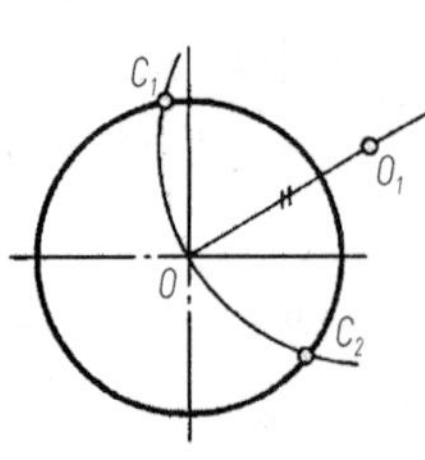	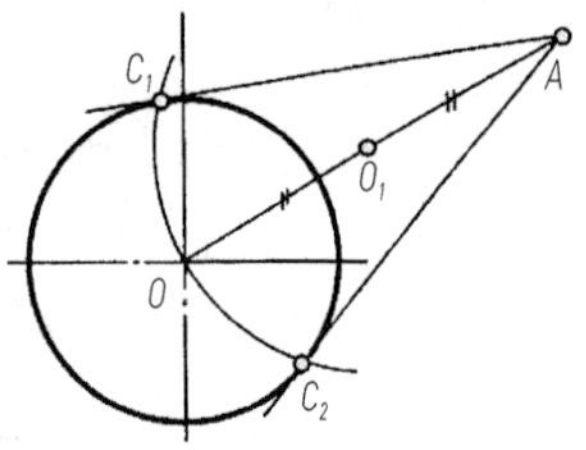
① 作已知圆 O 及已知点 A，并连接点 A 及圆心 O	② 以 OA 中点 O_1 为圆心、OO_1 为半径作弧，与已知圆相交于点 C_1、C_2	③ 分别连接点 A、C_1 和点 A、C_2，则 AC_1 和 AC_2 即为所求

表 2.12　作两已知圆的外公切线

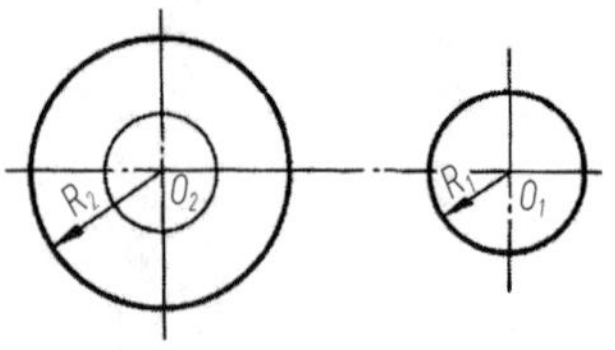	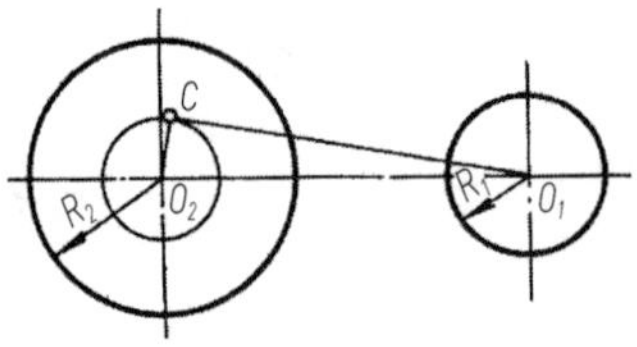	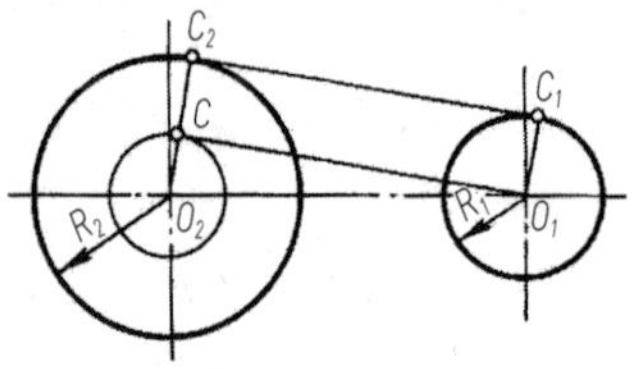
① 作两已知圆 O_1、O_2，并以 O_2 为圆心、R_1-R_2 为半径作辅助圆	② 过 O_1 作辅助圆的切线 O_1C（作图方法见本表 2.9）	③ 连接 O_2C 并延长，交圆 O_2 于 C_2；作 $O_1C_1//O_2C_2$，连线 C_1C_2 即为所求

表 2.13　作两已知圆的内公切线

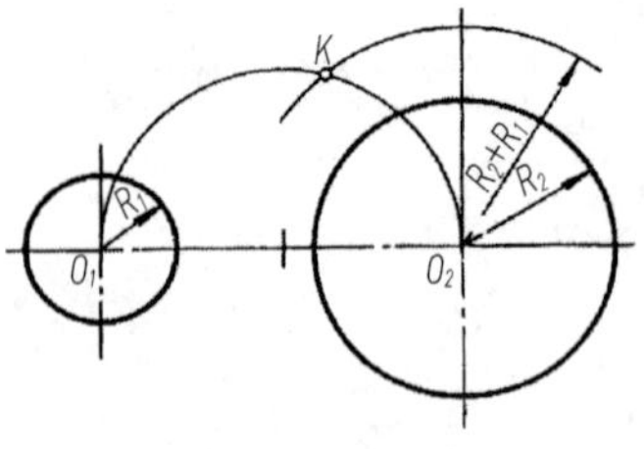	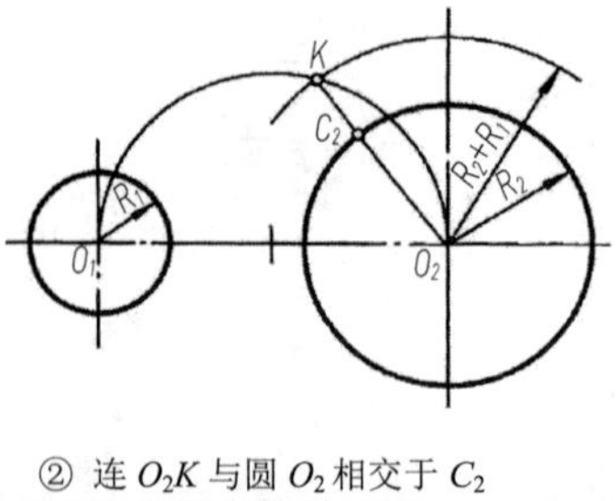	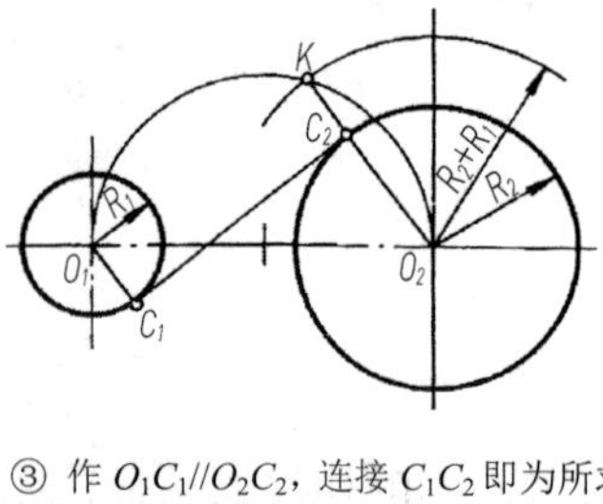
① 作两已知圆 O_1、O_2，并以 O_1O_2 为直径作辅助圆，再以 O_2 为圆心、R_1+R_2 为半径作弧，与辅助圆相交于点 K	② 连 O_2K 与圆 O_2 相交于 C_2	③ 作 $O_1C_1//O_2C_2$，连接 C_1C_2 即为所求

解决这类几何作图问题，最常用的方法是逆向推理法。即假设结果图已得出，然后一步一步反向推理至最初始的条件。

如“过圆外一点作圆的切线”的问题，假设结果图已得出，得知其相切的几何条件是切线与已知圆圆心和切点的连线必然垂直；再从直角三角形出发，推断出该直角三角形的斜边正好是已知圆圆心与圆外已知点连线；由此推出，若以该斜边为直径作一圆，该圆与已知圆相交，两圆交点必为上述直角三角形直角处的顶点，也正是所求的切点，如图 2.26（a）所示。再由此反推回来，即可得到表 2.11 所示的作图步骤。

同理，要作出两已知圆的外公切线，也是从最终结果图出发（图 2.26（b））。此时关键的一步就在于：将公切线 C_1C_2 平移，直至 C_1 与小圆圆心 O_1 重合，从而形成了一个辅助直角三角形 O_1CO_2，由此将问题转化为“过圆外一点 O_1 作圆的切线”的问题，不过此时的这个圆的半径为“R_2-R_1”。反推回去，可得如表 2.12 所示的作图步骤。

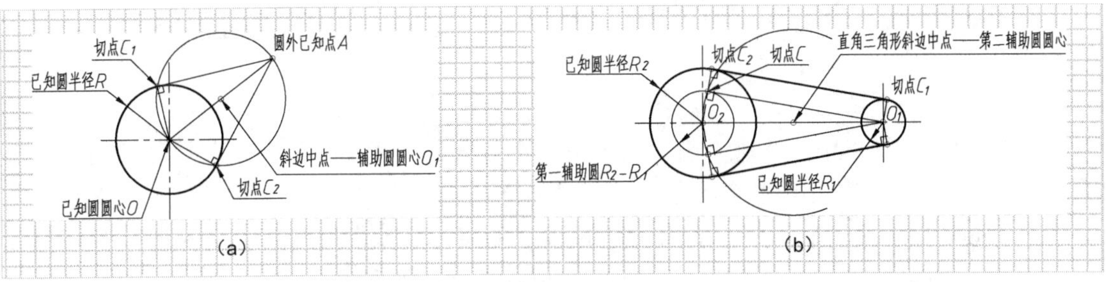

图 2.26　逆向法推理作图步骤

在 AutoCAD 中，只要在作切线时首先点取直线命令，然后打开“对象捕捉”工具对话框，勾选设置“切点捕捉”，系统就会自动将直线的一端或两端定位（即捕捉）到切点，如图 2.27 所示。

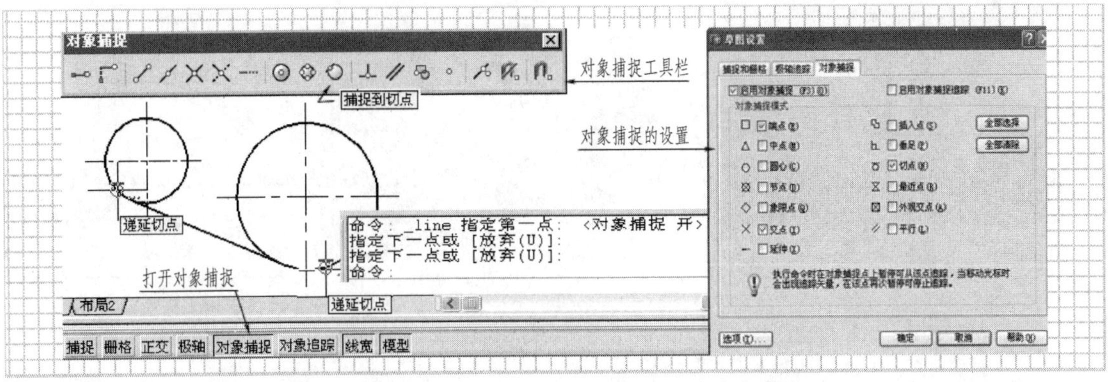

图 2.27　基于 AutoCAD 的圆的切线作图

2. 圆弧连接（两已知线段的公切圆）的几何作图法

随着人类生活水平的提高，人们对周围日用产品的审美标准也在提高，小到一只碗、一只水杯，大到洗衣机、电视机、计算机、电冰箱、小汽车的所谓“流线形”造型。如图 2.28 所示的花瓶、图 2.29 所示的水龙头等，都体现出了丰姿多彩、美不胜收的产品造型，当然也体现出了设计师丰富的以曲线曲面构造为主流的现代造型设计理念。然而，作为未来的设计师或者工程师，你是否能把这些产品的外形设计与现在最基本的几何作图技能联系起来呢？

图 2.28　各种花瓶造型

例如，在图 2.28 中，不难看出，左起第一个花瓶的主体部分是一个回转体，第二个则是一个拉伸体，那么，你能找到它们的成形面吗？再如，图 2.29 中左起第三个水龙头的龙头部分，从成形角度分析，可以看成一个扫掠成形体，它成形的几何条件需要一个被扫掠的对象和一个扫掠路径（请回看第 1 章的图 1.18），那么，你能抽象出它主要轴线的形状吗？找到了这个主轴线，就等于找到了它的扫掠路径。答案分别在图 2.30 和图 2.31 中。给出答案的目的并不是要求你马上就会画，而是在于能否对这些图形作出几何分析，以指导和确定绘图步骤。

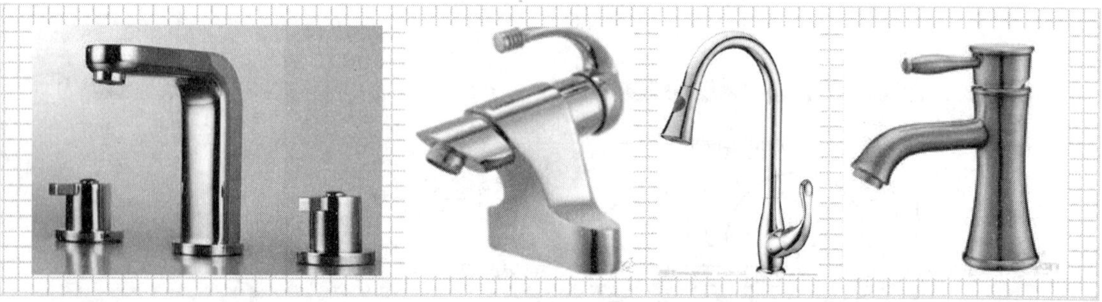

图 2.29　各种水龙头造型

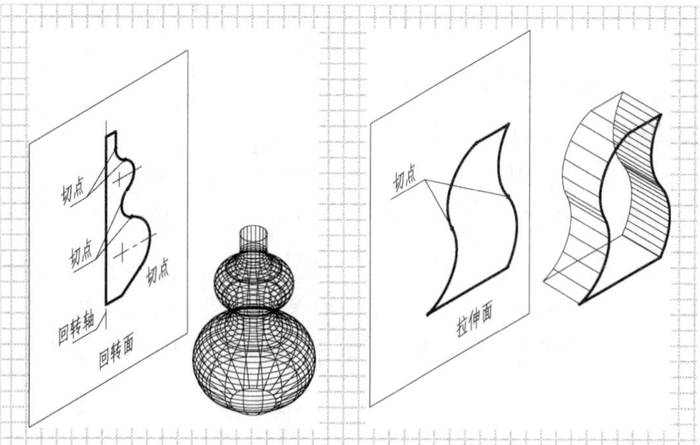

图 2.30　花瓶的造型

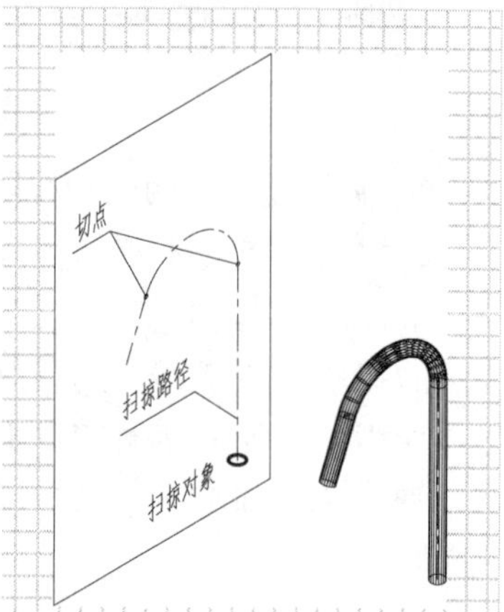

图 2.31　水龙头的扫掠路径

从以上几个例子可以看出，这些优美的曲面造型关键在于其成形面的造型设计。这些成形面的边界轮廓线往往可以分解成若干直线段或圆弧段相交或相切而成。特别是当你要获得光滑的流线型的曲线时，“相切”这样一个连接手段就显得非常重要了。

仔细分析图 2.30 所示的旋转成形的花瓶的旋转面。其右边的回转轮廓线可为 6 条线段，自上而下，两头是直线段 *AB* 和 *GF*，中间有 4 条圆弧段，其半径分别为 R_1、R_2、R_3 和 R_4。两两线段之间均以相切连接，切点分别为 *B*、*C*、*D*、*E*、*F*。有直线与圆弧相切，也有两圆弧间的相切，如图 2.32 所示。那么，如何确定正确的绘图步骤呢？这就需要进行尺寸和线段分析。

图 2.32 中线段 *AB* 是一根垂直线，并且其一端 *A* 由尺寸 L_3 定位，因此 *AB* 是一条已知线段，可首先画出；同理，圆弧 *CD* 和圆弧 *EF* 都属于已知线段，其圆心 O_1 和 O_2 分别由尺寸 h_1 和 l_1、h_2 和 l_2 确定，半径分别由尺寸 R_1 和 R_2 给出，即定位定形尺寸齐全；而圆弧 *BC* 和 *DE* 的半径 R_3 和 R_4 虽已知（定形尺寸），但它们的圆心位置并未给出，其中，圆弧 *BC* 必须根据一端与直线 *AB* 相切、另一端与圆弧 *CD* 相切的几何条件才能确定，圆弧 *DE* 也必须根据其两端与圆弧 *CD* 和 *EF* 分别作外切，才能确定其圆心，因此属于连接线段；最后的直线 *GF* 的两个端点中，*G* 点由尺寸 l_4 确定，而 *F* 应在圆弧 *EF* 画出后，按“过圆外一点 *G* 向已知圆弧作切线”的几何作图方法作出，这也是一条连接线段。

因此，绘制该图形的步骤应该是，先画已知线段，后画连接线段。

那么，怎样才能画出这些连接线段呢？这类作图方法称为**圆弧连接**。即用已知半径但未知圆心位置的圆弧（称为连接圆弧），光滑地连接两已知线段（即与两已知线段相切），常见的圆弧连接类型如图 2.33 所示，具体作图方法如表 2.14～表 2.16 所述。

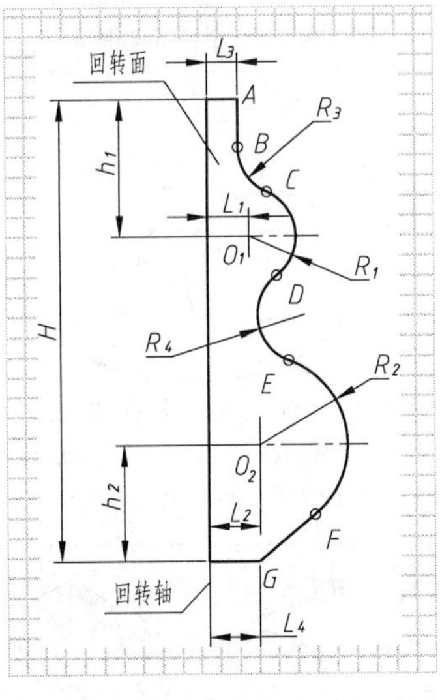

图 2.32　花瓶成形面线段分析

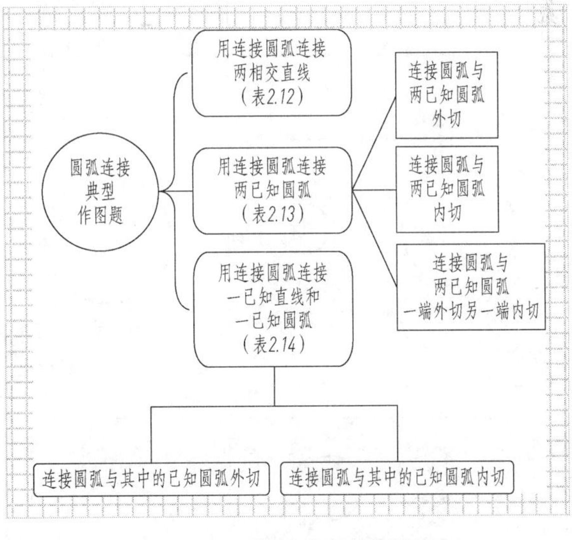

图 2.33　常见圆弧连接类型

圆弧连接的作图要点：应用几何作图的原理找出连接圆弧的**圆心**和两弧的**连接点（即切点）**，这是保证光滑连接的必要条件。

表 2.14 用圆弧（半径为 R）连接两已知直线

两直线相对位置的类型	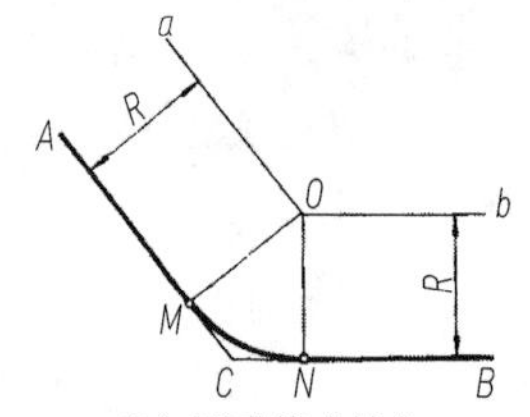（1）两直线成钝角	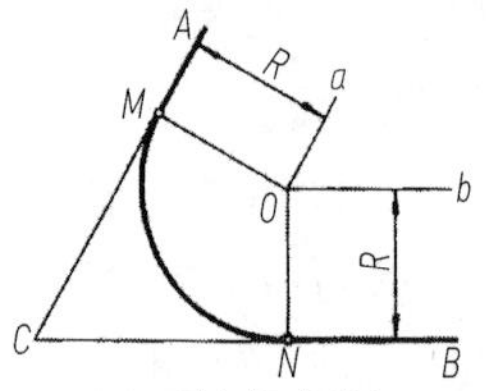（2）两直线成锐角	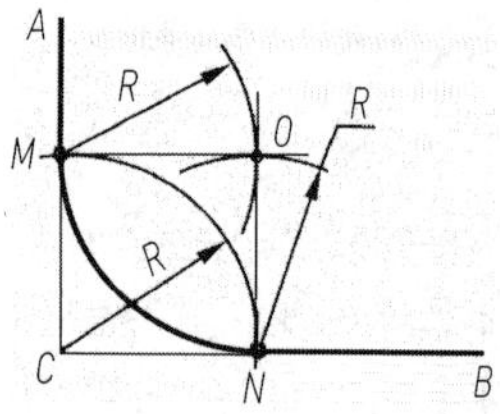（3）两直线成直角
作图步骤	① 分别作与 AC、CB 相距为 R 的平行线，其交点 O 即为所求连接圆弧的圆心 O；② 过 O 点分别向 AC 与 CB 作垂线，即得切点 M、N；③ 以 O 为圆心，OM 或 ON 为半径作弧与 MA 和 NB 连接即为所求		① 以 C 为圆心，R 为半径作弧，分别交直线 AC 与 CB 于 M、N 点，此即两个切点；② 分别以 M、N 圆心，R 为半径作弧，此两弧的交点 O，即为连接圆弧的圆心；③ 以 O 为圆心，OM 或 ON 为半径作弧与 MA 和 NB 连接即为所求

表 2.15 用圆弧连接两已知圆弧

外连接	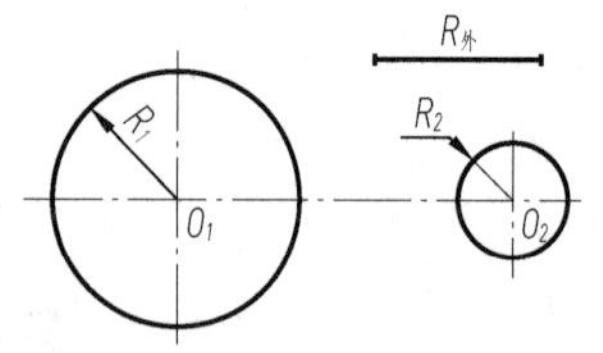① 给定两已知圆 O_1、O_2 及连接圆弧的半径 $R_外$	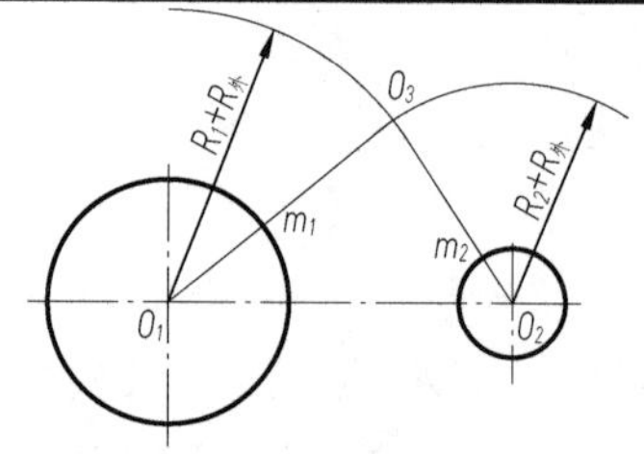② 分别以 O_1 和 O_2 为圆心，$R_1+R_外$ 和 $R_2+R_外$ 为半径作弧，两弧交点 O_3 即为连接圆弧的圆心	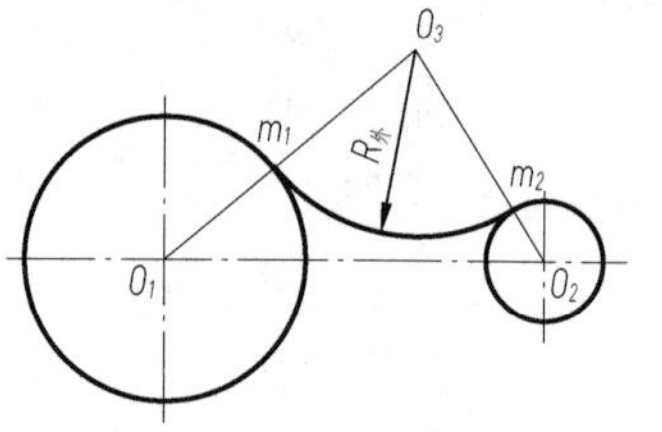③ 分别作连心线 O_3O_1 和 O_3O_2，得切点 m_1、m_2，再以 O_3 为圆心，$R_外$为半径作弧，从 m_1 画至 m_2 即为所求
内连接	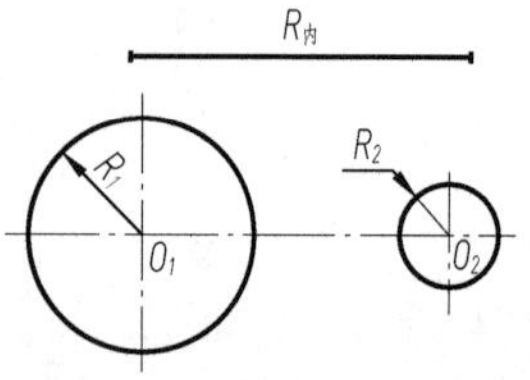① 给定两已知圆 O_1、O_2 及连接圆弧的半径 $R_内$	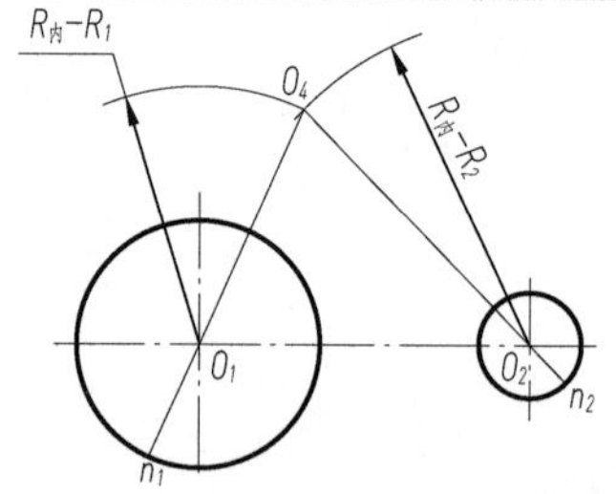② 分别以 O_1 和 O_2 为圆心，$R_内-R_1$ 和 $R_内-R_2$ 为半径作弧，两弧交点 O_4 即为连接圆弧圆心	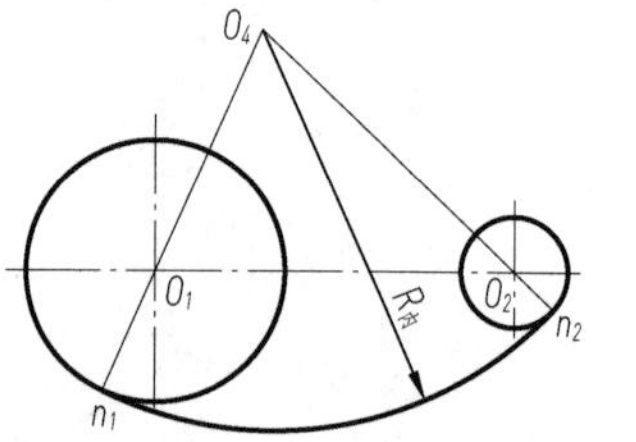③ 分别作连心线 O_4O_1 和 O_4O_2 并延长，得切点 n_1、n_2，再以 O_4为圆心，$R_内$为半径作弧从 n_1 画至 n_2 即为所求
混合连接	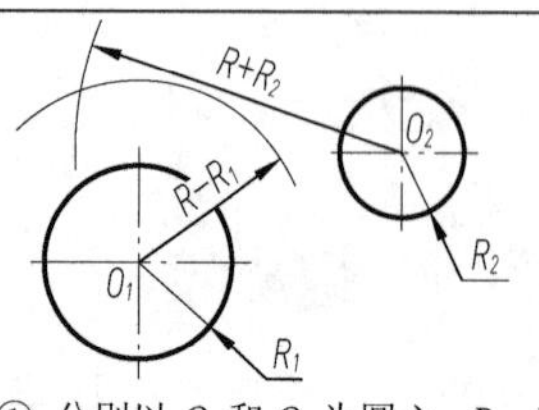① 分别以 O_1 和 O_2 为圆心，$R-R_1$ 和 $R+R_2$ 为半径作弧，两弧交点 O 即为连接圆弧圆心	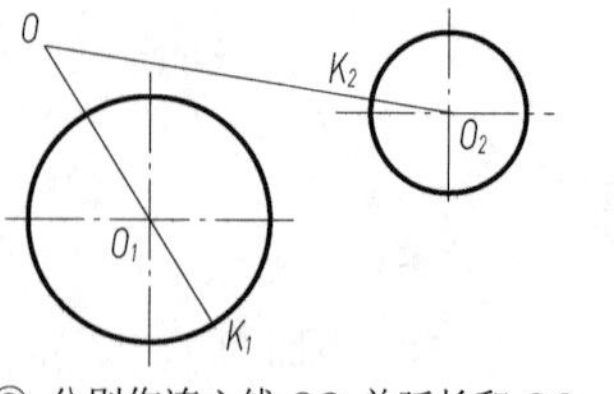② 分别作连心线 OO_1 并延长和 OO_2，得切点 K_1、K_2	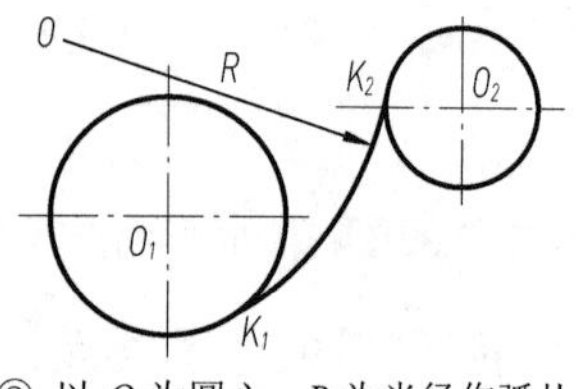③ 以 O 为圆心，R 为半径作弧从 K_1 画至 K_2 即为所求

表 2.16　用圆弧连接（半径为 R）一已知直线（CB）和一已知圆弧（圆心为 O_1，半径为 R_1）

圆弧连接的两种类型	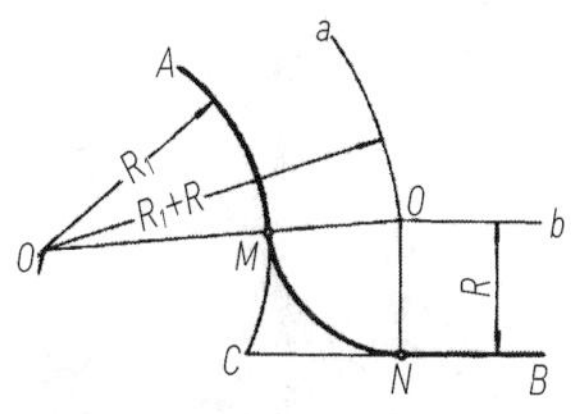 （1）与已知圆弧外连接	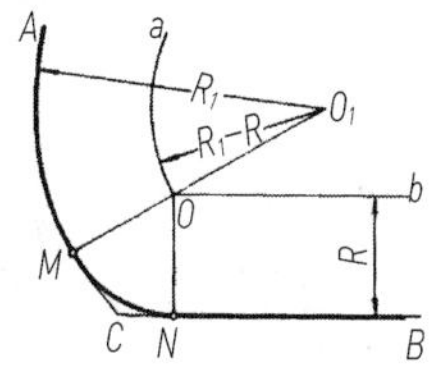 （2）与已知圆弧内连接
作图步骤	① 作与 CB 相距为 R 的平行线，再以 O_1 为圆心，R_1+R 为半径作弧，则该平行线和圆弧的交点 O 即为所求连接圆弧的圆心； ② 过 O 点向 CB 作垂线，得切点 N；再连接 OO_1 与圆弧 AC 相交，即得另一切点 M； ③ 以 O 为圆心，OM 或 ON 为半径作弧与 MA 和 NB 连接即为所求	作图过程同左图。只是在求作连接圆弧与已知圆弧的切点 M 时，以 R_1-R 为半径作辅助圆。

用 AutoCAD 作圆弧连接十分方便。在被连接的已知线段画好后，使用“修改”工具栏中的“圆角”命令，按命令行的提示给出连接圆弧的半径 R 即可实现，如图 2.34 所示，但这种方法只适合快速绘制外切圆；也可用“绘图”工具栏中“画圆”的子命令“相切、相切、半径”选取两个被切的圆或线段及输入连接圆的半径，即可完成连接过程，如图 2.35 所示。

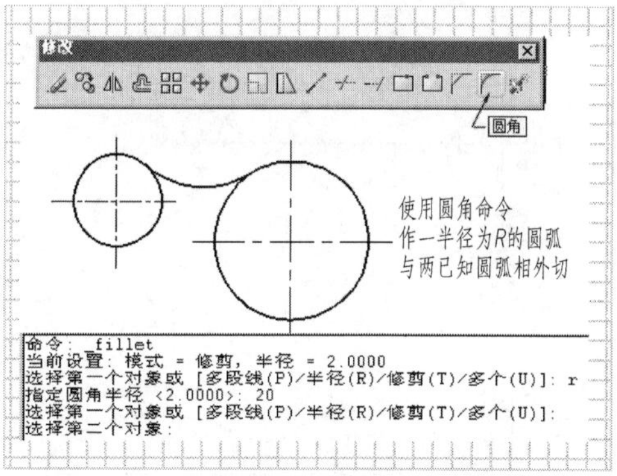

图 2.34　用“圆角”命令作圆弧连接

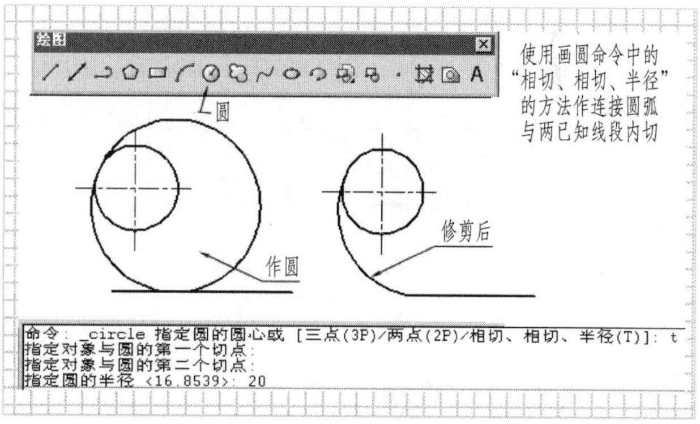

图 2.35　用“画圆”命令作圆弧连接

2.4.6　平面图形作图举例

以如图 2.36 所示的手柄为例，根据图形中所注的尺寸和线段间的连接关系，首先进行尺寸分析和线段分析，从而确定绘图步骤。

（1）**已知线段**——定形尺寸和定位尺寸标注齐全、可直接根据标注画出的线段。如图 2.36 所示的 $\phi 5$、$R15$ 和 $R10$ 的圆弧，长与宽各为 15 和 20 的矩形等，均为已知线段。

（2）**中间线段**——有定形尺寸，但定位尺寸不齐全、需待与其有关的线段作出后，按几何作图方法画出的线段。如图 2.36 所示的 $R50$ 的圆弧。

（3）**连接线段**——只有定形尺寸而无定位尺寸、需待与其两端相连接的线段作出后，再用几何作图的方法求出其位置和连接点（如前述圆的切线、圆弧连接等）才能画出的线段。如图 2.36 所示的 *R*12 的圆弧。

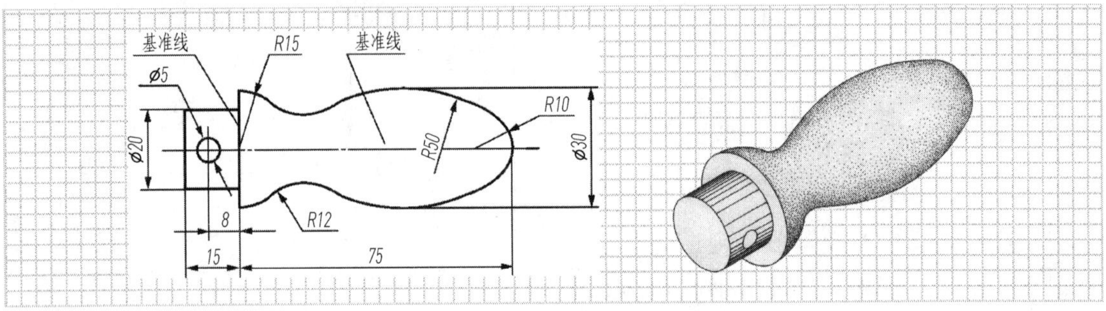

图 2.36　手柄平面投影图及其立体图

因此其绘图过程应先画已知线段，然后画中间线段，最后画连接线段。

手柄视图的作图步骤归纳如下（图 2.37）：

（1）对平面图形进行尺寸分析，分清各线段性质，画出作图基准线，并根据各封闭图形的定位尺寸画出定位线图（如图 2.37 所示的步骤 1）；

（2）画出已知线段（如图 2.37 所示的步骤 2）；

（3）画出中间线段（如图 2.37 所示的步骤 3）；

（4）画出连接线段（如图 2.37 所示的步骤 4）；

（5）擦去多余作图线，加深各类线型，完成全图（如图 2.37 所示的步骤 5）。

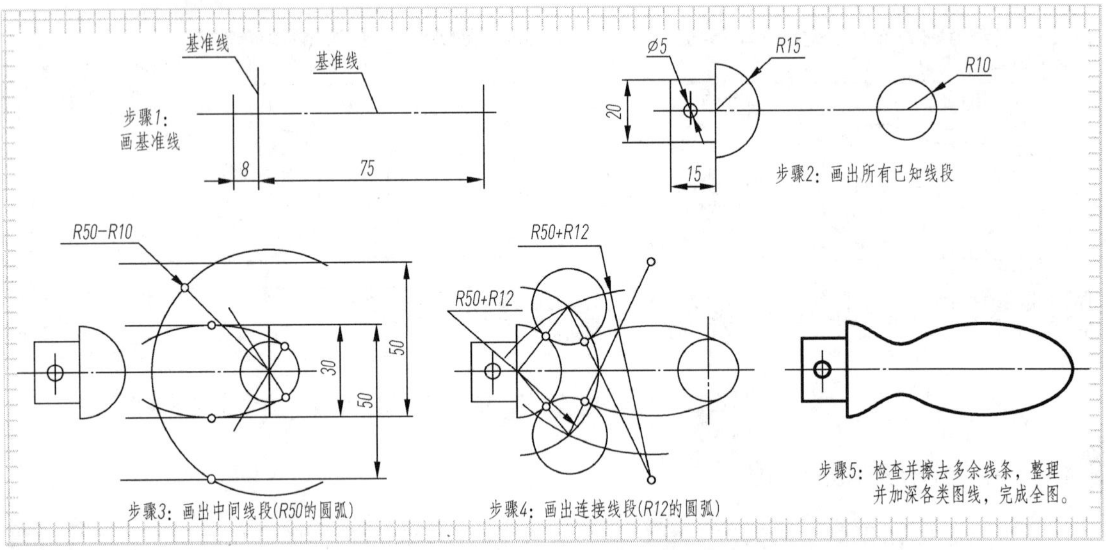

图 2.37　手柄的作图步骤

基于 AutoCAD 的平面图形的作图原理和步骤与上述过程完全相同，也必须依照定位中心线、已知线段、中间线段、连接线段的顺序依次作图。所不同的是，只要灵活运用系统提供的各种绘图、修改、编辑和辅助工具，作图的准确度和速度就可大大地提高。有兴趣的学生，可参考相关教材和书籍，亲自动手尝试和体验以下实例，原图及作图步骤如图 2.38 所示。

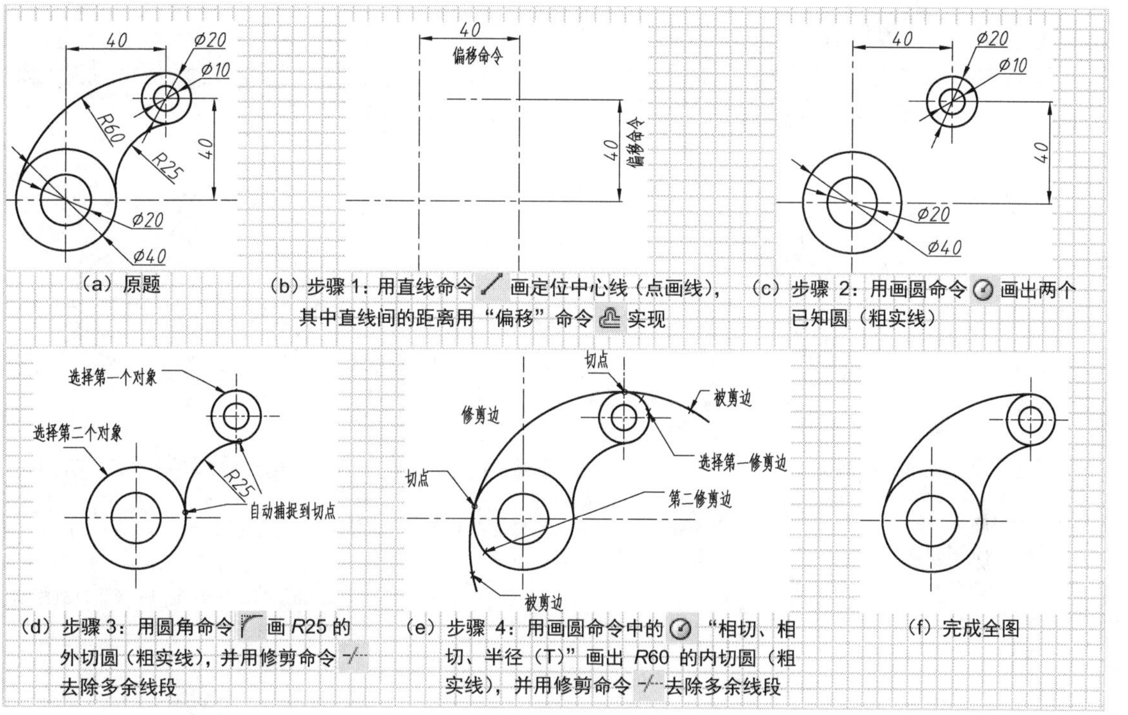

（a）原题

（b）步骤 1：用直线命令 画定位中心线（点画线），其中直线间的距离用“偏移”命令 实现

（c）步骤 2：用画圆命令 画出两个已知圆（粗实线）

（d）步骤 3：用圆角命令 画 R25 的外切圆（粗实线），并用修剪命令 去除多余线段

（e）步骤 4：用画圆命令中的 “相切、相切、半径（T）”画出 R60 的内切圆（粗实线），并用修剪命令 去除多余线段

（f）完成全图

图 2.38　平面图形的 AutoCAD 生成步骤演示

2.4.7　非圆曲线的几何作图

工程上还有许多常用的非圆曲线，如椭圆、渐开线等，在设计表达时仍用圆规、三角板等基本绘图工具按几何作图原理绘制。这些非圆曲线的基本绘图方法为描点法，又称为坐标法。

1. 椭圆的画法

椭圆的特征是：长轴和短轴垂直平分，因此，只要知道长、短轴的方向和长度，几何上是可以画出这个椭圆来的。椭圆的画法有多种，以下举出常用的几种画法。

1）坐标法绘制椭圆

图 2.39 表示了坐标法绘制椭圆的作图步骤。此种画法比较精确，但对最后用曲线板连接光滑曲线的技能要求较高。

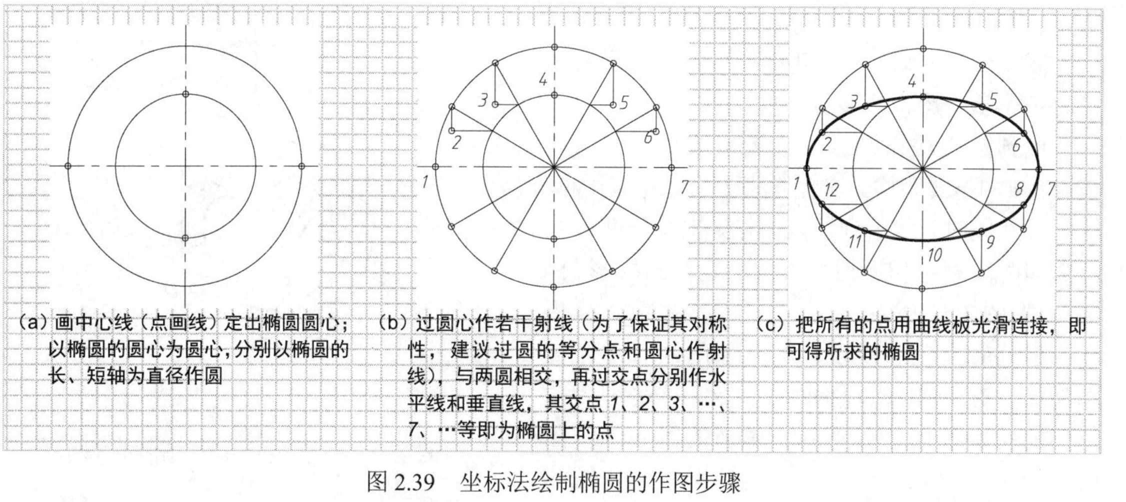

（a）画中心线（点画线）定出椭圆圆心；以椭圆的圆心为圆心，分别以椭圆的长、短轴为直径作圆

（b）过圆心作若干射线（为了保证其对称性，建议过圆的等分点和圆心作射线），与两圆相交，再过交点分别作水平线和垂直线，其交点 1、2、3、…、7、…等即为椭圆上的点

（c）把所有的点用曲线板光滑连接，即可得所求的椭圆

图 2.39　坐标法绘制椭圆的作图步骤

2）近似法绘制椭圆

工程制图中常用如图 2.40 所示的近似法绘制椭圆。这种近似法的绘图思路是将椭圆近似看成由上下对称的一对大圆弧和左右对称一对小圆弧共 4 段圆弧相切而成。

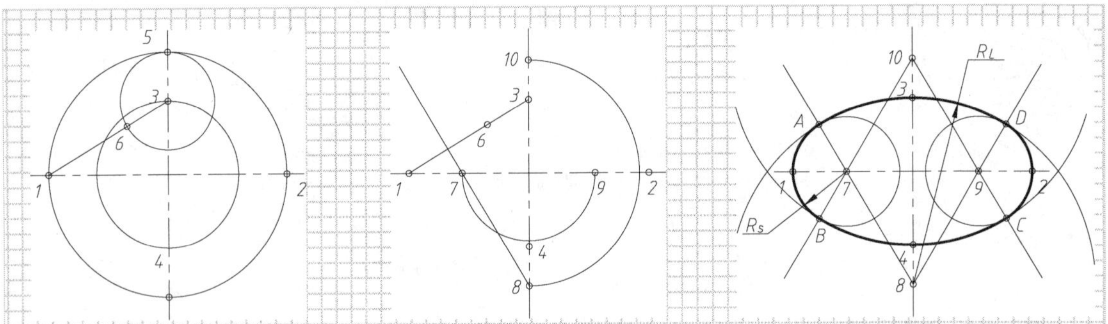

（a）以中心线定出椭圆圆心，过椭圆圆心，以其长、短轴为直径作圆，得长、短轴的 4 个端点 1、2、3、4；连接点 1、3，并以点 3 为圆心，$\overline{35}$ 为半径作圆交于 $\overline{13}$，取得点 6，使 $\overline{36}=\overline{35}$

（b）作 $\overline{16}$ 的中垂线，它与长轴的交点为 7，与短轴延长线的交点为 8，分别取对称点 9 和 10，即得到了要求的 4 段圆弧的 4 个圆心

（c）分别连接 $\overline{78}$ 和 $\overline{89}$、$\overline{910}$、$\overline{107}$ 并延长；分别以 7、9 为圆心，$\overline{71}$、$\overline{92}$ 为半径（R_S）作小圆，再分别以 8、10 为圆心，$\overline{83}$ 和 $\overline{104}$ 为半径（R_L）作大圆弧，4 段圆弧在点 A、B、C、D 处相切，此即为所求近似椭圆

图 2.40　近似法绘制椭圆的作图步骤

绘图的关键在于以椭圆的长短轴为基本依据，找出这 4 段圆弧的圆心。这样作出的椭圆的精度虽然没有坐标法作出的椭圆高，但对于辅助图形来说，由于最终是用圆规画出其轮廓线，其效果反而要比坐标法好。这种近似法又称为“**四心法**”。

在 CAD 中使用“椭圆”命令作图。其作图原理与尺规作图是一样的，也是抓住椭圆的长、短轴这一关键几何要素。因此，其输入数据必然是椭圆的长轴和短轴的长度（定形），及椭圆的圆心位置（定位）。其命令执行过程如图 2.41 所示。

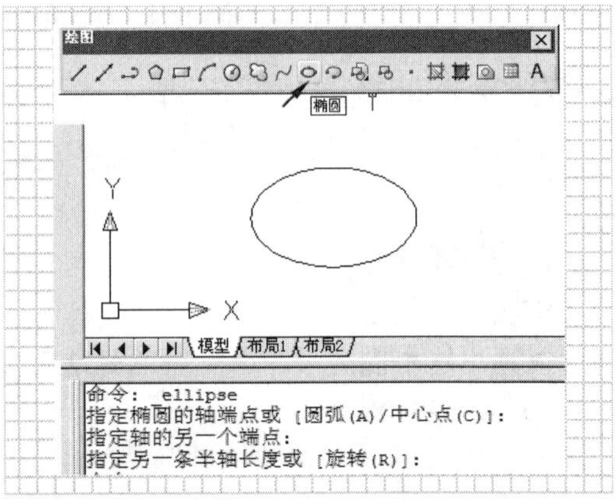

图 2.41　CAD 中的椭圆

3）近似法椭圆的应用——平行于投影面的圆的正等轴测图

说到四心法作椭圆，读者可能觉得似曾相识。在第 1.6.2 节中，在绘制平行于投影面的圆的正等测图时，就用到了四心法，也是用两段长圆弧和两段短圆弧近似代替圆的正等测投影（椭圆），如图 2.42 所示。

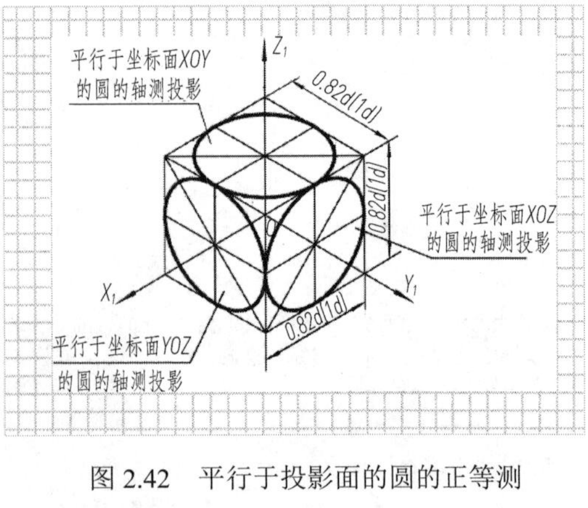

图 2.42　平行于投影面的圆的正等测

但读者立刻会发现，与本节的四心法作椭圆相比，它们作图过程不太一样。这是因为，它们的初始几何条件不同。本节的四心法作图应用于椭圆的长、短轴已知的情况，而作圆的

正等测椭圆时其长、短轴是未知的（图 2.42），必须经过首先作出圆的外切正方形的正等测，即菱形投影，寻找 4 段圆弧的圆心，故又称为菱形法。掌握了这种方法，即可绘制简单的回转体的正等测图。

如图 2.43（a）所示，根据圆柱的投影图绘制其正等测图。

该圆柱的轴线垂直于水平面，即其上、下底圆平行于水平投影面，因此，应首先绘制出平行于投影面的上、下底圆的正等测图，然后作出其公切线。在轴测投影图上不可见的轮廓线一般不画。作图步骤如下：

（1）设定坐标轴，将原点设置在圆柱顶面圆的圆心处，如图 2.43（a）所示；

（2）绘制轴测轴，用四心椭圆法近似绘制出圆柱顶面圆的正等轴测图，如图 2.43（b）所示；

（3）移动圆柱顶面圆的正等轴测投影中的左、右、前面三段圆弧的圆心至底面处（不可见轮廓线不画），移动距离为圆柱的高度，绘制圆柱底面圆的正等轴测投影。如图 2.43（c）所示。

（4）作上、下两个椭圆的公切线，擦去不可见部分轮廓线和轴测轴，完成结果如图 2.44（d）所示。

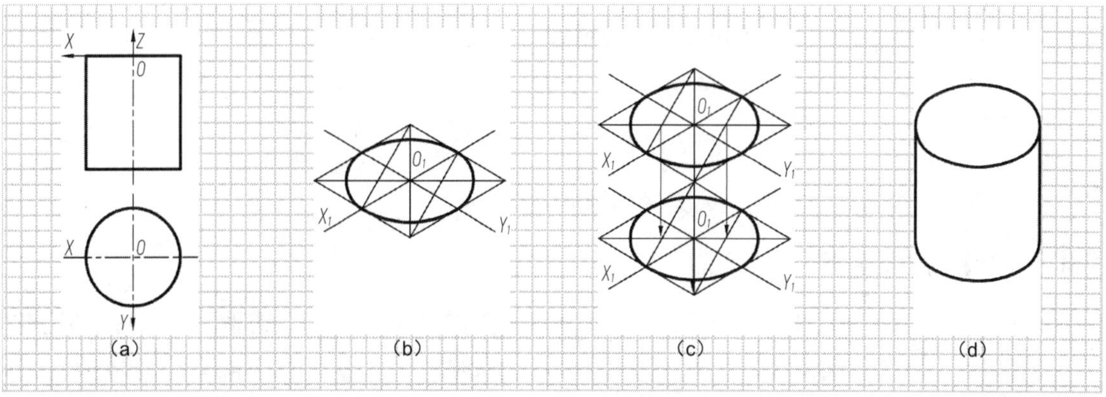

图 2.43　圆柱的正等测图

2. 圆的渐开线的画法

圆的渐开线是指当一个圆的切线（动直线）绕该圆（基圆）作无滑动滚动时，切线上任一点的轨迹。渐开线在工程上非常有用。传动机构中最常见的齿轮，往往是用渐开线作为轮齿部分的轮廓线的（图 2.44），称为渐开线齿轮。这样的一对齿轮在啮合传动时，有着非常优良的传动特性。

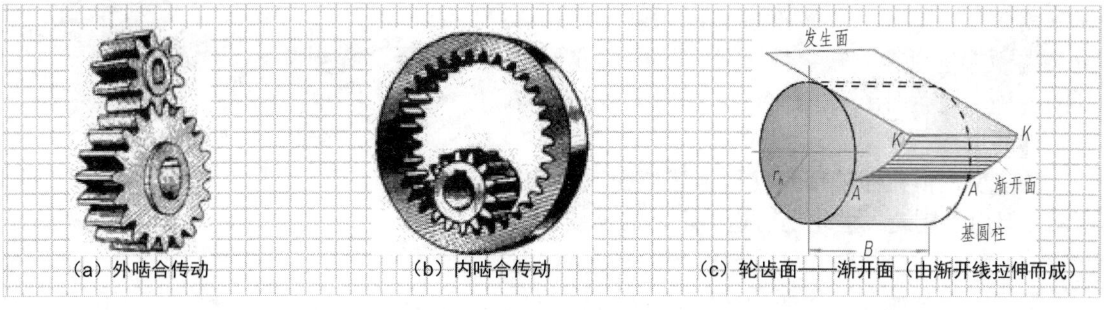

图 2.44　渐开线齿轮

根据渐开线的形成原理，其作图步骤如下（图 2.45）：

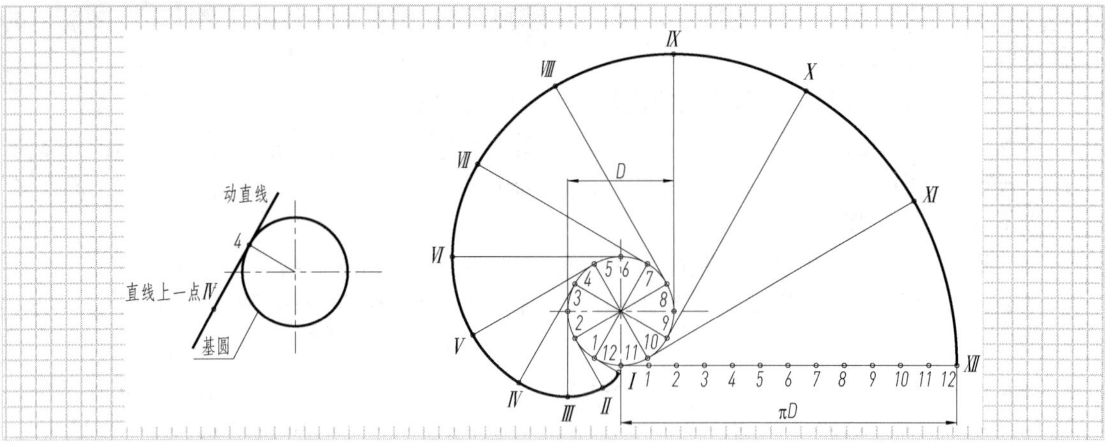

图 2.45　圆的渐开线的画法

（1）作圆的中心线定圆心，并以直径 D 画出该圆，并将圆周作 n 等分（图中作 12 等分，可用 30°/60°三角板作图）；

（2）将圆周按π · D 展开为直线，并将其作与圆周相同的等分；

（3）过圆周上各等分点作圆的切线，并从第一切线开始，取其线段长度依次为圆周长度的$\frac{1}{12}$、$\frac{2}{12}$、$\frac{3}{12}$、…、$\frac{12}{12}$等，得 *Ⅰ*、*Ⅱ*、*Ⅲ*、…、*Ⅻ* 各点；

（4）用曲线板将所得各点连成光滑的渐开线。

2.4.8　斜度和锥度的几何作图

斜度和锥度是工程上常见的两个术语。其中，斜度是指一直线（或平面）相对于另一直线（或平面）（称为参考线或参考面）的倾斜程度；而锥度则是指一正圆锥的底圆直径 D 与其高度 L 之比。

1. 斜度

在工程上经常要用到一类成形钢料，如图 2.46 所示。它们常用于起支撑作用的场合，如梁、桁架，加强筋等。它们的截面往往制作成如图 2.47 所示的形状，名称根据其形状命名，如 T 形钢、角钢、十字形钢、槽钢、工字钢等。从它们的结构和功能来说，其强度、刚度等力学性能与相同长、宽尺寸的矩形截面钢相当，但材料更节省、重量更轻，稳定性更佳，这也和我们看到的各种车轮为什么不制作成简单的实心圆盘有着一样的道理。

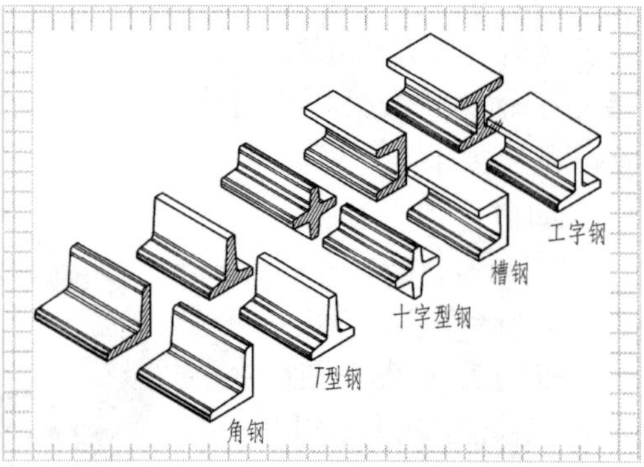

图 2.46　几种常用的成形钢

这些型钢横截面的理想几何形状如图 2.47（a）所示，但由于制造（主要是铸造）工艺的需要，内凹的非工作表面往往会设计为有一定的斜度，称为起模斜度；相邻两非工作面的转角处也会设计为一定的圆角而不是直角，称为铸造圆角，如图 2.47（b）所示。这些微小结构称为工艺结构。

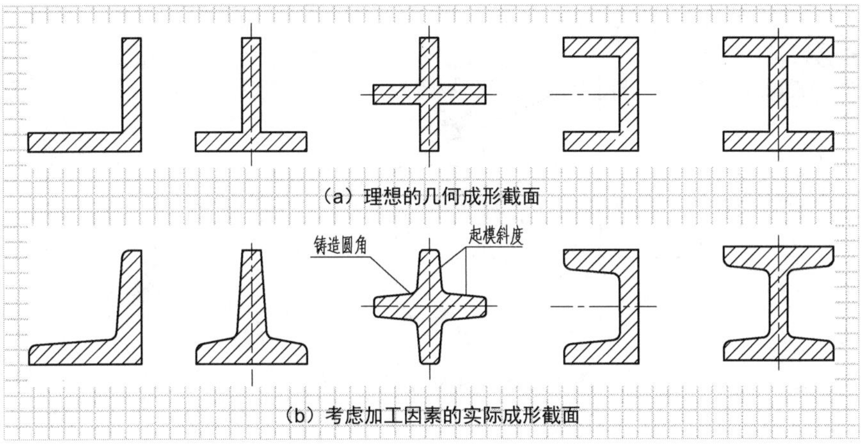

图 2.47　成形钢的横截面

设参考线长度为 L，而斜线一端距参考线的高度为 H，则斜度的大小为其夹角的正切，即斜度$=\tan\alpha=H:L$。斜度的标注用图形符号来表示，并把其正切值化为“$1:n$”的形式注写在图形符号的右边，如图 2.48（a）所示。斜度的图形符号如图 2.48（b）所示绘制，注意：**符号斜线的方向应与斜度方向一致**。斜度的作图方法如图 2.48（c）所示。

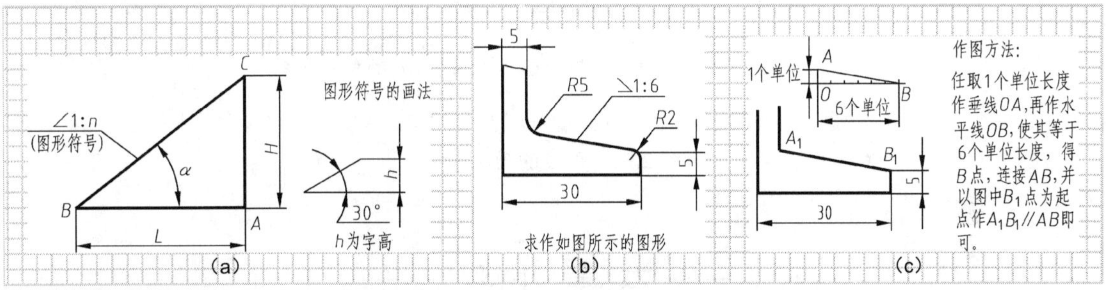

图 2.48　斜度、图形符号及斜度线的画法举例

2. 锥度

如图 2.49 所示的一段锥头轴，当它与一段带有锥孔的零件（如某皮带轮）相配合并轴向压紧时，本身带有一定的自锁性（即楔形紧固作用）。为保证其配合及锁紧精度，设计时给出的尺寸往往不是锥形段两端的底圆平面的直径，而是一端底面的直径 D 和锥度，因为这个锥度对于轴的外锥面与孔的内锥面具备了精度要求唯一性。

如前所述，设圆锥底圆直径为 D，高度为 L，则锥度$=D/L=2\tan\alpha$。对于正圆台来说，其锥度可推算为：$(D-d)/L$。锥度在图样中用图形符号进行标注，其大小以简化形式 $1:n$ 注写在图形符号的右边，符号的方向和应与锥度方向一致，如图 2.50 所示。

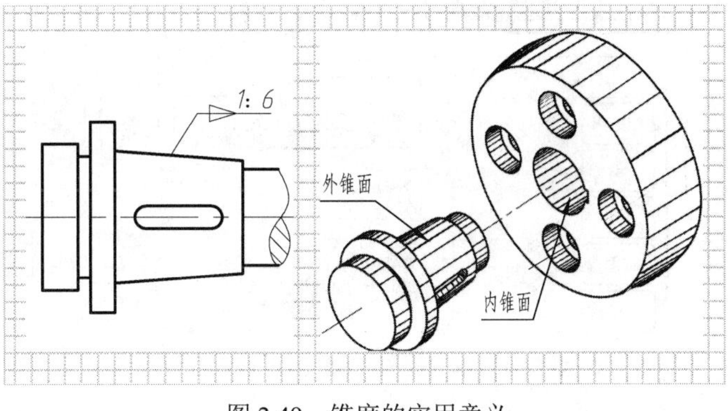

图 2.49　锥度的实用意义

锥度的画法如图 2.51 所示。

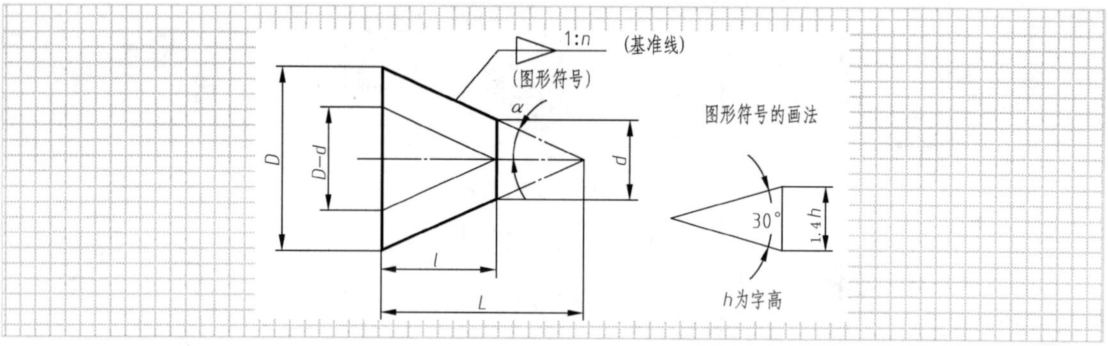

图 2.50　锥度及锥度的图形符号

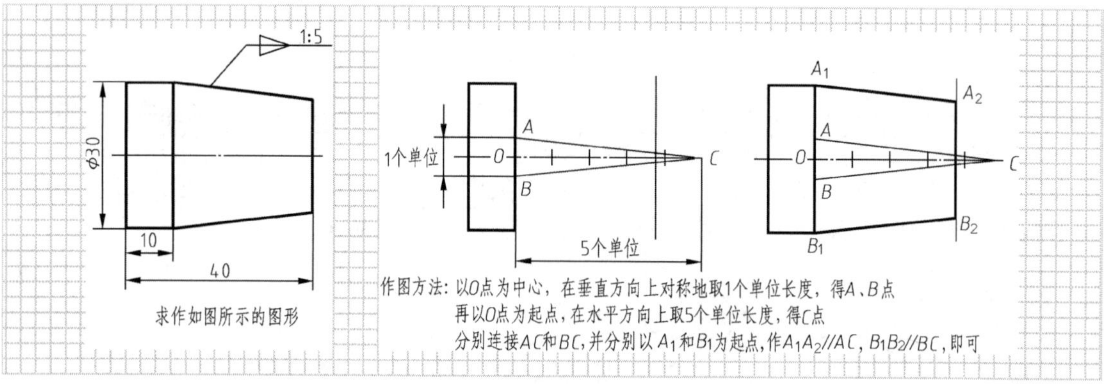

图 2.51　锥度的画法举例

—— 本 章 小 结 ——

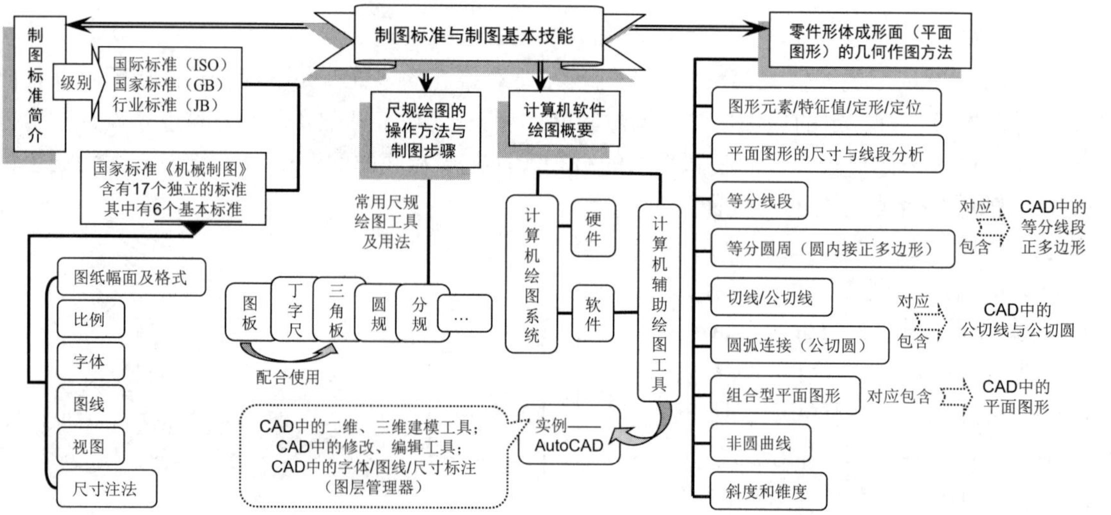

第 3 章　零件主体结构及其构成要素分析

The Geometrical Structure of a Machine Part and its Component Elements

本章知识要点

一个机器零件实际上可以看成它的主体结构（即理想的几何体，简称为零件形体，或者组合体），加上它在机器中所要实现的功能要求的局部功能结构，以及加工制作过程中所要求的局部工艺结构所组成的。而要完整、正确、清晰地表达一个零件，还必须从它的主体结构入手。

从工程设计和分析表达的角度来说，零件形体（组合体）可以看成是由若干个基本体按一定的组成方式组合而成的立体，而基本体的表面结构又可以看成是若干面、线、点按一定规律构造而成的。因此本章知识要点在于：

①从形体三维成形方法认识组合体的组合方式及三面正投影的三等关系，从而掌握一个重要的分析方法——形体分析法；

②以“体-面-线-点”为思路，掌握组合体组成要素的空间形状、相对位置及其投影关系，为图解分析组合体表面结构形状的分析设计打下良好基础。

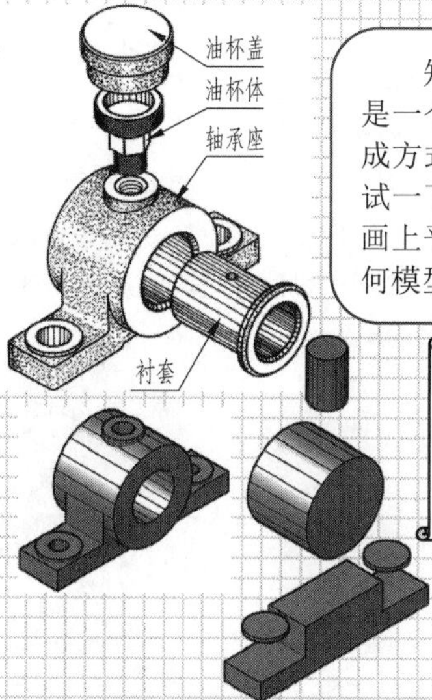

知道了零件的主体结构其实就是一个由若干个基本体按一定的组成方式组成的组合体，你想亲手尝试一下它的形成吗？找一张卡纸，画上平面展开图，做几个简单的几何模型吧。

兴趣实践

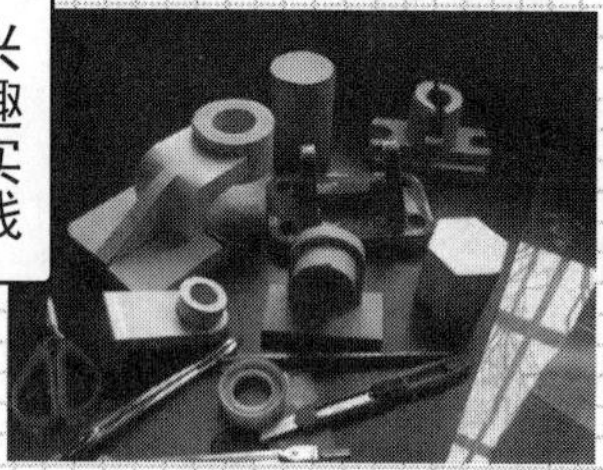

探索思考

学习了这一章后，你能不能尝试一下将前面看到的水龙头中的某个零件，如阀盖，将其主体结构从中“剥离”出来，然后分析一下，它由哪几个基本体组成（拉伸或者旋转）？由什么方式组成（并、交、差集运算）？

预习准备

根据本章的知识要点浏览本章各节标题内容，对什么是零件的主体结构、什么是基本体，以及构成基本体的几何要素的分类、投影规律、投影特性等，还有本章用到的形体分析法及常用的画法几何图解法等，建立起初始印象，为学习和掌握本章知识点作好入门准备。

3.1　零件的主体结构——组合体

3.1.1　机器零件主体结构的概念

通过前面的学习已经知道，机器由零部件组成，而零件是机器或部件中最基本的组成单元。要设计制造一个机械产品，就必须从这个基本单元入手。

如图3.1所示是一个机器中的部件，称为“整体轴承”。

整体轴承在机器中起着支撑转动轴、并可方便地对该轴进行润滑的作用。结合图3.2所示的一个装配示意图（即用简化了的图形、符号或代号表达产品各组成部分、相互联系和工作原理）可看出，它由轴承座、衬套、油杯体、油杯盖4个零件组成（图3.3）。需支撑的转动轴安装在衬套内，衬套的外圆柱面紧密嵌套在轴承座的内圆柱面中，由技术要求来保证二者之间有相对转动；轴承座底板左右对称地设有两个通孔，用来将这个轴承安装固定在工作场地上；油杯体以螺纹的形式旋入轴承座上方的螺纹孔内，润滑油从油杯体内的“漏斗”处注入，通过轴衬上的小孔到达转动轴外表面与轴衬内表面的间隙。注入润滑油后，旋上油杯盖。在工作中，随着转动轴的转动，润滑油即可对整个轴表面进行润滑。图3.4是它的剖视装配体效果图，可以帮助我们从内部看到各个零件的装配情况。

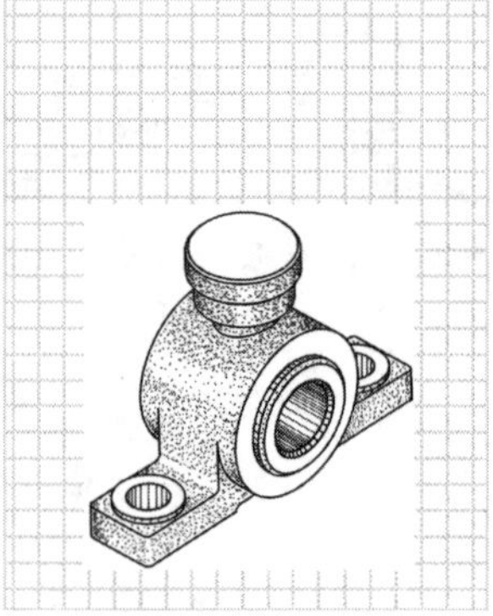

图3.1 整体轴承的立体外观图

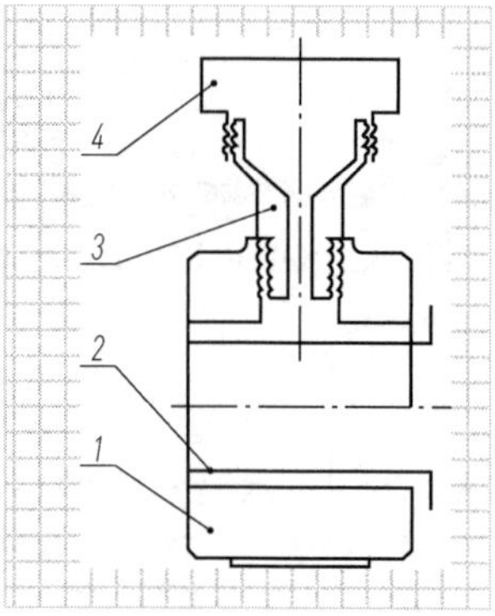

图3.2 整体轴承装配示意图

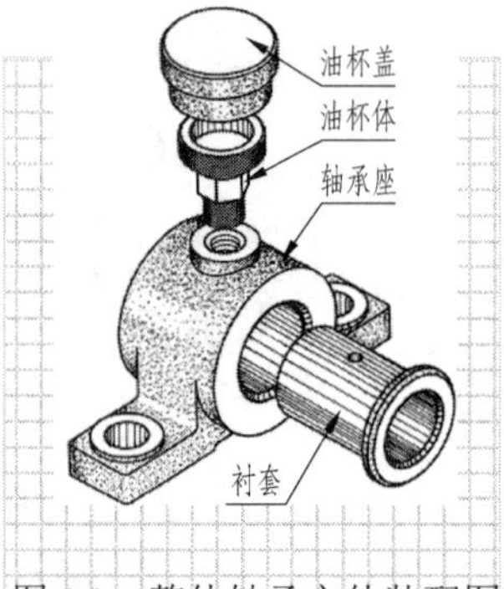

图3.3 整体轴承立体装配图（装配分解图）

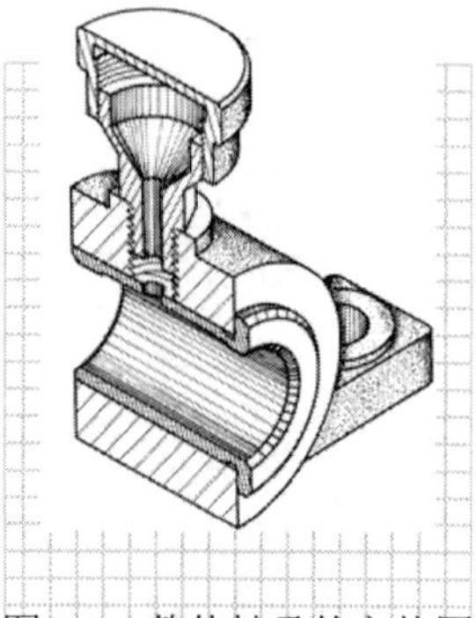

图3.4 整体轴承的立体图（剖视）

对于一个零件本身的结构来说，它可以看成是由主体结构、局部工艺结构和局部功能结构的综合组成。所谓主体结构，即指零件的主要基本形状，是一种理想的几何结构，称为组合体，或者零件形体；局部功能结构是指为实现传动、连接等特定功能，在主体结构上制造出的局部结构；而局部工艺结构则与该零件的加工制造过程有关（这一过程又称为加工工艺和装配工艺），是为确保零件加工和装配质量在主体结构上必须构造的一些较为微小的结构。

仔细观察对比图3.5所示的轴承座零件的实例（图3.5（a））和从它抽象而出的主体结构（图3.5（b）），从直观上去感觉它的不同之处。可以发现，在轴承座前面看过去，中部的内外圆柱与前后端面的交界处，少了两段圆台面，这在工艺上称为倒角，是为有利于装配过程的顺利对中而设置的，是工艺结构的一种；还可以清楚地看到，在多处表面的转角处，主体结构比实物形状少了一些圆角，这也属工艺结构，是用以保证铸造工艺质量而设计的；最明显的是在轴承座顶部的凸台内部，原应有一段螺纹，是用来旋入油杯体的，属于局部功能结构，而其主体结构中则抽象为一个单纯的圆柱孔。

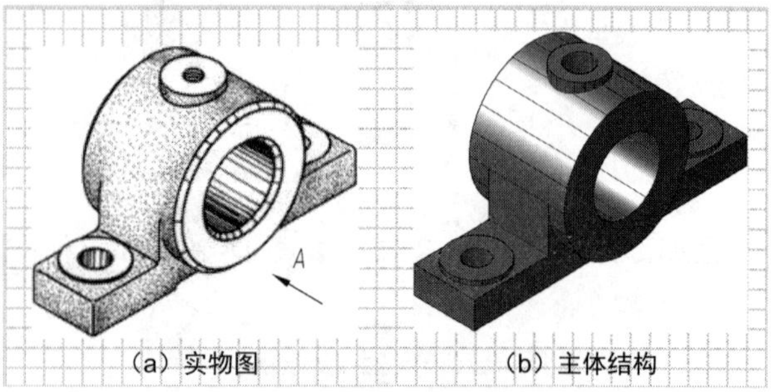

图3.5 整体轴承中轴承座零件的实物与其主体结构

3.1.2 零件主体结构（组合体）的组成方式与形体分析

综上所述，一个机器零件往往可看成由三大结构组成：主体结构、局部功能结构和局部工艺结构。其中，零件的主体结构又称为组合体，是零件设计与表达的基础。

零件的主体结构设计与表达建立在几何学、三维建模原理和成形原理的基础之上。因此，零件的主体结构（组合体）可以看成是由若干个基本体按一定的**组成方式**组合而成的。

以上述轴承座零件的主体结构为例，如果把它进行分解，可以看成图 3.6（a）所示的由 4 个部分组成。这 4 个部分的原形是前面提到过的基本体。它们分别为下部的多边形棱柱（形体①）、棱柱上方左、右两侧的圆柱（形体②）、中部的水平放置的圆柱（形体③）和顶部垂直放置的圆柱（形体④）。再如水龙头的阀体，其外部结构的分解如图 3.6（b）所示。

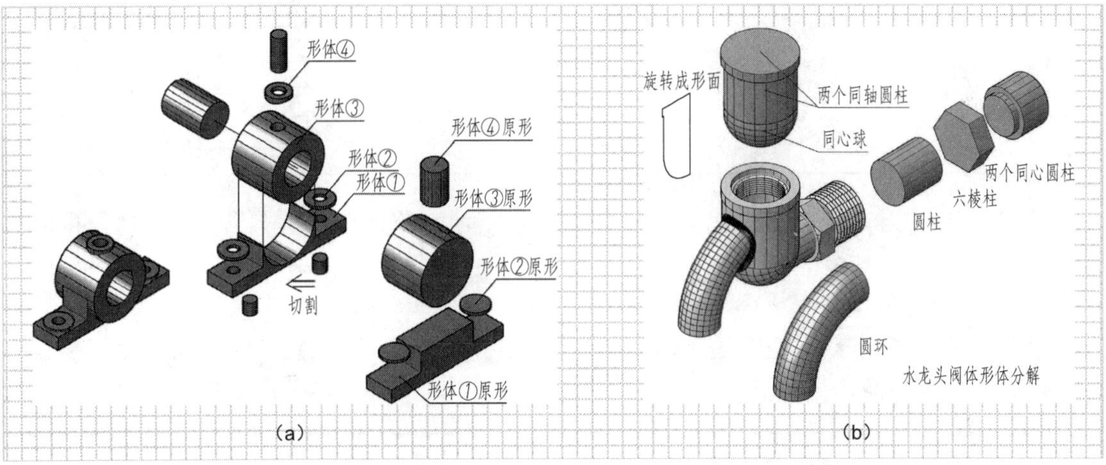

图 3.6 零件主体结构的分解

1. 零件主体结构的组成方式

所谓零件主体结构的组成方式从几何意义上说，分为叠加式和切割式两大基本类型。

（1）叠加式组成方式：叠加式组合体是指各基本体或各组成部分的相互堆积，见表 3.1 中第 1 行图例。

（2）切割式组成方式：切割式组合体则是首先将组合体总体形状看成某一种完整的基本体，再用平面、曲面或其他基本体进行切割，见表 3.1 第 2 行图例。

（3）综合式组成方式：实际上，综合式的零件形体不是独立的一类形体，单一的叠加式或切割式零件形体均为少见，而常见的是既有叠加又有切割的零件形体，见表 3.1 第 3 行图例。

图 3.6 中的轴承座和水龙头阀体都属于综合式的零件形体。如图 3.6（a）所示的轴承座，其叠加部分有三部分（图示形体①、②、③），其中的底座部分（形体①）是由一个凸字形面拉伸而成的柱体，切割部分则是几处圆柱孔；再如图 3.6（b）中，水龙头阀体的叠加部分有 5 个，其中，垂直向上的两个同心圆柱加同心半球，是一种复合旋转体，其旋转成形面如图所示，切割部分则是各处的空腔，分别由圆柱、圆球和圆环形成。当然，在该零件的内外表面，各有一段螺纹（即螺旋面），这属于零件的局部功能结构，不在主体结构的分析范围，它们各自的主体结构是圆柱。

表 3.1 零件主体结构的组成方式

方式	基本形体	立体图	视图
叠加式	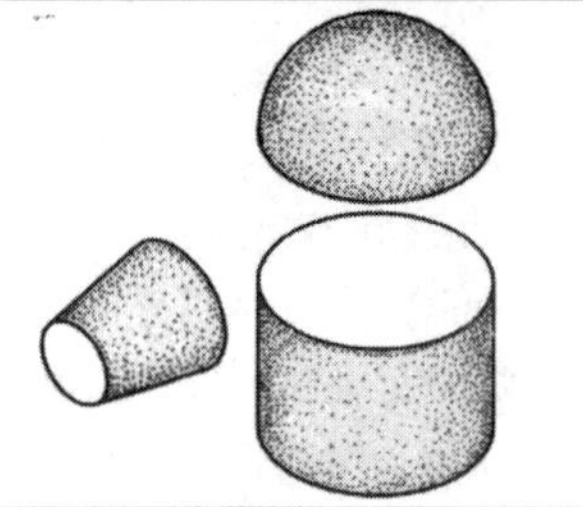	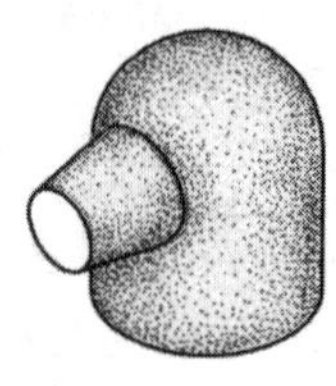	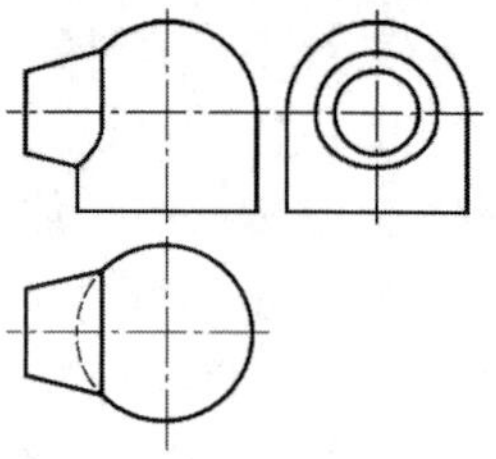
切割式	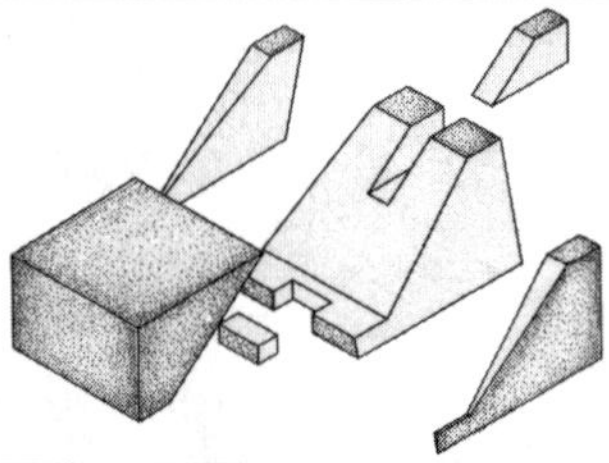		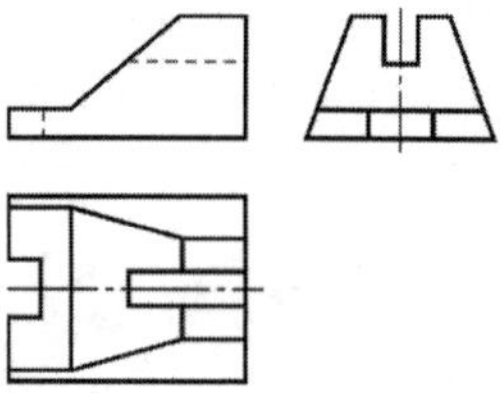
综合式	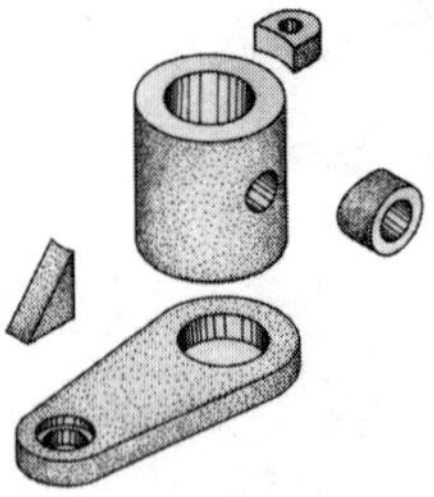	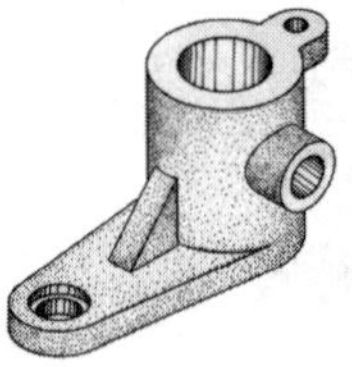	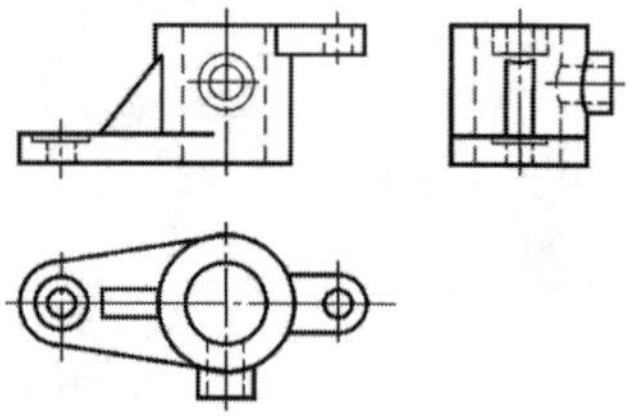

2. CAD 三维建模技术中的组成方式

CAD 建模理论中采用了一个非常重要的数学方法，即布尔运算，其基本运算法则有三种：并集运算、差集运算和交集运算。其运算过程与结果如图 3.7 所示。以上所说的从几何意义上分析的叠加及切割的组成方式，在 CAD 三维建模软件中通过布尔运算可以形象地实现其组合效果。

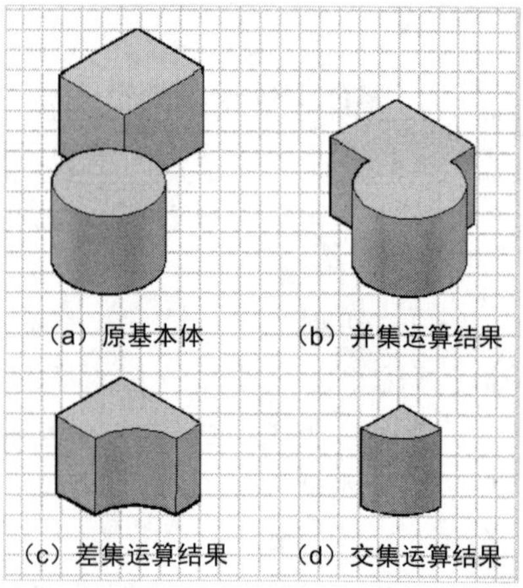

图 3.7 并、差、交集运算结果示意图

3. 零件表达与视图解读的分析方法——形体分析法

将零件主体结构分解为若干个基本体，对各基本体或各组成部分的形状、特征、相对位置、表面交线及组成方式进行投影分析，最后形成整体的分析结果，这种思维过程和分析方法称为形体分析法，也是工程零件的设计、研究和加工过程中通用的一种重要的分析方法。

3.1.3 零件主体结构（组合体）在投影体系中的位置和投影

为了使绘制的图样能正确、完整、清晰地表达机械产品，并有效地指导其加工生产和装配等一整套生产流程，有必要对影响零件形体投影图形的因素、生产对视图的要求，以及正投影的基本性质作深入的分析和理解。

1. 影响零件投影图形因素的分析

第 1 章指出，不同形状的零件的一组视图中，可能会有某一个或两个视图相同，但不会三个视图完全相同。这说明零件本身的形状是影响投影结果的基本因素之一。但对于同一零件来说，它在投影体系中摆放的位置不同，也会产生不同的投影结果。因此这也是影响零件形体投影图形的重要因素之一。

图 3.8（a）、（b）表达的是同一个四方头零件的三视图，但比较这两组视图可以发现，它们的三个视图竟然是不一样的（确切地说，它们的左视图的图形还是一样的，只是位置相差了 45°）。对照各自的立体图便可知，原来它们在投影体系中的摆放位置不同而引起了同一个零件投影结果的不同。

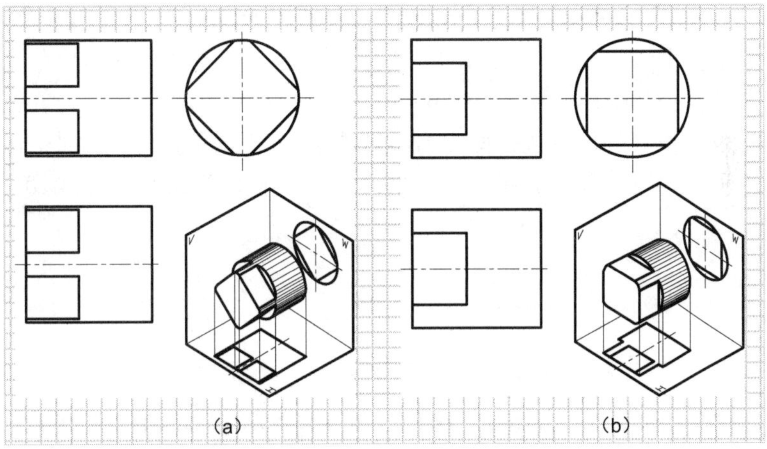

图 3.8　四方头零件在投影面体系中位置不同时投影结果的变化情况

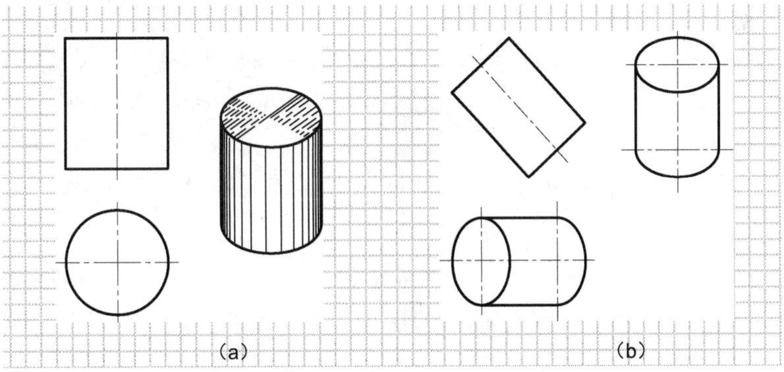

图 3.9　圆柱在投影面体系中位置不同时投影结果的变化情况

图 3.9 是同一圆柱体的两组视图。这里很明显地看出它们在投影体系中的不同摆放位置。其中图 3.9（a）圆柱的轴线垂直于水平投影面，俯视图中圆柱的上、下底面和圆柱面重合成一个圆，没有了立体感，但表达了上、下底面及前后左右完整而真实的形状；而图 3.9（b）圆柱的轴线对水平面倾斜了一个角度，使得其左视图和俯视图同时反映出圆柱的上顶面，使它们有了立体感，但失去了上下端面的实际形状。

这些实例证明，随着实物在投影面体系中摆放的位置不同，用相同的投影法来画同一实物，是会得到不同的投影结果的。那么，怎样的视图才比较符合生产要求呢？

2. 实际生产对视图的要求

如果只考虑图形，比较图 3.9 的两组视图，图 3.9（a）的一组视图明确反映了圆柱的形体特点：即主视图表现了圆柱轴线同底面垂直的关系，俯视图则反映了圆柱两端面的形状特点。而图 3.9（b）的主视图虽然也反映了圆柱轴线对底面的垂直关系，但左视图和俯视图均没有反映圆柱上下底面的真实形状。如果没有注出圆柱的直径和高度尺寸，仅凭这组视图来确定它是否是圆柱，是较难的。因此，从生产角度考虑，图 3.9（a）准确而全面地反映了实物的结构形状，排除了模棱两可的缺点，符合生产对图纸上视图表达的要求。因此，准确地反映实物的结构形状特点，是生产对视图所提出的一个基本要求，画图时必须予以满足。

同样，对于如图 3.8 所示的四方头零件，两组视图都能清楚地表达实物的主要形体（圆柱体）及其上加工（铣切）的 4 块对称的平面，因此都不会产生歧义，也都符合生产对视图的要求。只是图 3.8（b）左视图中 4 个平面的对称线与圆柱的定位中心线重合，可使尺寸标注的定位及测量更为方便。可见，在准确反映实物的结构形状特点的基础上，还应考虑零件尺寸标注、测量、加工的方便等要求，才能使绘制的图样真正成为生产中的指导性文件。

同一实物在三投影面体系中的摆放位置不同时，它们的投影为什么有的能真实反映实物的结构形状而有的又比较差呢？要回答这个问题，可从正投影法的基本性质找原因。

正投影法中有几条基本性质，对于我们考虑实物的摆放位置如何使得其投影结果符合生产需要非常重要：一是“不变性”，二是“实形性”，三是“积聚性”。

如图 3.10（a）所示，当直线 *EF* 或平面 *ABC* 平行于投影面时，由正投影法的“不变性”及“实形性”可知，它们的投影分别反映直线的实长和平面的实形；当直线 *EF* 或平面 *ABC* 垂直于投影面时（图 3.10（b）），由正投影中的积聚性可知，直线的投影积聚为一个点，平面的投影积聚为一直线；而当直线或平面倾斜于投影面时，则由正投影法中的“不变性”，其投影仍然为直线和所表示的平面的一个“类似形”线框（图 3.10（c））。

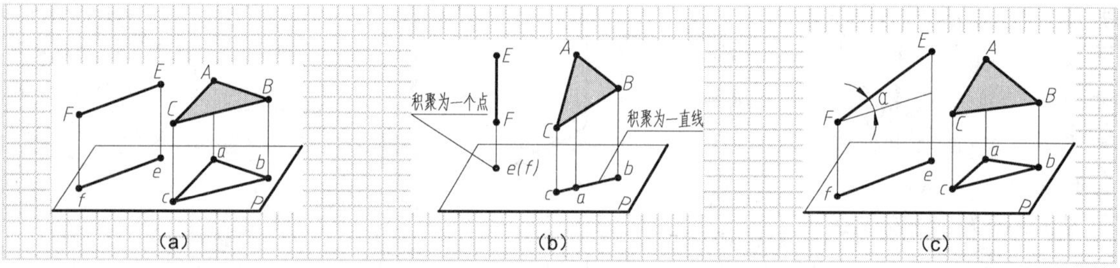

图 3.10 零件上直线和平面的正投影基本性质

在绘图和识图的过程中，这几条基本性质对考虑实物的摆放如何满足生产对视图的要求，以及在识图过程中如何根据投影反推空间实物形状，都是必不可少的几何依据。

3.2 构成零件基本体的几何要素及其投影分析

通过以上分析知道，零件的主体结构可分解为若干个基本体。一个基本体的表面如果都是平面，则称为平面立体，如果围成基本体的表面有曲面，则称为曲面立体。但是从数学分析的角度出发，如果将一个曲面划分为细小的网格，这些网格面是可以认为是平面的。也就是说，曲面也可以看成是若干平面形成的（在一定条件下，当平面网格划分足够细）。而一个平面又由空间两相交直线确定、或由两平行直线确定、或由任意一个平面图形确定，还可由空间一条直线和不在该直线上的一个点确定，或由空间不在同一条直线上的三个点确定。综上，**构成一个基本体表面结构的要素有点、直线和平面**，称为基本体的三要素。因此，要绘制出符合生产要求的图纸，还必须从基本体三要素的投影入手，对其进行图示图解分析。

3.2.1 零件表面上点的投影分析

1. 点的投影及投影规律

首先，点的投影仍然是点。如图 3.11 所示的三棱柱，它的特征点就是它的 6 个顶点。它们的空间位置对于该三棱柱的定位及定形至关重要。为了表达方便，约定凡是表示空间点的标记，一律使用大写的英文字母（A、B、C、D 等），或者大写的罗马数字（Ⅰ、Ⅱ、Ⅲ、Ⅳ等），相应的投影则采用小写字母或阿拉伯数字标记：正面投影用 a'、b'、c'、d'等或 $1'$、$2'$、$3'$、$4'$等表示；水平投影用 a、b、c、d 等或 1、2、3、4 等表示；侧面投影用 a''、b''、c''、d'' 等或 $1''$、$2''$、$3''$、$4''$等表示。当两点的同面投影重合时，被遮挡的那个点（又称为**不可见点**）的投影标记采用括号形式，如图 3.11（b）中的（b'）、（c'）、（f'）等。

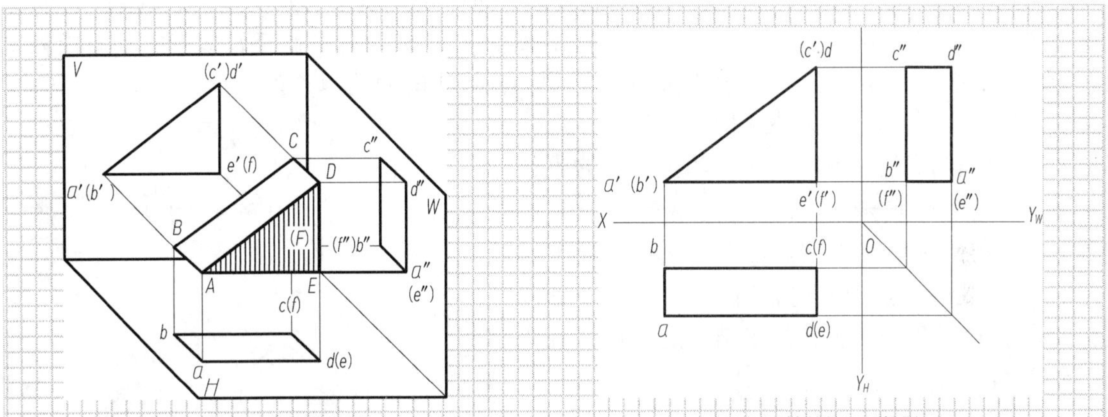

（a）三棱柱及其投影体系　（b）三棱柱的三面投影

图 3.11　零件上的点的投影分析

如果将图 3.11 所示三棱柱上的 A 点分离出来，单独置于三投影面体系之中进行投影分析（图 3.12），分别在在 H、V、W 面上得到水平投影 a、正面投影 a' 和侧面投影 a''。可知，Aa''、Aa'、Aa 分别是点 A 到三个投影面的距离，也是点 A 的三个坐标 x、y、z。

实际上，还可以这样来分析：对于空间点 A（x,y,z），当 $x=0$ 时，就得到了它的侧面投影 a''（$0,y,z$）；当 $y=0$ 时，就得到了它的正面投影 a'（$x,0,z$）；当 $z=0$ 时，就得到了它的水平投影 a（$x,y,0$）。

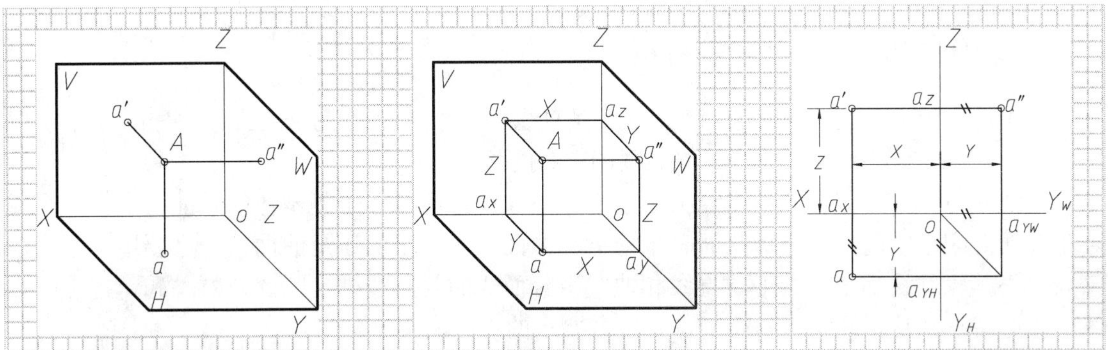

（a）空间点向投影面投影　（b）点的投影与坐标之间关系　（c）点的三面投影

图 3.12　点的投影

仔细对照图 3.12（b）和图 3.12（c），可知点的三个投影、点的三个坐标和点到三个投影面的距离，都存在着一一对应的关系。从而可以得出下列**点的投影规律**：

$aa' \perp OX$ 轴（由于 a（$x,y,0$）和 a'（$x,0,z$）具有相同的 x 坐标，也证明了**长对正**）；

$a'a'' \perp OZ$ 轴（由于 a'（$x,0,z$）和 a''（$0,y,z$）具有相同的 z 坐标，也证明了**高平齐**）；

$aa_{YH} \perp OY_H$ 轴，$a''a_{YW} \perp OY_W$ 轴（由于 a（$x,y,0$）和 a''（$0,y,z$）具有相同的 y 坐标，也证明了**宽相等**）。

点的投影规律表明：如果已知点的任意两个投影，可以获得点的三个坐标值，从而可以唯一确定空间点在三投影面体系中的位置。因此，已知点的任意两个投影，则点的第三个投影是可求的。

另外，从图 3.12（b）可以看出：空间点 A 到 V 面的距离等于其水平投影 a 到 OX 轴的垂直距离，也等于其侧面投影 a''到 OZ 轴的垂直距离；点 A 到 H 面的距离，等于其正面投影 a' 到 OX 轴以及其侧面投影 a''到 OY 轴的垂直距离；点 A 到 W 面的距离等于其正面投影 a'到 OZ 轴以及其水平投影 a 到 OY 轴的垂直距离。

2. 空间两点的相对位置关系及重影点的概念

对于图 3.11 所示三棱柱的三面投影，如图 3.13 所示，比较顶点 A 和 C 的投影，可知：因为 $X_A > X_C$，所以点 A 在点 C 的左方；因为 $Y_A > Y_C$，所以点 A 在点 C 的前方；因为 $Z_A < Z_C$，所以点 A 在点 C 的下方，因此得出结论是，点 A 在点 C 的左、前、下方。

再观察三棱柱上 A、B 两个点及其投影可知，由于它们等高，即 $Z_A = Z_B$，具有相等的 z 坐标值，同时又有 $Y_A > Y_B$、$X_A > X_B$，所以 A 点在 B 点的正前方，它们的正面投影积聚为一点，称为重影点（投影重合）。可见正投影中的积聚性也可以用在空间两点的相对位置的投影关系上。把前面的那个点称为可见点，而后面被挡住的点称为不可见点。在反映这对重影点的投影上（正面投影），不可见点的投影用小括号括出，如图 3.13 正面投影中的 a'（b'）所示。

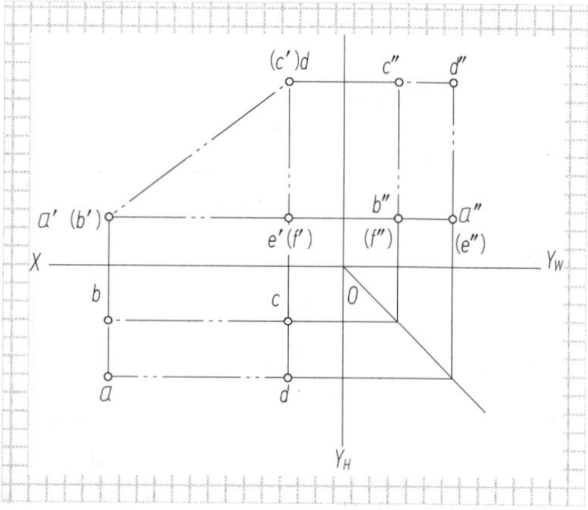

图 3.13 空间两点间的相对位置

3.2.2 零件表面上直线的投影分析

由几何学中可知，空间两个点可以确定一条直线。因此，若已知两个点的三面投影，并将其**同面**投影分别用直线连接，即可得到一条直线的三面投影。

已经知道，任一零件都是由若干个基本体组成的，而每一个基本体的表面又是由一个或若干个面**封闭**包围起来的，这些面有平面也有曲面。无论平面还是曲面，一旦要用平面图形来表达，其轮廓线都是由若干条直线和曲线组合而成的封闭线框。因此，熟悉和掌握空间直线的投影特点，是正确表达和绘制符合生产要求的视图的又一基本功。

用直线的一组视图来表达一条空间直线，其目的有两点：一是定形；二是定位。定形即指要从视图上获得该直线的实长；定位则需得知该直线相对于投影面的倾角的真实大小。这里约定直线相对于 H、V、W 面的倾角用α、β和γ来标记。

如图 3.14 所示零件，它由 11 块平面围成，每块平面又都由直线组成封闭的多边形线框，每一条直线相对于投影面都有自己特定的位置。

如直线 FG，从图 3.14（a）的三投影体中可以明显看出，这是一条平行于水平投影面 H

的直线，从图 3.14（b）的三视图中看到，其水平投影 fg 为一条倾斜于 X 轴的直线，正面投影 $f'g'$ 和侧面投影 $f''g''$ 分别平行于 X 轴和 Y 轴，因此称为**水平线**；同样还可以找到**正平线** PQ 和**侧平线** AB 等，它们都是**平行于某一个投影面而倾斜于另外两个投影面的直线**。这三种直线统称为**投影面平行线**。

在图 3.14（b）中，再看直线 GD，它的正面投影 $g'd'$ 和侧面投影 $g''d''$ 平行于 V 面和 W 面，但它不能称为正平线或侧平线，因为它的特征在于其水平投影积聚为一个点，即它是一条垂直于 H 面的直线，称为**铅垂线**；同样还可以找到**正垂线**（如 FM）和**侧垂线**（如 KA）等，它们都是**垂直于某一个投影面的直线**（自然也保证了平行于另外两个投影面），统称为**投影面垂直线**。

最后来看直线 KJ，对照图 3.14（a）、（b）可知，这条直线对三个投影面都是倾斜的，因此其三个投影 $k'j'$、kj、$k''j''$ 都是倾斜于投影轴的直线，且都小于实长，这种直线称为**一般位置直线**。由本例立体中分离出来的一般位置直线 KJ 的三面投影如图 3.14（d）所示。

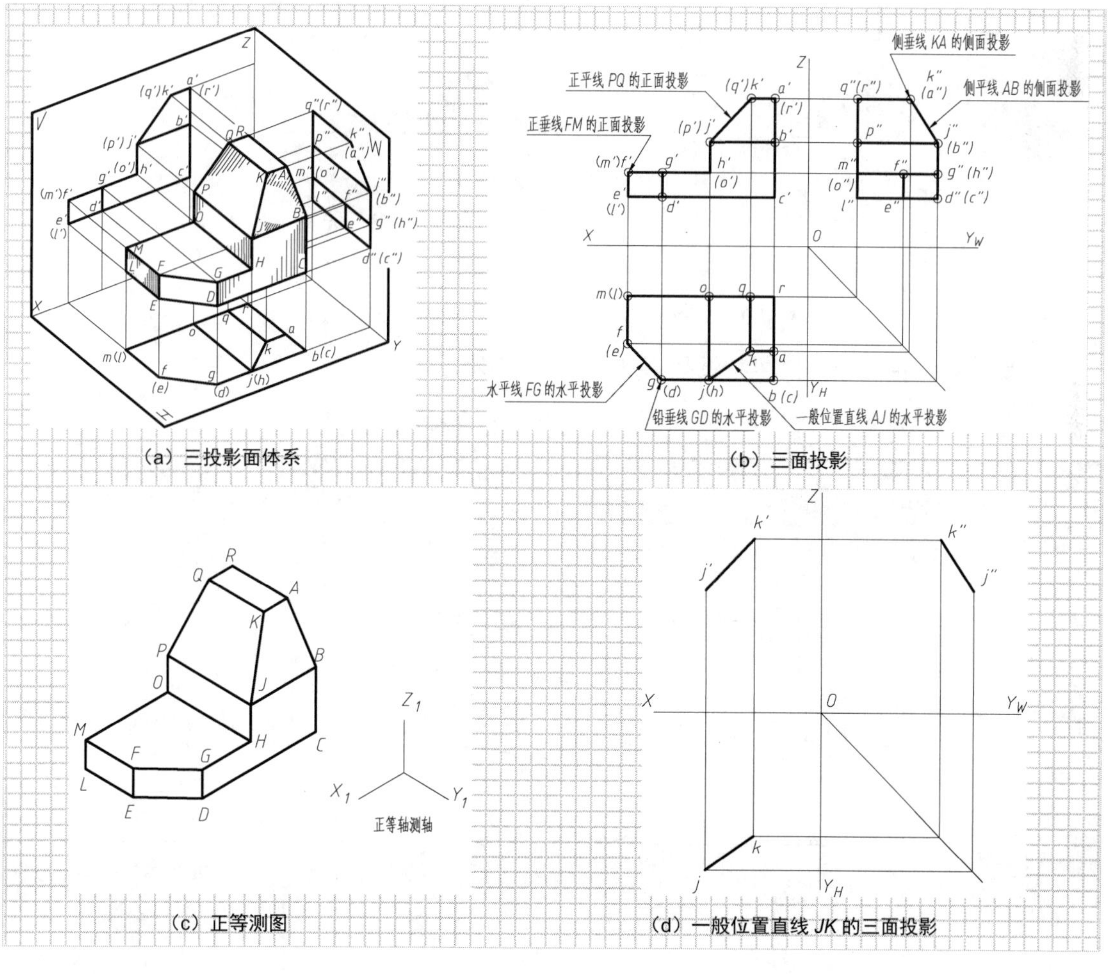

图 3.14　零件形体表面的直线

从以上的分析过程还可以得出一个结论，那就是对于生产实际来说，正投影图的表达效果确实优于立体图（轴测图）。例如，图 3.14 中的侧平线 AB，如果使用轴测图（图 3.14（c）），很容易给人以错觉，错认为是一条一般位置直线，这在零件加工中会给出误导造成废品。

由此，根据空间直线与投影面的相对位置的不同，直线类型总结如图 3.15 所示。

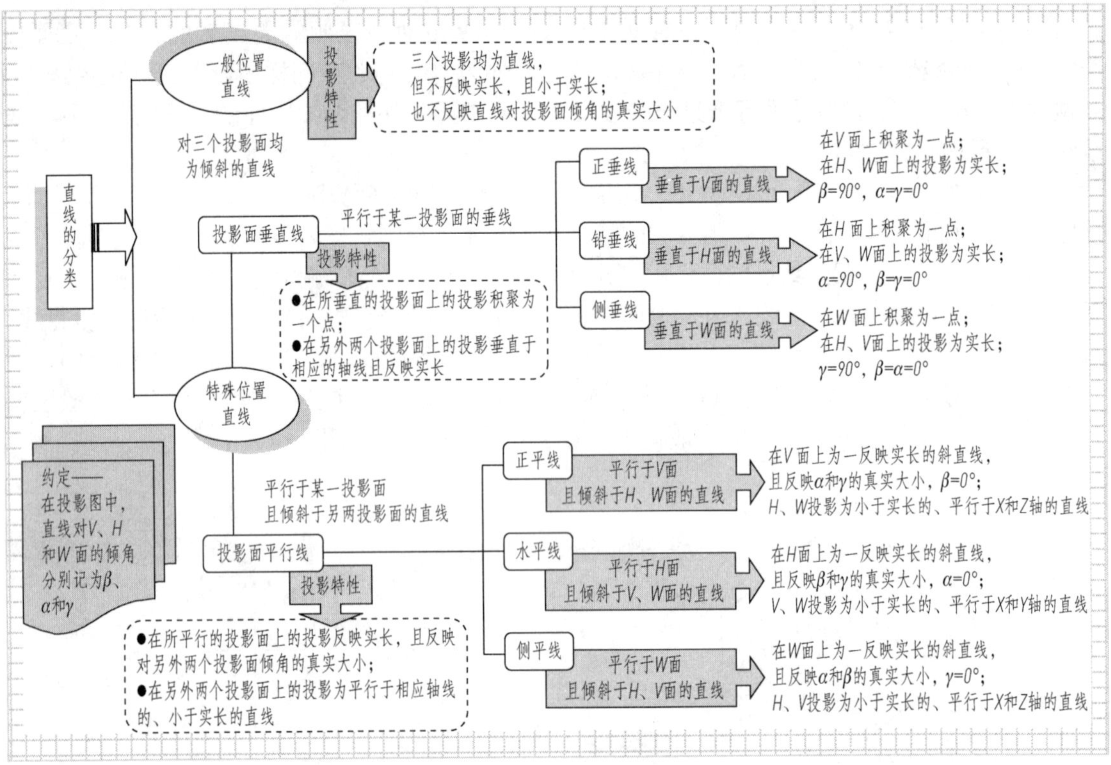

图 3.15　直线的分类及特点

两类特殊位置直线的投影特性如表 3.2 和表 3.3 所示。

表 3.2　投影面平行线的投影及其投影特性

名称	正　平　线 （//V 面且∠H、W 面的直线）	水　平　线 （//H 面且∠V、W 面的直线）	侧　平　线 （//W 面且∠V、H 面的直线）
立体图	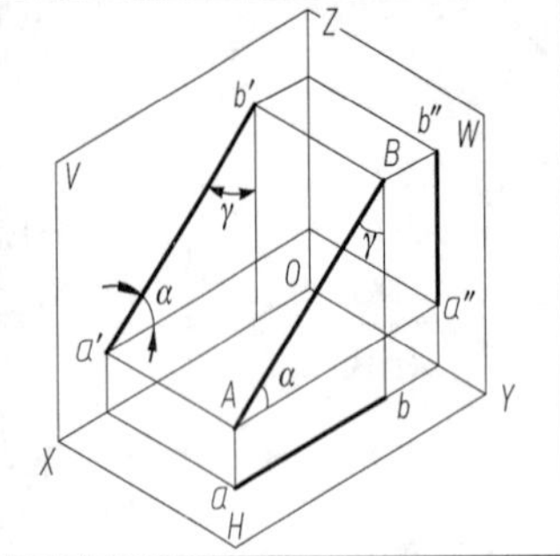	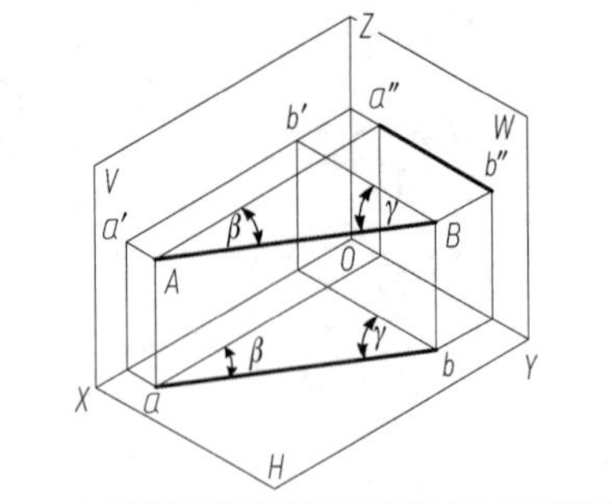	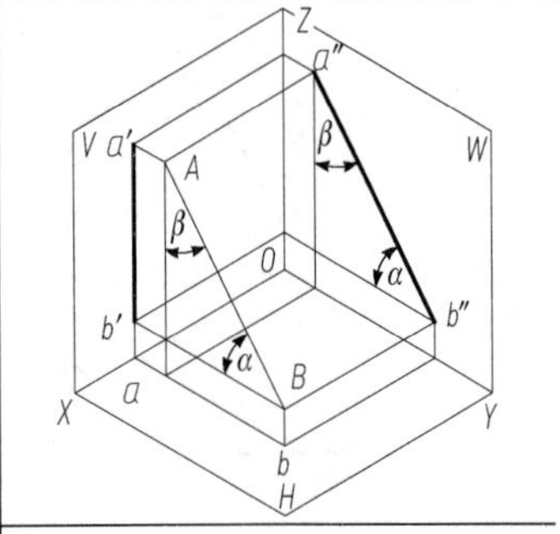
投影图	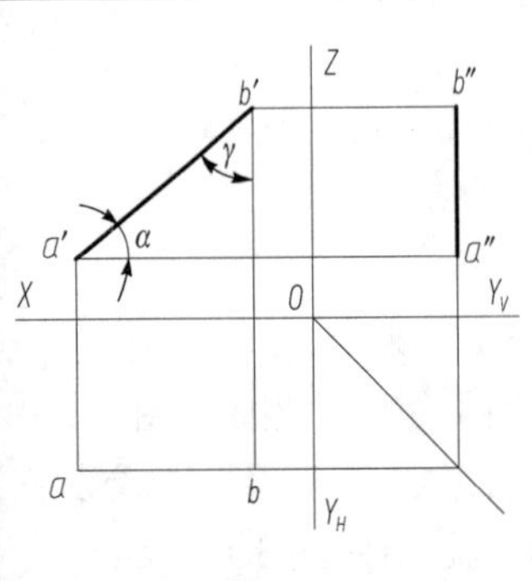	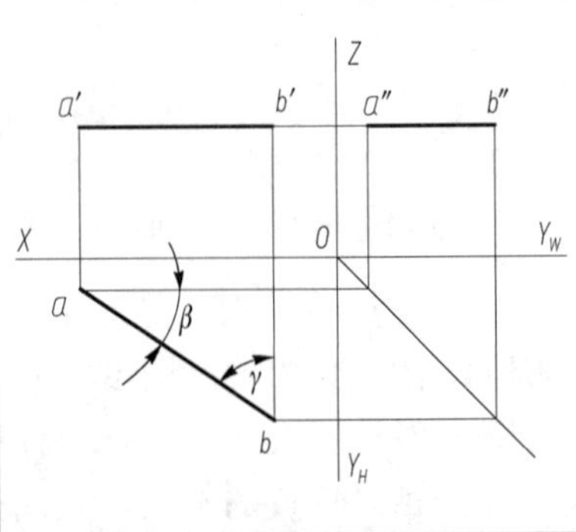	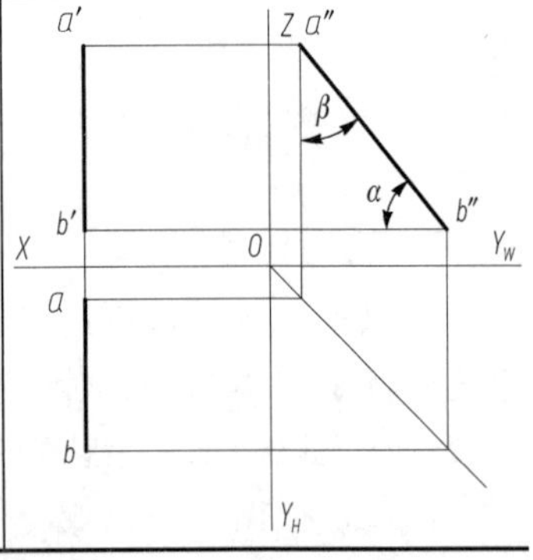

续表

名称	正平线 （// V 面且∠H、W 面的直线）	水平线 （// H 面且∠V、W 面的直线）	侧平线 （// W 面且∠V、H 面的直线）
实例	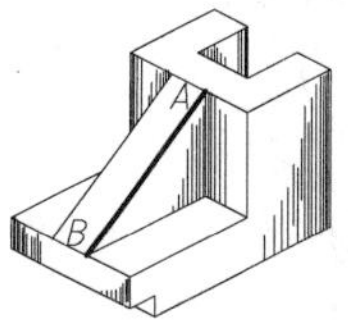	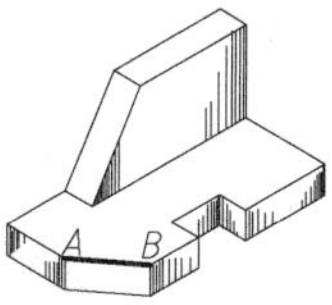	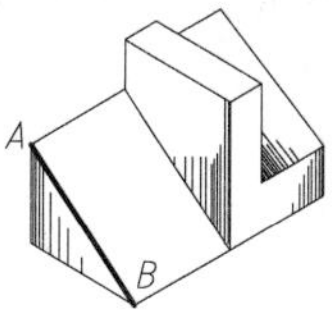
投影特性	正面投影 *a'b'* 反映实长 *AB*，且反映直线 *AB* 与 *H* 面的倾角 α 及 *AB* 与 *W* 面的倾角 γ 的真实大小； *ab* // *OX*；*a"b"* // *OZ*	水平投影 *ab* 反映实长 *AB*，且反映直线 *AB* 与 *V* 面的倾角 β 及 *AB* 与 *W* 面的倾角 γ 的真实大小； *a'b'* // *OX*；*a"b"* // *OY*	侧面投影 *a"b"* 反映实长 *AB*，且反映直线 *AB* 与 *V* 面的倾角 β 及 *AB* 与 *H* 面的倾角 α 的真实大小； *a'b'* // *OZ*；*ab* // *OY*

表 3.3　投影面垂直线的投影及其投影特性

名称	正垂线 （⊥V 面且 // H、W 面）	铅垂线 （⊥H 面且 // V、W 面）	侧垂线 （⊥W 面且 // V、H 面）
立体图	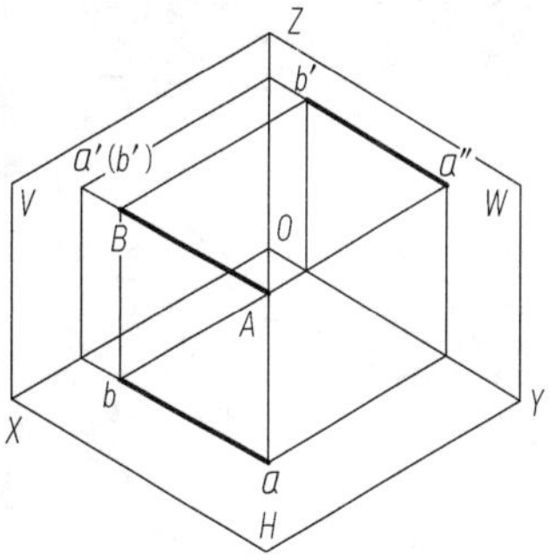	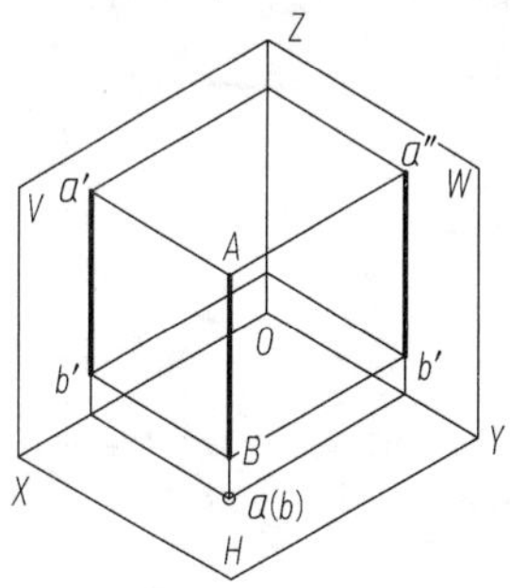	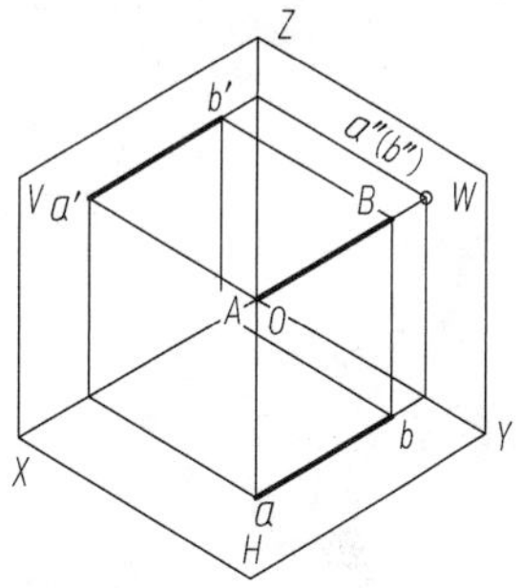
投影图	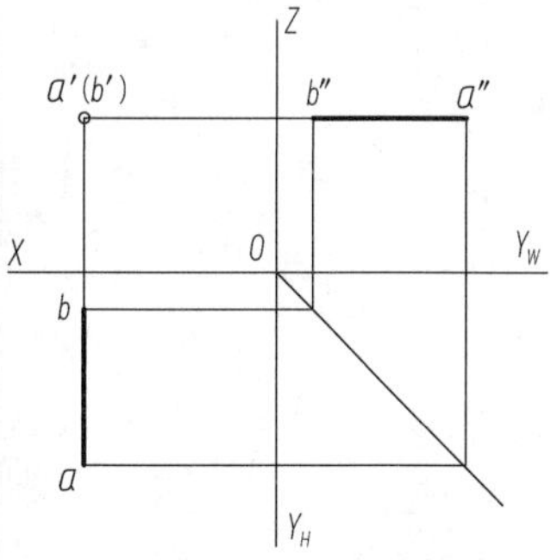	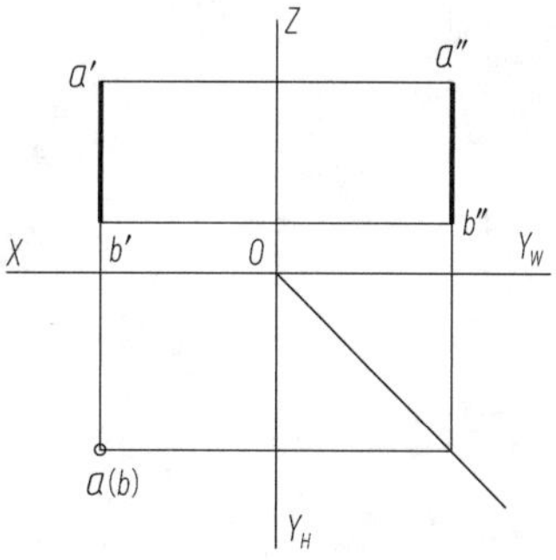	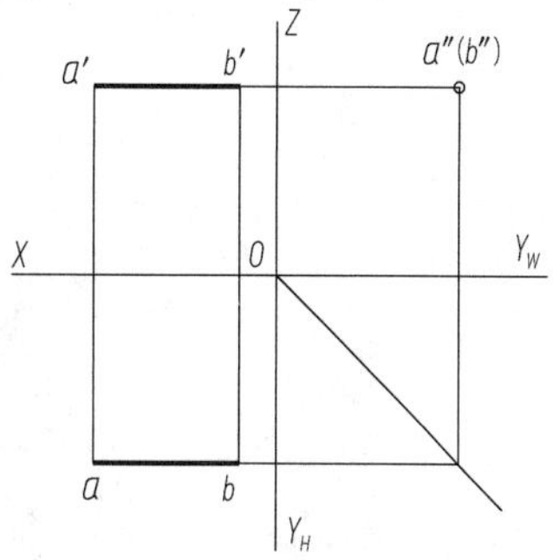
实例	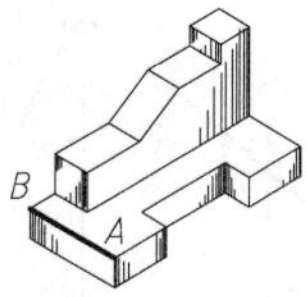	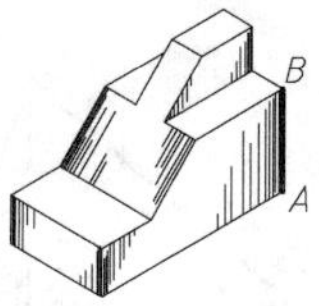	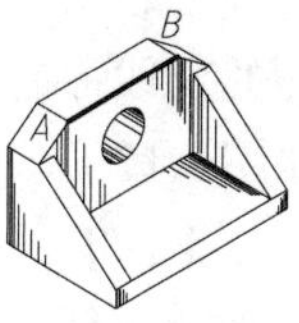
投影特性	正面投影 *a'b'* 积聚为一点； 侧面投影 *a"b"* // *OY* 且反映实长； 水平投影 *ab* // *OY* 反映实长	水平投影 *ab* 积聚为一点； 正面投影 *a'b'* // *OZ* 且反映实长； 侧面投影 *a"b"* // *OZ* 且反映实长	侧面投影 *a"b"* 积聚为一点； 正面投影 *a'b'* // *OX* 且反映实长； 水平投影 *ab* // *OX* 且反映实长

3.2.3 零件表面上平面的投影分析

在前面对零件表面上的点和直线作了深入的投影分析之后，再来分析零件上平面的投影就容易多了。因为在视图上，平面是用直线围成的封闭线框来表达的。因此，对平面的投影进行分析，就是对视图中的线框和实物上对应的表面形状及其与投影面的相对位置进行分析对比，从而逐步做到，根据视图可以“还原”实物（识读过程），根据实物可正确快速地绘制符合生产要求的图样。

在初等几何中可以知道，若已知空间不在一条直线上的三个点的投影，或者已知空间一条直线和线外一点的投影，或者已知空间一对相交直线的投影，或者已知空间一对平行直线的投影等，都可以确定空间一个平面的投影。因此，由几何元素来表达一个空间的平面方法如图 3.16 所示。

从图中可以看出，以上各组元素可以互相转化。同一平面无论采用何种形式表示，其空间位置始终不变。

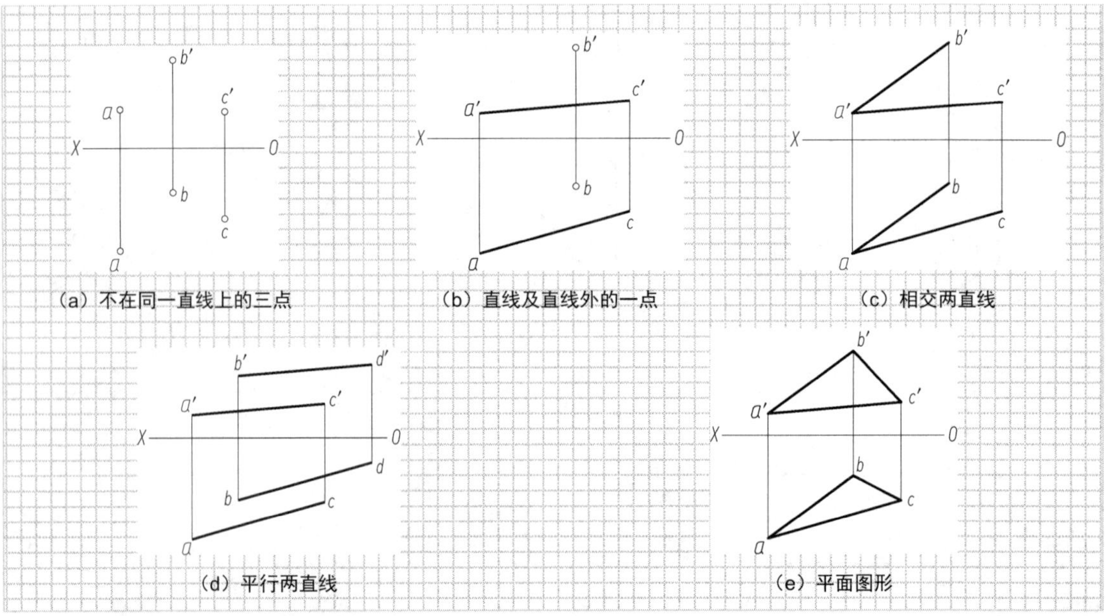

图 3.16 用几何元素表示平面

在画法几何中，空间平面还可用迹线来表示。空间平面与投影面的交线称为投影面的**迹线**。如图 3.17（a）所示。平面 P 与 H、V、W 面的交线分别称为水平迹线(用 P_H 表示)、正面迹线（用 P_V 表示）和侧面迹线（用 P_W 表示）。P_H、P_V、P_W 与投影轴 X、Y、Z 的交点 P_X、P_Y、P_Z 称为迹线集合点。

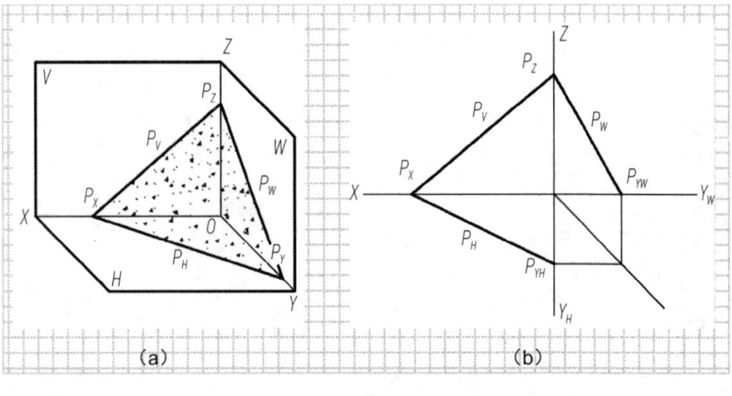

图 3.17 用迹线表示平面

由于迹线是投影面上的直线，所以它的一个投影与迹线本身重合，另一个投影则落在投影轴上。在投影图中，P_H、P_V、P_W 直接表示迹线本身在空间的位置，而处在投影轴上的那个投影则省略不画，如图 3.17（b）所示。

显然，用迹线表示的平面，其直观性强，形象地表明了平面在空间的位置。用迹线表示的平面称为迹线平面。

投影图中表达平面的目的有两个：一是定形；二是定位。定形即用三个投影来表达零件形体上某表面的形状，定位则是用该平面相对于投影面的倾角来表示。

平面分别与 *H*、*V*、*W* 面所构成的两面角分别称为该平面对 *H*、*V*、*W* 面的倾角 α、β、γ。显然，当平面平行于投影面时，其倾角为 0°；垂直于投影面时，其倾角为 90°；倾斜于投影面时，其倾角为 $0° < \alpha$、β、$r < 90°$。

为了叙述方便，仍引用图 3.14 的实物，但对其左侧底板作了一些改造，如图 3.18 所示。它由 12 个平面围成。就这些平面相对于三投影面体系来说，有如下不同类型。

首先，看平面 *EFGHOM*（图 3.18（a）），其水平投影是一个封闭的多边形，正面投影和侧面投影均积聚为直线，且分别平行于 *X* 轴和 *Y* 轴，根据其正投影的投影特性知，它平行于 *H* 面，称为**水平面**（图 3.18（b））。同理，还可以找到实物上的**正平面**（如平面 *CDGHJB*——平行于 *V* 面的平面）和**侧平面**（如平面 *EFDL*——平行于 *W* 面的平面）。它们统称为**投影面平行面**。

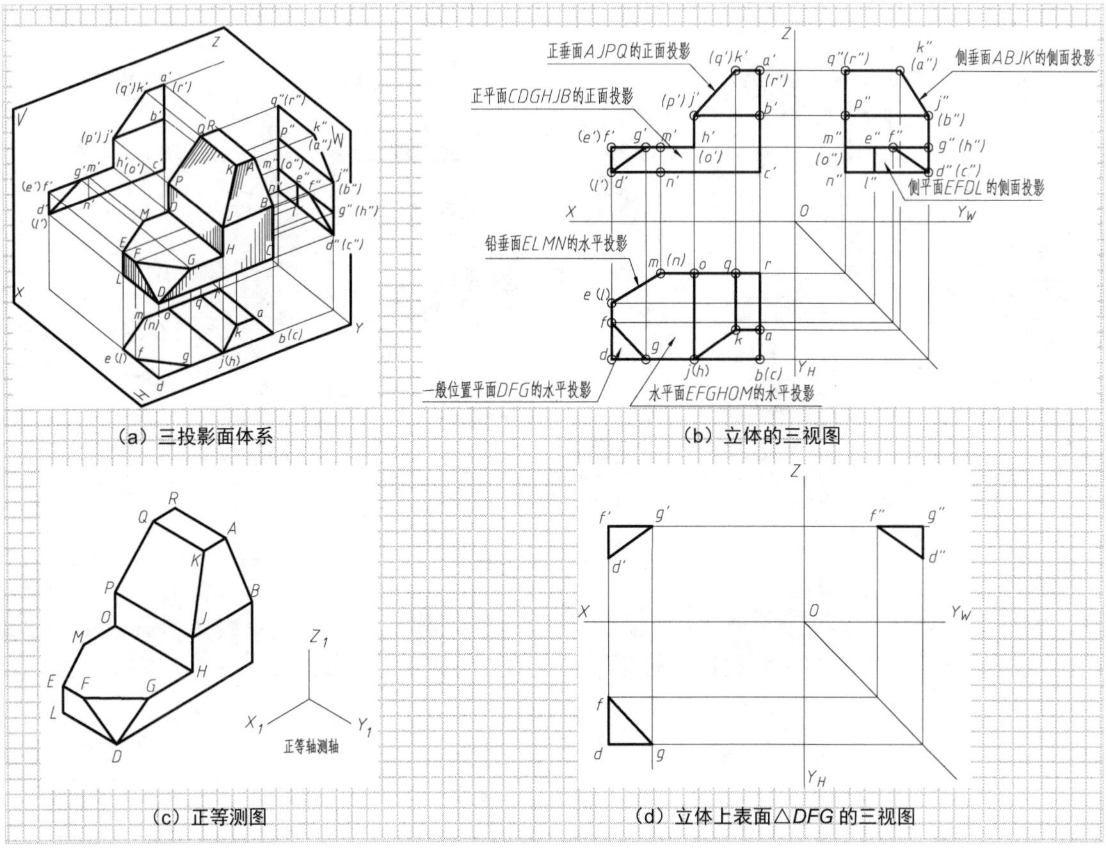

（a）三投影面体系　（b）立体的三视图

（c）正等测图　（d）立体上表面△*DFG* 的三视图

图 3.18　零件形体的各种位置表面（封闭线框）

其次，看平面 *KJPQ*（图 3.18（a）），其正面投影是一条斜直线，可知它垂直于 *V* 面，其水平投影和侧面投影分别都是封闭的四边形，与实物上对应平面为类似形线框，可知它倾斜于 *H* 和 *W* 面（图 3.18（b）），这样的平面称为**正垂面**。同理还可找到**铅垂面**（如平面 *ELNM* 等）和**侧垂面**（如平面 *ABJK* 等），它们都是垂直于某一个投影面、同时倾斜于另外两个投影面的平面，统称为**投影面垂直面**。

最后，再看平面△*DFG*（图 3.18（a）），其正面投影、水平投影和侧面投影均为三角形（图 3.18（b）），即与实物上的三角形平面成类似形线框，说明该平面倾斜于三个投影面，称为**一般位置平面**。图 3.18（d）是将这个三角形表面 *DFG*（一般位置平面）从所述立体上分离出来后得到的三个投影。

由此，根据平面在三投影面体系中与投影面的相对位置的不同，平面也可分为两大类：一类叫一般位置平面，另一类叫特殊位置平面（包括投影面平行面和投影面垂直面），具体分析归纳如图 3.19（在这里仍然约定，平面对 *V*、*H* 和 *W* 面的倾角分别为β、α和γ）。

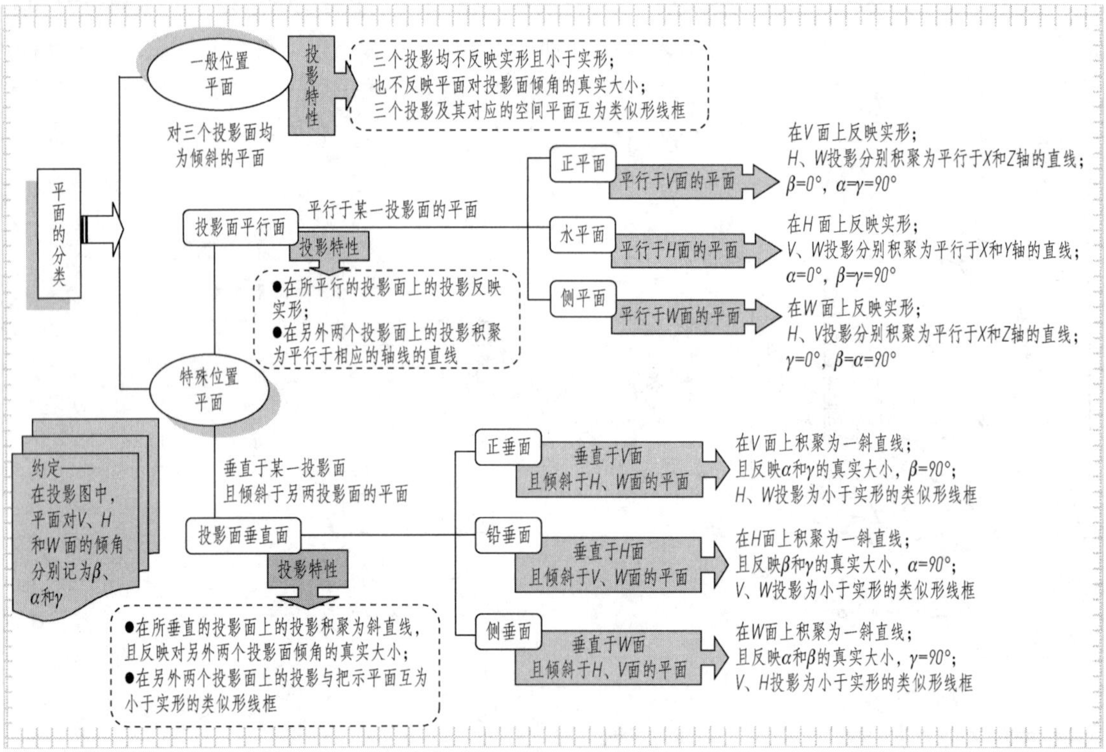

图 3.19　平面的分类及特点

两类特殊位置平面的三面投影及投影特性见表 3.4 和表 3.5 所列。

表 3.4　投影面垂直面的三面投影及其投影特性

名称	立体图	投影图	实例	投影特性
铅垂面： 垂直于*H*面、倾斜于*V*、*W*面的平面	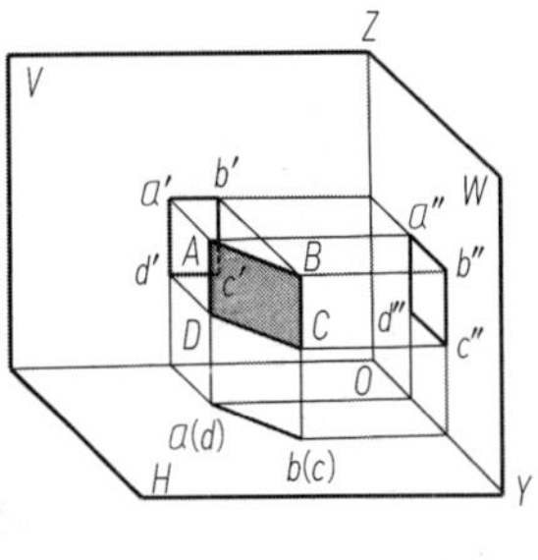	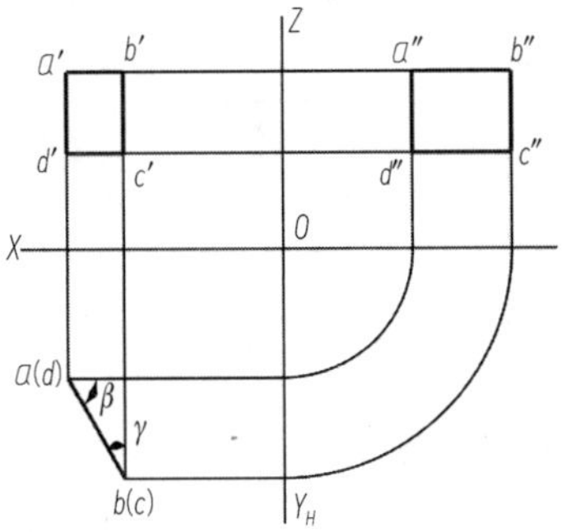	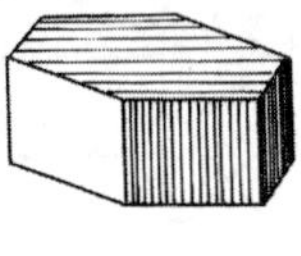	水平投影积聚为斜直线（$\alpha=90°$），且反映对*V*面及*W*面的倾角β和γ的真实大小；另两投影为类似形线框
正垂面： 垂直于*V*面、倾斜于*H*、*W*面的平面	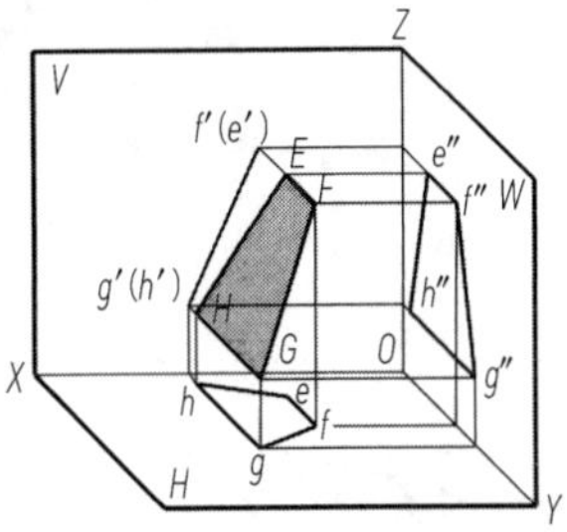	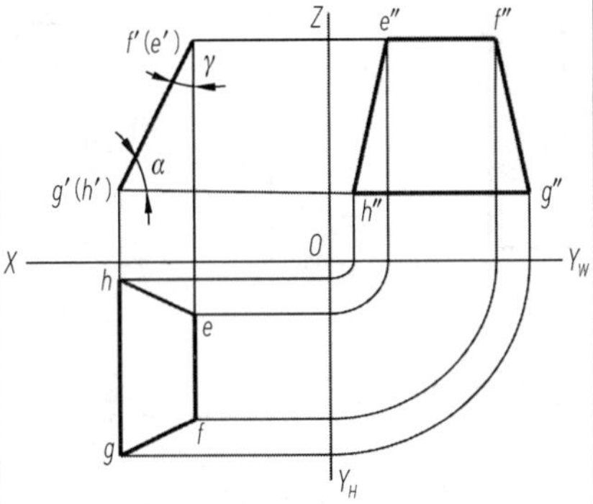	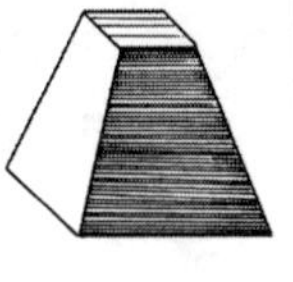	正面投影积聚为斜直线（$\beta=90°$），且反映对*H*面及*W*面的倾角α和γ的真实大小；另两投影为类似形线框
侧垂面： 垂直于*W*面、倾斜于*V*、*H*面的平面	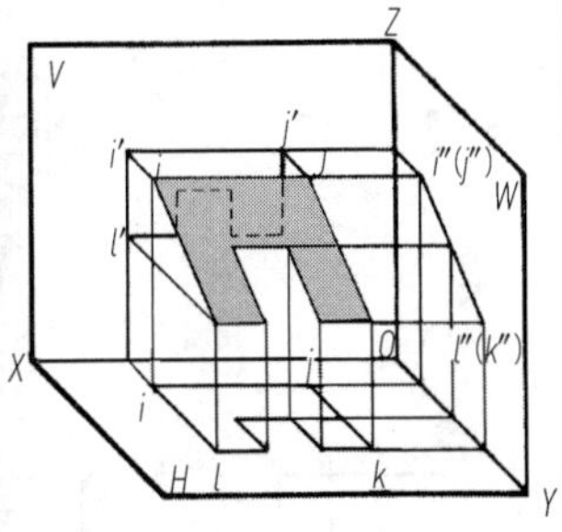	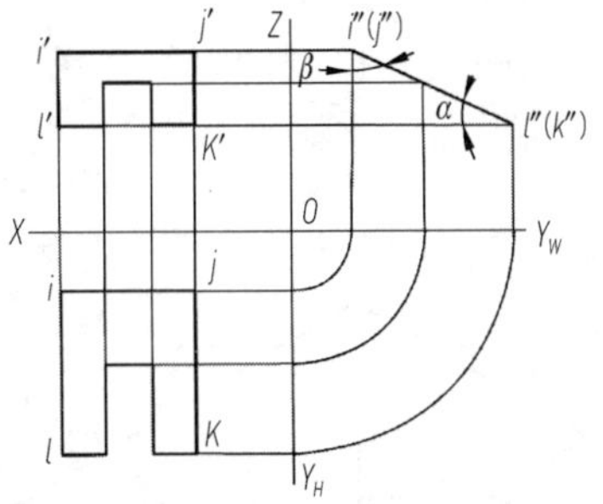		侧面投影积聚为斜直线（$\gamma=90°$），且反映对*V*面及*W*面的倾角β和α的真实大小；另两投影为类似形线框

表 3.5　投影面平行面的三面投影及其投影特性

名称	立体图	投影图	实例	投影特性
水平面： 平行于*H*面、垂直于*V*、*W*面的平面	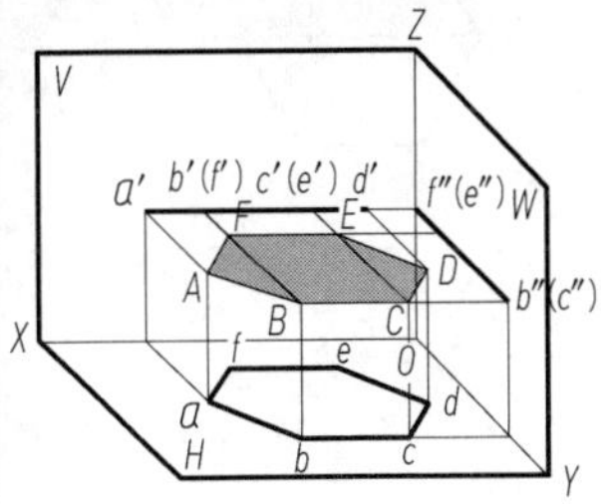	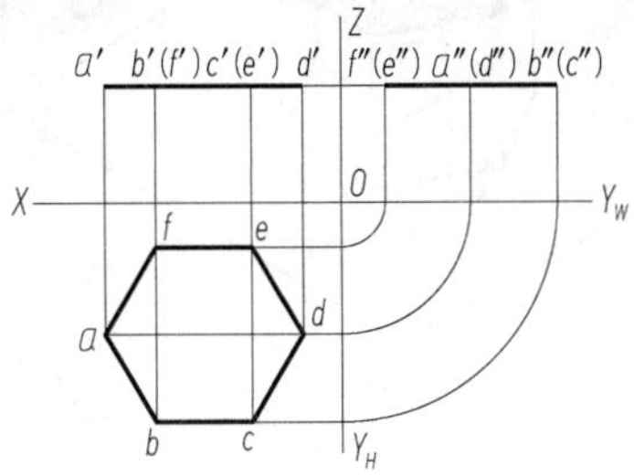	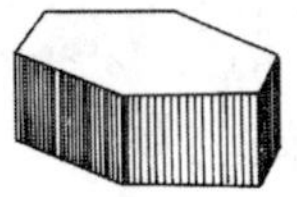	水平投影反映实形，另两投影积聚为直线，且分别平行于*X*轴和*Y*轴。 $\alpha=0°$ $\beta=90°$ $\gamma=90°$

续表

名称	立体图	投影图	实例	投影特性
正平面： 平行于 *V* 面、垂直于 *H*、*W* 面的平面	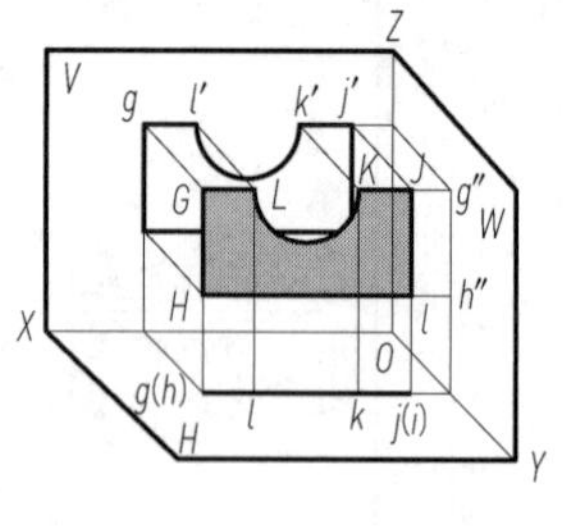	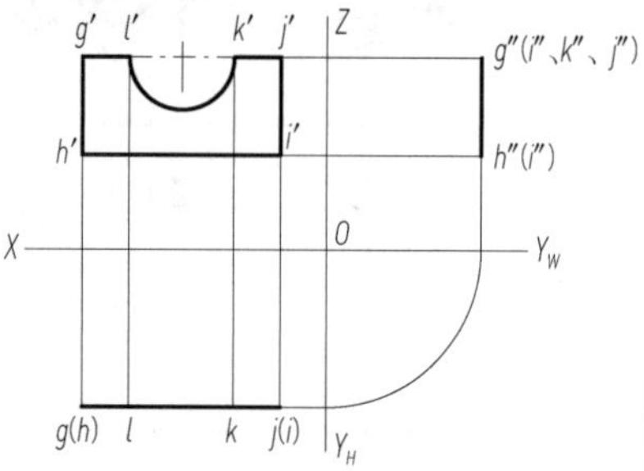	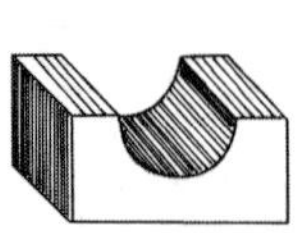	正面投影反映实形，另两投影积聚为直线，且分别平行于 *X* 轴和 *Z* 轴。 $\beta=0°$ $\alpha=90°$ $\gamma=90°$
侧平面： 平行于 *W* 面、垂直于 *V*、*H* 面的平面	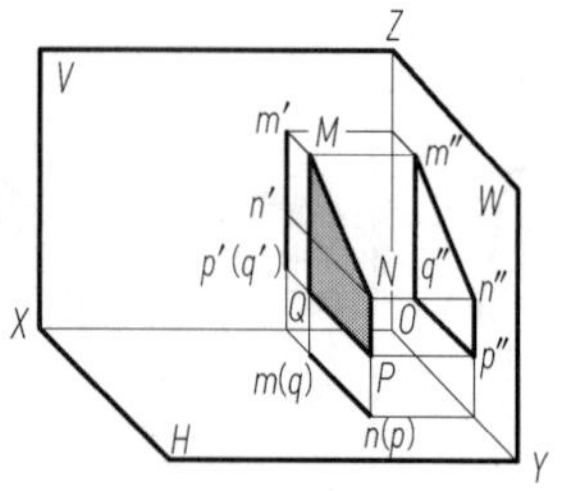	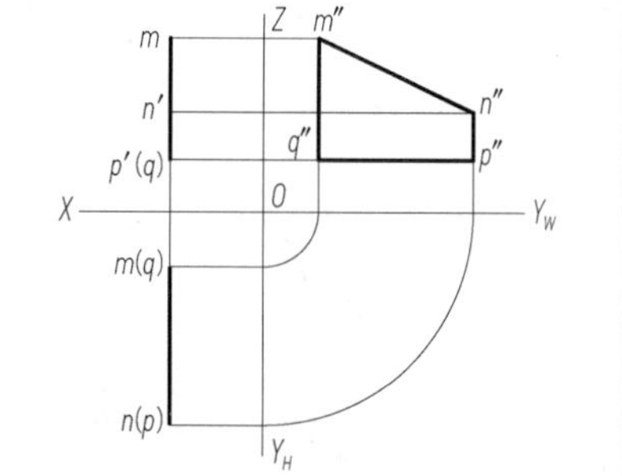	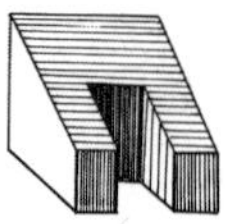	侧面投影反映实形，另两投影积聚为直线，且分别平行于 *Y* 轴和 *Z* 轴。 $\gamma=0°$ $\alpha=90°$ $\beta=90°$

3.2.4 几何三要素的应用举例——平面基本体的三视图及正等测图

在了解了构成基本体的三要素的几何特性及投影特性后，用来指导基本体视图的绘制，会使得思路更为明确。下面举两个例子加以说明。

【例 3.1】 已知某正六棱柱底面外接圆的直径（也可以说是底面正六边形对顶角的距离）和高度，且底面平行于水平投影面（水平面）、前后两个棱面放置平行于 *V* 面（正平面），如图 3.20 所示，试画出其三视图。

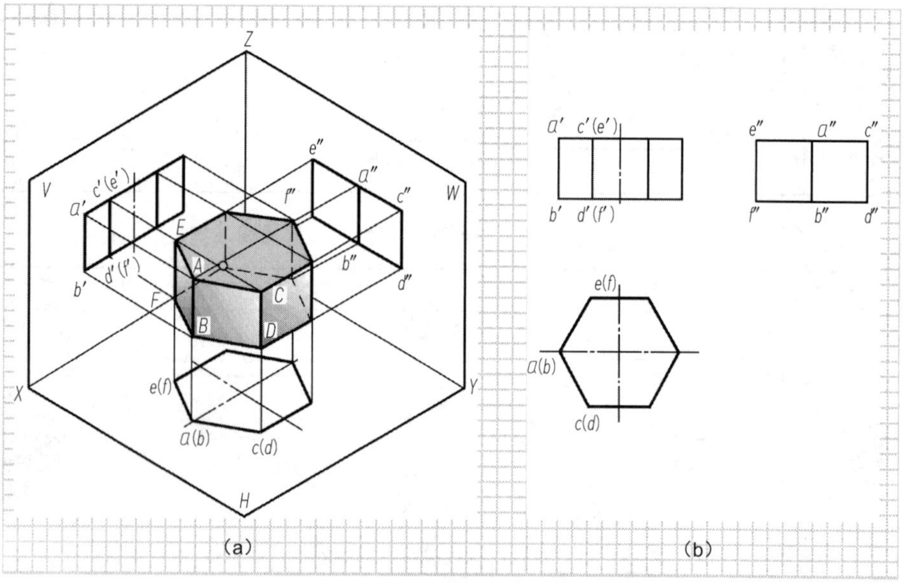

图 3.20 正六棱柱的表示法

【投影特性分析】

观察对比该正六棱柱的空间位置，可知其投影特性如下。

（1）水平投影——六棱柱上、下两个底面是水平面，其水平投影反映实形（正六边形)，两底面的投影重合。由于六棱柱的 6 个棱面都垂直于 *H* 面，所以正六边形的 6 条边又可以表示 6 个棱面的投影。注意前后 2 个棱面是正平面，其他 4 个棱面是铅垂面。

（2）正面投影——六棱柱的上、下两个底面，其正面投影积聚为上、下两条直线段。最左边线段 *a'b'* 是棱线 *AB* 的正面投影，最右边有一棱线（未标记）与其相对应。这两条棱线的侧面投影相重合，其中 *AB* 在左边，故为可见。*c'd'* 是棱线 *CD* 的正面投影，其后面也有一条棱线 *EF* 与其对应，正面投影相互重合，*CD* 为可见。其他线段，读者可自行分析。

（3）侧面投影——六棱柱的上下两个端面，其侧面投影同样积聚为上、下两条直线。在侧面投影上，最前与最后的两条直线（*c"d"* 和 *e"f"*），既可以代表前后两条棱线（*CD* 和 *EF*）的投影，也可以代表前、后两个棱面的投影。

【投影作图】

根据分析结果，按先定位、后定形的画图步骤作图。

（1）由六棱柱相对于投影面的位置可知，该六棱柱前后、左右对称，因此首先用点画线画出水平投影的对称中心线和正、侧面投影的对称中心线。**特别要指出的是，画立体的三视图时，不必再画投影轴，因为这时的定位直接使用立体本身具有特征代表的点、线、面（如球心、对称轴、回转轴、对称面等），这些点、线、面又称为定位基准，相当于将投影轴直接安放在立体本身，因此不需另外设置投影轴。**

（2）画出正六棱柱的水平投影（正六边形），正六边形的画法按第 2 章所述方法用三角板和圆规配合作图。

（3）根据棱柱的高度画出顶面和底面的正面投影与侧面投影。连接顶面、底面对应顶点的正面投影和侧面投影，即可得到棱线和棱面的投影。

（4）检查、整理图线。绘制底图时一律用细实线，检查无误后要加深各类图线。可见棱线描画成粗实线，不可见棱线画虚线。对于点画线和虚线，可在底图细实线的基础上，用橡皮擦"擦"出应有的间隙，再加深为细线线型；若有粗实线与点画线或虚线重合，则要画成粗实线；而当虚线与点画线重合时，画成虚线。即一切以轮廓线为准。最终结果如图 3.20（b）所示。

【例 3.2】已知一正三棱锥的高及底面正三角形的边长，将其置入三投影面体系中，使其底面为水平面，底边 *AC* 垂直于 *W* 面（侧垂线），如图 3.21（a）所示。试画出其三视图。

【投影特性分析】

（1）水平投影——棱面 *ABC* 为水平面，因此其水平投影 *abc* 反映实形。棱面 *SAB* 和 *SBC* 是一般位置平面，其水平投影为实际图形的类似形。注意到棱线 *AC* 是侧垂线，因此包含该棱线的棱面 *SAC* 是侧垂面。水平投影 *sac* 为实际图形的类似形图形。

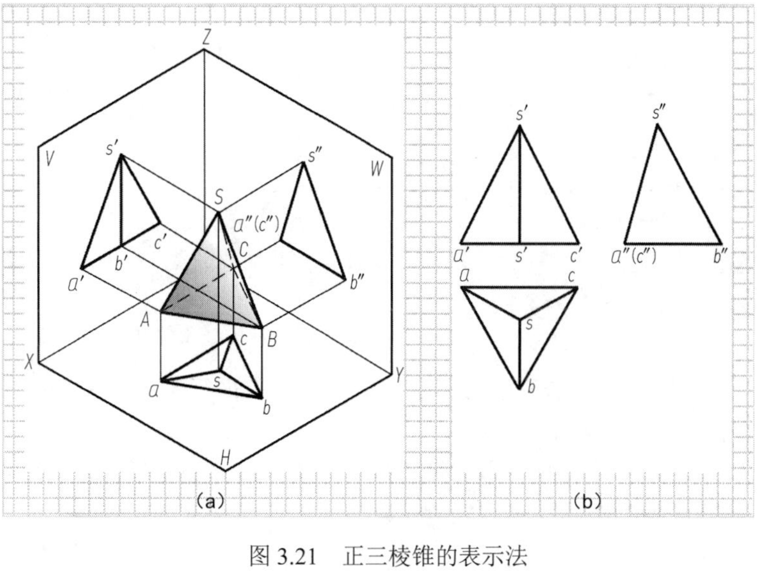

图 3.21　正三棱锥的表示法

（2）正面投影——水平面 *ABC* 的正面投影和侧面投影都积聚为直线。棱面 *SAB* 和 *SBC* 的正面投影是实际图形的相似图形，都可见。侧垂面 *SAC* 的正面投影 *s'a'c'* 同样是实际图形的类似图形，且不可见。

（3）侧面投影——由于是从左向右投影，因此棱面 *SAB* 是可见的，棱面 *SBC* 不可见。侧垂面 *SAC* 则积聚为直线。

【投影作图】

根据以上分析，可按先定位后定形、先底图（细实线）后加深的顺序确定作图步骤。

（1）根据三棱锥在投影体系中的摆放位置可知，其左右对称，但上下和前后都不对称，故应首先在正面投影和水平投影上画出对称线。

（2）从反映底面 *ABC* 实形的水平投影画起，定出底面的三个角点的位置，然后画出 *ABC* 的三面投影；再根据高度及锥顶的水平位置（等边三角形的重心），画出顶点 *S* 的三面投影。

（3）分别连接顶点 *S* 同底面 *ABC* 各个顶点的同面投影，即可得到三棱锥各棱面与棱线的投影。

（4）检查、整理并加深各类图线。最终结果如图 3.21（b）所示。

【例 3.3】 如图 3.22（a）所示，根据正六棱柱的投影图，绘制其正等测图。

【分析与作图】

有了前面绘制三视图的基础，轴测图的绘制也同样按先定位后定形的步骤进行，所不同的是三投影轴的方向要按相应的轴间角确定。六棱柱正等测图的绘图步骤如下。

（1）在投影图上确定坐标轴，如图 3.22（a）所示。坐标轴符合“右手定则”，将坐标原点定在上顶面正六边形的中心，坐标原点也可定在其他位置，不影响最后的形状。

（2）在轴测图上，绘制出轴测轴，轴间角为 120°。*A*、*D* 在 *X* 轴上，很容易确定其位置。绘制出过 *B*、*C* 及 *E*、*F* 点，平行于 *X* 轴的两条直线，量取这些点与 *Y* 轴的距离，确定这些点的位置，如图 3.22（b）所示。

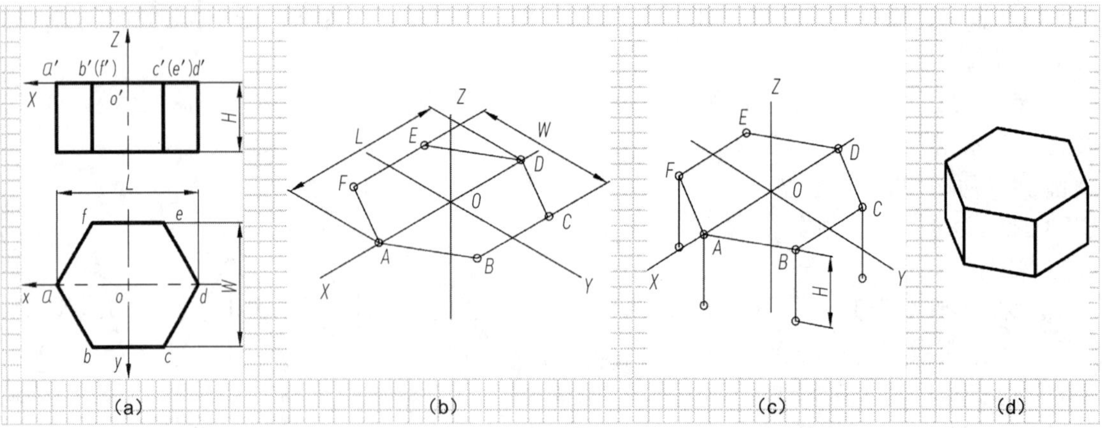

图 3.22　六棱柱正等测图的画法

（3）过 *A*、*B*、*C*、*D*、*E*、*F* 点向下作平行于 *Z* 轴的直线，由尺寸 *H* 确定底面各点，如图 3.22（c）所示。

（4）连接底面各点，并加深，完成六棱柱的正等测图，如图 3.22（d）所示。注意在最终完成的轴测图中应擦去轴测轴。

3.2.5　回转体（面）的投影分析

除了上述平面基本体，还有一类回转体，如圆柱、圆锥、圆球、圆环等。围成它们的表面中或部分或全部是回转面。它们既有共同之处（形成原理相同，都是一平面直线或曲线（母线）围绕一定直线（回转轴线）作回转运动，当它们的轴线垂直于某一个投影面时，在该投影面上的投影为圆），也有差异之点。

表 3.6 表示了四种常见回转面的形成方式。在画法几何中，把母线在每一时刻的位置称为素线，因此，回转面又可看成是由无数条素线围成的，回转面的几何要素为直线或曲线。

表 3.6　四种回转面的形成方式

圆　柱　面	圆　锥　面	圆　球　面	圆　环　面

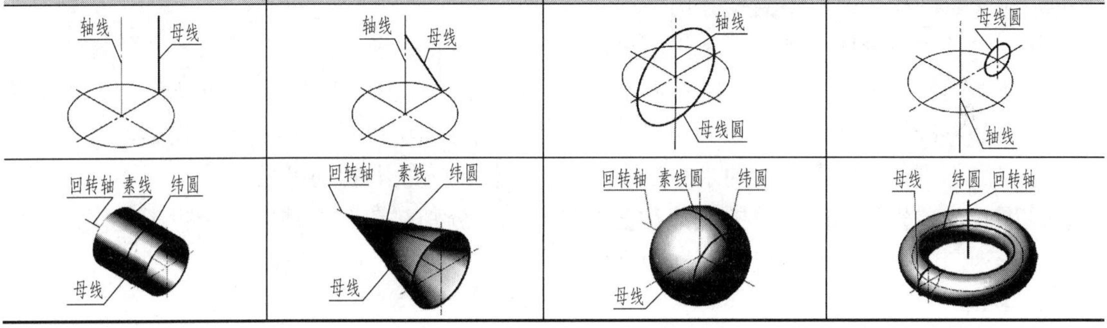

1. 圆柱

圆柱由圆柱面及两个圆平面围成。

1）圆柱的形体分析

如图 3.23（a）所示，圆柱由圆柱面及上、下端面围成。其中圆柱面可以看成是由一平行于轴线的直线（母线）绕其轴线旋转而成的，而母线在每一瞬间的位置称为素线。因此一个圆柱也可以看成是由无数平行于轴线的直素线组成的（图 3.23（c））。

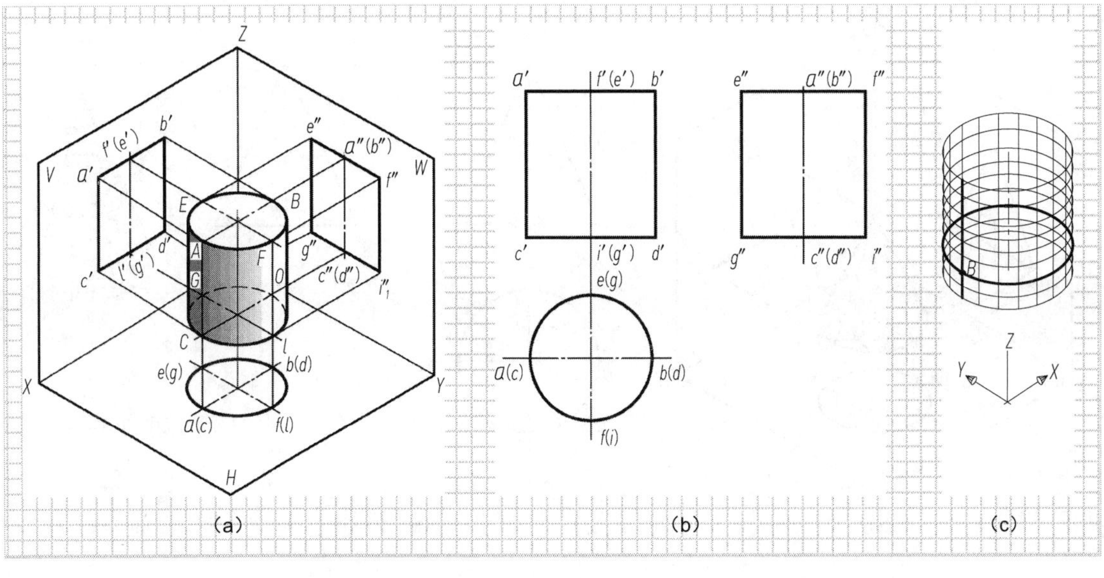

图 3.23　圆柱的表示法

2）圆柱的投影

如图 3.23（b）所示为一轴线垂直于水平投影面的正圆柱的三面投影。其投影特性如下。

（1）水平投影——由于圆柱的上、下两个端面为水平面，其水平投影反映实形（圆平面），上下底面的正面投影和侧面投影积聚成直线；圆柱面垂直于 H 面，其水平投影积聚为圆周，与上下底面重影。

（2）正面投影——在正立投影面上画出转向轮廓线 AC、BD 的投影 $a'c'$、$b'd'$，这两条转向轮廓线又称为最左最右特殊素线。它们是两条铅垂线，对应于水平投影的圆周上的最左最右两点，它们的侧面投影在相应的轴线（点画线）上，不需要画出。

（3）侧面投影——在侧立投影面上画出转向轮廓线（最前最后特殊素线）EG、FI 的投影 $e''g''$、$f''i''$，这也是两条铅垂线，对应于水平投影的圆周上的最前最后两点，其正面投影在相应的轴线（点画线）上，不需要画出。

从图中可以清楚地看到，对于正面投影来说，转向轮廓线 AC、BD 为圆柱面的虚实分界线。即前半圆柱面可见，后半个圆柱面不可见；对于侧面投影，转向轮廓线 EG、FI 为圆柱面的虚实分界线。即左半个圆柱面可见，而右半个圆柱面不可见；对于水平投影，上端面可见，下端面不可见，但圆柱面的水平投影具有积聚性，一般不判别可见性。

画图时，**首先画出圆柱体的轴线和圆的中心线**，分别对该圆柱体的三个投影定位，然后画出投影为圆的投影，最后根据圆柱的高度画出为矩形的另外两个投影。

2. 圆锥

圆锥由圆锥面和一个圆平面所围成。

1）圆锥的形体分析

如图 3.24（a）所示，圆锥由圆锥面及底平面所围成。其中圆锥面可以看成是由一条与轴线相交的直线（母线）绕该轴线旋转而成的。如上所述，圆锥面也可以看成是无数条直素线围成的，这些直素线一端与轴线汇交于一点（锥顶），另一端落在与轴线垂直的圆周上（图 3.24（c））。

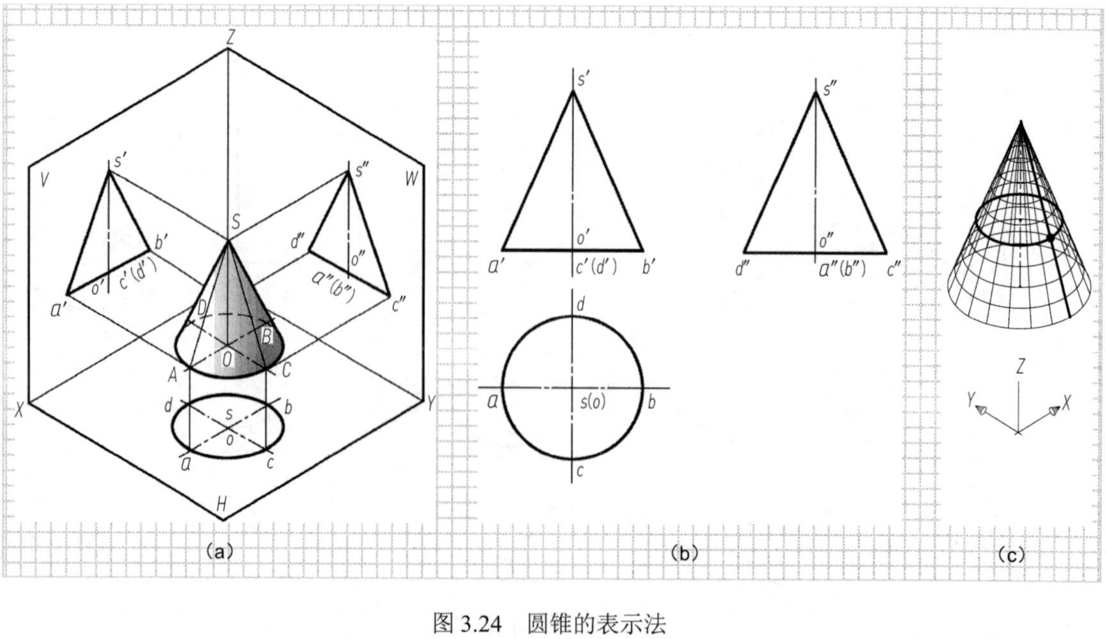

(a)　(b)　(c)

图 3.24　圆锥的表示法

2）圆锥的投影

如图 3.24（b）所示为一轴线垂直于水平投影面的圆锥的三面投影图。其投影特性如下。

（1）水平投影——圆锥的底平面平行于 *H* 面，其水平投影为圆，它的正面投影和侧面投影为一直线（*a′b′*、*d″c″*）；圆锥面的水平投影覆盖整个圆周。锥顶 *S* 的投影落在圆心上，不需画出。

（2）正面投影——在正立投影面上画出转向轮廓线（最左最右特殊素线）*SA*、*SB* 的投影 *s′a′*、*s′b′*，注意其水平投影和侧面投影的相对位置，不需要画出。

（3）侧面投影——在侧立投影面上画出转向轮廓线（最前最后特殊素线）*SC*、*SD* 的投影 *s″c″*、*s″d″*，注意其水平投影和正面投影的相对位置，不需要画出。

与圆柱相似，对于正面投影来说，回转轮廓线 *SA*、*SB* 为圆锥面的虚实分界线。即前半圆锥面可见，后半个圆锥面不可见；对于侧面投影，回转轮廓线 *SC*、*SD* 为圆锥面的虚实分界线。即左半个圆锥面可见，而右半个圆锥面不可见；对于水平投影来说，底面不可见，整个圆锥面都可见。对于圆锥面来说，其 3 个投影都没有积聚性。

画图时，**首先画出圆锥体的轴线和圆的中心线用以为各视图定位**，然后画出投影为圆的投影，最后根据圆锥的高度画出为等腰三角形的另外两个投影图。

3. 圆球

圆球由一个圆球面围成。

1）圆球的形体分析

如图 3.25（a）所示，圆球由圆球面所围成。圆球面可以看成是一个母线圆绕其通过圆心的轴线（直径）旋转而成的（图 3.25（c）），因此圆球的素线是一个圆。

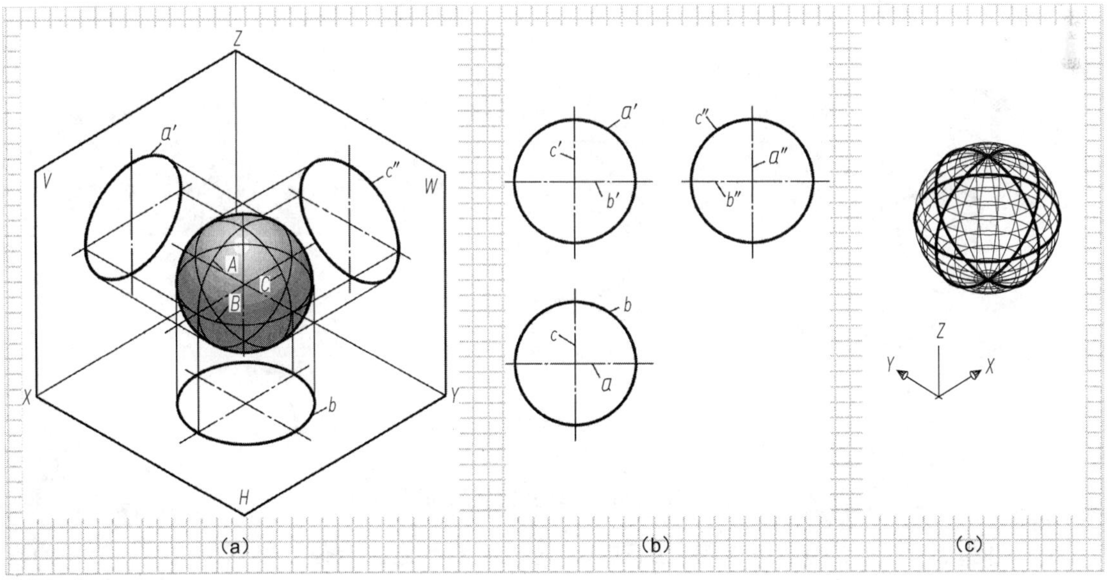

图 3.25　球的表示法

2）圆球的投影

如图 3.25（b）所示为一圆球体的三面投影图，其投影特性如下。

（1）水平投影为一圆周，该圆周既反映平行于 *H* 面的最大素线圆 *B* 的实形，又反映上、下半球面的投影。其水平投影和侧面投影与水平中心线重合，但不画出。

（2）正面投影为一圆周，该圆周反映平行于 V 面的最大素线圆 A 的实形，以及前后半球面的投影。其水平投影与水平中心线重合；其侧面投影与直立中心线重合，但不画出。

（3）侧面投影为一圆周，该圆周反映平行于 W 面的最大素线圆 C 的实形，以及左右半球面的投影。其水平投影和正面投影与直立中心线重合，但不画出。

注意，球的三面投影都是圆，但这 3 个圆分属于球面上 3 个不同素线圆的投影。**画投影图时一定要首先分别画出三对中心线。**对于正面投影来说，前半个球面可见，后半个球面不可见；对于水平投影，上半个球面可见，下半个球面不可见；对于侧面投影，左半个球面可见，右半个球面不可见。

4. 圆环

1）圆环的形体分析

如图 3.26（a）所示，圆环体由圆环面所围成。圆环面则由一母线圆绕与该圆共面但不过圆心的轴线旋转而成（图 3.26（c）），圆环的素线是轴线外的一个圆。

2）圆环的投影

如图 3.26（b）所示为一轴线垂直于水平投影面的圆环体的三面投影图，其投影特性如下。

（1）水平投影——三个同心圆，其中，两个粗实线圆，分别反映圆环内、外直径的真实大小；一个点画线圆表示母线圆圆心的轨迹。

（2）正面投影——两个平行于 V 面的、且左右对称的素线圆及内、外圆环面分界圆的投影（即上、下两条直线）。因为内圆环面不可见，所以素线圆靠近轴线的一半画出虚线。

（3）侧面投影——两个平行于 W 面的、且前后对称的素线圆及内、外圆环面分界圆的投影（即上、下两条直线）。同样，由于内圆环面不可见，素线圆靠近轴线的一半画出虚线。

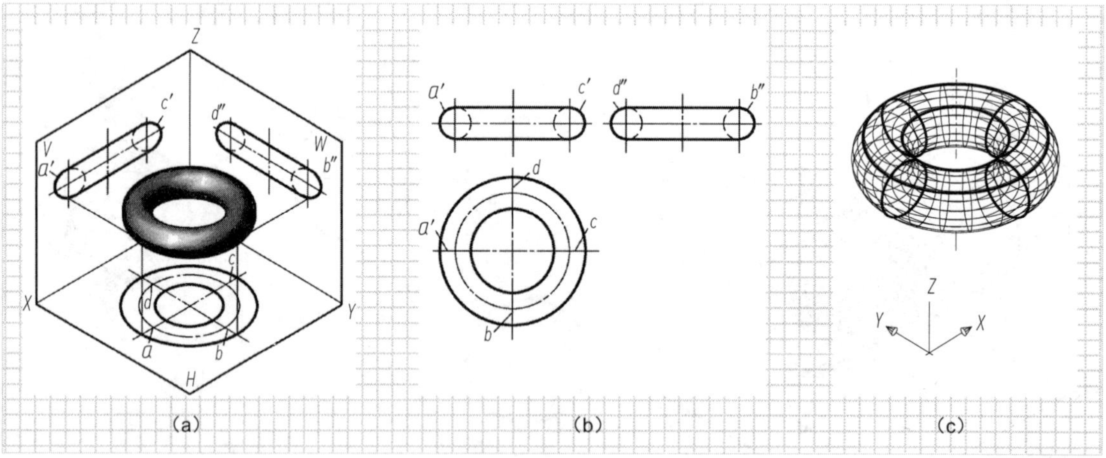

图 3.26　圆环体的表示法

画图时，**首先画出圆环各视图上的轴线和圆的中心线用以定位，**然后画出投影为圆的投影，最后画出母线圆（左右、前后素线圆）的投影。

如图 3.26 所示，对于正面投影来说，外圆环面的前半部分可见，外圆环面的后半部分及内圆环面都不可见；对于侧面投影来说，外圆环面的左半部分可见，外圆环面的右半部分及内圆环面都不可见；对于水平投影来说，内、外圆环面的上半部分都可见，下半部分都不可见。

以上是当圆环回转轴垂直于 H 面时的投影分析及投影作图，当圆环的轴线分别垂直于另外两个投影面时，其三个投影的图形是相同的，只要看它的轴线垂直于哪个投影面，那就在这个投影面上的投影为同心圆的图形，如图 3.27 所示。

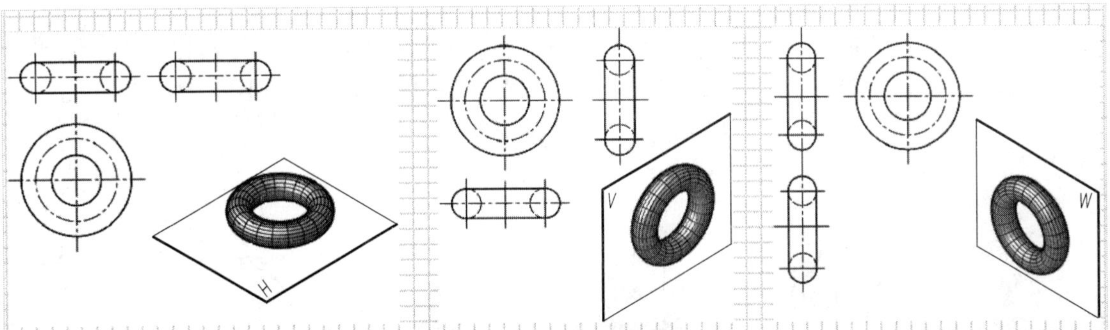

(a) 圆环轴线垂直于 H 面　(b) 圆环轴线垂直于 V 面　(c) 圆环轴线垂直于 W 面

图 3.27　轴线垂直于不同投影面的圆环的投影特性

5. 不完整基本回转体示例

在掌握了上述基本回转体的投影画法之后，还要学会不完整基本体投影的识读和绘制，如表 3.7 所示，这对以后分析零件的形体大有好处。因为组成一个零件形体的基本体有时采用的不是完整的柱、锥、球、环，而是它们的一部分。

表 3.7　不完整回转体的投影

半　圆　柱	1/4 圆柱	圆　　台
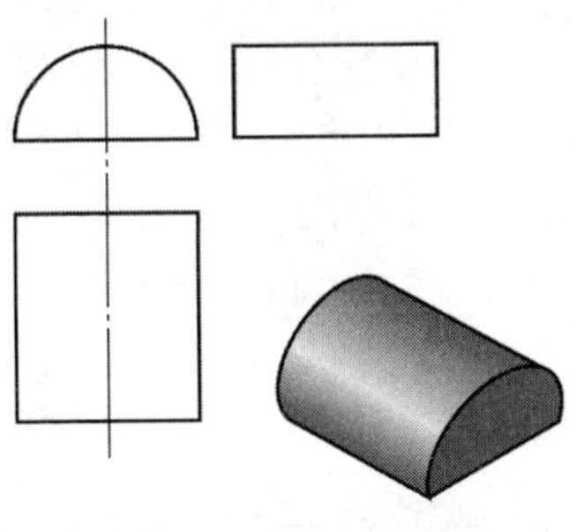	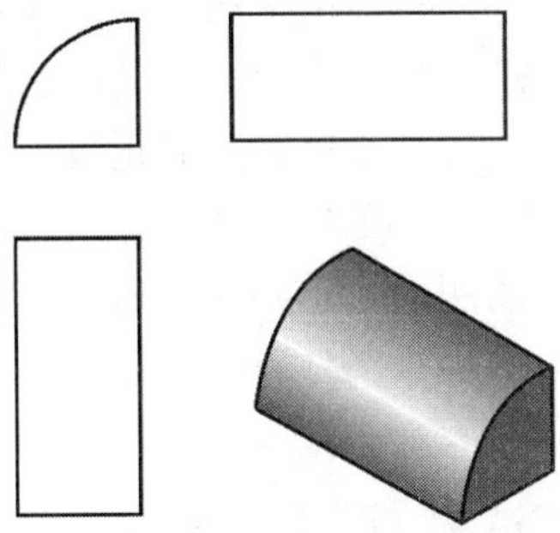	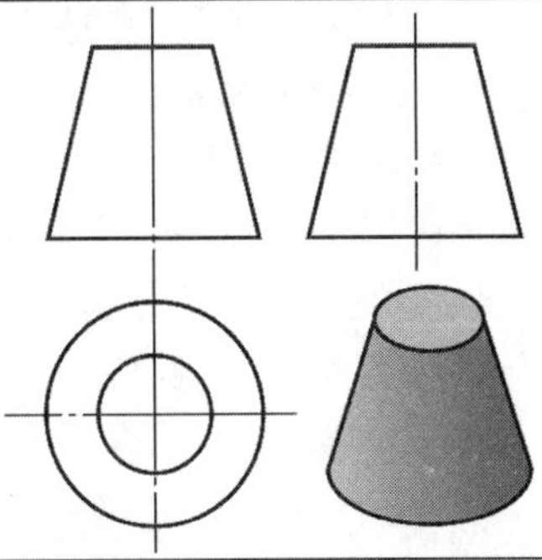
半　　球	1/8 球	1/4 圆环
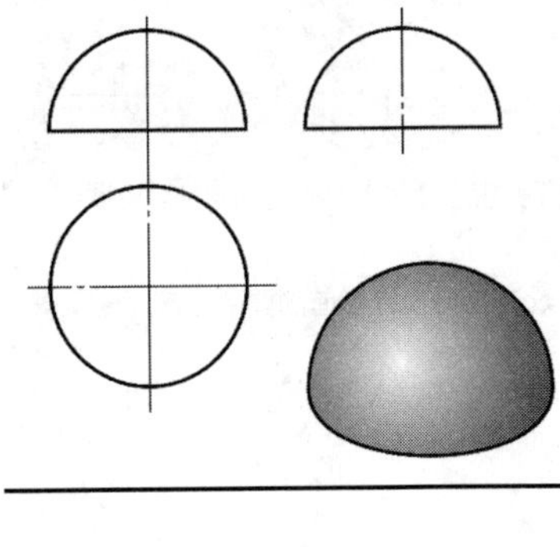	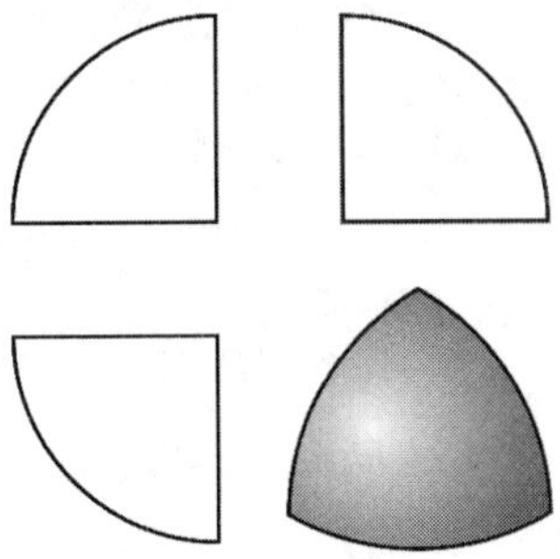	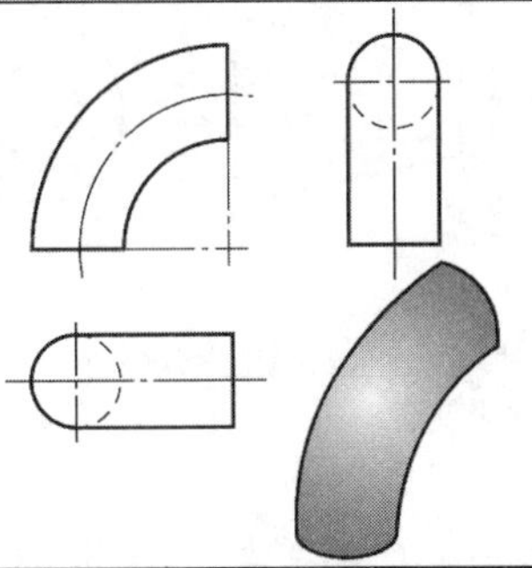

6. 任意回转体

掌握了回转体的形成规律及投影特性，对于任意母线（直线、折线或曲线）形成的回转体，都可以画出其投影图。如第 2.4.5 节提到的一个花瓶的外部造型，其母线轮廓线（即回转成形面）如图 3.28（a）所示。将其轴线垂直于 H 面放置，如图 3.28（b）所示，只要能够按线段连接的规则画出其回转成形面的轮廓线，也就得到了它的 V、W 两个投影；至于水平投影，则是上端面、下端面及几个转折处的圆形轮廓线组成的同心圆，如图 3.28（d）所示。

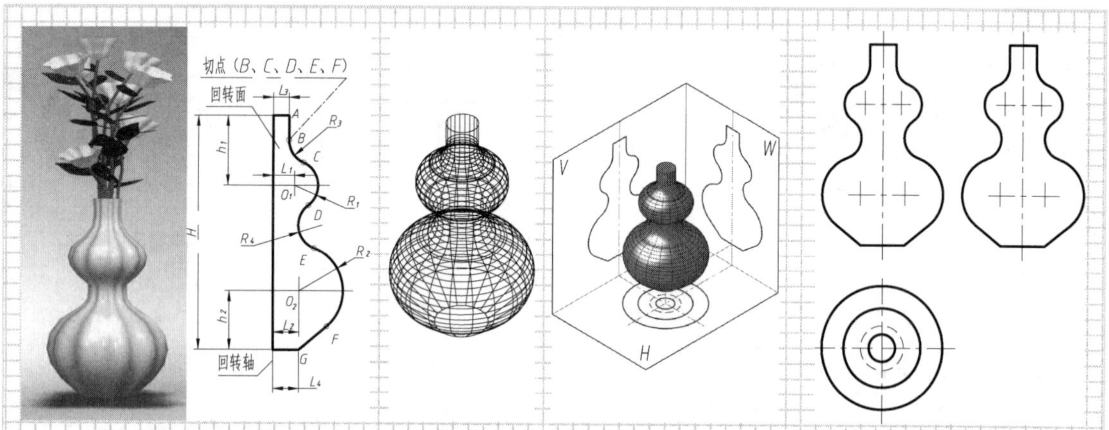

（a）花瓶的回转成形面　（b）花瓶外形的 CAD 三维模型　（c）三投影体系　（d）花瓶外形的三视图

图 3.28　任意回转体（花瓶外形）的表示法

7. 回转体的正等测图

回转体的正等测图的投影规律与多面正投影图一样，关键在于垂直于回转成形面的底圆的投影。正投影体系中，这个圆平行于某投影面，故其投影就是一个反映实形的圆；而对于正等测投影，由于整个轴测轴系与空间形体相对于原正投影体系倾斜了一个角度，故这个圆就投影成为了椭圆，而这个椭圆一般采用第 1.6.2 节所介绍的四心法（菱形法）作图。

如图 3.29 所示是根据一个圆台的两面投影绘制正等测图的实例，读者可自行分析其作图过程。注意此时的圆台底面平行于 W 面（图 3.29（c））。

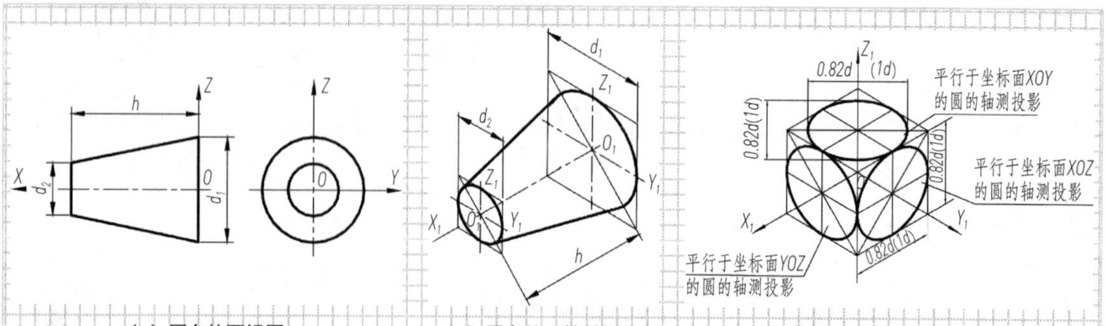

（a）圆台的两视图　（b）圆台的正等轴测图　（c）平行于投影面的圆的正等测

图 3.29　圆台的正等测图

3.2.6　CAD 中的基本体

为了更清楚地理解回转体的基本构造和表面特性，可以借助 CAD 三维建模功能。

仍以 AutoCAD 为例，它支持的 3 种三维建模类型，包括线框建模、曲面建模和实体建模。其中实体建模技术可使用下拉菜单“绘图/实体”命令调出，或单击如图 3.30 所示的“实体”工具栏中的工具按钮，即可方便地创建基本平面立体和回转体。

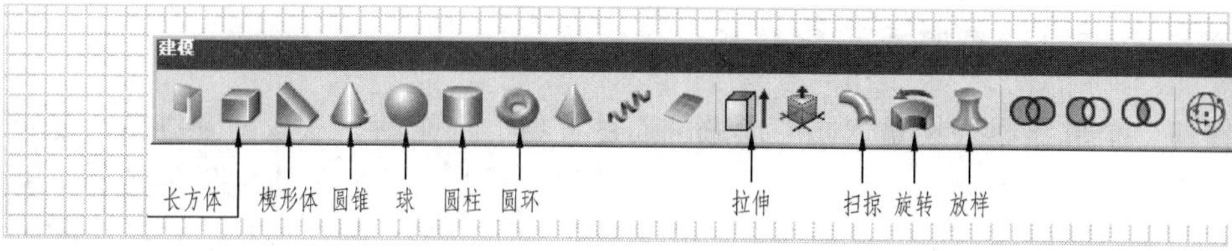

图 3.30　“实体”工具栏

其中，直接产生基本体三维模型的工具为“长方体（BOX）”、“楔形体（WEDGE）”、“圆柱（CYLINDER）”、“圆锥（CONE）”、“球（SPHERE）”、“圆环（TORUS）”等。

而“拉伸”（extrude）、旋转（revolve）、扫掠（sweep）和放样（loft）就是在第 1 章中提到过的创建实体的 4 种常用方法。反过来，以上所说的能直接产生基本体的工具，就是以这 4 种方法编制成的直接可调用的命令。

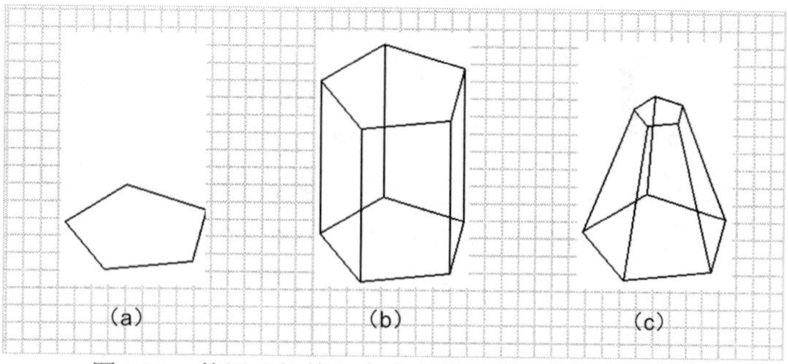

图 3.31　使用“拉伸”命令中的“指定拉伸高度”和“拉伸角度”选项创建基本体

其中拉伸命令可以将封闭多边形、圆、椭圆、封闭样条曲线、圆环和面域等平面，在给定其高度或路径后，拉伸为柱体或锥（台）体。

如图 3.31（b）、（c）所示，分别是以图 3.31（a）所示的平面正五边形为拉伸面，通过拉伸命令中的“指定拉伸高度”及“拉伸角度”选项拉伸而成的正五棱柱和正五棱台。

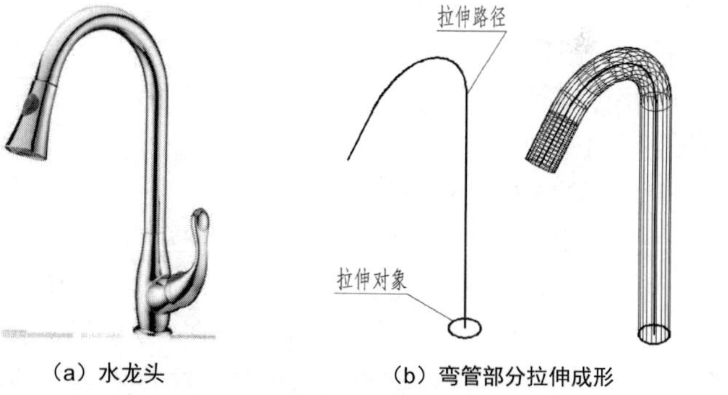

图 3.32　使用“拉伸”命令中的“指定拉伸路径”选项创建基本体

而如图 3.32 所示水龙头中部弯管的 L 形柱体，则是在准备好如图 3.30（b）所示的底圆和拉伸路径后，通过命令中的“指定拉伸路径”选项拉伸而成的。拉伸路径可以是直线、圆、圆弧、椭圆、椭圆弧、多段线或样条曲线。拉伸实体始于轮廓所在平面，终于路径端点处与路径垂直的平面。

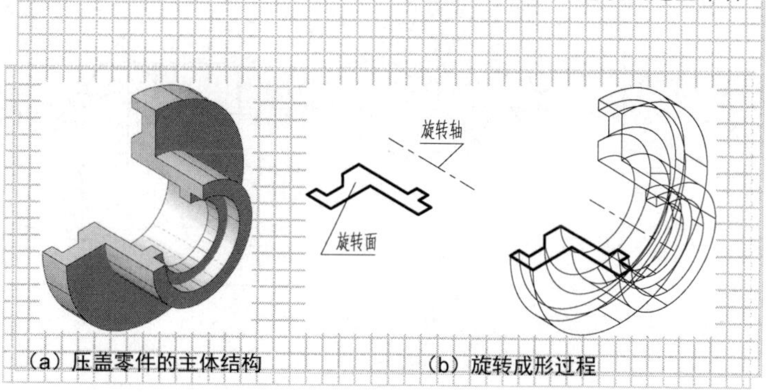

图 3.33　应用“旋转”命令创建回转体

“旋转”命令是通过将某一封

闭的二维对象围绕旋转轴旋转一定角度来创建实体的，如图 3.33 所示压盖零件主体结构的成形。使用该命令时，可以旋转闭合多段线、多边形、圆、椭圆、封闭样条曲线、圆环和面域。一次只能旋转一个对象。根据右手定则确定旋转的方向。

3.2.7 几何要素的相对位置及其投影分析

实际上，任何一个机器零件不是“画”出来的而是“做”出来的。从设计到成品，要经过十分复杂的加工过程。画图只是记录了一个工程师的设计思想并为它的实现提供指导。因此在设计并绘制图样时，必须在其功能要求、工作背景、力学分析、材料选择、加工工艺等多种因素的前提下，用画法几何的图示法进行结构设计，同时还常要用图解法来分析提供零件形体三要素的某些空间定位信息。如点与直线、点与平面、直线与直线、直线与平面、平面与平面之间的距离、角度等问题。

1. 点与直线的相对位置

空间点与直线的相对位置有两种情况：点在直线上和点不在直线上。

点在直线上时，根据平行投影法中从属性和等比性的基本性质可知：其投影必在该直线的同面投影上；且点分线段之比，其投影后保持不变。

如图 3.34 所示，已知点 C 在 AB 上，则点 C 的 3 个投影必在 AB 相应的同面投影上，且有 $AC:CB=ac:cb=a'c':c'b'=a''c'':c''b''$。而如图 3.34（b）所示点 D 的水平投影虽然在直线 AB 的水平投影上，但其正面投影和侧面投影都不在直线 AB 的同面投影上，故点 D 不在直线 AB 上，如图 3.34（a）所示。

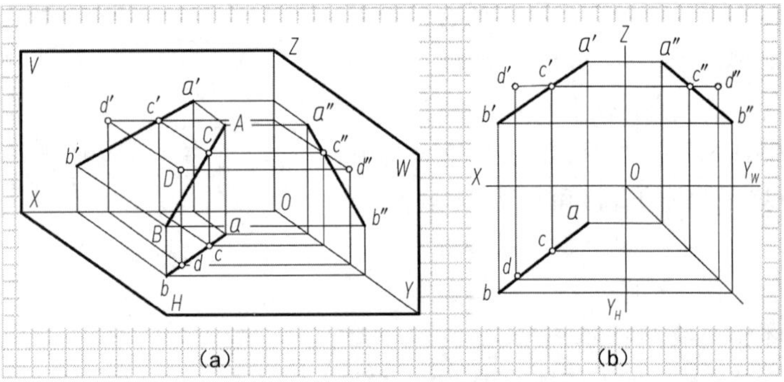

图 3.34 点与直线的相对位置

根据上述性质即可判别点是否在直线上以及解决在直线上取点的作图问题。

要从投影上判断点是否在直线上，对于一般位置直线而言，只需从其中两组投影就可判断。如在图 3.34 中，点 C 的两个投影在 AB 的同面投影上，点 D 只有一个投影在直线 AB 的同面投影上。因此点 C 在直线 AB 上，点 D 不在直线 AB 上。

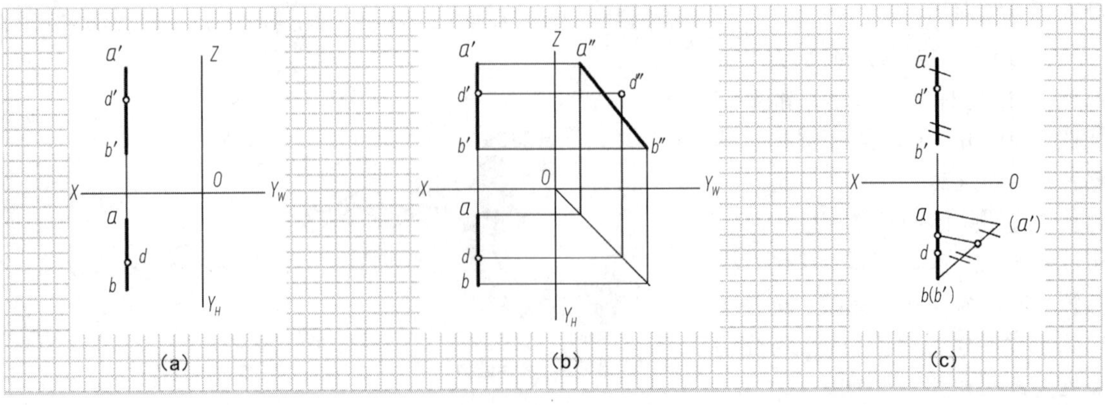

图 3.35 点与直线相对位置的判别

而对于特殊位置直线而言，则必须从其三组投影或利用点分线段之等比性来进行判断。如图 3.35（a）所示，因为所给直线 *AB* 及点 *D* 位于平行于侧面的同一平面内，不管点 *D* 是否在 *AB* 上，都有 $d \in ab$，$d' \in a'b'$的关系。为此，必须根据第 3 投影或利用点分线段之等比性质来判别。图 3.35（b）、（c）表示出了这两种判别方法。由作图可知，点 *D* 不在 *AB* 上。

点不在直线上，则常要求解该点与直线的最短距离等空间问题。

2. 两直线的相对位置

空间两直线的相对位置有 3 种，即平行、相交和交叉（又称异面直线）。

工程上应用直线间的这三种相对位置进行结构和运动设计的实例很多。如图 3.36 所示的三种齿轮传动就是很典型的例子。其中，圆柱齿轮传动传递的是两平行轴线间的运动，圆锥齿轮传递的是一对相交（通常为垂直相交）轴之间的运动，而蜗杆蜗轮传动则是传递一对交叉（垂直）轴之间的运动。

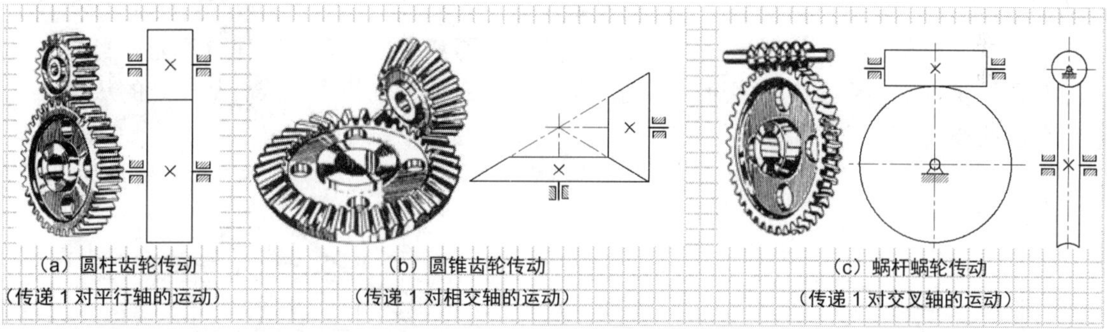

图 3.36　齿轮传动的三种基本形式

1）两直线平行

空间两直线平行，则其 3 组同面投影必平行。反之，若有两直线的三组同面投影都平行，则该两直线在空间相互平行。如图 3.37 所示，已知空间两直线 $AB /\!/ EF$。过 *AB*、*EF* 上的各点向投影面作投射线，所形成的两个平行平面与投影面的交线也相互平行。即 $ab /\!/ ef$，$a'b' /\!/ e'f'$，$a''b'' /\!/ e''f''$。其投影图如图 3.37（b）所示。从而不难得出 $AB : EF = ab : ef = a'b' : e'f' = a''b'' : e''f''$。由此可得其同面投影必平行，且两平行线段长度之比等于其投影长度之比。

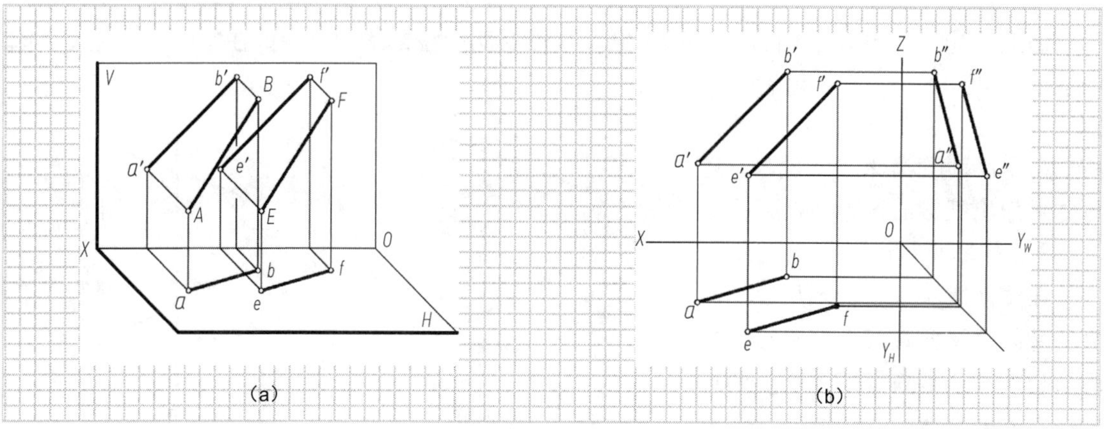

图 3.37　平行两直线

要判别两条一般位置直线是否平行，只需看它们的任意两面投影。但对于特殊位置直线而言，则必须同时检查它们的 3 组同面投影。

如图 3.38 所示的两直线 AB 和 CD 均为侧平线，虽然它们的 H、V 面投影：$ab /\!/ cd$，$a'b' /\!/ c'd'$，但 $a'b' : c'd' \neq ab : cd$，其侧面投影 $a''b''$ 不平行于 $c''d''$，故直线 AB 不平行于 CD。

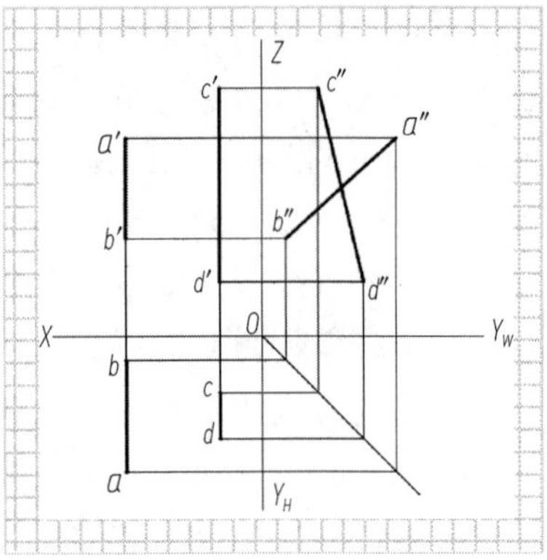

图 3.38　两直线是否平行的判断

2）两直线相交

空间两直线相交，其各组同面投影必相交，且交点的投影符合点的投影规律。反之亦然。

如图 3.39（a）所示，空间两直线 AB 与 CD 相交于点 K，则交点 K 为两条直线所共有，根据从属性不变的性质，两直线的同面投影必定相交，且交点符合点的投影规律，即 $kk' \perp OX$（$k'k'' \perp OZ$），如图 3.39（b）所示。因此，对于一对一般位置直线，要判别它们是否相交，只需检查任意两面投影的交点的投影连线是否垂直于投影轴即可。否则，要同时从 3 组同面投影、或者从交点的从属性及交点分割线段的等比性来判断。

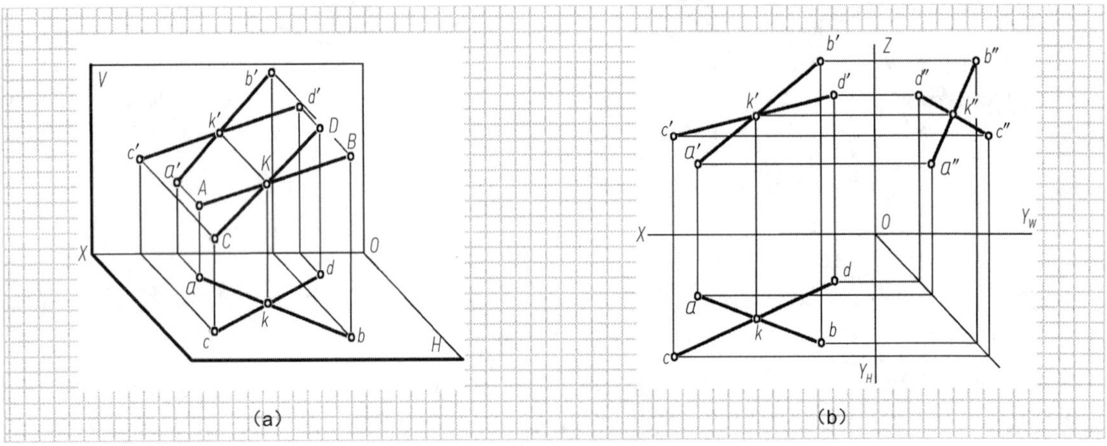

图 3.39　相交两直线

如图 3.40（a）所示的两直线 AB 和 EF，虽然其两面投影均相交，但在空间并不相交。因为从图 3.40（b）的判别可看出：$e'k' : k'f \neq ek : kf$，所以点 K 不在 EF 上，即两直线不相交。同样，还可通过作出其侧面投影来判断。

3）两直线交叉

在空间既不平行又不相交的两直线称为交叉两直线。如图 3.41 和图 3.42 所示的两直线均为交叉两直线。交叉两直线的 3 组同面投影不一定都相交，即使投影都相交，其

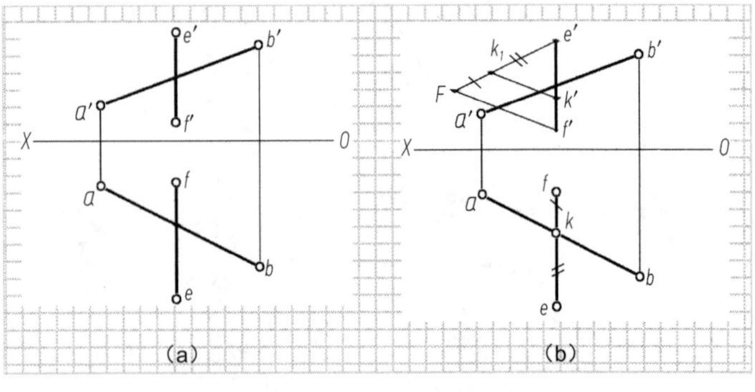

图 3.40　两直线是否相交的判断

交点也不符合点的投影规律。在交叉两直线的同面投影上看到的交点，实际上是分别在两直线上的两点在该投影面上的重影点。利用重影点的投影特性，可判断两直线的相对位置。

如图 3.41 所示，交叉两直线 *AB*、*CD* 上分别有两个点*III*、*IV*（点*III*∈*AB*，点*IV*∈*CD*），它们在 *H* 面的重影点为（3）4，由 3.41（b）中的投影可知 $Z_{IV}>Z_{III}$，故*IV*点在*III*点的正上方，*III*点的水平投影 3 为不可见，用（3）表示。同理，在 *V* 面上另一对重影点 *I*、II 中，点 *II* 的正面投影 2′ 不可见，用（2′）表示。

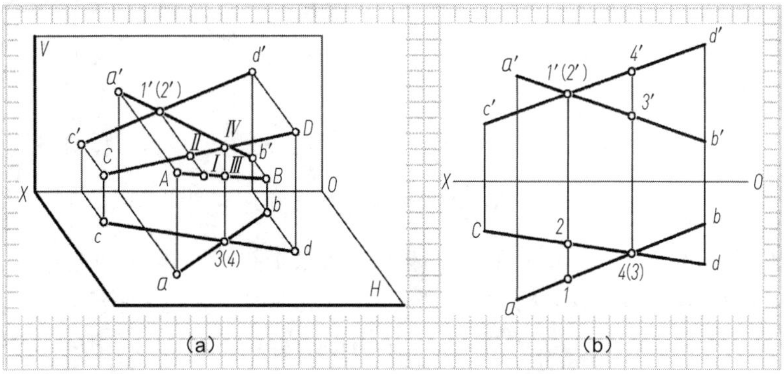

图 3.41　交叉两直线的重影点

【例 3.4】 试判别已知直线 *AB*、*CD*、*AE* 两两之间的相对位置，如图 3.42（a）所示。

【分析】从图中直接观察可得出：*AB* 与 *AE* 相交，因为它们有公共点 *A*。对于 *AB* 与 *CD* 两直线，由于它们均为侧平线，虽然其正面投影和水平投影均分别平行，但不能凭观察直接定出。判别方法有两种，一种是作出它们的侧面投影，另一种是通过检查 *A*、*B*、*C*、*D* 这 4 个点是否共面。即分别连接 *AC* 与 *BD* 的正面投影和水平投影，使它们形成 *AC* 与 *BD* 两条直线。由 *AC* 与 *BD* 两直线的不共面，即可推断出 *A*、*B*、*C*、*D* 这 4 个点不共面。所以 *AB* 与 *CD* 为两交叉直线，如图 3.42（b）所示。而 *AE* 与 *CD* 是一对交叉直线，读者可用图 3.42（c）所示的等比性定理，自行分析判断。

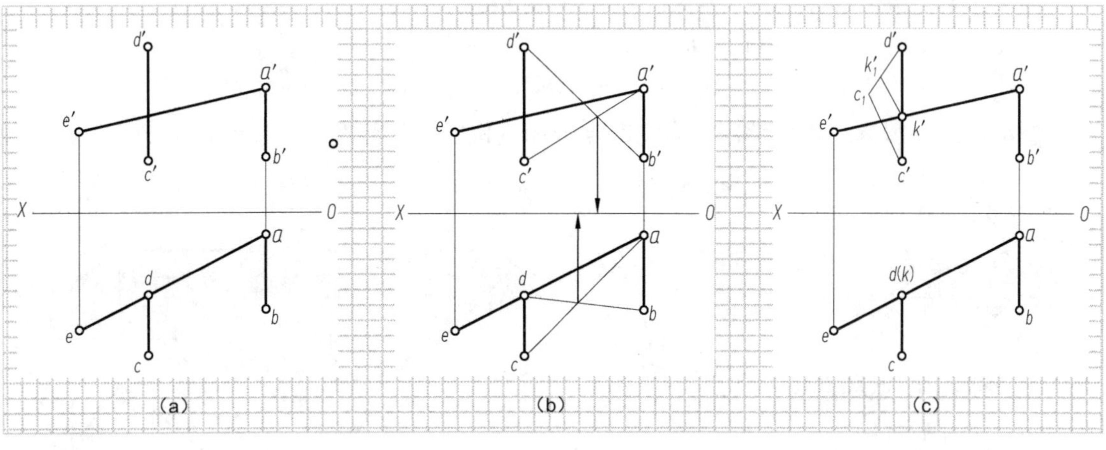

图 3.42　判别两直线间的相对位置

【例 3.5】 求作直线 *ST*，使其与已知直线 *AB*、*CD* 相交，且平行于已知直线 *EF*，如图 3.43（a）所示。

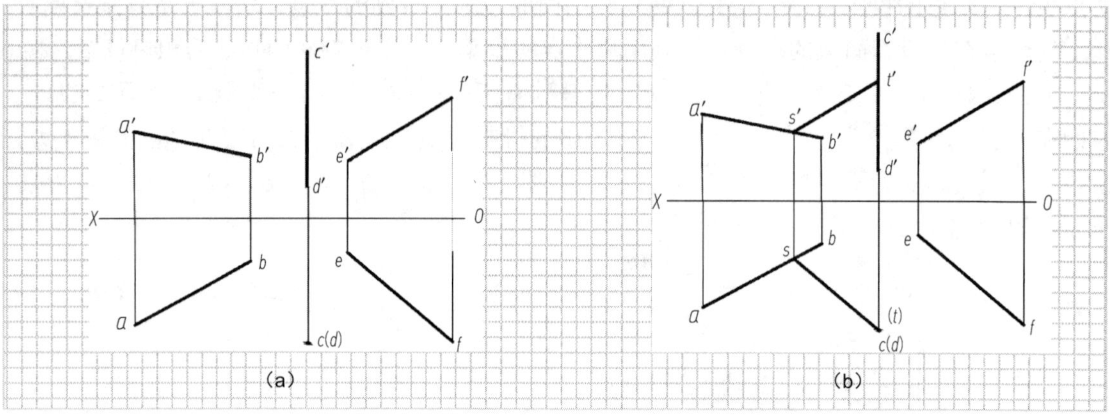

图 3.43　直线平行与相交的综合题举例

【分析与作图】从图 3.43（a）可知，直线 CD 的水平投影积聚为一点 c（d），故 CD 为铅垂线。由于所求直线 ST 与 CD 相交，故其交点 T 的水平投影也必积聚于点 c（d）。又由于所求直线 $ST /\!/ EF$，且与 AB 相交。故可过点 c（d）作 $st /\!/ ef$ 交 ab 于 s，由 s 找到 s'，过 s'作 $s't' /\!/ e'f'$ 交 $c'd'$于 t'，则 st 和 $s't'$为所求直线 ST 的两面投影。作图步骤如图 3.43（b）所示。

3. 一边平行于投影面的直角的投影

在空间两直线的相对位置的分析中，除了平行关系，相交或交叉的垂直关系在工程设计中也十分重要。例如，前面提到的三种齿轮传动中，对于后两种传动（即圆锥齿轮传动和蜗轮蜗杆传动），其轴线的垂直关系在图纸上的表达显得尤其重要。

空间垂直的两直线（相交或交叉），若两直线同时平行于一个投影面，那么在该投影面上的投影必成直角。其实，还可证明，只要其中的一直线平行于某投影面，则两直线在该投影面上的投影仍为直角。直角的这一投影特性称为**直角投影定理**。反之，若两直线在某投影面上的投影为直角，且其中有一直线平行于该投影面，则该两直线在空间必互相垂直。

【证明】如图 3.44（a）所示，设相交两直线 $AB \perp BC$，且 $AB /\!/ H$ 面。

因为　$AB \perp BC$，$AB \perp Bb$，所以　$AB \perp$ 平面 $BCcb$。

又因为　$AB /\!/ H$ 面，所以　$ab /\!/ AB$。

因此：$ab \perp$ 平面 $BCcb$，得 $ab \perp bc$，即 $\angle abc = 90°$，如图 3.44（b）所示。

应用直角投影定理可以解决许多空间定形和定位的几何问题，如求作直角三角形、等腰三角形、长方形、正方形、菱形等的投影作图问题，以及求解点与直线间、两直线间及直线与平面间的距离问题等。

直角投影定理同样适合于两直线交叉垂直的情况。读者可自行证明。

4. 平面上的点和直线

由初等几何可知：

（1）点在平面上，则该点必在此平面的一条直线上。

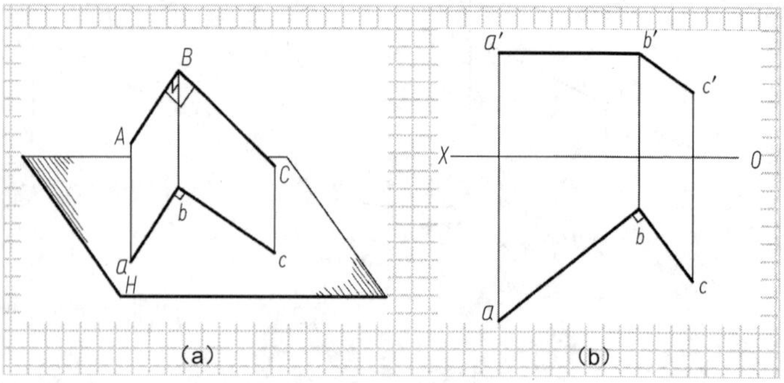

图 3.44　直角的投影

（2）直线在平面上，则该直线

必通过平面上的两点或通过平面内的一点且平行于平面上的另一直线。

将上述两个条件应用于投影法，即可解决在平面上的取点、取直线的问题。

如图 3.45 所示，点 *K*、直线 *KT* 和 *KM* 均位于由相交两直线 *AB*、*BC* 所确定的平面上。

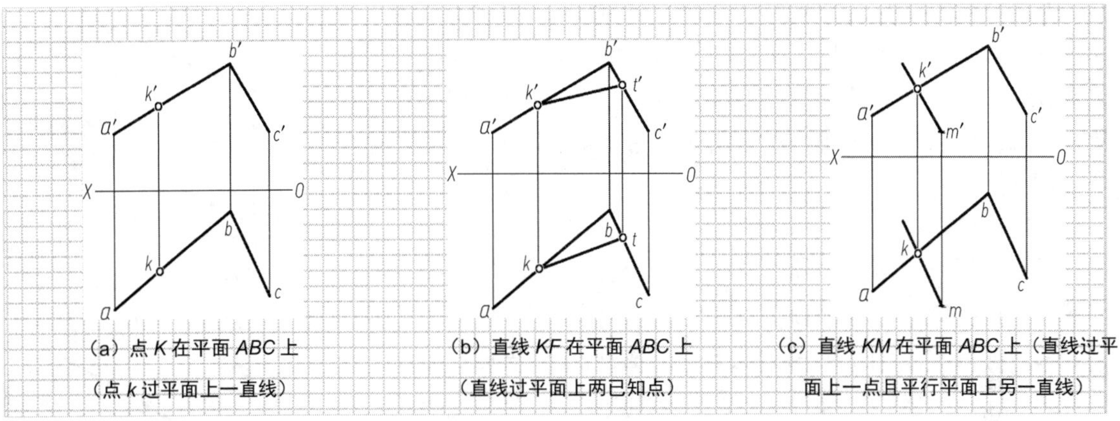

图 3.45　在平面上取点取线

【例 3.6】 如图 3.46（a）所示，试作：①在△*ABC* 平面上过点 *C* 作正平线 *CD*；②在此面上取一点 *S*，使之在 *H* 面之上 15mm，在 *V* 面之前 25mm。

【分析】

（1）由正平线 *CD* 的投影特性可知：其水平投影 *cd* 平行于 *OX* 轴，正面投影倾斜于 *X* 轴。利用这一投影特性，应用平面上取直线的几何原理即可求解出所求的正平线 *CD*。

（2）在平面上取定点 *S*：平面上的投影面平行线是一条与所平行的投影面等距的直线。据题意，所求点 *S* 应位于平面上距 *H* 面为 15mm 的一条水平线 *EF* 上，同时，它也应位于距 *V* 面 25mm 的一条正平线 *MN* 上，因此，所求点 *S* 应为平面上这两条直线的交点。

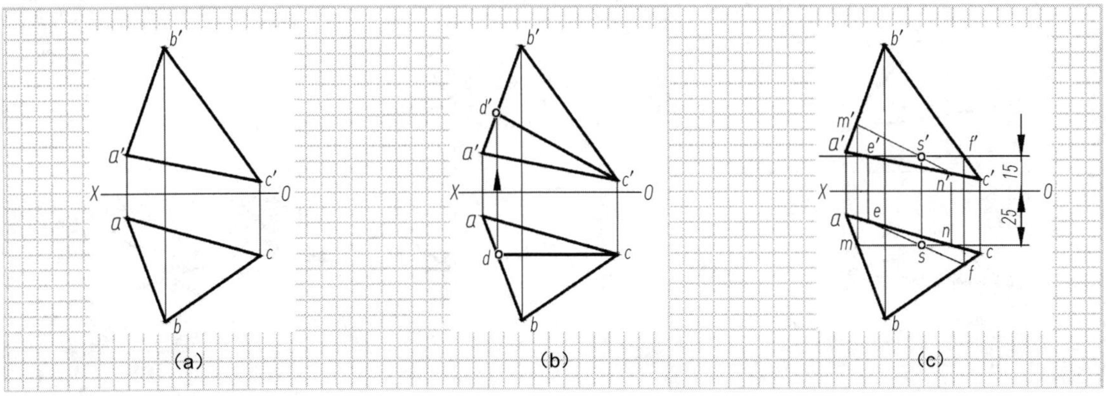

图 3.46　在平面上作投影面平行线和取定点

【作图步骤】

（1）作正平线 *CD*：在水平投影面上，过 *c* 作 *cd* // *OX*，交 *ab* 于 *d*，由 *d* 找出 *d'*，连接 *c'd'*，则 *CD*（*cd*, *c'd'*）为所求，如图 3.46（b）所示。

（2）确定 *S* 点：首先作一条平面△*ABC* 内的水平线 *EF* 的正面投影 *e'f '*，使其与 *X* 轴相距

15mm，然后再作出其水平投影 *ef*，以及平面内的正平线 *MN* 的水平投影 *mn*，使其与 *X* 轴相距 25mm，*mn* 与 *ef* 的交点即点 *S* 的水平投影 *s*，由此再定出 *S* 点的正面投影 *s*′（也是 *m*′*n*′与 *e*′*f* ′的交点），即为所求，如图 3.46（c）所示。

5. 直线与平面、平面与平面的相对位置

直线与平面、平面与平面之间的相对位置有两种情况，即平行和相交。包括直线与平面、平面与平面的平行和相交，相交又有垂直相交和一般相交两种情况。

1）平行

几何条件：

（1）如果一直线平行于平面上的一条直线，则直线与该平面平行，如图 3.47 所示。

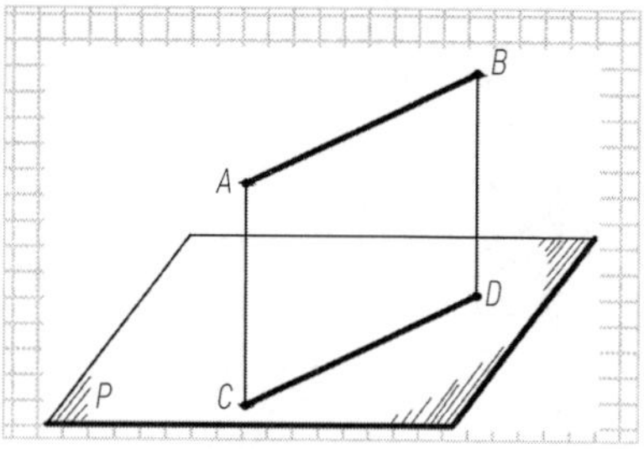

图 3.47　直线与平面平行

（2）如果一平面上的两相交直线平行于另一平面上的两相交直线，则该两平面平行，如图 3.48 所示。据此，即可解决其投影作图及其相对位置的判断等问题。

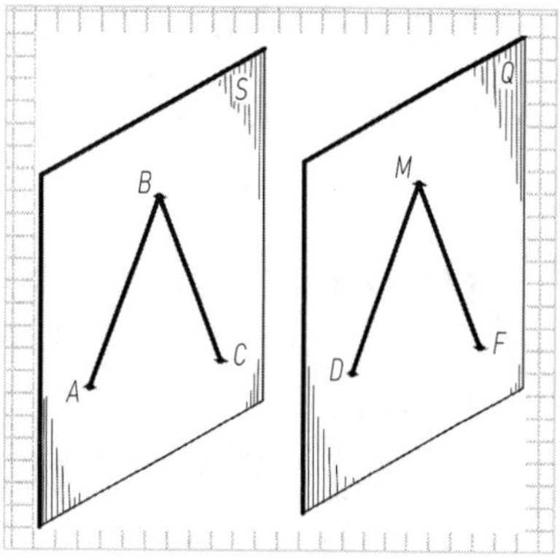

图 3.48　两平面平行

【例 3.7】已知平面△*ABC* 和平面外一点 *S*，试过点 *S* 作一平面平行于已知平面△*ABC*，如图 3.49（a）所示。

【分析与作图】根据其几何条件，应过点 *S* 作一对相交直线，使其分别平行于已知平面△*ABC* 内的任意两条直线。为此，过点 *S* 作一条直线 $SL_1 /\!/ AB$，按相同的方法过点 *S* 再作 $SL_2 /\!/ BC$，则 SL_1 与 SL_2 所组成的平面即所求平面，如图 3.49（b）所示。

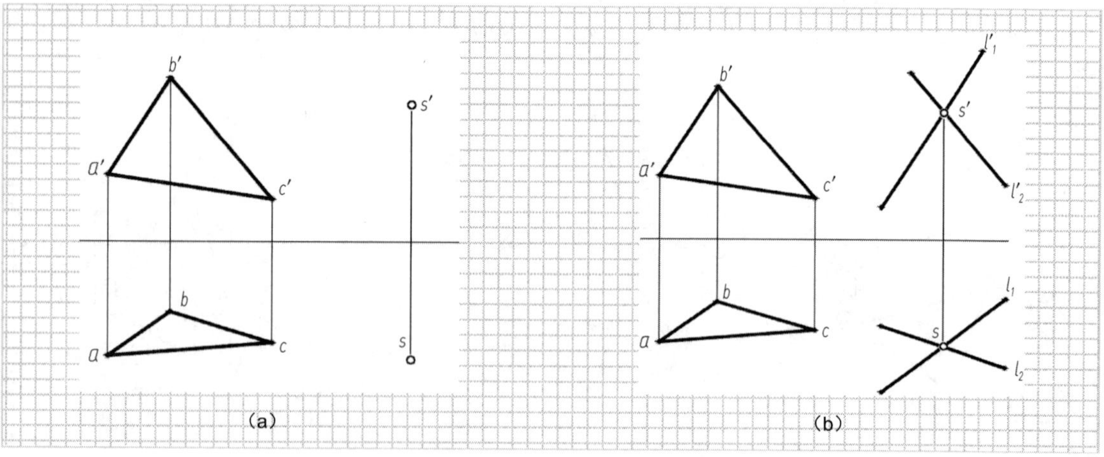

图 3.49　作平面平行于已知平面

2）相交

直线与平面或两平面相交，就会产生交点或交线。直线与平面相交，其交点为直线与平面所共有，它既在直线上又在平面上，是直线与平面的共有点，如图 3.50 所示；同理，两平面 *P* 和 *S* 相交，其交线为一条直线，它既在平面 *P* 上又在平面 *S* 上，是两平面的公有线，如图 3.51 所示。

为了讨论问题的方便和清楚，本章只讨论特殊情况下求交点或交线的问题。有兴趣的读者可从中找出规律，以引伸到一般位置的线面相交及面面相交问题的求解。

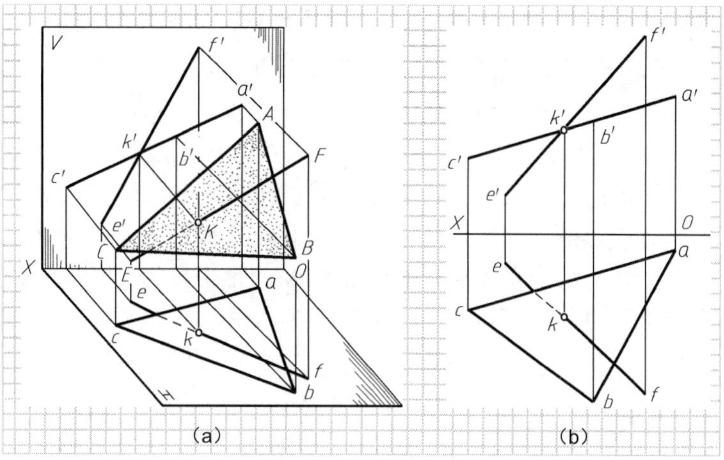

图 3.50　直线与平面相交

所谓特殊情况主要指以下 3 种。

在每一组相交的几何要素中，至少有一个要素的某一投影具有积聚性，故可利用其积聚性直接求交点和交线。

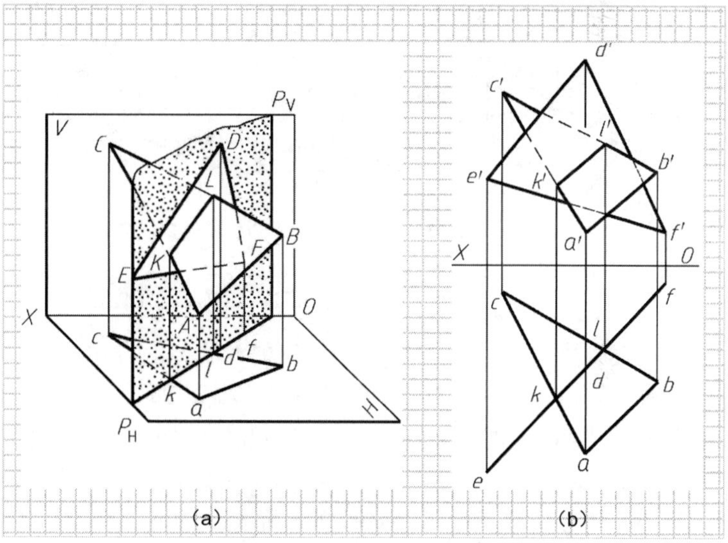

图 3.51　平面与平面相交

（1）特殊位置直线与一般位置平面相交：

如图 3.52（a）所示，铅垂线 *MN* 与△*ABC* 平面相交。由图中可以看出，由于直线垂直于 *H* 面，其水平投影积聚为一点，因此其交点 *S* 的水平投影 *s* 必与之重合。又因为交点 *S* 属于△*ABC*，故可利用面上取点的方法，即在△*ABC* 上过点 *S* 作辅助线 *AD* 求出 *s'*。

直线与平面相交，存在着投影重叠部分的可见性判别问题。即判断某一同面投影中直线被平面挡住的一段，并用虚线表示。显然，其交点为线段投影可见与不可见的分界点，若在一侧为可见，则另一侧必不可见。

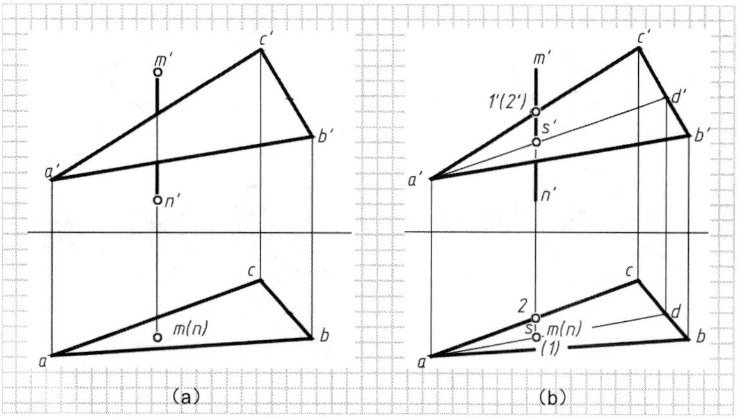

图 3.52　特殊位置直线与平面相交

可见性的判别可利用重影点的投影特性。如图 3.52（b）所示，为判别直线 *MN* 正面投影的可见性，可通过正面投影中 *a'c'*、*m'n'* 的交点（即重影点 *1'*（*2'*））引投射线，分别交水平投影中 *mn* 和 *ac* 于点 *1* 和 *2*，由于点 *1* 在点 *2* 的前面，故正面投影中 *2'*为不可见，即点 2 所在直线 *MN* 的 2′s′ 一段为可见，用粗实线表示；而其余为不可见，画成虚线。

（2）一般位置直线与特殊位置平面相交：

求如图 3.53（a）所示直线 *EF* 与铅垂面△*ABC* 的交点。

由于△*ABC*⊥*H* 面，所以其水平投影积聚成一条直线 *abc*，如图 3.53（b）所示。交点 *K* 是平面上的点，其水平投影必积聚在此直线上。但交点 *K* 同时又是直线 *EF* 上的点，因此根据平行投影的从属性，该点的投影必在直线的同面投影之上。于是水平投影中两直线投影的交点 *k* 就是所给直线和平面的交点 *K* 的水平投影。*K* 点的正面投影 *k*′ 必落在直线 *EF* 的正面投影上。由此，交点 *K*（*k*，*k*′）即为所求，如图 3.53（c）所示。

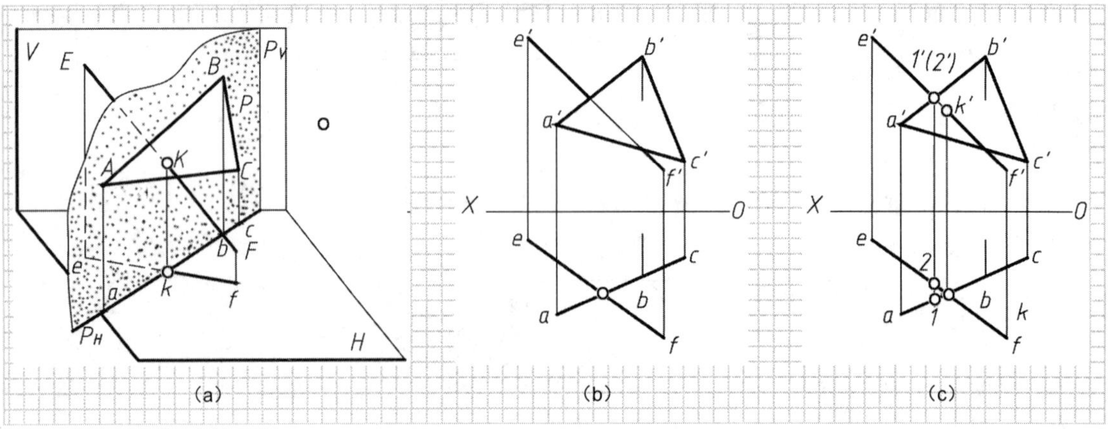

图 3.53 直线与特殊位置平面相交

上述判别可见性的过程还有一种更为简便的方法，即以特殊位置平面为界来进行判别。判别时，只需以铅垂面有积聚性的那个投影，即水平投影（直线 *abc*）为界，处在它之前的部分（如 *kf*），其正面投影（如 *k*′*f*′）为可见；而处在其后的部分（如 *k*2），其正面投影（如 *k*′2′）为不可见。

（3）一般位置平面与特殊位置平面相交（图 3.54（a））：

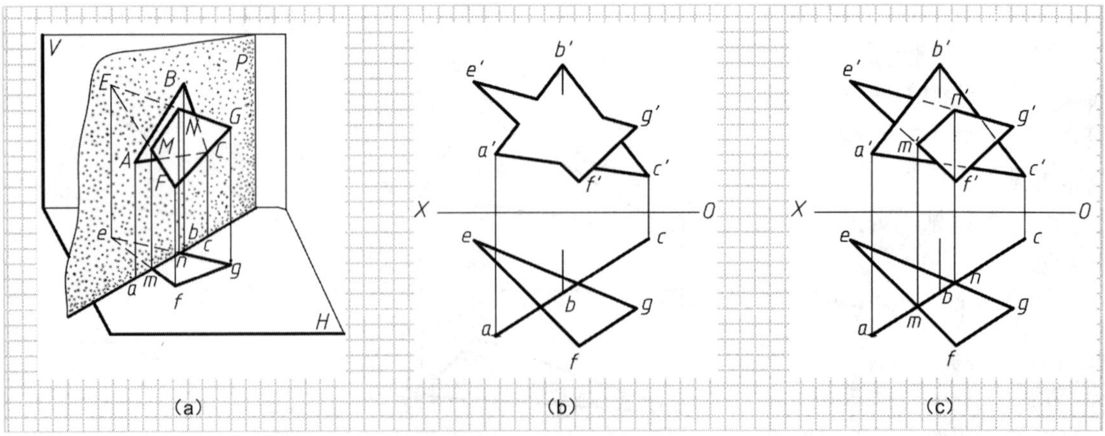

图 3.54 一般位置平面与特殊位置平面相交

当两平面中有一个平面是特殊位置平面时，即可利用其积聚性直接求解。

如求如图 3.54（b）所示两平面△*ABC* 与△*EFG* 的交线，由于△*ABC* 为特殊位置平面（铅垂面），故可利用前述直线与特殊位置平面求交点的方法，将求两平面交线的问题转化为直线与平面求交点的问题，即分别求出△*EFG* 上的直线 *EF* 和 *EG* 与△*ABC* 的两个交点 *M* 和 *N*，然后连接而成交线 *MN*，如图 3.54（c）所示。

其可见性的判别也可采用直线与特殊位置平面相交时的判别方法来处理，特别是以特殊位置平面的积聚性投影为界来判别更为快捷，如图 3.54（c）所示。

3.3* 有关几何元素空间问题的两个基本图解法

从前面所介绍的投影理论可知，当构成形体表面的几何元素相对于投影面处于一般位置时，是无法从投影图上直接获取其真实形状、距离或角度的。

例如，要获取一个处于一般位置的等腰梯形 *ABCD* 的实形，如图 3.55（a）所示，只有当它处于投影面平行面（如水平面）的位置，才能获得，如图 3.55（b）所示；同样，要得知一点 *K* 到一个三角形平面 *EFG* 之间的真实距离，如图 3.56（a）所示，也只有当该平面垂直于某一投影面时（如铅垂面），才能在这个投影面上直接获得，如图 3.56（b）所示。

画法几何图解法即可解决这一类问题。常用的方法有两种：一种是用直角三角形法求一般位置直线的实长及对投影面的倾角；还有一种称为投影变换。

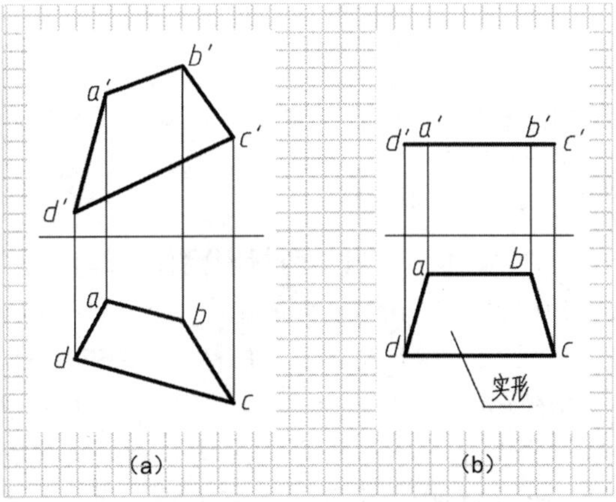

图 3.55　寻求梯形的实形

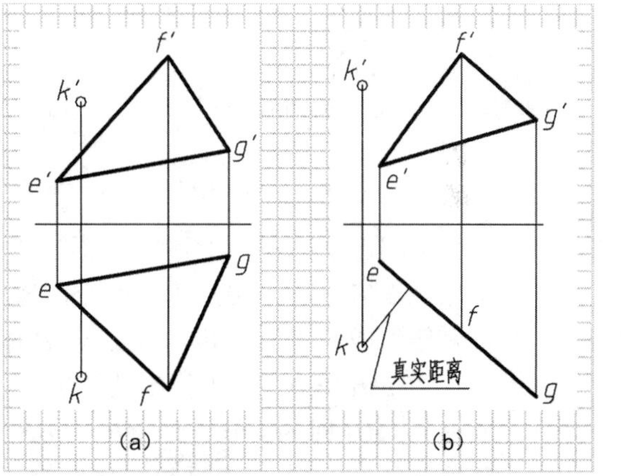

图 3.56　寻求点到平面的真实距离

3.3.1　直线的实长及对投影面倾角的画法几何图解法

前面提到，工程上用视图表达直线是为了体现该直线的实长和对投影面的倾角（定形和定位）。当零件表面的直线处于特殊位置时，其实长和倾角是可以直接标注和测量的，这也是正投影法的重要表达优势；因此在将零件形体置于投影体系时，如何摆放使得其上尽可能多的直线相对于三个投影面处于特殊位置，是每一位绘图者首先要重点考虑的问题。但零件上某些直线总避免不了处于一般位置的情况，如图 3.57（a）所示四棱台，绘制其视图时，一般只需给定上、下端面的长、宽和高，并以左-右、前-后对称线定位即可，其上的 4 根棱线均为一般位置直线（如 *AB*），它们的三个投影均不反映实长，也不反映对三个投影面的倾角的真实大小，这时用什么方法来获取这些数据呢？工程上是采用画法几何的方法而不是计算法来解决这一问题。

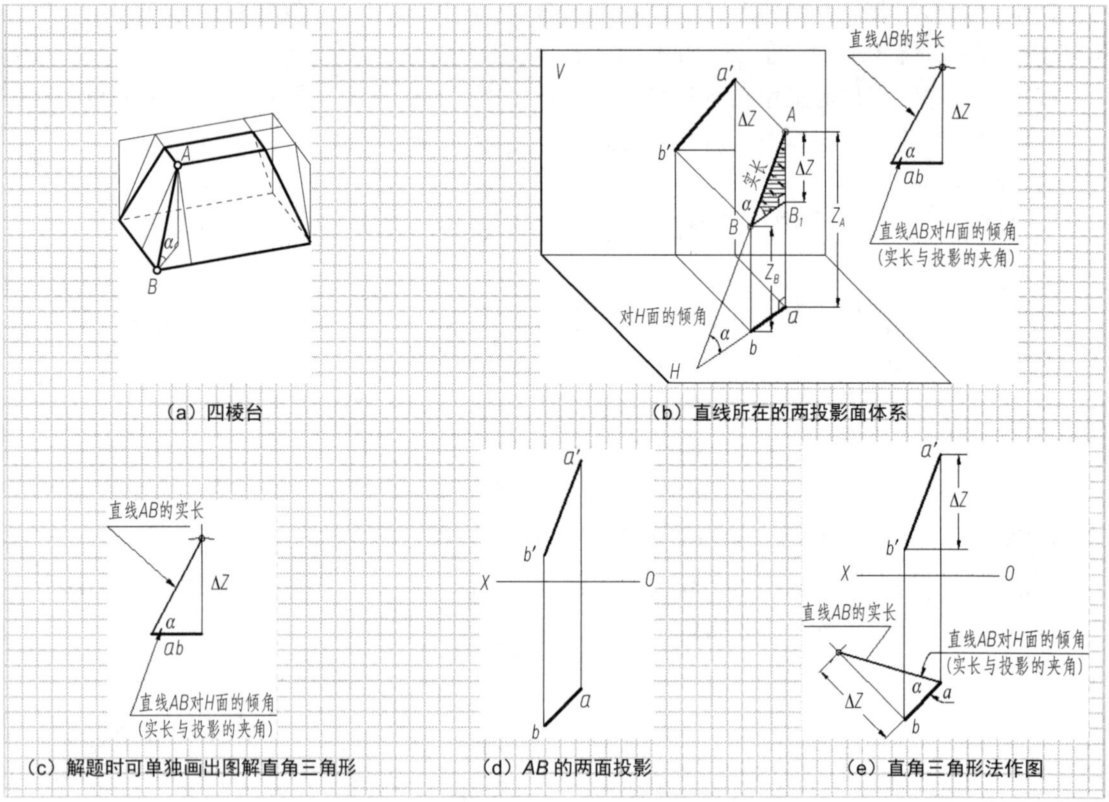

图 3.57 四棱台上的一般位置直线及其三面投影

首先，将问题从四棱台上抽象为图 3.57（b）所示投影体系（只需两投影面体系即可）。

分析如图 3.57（b）、（d）所示的空间直线 *AB* 与其投影之间的几何关系。

在投射线组成的平面 *ABba* 内，过点 *B* 作 $BB_1//ab$，交 *Aa* 于点 B_1，得$\triangle AB_1B$(图 3.57(b))。其中：直角边 $BB_1=ab$（水平投影的长度），$AB_1=Aa-B_1a=Z_A-Z_B=\Delta Z$（*A*、*B* 两点间的 *Z* 坐标差），斜边 *AB* 即为实长，而 *AB* 与 BB_1 的夹角（即斜边与水平投影的夹角）为该直线对 *H* 面的倾角α。显然，在这个直角三角形的三条边和一个夹角中，只要知道其中两个要素，就可画出该直角三角形，其他两个要素也就随即获得。这种方法称为**直角三角形法**。

直角三角形法中所用的直角三角形是从上述空间几何分析中推理而抽象出来的，图解时可直接作在投影图中，如图 3.57（e）所示。图中已知条件是直线的两个投影，作图过程中所用的直角三角形直接利用了直线的水平投影 *ab*，并将其正面投影中的ΔZ用圆规度量至 *ab* 的任一端点（图中为 *b* 点），形成另一直角边。该图解直角三角形也可作在投影图形之外，如图 3.57（c）所示。

同理，利用线段的正面投影 *a'b'*或侧面投影 *a"b"*，可与线段 *AB* 的实长及β和γ角分别组成另外两个直角三角形。这三个直角三角形的组成情况如表 3.8 所示。

用直角三角形法解题时要注意以下几点：

（1）对照表 3.8 第 3 列所示的 3 个直角三角形可知，对于同一段直线，用其中任意一个直角三角形都可求得该直线的实长。但对投影面的倾角的问题，则要用不同的直角三角形来求解。如α一定是实长与水平投影的夹角，β一定是实长与正面投影的夹角，而γ则一定是实长与侧面投影的夹角。

表 3.8　直角三角形法中的边和角与投影的关系

实物上的实长与倾角	求解时的投影体系（两投影面体系）	直角三角形的边/角关系	求 解 说 明
实长与α角 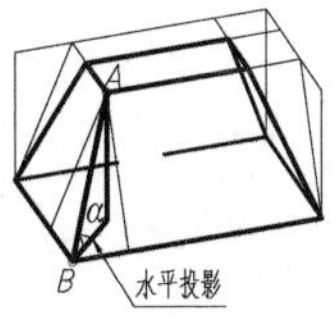	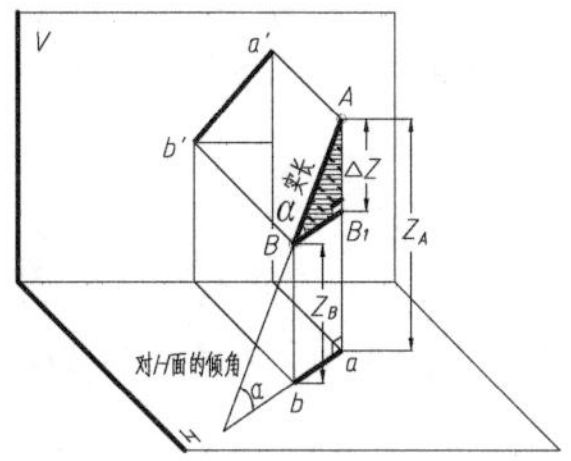	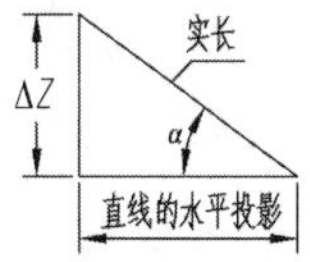	求解实长及对 H 面的倾角α——两直角边分别为直线的水平投影和 Z 坐标差（ΔZ），斜边为实长，水平投影和实长的夹角为α
实长与β角 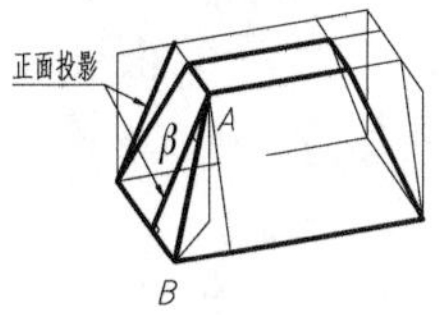	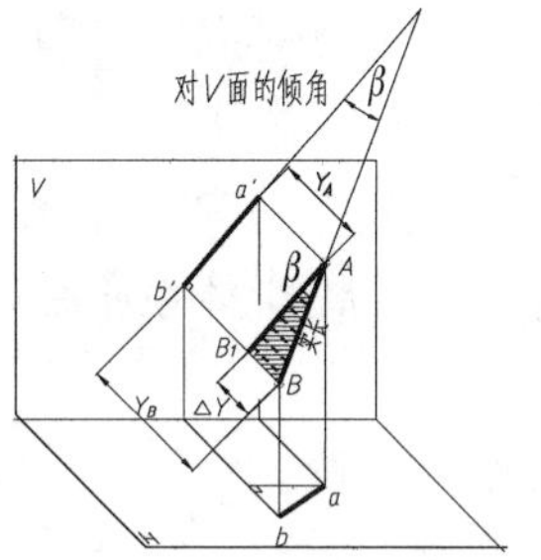	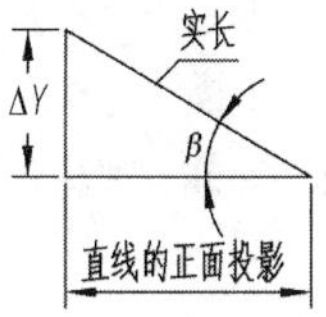	求解实长及对 V 面的倾角β——两直角边分别为直线的正面投影和 Y 坐标差（ΔY），斜边为实长，正面投影和实长的夹角为β
实长与γ角 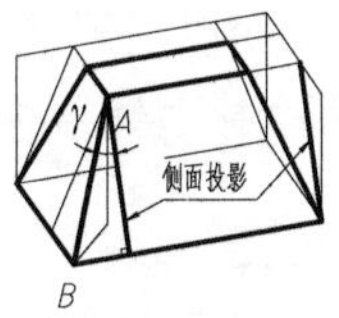	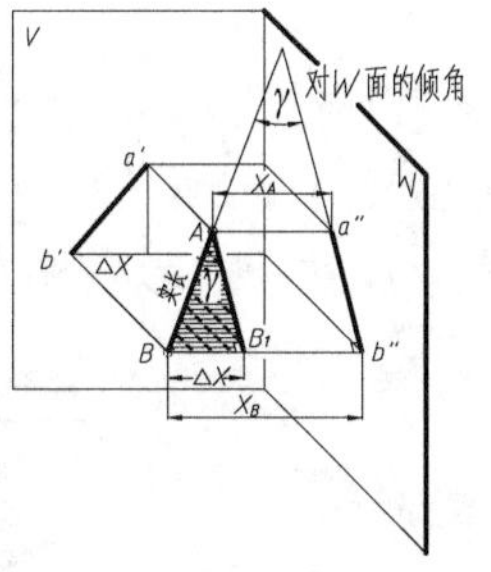	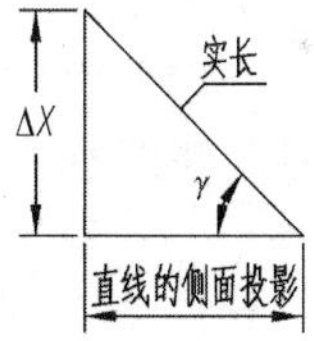	求解实长及对 W 面的倾角γ——两直角边分别为直线的侧面投影和 X 坐标差（ΔX），斜边为实长，侧面投影和实长的夹角为γ

（2）获得直角三角形的投影体系一般是两投影面体系，不同的投影体系所对应的直角三角形也不同。求解α的直角三角形从 V/H 体系中获得，求解β 的直角三角形从 V/H 或 V/W 体系中获得，求解γ的直角三角形从 V/W 体系中获得。

（3）从图中得知，每个直角三角形含有 4 个要素，若已知其中任意 2 个，则此直角三角形便完全确定，由此可求出另 2 个要素。凡遇到此 4 要素的问题均可用此法来求解。

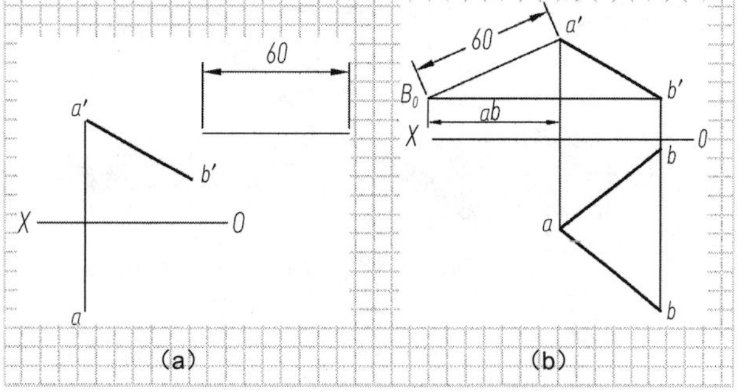

图 3.58　作 AB 的水平投影

【例 3.8】已知线段 AB 的实长为 60mm，求出 AB 的水平投影 ab，如图 3.58（a）所示。

【分析】要求解直线的水平投影 ab，则应利用含有水平投影的那个直角三角形来作图。而在该直角三角形的三条边和一个角中，已知 AB 的 Z 坐标差（从正面投影而知）和实长两个要素，故 AB 的水平投影 ab 由此可求（可得两解）。

【作图步骤】

（1）过 b' 作 $a'a$ 的垂线 $b'B_0$，以 a' 为圆心 60mm 为半径画弧与 $b'B_0$ 交于 B_0，则得出水平投影 ab 的长度，如图 3.58（b）所示。

（2）过 b' 作投影连线 $b'b$ 垂直于 OX 轴。

（3）以 a 为圆心、ab 为半径画弧交 $b'b$ 于 b。

（4）连 ab 即为所求（两解）。

3.3.2 变换投影面法求解直线或平面的实长、实形及对不变投影面的倾角

1. 投影变换概述

如图 3.59（a）所示镶条的前表面，是一个一般位置平面，其他主要表面都为特殊位置平面。要想得到它的实形，就要使它平行于某一个投影面，但这样，其他表面就会改变相对于投影面的特殊位置。如图 3.59（b）的变形连杆，在其左下部的两个侧面，是两个正垂面，也存在需要表达实形的要求。那么，如何能在原投影体系不变的情况下获得这些倾斜平面的实形呢？

画法几何提供了一种图解法，即通过某种变换规则，使空间几何元素相对于投影面由一般位置转换为特殊位置，使其投影或直接反映实形，或具有积聚性，从而使问题得到简化。这种变换规则称为投影变换。

常用的投影变换方法有更换投影面法（换面法）和旋转几何元素法（旋转法）两种。

投影变换研究的是如何改变空间几何元素与投影面的相对位置，借助改变以后所得的新投影（即辅助投影），以简便地解决空间问题。注意：**投影变换方法只需在两投影面体系中进行。**

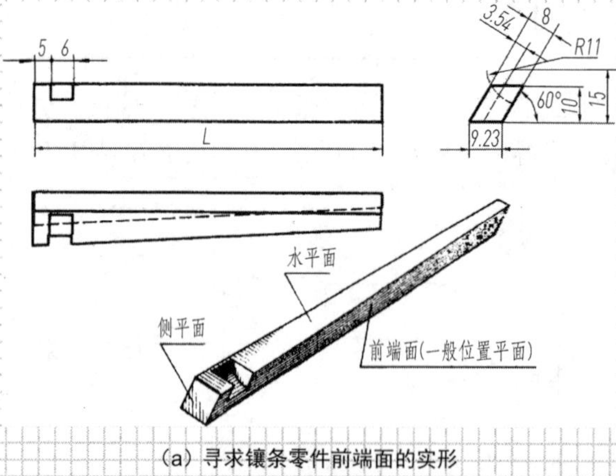

（a）寻求镶条零件前端面的实形

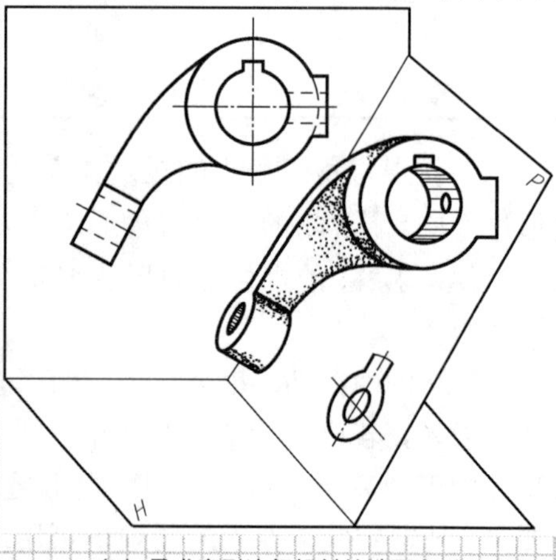

（b）寻求弯形连杆倾斜处端面实形

图 3.59 投影变换求平面实形的产品实例

换面法的基本解题思路是：空间几何元素本身在空间的位置不动，而在其所在的两投影面体系中，保持一个投影面不动，用某一辅助投影面代替另一个投影面，使其相对于该辅助投影面处于解题所需的有利位置（图 3.60）。实际上，以 V/H 两投影面体系为例，垂直于 V

面或 H 面的平面有无穷多个。每新设立一个投影面，就会与原始体系中的那个不变投影面形成一个新的投影体系。因此，在选择辅助投影面时，首先必须将辅助投影面垂直于原投影体系中的另一个投影面（不变投影面），以构成一个新的两投影面体系，并且应考虑所选择的辅助投影面必须处于最有利于解题的位置。

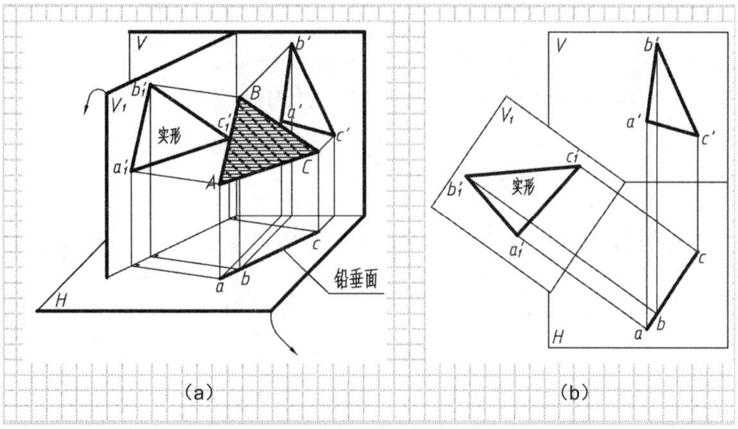

图 3.60　换面法的基本解题思路

如图 3.60（a）所示是如何应用换面法将一个铅垂面 ABC 变换为辅助投影面 V_1 的平行面。此时，由于 $\triangle ABC /\!/ V_1$，$\triangle ABC$ 在 V_1 面上的投影 $\triangle a_1'b_1'c_1'$ 即反映其实形。其图解过程如图 3.60（b）所示。

由此，图 3.59 所示的镶条，可以在其三视图的基础上，增加一个视图（称为斜视图），补充说明其前表面的实形，如图 3.61 所示。

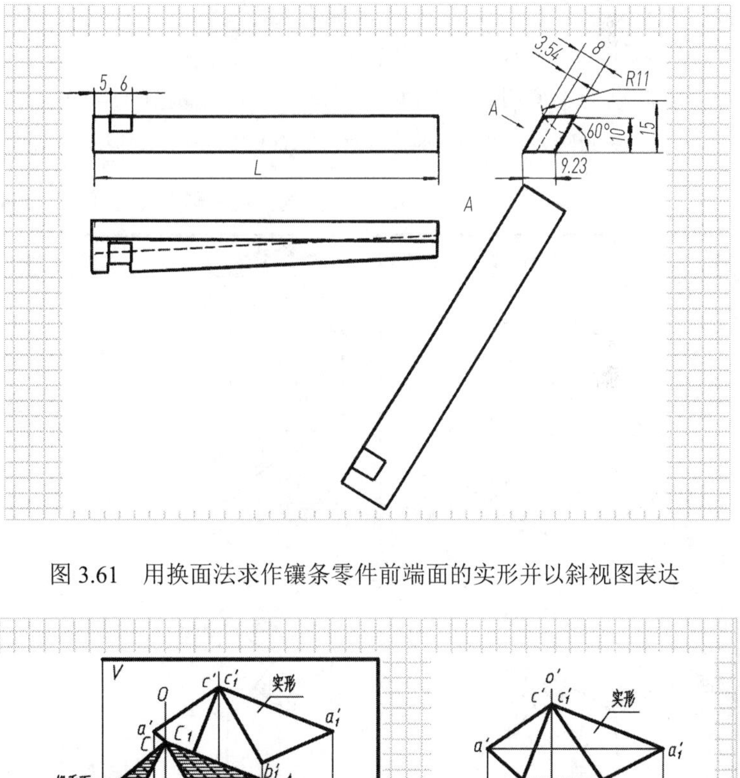

图 3.61　用换面法求作镶条零件前端面的实形并以斜视图表达

旋转法的基本解题思路则是：保持投影体系不动，而将几何元素围绕某一轴线旋转到对投影面处于特殊位置，以便使其反映出形状、距离、角度等的真实大小，使问题得到简化。

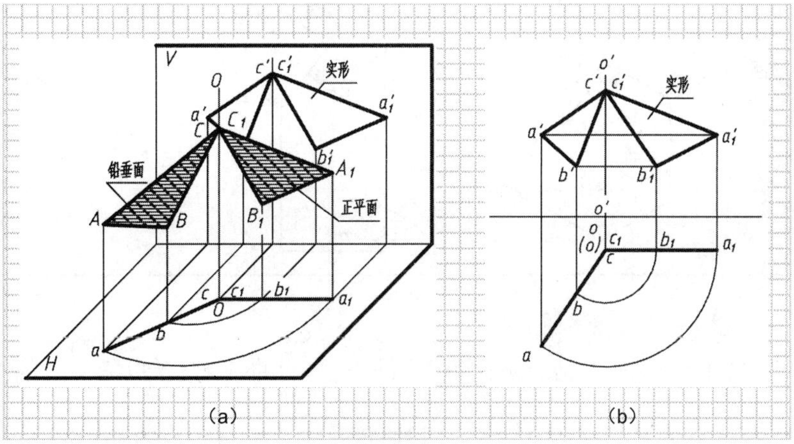

图 3.62　旋转法的基本解题思路

如图 3.62（a）所示的是应用旋转法将一个铅垂面变换为正平面的过程。即令 $\triangle ABC$ 绕一铅垂轴旋转一个角度，直到平行于 V 面。使 $\triangle ABC$ 的正面投影反映出它的真实形状。如图 3.62（b）所示是其投影作图过程。

将投影变换的基本概念与计算机辅助图形软件相结合，可以更直接、更形象、更准确而快速地解决空间几何元素的定形和定位问题。

2. 变换投影面法（换面法）中点的换面

点是最基本的几何元素。要运用换面法解决问题，首先必须掌握点的投影变换规律。

1）点的一次换面

为了叙述清楚，仍以 V 和 H 组成的两投影面体系为例，并将其记为 $X\frac{V}{H}$。若在 $X\frac{V}{H}$ 的基础上，保持 H 面（或 V 面）不动，则 H 面（或 V 面）即称为不变投影面，垂直于 H 面（或 V 面）增设一个辅助投影面 V_1（或 H_1），即形成了两个相互关联的两投影面体系，分别用符号 $X\frac{V}{H}$ 和 $X_1\frac{V_1}{H}$（或 $X_1\frac{V}{H_1}$）表示。其中，X_1 表示辅助投影面与不变投影面的交线，V_1（或 H_1）表示新设的辅助投影面。点 A 在 V_1（或 H_1）面上的投影 a_1'（或 a_1）称为点 A 的辅助投影，而与其相关联的投影 a'和 a 则称为被更换投影和不变投影。点的一次投影变换的变换过程、投影体系的展开及投影变换规律见表 3.9。

（1）点的不变投影与辅助投影之间的连线垂直于 X_1 轴。

（2）点的辅助投影到辅助投影轴 X_1 的距离等于被更换的投影到原投影轴 OX 的距离。

表 3.9　点的一次投影变换及投影变换规律

变换	立体图	投影体系的展开	投影图解过程	投影变换规律
增设 V_1 面	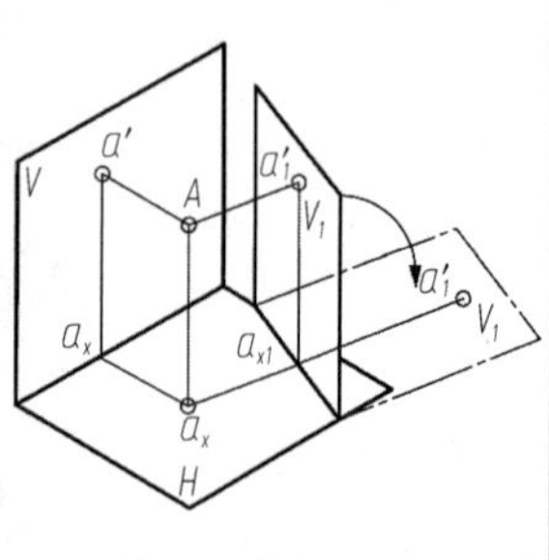	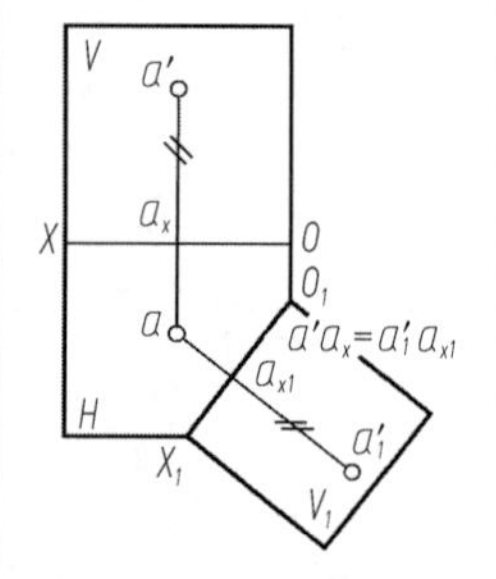	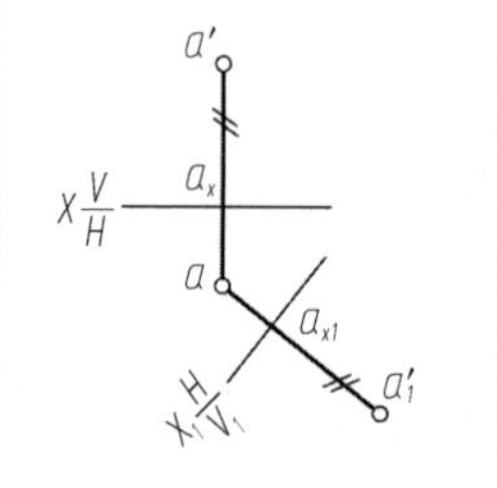	（1）H 面为不变投影面 （2）aa'_1 垂直于 X_1 轴 （3）$a'_1a_{x1}=a'a_x=A_a=Z_a$
增设 H_1 面	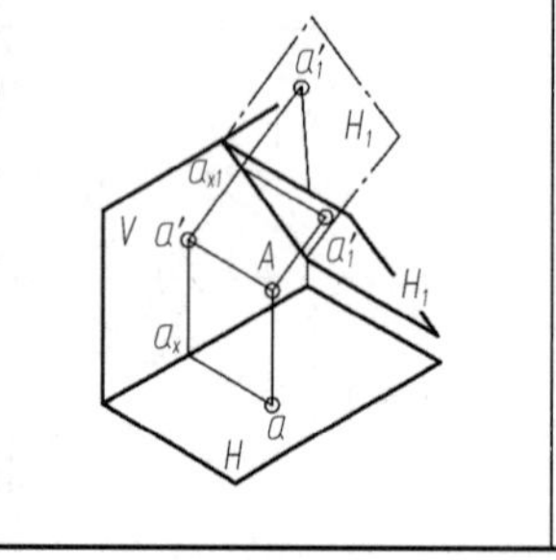	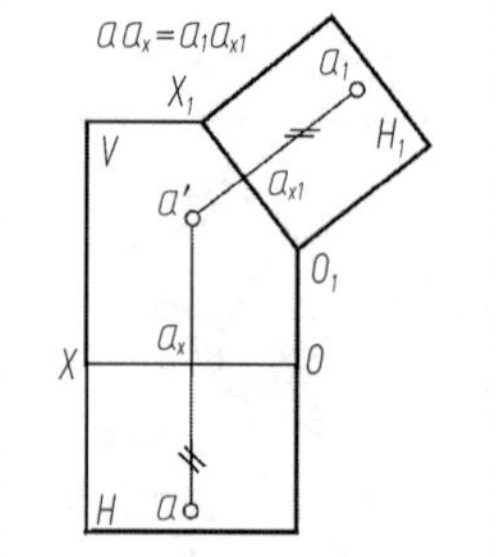	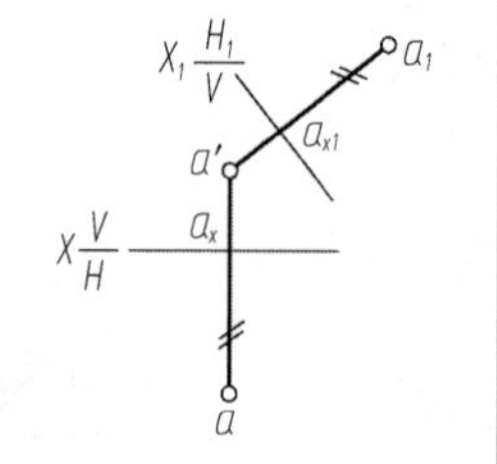	（1）V 面为不变投影面 （2）a_1a'垂直于 X_1 轴； （3）$a_1a_{x1}=aa_x=A_a'=Y_a$

2）点的二次换面

点的二次换面指的是在第一次换面之后的基础上，以第一次的投影体系 $X_1\frac{V_1}{H}$（或 $X_1\frac{V}{H_1}$）中的投影面 V_1（或 H_1）为不变投影面，增设与其垂直的新投影面 H_2（或 V_2），组成新的投影

体系 $X_2\frac{V_1}{H_2}$（或 $X_2\frac{V_2}{H_1}$）。在求第二次变换的新投影时，则以第一次变换建立起来的新体系中的两个投影作为原体系，运用点的投影变换规律作图。

如图 3.63（a）所示的是空间一点 A 的二次投影变换的过程，而如图 3.63（b）所示则表示了 A 点的二次投影变换的作图过程。从图中可知，若第一次换面时，以 H 面为不变投影面，以 V_1 面更换 V 面，那么第二次换面时，则以 V_1 面为不变投影面，以 H_2 更换 H 面。从而在第二次变换后构成了 V_1/H_2 的新体系，新的投影轴则用 X_2 表示。由此可推出点的三次、四次或更多次投影变换的作图方法。

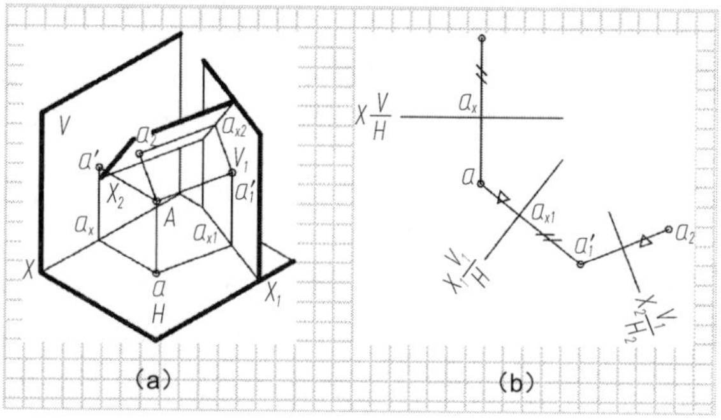

图 3.63　点的二次投影变换

3．用换面法解决的 4 个基本作图问题

如何将一般位置直线或平面转换为特殊位置直线或平面，是换面法所要解决的最基本问题。

1）将一般位置直线变为投影面平行线

将一般位置直线转换为辅助投影面的平行线，可在该辅助投影面上得到直线的实长和对不变投影面倾角的真实大小。

表 3.10　求一般位置直线的实长及对投影面的倾角 α、β

项目	空间示意图	投 影 作 图	作图方法与步骤
求实长及 α	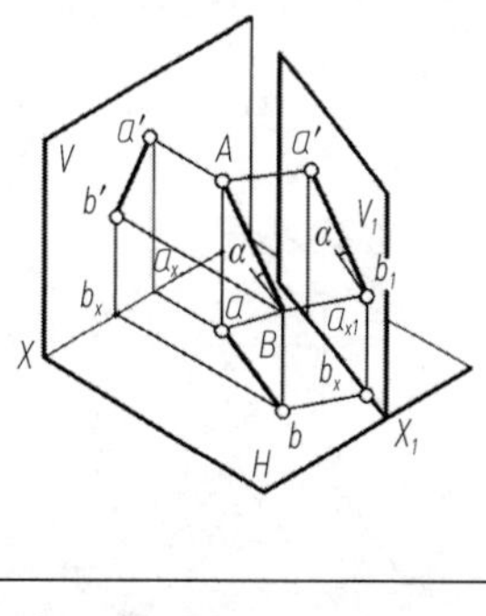	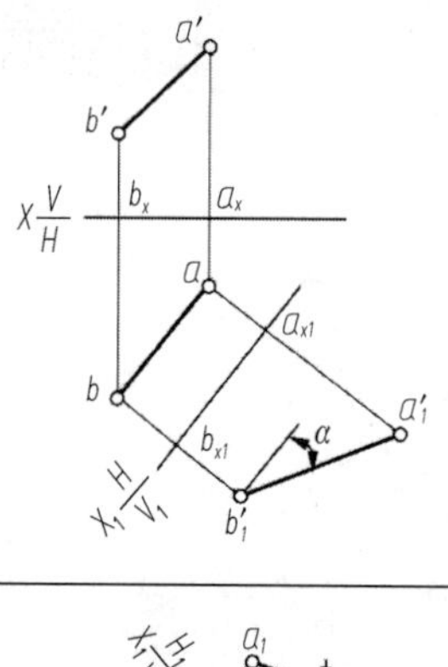	（1）求 α，则 H 面必须为不变投影面； （2）作 $X_1//ab$，构成新的投影体系 V_1/H （3）过 a、b 两端点分别作 aa'_1、$bb'_1\perp X_1$ 轴，并使 $a'_1a_{x1}=a'a_x$，$b'_1b_{x1}=b'b_x$ （4）连接 $a'_1b'_1$，则 $a'_1b'_1$ 为直线 AB 的实长；而 $a'_1b'_1$ 与 X_1 轴的夹角即为所求的倾角 α
求实长及 β	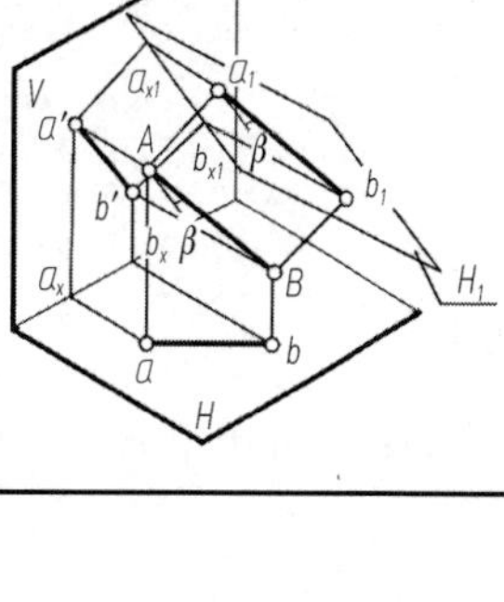	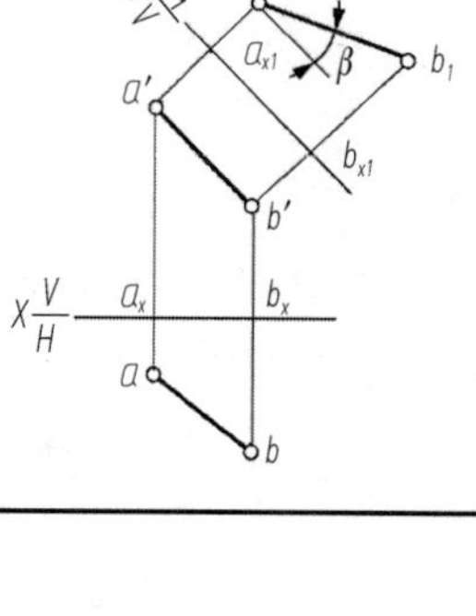	（1）求 β，则 V 面必须为不变投影面 （2）作 $X_1//a'b'$，构成新的投影体系 V/H_1 （3）过 a'、b' 两端点分别作 $a'a_1$、$b'b_1\perp X_1$ 轴，并使 $a_1a_{x1}=aa_x$，$b_1b_{x1}=bb_x$ （4）连接 a_1b_1，则 a_1b_1 亦为直线 AB 的实长；而 a_1b_1 与 X_1 轴的夹角即为所求的倾角 β

表 3.10 中以 V/H 体系为原投影体系，列出了用换面法求作一般位置直线的实长及对 H 面或 V 面的倾角的作图过程。

从表中的分析可知，要求一般位置直线的实长，可任取 V、H 面中的一个投影面为不变投影面，而另一投影面则以 V_1（或 H_1）来替代，形成新的投影体系 $X_1\dfrac{V_1}{H}$（或 $X_1\dfrac{V}{H_1}$）。显然，新投影面 V_1（或 H_1）的更换条件是 V_1（或 H_1）必须平行于一般位置直线 AB。在投影作图时，即作 X_1 轴平行于直线 AB 的水平投影 ab（或正面投影 $a'b'$）。

一般位置直线对投影面的倾角，其实就是指对不变投影面的倾角。也就是说，若要求得直线对 H 面的倾角α，则 H 面必须设为不变投影面，用 V_1 面更换 V 面。这时，直线在 V_1 面上的投影 $a_1'b_1'$与 X_1 轴的夹角即为α的真实大小。同理，要求得直线对 V 面的倾角β，则 V 面必须设为不变投影面，而用 H_1 面更换 H 面。直线在 H_1 面上的投影 a_1b_1 与 X_1 轴的夹角即为β的真实大小。

2）将投影面平行线变换为投影面垂直线

在许多空间距离问题的求解过程中，将一般位置直线转换为投影面平行线或投影面垂直线，可使问题得到简化。而由于投影体系中投影面之间的两两垂直特点，以及正投影法的投影特性，要将一般位置直线转换为投影面垂直线，是不可能直接达到目的的。必须首先将其转换为投影面平行线，然后再进行连续的第二次换面，才能将其转换为投影面垂直线（读者可自行证明）。因此，将投影面平行线变换为投影面垂直线的问题，是换面法的基本作图问题之一。

如图 3.64（a）所示的是将一条水平线 AB 变换为辅助投影面 V_1 的垂直线的空间转换过程。从图中可知，由于辅助投影面 V_1 垂直于水平线 AB，而 AB 又平行于 H 面，所以 V_1 面必定垂直于不变投影面 H。换面后，直线 AB 垂直于 V_1 面，其投影在 V_1 面上积聚为一点。如图 3.64（b）所示为投影变换的作图过程。作图时，首先在适当位置上作 X_1 轴垂直于 AB 的水平投影 ab，再应用投影变换规律作出其辅助投影 $a_1'b_1'$（$a_1'b_1'$ 积聚为一点）。如图 3.64（c）所示是将一般位置直线转换为投影面垂直线的投影作图过程。该过程分两步进行，经历了两次连续换面。第一次换面将直线转换为辅助投影面 V_1 的平行线，第二次换面才将直线转换为辅助投影面 H_2 的垂直线，学生可自行练习，并进行分析对比。

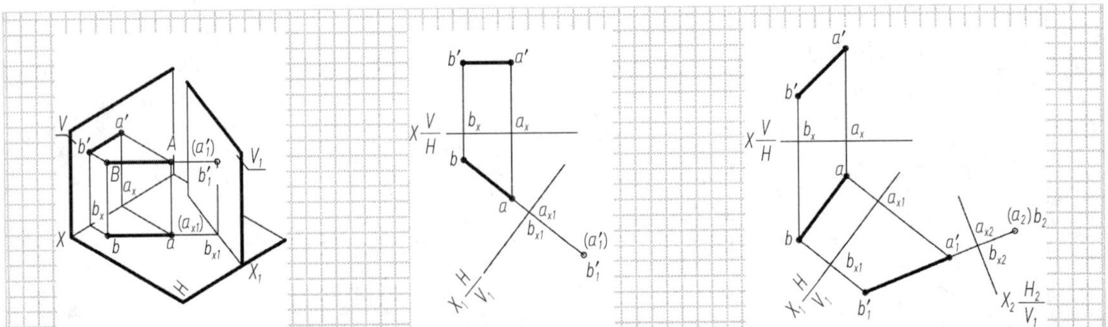

图 3.64　将直线变换为投影面垂直线

3）将一般位置平面变换为投影面垂直面

将一般位置平面变换为投影面垂直面，可在辅助投影面上求得该平面对不变投影面的倾角的真实大小。换句话说，当所作的辅助投影面同时垂直于给定的一般位置平面 P 和原体系中的某一不变投影面时，则平面 P 与不变投影面在辅助投影面上的投影积聚为两条直线，它们之间的夹角即为两平面之间二面角的真实大小，亦即该平面 P 对不变投影面的倾角的真实大小，如图 3.65 所示。

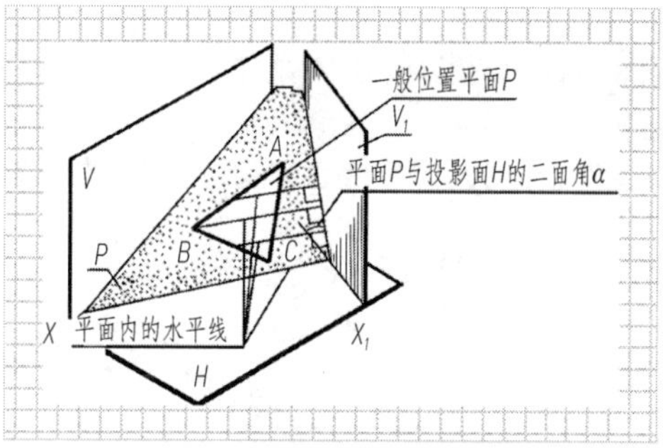

图 3.65　求作一般位置平面对投影面倾角的解题思路

表 3.11 所示为求作一般位置平面对 V、H 面的倾角 α、β 的作图方法及投影特性，至于求作一般位置平面对 W 面的倾角 γ 的问题，学生可自行推导。

表 3.11　用换面法求一般位置平面对投影面的倾角

项目	空间示意图	投影作图	作图方法与步骤
求对 H 面的倾角	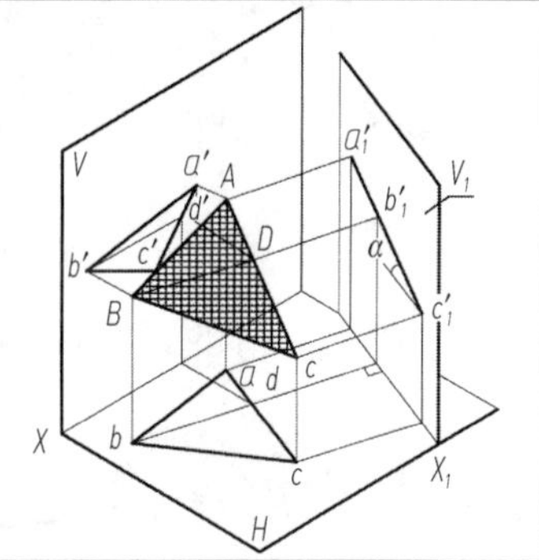	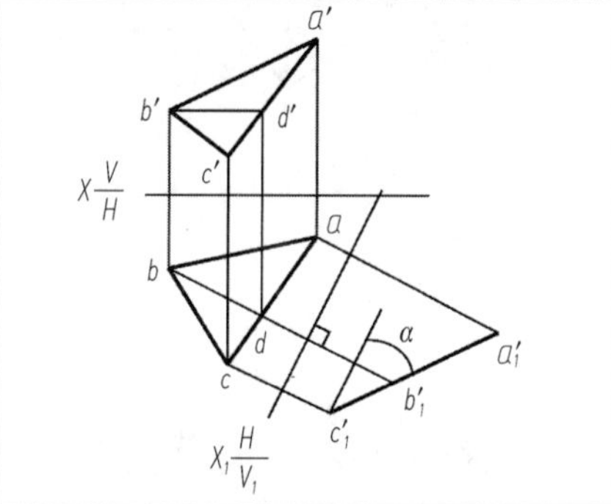	求 α 时，H 面为不变投影面；首先求作平面 P 上的一条水平线，再作 X_1 轴垂直于该水平线的水平投影，即可将平面 P 转换为辅助投影面 V_1 上的垂直面
求对 V 面的倾角	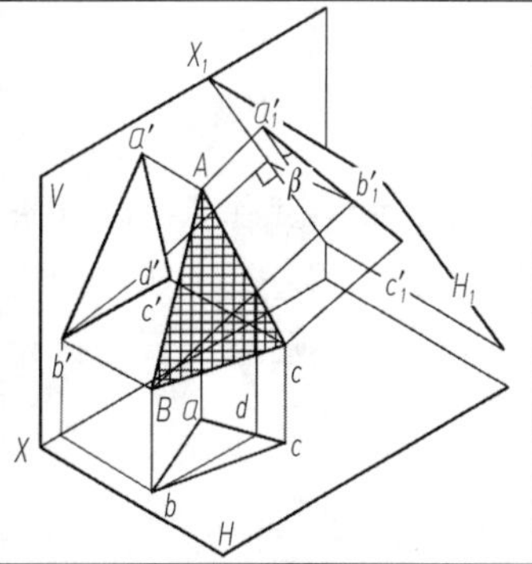	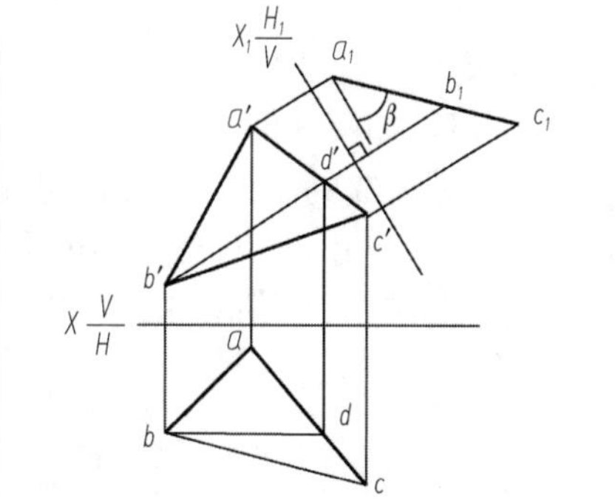	求 β 时，V 面为不变投影面；首先求作平面 P 上的一条正平线，再作 X_1 轴垂直于该正平线的正面投影，即可将平面 P 转换为辅助投影面 H_1 上的垂直面

4）将投影面垂直面变换为投影面平行面

将投影面垂直面变换为投影面平行面，可在辅助投影面上得到该平面的实形。

如图 3.66（a）所示，欲求作铅垂面△ABC 的实形，必须作辅助投影面 V_1 平行于△ABC。显然，此时 V_1 也同时垂直于 H 面，并与 H 面组成了一个新的投影体系 $X_1\dfrac{V_1}{H}$，△ABC 则转换成了该体系中的正平面。作图时首先作 X_1 轴平行于△ABC 的水平积聚性投影 abc，然后应用投影变换规律求出△ABC 各顶点的辅助投影 a_1'、b_1'、c_1'，最后连成△$a_1'b_1'c_1'$。如图 3.66（b）所示。

显然，若需求作一般位置平面的实形，需经过两次连续换面。首先将给定的一般位置平面转换为辅助投影体系 I（$X_1\dfrac{V_1}{H}$）的垂直面，再以此为基础进行连续的第二次换面，将其转换为辅助投影体系 II（$X_2\dfrac{V_1}{H_2}$）的平行面，如图 3.65 所示。

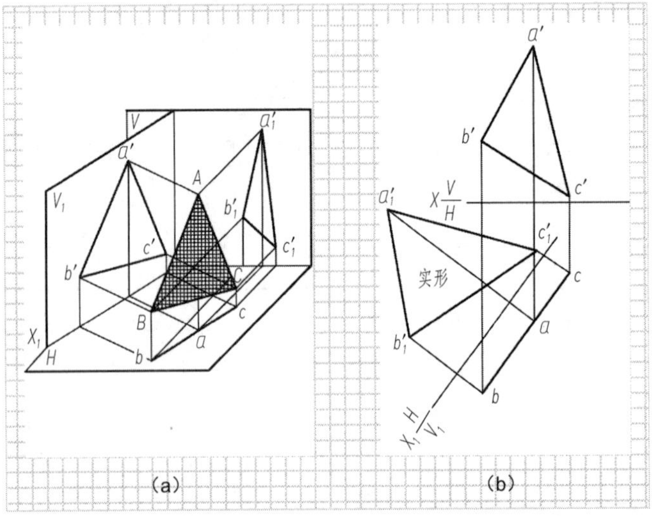

图 3.66　求铅垂面 *ABC* 的实形

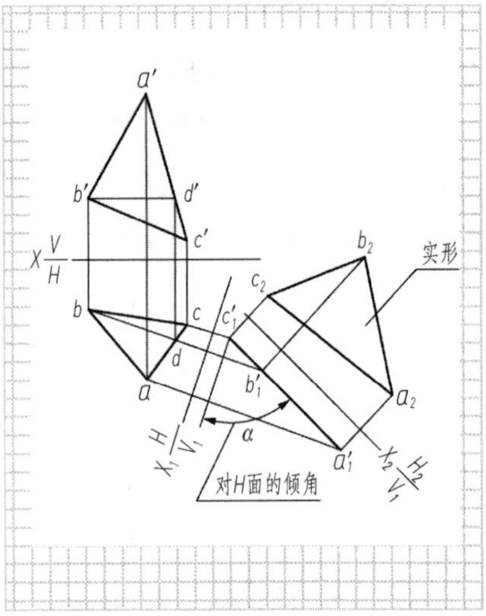

图 3.67　求一般位置平面的实形

3.4* 实例图解空间几何要素间的距离及角度问题

【实例一】点到直线的距离

试求点 *A* 到直线 *BC* 的距离，如图 3.68（a）所示。

【分析与作图】求空间一点到直线的距离的问题，也就是过点向直线作垂线、并求出该垂线的实长的问题。在本例中，应从已知点 *A* 向直线 *BC* 作垂线 *AK*，得垂足为 *K*。由于所给直线 *BC* 为正平线，故由直角投影定理，应使其正面投影 $a'k' \perp b'c'$；然后利用直角三角形法求出 *AK* 的实长，即为所求的距离。

作图步骤如下：

（1）过 a'作 $a'k' \perp b'c'$，交 $b'c'$ 于 k'，由 k'找出 k，连接 ak，得 *AK* 的投影（ak，$a'k'$）；

（2）用直角三角形法求出 *AK* 的实长，$k'k_0$ 即为所求，如图 3.68（b）所示。

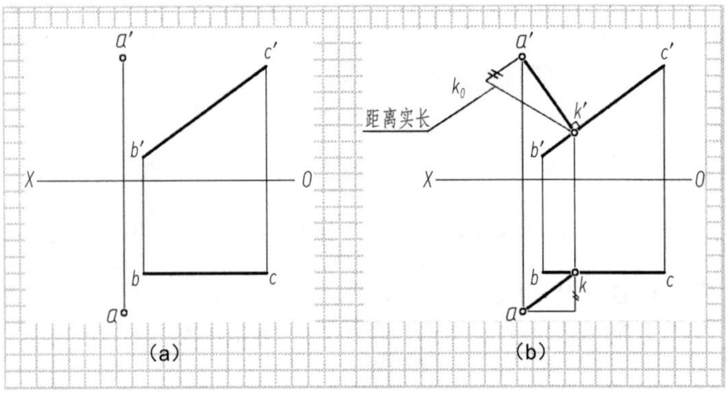

图 3.68　求点 *A* 到直线 *BC* 的距离

【实例二】点到平面的距离

求点 *E* 到△*ABC* 的距离，如图 3.69（a）所示。

【分析与作图】求点到平面的距离，等同于过点作直线垂直于该平面，并求作该垂线的投影及实长的问题。图 3.69（a）中，平面 *ABC* 是一个铅垂面，故可推断，与铅垂面垂直的直线 *ED* 应该是一条水平线（图 3.69（b）），该水平线的水平投影 *ed* 垂直于平面△*ABC* 的水平积聚性投影，而其正面投影 *e'd'*则应平行于 *X* 轴。因此，其作图步骤如图 3.69（c）、（d）所示，*ED* 的水平投影 *ed* 也就是所求距离的实长。

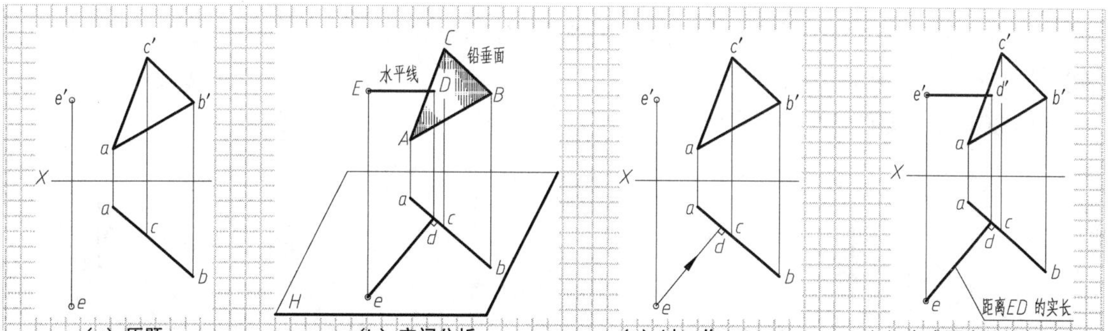

（a）原题 （b）空间分析 （c）过 e 作 ed⊥abc （d）完成距离的投影与实长（注意：e'd'// X 轴）

图 3.69 求作点 *E* 到铅垂面 *ABC* 的距离

对于以上问题还可进一步拓展到平面 *ABC* 为一般位置平面的情况。这时，可考虑采用换面法，将一般位置平面 *ABC* 变换为辅助投影面 V_1 上的垂直面，如图 3.70（c）所示，使得在新的投影体系 V_1/H 中，完成如图 3.70（c）、（d）所示的作图步骤，得到距离 *EF* 的 V_1 面投影 $e'_1f'_1$，注意在求作 *ef* 投影时，必有 *ef*// X_1 轴，因为此时的距离 *EF* 是 V_1 面的平行线；最后还必须按投影关系求出原体系（*V/H*）中的距离 *EF* 的正面投影 *e'f'*，如图 3.70（d）所示。显然 V_1 面上的投影 $e'_1f'_1$ 就是所求距离的实长。

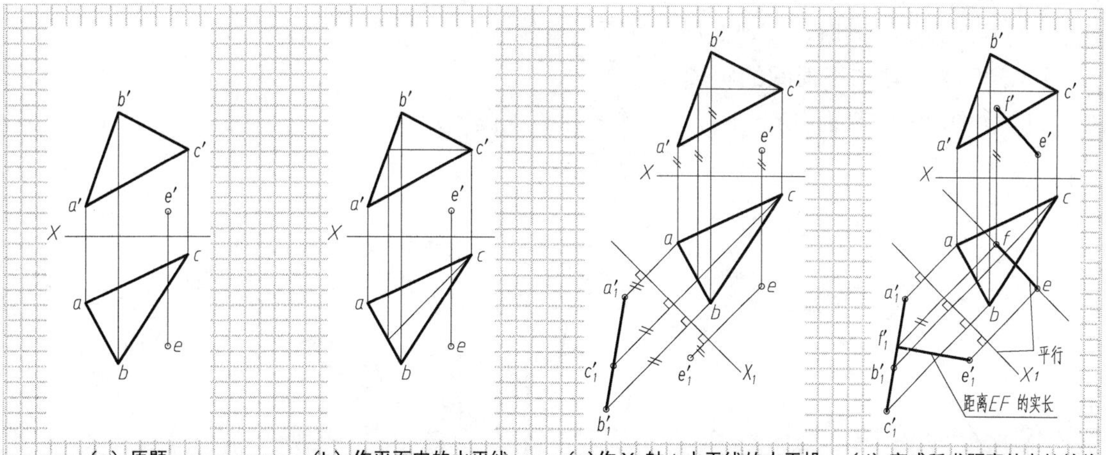

（a）原题 （b）作平面内的水平线 （c）作 X_1 轴⊥水平线的水平投影并进行投影变换 （d）完成所求距离的实长并将投影返回原体系

图 3.70 求作点 *E* 到一般位置平面 *ABC* 的距离

【实例三】两直线间的距离

试作出交叉两直线 *AB*、*MN* 的公垂线 *EF*，并求 *AB* 与 *MN* 之间的最短距离（即该公垂线的实长），如图 3.71（a）所示。

【分析】求作两交叉直线或两平行直线的最短距离的问题在工程上经常碰到，特别在管道系统中。

如图 3.71（b）所示，公垂线 EF 是与 AB、MN 都垂直相交的直线，EF 的实长就是所求交叉两直线的距离。由于 $AB \perp H$ 面（AB 为铅垂线），又 $EF \perp AB$，所以应有 $EF /\!/ H$ 面，其垂足 E 的水平投影 e 必积聚在 AB 的水平投影 ab 处。又由于 $EF /\!/ H$ 面，同时 $EF \perp MN$，根据直角投影定理必有 $ef \perp mn$。显然，因为 EF 为水平线，其水平投影 ef 反映公垂线 EF 的实长，这就是所求 AB 与 MN 之间的距离。

【作图步骤】如图 3.71（c）所示。

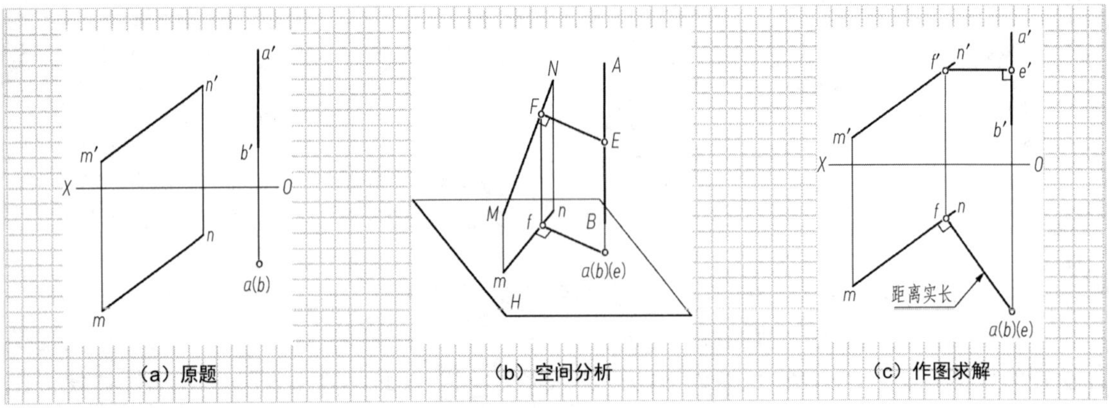

图 3.71　作交叉两直线的公垂线并求其距离

（1）在水平投影面上过 a（b）点作 $ef \perp mn$；

（2）由 ef 及水平线 EF 的投影特性，定出其正面投影 $e'f'$。则 $e'f'$ 和 ef 即为所求公垂线 EF 的两面投影，同时，ef 也是所给交叉两直线的最短距离。

【实例四】直线与平面间的距离

已知直线 EF 与平面 ABC 平行，求作其距离（图 3.72（a））。

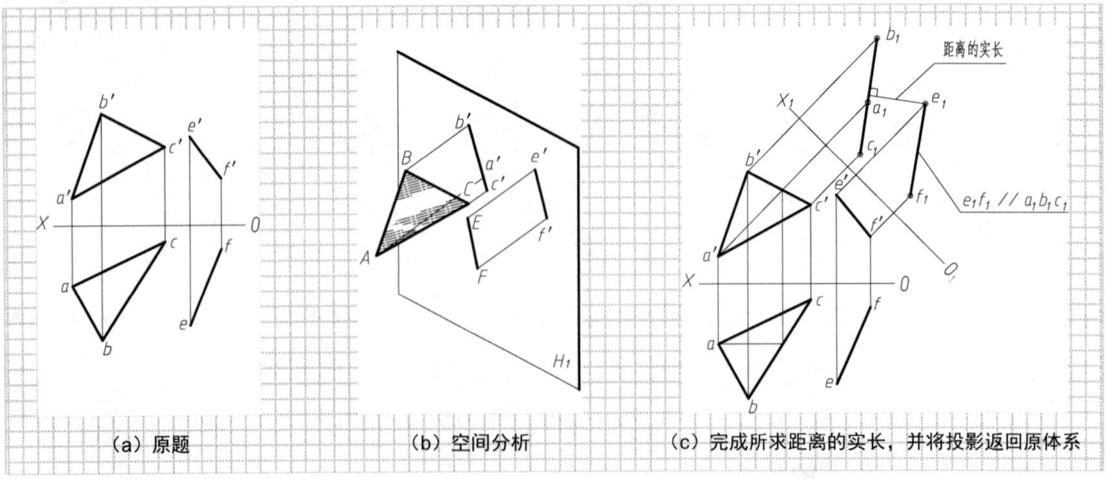

图 3.72　求作直线 EF 到一般位置平面 ABC 的距离

【分析与作图】如果空间有一平面 P 和一直线 EF 平行，且该平面 P 垂直于某一投影面，则在该投影面上，平面 P 的投影（积聚为一直线）和直线 EF 的投影必平行，并反映该平面和直线间的最短距离的真实大小。如图 3.72（b）所示。因此，对于一般位置平面 ABC 而言，只要将其转换为投影面垂直面（图 3.72（c）中以 V 面为不变投影面，以 H_1 面为辅助投影面），即可在新的投影体系中的 H_1 面上找到它与直线 EF 之距离的实长。当然，直线 EF 也必须转换到同一投影体系，获得在 H_1 面上的投影。作图过程及结果如图 3.72（c）所示。

【实例五】直线与平面的夹角

如图 3.73（a）所示，已知直线 EF 和一铅垂面 ABC 的两面投影，求作该直线与平面的夹角 θ。

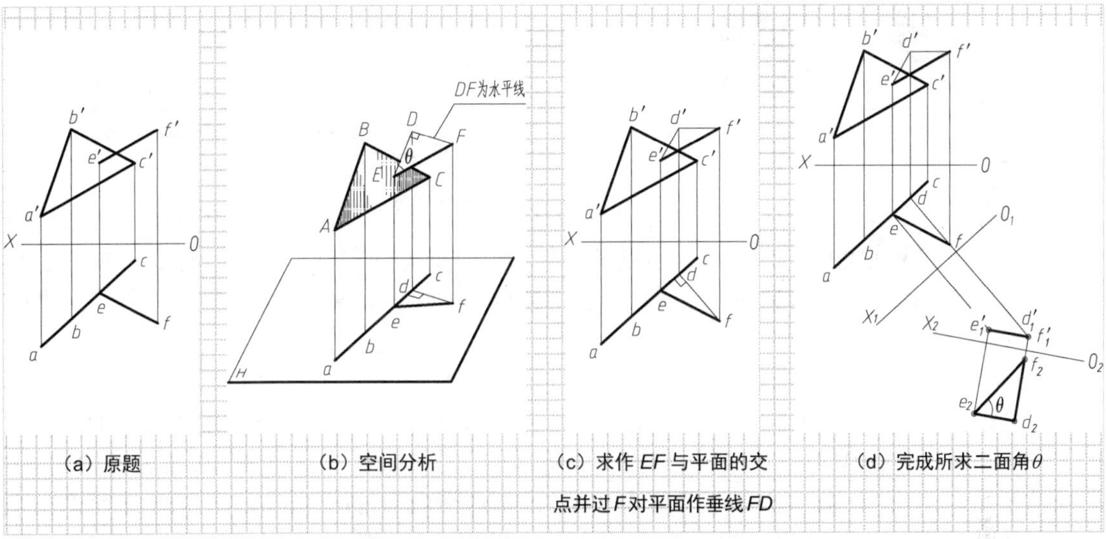

图 3.73　求作直线 EF 与平面△ABC 的夹角 θ

【分析与作图】要求直线与平面的夹角，只有在这样一个直角三角形中找到（图 3.73（b）中的△FDE）：延长直线直至与平面△ABC 相交得交点（本例中正好为 E 点），则直线 EF 为该直角三角形的斜边；过直线的另一端点 F 向△ABC 作垂线得 D 点，即得到该直线在平面上的投影 ED，此即所求直角三角形的一条直角边；另一直角边即为 F 点向平面投影的投射线 FD。要找的夹角 θ，即为直线本身与其在△ABC 的投影的夹角。

作图求解时，抓住△ABC 是铅垂面这一特点，首先过 F 点向△ABC 作垂线，即在 H 面上，过 f 向 ABC 的积聚性投影（直线 abc）作垂线 fd。**注意：与一个铅垂面垂直的直线必为水平线！**因此，FD 的正面投影 $f'd'$ 必平行于 OX 轴。由此，找到了直线 EF 在△ABC 上的两个投影，也就找到了上述直角三角形 FDE 的两面投影，如图 3.73（c）所示。

下一步的目的是将此直角三角形 FDE（目前在投影体系中为一般位置平面）变换为投影面上的平行面，以获得其实形，从而获取直线 EF 与平面 ABC 的夹角的真实大小。因此需要经过两次连续换面达到此目的，如图 3.73（d）所示。图中 $f_2d_2e_2$ 为直角三角形 FDE 的实形，θ 即为所求。

【实例六】两平面间的二面角

求两平面间二面角的问题，多用在金属切削刀具的设计。

对金属零件进行精加工时，使用的加工工具是各种机床，如车床、刨床、铣床、钻床、磨床等，其典型的加工方法可见本书附录 7 中的简介。如图 3.74 所示的车刀（车床上使用的切削刀具），几个刀面（前刀面，主、副后面等）之间夹角的设计，对其形成的切削刃及刀尖切削力、加工质量及效率、寿命等都有非常大的影响。

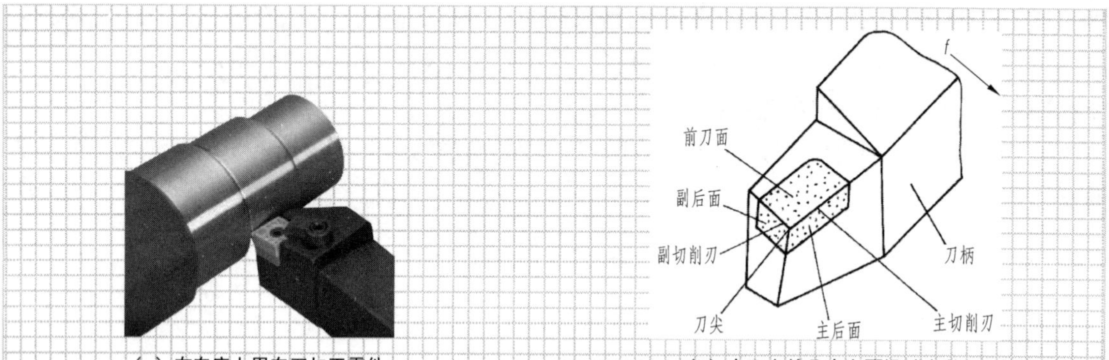

（a）在车床上用车刀加工零件　　（b）车刀上的几个主要设计参数

图 3.74　车刀及其主要设计参数

以上关于相邻刀面的夹角问题，可抽象为用画法几何方法求解二面角的问题。如图 3.75（a）所示，已知两平面△*ACB* 和△*ACD* 相交，其交线为 *AC*，且 *AC* 为水平线。求作该两平面的夹角 θ。

【分析与作图】要在投影面上体现出两平面夹角的真实大小，必须使该两平面同时垂直于一个投影面，如图 3.75（b）所示。显然，此时它们的交线 *AC* 也自然垂直了该投影面。

作图求解时，抓住“将 *AC* 变换为投影面垂直线”这一目标，决定采用换面法解决问题。在原体系中，交线 *AC* 是水平线，要把它变换为辅助投影面上的垂直线，只有原 *H* 面设为不变投影面，而增加一个 V_1 面作投影变换。即作 X_1 轴垂直于 *AC* 的水平投影 *ac*，再将 *A*、*B*、*C*、*D* 各点向 V_1 面进行投影并连线，最后在 V_1 面上的积聚性投影 $a_1c_1b_1$ 和 $a_1c_1d_1$ 的夹角 θ 即为所求，如图 3.75（c）所示。

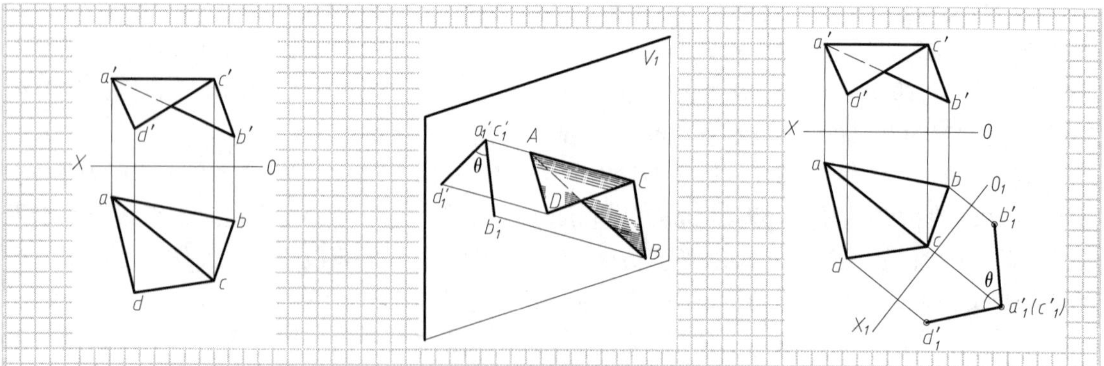

（a）空间分析　　（b）原题　　（c）完成所求二面角 θ

图 3.75　求作两平面 *ABC* 和 *ADC* 的夹角 θ

综上所述，对于空间几何要素相对于投影体系处于一般位置时的问题的求解，本节介绍了两个最为基本的图解方法：一个是**直角三角形法**；另一个是变换投影面的方法，简称**换面法**。

直角三角形法是专用来解决一般位置直线的实长及对某一投影面的倾角问题。其解题思路是将直线本身、直线在某一投影面上的投影及直线两端点对该投影面的坐标差组成一个直角三角形。在这个三角形当中，斜边是该直线的实长，一个直角边为其在该投影面上的投影，另一直角边则为直线两端点对该投影面的坐标差。而直线与该投影面的倾角，就是斜边（直线实长）与其投影的夹角。

换面法作用于两投影面体系中，通过增设一个辅助投影面，使其与空间一般位置直线或平面处于平行或垂直、与原体系中的一个投影面（不变投影面）垂直，从而组成一个新的投影体系。原给定的一般位置直线或平面在这个新投影体系中处于特殊位置，对其实长、实形或对不变投影面的倾角等问题便可得到简化和求解（对于较为复杂的问题，还需进行多次连续换面）。在这个新投影体系中获得问题的解答后，再通过新旧两个投影体系的关联投影面——不变投影面，将求解结果返回到原体系中。这种解题方法可帮助读者加强空间思维能力的训练。

3.5* 计算机辅助画法几何问题的三维图解法简介

CAD-3D 技术在现代化 CAD 软件中十分普及。用计算机辅助图解画法几何问题，同样是建立在正投影的理论基础上，但其解题过程只需两大步骤：首先对工程设计及表达中的画法几何问题进行空间分析并进行实体建模，实现计算机可视化；然后在三维环境下的实体模型上直接求解及表达，从而使得求解过程直观形象，易于掌握和分析，可大大提高设计和作图的精度和速度，也更适合于现代化无图纸设计、表达和制造的生产方式。为了说明问题，本节介绍的计算机辅助图解体系仍建立在 AutoCAD-3D 技术之上。

3.5.1 求解画法几何问题的主要工具

使用 AutoCAD-3D 技术求解画法几何空间问题的计算机辅助工具主要有以下 3 个：①用户坐标系 UCS；②点的过滤；③查询工具。

1. 用户坐标系 UCS

用户坐标系 UCS 是一种三维坐标系。前面已经提到，在 AutoCAD 中设置的世界坐标系、柱面坐标系、球面坐标系和用户坐标系等 4 种三维坐标系中，系统默认的坐标系是世界坐标系。

要改变当前坐标系的方式可使用用户坐标系 UCS 命令来实现。使用这一功能，可将三维空间直角坐标系的原点和方向按解题需要方便灵活地进行平移（工具“原点 UCS”）、倾斜（工具“三点 UCS”）、旋转（“*X* 轴旋转 UCS”、“*Y* 轴旋转 UCS”、“*Z* 轴旋转 UCS”）等多方位的坐标变换，并在新确定的空间直角坐标系中以 *XOY* 平面为基面作图。

UCS 工具栏如图 3.76 所示。

2. 点的过滤

这一功能可以在确定直线的两个端点时，从前一点 P_1（x_1，y_1，z_1）中取出 1 个或 2 个方向的坐标值作为下一点的 P_2（x_2，y_2，z_2）坐标值。

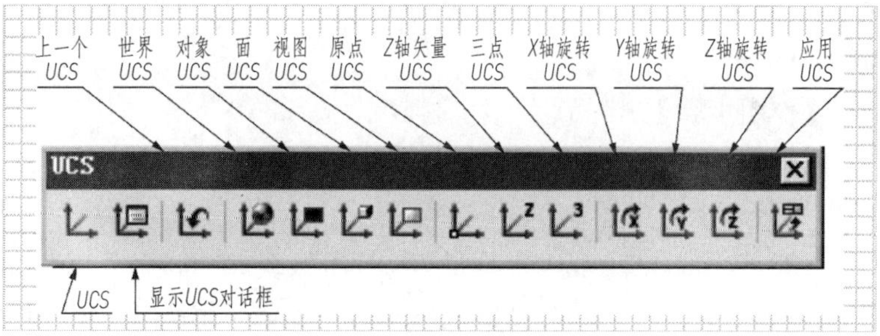

图 3.76　UCS 工具栏

1）过滤一个坐标

过滤点的一个坐标，一般用于绘制 *XOY* 平面中的直线问题。如要绘制如图 3.77（a）所示的平面图形，则当绘制到直线 *DE* 时，欲由 *D* 点向左画水平线至 *E* 点，由于 *A* 点与 *E* 点的 *x* 值相同（即 $x_E=x_A$ 但 $y_E\neq y_A$），此时则可在输入 *E* 点坐标后，先输入“.x”，回车，在“于（即需要相比较的点）”提示下选择 *A* 点，意在 *E* 点与 *A* 点的 *x* 值相同，然后，在“需要 *YZ*”的提示下输入“0”，回车即得 *E* 点。绘制过程如图 3.77（b）所示，其命令执行过程如图 3.78 所示。实际操作过程中不用这么麻烦，只要同时打开窗口下方“状态栏”中的“极轴”、“对象捕捉”和“对象追踪”状态，即可快速实行过滤一个坐标的操作，如图 3.77（c）所示。

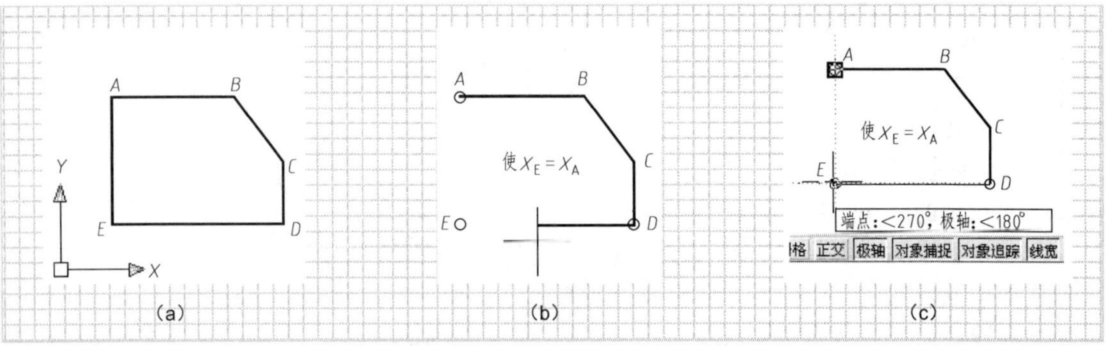

图 3.77　过滤点的一个坐标

2）过滤点的两个坐标

过滤点的两个坐标，一般是指在 *XYZ* 空间直角坐标系中绘制直线时，直线后一端点的三个坐标值中，要求有两个坐标与前一端点的相同而与第三个不同。

```
命令:        line  指定第一点:                                 (作A点)
指定下一点或  [放弃(U)]:         <正文 开>                     (作B点)
指定下一点或  [放弃(U)]:         <正文 关>                     (作C点)
指定下一点或  [闭合(C)/放弃(U)]:           <正文 开>           (作D点)
指定下一点或  [闭合(C)/放弃(U)]:            x  ↙
于    (需要YZ) :0 ↙                                            (作E点)
指定下一点或  [闭合(C)/放弃(U)]:                               (点取A点)
指定下一点或  [闭合(C)/放弃(U)]: ↙
命令:
```

图 3.78　过滤一个坐标的命令执行过程

【例 3.9】如图 3.79（a）所示，要求过点 *A* 作一直线 *AB* 垂直于平面 *P*（*B* 为垂足，此问题也可理解为求作空间点 *A* 向一般位置平面 *P* 作投影）。

【分析】要求直线 *AB*⊥平面 *P*，则相对于 *P* 面来说，*A*、*B* 两点的 *x*、*y* 坐标值相等而 *z* 值不等。若设置一个新的空间直角坐标系，使其 *XOY* 面“贴在”*P* 面上，则 *A*、*B* 两点的坐标应分别为：*A*（x_1，y_1，z_1），*B*（x_2，y_2，0）。其中，$x_2=x_1$，$y_2=y_1$。这时，再利用点的过滤工具确定 *B* 点。

【作图步骤】

（1）坐标系转换。使用 UCS 命令中的“3 点 UCS”命令将空间直角坐标系的 *XY* 平面贴于平面 *P* 上，如图 3.79（b）所示。

（2）应用过滤功能确定垂足 *B*。调用直线命令和“节点捕捉”命令，在“指定第一点”提示下选择点 *A*，然后在“指定下一点”提示下输入“.xy”并回车。

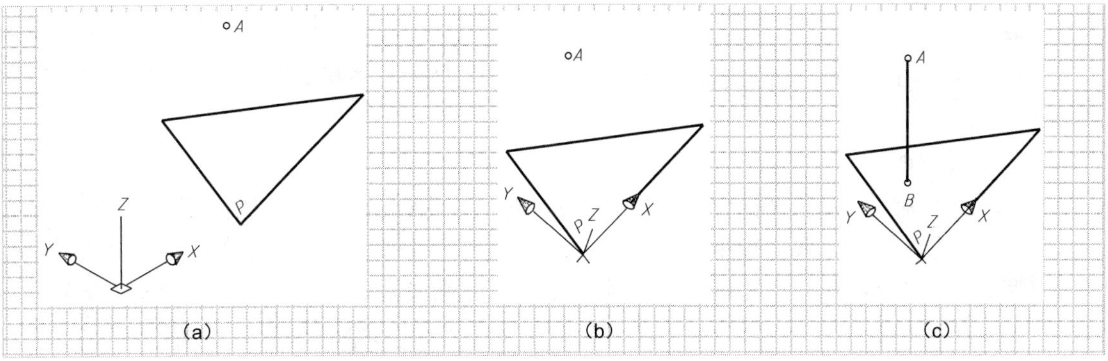

图 3.79　过滤点的两个坐标

图 3.80 表明了过滤两个坐标时的命令执行过程。

3. 查询工具

这是最直接的一种设计工具。

当实体建模完成后，在“查询”命令的子菜单中（图 3.81），可以直接查询指定对象的距离、面积、点坐标的精确数值及坐标位置和方位，还可确定实体的质量特性，如实体的质量、体积、边界框的大小和坐标、实体的质心、惯性矩、旋转半径及主力矩与质心的 *X-Y-Z* 方向等。这对于工程抽象问题中的点到直线、两平行直线、两平行平面之间的距离等几何量定量问题的精确求解，对于工程实际问题中零件部件的质量特性的确定及力学设计，都具有直接、准确、高效的功能，如图 3.81 所示。

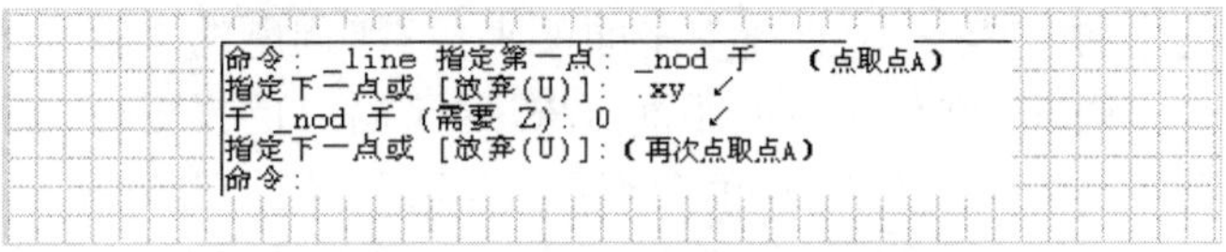
命令: _line 指定第一点: _nod 于　（点取点A）
指定下一点或 [放弃(U)]: .xy ↙
于 _nod 于 (需要 Z): 0　↙
指定下一点或 [放弃(U)]: （再次点取点A）
命令:

图 3.80　过滤两个坐标的命令执行过程

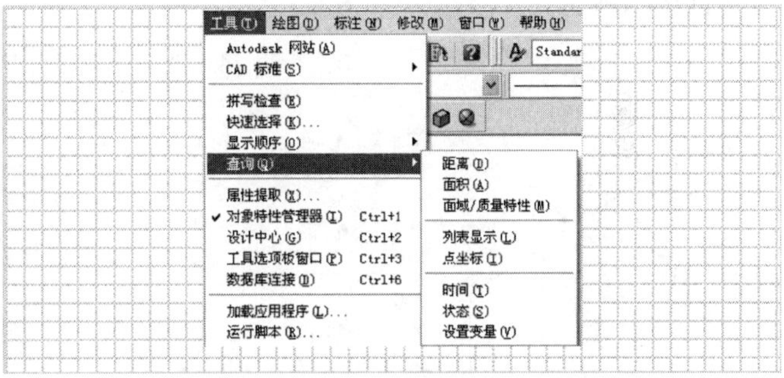

图 3.81　查询命令

在例 3.9 中，如要求出 *AB* 的实际长度，即点 *A* 到平面 *P* 的垂直距离，则可使用“查询”命令中的子命令“距离（*D*）”，按照命令行中的提示，分别选择 *A* 点和 *B* 点，即可得知其距离值为 79.0241。

例 3.9 还可以用“列表显示”的方法直接查询。例如，在某平面 *P* 上画了一个多边形后，使用“工具/查询/列表显示（L）”命令可直接查看到该多边形的所有信息。按命令行提示选择该多边形，即可弹出一个 AutoCAD 文本窗口，其中不仅列表显示出了该多边形各顶点的坐标、周长和面积，还记录了作图的全部过程（图 3.82）。

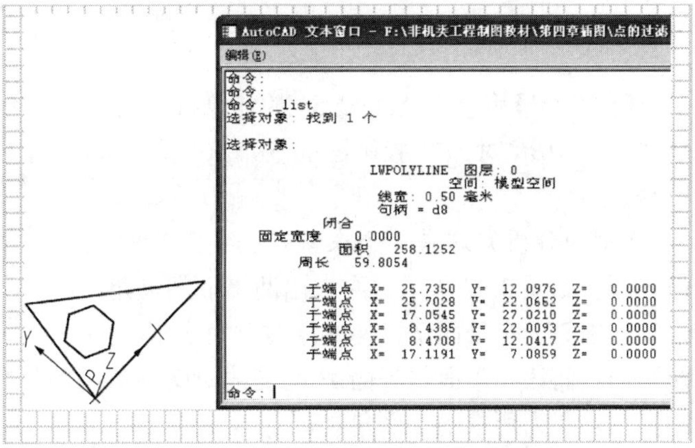

图 3.82　列表显示（LIST）查询

3.5.2 求解空间几何问题的基本方法

以画法几何的空间分析为思维主线，综合应用以上三个主要基本工具，即可构成以下基本求解方法。

1. 坐标变换

利用 UCS 命令，建立坐标变换的概念。设计时可以根据画法几何问题中空间分析的结果，将当前的空间直角坐标系进行平移、旋转，以实现画法几何中将一般位置几何量变为特殊位置几何量，再配合查询及尺寸标注等其他工具，即可解决直线的实长、平面的实形等定形问题，还可解决直线与直线、直线与平面、平面与平面之间的夹角等问题，如图 3.83 所示。

2. 直线的投影

利用“点的过滤”功能和与 UCS 坐标变换的配合，即可实现在计算机三维环境下将空间直线向任一平面的投影，并可使一系列画法几何空间问题迎刃而解。如图 3.84 所示，在作出空间直线 *AB* 对平面 *P* 的投影 *ab* 后，即可引申出“点到平面的距离”、“直线与平面的交点”、“直线与平面的夹角”等问题的求解。

同理，在作出空间平面 *ABC* 对平面 *P* 的投影后，两平面的交线及二面角等问题也就随之得到了解答，分别如图 3.84 和图 3.85 所示。从而对空间问题实现空间直接求解。

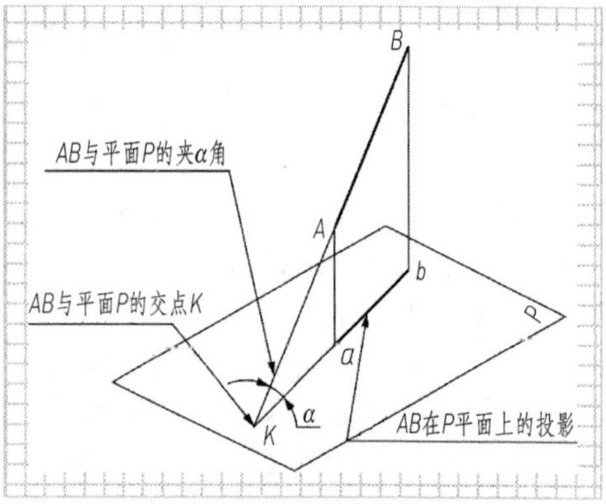

图 3.83 点与直线向平面 *P* 进行投影

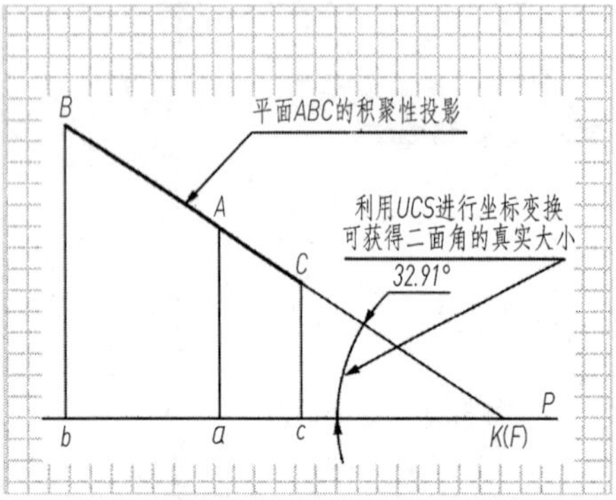

图 3.84 平面的投影及其引申出的二面角问题

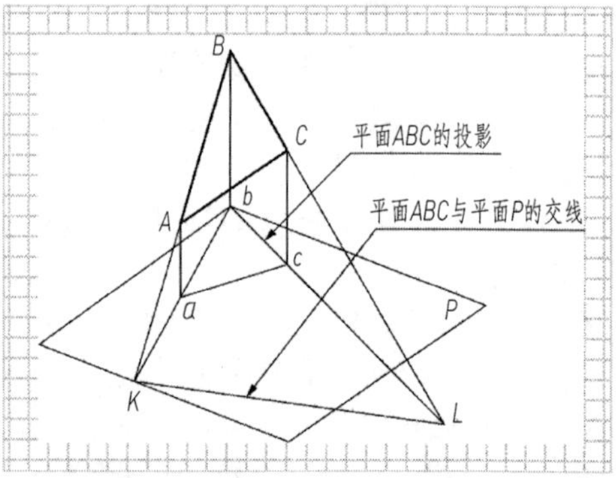

图 3.85 平面的投影及其引申出的交线问题

【例 3.10】用基于 AutoCAD 的计算机辅助图解法，求△*ABC* 对 *XOY* 投影面的夹角 α（如图 3.86 所示）。

【空间分析】这是一个求解二面角的空间几何问题。如图 3.87 所示，要求出两平面间夹角，必须作出第三个平面 *P*，使其同时垂直于已知的两平面。而该两平面与平面 *P* 的交线 *AD* 与 *DE* 的夹角，即为所求的二面角 α 。

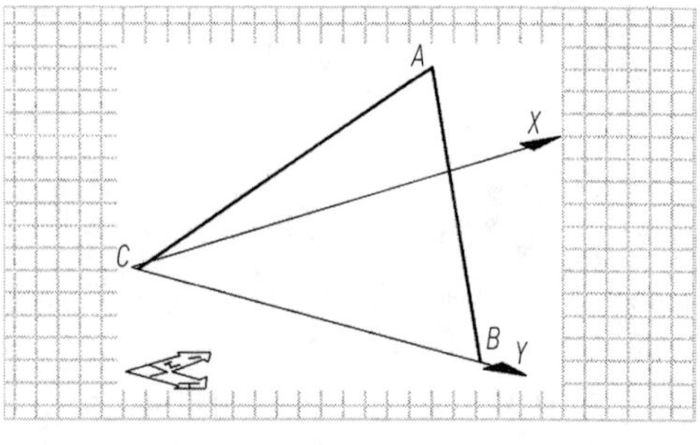

图 3.86 求△*ABC* 对 *XOY* 投影面的夹角 α

【解题步骤】

（1）调用 UCS 用户坐标系。

（2）坐标转换：调用 UCS 工具栏中的“3 点 UCS”命令，将空间直角坐标系的 *XOY* 面“贴在”题目所给的 *XOY* 平面上，如图 3.88（a）所示。

（3）作一平面垂直于两已知平面：

① 用点的过滤功能，过 *A* 点作 *AE*⊥*XOY* 平面，如图 3.88（b）所示；

② 使用“直线”命令和“垂直捕捉”辅助工具，过 *E* 点向 *CB* 作垂线 *ED*，再连接 *AD*，则△*AED* 即为△*ABC* 和 *XOY* 面的公垂面，如图 3.88（c）所示。

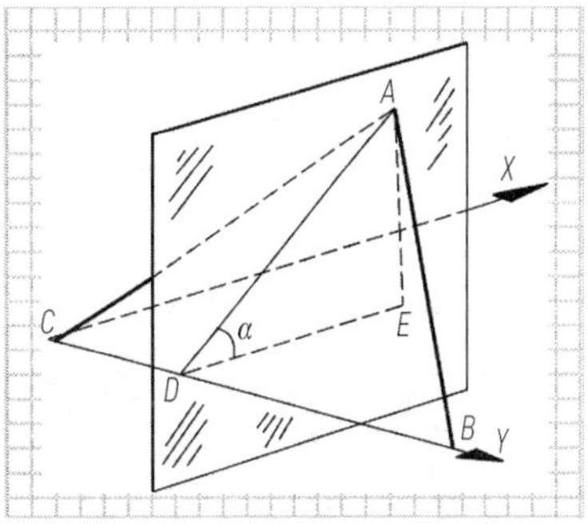

图 3.87　图解分析

（4）再次使用 UCS 工具栏中的“3 点 UCS”命令，将 *XOY* 面“贴在”△*AED* 平面上，然后调用“标注”命令中的角度标注，即可得知二面角的真实大小，如图 3.88（d）所示。

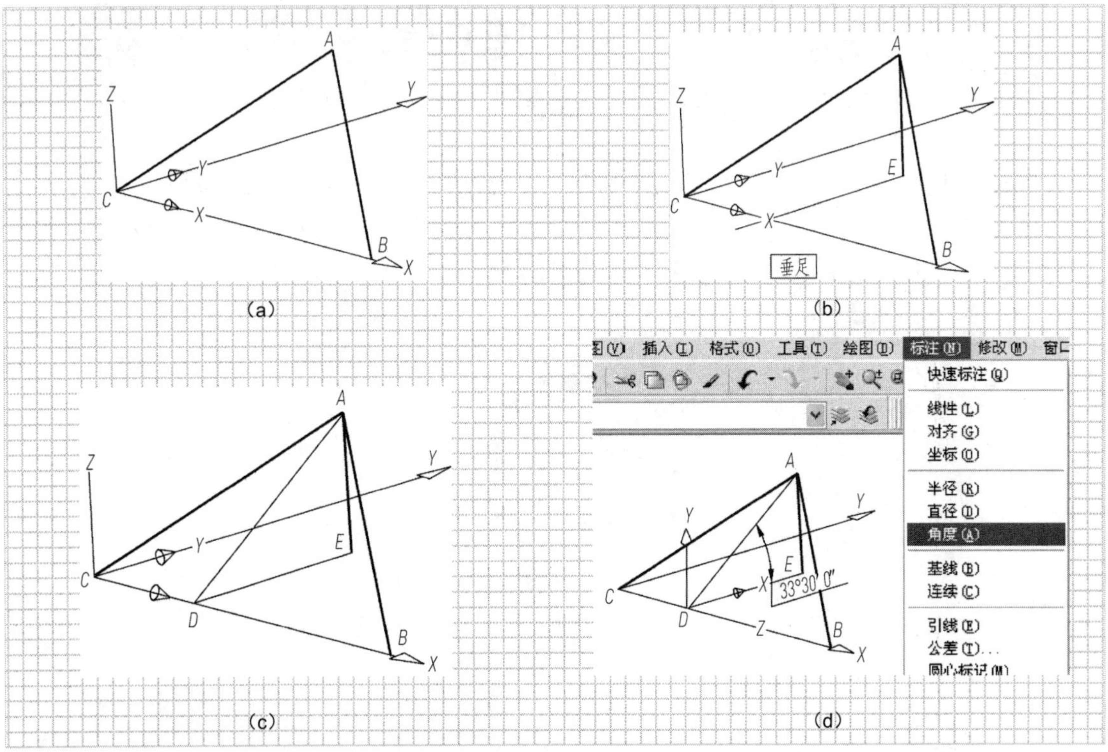

图 3.88　两平面夹角的求解过程

由例 3.10 可见，对于这样一个求解空间两个一般位置平面的二面角的问题，如果采用前述的二维图解法求解，则首先要找到这两个平面的交线，再经过两次换面，将这条交线转换为辅助投影面的垂直线，与此同时，所给平面也积聚为该辅助平面上的两条相交直线，这样才可得到它们之间的二面角。而这个问题若使用计算机软件中的三维功能辅助求解，则其求解过程大大简化，且直观、快速而精确。

—— 本章小结 ——

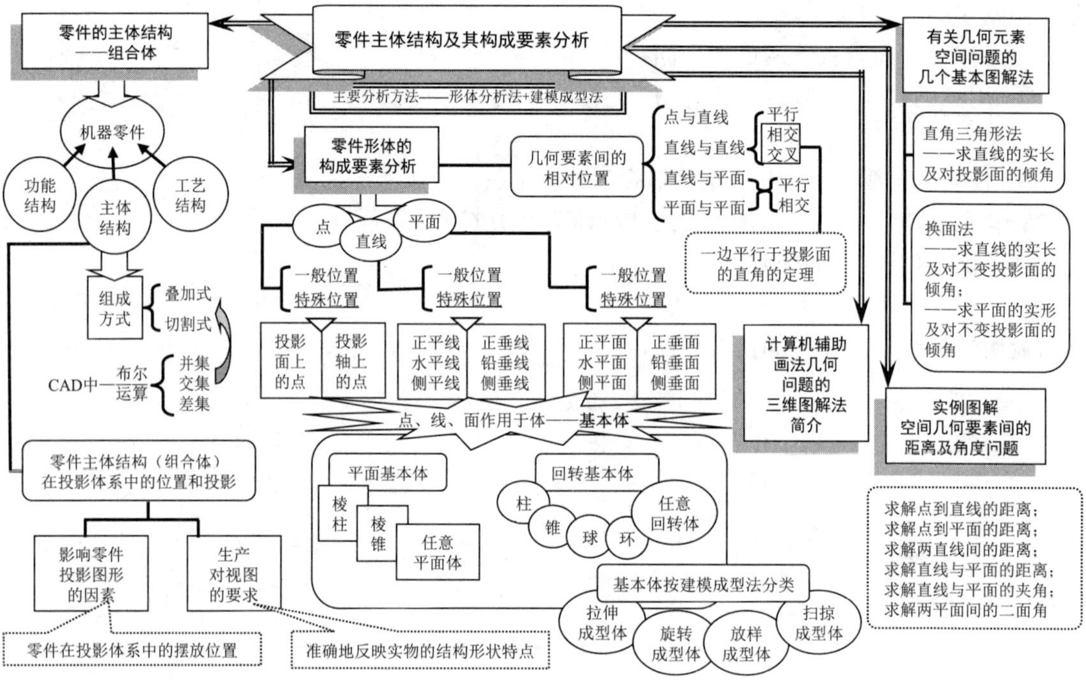
零件的主体结构
——组合体
零件主体结构及其构成要素分析
主要分析方法——形体分析法+建模成型法
有关几何元素
空间问题的
几个基本图解法
机器零件
功能
结构
主体
结构
工艺
结构
组成
方式
叠加式
切割式
CAD中——布尔运算
并集
交集
差集
零件形体的
构成要素分析
几何要素间的
相对位置
点与直线
直线与直线
直线与平面
平面与平面
平行
相交
交叉
平行
相交
一边平行于投影面
的直角的定理
直角三角形法
——求直线的实长
及对投影面的倾角
换面法
——求直线的实长
及对不变投影面的
倾角；
——求平面的实形
及对不变投影面的
倾角
点
直线
平面
一般位置
特殊位置
投影
面上
的点
投影
轴上
的点
正平线
水平线
侧平线
正垂线
铅垂线
侧垂线
正平面
水平面
侧平面
正垂面
铅垂面
侧垂面
计算机辅助
画法几何
问题的
三维图解法
简介
实例图解
空间几何要素间的
距离及角度问题
点、线、面作用于体——基本体
平面基本体
棱
柱
棱
锥
任意
平面体
回转基本体
柱
锥
球
环
任意
回转体
基本体按建模成型法分类
拉伸
成型体
旋转
成型体
放样
成型体
扫掠
成型体
求解点到直线的距离；
求解点到平面的距离；
求解两直线间的距离；
求解直线与平面的距离；
求解直线与平面的夹角；
求解两平面间的二面角
零件主体结构（组合体）
在投影体系中的位置和投影
影响零件
投影图形
的因素
生产
对视图
的要求
零件在投影体系中的摆放位置
准确地反映实物的结构形状特点

第 4 章　零件表面的交线

The Interceptive Lines on the Surface of Solids

本章知识要点

零件形体既然是由若干个基本体组成，那么一旦两两基本体进行并（或交或差）集运算后，它们之间就会出现交线。注意：这些交线都在零件形体的表面，是相交两表面之间的分界线。因此本章的要点在于：

① 立体表面的交线具有的特性是表面性、共有性和封闭性

② 平面与立体相交，产生的交线（截交线）为封闭的平面曲线或折线

③ 立体与立体相交，产生的交线（相贯线）一般情况下为封闭光滑的空间曲线，特殊情况下为平面曲线或直线

④ **立体表面交线的投影画法!**

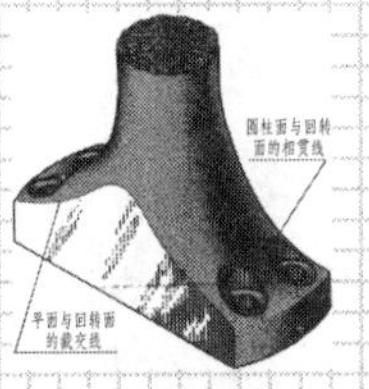

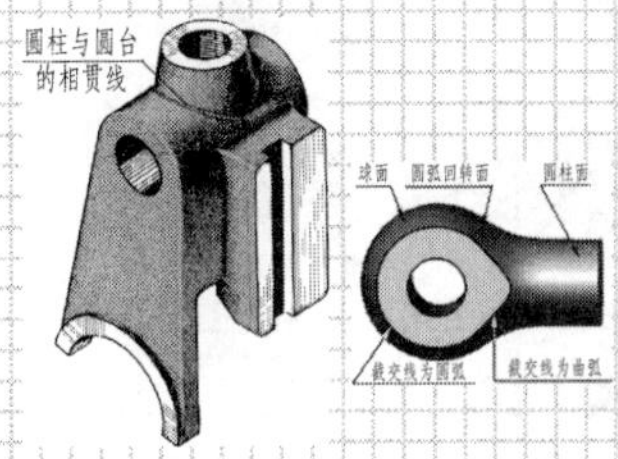

兴趣实践

为了增强对立体表面交线的认识，特别是这些交线的空间形状与其三面投影的转换关系，去找AutoCAD帮忙吧。找一本CAD相关教材，结合几个简单的基本体，边动手边熟悉“绘图”、“修改”、“建模”、“实体编辑”、“视图”等基本操作命令，然后设置好两两基本体的相对位置，进行并、交、差集操作，然后利用视图中主视、俯视和左视命令，就可以真实地观察到这些交线的投影形状。试试吧，你会发现CAD三维建模很神奇但不神秘！

学习了这一章并通过大量的课后作业，你能不能总结出“根据交线的一个或两个投影补画第三投影”这一类练习的规律？

提示：首先，作出两相交立体在相交之前的完整投影，然后……

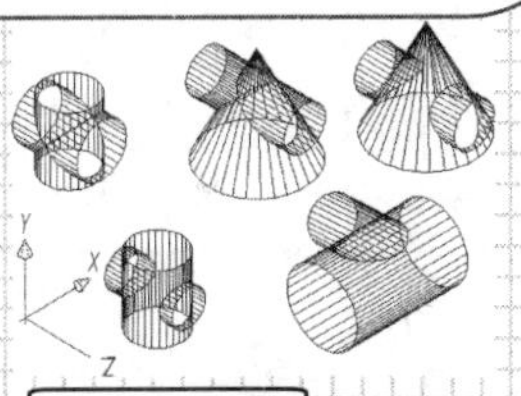

探索思考

预习准备

零件的主体结构既然是由若干个基本体组成，这些基本体一旦相互定位并且进行叠加或切割（CAD建模方法中的并集、交集或差集）后，两两之间的表面就会出现交线。这些交线有哪些类型、性质和异同点？求作这些交线的投影的方法是什么？请预习本章4.1和4.2节的内容，对本章的研究对象和目的有一个整体的认识。

4.1　零件表面交线的产生及分类

由画法几何提供的形体分析法可知，一个零件的主体结构（又称组合体）是由多个基本体按一定的组成方式组成的，因此，这些基本体一旦组成了组合体，两两相邻表面之间一般会出现以下 4 种连接情况（表 4.1）。

（1）两表面平齐，相邻两表面间不存在分界线。

（2）两表面不平齐，两个相邻表面错开一定位置，两表面间有分界线。

（3）两表面相交，两相邻表面相交，产生交线。

（4）两表面相切，两相邻表面光滑过渡，相切处没有分界线。

表 4.1　零件形体各表面间的连接关系及投影处理

两表面平齐	两表面不平齐	两表面相交	两表面相切

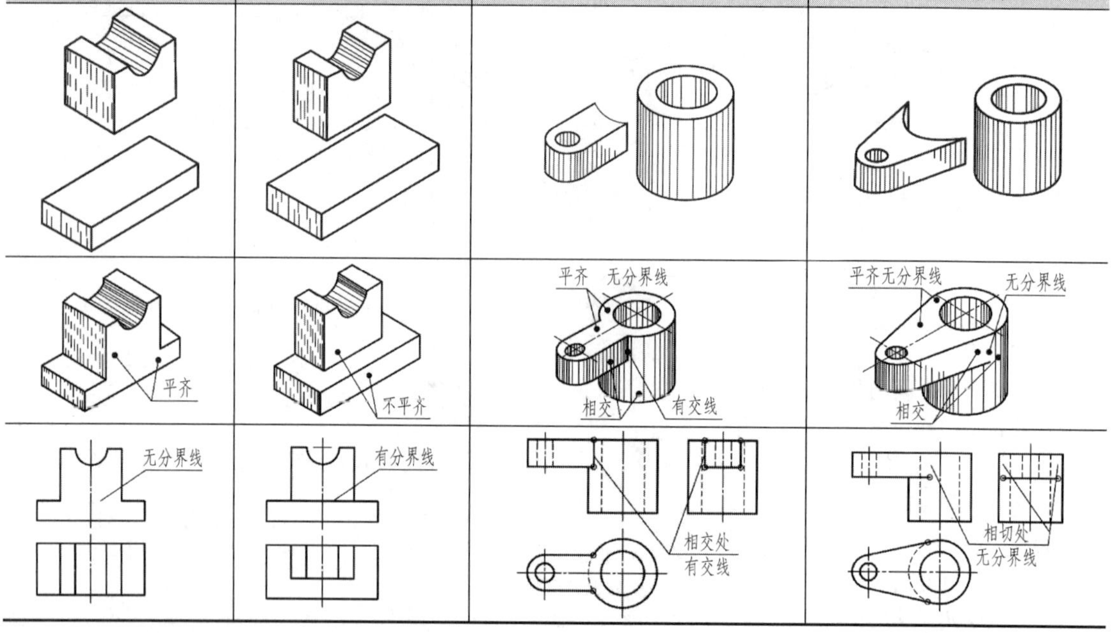

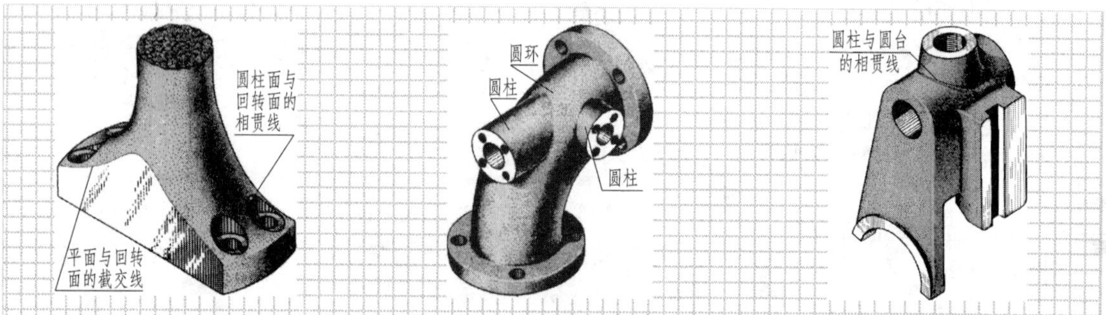

（a）连杆头　（b）弯管　（c）拨叉

图 4.1　零件表面的交线

其中，相邻两基本体表面连接关系中的**相交问题**，是本章分析的重点。如图 4.1（a）所示的连杆头，其主体结构可以看成一个回转体，由一段圆弧绕着该圆平面外的一根轴线旋转而成（图 4.2）。在与该回转体轴线平行的方向上，由前后对称的两个平面对其作一个切割，会在平面与回转面之间产生一条交线，这种交线称为截交线，即平面与立体的交线；另外，在底部前后左右对称位置上，均匀地切去了 4 组同轴的阶梯式圆柱孔，圆柱孔轴线也都与主体回转体轴线平行，从而在主体回转体的表面产生了与 4 个圆柱孔的交线。这种交线称为相贯线，是指两立体相交，在表面得到的交线。

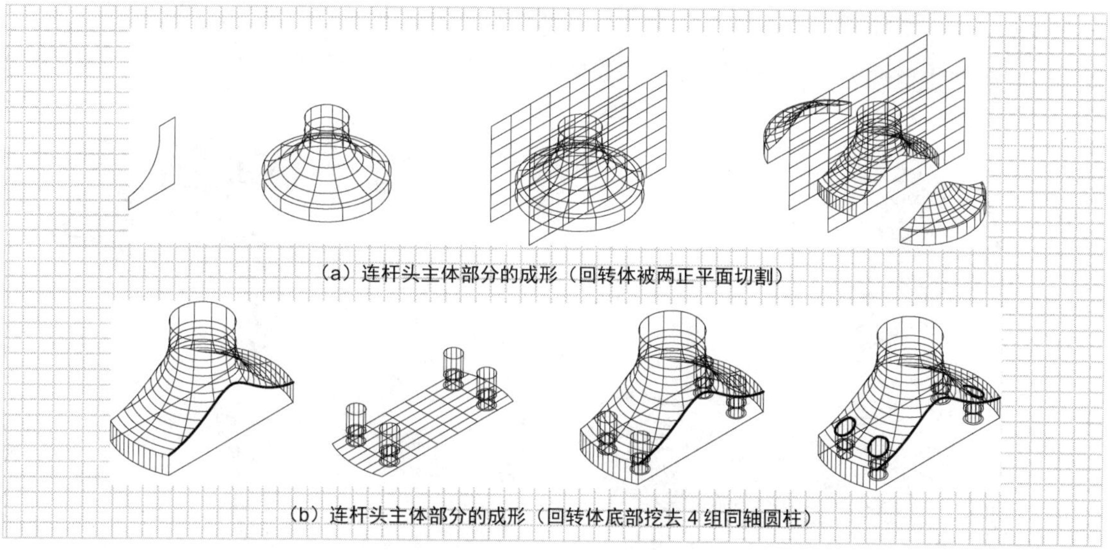

图 4.2　连杆头及其形体分析

这样的现象在机械产品中很多，处处可见，举不胜举。如在图 4.1（b）、（c）所示的弯管和拨叉表面上，都可以找到截交线和相贯线。

综上所述，立体表面的交线大致分为两大类：一类是平面与立体相交产生的交线，称为截交线；还有一类是两立体相交产生的表面交线，称为相贯线。

4.2　零件表面交线的基本性质

4.2.1　截交线的基本性质

图 4.3（a）为车床上加工长轴零件的工作示意图。普通车床工作时，车床主轴通过卡盘带动夹持其上的工件作旋转运动，而车刀则平行于工件轴线作直线运动，以实现对工件回转表面的切削。图中可以清楚地看到，当加工较长回转体表面时，为使工件的轴线保持与车刀直线运动方向平行，工件两端由卡盘上前置顶尖和尾架上后置顶尖定位并夹紧。

如图 4.3（b）所示的车刀头部，是一个四棱柱由多个平面截切的结果，其截交线均由相邻两平面相交后的交线（直线段）组成，而切割后各平面又都由这些直线围成。如图 4.3（c）右图所示的顶尖头部，可以看作是圆锥和圆柱被两个平面截切的结果。

截交线有如下 3 个基本性质：

（1）**表面性**。平面与立体相交，其交线一定落在立体的表面上。

（2）**封闭性**。由于相交的立体占有一定的空间，所以截交线一般是一个封闭的平面图形，且其形状与大小取决于立体的形状及截平面与立体的相对位置。

（3）**共有性**。截交线既在立体表面上，又在截平面上，是二者共有点的集合。因此，求作截交线的投影可归结为求作立体表面上一系列线段（棱线、纬圆或素线）与截平面的交点，然后将其按一定顺序连线即可。

值得注意的是：如果立体的形状确定，截平面与立体的相对位置也确定，则在两者相交后，截交线的形状是自然产生的，而不是人工刻意要求的。因此，在求作截交线投影时，必须首先根据相交立体的形状和截平面相对于立体的位置来分析截交线的性质和形状，再根据几何作图原理和投影三等关系找到截交线的投影。

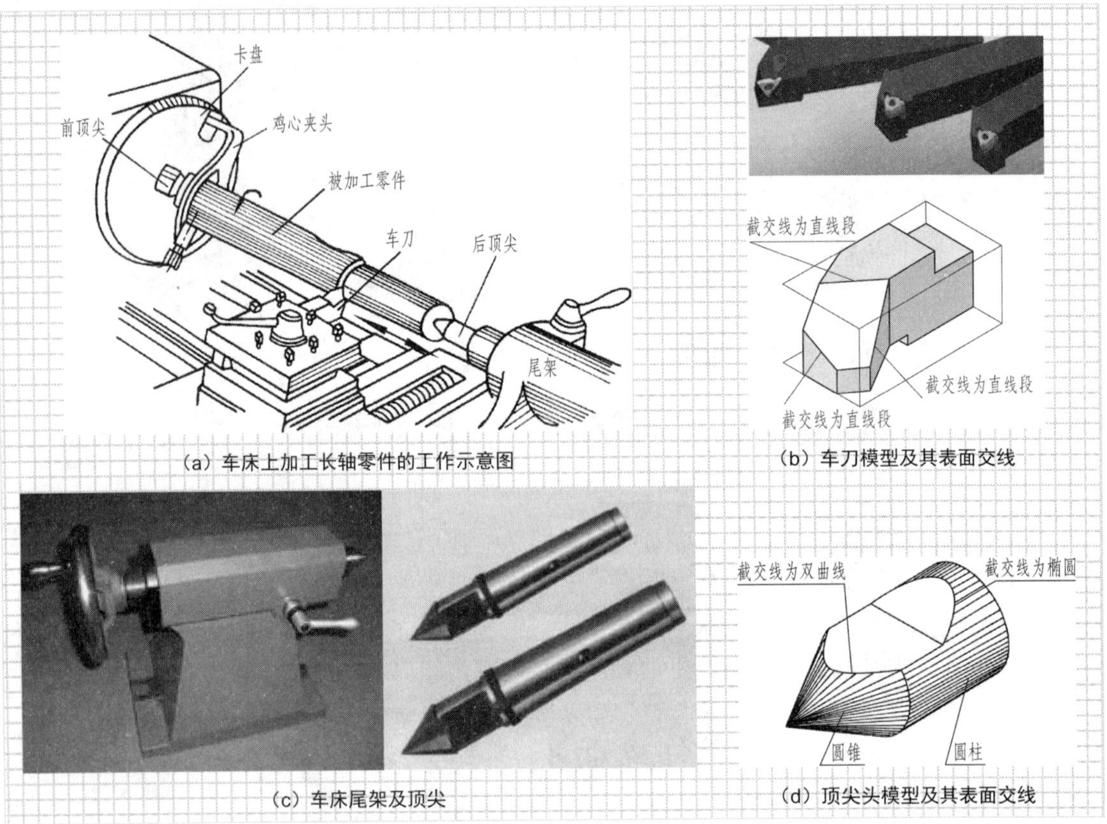

（a）车床上加工长轴零件的工作示意图
（b）车刀模型及其表面交线
（c）车床尾架及顶尖
（d）顶尖头模型及其表面交线

图 4.3　车床、车刀和尾架顶尖

4.2.2　相贯线的基本性质

两立体相交时，表面产生的交线称为相贯线。根据平面立体和曲面立体两两组合，形成相贯线的情况有 3 类：两平面立体相交，如图 4.4（a）所示；平面立体和曲面立体相交，如图 4.4（b）所示；两曲面立体相交，如图 4.4（c）所示。

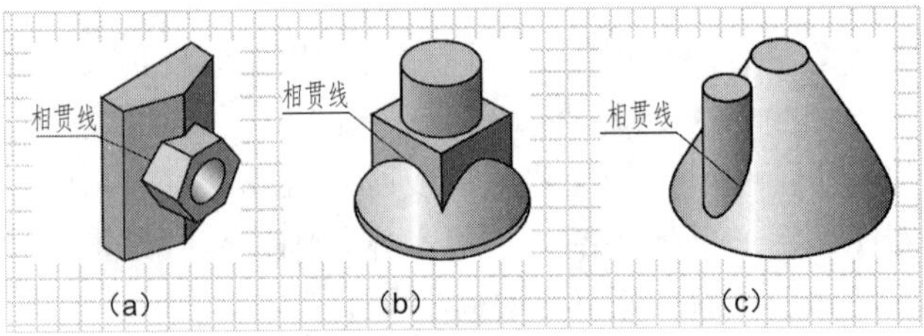

（a）　（b）　（c）

图 4.4　立体表面的相贯线

由于立体的形状、大小及其相对位置不同，相贯线的形状也各不相同。但任何形状的相贯线都具有以下 3 个基本性质。

（1）**表面性**。两立体相交，所产生的交线一定落在立体的表面上。

（2）**封闭性**。由于立体都占有一定空间，因此相贯线一般是封闭的空间曲线，与截交线不同的是，截交线是一条封闭的平面多边形或平面曲线。

（3）**共有性**。由相贯线的表面性可知，相贯线既产生在立体 I 表面上，又同时产生在立体 II 表面上，故相贯线是两相交立体表面的共有线，也是两立体表面的分界线。

同样值得注意的是：一旦两相交立体的形状和相对位置确定，二者相交后的相贯线的形状是自然产生的，也不是人工刻意要求的。因此，在求作相贯投影时，必须首先根据相交立体的形状和相对位置来分析相贯线的形状，然后再根据几何作图原理和投影三等关系找到相贯线的投影。

综上，无论是截交线还是相贯线，它们都具有表面性、封闭性和共有性 3 个基本性质。

4.3　基本体表面的点的投影分析

立体表面的交线，是由平面与基本体相交，或两个基本体相交产生的。由其表面性和共有性可知，这些交线也可以看成相交立体表面共有的一系列点的集合，同时也是两相交表面的分界线。因此，求解这条交线的投影，就归结于基本体表面上取点的图解问题。

从几何性质来看，基本体可分为平面立体和回转体两大类，从 CAD 模型的建模理论及方法来说，可分为拉伸体和回转体等类型。因此，对基本体表面点的分析思路是：根据正投影法中从属性的投影特性（若点在面上，则它必属于该面上的一条线），首先找到基本体表面的特征线（直线或圆），然后在线上取点，从而保证所求点在基本体表面上。

4.3.1　平面基本体表面上点的投影分析

平面立体表面的取点问题，可归结为平面上的取点问题（第 3.2.7 节）。根据投影的从属性，可以过点的已知投影，在平面立体的相关棱面上作一条辅助线，求出该辅助线的另外两个投影，则所求点的另外两个投影必在辅助线的同面投影上。在取点作图过程中，要注意给定条件，并充分利用积聚性。

【例 4.1】已知正三棱锥表面上 *M* 点的正面投影，*N* 点的水平投影，求 *M*、*N* 点的其他投影，如图 4.5（a）所示。

【分析与作图】

（1）求 *M* 点的投影：由于 m' 可见，所以 *M* 点在棱面 *SAB* 上。棱面 *SAB* 为一般位置平面，因此可过 *S* 点作一辅助直线 *SK*，并作出 *SK* 的各个投影，由于 *M* 点在 *SK* 上，*M* 点必在 *SK* 的同面投影上。辅助线 *SK* 的作法有两种：一种是过已知两点作辅助线，如 *S* 点和 *M* 点；另一种是过已知点并平行于平面内的一条直线作辅助线，如过 *M* 点，平行于 *AB*。这里选用的是第一种方法。

（2）求 *N* 点的投影：由于 *n* 可见，所以 *N* 点在棱面 *SAC* 上，注意到棱面 *SAC* 是侧垂面，其侧面投影积聚成直线 $s''a''$（c''）。因此 n''必在 $s''a''$（c''）上。求出

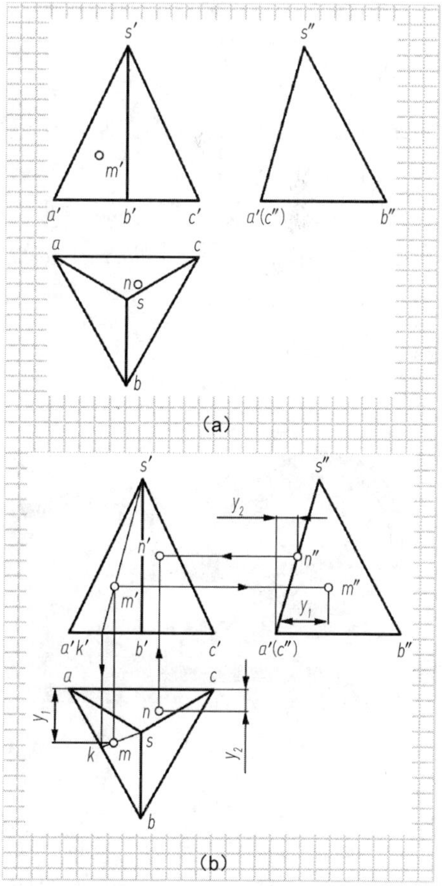

图 4.5　棱锥表面上取点

n''后，即可根据投影规律求出 n'。此处也可利用辅助直线先求出 N 点的正面投影 n'，再求 n''，注意侧面投影在 $s''a''$（c''）上。整个作图过程如图 4.5（b）所示。

【立体表面取点的作图要点】① 原始条件要完整，即原基本体的三个视图要齐全，如题目给出的是两个投影，则要首先补全第三个投影；② 先在立体表面求作过所求点的辅助直线的投影，再求作线上的点的投影。

4.3.2 回转体表面上点的投影分析

在回转体表面的平面上取点的方法与在平面立体表面上的取点方法相似。分析时，总是将点看成是基本体表面上某线段（直素线或纬圆）上的点，首先找到该线段的投影，再在该线段上取点。

【回转面上的特殊线段分析】回转面是光滑的曲面，它的上面哪些线段可作为取点的依据呢？如图 4.6（a）所示是一个拉杆头；图 4.6（b）展示了拉杆头的成形过程，说明该拉杆头的原形是一个复合回转体（图 4.6（c）），而且从该回转体的成形过程中不难看出，回转面上有以下两类线段可供取点定位：

（1）**素线**。所有的回转面有一个共性，即回转面总是由一条母线（直线、曲线或某封闭线框）绕与母线同平面的另一条直线（轴线）旋转而成的。前面说过，将母线在每一瞬间的位置称为素线，因此，回转面可视为无数根素线的集合。素线是回转面上的一类特殊的、可用于定位的线段。

（2）**纬圆**。形成回转体的母线上任意一点，在旋转成形过程中的轨迹形成了一个垂直于轴线的圆周。这个圆周落在回转体表面，称为“纬圆”。因此还可以把回转体表面看成无数个纬圆的集合。这些纬圆也是回转体表面上的特殊的、可用于定位的线段。

也就是说，要在回转体表面取点，总是先作出通过所求点的某素线或某纬圆的投影，再利用在该素线或纬圆（圆周）上取点的方法求作该点的投影。

以下分别介绍在四大类典型回转体——圆柱面、圆锥面、球面和圆环面上取点的作图方法。

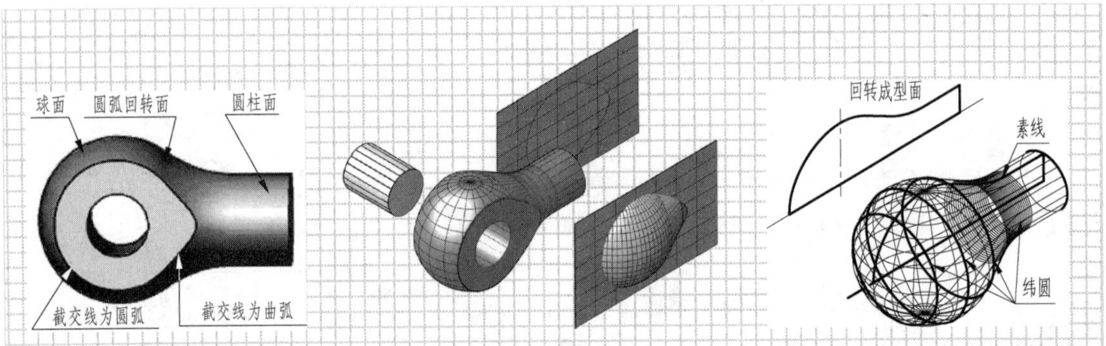

（a）拉杆头及其表面交线　（b）拉杆头及其成形过程　（c）拉杆头原形回转面上的素线与纬圆

图 4.6　回转面上的素线与纬圆

1. 圆柱面上取点

圆柱面可以看成是由一条直线绕与它平行的另一条直线旋转而成的，因此圆柱面可以认为是由无数条与轴线平行的直素线组成的，这些直素线就是圆柱面上取点的辅助线（图 4.7（c））；同时，形成圆柱的母线上任意一点在旋转成形的过程中形成的轨迹圆，就是该圆柱的纬圆，所以圆柱面还可以看成是由无数个与轴线垂直的纬圆所组成的，这些纬圆与圆柱的上、下端面相等且同心。另外，在与圆柱轴线垂直的那个投影面上的投影，是圆柱面的积聚性投影，包含了所有直素线的积聚和所有纬圆的积聚，因此作图取点时通常从圆柱面的积聚性投影入手。

【例 4.2】已知圆柱面上 A 点的正面投影 a' 和 B 点的侧面投影 b''（图 4.7（a）），求 A、B 两点的另外两个投影。

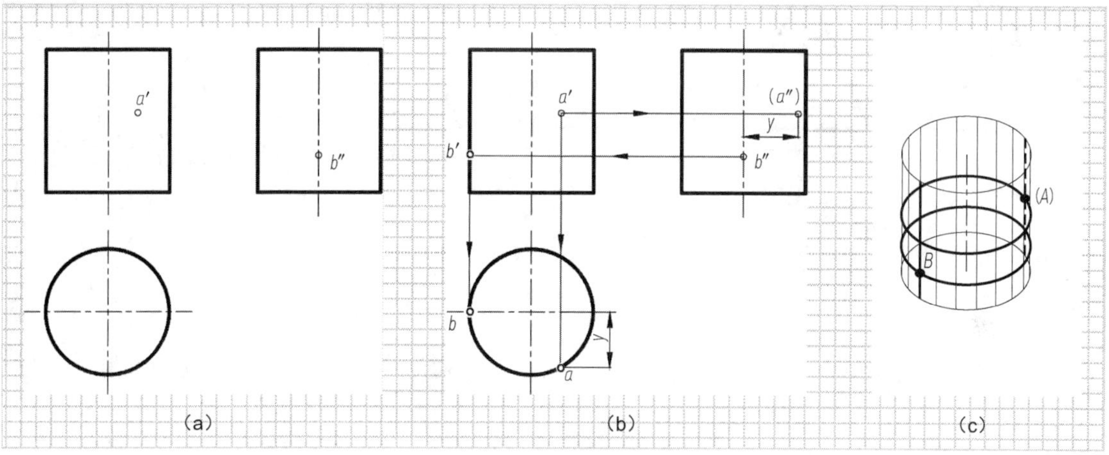

图 4.7　圆柱面上取点

【分析与作图】由于 a'可见，则点 A 必在前半个圆柱面上，由于点 A 在圆柱面上，则其水平投影积聚在圆上，根据投影关系可求出 A 的水平投影 a。根据“高平齐”和“宽相等”的投影规律可求出侧面投影 a''，注意 A 点在右半个圆柱面上，侧面投影 a''不可见。

根据 B 点侧面投影的位置可以看出，B 点在圆柱的最左轮廓线上，根据点的投影规律可求出 B 点的正面投影 b' 和水平投影 b，如图 4.7（b）所示。

2. 圆锥面上取点

由圆锥面的成形原理可知，圆锥面可视为是由无数根与轴线倾斜的直素线组成的，这些素线汇交于一点，即为锥顶。圆锥面还有另一种成形方法，工程上称为切片法，即假想用一系列平面垂直于圆锥轴线作切割，切割的结果是在圆锥面上得到一系列垂直于圆锥轴线的圆周，这些圆周就是前面提到的纬圆。因此也可以认为圆锥面是由无数个同轴的纬圆组成的，这些纬圆直径最大的是底圆，直径最小的就是一个点，即圆锥的顶点。由于圆锥面的各个投影都不具有积聚性，因此，面上取点时必须借助表面上的直素线或纬圆，如图 4.8（c）所示。

1）辅助素线法（简称为素线法）

在圆锥面上，先过已知点和锥顶作一条直素线，再根据点在直线上的投影特性（从属性），完成圆锥面上取点的投影作图，该方法称为**素线法**。

如图 4.8（a）所示，已知圆锥面上点 A 的水平投影 a，求作其正面投影和侧面投影。

【分析与作图】过锥顶 S 和点 A 作一辅助线 SE，先在水平投影上过 a 确定 SE 的水平投影 se，再求出其正面投影 $s'e'$ 和侧面投影 $s''e''$，最后根据直线上点的投影规律，作出 a' 和 a''。注意判别 A 点的可见性，由水平投影可知，点 A 在圆锥面的前半部分和左半部分，故 a'和 a'' 都可见。

2）辅助圆法（又称为纬圆法）

将所求之点看成是圆锥面上某一纬圆上的点。利用该纬圆的各个投影，同样可以完成圆锥面上取点的投影作图，该方法称为辅助圆法，又称为**纬圆法**。辅助圆法非常重要，它是回转面上取点的常用方法。

如图 4.8（a）所示，已知圆锥面上点 B 的正面投影 b'，求作其水平投影和侧面投影。

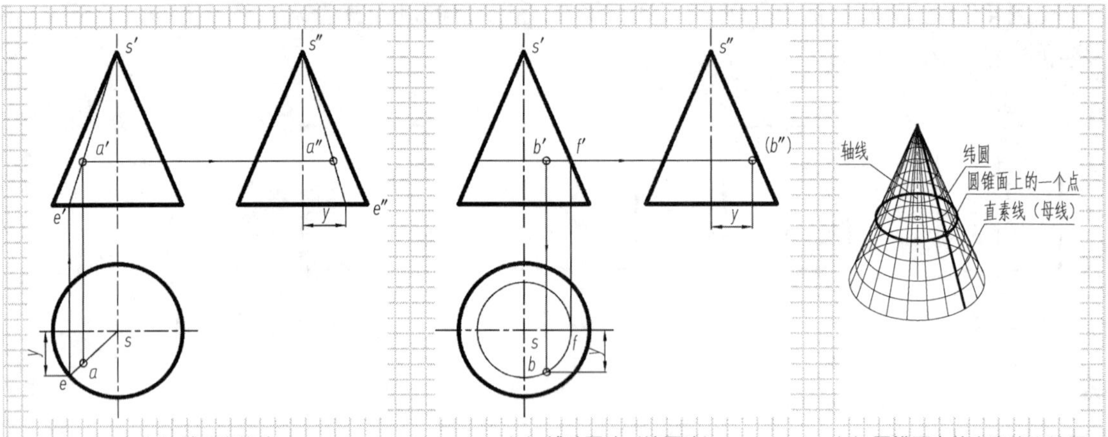

（a）辅助素线法　（b）辅助圆法（纬圆法）　（c）圆锥面上的直素线和纬圆

图 4.8　圆锥面上取点的投影作图

【分析与作图】由于圆锥的轴线垂直于 H 面，故过点 B 的辅助圆应平行于 H 面，水平投影反映实形，仍为一个圆；正面投影和侧面投影积聚为直线。过 b' 作该辅助圆的正面投影，与最右轮廓线的正面投影交于 f'点；作出辅助圆的水平投影，注意该圆的半径为 sf。根据点 B 在圆上以及点的投影规律，可求出 B 点的水平投影 b 和侧面投影 b''。由 b'可知，点 B 在圆锥面的前半部和右半部，因此 b 可见而 b'' 不可见，如图 4.8（b）所示。

3．球面上取点

由于球的母线是圆，因此**球面上无直线存在**，也就是说，**只能通过纬圆法在球面上取点**。又由于球可以认为在三个投影方向上都有回转轴，因此球面上的某一个点，可以认为同时有三个纬圆通过该点，这三个纬圆分别平行于三个投影面，取点时可在其中选择一个作为辅助圆，如图 4.9（c）所示。

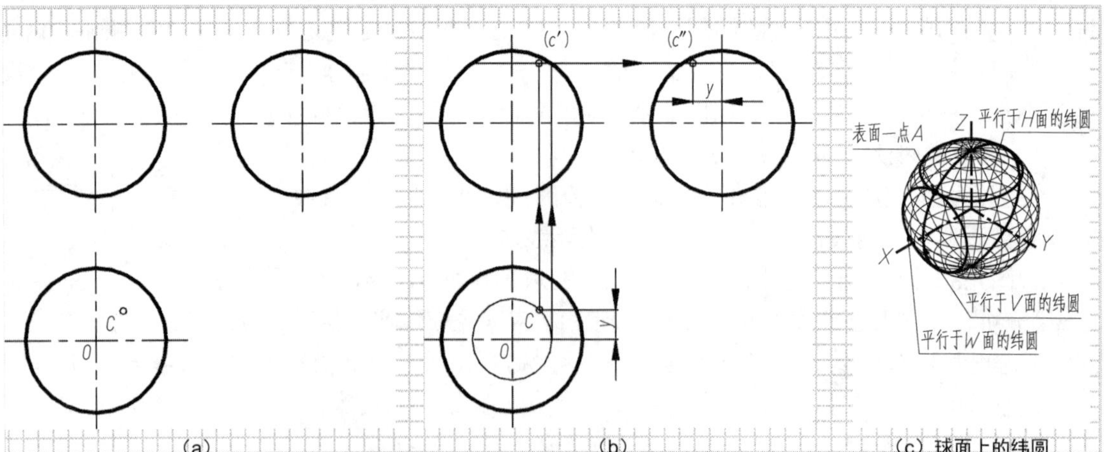

（a）　（b）　（c）球面上的纬圆（球面上无直线）

图 4.9　球面上取点的投影作图

如图 4.9（a）所示，已知球面上点 C 的水平投影 c，求作其正面投影和侧面投影。

【分析与作图】过 C 点在球面上作一水平辅助圆，其水平投影是以 oc 为半径的圆，正面投影和侧面投影均为直线。由此可求出 c' 和 c''，其作图方法如图 4.9（b）所示。从水平投影 c 可以看出，C 点位于右半球和后半球上，因此 c' 和 c''都不可见。实际上，在球面上过 C 点也可以作正平圆或侧平圆，读者可自行分析。

4. 圆环面上取点

与球面的成形原理一样，圆环的母线也是圆，只不过它的回转轴在母线圆外，因此**圆环的表面上也没有直线存在**。在圆环面上取点，同样**只能利用垂直于回转轴线的辅助圆来求解**，如图 4.10 所示。

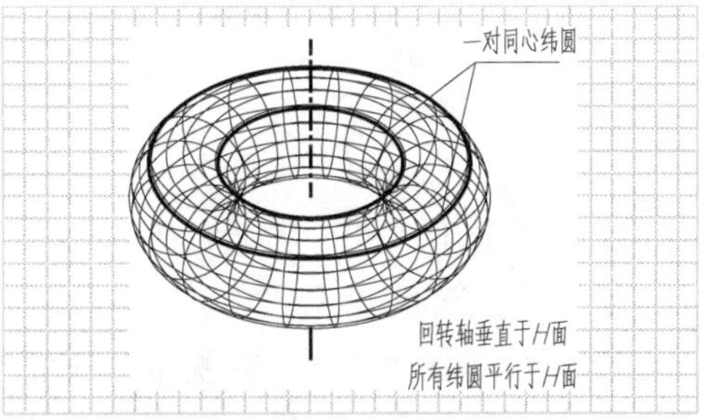

图 4.10　圆环面上的纬圆（圆环面上无直线）

取圆环表面的辅助纬圆时特别要注意，反映这些纬圆实形（圆）的投影一定在与圆环轴线垂直的那个投影面上，而另外两个投影是平行于投影轴的直线。

如图 4.11（a）所示，已知圆环面上点 D 的正面投影 d'，求作该点的水平投影和侧面投影。

【分析与作图】圆环面的轴线垂直于 H 面，因此可过 D 点在圆环面上作一水平辅助圆，该圆的正面投影和侧面投影积聚为直线，由此可作出水平投影 d 和侧面投影 d''。其作图过程如图 4.11（b）所示。由于正面投影 d' 可见，D 点位于外环面的下半部分、前半部分和左半部分。因此 d 不可见，而 d'' 可见。

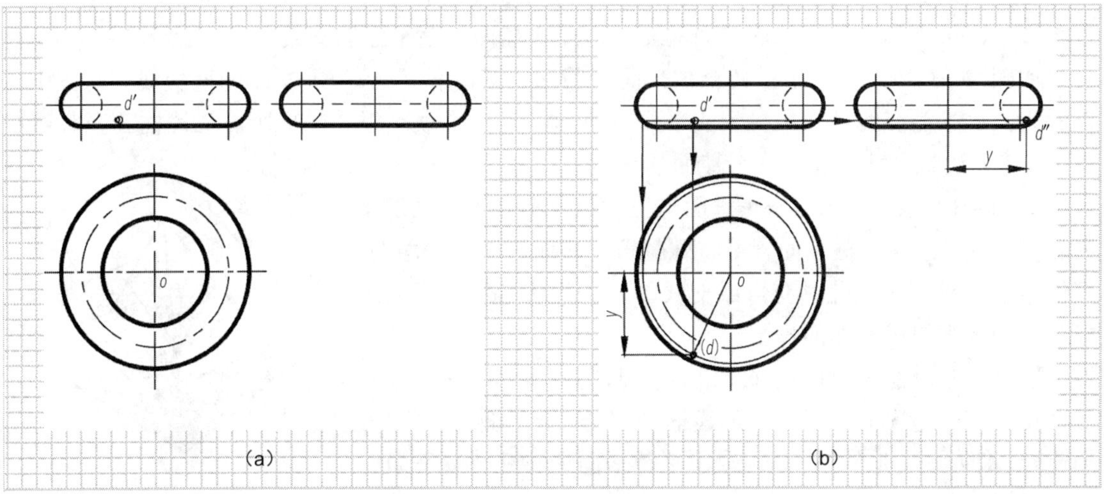

图 4.11　圆环面上取点的投影作图

圆环形体的应用在零件上到处可见，如图 4.12 所示的手轮和吊环。

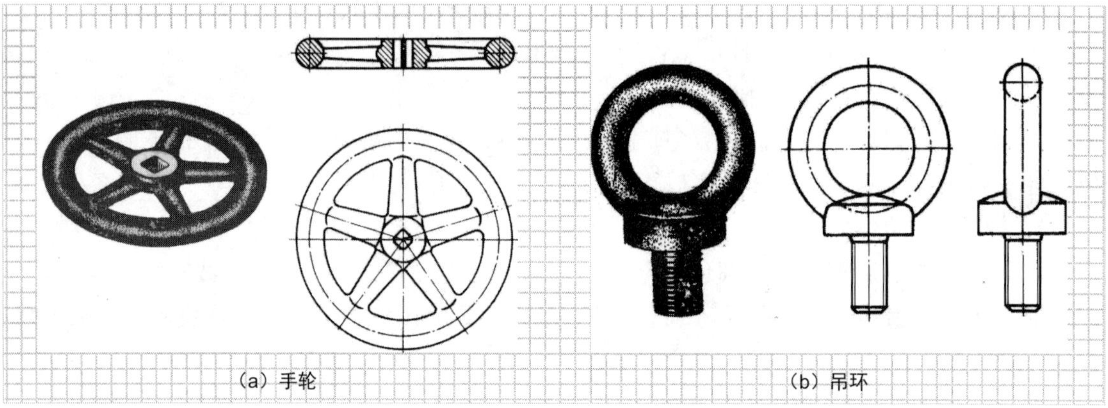

图 4.12　圆环形体在工程上的应用

4.4　平面与立体相交——截交线及其投影分析

平面与基本体相交，在基本体表面产生的交线称为截交线。由于基本体分为平面基本体和回转基本体两大类，因此截交线也分为两类，一类是平面立体表面的截交线，一类是回转体表面的截交线。

4.4.1　平面与平面基本体相交

平面与平面基本体相交后产生的截交线是平面多边形。平面多边形的每条边是截平面与立体各棱面的交线，而多边形的顶点是截平面与各棱线的交点。因此，平面立体上截交线的投影作图，可视为求棱线与截平面的交点，或求棱面与截平面的交线。

如图 4.13 所示为一个三棱锥被平面所截切，其交线 $I-II-III-I$ 即为截交线。从图中可以看出，这条截交线是一个封闭的平面三角形，其 3 个顶点正是截平面与三棱柱 3 条棱线的交点，3 条边就是截平面与 3 个棱面的交线。

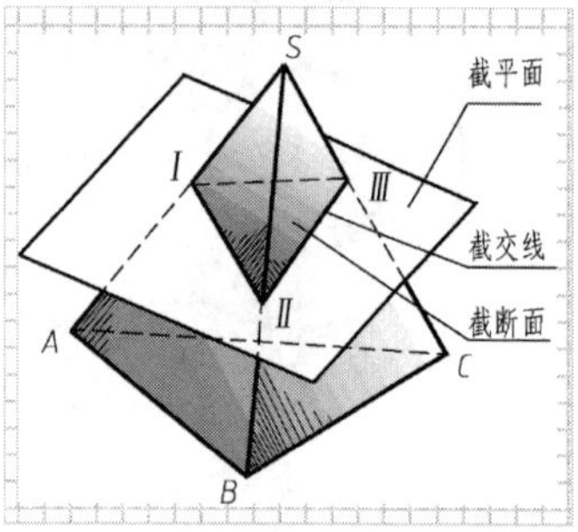

图 4.13　平面与平面立体相交

如图 4.14（a）所示，一正垂面与三棱锥相截（一般情况下，为作图方便，经常将截平面置于特殊位置，从而可以从平面的积聚性投影出发，因为此时交点或交线的一个投影都积聚于此），求棱锥的水平投影和侧面投影。

【分析与作图】平面与三棱锥相交，且与三根棱线都有交点，故截交线为一封闭的平面三角形线框 $I\ II\ III$；截平面与三根棱线的交点，即为三角形的三个顶点；由于截平面为特殊位置平面（正垂面），根据直线与平面求交点的方法，并从正垂面的积聚性投影出发，可以直接求出棱线 SA、SB、SC 与截平面的交点 I、II、III的正面投影 $1'$、$2'$、$3'$。根据投影关系，可求出相应的水平投影 1、2、3。依次连接各点的同面投影，即可得到截交线的水平投影和正面投影。其作图过程如图 4.14（b）所示。在求出截交线的投影后还应判断截交线的可见性，如果截交线所在的平面可见，则截交线可见，否则不可见。

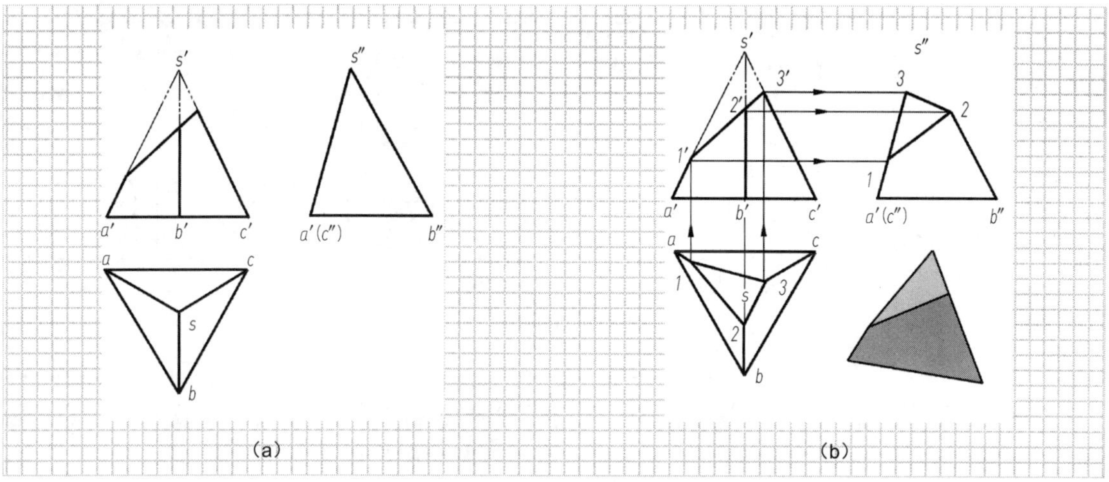

图 4.14 正垂面截切三棱锥

4.4.2 平面与回转基本体相交

圆柱、圆锥、圆球和圆环是最典型的单一回转体。对于平面与它们相交而获得的截交线，只要抓住截平面和它们回转轴之间的相对位置，这些交线的形状和投影是很有规律可循的。

求作截交线投影的步骤一般有以下 3 个步骤。

（1）**求特殊点**。特殊点包括两类点：①相交曲线本身的特征点，如圆在其一对垂直相交的中心线上的 4 个端点，椭圆长、短轴上的端点，抛物线和双曲线上的顶点及两个对称的最低点等。②相交曲线上的最高、最低、最左、最右、最前和最后点以及回转体转向轮廓线（即特殊素线）上的点，这些点往往围成了截交线的大致范围。

注意：上述这些特殊点并不是截然分开的，有时一个特殊点可能兼有多种性质。

（2）**求中间点**。在特殊点求出后，往往还不能确定截交线的形状，因此应根据需要在特殊点之间插入一些中间点，以便完成曲线的光滑连接。

（3）**判别可见性**，用曲线光滑连接各点。

1. 圆柱截交线的投影分析

根据截平面相对于圆柱轴线的不同位置，其截交线有 3 种情况，见表 4.2 所列。

表 4.2 圆柱的截交线

截平面与圆柱轴线的相对位置	截平面与轴线平行	截平面与轴线垂直	截平面与轴线倾斜
截交线的名称	两直素线	圆周	椭圆周
立体图	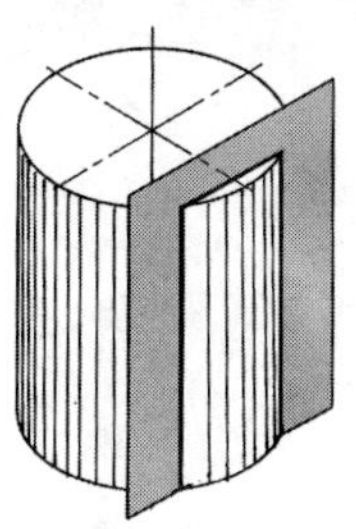	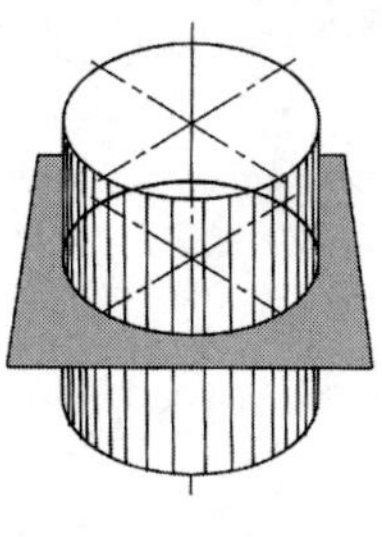	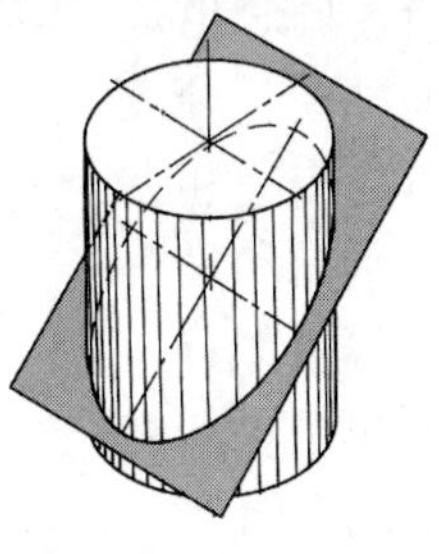

续表

截平面与圆柱轴线的相对位置	截平面与轴线平行	截平面与轴线垂直	截平面与轴线倾斜
截交线的名称	两直素线	圆周	椭圆周
投影图	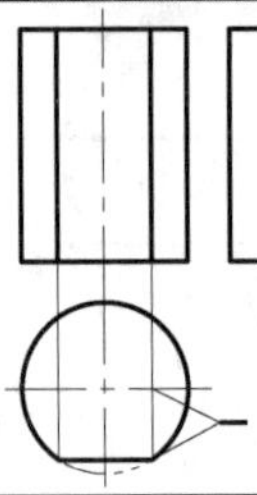	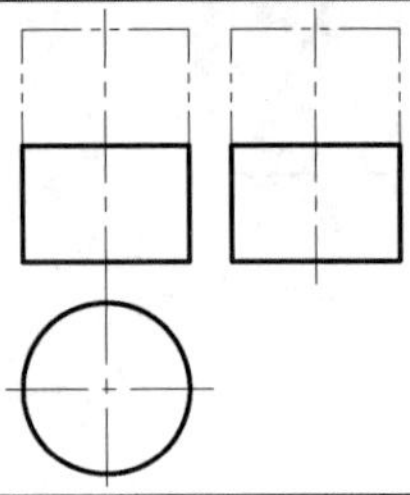	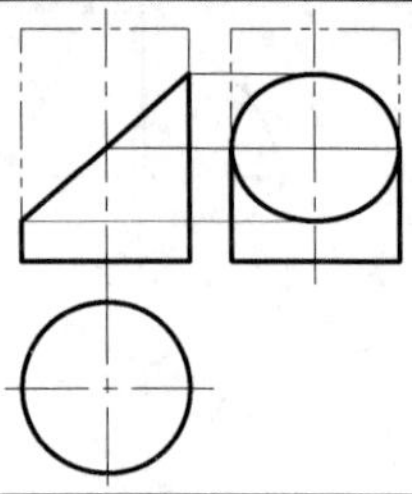

图 4.15 表示一直立圆柱体与一正垂面相交后截交线（椭圆）的画法。截交线的正面投影和截平面的投影重合，投影积聚为一条直线，水平投影和圆柱面的水平投影（即圆周）重合，此时，要求作的只是该截交线的侧面投影。

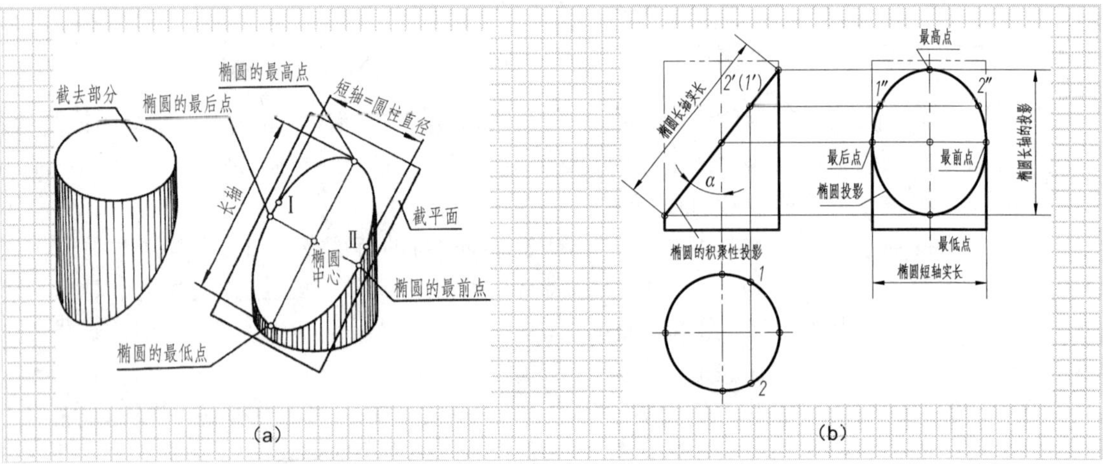

图 4.15　平面斜截圆柱时的截交线画法示例

图 4.16 说明了求作该交线的作图步骤。

（1）求特殊点：图 4.16（a）所示，点 *I* 和点 *IV* 为最左和最右轮廓线上的点，也是最低点和最高点，同时也是空间椭圆长轴上的点。点 *II* 和点 *III* 为最前和最后轮廓线上的点，同时也是空间椭圆短轴上的点。

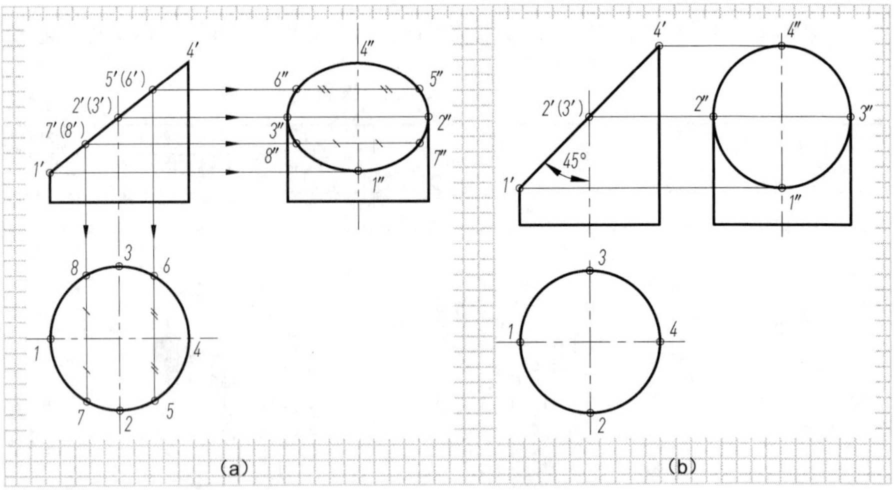

图 4.16　正垂面与圆柱相交

（2）求中间点：点 *V*、*VI*、*VII*、*VIII*为作图需要的中间点。可根据圆柱面水平投影的积聚性，并利用点的投影规律作图。

（3）判别可见性，光滑连接。

（4）分析轮廓线：可以看到，自点 *II*和点*III*向上，圆柱最前和最后轮廓线被切去。

从图中可进一步分析，在椭圆长、短轴中，始终有一根轴垂直于圆柱轴线且与圆柱直径相等，因此截平面与圆柱轴线的夹角α越小，该椭圆就会拉得越长，反之越短，而当α等于 45°时，虽然截交线还是椭圆，但其侧面投影变成了一个圆，如图 4.16（b）所示。

2. 圆锥截交线的投影分析

表 4.3　圆锥的截交线

截平面与圆锥素线的相对位置	截交线的名称	立 体 图	投 影 图
截平面过锥顶且与锥面相交	两直素线（汇交于锥顶）	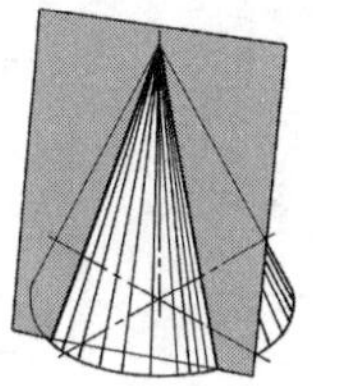	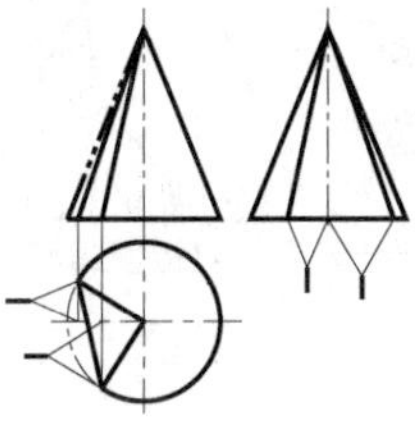
截平面垂直于轴线且与所有素线相交	圆周	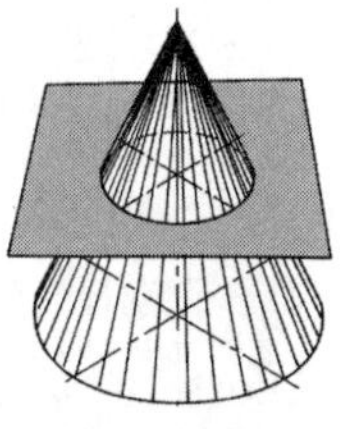	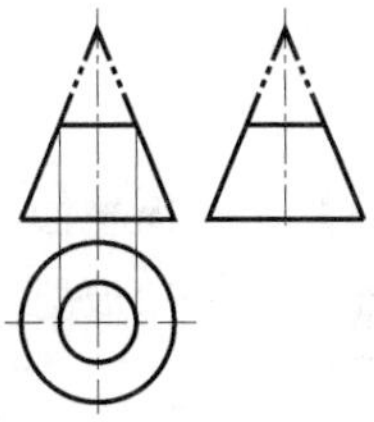
截平面倾斜于轴线且与所有素线相交	椭圆周	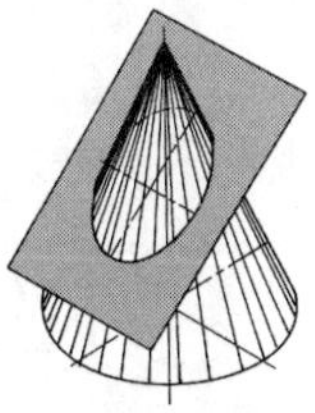	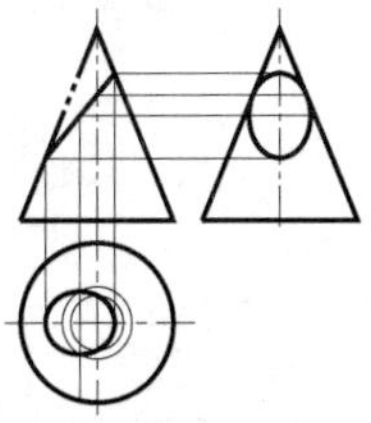
截平面平行于任一素线且与其它素线相交	抛物线	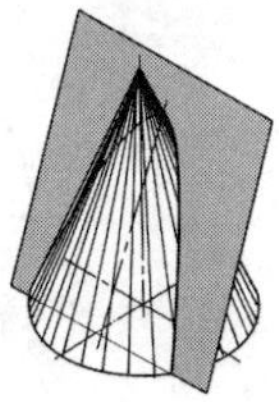	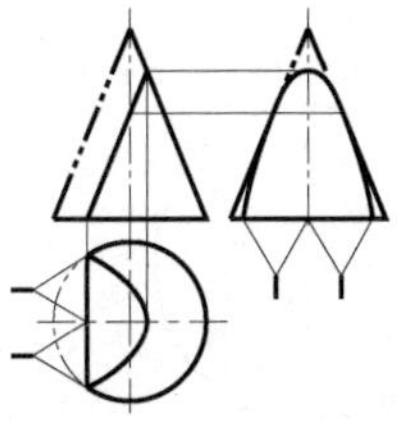
截平面平行于任两条素线	双曲线	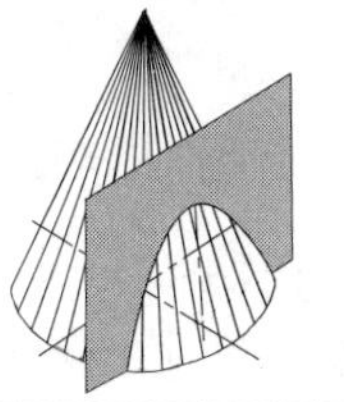	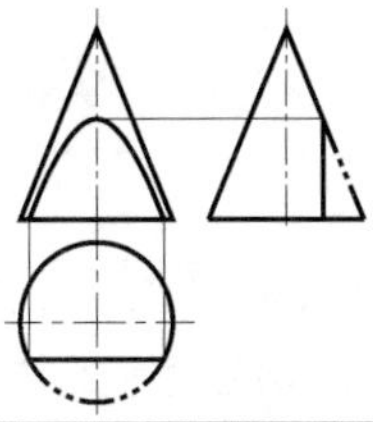

学过解析几何的都应该记得圆锥曲线，有圆、椭圆、双曲线、抛物线和直线。在画法几何中，它们都是可以看到的曲线，其生成过程就是用一个平面切截圆锥的过程，由平面相对于圆锥轴线位置的不同，可获得不同的圆锥曲线，如表 4.3 所示。与解析几何不同的是，画法几何是用正投影的画法而不是数学表达式来表示圆锥曲线。

图 4.17 表示一个正垂面斜截圆锥获得椭圆交线的情况。该平面倾斜于圆锥轴线且与该圆锥的所有素线都相交。此椭圆的正面投影与截平面重合，积聚为一条直线；但由于该椭圆所在平面倾斜于 *H* 和 *W* 面，由类似性知，其水平投影和侧面投影都仍然是椭圆但都小于实形。

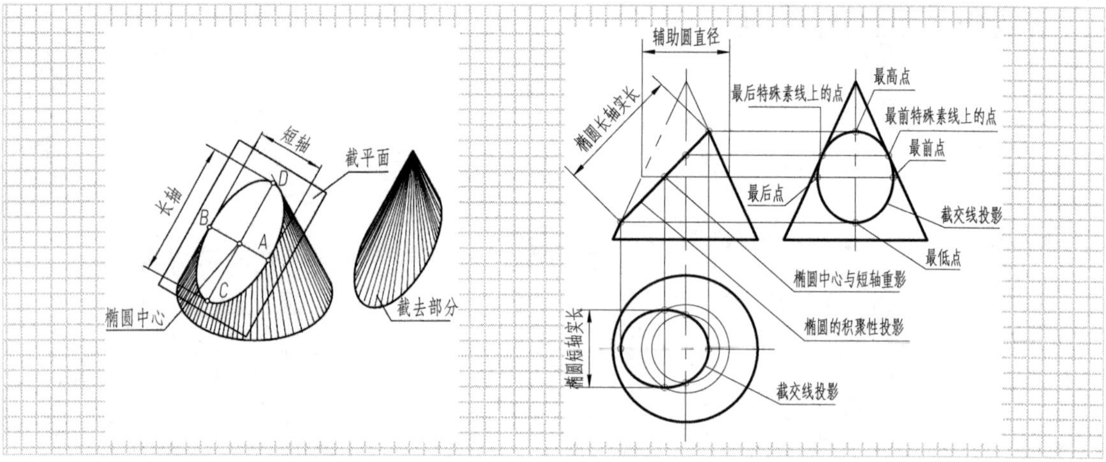

图 4.17　圆锥表面椭圆交线的投影分析

【例 4.3】求作正垂面与圆锥相交后所得截交线的水平和侧面投影（图 4.18（a））。为了突出表示交线有一部分被遮挡时的画法，本例在主视图方向上特意把这个截头圆锥置于左高右低的位置。

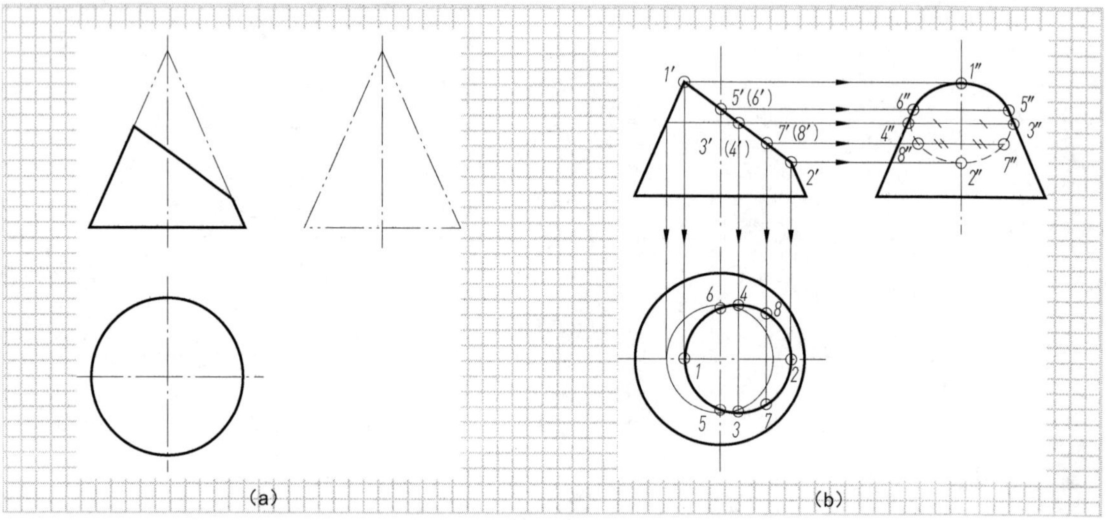

图 4.18　正垂面与圆锥相交

根据如图 4.17 所示的分析，其求解过程如图 4.18（b）所示。

【椭圆截交线投影的求作关键】在作投影图时，不仅要找出圆锥表面特殊素线上点的投影，还应该找出椭圆长、短轴 4 个端点的投影，缺一不可，它们是围成该椭圆交线最上、最下、最左、最右、最前和最后的极限点。

【作图步骤】

（1）求特殊点：特殊点包括 *I*、*II*、*III*、*IV*、*V*、*VI*。已知这些点的正面投影，对于转向轮廓线上的点可直接利用投影关系作图。对于其他非转向轮廓线上的点，可利用辅助圆法作图。

（2）求中间点：对于点 *VII*、*VIII* 可利用辅助圆法作图。

（3）判别可见性，光滑连接：对于水平投影而言，圆锥面上的点都可见。对侧面投影来讲，左半个圆锥面可见，右半个圆锥面不可见。因此 *I*、*V*、*VI* 三个点的侧面投影可见，其他点的侧面投影不可见。

（4）分析整理轮廓线：对于侧面投影来说，从 *V*、*VI* 两点往上，圆锥的最前和最后轮廓线被截去。

3. 圆球截交线的投影分析

平面与球相交，无论平面与球的相对位置如何，其截交线都是圆。但截平面对投影面的位置不同，所得到的截交线（圆）的投影也不相同，如表 4.4 所示。当截平面与某一个投影面平行时（即截交线是投影面平行线），交线圆就在这个投影面上的投影反映实形（圆），另外两个投影则是平行于相应投影轴的直线；当截平面是投影面垂直面时，该交线圆的另两个投影为椭圆；当截平面是一般位置平面时，该交线圆的三个投影都是椭圆。

表 4.4　平面与圆球面相交

截平面	水平面	正平面	侧平面	一般位置平面
立体图	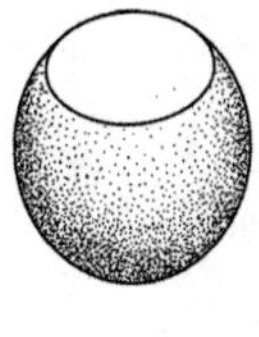	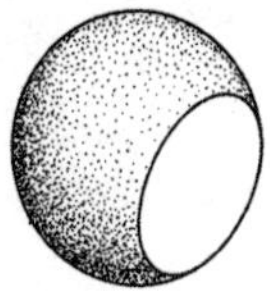	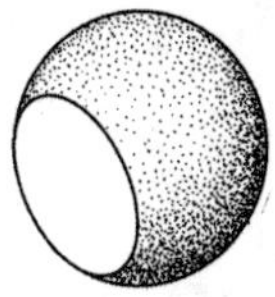	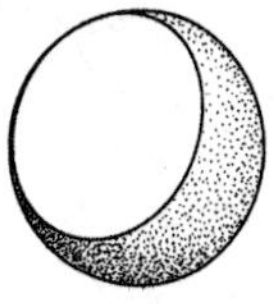
投影图	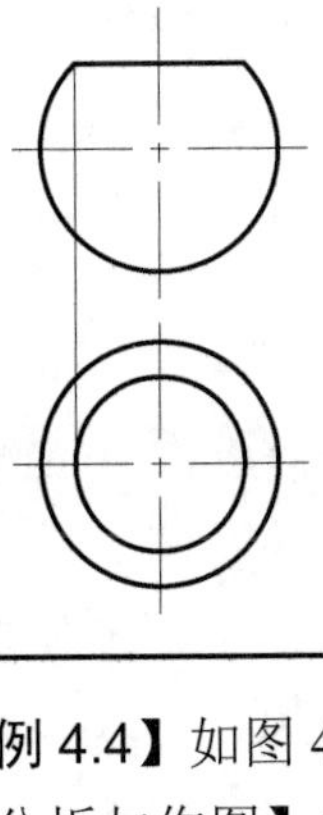	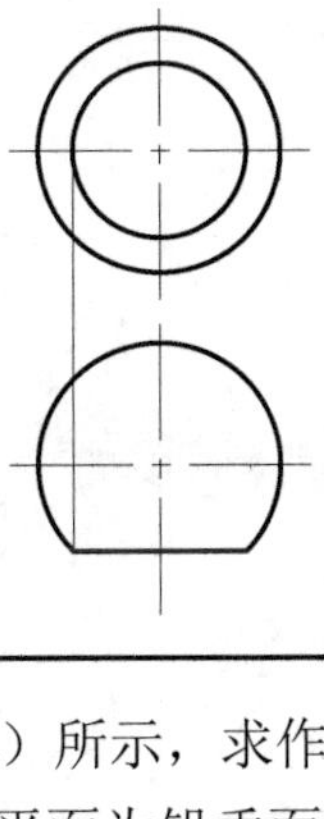		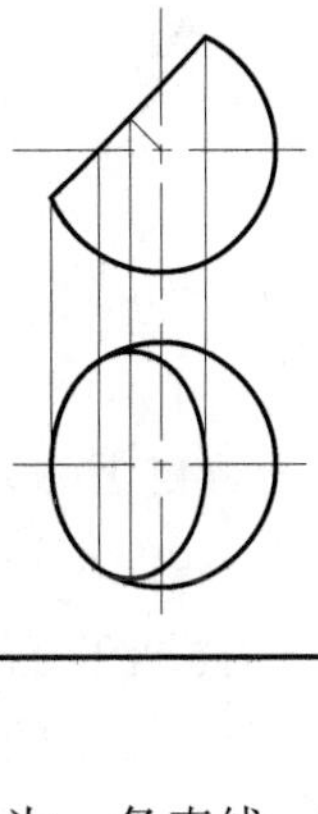

【例 4.4】如图 4.19（a）所示，求作铅垂面与圆球的截交线。

【分析与作图】由于截平面为铅垂面，所以截交线（圆）的水平投影积聚为一条直线，而正面投影和侧面投影均为椭圆。其作图步骤如下。

（1）求特殊点。①椭圆长、短轴的端点：点 *I*、*II* 的正面投影 *1*、*2* 和侧面投影 *1″*、*2″*

分别为 *V* 面和 *W* 面上椭圆短轴的端点；在 *H* 面上，过球心的水平投影向 $\overline{12}$ 作垂线，垂足为 $\overline{12}$ 的中点，此点即为椭圆长轴两端点的水平投影 3、4，利用辅助圆法和点的投影规律可求出其正面投影 3′、4′ 和侧面投影 3″、4″。②特殊素线圆上的点：球面上对 *W* 面的转向轮廓线与截平面的交点为 *V*、*VI*，对 *V* 面的转向轮廓线与截平面的交点为 *VII*、*VIII*，这些点均可利用各轮廓线的投影规律求得。

（2）求中间点。作出若干中间点以使投影作图更加准确。

（3）判别可见性并光滑连接。

（4）分析整理轮廓线。整个作图过程如图 4.19（b）所示。

值得注意的是，此时截交线（圆）的投影虽然是椭圆，但不能使用第 2 章提到的近似法代替。作图时必须按求得的特殊点围成的范围采用坐标法求取截交线的投影。

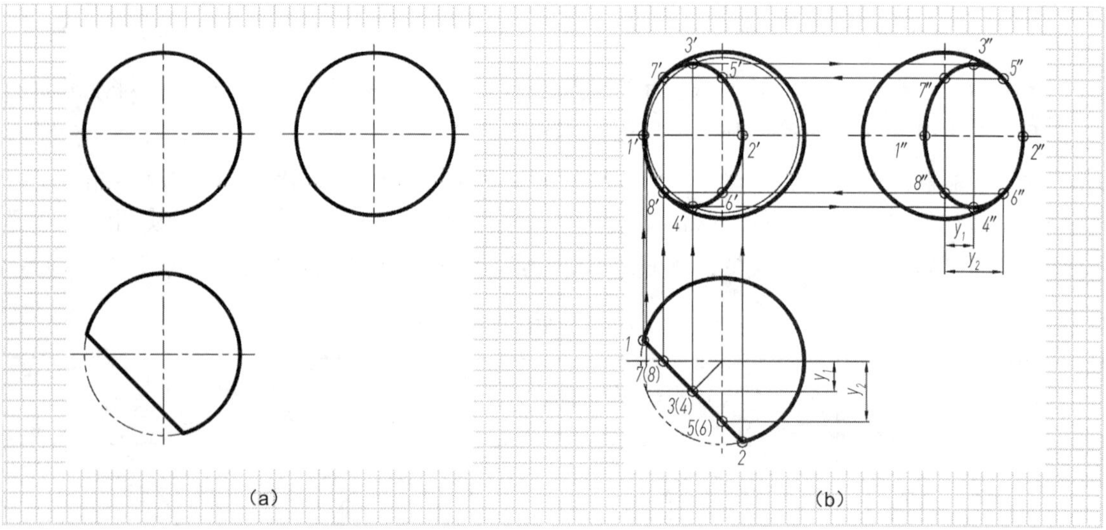

图 4.19 铅垂面截切圆球

4. 平面与任意回转体相交

任意回转体是指以某一任意曲线为母线所形成的单一回转体。如用一截平面与此回转体相交，所得的截交线可能无法命名，只能用曲线一词笼统概括，但是求取截交线投影的分析和作图方法还是万变不离其宗的。方法上抓住纬圆法，步骤上则以“特殊点—中间点—光滑连接”为主线。下面回到图 4.1（a）的连杆头，以此说明任意回转体上截交线的分析方法与作图步骤。

图 4.20（a）给出了连杆头的成形过程。其主体部分原形为一个复合回转体，在前后对称位置上由两个正平面切割，在其表面形成了一条截交线。

将截平面置为正平面，则其截交线平行于正立投影面且正面投影反映实形，另外两投影为平行于投影的直线，其投影画法如图 4.20（b）所示。

（1）特殊点。最高点为点 *I*，两个对称的最低点为点 *II*、*III*。

（2）中间点。**采用且只能采用纬圆法**，从主视图入手，在最高最低点之间确定若干个纬圆的位置（本例中为两个）。这些纬圆均为也只能为水平面。每定下一个纬圆的正面投影（积聚为一直线），它与回转轮廓素线的交点之间的距离就是该纬圆的直径，依此画出此纬圆的水平投影（圆），此圆与截平面水平投影（积聚为直线）的交点即为截交线上的点，返回到主视图，便可找到其上各中间点的正面投影，如图所示的 $4'$、$5'$、$6'$、$7'$。

（3）检查并光滑连接。

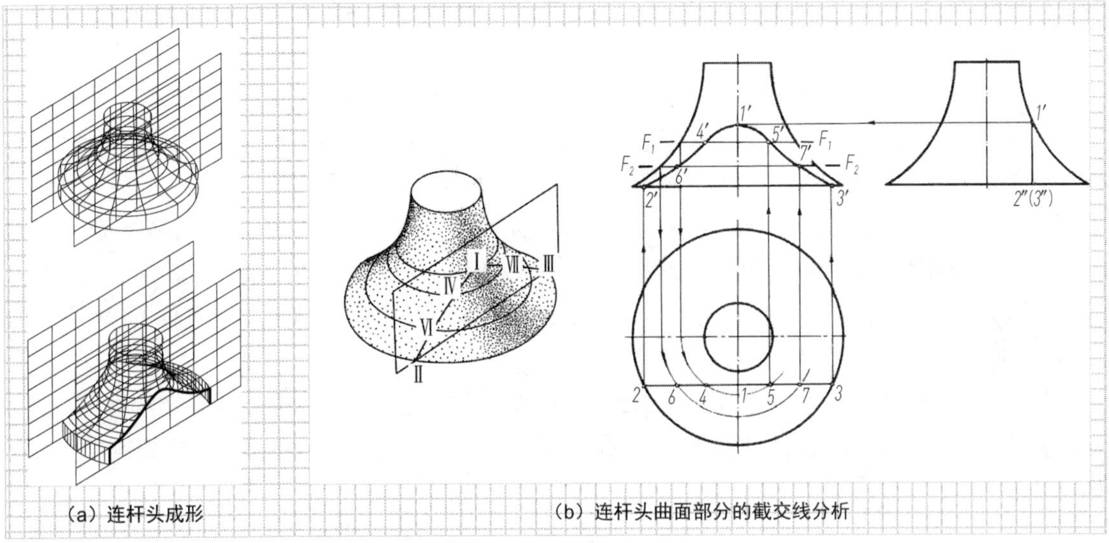

图 4.20　连杆头中部曲面部分截交线的投影分析

5. 平面与复合回转体相交

复合回转体是指多个同轴单一回转体的组合。这时的分析要点在于，将其拆分为若干个单一回转体，因此同一个截平面作用于不同的回转体会产生不同的截交线，分段分析并使其两两首尾连接，即可求作完整的截交线。这也是形体分析法在求交线问题上的应用。

再回到本章图 4.6 所示的拉杆头零件，其原形由左边的一段圆柱、右边的圆球和其间以连接圆弧为母线形成的回转体（即任意回转体）同轴叠加（并集）而成。在用前后对称的两平面切截后，形体前后表面产生了截交线，如图 4.21（a）所示。

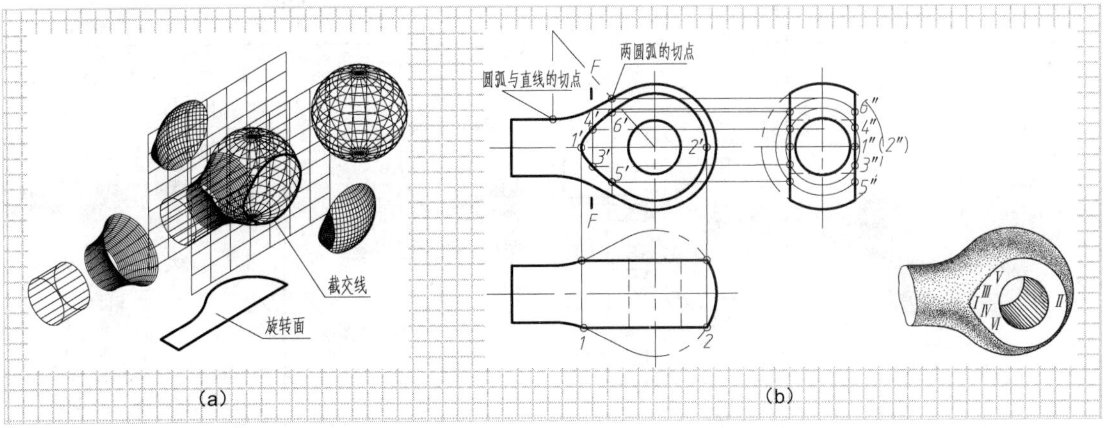

图 4.21　拉杆头中部曲面部分截交线的投影分析

现在，将截平面置于正平面位置，求取截交线投影的过程如图 4.21（b）所示：

【交线分析】从俯视图可以清楚地看到，两个截平面（投影积聚为平行于 X 轴的直线）的剖切范围包括中部任意回转体和右端圆球，而与左端圆柱无关。因此截交线分为两部分，一部分是与球相交后的圆周，另一部分则是与任意回转体相交后的曲线段。由于原形上的球与任意回转体相切，根据正投影的不变性，它们的同面投影在连接处也相切。

【作图步骤】

（1）找出球与任意回转体的分界面（即从正面投影的素线上，找到球与任意回转体特殊素线的切点，该切点的空间轨迹是一个垂直于轴线且平行于侧面的纬圆），从而也就找到了两段截交线的连接点（切点）。以此切点为两段截交线的起点，分别作图。

（2）由于截平面平行于正面，故其交线的正面投影反映实形。其中，球的截交线的正面投影为一部分圆周，圆心就在球心投影上；任意回转体上的截交线的投影则按“特殊点—中间点—光滑连接”的步骤，利用纬圆辅助法作图（注意此时的纬圆均平行于侧面）。这两段截交线的水平和侧面投影均积聚为直线。

综上，当平面与一个复合回转体相交时，可以把这个复合回转体拆分成多个单一回转体，抓住其垂直于公共轴纬圆的特性，分别分析该平面与它们各自产生的截交线，然后再“合成”，如表 4.5 所示。

表 4.5 平面与复合回转体相交

立 体 图	投 影 图	说 明
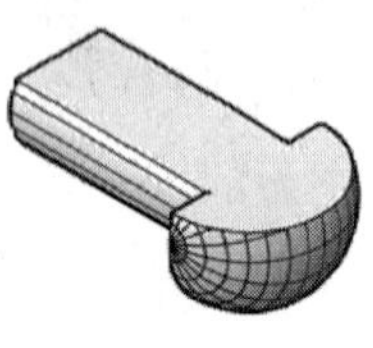	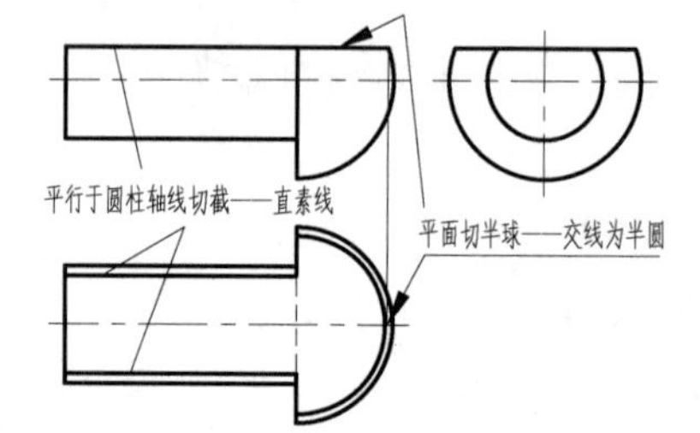	【形体分析】复合回转体由一段圆柱与一半球组成，轴线为侧垂线。 【截平面】截平面为水平面，且平行于回转轴线。 【截交线投影分析】截交线为水平线框，由两部分组成。一部分为圆柱上的直素线；另一部分为球面上的半个纬圆
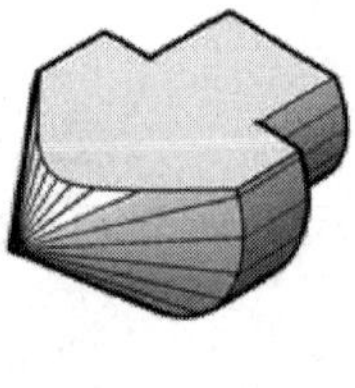	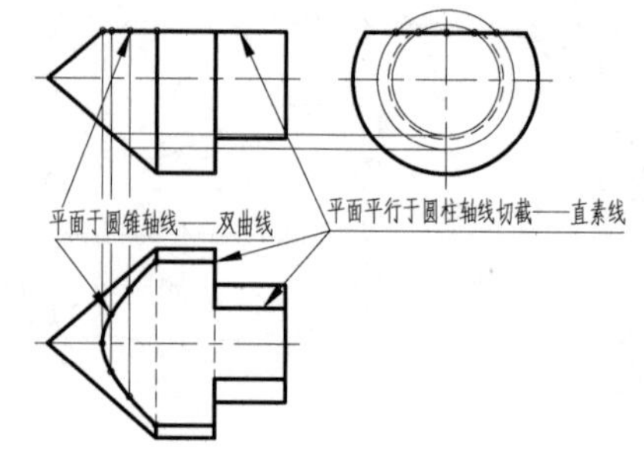	【形体分析】复合回转体由一个圆锥与两个圆柱组成，轴线为侧垂线。 【截平面】截平面为水平面，且平行于回转轴线 【截交线投影分析】截交线为水平线框，分 3 部分组成。一部分为圆锥面上的双曲线；另两部分为圆柱面上的平行于轴线的直素线，其间距随圆柱直径的不同而不同

续表

<table>
<tr><th>立 体 图</th><th>投 影 图</th><th>说　明</th></tr>
<tr>
<td>
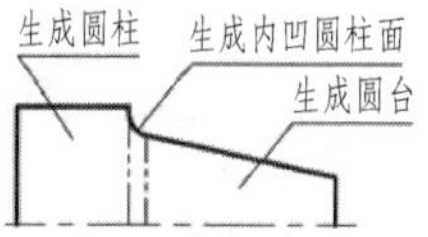

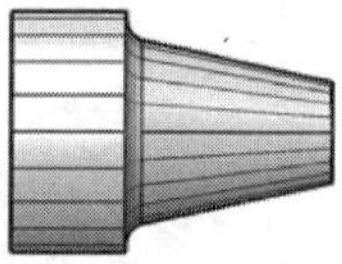
切割前的复合回转体
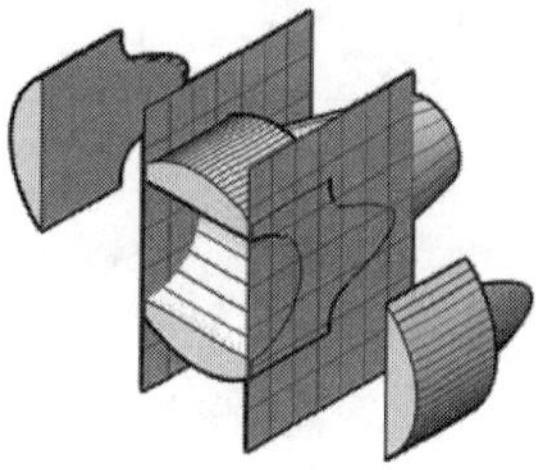
</td>
<td>
形体分析
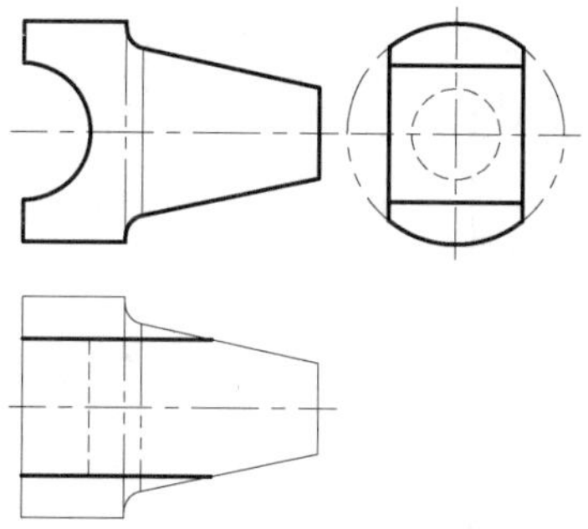
投影作图
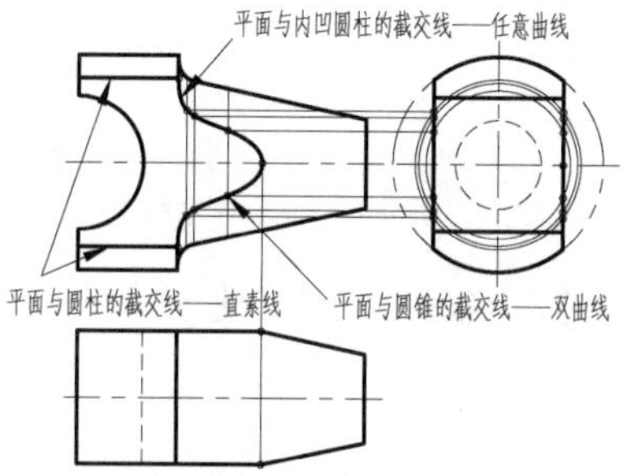

</td>
<td>【形体分析】复合回转体由圆柱、圆台，及其间以连接圆弧为母线的一段内凹圆柱面组成，轴线为侧垂线
【截平面】截平面为正平面，且平行于回转轴线
【截交线投影分析】截交线为正平线框，由 3 部分组成。左端部分为圆柱面上的 2 条平行的直素线；右端部分为锥面上的双曲线；中间部分为任意回转面上的光滑曲线</td>
</tr>
</table>

6. 一组平面与基本体相交

如图 4.22（a）所示为一个正五棱柱被一侧平面和一正垂面相截，求作截切后正五棱柱的侧面投影。

【分析】一般情况下，对于一组平面作切割的问题，通常将截平面置于特殊位置，这时可以从截平面的积聚性投影入手求取截交线的投影。

【作图步骤】

（1）切割后的正五棱柱是一种切割式组合体，因此画出其原基本体（即切割前完整五棱柱的侧面投影）是“切割”的前提，如图 4.22（b）所示。

（2）划分切割区域。截平面相对于被切割体（五棱柱）位置不同，所产生的截交线也会不同，而相邻两截平面之间的交线，即是不同截交线的分界线。因此在作截交线投影之前，必须先作出相邻两截平面间交线的投影，如图 4.22（c）所示的*III*、*IV*两点及其连线。很明显，这是一条正垂线。

（3）以交线*III*-*IV*为界，左边的截平面是一个正垂面，其正面投影是一斜直线，水平投影是一个五边形线框，则根据投影的类似性特点，其侧面投影也一定是一个前后对称的五边形，该五边形由投影的三等关系可作图求得（图 4.22（c）左视图中的五边形 *3"4"5"1"2"3"*）；交线*III*-*IV*右侧的截平面是一个侧平面，因为其正面和水平投影都是平行于相应投影轴的直线，侧面投影一定是一个反映实形的矩形线框，见图 4.22（c）中的左视图。该矩形线框与上述五边形线框有一条公有线，也就是两截平面的交线*III*-*IV*。

（4）在截交线作图过程结束后，必须检查和整理轮廓线。主要是检查五根棱线（五棱柱的最前和最后两个棱线被正垂面截去），并求出两截平面之间的交线（正垂线）。

至于如何准确地使用圆规和三角板作出圆内接正五边形，请见第 2.4.4 节。

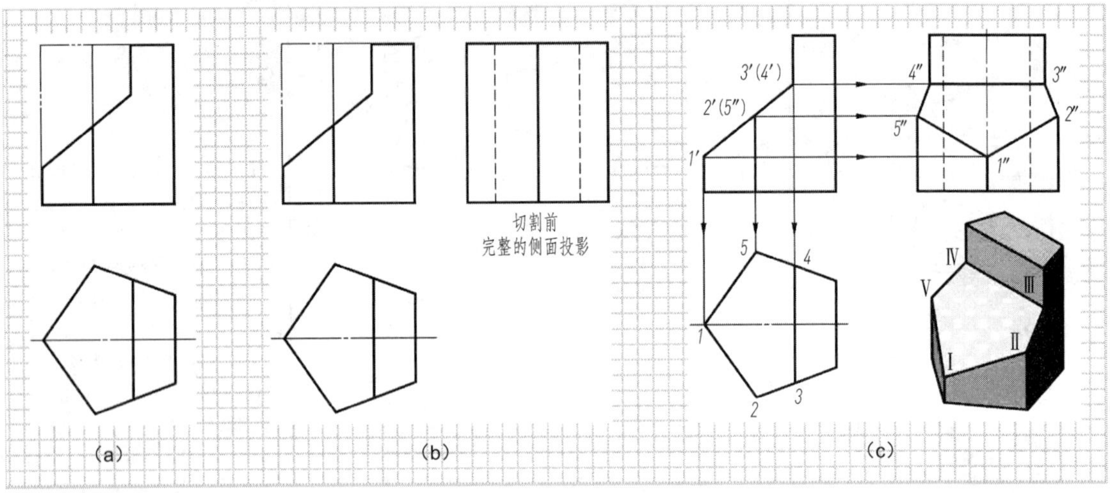

图 4.22　正垂面和侧平面截切五棱柱

图 4.23 表示的是对一个圆柱左右两侧对称切割的情况以及截交线投影的作图过程。由于对称，讨论时可只关注一侧（如左侧）。

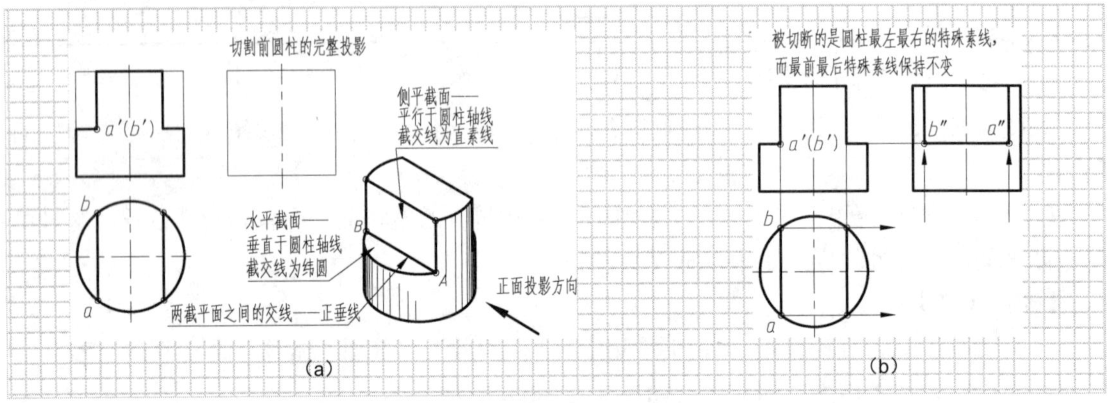

图 4.23　多面切截圆柱（实心圆柱两边切槽）

图 4.23（a）中，在实心圆柱左右对称的位置上，分别用一个侧平面和一个水平面作切割，且两截平面的交线 *AB* 为正垂线。对照其立体图可知，因为侧平截面平行于圆柱轴线，故切截后的截交线为过 *A*、*B* 两点的直素线（铅垂线），且与 *AB* 及顶面和侧平截面的交线构成一矩形侧平面，其侧面投影反映实形；水平截面垂直于圆柱轴线，切得交线为一纬圆，且与 *AB* 构成一水平面，其水平投影反映实形。

截交线的投影作图如图 4.23（b）所示。作图要点如下：

（1）首先画出圆柱切割前完整的三个投影，这是“切割”的前提条件。

（2）从积聚性投影出发，找出相邻两截平面之间的交线。该交线一定是直线，是相邻两条截交线的公有线，也是两条截交线的分界线，其两个端点是两段截交线的起（终）点和连接点，如图示 A、B 两点。

（3）按截平面分段作投影。一般情况下，有几个截平面就有几条封闭的截交线，而相邻两条截交线有一条公有线，也是相邻两个截平面的交线。

（4）最后检查整理轮廓线的工作也十分重要。对于平面立体，重点检查切割后棱线的三个投影，即找到各棱线的中断点；对于回转体，则要重点检查 4 条特殊素线的中断点。如本例中被切断的是圆柱最左最右的特殊素线，而最前最后特殊素线是不变的。

如图 4.24（a）所示的是在截平面数量及位置不变的基础上，将实心圆柱改为空心圆柱。这也相当于同样一组截平面同时在切截两个直径不同的同心圆柱。这两个圆柱一个具有外圆柱面，一个具有内圆柱面，作图时可分别进行分析。如对外圆柱面的切截，可重复图 4.23 的分析与作图，即以两截平面交线的端点 A、B 决定侧平截面与外圆柱面相交后的素线位置；同理，对内圆柱面的切截，也是以两截平面交线的端点 C、D 来确定侧平截面与内圆柱面相交后的素线位置。要注意的是，由于是空心圆柱，故中空处是没有任何轮廓线存在的。图 4.24（b）表示了其投影作图过程，作图要点同上。

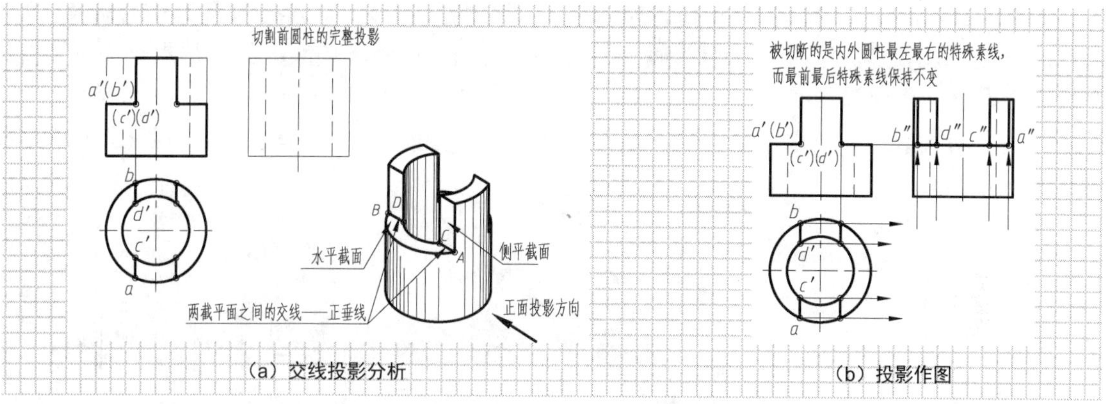

图 4.24　多面切截圆柱（空心圆柱两边切槽）

再来看如图 4.25（a）所示带切口的实心圆柱和图 4.26（a）所示的带切口的空心圆柱，这种结构常用于两零件的接头处。

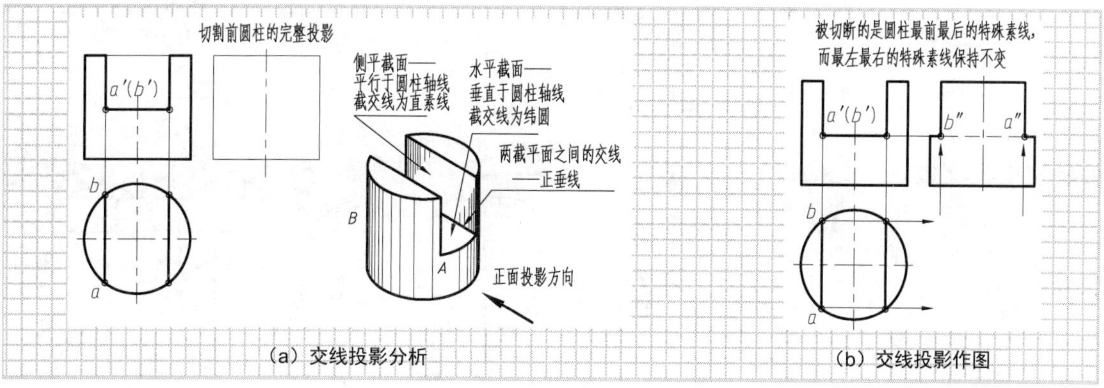

图 4.25　带切口的实心圆柱

首先观察图 4.25（a）所示的带切口实心圆柱的三视图和立体图，这个切口实际上是由 3

个截平面形成的，其中两个平行于圆柱轴线（在此例中为侧平面）且关于轴线左右对称，仅观察对称的一侧，如左侧，切截后的交线应为过 *A*、*B* 点的直素线，其中 *AB* 为相邻两截平面的交线（正垂线），该两直素线与 *AB* 及顶面交线构成一个矩形侧平面，在侧面反映实形，只是因为 *AB* 处于槽底，其侧面投影被左部实体挡住，为不可见轮廓线，用虚线表示；另一截平面垂直于圆柱轴线（在此例中为水平面），切截后的交线为前、后两段纬圆圆弧，与左、右对称的相邻截平面交线构成水平面，其水平投影反映实形。

图 4.25（b）表示了其投影作图过程，作图要点仍然是上述几点，即首先必须画出切割前基本体完整的三面投影，然后找到并画出相邻两截平面之间的交线，其次才是按截平面相对于被切割体的不同位置分段作出截交线的投影；最后判断交线的可见性以及被切割体棱线或特殊素线的中断点，这也十分重要，不可忽略。如本例中，两截平面之间的交线及其所在的水平截面内凹，故在左视图上有一段不可见，用虚线表示；而圆柱的 4 条特殊素线中，被切断的是最前最后两条素线，其最左最右两素线是完整不变的。判断时要特别注意，如图所示位置中，主、左视图的投影方向是相差 90°的，且对于圆柱来说，主视图上的轮廓线是用其最左最右特殊素线表示，而左视图的轮廓线是用最前最后特殊素线表示，判断时不能混淆。

如图 4.26（a）所示的是带切口的空心圆柱，切口位置不变，改实心圆柱为空心圆柱。从对称的一侧可以看到，这时两条相邻截平面的交线断开，在外圆柱面上的两端点仍为 *A*、*B*，在内圆柱面上产生两端点 *C*、*D*。以交线 *AC* 和 *DB* 为界，可以得到侧平截面的切截结果（内外圆柱面上的直素线）及水平截面的切截结果（内外圆柱面上的纬圆段）。可仿照图 4.25 所示实例分析。

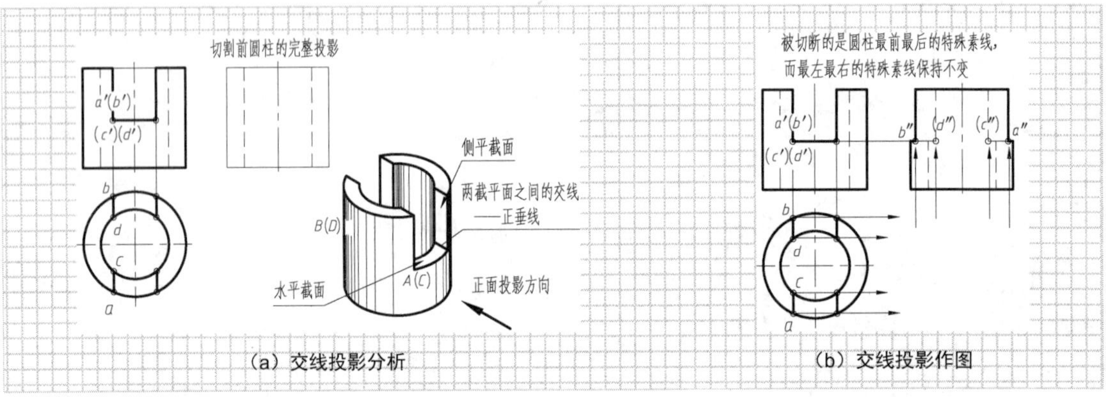

（a）交线投影分析　　（b）交线投影作图

图 4.26　带切口的空心圆柱

图 4.27 表示了球面上切槽所产生的截交线，常见的螺钉头部就是它的应用。它相当于用一组平面对球做切割。它们是两个侧平面和一个水平面，在主视图上均有积聚性投影，水平面与球相交产生的未截交部分是一个平行于水平投影面的圆，在水平投影面上反映实

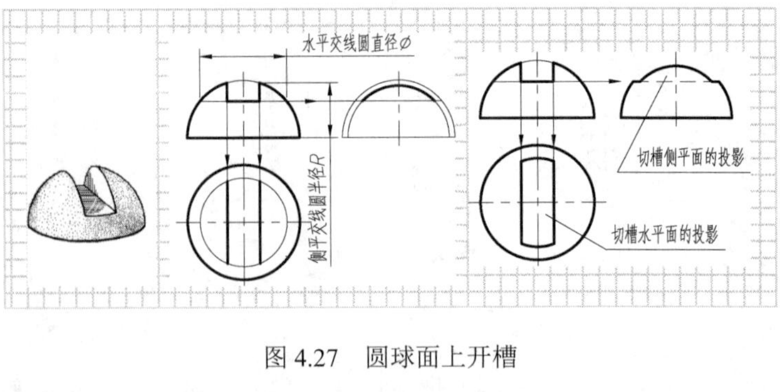

图 4.27　圆球面上开槽

形；侧平面切球得到的是平行于侧面的圆，在侧面反映实形。投影作图时注意首先作出切割前半球的三个投影，然后依次作出切割后交线的投影，最后一定要注意检查和判断特殊素线的中断点。

工程上有很多关于带切口或穿孔基本体的实例，表 4.6 中仅列出了几个常见的结构。它们实际上都是由一组平面与基本体相交产生的。

表 4.6　常见的带切口、穿孔基本体的投影

带切口的六棱柱

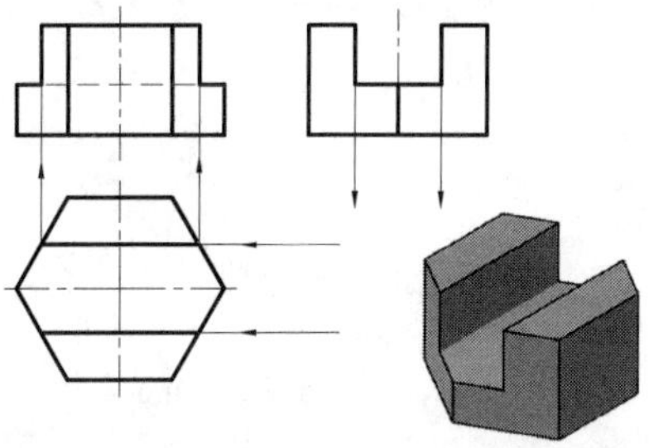

十字头接头（带切口的空心圆柱）

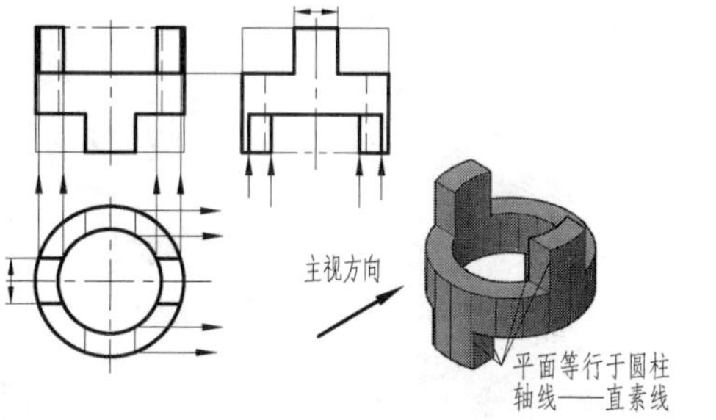

矩形穿孔的空心圆柱

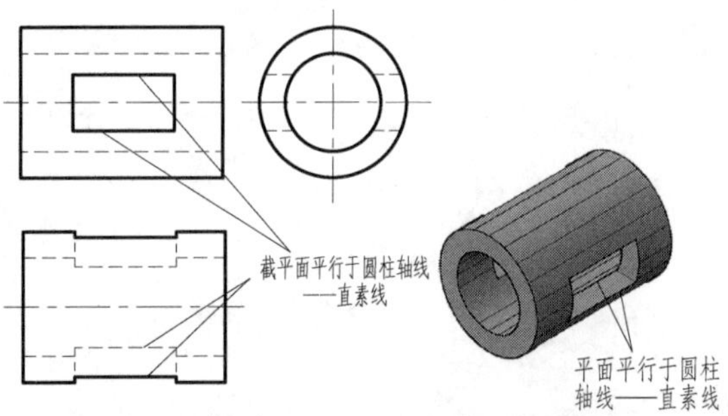

矩形穿孔的球

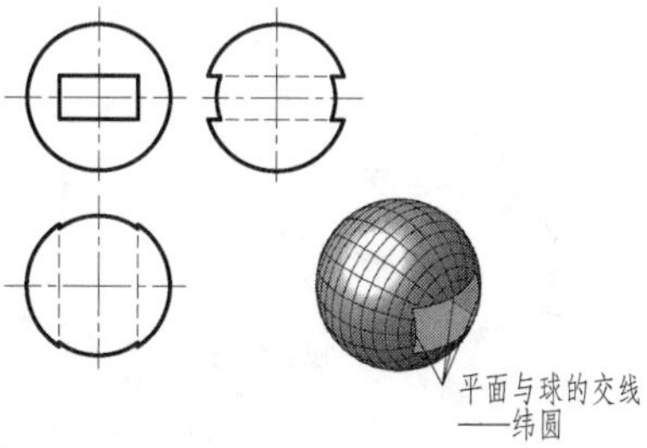

螺钉头部（带切口的同轴圆柱和圆锥）

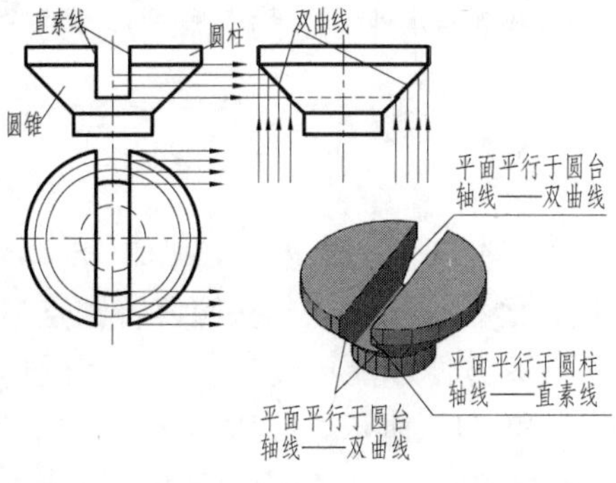

矩形穿孔的复合回转体
（原基本体由两个同轴的球和圆台相切而成）

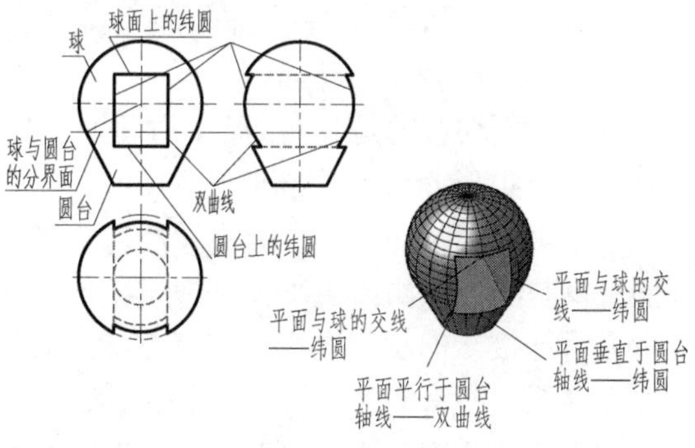

【例 4.5】 图 4.28（a）给出了一个铣床尾架上的顶尖模型的主视图和左视图，要求画出其俯视图。

【形体分析】该顶尖为一复合回转体，由一个圆锥和一个圆台（圆锥的一部分）同轴且锥顶相离组成。据此首先画出切割前立体的水平投影，如图 4.28（b）所示；

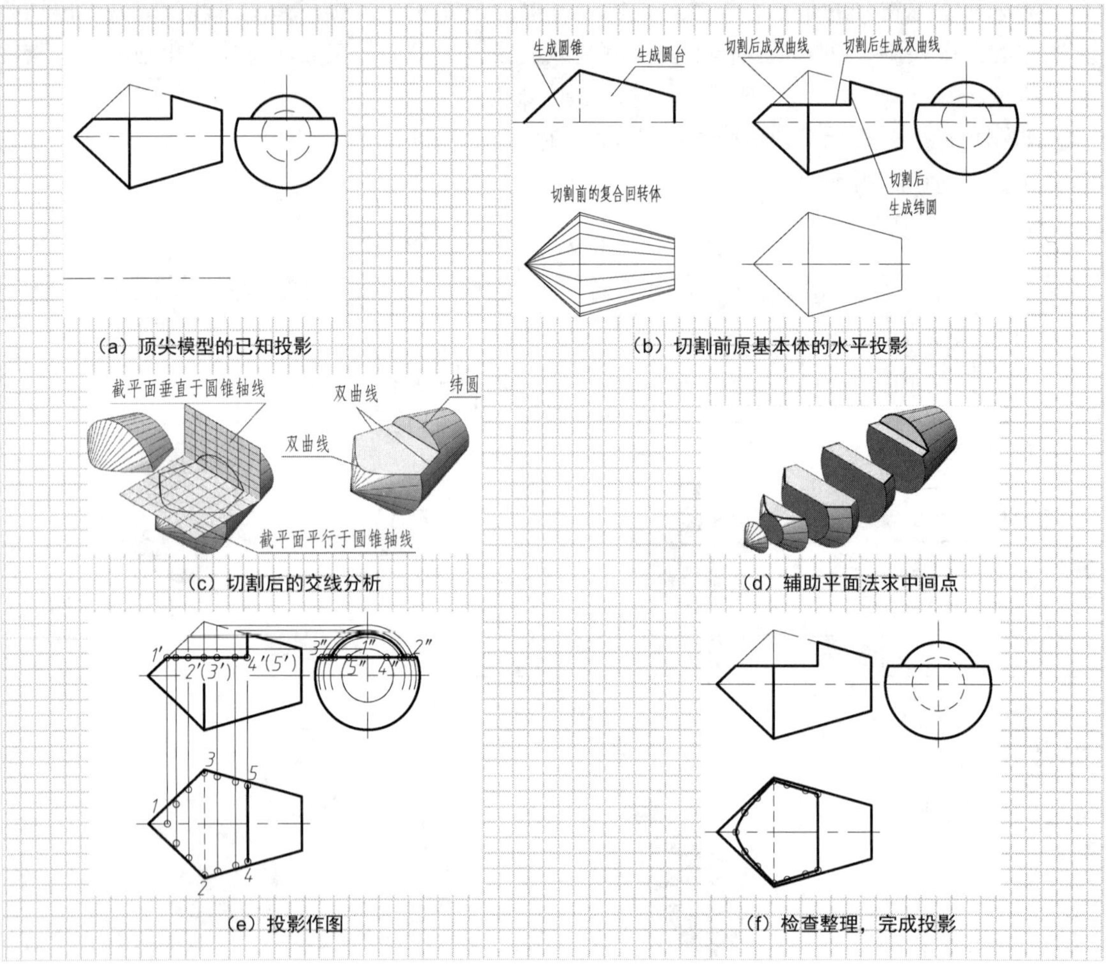

（a）顶尖模型的已知投影
（b）切割前原基本体的水平投影
（c）切割后的交线分析
（d）辅助平面法求中间点
（e）投影作图
（f）检查整理，完成投影

图 4.28　根据已知视图补画顶尖模型的第三视图

【截平面位置分析】该复合回转体被一对相互垂直的截平面切割。将这对截平面同时垂直于正面放置，使其在正面的投影均有积聚性。因此一截平面为水平面，另一截平面为侧平面。

【截交线及其投影分析】

侧截平面切截的是右端圆台，并垂直于圆台轴线，故得截交线正好是一个纬圆的一部分，在侧面反映实形；正面投影和水平投影各积聚为直线。

水平截面同时切截两个圆锥（台），得到两个方向相反的双曲线，且两底脚相连，并在水平面上反映实形，如图 4.28（c）所示；两段双曲线投影的求作步骤依然按照“特殊点—中间点—光滑连接”的顺序进行。求点方法此时以纬圆法最为方便，注意此时所有的纬圆均平行于侧面（图 4.28（d））。求作过程及结果如图 4.28（e）和（f）所示。

综上所述，立体表面的截交线，对于平面与平面立体相交，只需抓住棱线和棱面上取点的关键；而对于平面与回转体相交，只要抓住 3 种典型基本回转体的截交线及其投影特性，那么对于任意回转体的截交线、多面切截立体而产生的截交线等，只要运用形体分析法分段分析，即可使问题得到简化解决。这 3 种典型截交线分别是圆柱、圆锥和圆球面上的截交线。根据截平面相对于其轴线的位置，圆柱面的截交线有 3 种（平行于轴线的直素线、垂直于轴线的纬圆和倾斜于轴线的椭圆)；圆锥的截交线有 5 种（与轴线相交且过锥顶的直素线、垂直于轴线的纬圆、倾斜于轴线的椭圆、双曲线和抛物线)；球面的截交线则只有一种，即圆。在求作截交线的投影之前，要注意分析所求截交线的平面多边形或平面曲线性质，有目的地去找特殊点，以确定所求交线投影的区域，从而正确地作出截交线的投影。

4.5　两立体相交——相贯线及其投影分析

前面提到，两立体相交时，其表面产生的交线称为相贯线。根据平面立体和曲面立体的两两组合，形成相贯线的情况有 3 类：两平面立体相交、平面立体和曲面立体相交以及两曲面立体相交。对于两平面立体相交，在进行每个棱面的分解后，可以转换为两平面之间求交线的问题；而对于平面立体与曲面立体相交的情况，同样将平面立体进行每个棱面的分解后，可以转化为平面与曲面立体求截交线的问题。因此，所谓的两立体相交求交线的问题，实际上就是指两曲面立体求交线的问题。而曲面立体中的基本体是回转体，因此本节专题讨论两回转体表面相交的相贯线的投影分析。

4.5.1　两回转立体表面相交

1．两曲面立体交线概述

首先，重申一下相贯线的特性：相贯线是两曲面立体相交后产生的，具有表面性、共有性和封闭性。因此，一般情况下相贯线为封闭、光滑的空间曲线，特殊情况下会出现平面曲线或直线。

根据相贯线的共有性，求作相贯线的投影问题可归结为求两立体表面一系列共有点的问题。与截交线投影的求解一样，求作相贯线的投影也是先从特殊点出发，然后求出中间点，判别可见性，交线光滑连接，最后一定要注意整理两立体的轮廓素线，两立体相交合为一体后，在相交区域段，各自原来的轮廓线消失，不应再画出。

求解相贯线投影一般采用表面取点法或辅助平面法。表面取点法实际上就是使用前述在基本体表面取点的方法，在两立体共有点的几何条件下，求作相贯线的投影。

辅助平面法的基本原理是三面共点原理，即三面相交必共点。在相交区域内，作一个辅助平面与两个立体Ⅰ和Ⅱ都相交，设辅助平面与立体Ⅰ产生的截交线为 L，辅助平面与立体Ⅱ产生的截交线为 S，那么 L 与 S 的交点既在立体Ⅰ上，又在立体Ⅱ上，因此该交点一定是两立体相贯线上的点。

如图 4.29（a）所示两圆柱正交的情况，如采用一平行于两圆柱轴线的辅助平面 P 截切两圆柱，两组截交线（直素线）的交点 C、D 也为相贯线上的一组点。如图 4.29（b）所示为圆柱与圆锥相交的情况。如用一水平面 P 同时截切圆柱和圆锥，它与圆锥面的截交线是水平圆，与圆柱面的截交线是平行于圆柱轴线的两条直线。显然两截交线的交点 A、B 即为圆锥面与圆柱面的一对共有点，也就是相贯线上的两点。

在使用辅助平面法求相贯线时，一个重要的原则就是一定要使所取的辅助平面是特殊位置平面，且截切立体所产生截交线的投影形式最为简单，是直线或平行于投影面的纬圆。

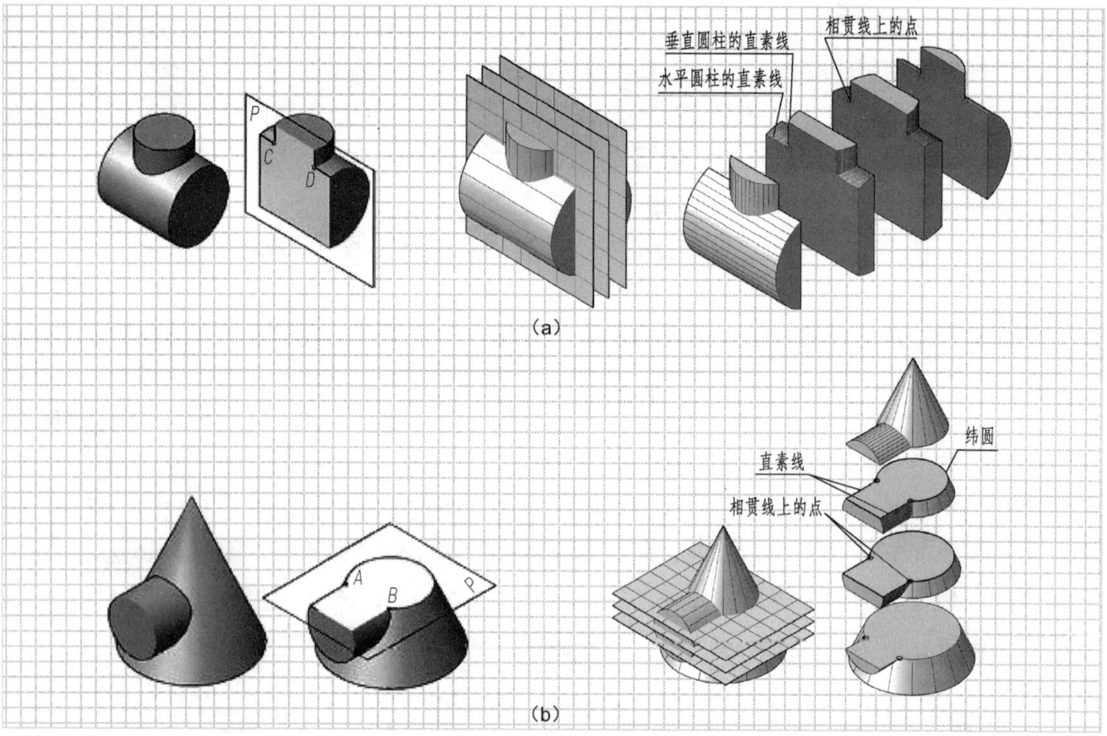

图 4.29　辅助平面法求相贯线

实际上，辅助平面法在工程上起着十分重要的作用。20 世纪 80 年代末 90 年代初兴起并迅速发展起来的一种先进制造技术——快速成形技术（rapid prototyping，RP），可以说是建立在这一几何方法之上的。这是由 CAD 模型直接驱动的快速制造任意复杂形状三维物理实体的技术总称，其基本过程是：首先设计出所需零件的计算机三维模型（数字模型或 CAD 模型），然后根据工艺要求，按照一定的规律将该模型离散为一系列有序的单元，通常在 Z 向将其按一定厚度进行离散（习惯称为分层），把原来的三维 CAD 模型变成一系列的层片；再根据每个层片的轮廓信息，输入加工参数，自动生成数控代码；最后由成形机成形一系列层片并自动将它们连接起来，得到一个三维物理实体。其工作原理如图 4.30 所示。

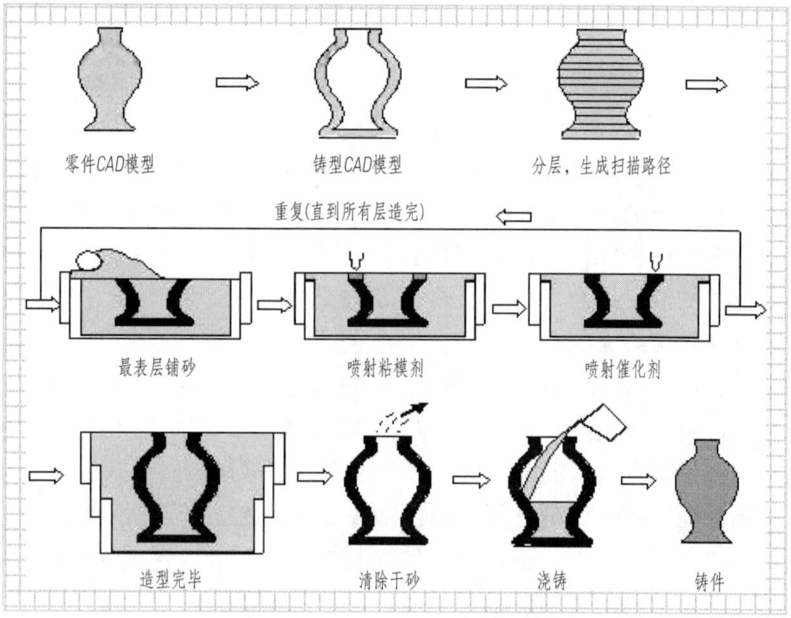

图 4.30　快速成形原理示意图

快速成形技术的迅猛发展，将 3D 打印机带入了我们的生活。图 4.31 给出了 3D 打印机的工作原理。而这些先进制造技术的基本原理就来自于画法几何！

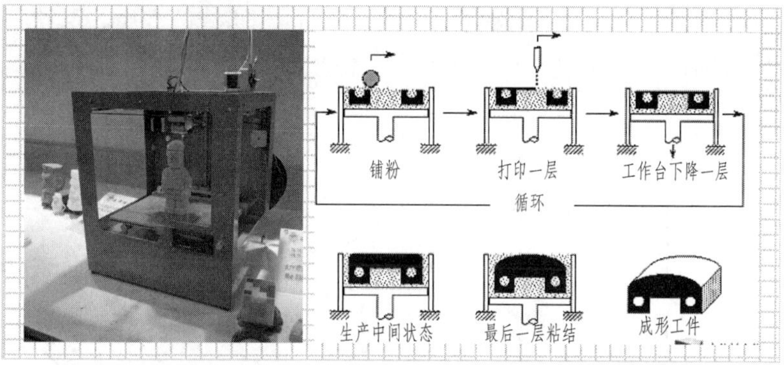

图 4.31　3D 打印机及其工作原理示意图

2. 求作轴线正交的两圆柱的相贯线

【分析与作图】如图 4.32（a）所示为两圆柱正交，相贯线为前后、左右均对称的空间曲线。其水平投影重影于直立圆柱的水平投影，侧面投影重影于水平圆柱的侧面投影，所以只需求作相贯线的正面投影。也就是说，该问题的求解属于已知相贯线的两个投影求作第三投影的问题。其正面投影相当于是空间曲线的 Y 坐标为零时由 X、Z 坐标确定的平面曲线。

（1）求特殊点。由于两曲面立体相交的相贯线在一般情况下是一条封闭的空间曲线，因此只能根据两相交立体特殊素线（圆）上的点来分析相贯线上最高、最低、最前、最后、最左、最右等特殊点。在本例中，两圆柱的 V 面轮廓线的交点 I（1、$1'$ 和 $1''$）和 II（2、$2'$ 和 $2''$）为相贯线的最左点、最右点，同时也是最高点。从侧面投影中可以直接得到最低点 III（3、$3'$ 和 $3''$）和 IV（4、$4'$ 和 $4''$），同时也是最前点和最后点。

（2）用辅助平面法求作中间点。由于两圆柱轴线垂直相交平行于 V 面，这里选择正平面作为辅助平面（图 4.32（b））（也可选择水平面或侧平面为辅助平面，这几种辅助平面与两圆柱截交线的投影均为直线或圆）。作辅助面 P，其投影为 p_H 和 p_W。求得点 V（5、$5'$ 和 $5''$）和 VI（6、$6'$和 $6''$）。

（3）判别可见性，光滑连接。相贯线正面投影的可见部分与不可见部分重合，因此画成粗实线，结果如图 4.32（a）右图所示。

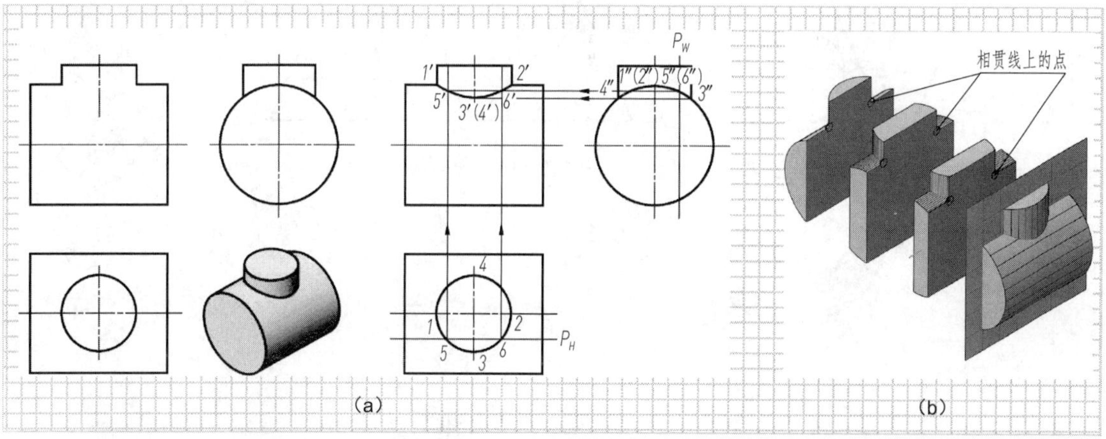

图 4.32　两圆柱正交

两立体相交可能是外表面，也可能是内表面。如图 4.33（a）所示的圆柱通孔，其相贯线仍可看成是直立圆柱与水平圆柱的交线，其形状与求法相同，所不同的是用虚线画出直立圆柱孔的轮廓线。如图 4.33（b）所示为在一水平空心圆柱上钻一个垂直圆柱孔的情况，其中钻孔与外圆柱面相贯线和钻孔与内圆柱表面相贯线的性质、形状和求法，实际上与图 4.32（a）中两圆柱外表面相交的情况是完全相同的。

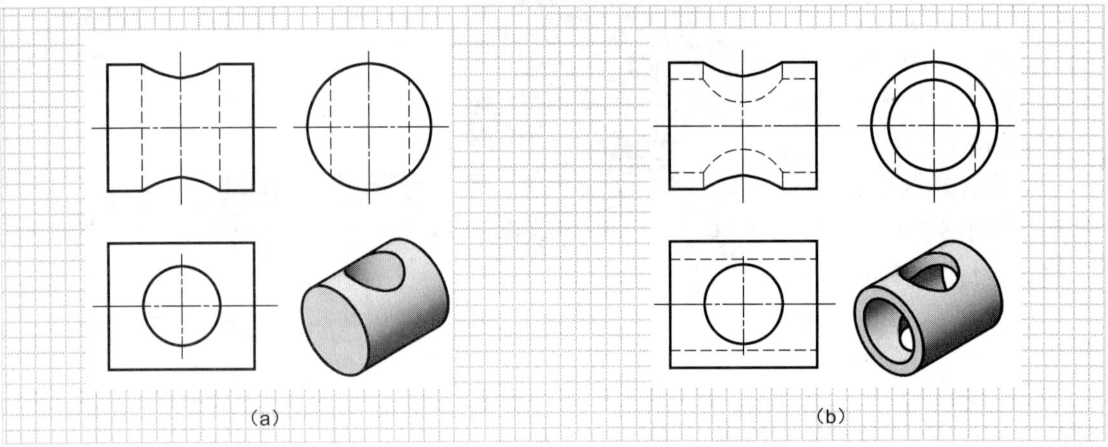

图 4.33　圆柱通孔与圆筒通孔

3. 求作轴线正交的垂直圆锥和水平圆柱的相贯线

【分析与作图】如图 4.34（a）所示，由于水平圆柱的侧面投影具有积聚性，则相贯线的侧面投影必与其重合，因此要求作的是相贯线的水平投影及正面投影，属于已知相贯线的一个投影求作另两个投影的问题。

解题方法拟采用辅助平面法。由于圆锥轴线垂直于 *H* 面，圆柱的轴线垂直于 *W* 面，在此位置下，圆锥表面只有纬圆能在 *H* 面上反映实形，而圆柱表面的素线和纬圆在三个投影面上都有实形性，因此取其共性，只能选用水平面作为辅助平面。该辅助平面与圆锥的交线为一纬圆，与圆柱的交线为两条直素线，该纬圆与直线的交点即为相贯线上的点。

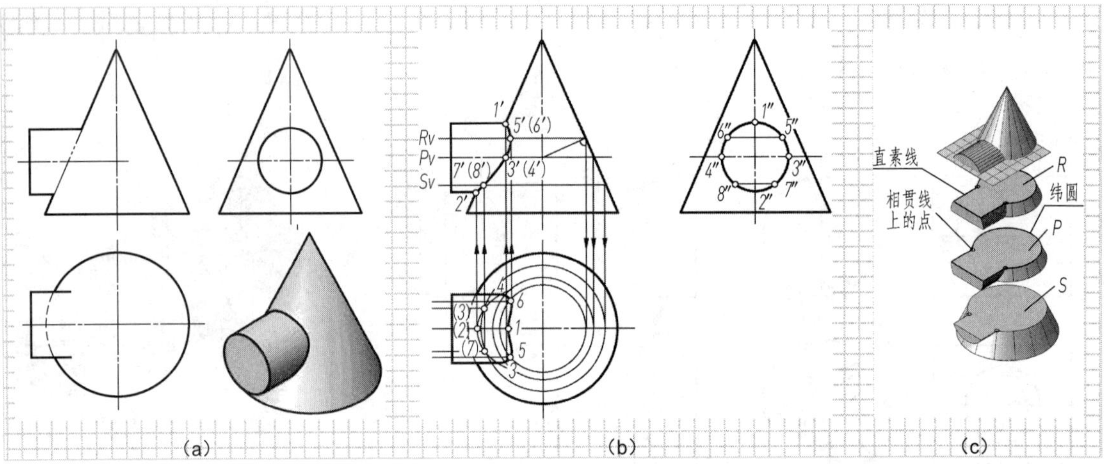

图 4.34　水平圆柱与直立圆锥相交

（1）求特殊点。两立体轴线相交且前后对称，因此相贯线的正面投影重合，水平投影前后对称。两立体相对于 *V* 面轮廓线的交点 *I*（*1*、*1′* 和 *1″*），正好同时是两立体特殊素线上的点，也就是相贯线上的点且为最高点，同理，交点 *II*（*2*、*2′* 和 *2″*）为最低点，也是最左点；求作最前、最后和最右点，可借助辅助平面法。过圆柱轴线作辅助平面 *P*，*P* 面与圆锥相交，截交线为水平圆，与圆柱相交，截交线为两条相对 *H* 面的轮廓线，轮廓线的交点*Ⅲ*（*3*、*3′* 和 *3″* ）为最前点，*Ⅳ*（*4*、*4′* 和 *4″* ）为最后点；最右点的确定，可采用在正面投影上用向圆锥轮廓线作垂线的方法，确定辅助平面 *R* 的位置后，求出最右点 *Ⅴ*（*5*、*5′* 和 *5″* ）和 *Ⅵ*（*6*、*6′* 和 *6″* ）。

（2）求中间点。为了作图准确，可再作一系列的水平辅助面如 *S* 面（见图 4.34（c）），找到若干组中间点，如图 4.34（b）所示的 *Ⅶ*（*7*、*7′* 和 *7″* ）和 *Ⅷ*（*8*、*8′* 和 *8″* ）。

（3）判别可见性，光滑连接。相贯线正面投影的可见部分与不可见部分重合，应画成粗实线。对于水平投影，圆柱面的上半部分与圆锥面的交线可见，故*Ⅲ*、*Ⅳ*两点是可见与不可见的分界点。

（4）分析整理轮廓线。注意到正面投影上 *1′* 和 *2′* 之间的圆锥最左轮廓线与圆柱相交，被去除，结果如图 4.34（b）所示。

回顾本章图 4.4 的拨叉零件，现在可以来求作其外表面的那条相贯线了。这是另一种情况的柱锥轴线垂直相交的相贯线，如图 4.35 所示。这时的相贯线仍然是一条封闭、光滑的空间曲线，但与图 4.34 相比，有一根本性的不同。图 4.34 从左视图看，圆柱的圆形轮廓线是被包含在圆锥轮廓线里面的，“小于”圆锥，所以主视图上显现出相贯线的投影朝着圆锥轴线弯曲。而本例中圆柱的圆形投影超出了圆锥的轮廓素线，从投影图上可以清楚地看到，此时相贯线朝着圆柱轴线方向弯曲。

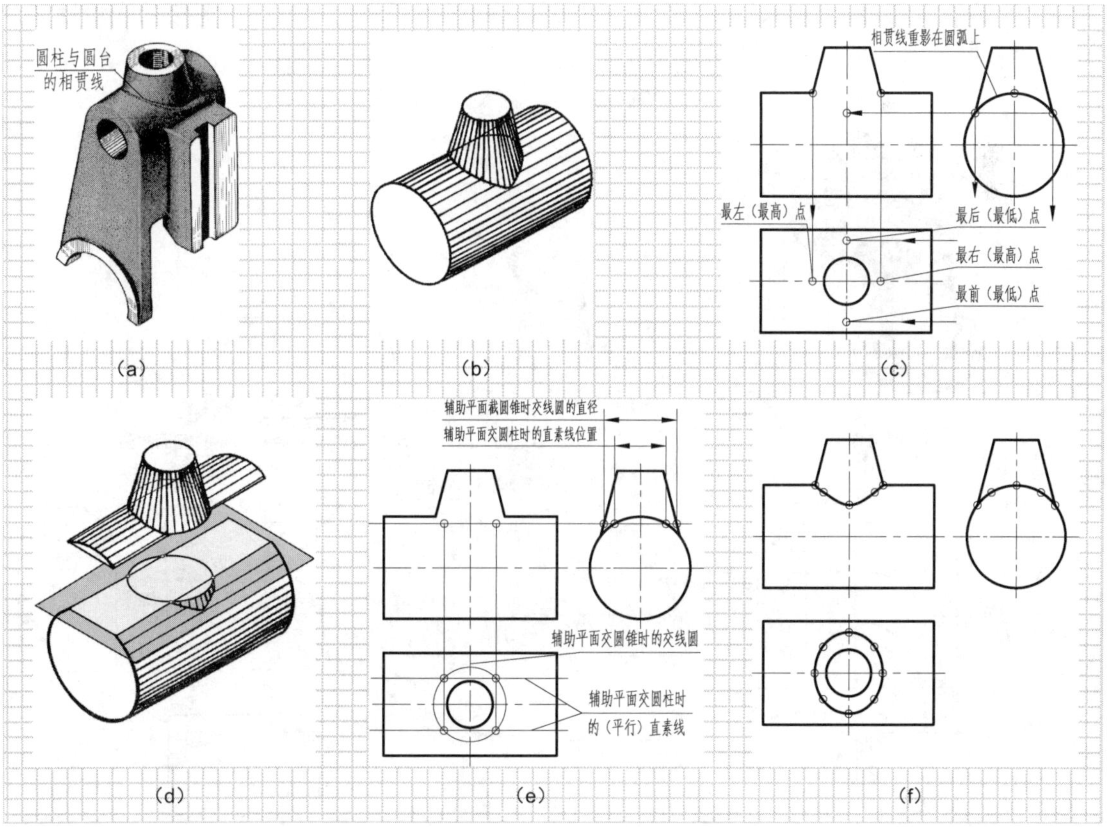

图 4.35　柱-锥正交时相贯线的投影作图

再来看图 4.1 所示的弯管零件（图 4.36（a）），其中部有一段圆环，左部有一段水平放置的圆柱，将这一部分抽象出来，就成了图 4.36（b）所示的圆环与圆柱相贯的情况。分析与作图如下。

（1）选择辅助面。辅助面的选择应以圆环为准，因为它的表面没有直素线，且只有一个方向的纬圆可以在投影面上反映实形。由于圆环的轴线垂直于 V 面，即其纬圆平行于 V 面，故所选择的辅助平面均应为正平面。它与圆环的交线为圆，与圆柱的交线为两条平行的直素线。

（2）求作特殊点。圆柱面的侧面投影有积聚性，故相贯线的侧面投影就在这个圆周上。因此可以直接判断出相贯线的最高、最低、最前和最后点，它们分别在圆柱的最上、最下、最前和最后 4 条素线上。其求作方法如图 4.36（c）所示，其中最前点的求作使用了正平辅助面（最后点与之对称）。

可以看出，圆柱上最前最后素线组成了上半圆柱和下半圆柱的分界面。当从上向下看时，上半圆柱可见，下半圆柱不可见；而对环面来说，外环面可见，内环面不可见；对相贯线的投影来说，只有同时位于两立体的可见表面上的部分才可见。因此，最前点和最后点也是相贯线水平投影可见和不可见的分界点。而由于相贯线前后具有对称性，它的正面投影和侧面投影分别重合或积聚。

（3）求作中间点。从侧面投影（相贯线的积聚性投影）入手，在最前点和最后点之间取一系列正平辅助面，即可找到若干对中间点，如图 4.36（d）所示。

（4）光滑连接。注意在水平投影上，以最前、最后点为界，上半部可见部分用粗实线，下半部不可见部分用虚线，但要注意其整体的光滑性，不能在分界点处出现尖点。另外还要注意水平投影上圆柱的最前、最后素线（粗实线）与相贯线最前、最后点衔接的光滑性（具有相切性质）。最后的结果如图 4.36（e）所示。

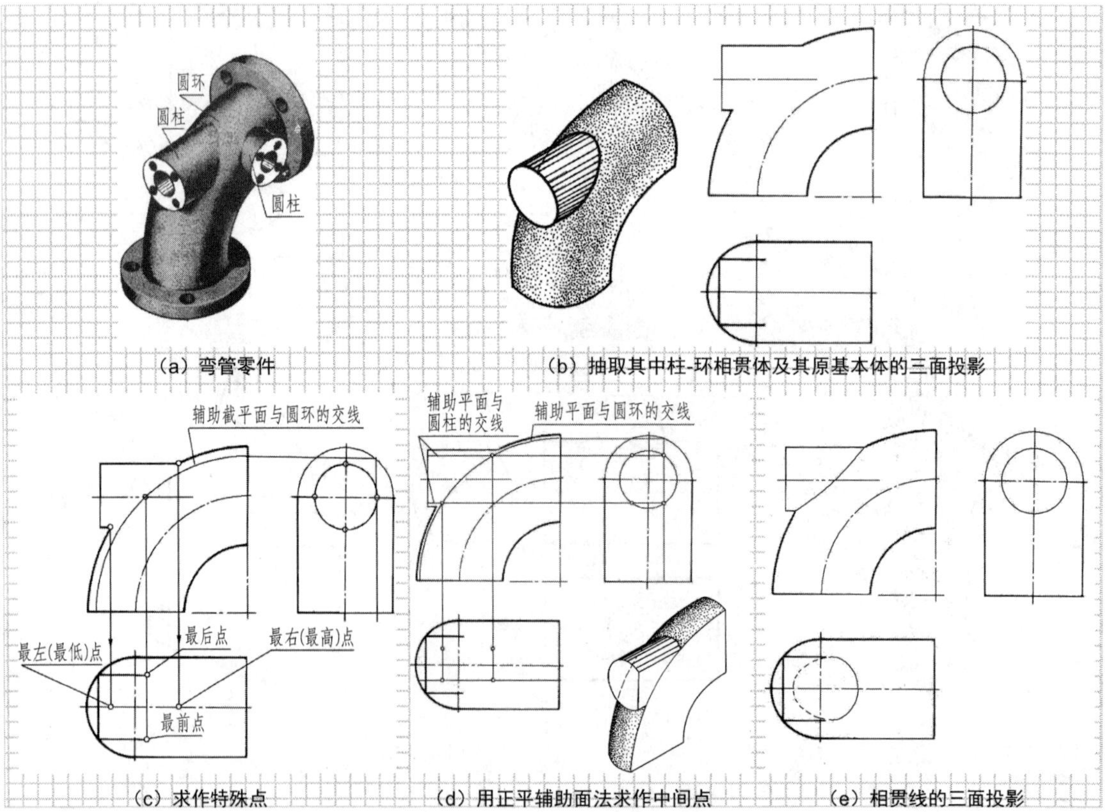

图 4.36　弯管零件表面相贯线的投影（柱-环相贯）

表达该弯管的完整视图如图 4.37 所示。

综上所述，在相贯线投影的分析与求作过程中须注意以下几个要点。

（1）相贯体原形分析。求作相贯线投影之前，须作出两相贯体相交之前各自的三个投影，看清其相对位置，分析推理相贯线的三个投影中是否有积聚性投影，如果有，该投影就可认定为已知投影，作图时就有了切入点。

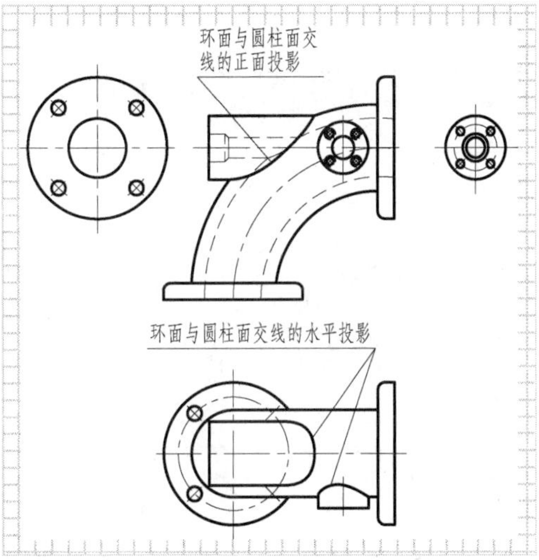

图 4.37　弯管用于零件图上的完整视图

（2）找出特殊点以确定相贯区域。分析并找出相贯线的最高、最低、最左、最右、最前和最后的点并作出它们各自的三个投影，是正确求作相贯线关键的一步。这些特殊点可以在每个视图上定出相贯区域，即定出 *XY*、*YZ* 和 *ZX* 两两方向上的极限点对。在这些点对之间，原相贯体的轮廓线断开，而由它们的相贯线（即共有轮廓线）所取代。在某个投影方向上，这些点对还往往是相贯线投影可见与不可见的分界点，也往往是两相贯体轮廓线的间断点及与相贯线的连接点。

（3）正确选择取点时的辅助平面。**辅助平面的选择原则是：使其与两个相贯体的交线投影是直线或圆**。其实在讨论平面与回转体相交作截交线的问题时已知，一个回转体表面有两种特殊线段，一种是素线，一种是纬圆，不仅反映其成形特性，而且是作投影图的重要依据。在作相贯线投影选择辅助平面的时候，就是要抓住素线或纬圆。两个相贯体要同时考虑，其中特别要注意纬圆的实形性。

4.5.2　零件形体表面交线形状分析

1. 相贯线形状分析

相交的两立体的形状、大小和相对位置不同，所产生的相贯线的形状也会不同。例如，同样是两圆柱轴线垂直相交，但其相对尺寸发生变化时，相贯线的形状会随之变化。

表 4.7 列出了两正交圆柱直径的相对尺寸发生变化时，相贯线及其投影的变化。

自左向右观察分析：水平圆柱的直径大于垂直圆柱的直径时，联系其正面投影和侧面投影，可以清楚地看出，两条相贯线上下对称，朝着水平圆柱轴线方向（即大圆柱轴线方向）弯曲；若保持水平圆柱直径不变，垂直圆柱的直径逐渐变大，可以发现相贯线的最低点越来越靠近水平圆柱的最前最后的特殊素线；直到两个圆柱直径相等时，其相贯线演化为两个相交平面上的椭圆，这两个椭圆同时垂直于正立投影面（即两圆柱轴线同时平行的那个投影面），在该投影面上的投影积聚为两条直线；若继续加大垂直圆柱的直径，使得垂直圆柱的直径大于水平圆柱的直径，可以发现其相贯线的弯曲趋向变成了左右对称之势，朝垂直圆柱的轴线方向（即大圆柱轴线方向）弯曲。

表 4.7　轴线正交时表面性质相同而尺寸不同对相贯线形状的影响（柱-柱相交）

尺寸区别	水平圆柱直径大	两圆柱直径相等	水平圆柱直径小
相贯线	上、下两条空间曲线	两个相互垂直的椭圆	左、右两条空间曲线
立体图	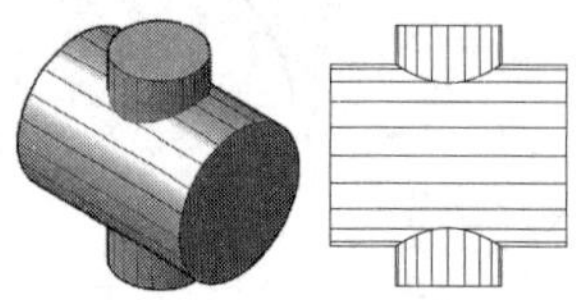	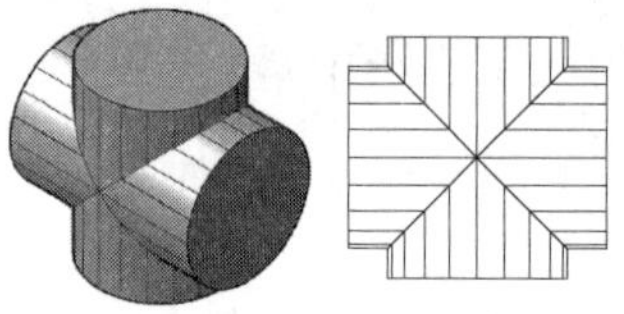	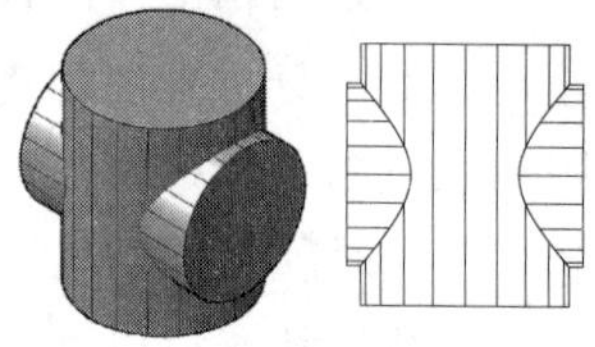
投影图	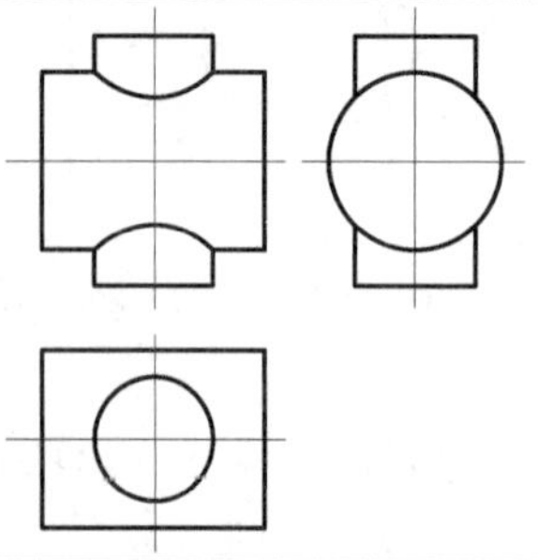	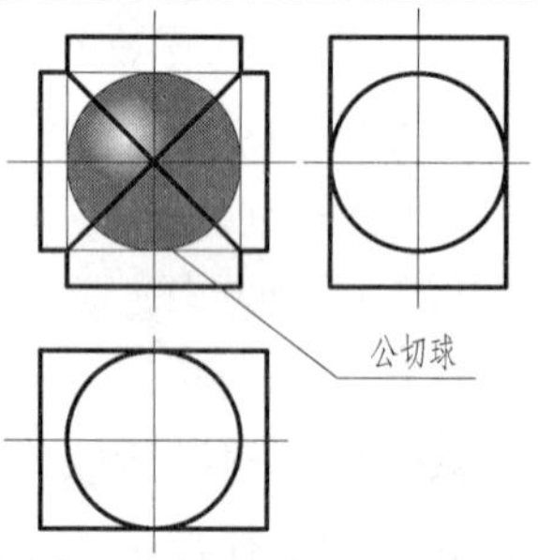	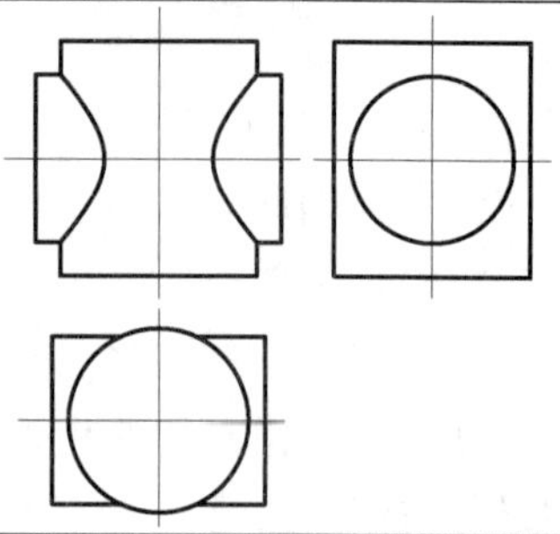

对于两圆柱轴线倾斜相交，以及圆柱和圆锥相交（轴线垂直或倾斜），都有类似的情况，如表 4.8 所示。

表 4.8　轴线正交时表面性质相同而尺寸不同对相贯线形状的影响（柱-锥相交）

尺寸区别	水平圆柱直径小	圆柱与圆锥相切（有公切球）	水平圆柱直径大
相贯线	左、右两条空间曲线	两个相互垂直的椭圆	上、下两条空间曲线
立体图	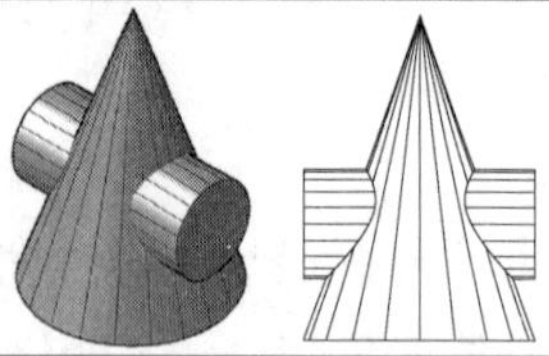	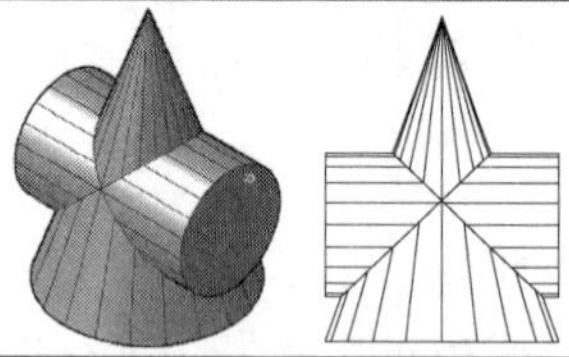	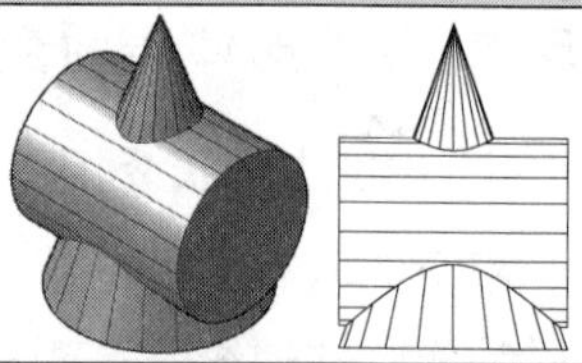
投影图	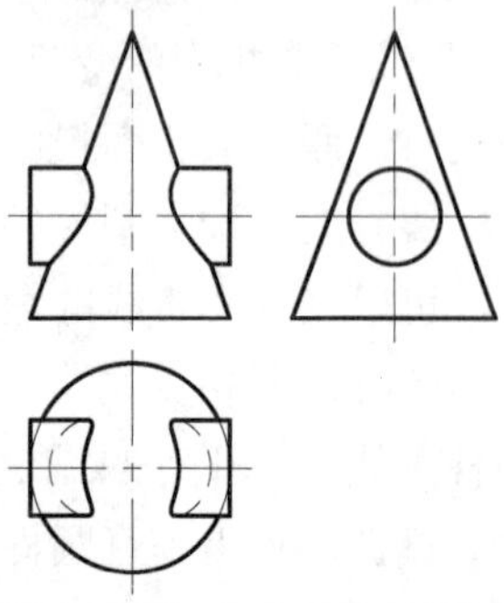	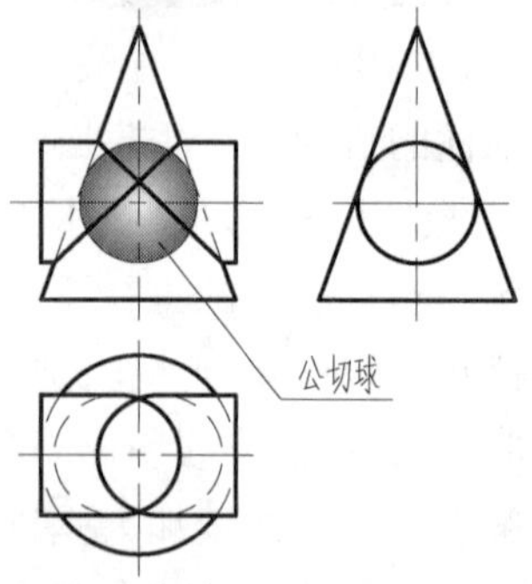	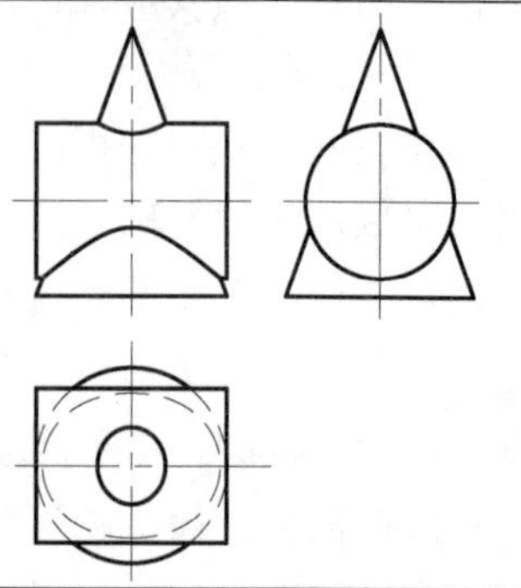

从表 4.7 和表 4.8 中可以看出，在其他条件相同的情况下，相贯线总是朝着大的回转体轴线方向弯曲。而且在一组投影图中，并不是每一个投影都能反映相贯线的弯曲趋向，而是在两相贯体轴线同时平行于某一个投影面的那个投影上反映这种趋向，或者说，在两相贯体同

时反映素线轮廓的投影上，可直接反映这种弯曲的情况（积聚性投影不反映相贯线的弯曲度，因为这时整个相贯线的投影均已重合在相贯体中有积聚性的投影上）。这一规律对于准确把握相贯线的弯曲趋向、指导正确做出或解读相贯线投影很有帮助。

形体表面常见的相贯线还有圆柱与球相交的情况。圆柱与球的相贯线一般有两种情况。当圆柱的轴线偏离球心时，其相贯线为一条封闭的空间曲线（图 4.38（a））；当圆柱的轴线通过球心时，其相贯线蜕化为平面曲线，即为垂直于圆柱轴线平面上的圆（图 4.38（b））。

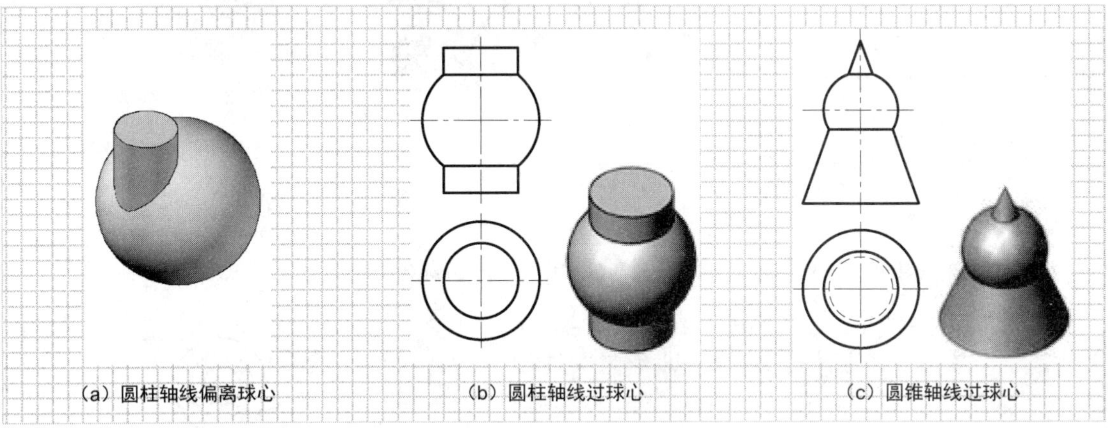

图 4.38　回转体与球相交

2. 特殊相贯线

细心的读者可能会发现，在表 4.7、表 4.8 和图 4.38 中，有 3 种相贯线与我们对相贯线的认识不太一样。前面对相贯线的描述是：一般情况下，相贯线是一条封闭的、光滑的空间曲线。但表 4.7 和表 4.8 中出现了相贯线为平面曲线的情况。如表 4.7 中两圆柱直径相等时，再如表 4.8 中柱-锥相贯且圆柱与圆锥特殊素线相切时，其相贯线变成了平面上的椭圆；还有图 4.38 中柱-球相贯且球心在圆柱轴线上时，相贯线为平面上的圆等。其实，这些现象就属于非一般情况，称为特殊相贯线，主要包括以下两种情况。

（1）球与任意一种回转体相交时，只要参与相交的回转体轴线通过球心，其交线都是垂直于回转体轴线平面上的圆（图 4.38（b）、（c））。其实只要按投影作图就可明白，这个交线圆实际上就正是球与另一相贯回转体的公共纬圆。

（2）当两相交回转体公切于一个球时，其交线自动蜕化为椭圆，表 4.7、表 4.8 中柱-柱相交和柱-锥相交的第二种情况都属于特殊相贯线。这种相贯线也包含了柱-柱、柱-锥轴线斜交的情况，如图 4.39 和图 4.40 所示。

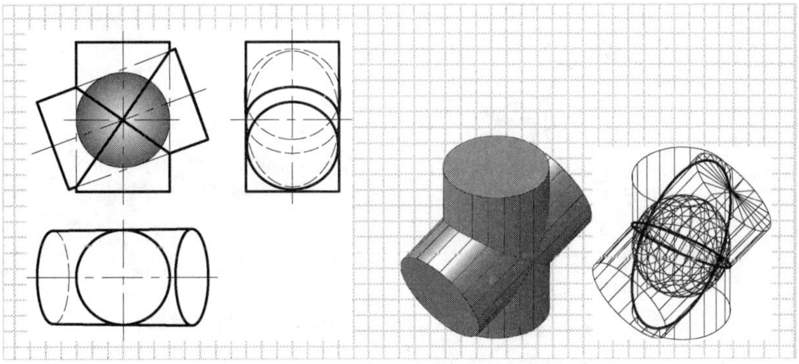

图 4.39　两圆柱轴线斜交（公切于球——特殊相贯，相贯线为椭圆）

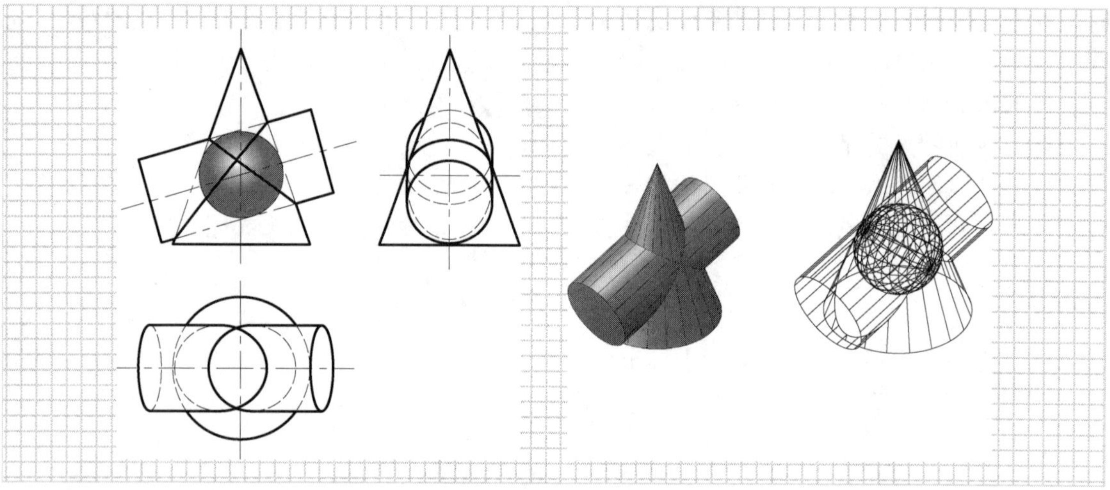

图 4.40　圆柱与圆锥轴线斜交（公切于球——特殊相贯，相贯线为椭圆）

分析如图 4.41 所示零件形体的表面交线，右端头部是一个中间钻有圆柱孔的球（即球与圆柱相交，且圆柱轴线通过球心），左端杆部是两段同轴的水平圆柱，它们的轴线也通过球心。因此，圆柱孔和球的交线为垂直于圆柱孔轴线的平面上的圆，水平圆柱与球的交线为垂直于水平圆柱轴线的平面上的圆。

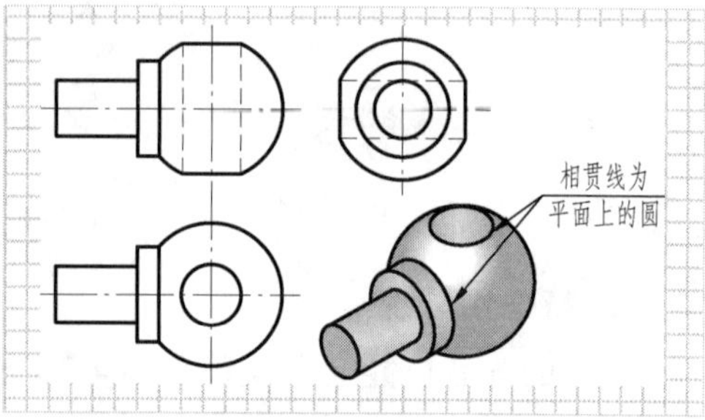

图 4.41　组合回转体的立体图及三视图

如图 4.42（a）所示，要求补全三视图中所缺的相贯线。

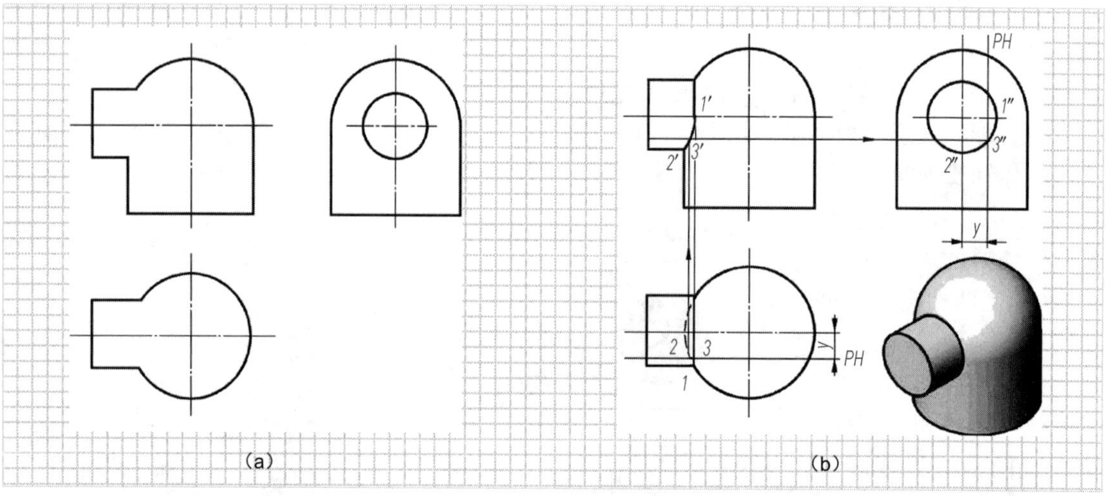

图 4.42　多个立体相交

【分析与作图】联系 3 个投影可以看出，该形体由 3 部分组成。主体部分在垂直方向上由一个半球和一个垂直圆柱相切而成，且球心落在圆柱的轴线上；左上部是一个轴线垂直于 *W* 面的水平圆柱，其轴线落在主体部分半球和圆柱的分界面上。对于这样的多个立体相交，在进行上述形体分解后，应逐一分析两两立体之间的相贯线。本例中，上半个水平圆柱和半球相交，它们之间属于特殊的相贯线，该相贯线应是一个垂直于圆柱轴线且平行于 *W* 面的半圆弧；下半个水平圆柱和垂直圆柱的相贯线属于一般相贯的情况，其相贯线是一条空间曲线，可用辅助平面法求得；半球与垂直圆柱直径相同，圆柱面与球面相切，无相贯线。完整的作图步骤如下。

（1）求水平圆柱和半球之间的相贯线。由于该相贯线是一平行于 *W* 面的半圆弧，如图 4.42（b）所示，该半圆弧正面投影和水平投影都积聚为直线，侧面投影反映实形。

（2）求水平圆柱和竖直圆柱之间的相贯线。由于形体前后对称，相贯线可见部分与不可见部分重合，只需分析前半部分。先找特殊点，如图 4.42（b）所示的点 *I*、*II*。再使用位置为正平面的辅助平面，取中间点III点。

（3）分析整理相贯线与轮廓线。最后注意水平投影的垂直圆柱上一段不可见的轮廓线，用虚线表示。

表 4.9 列出了工程零件上常见的一些穿孔圆柱体的结构。仔细观察发现，表中第一栏列出的空心圆柱开方孔和空心圆柱开圆孔的结构，实际上是以下各栏中结构构成的基础形式。也就是说，以下各栏中列出的穿孔结构是第一栏中方孔和圆孔的各种组合。

表 4.9　常见穿孔圆柱体的结构

穿方孔的空心圆柱	穿圆孔的空心圆柱
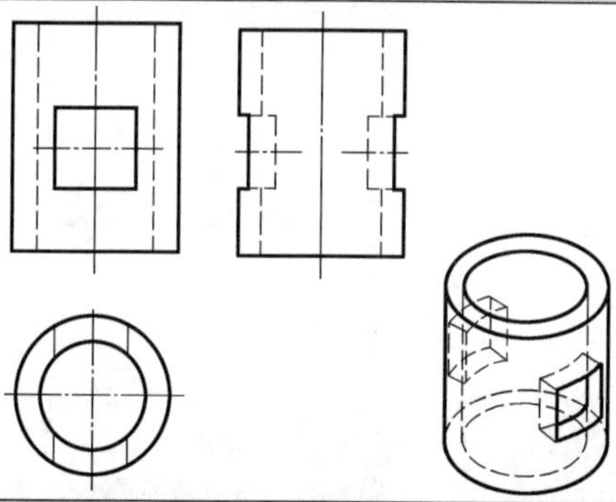	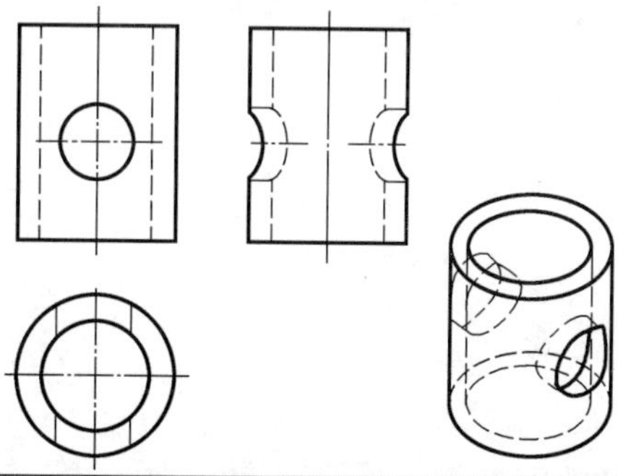
组合穿孔空心圆柱之一	组合穿孔空心圆柱之二
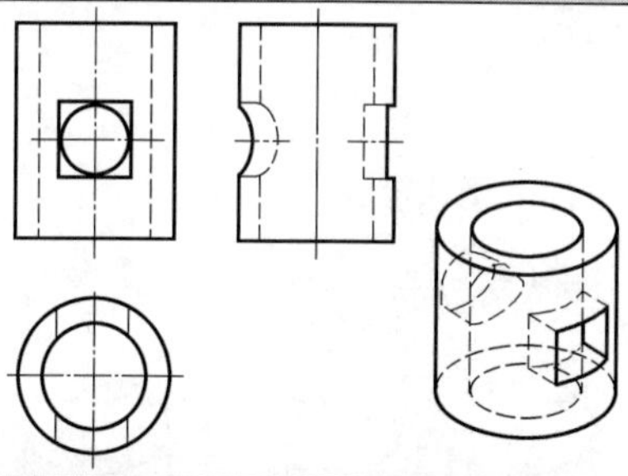	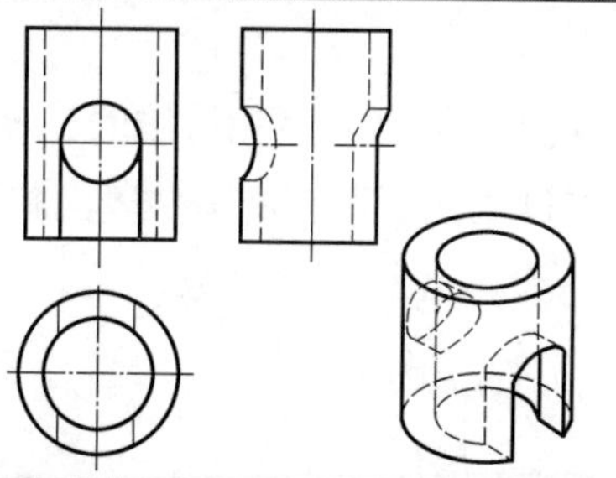
组合穿孔空心圆柱之三	组合穿孔空心圆柱之四
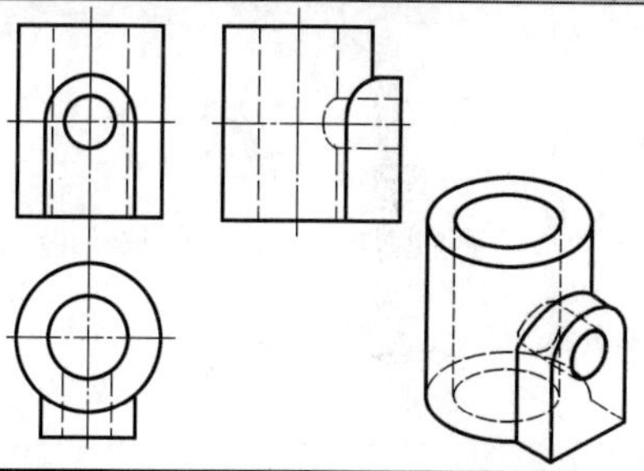	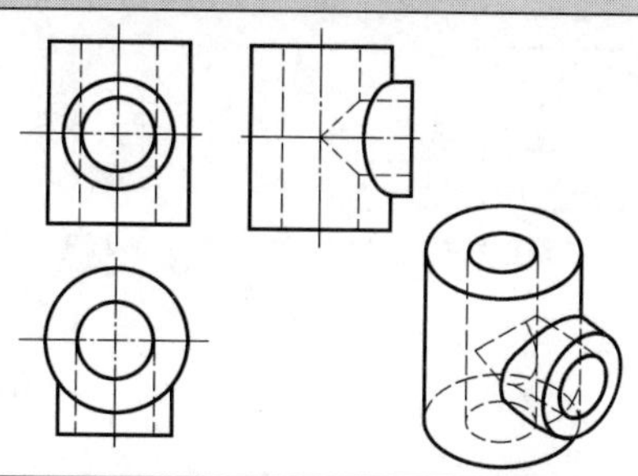

4.5.3 零件表面交线的正等轴测图画法示例

1. 顶尖头表面的截交线

顶尖头的主体部分由一对同轴的圆柱和圆锥组成，在图示位置的上方由一组平面切割，其正等轴测图的画法如图 4.43 所示。

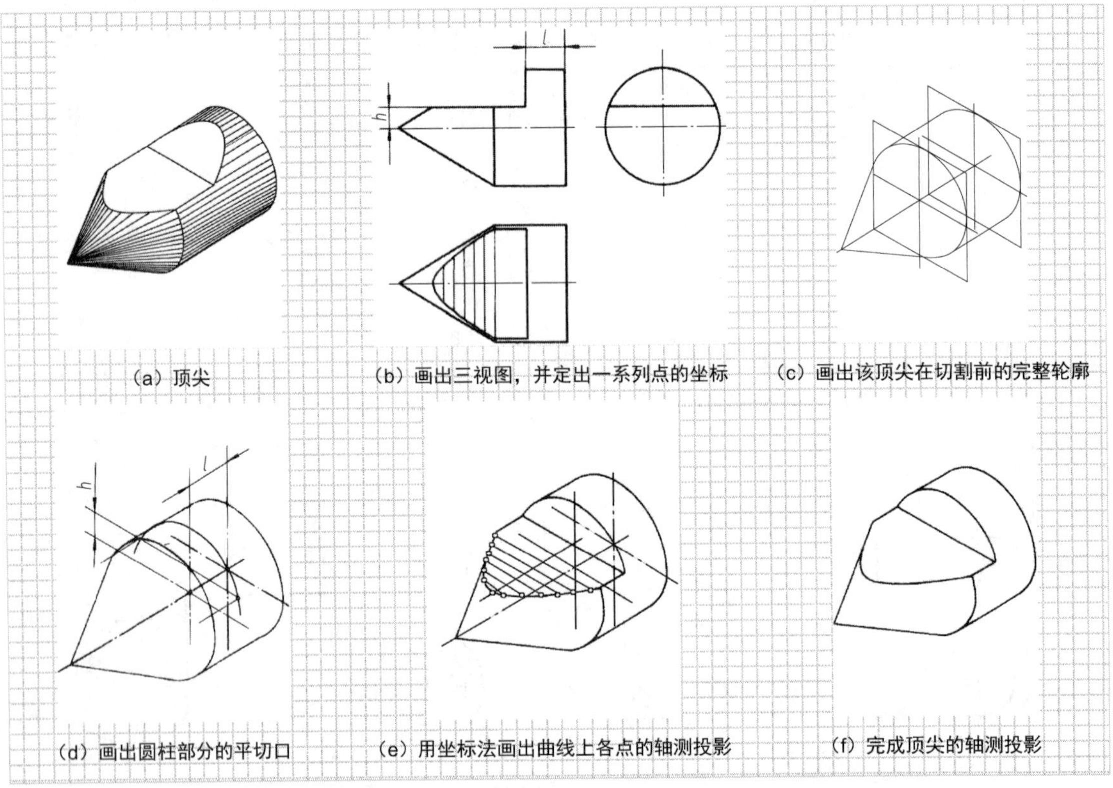

图 4.43 顶尖头的正等轴测图

2. 两正交圆柱表面相贯线的正等轴测图

图 4.44 给出了两正交圆柱表面相贯线的正等轴测图的作图过程。

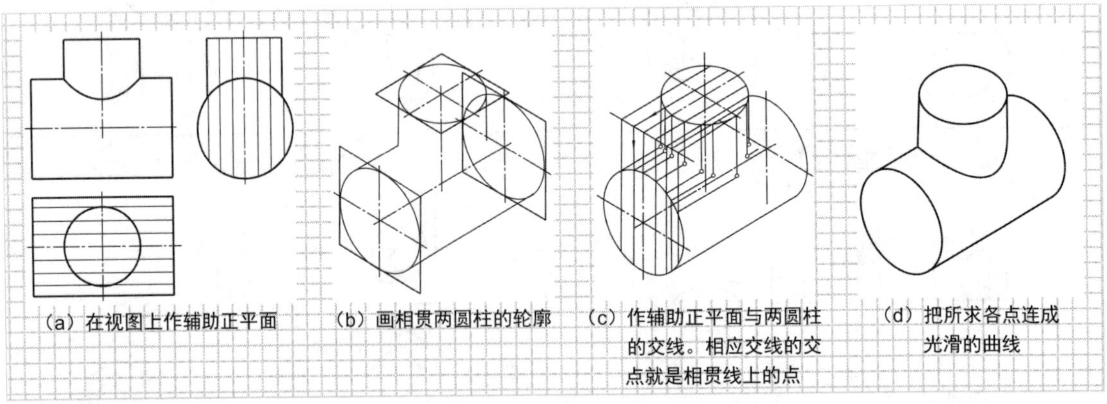

图 4.44 两正交圆柱的正等轴测图

4.5.4　CAD 中两立体的表面交线

1. 并、交、差集运算的概念

用 AutoCAD 进行组合体的三维实体建模，主要使用视图、实体和实体编辑等工具，同时还要辅以其他工具，如 UCS 用户坐标系和各种捕捉命令等。其中视图和实体工具及其使用已在前面章节中作了简单介绍，实体编辑命令包括布尔运算（并集、差集和交集运算）、实体表面编辑（拉伸面、移动面、偏移面、删除面、旋转面、倾斜面、着色面和复制面）、实体边编辑（着色边、复制边）和其他实体编辑（压印、清除、分割、抽壳和检查）4 大类，它的功能是对已形成的实体进行编辑和修改，实体编辑工具栏如图 4.45 所示。

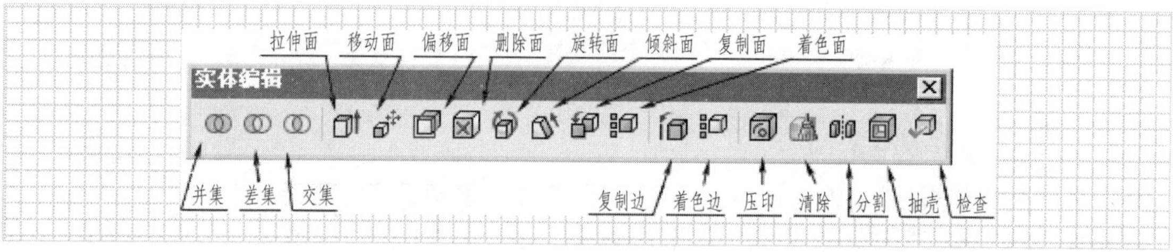

图 4.45　实体编辑工具栏

以上所说的立体与平面相交、两立体相交，最终的结果实质上就是对两个几何要素的叠加或截切。第 3 章就指出，这在 CAD 建模中体现了一个很重要的数学概念——布尔运算。布尔运算实际上和数学中的集合运算非常相似，它包括并、交、差集 3 种基本运算，这三种运算也正好使画法几何中提出的组成方式有了一种数学解释。在实体编辑工具栏中的并、差、交集命令就是数学中布尔运算的可视化结果。

2. 相交立体创建实例

借助于 AutoCAD 提供的工具，可精确快速地求出实体相交产生的相贯线，这对于加强对相贯线的认识，进行复杂形体之间相贯线的投影作图非常有用。在 CAD 中，求取相贯线的步骤如下。

（1）创建实体模型。

（2）进行实体之间的布尔运算。

（3）用“实体编辑”工具栏上的“复制边”工具复制出相贯线，或使用“着色边”工具对相贯线着色。

（4）得到相贯线后，可以利用“视图”工具栏上的工具多方位观察。

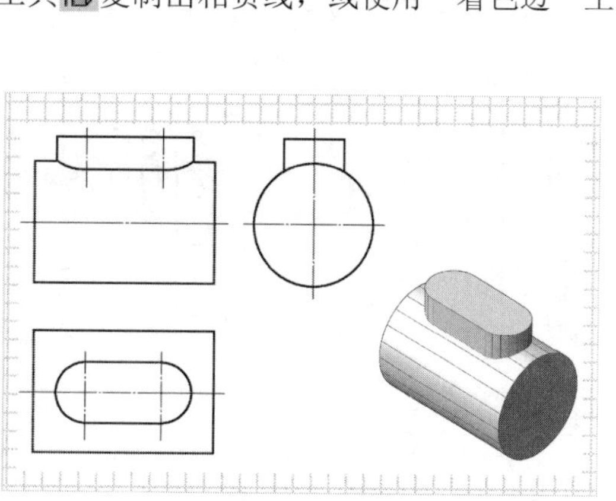

图 4.46　拉伸体与圆柱相贯

【例 4.6】创建如图 4.46 所示的立体，并理解其相贯线。

建模步骤：

（1）使用“直线”（LINE）命令绘制二维图形，使用“面域”（REGION）命令，创建两个面域，如图 4.47（a）所示。

（2）使用“旋转”（REVOLVE）命令，以矩形面域的一条边为旋转轴，旋转矩形产生圆柱，如图 4.47（b）所示。

（3）使用拉伸命令向上拉伸，如图 4.47（c）所示。

（4）使用“并集”（UNION）命令，合并两个实体，结果如图 4.47（d）所示。

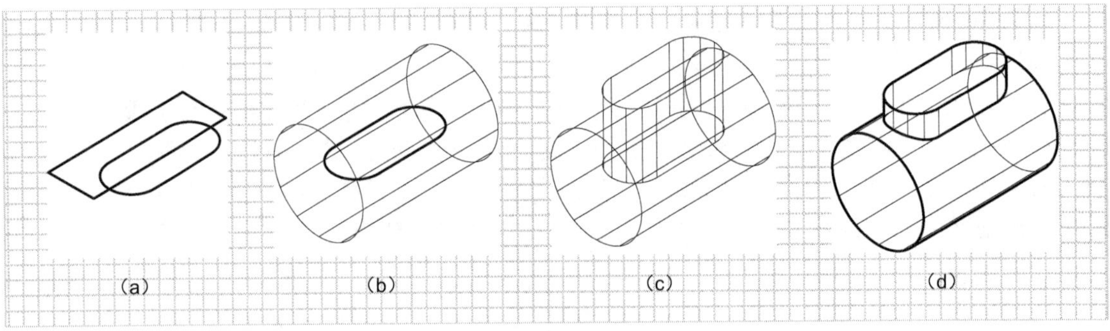

图 4.47　拉伸体与圆柱相贯建模过程

【例 4.7】创建如图 4.48 所示的立体，并理解其相贯线。

建模步骤：

（1）使用“矩形”（RECTANGLE）命令和“直线”（LINE）命令，绘制二维图形，如图 4.49（a）所示。

（2）使用“旋转”（REVOLVE）命令，以直线为旋转轴，旋转矩形产生圆筒。以直线的中点为圆心，绘制直径为 10 的圆，使用“直线”命令绘制圆的外切正方形。使用“面域”（REGION）命令选择外切正方形创建面域，如图 4.49（b）所示。

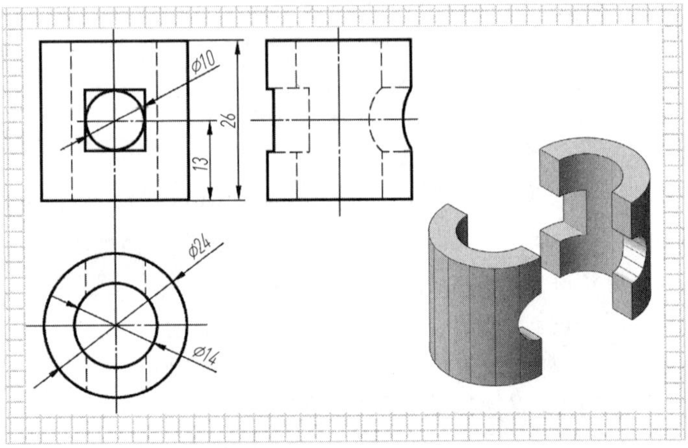

图 4.48　圆筒开方孔和圆孔

（3）使用拉伸命令向前、向后拉伸圆和正方形，如图 4.49（c）所示。

（4）使用“差集”（SUBTRACT）命令，“挖去”拉伸产生的圆柱和长方体，结果如图 4.49（d）所示。

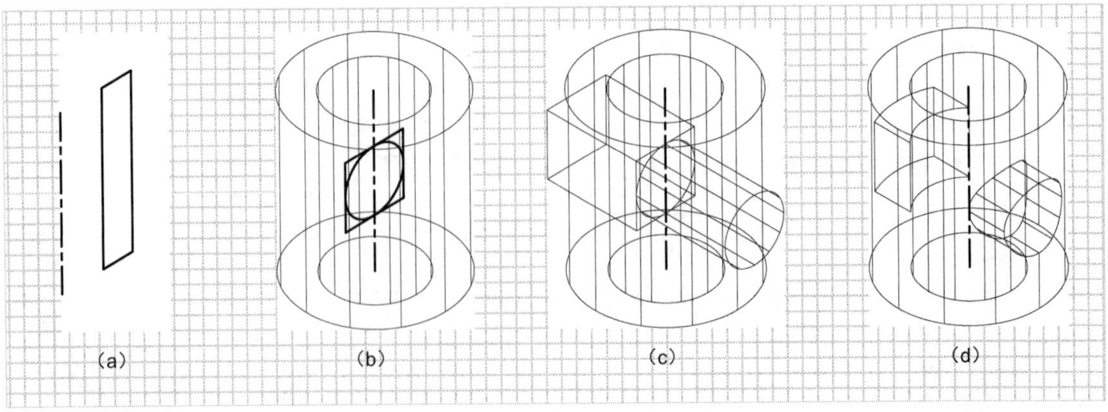

图 4.49　圆筒开方孔和圆孔建模过程

既然零件形体由若干基本体组成，那么相邻两基本体表面就有了一定的连接方式，两表面平齐或不平齐，相切或相交。而本章则就相交的问题作了重点讨论。介绍了零件形体表面的各种交线的特性、投影分析与作图，包括基本体表面取点、平面与基本体相交的交线（截交线）、两基本体相交的交线（相贯线）的形成过程及投影性质。

—— 本 章 小 结 ——

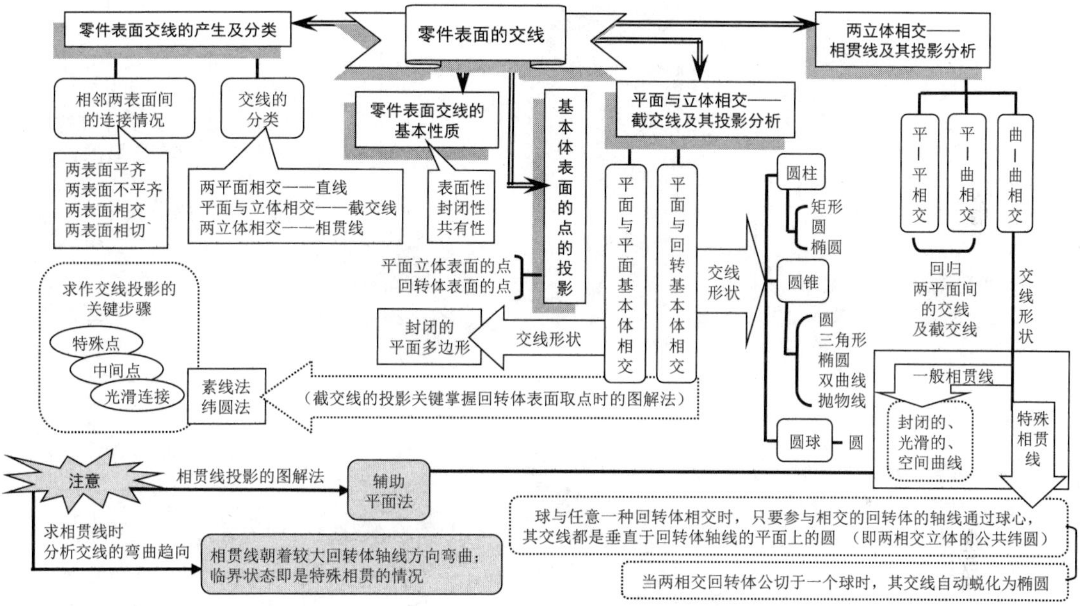

第5章 零件形体（组合体）视图的绘制与解读

Drawing and Reading about the Views of Solids

本章知识要点

本章内容可以说是本书的核心之一。其主要目的是熟悉并掌握零件形体的绘制与解读两大技能。对一个零件的表达，一组视图只能表示其形状，尺寸标注才能表示其真实大小。为此，本章首先重温零件形体的形体分析、组成方式及成型过程，且为了提高看图能力，进一步加深轴测投影图概念与训练。因此，本章的知识要点在于以下三方面。①绘制零件形体的三视图；②如何正确、清晰、完整地为零件形体标注尺寸；③阅读零件形体的三视图。

做到能根据实物或轴测图绘制三视图及标注尺寸，能根据给出的2个视图补画第三视图，能根据给出的不完整视图补全遗漏的图线，能根据三视图画出轴测草图。

记住抓住两点——形体分析法和三维成形方法。

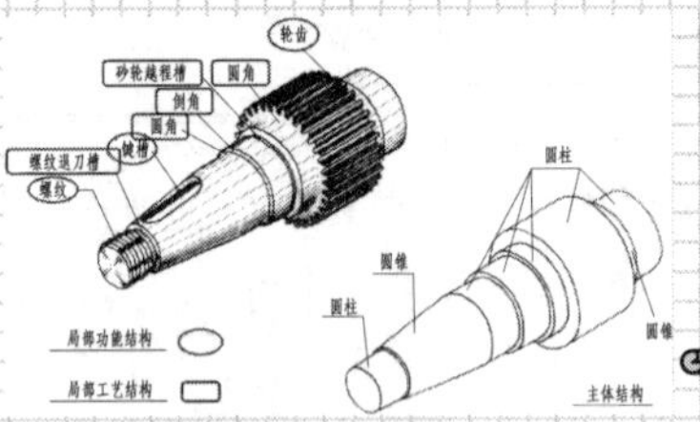

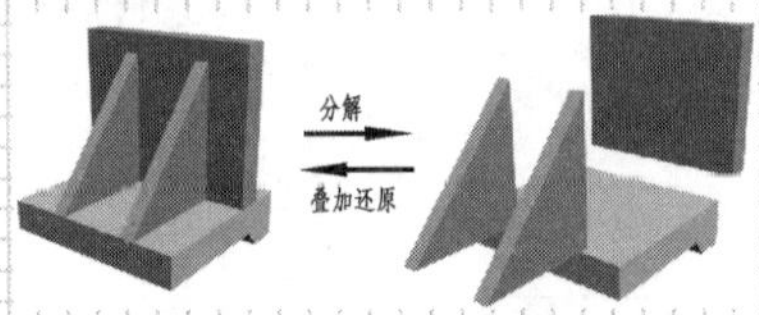

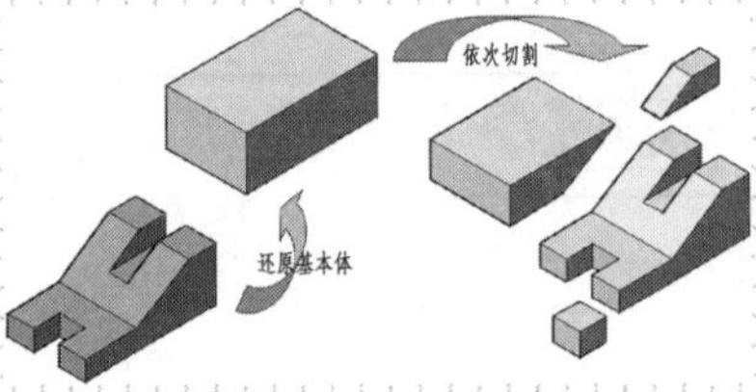

兴趣实践

为了体验零件形体的形体分析法和三维成型方法之间的内在关联，请打开AutoCAD，把前几章引进的水龙头或整体轴承的零件抽象成理想的组合体，然后尝试逐一进行三维建模，你会从中体会到一种成就感的！

探索思考

学习了这一章并通过大量的课后作业，你能不能在绘图、读图和尺寸标注的方法上找到一种共通的方法呢？或者说，形体分析法和形体的三维建模方法是不是相通的呢？

预习准备

本书第3章对构成一个零件形体（组合体）的几何要素（点、线、面、基本体）进行了投影分析，第4章又着重讨论了构成零件形体时，相邻两基本体表面产生的交线问题。从本章开始，我们将从零件形体的视图绘制（包含尺寸标注）及阅读两个方面，进入零件形体整体认知的阶段。因此，预习本章的第一小节非常重要，看看你是否对形体分析法有了深入的理解和掌握。

5.1 零件形体（组合体）视图的绘制

从本章开始，将从零件形体（组合体）的视图绘制（包含尺寸标注）及图纸阅读两个方面，进入零件形体整体认识阶段。

这一阶段必须抓住的关键还是零件形体的组成方式和形体分析。无论是画图、标注尺寸，还是读图，首先都要分析该形体是叠加式组合体还是切割式组合体。如果是前者（图5.1），则在绘图和读图的过程中所应用的形体分析法为“分解—叠加—还原”的投影分析，即首先将形体分解为若干基本体，分别绘出各基本体的投影、解读图样或标注尺寸，然后逐一处理相邻两表面的连接关系，最后叠加还原为完整形体；如果是后者（图 5.2），则应用形体分析，首先还原为一个假想的切割前的完整基本体，然后以各切割部分为基本体单元依次作切割，绘制或解读每次切割后产生的交线及形状，最后获得该切割体的结构形状。如果是一个既有叠加又有切割的综合式形体，那么本着先叠加后切割的原则进行绘图、尺寸标注和解读图样。

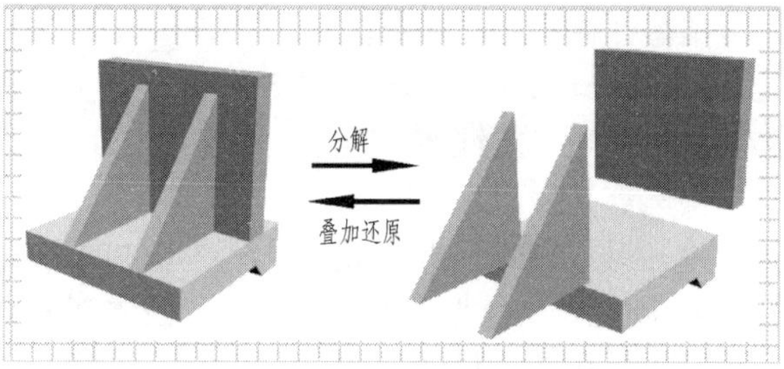

图 5.1　叠加式组合体的形体分析

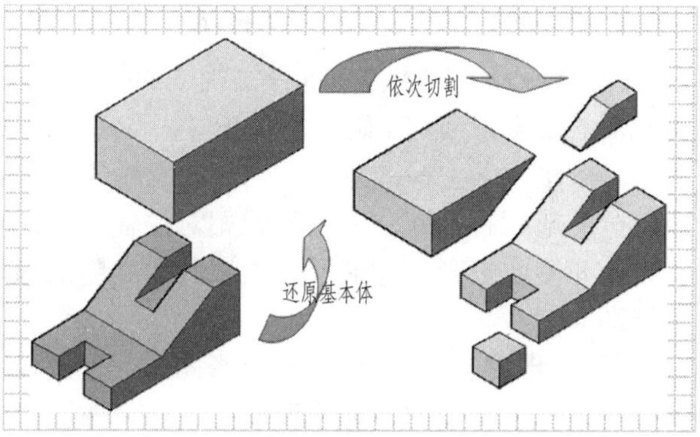

图 5.2　切割式组合体的形体分析

在进行形体分析的过程中，形体的三维成形法可以辅助我们展开空间想象，即抓住“拉伸”、“旋转”、“放样”和“扫掠”的方法去“形成”基本体，完成形体分解的过程；抓住“并”、“交”、“差”集的成形思路，完成叠加或切割的“组合”过程。这是一种形体分析过程“可视化”有效的思维方式。

5.1.1　实例绘制零件形体视图

零件形体视图的绘制依据，在学习及训练阶段有两个来源：一是根据实物，二是根据轴测图。而在实际生产应用中，则应是根据设计结果直接画出图样，这是我们目前学习及训练所应达到的最高境界。

不论是以上哪种情况，就绘制零件形体视图本身来说，在绘图前一定要做好充分的准备工作。这个准备工作不是指绘图工具的准备，而是指对形体有充分的分析理解。面对要绘制的对象，首先进行形体分析，然后才是分步画图。对于叠加式零件形体，在进行了形体分析并将其分解为若干基本体后，根据其相对位置逐一画出各基本体的三面投影，然后对相邻接的两两表面间的交线进行分析和投影绘制；对于切割式的零件形体，则通常是先画出切割前的完整基本体的三面投影，再从有积聚性的投影开始分别画出各切割部分的三面投影；而对于综合式零件形体，则应本着先叠加后切割、先外表后内部的规则进行绘图。下面举例说明零件形体的画图步骤。

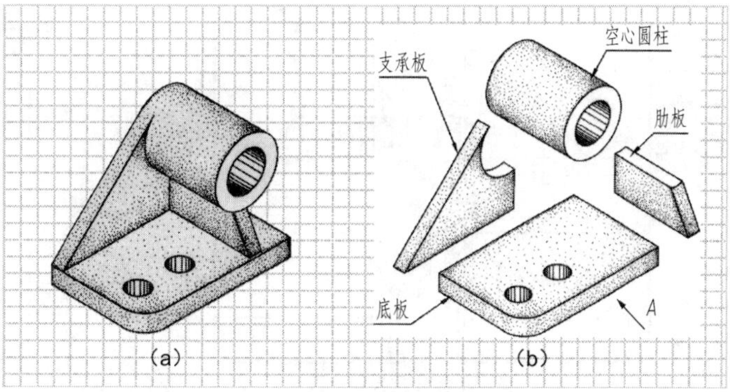

图 5.3　支架及其形体分析

【例 5.1】 画出如图 5.3（a）所

示支架零件模型的三视图。

【形体分析】严格地说，图 5.3（a）所示的形体只是支架零件的主体部分，其上忽略了局部功能结构和工艺结构。因此，对于图 5.3 所示支架，也可以理解为支架零件模型。以下所举的实例都是如此。

（1）组成方式分析：很明显，该形体的组成方式以叠加为主（可分解为底板（复合拉伸柱体）、圆柱、支承板和肋板（多边形柱体）等 4 个基本形体），切割为辅（右上方空心圆柱、底板上两圆孔），因此该形体可视为综合式组合体，如图 5.3（b）所示。

（2）表面交线分析：支承板和肋板下面均与底板相交（交线为直线），肋板的上端与圆柱面相交（有截交线）；支承板的后面与底板后面平齐（无分界线），上斜面左端与底板左侧面相交（有交线），右端与圆柱面相切（无分界线）。

【选择投影方向】首先选择主视图的投影方向，一般以最能反映零件形状特征的一面作为主视图的投影方向。在确定主视图时，要注意同时考虑到其他投影的表达清晰和绘制方便性。为此，本例中的主视图投影方向取图 5.3（b）中所示的 *A* 向。它能较为清晰地反映支架各组成部分的形状特征和它们之间的相对位置关系；另外，由于底板和肋板的形状必须分别在水平投影和侧面投影上才能反映出来，要完整清晰地表达支架的形状，需要画出其三面投影即三视图。

【画图步骤】在确定了所需投影图的数目及投影方向后，再确定画图比例和图纸幅面大小，并合理地把各视图匀称地布置在图纸上。布图时注意各视图在各方向上的最大尺寸，各投影之间应留有适当间隔，以便标注尺寸。在一般情况下，绘图比例采用 1∶1，并选用适当的图纸幅面，幅面的大小应考虑有足够的空间画图、标注尺寸和绘制标题栏。

具体画图步骤如图 5.4 所示。

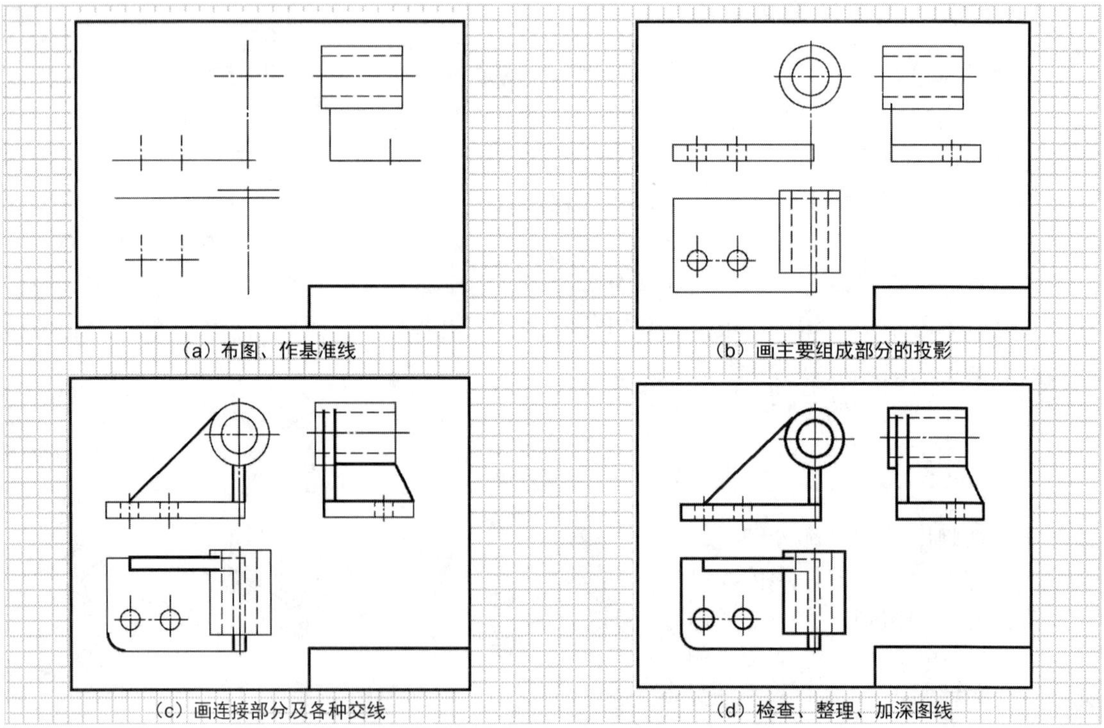

图 5.4　支架三面投影的作图步骤

（1）布图、画作图基准线。作图基准线是绘制图形的起点，在长、宽、高 3 个方向上都至少分别有一个这样的起点。如圆柱的轴线、图形的对称中心线、底板的底面或端面的积聚性投影等，如图 5.4（a）所示。

（2）画主要组成部分的投影。对于每一个组成部分，都应先从反映该部分形状特征的投影画起。从三维建模的角度出发，所谓形状特征的投影，就是该部分成形时的拉伸面或旋转面。例如，画圆筒时，应先画正面投影的一对同心圆；画底板时，则应先画其水平投影，如图 5.4（b）所示。

（3）判断相邻表面间的连接情况（平齐或不平齐、相交或相切等），对于相交或相切表面，应按投影关系求出表面交线或切点的投影，如图 5.4（c）所示。

（4）检查并分别按粗实线、虚线及点画线的要求加深图线，如图 5.4（d）所示。

【例 5.2】画出如图 5.5（a）所示压块零件模型的三视图。

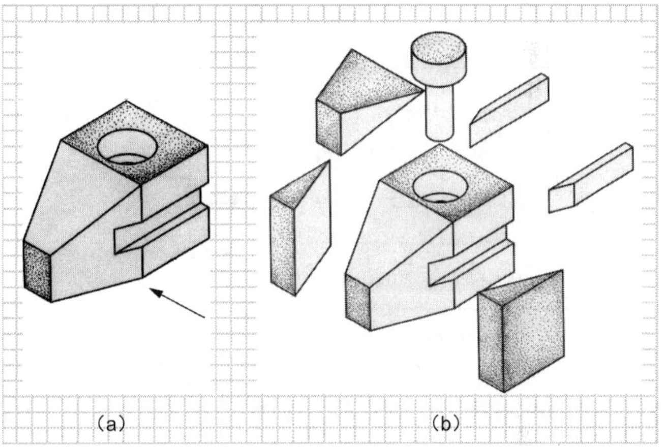

图 5.5　压块及其形体分析

【形体分析】假想沿该零件模型的外围用上下左右前后 6 块两两平行的平面作一包围，可将其还原为一个四棱柱，因此该形体属切割式组合体，其原形为四棱柱。根据图 5.5（a）所示的正面投影方向，该压块左边可看成是由一对铅垂面和一个正垂面对其原形（四棱柱）切割而成的，右边则由一对同心圆柱挖切出阶梯孔，前后对称地由两矩形条切出两个矩形槽。该槽的左端是矩形条与铅垂面的截交线。只要两矩形条的形状和位置一定，两铅垂面的位置一定，截交线就可以在画图过程中自然形成。

【画图步骤】

（1）布图、画作图基准线，如图 5.6（a）所示。

（2）画出原基本体的三面投影，如图 5.6（b）所示。

（3）从正面投影入手，画出正垂面切割后形体的三面投影，如图 5.6（c）所示。

（4）从水平投影入手，画出前后一对对称位置的铅垂面切割后的三面投影，如图 5.6（d）所示。

（5）从侧面投影入手，画出前后一对对称位置的矩形条切割后的三面投影，如图 5.6（e）所示。

（6）从水平投影入手，画出阶梯孔的三面投影，并整理加深各类图线，完成全图，如图 5.6（f）所示。

【绘图时需注意的几个问题】

（1）绘制视图的关键问题在于对组合体进行形体分析。即按零件形体的组成方式（叠加或切割），将零件形体进行分解。分解时严格按照先叠加后切割、先外部后内部、先实心后空心的原则进行。

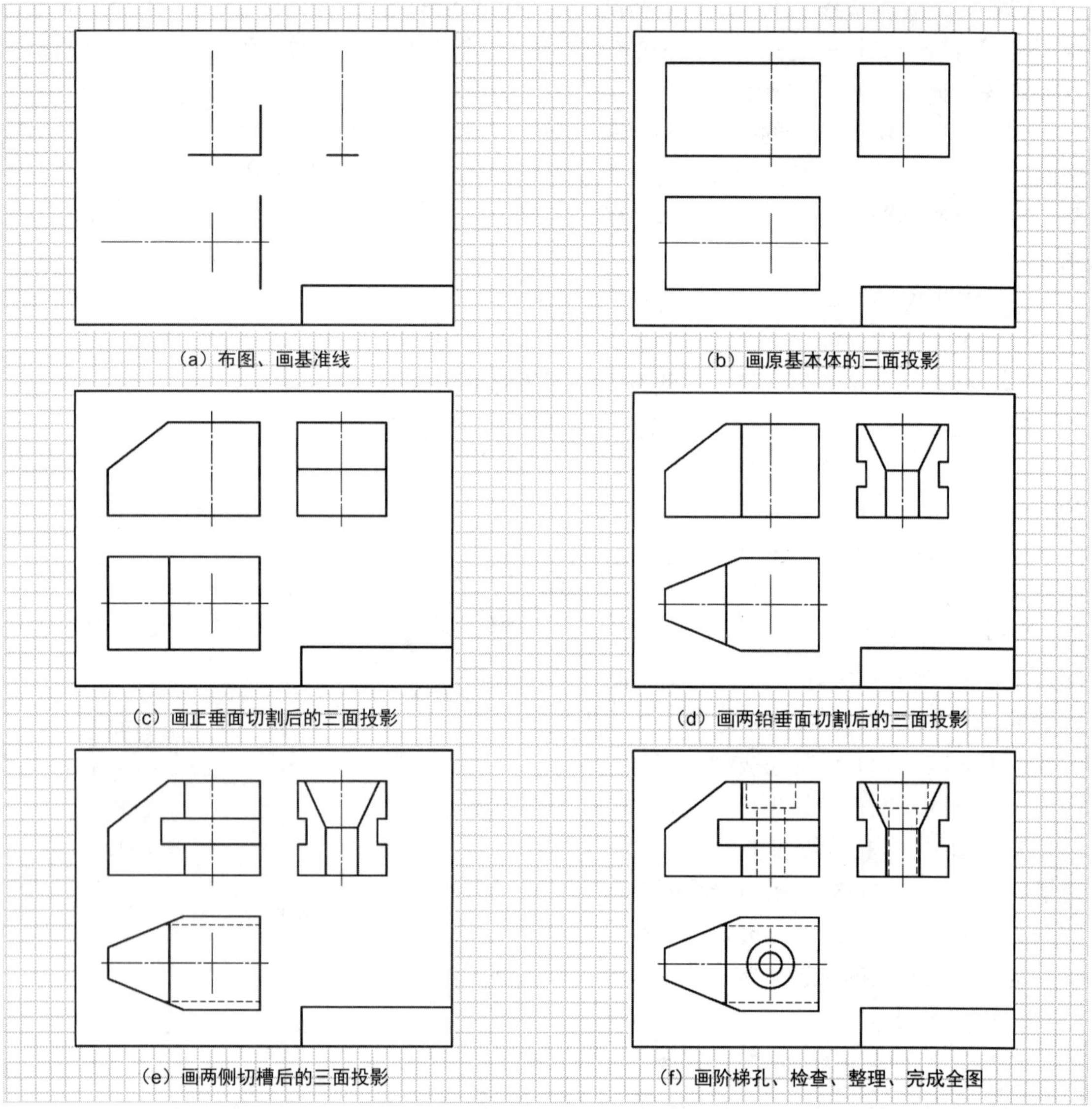

图 5.6　压块三面投影的作图步骤

(2) 将零件形体分解后，将每一部分（即基本体）进行三面投影，也是按先画叠加部分和实心部分的顺序，依次画出每个基本体的三个投影，由外至内、由大至小地进行。切忌三个投影一个一个分割开来画，即先单独画好一个投影再画第二个、第三个投影，这样会造成投影关系紊乱。

(3) 在第一个组成部分（基本体）的各个视图画好后，每画入一个部分，就要仔细分析和处理相邻两表面间的连接关系，相邻两表面如平齐，则要擦去它们之间的分界线，如不平齐则保留分界线，如相切，则以切点为界取舍分界线，如相交，则依照截交或相贯的特点求作交线的投影。

(4) 图纸如何合理布局、图线如何规范绘制，也都是一个工程技术人员不可忽略的基本素质，在平时的作业训练中需注意培养良好的作图习惯。

5.1.2　由零件形体的视图构画轴测图

轴测图虽然不是工程设计中主要图样，但能够根据所给视图分析推理出它的空间形象并用轴测图的形式记录下来，对工程师图形识别能力、空间联想和分析能力的培养和形成至关重要。工程上使用较为方便的轴测图有两种，一种是正等轴测，另一种是斜二轴测。训练也从这两种图形做起。

【例 5.3】由三视图（见图 5.7（a））构画轴承架模型的正等轴测图。

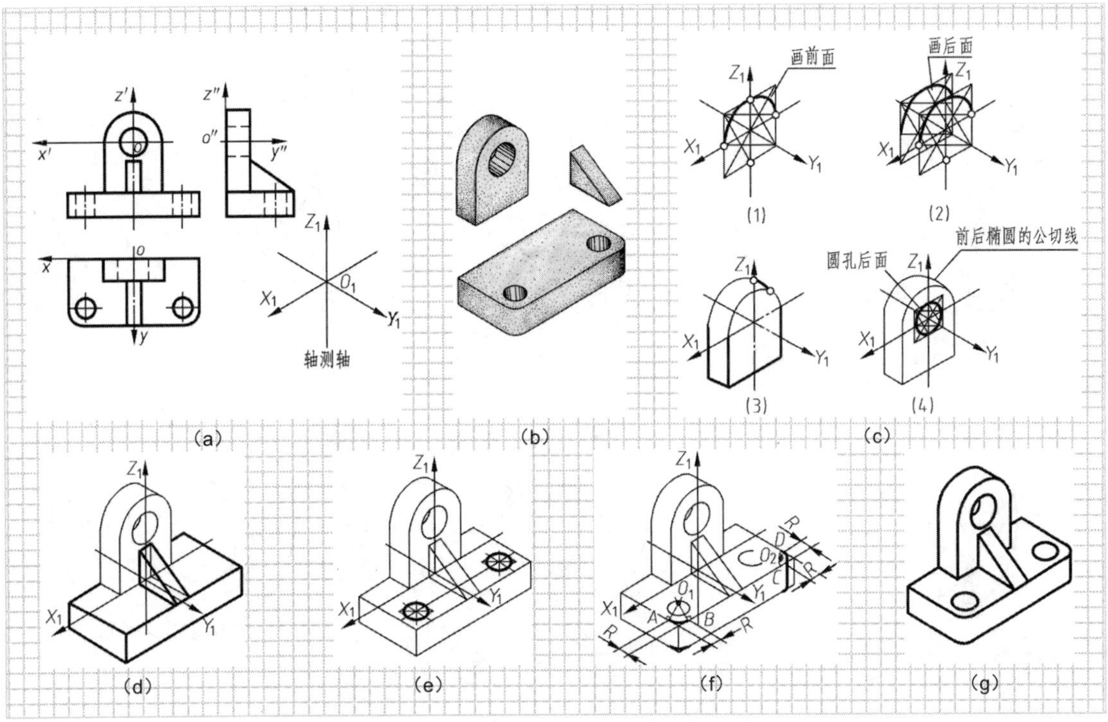

图 5.7　轴承架由三视图转为轴测图

【形体分析】该轴承架属于综合式零件形体，左、右对称，其中叠加部分为底板、立板和三角形肋板，切割部分为底板上的两个小孔和圆角以及立板上的圆孔。整个形体如图 5.7（b）所示。

【画图步骤】

（1）根据其左、右对称的特点，确定坐标原点及轴测轴。即将该形体的原点定在立板前面的圆心处，如图 5.7（a）所示。

（2）画立板。先画前面，再沿 *Y* 轴方向给出立板的厚度画出立板的后面。立板上方的半圆柱及小圆孔的底圆是平行于 *XOZ* 坐标面的圆，用“四心法”近似地画出其椭圆形投影。注意看不见的线可以不画，但是没有被挡住的线一定要画，例如立板后面圆孔的轮廓线。圆柱面画好以后应以公切线相连，如图 5.7（c）所示。

（3）画底板及三角形肋板。此时可将坐标系下移至底板上面及立板前面相交处。先按长方体画上面，再沿 *Z* 轴方向向下给出底板的厚度画底面。三角形肋板则可先画出“贴于”立板前面的轮廓线及“贴于”底板上面的轮廓线，然后连接出斜面的轮廓线，如图 5.7（d）所示；底板上平行于水平面的两个圆孔，同样可按近似椭圆法画出，如图 5.7（e）所示；底板前方两个圆角可按下述简化画法画出：分别沿四边形的两个角点向两侧量取圆角半径 *R* 于 *A*、

B、C、D 4 点，并过该 4 点分别作垂线，两两垂线的交点分别为 O_1 和 O_2。分别以 O_1 和 O_2 为圆心，O_1A 和 O_2C 为半径画连接弧，即得圆角轴测图。最后将圆心垂直向下移动一个板厚，画出底板下面的连接弧，如图 5.7（f）所示。注意底板右侧圆角，上下用公切线连接。

（4）擦去多余线条，加深轮廓，如图 5.7（g）所示，即完成所给形体的正等轴测图。

【例 5.4】由三视图（见图 5.8（a））构画端盖零件模型的斜二轴测图

【形体分析】由图 5.8（a）可知，该零件形体是在两个圆柱体叠加基础上，挖去一些大小不一的通孔，因此属于综合式零件形体。注意到其侧面投影上反映出大小不同的 8 个圆，而在其他投影方向上没有圆或圆弧，因此用斜二轴测图来表达此立体最为方便。

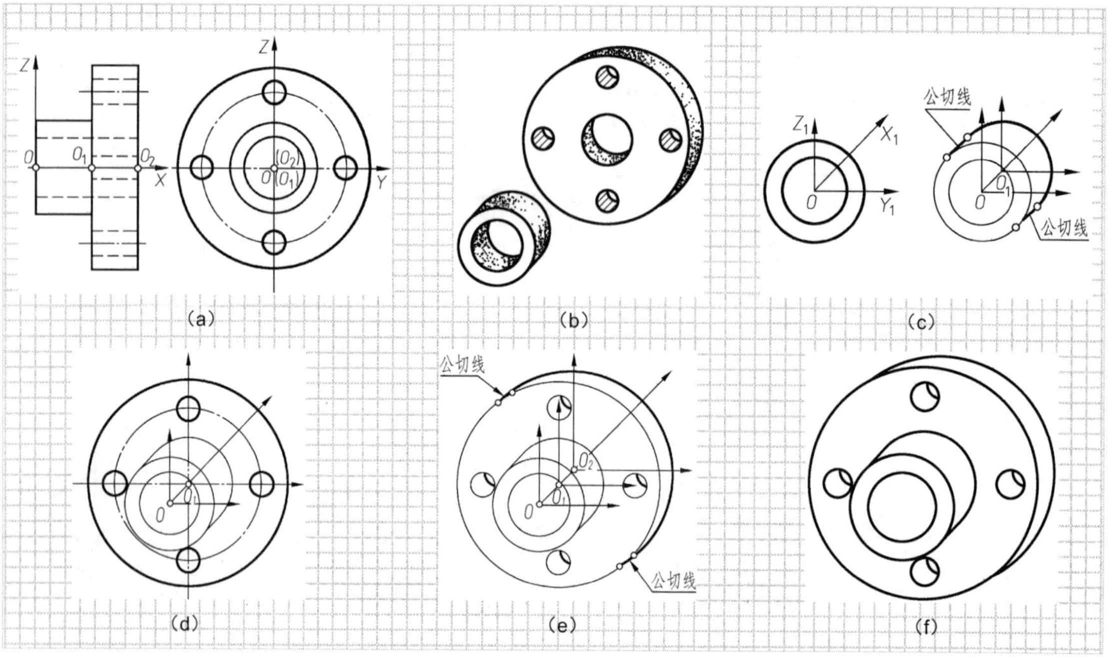

图 5.8　由二个视图构画端盖零件模型的斜二轴测图

【画图步骤】

（1）确定坐标原点及轴测轴：原点定位在小圆柱左端的中心，如图 5.8（a）所示，OY 和 OZ 平行于侧立投影面，取轴测轴如图 5.8（c）所示。

（2）画左端空心圆柱：以 O 为圆心，先画出左端面的一对同心圆，再把圆心沿 OX 方向移动小圆柱长度的 1/2 到 O_1 点，画出小圆柱右端面的外形圆，两外形圆用公切线连接，看不见的轮廓线不画，如图 5.8（c）所示。

（3）画右端大圆柱：以 O_1 为圆心，画大圆柱左端面圆及 4 个小孔的轮廓线，如图 5.8（d）所示。再把圆心沿 O_1X 方向移动大圆柱长度的 1/2 到 O_2 点，画大圆柱右端面及其面上 4 个小孔的轮廓线，两外形圆用公切线连接，并擦去被挡住的图线，如图 5.8（e）所示。

（4）擦去多余图线，加深轮廓线，完成轴测图，如图 5.8（f）所示。

5.1.3　CAD 中的投影视图

用计算机辅助绘制零件形体的三视图，分析方法与 5.1.1 节所述相同，也必须首先进行形体分析，再开始绘图。绘制方法可直接用平面图形的作图方法，这样就相当于将图纸和手工绘图工具搬到了屏幕上。整个绘图过程中，人工干预占主要部分。虽然准确度和速度可以提高，但正确度仍然主要取决于绘图者在工程制图方面的基本概念和基本功，稍有疏忽，就会造成多线或漏线。而借助于工程绘图软件中的三维建模技术进行实体建模，再由计算机自动转换为三面投影的绘图过程，才是真正意义上的计算机软件绘图。

以 AutoCAD 这样一个最基本的工程绘图软件来说，要绘制如图 5.9（a）所示的零件模型的三视图，可以首先根据形体分析结果对其各组成部分进行三维建模，在对其进行测量并进行相对位置的定位后，用并、交、差集及各种三维编辑工具进行整体建模（图 5.9（b）），最后按图 5.10 所示步骤生成三视图。

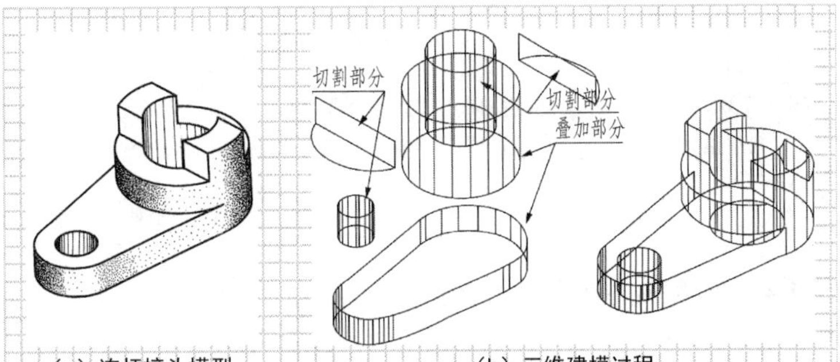

（a）连杆接头模型　（b）三维建模过程

图 5.9　基于 CAD 三维建模技术的零件形体

在其他的专业三维软件中，由三维模型转换为视图的过程是“嵌入”在程序之中的，人工干预更少，从而更为方便快捷，充分体现了计算机绘图的强大优势。

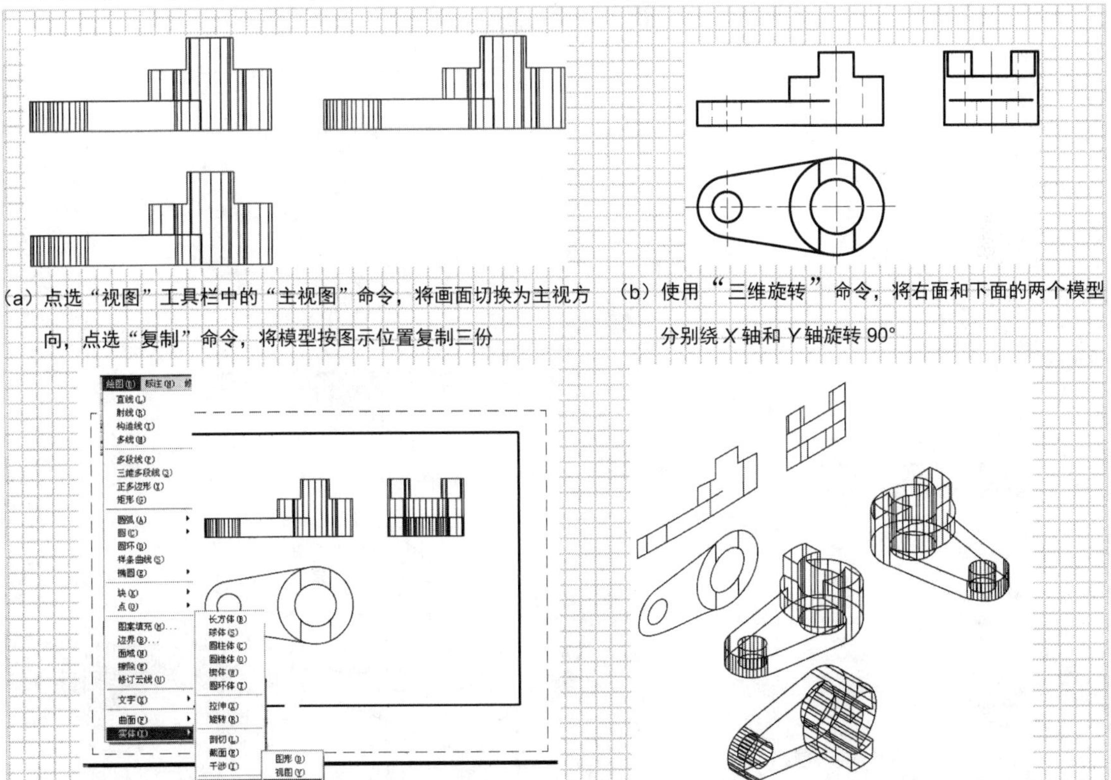
（a）点选“视图”工具栏中的“主视图”命令，将画面切换为主视方向，点选“复制”命令，将模型按图示位置复制三份

（b）使用“三维旋转”命令，将右面和下面的两个模型分别绕 X 轴和 Y 轴旋转 90°

（c）使用绘图区下方的“布局”命令，将工作状态由模型空间转换为布局空间；然后在“绘图”下拉菜单中点选“建模/设置/轮廓”，分别对三个实体进行取轮廓的操作，即可得三视图

图 5.10　CAD 实体模型向三面投影图的转换过程

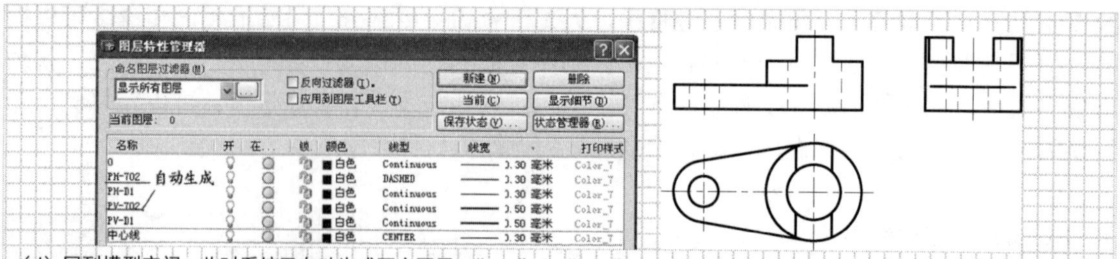

(d) 回到模型空间，此时系统已自动生成两个图层，“PV-”和“PH-”，分别显示可见（visible）和不可见（hide）轮廓线。需对这两个图层进行线型和线宽的设置，并在三视图上用点画线补画出各中心线、对称线及轴线等

图 5.10　CAD 实体模型向三面投影图的转换过程（续）

5.1.4　CAD 中的正等轴测图

仍以图 5.9 所示的实物为例，在 AutoCAD 下，按所给视图建模后，再按如图 5.11 所示的步骤进行正等轴测图的绘制。

（1）按所给三视图建模，得到如图 5.11（a）所示的三维模型；

（2）用 UCS 命令中的视图按钮，使 *XOY* 面“贴”在正面，并进入布局空间（图 5.11（b））；

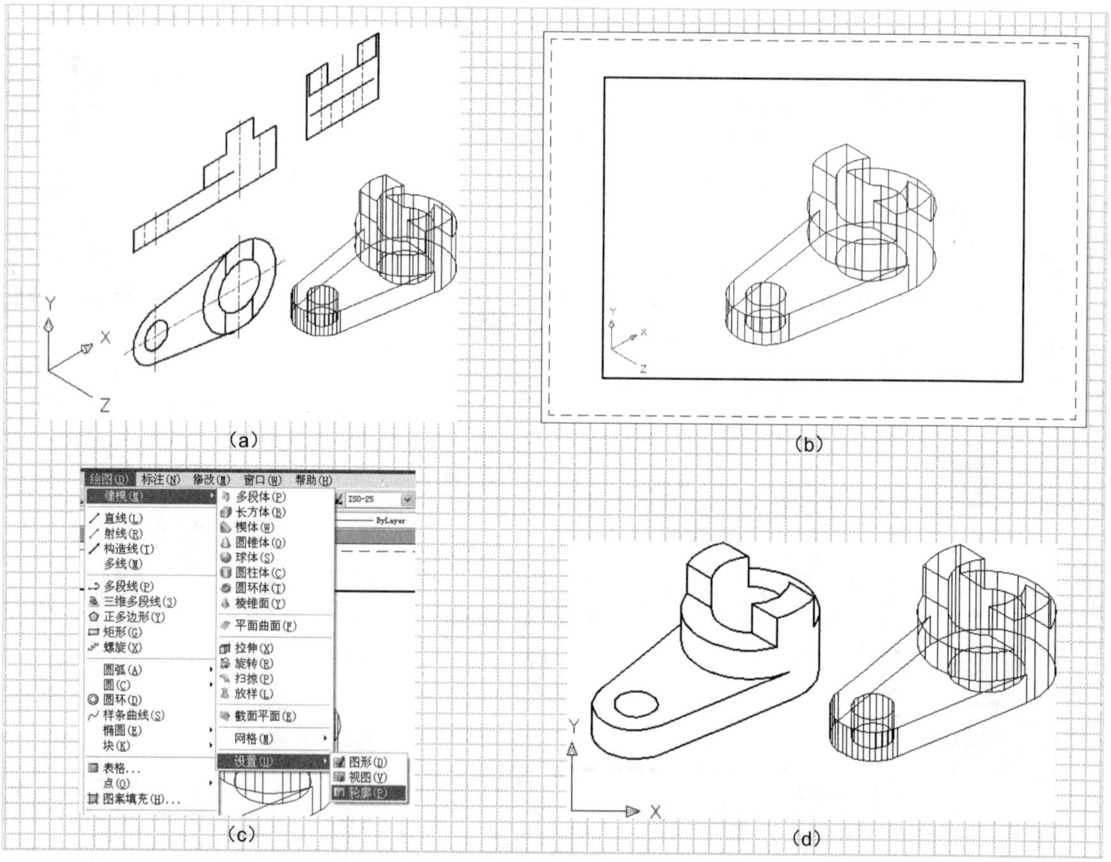

图 5.11　CAD 实体模型投影为正等轴测图

（3）使用绘图下拉菜单中的“建模/设置/轮廓”的命令，选择已建模型并连续回车确认，直至本次命令执行结束（图 5.11（c））；

（4）回到模型空间，删除不可见轮廓线，所得轴测图即为所求（注意图 5.11（d）中左侧为轴测图，右侧为三维模型）。

5.2　零件形体视图的尺寸标注

视图只能表达零件形体的结构形状，而其真实大小及各组成部分的相对位置则要通过尺寸来确定。也就是说，工程图样如果只有视图而无尺寸，是不能称为工程图的。视图和尺寸是工程图上不可分割的两个组成部分。无论是画图还是读图，尺寸标注都是零件形体投影分析中一个必不可少的重要依据。

5.2.1　零件形体尺寸标注的基本要求

零件形体尺寸标注的基本要求由6个字来概括：**正确**（所注尺寸要符合国家标准的有关规定）、**完整**（尺寸标注必须齐全、不遗漏、不重复）、**清晰**（所注尺寸的配置要整齐、清楚，便于看图）。

1．正确地标注尺寸

图样上的尺寸标注，有关国家标准中都有详细规定（读者可复习第 2 章相关内容），在尺寸标注时必须严格遵守这些规定，做到标注的形式、符号及注写方法均符合国家标准的规定和要求。

表 5.1　基本体的尺寸标注示例

四　棱　柱	六　棱　柱	四　棱　台	圆　　柱	标 注 要 点
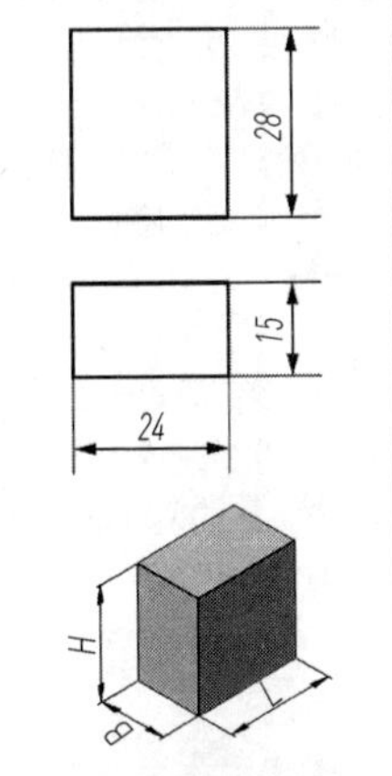	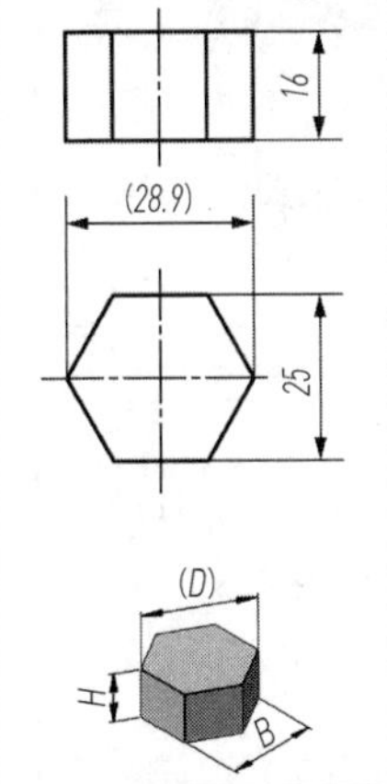	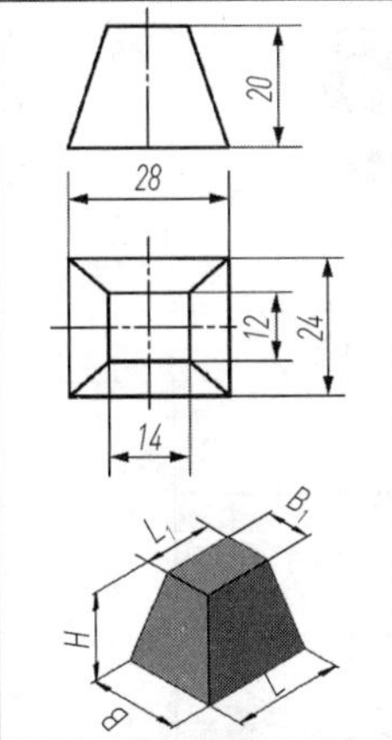	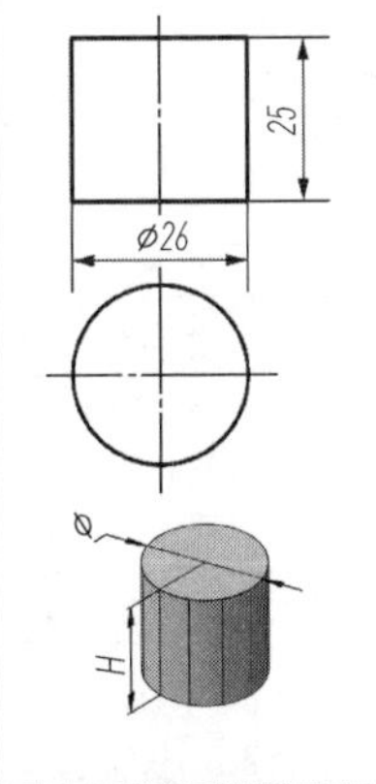	一般情况下，标注时，应直接标出基本体长、宽、高 3 个方向的尺寸 注意：对于回转体，若是大于半圆的回转体，则应标注直径尺寸，且所标注的直径尺寸“ϕ”，应尽量标注在其非圆投影上；对于小于或等于半圆的回转体，应标注半径尺寸，且“R”尺寸必须标注在反映圆弧的投影上（如表中的半圆柱和半圆球）
半　圆　柱	圆　　台	半　圆　球	圆　　环	
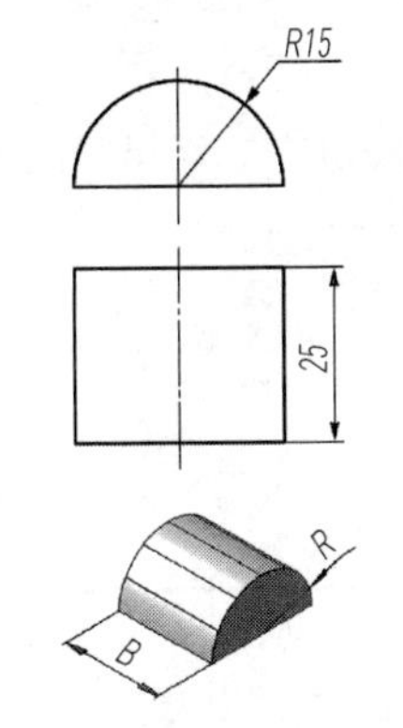	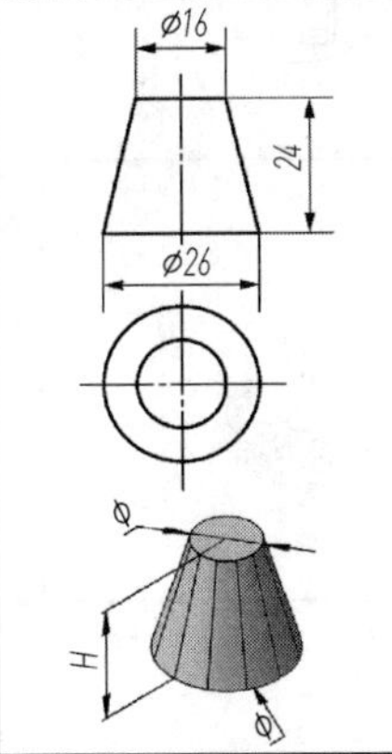	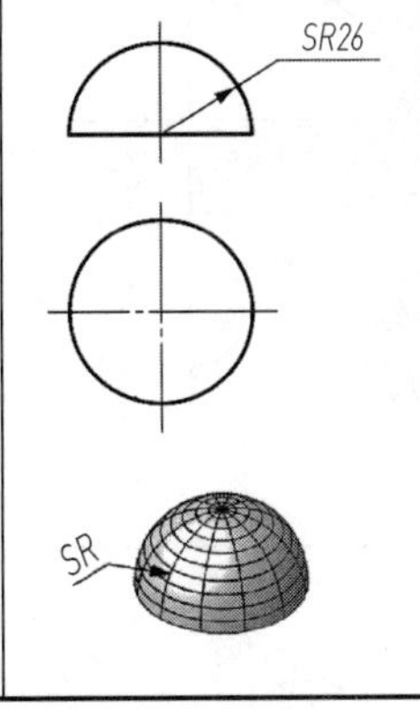	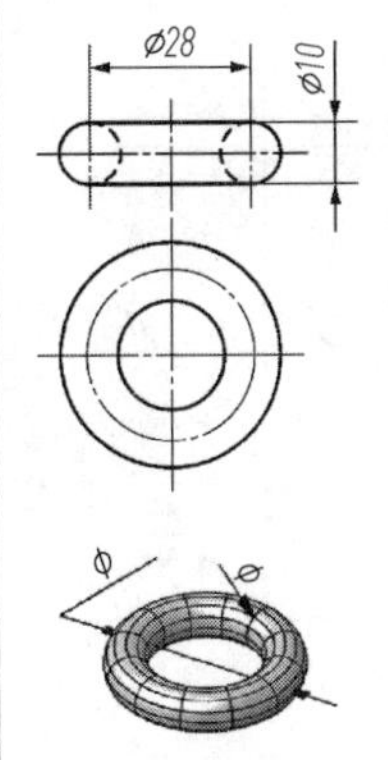	

2. 完整地标注尺寸

为了达到尺寸标注齐全、不遗漏、不重复的要求，首先仍需抓住零件形体的形体分析，在熟悉基本体尺寸标注（表 5.1）、带切口基本体尺寸标注（表 5.2）以及常见板状形体尺寸标注（表 5.3）的基础上，做到完整地标注尺寸。

表 5.2 带切口基本体的尺寸标注示例

带切口的四棱台	带切口的圆柱	带切口的圆筒	标 注 要 点
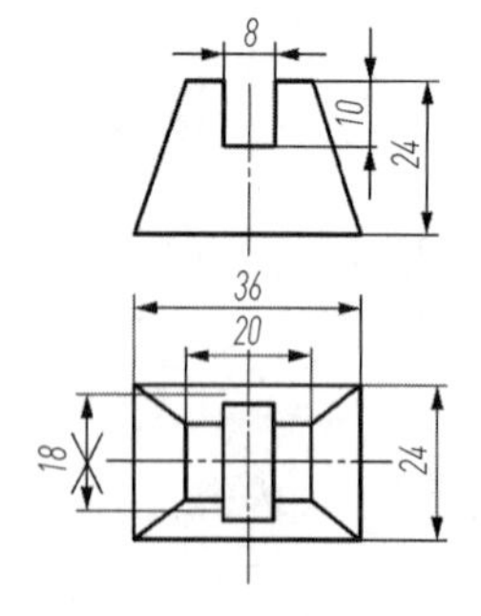	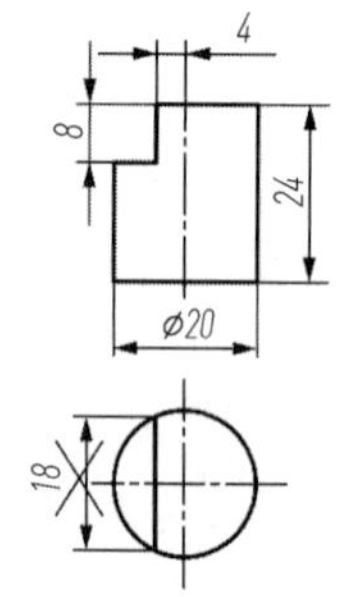	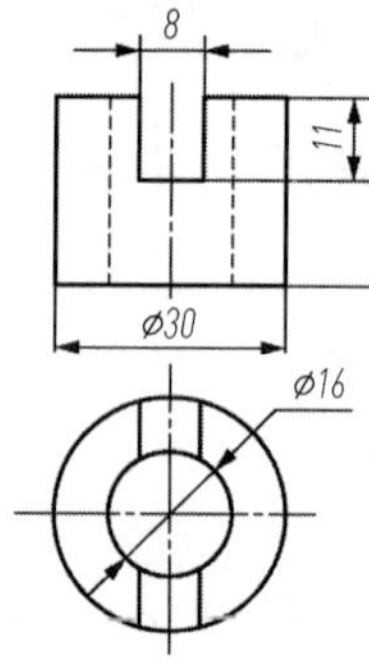	
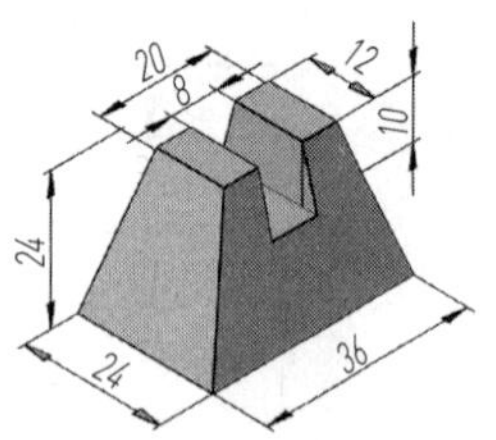	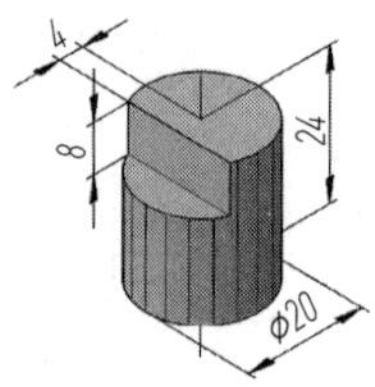	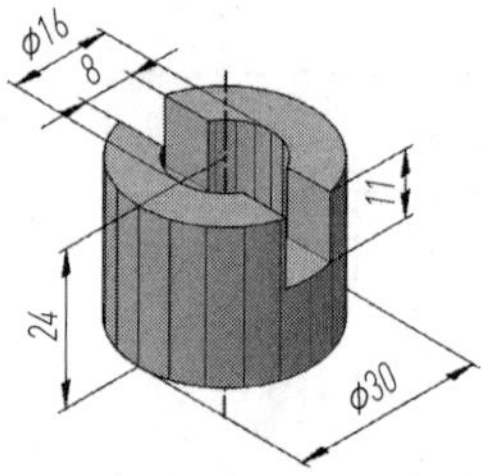	带切口基本体的尺寸标注包括两个方面的内容：一是标注基本体本身的长、宽、高尺寸；二是组成切口的截平面的位置尺寸，并标在截平面的积聚性投影上。对于切截后形成的切口形状不能进行标注。换句话说，对于在切截过程中自然形成的交线（截交线、相贯线）的形状不能标注尺寸。 注：图中标有“×”的尺寸为错误标注
带切口的圆柱	带切口的圆球	带切口的圆球	
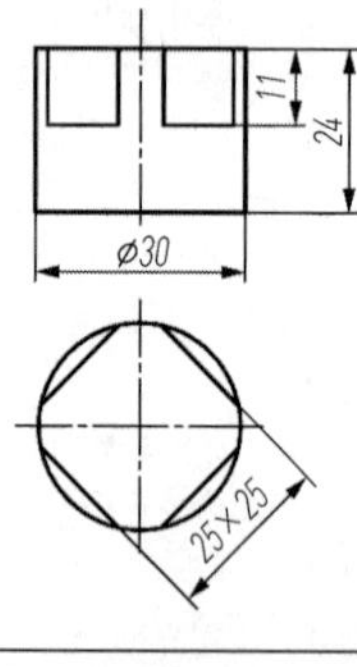	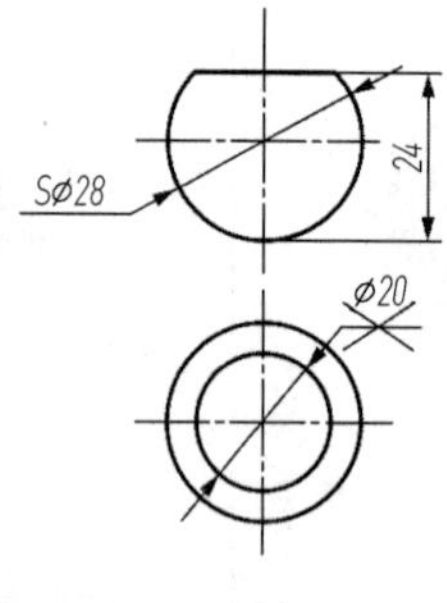	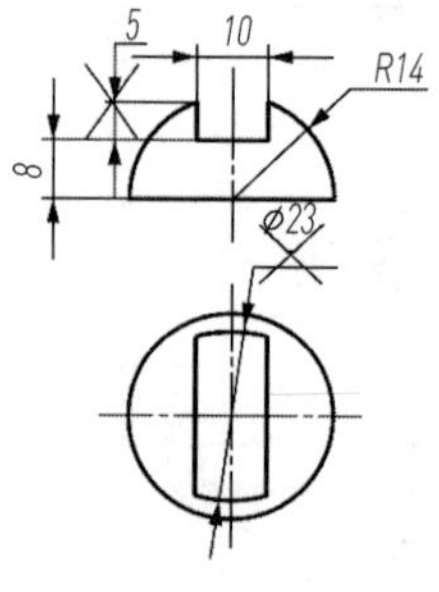	
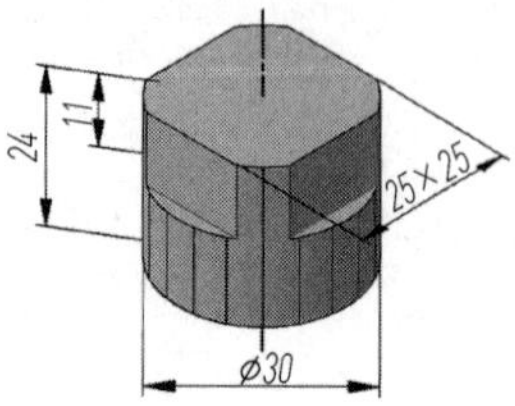	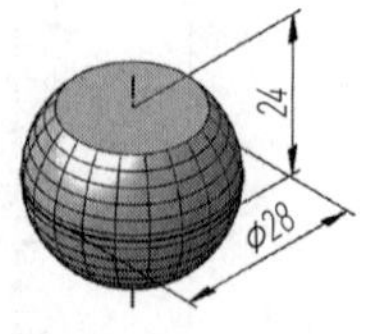	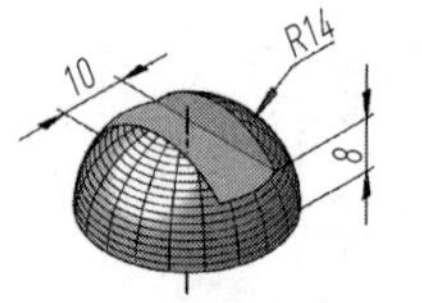	

表 5.3　板状形体的尺寸标注示例

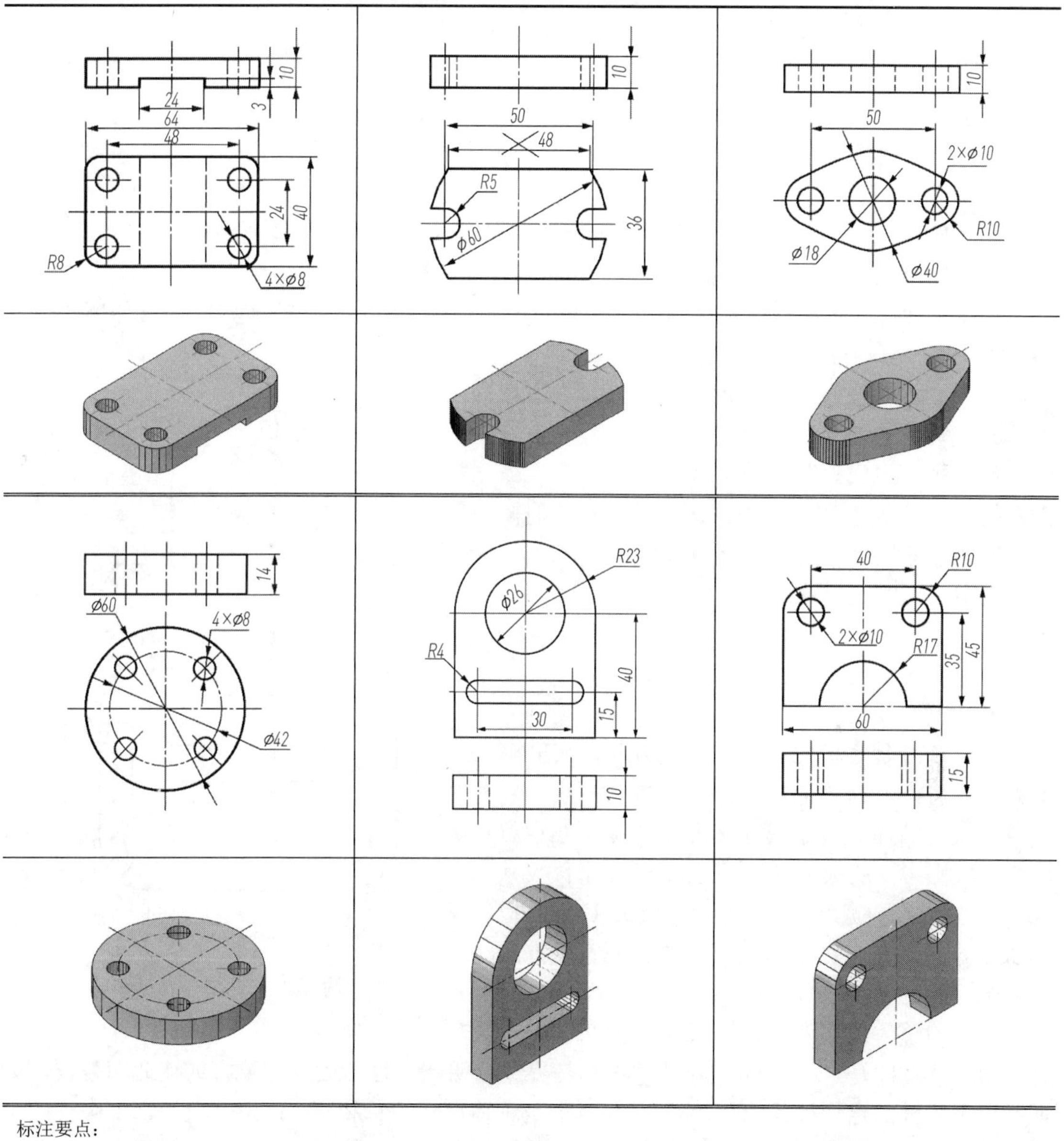

标注要点：

板状结构是零件中常见的结构，常用来作为底板、支承板和连接板等，其形状各异，使用率很高。这类结构的尺寸标注一般是在形状特征投影图（即成形面的投影）上标注板面形状，而在另一投影图上标注其厚度（即高度）

关于尺寸标注的基本概念和基本规定，可先复习第 2 章中关于平面图形尺寸标注的介绍，因为平面图形往往是构成一个物体的成形面。对于平面图形上的每一个图元，都应标出其定形尺寸和定位尺寸；而对于整个平面图形，还应标出特定几何意义下的总长和总宽尺寸（统称为总体尺寸）。从而可使阅读者能分析判断出哪些要素是已知线段，哪些要素是中间线段和连接线段，以确定绘图顺序。

如果把平面图形作为空间形体的成形面来考虑，并置于三投影体系中，那么就不难理解零件形体的尺寸标注了。仔细分析表 5.1～表 5.3 中列出的三类空间形体的尺寸标注要点，可知一个完整的尺寸标注，包含了组成要素的**定形**、**定位尺寸**及形体的**总体尺寸**。对于一个复杂的零件形体的尺寸标注，更不例外。

定形尺寸：确定组成零件形体的每个基本体的形状和大小的尺寸称为定形尺寸。定形尺寸应尽量标注在形状特征清晰的视图上。

定位尺寸：确定组成零件形体的各基本体之间的相对位置的尺寸称为定位尺寸。标注定位尺寸时，必须在长、宽、高 3 个方向上确定主要的尺寸基准，以便确定各基本体的相对位置。

尺寸基准：是指标注和度量尺寸的起点。具体地说，是确定尺寸起点的点、线或面。一般选择零件形体的对称面、底面、较大的端面或主要回转体的轴线等作为形体的尺寸基准。

总体尺寸：确定组合体总体长、宽、高的尺寸称为总体尺寸。它确定出组合体所占空间的大小。

图 5.12 是某支座模型的两个视图，对它进行形体分析，可知它由两块板状结构（也是两个复合拉伸柱体）组成。其中正立板的成形面为一个倒置的 U 形面，水平板的成形面为一带圆角的矩形。因此它的尺寸标注也可分为两部分米分析。

其中，支座底板的定形尺寸为长 42、宽 23、高 6、圆角半径 $R7$、小孔直径 $2\times\phi7$；倒置 U 形立板的定形尺寸为半径 $R11$，圆孔直径 $\phi11$ 等。

又从图中的尺寸标注可知，该组合体高度方向的尺寸基准是底板的底面，长度方向的尺寸基准是左右方向的对称面轴线，宽度方向的尺寸基准是底板的后面。有了尺寸基准，定位尺寸也就明确了。图中，底板上 2 个小孔的长度定位尺寸 28（对称标注）、宽度方向定位尺寸 16，U 形立板的长度方向为左右对称，无需定位，而宽度方向的定位尺寸为 3。

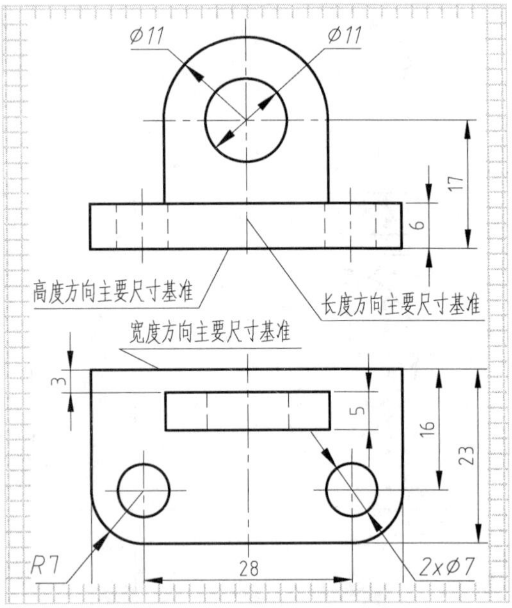

图 5.12　完整地标注尺寸

支座的总体尺寸为：总长 42、总宽 23、总高 17。

值得注意的是，上述 3 类尺寸并不总是界线分明的，往往会互相重合或彼此相替代，如图中所示底板的定形尺长 42、宽 23，同时也是总体尺寸的长和宽；U 形立板上部半圆柱的半径 $R11$ 及其上 $\phi11$ 圆柱离底面的中心高 17，既是其高度方向的尺寸，也可视为组合体的总高尺寸。

3. 清晰地标注尺寸

清晰地标注尺寸，是指尺寸布置整齐、清楚，便于看图和检查。也就是说，除了必须遵守国家标准的有关规定外，还要考虑尺寸的合理布局，标注时尽量注意以下几点。

（1）同一形体的定形尺寸和定位尺寸，应尽量集中标注在反映该部分形状特征最明显的投影图上。

（2）圆柱、圆锥等回转体的直径尺寸，应**尽量**标注在反映轴线及素线的投影上，圆弧半径尺寸则**必须**注在反映圆弧实形的投影图上。

（3）尽量避免在虚线上标注尺寸。

（4）尽量把尺寸标注在投影图的外边，与两投影图相关的尺寸宜注在两投影图之间，并应将表示零件内部结构的尺寸和外部结构尺寸分别标注在视图的两侧。

（5）尺寸线与轮廓线或同方向的尺寸线之间的距离一般取 5～7mm 或略大于一个字高，且间距尽量一致，排列整齐。同一方向首尾相接的尺寸，应尽量配置在同一直线上。当同一方向有数个并列的平行尺寸时，小的尺寸在里，尽量靠近图形，大尺寸依次向外排列。尽量避免尺寸线和尺寸线及尺寸界线相交。

（6）直径相同、并在同平面上均匀分布的孔组，只需标注一个孔的尺寸，再在直径符号“ϕ”前注明孔数，如 4×ϕ5，3×ϕ10 等，而在同一平面上若干半径相同的圆角，则不能在半径“*R*”前面加注个数。

如表 5.4 所示为几个较为典型的标注实例，读者可自行比较何种标注是清晰的标注。

表 5.4　清晰地标注尺寸

清晰、合理的尺寸标注	不清晰、不合理的尺寸标注	说　明
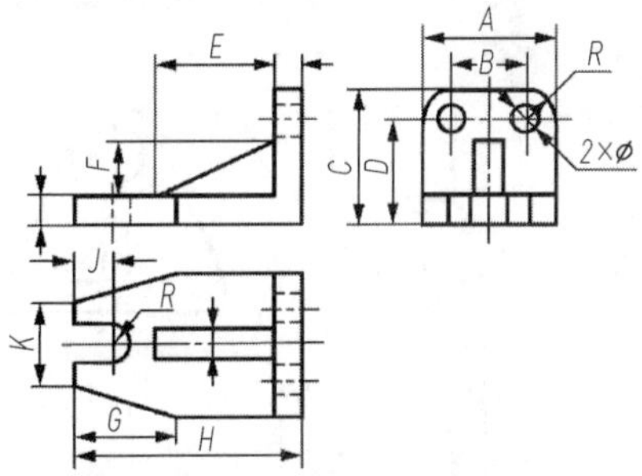	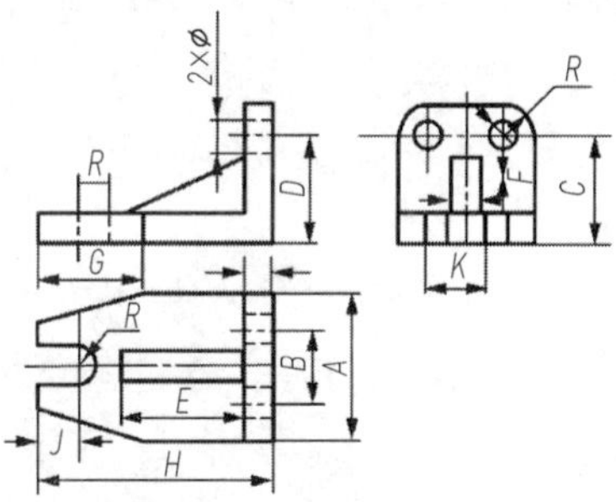	同一形体的定形尺寸和定位尺寸，应尽量集中标注在反映该部分形状特征最明显的投影图上。如示例中：垂直板的尺寸 *A*、*B*、*C*、*D* 集中在左视图上；三角形肋板的尺寸 *E*、*F* 集中在主视图上；底板的尺寸 *G*、*F*、*J*、*K* 及 *R* 集中在俯视图上
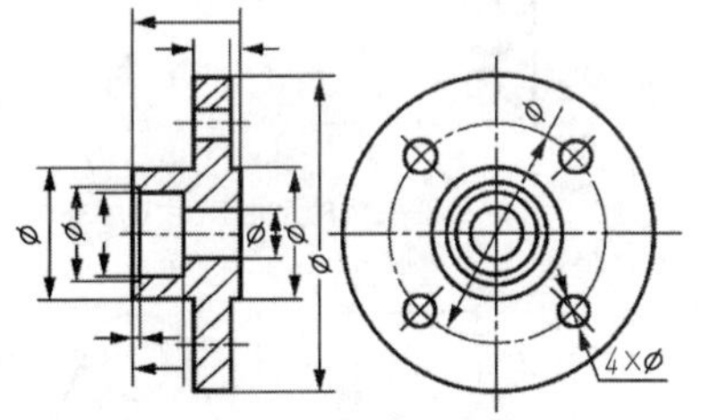	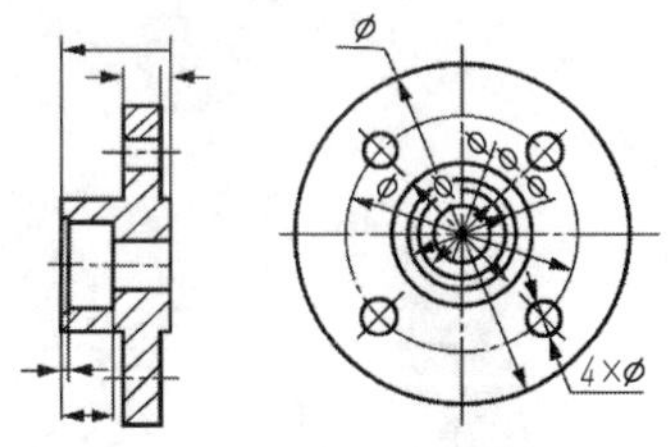	回转体的直径尺寸应尽量标注在非圆投影上，圆弧半径尺寸则必须注在反映圆弧实形的投影上。与两投影图相关的尺寸宜注在两投影图之间，并应将表示零件内部结构的尺寸和外部结构尺寸分别标注在视图的两侧
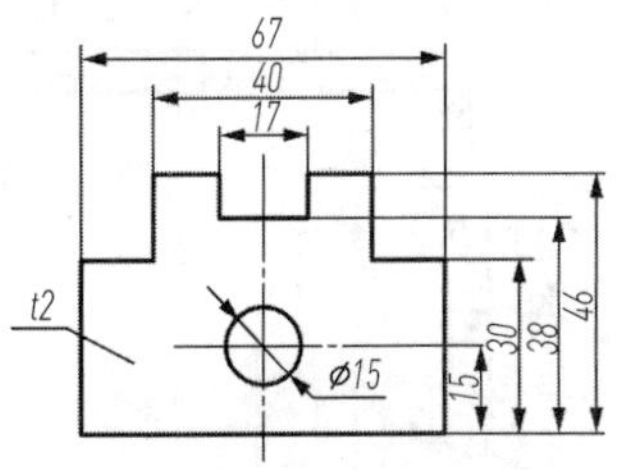	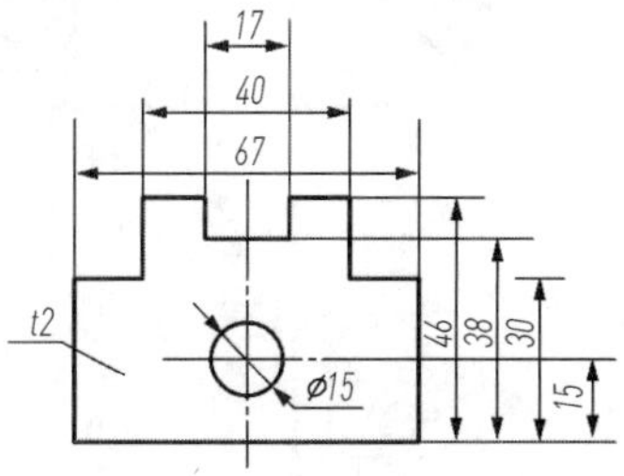	尺寸要尽量注在图形外面。应尽量避免尺寸线与尺寸界线相交，且在同一方向上，大尺寸在外，小尺寸在内，并使尺寸线之间的间隔尽量一致

5.2.2　零件形体尺寸标注的步骤与方法

与零件形体的绘制过程一样，零件形体的尺寸标注也是以形体分析法及三维成形法为依据，做到尺寸标注的完整、正确和清晰。

零件形体尺寸标注的分析方法及标注步骤概括如下。

（1）形体分析。首先对零件形体进行基本体分解。如果是切割式形体，则要“还原”其原基本体的形状特征，然后确定各切割部分的相对位置。

（2）确定尺寸基准。在长、宽、高 3 个方向上至少各确定一个主要基准。对于对称结构的组合体，尺寸基准应选择在对称中心面上；对于具有重要回转体结构的组合体，尺寸基准应选择在回转体的轴心线上；另外，一些重要端面等也可以作为尺寸基准。

（3）标注定形尺寸。逐一标注每个组成部分形体的定形尺寸，且尽量标注在形状特征清晰的投影上，同一形体的尺寸尽量集中标注，且只标注一次。

（4）标注定位尺寸。主要的定位尺寸要由主要尺寸基准出发进行标注。

（5）标注总体尺寸。总体尺寸的标注应做到不重复、不矛盾。注意总体尺寸不能标注到回转体的轮廓素线上。

（6）对照正确、完整和清晰的基本要求进行检查和整理，擦去多余尺寸，补充遗漏尺寸。

【例 5.5】下面以图 5.13（a）所示支架零件模型为例，说明零件形体的尺寸标注。

【形体分析】由所给的三视图可知，该形体由底板、空心圆柱、支承板和肋板四个部分组成。其中，底板可认为是一个带圆角的矩形柱体，左、右对称位置上挖去了两个圆柱孔，支承板和肋板均为多边形拉伸柱体，如图 5.13（b）所示。

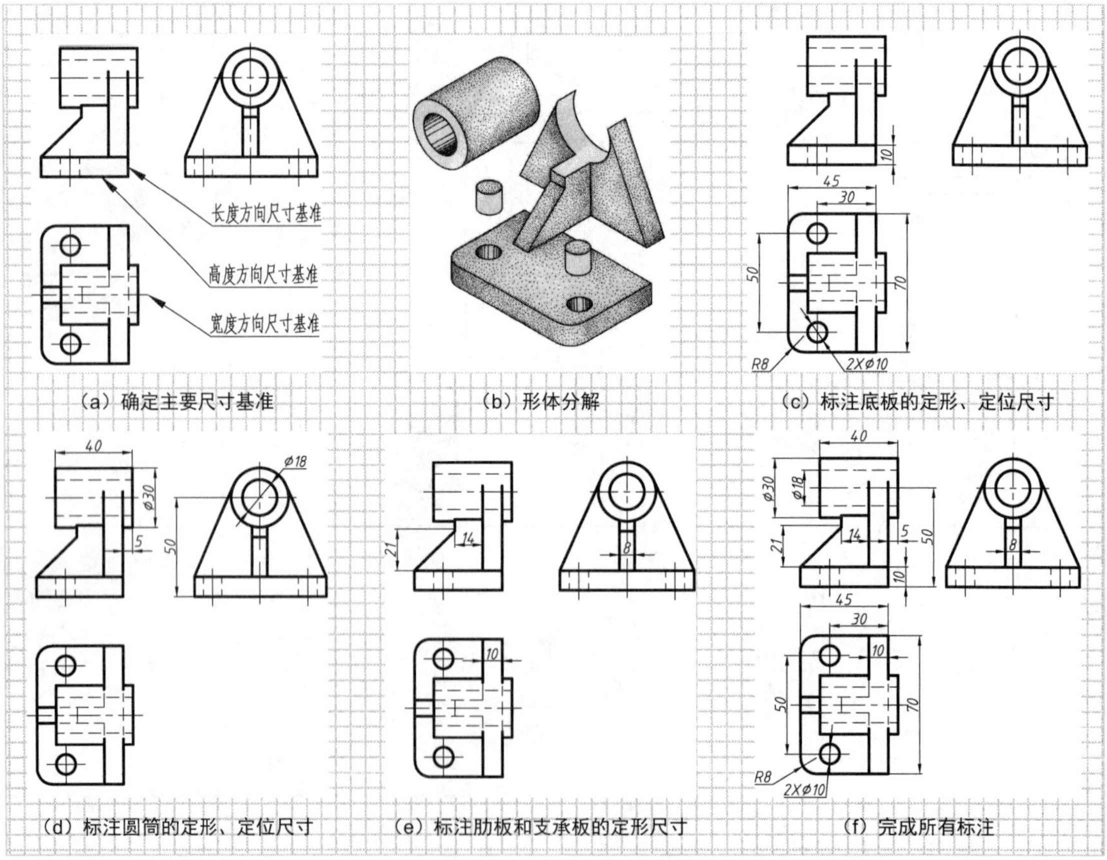

（a）确定主要尺寸基准　（b）形体分解　（c）标注底板的定形、定位尺寸

（d）标注圆筒的定形、定位尺寸　（e）标注肋板和支承板的定形尺寸　（f）完成所有标注

图 5.13　零件形体的尺寸标注

【标注步骤】

（1）确定尺寸基准。该组合体长度方向不对称，也没有主要的回转轴线，可以底板和支承板的公共右端面为长度方向的尺寸基准；同理，高度方向选择底面作为尺寸基准；宽度方

向的尺寸基准则选择在对称平面处，如图 5.13（a）所示。

（2）标注底板的定形尺寸和定位尺寸（图 5.12（c））。水平投影上反映了底板的形状特征（成形面），其定形尺寸长 45、宽 70、圆角半径 *R*8、小圆孔直径 2×ϕ10 等都可相对集中地标注在水平投影上，高 10 则标注在正面投影上；关于底板的定位尺寸，由于底板的下面、右端面和前后对称面均分别与所选择的主要尺寸基准重合，故不需要再标注定位尺寸，底板上两小圆孔的长度定位尺寸 30 和宽度定位尺寸 50 集中标注在水平投影上，高度定位尺寸与底板高度尺寸 10 重合，不需另外标注。

（3）标注空心圆柱的定形和定位尺寸（图 5.12（d））。空心圆柱的定形尺寸如外圆直径ϕ30，长度 40 等均标注在正面投影上，为避免在虚线上标注尺寸，其内径尺寸ϕ18 可标注在侧面投影上；空心圆柱的长度定位尺寸 5 标注在正面投影上，高度定位尺寸 50 标注在侧面投影上，而由于其轴线就在宽度方向尺寸基准面上，故也不需标注。

（4）标注支承板及肋板的定形尺寸和定位尺寸（图 5.12（e））。支承板下与底板相交，并与底板宽度相等，上切空心圆柱，因此定位尺寸只需标注其厚度 10；肋板在正面投影上反映形状特征，所以只需在正面投影上标出定形尺寸 14 和 21，在侧面投影上标注其厚度 8；由于它们的定位尺寸已与主体部分的尺寸重合，或可由几何作图方法确定（相切），故不需另外标注。

（5）标注总体尺寸。总体尺寸长、宽、高已与其他尺寸重合，不需另外标注。

（6）检查并根据标注清晰的原则进行调整，标注结果，如图 5.13（f）所示。

5.2.3　CAD 中的尺寸标注

CAD 中的尺寸标注类型与国家标准一致，分为线性尺寸、直径尺寸ϕ、半径尺寸 *R*、角度尺寸和弧长尺寸等。仍以 AutoCAD 为例，调用“标注”工具栏即可方便使用，如图 5.14 所示。

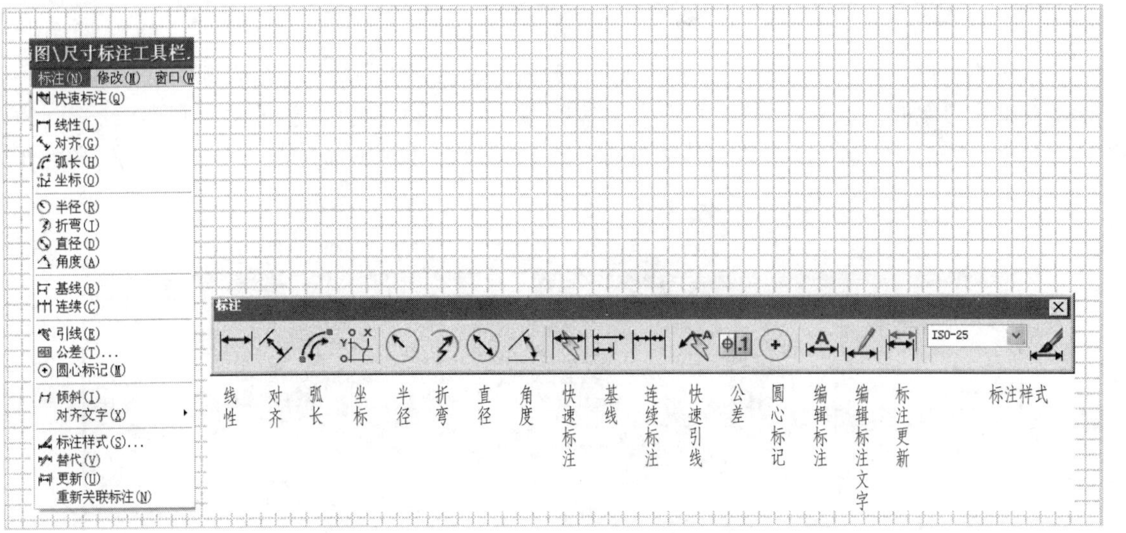

图 5.14　CAD 的尺寸标注工具栏

用 CAD 标注尺寸没有什么特别的诀窍，关键还是在于设计者熟练掌握尺寸标注规则，采用形体分析方法，以定形尺寸、定位尺寸和总体尺寸为线索，指导相应的 CAD 命令。这里仅对“标注样式”作进一步解释。

选用“标注样式”图标，系统出现“标注样式管理器”对话框，如图 5.15 所示。其中默认的标注样式标记为“ISO-25”。如果对于其中的要素另有改动的话，可选择右列中“修改”键，弹出“修改标注样式”对话框，如图 5.16 所示。其中有 7 个修改标签，如“直线”（对尺寸线和尺寸界线的修改）、“符号与箭头”（对箭头和一些符号进行修改）、“文字”（对尺寸数字的字体、线型、字号等的修改）和“主单位”（对数字精度、前缀或后缀等进行设置）等。例如，习惯上在标注直径或半径尺寸时，为清晰起见，往往将尺寸数字引出图形外，这时可点选“文字”标签，在右下方的“文字对齐”列表中点选“ISO 标准”（图 5.16）。

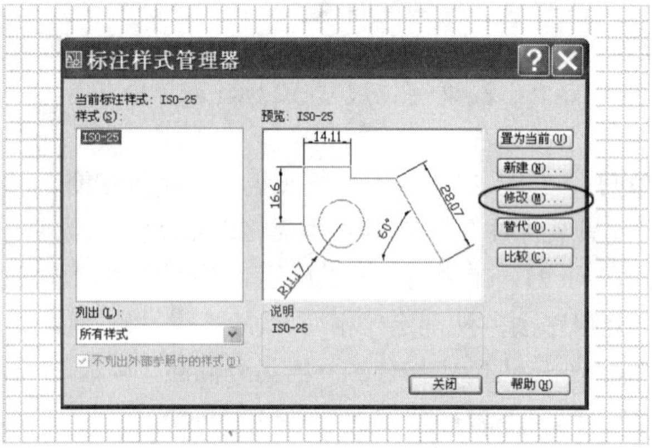

图 5.15　标注样式管理器

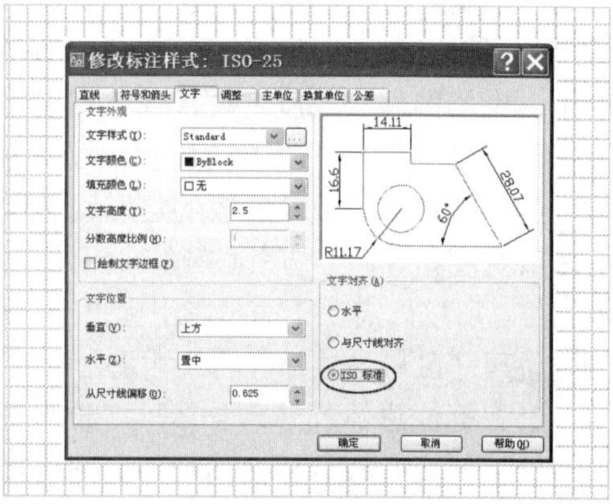

图 5.16　修改标注样式

“新建标注样式”也是在实用中常要用到的设置。例如，在 CAD 中，在用直径尺寸命令标尺寸时，尺寸数字前自带前缀“ϕ”，这时系统要求选择对象必须是圆或圆弧。而在图样中，为使尺寸标注清晰，要求直径尺寸尽量标注在反映素线的投影上，对 CAD 中的尺寸标注来说，即要求用线性尺寸来标注带有“ϕ”的尺寸，这时就需要设置新的一类尺寸样式；又例如，在同一个样式下，尺寸数字与尺寸线之间的相对位置必须一致，但在机械图样的实际标注中，水平标注的线性尺寸一般要求尺寸数字水平书写在尺寸线的正上方，垂直标注的线性尺寸一般要求尺寸数字向左倒 90°，并注写在尺寸线的正左方，而角度尺寸中的数字则要求一律水平书写在尺寸线的中断处。这也要求在做线性标注和角度标注时不能用同一个标注样式。图 5.17 为新建“直径标注”样式。

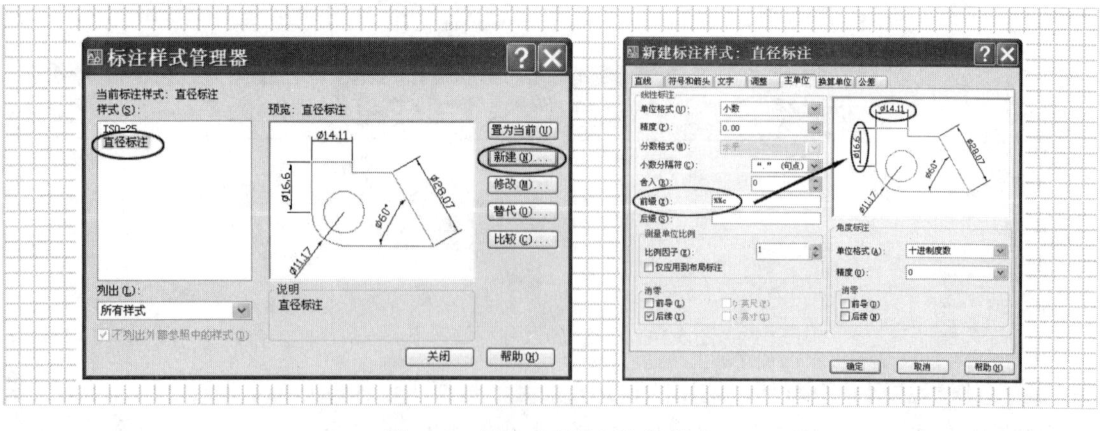

图 5.17　新建“直径标注”样式

由此，选用“标注样式管理器”右列中的“新建”，可进入“新建标注样式”对话框（可分别名命为“直径标注”和“角度标注”）。如新建直径的标注样式，可在进入新建标注样式后，点选“主单位”标签，在前缀栏内填写“%%c”，即可设置直径代号（系统自动转化为“ϕ”）。使用时，首先进入“标注样式管理器”，在左方列表中点选“直径尺寸”，再在右列表中点选“置为当前”，即可直接在反映素线的投影上标注带“ϕ”的直径尺寸了（图 5.18）。

同样，要设置角度标注，可在进入新建标注样式后，点选“主单位”标签，在后缀栏内填写“%%d”，即可设置度数代号（系统自动转化为“°”）；再点选“文字”标签，在右下方的“文字对齐”列表中点选“水平”，即可将角度数字设置为在弧形尺寸线的中断处水平书写（图 5.18）。

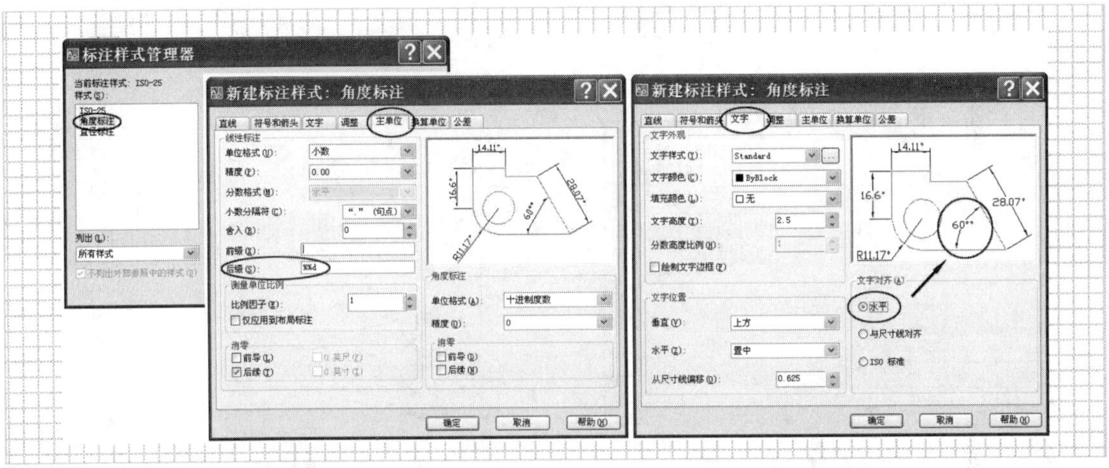

图 5.18　新建“角度标注”样式

5.3　零件形体模型测绘

形体模型测绘是零部件测绘的基础训练。零部件测绘是指根据现有的零部件画出零件图和装配图的过程，是在仿造、改进和维修机器或部件时，常常要进行的一个重要环节。

在测绘零件图时，先要画出零件草图。这是绘制零件图甚至装配图的重要依据。特别在修理机器时，往往将草图代替零件图直接交车间。因此，绝不能将零件草图理解为“潦草的图”，必须认真绘制。

5.3.1　测绘过程简介

从基础训练出发，形体模型测绘内容通常只包括零件图内容的前两部分，即视图和尺寸标注。

下面以图 5.19（a）所示的拨叉零件模型为例，说明形体模型测绘的大致过程。

（1）**拟定表达方案**。首先确定物体的安放位置和主视图的投影方向，再根据完整、清晰地表达零件的目的，确定其他视图。

主视图的安放位置是根据零件的加工位置或工作位置而定的。实际上也就是由此确定主视图的上下位置关系。在进入零件图内容的学习之前，我们可以仅从以下几何因素来考虑：

①考虑形体下大上小、左低右高的安放，这样可以使俯视图和左视图尽量少地出现虚线；

②如果使用的是图纸横放（一般的选择），则尽可能地使左右方向即长边轮廓水平放置，即与图框长边一致。

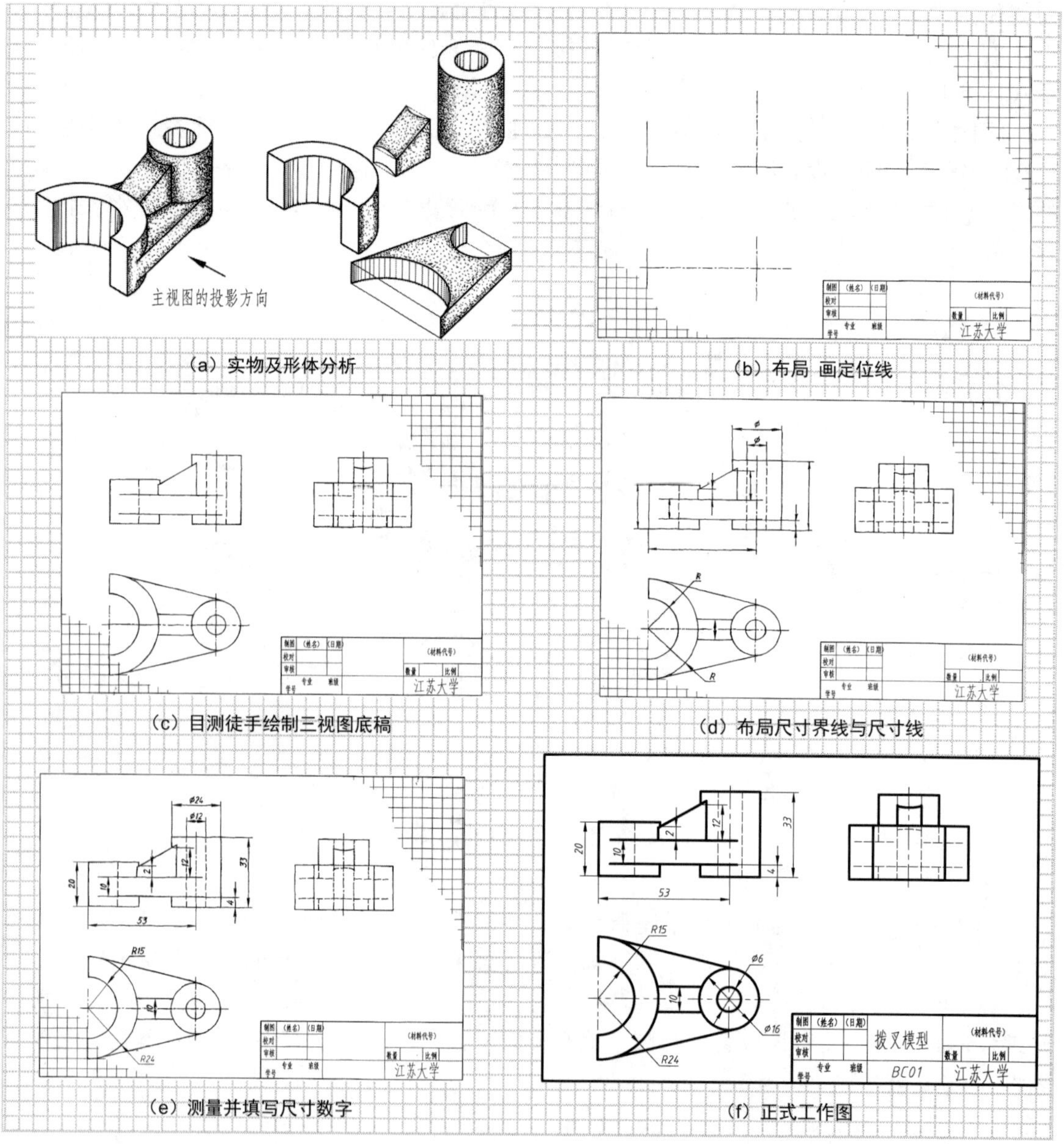

(a) 实物及形体分析　(b) 布局 画定位线　(c) 目测徒手绘制三视图底稿　(d) 布局尺寸界线与尺寸线　(e) 测量并填写尺寸数字　(f) 正式工作图

图 5.19　形体模型测绘过程

主视图的投影方向即形体由前向后的方向，因此要抓住形体的正面。如同我们去拍摄身份证的照片一样，要给出正面像。那么什么是物体的正面呢？那就是其形状、结构特征以及各组成部分位置关系反映最为强烈和明晰的那个方向，同时考虑前低后高的安放原则以避免过多地出现虚线（图 5.19（a））。

（2）**布置图幅**。即在图纸上定出各视图的中心线和基准线。安排每个视图的位置时，应注意留出标注尺寸的地方，并在图纸右下角画出标题栏（图 5.19（b））。

（3）**徒手投影作图**。按拟定的表达方案画出各部分的投影，并按完整、清晰的表达要求画出零件的内外结构形状。注意：画图时目测按大致比例徒手绘图，此时并不需要测量，但必须保证投影关系，且按形体分析方法，由外至内、由下而上、先实后虚等规律，逐一画出各基本体的三视图，处理两两表面间的连接关系（图 5.19（c））。

（4）**布局尺寸线及尺寸界线**。选择尺寸基准，按形体分析后的定形、定位及整体尺寸，绘制尺寸界线、尺寸线及箭头，为测量后填写尺寸数字做好准备（图 5.19（d））。

（5）**测量尺寸并填写尺寸数字**。用测量工具对零件各尺寸进行测量，将测量数据填入图中（图 5.19（e））。

（6）加深各类图线后，填写标题栏，全面检查草图，为绘制零件工作图作好充分准备。

（7）绘制正式的零件工作图（注：目前只是完成主体结构的视图与尺寸标注部分，如图 5.19（f）所示）。

5.3.2　徒手绘制草图

测绘方法包括徒手绘图与测量方法两方面的基本技能。

1. 徒手绘图的基本技能与方法

（1）徒手画直线。徒手画直线的手势如图 5.20 所示。画图时，运笔力求均匀自然，眼睛应朝着前进方向。画较长直线时，可用目测的方法在中间定出几个点，然后分段画出。画边框或较长作图基准线时，可将中指垫在铅笔下，将无名指靠在图板的边缘画线，如图 5.20（c）所示。

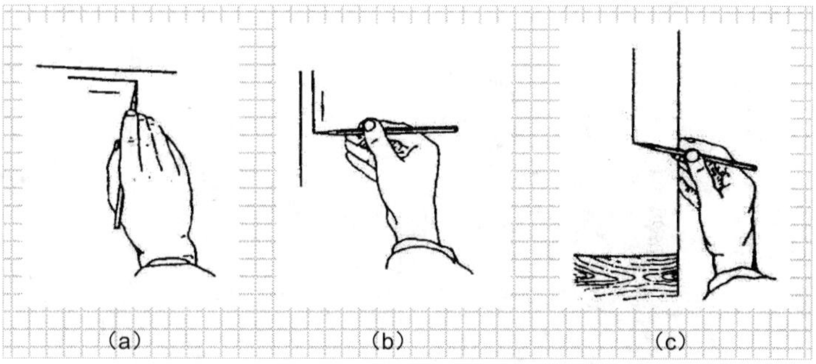

图 5.20　徒手画直线

（2）徒手画角度线。画与水平成 30°、45°或 60°斜线时，可利用两直角边的比例关系近似地画出，若画 10°、15°等角度线时，则可先画出 30°斜线后，再等分画出所需斜线即可，如图 5.21 所示。

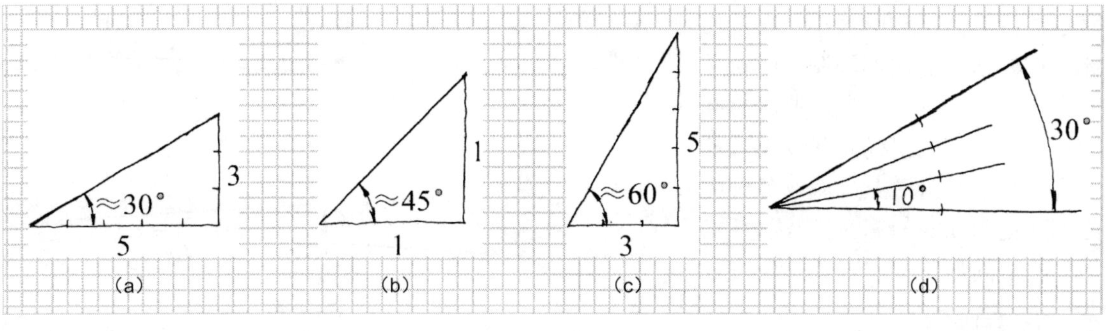

图 5.21　徒手画角度线

（3）徒手画圆。徒手画圆时，应先画出中心线（即一对相交为 90°的点画线或细实线），用以定出圆心，再按半径大小在中心线上分别定出四个点，然后分两个半圆画出，如图 5.22（a）所示。画较大的圆时，可过圆心增画 45°或 30°中心线，然后按半径大小在中心线上定出多个点，分段完成该圆，如图 5.22（b）所示。

（4）徒手画椭圆。可先根据椭圆的长短轴，作出椭圆的外切矩形、菱形或平行四边形，然后在其内作内切椭圆，如图 5.23 所示。注意，椭圆一定要过矩形、菱形或平行四边形的中点。

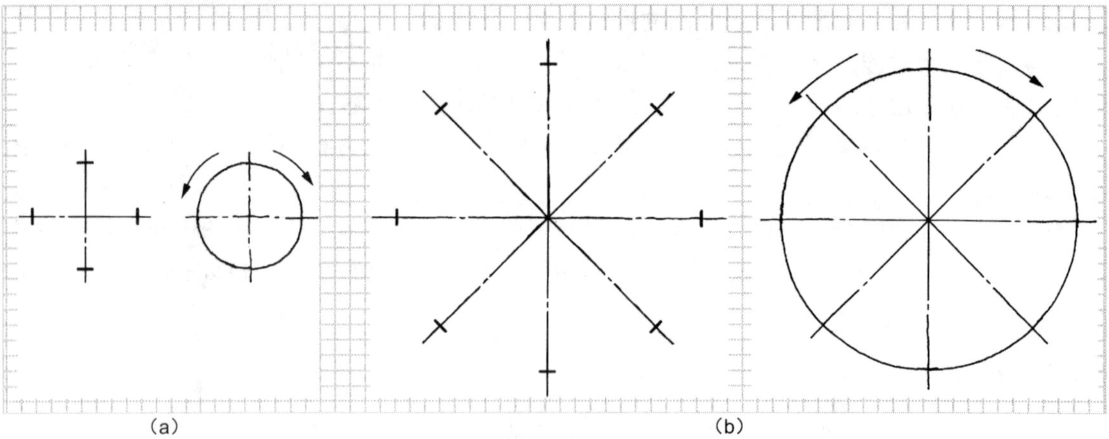

图 5.22　徒手画圆

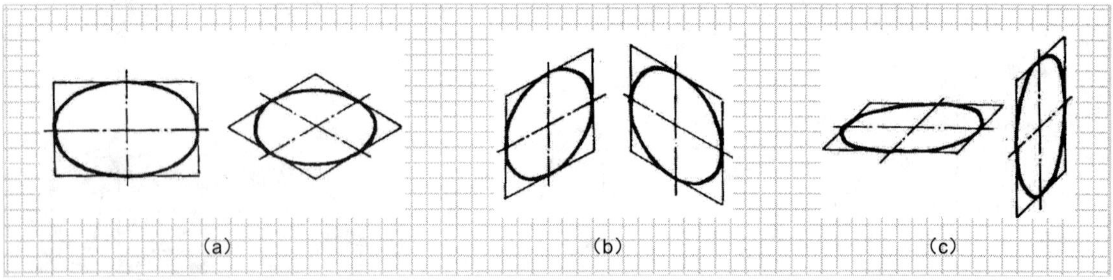

图 5.23　徒手画椭圆

2. 目测比例的基本技能与方法

对于一般大小适中且较为简单的零件，目测比例就是用眼睛观察零件各形体结构的大小，直接估计其形体结构的比例画图；而对于大型的复杂零件，则在观察的同时，手执铅笔在视线间截取相应的长度，再估计铅笔上所截取各段的比例（见图 5.24）。此时应注意眼、手、物之间的距离尽量保持不变。

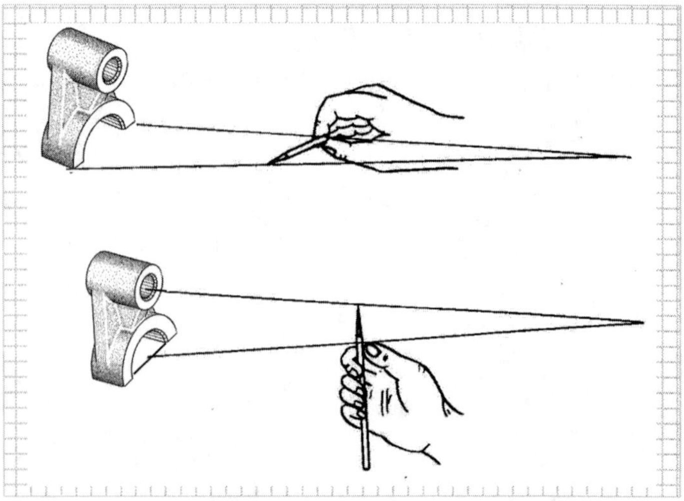

图 5.24　目测比例示例

5.3.3　测量方法简介

测量方法与徒手绘图一样，也是一个工程师必备的基本功，都是建立在前面的投影理论和形体分析方法基础之上，不能抱着“照葫芦画瓢”的想法盲目测量、盲目画图，如果不讲投影关系，没有形体分析，即使照着“葫芦”也画不出“瓢”来。

1．测量的概念

所谓测量，是指将被测的量与作为测量单位的标准量进行比较，从而确定被测量是测量单位的几倍或几分之几。一个完整的测量包括被测对象、测量单位、测量方法和测量精度。

1）长度基准

长度尺寸的标准量即长度基准。国际上把光在真空中 1/299 792 458 秒所经过的行程作为量度长度的标准，称为米。国际长度标准采用氪 86 原子（Kr^{86}）光波自然基准器确定，它的性能稳定，测量精度可达 0.001μm。

我国的法定计量单位中，长度的基本单位为米，常用单位有毫米和微米。超高精度测量中采用纳米。我国法定的长度单位名称和代号如表 5.5 所示。

表 5.5　长度计量单位

单位名称	符　号	对基准单位的比
米	m	基准单位
分　米	dm	10^{-1}m（0.1m）
厘　米	cm	10^{-2}m（0.01m）
毫　米	mm	10^{-3}m（0.001m）
（丝　米）	dmm	10^{-4}m（0.0001m）
（忽　米）	cmm	10^{-5}m（0.00001m）
微　米	μm	10^{-6}m（0.000001m）
纳　米	nm	10^{-9}m（0.000000001m）

注：丝米、忽米不是法定计量单位，工厂里有时采用。

在实际工作中，有时还会遇到英制尺寸，常用的有 ft（英尺），in（英寸）等，其换算关系为 1ft＝12in。英制尺寸常以英寸为单位。

有时需将英制尺寸换算成米制尺寸。换算关系为：1in＝25.4mm。如 5/16in 换算成米制尺寸为：25.4mm×5/16≈7.938mm。

2）量具的类型

由实物测绘出零件图时，为了确定零件的尺寸大小和形状，需要对其进行测量。用来测量、检验零件和产品几何要素的尺寸、形状和相互位置的工具叫量具。量具的种类很多，按其特点和用途量具可分为三类。

（1）通用量具。这类量具一般有刻度，可用来测量在一定范围内的任一数值，如游标卡尺、千分尺和百分表等。

（2）专用量具。专门为测量某一特定的对象或某一参数，并用来提高检验效率而设计的专用检验工具。这类量具一般不能测出具体数值，如塞规、卡规等。

（3）标准量具。按基准复制出来的代表一个固定尺寸的量具。通常用来校对和调整其他量具，也可以作为标准与被测量件进行比较，作为精密测量量具使用。如量块、角度块规等。

3）通用量具及其测量方法

通用量具：有钢直尺、内、外卡钳、游标卡尺和千分尺等，如表 5.6 所示。

表 5.6 常用的通用量具

<table>
<tr><th>名称</th><th colspan="12">量具样例</th></tr>
<tr><td>钢直尺</td><td colspan="12"></td></tr>
<tr><td rowspan="3">卡钳</td><td colspan="12">内、外卡钳与钢直尺一般配合使用，常用于精度不高或毛面的尺寸测量</td></tr>
<tr><td colspan="3">普通卡钳</td><td colspan="3">弹簧卡钳</td><td colspan="3">带表卡钳</td><td colspan="3">数显卡钳</td></tr>
<tr><td colspan="3">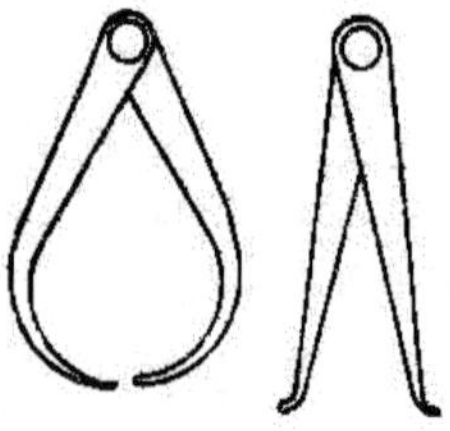
外卡　内卡</td><td colspan="3">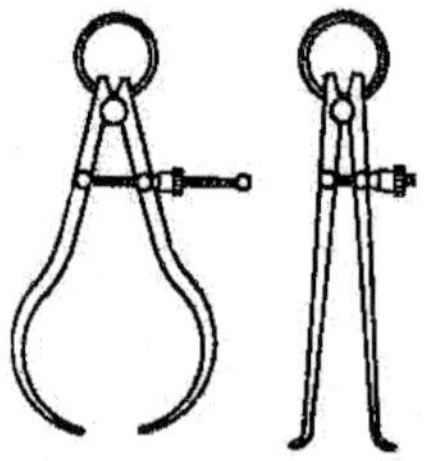
外卡　内卡</td><td colspan="3">
内卡
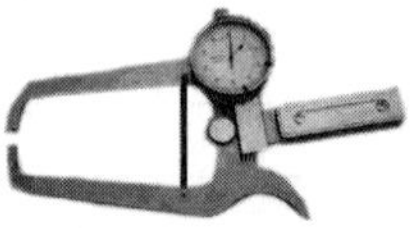
外卡</td><td colspan="3">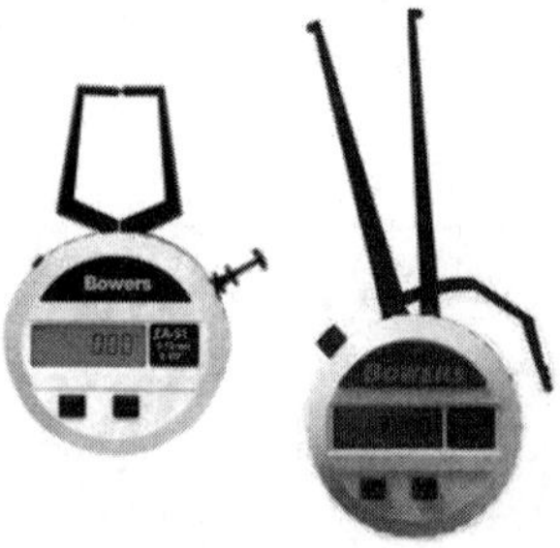
外卡　内卡</td></tr>
<tr><td rowspan="5">游标卡尺</td><td colspan="12">游标卡尺兼有内、外卡钳、钢直尺的功能，可测量孔、槽、外径、长度、高度等尺寸，一般用于较高精度尺寸的测量</td></tr>
<tr><td colspan="6">可微动调节式游标卡</td><td colspan="6">带测深杆式游标卡</td></tr>
<tr><td colspan="6">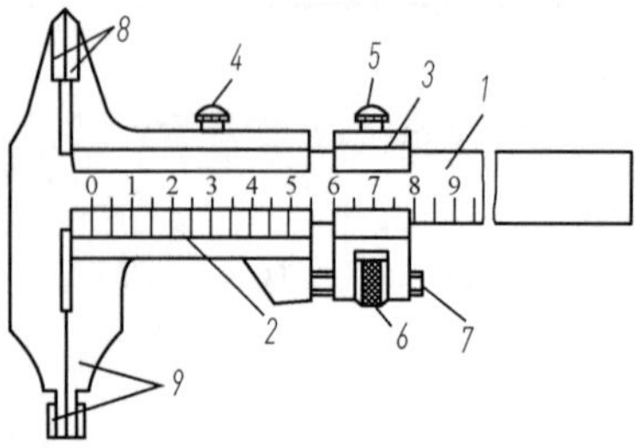
1-尺身；
2-游标；
3-辅助游标；
4、5-螺钉；
6-微动螺母；
7-小螺杆；
8、9-测量爪</td><td colspan="6">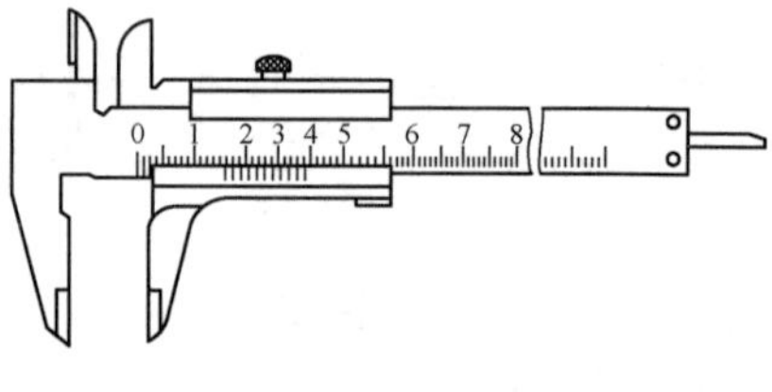</td></tr>
<tr><td colspan="4">深度游标卡尺</td><td colspan="4">高度游标卡尺</td><td colspan="4">齿轮游标卡尺</td></tr>
<tr><td colspan="4">1-微动调节螺帽；2-主尺；
3-游标；4-尺框
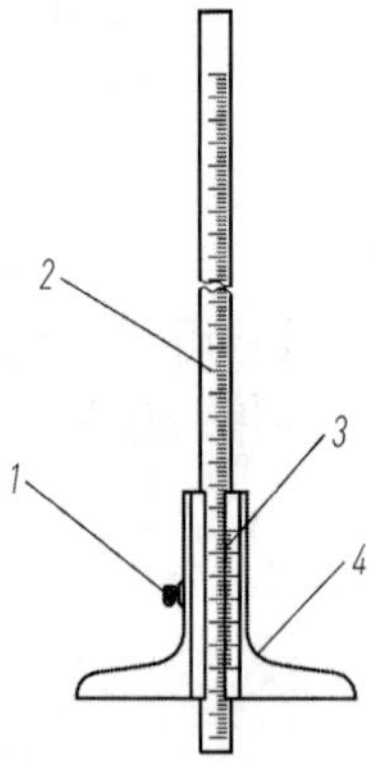</td><td colspan="4">1-量爪；2-游标；3-微动调节螺帽；
4-主尺；5-微动装置；6-锁紧螺钉；
7-尺框；8-底座
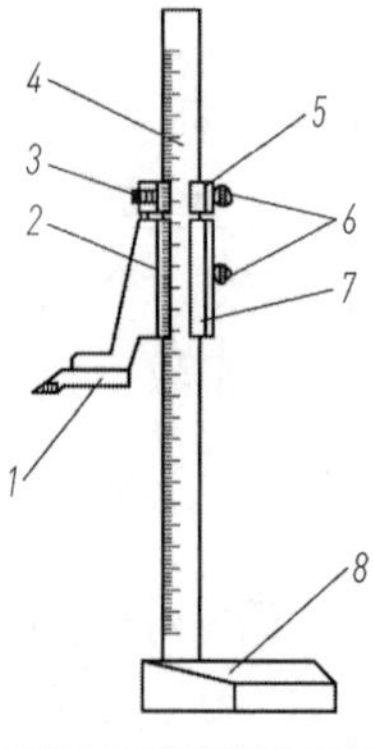</td><td colspan="4">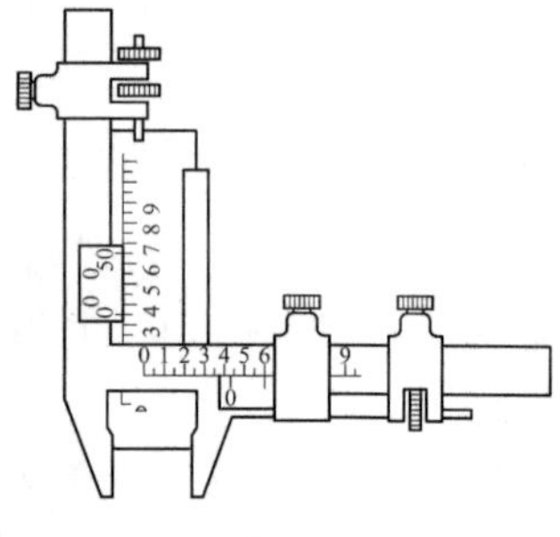</td></tr>
</table>

续表

<table>
<tr><th>名称</th><th colspan="6">量具样例</th></tr>
<tr><td rowspan="2">游标卡尺</td><td colspan="3">数显卡尺</td><td colspan="3">带表卡尺</td></tr>
<tr><td colspan="3">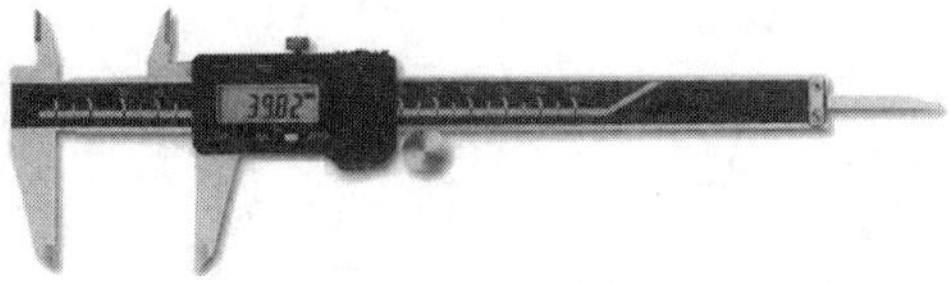</td><td colspan="3">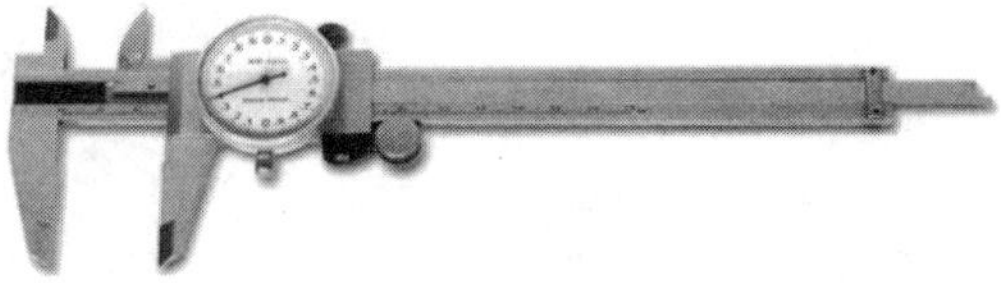</td></tr>
<tr><td rowspan="6">千分尺</td><td colspan="6">千分尺的测量精度比游标卡尺高，且比较灵敏，是机械制造业中广泛应用的量具</td></tr>
<tr><td colspan="2">外径千分尺</td><td colspan="2">内测千分尺</td><td colspan="2">螺纹千分尺</td></tr>
<tr><td colspan="2">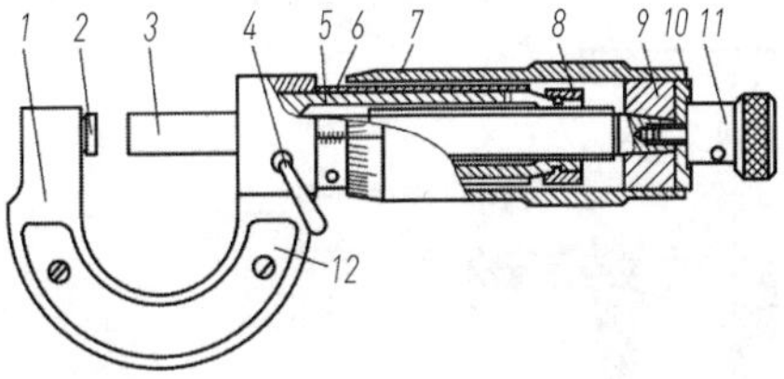
1-尺架；2-测砧；3-测微螺杆；4-锁紧装置；
5-螺纹轴套；6-固定套管；7-微分筒；8-调整螺母；
9-接头；10-垫片；11-测力装置；12-隔热装置</td><td colspan="2">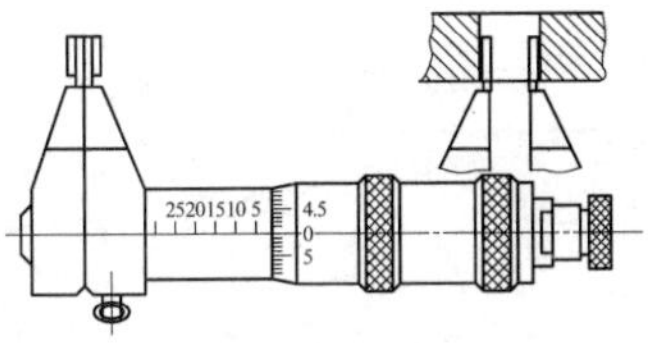</td><td colspan="2">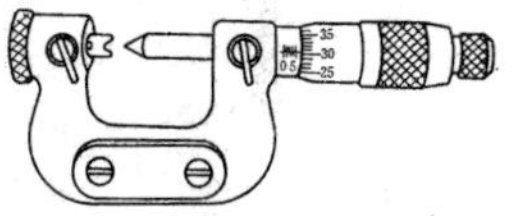</td></tr>
<tr><td colspan="3">公法线千分尺</td><td colspan="3">杠杆千分尺</td></tr>
<tr><td colspan="3">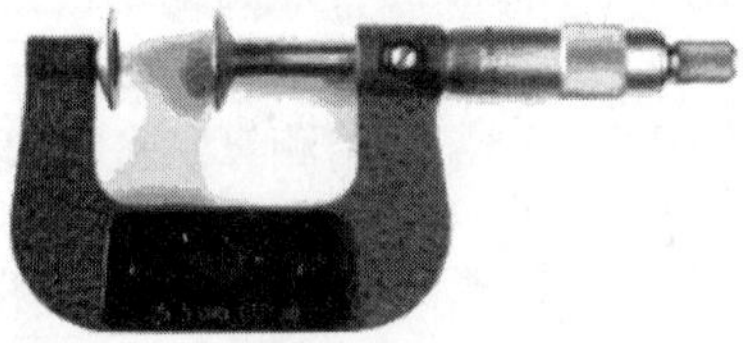</td><td colspan="3">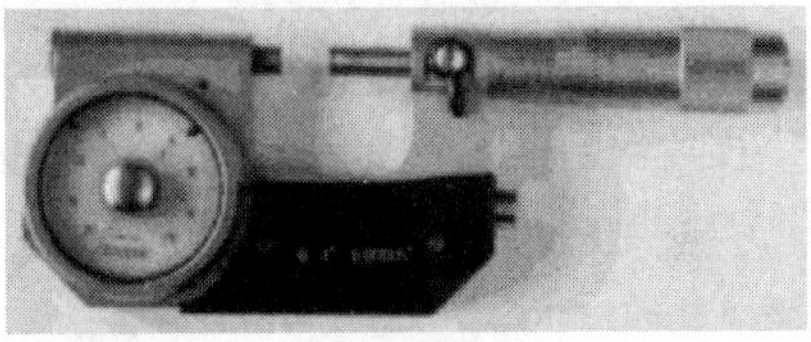</td></tr>
</table>

测量方法：常用测量方法有直接测量和测算测量两种。

（1）直接测量，即直接测量长度尺寸或内、外径尺寸。

①使用内、外卡钳与钢直尺——钢直尺可用于测量深度、高度、长度等，如图 5.25 所示；内外卡钳一般需与钢直尺配合使用，常用于精度不高或毛面的尺寸测量，如图 5.26 所示。

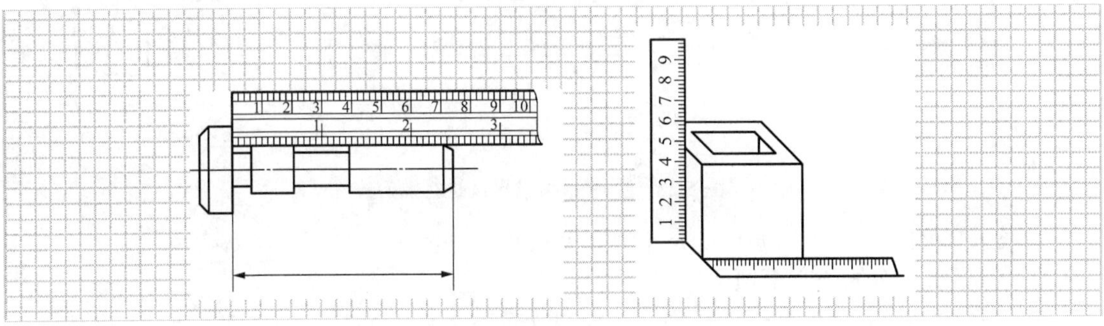

图 5.25　钢直尺测量深度、高度、长度

②使用游标卡尺测量——游标卡尺兼有内、外卡钳、钢直尺的功能，可测量孔、槽、外径、长度和高度等尺寸，一般用于较高精度尺寸的测量，利用游标卡尺上、下方的两触角可分别测量零件内径（内测）和外径（外测）的尺寸，如图 5.27 所示。

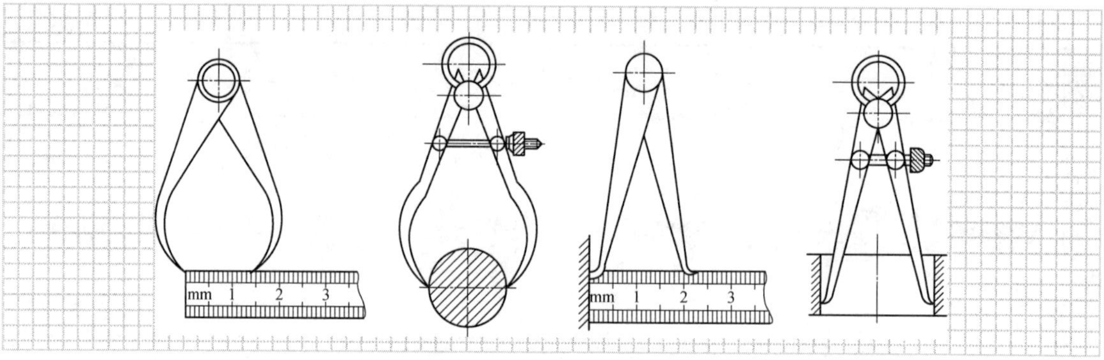

图 5.26　钢直尺和卡钳的配合使用

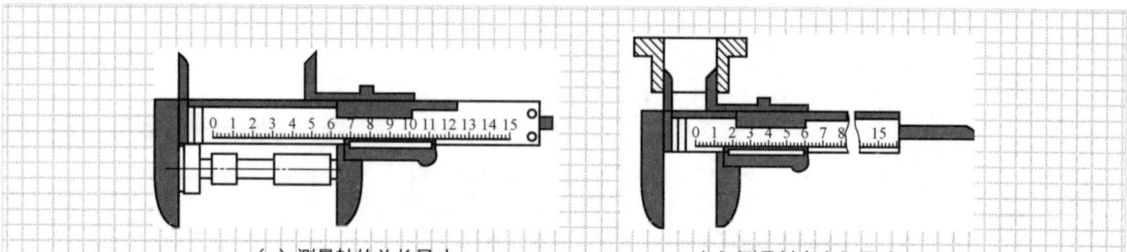

(a) 测量轴的总长尺寸　　(b) 测量衬套内径尺寸

图 5.27　使用游标卡尺直接测量

（2）测算法（测量并换算）测量。在图纸上常要用点画线表示回转体的轴线、孔心距、中心高、零件的对称线和对称面等，这些点画线在设计和加工制造中起到十分重要的定位作用，故统称为定位线。但这些定位线在实物上是看不到的，因此在测量中用测算法来获取数据。

图 5.28 是用内、外卡钳或钢直尺测量两孔中心距 L（见图 5.28（a）、（b））或中心高 H（图 5.28（c））的测算方法。

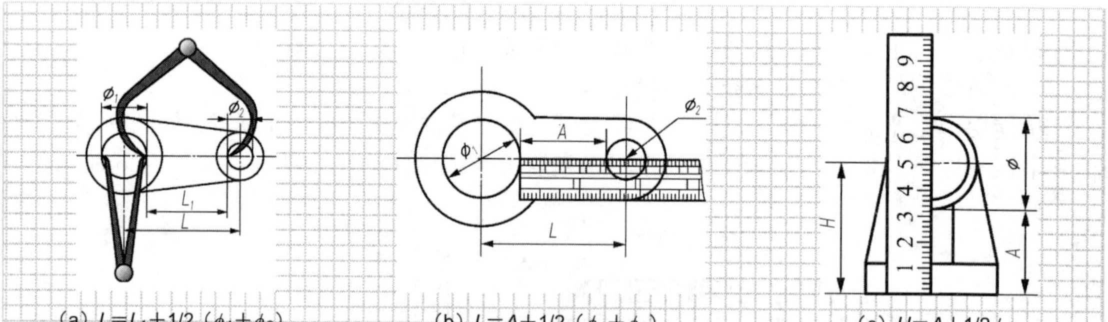

(a) $L=L_1+1/2\ (\phi_1+\phi_2)$　　(b) $L=A+1/2\ (\phi_1+\phi_2)$　　(c) $H=A+1/2\phi$

图 5.28　用卡钳和钢直尺进行测算

需要精确测量时，可用游标卡尺来测量并换算，如图 5.29 所示。

2. 测量尺寸时的注意事项

（1）相配合的两零件的配合尺寸，一般只在一个零件上测量。如有配合要求的孔与轴的直径，相互旋合的内、外螺纹的大径等。

（2）对一些重要尺寸，仅靠测量还不够，还需通过计算来校验，如一对啮合齿轮的中心距等。

（3）零件上已标准化的结构尺寸，如倒角、圆角、键槽、退刀槽等结构和螺纹的大径等尺寸，需查阅有关标准来确定。零件上与标准零部件（如挡圈、滚动轴承等）相配合的轴与孔的尺寸，可通过标准零部件的型号查表确定，一般不需要测量。

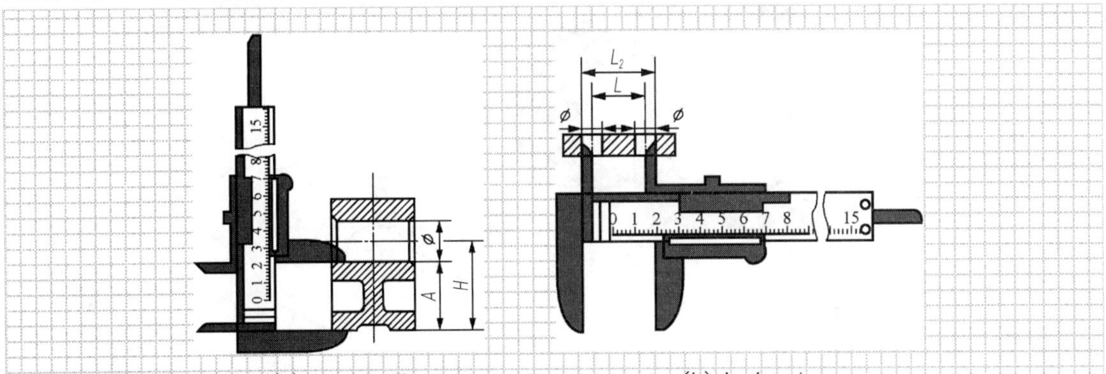

(a) $H=A+\phi/2$　　(b) $L=L_2-\phi$

图 5.29　用游标卡尺进行测算

5.4　零件的结构分析

在第 3 章中曾指出，从机械产品设计和制造的全过程出发，一个机器零件可认为是由**主体结构**（即不考虑工程制造方法与装配要求的理想几何体）、**局部功能结构**和**局部工艺结构**所组成的。如图 5.30 所示的某单级圆柱齿轮减速器上的齿轮轴，（a）图是齿轮轴的零件图，（b）图是该零件的三类结构分析。观察其主体结构，可知它是由一系列的同轴回转体组成的，是一个复合型回转体，其生成回转体的封闭线框（成形面）如图 5.30（c）所示。

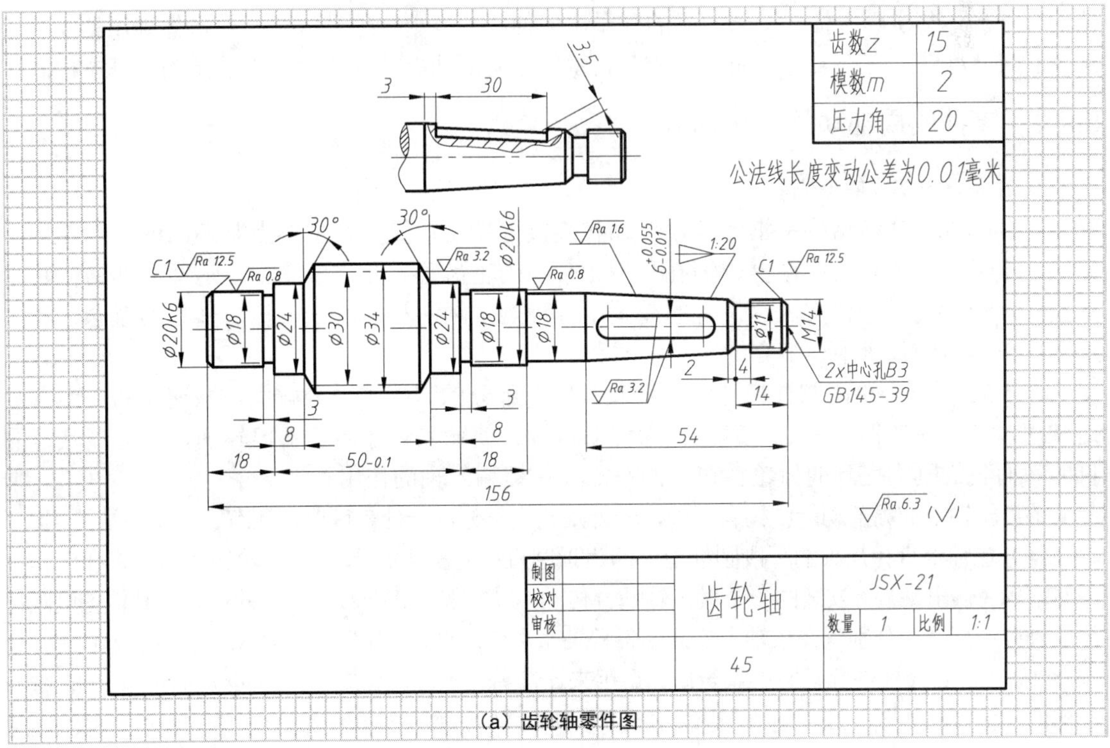

(a) 齿轮轴零件图

图 5.30　齿轮轴与它的主体结构

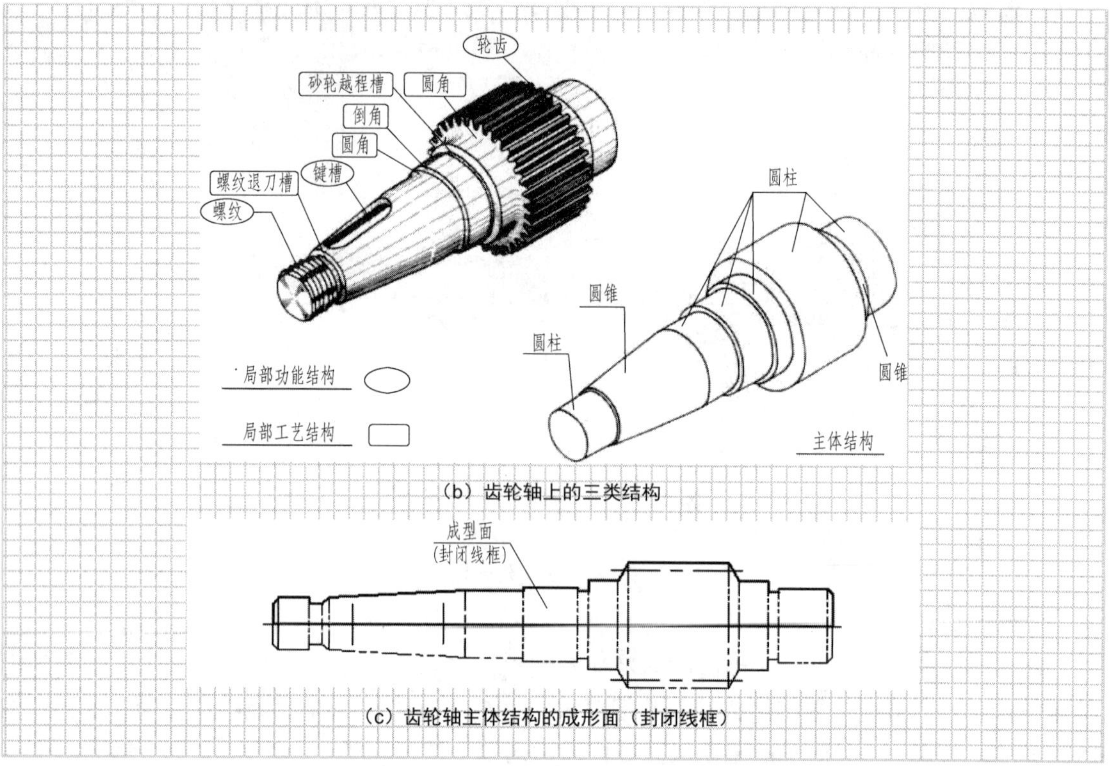

（b）齿轮轴上的三类结构

（c）齿轮轴主体结构的成形面（封闭线框）

图 5.30　齿轮轴与它的主体结构（续）

以上所说零件的主体结构，即为我们一直在分析讨论的零件形体（组合体）。为了使目前讨论的零件形体与实际零件有一个明确的联系，促使我们能更好地理解对零件形体视图的绘制、阅读和尺寸标注，有必要在此简单介绍有关零件上局部功能结构和局部工艺结构的基本概念。

5.4.1　零件的局部功能结构简介

1．功能结构的基本概念

零件的局部功能结构是指为实现传动和连接等特定功能，在主体上制造出的局部结构。如供连接紧固用的螺孔、键槽、销孔和齿轮轴上的轮齿等。在零件图上，这些局部结构基本上按实际形状的投影如实表达，有的需采用各种规定画法和标注来表达，详尽的概念、画法及标注在其后的几章中详细介绍。

图 5.31 是一个单级圆柱齿轮减速器及其轴系部分的装配关系分解图，减速器的作用自然是减速，齿轮减速器则是以一对齿轮为传动机构，使输入转速高于输出转速，以达到减速的目的。而我们刚刚提到的齿轮轴在它的左端，承担输入轴的作用。

该齿轮轴上的局部功能结构有三处，一处是轮齿部分，一处是键槽，还有一处是后端的螺纹。轮齿部分在轴上直径最大的一段圆柱上（即齿顶圆直径为$\phi 34$），起一个齿轮的作用，将在工作中与右端轴（输出轴）上安装的一个大齿轮啮合传动，以实现减速器减速的功能；轴上其他各段圆柱体在轴向的尺寸均分别为在该轴上安装的各种轴系零件而设置，如轴承、轴承端盖、挡油环、卡环、调整垫圈等；键槽做在靠后方的圆台段，是用来连接另一个零件如皮带轮而实现传动功能的。键与键槽的连接方法如图 5.32 所示，键槽的加工方法和结构如图 5.33 所示；轴后端的一段外螺纹则是为实现螺纹紧固功能而设置的，为所连接的皮带轮实现轴向固定。键槽与螺纹都属于标准结构，即它们的结构尺寸都是由国家标准规定的，与之相配合的连接件如键（有普通平键、半圆键和钩头楔键等之分）和螺纹连接件（如螺栓、螺柱、螺钉、螺母和垫圈等），都属于标准零件，是由专门厂家按国家标准的各项规定生产制作出来的，本书第 7 章将会详细介绍这方面的知识。

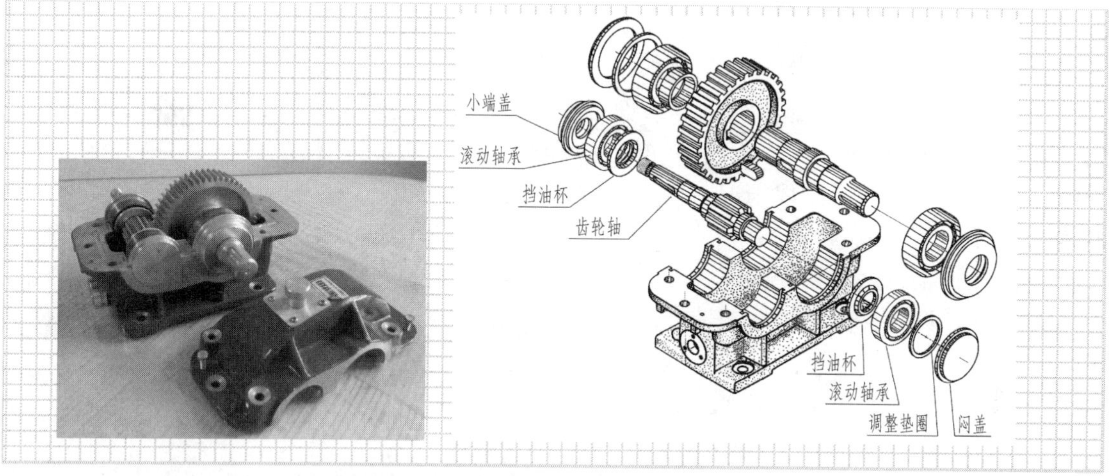

图 5.31　齿轮减速器及其轴系部分的分解图

图 5.32　键连接装配示意图

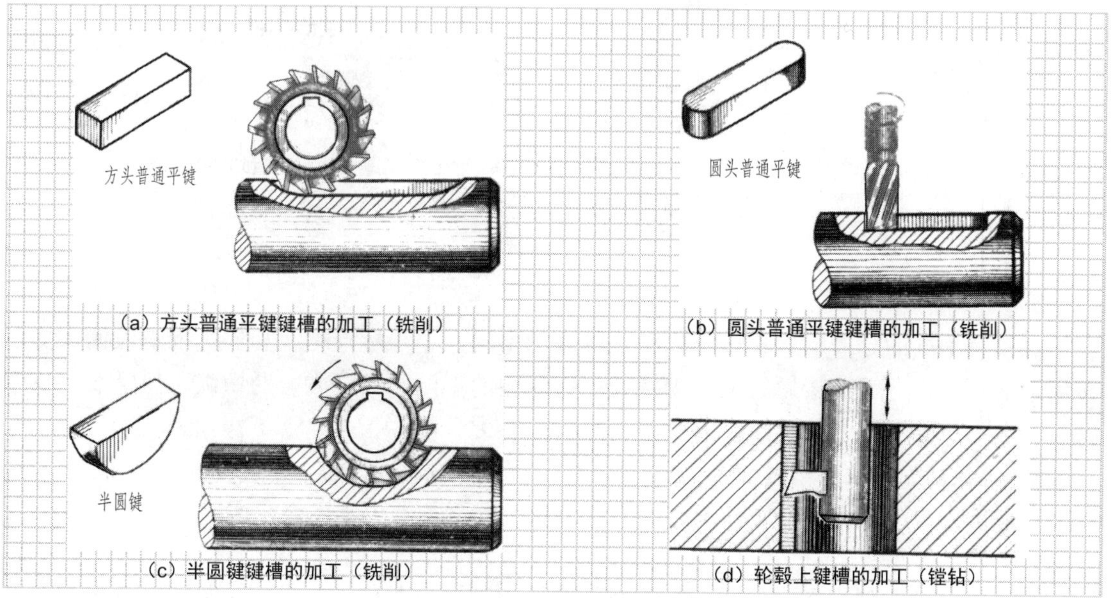

(a) 方头普通平键键槽的加工（铣削）　(b) 圆头普通平键键槽的加工（铣削）

(c) 半圆键键槽的加工（铣削）　(d) 轮毂上键槽的加工（镗钻）

图 5.33　键槽加工方法

2. 螺纹结构

螺纹结构是零件上最为常见的一种功能结构。

1）螺纹的形成

根据几何学原理，当一动点沿着一圆柱面作匀速回转，同时又沿着该圆柱轴线方向作匀速直线运动时，该点的运动合成轨迹即形成一条螺旋线。在生产实践中，螺纹的加工就是应用了这一原理。在圆柱（或圆锥）外表面上形成的螺纹称为外螺纹，如图 5.34 所示的螺栓；在圆柱（或圆锥）内表面上形成的螺纹称为内螺纹，如图 5.34 所示的螺母。一般情况下内外螺纹需旋合配套才能使用。

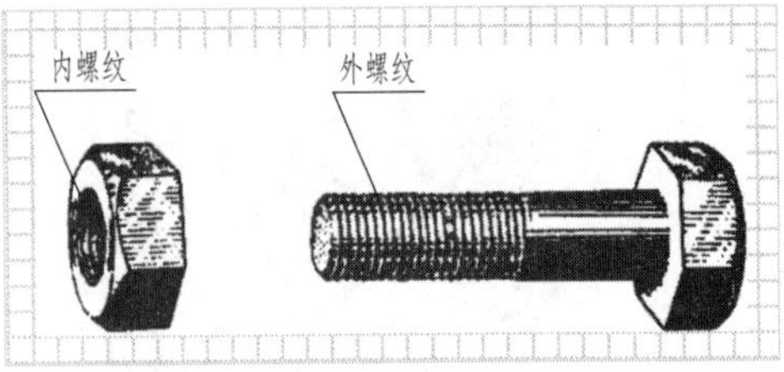

图 5.34　内螺纹与外螺纹

螺纹的加工方法很多，常用的方法有：在机床上车削螺纹，即工件绕其轴线匀速旋转运动，同时车刀沿工件轴线作等速直线运动，这时车刀即在圆柱形工件的外表面或内表面车削出螺纹，如图 5.35（a）、（b）所示。此外，对于较小的内外螺纹还可采用手工加工，如用丝锥加工内螺纹，板牙加工外螺纹，如图 5.35（c）、（d）所示。

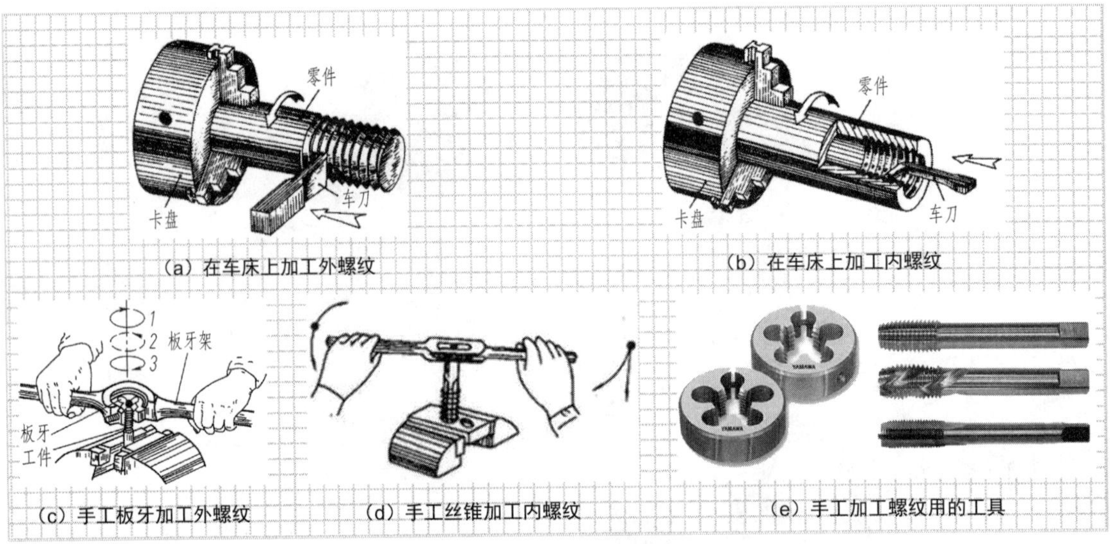

图 5.35　螺纹的加工方法

2）螺纹的分类

螺纹有不同的分类形式。按其标准化程度的不同，分为标准螺纹和非标准螺纹两大类；按用途的不同，分为连接螺纹和传动螺纹；按牙型的不同，又分为普通螺纹、管螺纹、梯形螺纹、锯齿形螺纹、方牙螺纹等，如表 5.7 所示。

3）螺纹的五大基本结构要素

要保证内、外螺纹能够正常旋合，内、外螺纹的下列五个基本要素必须一致。

（1）螺纹牙型

沿螺纹的轴线剖切螺纹时所得到的螺纹的牙齿剖面形状称为牙型。常见的螺纹牙型有三角形、梯形、锯齿形和方（矩）形等。表 5.7 列出了几种常用螺纹的牙型图、用途及螺纹种类代号。

表 5.7　几种螺纹的分类、牙型及代号

按标准化程度分	按用途分	按牙型分	外型图	牙型图	螺纹种类代号
标准螺纹	连接螺纹	普通螺纹	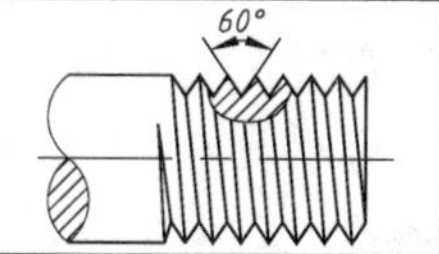	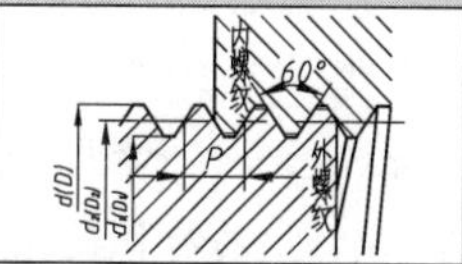	M
标准螺纹	连接螺纹	圆柱管螺纹	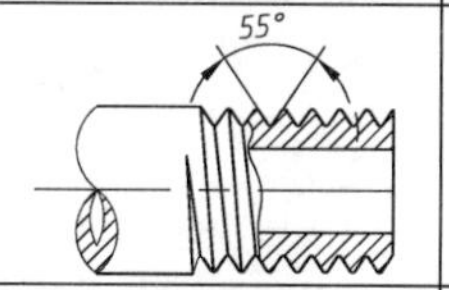	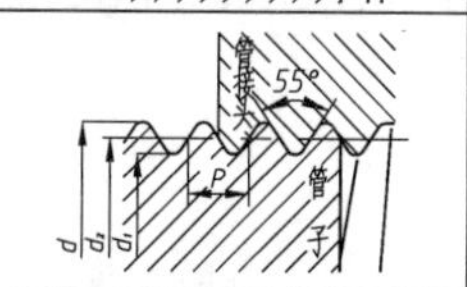	G
	传动螺纹	梯形螺纹	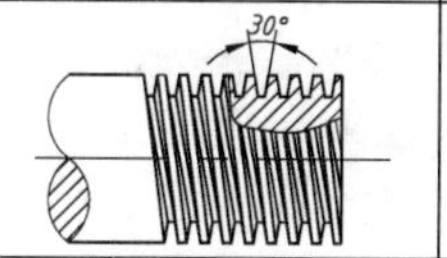		Tr
非标准螺纹		方牙螺纹	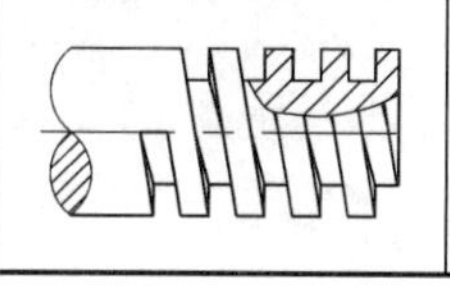	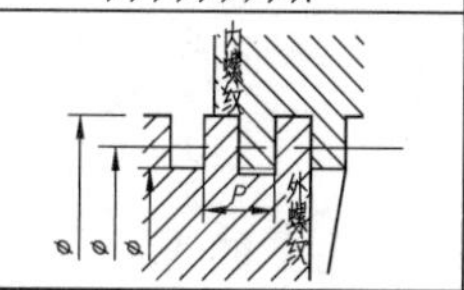	无代号

（2）公称直径

代表螺纹尺寸的直径称为公称直径。圆柱螺纹主要结构参数中一般都有三个直径：螺纹大径、小径和中径。螺纹大径是指与外螺纹牙顶或内螺纹牙底相重合的假想圆柱面的直径。螺纹小径是指与外螺纹牙底或内螺纹牙顶相重合的假想圆柱面的直径。螺纹中径是指通过牙型上沟槽与凸起处宽度相等的地方一假想圆柱面的直径。如图 5.36 所示。公称直径对不同种类的螺纹有不同的定义，如对普通螺纹是指螺纹的大径，而对英制管螺纹和锥管螺纹，是指刻有外螺纹的管子的孔径的近似值。

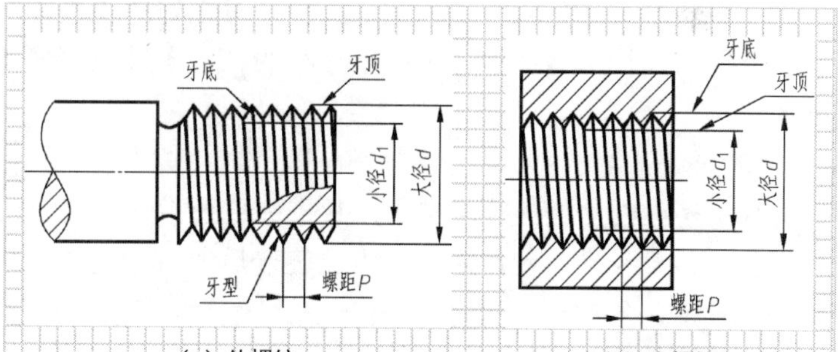

（a）外螺纹　　（b）内螺纹

图 5.36　螺纹的要素

（3）线数 n

在圆柱表面上切制出螺纹的条数称为线数。线数有单线和多线（两条或两条以上）之分。①单线螺纹是沿一条螺旋线所形成的螺纹，如图 5.37（a）所示。连接用普通螺纹和管螺纹多用单线螺纹。②多线螺纹是沿两条或两条以上在轴向等距分布的螺旋线所形成的螺纹，如图 5.37（b）所示。多线螺纹旋进速度较快，传动效率较高，因此多用于传动螺纹（如车床上的丝杠）。

（4）螺距 P 和导程 S

①螺距 P 是螺纹上相邻两牙在中径线上对应两点间的轴向距离，如图 5.37 所示。

②导程 S 是同一条螺旋线上相邻两牙在中径线上对应两点间的轴向距离。显然，单线螺纹的导程等于螺距，即 $S=P$，如图 5.37（a）所示。双线螺纹的导程等于两倍螺距，即 $S=2P$，

如图 5.37（b）所示。多线螺纹的导程等于线数乘螺距，即 $S=nP$。

（5）旋向

按螺纹旋进时的旋转方向不同，分为右旋和左旋，如图 5.38 所示。工程上常用右旋螺纹，当有特殊需要时才用左旋螺纹。

国家标准规定，凡牙型、公称直径和螺距均符合标准的螺纹称标准螺纹，如普通螺纹、梯形螺纹和管螺纹等；仅牙型符合标准而公称直径和螺距不符合标准的螺纹称为特殊螺纹；若牙型不符合标准则称为非标准螺纹（如方牙螺纹）。

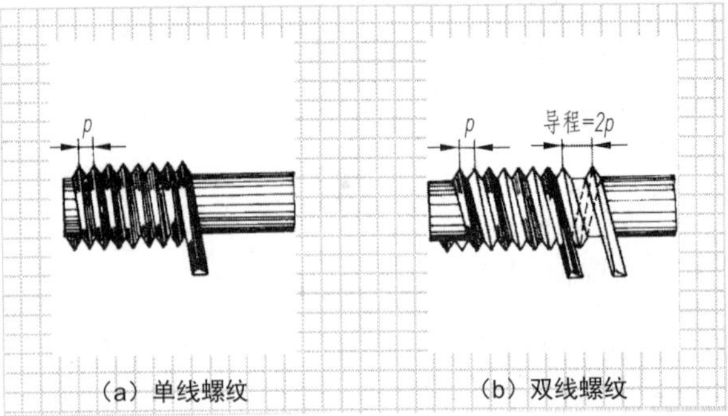

图 5.37 螺纹的线数、螺距和导程

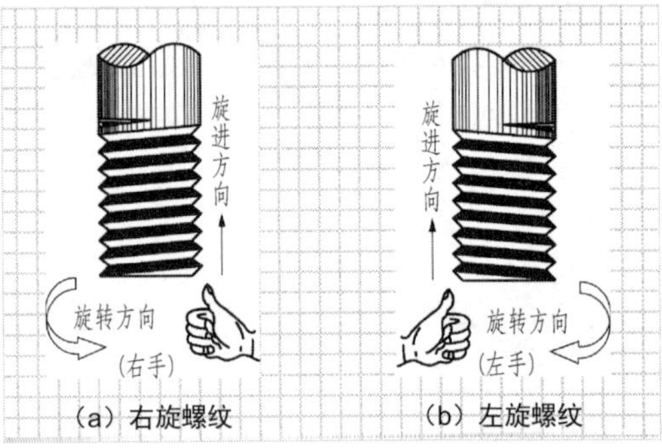

图 5.38 螺纹的旋向

4）常用螺纹的种类、基本尺寸及应用

螺纹按用途分为连接螺纹（用于连接）和传动螺纹（传递动力和运动）两类。

（1）普通螺纹（牙型代号为“M”）

普通螺纹的牙型为等腰三角形，其公称直径指内、外螺纹的大径 D 或 d。根据使用要求不同，普通螺纹又分为粗牙和细牙。粗牙有较好的连接强度，一般用于紧固连接。而细牙具有较好的密封性和微调性，多用于细小的精密零件或薄壁零件。普通螺纹的基本尺寸见附录表 1.1。

（2）梯形螺纹（牙型代号为“Tr”）

梯形螺纹的牙型为等腰梯形，其公称直径指外螺纹的大径 d。梯形螺纹是一种传动螺纹，为了保证传动灵活，应使内、外螺纹旋合后留有一定的径向间隙。因此内、外螺纹在中径相同的情况下，各具有不同的大径和小径（参看表 5.7 中梯形螺纹的牙型图）。梯形螺纹的基本尺寸见附录表 1-2。

（3）管螺纹（牙型代号为“G”、“R_c”和“R_p”）

管螺纹的牙型也是等腰三角形，但牙型角与普通螺纹不同，为 55°（如表 5.7 所示）；其公称直径是指刻有外螺纹的管子孔径的近似值，而不是指螺纹的大径 d 或 D。管螺纹公称直径的单位用英寸表示（1in＝25.4mm）。管螺纹分为圆柱管螺纹和圆锥管螺纹两种，常用于水管、油管、煤气管及暖气管等管道连接中，按其连接后本身是否具有密封性，分为两种连接。

①非螺纹密封的管螺纹连接（圆柱管螺纹 G），指采用圆柱内、外管螺纹旋合连接。这种连接本身不具有密封性，如使其具有密封性，常在内、外螺纹牙齿间加塑胶带等。

②用螺纹密封的管螺纹连接，指采用一对内、外螺纹副旋合后起到密封作用，通常采用圆锥管螺纹（R_c）连接；另外由于圆锥管螺纹锥度很小（1∶16），所以在旋合长度不大时，也可采用圆锥外螺纹与圆柱内螺纹（R_p）连接。

圆柱管螺纹（非螺纹密封的管螺纹）和圆锥管螺纹（用螺纹密封的管螺纹）的基本尺寸，见附录表 1-3 和表 1-4。

5）螺纹的规定画法

如按螺纹的真实形状投影画图，烦琐且无必要。国家标准规定了螺纹的简单实用的图示方法。

（1）外螺纹的规定画法

在平行螺纹轴线的投影面上，螺纹的牙顶线（即大径）画成粗实线；螺纹的牙底线（即小径）画成细实线且进入螺纹端部倒角（通常取小径约等于 0.85 倍大径）；螺纹终止线画成粗实线。当螺纹剖开后，在剖视部分的终止线画成一小段粗实线，剖面线画到螺纹大径。在垂直于螺纹轴线的投影面上，螺纹的大径画成粗线；小径画成约 3/4 圈的细实线圆（开口方向任意）；螺纹倒角圆的投影省略不画。如图 5.39 所示。

（2）内螺纹的规定画法

在平行于螺纹轴线的投影面上，螺纹剖开时，牙顶线（即小径）画成粗实线；牙底线（即大径）画成细实线；螺纹终止线画成粗实线。剖面线画到螺纹小径。当螺纹未被剖开时，螺纹的大径、小径和倒角均画成虚线（无此必要时，也可省略不画）。在垂直于螺纹轴线的投影面上，小径画成粗实线；大径画成约 3/4 圈的细实线圆；孔口倒角圆的投影省略不画，如图 5.40 所示。

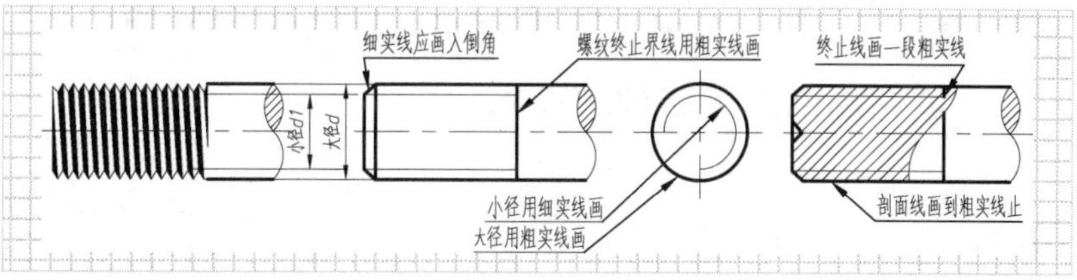

图 5.39　外螺纹的画法

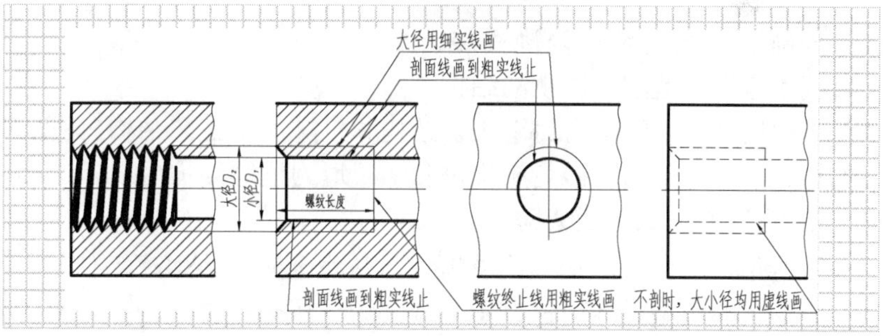

图 5.40　内螺纹的画法

螺纹孔与螺纹孔或光孔相交时，大径线画到相交处为止，剖面线画到粗实线止，如图 5.41 所示。

6）螺纹的标记

螺纹按规定画法画出后，图中只显示了螺纹的大径，并未显示其牙形、公称直径、螺距、线数和旋向等五大基本结构要素和有关加工精度的要求，因此，必须用规定标记在图中对螺纹进行标记。如图 5.42 所示。详细的规定及其含意将在第 7 章中介绍。

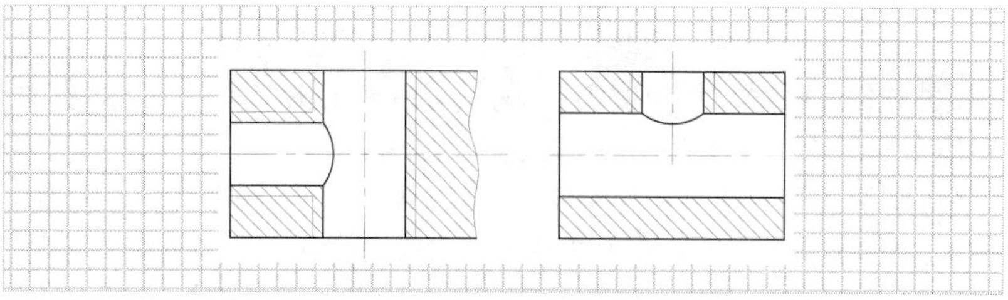

图 5.41　螺纹与孔相交的画法

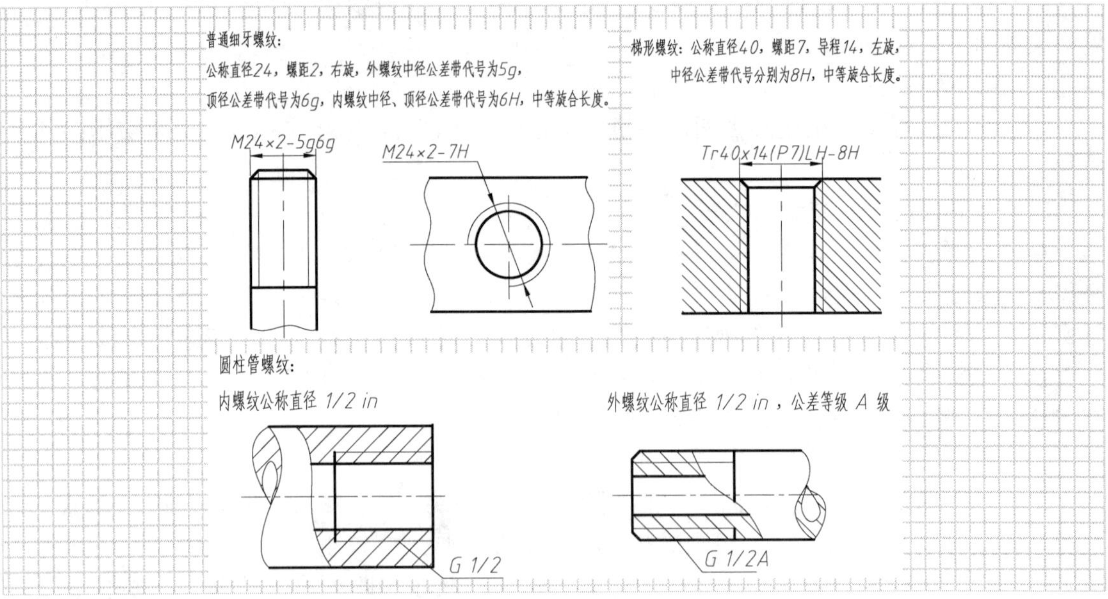

图 5.42　螺纹的标记示例

5.4.2　零件局部工艺结构的概念

机械零件可以通过铸、锻、焊加工获得，也可以由铸、锻、焊加工的毛坯经过机械加工而成，如图 5.43 所示。

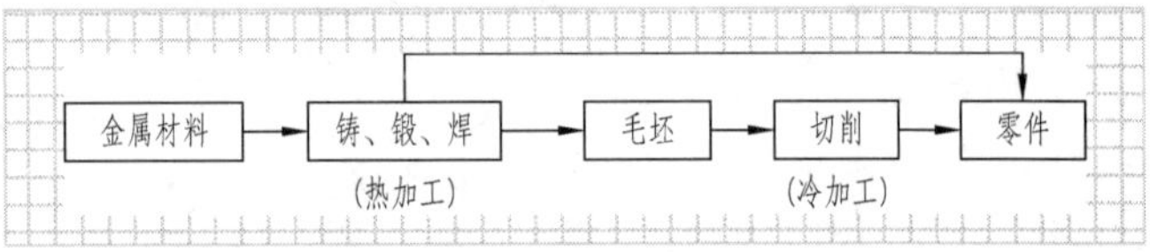

图 5.43　从材料到零件的过程

局部工艺结构是指为确保加工和装配质量而构造的较微小的结构。最常见的局部工艺结构有铸造工艺结构和机械加工工艺结构。前面提到的齿轮轴（图 5.30（b））上的铸造圆角、倒角、砂轮越程槽和螺纹退刀槽等结构均属于这类工艺结构。

1．零件的铸造工艺结构

铸造生产的成形原理，简单地说，是将金属加热熔化，使其具有流动性，然后浇入到具有一定形状的铸型型腔中，在重力或外力（压力、离心力、电磁力等）的作用下充满型腔，冷却并凝固成形为铸件或零件的一种金属成形方法。铸造工艺过程可参见附录 7（常用加工方法简介）。

铸造生产包含了一个复杂的多工序组合的工艺过程。为达到铸造加工方法实施的要求（如起模的方便、铁水冷却速度等），确保铸造加工工艺顺利进行，在设计零件结构时就不得不考虑构造一些较微小的结构——铸造工艺结构。

为了保证零件质量和装配使用性能，铸件（注塑件）上必须设计一些铸造工艺结构，其表示法见表 5.8。常见的铸造工艺结构有**起模斜度**（为起模方便而设置）、**铸造圆角**（为防止砂型在尖角处产生落砂，从而破坏毛坯形状，同时也为避免金属冷却时在尖角处产生裂纹和缩孔）和**过渡性壁厚**（壁厚不匀会引起金属冷却速度不一致，造成缩孔，从而破坏零件质量）等。

表 5.8　铸造工艺结构表示法

名　称	图　例	作用及注意事项
起模（脱模）示意图	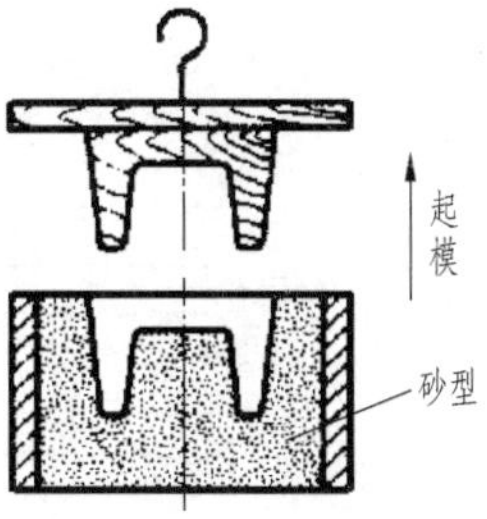	起模示意图。为了在铸造时起模方便，或使注塑件容易脱模，零件表面沿起模方向应有适当的斜度，称为起模斜度
起模斜度	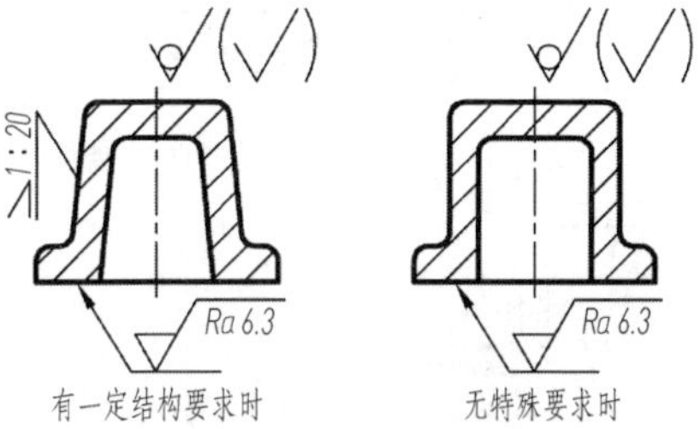	起模斜度一般为 3°～5°。当有一定结构要求或斜度较明显时，应在一个投影中画出，其它投影可按小端绘制；当这种斜度无特殊要求时，可以不画出
壁厚均匀	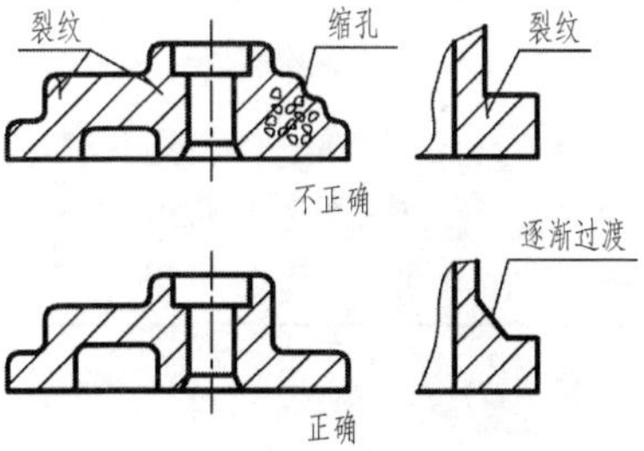	铸件的壁厚应均匀或逐渐过渡，避免局部肥大或突变，以免在凝固过程中因冷却速率不一致而造成缩孔、变形和裂纹等缺陷 铸件的最小壁厚见表 5.9
铸造圆角	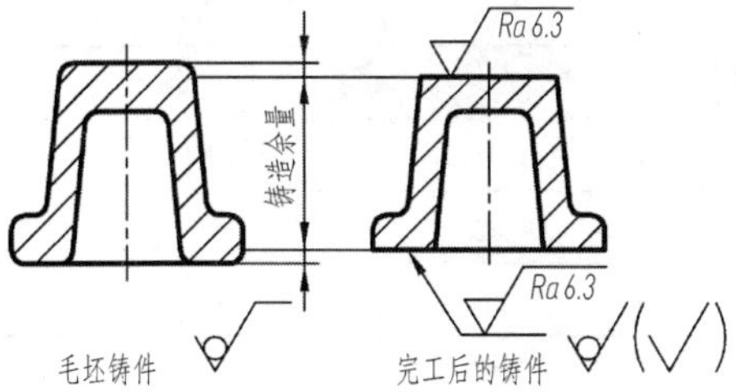	为了起模方便和防止铸造过程中产生裂纹、夹砂，将铸件表面转角处做成圆角，圆角也能保证原料充满模腔。圆角尺寸可注写在技术要求中，如“铸造圆角 *R*3～*R*5” 左图为由毛坯铸件切去圆角完工后的铸件，未加工表面仍保留了圆角
凸台和凹槽	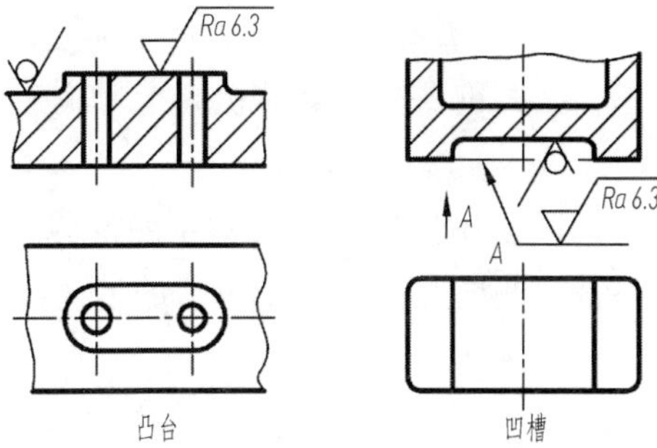	为了保证两零件接触面间的装配质量，使其接触良好，应在接触面上留有凸台；为了保持箱体和机座底面接触平稳，应在底面留有凹槽。凸台和凹槽减少接触面积，增加稳定性，并且这样的结构对铸件来讲还减少了加工面积

续表

名　称	图　例	作用及注意事项
过渡线画法示例	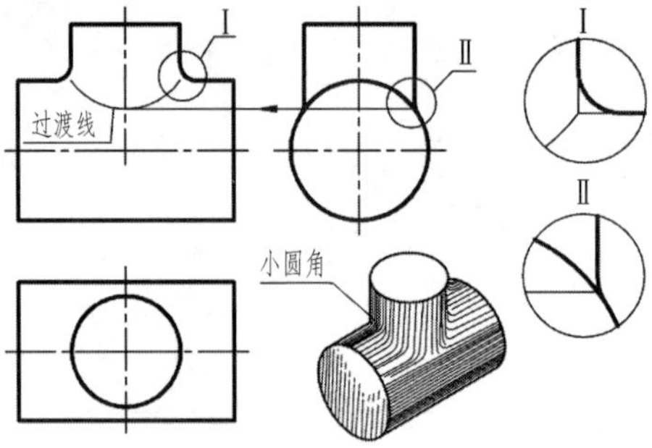 （a）两圆柱面正交形成的过渡线 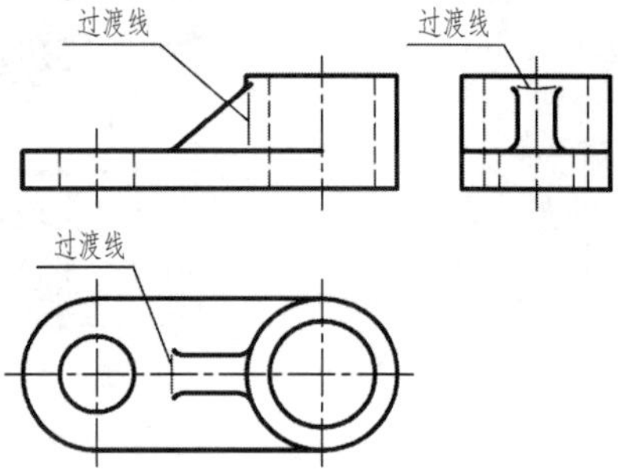 （b）平面和曲面相交形成的过渡线 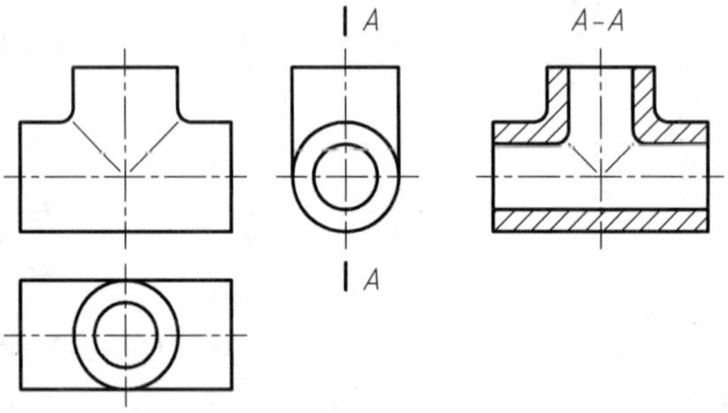 （c）等直径两圆柱正交形成的过渡线	当零件表面相交处用铸造圆角过渡时，交线（截交线、相贯线）就变得不明显了，但为了区分不同表面，这种交线仍然要画出，称为过渡线。在零件图中绘制过渡线时，过渡线的两端不应与轮廓线接触，并用细实线绘制

铸件的最小壁厚如表 5.9 所列。

表 5.9　铸件的最小壁厚

铸造方法	铸件尺寸	灰铸铁	铸钢	铜合金	铝合金
砂型	＜200×200	6	8	3～5	3
	200×200～500×500	7～10	10～12	6～8	4
	＞500×500	15～20	15～20	10	6

2. 零件的机械加工工艺结构

机械加工工艺是指用机械加工的方法改变毛坯的形状、尺寸、相对位置和性质使其成为合格零件的全过程，机械加工方法往往在车、铣、刨、钻、磨等机床上实施（见附录 7 中的简介）。

机械加工工艺结构是为保证机械加工方法的实施而设置的。常见的机械加工工艺结构有倒角、倒圆、螺纹退刀槽、砂轮越程槽、凸台、凹槽及钻孔结构等，如表 5.10 所示。

表 5.10 机械加工工艺结构表示法

名称	图例	作用及注意事项
倒角	45°倒角的标注：（尽量使用简化注法） 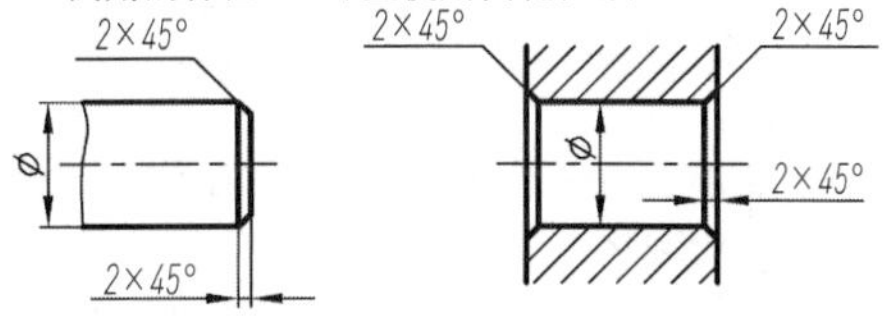 45°倒角的简化注法（其中“C”表示 45°，“2”表示倒角宽度 C_0，其值根据轴或孔的直径确定，已标准化，见 GB/T 6403.4－2008）： 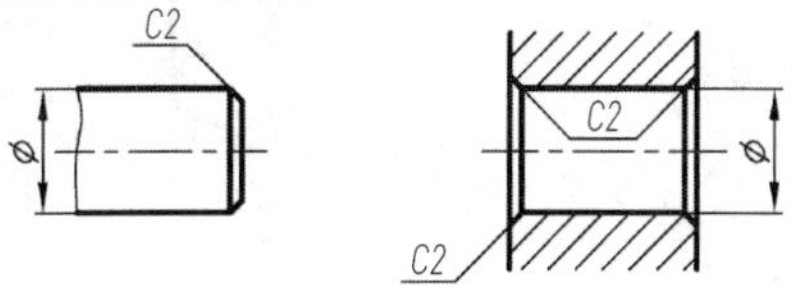 非 45°倒角（30°或 60°）的标注： 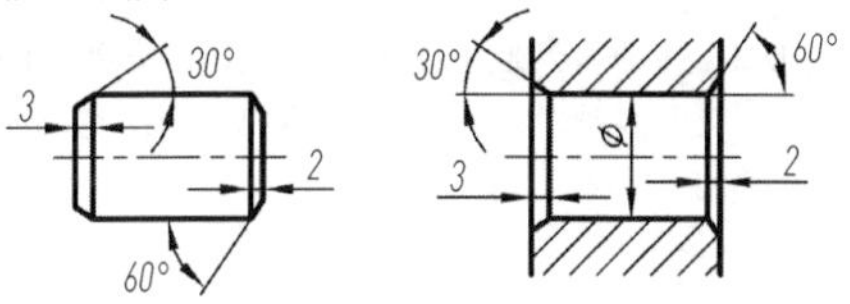	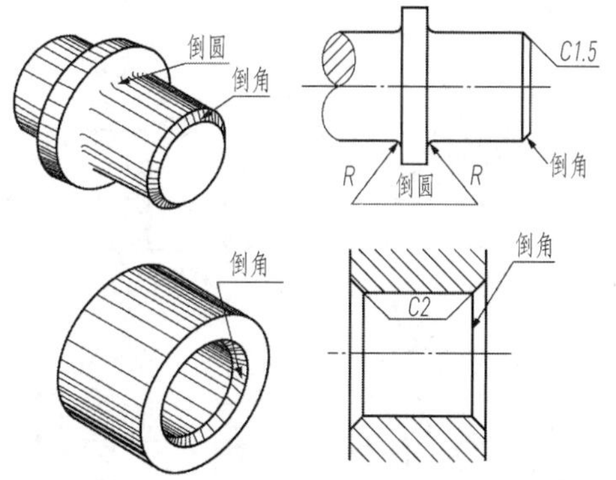 为了装配方便和操作安全，在零件上常做出倒角，常见于轴端和孔口处。倒角示意图如下图所示。 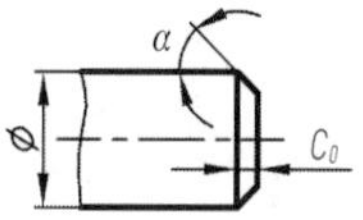 零件倒角的相关规定参见附录表 3-1，倒角尺寸 C 根据轴或孔的直径确定的，其大小见附录表 3-1
倒圆	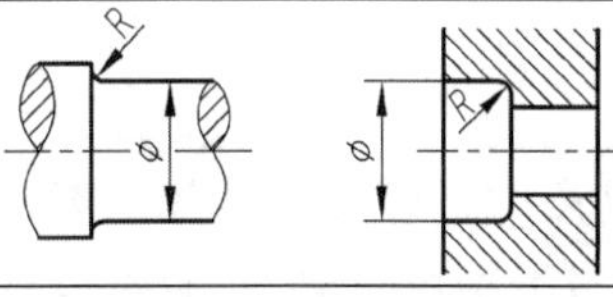	为了防止应力集中，常在阶梯轴、阶梯孔的连接处加工出倒圆 R，其画法如左图所示。 零件倒圆的相关规定参见附表 3-1，圆角半径 R 是根据轴或孔的直径确定的，见附表 3-1
退刀槽和砂轮越程槽	退刀槽和越程槽的画法 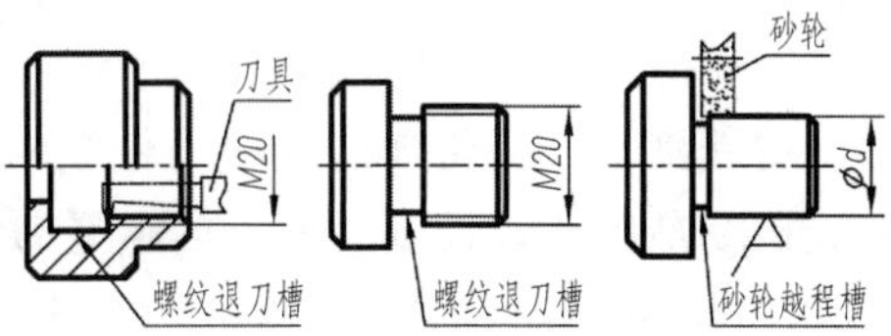	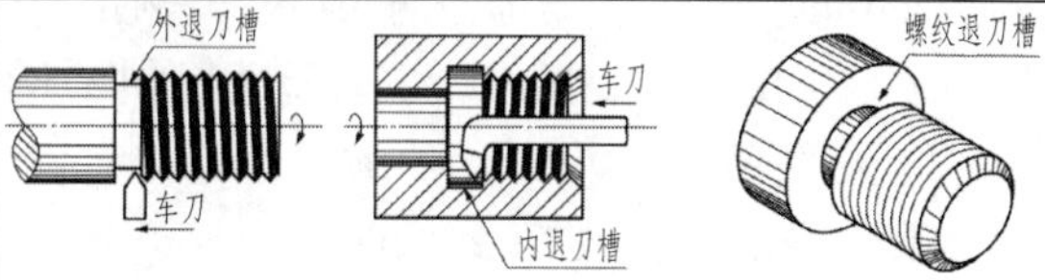 车床上加工内、外螺纹退刀槽 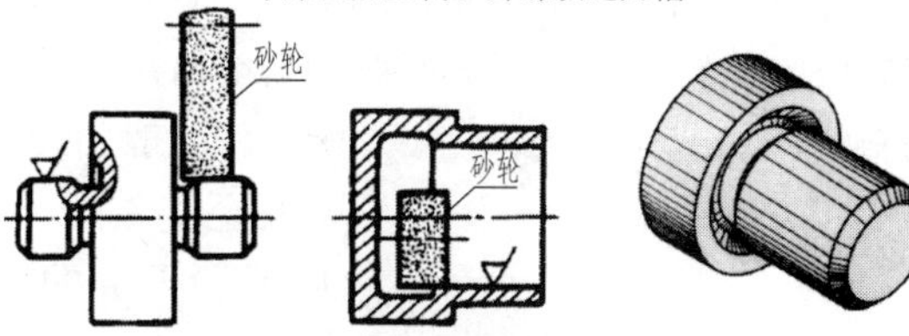 砂轮越程槽的作用
	退刀槽和越程槽的三种标注形式 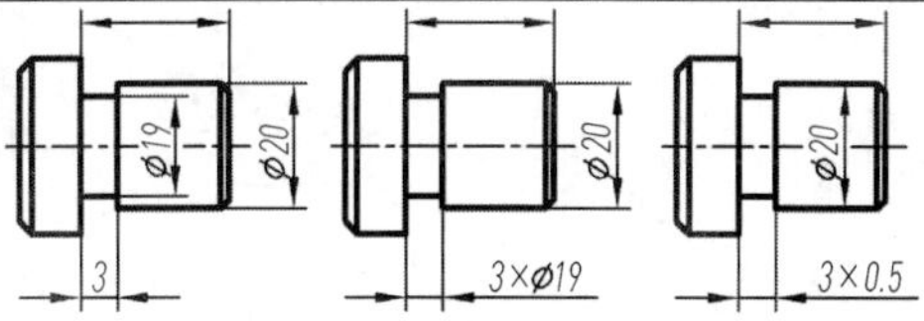 基本形式　槽宽×直径　槽宽×槽深	为了加工时便于退出刀具，并与相关零件装配时易于靠紧，常在被加工面末端预先制出圆环形的槽，称为退刀槽或砂轮越程槽。 退刀槽和砂轮越程槽在图样中一般标注成“槽宽×直径”或“槽宽×槽深”的形式。螺纹退刀槽的结构和尺寸参见附表 3-2，砂轮越程槽的 结构和尺寸参见附表 3-3 和附表 3-4

续表

名称	图例	作用及注意事项
钻孔	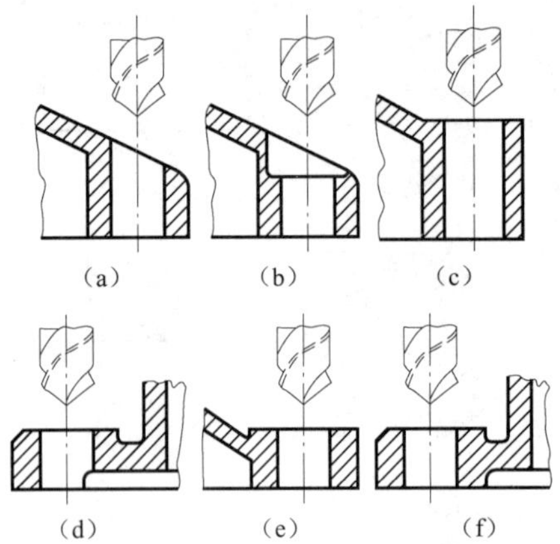	用钻头钻孔时，应使钻头垂直于被加工零件的表面，避免使钻头沿斜面（见图（a））或单边（见图（d））进行加工，可改为图（b）、图（c）、图（e）或图（f）的结构形状，改善刀具的工作条件，防止钻头折断 零件上常出现用钻头钻出的不通的孔，称为盲孔。由于钻头尖端部分锥形刀刃结构，使盲孔底部形成了一个倒锥孔 画图时，其末端锥坑应画成 120°，但在图上不注这个角度尺寸，钻孔深度则是指圆柱部分的深度，不包括倒锥孔深度 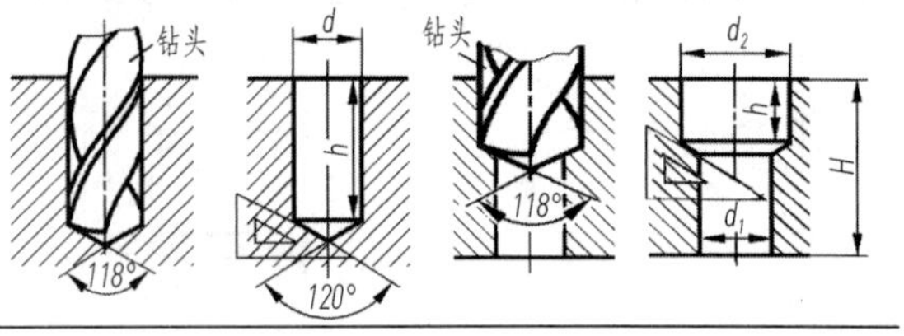
凸台和凹槽	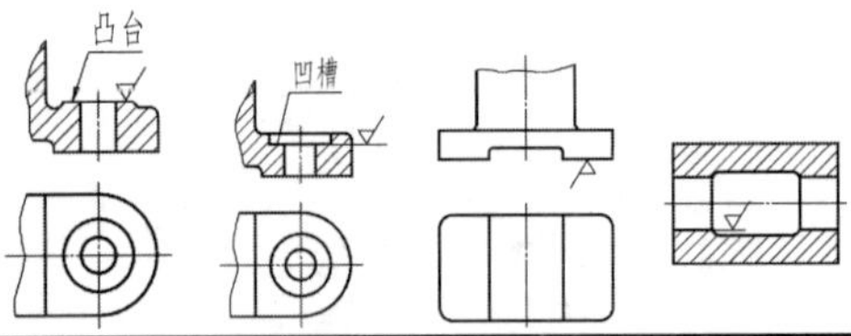	零件上凡是要求与其他零件接触的表面，一般都要经过机械加工。为了保证其接触性能良好，减少加工面积，通常应在铸件上设计出凸台或凹槽等结构

另外，螺纹的端部和尾部也因加工原因设置有工艺结构。

1）螺纹的端部

为了便于内外螺纹旋合时对中及防止损坏端部螺纹，内外螺纹的端部一般做有倒角。如普通螺纹的外螺纹，端部做有 $C_0\times45°$倒角（C_0 从附表 3-1 中可查到）；普通螺纹的内螺纹一般做有 120°倒圆，倒圆直径≤1.05D，如图 5.44（a）所示。

2）螺纹的尾部

（1）螺纹收尾。加工螺纹时，由于工艺上的原因，不可避免地在加工终了时会形成一小段螺纹深度变浅、牙型不完整的部分，称为螺纹收尾（简称螺尾），如图 5.44（c）所示。标准规定螺纹收尾在图中一般不必画出，必要时可在螺纹的终止线后，用细实线画成与轴线成 30°角的斜线，如图 5.43（a）、（b）所示。一般所说的螺纹长度是指有效长度，不包括螺尾部分。

（2）肩距。最后一圈完整螺纹至支承面（或轴肩）的距离称为肩距，如图 5.44（b）所示。

螺纹收尾尺寸、内外螺纹肩距 a_1 及 a 的大小在国家标准中均有规定。

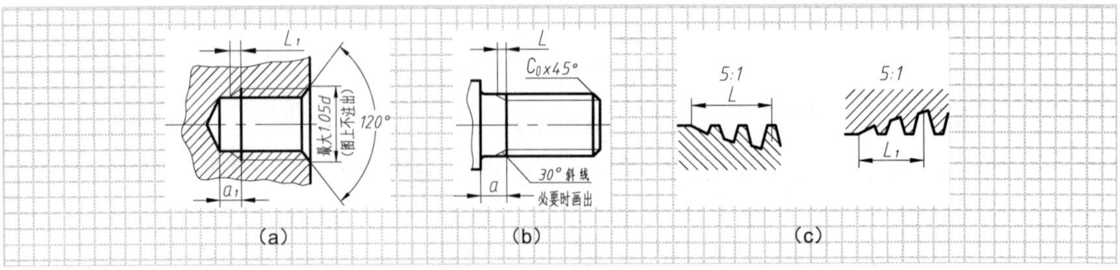

图 5.44 螺纹收尾、肩距和倒角

5.4.3 零件主体结构的“剥离”

无论是零件的设计绘制，还是对零件图的阅读理解，只有了解和掌握了该零件的结构、功能和基本的制作工艺过程，才能做到从零件的主体结构、功能结构和工艺结构的角度去记忆、理解，推理零件成形的全过程，从而真正做到读懂或正确表达零件。这是一种更高层次上的分析方法——结构分析记忆法。这种方法可体现在两个互逆的过程中。

在零件的设计表达过程中，首先根据要求进行零件的主体结构设计，即零件形体（组合体）构形。然后根据零件的功能要求和制作工艺要求增加局部功能结构和局部工艺结构；而在分析解读零件图时，则应首先学会将零件的主体结构从实际零件中“剥离”出来。

图 5.45 是某支座的零件图和立体图。当然，在一般情况下，无论是零件设计及绘图表达，还是阅读理解零件图，都是不会有零件图和立体图同时摆在你面前的。不是以图“读”物，就是以物画图。这里让它们同时出现，是为了使读者通过与立体图的对比，去体会和区别一个零件的主体结构、功能结构和工艺结构，学会如何将主体结构从实际零件中“剥离”出来，获得零件形体模型，走好零件设计、表达与解读的第一步。

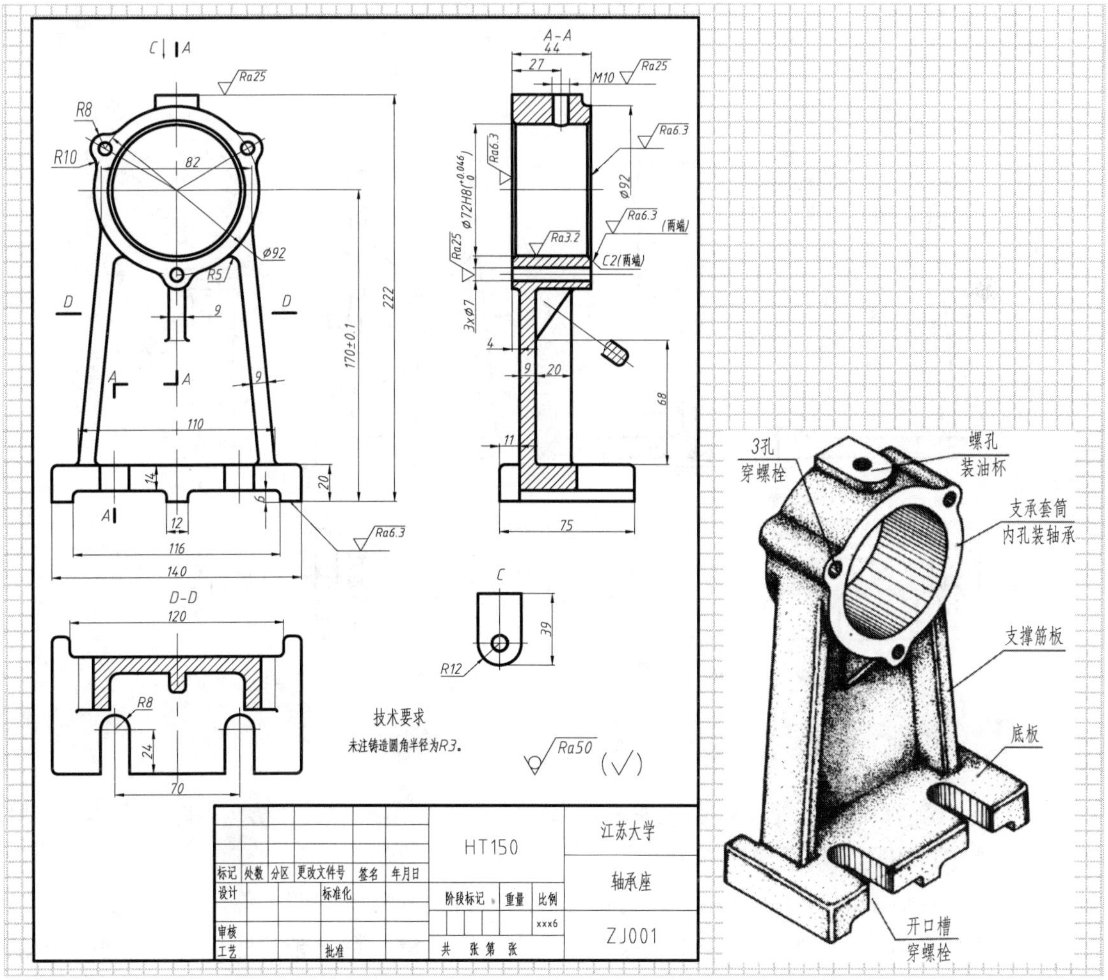

图 5.45　轴承座零件图与立体图

首先在图 5.45 的标题栏中获知，该零件名称为“轴承座”。从它的材料“HT150（灰铸铁的代号）”知，这个零件是一个铸件。因此必然会有铸造工艺结构和机械加工工艺结构同时存在。

如何判断这些表面是铸造表面还是机械加工后的表面呢？在学习后续几章之前，可结合图中轮廓线较为直观地去判断铸造圆角或过渡线之处。例如，当代表两表面的积聚性投影（即该两表面同时垂直于一个投影面，投影成直线（或曲线））相交处为一圆弧时，这两处表面就有可能是铸造表面；如果相邻表面积聚性投影相交处有交点，那么其中之一就可能是机械加工表面，这时再结合分析该零件的安装情况，即所分析的表面是否有装配要求，如果是，则应该为机械加工后的表面，否则就是铸造（毛坯）表面。如果学习了后续关于零件加工制造时所要求达到的精度要求（技术要求）的内容，还可以进一步用相关技术要求的代（符）号来验证确定。

图 5.46 可以帮助读者对各表面进行清晰的判断和分类。其中，图 5.46（a）删除了各处的铸造圆角和倒角，即图中去除的不仅是铸造工艺结构，还有机械加工工艺结构（上部大圆柱孔前、后端面处的两处倒角）以及上端的 M10 的螺孔（功能结构，还原为以小径为直径的光孔）。

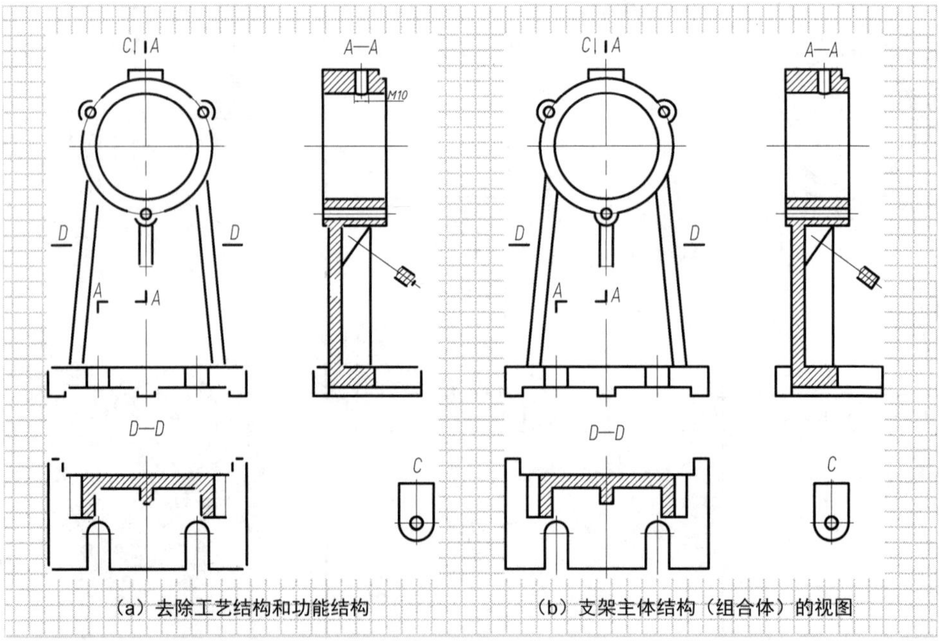

图 5.46　轴承座零件的简化过程

图 5.46（b）则是将各处间断点做理论轮廓线的连接后得到的主体结构，即组合体，也可以理解为该零件的几何模型。

有了这个主体结构的一组视图，就可以回到本章讨论的范围，即零件形体的投影分析。

对其进行形体分析。它主要由下部底板、上部带耳圆筒、顶部带圆柱孔的 U 形板、中部围成凹形的三块支承板和圆筒下方的一个三角形肋板组成。

如果用三维建模方法来分析，这些组成部分的成形面可以从各视图上获得，如图 5.47 所示。

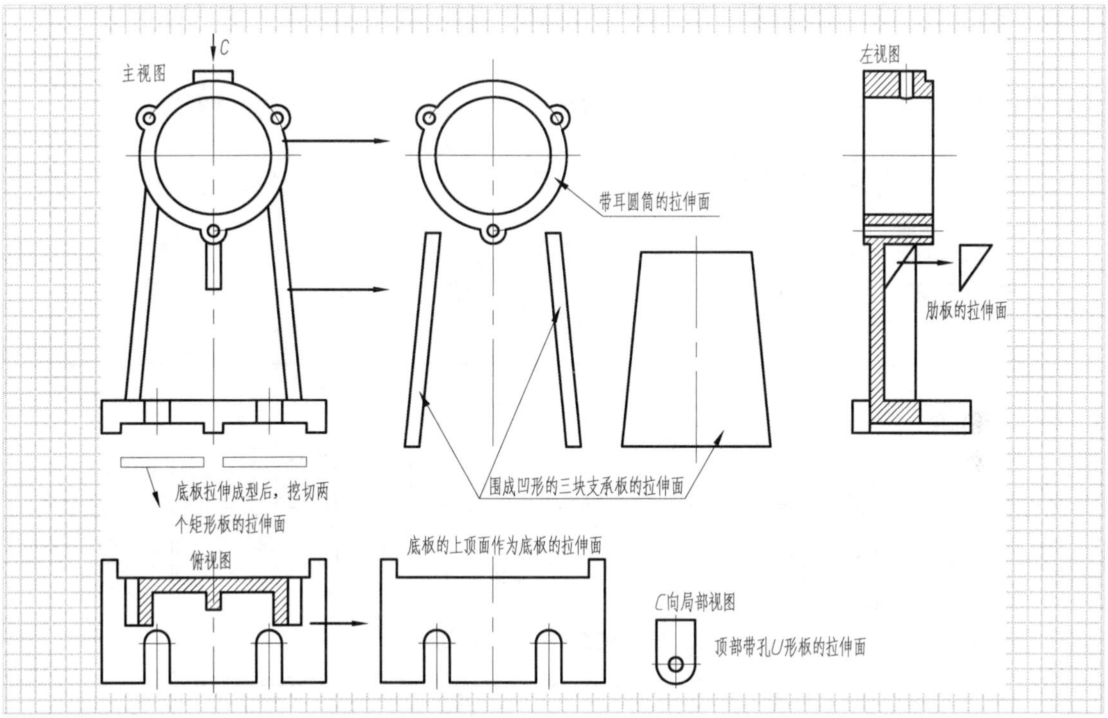

图 5.47　轴承座零件的形体分析及成形面的选择

从主视图上可以找到生成带耳圆筒、中部三块支承板的拉伸面（注意，左右两侧的支承板之所以选择与主视图平行的面为拉伸面，是为了保持它们的倾斜位置）；从俯视图上可以找到底板的拉伸面（底板在主视和俯视两个方向都可指定为拉伸面，但一般都选择较复杂的那个面作为被拉伸面）；从左视图上可找到三角形肋板的拉伸面，从 C 向局部视图可直接获得顶部 U 形板的拉伸面，这些都是前面所说的单一拉伸和复合拉伸体的成形面。只有底板的成形需要在一次拉伸后，还要进行一次切割，去掉两个矩形板，用 CAD 三维建模的概念来解释，就是运用一次差集运算，因此，这个底板不属于 CAD 建模视角中的基本体。

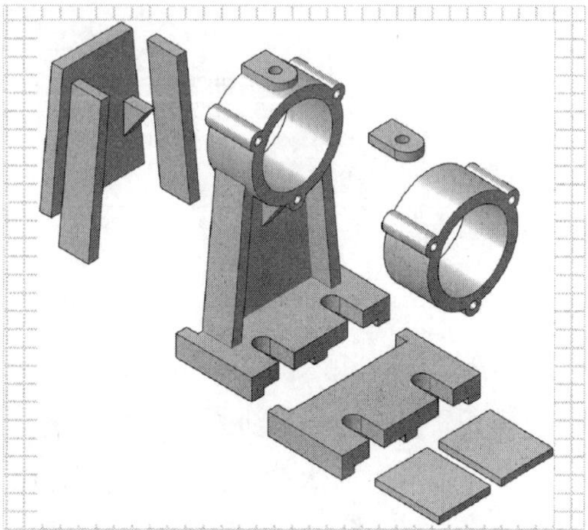

图 5.48　轴承座零件简化模型及形体分解

图 5.48 给出了轴承座从实际零件“剥离”而出的几何模型及其形体分析的过程与结果。显而易见，结合三维建模理论及方法来解读零件图，更容易展开空间思维联想。把这种分析方法称为结构分解。

5.5 实例解读零件形体视图

一个工程师或者工程技术人员，不仅要具备设计和图样表达能力，还必须具备工程图样的解读能力，否则任何设计都只能停留在图纸阶段。以下内容可以训练读图技能。

5.5.1 实例解读轴承座零件形体的三视图

第 3.1 节曾引入了一个工程实例——整体轴承。它由 4 个零件组成，其中的轴承座零件图如图 5.49 所示。

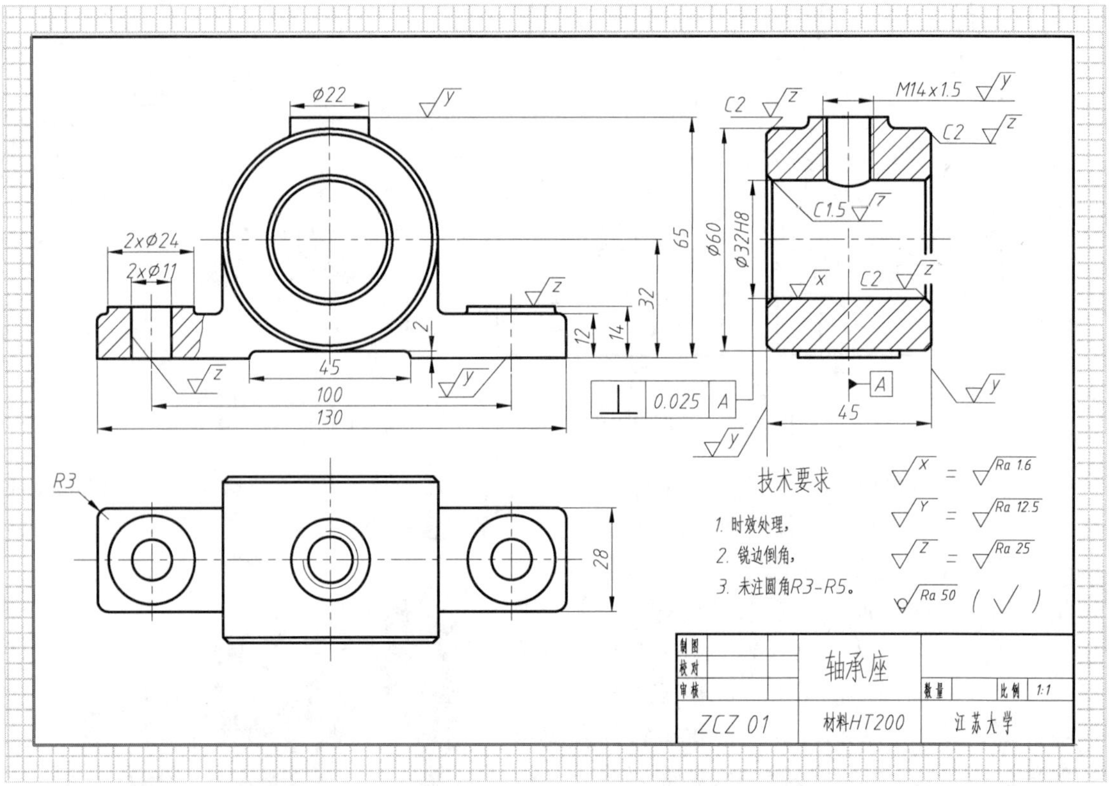

图 5.49 轴承座零件图

运用上述结构分解法，忽略轴承座零件的功能结构和工艺结构，将其“剥离”并还原为理想的几何形体模型（即零件主体结构），便可得到如图 5.50 所示的形体三视图。

对于轴承座形体模型的三个视图，以“长对正、高平齐、宽相等”的投影原理，对投影，分形体，可知该组合体可分解为图 5.51 的形体①（底板及其支撑部分）、图 5.52 的形体②（空心圆柱）和图 5.53 的形体③（上方垂直空心圆柱）。从这三个图中还可以看到，上述三个形体是怎样从它们的原形经过切割而成的。

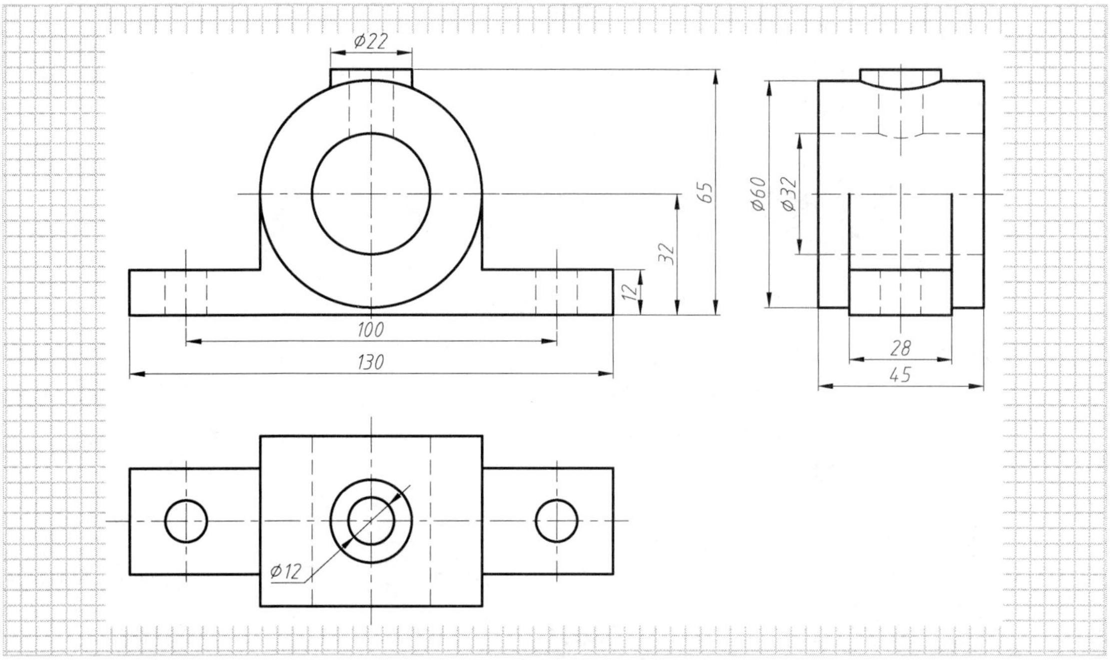

图 5.50　轴承座零件主体的三视图

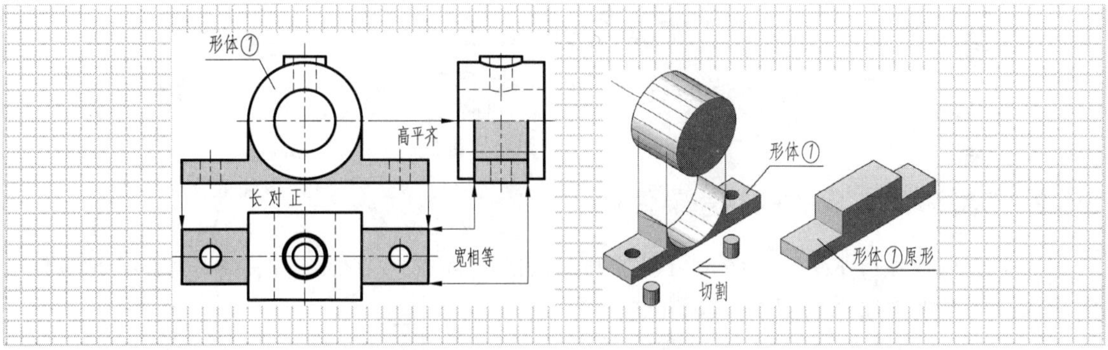

图 5.51　对投影（分形体之一）

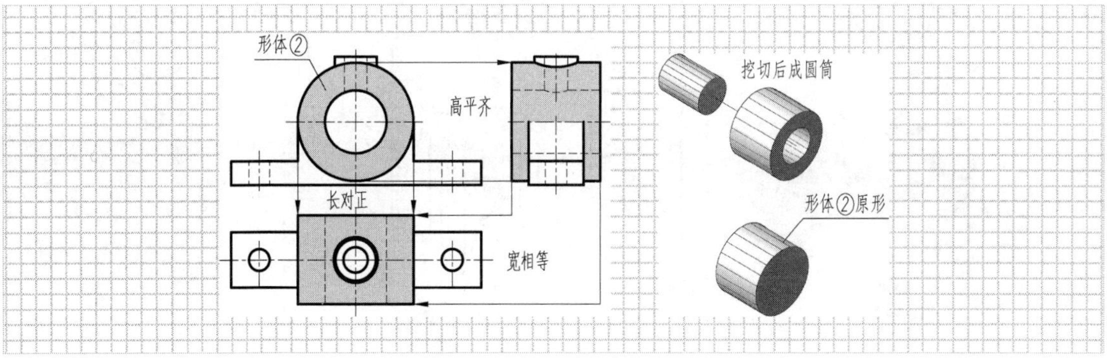

图 5.52　对投影（分形体之二）

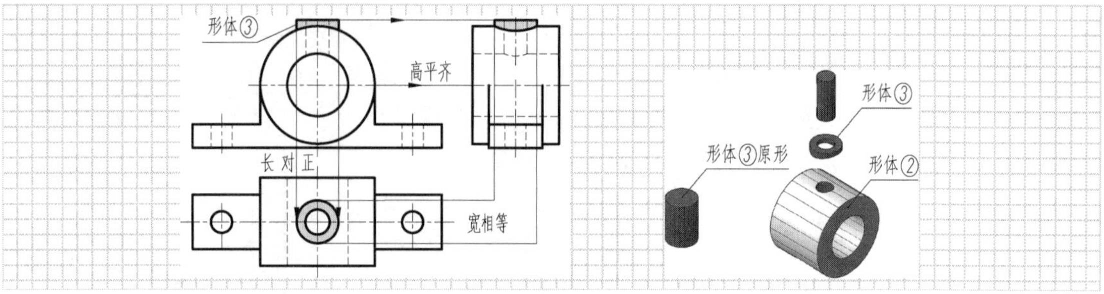

图 5.53　对投影（分形体之三）

再由三视图所示的相对位置，即底板与支撑部分左右对称，前后平齐；水平空心圆柱在支撑部分正上方，与外圆柱两侧相切，前后对称；上部垂直圆柱位于水平圆柱正上方，且与水平圆柱轴线垂直相交，两圆柱面外表面及两空心圆柱内表面分别有相贯线产生。最后可得到图 5.54 所示的主体结构的三维模型。

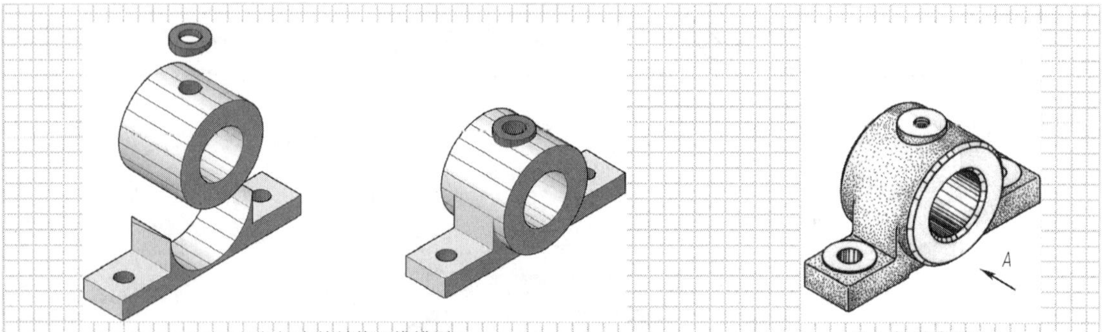

（a）主体结构三维模型　　（b）轴承座零件

图 5.54　“由零聚整”得整体

5.5.2　实例解读水阀中的阀盖零件形体

自来水水阀是日常生活中经常可以看到的机械产品之一，这是一种部件，由 13 种零件装配而成，其三维简化模型如图 5.55 所示。

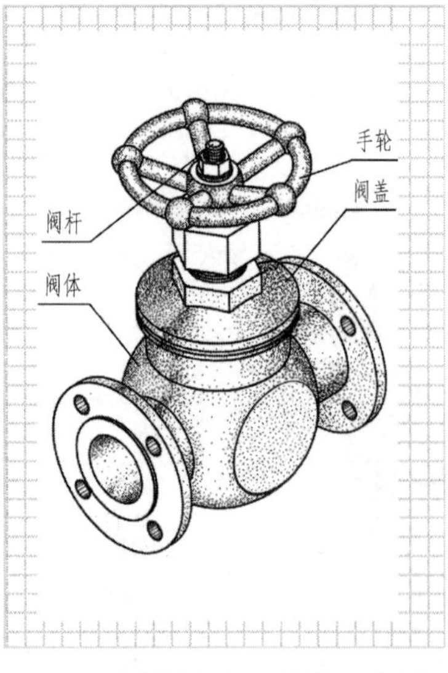

图 5.55　水阀装配体三维简化模型图

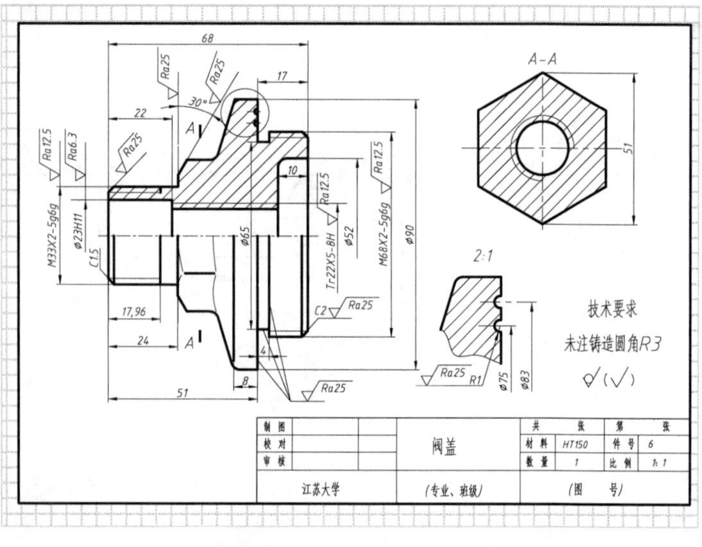

图 5.56　水阀阀盖零件图

从水阀外观上可以看到阀体、阀盖、手轮和阀杆这样几个主要零件。转动手轮，可以通过螺纹传动带动内部阀杆和阀门上下移动，从而起到开关和控制流量的作用。

图 5.56 给出了其中的阀盖零件图，而阀盖主体结构的一组视图如图 5.57（a）所示，这一组视图虽然只给出了两个，但由对投影和分形体（图 5.57（b））可以判断，它的主要结构分为内外两部分。

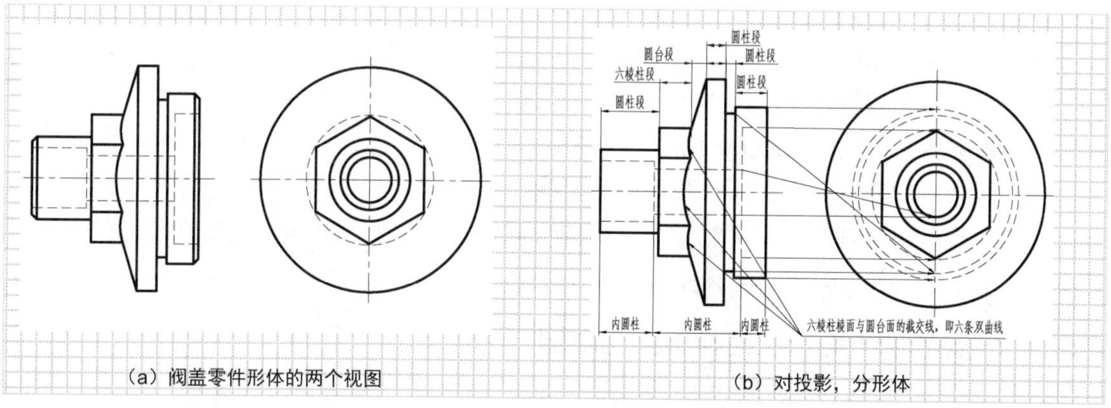

（a）阀盖零件形体的两个视图　（b）对投影，分形体

图 5.57　阀盖主体结构视图

从外部结构来说，阀盖零件形体由一系列的同轴回转体组成，只有中部有一个正六棱柱除外，但这个正六棱柱的中心轴是与其他回转体同轴的（图 5.58（a））；又由主视图中的虚线对应左视图的几个同心圆可知，其内部有一组抽空的同轴回转体（图 5.58（b））。已知同轴回转体有一个视图反映素线上各点的圆形回转轨迹，且其他两个视图形状是相同的，这也是只需两个视图就可以表达清楚的原因。最后的成形结果如图 5.58（c）所示。

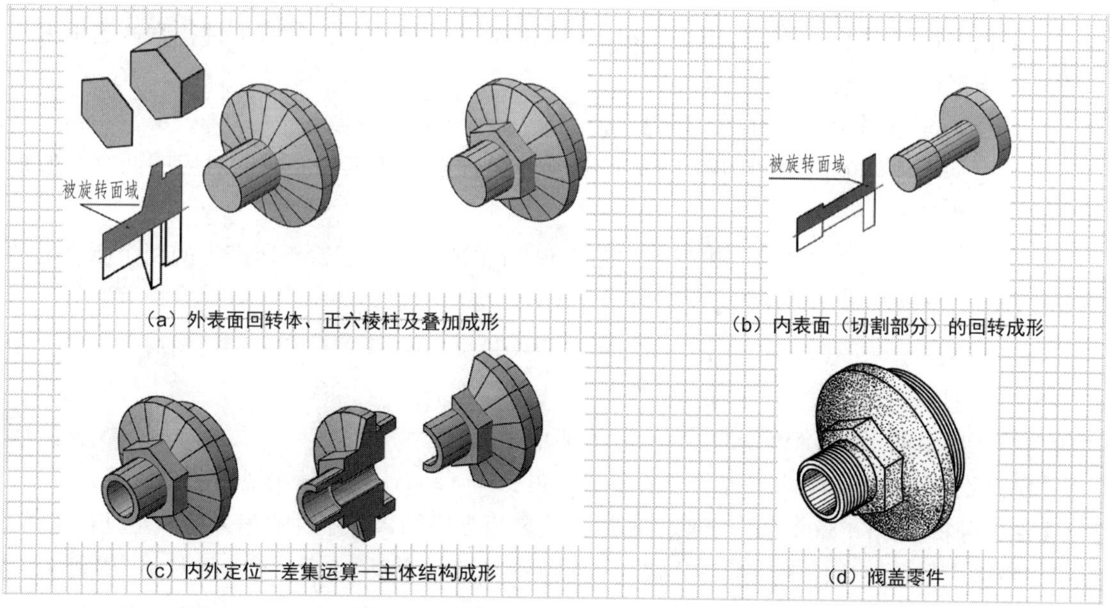

（a）外表面回转体、正六棱柱及叠加成形　（b）内表面（切割部分）的回转成形

（c）内外定位—差集运算—主体结构成形　（d）阀盖零件

图 5.58　水阀阀盖零件形体分析解读过程

以上形体如加上其功能结构（几处内、外螺纹及下部的环形沟槽）和工艺结构（倒角与铸造圆角），即可还原为实际零件，如图 5.58（d）所示。

5.6 解读零件形体视图的几种训练

培养和训练解读图样的基本能力，没有捷径可走，只有通过动手来体验。主要的训练途径有以下几种：

（1）根据实物绘制轴测图或一组视图。

（2）根据实物或轴测图绘制视图。

（3）根据已给的两个视图补画第三视图。

（4）根据已给的不完整视图补画遗漏的图线。

这些方式可统一理解为空间物体与平面图形间的图形转换。其中前两条在前面的分析讨论中有过大量的实例，以下就后两条举例说明。

5.6.1 根据已给的两个视图补画第三视图

【例 5.6】已知某压块的主视图与左视图（图 5.59（a）），补画其俯视图。

【形体分析】观察该形体的两个视图可知，这是一个典型的切割式组合体，经左视图上用双点画线的还原，再配合主视图的投影关系，可知它是一个底面平行于正面的多边形柱体，经拉伸并作水平投影，如图 5.59（b）所示；在此基本体上，由侧面投影分析可知，其前后由两个三棱柱作切割，形成图 5.59（c）所示形体，在前后两侧产生了一前一后两个侧垂面，且切割后原基本体上的两个水平面和一个正垂面的形状由于其轮廓线被切断而发生了变化；还是在侧面观察，其右上部有一个矩形槽，即用一个四棱柱进行切割；结合主、左视图观察，其左下部也同样切去了一个槽，但由于决定形状的特征视图未知，故有多种答案，这里采用了常见的矩形槽，如图 5.58（d）所示。

【对投影，按基本体投影依次作图】

（1）原基本柱体的俯视图如图 5.59（b）所示，注意检查其中正垂面对应的两个类似形线框。

（2）前后两三棱柱切割后的俯视图如图 5.59（c）所示，注意检查所产生的两个侧垂面的类似形线框。

（3）上部及下左部切槽后的俯视图如图 5.59（d）所示，注意检查上部切槽后产生的一个条形所对应的水平投影。

最后完成全图（图 5.59（e））。

【例 5.7】已知某支座的主视图与俯视图（图 5.60（a）），补画其左视图。

【形体分析】如图 5.60（a）所示的形体是从名为支座的零件中抽象出来的一个几何形体。从已知投影可知，该形体大体上可分解为 5 个组成部分：底板 I、垂直空心圆柱 II、水平圆筒 III、耳板 IV 和三角形肋板 V。在每一组成部分中又有被挖切的部分，因此该组合体是一个综合式组合体。作图时可根据投影关系，分别画出几部分的侧面投影，并根据各对表面间的交线进行投影处理。

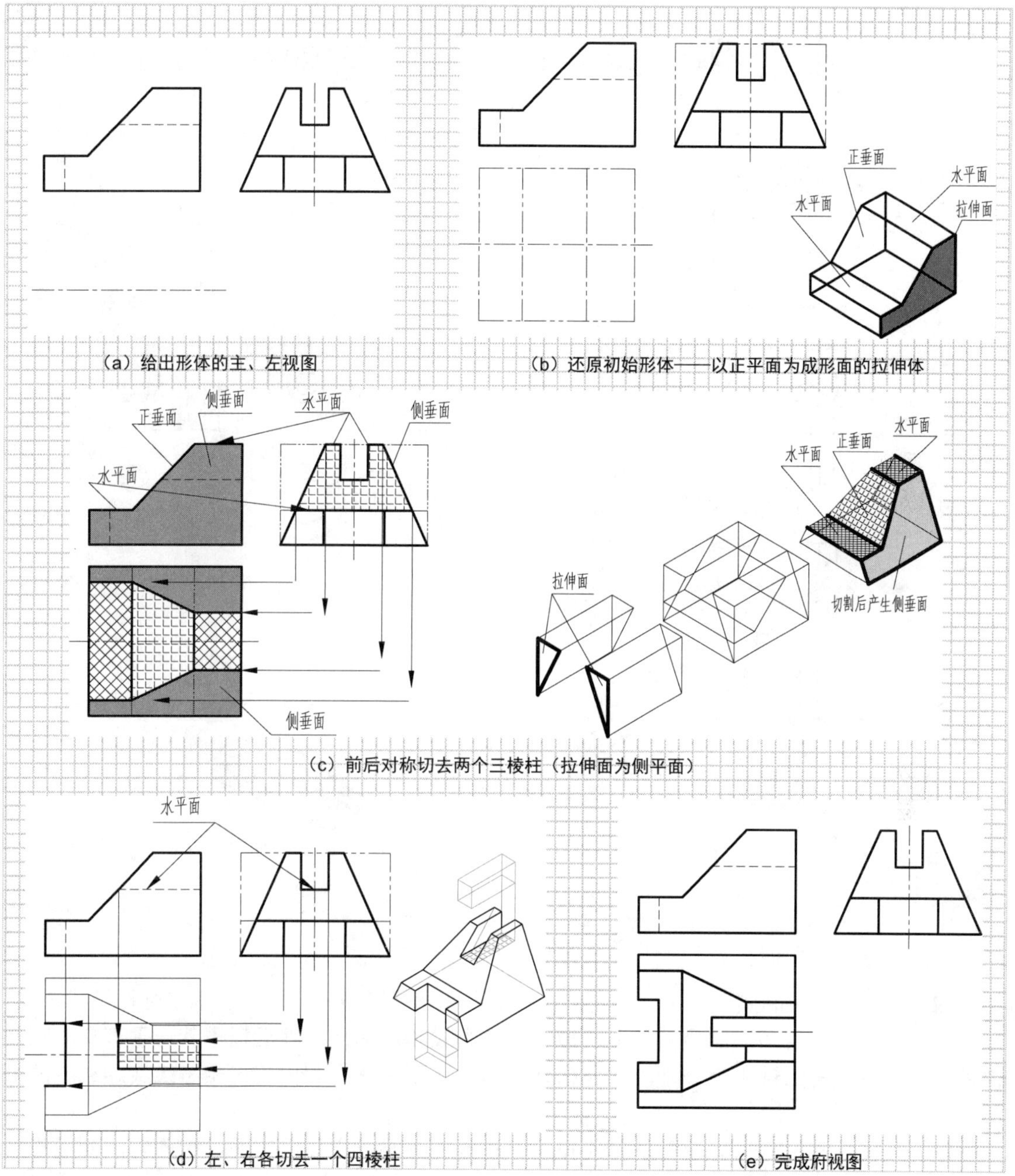

图 5.59　根据压块的已知两个视图补画第三视图

【画图步骤】

(1) 底板 I 和垂直空心圆柱 II 的侧面投影。首先画出其完整的侧面投影，再由正面投影与水平投影的对应关系，可知底板的两侧与垂直空心圆柱外表面处于相切状态，因此在侧面投影中，底板上顶面的积聚性投影不能画到圆柱的最前、最后两条特殊素线上，如图 5.60 (b) 所示。

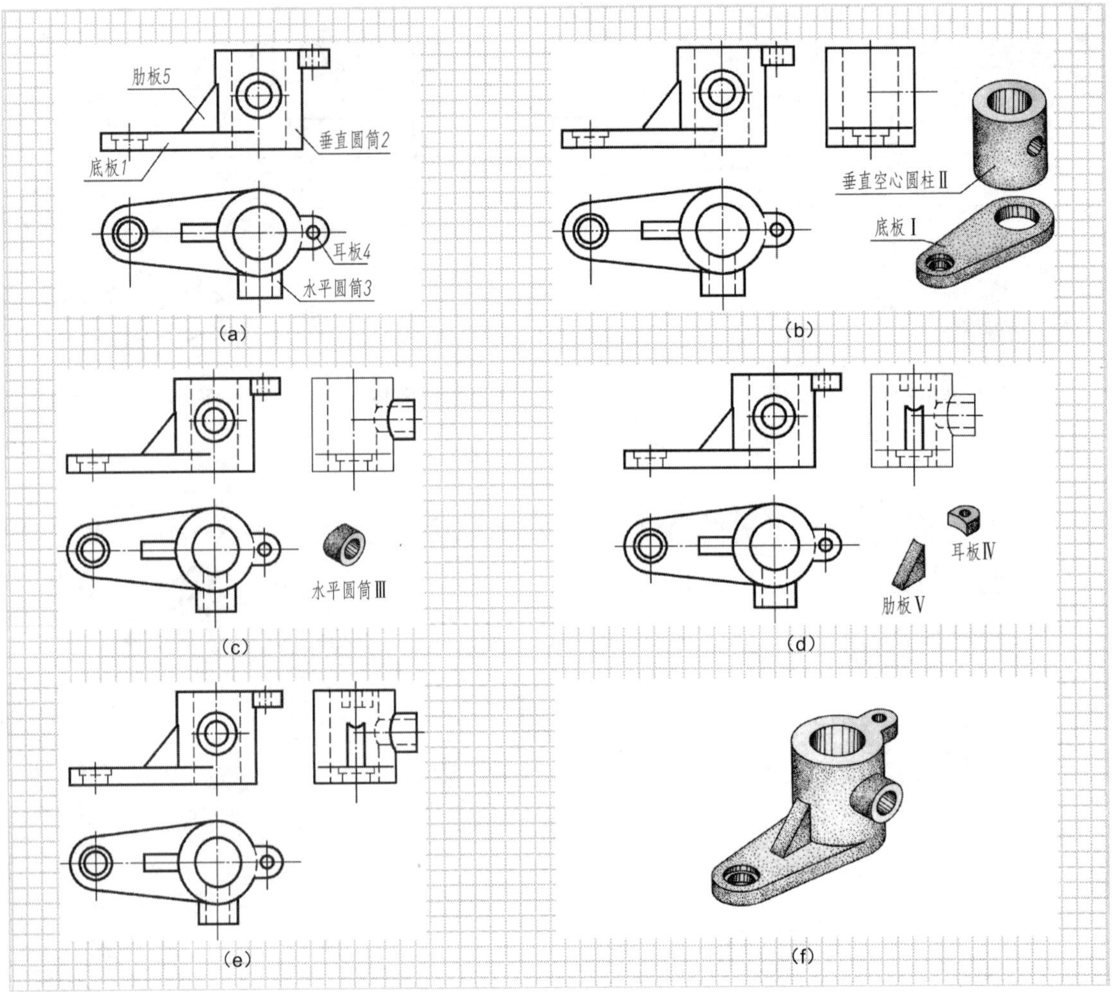

图 5.60　根据支座的已知两个视图补画第三视图

（2）水平圆筒Ⅲ的侧面投影。首先根据高平齐和宽相等投影规律，以水平圆柱轴线定位，画出水平圆柱内外表面在侧面的最上、最下特殊素线和前端面，然后根据其与垂直空心圆柱内外表面分别相贯的性质，分别画出外－外相贯线（粗实线）和内－内相贯线（虚线）的侧面投影，如图 5.60（c）所示。

（3）耳板Ⅳ和三角形肋板Ⅴ的侧面投影。耳板位于整个立体的右面，因此它的侧面投影均不可见，用虚线表示；画三角形肋板时要注意其斜面与垂直大圆柱外表面的一小段截交线，这是一小段椭圆弧，如图 5.60（d）所示。

（4）检查、整理，擦去多余线条，加深各类图线，侧面投影补画完毕，如图 5.59（e）所示。其空间形体如图 5.60（f）所示。

5.6.2　根据已给的不完整视图补全遗漏的图线

如图 5.61（a）所示为零件形体的三视图，其中主、左视图为不完整视图，要求补全其上遗漏的图线。

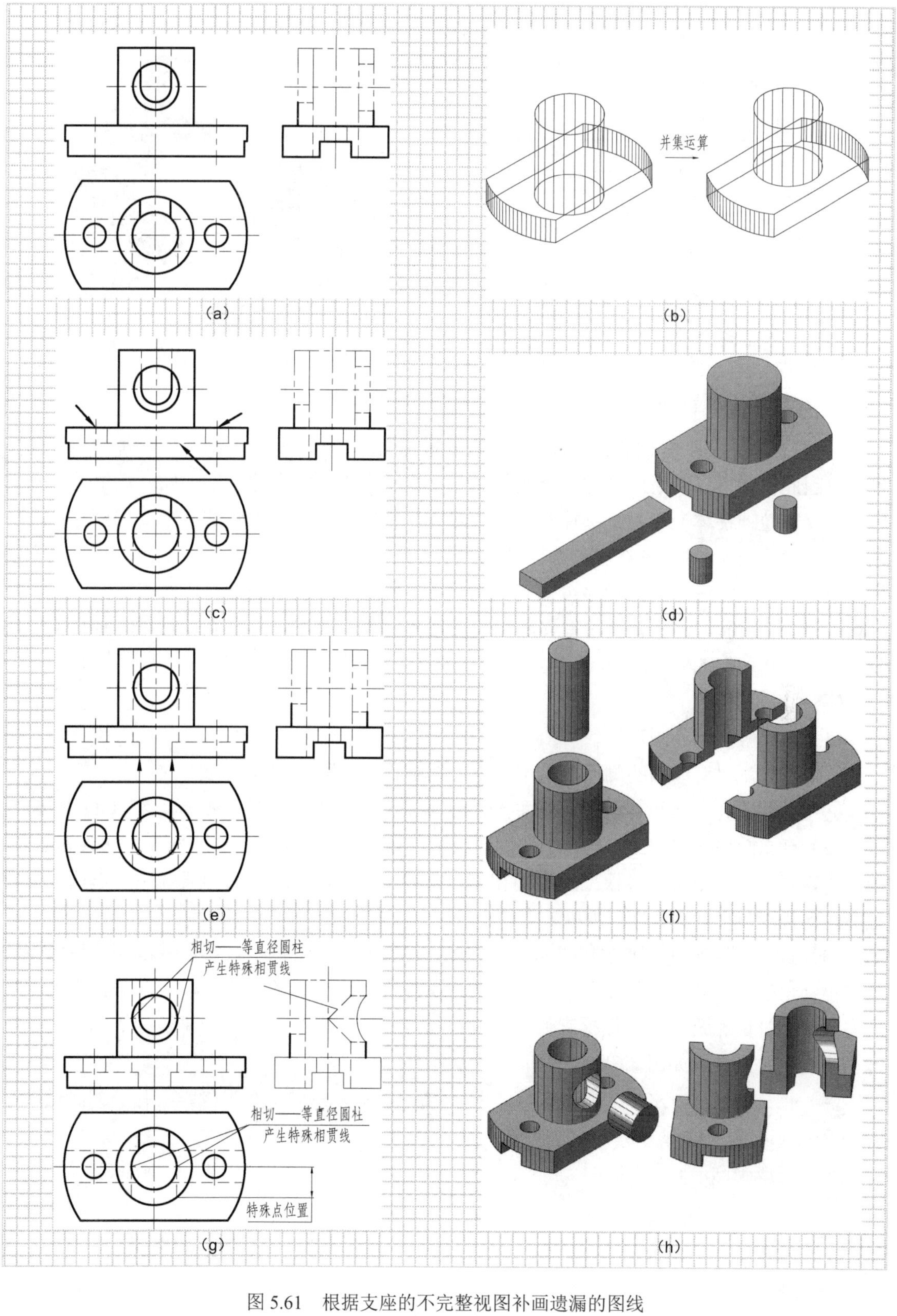

图 5.61　根据支座的不完整视图补画遗漏的图线

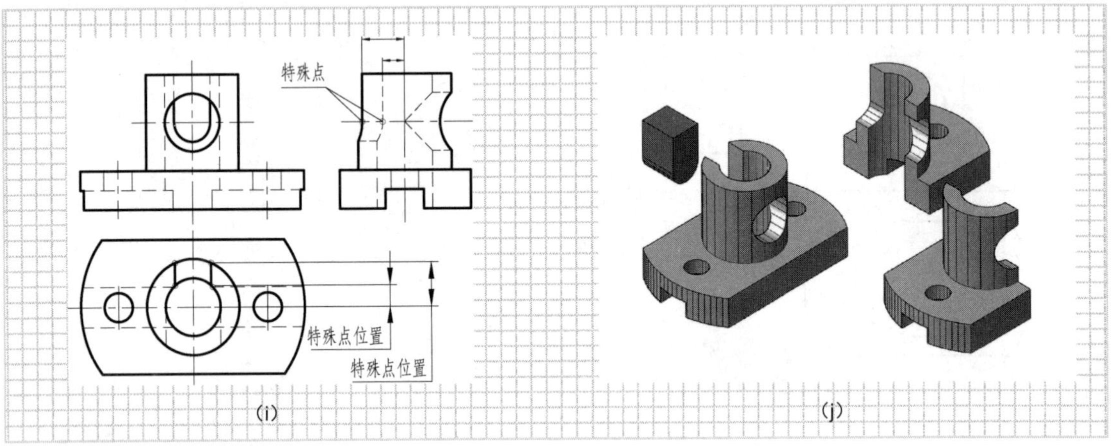

图 5.61　根据支座的不完整视图补画遗漏的图线（续）

【形体分析】尽管是不完整视图，但仔细分析可发现，其中每一个组成部分都给出了两个投影，因此依然可以判断出它的各个基本体。根据三个视图的大体构架可知，该形体由水平底板（复合拉伸柱体）和直立圆柱两大部分组成。其中，水平底板底部有矩形切槽（按左—俯—主顺序判断），并在左右对称部位钻了两个小圆柱孔（由俯、左视图配合读出）；直立圆柱部分，由俯—主—左视图顺序可知其内部垂直方向有一个同轴圆柱孔，水平方向上看，前方切去一个圆柱孔，注意该孔与直立虚线圆柱直径相等，后方切去一个 U 形槽。最后得出的基本体各立体如图 5.61（j）所示。

【补画过程】

（1）从底板开始补画。

①矩形槽，已有该槽的侧面及水平投影，补画正面投影；

②左右两小孔，已知其水平及侧面投影，补画正面投影，如图 5.61（c）和（d）所示。

（2）直立圆柱抽空，已知其水平及侧面投影，补画正面投影，且从侧面投影知其为通孔。但由于该虚线圆柱下端与底板上矩形槽相交，故产生交线，使其左右两素线由矩形槽上顶面截断，如图 5.61（e）和（f）所示。

（3）直立圆柱前方水平方向切去一圆柱孔，已知其正面及水平投影，补画侧面投影。注意这里会出现内外两条相贯线，一条是直立外圆柱面与水平孔的相贯线，一条是直立内圆柱面与水平圆柱的相贯线，且根据它们的已知投影（相切）可知，它们的直径相等，是一条特殊相贯线。补画结果如图 5.61（g）和（h）所示。

（4）直立圆柱后方水平方向切去一个 U 形槽，已知其正面及水平投影，补画侧面投影，如图 5.61（i）和（j）所示。

至此完成全图。

—— 本 章 小 结 ——

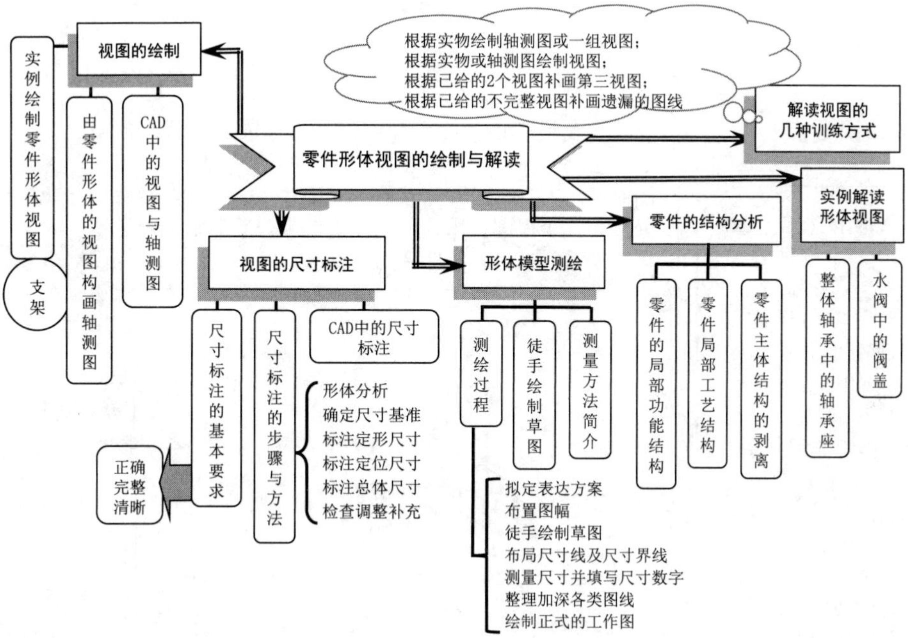
零件形体视图的绘制与解读
视图的绘制
实例绘制零件形体视图
支架
由零件形体的视图构画轴测图
CAD中的视图与轴测图
视图的尺寸标注
尺寸标注的基本要求
正确完整清晰
尺寸标注的步骤与方法
形体分析
确定尺寸基准
标注定形尺寸
标注定位尺寸
标注总体尺寸
检查调整补充
CAD中的尺寸标注
形体模型测绘
测绘过程
拟定表达方案
布置图幅
徒手绘制草图
布局尺寸线及尺寸界线
测量尺寸并填写尺寸数字
整理加深各类图线
绘制正式的工作图
徒手绘制草图
测量方法简介
零件的结构分析
零件的局部功能结构
零件局部工艺结构
零件主体结构的剥离
实例解读形体视图
整体轴承中的轴承座
水阀中的阀盖
解读视图的几种训练方式
根据实物绘制轴测图或一组视图；
根据实物或轴测图绘制视图；
根据已给的2个视图补画第三视图；
根据已给的不完整视图补画遗漏的图线

第 6 章 表达零件形状的常用方法

General Principles of Representations of Drawings

本章知识要点

本章内容来自于国家标准中关于零件表达方法的规定。因为，在工程中用到的零件形体和复杂度远不止书中的实例那么中规中矩。如果一个零件上下左右前后6个方位的结构都非常复杂，那么仅三个视图是不够的；如果零件上有倾斜于投影面的部分需要表达，则需要增加平行于该倾斜表面的辅助投影面；如果零件内部结构很复杂，虚线就会增多，影响了图形的清晰度。因此，国家标准中规定了很多表达方法以供选择。为此本章知识点就在于——了解并熟练掌握“视图”、“剖视图”、“断面图”及其他一些常用的表达方法及其应用场合，学习分析制定表达方案，从而达到正确、完整、清晰地表达机器零件。

兴趣实践

自我检查识读能力和对零件形体表达的分析能力，去网上下载一个高压锅安全阀的结构图，有装配图更好，从中剥离出一个零件（识读能力测试），然后分析用几个视图、用什么表达方法来完整清晰地表达这个零件，画出其零件草图（表达能力测试）。

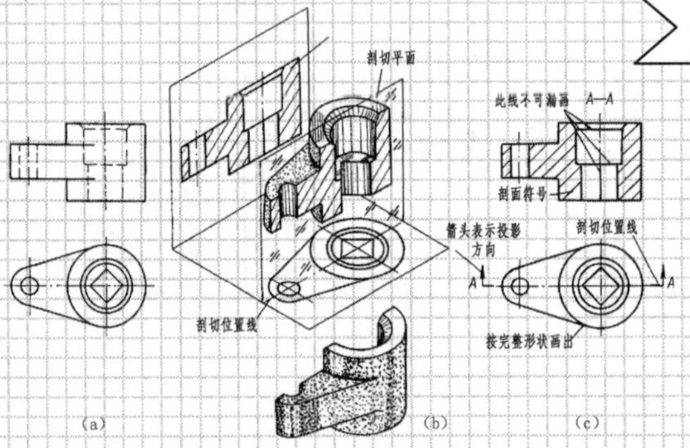

探索思考

学习了这一章并通过大量的课后作业与实践训练，你能否将机件的常用表达方法的表达特点和重点、应用场合作一个分析总结呢？试试吧，这样会提高你的学习效率。

预习准备

在零件形体的视图表达中，粗实线表达可见轮廓线，虚线表达不可见轮廓线，其实这是很影响表达的清晰度的；还有，零件形体远不止我们前面看到的实例那么中规中矩，因此，国家标准中规定了很多表达方法，以适应不同复杂程度的零件表达。请浏览本章各小节标题，以大致了解机件常用表达方法有哪些，并预习其中第一小节“视图”，看看这里的视图与我们前面了解的三视图有什么异同点。

6.1 基本视图与辅助视图

机器零件简称机件。在生产实际中，由于机件的形状和结构多种多样，并且有的机件内、外形状和结构都较为复杂，仅采用前面所说的三视图，是无法将它们清楚地表达出来的，如图 6.1 所示的吊钩和联管。因此，为了完整、清晰地表达任一机件的内外结构形状，国家标准技术制图和机械制图规定了图样的画法，主要包括视图（GB/T 17451—1998，GB/T

4458.1—2002）、剖视图（GB/T 17452—1998，GB/T 4458.1—2002）、断面图（GB/T 17451—1998）、局部放大图和简化画法（GB/T 16675.1—1996，GB/T 4458.1—2002）等。在机件工程图样的绘制中，应综合运用这些表达方法，将机件正确、完整、清晰地表达出来。

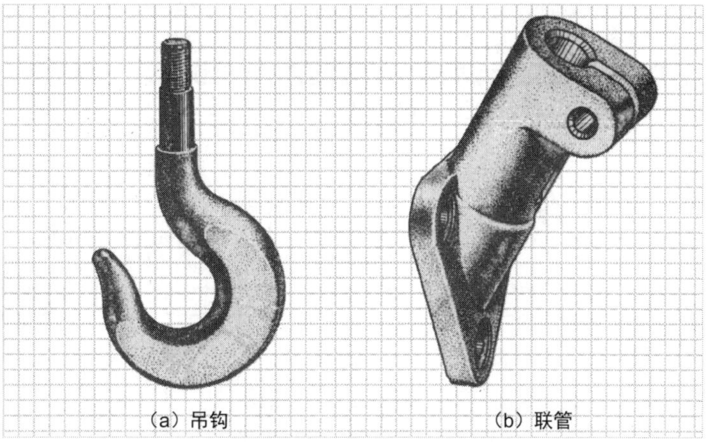

图 6.1 形状复杂的零件

6.1.1 六投影面体系与六个基本视图

在工程中，将机件向指定的投影面投射而得到的图形称为视图。视图有基本视图、向视图、局部视图和斜视图之分。

基本视图来自六投影面体系，它是三投影面体系的拓展。国家标准规定采用正六面体的六个面作为基本投影面，机件向基本投影面投影所得到的视图称为基本视图，如图 6.2 所示。六个基本视图的名称及其投影方向分别为：

主视图——由前向后投影所得的视图（对应于正面投影）；

俯视图——由上向下投影所得的视图（对应于水平投影）；

左视图——由左向右投影所得的视图（对应于侧面投影）；

右视图——由右向左投影所得的视图（与左视图投影方向相反）；

仰视图——由下向上投影所得的视图（与俯视图投影方向相反）；

后视图——由后向前投影所得的视图（与主视图投影方向相反）。

六个基本投影面的展开方法如图 6.2 所示，六个基本视图之间仍符合“长对正、高平齐、宽相等”的投影规律。其中，上、下、左、右各方位关系在各视图上表达比较明显，特别请注意前后关系的区别，即除后视图外，凡各视图靠近主视图的一侧，均反映机件的后面，而远离主视图的一侧，均反映机件的前面。

展开后得到六个基本视图的配置如图 6.3 所示。当各视图按投影关系配置时，不必标注视图的名称。

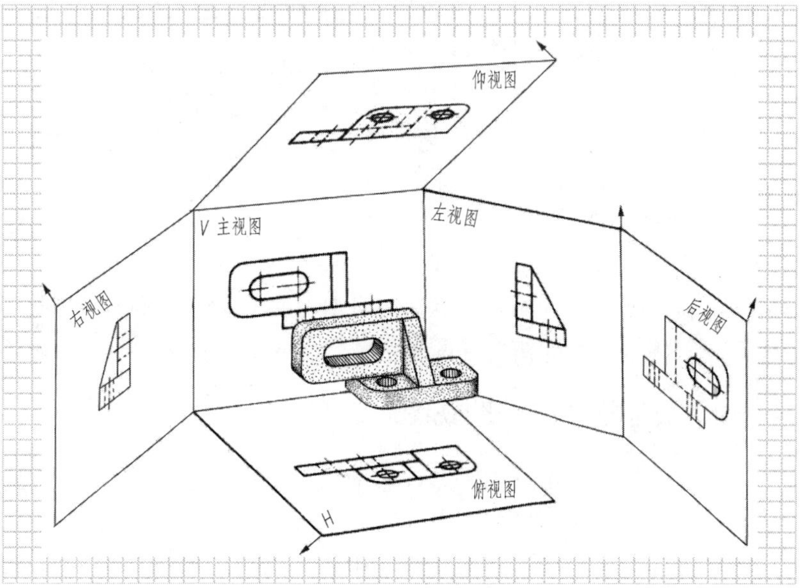

图 6.2 六个基本视图的形成

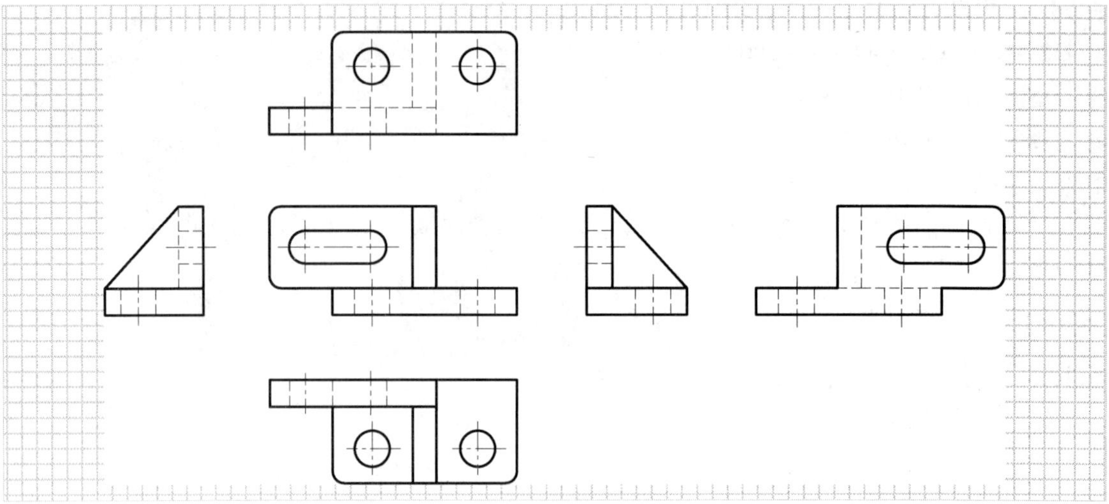

图 6.3　六个基本视图的配置

6.1.2　向视图（辅助视图之一）

向视图是一种辅助视图，可配置在图纸的任意位置，但这时应标注出向视图的投射方向和名称。标注时，在向视图的正上方用大写英文字母水平标注出视图的名称，同时在相应的视图附近用箭头指明获得该向视图的投影方向并标注出相同的字母，如图 6.4 所示的 *A*、*B* 两个向视图所示。

在绘图前选择表达方案时有这样一个原则，即在表达完全、正确、清晰的前提下，采用尽可能少的视图数量。换句话说，不一定对每个零件都要使用六个基本视图，而是在优先选用主、俯、左视图的前提下，根据零件结构形状的复杂程度补充其他投影方向的视图。实际上，如图 6.3 所示的零件，在采用了主、俯、左三个视图后，已经足以完整清晰地表达该零件的结构形状了，此处之所以给出了六个视图，是为了向读者解释六投影面体系、六基本视图的概念和配置。

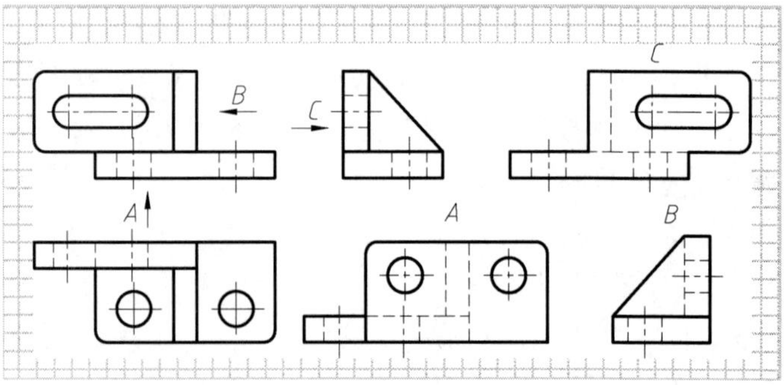

图 6.4　向视图及其标记

6.1.3　局部视图（辅助视图之二）

将机件的某一部分向基本投影面投射所得的视图称为局部视图，局部视图也可理解为某一方向上基本视图的局部图形。

当机件主要形状已在基本视图中表达清楚，但在某个方向有部分形状需要表达又没有必要画出该方向整个视图时，即可采用局部视图。如图 6.5 所示弯管，在采用主视图和俯视图后，该机件的主体部分已基本表达清楚。即从主、俯视图可清楚地表达出下部圆形底板，中部 1/4 圆环形弯管，前面的上部一圆柱形连接板面。所没有表达清楚的是右侧的凸台和左侧的法兰盘的端面形状。此时没必要画出完整的左视图和右视图，只需绘制出机件上这两处的局部视图（即局部的左视图和右视图）。

局部视图的范围（断裂）边界用波浪线表示（波浪线用细实线绘制）。当所表达的局部结构是完整的，且外轮廓线又封闭时，波浪线可省略不画，如图 6.5 所示的 *A* 向局部（右）视图。

画局部视图时，一般应作标注，其标注方法与向视图相同。局部视图常画在相应视图的附近，如图 6.5 所示的 *A* 向局部视图；当局部视图按投影关系配置，中间又没有其他视图隔开时，可省略标注视图名称，如图 6.5 所示的机件右侧凸台端面的局部视图。

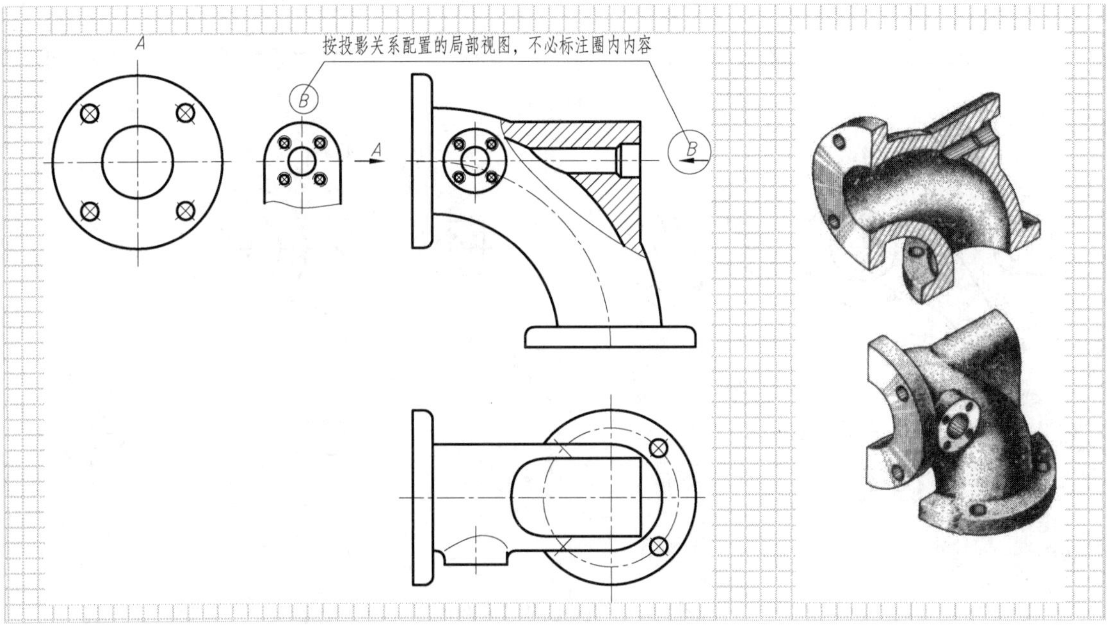

图 6.5　弯管零件图上的局部视图

6.1.4　斜视图（辅助视图之三）

机件向不平行于任何基本投影面的平面投射所得视图称为斜视图。在图 6.6（b）中，有 4 个视图。其中，一个基本视图（主视图），两个局部视图（*B* 向和 *C* 向，可理解为局部的俯视图和局部的右视图），还有一个就是斜视图（*A* 向）。

斜视图主要用于表达机件上倾斜结构的实形。如图 6.6（a）所示，选用一个平行于该倾斜结构且垂直于某一基本投影面的平面作为新投影面（相当于第 3 章介绍的换面法求作平面的实形问题），使倾斜部分在新投影面上的投影反映真实形状，然后将新投影面旋转到与基本投影面重合。

斜视图通常只用于表达机件倾斜部分的实形，其余部分不必全部画出，而用波浪线断开。

斜视图必须标注，其标注方法与向视图相同，注意字母一律水平书写。斜视图一般按投影关系配置，如图 6.6（b）所示，必要时也可平移到适当的位置，如图 6.6（c）所示。为了便于画图，还允许将图形旋转摆正画出，此时斜视图名称后面要标注旋转符号，旋转符号的箭头指向旋转摆正的方向，并且字母应写在靠近旋转符号的箭头一端，如图 6.6（d）所示。

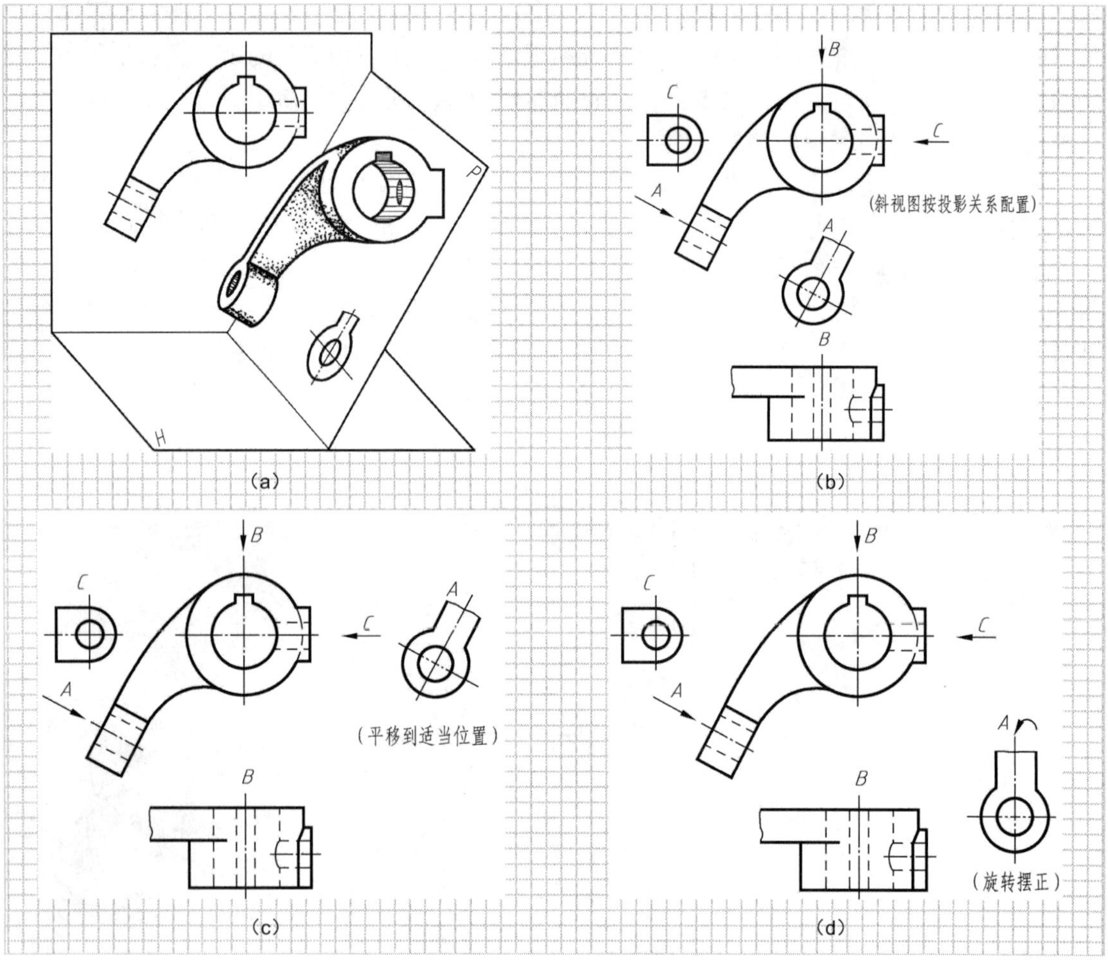

图 6.6 斜视图的形成及配置

6.1.5 实例分析解读机件视图的综合表达

【例 6.1】读懂如图 6.7（a）所示机件的一组视图：

（1）解释各个视图的名称并进行标注；

（2）形体分析、构建还原其空间形象；

（3）为其进行尺寸标注。

【分析】（1）根据图 6.7（a）所示的一组视图，可知其中有一个主视图（左上），两个局部视图（即一个局部左视图和一个局部俯视图），一个斜视图（右下）。各视图的标记如图 6.7（b）所示。

（2）形体分析：由主视图明显看出，该机件主体部分由两个拉伸体组成。一个由水平倒置的 L 形拉伸面拉伸而成，一个是上部斜置的 U 形拉伸面（由 *A* 向斜视图得知）拉伸而成。如图 6.7（c）所示。再根据图示相对位置，可构建还原其空间形状如图 6.7（d）所示。

（3）尺寸标注：由于 *B*、*C* 两个局部视图是按投影关系配置的，所以在正式绘图时可省略它们的视图标注。根据以上形体分析的结果，按形体给出各自的定形、定位尺寸，再定出它们的相对位置尺寸（即斜置 U 形块的定位尺寸“16”和“45°”），即可完成整个机件的尺寸标注，如图 6.7（e）所示。

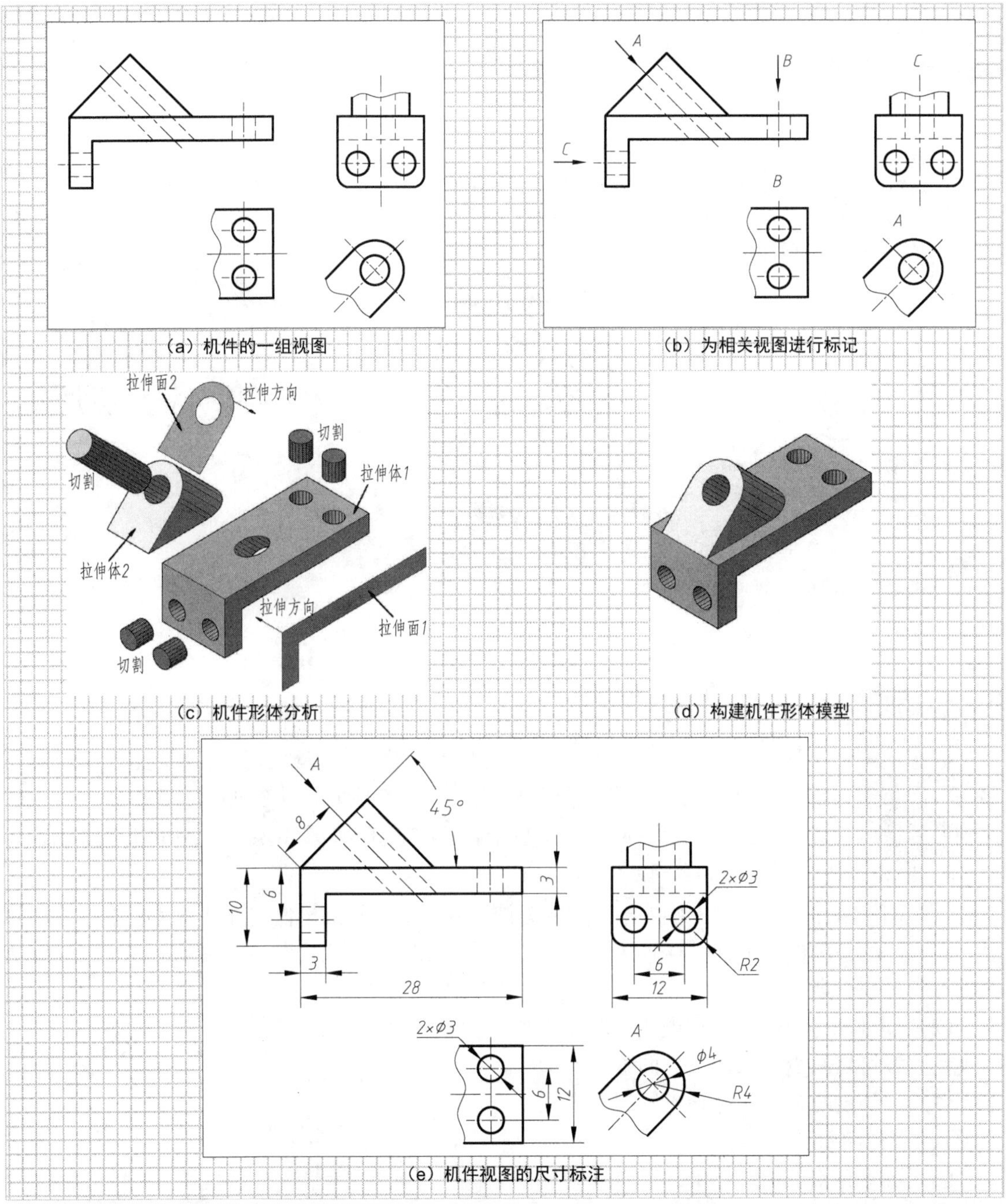

（a）机件的一组视图　（b）为相关视图进行标记

（c）机件形体分析　（d）构建机件形体模型

（e）机件视图的尺寸标注

图 6.7　实例分析解读机件的视图综合表达

6.2 剖 视 图

剖视图是一种重要的表达方法。剖视图的概念在第 1 章的讨论中就有所提及。由于在用视图表达零件时，不可见轮廓线均用虚线表示，但当零件内部结构比较复杂时，在视图中就会出现较多的虚线，这样既影响了图形的清晰度，又给绘图、看图和尺寸标注带来诸多不便，如

图 6.8（a）所示。因此，国家标准《技术制图》规定采用剖视图的方法来表达零件的内部结构。

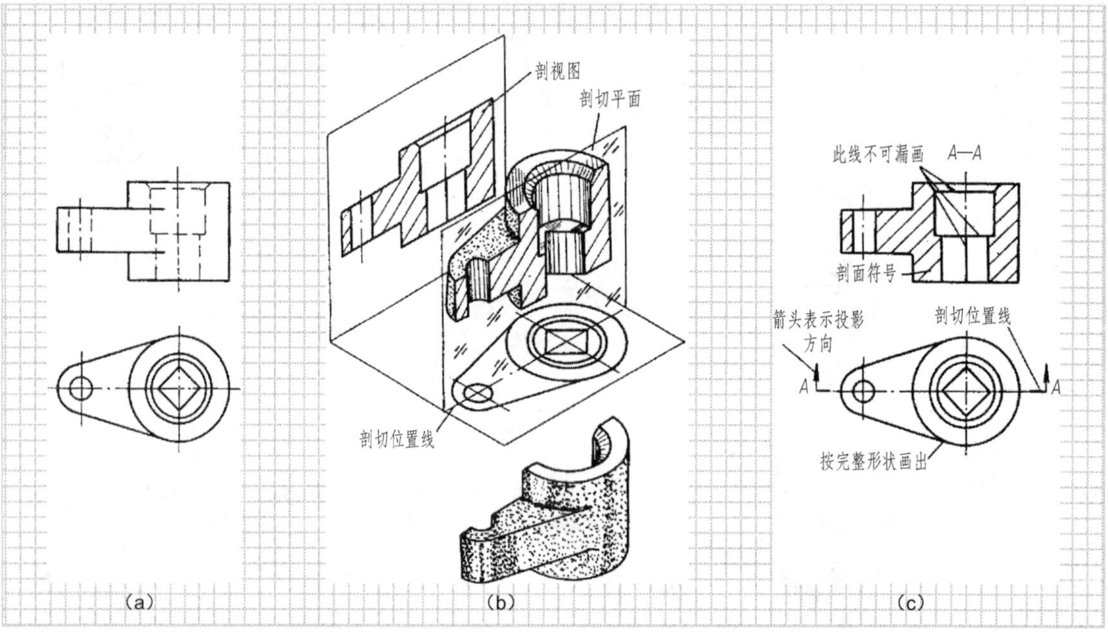

图 6.8　剖视图

6.2.1　剖视图的形成、画法及标记

假想用剖切平面（平行于所选投影面）剖开机件，将处在观察者与剖切平面之间的部分移去，而将剩余部分的可见轮廓线向投影面投影，而且在剖切平面与机件的切断面上（又称为剖面区域），画出剖面符号，这样得到的视图称为剖视图，如图 6.8（c）中的主视图所示。

1．画剖视图时应注意的要点

（1）剖视只是一种表达机件内部结构的方法，并不是真的把机件剖开并拿走被剖掉的那部分。因此，除了剖视图本身，其他视图仍然要按机件原完整形状画出，如图 6.8（c）中的俯视图就不能只画一半。

（2）剖视图上一般不再画虚线，但如果画出少量虚线可以减少视图数量，同时又不影响剖视图的清晰度时，也允许画出必要的虚线，如图 6.9 主视图所示。

（3）国家标准 GB/T 17452—1998 规定，对于不同材料需画出不同的剖面符号。金属材料的剖面符号称为剖面线，一般画成与水平线成 45°的等距细实线，向左或向右倾斜均可，如图 6.8（b）所示。但当某视图的主要轮廓线为 45°或接近于 45°时，允许在该剖视图中将剖面线画成 30°或 60°。如图 6.10 中的主视图所示，注意此时对应俯视图中的剖面线仍按原规定画。

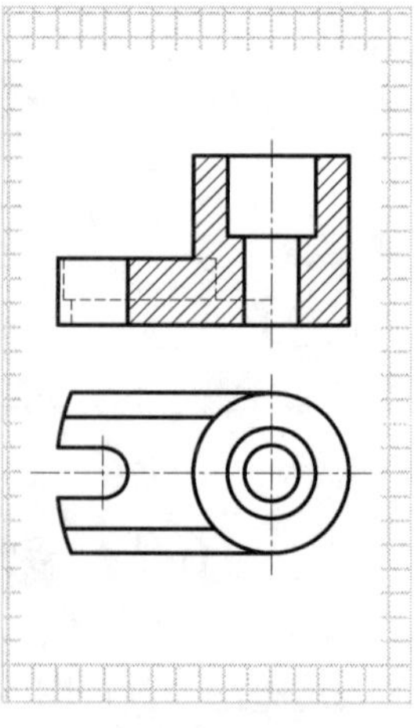

图 6.9　剖视图中必要的虚线

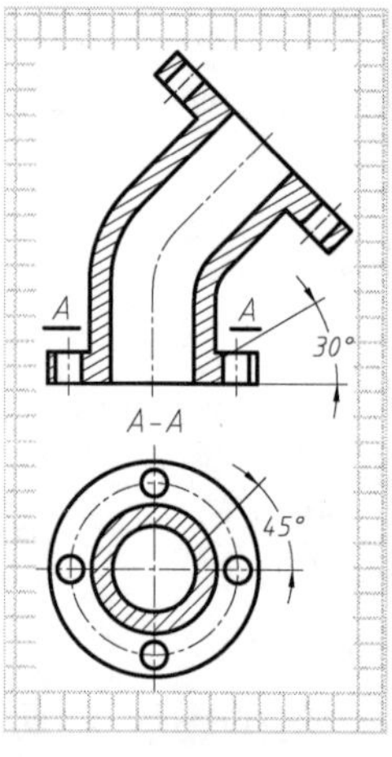

图 6.10　剖视图中的主要轮廓线为 45° 时的剖面线

常用材料的剖面符号见表 6.1。

表 6.1　常用的剖面符号（GB/T 4457.5—1984）

材料名称	剖面符号	材料名称	剖面符号
金属材料（已有规定剖面符号者除外）	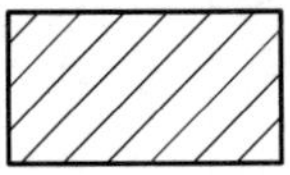	非金属材料（已有规定剖面符号者除外）	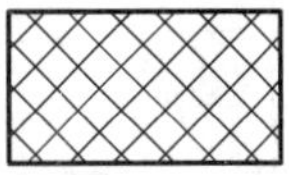
线圈绕组元件	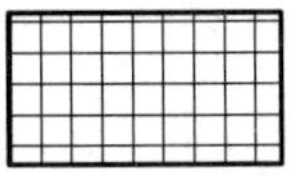	玻璃及供观察用的其他透明材料	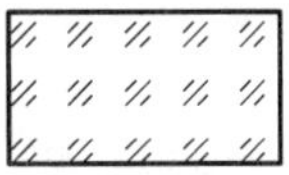
转子、电枢、变压器和电抗器等的叠钢片	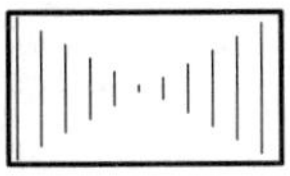	液体	
型砂、填砂、粉末冶金、砂轮、陶瓷刀片、硬质合金刀片等	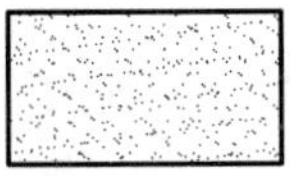	砖	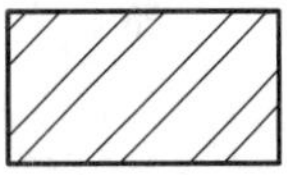

（4）剖切平面后面的可见轮廓线必须画出，不能遗漏。如图 6.11 中的摇臂，对其主视图进行剖视表达，剖切平面上的可见轮廓线如图 6.11（b）所示，补画剖切平面后的可见轮廓线的完整剖视图如图 6.11（c）所示。

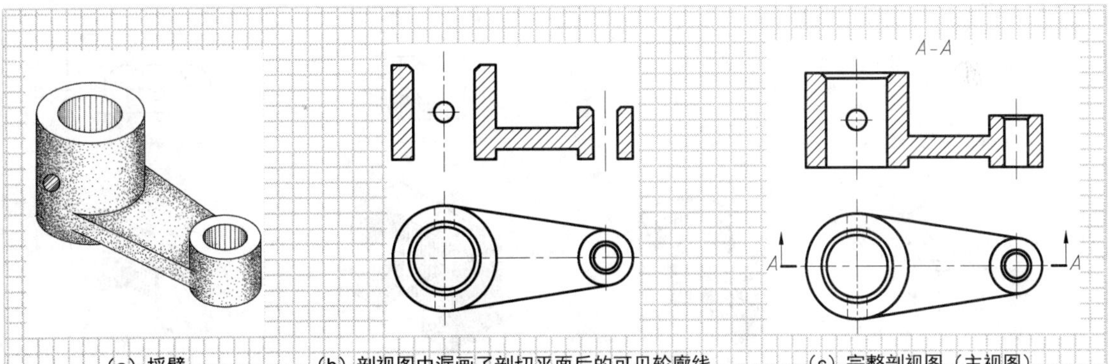

（a）摇臂　（b）剖视图中漏画了剖切平面后的可见轮廓线　（c）完整剖视图（主视图）

图 6.11　摇臂的剖视图（剖切平面后面的轮廓线）

为了加深印象，进一步学会辨别剖切平面上和剖切平面后的可见轮廓线，请读者再仔细分析对比图 6.12 中所示的几种底板的主视图，以及图 6.13 中所示的几种孔槽的主视图。

2．剖视图的标注要求

为了表示剖切平面通过的位置和剖切后视图的投影方向，便于找出相对应的视图之间的投影关系，一般应对剖视图进行标注。即在所作剖视图的正上方，水平书写“× -×”，在剖切平面垂直的那个投影面上，标出剖切平面的位置，其符号为沿该平面位置迹线的两段粗实线短画（4～5mm），画在图形外侧两端，再分别在短画的两端画上与之垂直的细线和箭头，指向作剖视图的投影方向，并分别注以对应的字母“×”，如图 6.12 和图 6.13 中各组视图所示。

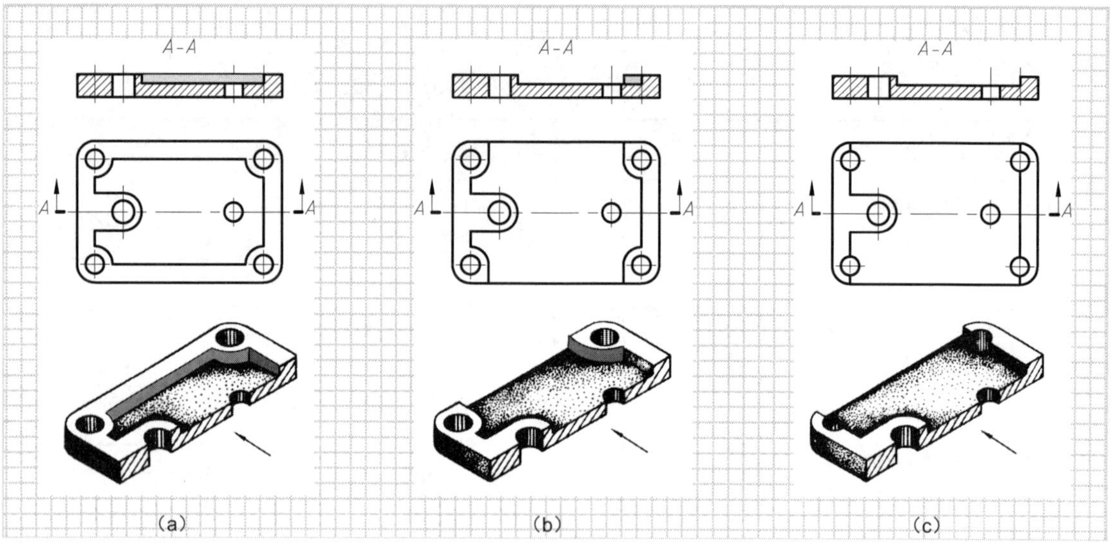

图 6.12　几种底板的剖视图（剖切平面后面的轮廓线）

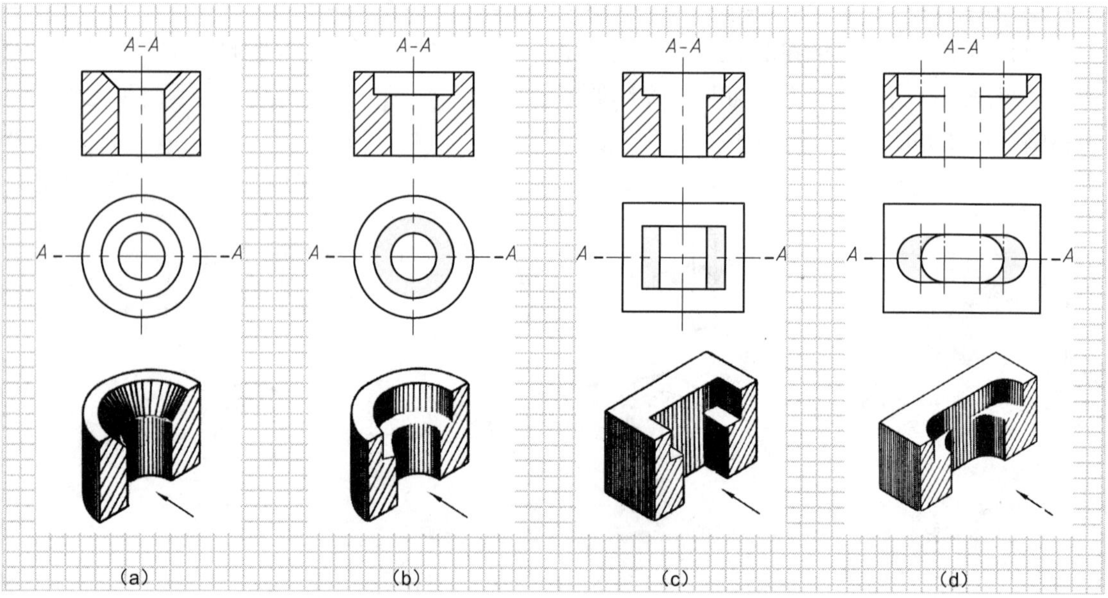

图 6.13　几种孔槽的剖视图（剖切平面后面的轮廓线）

但在下列情况下往往允许省略或部分省略这些标注：

（1）当剖视图按投影关系配置，而中间又没有其他图形隔开时，可以省略箭头，如图 6.14 所示的 *A*—*A* 剖视；

（2）当单一剖切平面通过物体对称平面或基本对称面、且剖视图按投影关系配置、中间又没有其他图形隔开时，可省略标注，如图 6.15 中的主视图。

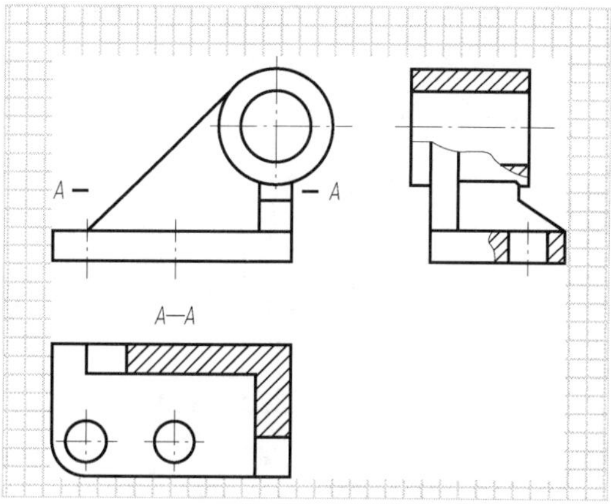

图 6.14　剖视图省略箭头

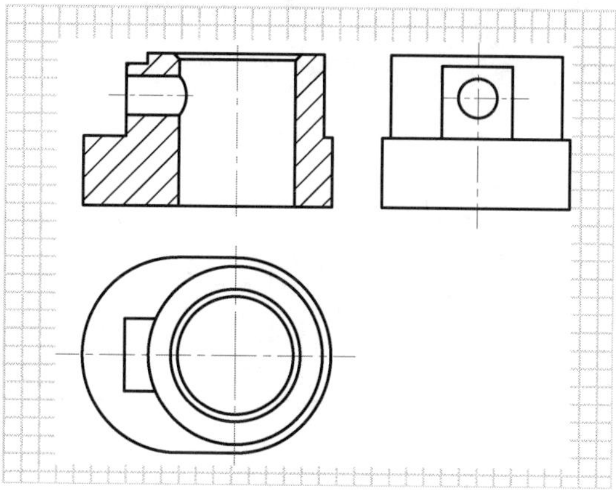

图 6.15　剖视图省略标注

6.2.2　剖视图的种类

根据表达内部结构范围的不同，剖视图可分为全剖视图、半剖视图和局部剖视图三种。

1．全剖视图

用剖切面完全剖开物体所得的剖视图称为全剖视图，如图 6.12、图 6.13、图 6.15 中的主视图和图 6.14 中的俯视图等均为全剖视图。全剖视图适用于表达外形较简单、内部结构较复杂，且在该剖视图投影方向的图形又不对称的空间形体。

2．半剖视图

当物体具有对称平面时，向垂直于该对称平面的投影面上投影所得的图形，以对称中心线（细点画线）为界，一半画成剖视图，另一半画成外形视图，这样的图形称为半剖视图，如图 6.16 所示。

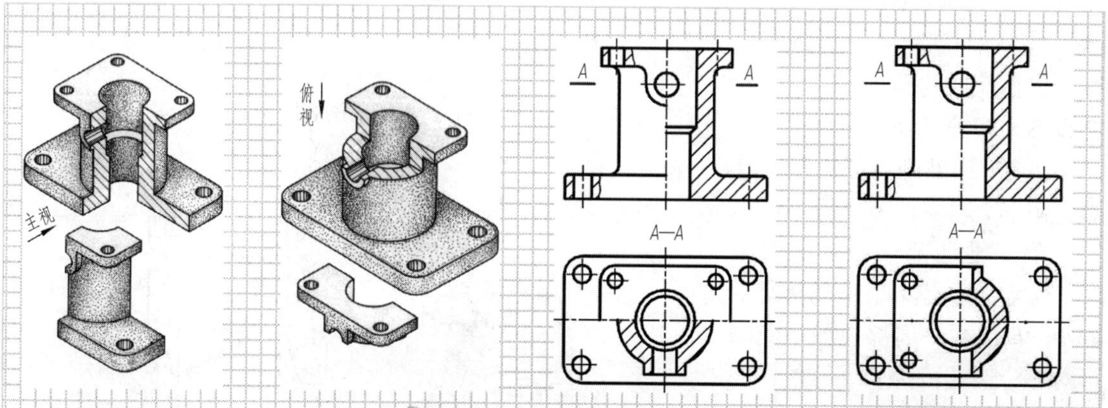

（a）对主视图作剖视　（b）对俯视图作剖视　（c）剖视后的主视图与俯视图　（d）俯视图也可作左右半剖形式

图 6.16　半剖视图

换句话说，半剖视图是在同一方向上内、外结构均对称的前提下，以对称线（点画线）为界、一半外形视图和一半剖视图的组合图形。如图 6.17 所示。

半剖视图主要用于在同一个投影方向上，内、外形状都需要表达的对称物体，或者基本对称、且其不对称部分已在其他视图中表达清楚的物体。**当图形虽然对称，但对称线上有与**

之重合的轮廓线时，该图形不得作半剖视图，也就是说，半剖视图的对称线必须严格的是点画线。

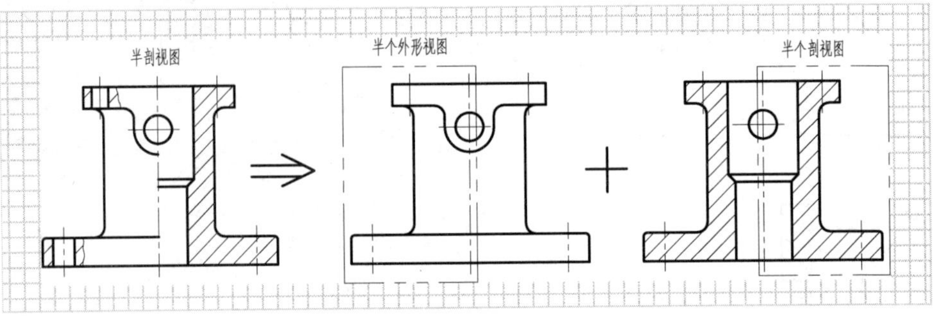

图 6.17 半剖视图的图形组合

半剖视图的标注规则与全剖视图的完全相同。在图 6.16 中，主视图没有进行标注，是因为其剖切平面（正平面）与物体的对称平面重合、且按投影关系配置、中间又没有其他视图隔开，故省略了标注；而俯视图因为剖切平面不通过物体的对称平面，所以需要标注剖切符号及视图名称，但因剖视图是按投影关系配置，中间又没有其他视图隔开，故可以省略箭头。

3. 局部剖视图

用剖切面“假想”地剖开物体后、以波浪线或双折线为界、由一部分剖视图和一部分外形视图组合而成的图形，称为局部剖视图，如图 6.18 所示。

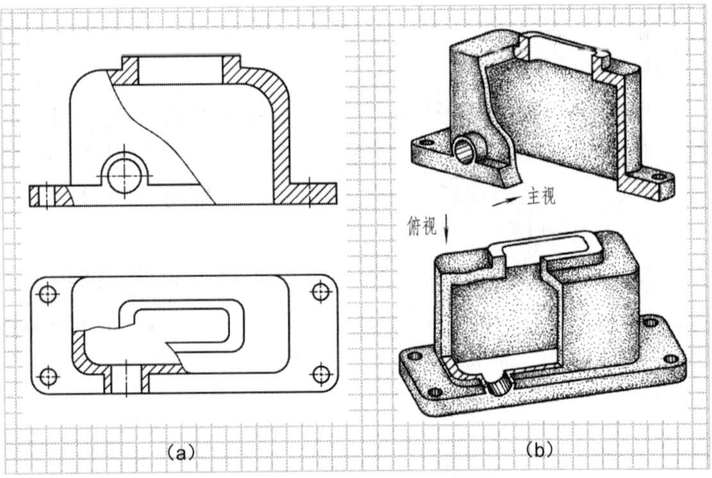

图 6.18 局部剖视图的画法

可见，局部剖视图也是一种组合图形。局部视图一般不需标注，但当剖切部位不是很明晰时，也需要标记，如图 6.19 所示的 *B—B* 剖视。局部视图不受图形对称、剖切范围大小等条件的限制，是一种较灵活的表达方法，但在一个视图中，若局部剖视图使用过多，会使图形过于零碎而影响图形的清晰度和完整性。

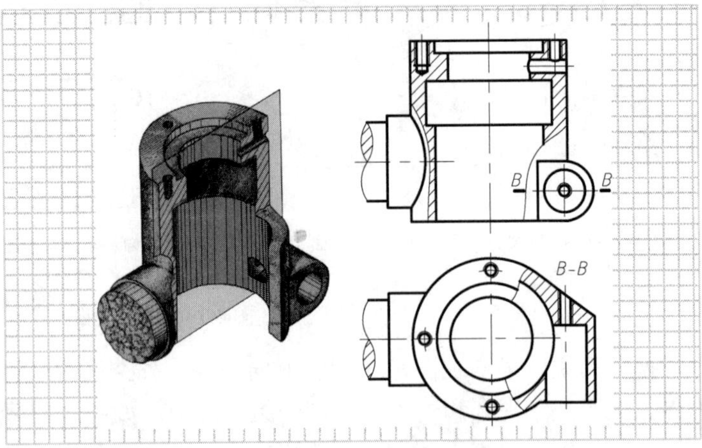

图 6.19 剖切部位不明晰时局部剖视图的标记

因此，在选择剖视图的种类时，一定要有明确的表达目的。仍然是以表达正确、完整、清晰为前提。一般选择原则是，在某一投影方向上，当外形较为简单、内部结构比较复杂时，首先考虑全剖视图；而在同一方向上，当内、外结构都有必须要表达清楚的要求、并图形或左右或前后或上下对称时，考虑采用半剖视图；至于局部剖视图，一般只作为辅助性的剖视表达，或者用于内外结构都需表达、**图形虽然对称，但对称线上有与之重合的轮廓线而不可作半剖视图**时，如图 6.20（b）所示。

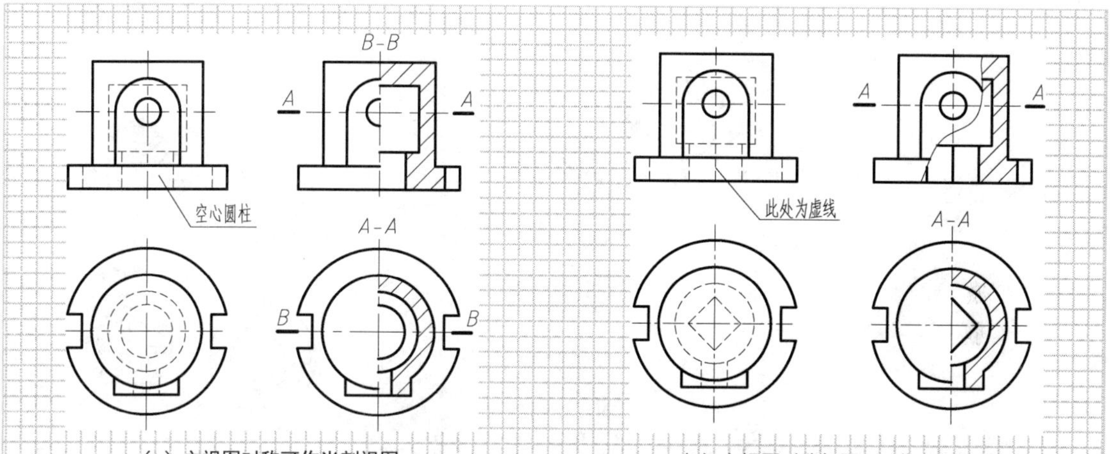

(a) 主视图对称可作半剖视图　　(b) 主视图对称但不可以作半剖视图

图 6.20　图形对称不一定都能作半剖视图

6.2.3　剖切平面的种类及剖切方法

由于机件内外结构形状千差万别，有时在同一投影方向上要进行的剖视表达位置不统一，或者不止一个。国家标准规定了多种剖切方法，以便在用剖视图进行表达时，根据不同机件的结构特点要求选用不同的剖切面及相应剖切方法。

国家标准规定的剖切面的种类有单一剖切面、几个平行的剖切平面和几个相交的剖切平面。其中，单一的剖切面又分为平行于基本投影面的剖切面和不平行于任何基本投影面的剖切面两种情况。由此相应的就有了单一剖（含用投影面平行面剖切及用投影面垂直面剖切（斜剖）两种）、阶梯剖、旋转剖和复合剖等剖切方法。

用这些剖切方法绘制剖视图（注意剖视图只有三种形式）时，一般都可以画全剖视图和局部剖视图，而半剖视图只限于平行于基本投影面的单一剖切平面的剖切方法。

1. 单一的剖切平面——单一剖或斜剖的方法画剖视图

单一剖切面，即指每次只使用一个剖切平面进行剖切。

（1）单一的剖切平面平行于基本投影面，即投影面平行面。前面所述的全剖视图、半剖视图和局部剖视图都是用一个平行于基本投影面的平面剖切所获得的剖视图。这种剖切方法称为单一剖。

（2）单一的剖切平面不平行于任何基本投影面，一般为投影面垂直面。这种剖切方法称为斜剖，如图 6.21 所示。

用斜剖的方法只能画全剖视图，因此又往往将这样的剖视图称为斜剖视图，即用斜剖视图方法画的全剖视图。

斜剖视图常用于机件上倾斜部分的内部结构形状。如图 6.21（b）所示的 *A—A* 剖视图，表达了所示机件倾斜的内部结构。

斜剖视图必须进行标注，标注形式如图 6.21（b）、（c）所示，注意标注时字母要水平书写。斜剖视图一般按投影关系配置，如图 6.21（b）所示。必要时，斜剖视图也可平移到其他适当位置，如图 6.21（c）中的右上方位置的全剖视图。在不致引起误解时，允许将剖视图旋转摆正，但必须加旋转符号，其箭头方向为旋转方向，如图 6.21（c）中的右下方位置的全剖视图。

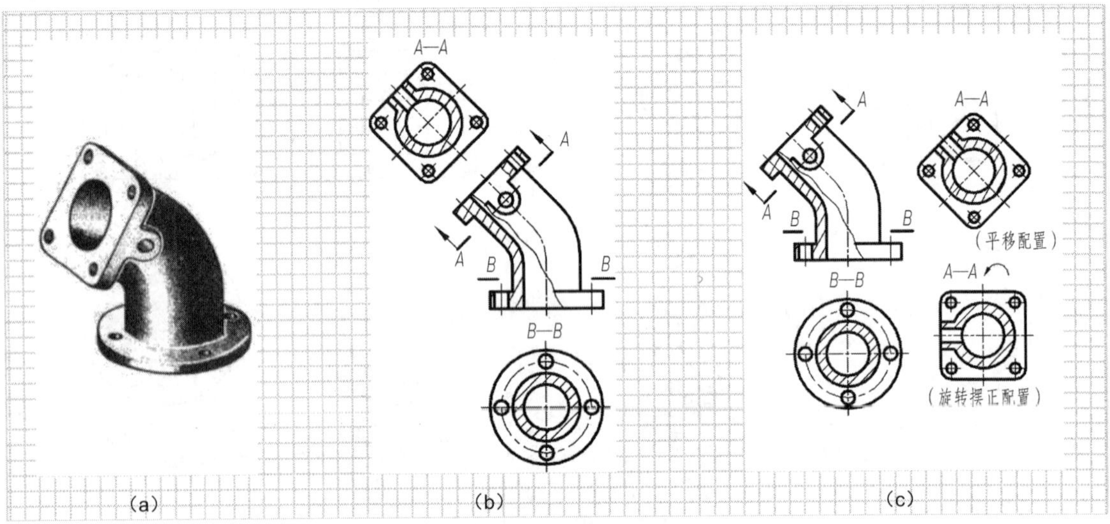

图 6.21　单一剖切面剖切（斜剖视图）

2. 几个平行的剖切面——阶梯剖的方法画剖视图

用几个相互平行、且又同时平行于某一基本投影面的平面剖切机件的方法称为阶梯剖。如图 6.22 所示的机件，其主视图就是采用了两个平行于正面的剖切平面所画的全剖视图。

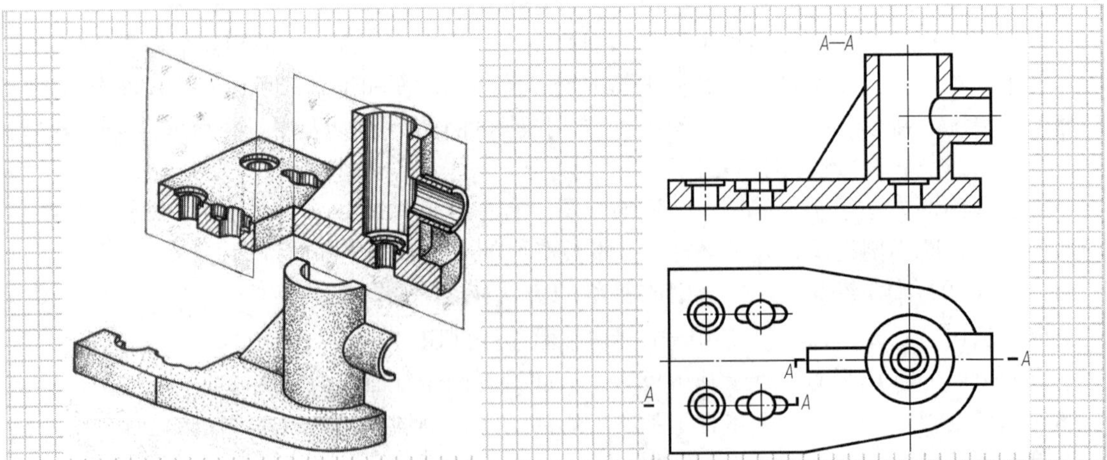

图 6.22　几个平行剖切面剖切

阶梯剖的方法主要适用于机件上有较多的内部结构形状，其轴线不在同一平面内，且按层次分布相互不重叠的情况。一般情况下，用阶梯剖的方法画出的是全剖视图，故也常将用这种方法获得的剖视图简称为阶梯剖。

阶梯剖必须标注，标注形式如图 6.22（b）所示。各剖切面相互连接而不重叠，其转折符号成直角且应对齐。当转折处位置有限，又不致引起误解时，允许只画转折符号，省略标注字母。

画阶梯剖视图时应注意：

（1）不应画出两剖切面转折处的分界线，如图 6.23 主视图所示。

（2）转折处的剖切符号不应与轮廓线重合，如图 6.24 主视图所示。

（3）不应出现不完整要素，如图 6.25（a）所示的阶梯剖是不正确的。只有当两个要素在图形上具有公共对称中心线或轴线时，可以各画一半，此时应以对称中心线或轴线为界，如图 6.25（b）所示。

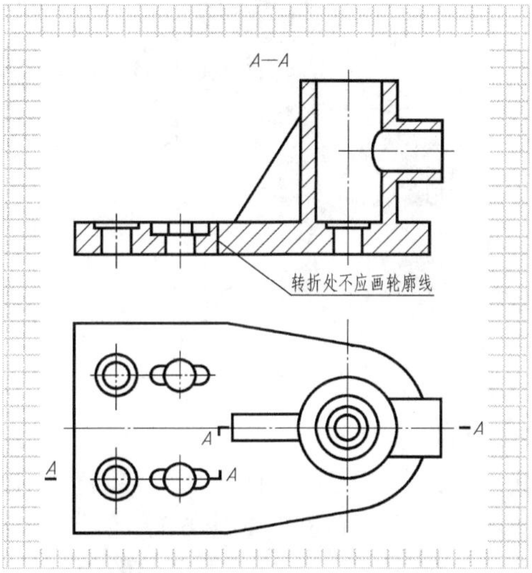

图 6.23　转折处不应画轮廓线

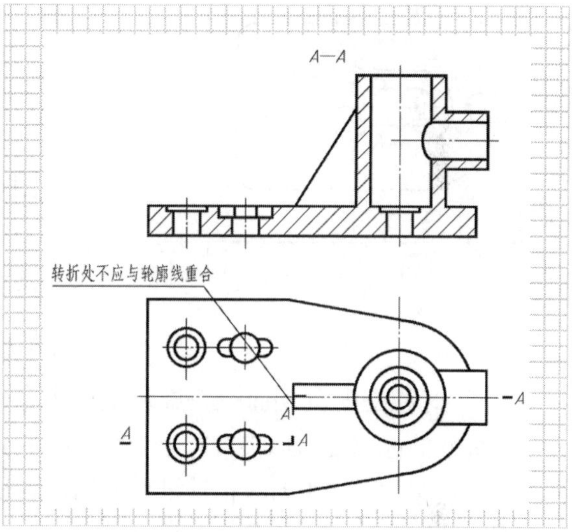

图 6.24　转折处不应与轮廓线重合

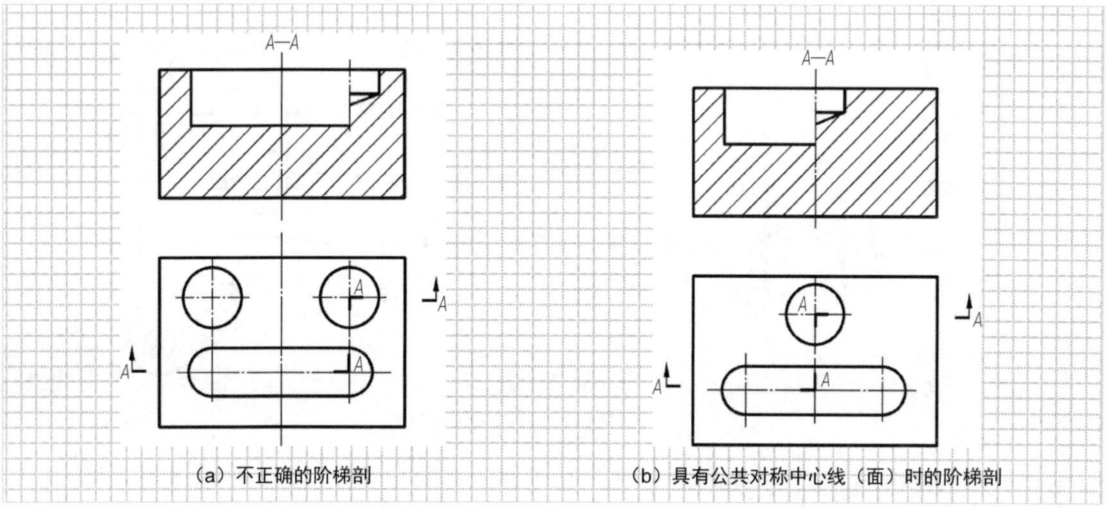

图 6.25　不应出现不完整的要素及具有公共对称中心线的情况

图 6.26（a）所示零件，是在剖视图投影方向具有公共对称中心线时的一个实例。它的左视图就是一个用阶梯剖的方法画出的全剖视图。从其俯视图上可知，其中所有的轮廓线框都是前后对称的，有一个公共对称面。因为画的是左视图，所以其剖切平面相互平行且都平行

于侧立投影面。这个左视图也就相当于两个半剖视图的组合，对称面上必须以点画线为界（图 6.26（b））。

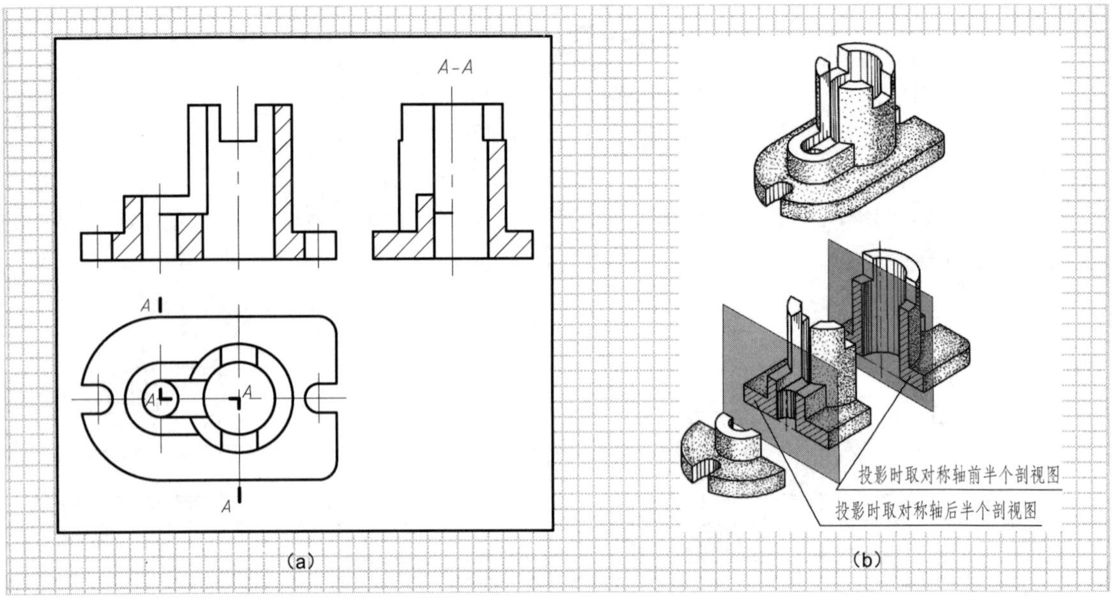

图 6.26　实例说明：阶梯剖的方法用于具有公共对称中心线的情况

3. 一对相交的剖切面——旋转剖的方法画全剖视图

当机件的内部结构形状具有倾斜结构、且该倾斜结构与主体之间又有一个公共回转轴时，可用一对相交的剖切平面对机件进行剖切，这种剖切方法称为旋转剖，如图 6.27 所示。用旋转剖的方法绘制的剖视图往往是全剖视图，故也常简称为旋转剖。旋转剖中采用的两剖切面的交线应垂直于某一投影面且与机件的公共回转轴线重合。

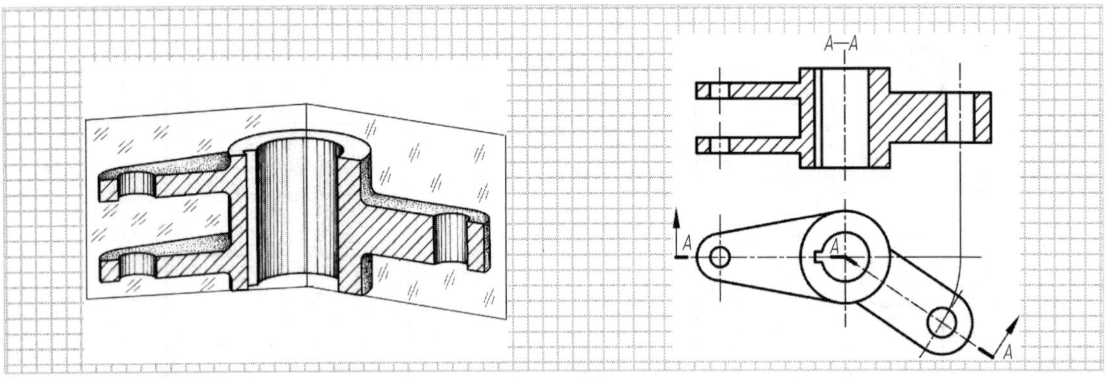

图 6.27　一对相交的剖切面

用旋转剖画出的剖视图必须标注：在剖切平面的起始、转折、终止处画上带字母的剖切符号，在起始和终止处画出箭头（垂直于剖切符号）表明投影方向，并在相应的剖视图上方用英文字母注明其名称“×－×”，如图 6.27 所示。当剖视图按投影关系配置、中间又没有其他视图隔开时，可省略箭头。

采用旋转剖应注意：

（1）当剖切后产生不完整要素时，应将此部分按不剖切绘制，如图 6.28 所示。

（2）将倾斜结构旋转后再投射，其他结构形状一般仍按原来的位置投射，特别是剖切平面后面的结构要按原位置投影。如图 6.29 所示零件后壁上的那个轴线倾斜小孔，在旋转剖的主视图上，是按原位置投影的。这也就是说，在使用旋转剖的方法时，只是与倾斜的剖切平面接触的结构进行旋转，剖切平面后面的结构不要“旋转”，而是按原位置投影。

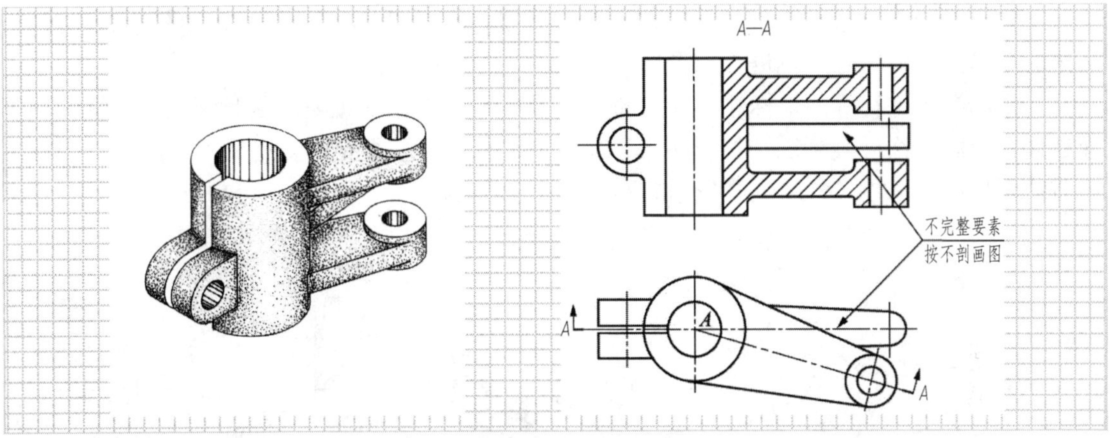

图 6.28　旋转剖切画法

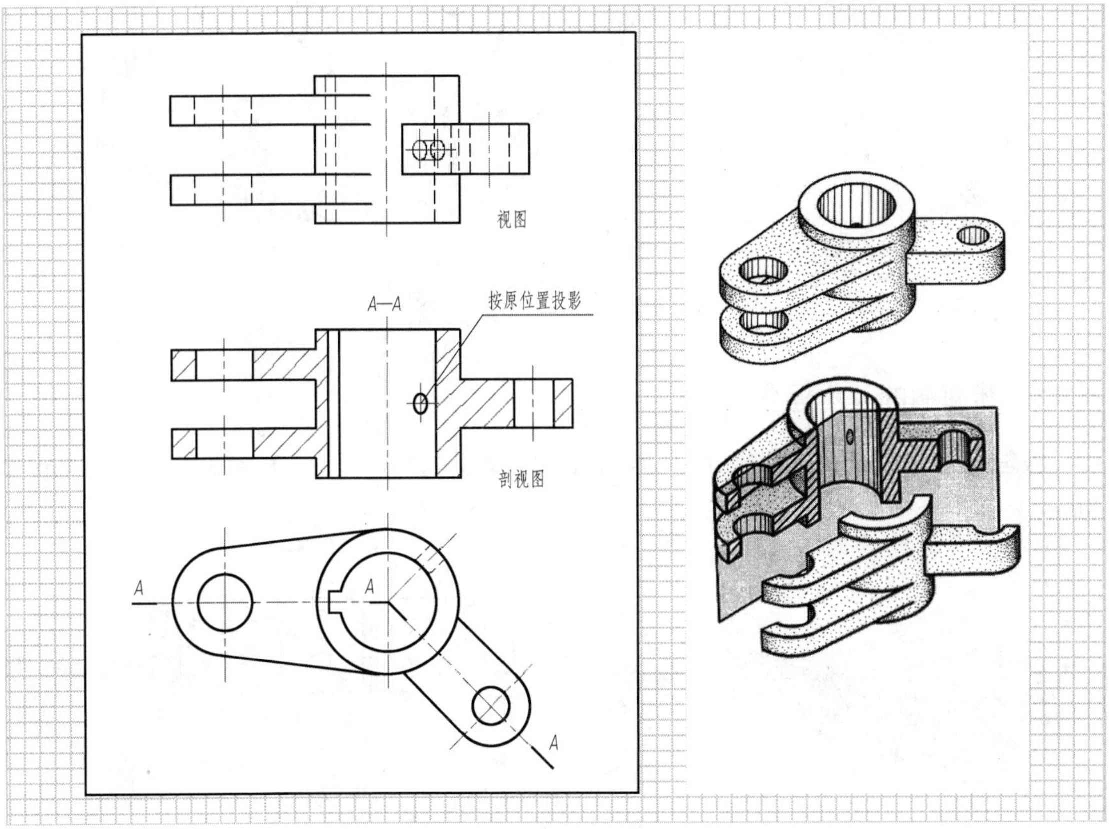

图 6.29　实例说明：剖切平面后面的结构在剖视图中按原位置投影

4. 组合的剖切平面——复合剖的方法绘制全剖视图

用单一剖、阶梯剖、旋转剖组合的剖切平面剖开机件的方法称为复合剖。复合剖常用于内部结构比较复杂，而用上述方法又不能完全表达的机件。复合剖的方法一般画成全剖视图，如图 6.30 所示。

用复合剖的方法绘制全剖视图时，零件上被倾斜的剖切平面所剖切的结构，应旋转到与选定的基本投影面平行后再进行投影。

复合剖必须进行标注，标注形式如图 6.30 所示。复合剖还可采用展开画法，即把剖切平面连同其投影依次展开到同一投影面平行面后再进行投影。复合剖采用展开画法时，剖视图上方的名称应注成“×－×展开”，如图 6.31 所示。

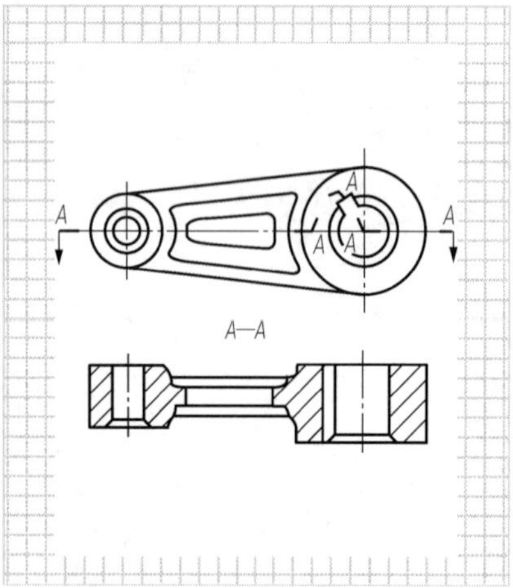

图 6.30　复合剖

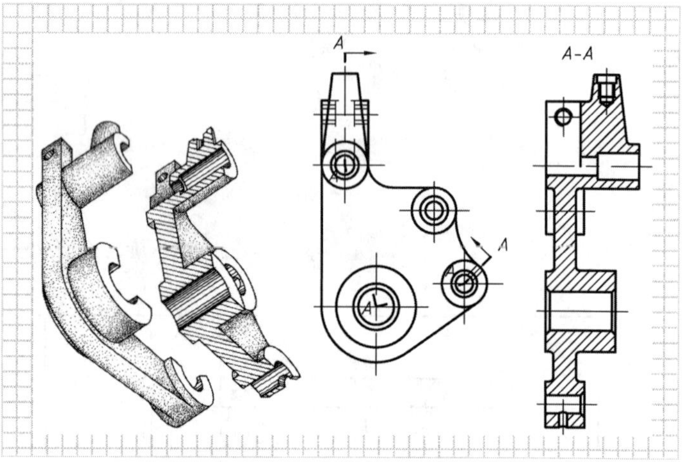

图 6.31　复合剖切的展开画法

6.3　断　面　图

6.3.1　断面图的基本概念

假想用剖切平面将物体的某处切断，仅画出该处截断面的形状，称为断面图，如图 6.32 所示。

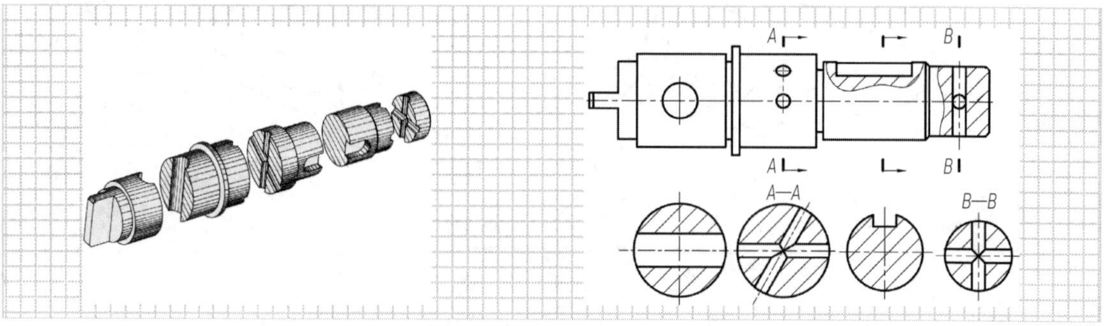

图 6.32　断面图的概念

断面图分为移出断面和重合断面两种。图 6.33（a）、（b）分别示出了同一机件同一处断面的两种表达方法。可以很清楚地看到，移出断面画在图形以外，轮廓线用粗实线表示；而重合断面画在图形内的剖切位置上，轮廓线和剖面线一样，都是细实线。

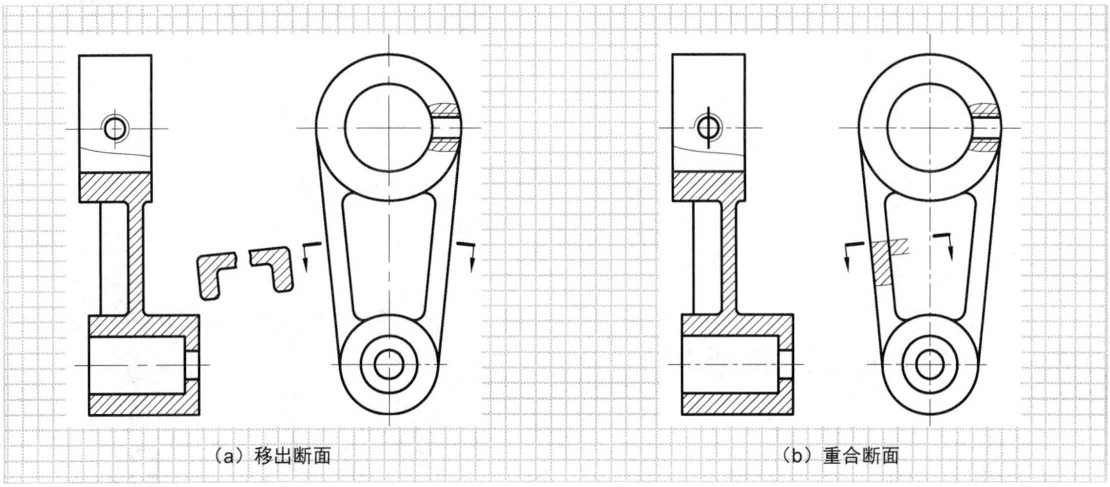

图 6.33　断面图的种类

断面图的表达方法主要用于轴类零件以及零件上各种肋板或不规则结构处的截断面。

6.3.2　断面图的画法、配置及标注

1. 移出断面

移出断面的画法、配置及标记如图 6.34 所示。

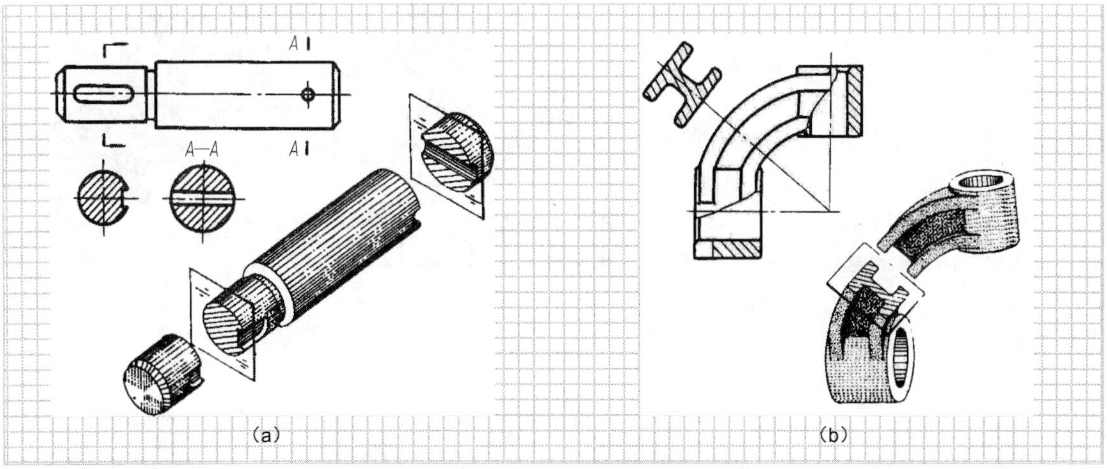

图 6.34　移出断面的画法、配置及标记

1）移出断面的画法

如前所述，移出断面画在相应视图的外面，轮廓线用粗实线。一般情况下，只需要画出被切断部分断面的图形，如图 6.34（a）中左边第一个断面。

绘制断面时请注意以下几种特殊情况。

（1）当剖切平面通过回转面形成的孔或凹坑的轴线时，这些结构应按照剖视绘制（图 6.35（b）），否则会出现不完整断面（图 6.35（a））。

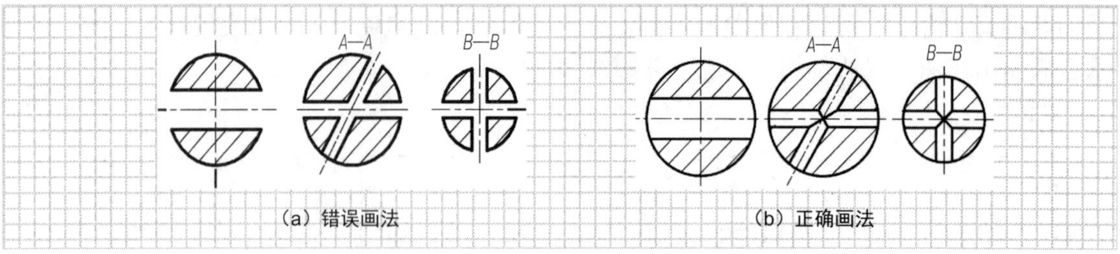

图 6.35　剖切平面通过回转面形成的孔或凹坑时的断面

（2）当剖切平面通过非圆孔，导致出现两个完全分离的断面时，这些结构按剖视绘制，如图 6.36 中的断面所示。

（3）当采用两个或多个相交的剖切平面剖开机件得出的移出断面图，图形中间用波浪线断开，如图 6.37 中主视图左下方的断面所示。

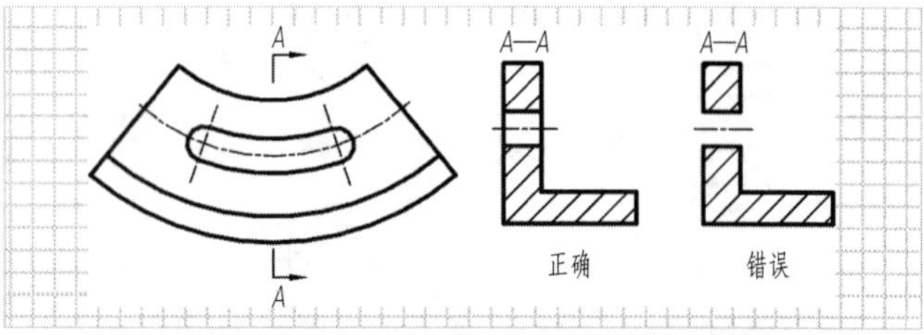

图 6.36　通过非圆孔出现分离结构时按剖视绘制

2）移出断面的配置

（1）为了看图方便，移出断面一般配置在剖切平面符号的延长线上，如图 6.34（a）中左边第一个断面和图 6.34（b）中的断面，有时配置在其他适当的位置，如图 6.34（a）中 *A*—*A* 断面。

（2）当断面图形对称时，移出断面也可画在视图的中断处，如图 6.38 所示。

（3）移出断面的剖切平面应垂直于所表达结构的主要轮廓线。如图 6.37 左下方的断面所示，两个相交的剖切面分别垂直于被剖切部分的轮廓线；在不致引起误解时，允许将图形旋转摆正，在断面的名称旁标注旋转符号，如图 6.39 中的 *A*—*A* 断面。

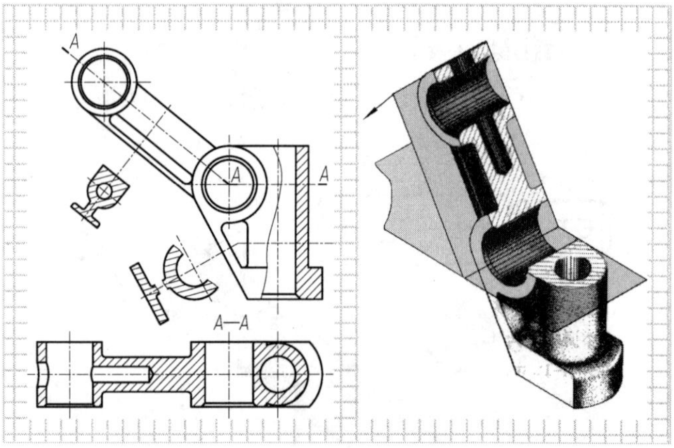

图 6.37　摇壁支座

3）移出断面的标记

与剖视图相同，移出断面的完整标记包括剖切平面位置及名称（字母×）、投射方向（箭头）和断面的名称（字母×—×）。

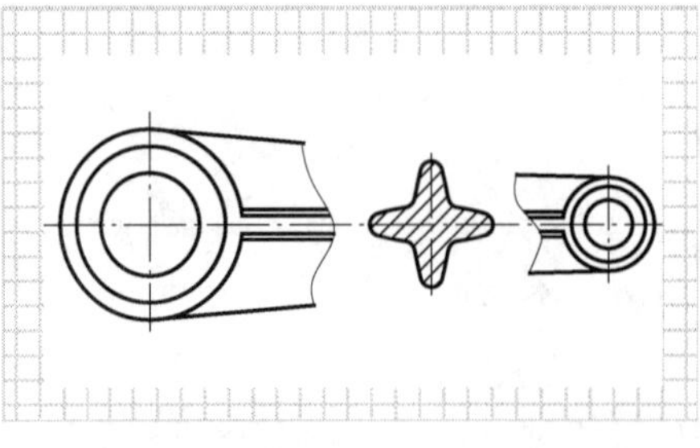

图 6.38　配置在中断处的移出断面

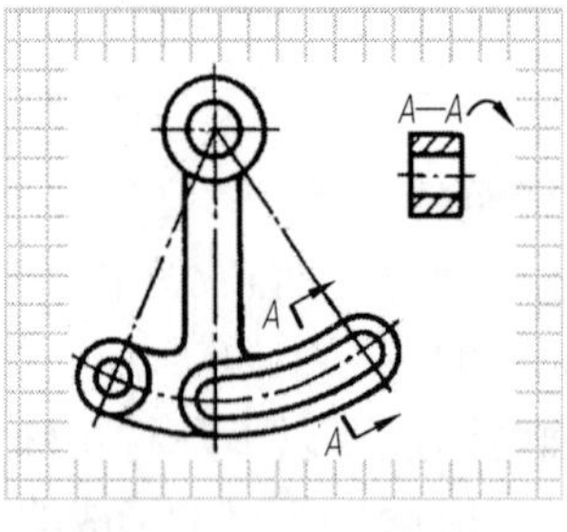

图 6.39　旋转摆正的断面

（1）当断面图配置在剖切平面迹线的延长线上时，有如下情况：

① 如果断面图对称，那么不需标注，如图 6.37 的摇壁支座中的断面图和图 6.40（a）中间的一个断面。

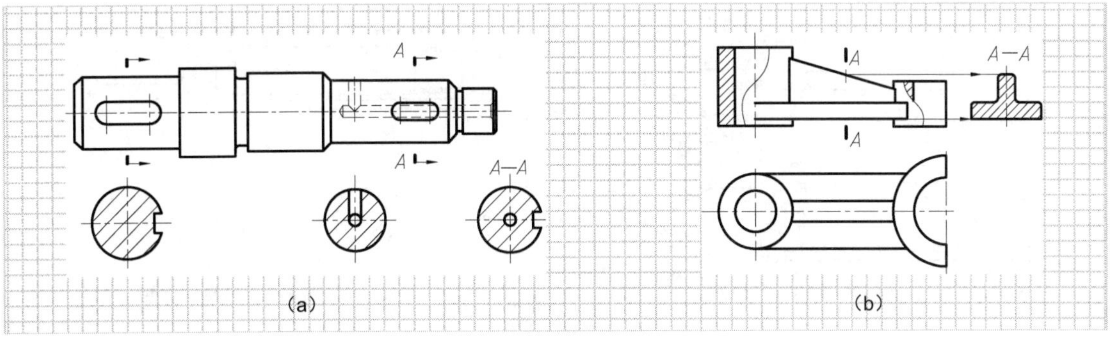

图 6.40　移出断面的配置（一）

② 如果断面图不对称，那么需标注出剖切平面的位置和投射方向，但不需标注字母，如图 6.40（a）中左边的一个断面图。

（2）当断面图没有配置在剖切平面迹线的延长线上时，有如下情况：

① 如果断面图对称，则需标注出剖切平面的位置和断面图名称，但可省略箭头，如图 6.41 所示 *A—A* 断面；如果断面对称，且按投影关系配置时，标记方法同上，如图 6.40（b）所示 *A—A* 断面和图 6.41 所示 *C—C* 断面。

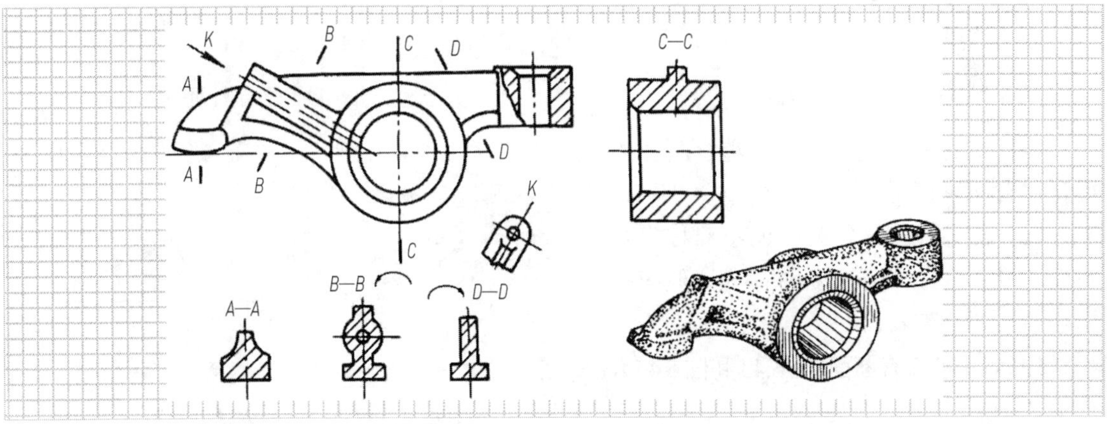

图 6.41　移出断面的配置（二）

② 如果断面不对称，则需标注出剖切平面的位置、投射方向和断面图名称，如图 6.40（a）所示的 *A—A* 断面图。

注意：断面的安放位置与剖切平面位置的标记之间有密切的关联。请仔细分析图 6.42 所示尾架顶尖套的断面表达，当剖切位置标注在主视图上和标注在俯视图上时，断面形状不变，但结构朝向位置不同。

2. 重合断面

重合断面画在视图轮廓线以内，并用细实线绘制轮廓线。当视图中的轮廓线与重合断面的轮廓线重合时，视图中的轮廓线应完整画出，不可间断，如图 6.43、图 6.44 和图 6.45 所示。

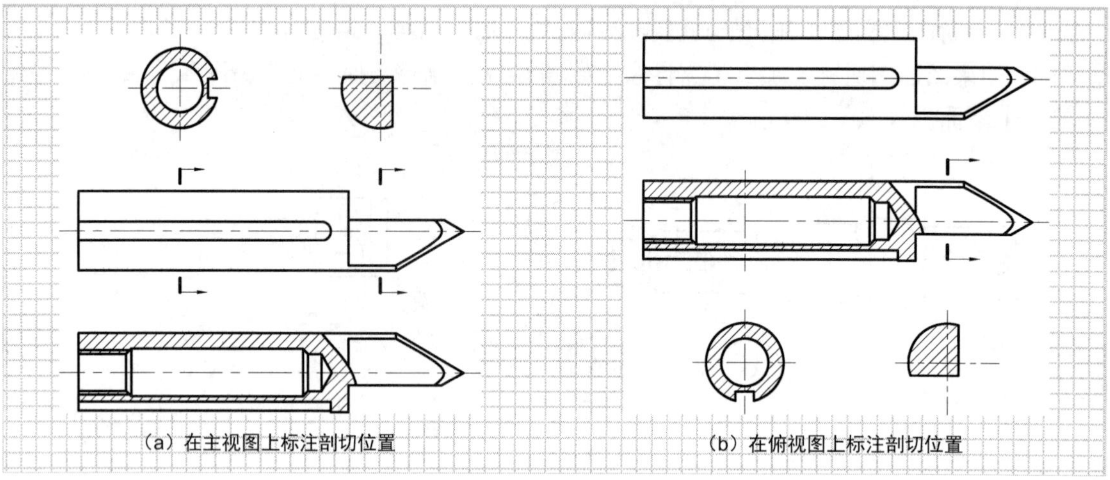
（a）在主视图上标注剖切位置　　（b）在俯视图上标注剖切位置

图 6.42　剖切位置的标注对断面安放位置的影响（尾架顶尖套）

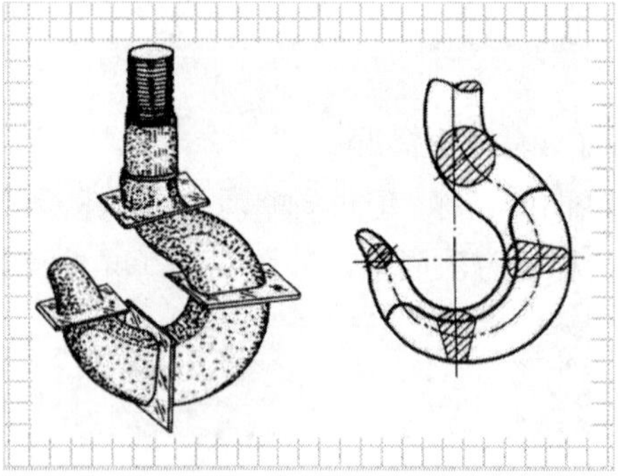

图 6.43　吊钩的重合断面

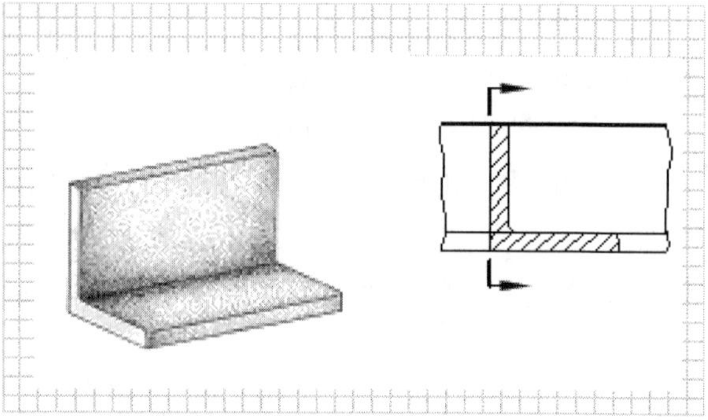

图 6.44　重合断面

根据重合断面是否对称，重合断面的标记仅有两种情况：

（1）配置在剖切符号上的不对称重合断面（图 6.44），均不必标注字母，但应画出带箭头的剖切符号；

（2）对称的重合断面（图6.43和图6.45），均不必标注。

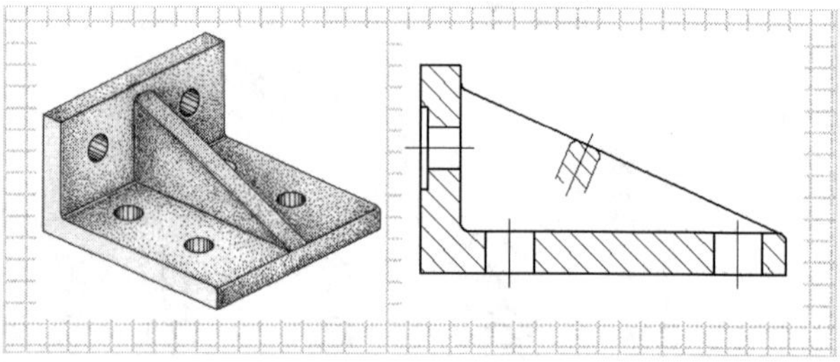

图 6.45　用重合断面表达肋板形状

6.4　局部放大图、简化画法和其他规定画法

6.4.1　局部放大图

机件上某些局部结构较细小，在原来选定比例的图形中不易表达清楚，也不便于标注尺寸，可将此局部结构用大于原图形所采用的比例单独画出，这种方式表达的图形称为局部放大图，如图 6.46 所示。

局部放大图可以画成视图、剖视或断面的形式，它与被放大部位原有的表达方式无关。

局部放大图尽量配置在被放大部位的附近。画图时，应当用细实线圈出被放大的部位。

当同一机件上有几处需要放大时，必须用罗马数字依次标明被放大部位，并在局部放大图的上方标出相应的罗马数字和所采用的比例，如图 6.46（a）所示。当机件上被放大的部分仅一处时，在局部放大图的上方只需注明所采用的比例，如图 6.46（b）、（c）、（d）所示。

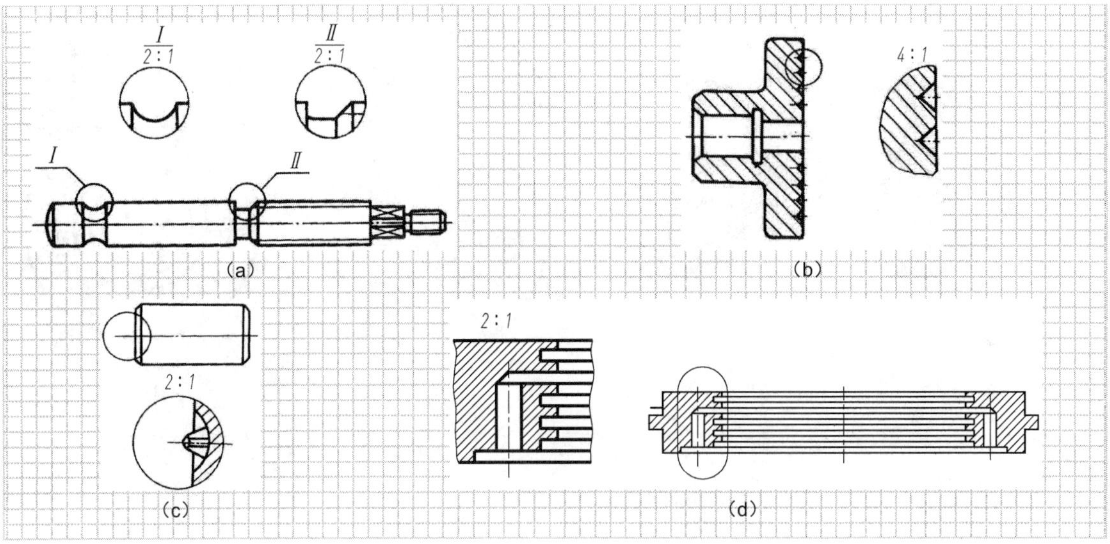

图 6.46　局部放大图及其标注

6.4.2　规定画法

除了前述的图样画法，国家标准《技术制图》和《机械制图》还列出了一系列规定画法和简化画法。以下扼要介绍部分规定画法和其他简化画法。

（1）肋板和轮辐剖切后的画法

对于机件的肋、轮辐及薄壁等结构，如按纵向剖切，则这些结构在剖视图上都不画出剖面符号，而用粗实线将它与其邻接部分分开，如图 6.47 和图 6.48 所示；而当剖切平面不按纵向剖切时，仍应按原规定在剖视或断面图内画出剖面符号，如图 6.47 中的 *A—A* 剖视和图 6.48 轮辐左视图中轮辐处断面所示。

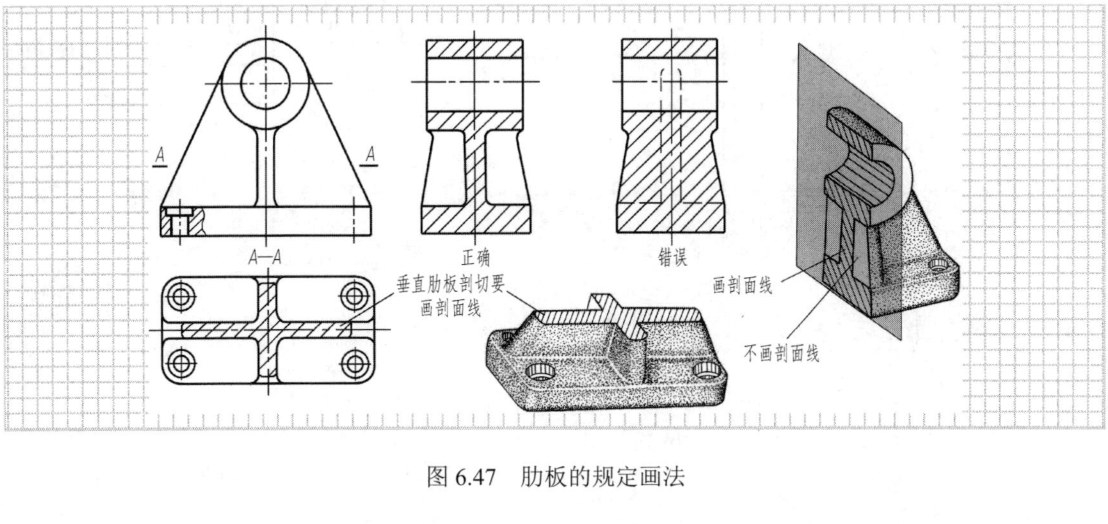

图 6.47　肋板的规定画法

（2）带有规则结构要素的回转零件剖视图规定画法

当回转体零件上均匀分布的肋、轮辐和小孔等结构不在剖切平面内时，可将这些结构“旋转”到剖切平面内画出，如图 6.49 所示。

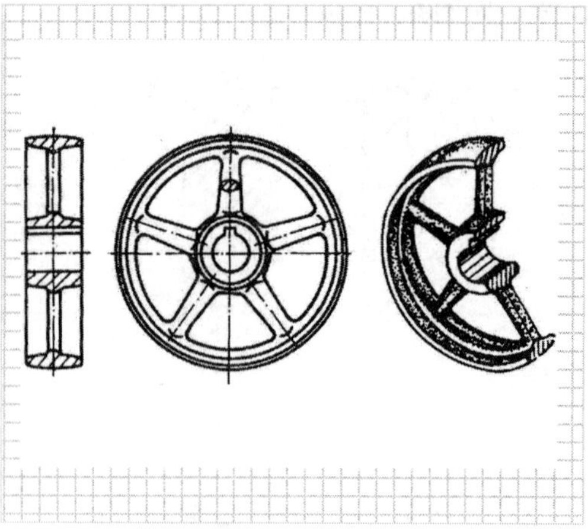

图 6.48 轮辐的规定画法

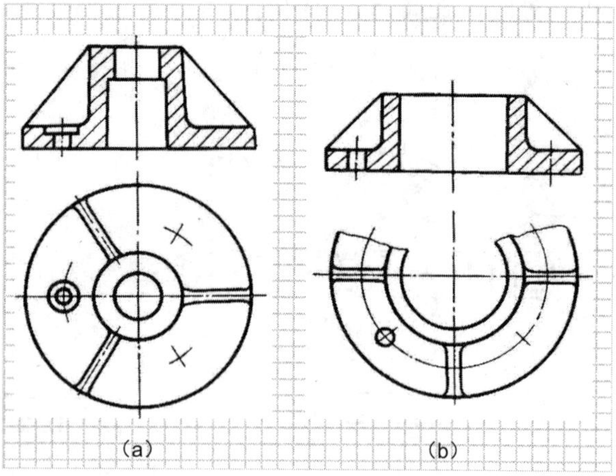

图 6.49 肋与孔的规定画法

（3）剖视图中再作一次局部剖的规定画法

在剖视图的剖面中允许再作一次局部剖视，当采用这种表达方法时，两者的剖面线应同方向、同间隔，但互相错开，并用引出线标注其名称，如图 6.50 中的 *B—B* 所示。当剖切位置明显时，也可省略标注。

（4）剖切平面前面的结构

当需要表示位于剖切平面前面的结构时，这些结构应按假想投影的轮廓线即双点画线画出，如图 6.51 所示。

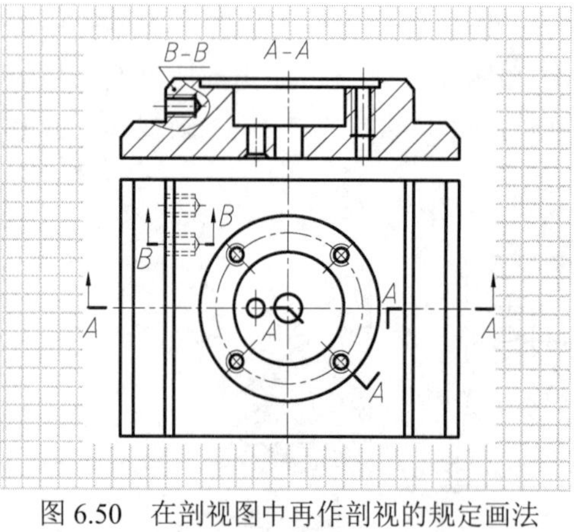

图 6.50 在剖视图中再作剖视的规定画法

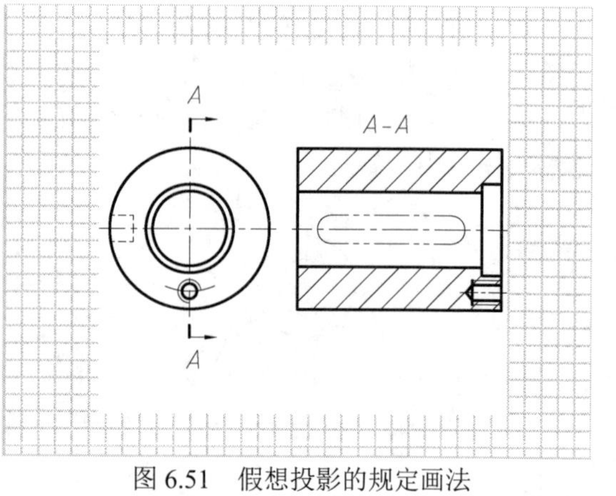

图 6.51 假想投影的规定画法

6.4.3 简化画法

（1）按规律均匀分布结构的简化画法

当机件具有若干相同结构（如齿、槽、孔等），并按一定的规律分布时，只需画出其中几个完整的结构，其余用细实线连接（图 6.52（a）），或只画几个，其余用点画线表示其中心位置（图 6.52（b）），但在图上必须注明该结构的总数。圆柱形法兰或机件上与其类似结构均匀分布的孔，可按图 6.52（c）、（d）所示的方法表达。

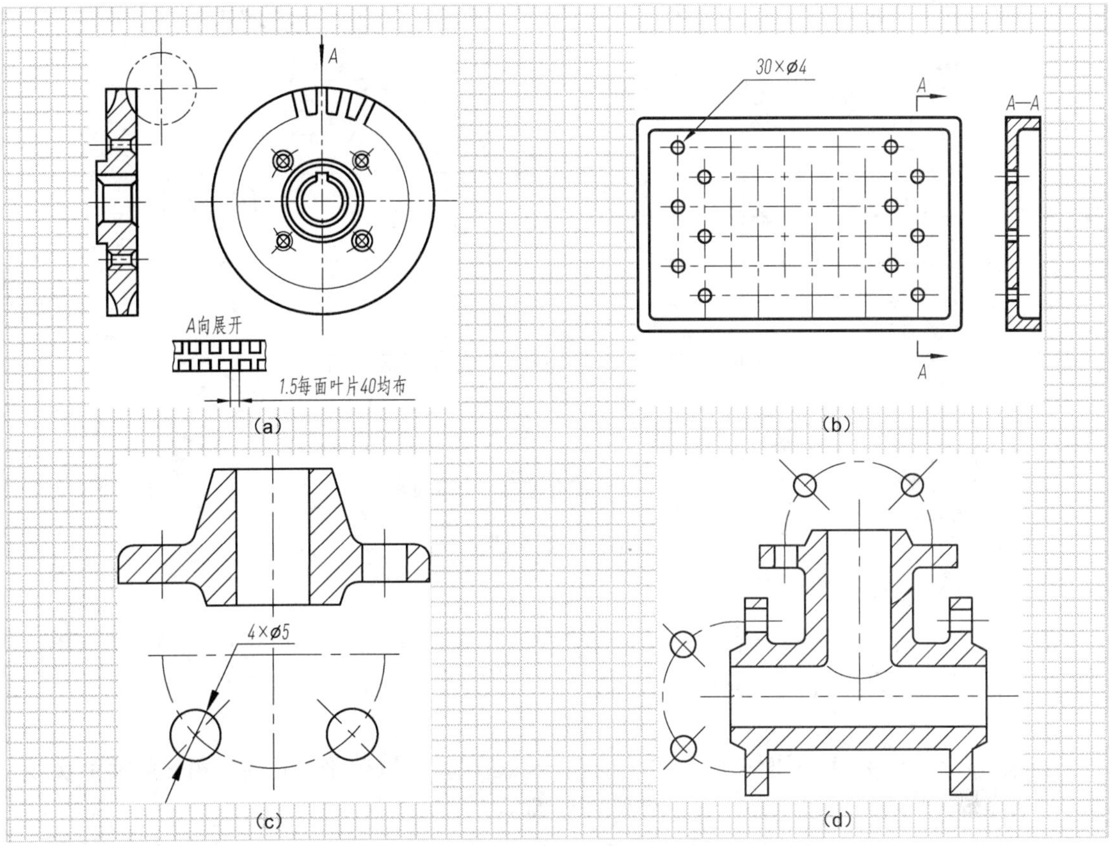

图 6.52　按规律均匀分布结构的简化画法

（2）对称零件的简化画法

在不致引起误解的情况下，对于对称零件的视图可只画一半或 1/4，并在对称中心线的两端画出对称符号，即两条与其垂直的平行细实线（图 6.53）。

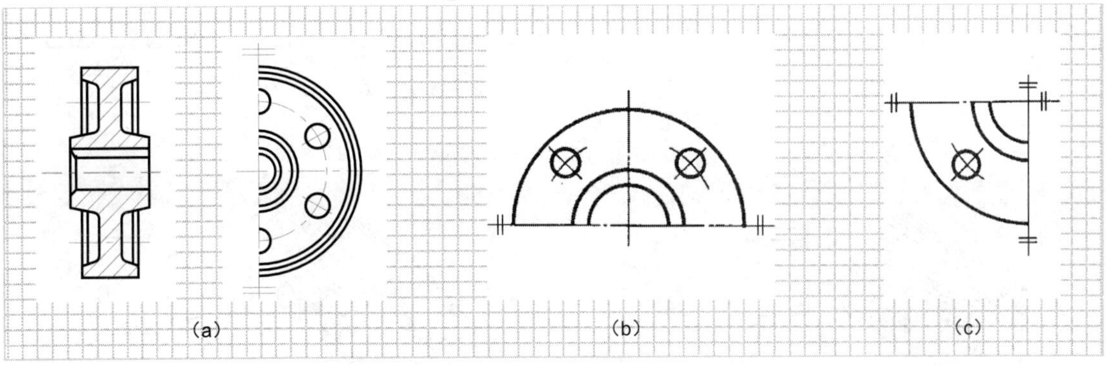

图 6.53　对称图形的简化画法

（3）较长杆件的简化画法

对于较长的机件（轴、杆、型材、连杆等）沿长度方向的形状一致或按一定规律变化时，可断开缩短绘制。但必须标注实际长度尺寸，如图 6.54 所示。

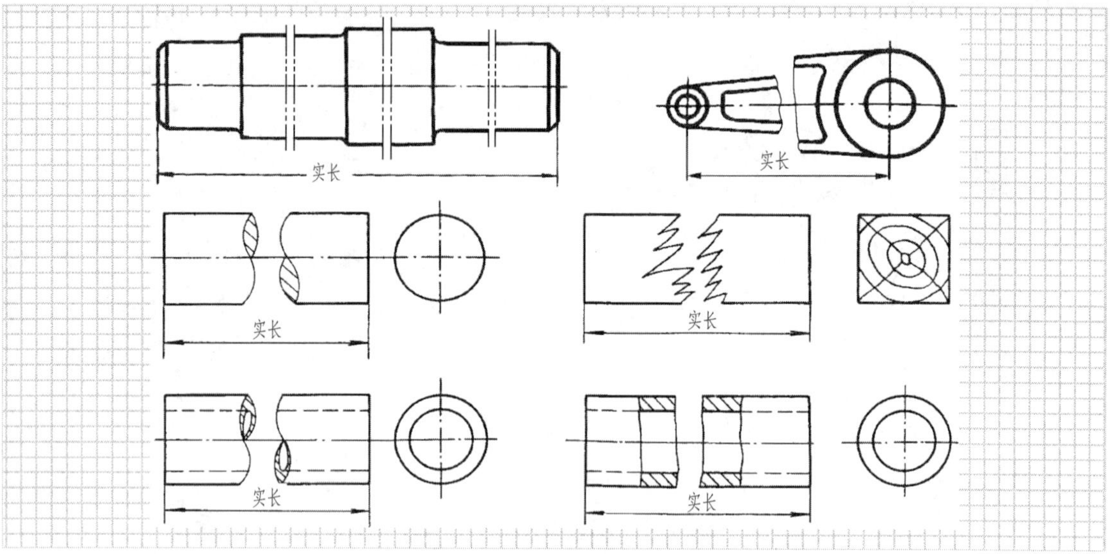

图 6.54　折断画法

（4）交线的简化

在圆柱上因钻小孔、铣键槽或铣方头等出现的交线允许简化，但必须有一个视图已清楚地表示了上述结构的形状（图 6.55）。

（5）平面符号的使用

当轴类零件上的一段平面在图形中不能充分表达时，可以用平面符号（相交的两细实线）表示（图 6.56），从而可以省略一个端面视图或断面。

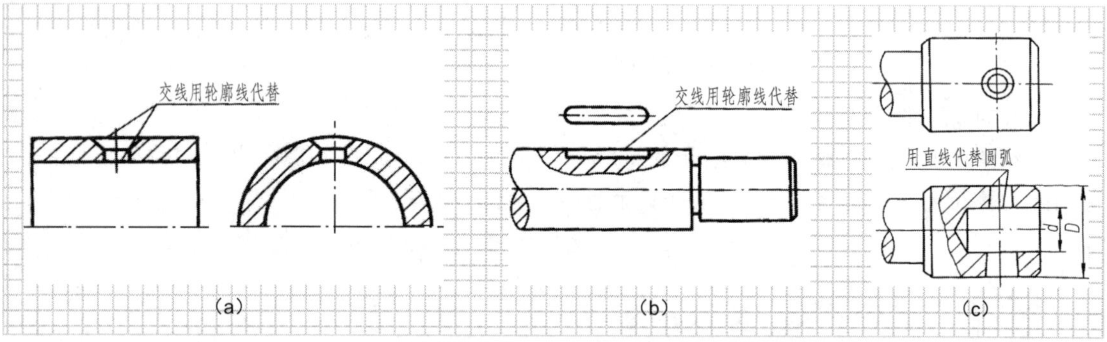

图 6.55　交线的简化画法

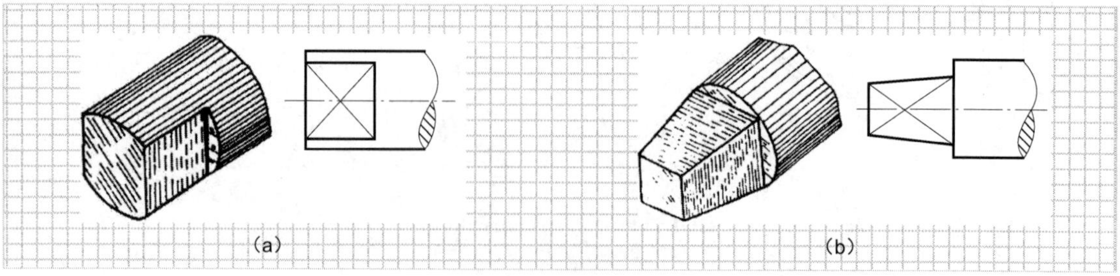

图 6.56　使用平面符号以省略一个端面视图或断面图

（6）小圆角、倒角、拔模斜度等工艺结构及较小结构的简化画法

当零件上较小的结构及斜度等已在一个视图中表达清楚、不致引起误解时，其他视图中该部分的投影允许简化或省略，但对于被省略的小圆角、锐边小倒角或 45°小倒角，必须注明尺寸或在技术要求中说明（图 6.57）。

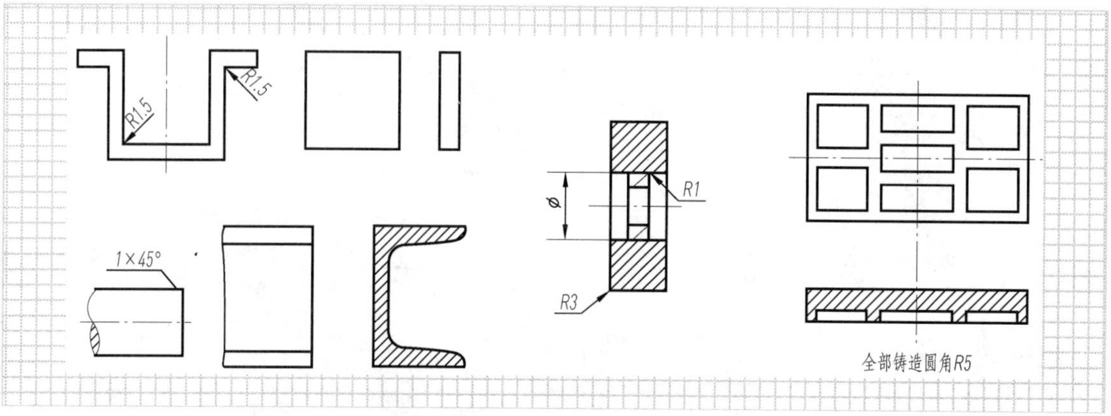

图 6.57　较小工艺结构的简化

（7）小于或等于 30°的圆的投影简化

与投影面倾斜角度小于或等于 30°的圆或圆弧，其投影（椭圆）可用圆或圆弧代替（图 6.58）。

（8）移出断面的剖面符号的省略

在不致引起误解的情况下，零件的移出断面允许省略剖面符号（图 6.59），但剖切位置和断面图的标注必须遵守原有的规定。

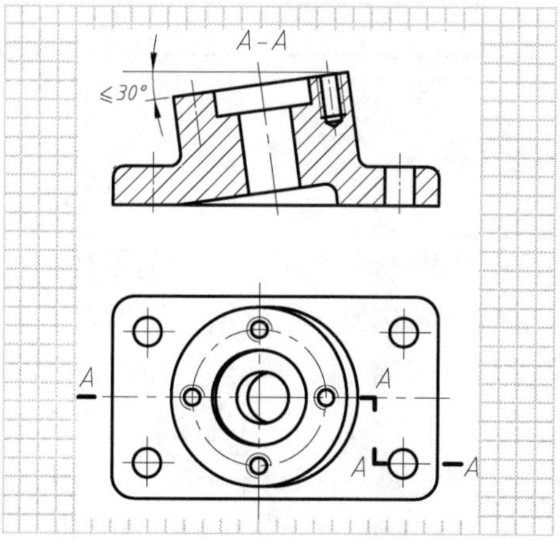

图 6.58　小于或等于 30°的圆的投影简化

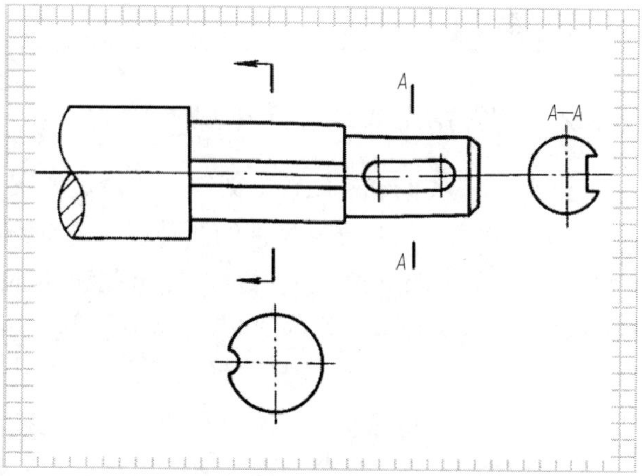

图 6.59　移出断面的剖面符号的省略

6.5　零件常用表达方法小结及综合举例

6.5.1　零件常用表达方法小结

前面介绍了视图、剖视图、断面图及其他规定画法和简化画法等零件的常用表达方法，现列表（表 6.2）归纳如下。

表 6.2 零件常用表达方法小结

<table>
<tr><th colspan="2">分类与作用</th><th colspan="3">表 达 方 法</th><th>适 用 情 况</th></tr>
<tr><td rowspan="4">视图：
主要用于表达零件外部结构形状</td><td>基本视图</td><td colspan="3">零件向基本投影面投影所得的视图</td><td>用于表达零件的外形</td></tr>
<tr><td>向视图</td><td colspan="3">位置可以自由支配的视图</td><td>用于表达零件某一方向的外形</td></tr>
<tr><td>局部视图</td><td colspan="3">将零件的某一部分向基本投影面投影所得的视图</td><td>用于表达零件局部外形</td></tr>
<tr><td>斜视图</td><td colspan="3">零件向不平行于基本投影面的平面投影所得的视图</td><td>用于表达零件上倾斜部分的外形</td></tr>
<tr><td rowspan="8">剖视图：
主要用于表达零件的内部结构形状</td><td rowspan="6">全剖视图</td><td rowspan="6">用剖切平面剖开零件后，完全地移开剖切平面与观察者之间的部分，所得的剖视图</td><td colspan="2">获得全剖视图的剖切方法</td><td rowspan="6">用于表达外形较为简单、内部结构比较复杂、图形又不对称的零件的整个内部结构</td></tr>
<tr><td rowspan="2">单一剖</td><td>剖切平面为投影面平行面</td></tr>
<tr><td>剖切平面为投影面垂直面
——斜剖</td></tr>
<tr><td>旋转剖</td><td>采用一对相交的剖切平面</td></tr>
<tr><td>阶梯剖</td><td>采用几个平行的剖切平面</td></tr>
<tr><td>复合剖</td><td>采用组合的剖切平面</td></tr>
<tr><td>半剖视图</td><td colspan="3">当零件在某一方向上的投影具有对称轴时，在完全剖开机件后，该投影可以对称中心线为界，一半画成视图，一半画成剖视图。这样的组合图形称为半剖视图。
如果对称线上有轮廓线与其重合，则不可使用半剖视图</td><td>用于在同一投影方向上内、外结构形状都需要表达的、在该方向上图形对称的零件</td></tr>
<tr><td>局部剖视图</td><td colspan="3">用剖切面剖开零件后，以波浪线为界、一部分外形和一部分内部结构的组合图形</td><td>用于在同一投影方向上表达零件的局部内部结构形状及局部外形</td></tr>
<tr><td rowspan="2">断面图</td><td>移出断面</td><td colspan="3">配置在视图以外的断面，轮廓线用粗实线绘制</td><td rowspan="2">主要用于表达零件上某一断面形状（常用于轴类或成形钢类零件）</td></tr>
<tr><td>重合断面</td><td colspan="3">配置在视图以内的断面，轮廓线用细实线绘制</td></tr>
<tr><td colspan="2">其他规定画法和简化画法</td><td colspan="3">主要作为辅助性图形</td><td></td></tr>
</table>

6.5.2 零件常用表达方法举例

【例 6.2】实例分析比较支架零件的表达方案。

图 6.60 表示的是支架零件的两种表达方案。其中，图 6.60（a）采用了三个基本视图（左视图采用全剖视图，表示其内部的支承孔和上部的一个螺纹孔）和一个移出断面（表示左右对称的支承板和前方肋板的“T”型连接结构）。图 6.60（b）则考虑到支架上方的圆柱部分，由主视和全剖的左视两个投影足以完整表达其内外结构，故在 *A*—*A* 处将俯视图画成了全剖视图，在俯视图中直接表达支承板和肋板间的连接断面，取消了该处的移出断面，使整个表达方案更加简洁，视图布置合理，便于尺寸标注和看图。经分析比较可知，因此，图 6.60（b）优于图 6.60（a）的表达方案。

【例 6.3】选择适当的表达方案，重新表达图 6.61（a）所示某管道接头座零件。

【分析】在进行零件表达分析时，所选择的表达方案是否得当，将直接影响画图和看图的方便与否，以及尺寸标注的清晰度。为了用最少的视图，正确、完整、清晰地表达零件内外各部分结构，首先仍应对零件进行形体分析，分析其每一部分至少需要用几个视图表达，然后再进行综合处理，选择最佳方案。

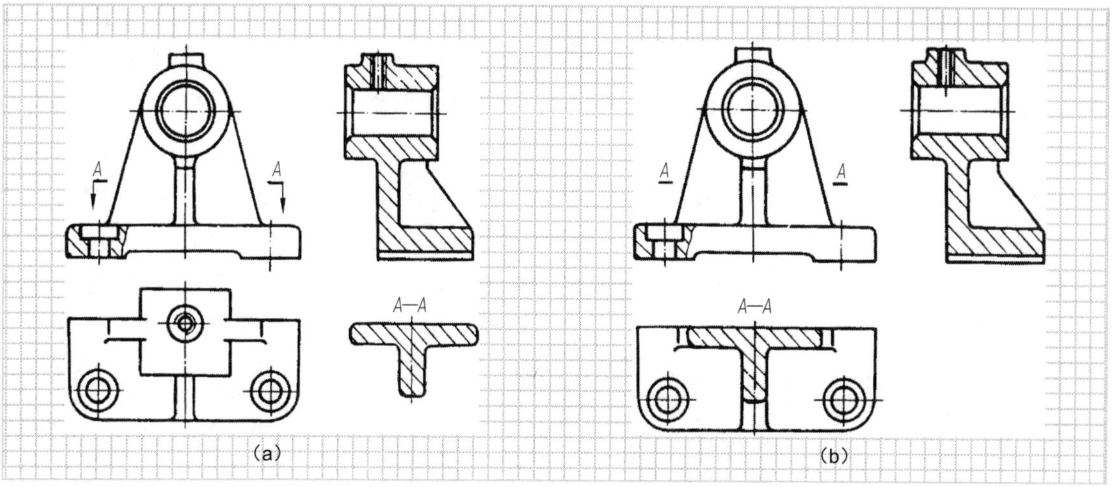

图 6.60　支架零件的表达方案比较

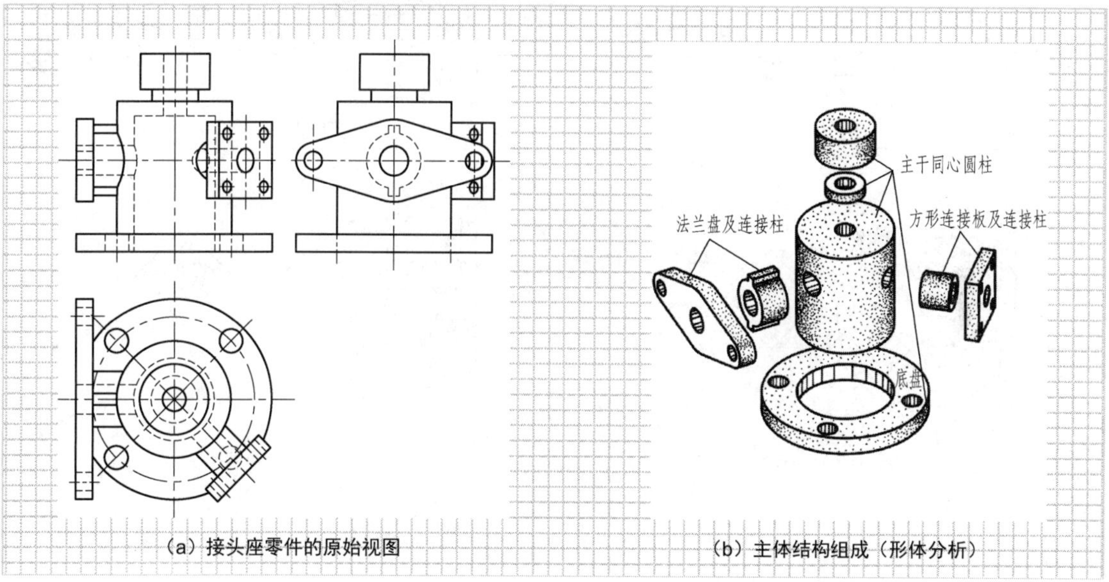

图 6.61　接头座零件形体的原始视图及形体分析

形体分析——由原始视图可以看出，该零件由 6 个主体结构组成。从下至上是 4 个同轴圆柱体，最下面的是一个底盘，上面均布的 4 个小孔作为与机座装配时的连接孔，上面 3 部分组成了接头座的主体部分，内有空腔连通；左、右端各为与管道连接的连接面板和连接柱，左端连接面板习惯上称为法兰盘。形体分析结果如图 6.61（b）所示。

表达方案分析——由上述形体分析可知，除了右前方的方形连接板（该方形板的中心轴与其后面的连接柱同轴），其他形体均为圆柱体，整体分布有 3 条公共轴线：一条垂直轴为主干线，自上而下有 4 个同轴圆柱，左端一条侧垂轴线和右前方一条与正面夹角为 45°的水平轴线，分别贯穿连接面板和连接柱。对于垂直轴线上的 4 个圆柱来说，取主视并全剖表示内外结构，再取俯视图表示其形状即可得以完整表达；而对于左端侧垂轴线上的两个连接体，则需主视（全剖）与左视图；较为复杂的是右前方的斜置水平轴线上的两个连接体，除需在俯视图上表达其45°倾斜位置、主视图上表达其高度位置，还需在垂直于面板的方向上表达其实形。综合以上各部分的表达特点，可有如图6.62（a）、（b）所示的两组方案。

两组方案都选择了主视图用旋转剖的方法画*B*—*B*全剖视图，方案一的俯视图用单一剖的方法画*A*—*A*全剖视图，故对于顶面形状采用了*E*向局部视图。而方案二的俯视图用的是局部剖视图，即保留了一部分顶部形状，因而可减少一个视图。对于左右两处的连接柱、连接板和项部圆柱，方案一分别选择了*C*向斜视图、*D*向和*E*向局部视图；而方案二在这几处都分别选择了剖视图，减少了虚线，故方案二比方案一在表达的清晰度方面更胜一筹。

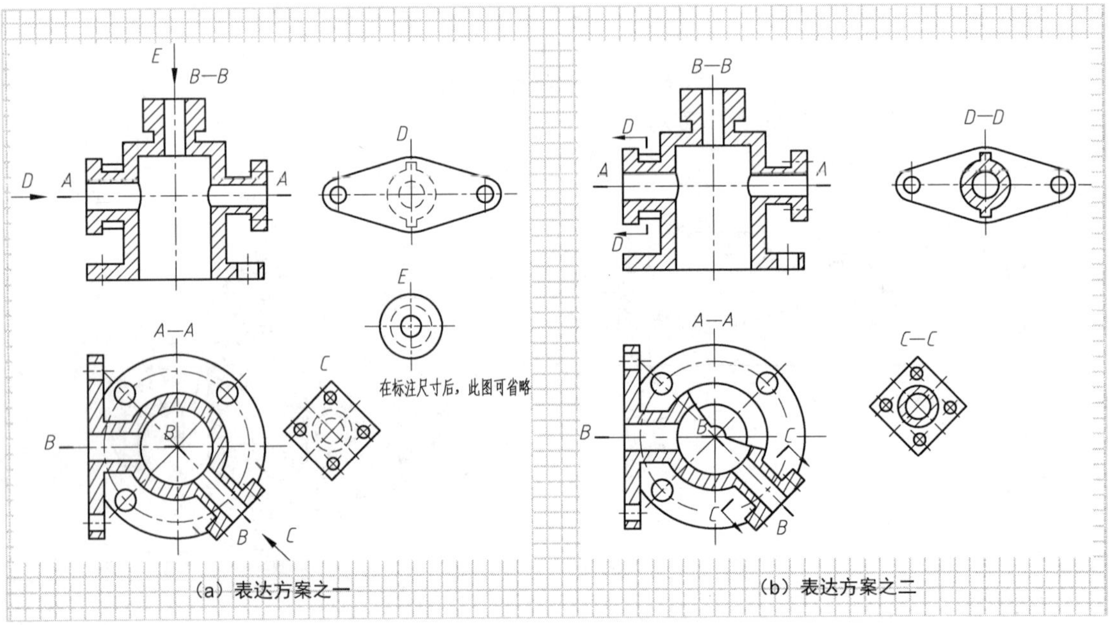

图6.62　接头座零件形体的表达方案比较

尺寸标注——图6.61所给视图表达的是零件的主体部分。还可以综合前面学到的一些有关工艺结构的常识，试着恢复零件的特质。

由工作性质和工作环境可知，这类零件一般以铸件毛坯为主。它的上、下两端顶面、两连接板面和底板上的均布小孔都是需要作为安装面安装到工作场地的，因此一般要进行机械加工，以提高装配精度，而其他表面均保留铸造表面，即会有铸造圆角存在。加上工艺结构后的一组视图及立体图见图6.63。

对该零件进行尺寸标注，首先进行形体分析，分别标出各形体的定形尺寸，注意内外尺寸要逐一标注完整；在标注定位尺寸前，首先确定其长（主体部分的垂直公共轴线）、宽（前后方向的主要对称面）、高（底板的底面）三个方向的尺寸基准，主要的定位尺寸为两侧连接板的高度定位尺寸“33”，左端法兰盘端面到长度方向基准轴线的距离“36”，右侧连接板外侧到主轴线的距离“37”，连接板轴线与前后对称面的夹角45°。完整的尺寸标注如图6.63（a）

所示。

严格地说，图 6.63（a）所示图样还不是一张完整的零件图，因为它缺少一个关键性的内容，即技术要求。对一个零件的技术要求是该零件的装配精度和工作性能的重要保证。这部分内容将在第 8 章介绍。

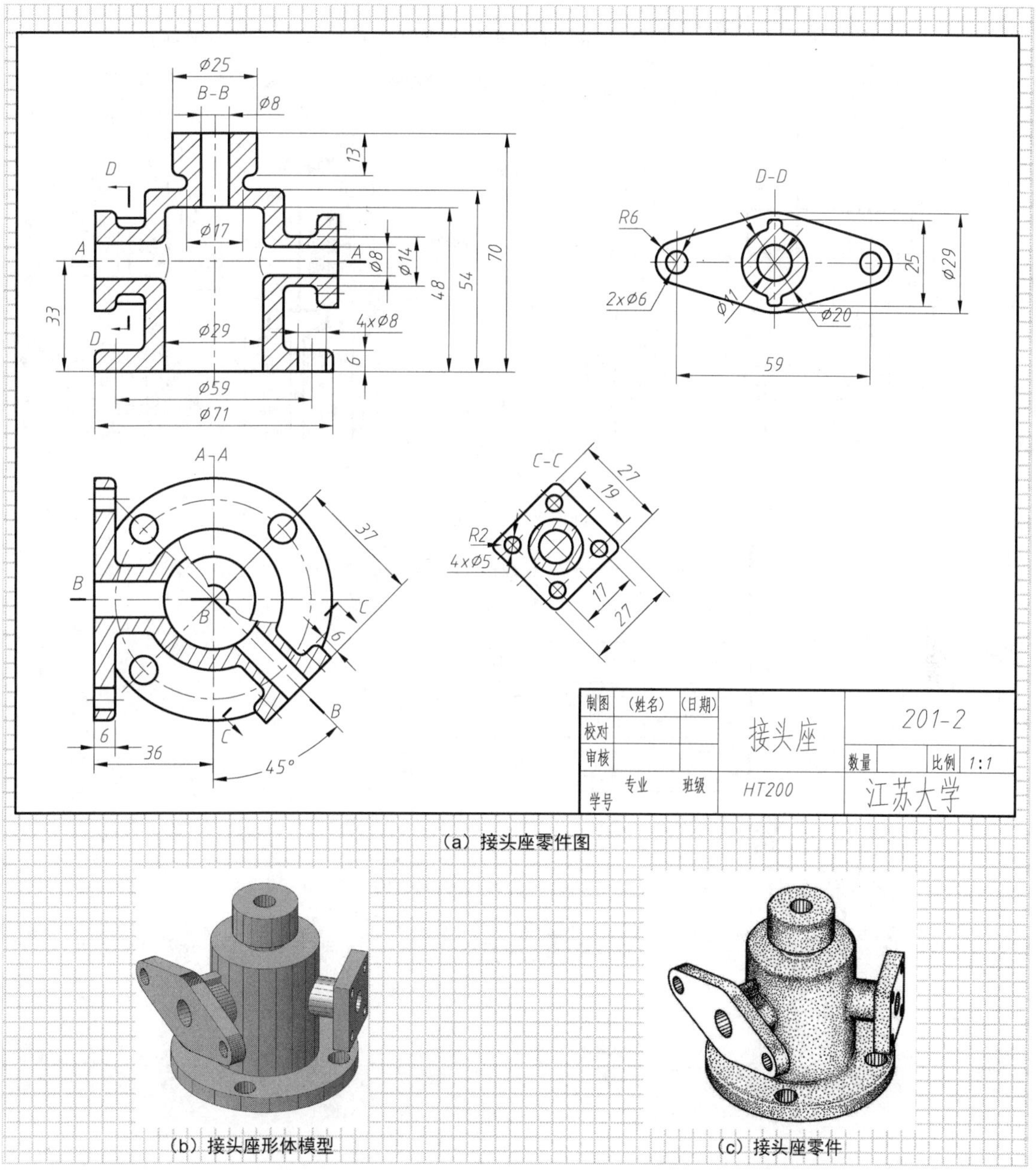

（a）接头座零件图

（b）接头座形体模型

（c）接头座零件

图 6.63　接头座零件图及其形体模型与实物立体图

—— 本章小结 ——

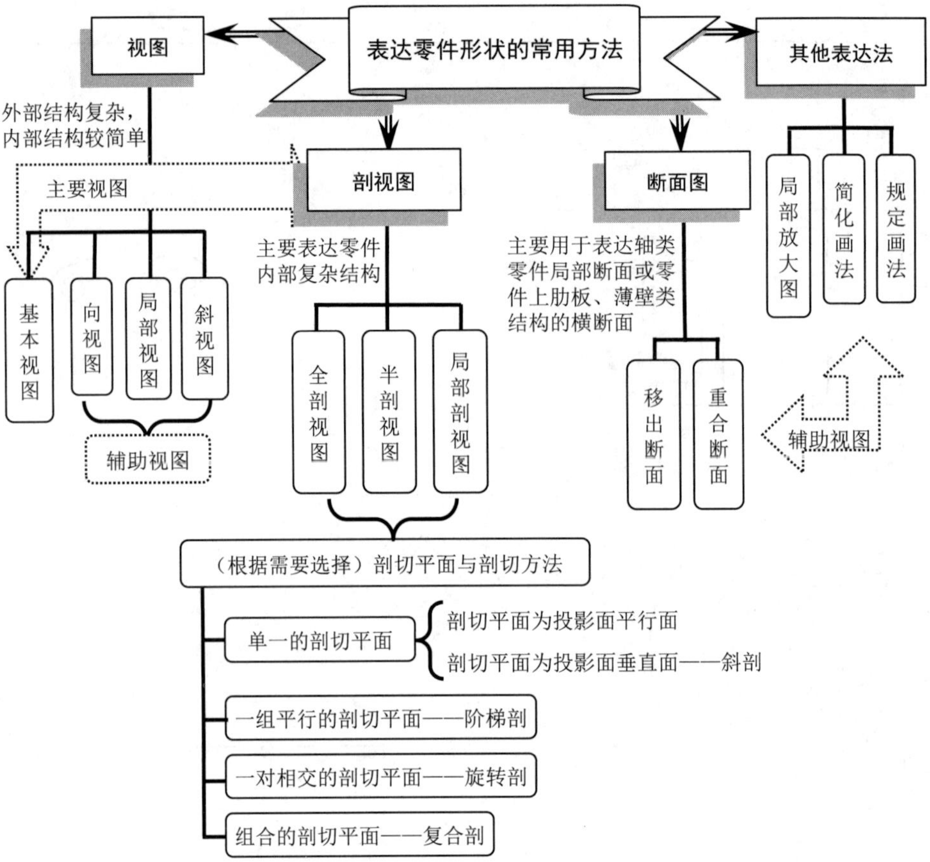
表达零件形状的常用方法
视图
剖视图
断面图
其他表达法
外部结构复杂，
内部结构较简单
主要视图
基本视图
向视图
局部视图
斜视图
辅助视图
主要表达零件
内部复杂结构
全剖视图
半剖视图
局部剖视图
主要用于表达轴类
零件局部断面或零
件上肋板、薄壁类
结构的横断面
移出断面
重合断面
局部放大图
简化画法
规定画法
辅助视图
（根据需要选择）剖切平面与剖切方法
单一的剖切平面
剖切平面为投影面平行面
剖切平面为投影面垂直面——斜剖
一组平行的剖切平面——阶梯剖
一对相交的剖切平面——旋转剖
组合的剖切平面——复合剖

第 7 章　常用机件及其结构要素的表示法

Representation for Commonly Used Parts

本章知识要点

根据零件在机器或部件中所起的作用，零件可分为一般零件、传动零件和标准零（部）件三大类。本章的知识要点在于标准零件和常用件的表达方法，而后续两章的内容则在于一般零件和部件的表达与解读。在表达与读图时特别要注意：对于标准件与常用件上的标准结构，如螺纹、齿轮的轮齿、弹簧等，往往采用国家标准规定的规定画法、简化画法或比例画法，加上特定的标记来表达，但无论表达方法如何，投影的三等关系没有变!

兴趣实践

找一辆典型的自行车，仔细观察分析它由哪些零件组成？有哪些属于标准件？特别观察它的滚动轴承，其外圈与轮毂、内圈与轮轴之间是怎么配合的？

探索思考

在这一章学完后，请重点思考这样几方面的问题：①为什么要设置零件的局部工艺结构和功能结构？②标准件和常用件上的某些结构为什么要采用简化画法或规定画法？仅是形状复杂吗？

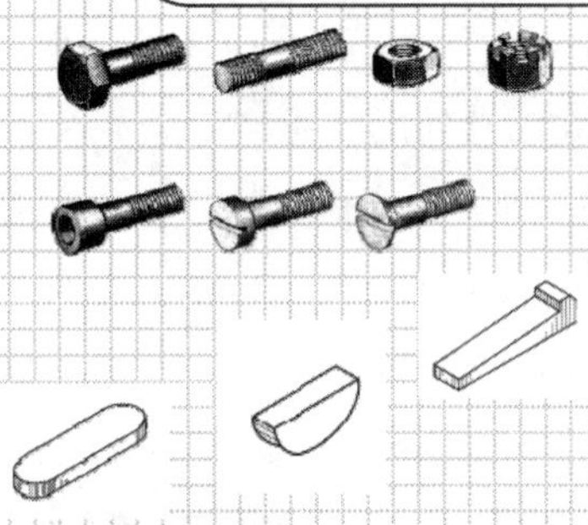

预习准备

从本章开始，就要进入正式的机械图样（零件图与装配图）的表达与解读阶段了，请复习以下概念——零件实际上是主体结构、局部功能结构和局部工艺结构的总合，从而理顺前面所学零件形体（即理想的几何形体，又称组合体）与零件的内在联系，预习本章“零件的分类”一节，做好过渡性知识准备。

7.1　零件的分类

零件是组成机器（或工具、用具）和部件的不可拆分的最小单元。机器的设计和制造最终要归结到零件的设计、表达与制造。零件根据其使用功能、加工要求、装配要求等，可以分为轴套类零件、盘盖类零件、叉架类零件、箱体类零件、注塑和镶嵌类零件、焊接类零件等，其具体内容将在第 8 章进行介绍。零件根据其通用的程度，还可以大致分为一般零件、传动零件和标零件三大类（图 7.1）。

其中，传动零件和标准件又称为“常用件”。这些零件或部件的结构尺寸或全部或部分已标准化，并由专门厂家统一成批加工制造。因此，在部件或机器的设计过程中，一般尽可能选用标准件和传动零件，这样可以缩短本产品的生产周期，提高产品精度和合格率，降低成本。

常见的标准件有紧固件如螺栓、螺柱、螺钉、螺母、垫圈、键、销等，还有标准部件如滚动轴承。它们在机器中分别起连接、传递动力、定位和支承轴转动等作用。国家标准对这些零（组）件的结构、尺寸或某些结构的参数、技术要求进行了统一规定，以便于设计、制造和使用。传动零件有齿轮、皮带轮、棘轮、弹簧等，它们的结构已定形，主要结构的尺寸已标准化。

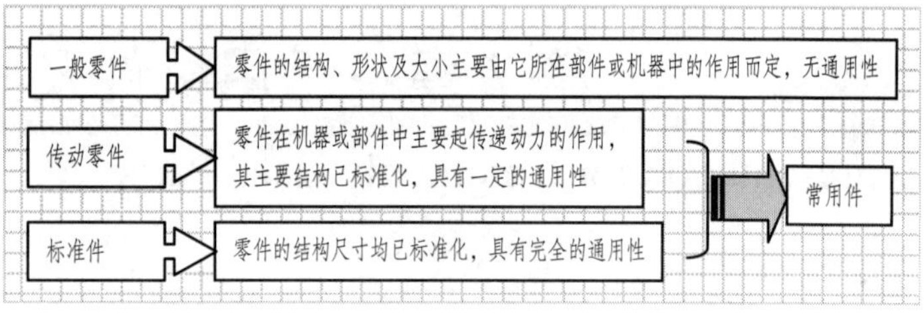

图 7.1　零件的分类

常用件与一般零件在画法上有很大的不同，常用件上标准化的结构部分要求采用规定画法，而不是按实形作图，如螺纹紧固件中的螺纹部分、齿轮的轮齿部分等。因此在这些零件在零件图或装配图中的尺寸标注也相应的采用规定的标记。特别是标准零、部件，在设计中一般不需画出零件图，而在装配图中也只需按规定画法画出其所在的位置，其结构尺寸在装配图配置的明细表中以规定的标记或代号列出即可。

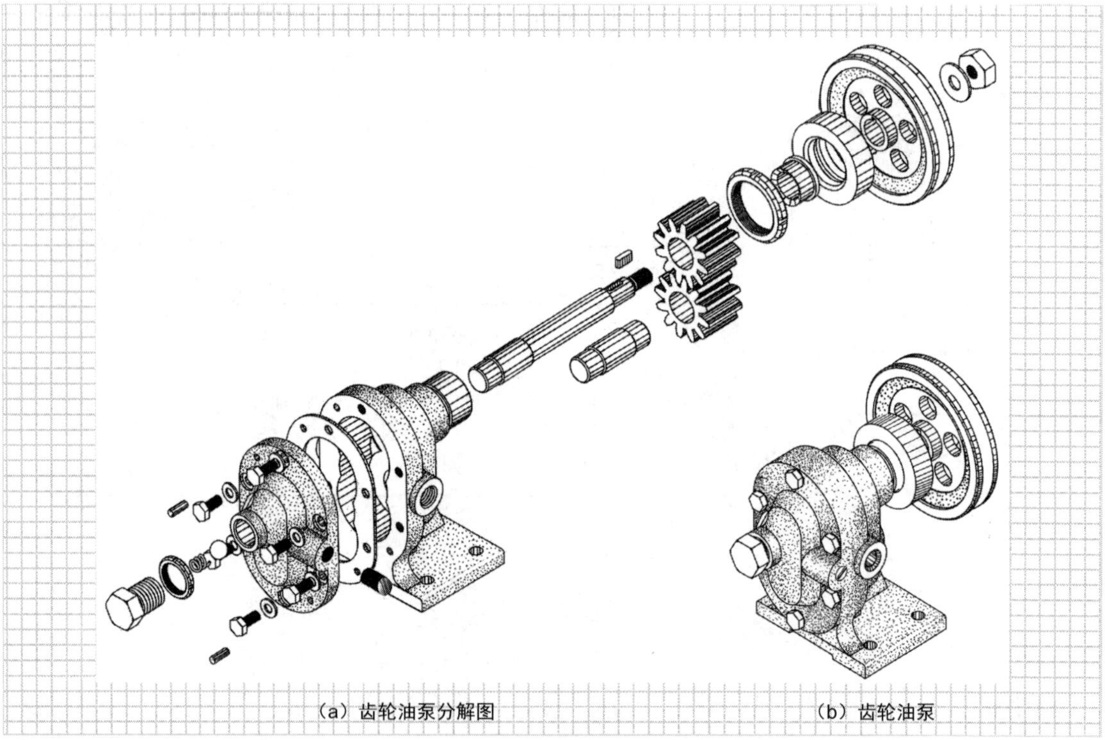

图 7.2　齿轮油泵部件及其分解图

如图 7.2（b）所示的齿轮油泵，由 23 种零件通过一定的关系装配在一起，其装配关系如图 7.2（a）所示。图 7.3 是该油泵装配图上列出的明细表。对照该表可以看出，其中有 9 种是标准件（零件代号以 GB 开头，即国家标准的代号），如螺栓、螺母、垫圈、键、销等；传动零件如齿轮（PZT2-4）、皮带轮（PZT2-11）、弹簧（件 PZT2-12）等和一般零件的代号由设计者自行设定，如此处的代号为“PZT”。

序号	代号	名　称	数量	材　料	备注
23	PZT2-14	调压螺母	1	35	
22	PZT2-13	锁紧螺母	1	35	
21	GB/T 73-2000	螺钉M12X16	1	Q235A	
20	GB/T 308-2000	钢球　12	1	GCr6	
19	PZT2-12	弹簧	1	65Mn	
18	GB/T 97.1-2002	垫圈 10	1	Q235A	
17	GB/T 6170-2000	螺母M10	1	Q235A	
16	GB/T 1906-2003	键5X16	1	45	
15	PZT2-11	皮带轮	1	HT150	
14	PZT2-10	压盖螺母	1	35	
13	PZT2-9	填料压盖	1	35	
12	PZT2-8	锁紧螺母	1	35	
11	PZT2-7	填料	1	3002	橡胶
10	GB/T 119.1-2000	销A4X14	2	45	

序号	代号	名　称	数量	材　料	备注
9	GB/T 97.1-2002	垫圈 6	6	65Mn	
8	GB/T 5782-2000	螺栓M6X18	6	Q235A	
7	PZT2-6	垫片	1	工业用纸	
6	PZT2-5	主动轴	1	45	
5	GB/T 117-2000	销A4X32	2	45	
4	PZT2-4	齿轮	2	45	
3	PZT2-3	从动轴	1	45	
2	PZT2-2	泵盖	1	HT200	
1	PZT2-1	泵体	1	HT200	

制图	江超	6.10	1/4 齿轮油泵	PZT2			
校对				数量	1	比例	1:1
审核				江苏大学			

图 7.3　齿轮油泵装配图中的明细表

7.2　螺纹紧固件

7.2.1　螺纹连接与螺纹紧固件

机器上广泛采用螺纹紧固件来连接和固定零件。这种连接形式称为螺纹连接。在螺纹连接中常用的螺纹紧固件有螺栓、双头螺柱、螺钉、螺母、垫圈等，如图 7.3 所示。通常根据螺纹紧固件的主要尺寸和标记，在相应的标准手册中即可查出该零件的详图及全部尺寸。

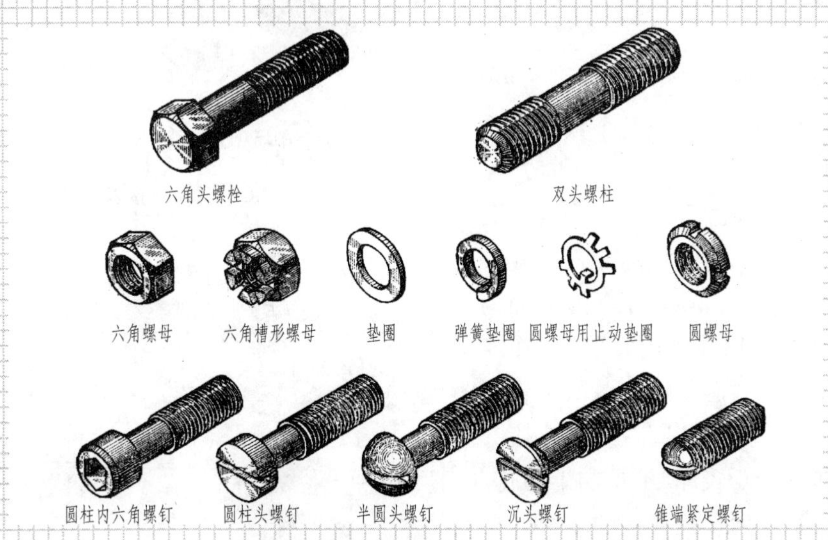

图 7.4　常见的螺纹连接件

机器上常用的螺纹连接形式有螺栓连接、双头螺柱连接和螺钉连接三种形式，如图 7.5 所示。根据各种连接所用不同场合、不同需要，也可相应选用不同的螺纹紧固件。

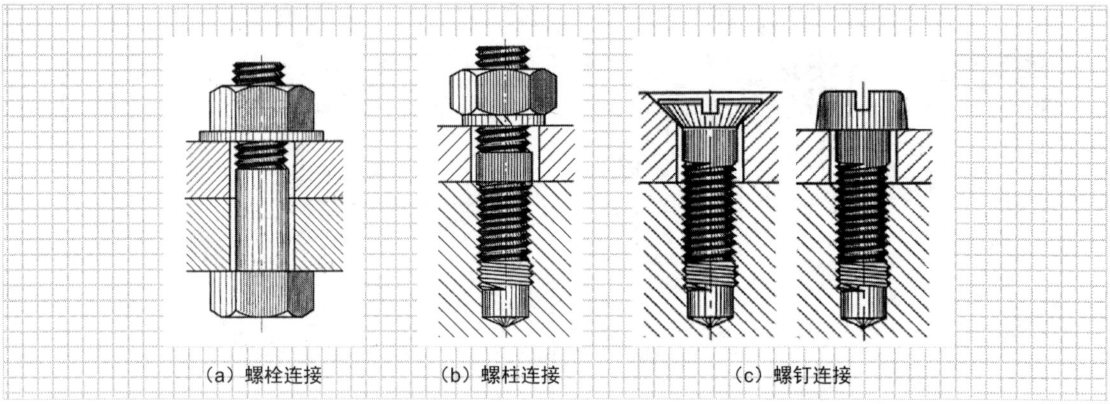

图 7.5　常见的 3 类螺纹连接

1. **螺栓连接**

用螺栓、垫圈和螺母把两个零件连接在一起并作紧固，称为螺栓连接（图 7.6）。螺栓由头部（往往是正六棱柱为主体结构）和带有螺纹的圆柱杆部组成。螺杆上的螺纹结构一般为普通螺纹，有粗牙和细牙之分。装配前要求在被连接的两个零件上加工出比螺栓的公称直径 d 稍大的通孔 d_h（通孔的直径参照附表，也可取 $d_h \approx 1.1d$），安装时插入螺栓、套上垫圈、旋紧螺母，即实现螺栓连接。螺栓连接一般适用于被连接的两个零件不太厚的情况。

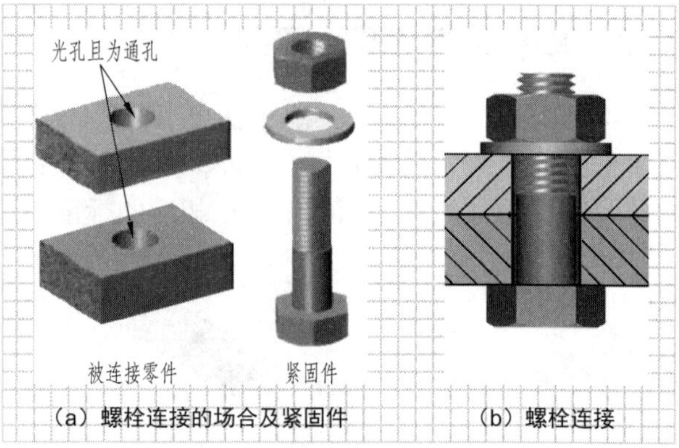

图 7.6　螺栓连接及其紧固件

2. **双头螺柱连接**

用螺柱、垫圈、螺母把两个零件连接并紧固在一起，称为螺柱连接（图 7.7）。螺柱两端都加工有螺纹，分别称为旋入端和连接端。装配时先将螺柱的旋入端旋进被连接件的螺孔内（旋入端的长度记为 b_m），然后插入钻有通孔的较薄零件，在连接端一端加上垫圈并旋紧螺母，即可将两被连接件连接在一起并紧固。螺柱连接一般用在被连接件之一较厚、不易加工通孔、受力较大或不适于用螺栓连接的场合。

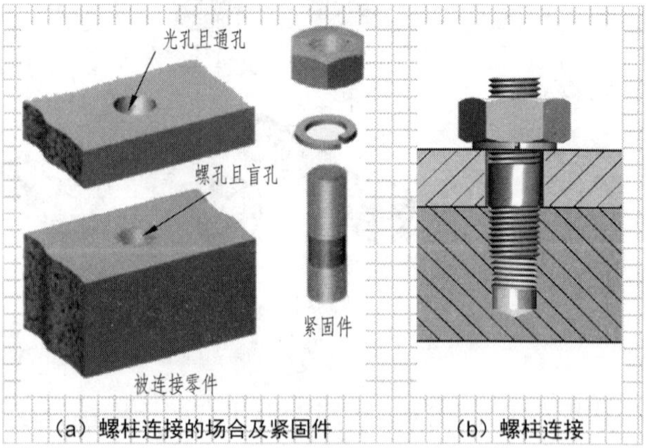

图 7.7　螺柱连接及其紧固件

为保证连接强度，旋入端的螺纹长度 b_m 与带螺孔的被连接零件的材料有关。当其为钢或青铜、硬铝等材料时，$b_m=1d$；为铸铁时 $b_m=1.25d$；为纯铝等较软材料时，$b_m=2d$；当零件材料的强度在铸铁与纯铝之间时，$b_m=1.5d$。

3. 螺钉连接

螺钉按其在机器中的作用可分为连接螺钉（起连接紧固作用）和紧定螺钉（限制两零件相对运动作用）两类。连接螺钉按其头部的形状又可分为开槽圆柱头螺钉（GB/T 65—2000）、开槽沉头螺钉（GB/T 68—2000）等；紧定螺钉则按其尾部的形状分为锥端紧定螺钉（GB 71—1985）、长圆柱端紧定螺钉（GB 75—1985）等。

安装时，将螺钉插入一个被连接件的通孔、再旋紧到另一个被连接件的螺孔内，称为螺钉连接，如图 7.8 所示。螺钉连接一般用在被连接件之一较厚、受力不大且不经常拆卸的场合。

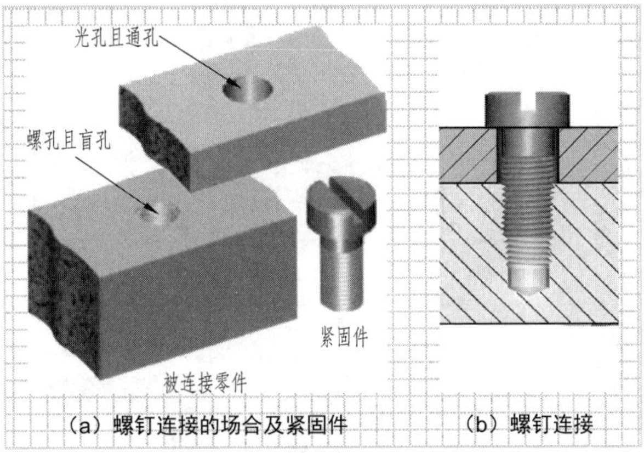

图 7.8 螺钉连接及其紧固件

7.2.2 常用螺纹紧固件的规定画法与标记

1. 螺纹结构的组成要素、规定画法及标记

螺纹紧固件的规定画法主要指螺纹段的画法。因此，下面回顾第 5.4.1 节中螺纹的组成要素、规定画法与标记。

1）螺纹结构的组成要素

螺纹结构属于一种功能结构。螺纹结构有五大组成要素，即

（1）螺纹牙型：沿螺纹的轴线剖切螺纹时所得到的螺纹的牙齿剖面形状，常见的螺纹牙型有三角形（普通螺纹 M）、梯形（梯形螺纹 Tr）、锯齿形（锯齿形螺纹 B）、方（矩）形（非标准螺纹，无代号）等。

（2）公称直径：代表螺纹尺寸规格的直径。

（3）螺距 P：螺纹上相邻两牙在中径线上对应两点间的轴向距离；

导程 S：同一条螺旋线上相邻两牙在中径线上对应两点间的轴向距离，且 $S=P$。

（4）线数 n：在圆柱表面上切制出螺纹的条数。

（5）旋向：按螺纹旋进的方向分为左旋和右旋。

要保证内、外螺纹的正常旋合，内、外螺纹的五个要素必须一致。

2）螺纹结构的规定画法

螺纹的规定画法主要指内、外螺纹的画法，归纳如表 7.1 所示。

内、外螺纹旋合在一起时的装配画法如图 7.9 所示。在剖视图中，内外螺纹旋合部分应按外螺纹绘制，未旋合的部分仍按内、外螺纹各自的规定画法绘制。必须注意，表示大、小径的粗实线和细实线应分别对齐。

表 7.1　内外螺纹结构的规定画法

<table>
<tr><td rowspan="2">画法</td><td rowspan="2">外螺纹的画法</td><td colspan="2">内螺纹的画法</td></tr>
<tr><td>内螺纹通孔</td><td>内螺纹不通孔</td></tr>
<tr><td>不剖画法</td><td>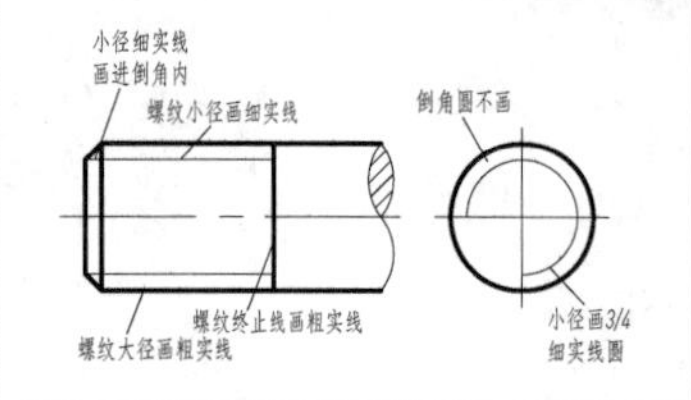</td><td>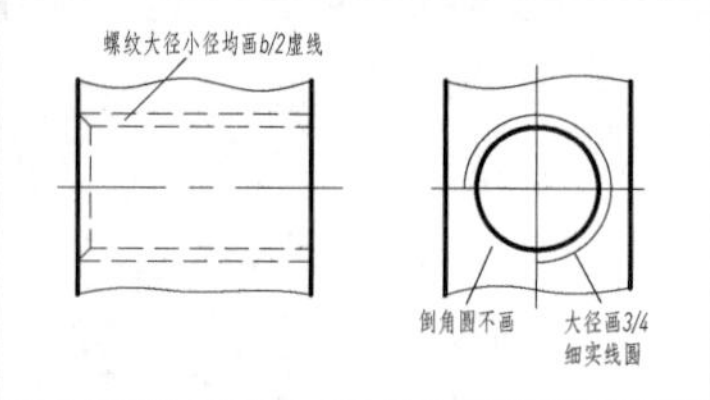</td><td>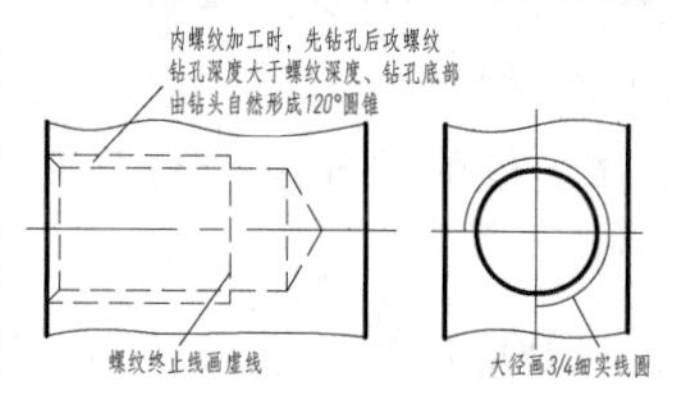</td></tr>
<tr><td rowspan="2">剖视画法</td><td>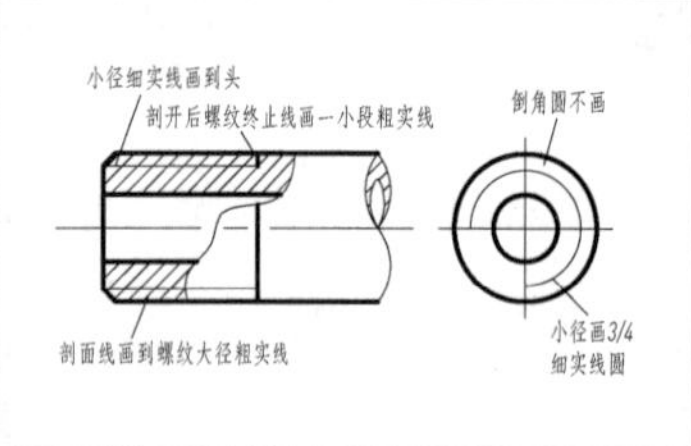</td><td>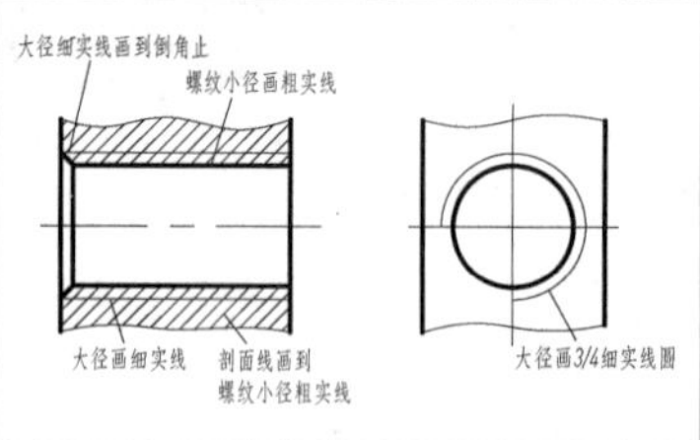</td><td>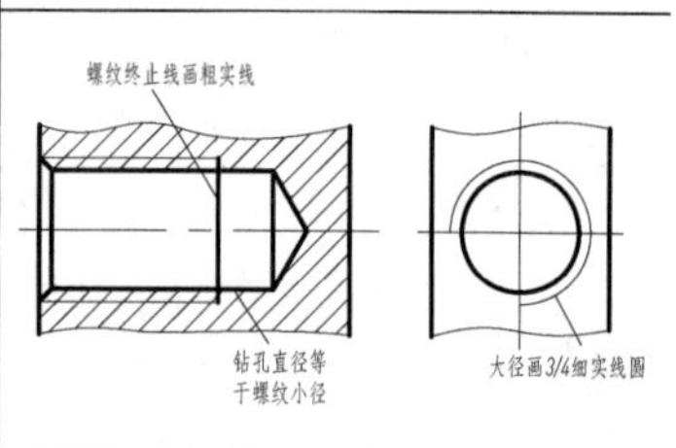</td></tr>
<tr><td>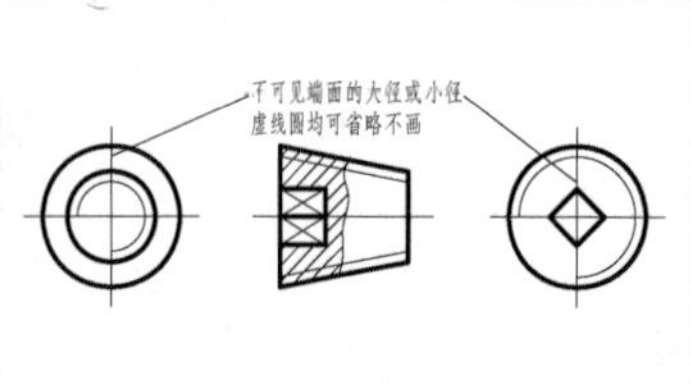</td><td colspan="2">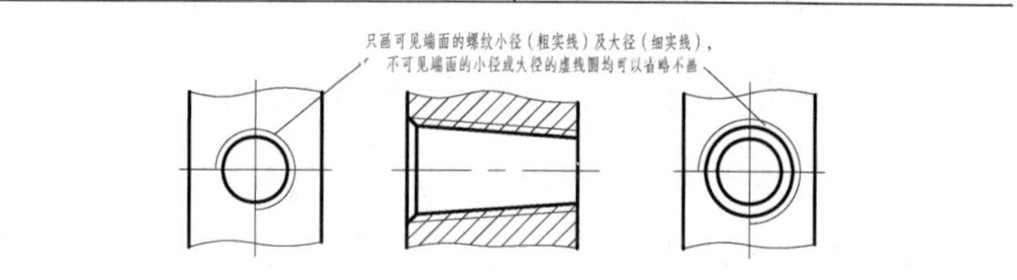</td></tr>
</table>

3）常用螺纹结构的标记

螺纹按规定画法画出后，不论是内螺纹还是外螺纹，图中只显示了螺纹的大径，并未显示其牙形、公称直径、螺距、线数、旋向五大基本要素和有关公差要求，因此，要完整地表达螺纹结构，必须配合螺纹标记说明，完整的螺纹标记，应由螺纹代号、螺纹公差带代号和旋合长度代号组成。

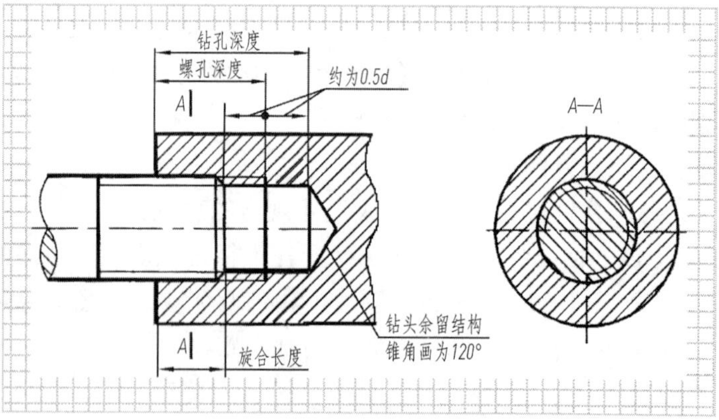

图 7.9　螺纹连接的规定画法

（1）普通螺纹和梯形螺纹的标注形式与标注尺寸的形式相同，即从大径处引出尺寸线，标记的顺序如图 7.10 所示。

①“螺纹代号”表示所注螺纹的五要素，即牙型代号、公称直径、螺距和导程、线数、旋向（右旋螺纹不标，左旋螺纹则需标注 LH）。

其中，普通螺纹代号：粗牙普通螺纹代号用特征代号“M”及“公称直径（指大径）”表示，如“M10”。细牙普通螺纹代号用特征代号“M”及“公称直径×螺距”表示，如“M10×1”。如果是左旋螺纹，则在后面加“LH”，如“M8×1LH”。

梯形螺纹代码由特征代号“Tr”、“公称直径（指大径）×螺距”（用于单线螺纹）或“公称直径×导程（*P* 螺距）”（用于多线螺纹）、“旋向符号”（左旋注“LH”，左旋不注）组成，如“Tr40×7”、“Tr40×14（*P*7）LH”。

锯齿形螺纹标记与梯形螺纹标记相似。其特征代号为 B。例如，单线 B40×7–7A；多线 B40×14（*P*7）–8e–L。

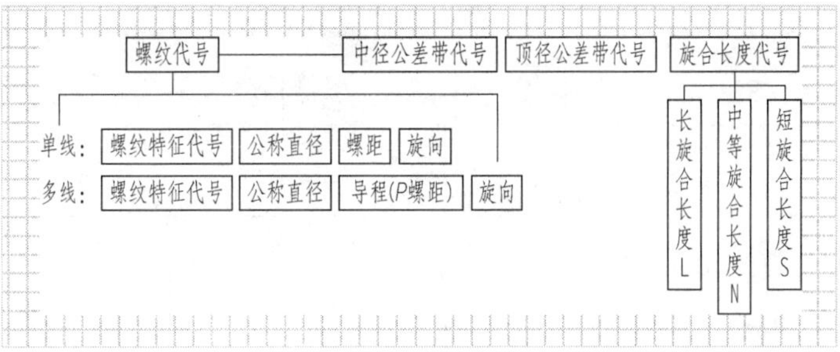

图 7.10　常用螺纹的标记形式

②“公差带代号”表示螺纹的精度要求。在零件的加工过程中，由于机床精度、刀具磨损、测量误差等因素的影响，误差是不可避免的，但可以控制其误差的范围，这个误差的范围就是“公差”（详见第 8.5.2 节）。公差带代号分别由基本偏差代号和公差等级数字组成，如 6H、7g 等，注写时外螺纹用小写字母，内螺纹用大写字母。普通螺纹当中径和顶径公差带代号相同时，只注一项；梯形螺纹只注中径公差带代号。

③“旋合长度代号”表示螺纹连接时对旋合长度的要求，有“中等旋合长度 N（0.5*d*～1.5*d*）”、“短旋合长度 S”和“长旋合长度 L”之分，中等旋合长度 N 可省略不注。

（2）管螺纹的标记。

管螺纹分非螺纹密封的管螺纹和用螺纹密封的管螺纹，它们的规定标记如下。

① 非螺纹密封的管螺纹标记。

例如，内螺纹 $G1\frac{1}{2}$–LH；外螺纹 G1A，$G\frac{1}{2}$B。

其中，G 为非螺纹密封管螺纹的特征代号；$1\frac{1}{2}$，1，$\frac{1}{2}$等为尺寸代号，它不是螺纹的大径或小径，是近似等于管子的孔径 $1\frac{1}{2}$ in，1in，$\frac{1}{2}$ in（“in”是英寸的代号）。

LH 为左旋螺纹，若为右旋螺纹则不标注。

A、B 为外螺纹的中径公差有 A 级和 B 级之分。

② 用螺纹密封的管螺纹标记。

例如，圆柱内螺纹 $R_p\frac{3}{4}$–LH；圆锥内螺纹 $R_c\frac{3}{4}$；圆锥外螺纹 $R_1\frac{3}{4}$、$R_2\frac{3}{4}$。

其中，R_p，R_c，R_1，R_2 分别为圆柱内螺纹、圆锥内螺纹、与圆柱内螺纹相配合的圆锥外螺纹、与圆锥内螺纹相配合的圆锥外螺纹的特征代号；$\frac{3}{4}$为尺寸，近似等于管子的孔径（$\frac{3}{4}$ in）；LH 为左旋螺纹，若为右旋则不标注。

表 7.2 给出了常用螺纹的规定标记及示例。

表 7.2　常用螺纹的规定标记及示例

螺纹代号							螺纹公差代号		旋合长度	标记示例	注解
螺纹种类	牙型代号	公称直径/mm	螺距/mm	导程/mm	线数	旋向	中径	顶径			
粗牙普通螺纹	M	20	2.5		1	左	6H	6H	中	M20LH–6H	粗牙普通螺纹（内螺纹）公称直径（大径）20mm，螺距为 2.5，单线左旋，中径和顶径公差带代号 6H，粗牙不标螺距，单线不注导程

续表

螺纹代号							螺纹公差代号		旋合长度	标记示例	注解
螺纹种类	牙型代号	公称直径/mm	螺距/mm	导程/mm	线数	旋向	中径	顶径			
细牙普通螺纹	M	20	1.5		1	右	5g	6g	中	M20X1.5-5g6g	细牙普通螺纹（外螺纹）大径 20mm，螺距 1.5（细牙应标螺距）单线，右旋中径公差带代号 5g，顶径公差带代号 6g，旋合长度中等
梯形螺纹	Tr	40	7		1	右	8H		中	Tr40X7-8H	梯形内螺纹，公称直径（指与之相配的外螺纹大径）为 40mm，螺距为 7，中径公差带代号为 8H，中等旋合
梯形螺纹	Tr	40	7	14	2	左	8e		长	Tr40X14（P7）LH-8e-L	梯形外螺纹，螺纹大径为 40mm，导程为 14，螺距为 7，双线，左旋，中径公差带代号为 8e，长旋合
非密封用圆柱管螺纹	G	1 英寸	2.309			右	A 级			G1A	非密封用圆柱管螺纹（外螺纹）公称直径 1 英寸，公差等级 A 级
密封用圆柱管螺纹	R_p	$1\frac{1}{2}$ 英寸	2.309			右				$R_p 1\frac{1}{2}$	公称直径为 $1\frac{1}{2}$ 英寸的圆柱管螺纹（内螺纹），用该螺纹与圆锥外螺纹连接，起密封作用
圆锥外螺纹	R	1 英寸	2.309			左				R1-LH	公称直径为 1 英寸，左旋圆锥外螺纹
圆锥内螺纹	R_c	1 英寸	2.309			右				R_c1	公称直径为 1 英寸，右旋的圆锥内螺纹

表 7.3 给出了各种常用螺纹在图样中的标记格式及示例。

表 7.3　各种螺纹在图样中的标记

<table>
<tr><td rowspan="2">标准螺纹的标注</td><td>普通螺纹</td><td colspan="2">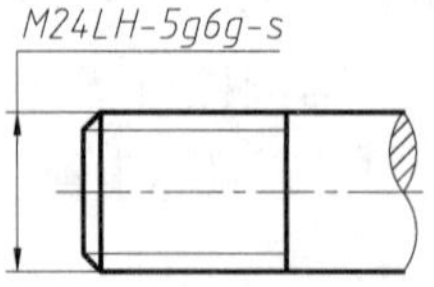

公称直径为 24 的普通粗牙外螺纹、单线、左旋，中径公差带代号为 5g、顶径公差带代号为 6g，短旋合长度</td><td>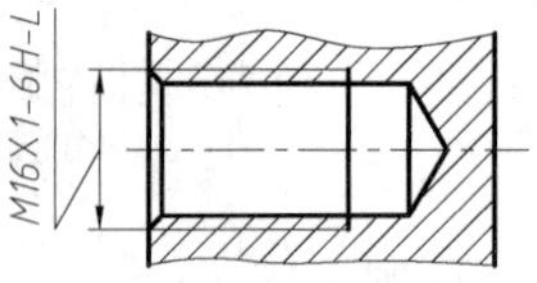

公称直径为 16 的普通细牙内螺纹、单线、螺距为 1、右旋，中径和顶径公差带代号均为 6H、长旋合长度</td><td rowspan="2">标注格式——
普通螺纹、梯形螺纹等螺纹的公称直径均属以毫米为单位的螺纹，标记方法与一般的尺寸标注相同，即直接注在大径的尺寸线或其引出线上</td></tr>
<tr><td>梯形螺纹</td><td>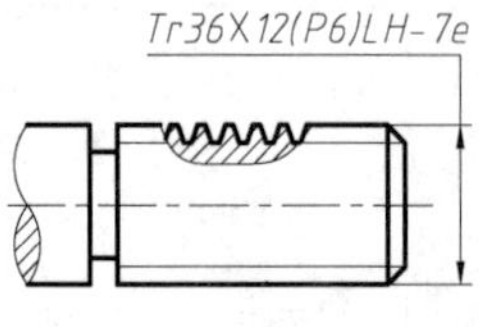

公称直径为 36 的梯形外螺纹、双线、螺距为 6、导程 12，左旋，中径公差带代号为 7e、中等旋合长度</td><td>锯齿形螺纹</td><td>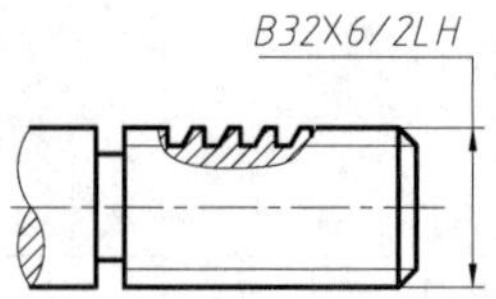

公称直径为 32 的锯齿形外螺纹、单线、螺距为 6、左旋，中等旋合长度</td></tr>
</table>

续表

标准螺纹的标注	管螺纹	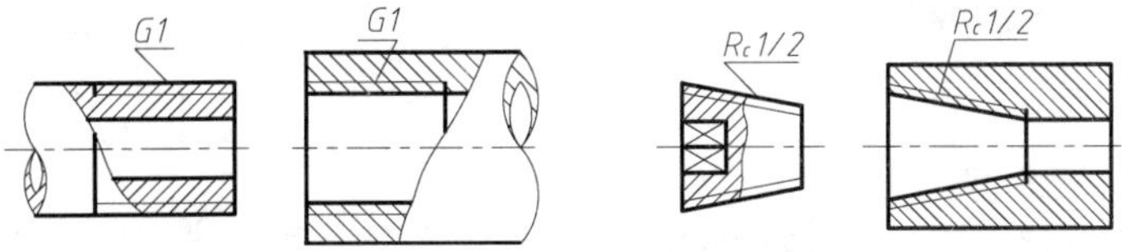 非螺纹密封的圆柱管螺纹，尺寸代号为 1，右旋 螺纹密封的圆锥管螺纹，尺寸代号为 1/2，右旋	标注格式—— 英制圆柱管螺纹、锥管螺纹及锥螺纹，因它们的公称直径是指刻有外螺纹的管子通孔直径的近似值，而不是指螺纹的大径，因此应用指引线的方式**从螺纹大径引出标注**
非标准螺纹	矩形螺纹	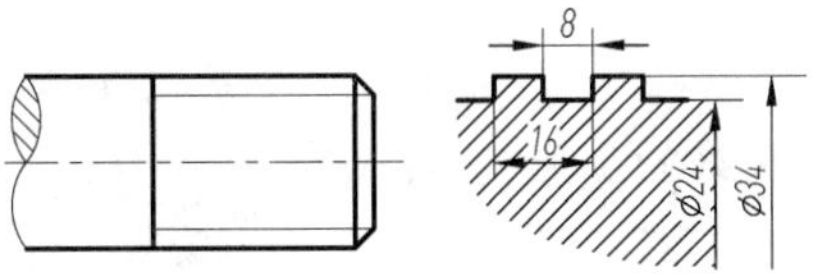 矩形外螺纹，单线，右旋，螺纹尺寸如图所示	非标准螺纹没有牙型代号，其大径、小径、螺距、牙型宽度分别标注

2. 常用紧固件的规定画法及标记

螺纹紧固件的主要功能结构就是螺纹结构。很显然，螺栓、螺柱和螺钉上的螺纹结构是外螺纹，而螺母上的螺纹属内螺纹。因此螺纹紧固件上的螺纹部分的画法也就是采用如前面所介绍的螺纹结构的规定画法。国家标准中对这些紧固件的画法和标记方法作了规定。螺纹紧固件的完整标记内容及排列顺序如图 7.11 所示。

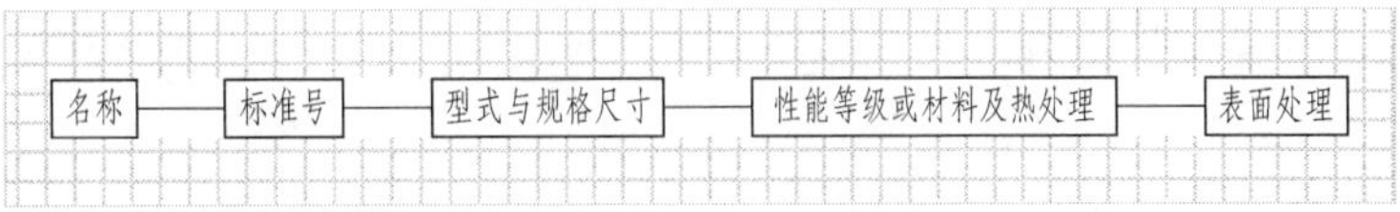

图 7.11 常用紧固件的标记形式

1）螺栓

为区别不同型式的螺栓，国家标准规定了不同的标准号。画图时，可根据标准号查出该螺栓的型式和尺寸。

最常见的六角头螺栓的视图、结构尺寸如图 7.12 所示。其结构尺寸的数值可查附录表 1-5。

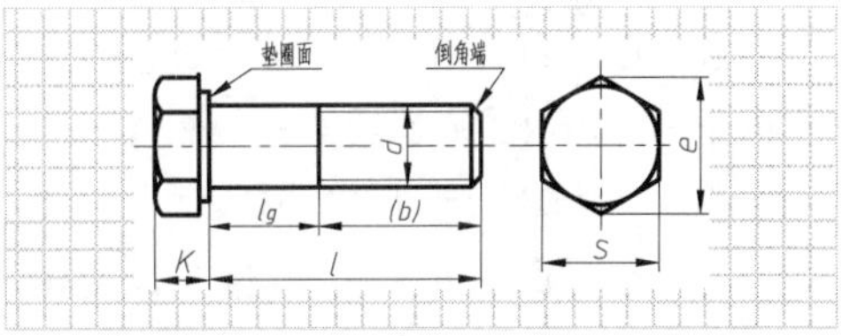

图 7.12　螺栓的画法及标记示例

螺栓的标记示例如下。

① 公称直径 d=12、公称长度 l=80、性能 8.8 级、表面氧化、A 级的六角头螺栓：

螺栓　GB 5782—2000-M12×80

② 公称直径 $d\times p$（螺距）=12×1.5、公称长度 l=80、性能 8.8 级、表面氧化、A 级的六角头螺栓：

螺栓　GB 5785—2000-M12×1.5×80

2）螺柱（又称双头螺柱）

双头螺柱的型式、视图和结构尺寸如图 7.13 所示。主要尺寸可查附录表 1-6。

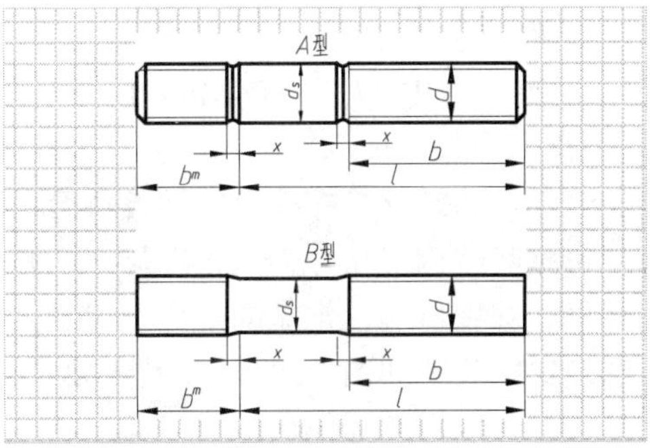

图 7.13　双头螺柱的画法及标记示例

双头螺柱的标记示例如下。

① 两端均为粗牙普通螺纹，$d=10$、公称长度 $l=50$、性能 4.8 级、表面不处理、B 型、旋入端螺纹长度 $b_m=1d$ 的双头螺柱：

螺柱 GB/T 897—1988-M10×50

② 旋入端为粗牙普通螺纹、连接端为 $P=1$ 的细牙螺纹，公称直径 $d=10$、公称长度 $l=50$、性能 4.8 级、表面不处理、A 型、旋入端螺纹长度 $b_m=1.25d$ 的双头螺柱：

螺柱 GB/T 898—1988-AM10-M10×1×50

3）几种常用螺钉

上述开槽圆柱头螺钉、开槽沉头螺钉、紧定螺钉等几种常用螺钉的画法及结构尺寸如图 7.14 所示。其结构尺寸见附录表 1-7、表 1-8、表 1-9。

（1）开槽圆柱头螺钉的标记示例如下。

公称直径 $d=5$、公称长度 $l=20$、性能 4.8 级、表面不处理的开槽圆柱头螺钉：

螺钉 GB/T 65—2000-M5×20

（2）开槽沉头螺钉的标记示例如下。

公称直径 $d=5$、公称长度 $l=20$、性能 4.8 级、表面不处理的开槽沉头螺钉：

螺钉 GB/T 68—2000-M5×20

（3）紧定螺钉的标记示例如下。

① 公称直径 $d=5$、公称长度 $l=12$、性能 14H 级、表面氧化的开槽锥端紧定螺钉：

螺钉 GB 71—1985-M5×12

② 公称直径 $d=5$、公称长度 $l=12$、性能 14H 级、表面氧化的开槽长圆柱端紧定螺钉：

螺钉 GB 75—1985-M5×12

③ 公称直径 $d=6$、公称长度 $l=12$、性能 33H 级、表面氧化的内六角平端紧定螺钉：

螺钉 GB 77—1985-M6×1

4）螺母

螺母和螺栓、螺柱上的螺纹旋合，用以连接零件。螺母按其结构形状分为六角螺母、六角开槽螺母、方形螺母、圆螺母等。常见的六角螺母和六角槽形螺母的视图及结构尺寸如图 7.15 所示。其主要尺寸见附录表 1-10。

各种螺母的标记示例如下。

① 公称直径 $D=12$、性能 10 级、表面不处理、A 级的 I 型六角头螺母：

螺母 GB/T 6170—2000-M12

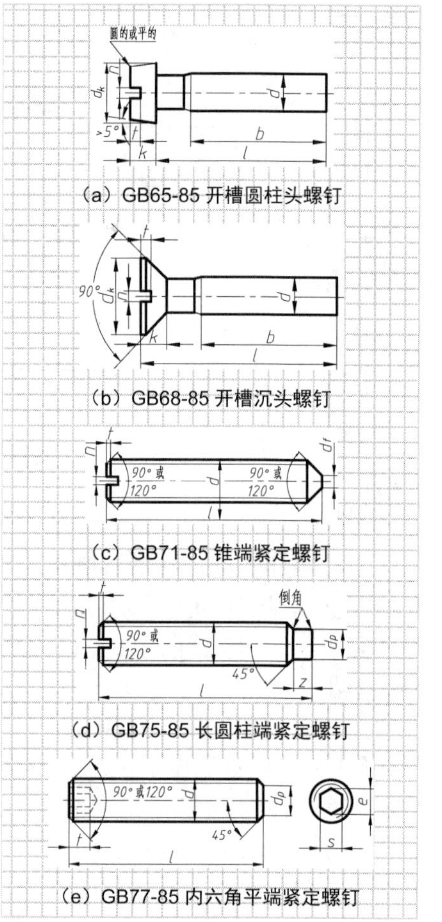

（a）GB65-85 开槽圆柱头螺钉
（b）GB68-85 开槽沉头螺钉
（c）GB71-85 锥端紧定螺钉
（d）GB75-85 长圆柱端紧定螺钉
（e）GB77-85 内六角平端紧定螺钉

图 7.14 常用螺钉的画法及标记

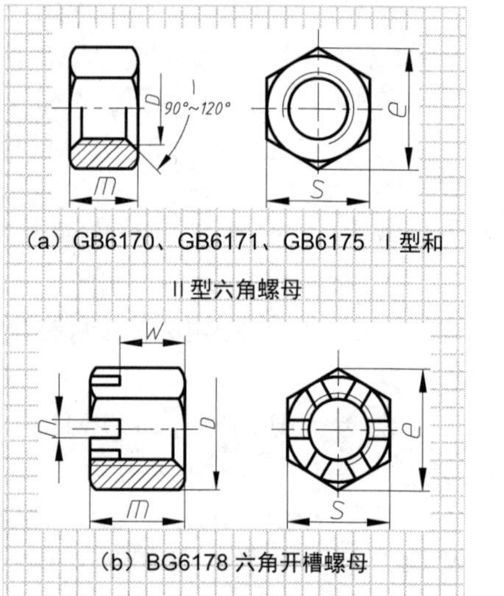
（a）GB6170、GB6171、GB6175 Ⅰ型和Ⅱ型六角螺母
（b）BG6178 六角开槽螺母

图 7.15 螺母的画法及标记

② 公称直径 $D\times P=12\times1.5$、性能 8 级、表面不处理、A 级的Ⅰ型六角头螺母：

螺母　GB/T 6171—2000-M12×1.5

③ 公称直径 $D=16$、性能 9 级、表面不处理、A 级的Ⅱ型六角头螺母：

螺母　GB/T 6175—2000-M16

④ 公称直径 $D=12$、性能 8 级、表面不处理、A 级的Ⅰ型六角开槽螺母：

螺母　GB/T 6178—2000-M12

5）垫圈

垫圈是不刻制螺纹的螺纹紧固件，常见的有平垫圈（用以保护被连接表面及增大夹紧接触面）、弹簧垫圈（用以防松）。平垫圈和弹簧垫圈的视图及结构尺寸如图 7.16 所示，主要尺寸见附录表 1-11。

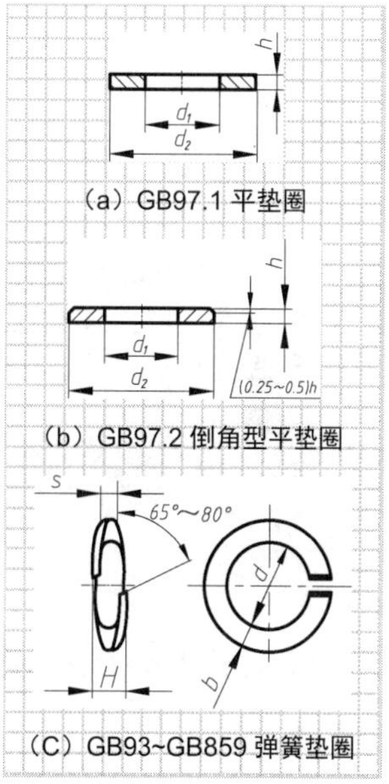

图 7.16　垫圈

（1）平垫圈的标记示例如下。

① 螺纹公称直径 $d=12$、性能 140HV 级、表面不处理的平垫圈：

垫圈　GB/T 97.1—2002-8-140HV

② 螺纹公称直径 $d=8$、性能 140HV 级、表面不处理的平垫圈：

垫圈　GB/T 97.2—2002-8-140HV

（2）弹簧垫圈的标记示例如下。

① 规格（螺纹公称直径）16、材料 65Mn、表面氧化的标准型弹簧垫圈：

垫圈　GB/T 93—1987-16

② 规格（螺纹公称直径）16、材料 65Mn、表面氧化的轻型弹簧垫圈：

垫圈　GB/T 859—1987-16

3. 常用紧固件的比例画法及简化画法

因为上述紧固件是标准件，其所有的结构尺寸均已标准化，设计者根据需要确定了其公称直径及公称长度后，其他结构尺寸均可查阅国家标准手册。因此在零件图和装配图中可采用比例画法绘制，即当公称直径 d 确定以后，其他各部分尺寸按其与 d 之间的比例关系画出，不必一一查表；而且其各处的倒角、螺纹退刀槽等工艺结构均可省略不画，如图 7.17 所示。

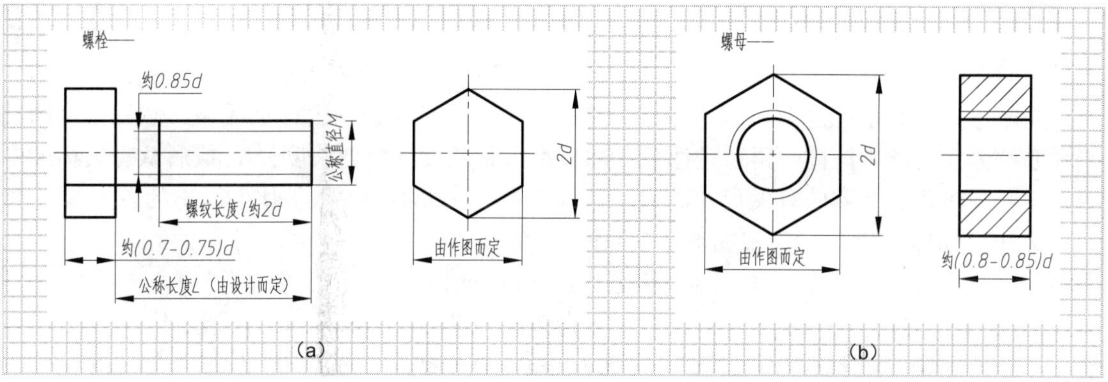

图 7.17　常用紧固件的比例画法举例

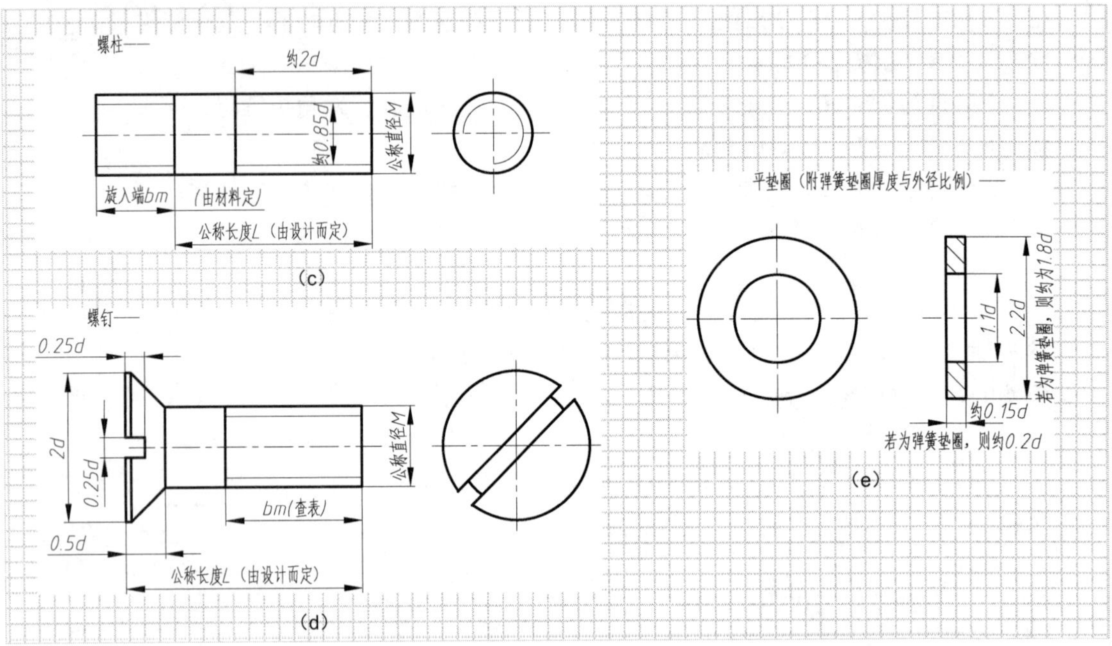

图 7.17　常用紧固件的比例画法举例（续）

7.2.3　常用螺纹连接在装配图中的画法

两个及两个以上的零件装配在一起后画出的图样称为装配图。装配图中的视图、剖视图的画法虽然与零件图定义相同，但由于零件与零件之间和重叠、嵌套等复杂情况，使得装配图与零件图相比，在轮廓线的处理上有了很大区别，也更加重了绘图与读图的难度。装配图的绘制与阅读将在第 9 章中详细介绍，本节只就螺纹紧固件的装配画法作一些简介。

螺纹紧固件的装配画法应遵守下列规定：

（1）相邻两零件接触时，接触面只画一条粗实线；不接触时，应清楚地画出两条粗实线。

（2）在剖视图中，相邻两零件的剖面线方向相反，方向相同时间隔不等或错开。

（3）剖视图中，当剖切平面通过螺纹紧固件（如螺栓、螺柱、螺钉、螺母及垫圈等）的公共轴线时，这些紧固件按不剖绘制。

1. 螺栓连接

螺栓连接用到的紧固件有 3 个：螺栓、螺母、垫圈（一般为平垫圈，工作环境较差如震动较大时用弹簧垫圈），加上两个被连接零件（图 7.18（a）），故一共有 5 个零件。

画螺栓连接装配图之前，首先应根据结构需要，确定螺栓的公称直径 d，然后按比例且简化画法画出连接装配图，再通过计算并取标准公称长度（有效长度）l，最后从有关标准中查到螺栓、螺母、垫圈的有关尺寸数字，填入图中（此时不必更改按比例画出的图形）。

先计算公称长度 $l_{计}$，公式如下（对照图 7.16（b））：

$$l_{计}=\delta_1+\delta_2+h+m+l_r$$

式中，δ_1、δ_2 为被连接件的厚度（mm）；h 为垫圈的厚度（mm）；m 为螺母的厚度（mm）。l_r 为螺栓末端超出螺母的余留长度，一般取 $l_r=3P$（P 为螺距）或 $l_r=0.3d$（d 为螺纹大径）。

根据计算长度 $l_{计}$，查附表 1-5 取与计算长度相靠近的标准公称长度 l。

根据螺栓、螺母、垫圈的尺寸，选择适当比例，画出其装配图，如图 7.18（c）所示。

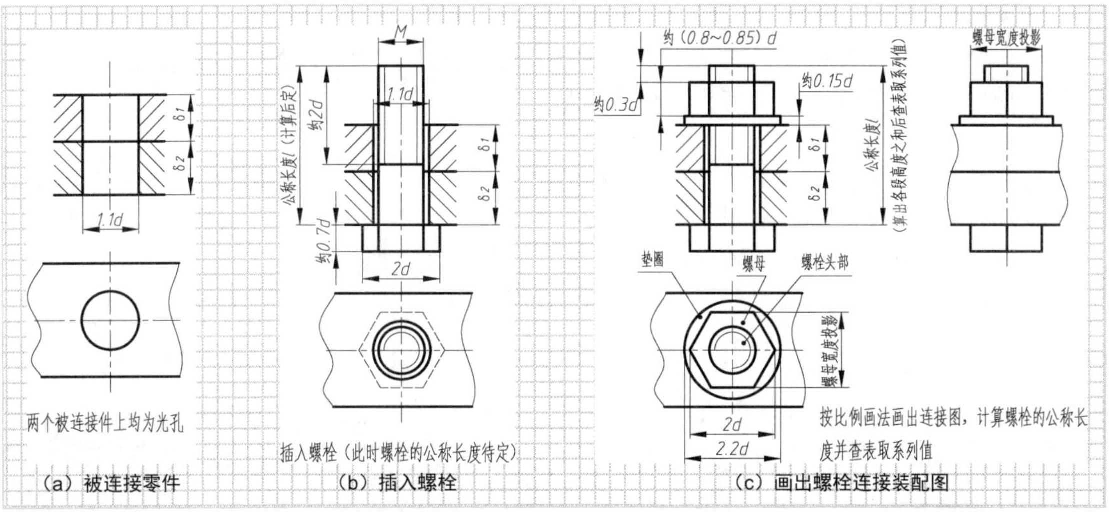

（a）被连接零件　（b）插入螺栓　（c）画出螺栓连接装配图

图 7.18　螺栓连接

2．双头螺柱连接

螺柱连接用到的紧固件也有 3 个：螺柱、螺母、垫圈（螺柱连接一般用于受力较大的场合，故一般采用弹簧垫圈），加上两个被连接零件（图 7.19（a）），故一共有 5 个零件。

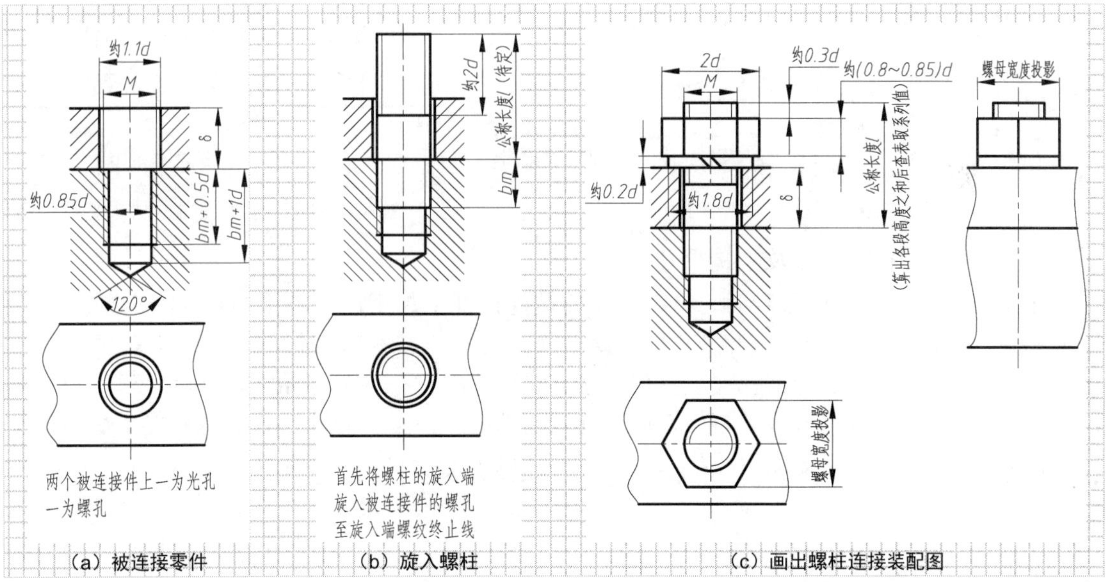

（a）被连接零件　（b）旋入螺柱　（c）画出螺柱连接装配图

图 7.19　双头螺柱连接

螺柱连接的画图步骤与螺栓连接一样，也是先根据需要确定螺柱的公称直径，按比例并简化画法连接装配图，再根据该图估算螺柱的公称长度。即当已知上面一个被连接件的厚度 δ、垫圈厚度 h、螺母厚度 m 之后，进行如下计算（图 7.19（b））：

$$l_{计}=\delta+h+m+l_r\text{（其中 }l_r=3P\text{ 或 }l_r=0.3d\text{）}$$

然后根据 $l_{计}$ 查表取标准公称长度（附表 1-6）。

画螺柱连接装配图时，规定螺柱拧入端的螺纹终止线应与螺孔上端面画在同一直线上，如图 7.19（c）所示。

3. 螺钉连接

螺钉连接中只需使用 1 个紧固件，那就是螺钉。它用于连接一薄（连接孔为光孔且为通孔）一厚（连接孔为螺孔且为盲孔）两个零件。

开槽圆柱头螺钉连接的装配画法如图 7.20 所示。

与前两种螺纹连接形式一样，在画装配图之前，先要根据需要确定螺钉的公称直径 d，然后按比例画法画出连接装配图，再对螺钉的公称长度l进行计算和查表取系列值。被连接零件上的通孔及螺孔有关尺寸的确定方法同螺栓、螺柱连接类似。

沉头螺钉（圆锥头）连接及内六角头螺钉连接的简化画法如图 7.21 所示。

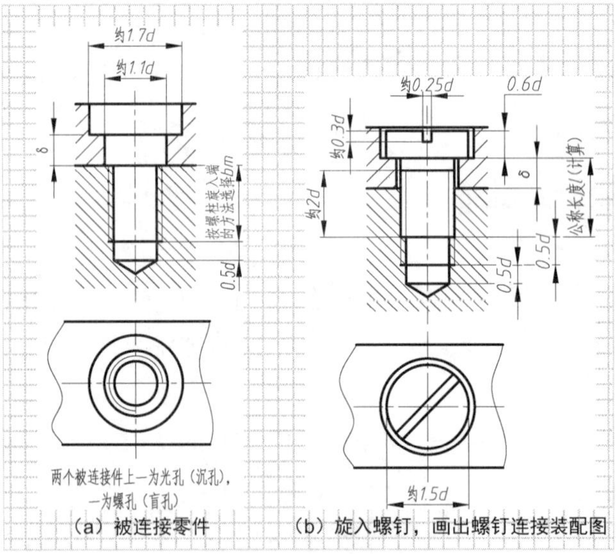

（a）被连接零件　（b）旋入螺钉，画出螺钉连接装配图

图 7.20　圆柱头螺钉连接

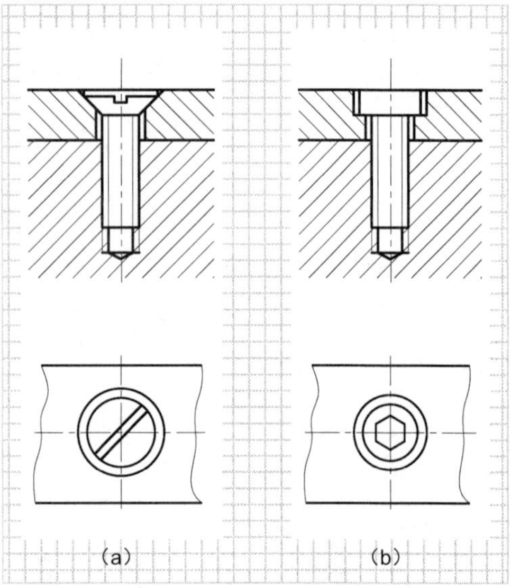

（a）　（b）

图 7.21　沉头螺钉连接及内六角头螺钉连接

4. 螺纹不通孔的画法及结构尺寸

用螺柱或螺钉连接两零件时，常在较厚的被连接件上加工出螺纹不通孔（图 7.22）。螺纹不通孔各部分深度尺寸的确定和零件图上螺纹不通孔的画法和尺寸标注，如图 7.23 所示。

图 7.23（a）中，H 为钻孔深度；h 为螺纹的有效深度；a_1 为肩距（取 $a_1=0.5D$（D 为螺纹大径）；b_m 为计划旋入长度，与被连接零件的材料有关（参照双头螺柱旋入端螺纹长度的确定方法）；l_r 为余量，一般取 $l_r=3P$（P 为螺距），或 $l_r=0.5D$（D 为螺纹大径）。

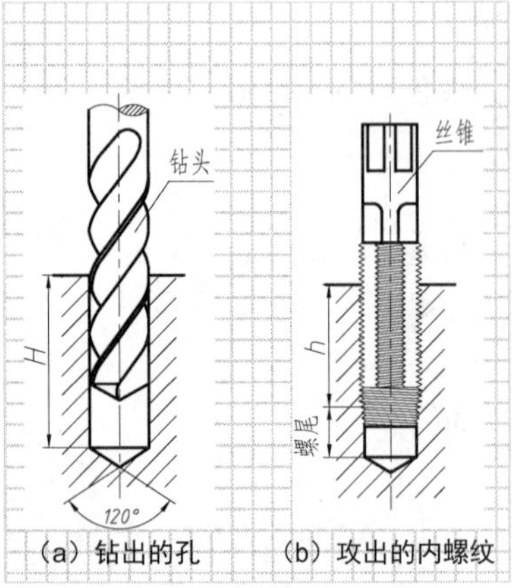

（a）钻出的孔　（b）攻出的内螺纹

图 7.22　螺纹不通孔的加工

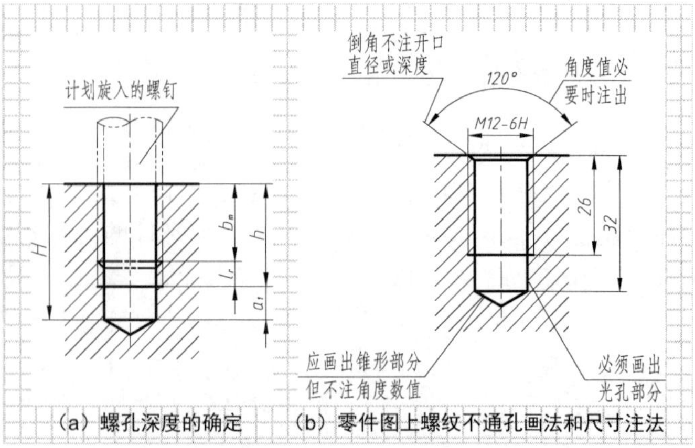

（a）螺孔深度的确定　（b）零件图上螺纹不通孔画法和尺寸注法

图 7.23　螺纹不通孔的画法

计算公式为：钻孔深度 $H=h+a_1$；螺纹深度 $h=b_m+l_r$。

5．常见紧定螺钉的装配连接画法

常见紧定螺钉的装配连接画法如图 7.24 所示。

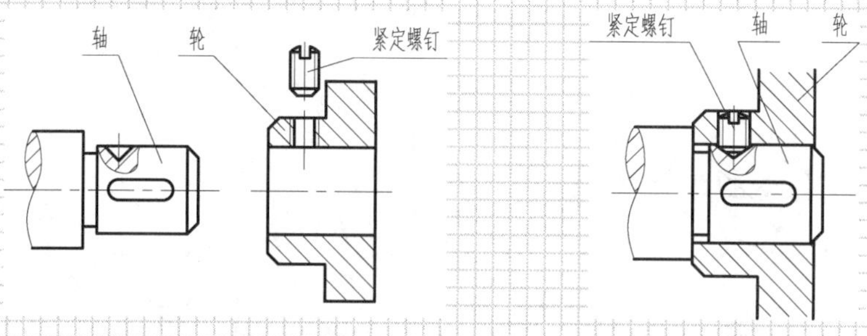

(a) 紧定螺钉及被连接零件　　(b) 连接装配图

图 7.24　紧定螺钉连接

7.3　齿　　轮

7.3.1　齿轮及其传动形式

齿轮是机器中的传动件，应用较广。它的作用是利用一对啮合的轮齿，把一个轴上的动力和运动传递给另一个轴，同时还可根据需要改变轴的转速和旋转方向，齿轮一般成对使用故又称为齿轮传动副，常见的齿轮传动可分为如图 7.25 所示的三种：

圆柱齿轮传动—— 一般用于两平行轴间的传动；

圆锥齿轮传动—— 一般用于两相交轴间的传动；

蜗轮蜗杆传动—— 一般用于两交叉轴间的传动。

本节只介绍直齿圆柱齿轮。

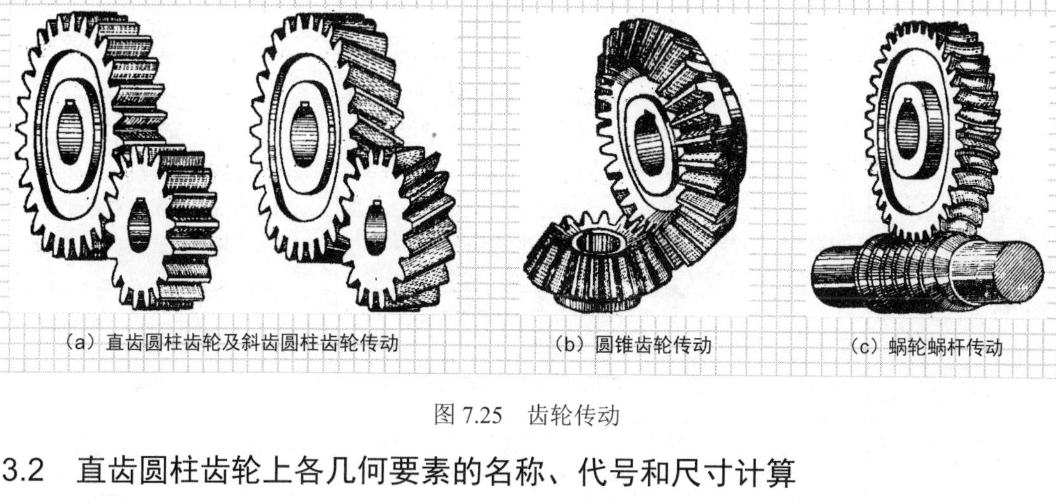

(a) 直齿圆柱齿轮及斜齿圆柱齿轮传动　　(b) 圆锥齿轮传动　　(c) 蜗轮蜗杆传动

图 7.25　齿轮传动

7.3.2　直齿圆柱齿轮上各几何要素的名称、代号和尺寸计算

直齿圆柱齿轮的齿廓形状及尺寸，在两端面上完全相同，轮齿各部分名称及尺寸关系参

看图 7.26，标准直齿圆柱齿轮的基本独立参数是模数 m、齿数 z 和压力角 α，其余参数可由模数 m 和齿数 z 计算出来，其各部分尺寸的计算公式见表 7.4。

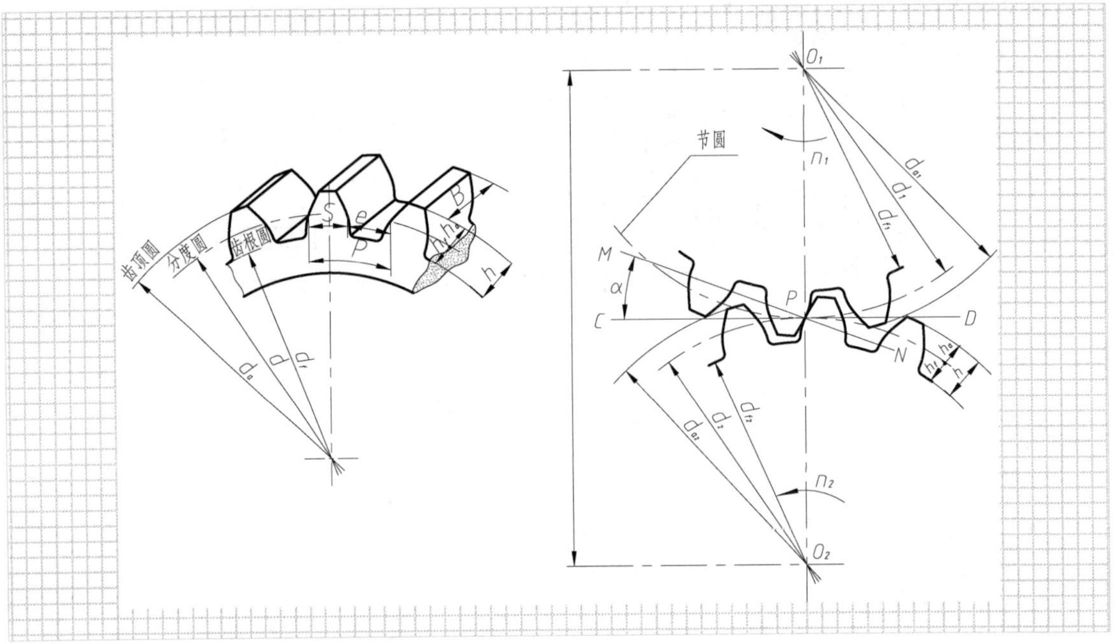

图 7.26 直齿圆柱各部分名称及尺寸

表 7.4 标准直齿圆柱齿轮的基本术语和参数计算公式（摘自 GB/T 3374.1—2010）

术语名称和参数	概 念	计 算 公 式
模数 m	分度圆上的齿距 p 除以π所得的商，单位为 mm。模数 m 表征轮齿的大小，m 变大，轮齿随之变厚变高，齿槽也变大。标准模数见表 7.5	$m=\frac{p}{\pi}=\frac{d}{z}$
齿数 z	一个齿轮的轮齿总数。齿数 z 和齿距 p 的乘积即分度圆周长 C，则分度圆直径 d 等于模数 m 和齿数 z 的乘积，所以齿数 z 由齿轮的模数 m 和直径 d 决定	$C=pz=\pi mz \Rightarrow d=mz$
压力角 α 和啮合角 α'	过齿廓与分度圆的交点 P，连心线 O_1O_2 与齿廓切线的夹角，称为压力角（分度圆压力角）。两相啮合的轮齿齿廓在交点 P 处的公法线 MN 与两节圆的内公切线 CD 所夹的锐角，称为啮合角，即两齿轮受力方向与运动方向的夹角。两齿轮标准装配时，啮合角 α' 等于压力角 α	$\alpha=20°$
分度圆（直径 d）	齿轮上一个约定的圆柱面，作为确定齿轮各部分尺寸的基准。在标准齿轮上，分度圆位于齿厚 s 等于槽宽 e 的位置	$D=mz$
节圆（直径 d_1、d_2） 节点 P	两齿轮传动时，在连心线 O_1O_2 上两齿的接触点 P 处，两齿轮的圆周速度相等，以 O_1P 和 O_2P 为半径的两个圆称为齿轮的节圆。很显然，两个节圆相切于 P 点，P 点称为节点。标准装配时，节圆和分度圆重合	$d_1=mz_1$ $d_2=mz_2$
齿顶圆（直径 d_a）	通过齿顶的圆柱面	$d_a=d+2h_a=m(z+2)$
齿根圆（直径 d_f）	通过齿根（齿槽底面）的圆柱面	$d_f=d-2h_f=m(z-2.5)$

续表

术语名称和参数	概　念	计算公式
齿顶高 h_a	分度圆到齿顶圆之间的轮齿高度，在标准齿轮上其值等于模数 m	$h_a=m$
齿根高 h_f	分度圆到齿根圆之间的轮齿高度，在标准齿轮上其值等于 $1.25m$	$h_f=1.25m$
齿高 h	齿顶圆到齿根圆之间的轮齿总高度	$h=h_a+h_f=2.25m$
齿距 p	分度圆上相邻两齿对应点之间的弧长	$p=\pi m$
齿厚 s	在分度圆上，轮齿厚度弧长	$s=\frac{p}{2}=\frac{\pi m}{2}$
槽宽 e	在分度圆上，表示齿槽宽度的弧长	$e=\frac{p}{2}=\frac{\pi m}{2}$
中心距 a	齿轮副的两轴线之间的最短距离，标准装配时等于两齿轮分度圆半径之和	$a=\frac{1}{2}(d_1+d_2)=\frac{m}{2}(z_1+z_2)$
传动比 i	相啮合两齿轮的转速之比，齿轮的转速与齿数成反比，一般以 n_1、n_2 表示两啮合齿数的转速	$i=\frac{n_1}{n_2}=\frac{z_2}{z_1}$

由以上关系可知，模数相同的两齿轮才能互相啮合。模数是计算齿轮各部分尺寸的一个基本参数，模数大的齿轮，其他尺寸也相应变大。由于不同模数的齿轮，需用相应的齿轮刀具加工，为了使设计和刀具系列化（减少刀具数量），国家标准对模数规定了标准数值，见表 7.5。

表 7.5　渐开线圆柱齿轮标准模数（摘自 GB/T 1357－2008）　（mm）

第一系列	1　1.25　1.5　2　2.5　3　4　5　6　8　10　12　16　20　25　32　40　50
第二系列	1.125　1.375　1.75　2.25　2.75　3.5　4.5　5.5　（6.5）　7　9　11　14　18　22　28　36　45

注：本标准适用于渐开线圆柱齿轮，对斜齿轮是指法向模数。选取时优先采用第一系列，括号内的模数尽可能不用。

7.3.3　圆柱齿轮的规定画法

国家标准 GB/T 4459.2－2003《齿轮画法》中规定了齿轮的规定画法。

1．单个齿轮的画法

单个齿轮的规定画法（图 7.27）如下：

（1）齿顶圆和齿顶线用粗实线绘制。

（2）分度圆和分度线用细点画线绘制。

（3）齿根圆和齿根线用细实线绘制，也可省略不画；在剖视图中，齿根线用粗实线绘制。

（4）剖视图中，当剖切平面通过齿轮轴线时，轮齿部分按不剖绘制。

（5）当需要表示齿轮轮齿方向时（如斜齿圆柱齿轮），可在平行于轴线的视图中画三条与齿向一致的互相平行的细实线，如图 7.27（c）所示，但直齿轮不需表示。

图 7.28 中所示的是某直齿圆柱齿轮减速器中的一个齿轮。在齿轮的零件图中，应注出齿顶圆直径、分度圆直径和轮齿的宽度 b（如图 7.28 中的尺寸 $26^{\ 0}_{-0.1}$），其余部分的尺寸按零件图的尺寸注法标注。与其他一般的零件图不同的是，在齿轮零件图中，需在图框右上角画出一个参数表，填入齿轮的模数、齿数、压力角等参数。

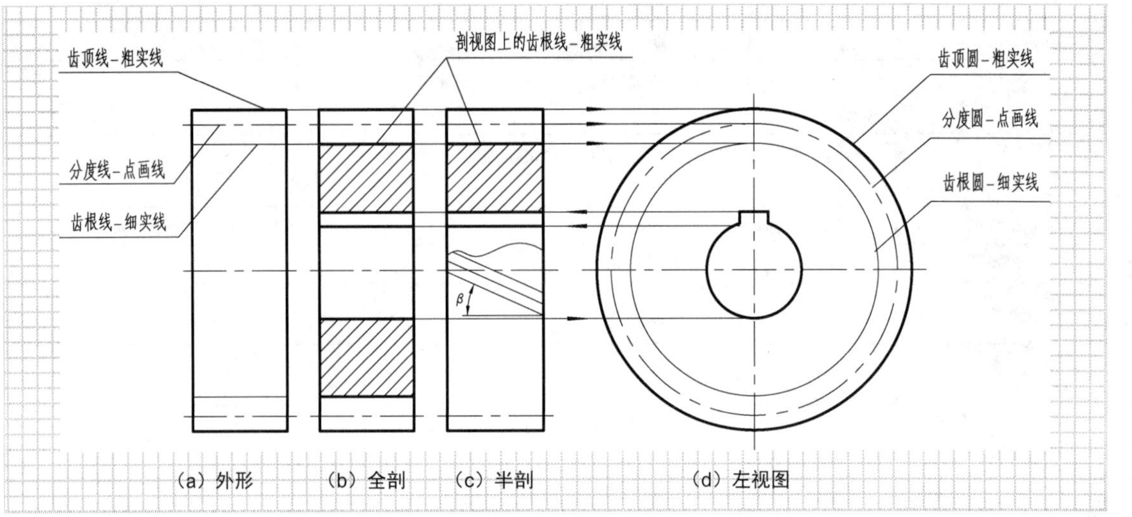

图 7.27 单个圆柱齿轮的画法

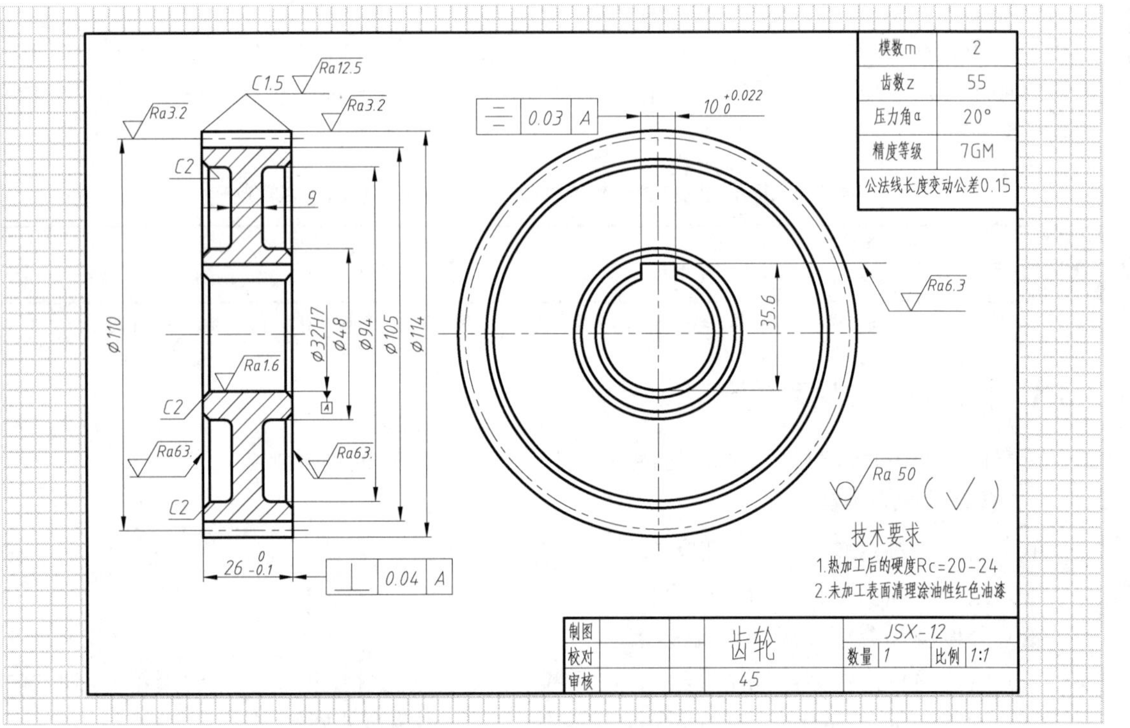

图 7.28 直齿圆柱齿轮零件图

2. 一对圆柱齿轮啮合的画法

两啮合齿轮的画法如图 7.29 所示。

(1) 在垂直于齿轮轴线的投影面的视图上，两齿轮的节圆相切，啮合区的齿顶线用粗实线绘制，如图 7.29（a）的左视图，也可省略不画，如图 7.29（b）的左视图。

(2) 在平行于齿轮轴线的视图上，当剖切平面通过两啮合齿轮的轴线时，在啮合区内节圆线用细点画线绘制；一个齿轮的齿顶线和齿根线均画成粗实线；另一个齿轮的齿根线用粗实线绘制，而被遮住部分齿轮的齿顶线用虚线绘制，如图 7.29（a）中的主视图，也可省略不画。如不剖切，啮合区内的齿顶线、齿根线不必画，节线用粗实线，如图 7.29（b）中的三种圆柱齿轮（直齿轮、斜齿轮、人字形齿轮）的主视图所示。

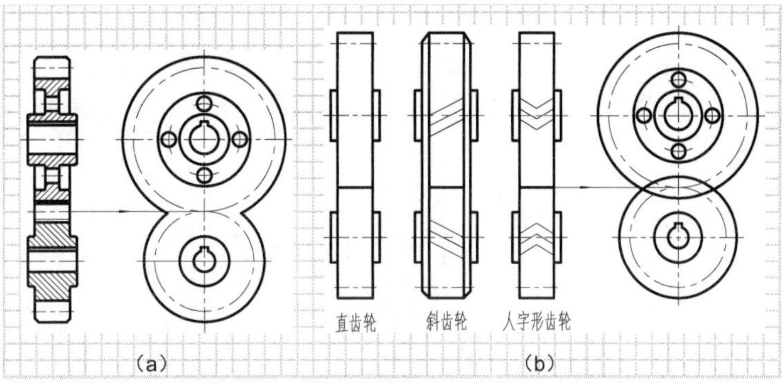

图 7.29　圆柱齿轮的啮合画法

啮合区以外的其他部分，仍按零件图的表达方法及轮齿部分规定画法绘制。

两圆柱齿轮啮合区的放大图及规定画法的投影关系，如图 7.30 所示。

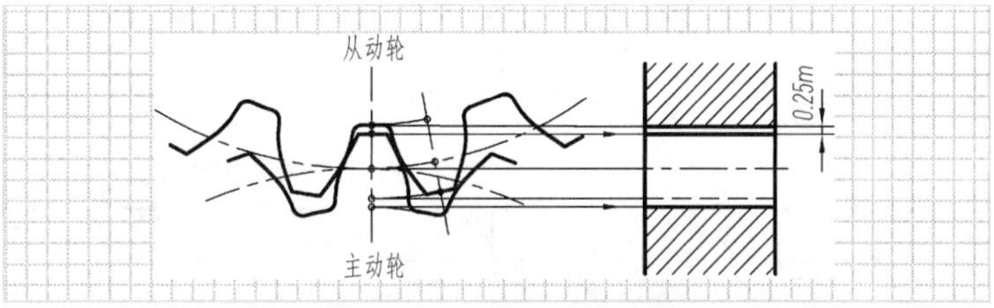

图 7.30　圆柱齿轮啮合区放大图

3. 齿轮齿条啮合的画法

当齿轮的直径无限大时，齿轮就成为了齿条，如图 7.31（a）所示。此时齿顶圆、齿根圆和分度圆及齿廓曲线（渐开线）都变成了直线。齿轮与齿条啮合的首要条件是，齿条与齿轮的模数和齿形角均应相同。啮合时，齿轮作旋转运动，齿条则作直线运动。

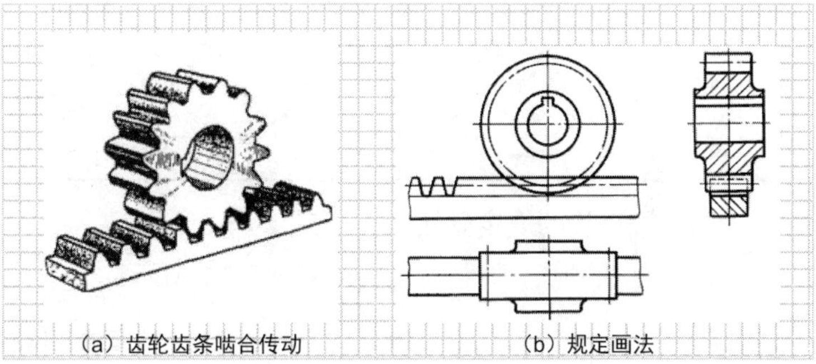

图 7.31　齿轮齿条啮合的画法

齿轮齿条啮合的画法与两圆柱齿轮啮合的画法基本相同，如图 7.31（b）所示。在主视图中，齿轮的节圆与齿条的节线相切。在全剖的左视图中，应将啮合区的齿顶线之一画成粗实线，另一轮齿被遮挡部分画成虚线或省略不画。

7.3.4　圆锥齿轮简介

锥齿轮常用于垂直相交轴齿轮副传动。锥齿轮的主视图常画成剖视图，啮合区的画法与圆柱齿轮的画法相似，左视图按两轮齿的外形轮廓画出。

1. 标准直齿圆锥齿轮的基本术语和参数（摘自 GB/T 12368—2000）

直齿圆锥齿轮的轮齿切制在圆锥面上，因此轮齿的齿厚、直径及模数均沿大端到小端变化。为计算和制造的方便，规定以大端模数为依据，其模数系列与直齿圆柱齿轮的模数系列相同。

直齿锥齿轮各部分名称如图 7.32 所示。

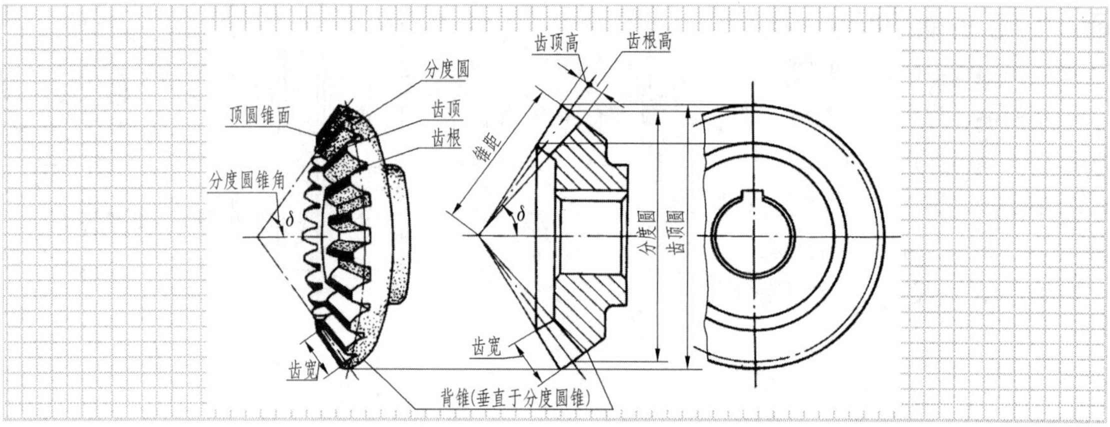

图 7.32　直齿圆锥齿轮各部分名称

直齿圆锥齿轮各部分尺寸计算公式如表 7.6 所示。

表 7.6　直齿圆锥齿轮各部分尺寸计算公式

名　　称	代　　号	计 算 公 式
分度圆直径	D	$D=mz$
齿　顶　高	h_a	$h_a=m$
齿　根　高	h_f	$h_f=1.2m$
齿顶圆直径	d_a	$d_a=m+(z+2\cos\delta)$
齿根圆直径	d_f	$d_f=m(z-2.4\cos\delta)$
锥　距	R	$R=mz/(2\sin\delta)$
齿　宽	b	$B\leqslant R/3$

2. 圆锥齿轮的规定画法

圆锥齿轮的规定画法及作图步骤如表 7.7 所示。

表 7.7　圆锥齿轮的规定画法及作图步骤

单个圆锥齿轮的画法	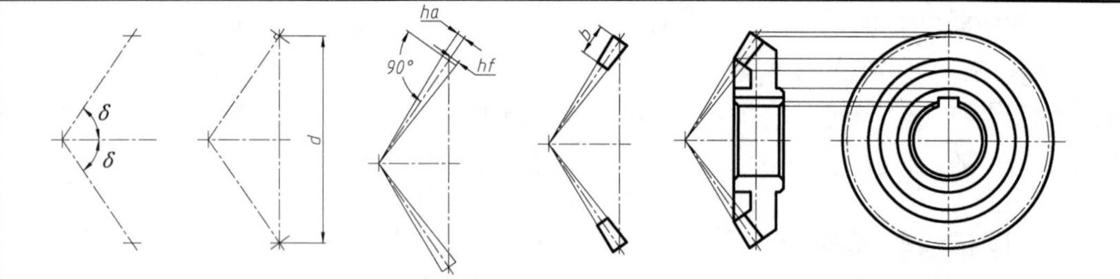 （a）步骤 1　（b）步骤 2　（c）步骤 3　（d）步骤 4　（e）完成规定画法
圆锥齿轮的啮合画法	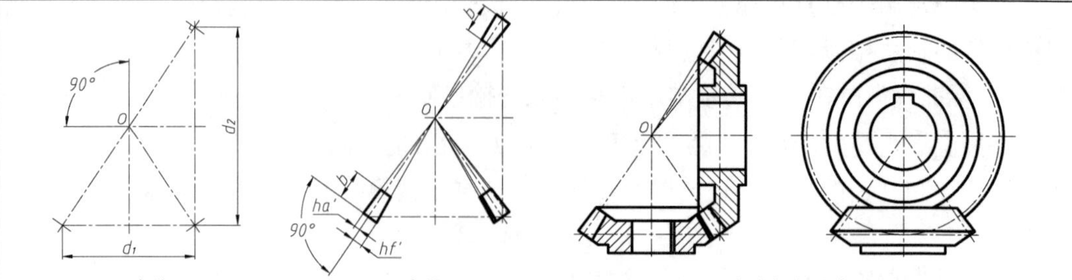 （a）步骤 1　（b）步骤 2　（c）完成规定画法

3. 直齿圆锥齿轮工作图示例

直齿圆锥齿轮零件图如图 7.33 所示。

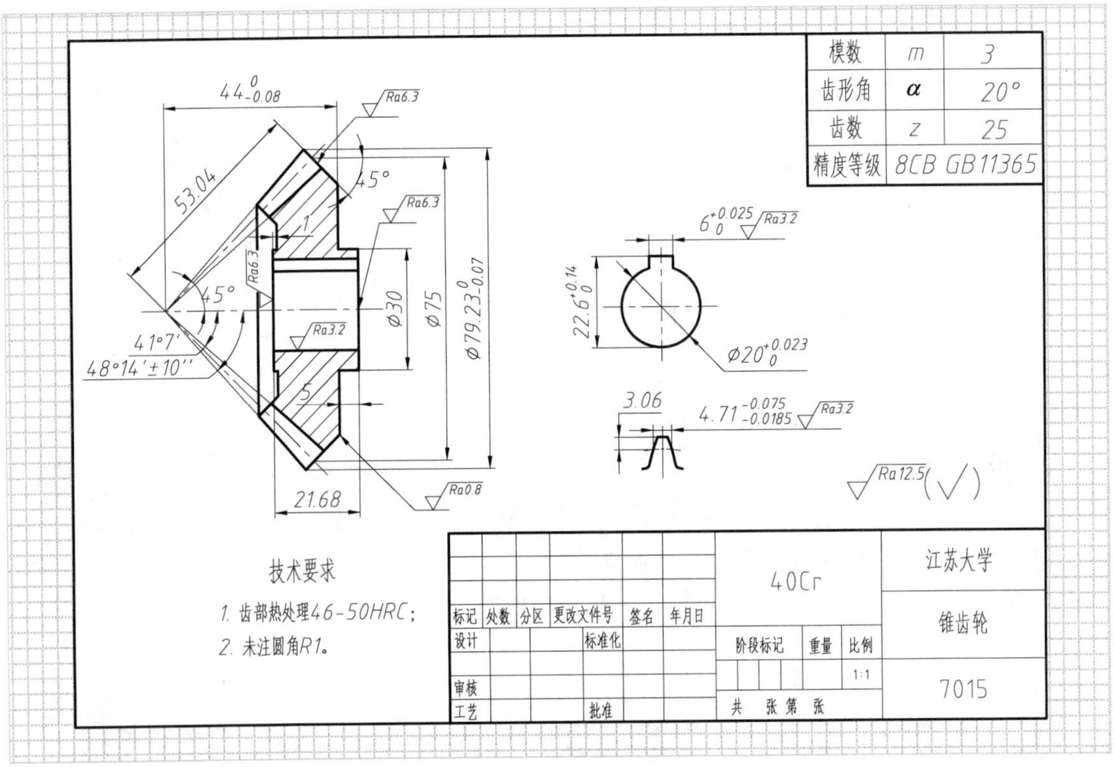

图 7.33　直齿圆锥齿轮零件图

7.4　键及键连接

7.4.1　键的作用及种类

为了使轴和皮带轮装在一起共同转动，通常在轴和皮带轮孔的表面上分别加工出键槽，然后把键放入轴上的键槽内，再将带键的轴一起装入皮带轮孔中，称为键连接，如图 7.34 所示。

键连接多用来传递扭矩。键的种类很多，常用的键有普通平键、半圆键、钩头楔键和花键等（图 7.35）。

键是标准件，它的结构、型式和尺寸都有规定，在设计和画图时，可根据需要从附录中附表 2-1 和附表 2-2 中查取。本节主要介绍普通平键及其连接。

键的种类很多，常用的有普通平键、半圆键、钩头楔键等，对于受力较大的场合，往往将多个键均匀地做在轴上，形成花键轴等。其中普通平键分 A 型、B 型、C 型 3 种，如图 7.35 所示。

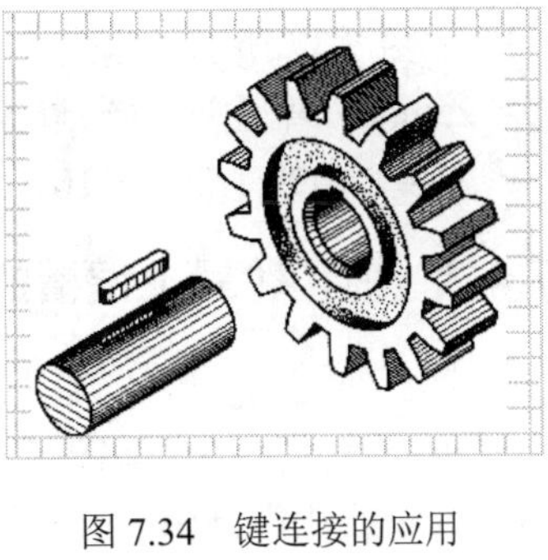

图 7.34　键连接的应用

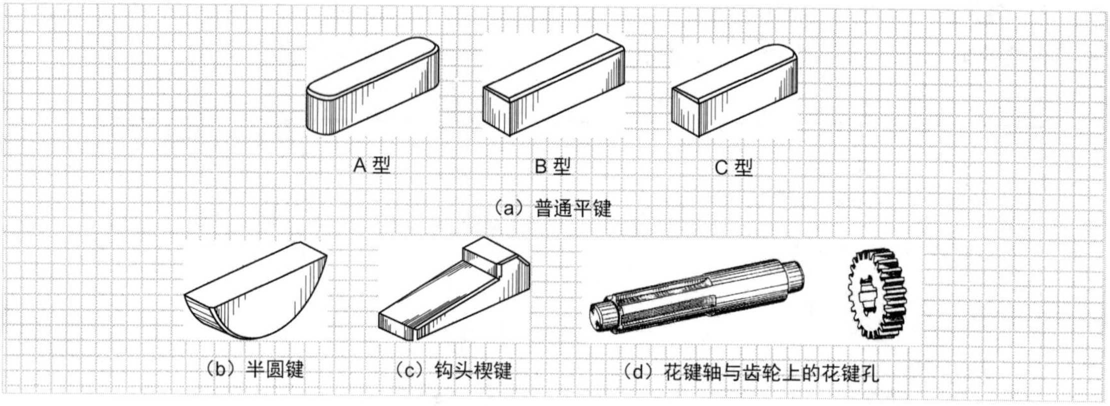

图 7.35 常用的键

7.4.2 常用键的规定画法及标记

1. 普通平键

普通平键分 A 型、B 型和 C 型三种，其中 A 型用的最多，标记中型式“A”字省略。各种普通平键的型式、尺寸及规定标记如图 7.36 所示。普通平键的尺寸查附表 2-1。键的宽度 b 和高度 h 根据轴颈查表选取，而长度 L 可参照轮毂的长度确定，一般选略小于轮毂长度的标准长度。

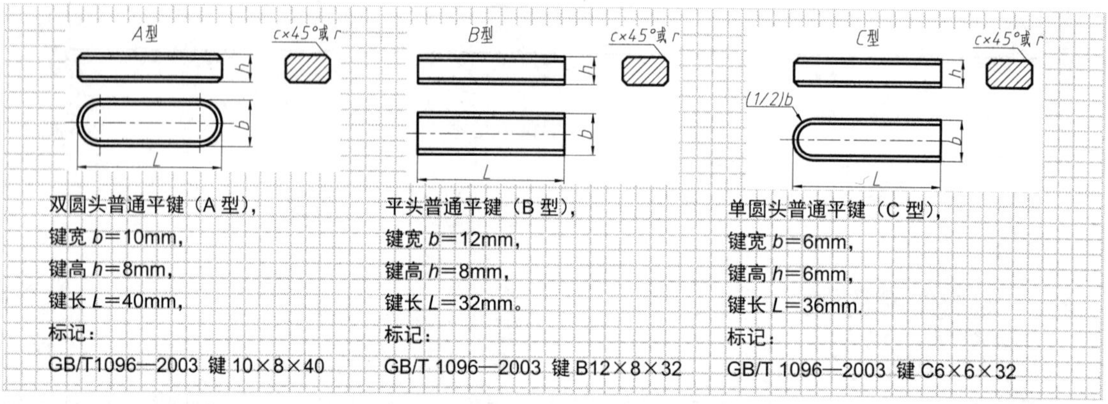

图 7.36 普通平键型式、尺寸和标记

2. 半圆键的型式尺寸及标记（GB/T 1099.1—2003）

如图 7.37 所示，宽度 b=6mm、高度 h=10mm、直径 D=25mm，普通型半圆键的标记如下：

GB/T 1099.1 键 6×10×25

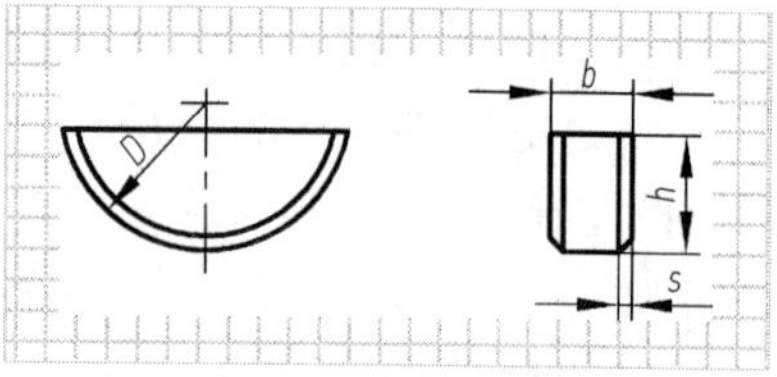

图 7.37 半圆键型式、尺寸和标记

7.4.3 轴和轮毂上键槽的画法和尺寸标注

轴上的键槽一般用铣刀加工，如图 7.38（a）所示，轴上键槽的尺寸注法，如图 7.38（b）所示；轮毂上孔内键槽一般用插刀加工，如图 7.39（a）所示，轮毂孔内键槽的尺寸注法，如图 7.39（b）所示。键及键槽的尺寸可从相应的附录表中选取。

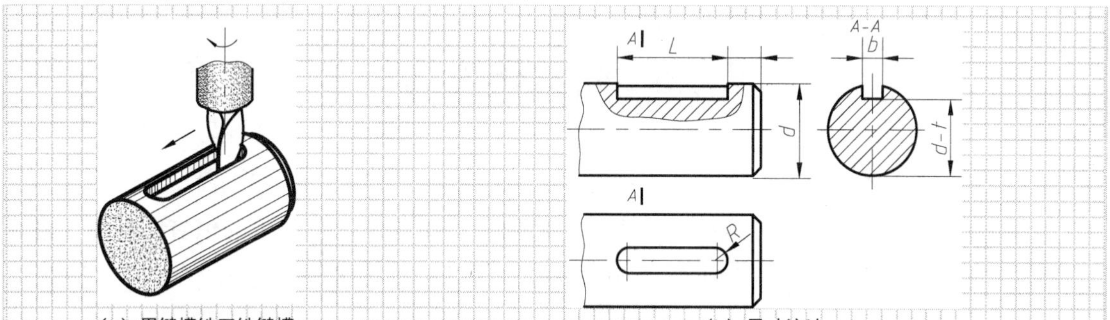

(a) 用键槽铣刀铣键槽　　(b) 尺寸注法

图 7.38　轴上的键槽

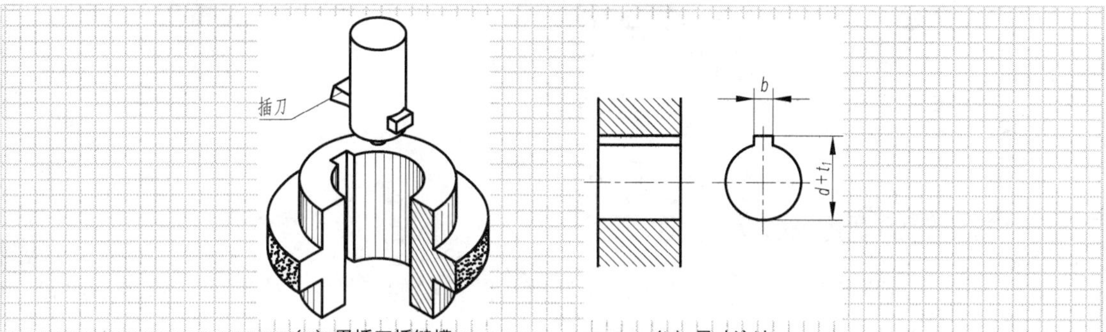

(a) 用插刀插键槽　　(b) 尺寸注法

图 7.39　孔内的键槽

7.4.4　键的连接画法

普通平键和半圆键的两个侧面是工作面，所以键与键槽侧面之间不留间隙；而键顶面是非工作面，它与轮毂的键槽顶面之间留有间隙。钩头楔键的顶面有 1∶100 的斜度，连接时将键打入键槽，因此，键的顶面和底面为工作面，画图时，上、下表面与键槽接触，而两个侧面留有间隙。

如图 7.40 所示，普通平键的两侧面是工作面，因此，键与键槽沿宽度方向的公称尺寸相等，装配后两侧面接触，故应画成一条线；轮毂上键槽的顶面与键的顶面不接触，应画成两条线。为表示键的底面与轴上键槽底部接触的安装情况，轴上键槽部分常采用局部剖。

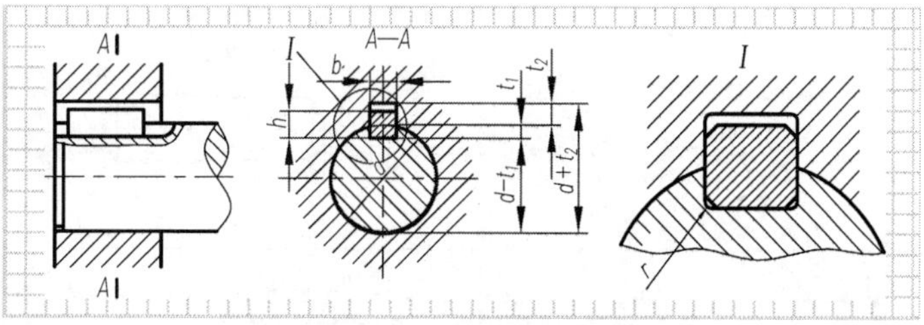

图 7.40　普通平键连接画法

图 7.41 和图 7.42 分别给出了半圆键和钩头楔键的画法示例。

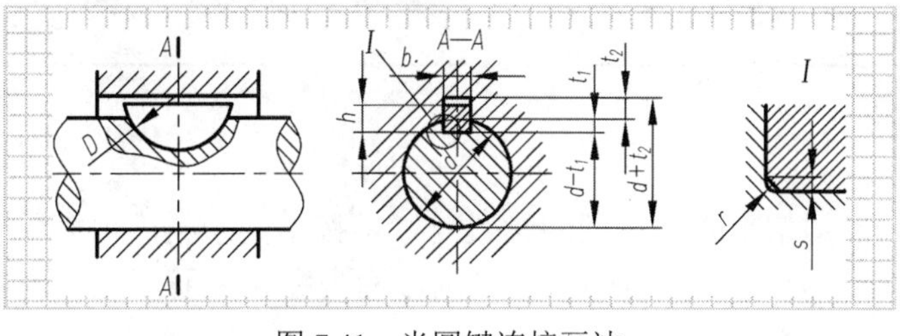

图 7.41　半圆键连接画法

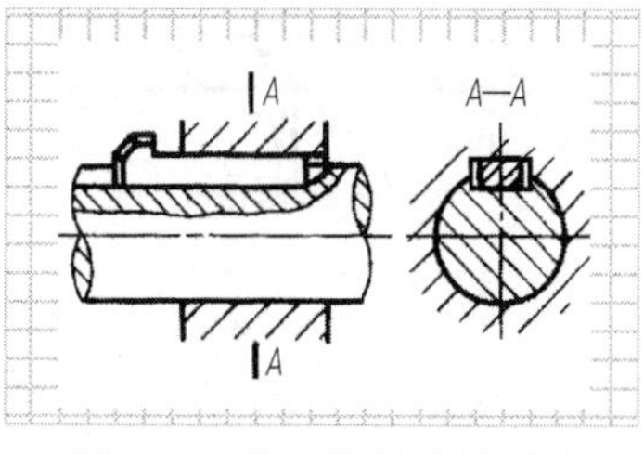

图 7.42　钩头楔键连接画法

7.5 销及销连接

7.5.1 销的作用及种类

销在机器中一般用来定位或传递动力，也可用于连接或锁紧。常用的销有圆柱销、圆锥销和开口销等，如图 7.43 所示。它们的结构形状和尺寸均已标准化。

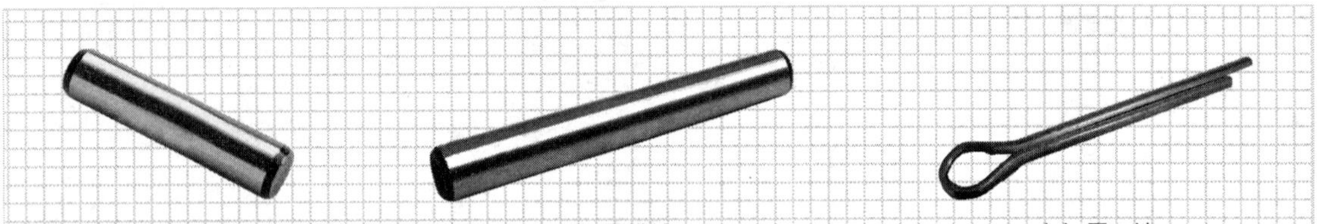
(a) 圆柱销　(b) 圆锥销　(c) 开口销

图 7.43　常用的销

7.5.2 常用销的规定画法及标记

销的形式和规定标记如表 7.8 所示。圆柱销与圆锥销的尺寸分别在 GB/T 119—2000 和 GB/T 117—2000 中作了规定，见附录中附表 2-3 和附表 2-4。

表 7.8　销的形式和规定标记

名称及标准	图　例	标　记
圆柱销 GB/T 119—2000	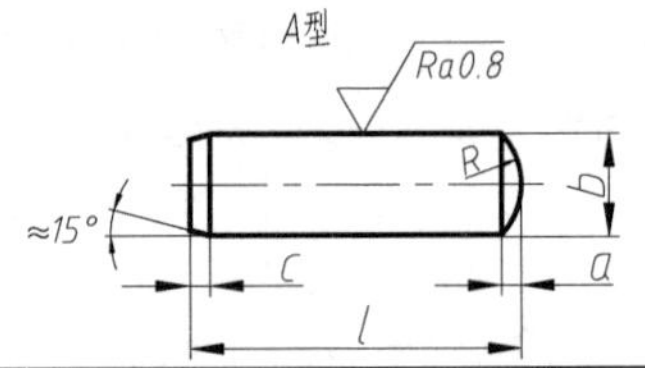	公称直径 d=8mm、长度 l=30mm, 材料为 35 钢，热处理硬度 HRC28～38,表面氧化处理的 A 型**圆柱销**： 销 GB/T 119 A 8×30（d×l）
圆锥销 GB/T 117—2000	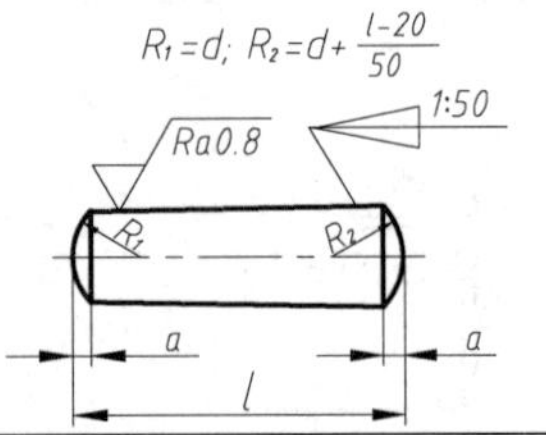	公称直径 d=10mm、长度 l=60mm, 材料为 35 钢，热处理硬度 HRC28～38, 表面氧化处理的 A 型**圆锥销**： 销 GB/T 117 A10×60（d×l）
开口销 GB/T 91—2000	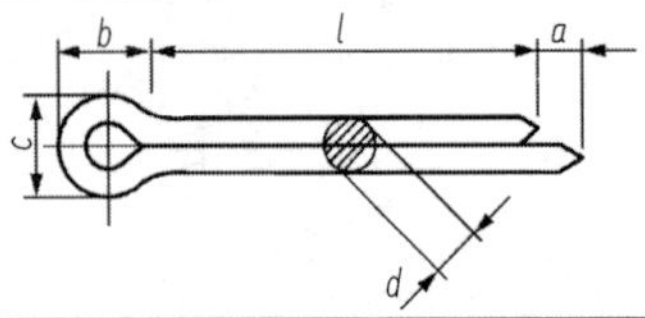	公称直径 d=5mm、长度 l=50mm、材料为低碳钢、不经表面处理的开口销： 销 GB/T 91 5×50

7.5.3 销的连接画法

销连接的画法如图 7.44 所示，当剖切平面通过销的轴线时，销按不剖绘制，轴取局部剖。在连接中，销的回转面是工作面，故与销孔的内圆柱或圆锥面为配合表面，应画公共轮廓线。

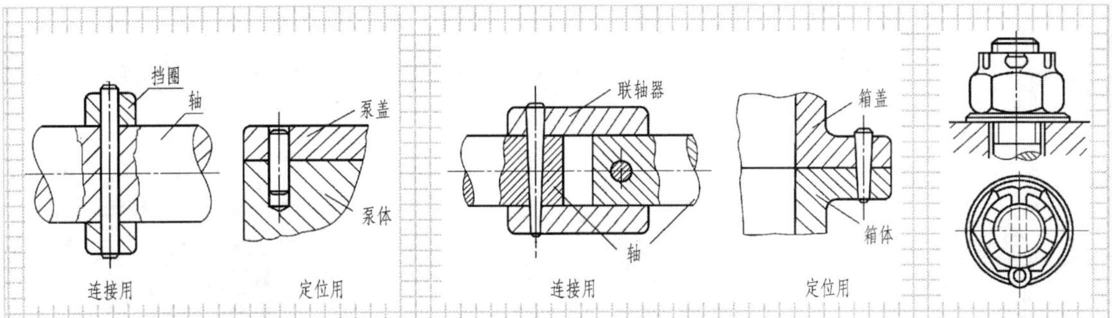

（a）圆柱销连接　（b）圆锥销连接　（c）开口销连接

图 7.44　销连接的画法

7.5.4　销孔的加工及其尺寸注法

圆柱销与圆锥销的销孔加工和尺寸注法如图 7.45 所示。对被连接零件的销孔，通常要求两个零件上同时加工，加工时首先用钻头钻孔，再用铰刀精加工。并且，在图样中标注销孔尺寸时一般要注写“装配时作”的字样。

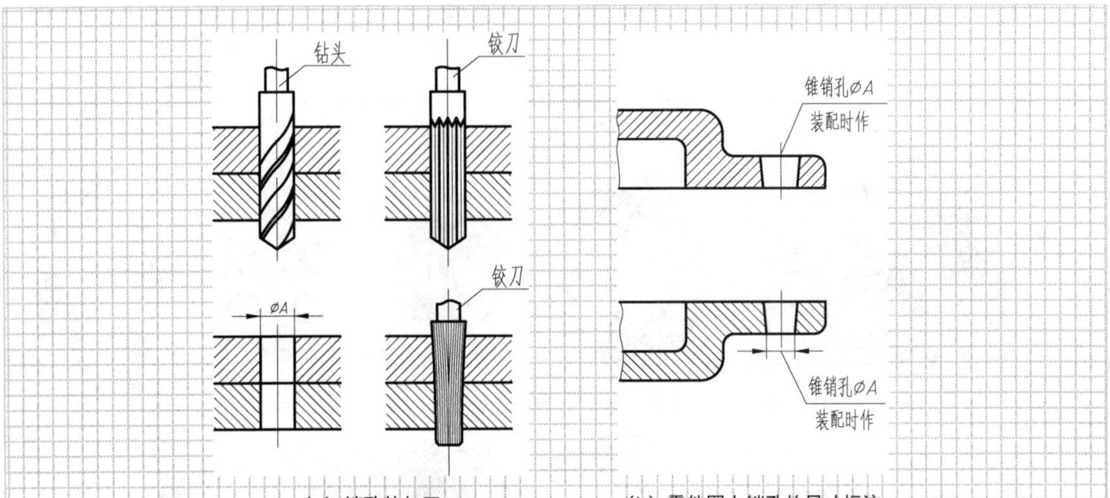

（a）销孔的加工　（b）零件图上销孔的尺寸标注

图 7.45　销孔加工及尺寸标注

7.6　滚动轴承及其规定画法

机器中支承轴的零（部）件称为轴承。常见的轴承有滚动轴承和滑动轴承。由于滚动轴承具有摩擦阻力小、能承受轴向或径向负荷、结构紧凑及互换性好等优点，故在工业生产中得到广泛应用。

7.6.1　滚动轴承的分类及作用

滚动轴承按其受力方向分为 3 类。

（1）向心轴承：适用于承受径向载荷，如图 7.46（a）所示的深沟球轴承。

（2）推力轴承：适用于承受轴向载荷，如图 7.46（b）所示的推力球轴承。

（3）向心推力轴承：适用于同时承受径向载荷和轴向载荷，如图 7.44（c）所示的圆锥滚子轴承。

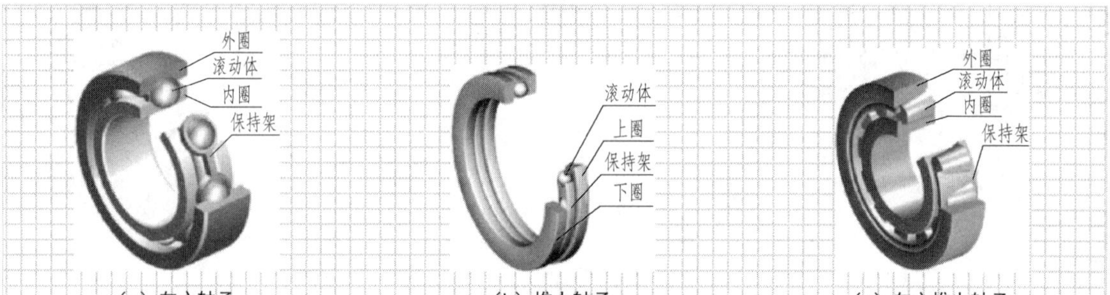

（a）向心轴承　（b）推力轴承　（c）向心推力轴承

图 7.46　滚动轴承的分类

滚动轴承种类很多，但它们的结构相似，一般由外圈、内圈、滚动体和保持架组成，如图 7.46 所示。安装时，其外圈装在机座的孔内，内圈套在轴上，在大多数情况下是外圈固定不动而内圈随轴转动。常见的几种滚动轴承的结构如表 7.9 所示。

表 7.9　滚动轴承结构

名称		整体形式	外　圈	内　圈	滚　动　体	保持架（器）
深沟球轴承	属向心轴承		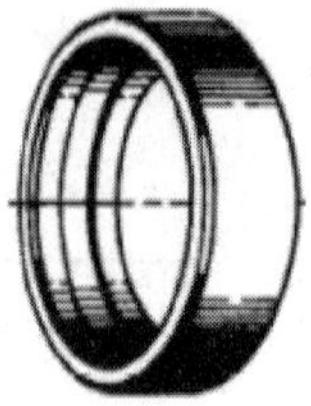		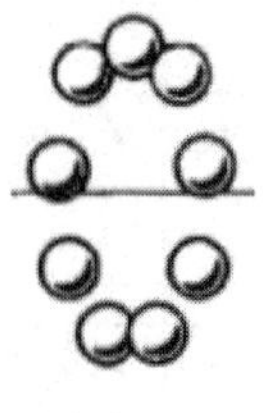	
推力球轴承	属推力轴承					
圆锥滚子轴承	属向心推力轴承		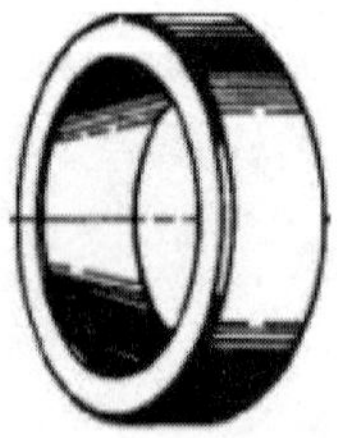		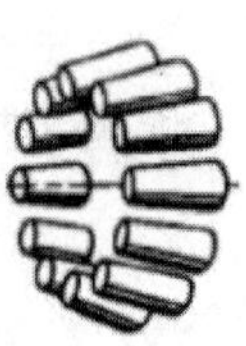	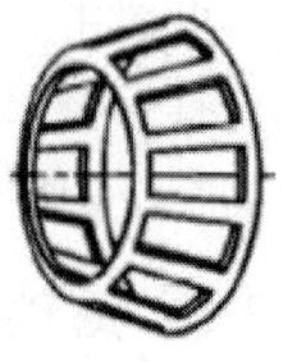

7.6.2　滚动轴承的结构及画法

国家标准 GB/T4459.7 中规定了装配图中滚动轴承可采用通用画法、特征画法和规定画法，如表 7.10 所示。上述三种画法中的各种符号、矩形线框和轮廓线均用粗实线绘制。

各种画法的应用分述如下。

通用画法是指在剖视图中，当不需要确切地表示滚动轴承的外形轮廓、载荷特性、结构特征时，可用矩形线框及位于线框中央正立的十字形符号表示。十字符号不应与矩形线框接触。

特征画法是指在剖视图中，如需要较形象地表示滚动轴承的结构特征，可采用在矩形线框内画出其结构要素符号的方法表示。

规定画法是指在剖视图中为了较详细地表示滚动轴承的结构和安装方法。

深沟球轴承、圆柱滚子轴承、圆锥滚子轴承和推力球轴承的代号及尺寸，可分别从附录中附表 2-6、附表 2-7、附表 2-8 和附表 2-9 中查出。

表 7.10　几种滚动轴承的表示法

<table>
<tr><th>名称、类型及标准号</th><th>通用画法</th><th>特征画法</th><th>规定画法</th><th>装配画法示意图</th></tr>
<tr><td>深沟球轴承
GBT/T276
（60000 型）
</td><td rowspan="2">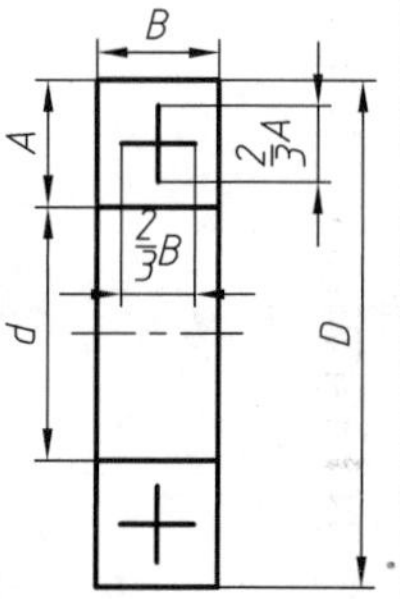</td><td rowspan="2">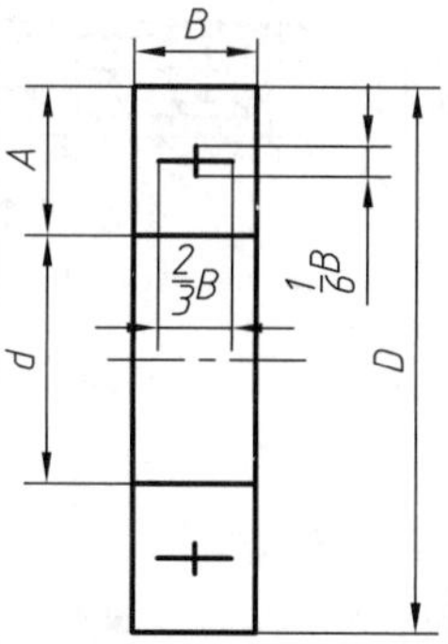</td><td>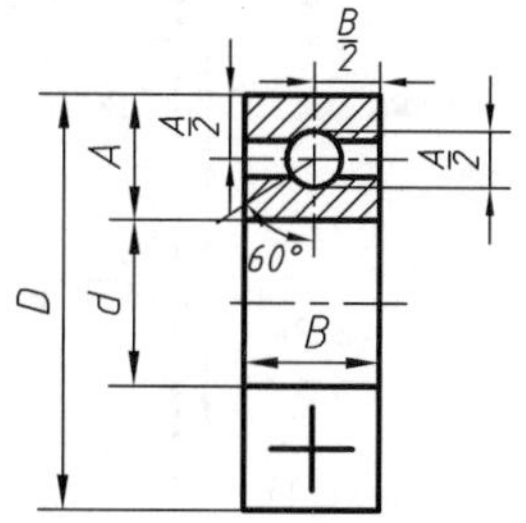</td><td>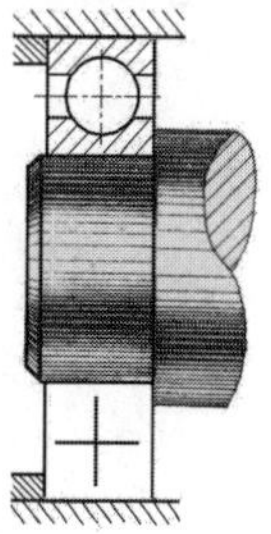</td></tr>
<tr><td>圆柱滚子轴承
GBT/T283
（NU 型）
</td><td>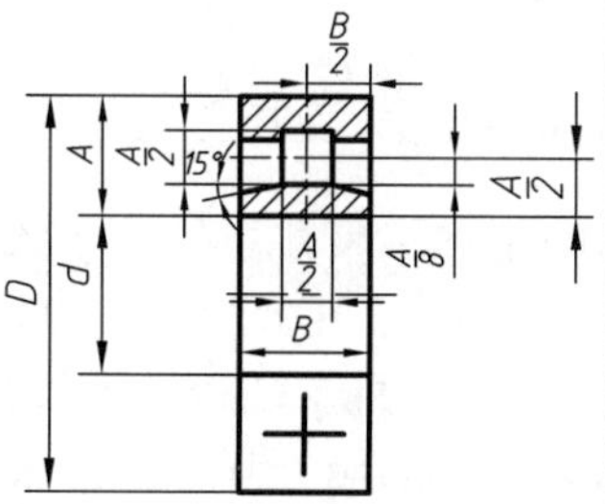</td><td>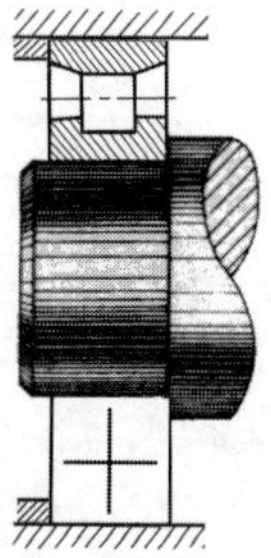</td></tr>
<tr><td>圆锥滚子轴承
GB/T297
（3000 型）
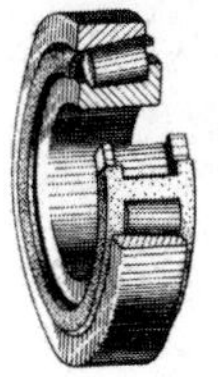</td><td></td><td>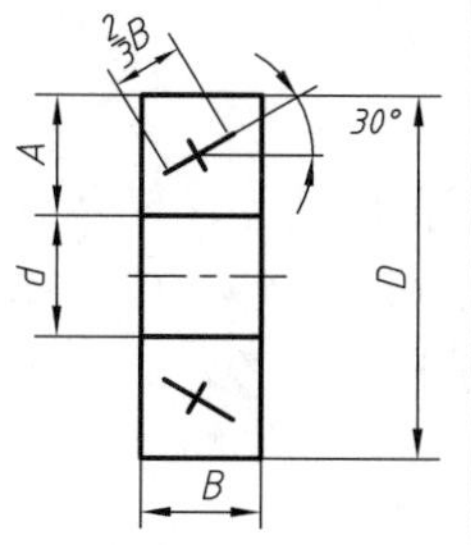</td><td>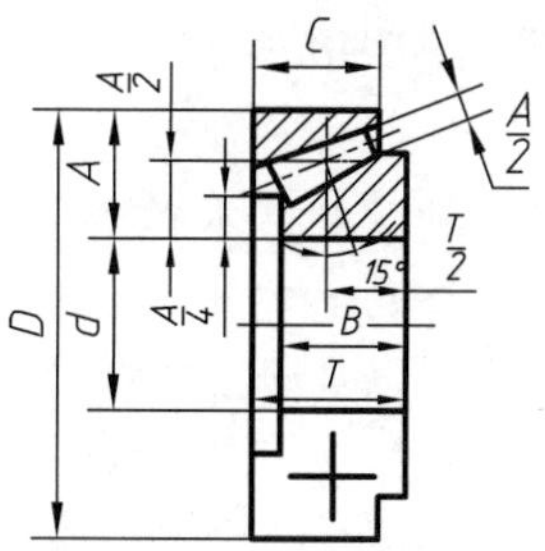</td><td>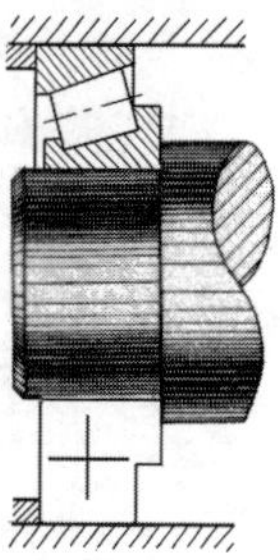</td></tr>
</table>

续表

名称、类型及标准号	通用画法	特征画法	规定画法	装配画法示意图
推力球轴承 GB/T301 （51000 型） 	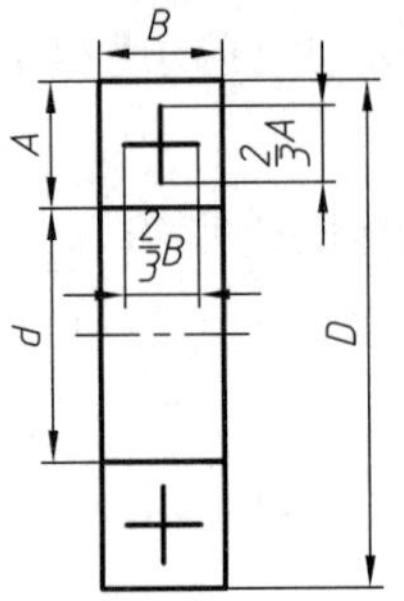	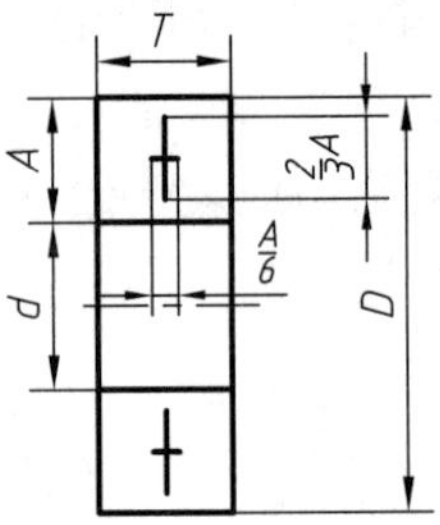	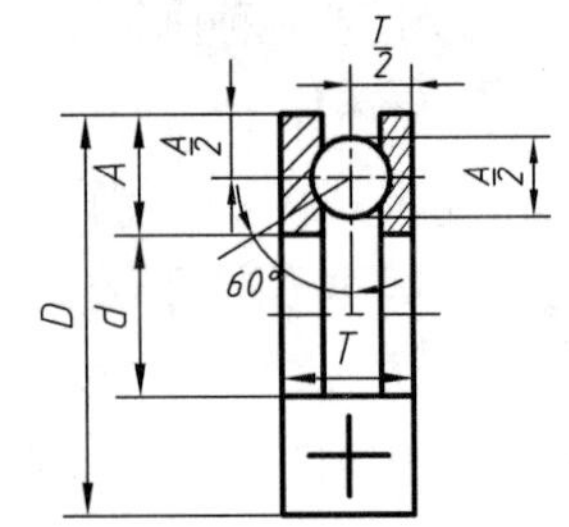	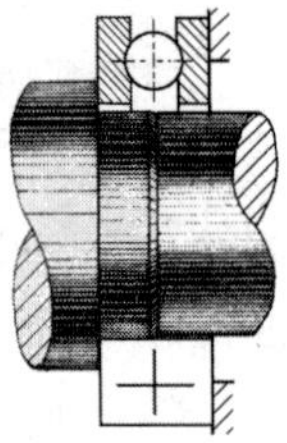

【装配图中滚动轴承的画法示例】图 7.47 表示的是某传动箱中传动轴两端的支承情况。传动轴的主体上有 5 段直径不等的圆柱段，其中直径最大的一段轴两端由一对向心球轴承支承，轴承外圈与机架之间、内圈与轴之间分别持过盈配合，以保证两者间无相对转动；右端较小直径的轴段采用了一对推力球轴承，以保持工作时衬套可随轴转动又不至于在轴向推力作用下向两侧滑移。几个轴承内、外圈分别由卡环、轴肩、挡圈、锁紧螺母和端盖轴向定位。

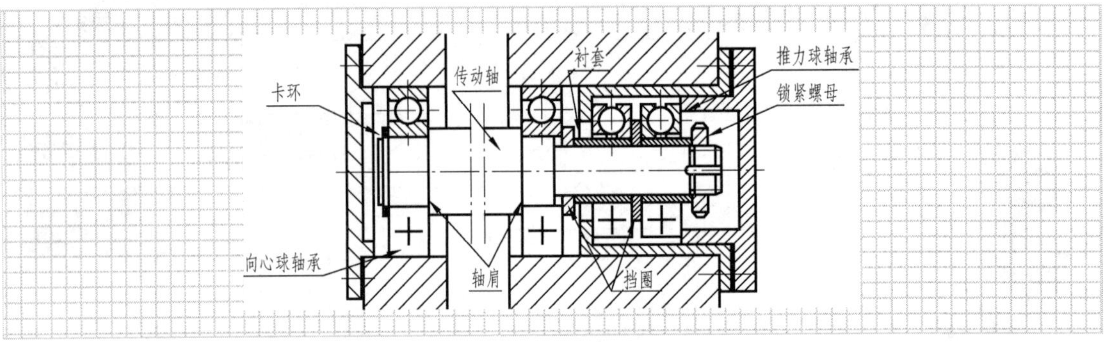

图 7.47　装配图中滚动轴承的画法示例

7.6.3　滚动轴承的代号和标记

滚动轴承的结构及尺寸系列已标准化，属于标准组件，国家标准 GB/T 272—1993 规定了滚动轴承的代号。滚动轴承的代号由基本代号、前置代号和后置代号构成。其中，基本代号又由轴承类型代号、尺寸系列代号和内径代号构成。其排列顺序如图 7.48 所示。

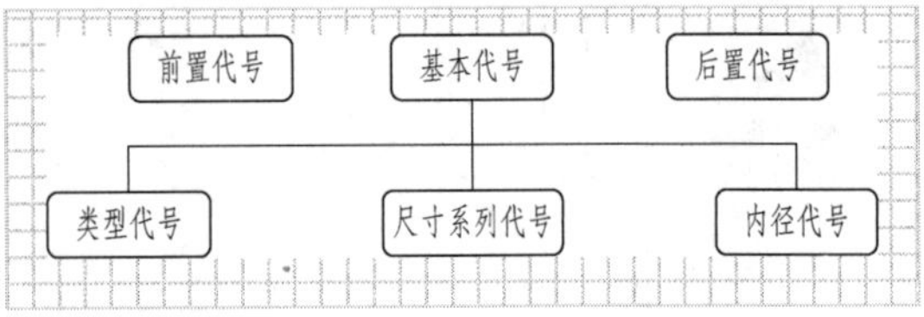

图 7.48　滚动轴承的代号和标记

1. 基本代号

基本代号表示轴承的基本类型、结构和尺寸，是轴承代号的基础。滚动轴承（滚针轴承除外）外形尺寸符合 GB273.1、GB273.2、GB273.3、GB3882 任一标准规定的外形尺寸。

（1）类型代号。轴承的类型代号用数字或字母表示，如表 7.11 所示。

表 7.11　类型代号

代　号	轴承类型	代　号	轴承类型
0	双列角接触球轴承	7	角接触球轴承
1	调心球轴承	8	推力圆柱滚子轴承
2	调心滚子轴承和推力调心滚子轴承	N	圆柱滚子轴承 双列或多列用字母 NN 表示
3	圆锥滚子轴承		
4	双列深沟球轴承	U	外球面球轴承
5	推力球轴承	QJ	四点接触球轴承
6	深沟球轴承		

（2）内径代号。内径代号表示轴承的公称内径。常用的滚动轴承内径 d 为 20～480mm，其代号中的数字意义见表 7.12。

表 7.12　内径代号

轴承公称内径 d / mm		内径代号
0.6～10（非整数）		用公称内径毫米数直接表示，用“/”将其与尺寸系列代号分开
1～9（整数）		用公称内径毫米数直接表示，对深沟及角接触球轴承 7、8、9 直径系列，内径与尺寸系列代号之间用“/”分开
10～17	10	00
	12	01
	15	02
	17	03
20～480（22、28、32 除外）		公称内径除以 5 所得商数。商数为个位数时，需在商数左边加“0”，如 08
大于或等于 500 以及 22、28、32		用公称内径毫米数直接表示，用“/”将其与尺寸系列代号分开

（3）尺寸系列代号。尺寸系列代号由轴承的宽（高）度系列代号和直径系列代号组成。向心轴承、推力轴承尺寸系列代号见表 7.13。

表 7.13　尺寸系列代号

直径系列代号	向心轴承								推力轴承			
	宽度系列代号								高度系列代号			
	8	0	1	2	3	4	5	6	7	9	1	2
	尺寸系列代号											
7	—	—	17	—	37	—	—	—	—	—	—	—
8	—	08	18	28	38	48	58	68	—	—	—	—
9	—	09	19	29	39	49	59	69	—	—	—	—
0	—	00	10	20	30	40	50	60	70	90	10	—
1	—	01	11	21	31	41	51	61	71	91	11	—
2	82	02	12	22	32	42	52	62	72	92	12	22
3	83	03	13	23	33	—	—	—	73	93	13	23
4	—	04	—	24	—	—	—	—	74	94	14	24
5	—	—	—	—	—	—	—	—	—	95	—	—

2. 前置代号和后置代号

前置代号和后置代号是轴承在结构形状、尺寸、公差、技术要求等改变时，在基本代号左、右添加的补充代号。而当轴承在结构形状、尺寸、公差、技术要求等不改变时，前置和后置代号省略。

（1）前置代号用字母表示，代号及其含义见表 7.14 所列。

表 7.14　代号及其含义

代　号	含　义	示　例
L	可分离轴承的可分离内圈或外圈	LNU207 LN207
R	不带可分离内圈或外圈的轴承 （滚针轴承仅适用于 NA 型）	RNU207 RNA6904
K	滚子和保持架组件	K81107
WS	推力圆柱滚子轴承轴圈	WS81107
GS	推力圆柱滚子轴承座圈	GS81107

（2）后置代号用字母或加数字表示。

后置代号包括：内部结构代号；密封与防尘套圈变化代号；保持架结构及材料改变代号；轴承材料改变代号；公差等级代号；游隙代号；配置代号及其他，如表 7.15 所列。

表 7.15　后置代号（组）

1	2	3	4	5	6	7	8
内部结构	密封与防尘套圈变化	保持架结构及其材料改变	轴承材料改变	公差等级	游隙	配置	其他

【滚动轴承代号示例】

6 2 1 0 N　GB/T 276—2013

国家标准号

后置代号，表示外圈有止动槽的深沟球轴承

内径代号（公称内径为10×5＝50mm）

尺寸系列代号02

轴承的类型代号（深沟球轴承）

L N 2 0 7　GB/T 283—2007

国家标准号

内径代号（公称内径为7×5=35mm)

尺寸系列代号02

轴承的类型代号（外圈无挡边圆柱滚子轴承）

前置代号，表示可分离轴承的可分离内圈和外圈

3 0 2 1 0 / P 6X　GB/T 297—1994

- 国家标准号
- 后置代号，表示公差等级符合标准规定的6X级
- 内径代号（公称内径为10×5=50mm）
- 尺寸系列代号02
- 轴承的类型代号（圆锥滚子轴承）

7.7　弹簧及其规定画法

7.7.1　常用弹簧及其分类

弹簧是利用材料的弹性形变进行缓冲、复位、储能的机械零件，是机器、车辆、仪表、电气中的一类常用件，它可以起减震、夹紧、储能和测力等作用。其特点是：除去外力后，可立即恢复原状。

弹簧的种类很多，一般按结构或形状分，有螺旋弹簧、板弹簧、碟形弹簧、扭杆弹簧、涡卷弹簧、片状弹簧、环形弹簧、平卷弹簧、恒力弹簧。按变形状况分，有压缩弹簧、拉伸弹簧、扭转弹簧。按材料分，有金属弹簧和非金属弹簧。常见弹簧如图 7.49 所示。

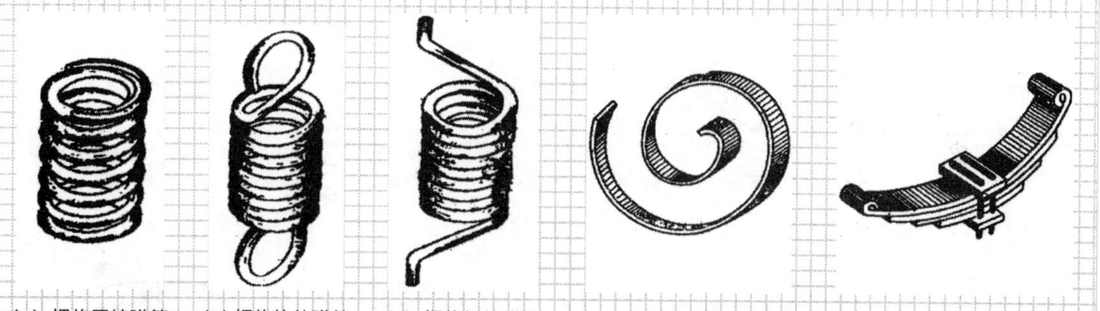

（a）螺旋压缩弹簧　（b）螺旋拉伸弹簧　（c）螺旋扭转弹簧　（d）涡卷弹簧　（e）板弹簧

图 7.49　弹簧的种类

弹簧的应用无处不在。如图 7.50（a）所示轿车后桥上的压缩弹簧和图 7.50（b）所示货车后桥下的板弹簧等。

（a）轿车后桥上的压缩弹簧　（b）货车后桥下的板弹簧

图 7.50　弹簧的应用

7.7.2 圆柱螺旋压缩弹簧的参数

圆柱螺旋压缩弹簧由钢丝绕成，一般将两端并紧后磨平，使其端面与轴线垂直，便于支承。并紧磨平的若干圈不产生弹性变形称为支承圈，通常支承圈圈数有 1.5、2、2.5 三种。

弹簧中参加弹性变形进行有效工作的圈数，称为有效圈数。

弹簧并紧磨平后在不受外力情况下的全部高度，称为自由高度。

圆柱螺旋压缩弹簧的各部分参数见表 7.16。

表 7.16 圆柱螺旋压缩弹簧各部分参数

各参数含义及部分计算公式	规定画法示例
（1）弹簧钢丝直径 d； （2）弹簧外径 D； （3）弹簧内径 D_1：$D_1=D-2d$； （4）弹簧中径 D_2：$D_2=D-d$； （5）弹簧节距 t； （6）有效圈数 n； （7）总圈数 n_1：$n_1=n+$支撑圈数； （8）自由高度 H_0： 支承圈为 2.5 时，$H_0=nt+2d$； 支承圈为 2 时，$H_0=nt+1.5d$； 支承圈为 1.5 时，$H_0=nt+d$	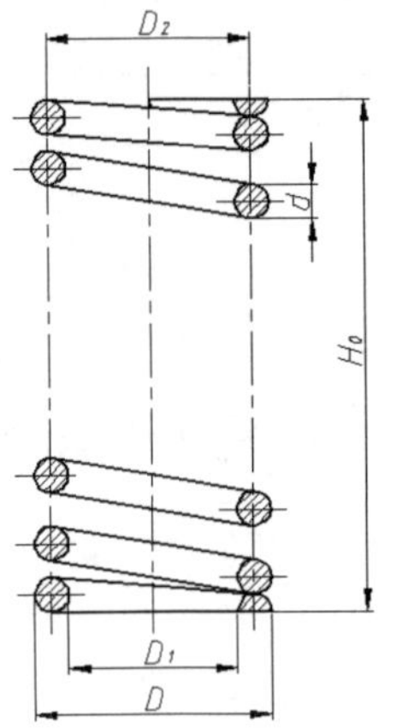

7.7.3 圆柱螺旋压缩弹簧的画法

1. 几项基本规定

（1）在平行于螺旋弹簧轴线的投影面的视图中，其各圈的轮廓线应画成直线，如图 7.51 所示。

（2）螺旋弹簧一般按右旋弹簧绘制，左旋弹簧允许画成右旋，但在标记时，要加注“左”字。对右旋弹簧而言，在平行于弹簧轴线的投影面的视图中，不剖时，根据旋向的右手法则可知，各圈轮廓线为右边高，左边低，而在剖视图中，因为螺旋线的规律，在剖切平面后面的轮廓线则转成了右边低，左边高，如图 7.51 中箭头所指。

（3）螺旋压缩弹簧如果两端并紧磨平时，不论支承圈多少和末端并紧情况如何，均按支承圈为 2.5 的形式画出。四圈以上的弹簧，中间各圈可省略不画，而用通过中径线的点画线连接。

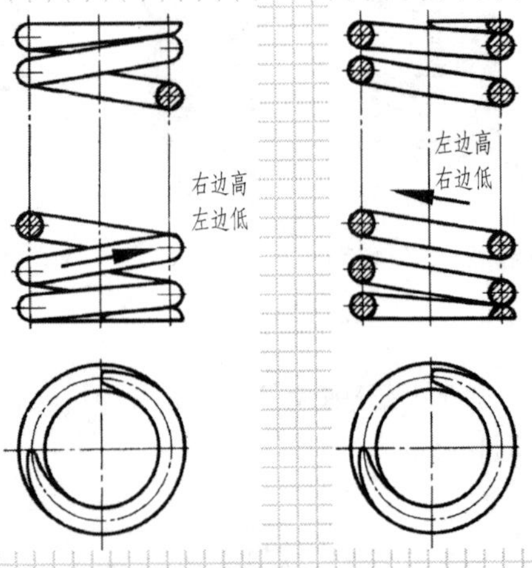

（a）外形视图　　（b）剖视图

图 7.51 右旋圆柱螺旋压缩弹簧的旋向

2. 单个弹簧的画法与标记

以圆柱右旋压缩弹簧为例，其作图步骤如图 7.52 所示。

（a）以自由高度 H_0 和中径 D_2 作矩形 $ABDC$。

（b）画出支承圈。注意上、下端均在右边点画线上首先定下 1.5 圈。

（c）根据节距 t 作簧丝断面。注意左边第二圈的圆心是以右边第一个节距的中点定位的。

（d）按右旋方向作簧丝断面的切线，然后校对、加深、画剖面线。

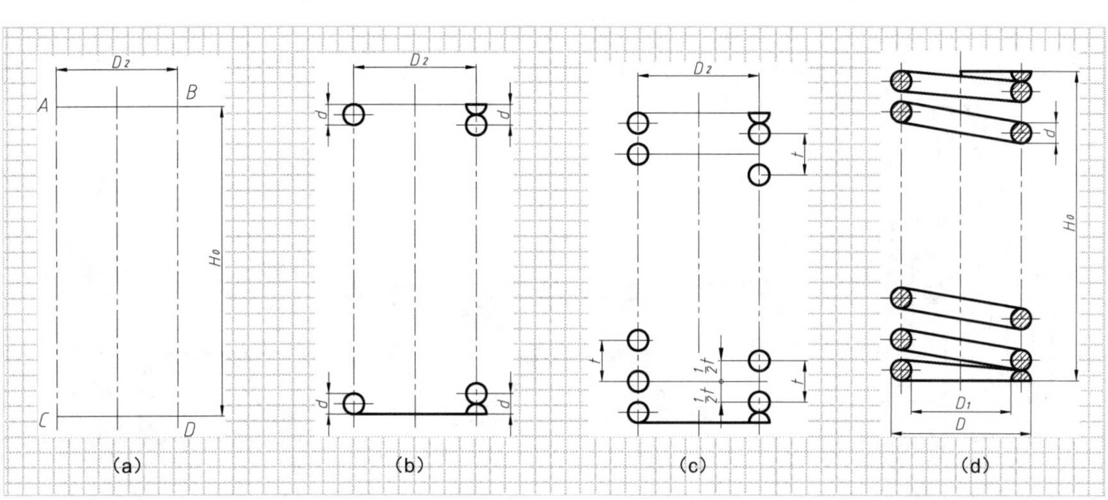

图 7.52　右旋圆柱螺旋压缩弹簧的画法示例

弹簧的标记方法由名称、型式、尺寸、标准编号、材料牌号、表面处理组成，规定如下：

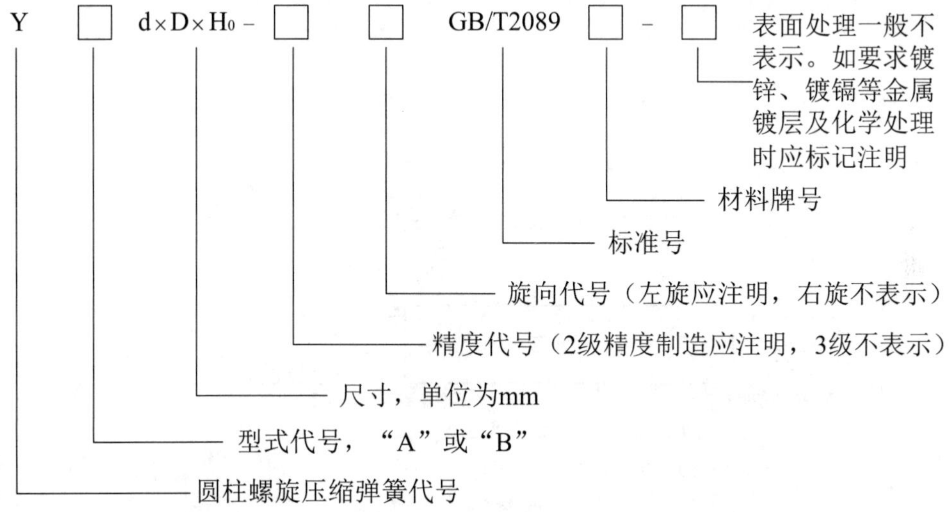

例如，圆柱螺旋压缩弹簧，A 型，簧丝直径 1.2mm，弹簧中径 8mm，自由高度 40mm，精度为 2 级，左旋，材料为碳素弹簧钢丝 B 级，表面镀锌处理，其标记为

YA　1.2×8×40－2 左　GB/T 2089－2009　B 级－D－Zn

3．螺旋弹簧在装配图中的画法

在装配图的剖视图中，弹簧各圈取省略画法时，其剖切平面后面的结构按不可见处理，在画有弹簧钢丝的断面处，可见轮廓线只画到弹簧钢丝的断面轮廓线止；在省略段，可见轮廓线画到弹簧中径处的中心线上为止，如图 7.53（a）所示。

在装配图中，簧丝直径≤2mm 的断面可用涂黑表示，且中间的轮廓线不画（图 7.53（b））；簧丝直径＜1mm 时，可采用示意画法（图 7.53（c））。

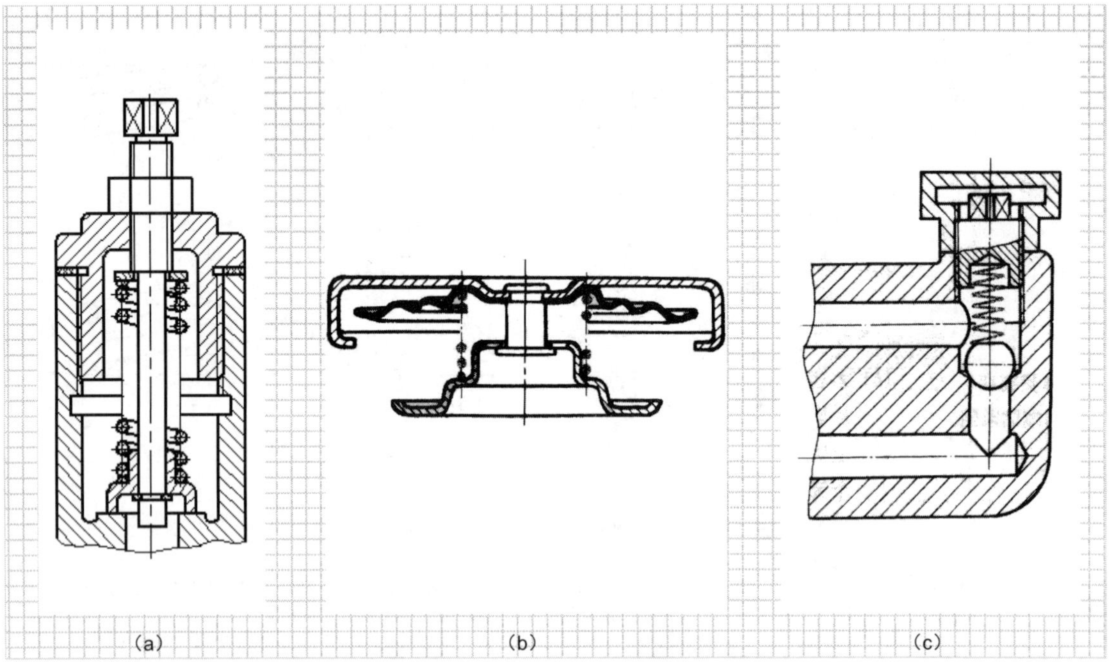

图 7.53　弹簧在装配图中的表示

本 章 小 结

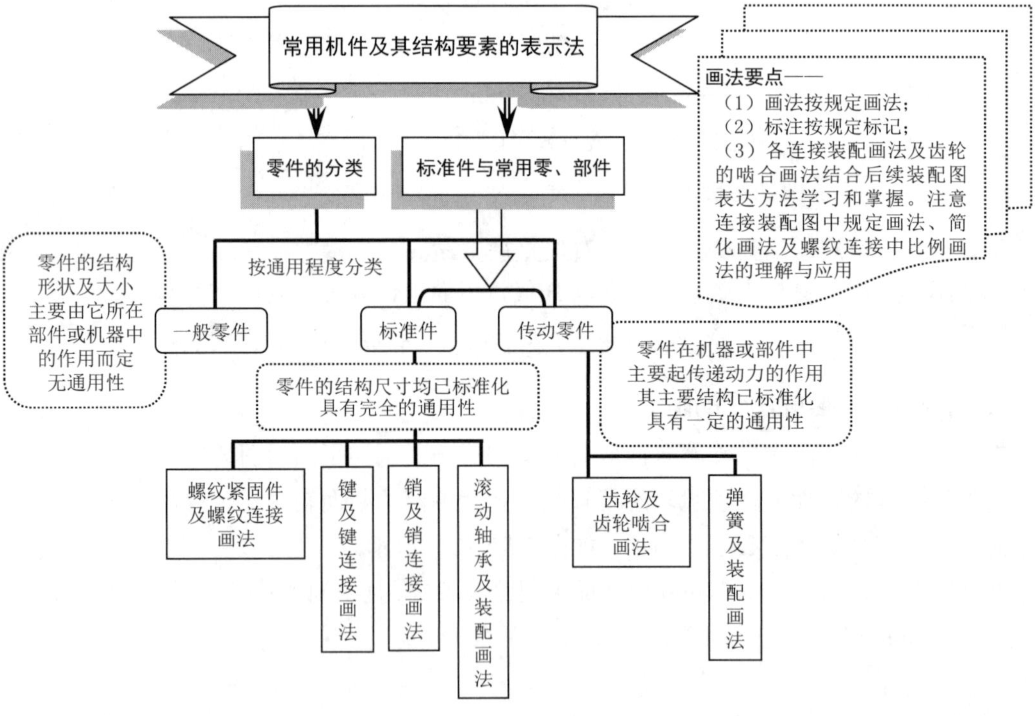

第8章　零　件　图

Detail Drawings

本章知识要点

零件根据其在机器或部件中所起的作用，可分为一般零件、传动零件和标准零（部）件三大类，根据其功能和加工工艺，又可分为轴套类、轮盘类、叉架类和箱壳类等典型零件。一张完整的零件图，不仅有一组视图、完整正确清晰及合理的尺寸标注，还要有技术要求及标题栏和图框等内容。本章的知识要点是两个方面，一是绘制，二是阅读。而二者都是紧紧围绕着零件图上四大内容进行的。与前面所表述的组合体相比较，在视图表达方面，增加了零件的工艺结构和功能结构的表达；在尺寸标注方面，着重注意标注的合理性；技术要求是全新的内容，首先注重理解三大技术要求的代（符）号标注的含义，从而才能引导正确的标注。

兴趣实践

现在，再重新回顾第1章提供的那个水龙头阀体零件，你能画出它的零件图了吗？或者你能在对它进行形体分析后，用AutoCAD进行它的三维建模吗？试试吧。

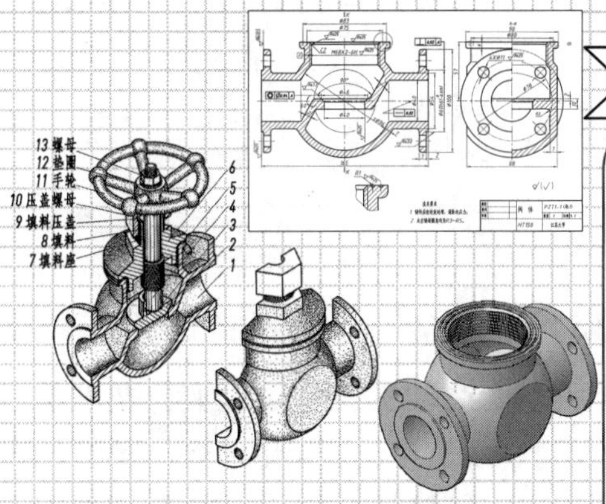

探索思考

当你画好一张零件图后，如果这是一个铸件，在标注表面结构时，你能分得清哪些表面是铸造表面，哪些表面是机械加工表面吗？应该通过什么特点来进行分析和推测？

预习准备

机械工程图样主要有零件图和装配图两大类，它们是机械产品从设计、制造到成品的主要的技术性指导文件。本章将主要讨论零件图的绘制与解读，这也是本门课程知识点的最终回归点之一，请预习第8.1节和第8.2节，为一般零件的绘制和解读作好概念性准备。

8.1　零件图概述

8.1.1　零件图与部件装配图

机械工程设计制造领域中用到的工程图样一般分为装配图和零件图两大类。零件是组成机器（或工具、用具）和部件的不可拆分的最小单元。表示零件结构、大小和技术要求的图样称为零件图。

所有的零件都不是孤立存在的，而是作为一个机器或部件的基本组成单元所设置的。下面还是从水阀开始。水阀是装在某管路上的一个部件，用来控制管路中流体的流量，如图 8.1 所示。

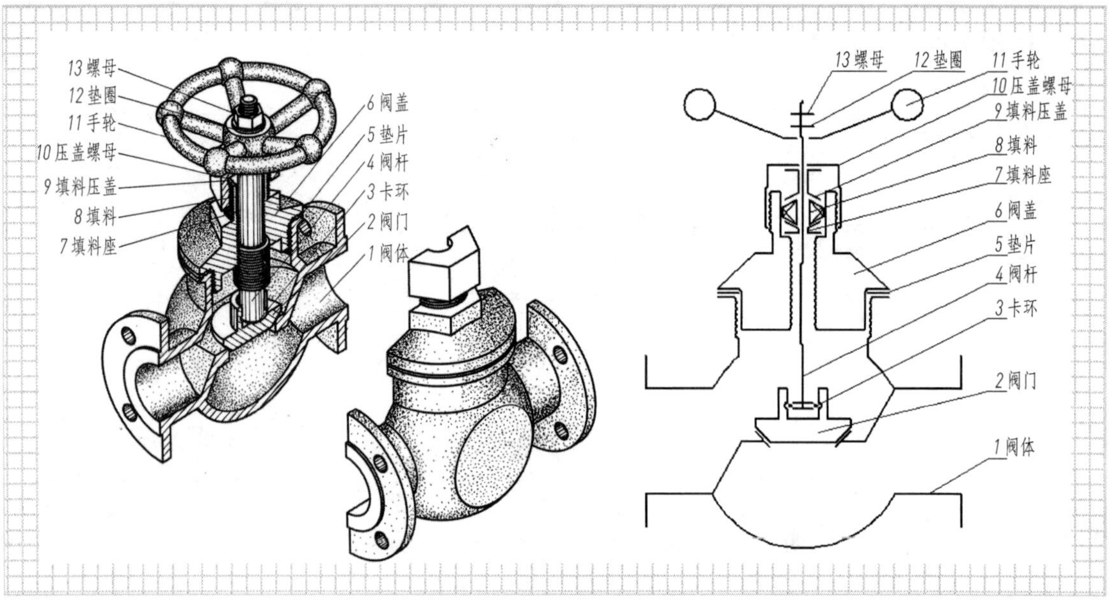

图 8.1　用于某管道中的水阀及其装配示意图

该水阀由 13 种零件组成，其中 2 种为标准件（垫圈 12 和螺母 13），其余为一般零件。阀体（件 1）的右边连接进口管，左边连接出口管，靠它上面的内锥面与阀门（件 2）的外锥面的配合来封闭流体的通路。阀门（件 2）通过卡环（件 3）与阀杆（件 4）相连接。阀杆上加工有一段梯形螺纹（右旋）与用螺纹连接中阀体（件 1）上的阀盖（件 6）的内螺纹相互旋合，阀杆上端为方头与手轮（件 11）上的方孔相配并用垫圈（件 12）和螺母（件 13）进行轴向固定。这样按俯视的逆时针方向旋转手轮时，即可逐渐提起阀门，逐渐增大流量，再按俯视的顺时针方向旋转手轮，即可逐渐降下阀门减少流量，直至完全关闭，即可起到调节流量的作用。

图 8.2 是上述水阀的装配图，结合视图和明细栏可以看到，阀体 1、阀门 2、阀杆 4、手轮 11 组成了一个流量控制装置；为了防止液体泄漏，在阀体与阀盖之间的两道环形槽内装有橡胶石棉垫片 5，在阀盖与阀杆之间设置了由填料座 7、填料 8、填料压盖 9 和压盖螺母 10 组成的密封装置。

以上的工作要求、功能要求和装配要求，决定了各个零件的形状、结构甚至加工精度等。设计师在根据其工作和功能要求的前提下，设计并画出装配图，还必须从装配图上拆画出每一个零件，画出它们的零件工作图，送到加工部门加工制造及装配。特别要注意到的是，这里所说的“画图”，不能理解为单纯的“画”，而是带有设计意义上的画图，而且零件图和装配图是相辅相成的两套图样，常常是边设计边画图，边画图边修改设计。

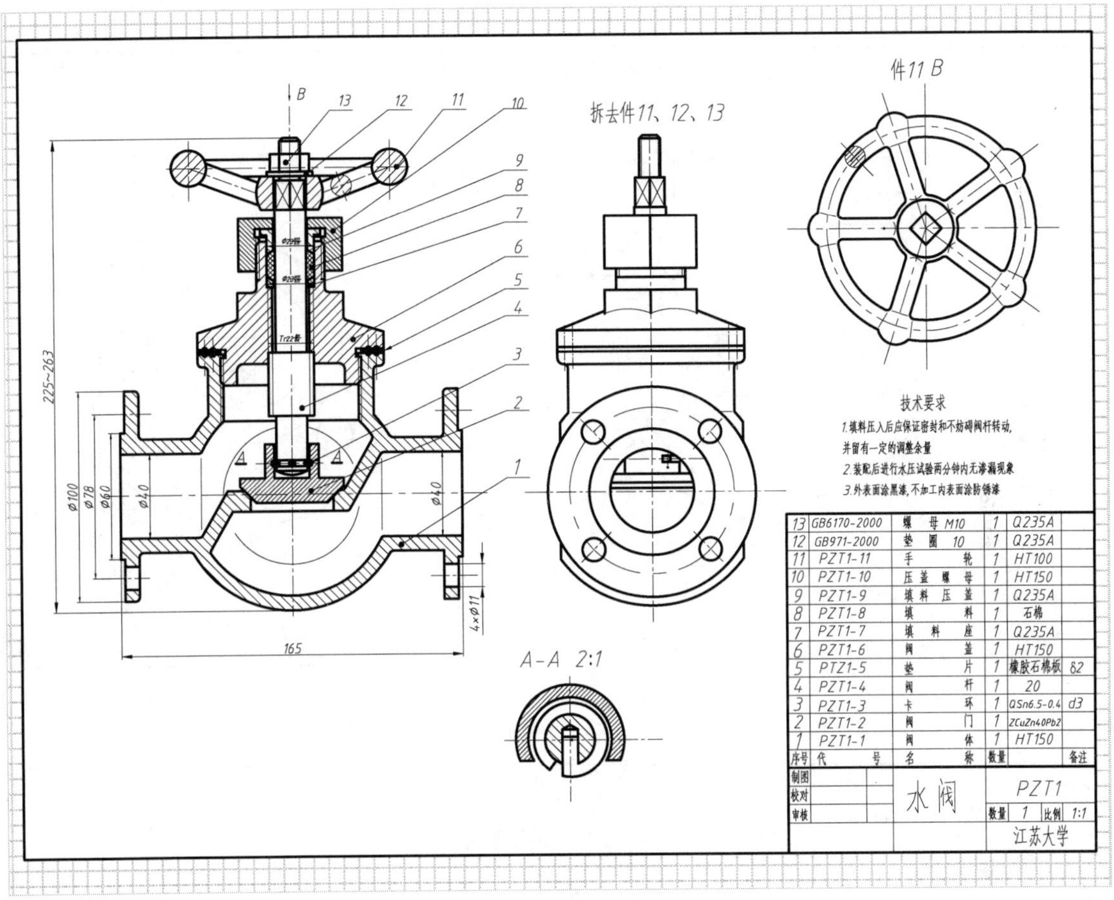

图 8.2　水阀装配图

8.1.2　零件图的内容

图 8.3、图 8.4 和图 8.5 分别给出了水阀流量控制装置的几个主要零件。读者可以从中体会到，零件图不仅表示一个零件的结构形状及大小，它还必须反映出该零件的材料、加工要求等多方面的工程信息。

从这些图中可以进一步看到，一张完整的零件图应具备以下四个方面的内容：

（1）一组视图（包括视图、剖视图、断面图等），按照有关标准和规定把零件内、外结构形状表达清楚。

（2）尺寸标注，正确、完整、清晰、合理地表示制造、检验零件所需要的全部尺寸。

（3）技术要求，说明零件在制造和检验时应达到的技术要求。如表面结构、尺寸公差、几何公差、热处理、表面处理以及其他要求等。可以用符号注写在图上（如主视图上等），也可在图纸空白处统一注写。

（4）图框与标题栏，注明零件名称、数量、材料、图样比例及图号等内容。

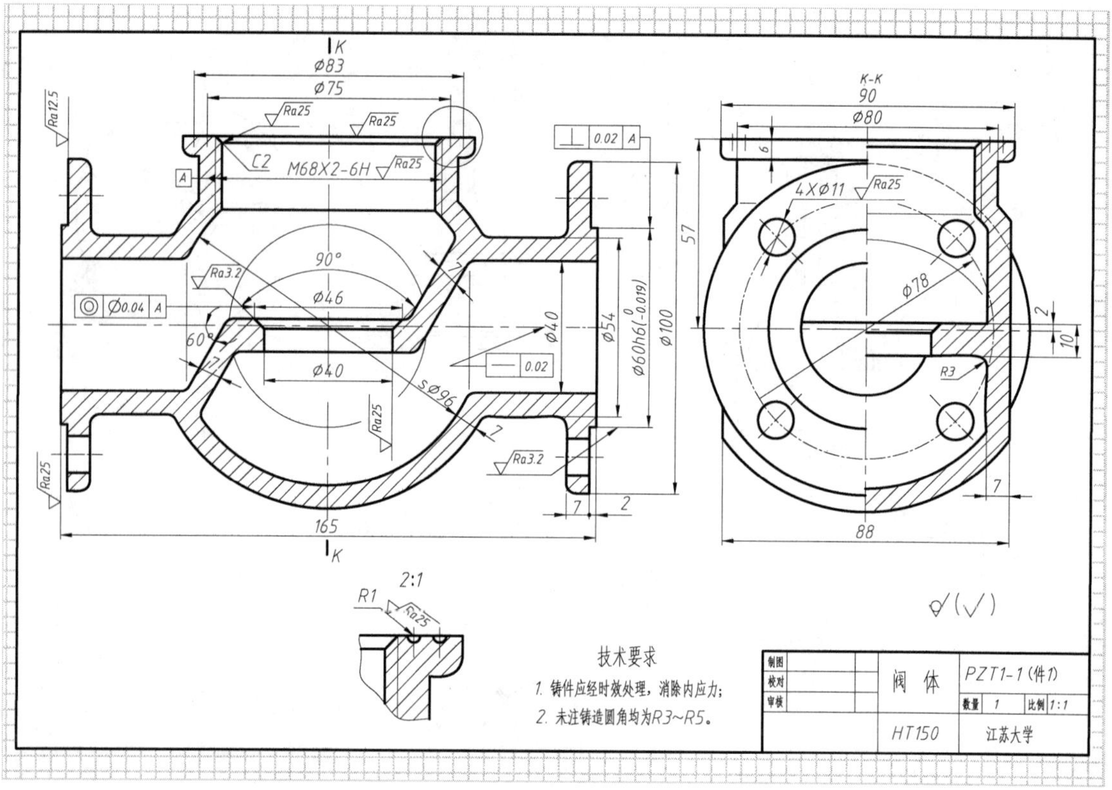

图 8.3 水阀阀体零件图

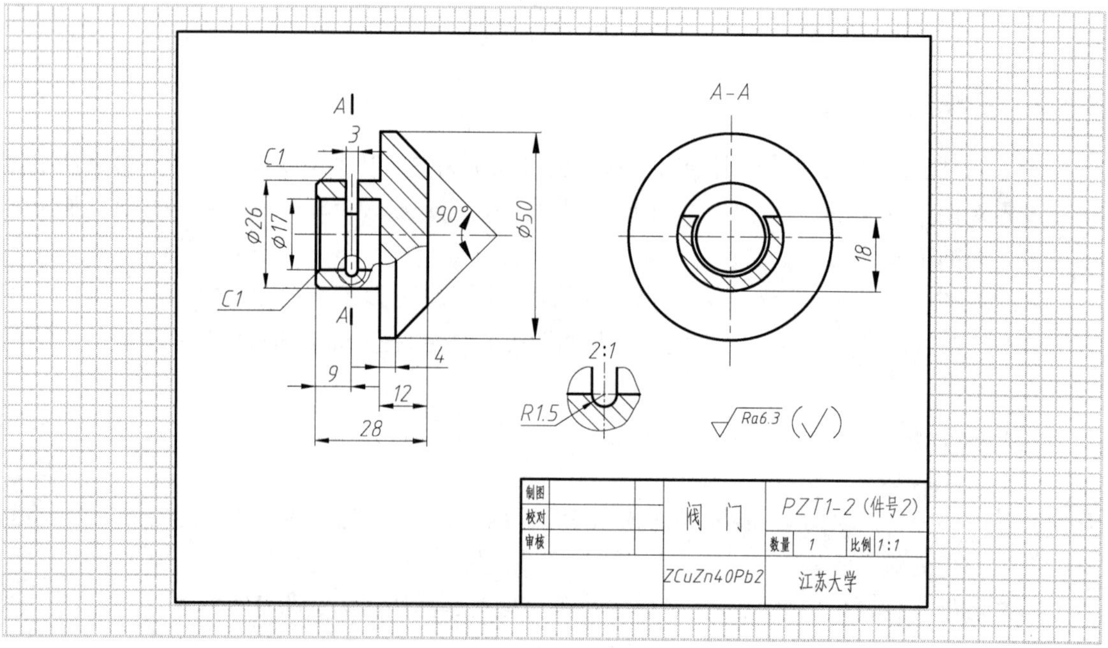

图 8.4 水阀阀门零件图

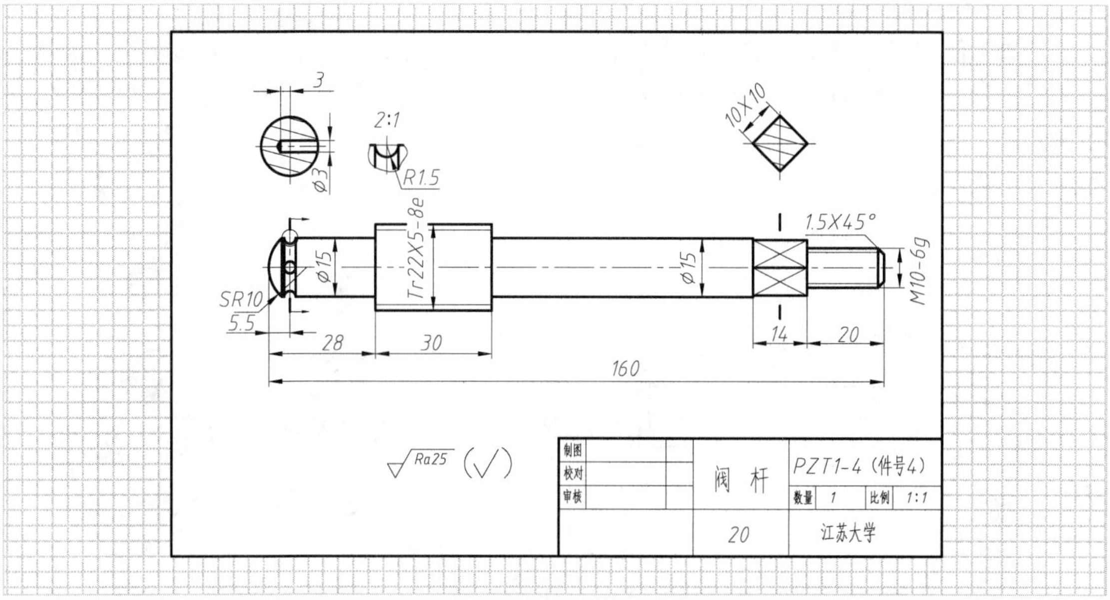

图 8.5 水阀阀杆零件图

8.2 零件图的视图选择原则

零件图的视图选择，就是用适当的视图、剖视图、断面图等表达方法把零件的形状结构完整、清晰地表达出来。同一个零件的视图表达方案可以有若干种，视图选择的目的是要选取其中的最佳表达方案。最佳表达方案的确定，首先是主视图的选择，再配以必要的其他视图补充表达，达到完整、清晰、正确地表达出零件各部分的结构形状的目的。

1. 零件图主视图的选择原则

主视图是零件图中最重要的视图，主视图选择得恰当与否，将直接影响其他视图的数量和表达方法，也关系到画图和读图是否明晰方便。

主视图的选择原则主要从安放位置和投射方向两方面来考虑。

1）零件的安放位置

所谓零件的安放位置，主要是指零件在加工过程中的主要加工位置，其次是指工作位置。因为零件首先要根据设计图纸生产，达到使用要求才能安装到它工作位置上。为此有以下两个选择原则。

（1）加工位置原则（优先考虑，一般在表达以回转体为主的一类零件时采用如上述水阀的阀杆、阀门阀盖手轮等零件）。

主视图应按零件主要加工工序位置来选择，以便于加工时看图方便。因为这一类零件的机械加工多在车床上进行，加工时，工件的主运动是绕自身轴线旋转（见附录 7 中附图 7-3～附图 7-5）。如图 8.6 所示的阶梯轴，就是按轴线水平放置来布置主视图的安放位置，而且，按车床的加工规律，左方是夹持工件的一端，刀具从右端切入，故为了减少定位的次数，绘图时一般把加工面多的一端置于右端。

（2）工作位置原则。

当加工面较多，且主要加工位置不唯一时，主视图的安放位置就应考虑零件在机器上的工作位置或装配位置。如上述水阀的阀体零件。这时主视图的安放位置最好能与零件安装在机器（或部件）中的工作位置一致，便于想象零件在机器中的工作状况和阅读零件图，如图 8.7 所示的吊钩。

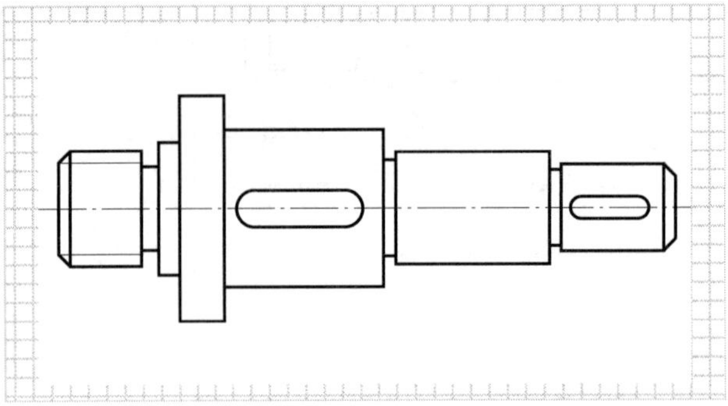

图 8.6　阶梯轴的加工位置

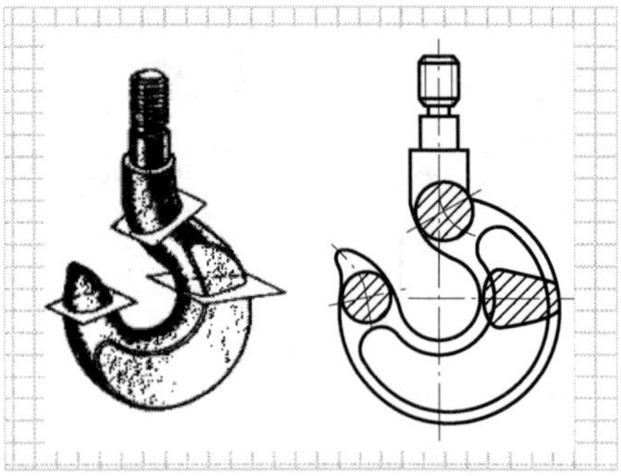

图 8.7　吊钩的工作位置

2）主视图的投射方向

主视图的安放位置确定之后，相当于定下了该零件的上、下方位，另外还有前、后、左、右 4 个方位，则关系到主视图和左视图表达清晰度的问题。这时，应以选择最能反映零件的形状特征和零件各组成部分相互位置关系的方向作为主视图的投射方向。

在考虑和选择零件的主视图时，往往首先确定零件的安放位置。这时首先考虑加工位置原则，若不符合这一原则，则考虑零件的工作位置原则，以此确定零件的安放位置，在零件的安放位置确定后，根据零件的形状特征原则确定主视图的投射方向。

2. 其他视图的选择

除了主视图，还须选择一定数量的其他视图，才能将零件各部分的形状和相对位置表达清楚。其他视图的选择，应考虑以下几点。

（1）根据零件的复杂程度和内、外结构的情况全面考虑所需要的其他视图，在表达清楚的前提下，采用的视图数量尽量少，以免烦琐、重复，既便于画图，又便于看图。

（2）优先考虑采用基本视图以及在基本视图上作剖视图。采用局部视图、局部剖视图、斜视图或斜剖视图时应尽可能按投影关系配置在相关视图的附近。

（3）要考虑合理地布置视图位置，使图样清晰匀称，便于标注尺寸和技术要求，既能充分利用图幅，又能减轻视觉疲劳。

8.3　典型零件分析及表述

在第 7 章中已知，零件根据其通用的程度，可以大致分为一般零件、传动零件及标准零件三大类。而根据其使用功能、加工要求、装配要求等来分析归纳，零件还可以分为轴套类零件、盘盖类零件、叉架类零件、箱壳类零件、注塑、镶嵌类零件、焊接类零件等。了解这些零件的分类特点，对于绘图表达时的视图选择、尺寸标注、技术要求的确定，以及阅读理解零件图，均有深层的指导作用。

8.3.1　轴套类零件

轴套类零件包括轴、杆、套筒、轴套等零件，如上述水阀中的阀杆、阀门，都属于这类零件。图 8.8 所示的某减速器中的主动轴，也是一个典型的轴类零件。

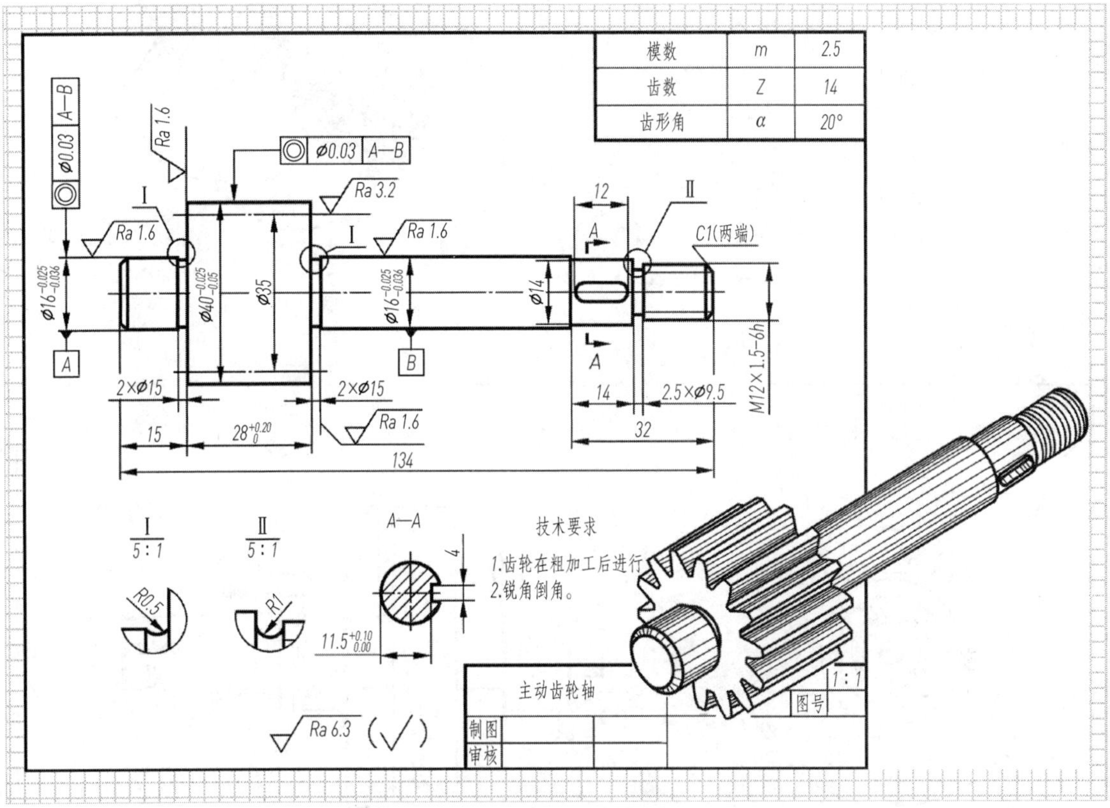

图 8.8　齿轮轴零件图

（1）轴套类零件的结构特征。轴套类零件主要由不同直径的回转体组成。轴类零件一般用来支承传动零件以传递动力；而套类零件一般装在轴上，起支承、轴向定位等作用。他们的主要加工方法是车削、铣削和磨削等。

（2）轴套类零件的视图表达。由于轴套类零件的主要加工位置往往是轴线水平装夹在加工用的机床上（多为车削），所以主视图的安放位置按主要加工位置和形状特征来确定，即轴线水平放置，主视图的投影方向垂直于轴线。视图数量的确定，一般只取一个主视图，而其他结构形状，如键槽、退刀槽、砂轮越程槽等结构和形状，一般采用断面图、局部视图、局部放大图等来补充表示。

（3）轴套类零件的尺寸标注。轴套类零件一般选取零件轴线为径向基准，即高度和宽度方向的主要尺寸基准。其中轴类零件以台阶端面为轴向（长度方向）的主要基准；套类零件的轴向尺寸则应首先保证主要设计尺寸，其他尺寸按加工要求和顺序进行标注。

其实，轴类零件上各段回转体也并不都具有同一回转轴线，图 8.9 给出的某柴油机中的曲轴，其连杆轴颈和主轴颈就不在同一轴线上，而是用曲臂把它们连接起来的。轴颈间钻有直径为$\phi 5$斜孔，为通润滑油所用；两端的键槽和螺纹用来连接齿轮和飞轮；顶尖孔是加工时的定位基准。

图 8.10 所示的曲轴零件图中，对主视图的安放，是考虑曲轴在车床、磨床上加工时的位置和反映它的结构特点。为了表示曲臂和配重块的结构形状以及相互位置关系，选用了右视图。其他结构的表达和普通轴类零件相同。

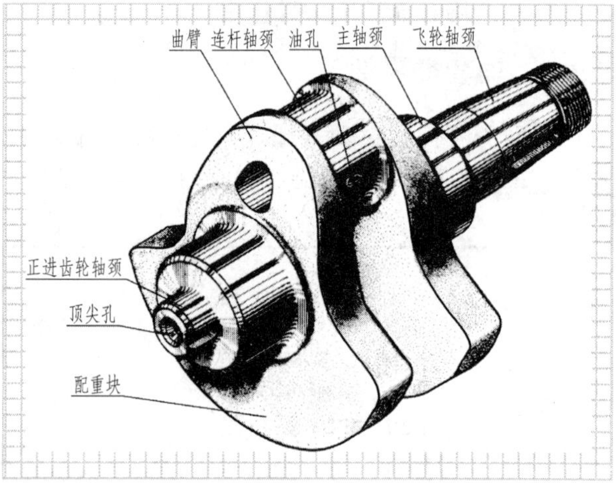

图 8.9　柴油机中的曲轴

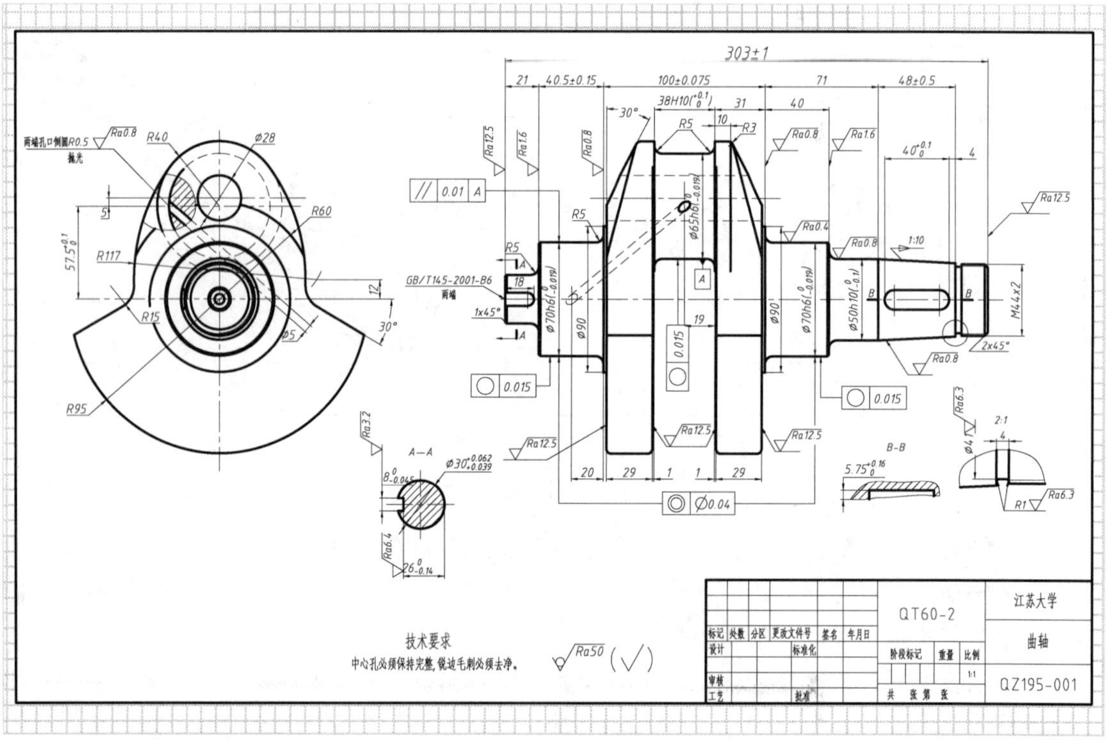

图 8.10　曲轴零件图

8.3.2　盘盖类零件

手轮、带轮、棘轮、链轮、齿轮、端盖、盘等，均属盘盖类零件。如前述水阀的阀盖、压盖螺母和手轮等均属于这类零件。轮一般用来传递动力和扭矩；盘、盖零件主要起支承、轴向定位和密封作用。

（1）轮盘类零件的结构特征。轮盘类零件的基本形体也大都是回转体，周围均布有轮辐、肋、小孔等结构。

（2）轮盘类零件的视图表达。轮盘类零件大部分工序是在车床上进行的，故一般以轴线水平放置的视图作为主视图，且常画成通过轴线的全剖视图。此类零件一般需要两个基本视图表达，另外辅以断面图及其他表达方法。

（3）轮盘类零件的尺寸标注。轮盘类零件的尺寸标注一般选取轴线为径向（高度和宽度）主要基准，以重要端面为轴向（长度）主要基准。此类零件端面往往均匀分布有若干小孔或螺孔，其孔心所在的分布圆周的直径是较为重要的定位尺寸。

图 8.11 是某传动轴上的一个端盖零件。首先，它的主视图遵循了加工位置选择原则，轴线水平放置；采用了两个基本视图，其中主视图作全剖，清楚地表达了内部复杂结构及其布局，左视图为外形图，主要表达了两组安装孔的分布情况。

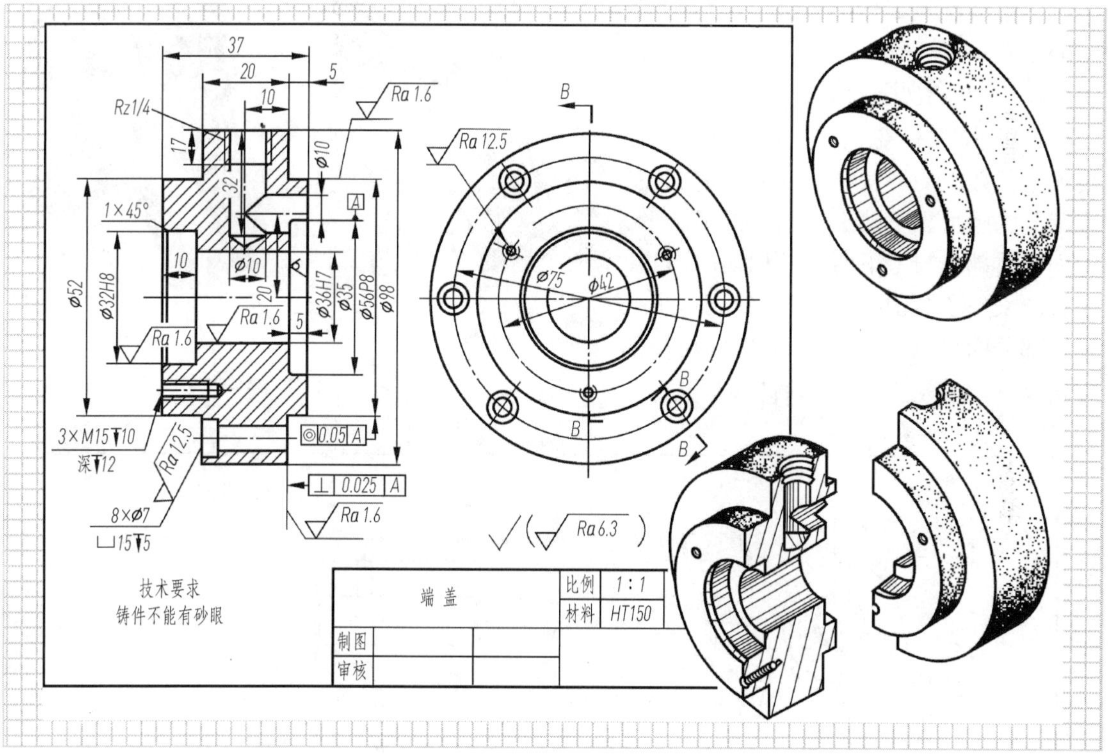

图 8.11　端盖零件图

8.3.3　叉架类零件

支架、拨叉、拉杆等零件均属叉架类零件。

叉架类零件的局部功能结构主要是叉体部分多有肋，目的是既保证强度、刚度，又减轻重量。断面常为 L 形、T 形或 U 形等。

叉架类零件的加工方法多为铸造、锻造成坯，在重要表面进行切削加工，故其局部工艺结构为铸造圆角、起模斜度和孔中的倒角，有时在叉杆上会制有凸台和凹坑。

（1）叉架类零件的结构特征：拨叉、拉杆等一般用于机器的变速系统和操作系统等各种机构中，通过它们来完成一定的动作；支架主要起支承和连接作用，这类零件大都由圆筒、底板、支承板、肋板、叉口等部分组成，如前面介绍过的整体轴承的轴承座、支座等零件。

（2）叉架类零件的视图表达：叉架类零件结构比较复杂，加工方法及加工工序较多，因此，主视图往往按工作位置或其形状特征来选择。要完整、清晰地表达这类零件，一般需要两个或两个以上的基本视图。另外，还需采用斜视图、向视图、局部视图和断面图等方法表达。

（3）叉架类零件的尺寸标注：叉架类零件一般以安装基面、对称平面、主要孔、轴中心线为长、宽、高 3 个方向的主要尺寸基准，且每个方向上除了主要基准，往往有若干辅助基准。各方向上的定位尺寸也较多，一般体现在均布结构的中心距、主要支承部分的轴线到安装面或主要端面的距离等。

图 8.12 是一个拨叉零件，这类零件一般用于变速箱的变速叉。图 8.13 给出了它的零件图。

从零件图中的标题栏知，该零件的材料代号为 ZG450，这是一种工程用铸造碳钢，屈服点为 230N/mm^2，抗拉强度为 450N/mm^2。

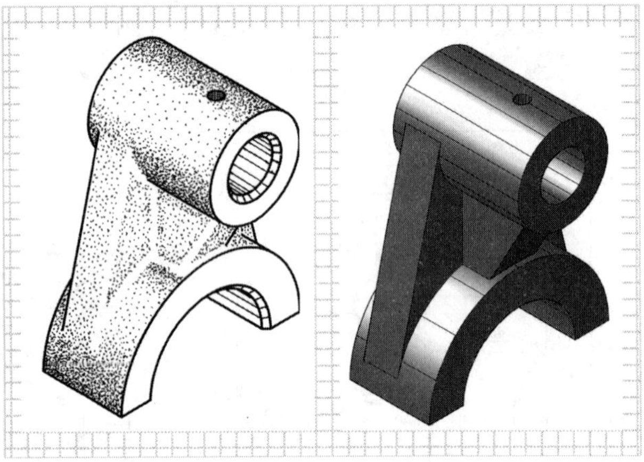

图 8.12 拨叉零件及简化模型

1. 零件图视图分析

该零件图采用的主视图，清晰、明显地表达了拨叉的形状特征，即上部安装支承部分的圆形、下端工作部分的半圆形、中间叉体部分与上下两圆柱相切的形状；左视图采用了全剖视图，进一步表达了上述三部分的相对位置关系；对中间连接部分，以 *A*—*A* 断面表达了其截面形状。

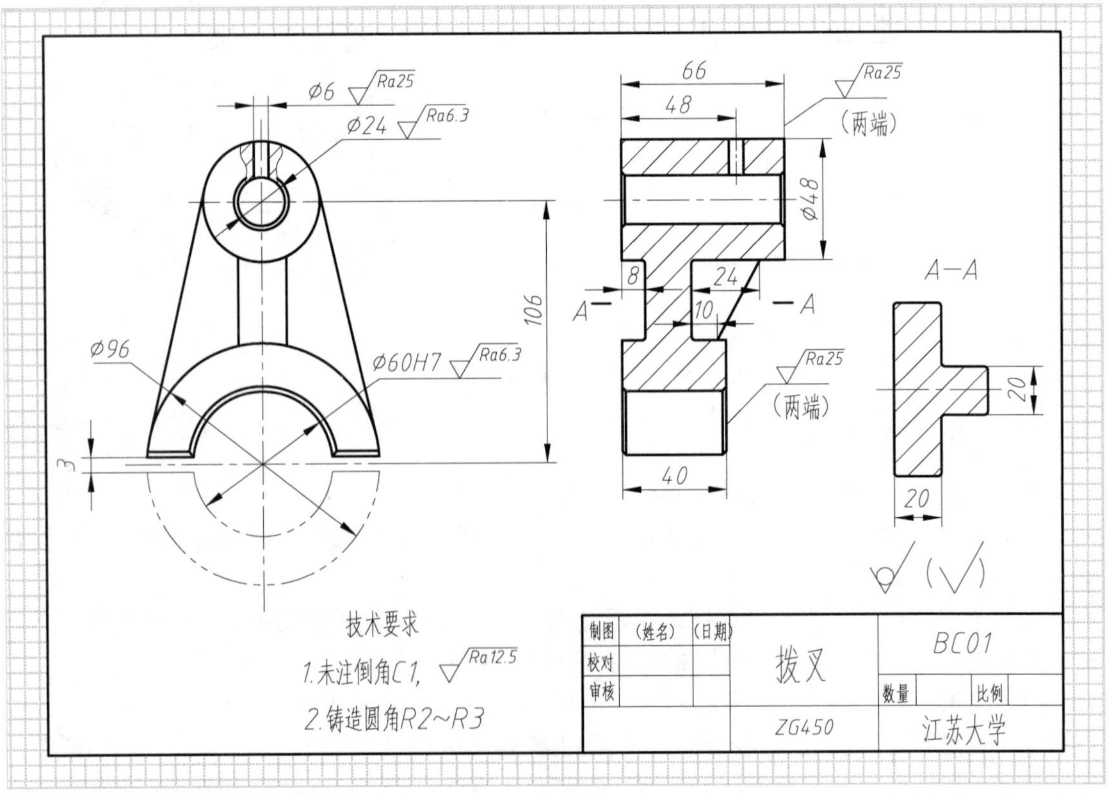

图 8.13 拨叉零件图

2．结构、功能及加工分析

经过视图分析，可进一步看到，其主体结构可分为三部分。

（1）安装、支承部分：图中长 33、孔径ϕ24 的圆筒。其功能为将拨叉安装在轴上，并作为整个零件沿轴滑动或绕轴转动的支承。

（2）工作部分：图中下部空心半圆柱体，其功能为与相邻零件（图中双点画线表示）配合拨动齿轮移动。

（3）连接部分：图中叉体，其形状以主视图为主，辅以左视图及 *A*—*A* 断面图（T 形截面）；功能是把以上两部分连成整体，传递运动和动力。

8.3.4　箱壳类零件

箱壳类零件包括减速箱体、各种阀体、泵体等零件。如图 8.1 所示的水阀阀体零件图。

（1）箱壳类零件的结构特征。该类零件是部件的主体零件，一般起容纳、支承、定位和密封等作用。这类零件结构复杂，加工位置多，且多为铸件。

（2）箱壳类零件的视图表达。该类零件的主视图常按其形状特征和工作位置来确定。一般需要 3 个或 3 个以上的基本视图来表达。内部结构形状采用各种剖视图和断面图的方法，外部结构形状则采用斜视图、局部视图及其他规定画法和简化画法来表示。

（3）箱壳类零件的尺寸标注。该类零件常以轴孔中心线、对称平面、结合面及安装基面作为各方向的主要尺寸基准。定位尺寸很多，其中有些定位尺寸常有公差要求。

如图 8.14（a）所示的蜗轮箱体，就是一种典型的箱壳类零件。它的主要功能是支撑蜗杆蜗轮传动（图 8.14（b））。该箱体的加工位置很多，如底面、左右两端面、前后两凸起部分的端面，以及套筒段向上凸起的端面等，需作平面加工；另外还有各处的内圆柱表面及各安装孔和螺孔等，需作钻孔加工。这些加工位置和加工机床都不统一，因此在表达绘图时只能按工作位置选择其安放位置。而按形状和位置特征选择原则分析其投射方向，可知按箭头 *A* 方向进行投射并取剖视所得到的视图，与按箭头 *B* 向进行投射所得到的视图相比较，前者反映其形状特征及各部分相对位置关系更为清晰和完整，因此，应以 *A* 向作为主视图的投射方向。选择结果如图 8.15 所示。

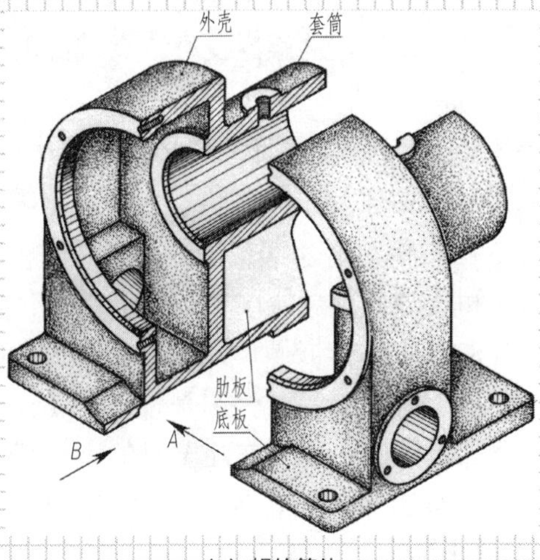

（a）蜗轮箱体

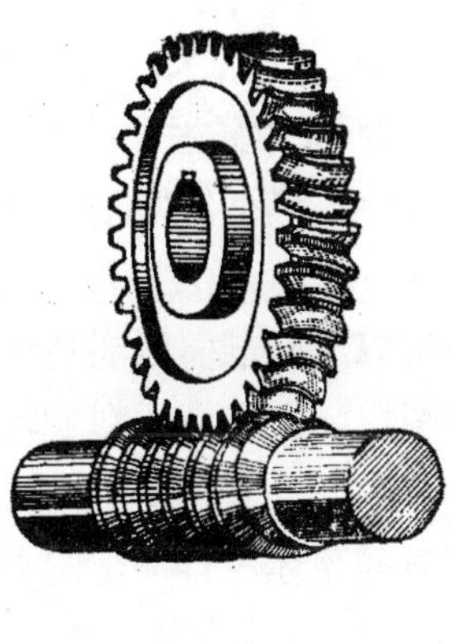
（b）蜗杆蜗轮传动

图 8.14　蜗轮箱体及其结构、功能分析

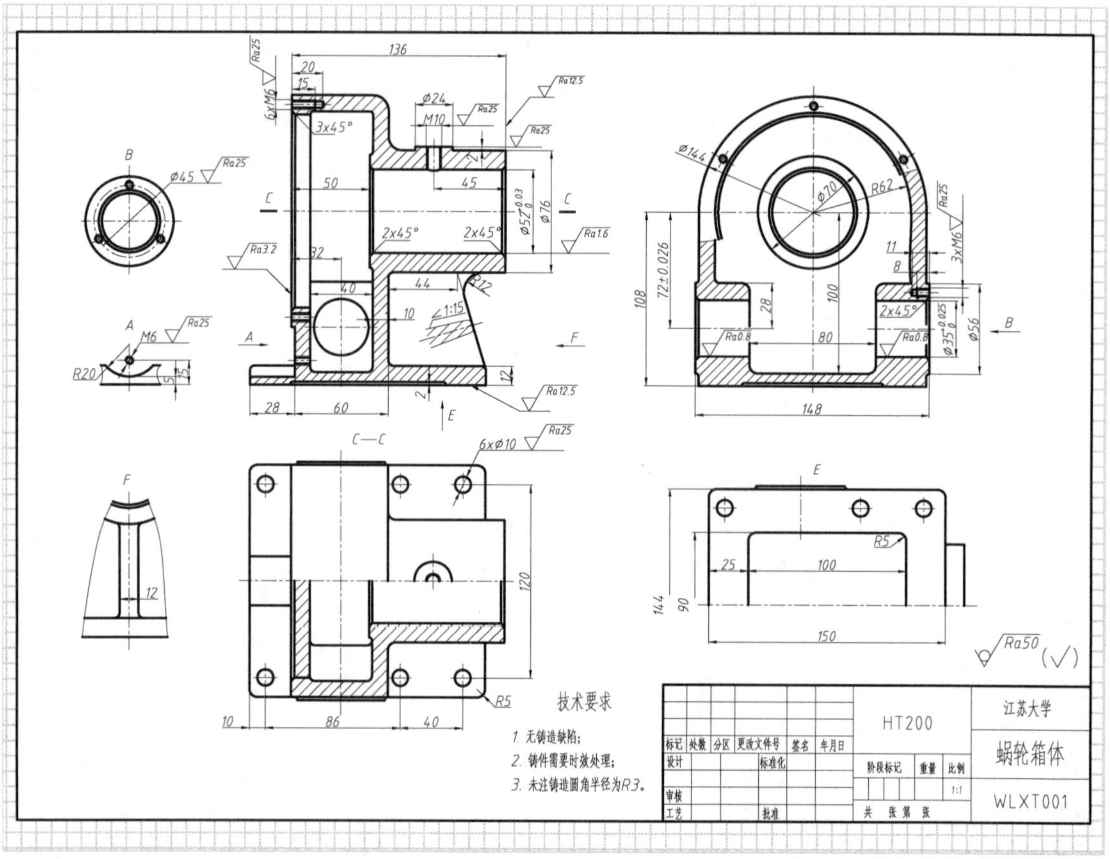

图 8.15 蜗轮箱体主视图的选择

8.3.5 注塑、镶嵌类零件

注塑、镶嵌类零件是将预先制得的金属零件与塑料一起注塑成形得到的。用以实现某些特殊功能。如既要求部分导电又要求部分绝缘；即要求表面有弹性又要求整体有一定刚度等场合。这类零件既可以简化结构、省去装配过程，又可以使零件触感良好，有较好的“人—机工程”性能，已较广泛地应用于工程领域和日常生活。

图 8.16 所示为行程开关中的支座，就是一个镶嵌零件。注塑零件的转角处有很小的圆角，各表面粗糙度值很小，如无特殊需要，一般不再经过机械加工。

在图 8.16 所示的支座零件图上，用了三个基本视图和一个 *A* 向视图。在主视图（全剖视图）中，可以从其剖面线清楚地区别出预制金属件和注塑部分。实际上，镶嵌类零件一般应给出两张图样：一张是预制金属件的零件图（如图 8.16 中的镶嵌螺母，应另有一张金属件零件图，图中注有为制造该金属件所需的全部尺寸和技术要求）；另一张则是预制金属件与塑料镶嵌成形后的整体工作图，图中注出塑料部分的全部尺寸及金属件在注塑时的定位尺寸（如图 8.16 中镶嵌螺母的定位尺寸 24±0.10）。如果预制金属件是标准件，则不需给出图样，只需注明其标准代号及规格，如图 8.17（旋钮零件图）所示。

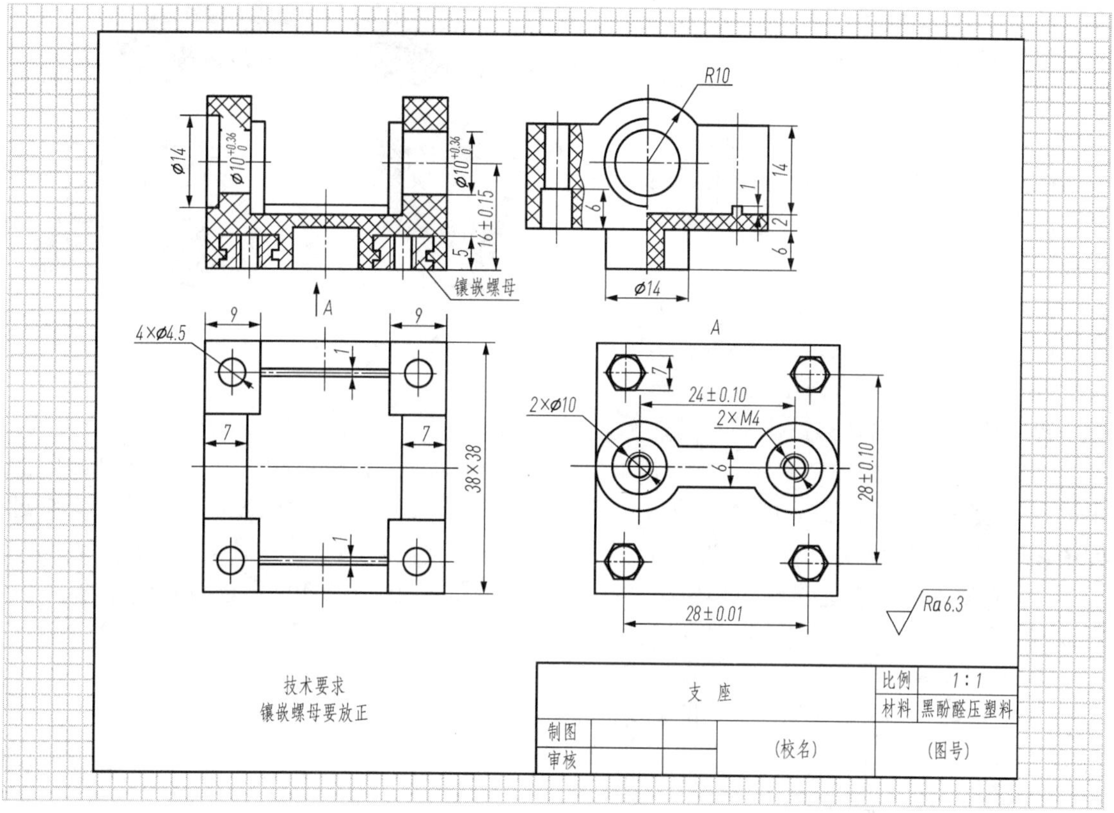

图 8.16 行程开关中的支座零件图

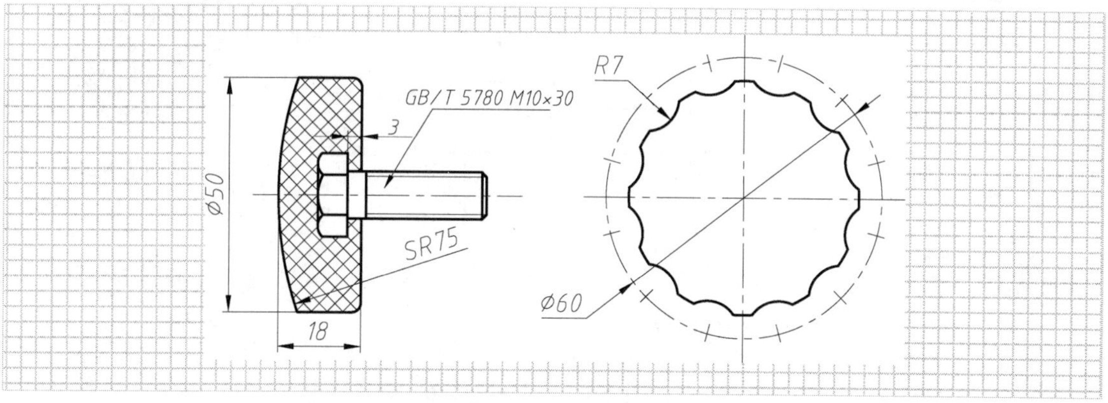

图 8.17 旋钮零件的视图表达

8.3.6 钣金件、薄板冲压件、弯制件零件

钣金件、冲压件、弯制件等零件都是由金属薄板制成的。在制造时都要在金属板上画出展开图，再经剪裁、下料、焊接或咬缝、冲压等工序而成。机器设备中的簧片、支架、罩壳；操纵台的机架、面板；电子、仪表设备中的底板、支架等，均属这一类零件。图 8.18 所示的分离器、吸尘罩是常见的薄板金属件。薄板冲压件上的孔一般都是通孔，在不致引起误解的情况下，只在反映该孔实形的视图中画出，其余视图中不必表示。标注尺寸时，注意小孔的

定位尺寸一般应注出两孔的中心距或孔中心到板边的距离。

这类零件图除按一般零件图样的要求绘制以外，还要求在图样中单独画出、或用细双点画线与某视图配合画出其展开图，为剪裁下料或设计冲料模具等工序提供技术资料。

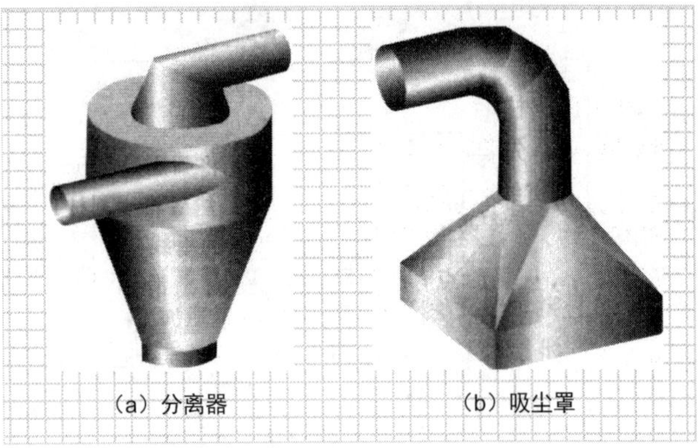

图 8.18 薄板金属件之例

图 8.19（a）所示为某部件上的一个卡板的一组视图（尺寸标注、技术要求及标题栏与一般零件图相同，故此处略过不提，仅突出其表达方法上的不同之处）。图中给出了卡板的三视图和供剪裁下料用的展开图。在左视图上可以看到薄板转角处的小圆角，这可不是前面提到的铸造圆角，而是弯制成形时必须设计的转角。为了防止弯制过程中在弯曲处产生裂纹或皱褶，弯曲处内圆角半径应有一定限制，设计时特别要注意查阅有关手册，有时在弯曲处还应预先钻出防裂孔。在图 8.19（a）的展开图中可以看到这样的小孔。

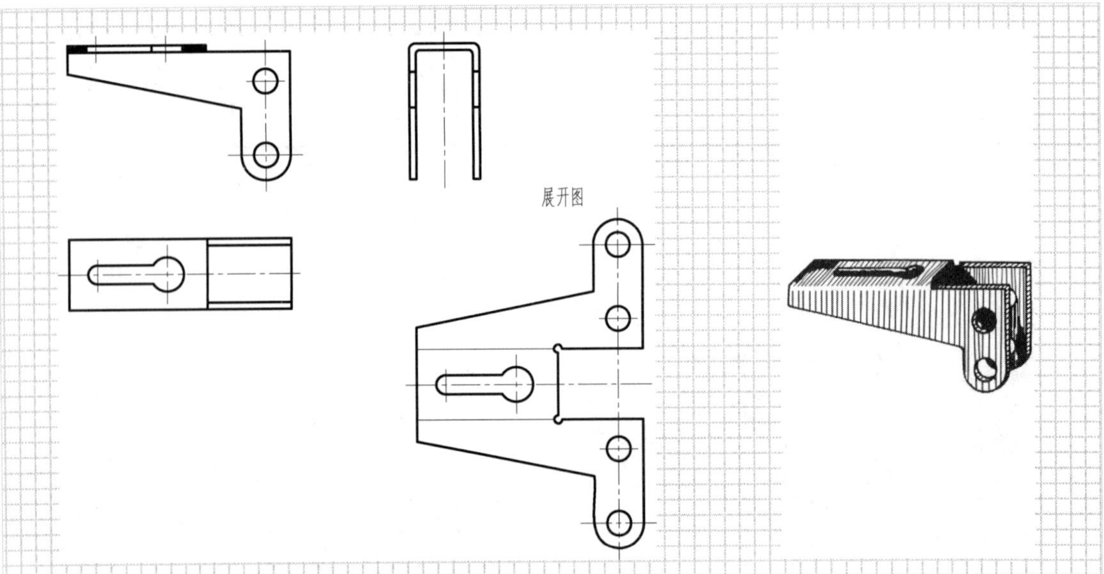

图 8.19 卡板的一组视图与立体图

显然，图 8.19（b）是这个卡板的立体图。

薄板冲压件或弯制件的视图表达并不复杂，但读者对其中的展开图可能比较陌生。其实，展开图就是指将立体表面按其实际形状和大小，将围成该立体的各表面依次平摊在同一平面上。按立体形状类型，表面展开图分为“平面立体展开图”（如棱柱、棱锥等）、“曲面立体展开图”（如圆柱、圆锥、球、环等）两大类。其中曲面立体展开图又分为“可展曲面”（如圆柱、圆锥）与“不可展曲面”两种（如球、环、螺旋面等）。图 8.20～图 8.26 分别给出了截头三棱柱、截头三棱锥、斜截圆柱、斜截圆锥、球、等直径直角弯管、正圆柱螺旋面的表面展开图及作图步骤。

1. 截头三棱柱的展开（图 8.20）

【展开图作图思路】截头三棱柱表面斜切后的三个棱面为梯形，只要求出各个侧面的实形，即可获得其展开图。其中，底面三条边的实长由俯视图直接获得，三条棱边则由主视图直接获得。

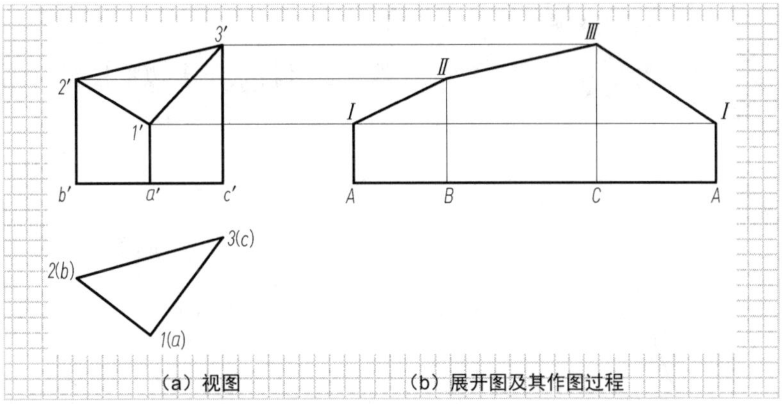

（a）视图　　（b）展开图及其作图过程

图 8.20　截头三棱柱的展开

2. 截头三棱锥的展开（图 8.21）

【展开图作图思路】截头三棱锥表面斜切后的三个棱面为四边形，只要求出各个侧面的实形，即可获得其展开图。作图时首先延长三棱锥三条棱线而得到锥顶，从而获得完整的三棱椎。由直角三角形法求得每条棱线的实长，即可得完整三棱锥的展开图，然后再在各条棱线上减去延长部分的实长，即可得到截头三棱锥的展开图。

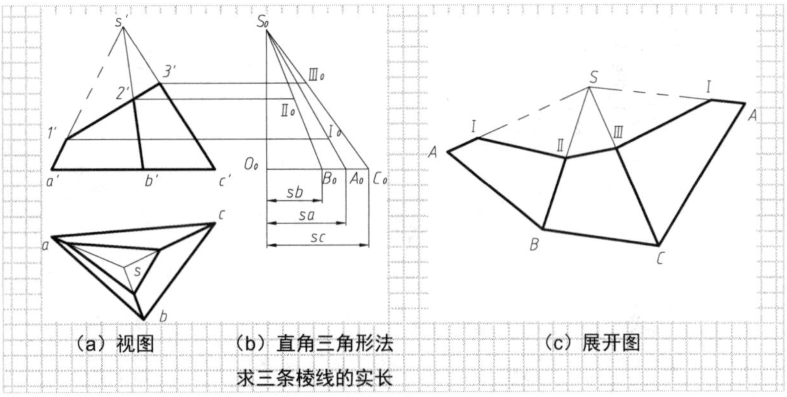

（a）视图　　（b）直角三角形法求三条棱线的实长　　（c）展开图

图 8.21　截头三棱锥的展开

图 8.21（b）所示的作图过程，是将求作三条棱线实长的三个直角三角形重合画出，以方便地找到延长部分的实长。

3. 斜截圆柱面的展开（图 8.22）

【展开图作图思路】斜截圆柱面用斜截正多边形棱柱来近似代替，本例中用的是正 12 棱柱。

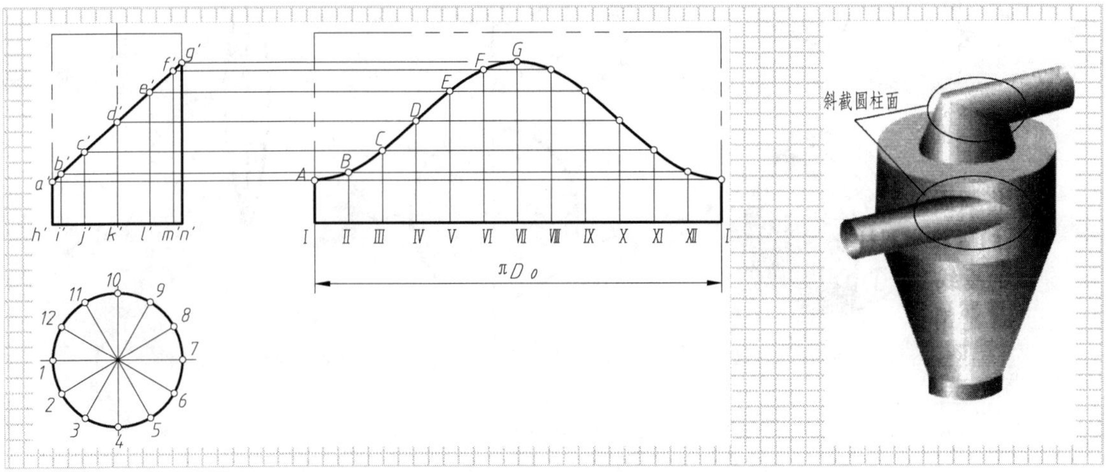

图 8.22　斜截圆柱面的展开（请对照右图分离器的中、上部）

4. 斜截圆锥面的展开（图 8.23）

【展开图作图思路】斜截圆锥面用斜截正多边形棱锥来近似代替，本例中用的是正 12 棱锥。

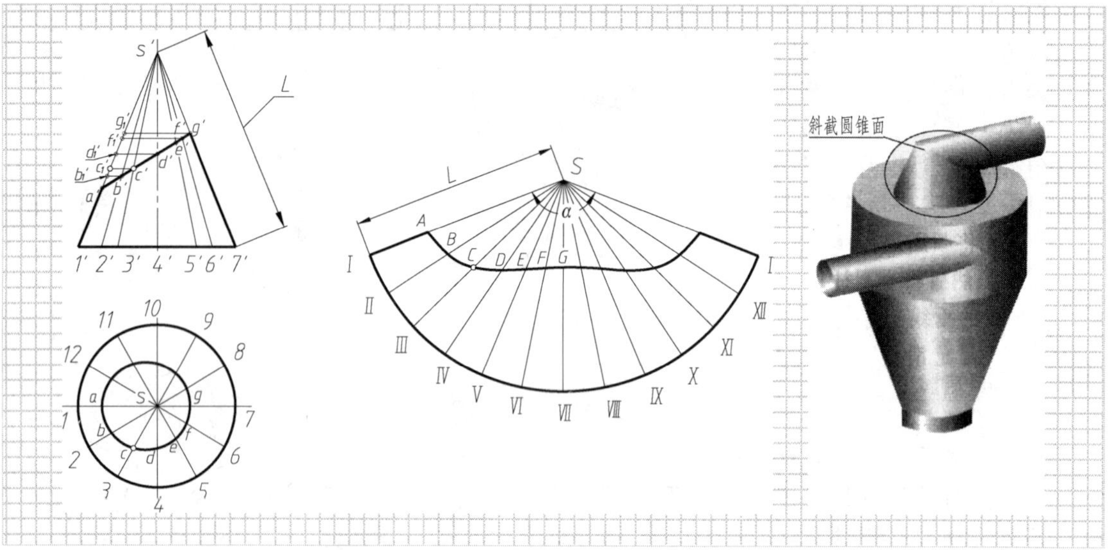

图 8.23 斜截圆锥面的展开（请对照图右图分离器的上部）

5. 球面的展开（图 8.24）

【展开图作图思路】球面属不可展曲面。需要用近似展开法展开。圆球面的近似展开法有多种，常用柱面法或锥面法。本例中用的是柱面法。图中只画出了其中一小瓣。

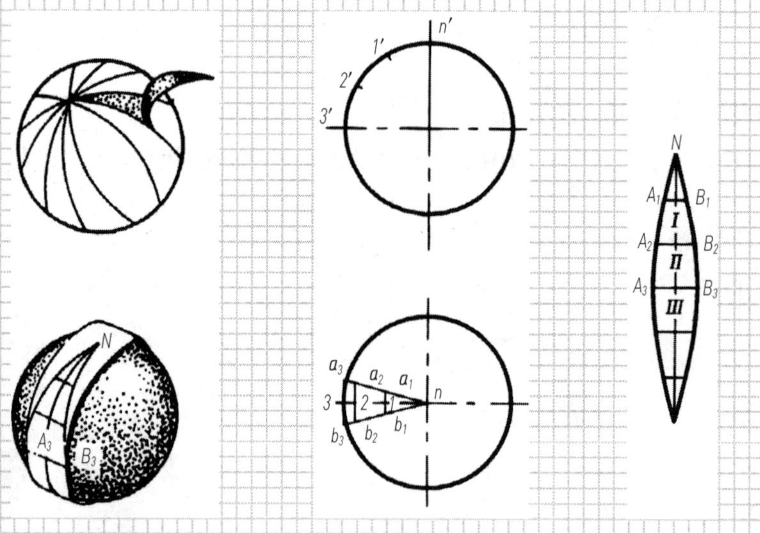

（a）球面按柱面法展开　（b）球的投影图　（c）1/12 近似展开图

图 8.24 球面的展开

6. 等直径直角弯管的展开（图 8.25）

【展开图作图思路】等直径直角弯管用来连接两互相垂直的圆管管道，理论上它应是 1/4 圆环面。它的展开方法用多节斜截圆柱面来近似代替。

图 8.25（a）中，整个弯管划分时，两端为 2 个半节，中间 4 个全节。即将直角作 10 等分。

图 8.25（b）中，将 *BC*、*DE*、*FG* 三节分别绕其轴线转 180°，将各节拼成一个圆柱。

图 8.25（c）中，按斜截圆柱面展开的方法将各节逐一展开。

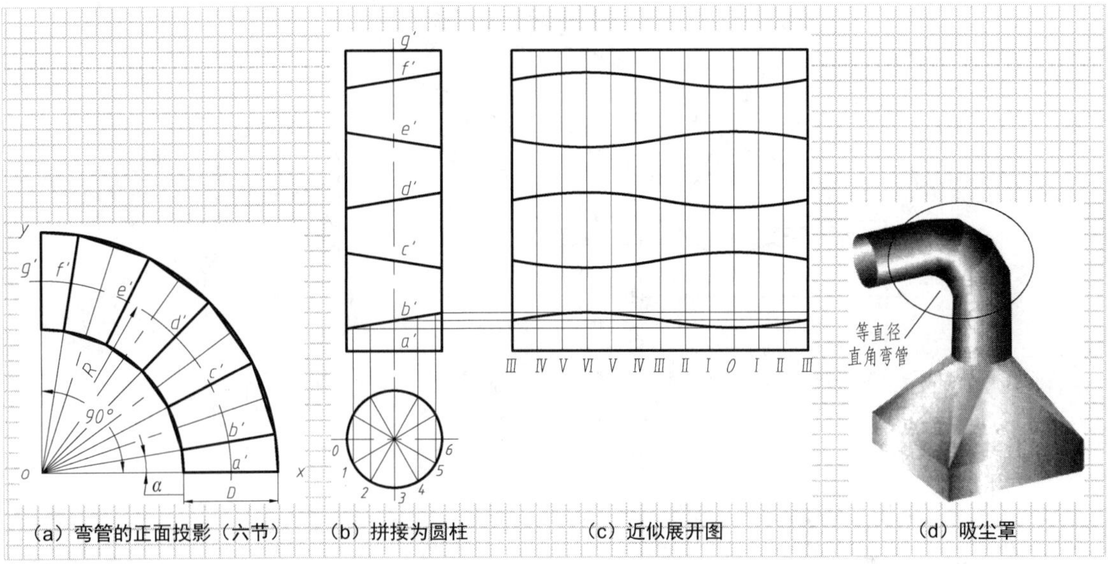

（a）弯管的正面投影（六节）　（b）拼接为圆柱　（c）近似展开图　（d）吸尘罩

图 8.25　等直径直角弯管的展开（请对照图（d）吸尘罩的弯头处）

7. 正圆柱螺旋面的展开（图 8.26）

【展开图作图思路】正圆柱螺旋面也是一种不可展曲面。它是与轴线垂直相交的直线（即母线）沿圆柱螺旋线运动所形成的曲面。它的相邻两素线是不共面的交叉直线，因此为不可展曲面，也只能用近似法展开。本例中是用三角形法作出正圆柱螺旋面一个导程部分展开图的作法。

（1）将水平投影及对应的正面投影作 12 等分，通过各等分点作螺旋面的素线，得到一系列相等的四边形曲面（如 *ABⅡⅠ*）；

（2）用对角线把这些曲面近似地分成两个三角形平面，并分别以弦长代替内、外螺旋线的长度；

（3）分别求出三角形各边的实长，即可作出△*AⅠⅡ*和△*AⅡB*，然后将它们的各端点连成光滑曲线，即得到正圆柱螺旋面的一个导程的近似展开图。

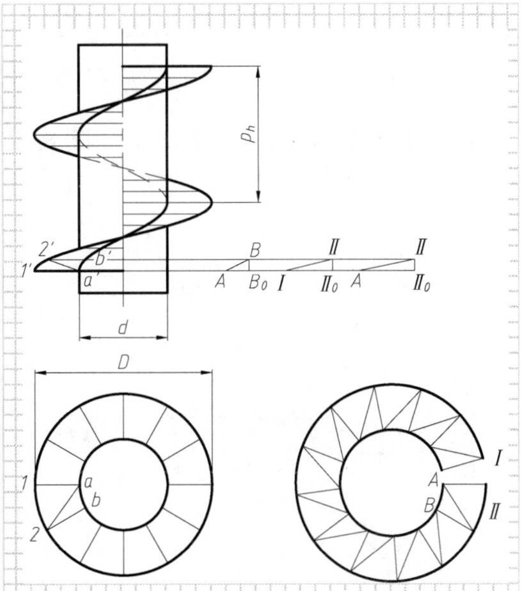

图 8.26　正圆柱螺旋面的展开

8. 两圆柱轴线斜交时相贯线的展开（图 8.27）

【展开图作图思路】首先要在投影图上准确地求出相贯线，依据相线区分两曲面，然后分别画出两曲面的展开图。

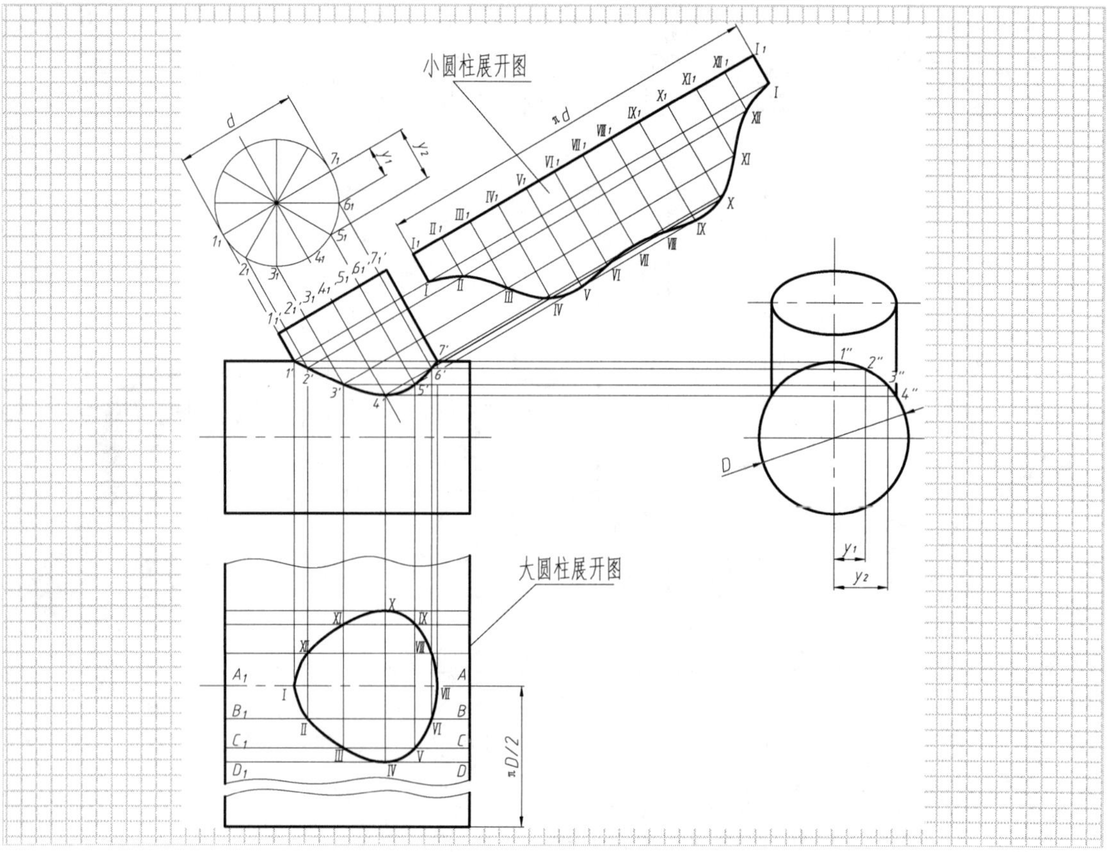

图 8.27 两圆柱轴线斜交时相贯线的展开

9. 圆-方变形接头表面的展开（图 8.28）

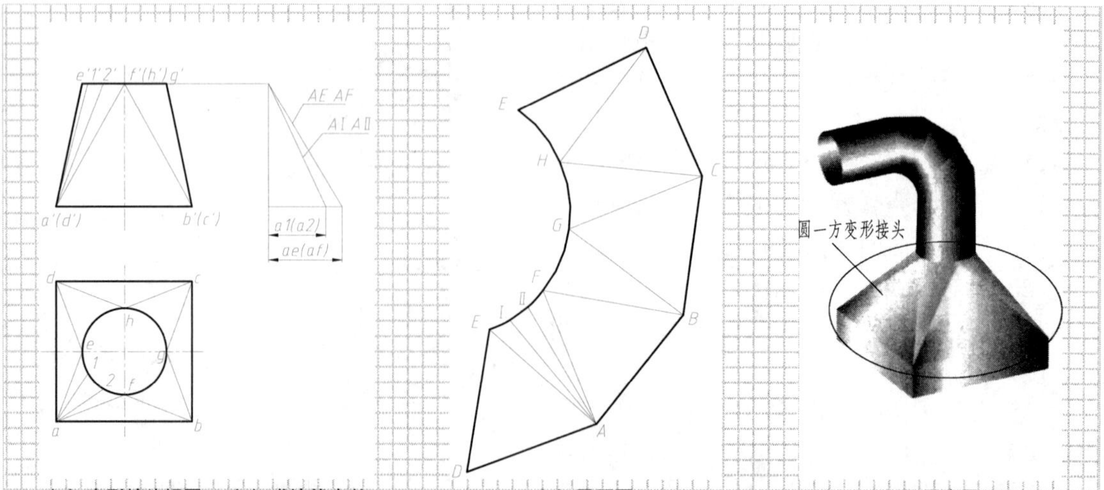

(a) 变形接头视图 (b) 求边线实长 (c) 展开图 (d) 吸尘罩

图 8.28 圆-方变形接头表面的展开（请对照图（d）吸尘罩的下部）

【展开图作图思路】把不同截形的管子连接起来的过渡部分叫做变形接头。本例中为上圆下方的变形接头。由图中的几何分析，该接头由 4 个三角形平面和 4 个锥面组成，从而可按平面和锥面展开。

8.3.7 焊接类零件

仔细阅读图 8.29 所示支座零件图就会发现，左视图上中间支承板部分的剖面线与上端空心圆柱、下端底板的不一致，并会发现几处以前没有看到过的符号（如4△、4▷）。这种零件图称为焊接件的工作图，简称焊接图。

从图 8.29 中的标题栏及其上方的明细栏中可知，该轴承座是由底板、支承板、筋板和轴承套筒 4 个零件焊接而成的。图中那几处符号是国家标准规定的焊缝标记。它们表明了各构件连接处的接头形式、焊缝符号和焊缝尺寸。焊接方法在技术要求中统一说明，因此在基准线尾部不再标注焊接方法的代号。

焊接是零件常用的加工工艺之一（图 8.30）。它是一种不可拆连接，是利用电流或火焰产生的热量将被连接件局部加热至熔化，或以熔化的金属材料填充，或用加压等方法将被连接件熔接、黏连到一起。焊接具有施工简单、连接可靠等优点，它的应用很广泛。常用的焊接方法有手工电弧焊、气焊等。

以焊接方式形成的零件称为焊接结构件，熔接处称为焊缝。焊接图是供焊接加工时所用的一种图样。它除了把焊接件的结构表达清楚，还必须把焊接的有关内容，如焊接接头型式、焊缝型式、焊缝尺寸、焊接方法等表达清楚。

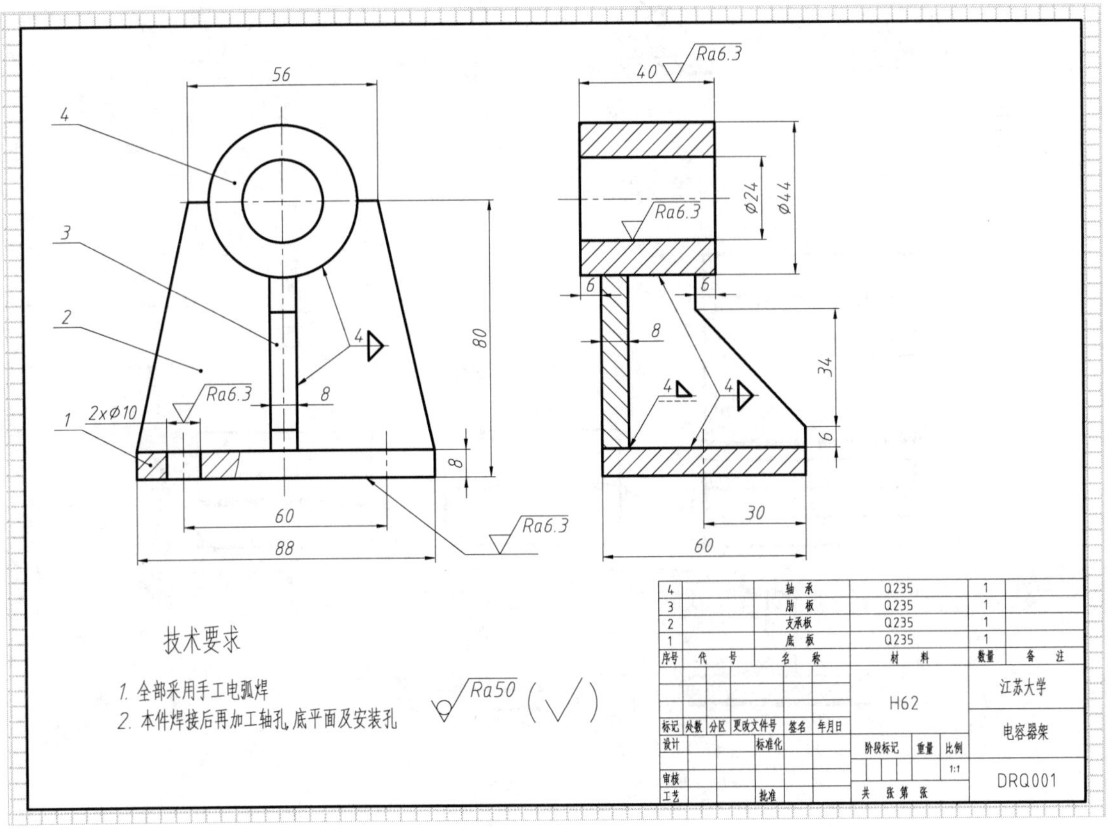

图 8.29 轴承座零件图

在焊接结构件零件图中，一般多用焊缝符号来标注焊缝，为了简化制图，国家标准规定了焊缝的画法、符号、尺寸标注和焊接方法的表示代号。具体注法可参见 GB/T 324—2008《焊缝符号表示法》、GB/T 12212—1990《焊缝符号的尺寸、比例及简化表示法》和 GB/T 5185—2005《焊接及相关工艺方法代号》等国家标准。

图 8.30 焊接

焊接接头的形式有对接接头、T 形接头、角接接头和搭接接头，如图 8.31 所示。

1．焊缝的规定画法

焊缝经焊接后形成的结合部分称为焊缝。在技术图样中一般采用 GB/T 324—2008 规定的焊缝符号表示焊缝。需在图样中简易地绘制焊缝时，可用视图、剖视图或剖面图表示，也可用轴测图示意地表示，如图 8.32 所示。焊缝画法允许用细实线徒手绘制，也允许用粗实线表示。但在同一图样中，只允许采用一种画法。在剖视图或剖面图上焊缝的熔焊区通常应该涂黑表示。

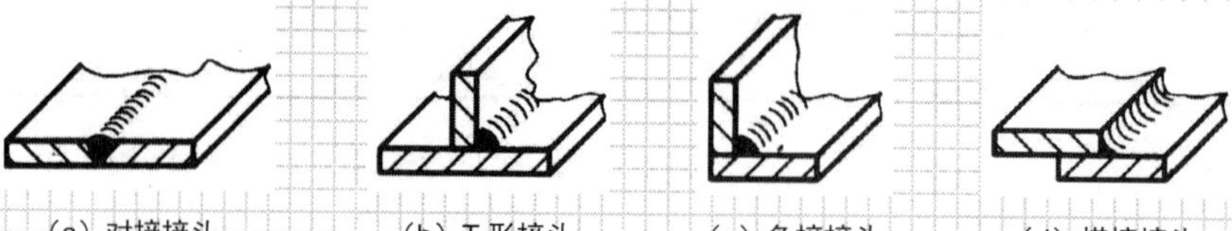

图 8.31 焊接接头的形式

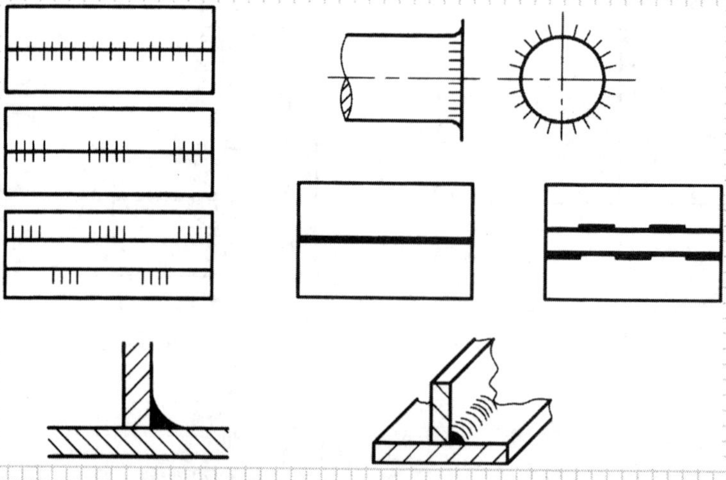

图 8.32 焊缝的各种画法

2. 焊缝符号

为了简化图样上的焊缝，一般采用 GB/T 324—2008 规定的焊缝符号。焊缝符号由基本符号（表 8.1）与指引线（图 8.33）组成，必要时还可加上辅助符号（表 8.2）、补充符号（表 8.3）和焊缝尺寸符号（表 8.4）。

（1）基本符号，即表示焊缝横截面的符号（表 8.1）。

表 8.1　常见的焊缝基本符号

名　称	示 意 图	符　号	名　称	示 意 图	符　号
I 形焊缝			带钝边 V 形焊缝		
V 形焊缝			带钝边 U 形焊缝		
单边 V 形焊缝			带钝边 J 形焊缝		
角焊缝	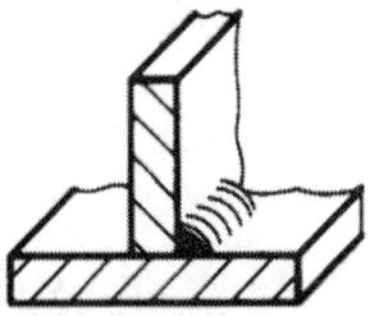		点焊缝		

指引线用细实线绘制，一般由带箭头的指引线（简称箭头线）和两条基准线组成，其中一条为细实线，一条为虚线，如图 8.33 所示。必要时允许箭头线弯折一次，需要时还可在基准线的细实线末端加一尾部符号，作其他说明之用（如焊接方法、相同焊缝数量等）。基准线的虚线可以画在基准线的细线的上侧或下侧。

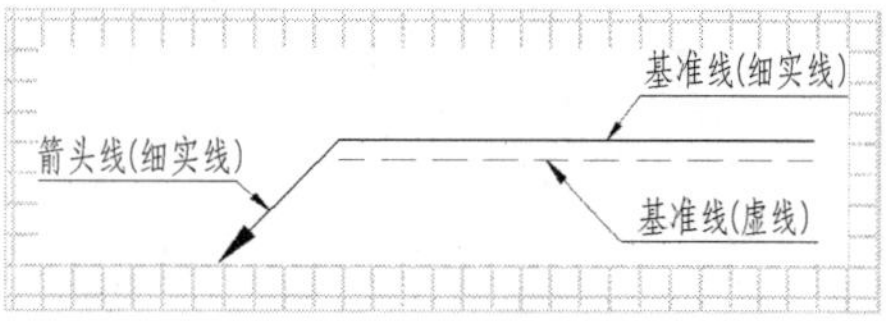

图 8.33　指引线

（2）辅助符号，即表示焊缝表面形状特征的符号（表 8.2）。

表 8.2　焊缝的辅助符号

名　称	示 意 图	符　号	说　明
平面符号		—	焊缝表面齐平（一般通过加工）
凹面符号	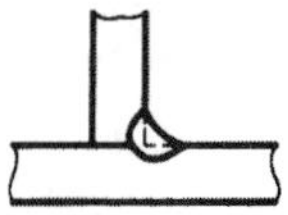	⌣	焊缝表面凹陷
凸面符号		⌒	焊缝表面凸起

（3）补充符号，即补充说明焊缝某些特征而采用的符号（表 8.3）。

表 8.3　常用的焊缝补充符号

名　称	示 意 图	符　号	说　明	名　称	符　号	说　明
带垫板符号		▭	表示焊缝底部有垫板	现场符号		表示在现场或工地上进行焊接
三面焊缝符号	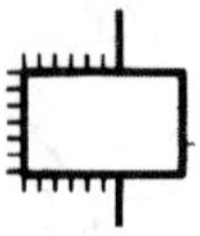	⊏	表示三面带有焊缝	尾部符号	<	可参照国家标准中标注焊接方法等内容
周围焊缝符号	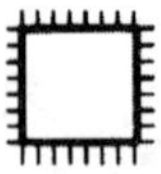	○	表示环绕工件周围焊缝	交错断续焊接符号	Z	表示交错断续的相同焊缝组成

3. 焊缝标注示例

1）基本符号相对基准线的位置（图 8.34）

（1）如果焊缝在接头的箭头侧，则将基本符号标注在基准线的实线侧（图 8.34（a））。

（2）如果焊缝在接头的非箭头侧，则基本符号标注在基准线的虚线侧（图 8.34（b））。

（3）标注对称焊缝及双面焊缝时，基准线可不加虚线（图 8.34（c））。

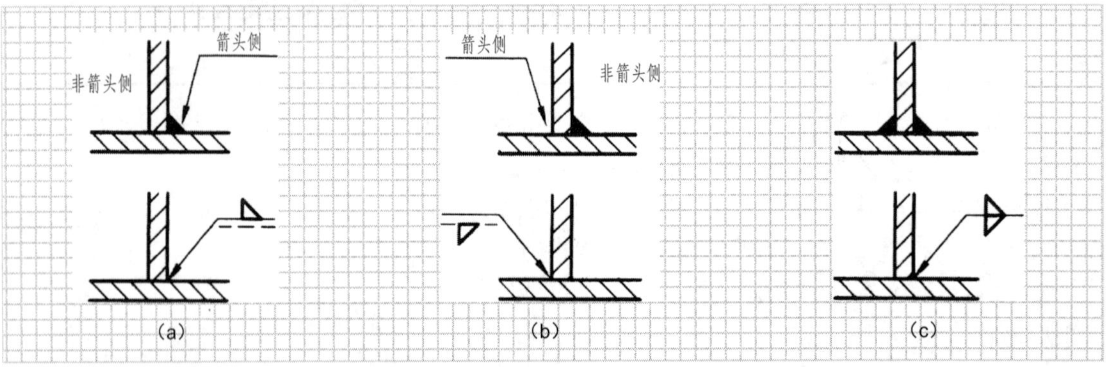

图 8.34　基本符号相对基准线的位置

2）焊缝尺寸的标注位置

焊缝尺寸符号的标注位置如图 8.35 所示，常用的焊缝尺寸符号见表 8.4 所列。

（1）标注在基本符号左侧的是焊缝横剖面上的尺寸（P、H、K、h、S、R、c、d）。

（2）标注在基本符号右侧的是焊缝长度方向的尺寸（n、l、e）。

（3）标注在基本符号上侧或下侧的是坡口角度、坡口面角度、根部间隙等尺寸（α、β、b）。

（4）标注在尾部的是相同焊缝数量符号和焊接方法。

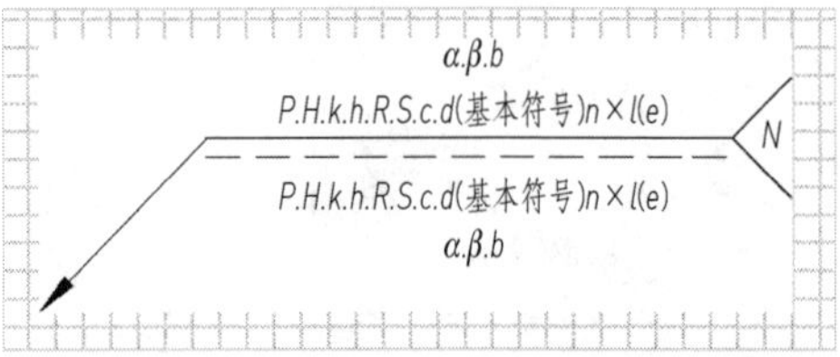

图 8.35　尺寸符号标注位置

表 8.4　常用的焊缝尺寸符号（附带标注的尺寸符号及数据）

符号	名称	示 意 图	符号	名称	示 意 图	符号	名称	示 意 图
δ	工件 厚度	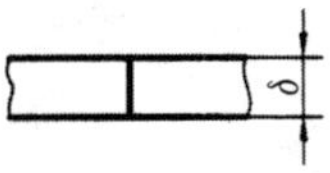	l	焊缝 长度	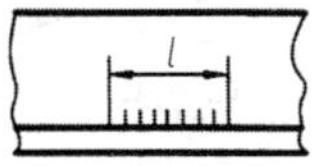	N	相同 焊缝 数量 符号	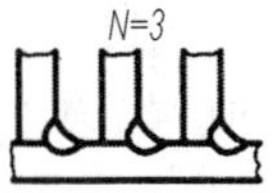
α	坡口 角度	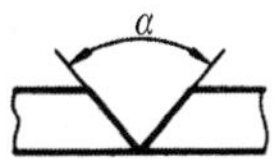	n	焊缝 段数	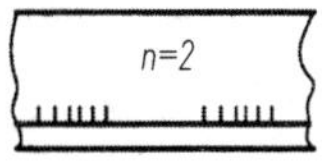	H	坡口 深度	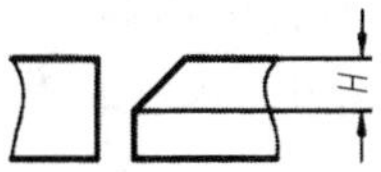
B	根部 间隙	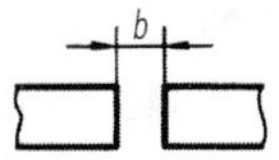	e	焊缝 间距	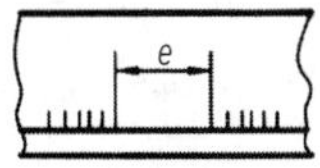	h	余高	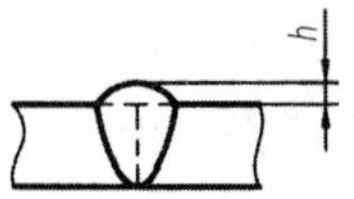
P	钝边	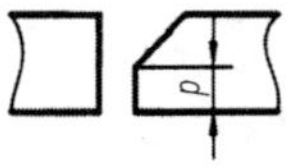	K	焊角 尺寸	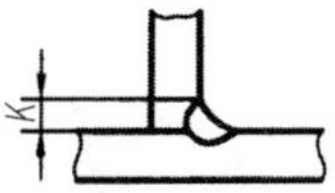	β	坡口 面的 角度	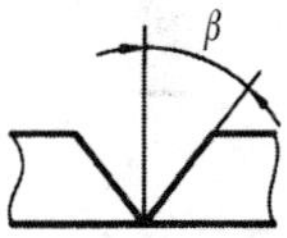
c	焊缝 宽度	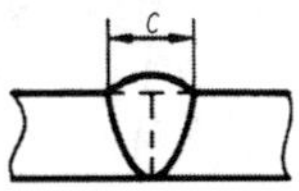	d	溶核 直径	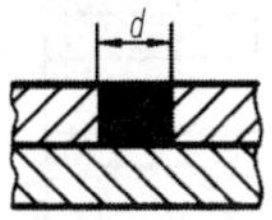			
R	根部 半径	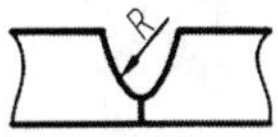	S	焊缝 有效 进度	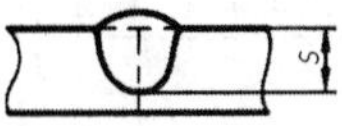			

经过上面有关焊缝的画法、符号、尺寸标注方法和焊接方法的表示代号的简介，就可以解释清楚图 8.29 中的相关符号了。主视图上的焊缝符号4表示中部筋板与后部支承板、上部圆筒与后部支承板均为对称角焊缝；左视图上有两处焊缝标注，一处是底板与后部支承板之间为单边角焊缝4，另一处则指中部筋板与底板之间、中部筋板与上部圆筒之间均为对称角焊缝4，上述各处的焊角高度均为 4 毫米。

8.4　零件图的尺寸标注

8.4.1　零件图上尺寸标注的总体要求——正确、完整、清晰、合理

零件的准确大小主要由标注的尺寸来确定。因此，尺寸标注是零件图的一项重要内容，它直接用于零件的加工和检验。标注零件尺寸时应做到 4 项要求：正确、完整、清晰、合理。

由于零件的主体结构实质上就是一个几何形体，零件尺寸主要体现在其主体结构上，因此在第 7 章中所介绍的关于如何正确、完整和清晰地标注尺寸，完全适用于零件图。至于尺寸标注的合理性，则主要是根据整个零件的设计要求和工艺要求（包括加工、测量和检验的具体要求和需要），对尺寸进行调整。

8.4.2 尺寸基准与尺寸分类

要做到合理地标注尺寸，首先要了解尺寸基准。尺寸基准这个概念在前面讨论零件形体时就提到过，尺寸基准是标注尺寸的起点。标注时需以此来确定零件上其他面、线或点的位置。但与单纯的几何体的尺寸基准不同，一个零件不仅针对其主体结构正确、完整和清晰地标注尺寸，还要考虑它的功能结构和工艺结构，进行合理的标注。因此其尺寸基准也有了更为丰富的内涵。

1. 尺寸基准的概念及分类

尺寸基准可以是面（对称面、底面、端面等）、线（回转轴线、中心线等）或点。如图 8.36（a）所示的轴，其轴向尺寸以右端面为基准，径向尺寸以轴线为基准；图 8.36（b）所示的轴承座，其高度方向以底面为基准；图 8.36（c）所示的凸轮，其轮廓曲线上各点的尺寸则以旋转中心为基准。因此在标注尺寸时，首先要在零件的长、宽、高三个方向至少各选一个基准，然后再合理地标注尺寸。

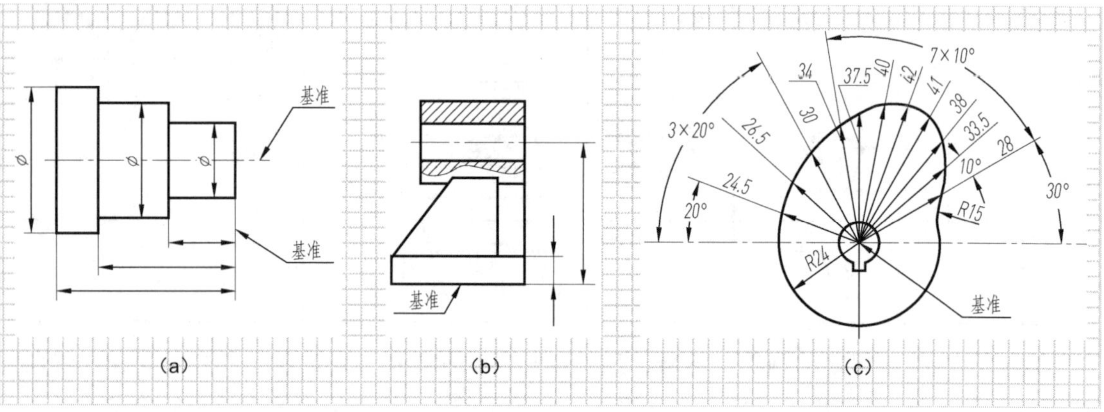

图 8.36　尺寸基准

根据基准的作用不同，尺寸基准可分为两类：设计基准和工艺基准。

设计基准是指根据零件的结构特点及设计要求所选定的基准，前面在零件主体结构（组合体）中所提到的尺寸基准可归结为此类基准。通常选用零件的对称面、安装面、重要的支承面和孔的轴线等作为某个方向上的设计基准。对于主体部分为同轴回转体、加工方法主要以切削为主的轴、套、盘、盖等零件，尺寸基准一般分径向和轴向两个方向，径向基准为轴线，轴向主要基准取定位轴肩或者端面。对于加工位置多样的叉架类、壳体类零件，则要分别选择长、宽、高 3 个方向的尺寸基准。一般以其安装基面、对称面或端面为尺寸基准。如图 8.37（a）中箭头所指的轴线就是该零件的径向设计基准。

工艺基准则是指根据零件在加工、测量和检验等方面的要求所选定的基准。它又可分为定位基准和测量基准。

定位基准是在加工过程中，确定零件位置时所用的基准。如图 8.37（b）所示，同样是一段阶梯轴，在加工大端外圆表面Ⅱ时，需以小端外圆表面Ⅰ为基准装夹在车床的卡盘里，此时小端外圆表面便是工艺定位基准。

测量基准是指在测量、检验零件的已加工表面时所用的基准。如图 8.37（c）所示，还是这段轴，前端面（表面Ⅲ）到中心轴的距离的测量工具往往是用游标卡尺，因此其测量基准是大端外圆表面Ⅱ的最后面的特殊素线。

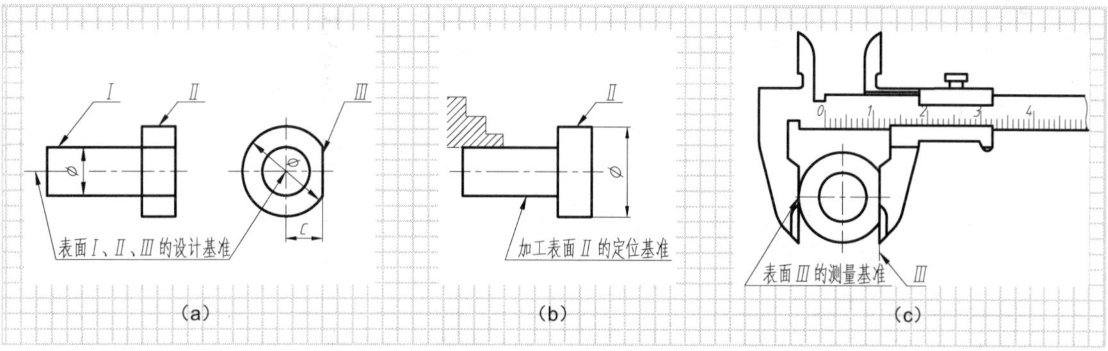

图 8.37 尺寸基准的分类

在设计和制造过程中，当机器的结构及装配要求确定时，设计基准是比较容易确定的。而工艺基准则应根据工厂的设备条件和生产批量的大小等因素来决定。而且在制造零件时，其工艺规程不同，工艺基准也可能不同。

因此，标注尺寸时，由于零件的复杂程度不同，在零件的长、宽、高三个方向，往往不只各选一个基准。根据实际情况，在零件的同一方向上可能有几个基准，其中有些是主要基准，另一些则是辅助基准，但主要基准与辅助基准之间必须有尺寸联系。

在图 8.38 中，零件长度方向的基准Ⅰ、宽度方向的基准Ⅱ、高度方向的基准Ⅲ都是主要基准。另外，为了便于加工和测量沉孔的深度尺寸，增加了辅助基准Ⅳ；考虑到结构上对两沉孔中心距的要求，又增加了辅助基准Ⅴ。由此可见，辅助基准是根据具体情况选定的，并由主要基准确定其位置。并且，长度方向上，辅助基准Ⅴ与主要基准Ⅰ之间、宽度方向上辅助基准Ⅳ与主要基准Ⅱ之间都有尺寸联系（分别为 12.5 和 22）。

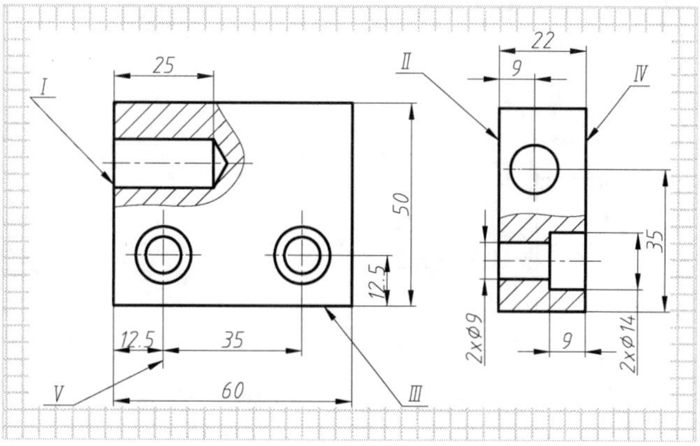

图 8.38 主要基准和辅助基准

2. 尺寸的分类

在零件图上标注尺寸时，应同时考虑对于零件在机器中的作用，以及与有关零件之间的相互关系和影响等因素。图 8.39（a）所示为某减速器装配图上的一部分。当齿轮（此处为一从动轮）转动时，通过销子带动齿轮轴转动。为了保证齿轮的正常工作，要求齿轮轴左侧的第二个端面与轴承衬套的右端面保持一定的间隙 N。如果该处间隙值过大，则齿轮轴会左右窜动，影响工作平稳性；N 值过小，又会因为工作时温度上升，使有关零件的轴向尺寸膨胀而卡死。由于该间隙 N 是在装配之后产生的，它的大小取决于和它有关的几个零件的尺寸 A_1、A_2、A_3、A_4 和 A_5。

为了讨论方便，把这几个尺寸移到图外，构成一个尺寸链图（图 8.39（b）），这些尺寸构成一个封闭的尺寸回路，称为装配尺寸链。尺寸链中每一个尺寸称为环。间隙 N 是装配后得到的尺寸，称为封闭环，其他尺寸称为组成环。显然，只有当各组成环达到一定精度时，才能满足结构设计时封闭环的技术要求。当组成环中任一尺寸公差变动时，间隙 N 都会随之变化，因此 A_1、A_2、A_3、A_4、A_5 都是该部件上比较重要的尺寸。又如 ϕB_1、ϕB_2 和 ϕB_3 均为配合尺寸，影响配合性能，也是重要尺寸；而图中的尺寸 ϕD_1、ϕD_2、ϕD_3 和 ϕD_4 等尺寸既不影响配合性能，也不影响部件的工作性能，因此，它们是零件上不重要的尺寸。

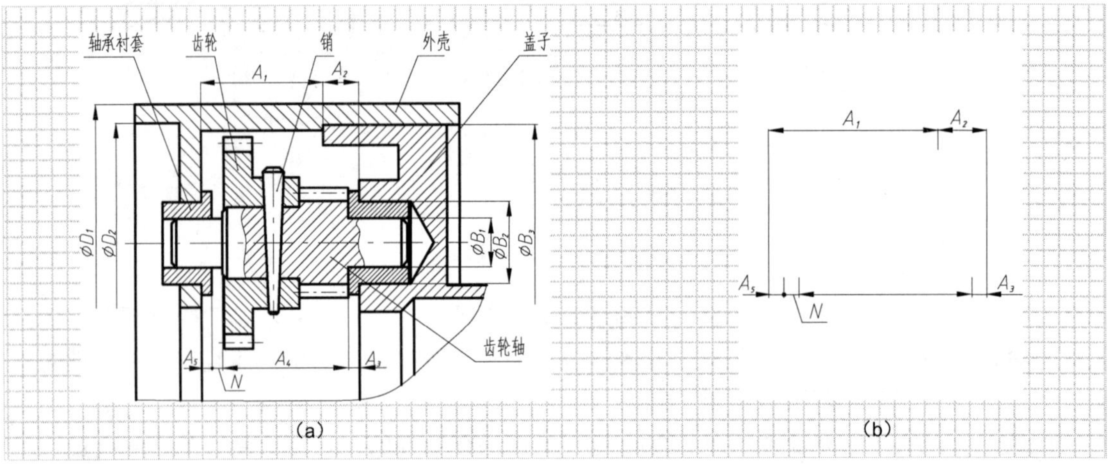

图 8.39　尺寸分析及尺寸链

从上可知，根据零件图上各个尺寸在机器中重要性的不同，可将零件图上的尺寸分为主要尺寸和自由尺寸两大类。

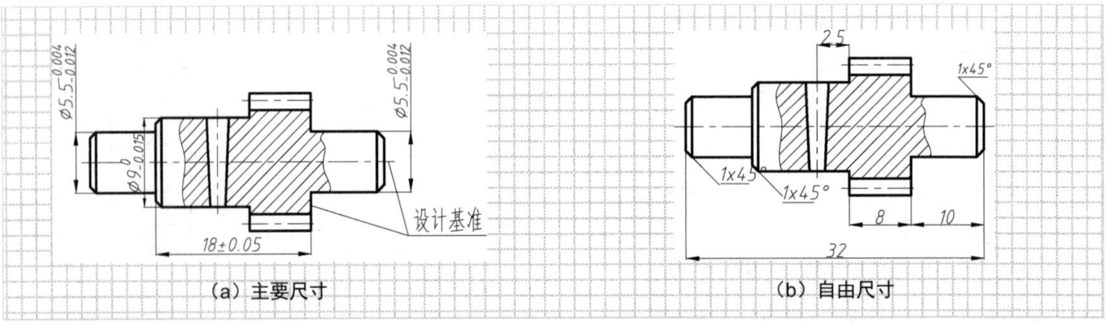

图 8.40　主要尺寸与自由尺寸

（1）主要尺寸（功能尺寸）

保证零件在机器中的正确位置和装配精度的尺寸，都属于主要尺寸。这类尺寸将直接影机器的性能。如图 8.39（a）中 A_1、A_2、A_3、A_4 和 A_5 为确定零件在机器中的精确位置的尺寸；ϕB_1、ϕB_2 和 ϕB_3 为零件间的配合尺寸。在产品设计中，这些尺寸一般均参与装配尺寸链，并按较高的精度加工。在标注尺寸时，主要尺寸应直接从设计基准注起，而且应在尺寸数字后注出其极限偏差值。如图 8.40（a）中注出的尺寸（其他尺寸暂时省略）即该齿轮轴上的主要尺寸。

（2）自由尺寸（非功能尺寸）

不影响机器的工作性能，也不影响零件间的配合性质、装配精度等的尺寸统称为自由尺寸：在设计机器时，这些尺寸不参与装配尺寸链。由于零件图上自由尺寸较多，一般不在其尺寸数字后注写极限偏差值，而将其尺寸公差统一注写在技术要求中，如“未注尺寸公差为 IT14”等。图 8.40（b）中注出了该齿轮轴的自由尺寸。

8.4.3 如何做到“合理地标注尺寸”

尺寸标注合理，主要应满足以下两条要求：

（1）能保证零件的设计要求。即保证零件在机器或部件中的准确位置，并达到预定的装配要求。

（2）考虑零件的工艺要求。

1．考虑零件的设计要求

（1）零件的主要尺寸从主要基准直接注出，可避免加工过程中尺寸误差累积到主要尺寸上。如图 8.41（a）所示，支架轴孔的中心高尺寸 a 是从高度方向的主要尺寸基准（底板的下底面）直接标注的，若如图 8.41（b）所示的那样，则表示为尺寸 b 和 e 的组成，则此时中心高的误差就会为尺寸 b 和 e 的误差之和，从而使其误差超过设计要求。同样，为了保证安装时底板上两个安装孔与机座的两个螺孔能准确定位，也应该如图 8.41（a）所示的那样直接注出两个小孔的中心距 c，而如图 8.41（b）所示的注法是不合理的。

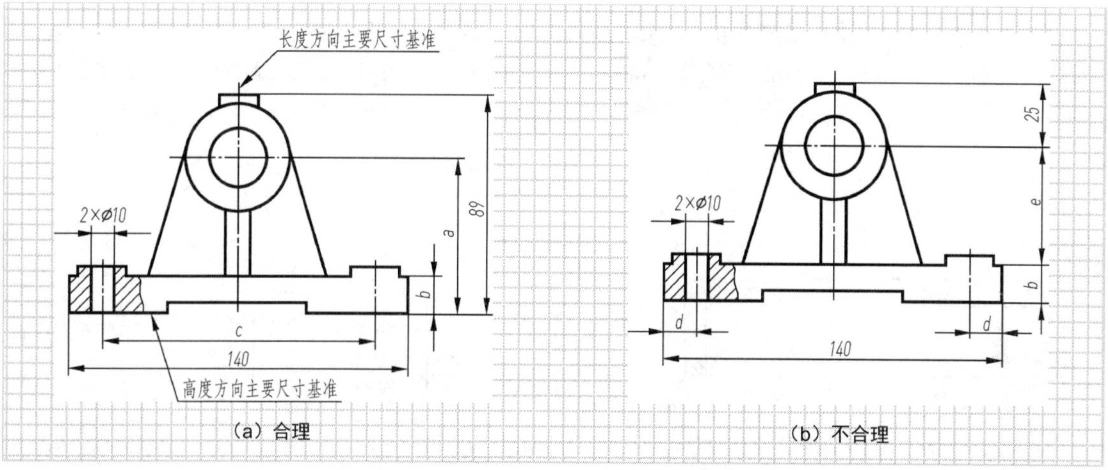

图 8.41 主要尺寸应从主要基准直接标注

（2）不应注成封闭的尺寸链。如果零件上同一方向的一组尺寸首尾相接，就形成了封闭的尺寸链，如图 8.42（b）所示。这样的标注使零件的尺寸既失去明确的基准，又难以同时保证几个尺寸的加工精度，其中任一尺寸的误差，都是其他尺寸的误差之和。通常在尺寸链中选取一个不重要的尺寸（不影响以后的装配精度的尺寸）不标注（称为开口环），可使加工误差累积在这个开口环上，从而保证其他各段已注尺寸的精度。如图 8.42（a）所示，即取消了尺寸 c 的标注，这样的标注是合理的。

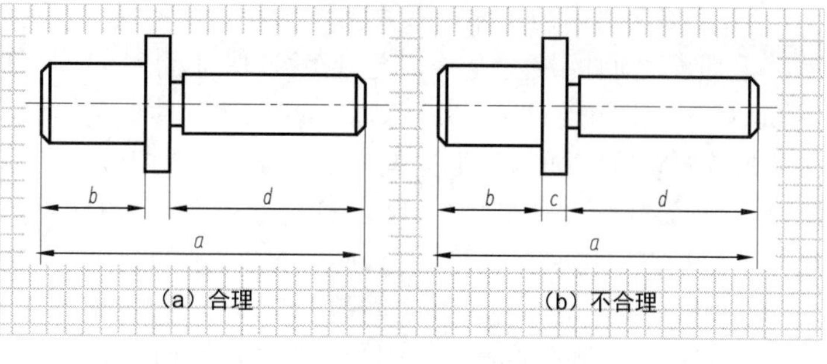

图 8.42 不应注成封闭的尺寸链

（3）从两零件的结合面起标注尺寸。为了保证设计要求，在互相配合的两零件中，与两零件的结合面有关的几何要素，标注其定位尺寸时，应从结合面注起。如图 8.43（a）中零件 1 和 2 的结合面为 A，在标注零件 1 上

小孔的定位尺寸 *b* 和零件 2 上小孔的定位尺寸 *c* 时，均应以结合面 *A* 为基准直接注出。

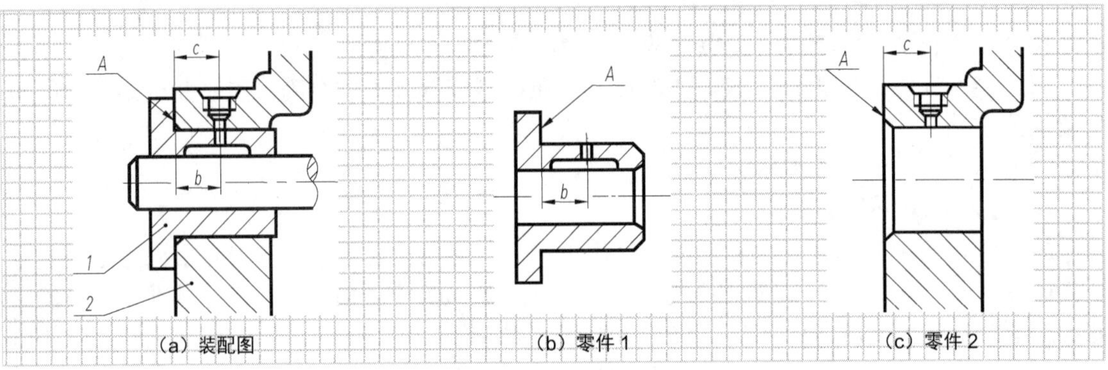

图 8.43 不应注成封闭的尺寸链

2. 考虑零件的工艺要求

1）考虑加工和测量的方便

标注尺寸应考虑加工和测量的方便，如图 8.44（a）中的尺寸 *B* 和 *C*，可用钢直尺直接测量获取，因而这种标注方法是合理的，对比之下 8.44（b）中的尺寸 *D* 测量起来不方便，因而是不合理的；同样，图 8.45（a）所示的一段阶梯轴，在加工时先按尺寸 *B* 直接加工到轴肩，再按尺寸 *C* 加工螺纹退刀槽，非常方便，因此这种标注有利于加工，而图 8.45（b）的标注是不合理的，因为退刀槽的宽度尺寸要经过“*B*−*D*”的换算才能获得，容易带入误差。

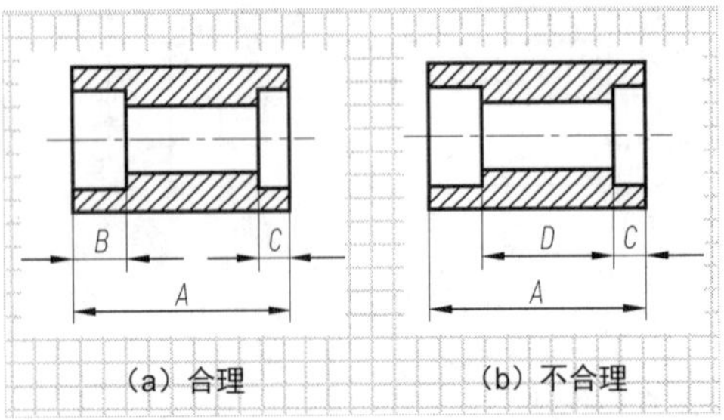

图 8.44 便于测量的尺寸标注

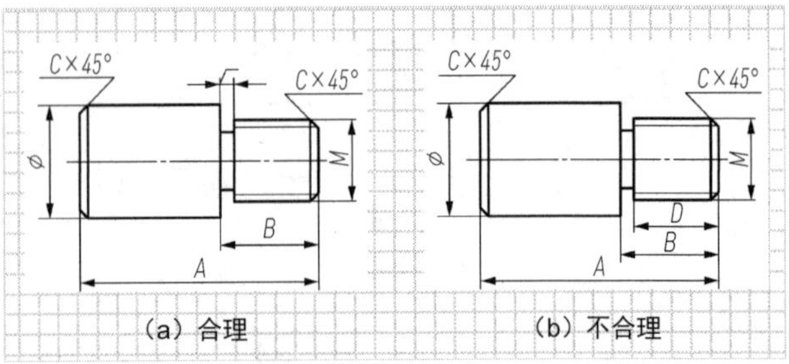

图 8.45 便于加工的尺寸标注

2）尽量符合加工顺序

图 8.46 所示的小轴是按加工顺序标注尺寸的。考虑到该零件在车床上要调头加工，因此其轴向尺寸是以两端面为基准，而尺寸 20±0.1、25±0.1 两段要求较严，故直接注出。加工该轴的工序，如图 8.47 所示。

3）毛坯面之间的尺寸一般应该单独标注

毛坯面之间的尺寸是靠制造毛坯时保证的，如图 8.48（a）中的尺寸 *A*、*B*、*C*、*D*。在标注零件上毛面的尺寸时，加工面与毛面之间，在同一个方向上只能有一个尺寸联系。如图中的尺寸 *D* 是两毛面之间的尺寸，这是在铸造时可保证的，顶面与底面是加工表面，尺寸 *E* 就是加工面与毛面之间的联系尺寸。图 8.48（b）所示的注法则不够合理，因为当加工底面时，难以同时保证尺寸 *K*、*G* 和 *H*。

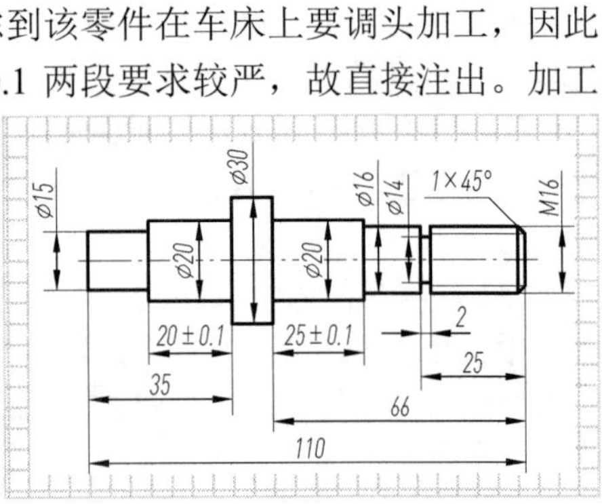

图 8.46 小轴的尺寸标注

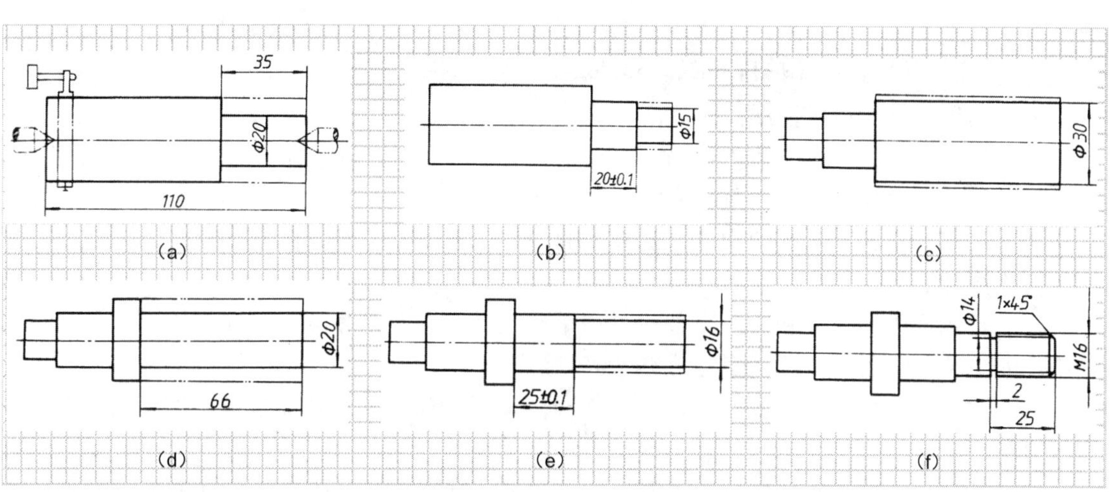

图 8.47　小轴的加工顺序

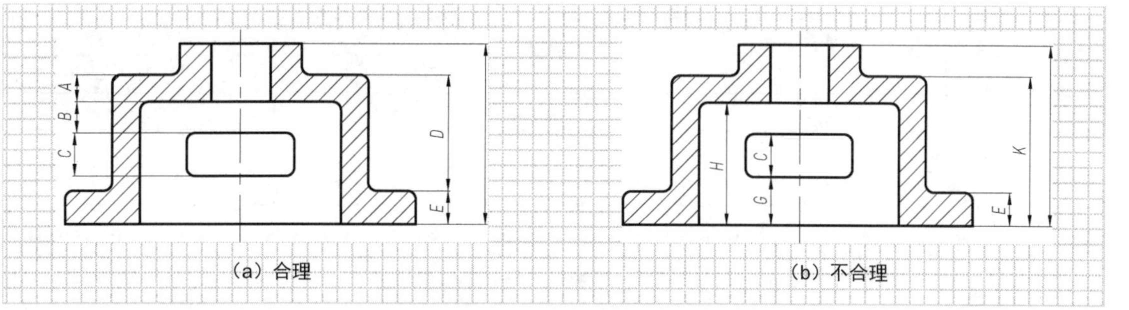

图 8.48　毛坯面尺寸单独标出

4）考虑刀具尺寸及加工的可能性

凡由刀具保证的尺寸，应尽量给出刀具的有关尺寸，刀具轮廓可用双点画线画出，如图 8.49 所示的衬套，在其左视图中给出了铣刀直径。

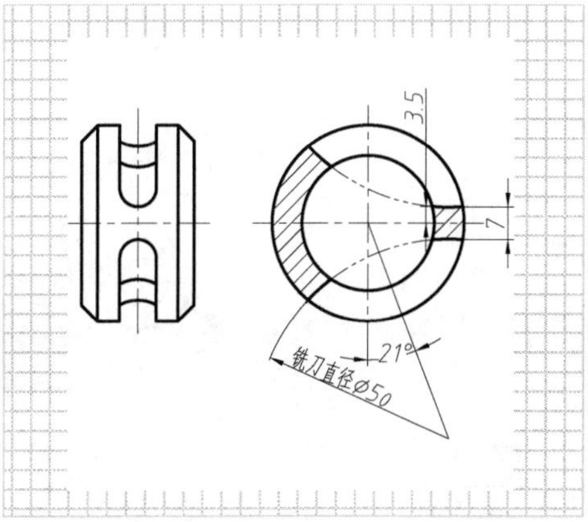

图 8.49　考虑刀具尺寸时衬套的尺寸标注

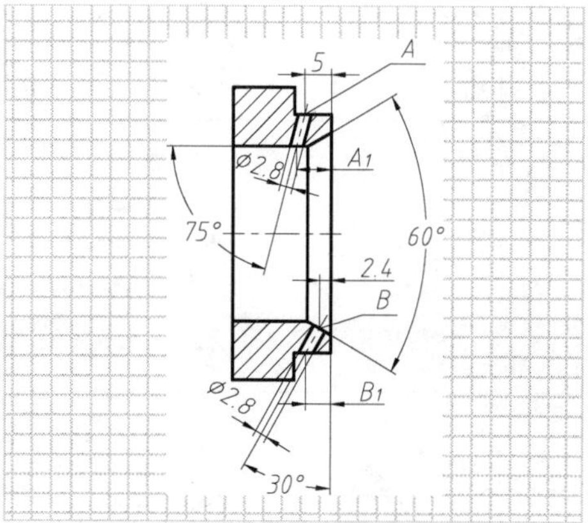

图 8.50　考虑加工可能性时斜孔的尺寸标注

图 8.50 所示为加工斜孔时标注尺寸的实例。根据加工的可能性，孔 *A* 的定位尺寸 5 最好从外面标注，因钻头只能从外面进行加工；孔 *B* 则应从里面标注尺寸 2.4，因钻头只能从里面

进行加工。上述情况，如果标注成图中的尺寸 A_1 和 B_1，将会给加工造成困难。

3. 尺寸的简化标注（摘自 GB/T16675.2—1996）

技术图样的尺寸可以使用简化注法，简化原则如下。

（1）简化必须保证不致引起误解和不会产生理解的多意性。在此前提下，应力求制图简便。

（2）便于识读和绘制，注重简化的综合效果。

（3）在考虑便于手工制图和计算机制图的同时，还要考虑缩微制图的要求。

简化注法的基本要求如下。

（1）若图样中的尺寸和公差全部相同或某个尺寸和公差占多数，可在图样空白处作总体说明，如“全部倒角 *C*1.6”、“其余圆角 *R*4”等。

（2）对于尺寸相同的重复要素，可仅在一个要素上注出其尺寸和数量，如相同孔的尺寸“4×ϕ10”等。

（3）标注尺寸时，应尽可能使用符号和缩写词。常用的符号和缩写词见表 8.5。

表 8.5　简化注法中常用符号和缩写词

名　称	符号或缩写词	名　称	符号或缩写词
厚度	*t*	埋头孔	∨
正方形	□	沉孔或锪平	⊔
45°倒角	*C*	展开长	O→
深度	↧	均布	EQS

此外，零件的局部功能结构和局部工艺结构的尺寸标注也是合理性标注尺寸所要考虑的一个重要方面，表 8.6 所示的就是这一类结构常用的标注形式。

表 8.6　零件上常见的各种光孔、螺孔和沉孔的尺寸标注示例

序　号	类　型	普 通 注 法	简 化 注 法	
1	不通光孔（盲孔）	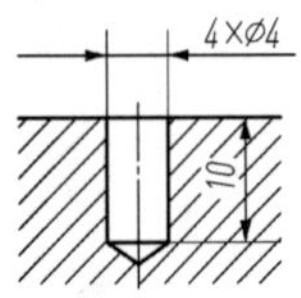	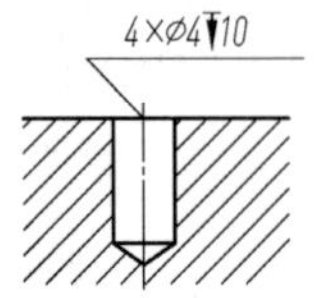	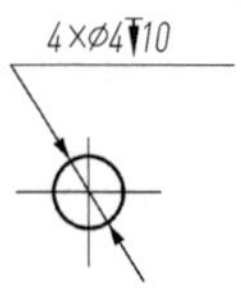
2	埋头孔	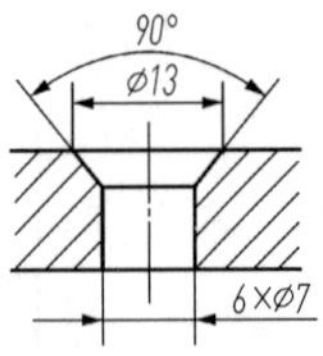	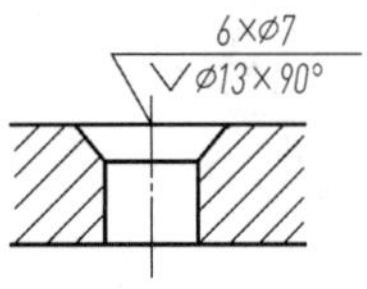	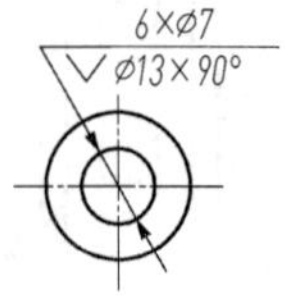
3	沉孔	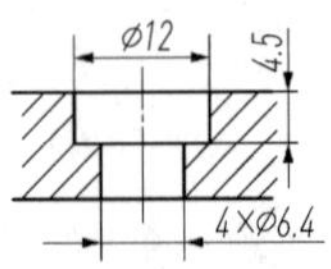	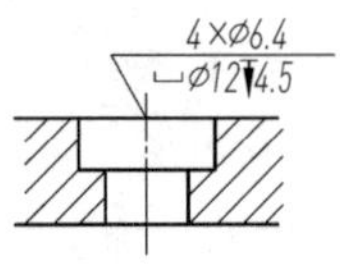	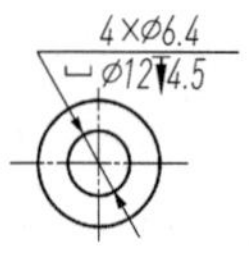

续表

序　号	类　型	普通注法	简化注法	
4	锪平	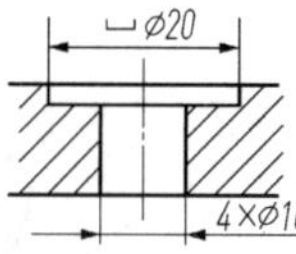	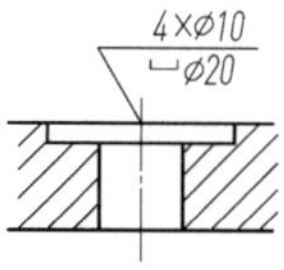	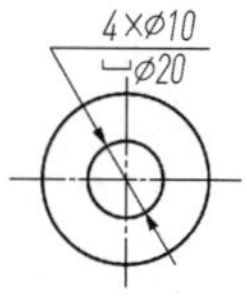
5	不通螺孔	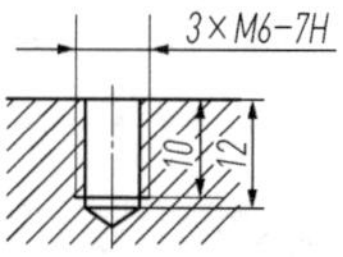	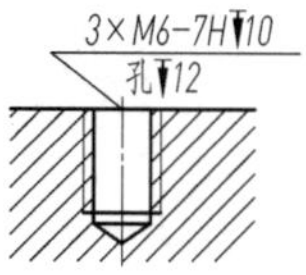	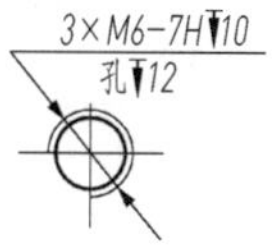

注：“↧”表示孔的深度，“⌵”表示埋头孔，“⌴”表示沉孔或锪平。

8.5　零件图上的技术要求

零件图上的视图表示零件的形状，尺寸表示零件的大小。但是，从工程实际出发，还应在图样中注出设计、制造、检验、修饰和使用等方面的技术要求。

零件和部件是为机器服务的，为了保证生产加工出来的零件和部件能顺利地组装成为机器、并保证机器的正常运转及机器的使用寿命，现代化的机械工业要求机器零件和部件具有互换性。

所谓互换性，是指在一批规格大小相同的零件（或部件）中任取其中的一个零件，不经过任何辅助加工及修配，就可以顺利地装配成完全符合规定要求的产品。

但是，任何一个零件在加工制造过程中，由于受到各种因素的影响，其表面会出现各种类型的不规则状态，形成工件的几何特性。这些几何特性包括尺寸误差、形状误差和表面结构误差等，它们都会在不同程度上影响零件（或部件）的互换性，从而严重影响产品的质量和使用寿命。因此，在技术产品文件中必须对这些表面几何特征提出要求。这些技术要求包括表面结构、尺寸公差、几何公差、对材料的热处理及表面处理的要求、零件的特殊加工、检验要求等。

8.5.1　表面结构简介及表面粗糙度（*R* 参数）的识读与标注

1．表面结构技术要求的基本概念（GB/T 3505－2009）

表面结构是指零件表面的微观几何特征，可理解为表面加工纹理和方向的形状特征。表面结构用轮廓法来评定，用轮廓滤波器来测量，其模型见图 8.51。

用指定平面与零件实际表面相交，所得的交线是一条复杂曲线，称为表面轮廓。测量时，轮廓滤波器的金刚石触针在零件表面拖动，接触滑过一段指定长度的距离，触针针尖随实际表面的凸起和凹槽而上下起伏，得到针尖运动轨迹曲线，即表面轮廓。可见，测得的表面轮廓其实是复合波。

在图 8.51 中可以找到表面轮廓曲线示意图。它表明，在轮廓滤波器中，表面轮廓曲线是由无数波长不同的波叠加在一起而形成的复合波形，按指定的波长范围（见图中表面轮廓传输带和滤波示意图），滤波器从表面轮廓中过滤出原始轮廓、粗糙度轮廓和波纹度轮廓。

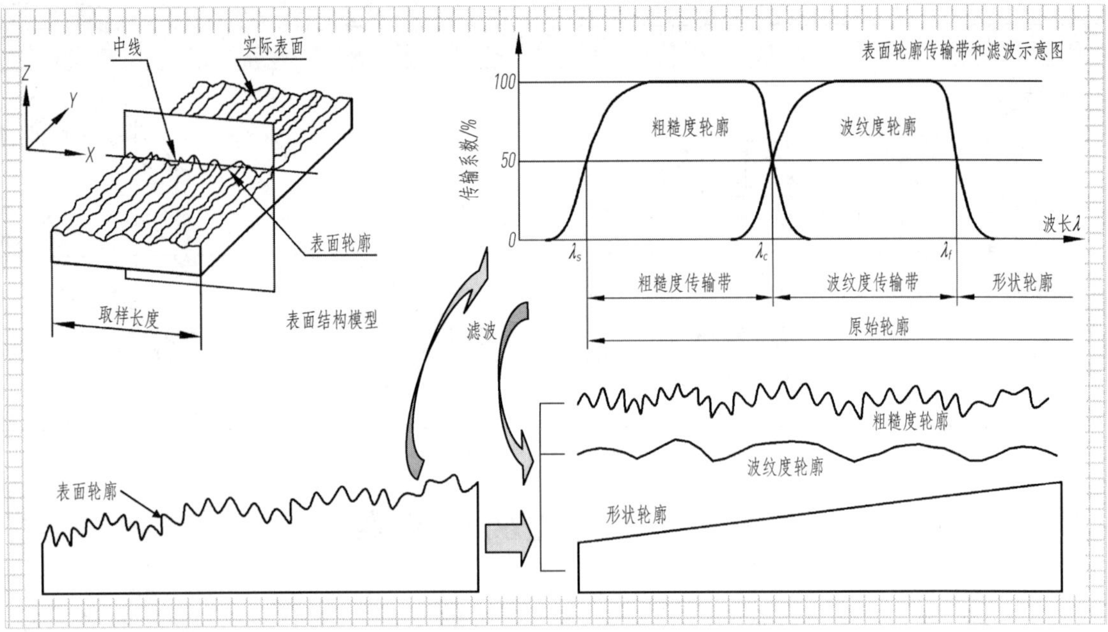

图 8.51　表面结构模型及表面轮廓示意图

粗糙度轮廓对应表面轮廓中的短波范围（小微观尺度），可表达零件表面的细微形貌特征。波纹度轮廓对应表面轮廓中的长波范围（大微观尺度），可表达零件表面的粗大形貌特征。形状轮廓对应表面轮廓中的宏观尺度部分，不属于表面结构的范畴。

1）三种轮廓及其对应参数

粗糙度轮廓、波纹度轮廓和原始轮廓构成零件的表面特征，称为表面结构。

（1）原始轮廓（*P* 轮廓）：对表面轮廓应用λ_s轮廓滤波器后的总轮廓（传输带$\lambda > \lambda_s$）。

原始轮廓参数（*P* 参数）：在原始轮廓上计算所得的轮廓参数。

（2）粗糙度轮廓（*R* 轮廓）：对原始轮廓采用λ_c轮廓滤波器抑制长波成分后形成的轮廓（传输带$\lambda_s < \lambda < \lambda_c$），是经过人为修正的轮廓。

粗糙度参数（*R* 参数）：在粗糙度轮廓上计算所得的轮廓参数。

（3）波纹度轮廓（*W* 轮廓）：对原始轮廓连续应用λ_f轮廓滤波器抑制长波成分、λ_c轮廓滤波器抑制短波成分后形成的轮廓（传输带$\lambda_c < \lambda < \lambda_f$），是经过人为修正的轮廓。

波纹度参数（*W* 参数）：在波纹度轮廓上计算所得的参数。

国家标准以上述三种轮廓为基础，建立了一系列参数，定量地描述对表面结构的要求，并能用仪器检测有关参数值，以评定实际表面是否合格。

表示表面结构类型的代号称为参数代号。在轮廓参数中，*R*、*W*、*P* 三种轮廓都定义了参数。其中，*Ra* 和 *Rz* 是常用的表面结构参数：

Ra 为评定粗糙度轮廓高度的算术平均偏差。其定义为：在取样长度内纵坐标值 $Z(x)$ 绝对值的算术平均值。

Rz 为表面粗糙度轮廓的最大高度。其定义为：在一个取样长度内，最大轮廓峰高和最大轮廓谷深之间的高度。

国家标准推荐优先选用 *Ra* 参数。*W* 参数和 *P* 参数与之相同，只是参数特征字母分别为“*W*”和“*P*”。表 8.7 表示的是在国标 GB/T 3505 标准中定义的 *R* 轮廓参数代号。*Ra* 或 *Rz* 的数值越大，表面越粗糙；数值越小，表面越光滑，但加工成本越大。*Ra* 的数值规定见表 8.8，取样长度 l_r 推荐值见附表 4-1。表面结构要求图样注法的新、旧国家标准的对照可参考附表 4-2。

表 8.7　*R* 轮廓参数代号（摘自 GB/T 3505—2009）

参数名称	高度参数									间距参数	混合参数	曲线和相关参数		
	峰谷值					平均值								
R 轮廓参数（粗糙度参数）	*Rp*	*Rv*	*Rz*	*Rc*	*Rt*	*Ra*	*Rq*	*Rsk*	*Rku*	*RSm*	*RΔq*	*Rmr*(*c*)	*Rδc*	*Rmr*

表 8.8　轮廓算术平均偏差 *Ra* 的数值（GB/T 1031—2009）　（μm）

第 1 系列	补充系列	第 1 系列	补充系列	第 1 系列	补充系列	第 1 系列	补充系列
	0.008	0.1			1.25		16.0
	0.010		0.125	1.6			20
0.012			0.160		2.0	25	
	0.016	0.2			2.5		32
	0.020		0.25	3.2			40
0.025			0.32		4.0	50	
	0.032	0.4			5.0		63
	0.040		0.50	6.3			80
0.05			0.63		8.0	100	
	0.063	0.8			10.0		
	0.080		1.00	12.5			

2）粗糙度参数（*R* 参数）相关术语

参照图 8.52，认识以下几个粗糙度参数的相关术语。

（1）中线：具有几何轮廓形状，并划分轮廓的基准线。中线定义为坐标系的 *X* 轴，评定轮廓在任一位置距 *X* 轴的高度用函数 *Z*（*x*）表示。一般认为，*Z*（*x*）即轮廓曲线。

（2）取样长度 l_r：在 *X* 轴方向判别被评定轮廓不规则特征的长度，用 l_r 表示。评定粗糙度轮廓的取样长度 l_r 在数值上与截止波长 λ_c 相等。

（3）评定长度 l_n：用于评定被评定轮廓的 *X* 轴方向上的长度，用 l_n 表示。评定长度一般包含一个或几个取样长度，其默认值为 5 个取样长度。

（4）轮廓算术平均偏差 *Ra*：在一个取样长度内纵坐标值 *Z*（*x*）绝对值的算术平均值（图 8.53（a）），

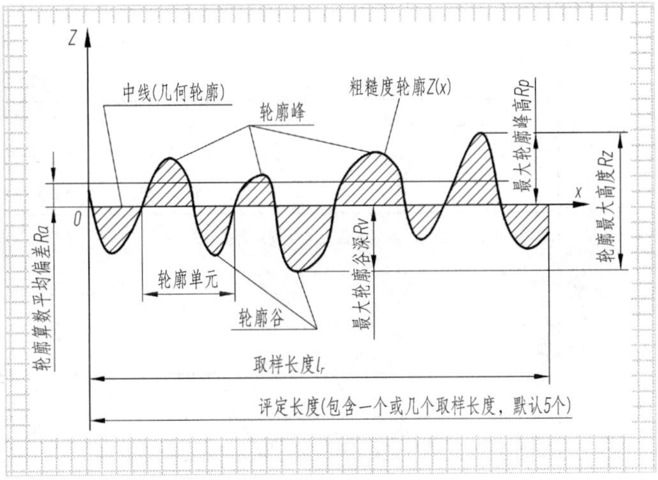

图 8.52　粗糙度参数（*R* 参数）示意图

其计算公式为

$$Ra = \frac{1}{l_r}\int_0^{l_r}\left|Z(x)\right|\mathrm{d}\,x$$

（5）轮廓最大高度 Rz：在一个取样长度内，最大轮廓峰高 Rp 与最大轮廓谷深 Rv 之和，即轮廓峰最高点与轮廓谷最低点之间的高度差（图 8.53（b）），其计算公式为

$$Rz = Rp + Rv$$

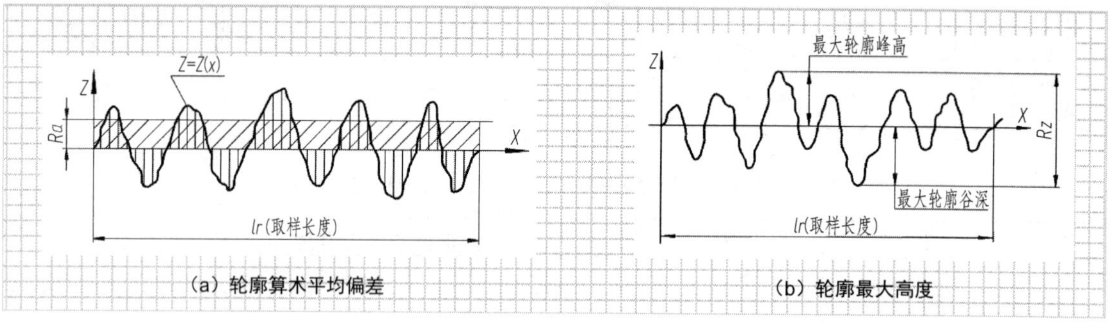

图 8.53　轮廓算术平均偏差 Ra 和轮廓最大高度 Rz

2. 标注表面结构的图形符号、代号及其注写

（1）表面结构图形符号的含义及其画法见表 8.9 所列。

表 8.9　表面结构图形符号的含义及其画法（摘自 GB/T 131—2006）

项目	符　号	含义及说明
基本符号		基本图形符号，简称基本符号，表示未指定工艺方法的表面。当通过一个注释解释时可单独使用
扩展图形符号	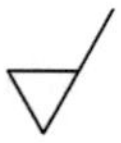	扩展图形符号，由基本符号加一短画而成，表示用去除材料的方法获得的表面。例如，车、铣、钻、磨、剪切、抛光、腐蚀、电火花加工、气割等
		扩展图形符号，由基本符号加一小圆而成，表示用不去除材料的方法获得的表面。例如，铸、锻、冲压变形、热轧、冷轧、粉末冶金等，或者是用于保持原供应状况的表面（包括保持上道工序的状况）
完整图形符号	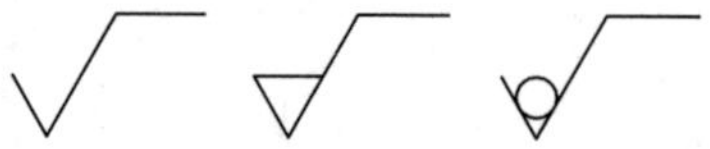	完整图形符号，在上述三个符号的长边上加一横线，用于标注参数代号和说明。这三个符号分别对应注释文本 APA（允许任何工艺）、MRR（去除材料）和 NMR（不去除材料）
	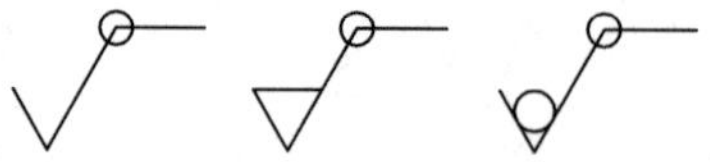	在上述三个完整图形符号上加一小圆，表示构成封闭轮廓的一组表面具有相同的表面结构要求
符号画法	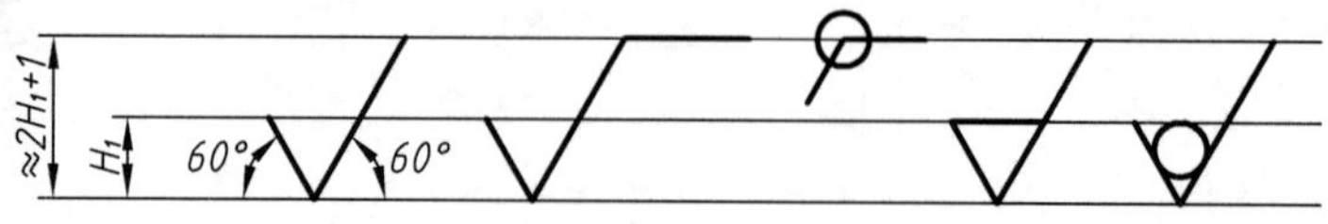	H_1 等于比字高 h 大一号的字高，线宽 b 等于 H_1 的十分之一，即 $H_1 = h\cdot\sqrt{2}$，$b = \frac{H_1}{10}$，h= 字高

续表

<table>
<tr><th>项目</th><th>符 号</th><th>含义及说明</th></tr>
<tr><td rowspan="2">表面结构要求的完整代号</td><td>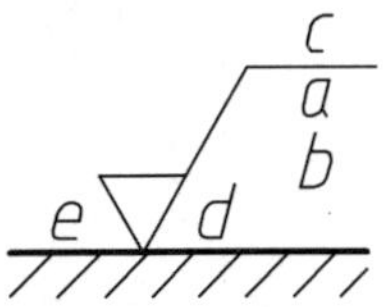完整图形符号的组成</td><td>a 为表面结构参数代号及其数值，可包括传输带和取样长度；
b 为同一表面的第二个或多个表面结构要求，格式同 a；
c 为加工方法，如车、磨、镀等工艺要求；
d 为表面纹理和方向；
e 为加工余量，单位为毫米（mm）</td></tr>
<tr><td colspan="2">① 在图样中表示零件表面结构要求时，应注出表面结构要求完整代号，它包括图形符号和参数两大部分，其中，参数部分除了表面结构参数代号和数值（称为单一要求），必要时应标注补充要求，包括传输带、取样长度、加工工艺、表面纹理及方向、加工余量等。
② 表面结构参数代号和数值注写在 a 位置（或 b 位置），其内容比较丰富，但至少包含参数代号和数值，如“Ra×”或“Rz×”等。对于 R 轮廓参数，如果评定长度内的取样长度不等于 5（“5”是默认值），应在相应参数代号后标注其个数。如果表面结构要求未采用默认的传输带（或取样长度），应在参数代号的前面注写指定的传输带（或取样长度），并用“ / ”与参数代号分开。表面结构参数的极限值判断规则默认使用“16%规则”，若使用“最大规则”，应在参数代号后加注“max”（极限值判断规则的解释见附表 5-5 下的注释）</td></tr>
</table>

（2）表面结构代号的注写见表 8.10 所列。

表 8.10 表面结构代号的注写示例

代 号	含 义	代 号	含 义
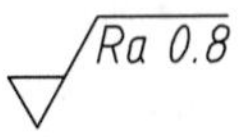	用去除材料方法获得的表面，*Ra* 上限值为 0.8μm	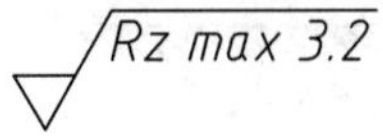	用去除材料方法获得的表面，*Rz* 最大值为 3.2μm，最大规则
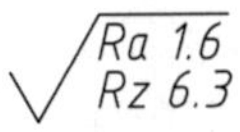	用任何方法获得的表面，表面粗糙度有两种要求：*Ra* 上限值 1.6μm，*Rz* 上限值 6.3μm	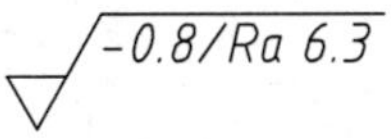	用去除材料方法获得的表面，非默认的取样长度 0.8μm，*Ra* 上限值为 3.2μm
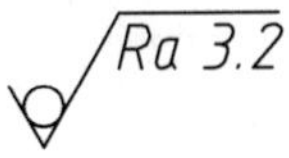	用不去除材料方法获得的表面，*Ra* 上限值为 3.2μm	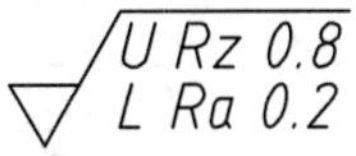	用去除材料方法获得的表面，双向极限：上限值（代号 *U*）为轮廓最大高度 0.8μm，下限值（代号 *L*）为算术平均偏差 0.2μm

注：在表面的不同位置可测得多个参数值，“16%规则”是指在全部实测值中，大于（或小于）图样或技术文件中标注的上限值（或下限值）的个数不超过总数的 16%，则认为该表面是合格的；“最大规则”是指全部实测值一个也不应超过图样或技术文件中的标注值，该表面才合格。“16%规则”是默认规则。

（3）加工方法、表面纹理及加工余量的注写可见附录表 4-2。

3. 表面结构要求在图样中的注法（表 8.11）

标注总则如下：

（1）在图样中，表面结构要求应用完整图形符号标注在零件表面上。

（2）表面结构要求的注写和读取方向与尺寸的注写和读取方向一致。

（3）同一图样中，每一表面一般只标注一次表面结构要求，并尽可能标注在其尺寸的同一视图上。

（4）所标注的表面结构要求都是对已完工零件表面的要求。

表 8.11 表面结构要求在图样中的注法

注 法 和 示 例	说 明
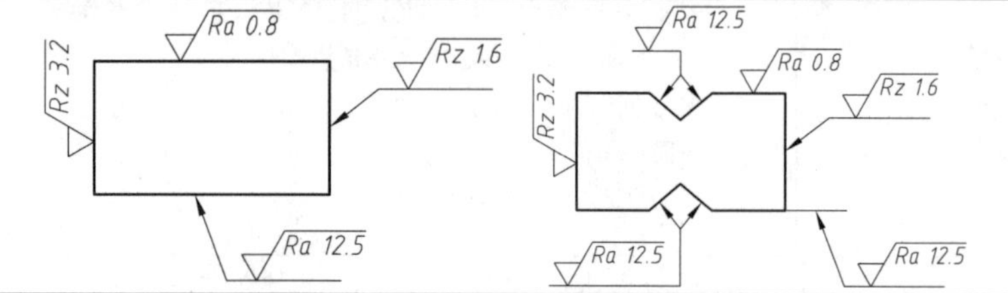	表面结构要求一般注写在可见轮廓线、引出线、尺寸界线、尺寸线或它们的延长线上；图形符号必须从材料外垂直指向表面，尖端应顶住相应的线，不得留有空隙
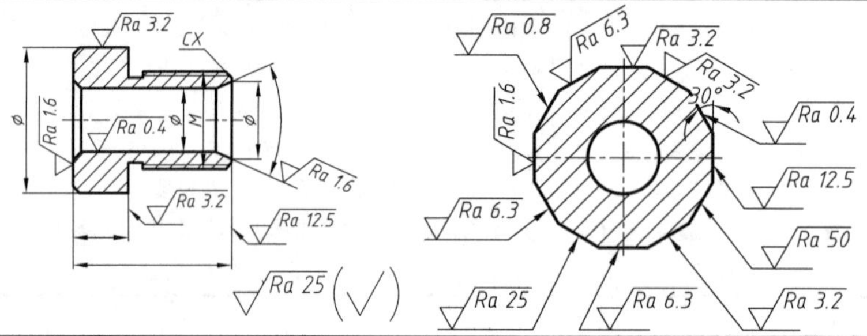	表面结构要求的注写和读取方向与尺寸的注写和读取方向一致
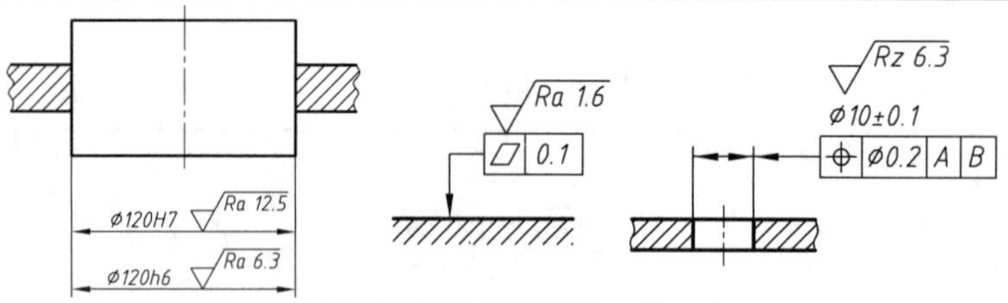	在不致引起误解时，表面结构要求可以标注在给定的尺寸线上；也可标注在几何公差框格的上方
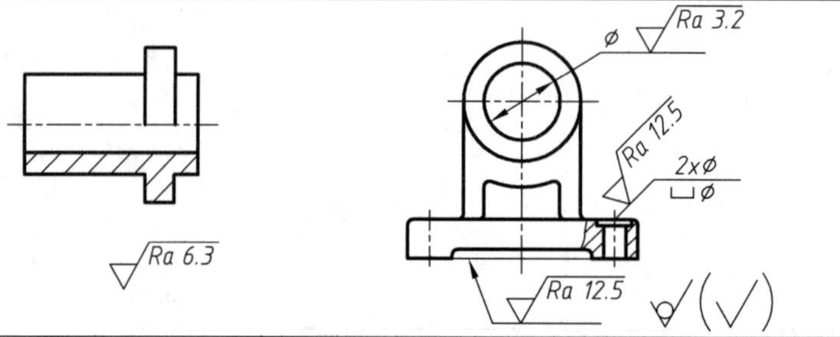	当零件所有表面或大部分表面具有相同的表面结构要求时，其代号可在图样标题栏附近统一标注，不同的表面结构要求直接在图样中注出
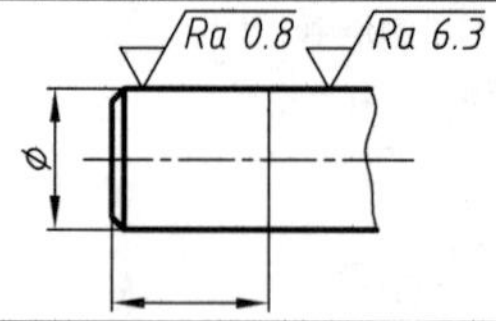	同一表面上有不同的表面结构要求时，须用细实线画出分界线，并注出相应的表面结构要求代号和尺寸
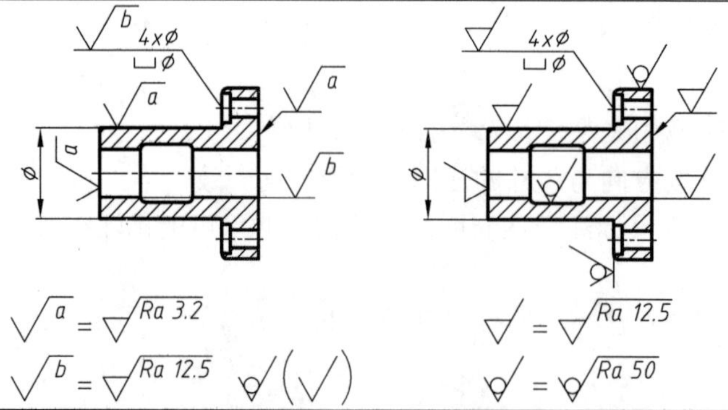	简化注法。可用带字母的完整符号，或用基本符号和扩展符号，以等式的形式，在图形或标题栏附近，对有相同表面结构要求的表面进行简化标注

续表

注法和示例	说　明
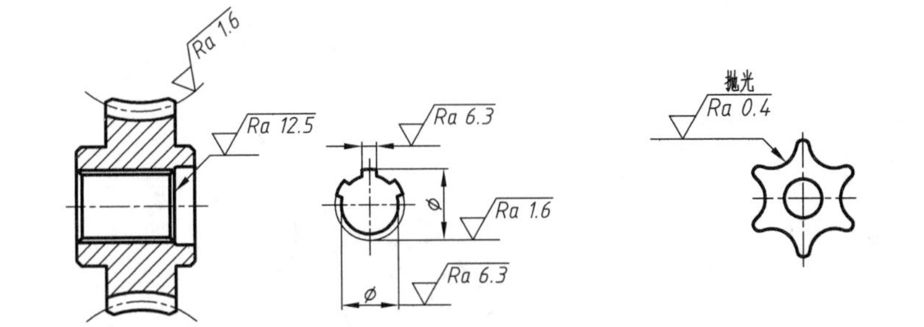	对不连续的同一表面，可用细实线连接，只注一次表面结构要求。对重复要素（孔、槽、齿等）的表面及连续表面，其表面结构要求只标一次
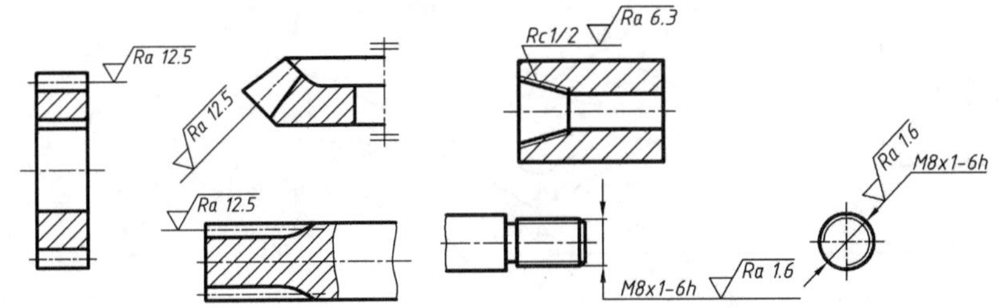	齿轮、渐开线花键、螺纹等工作表面，当没有画出齿（牙）型时，其表面结构要求可按图示的方式标注
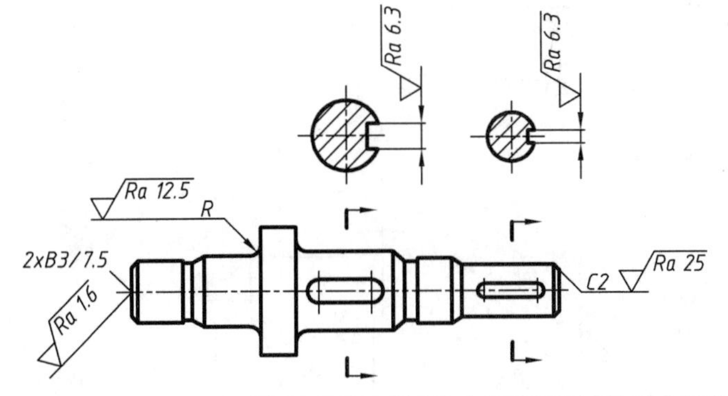	对中心孔的工作表面，键槽工作面，倒角、圆角的表面粗糙度代号可以简化标注
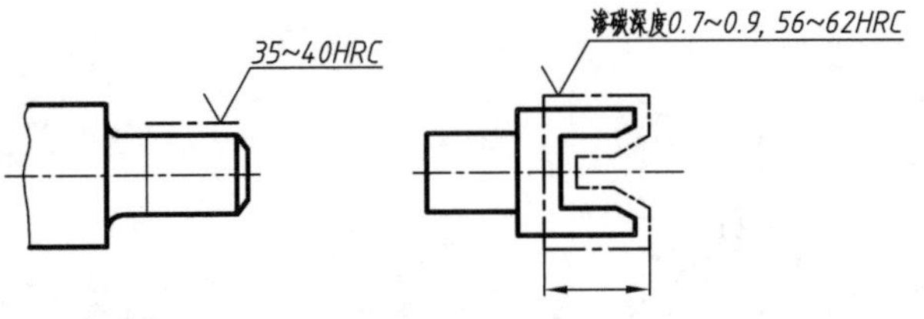	需要对零件进行局部热处理或局部镀（涂）覆时，应用粗点画线画出其范围，并标注尺寸，将其要求作为加工方式注写在表面粗糙度代号横线的上方

表面结构要求图样注法的演变（GB/T 131—2006）可查阅附录表 4-3。

【**例 8.1**】图 8.54 所示的是一个轴承座的三视图，视图下方的表中列出了所有表面的粗糙度参数要求。如何将其标注到图样中？

【解读与分析】可参照图 8.55 的标注形式。其中，顶面（*D*）和底面（*A*）一样，虽然从几何关系上是在同一个平面上，但实际上都是分离的两个平面，因此标注粗糙度时，应用一条细实线将其连接起来，标注同一个粗糙度要求；前后半圆柱面 C 也是同样的道理，标注的最佳位置应该在左视图，但由于左视图作了半剖视，无法用细实线将前后半圆柱面的最下特殊素线相连，故用指引线标注在主视图上，由于主视图也采用了半剖视图，左边的 1/4 圆指的是前半个圆柱面，右边的 1/4 圆则指的是后半圆柱面，故标注时要用两条指引线；沉孔 *E*、*F*、*G* 的加工要求是一样的，故采用统一标注法，即在其尺寸标注（2×ϕ）的尺寸线的延长线上统一标注粗糙度代号√Ra12.5；而对于其余不加工表面，则用代号“∀(√)”统一标注在视图附近。

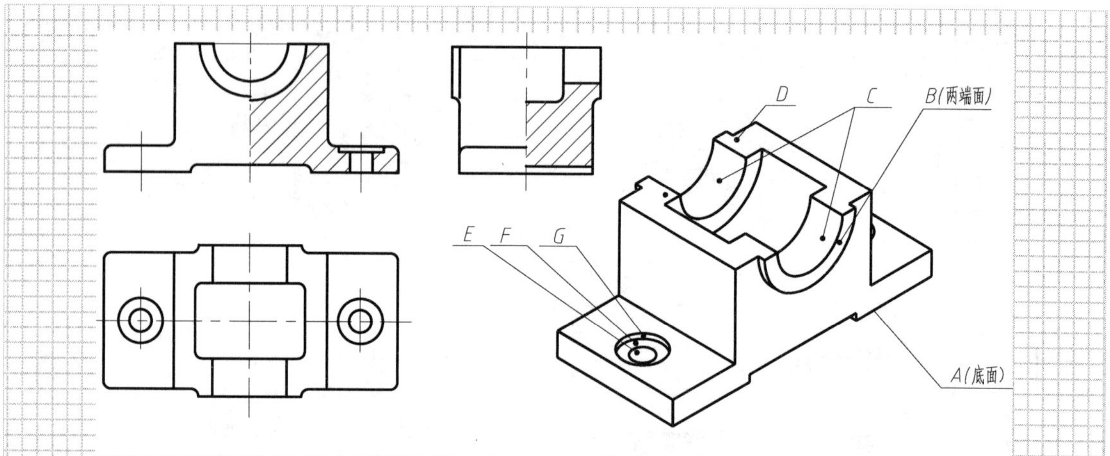

表面	A	B	C	D	E	F	G	其余
表面粗糙度代号	√Ra6.3		√Ra1.6	√Ra3.2	√Ra12.5			∀

图 8.54 轴承座视图与三维模型

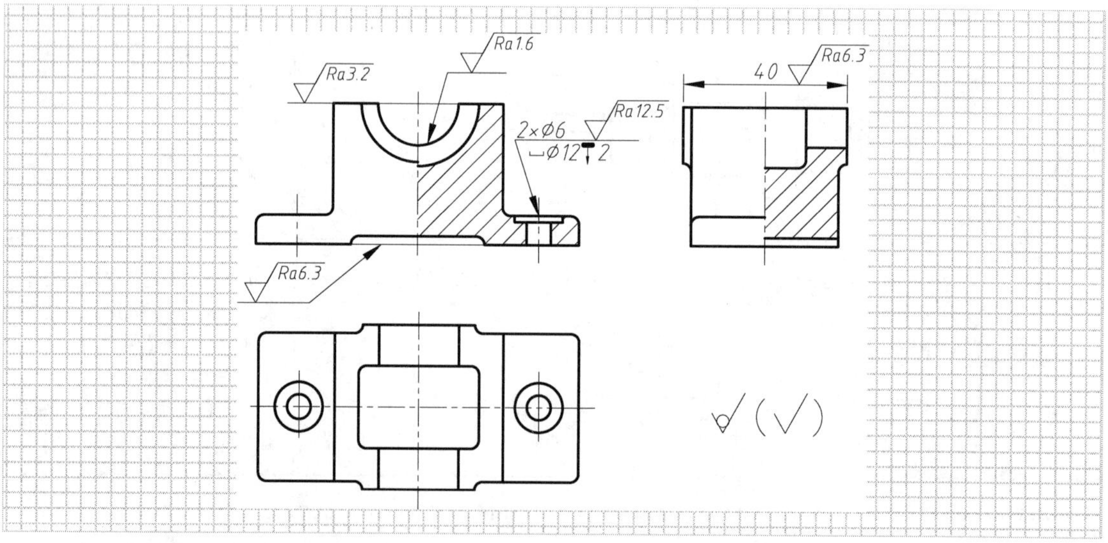

图 8.55 轴承座的粗糙度标注样式

8.5.2 极限与配合简介及其识读与标注（GB/T 1800.1—2009）

1. 基本概念与基本术语

在零件的加工过程中，由于机床精度、刀具磨损、测量误差等因素的影响，误差是不可避免的，不可能把零件的各种几何参数做得绝对精确，但可以给它的加工误差限制在一个允许的范围内，即规定出这些几何参数允许的变动量，这个变动量就叫**公差**。图 8.56 所示的就是尺寸公差中的基本术语和公差带图的概念。

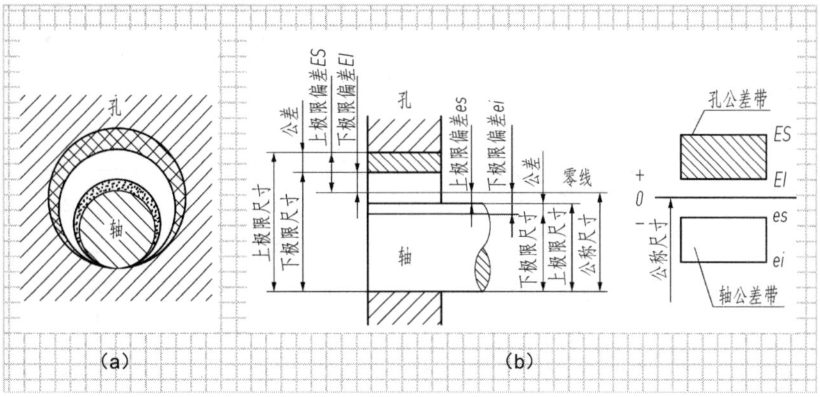

图 8.56　尺寸公差术语及公差带示意图

1）公差的基本术语

（1）公称尺寸：由图样规范确定的理想形状要素的尺寸，即零件设计时的尺寸（2000 年以前的标准称其为基本尺寸）。

（2）极限尺寸：尺寸要素允许的尺寸的两个极端。极限尺寸包括上极限尺寸和下极限尺寸。

① 上极限尺寸：尺寸要素允许的最大尺寸（2000 年以前的标准版本称其为最大极限尺寸）。

② 下极限尺寸：尺寸要素允许的最小尺寸（2000 年以前的版本标准称其为最小极限尺寸）。

（3）实际尺寸：通过测量方法获得的零件完工后的尺寸，又称为测量尺寸。零件的实际尺寸应位于上、下极限尺寸之间，零件才合格。

（4）偏差：某一尺寸减其公称尺寸所得的代数差。

（5）极限偏差：极限尺寸减其公称尺寸所得的代数差。极限偏差包括上极限偏差和下极限偏差。

① 上极限偏差：上极限尺寸减其公称尺寸所得的代数差。孔的上极限偏差用大写字母 ES 表示，轴的上极限偏差用小写字母 es 表示。

② 下极限偏差：下极限尺寸减其公称尺寸所得的代数差。孔的下极限偏差用大写字母 EI 表示，轴的下极限偏差用小写字母 ei 表示。

（6）尺寸公差（简称为公差）：允许尺寸的变动量，计算公式为

$$公差=上极限偏差-下极限偏差=上极限尺寸-下极限尺寸$$

2）公差带的基本术语

（1）极限制：经标准化的公差与偏差制度。

（2）零线：表示公称尺寸的一条直线，以其为基准确定偏差和公差。零线可认为是零件的设计表面（理想形状要素）的轮廓线，而实际要素应在零线附近范围内变动。

（3）公差带和公差带图。

① 公差带图：以零线为横轴，以偏差为纵轴，按比例画出表示尺寸公差与公称尺寸之间关系的简图，称为公差带图，零线以上为正偏差值，零线以下为负偏差值，见附表 5-9。

② 公差带：在公差带图中，公差带是由代表上极限偏差和下极限偏差的两条直线所限定的一个带状范围，其左右长度可根据需要任意变化。

表 8.12 以轴承座装配体（有两处轴孔配合关系）中的配合尺寸 $\phi 48\frac{H8}{f7}$ 为例，给出了尺寸公差相关术语的图解及对应的数值。

表 8.12　尺寸公差术语图解及对应数值

（mm）

项目	孔和轴的公差术语图解	术语名称		示例 孔ϕ48H8	示例 轴ϕ48f7
基本概念	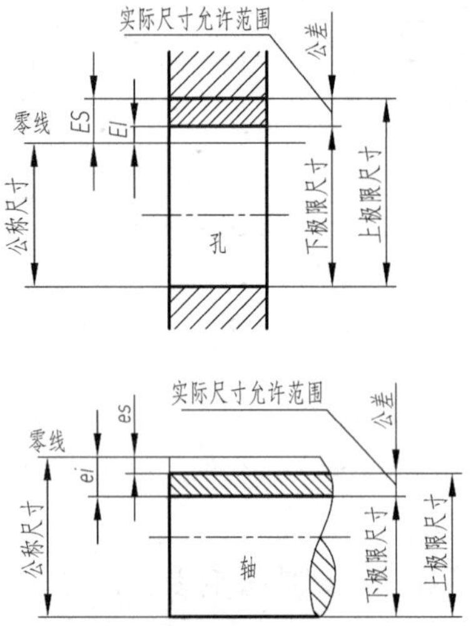	公称尺寸		ϕ48	ϕ48
		极限尺寸	上极限尺寸	ϕ48.039	ϕ47.975
			下极限尺寸	ϕ48	ϕ47.950
		实际尺寸		（测量值）	（测量值）
		极限偏差	上极限偏差	+0.039	−0.025
			下极限偏差	0	−0.050
		尺寸公差		0.039	0.025
		公差带代号		H8	f7
		基本偏差代号		H	f
		标准公差等级		IT8	IT7
		标准公差		0.039	0.025
		基本偏差		0	−0.025

尺寸公差和配合示例

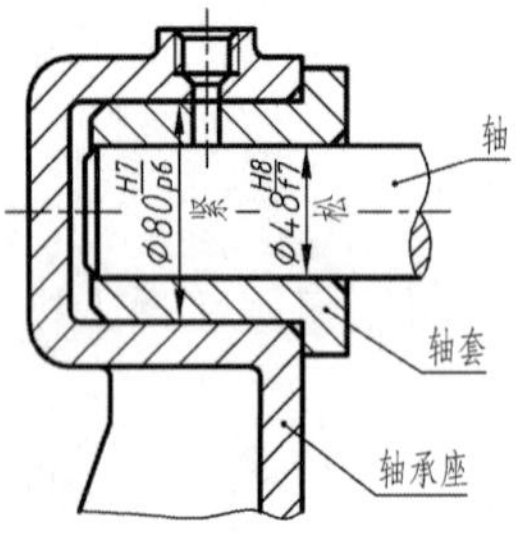

（a）轴承座装配体示例

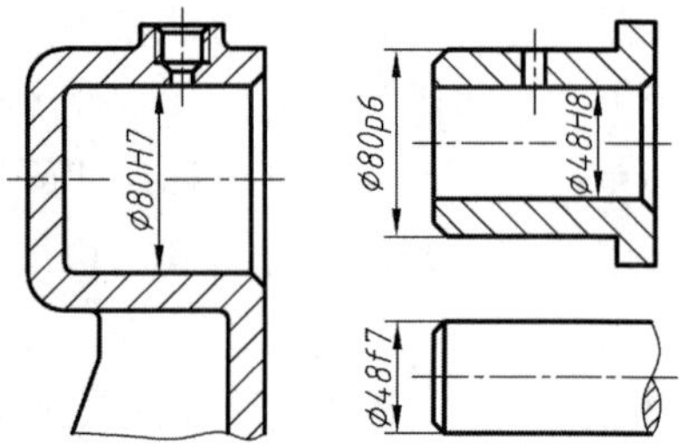

（b）轴和孔的配合关系

公差带和公差带图示例

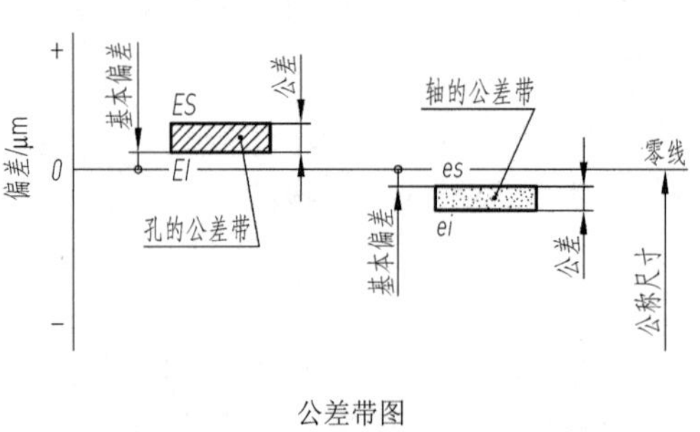

公差带图

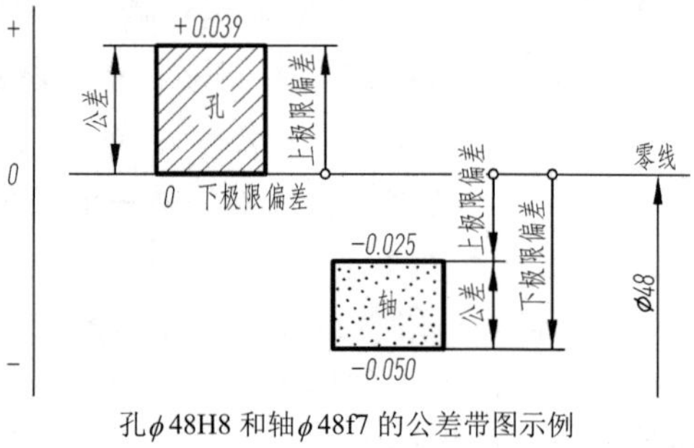

孔ϕ48H8 和轴ϕ48f7 的公差带图示例

2. 标准公差和基本偏差（GB/T 1800.1—2009）

国家标准 GB/T 1800.1—2009 规定：公差带由公差大小和相对于零线的位置来确定，其中，**公差大小由“标准公差”确定，相对于零线的位置由“基本偏差”确定。**

（1）标准公差等级：国家标准 GB/T 1800.1—2009 将标准公差等级分为 20 级，代号为

IT01、IT0、IT1、IT2、IT3、…、IT18

IT 表示标准公差，数字表示公差等级，IT01 的精度最高，即公差值（公差带宽）最小，加工难度最大，其后公差值（公差带宽）逐级变大，精度逐级降低，加工难度也逐级降低。

（2）标准公差（IT）：由公称尺寸和标准公差等级所确定的公差称为标准公差，用符号 IT（国际公差）表示。表 8.13 列出了公差等级从 IT1～IT18 的公称尺寸与各公差等级对应的标准公差数值，至于公差等级为 IT01 和 IT0 时的标准公差数值，可见附表 4-4。

（3）基本偏差和基本偏差代号：在上、下偏差中，靠零线最近的极限偏差称为基本偏差，用基本偏差代号来表示，它确定了公差带相对于零线的位置。

表 8.13　公称尺寸至 3150mm 的标准公差数值（摘自 GB/T 1800.1—2009）

公称尺寸/mm		标准公差等级																	
		IT1	IT2	IT3	IT4	IT5	IT6	IT7	IT8	IT9	IT10	IT11	IT12	IT13	IT14	IT15	IT16	IT17	IT18
大于	至	μm									mm								
—	3	0.8	1.2	2	3	4	6	10	14	25	40	60	0.1	0.14	0.25	0.4	0.6	1	1.4
3	6	1	1.5	2.5	4	5	8	12	18	30	48	75	0.12	0.18	0.3	0.48	0.75	1.2	1.8
6	10	1	1.5	2.5	4	6	9	15	22	36	58	90	0.15	0.22	0.36	0.58	0.9	1.5	2.2
10	18	1.2	2	3	5	8	11	18	27	43	70	110	0.18	0.27	0.43	0.7	1.1	1.8	2.7
18	30	1.5	2.5	4	6	9	13	21	33	52	84	130	0.21	0.33	0.52	0.84	1.3	2.1	3.3
30	50	1.5	2.5	4	7	11	16	25	39	62	100	160	0.25	0.39	0.62	1	1.6	2.5	3.9
50	80	2	3	5	8	13	19	30	46	74	120	190	0.3	0.46	0.74	1.2	1.9	3	4.6
80	120	2.5	4	6	10	15	22	35	54	87	140	220	0.35	0.54	0.87	1.4	2.2	3.5	5.4
120	180	3.5	5	8	12	18	25	40	63	100	160	250	0.4	0.63	1	1.6	2.5	4	6.3
180	250	4.5	7	10	14	20	29	46	72	115	185	290	0.46	0.72	1.15	1.85	2.9	4.6	7.2
250	315	6	8	12	16	23	32	52	81	130	210	320	0.52	0.81	1.3	2.1	3.2	5.2	8.1
315	400	7	9	13	18	25	36	57	89	140	230	360	0.57	0.89	1.4	2.3	3.6	5.7	8.9
400	500	8	10	15	20	27	40	63	97	155	250	400	0.63	0.97	1.55	2.5	4	6.3	9.7
500	630	9	11	16	22	32	44	70	110	175	280	440	0.7	1.1	1.75	2.8	4.4	7	11
630	800	10	13	18	25	36	50	80	125	200	320	500	0.8	1.25	2	3.2	5	8	12.5
800	1000	11	15	21	28	40	56	90	140	230	360	560	0.9	1.4	2.3	3.6	5.6	9	14
1000	1250	13	18	24	33	47	66	105	165	260	420	660	1.05	1.65	2.6	4.2	6.6	10.5	16.5
1250	1600	15	21	29	39	55	78	125	195	310	500	780	1.25	1.95	3.1	5	7.8	12.5	19.5
1600	2000	18	25	35	46	65	92	150	230	370	600	920	1.5	2.3	3.7	6	9.2	15	23
2000	2500	22	30	41	55	78	110	175	280	440	700	1 100	1.75	2.8	4.4	7	11	17.5	28
2500	3150	26	36	50	68	96	135	210	330	540	860	1 350	2.1	3.3	5.4	8.6	13.5	21	33

注：公称尺寸大于 500mm 的 IT1～IT5 的标准公差数值为试行的；公称尺寸小于或等于 1mm 时，无 IT14～IT18。

为了满足各种配合要求，国家标准分别对孔和轴各规定了 28 种基本偏差系列，基本偏差代号用拉丁字母表示，大写为孔，小写为轴，各 28 个基本偏差代号，如图 8.57 所示。

由图 8.57 可知，孔的基本偏差，从 A～H 为下偏差，从 J～ZC 为上偏差；轴的基本偏差，从 a～h 为上偏差，从 j～zc 为下偏差。

基本偏差数值由公称尺寸和基本偏差代号确定，部分基本偏差数值还与标准公差等级有关。附表 4-5 和附表 4-6 是轴的基本偏差数值表，附表 4-7 和附表 4-8 是孔的基本偏差数值表，从中可根据公称尺寸查出基本偏差代号所代表的基本偏差数值，同时可知该数值是上极限偏差（es，ES）还是下极限偏差（ei，EI）。

在图样中，尺寸公差以公差带代号的形式来表示，公差带代号由基本偏差代号和标准公差等级代号两部分组成：基本偏差代号用字母表示，孔为大写，轴为小写；标准公差等级代号用数字表示。例如，H7、F8、U12 为孔的公差带代号，h10、p6、f7 为轴的公差带代号。

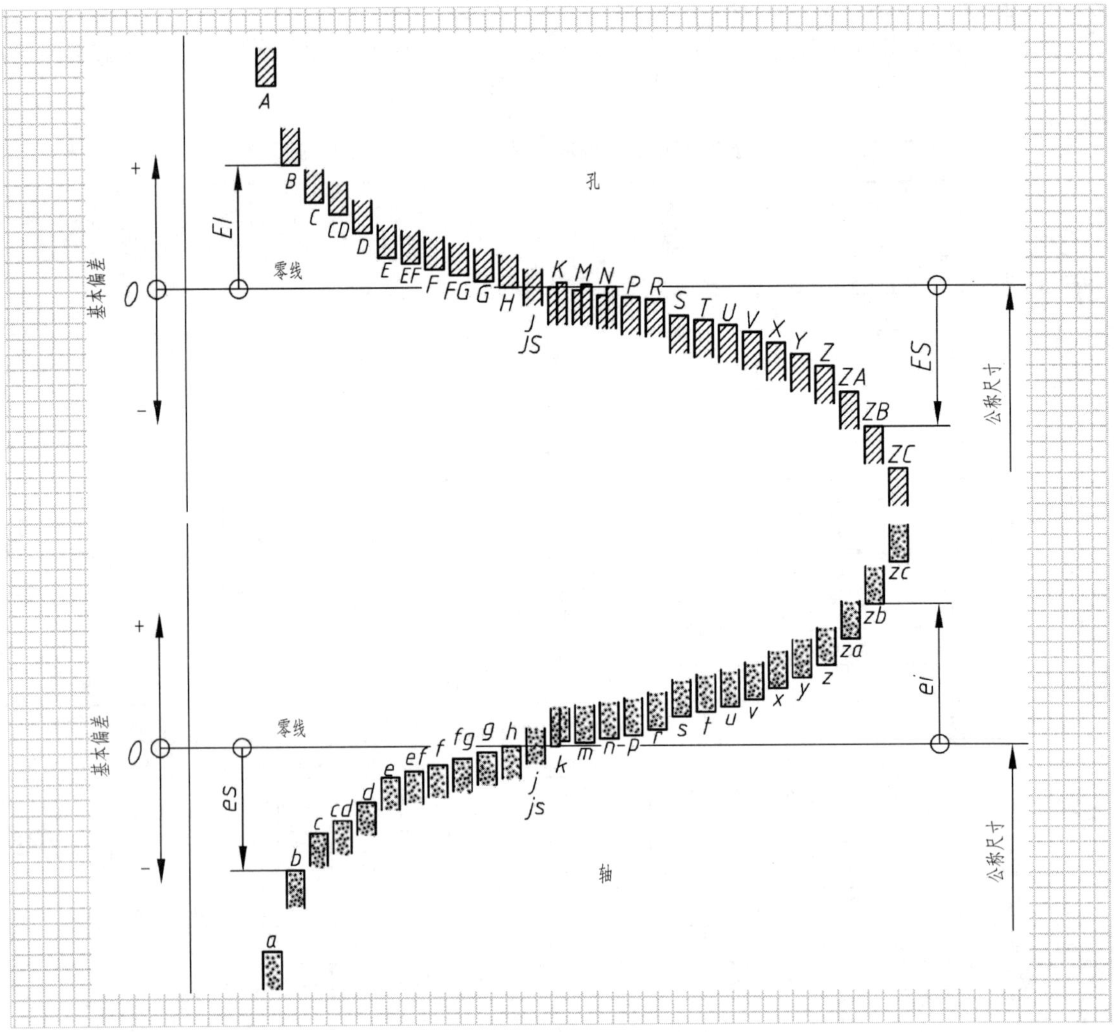

图 8.57　基本偏差系列示意图

【例 8.2】根据尺寸ϕ80p6、ϕ60K7，确定对应的上、下极限偏差。

【解读与分析】

（1）ϕ80p6 为轴的尺寸（p 为小写，表示轴的基本偏差），在附表 4-5 中，找到公称尺寸为“65～80”，基本偏差代号为“p”的交点处，得基本偏差数值“＋0.032”，且为下极限偏差，即 ei＝＋0.032mm。在表 8.13 中找到公称尺寸为“50～80”，标准公差等级为“IT6”的交点处，得标准公差 IT6＝0.019mm。根据公式“公差＝上极限偏差－下极限偏差”，计算出上极限偏差 es＝ei＋IT6＝＋0.032＋0.019＝＋0.051。

（2）ϕ60K7 为孔的尺寸（K 为大写，表示孔的基本偏差），在附表 4-6 中，公称尺寸“50～65”和基本偏差代号为“K / ≤IT8”的交点处，得基本偏差数值“－2＋Δ”，且为上极限偏差，即 ES＝－2＋Δ，所以还需要根据标准公差等级 IT7 查出Δ值。找到该表右侧的“Δ值 / IT7”列，得Δ＝11，所以 ES＝－2＋11＝＋9μm＝＋0.009mm。从表 8.13 中查得标准公差 IT7＝

0.030mm。所以，ϕ60K7 的下极限偏差 EI＝ES－IT7＝＋0.009－0.030＝－0.021。

因此，上述两个尺寸的含义解读如下：

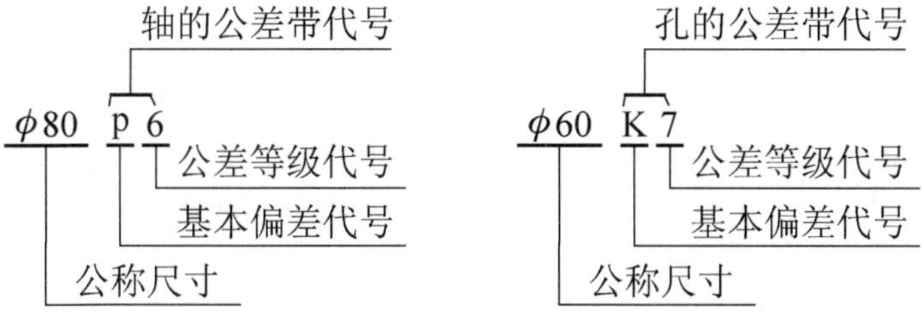

ϕ80p6 表示：公称尺寸为ϕ80、基本偏差代号为 p、公差等级为 IT6 的轴。

ϕ60K7 表示：公称尺寸为ϕ60、基本偏差代号为 K、公差等级为 IT7 的孔。

3. 尺寸公差在零件图中的注法

在图样中进行标注时，公差带代号作为尺寸数字的后缀与公称尺寸一起标注，有三种形式的注法，注法示例如图 8.58 所示，其中，上、下极限偏差用小一号的字书写，且小数点要对齐。

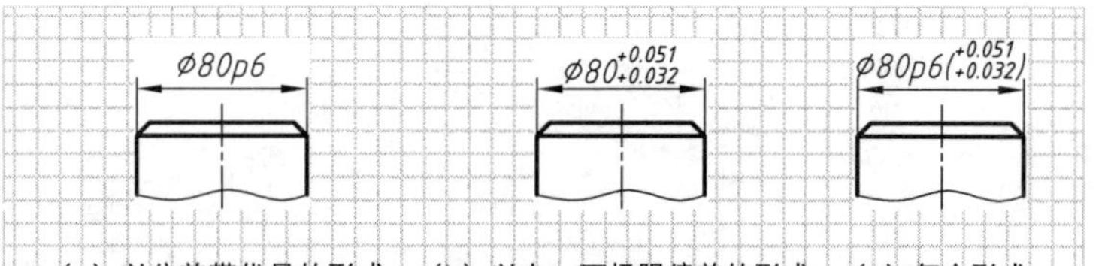

（a）以公差带代号的形式 （b）以上、下极限偏差的形式 （c）复合形式

图 8.58 尺寸公差在图样中的标注

4. 配合与配合制基础（GB/T 1800.1—2009、GB/T 1800.2—2009、GB/T 1801—2009）

1）三种配合形式及其用途

公称尺寸相同的并且相互结合的孔和轴公差带之间的关系，称为配合。

配合的松紧程度有三种形式，如图 8.59 所示。

（1）间隙配合：具有间隙（包括最小间隙等于零）的配合。此时孔的公差带位于轴的公差带之上。当有配合关系的两零件需相对运动或要求拆卸方便时，采用间隙配合。

（2）过盈配合：具有过盈（包括最小过盈等于零）的配合。此时孔的公差带位于轴的公差带之下。当有配合关系的两零件需牢固连接、保证相对静止或传递动力时，采用过盈配合。

（3）过渡配合：可能具有间隙或过盈的配合。此时孔的公差带与轴的公差带相互交叠。过渡配合常用于不允许相对运动、轴孔对中要求高，但又需拆卸的两零件间的配合。

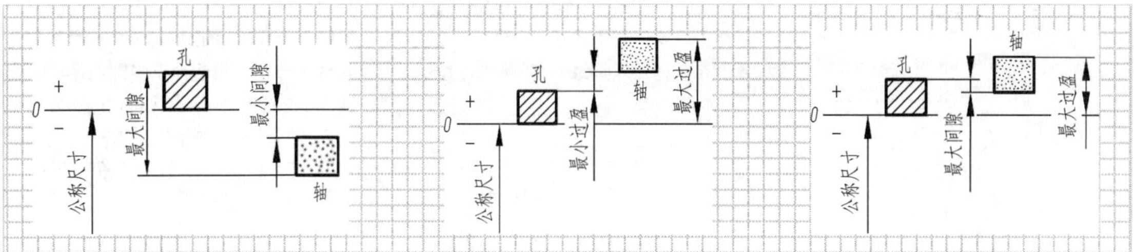

（a）间隙配合 （b）过盈配合 （c）过渡配合

图 8.59 三种配合形式

2）两类配合制

为了规范化上述三种配合，国家标准制定了同一极限制的孔和轴组成配合的制度，称为配合制。配合制分为基孔制和基轴制两类，如图 8.60 所示。一般情况下，优先选用基孔制配合。若有特殊需要，可选用基轴制配合，或将任一孔、轴公差带组成配合。

（1）基孔制配合：基本偏差一定的孔的公差带，与不同基本偏差的轴的公差带形成各种配合的一种制度。基孔制配合中的孔称为基准孔，基准孔的基本偏差代号为 H，即基准孔的下偏差为零。

（2）基轴制配合：基本偏差一定的轴的公差带，与不同基本偏差的孔的公差带形成各种配合的一种制度。基轴制配合中的轴称为基准轴，基准轴的基本偏差代号为 h，即基准轴的上偏差为零。

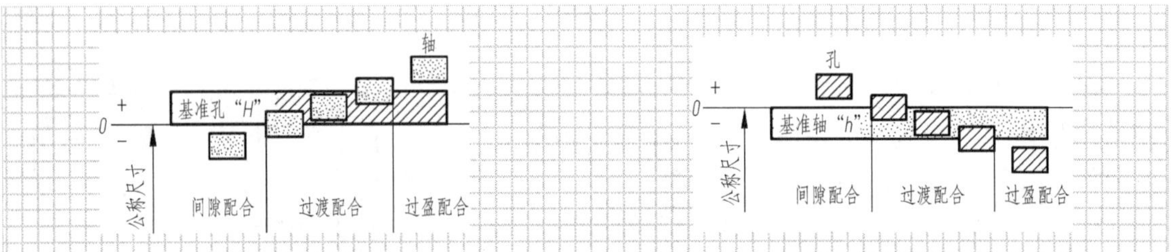

(a) 基孔制配合　　(b) 基轴制配合

图 8.60　两类配合制

5. 配合在图样中的注法

在装配图中，配合一般以配合代号的形式作为尺寸数字的后缀与公称尺寸一起标注。配合代号由孔、轴公差带代号组成，写成分数形式（直体或斜体都允许），分子为孔公差带代号，分母为轴公差带代号。注法示例如图 8.61 所示。

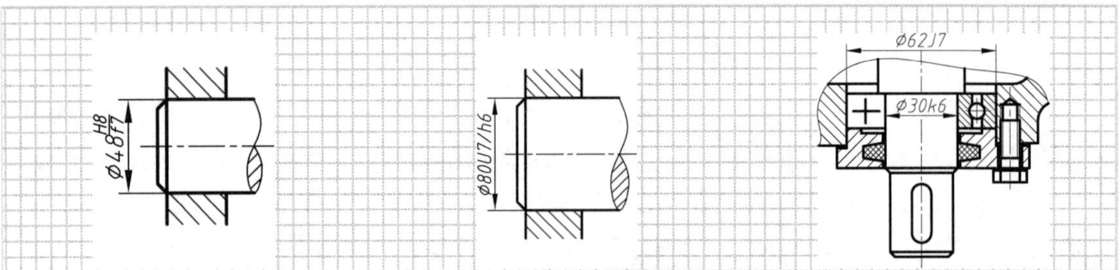

(a) $\phi48\ \frac{H8}{f7}$ 表示基孔制优先间隙配合，公称尺寸 $\phi48$，孔的公差带代号 H8，为基准孔，轴的公差带代号 f7

(b) $\phi80$ U7/h6 表示基轴制优先过盈配合，公称尺寸 $\phi80$，孔的公差带代号 U7，轴的公差带代号 h6，为基准轴

(c) 标注标准件、外购件与零件（孔或轴）的配合代号时，可以仅标注相配零件的公差带代号。如滚动轴承内圈直径与轴配合，按基孔制配合，只需标注轴的公差带代号；轴承外圈与零件孔的配合按基轴制配合，只需标注零件孔的公差带代号

图 8.61　配合在图样中的注法

基孔制配合的标注特点是“分子”中含有“H”字母（“H”为基准孔的基本偏差代号），基轴制配合的标注特点是“分母”中含有“h”字母（“h”为基准轴的基本偏差代号）。在装配图中，一般有孔、轴尺寸配合要求的部位都要标注配合尺寸。

旋合螺纹（螺纹副）的标注：旋合螺纹指旋合的一对内外螺纹，出现于装配图中。在旋合螺纹装配图上标注时，应注出螺纹种类、公称直径及内外螺纹的公差带代号（两公差带代号用斜线分开，斜线前面为内螺纹公差带代号，后面为外螺纹公差带代号）。如 M16-$\frac{6H}{5g}$，其中 M16-6H 为内螺纹的标记，而 M16-6g 为外螺纹的标记，如图 8.62 所示。

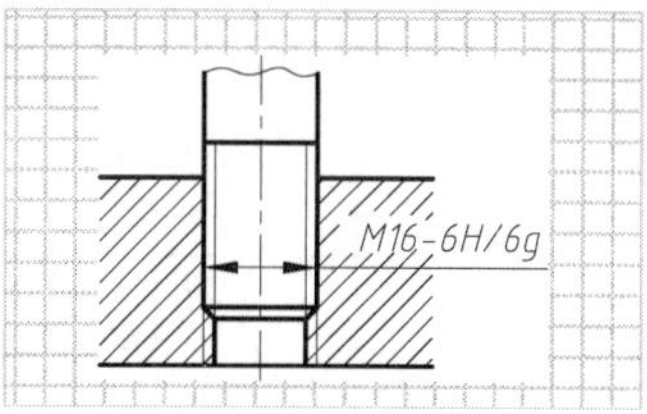

图 8.62　旋合螺纹的标注

管螺纹（包括圆柱、圆锥管螺纹和圆锥螺纹）中由于圆锥管螺纹的锥度很小，且从图中难以确定装配形式，国家标准规定管螺纹在旋合装配时必须将内、外螺纹的标记注出。如图 8.63 所示，图中 Rc$\frac{3}{4}$/R$\frac{3}{4}$ 表示圆锥内、外螺纹的旋合装配（用螺纹密封的锥管螺纹）。

Rp$1\frac{1}{2}$/R$1\frac{1}{2}$/表示圆柱内螺纹与圆锥外螺纹的旋合装配（用螺纹密封的管螺纹连接）。

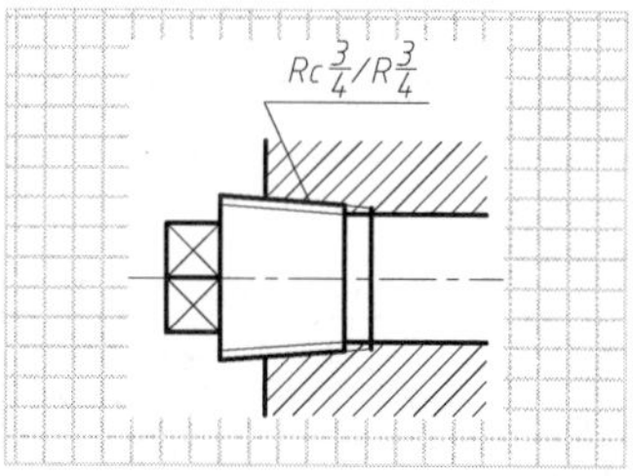

图 8.63　旋合管螺纹的标注

注意：Rp$1\frac{1}{2}$/与 G$1\frac{1}{2}$/是完全相同的圆柱管螺纹的内螺纹，只有当圆柱管螺纹的内螺纹与圆锥外螺纹连接起密封作用时，才将“G”改写成“Rp”。

6. 优先和常用配合

国家标准 GB/T 1801—2009 规定了优先和常用配合，供生产和使用时选用。表 8.14 为基孔制优先、常用配合，表 8.15 为基轴制优先、常用配合。

表 8.14　基孔制优先、常用配合（摘自 GB/T 1801—2009）

基准孔	轴																				
	a	b	c	d	e	f	g	h	js	k	m	n	p	r	s	t	u	v	x	y	z
	间隙配合								过渡配合			过盈配合									
H6						H6/g5	H6/g5	H6/h5	H6/js5	H6/k5	H6/m5	H6/n5	H6/p5	H6/r5	H6/s5	H6/t5					
H7						H7/f6	◤H7/g6	◤H7/h6	H7/js6	◤H7/k6	H7/m6	◤H7/n6	◤H7/p6	H7/r6	◤H7/s6	H7/t6	◤H7/u6	H7/v6	H7/x6	H7/y6	H7/z6
H8					H8/e7	◤H8/f7	H8/g7	◤H8/h7	H8/js7	H8/k7	H8/m7	H8/n7	H8/p7	H8/r7	H8/s7	H8/t7	H8/u7				
				H8/d8	H8/e8	◤H8/f8		H8/h8													
H9			H9/c9	◤H9/d9	H9/e9	H9/f9		◤H9/h9													
H10			H10/c10	H10/d10				H10/h10													
H11	H11/a11	H11/b11	H11/c11	H11/d11				◤H11/h11													
H12		H12/b12						H12/h12													

注：$\frac{H6}{n5}$、$\frac{H7}{p6}$ 在公称尺寸小于或等于 3mm 和 $\frac{H8}{r7}$ 在小于或等于 100mm 时，为过渡配合；标注◤的配合为优先配合。

表 8.15 基轴制优先、常用配合（摘自 GB/T 1801—2009）

基准轴	孔																				
	A	B	C	D	E	F	G	H	JS	K	M	N	P	R	S	T	U	V	X	Y	Z
	间隙配合								过渡配合			过盈配合									
h5						$\frac{F6}{h5}$	$\frac{G6}{h5}$	$\frac{H6}{h5}$	$\frac{JS6}{h5}$	$\frac{K6}{h5}$	$\frac{M6}{h5}$	$\frac{N6}{h5}$	$\frac{P6}{h5}$	$\frac{R6}{h5}$	$\frac{S6}{h5}$	$\frac{T6}{h5}$					
h6						$\frac{F7}{h6}$	▼$\frac{G7}{h6}$	▼$\frac{H7}{h6}$	$\frac{JS7}{h6}$	▼$\frac{K7}{h6}$	$\frac{M7}{h6}$	▼$\frac{N7}{h6}$	▼$\frac{P7}{h6}$	$\frac{R7}{h6}$	▼$\frac{S7}{h6}$	$\frac{T7}{h6}$	▼$\frac{U7}{h6}$				
h7					$\frac{E8}{h7}$	▼$\frac{F8}{h7}$		$\frac{H8}{h7}$	$\frac{JS8}{h7}$	$\frac{K8}{h7}$	$\frac{M8}{h7}$	$\frac{N8}{h7}$									
h8				$\frac{D8}{h8}$	$\frac{E8}{h8}$	$\frac{F8}{h8}$		$\frac{H8}{h8}$													
h9				▼$\frac{D9}{h9}$	$\frac{E9}{h9}$	$\frac{F9}{h9}$		▼$\frac{H9}{h9}$													
h10				▼$\frac{D10}{h10}$				▼$\frac{H10}{h10}$													
h11	$\frac{A11}{h11}$	$\frac{B11}{h11}$	$\frac{C11}{h11}$	$\frac{D11}{h11}$				$\frac{H11}{h11}$													
h12		$\frac{B12}{h12}$						$\frac{H12}{h12}$													

注：标注▼的配合为优先配合。

7. 一般公差（GB/T 1804—2000）

在零件图中，大多数尺寸一般并未标注公差，这类尺寸一般是非功能尺寸，加工精度要求较低。但这些尺寸并不是没有公差要求，而是默认采用一般公差。一般公差是指在车间通常加工条件下可保证的公差。采用一般公差的尺寸，不需注出其极限偏差数值。

国家标准 GB/T 1804－2000 对一般公差作了规定。一般公差适用于金属切削加工、一般冲压加工的线性尺寸、角度尺寸等，分 4 个公差等级：精密 f、中等 m、粗糙 c、最粗 v，公差带对称地配置于零线两侧。一般公差通常不注出；若需要注出时，应在图样标题栏附近或技术要求中注出标准号及公差等级代号。例如，选取中等级时，标注为 GB/T 1804－m。

8.5.3 几何公差简介及其识读与标注

1. 基本概念（GB/T 1182－2008、GB/T 4249－2009、GB/T 16671－2009）

前面提到，零件在加工过程中，不可避免地会出现各种误差，其中，除了微观几何误差（用表面结构要求来控制）和尺寸误差（用尺寸公差来控制），还会出现实际要素相对于理想要素的形状和相对位置的偏离所产生的几何误差。几何误差包括形状误差、方向误差、位置误差和跳动误差 4 大类，这类误差用几何公差来控制。几何公差的基本术语、定义和图解示例如表 8.16 所示；几何公差的类型、几何特征和符号如表 8.17 所列；其中部分几何公差的公差带定义、标注和解释示例见表 8.18。

表 8.16　几何公差的基本术语、定义和图解示例

术　语	定义和图解示例
几何误差 （影响装配精度的重要因素）	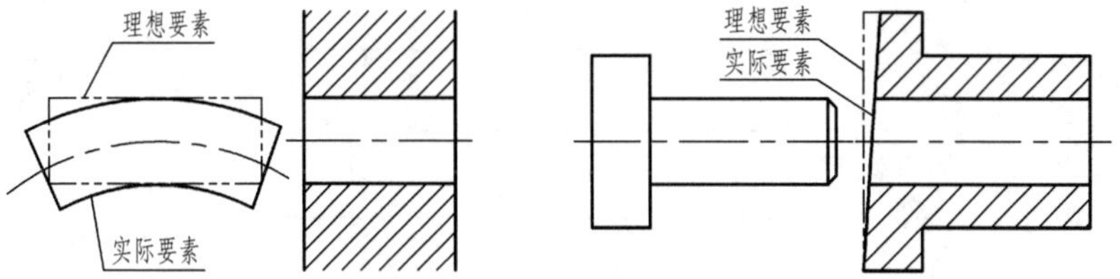 （a）形状误差　（b）方向误差 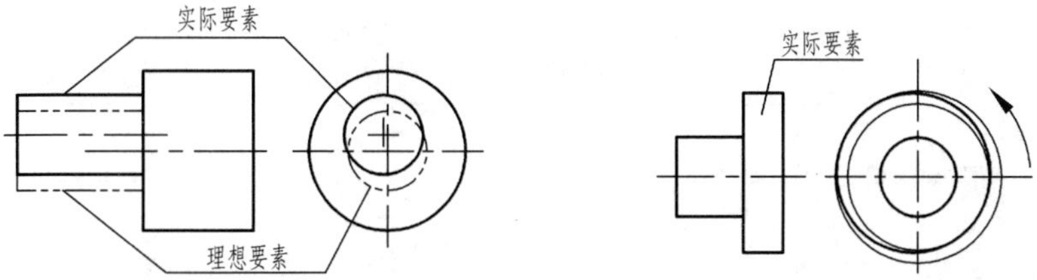 （c）位置误差　（d）跳动误差
要素 （工件上的特定部位，如点、线或面）	根据是否可见，要素分为组成要素和导出要素。组成要素是可见的，例如，圆柱的中心线是由圆柱面得到的导出要素，该圆柱面为组成要素；球心是由球面得到的导出要素，该球面为组成要素 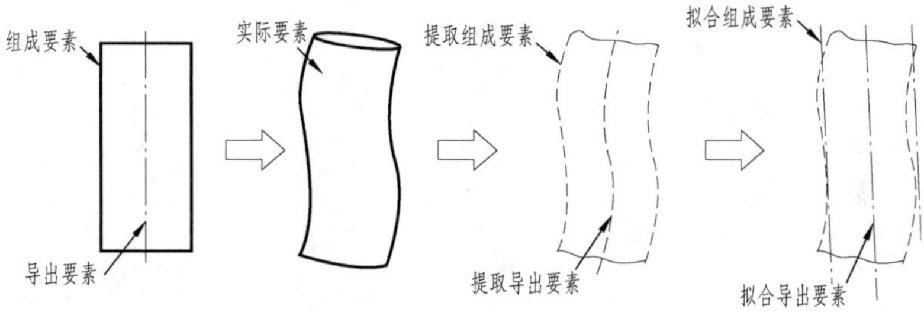 （a）制图用的公称要素　（b）实际要素　（c）提取要素　（d）拟合要素
实际要素 提取要素	实际要素是指零件上实际存在的要素，实际要素只有组成要素；提取要素是指按规定方法所形成的实际要素的近似替代，分为提取组成要素和提取导出要素。几何公差主要涉及提取要素
被测要素	给出形位公差要求的要素
基准要素	用于确定被测要素几何公差时的相对基准的要素。其中，作为基准使用的单一要素，称为单一基准要素。作为单一基准使用的一组要素，称为组合基准要素
公差带	由一个或几个理想的几何线或面所限定的、由线性公差值表示其大小的区域，公差带示例见表 8.18
独立原则	图样上给定的每一个尺寸和几何（形状、方向或位置）要求均是独立的，应分别满足要求。如果对尺寸和几何要求之间的相互关系有特殊要求，应在图样上规定
几何公差	几何误差的最大允许变动量，称为几何公差，包括形状、方向、位置和跳动公差。几何公差的类型、几何特征和符号见表 8.17

表 8.17　几何公差的类型、几何特征和符号（摘自 GB/T 1182—2008）

公差类型	几何特征	符号	有无基准
形状公差	直线度	⏤	无
	平面度	⏥	
	圆度	○	
	圆柱度	⌭	
	线轮廓度	⌒	
	面轮廓度	⌓	
方向公差	平行度	//	有
	垂直度	⊥	
	倾斜度	∠	
	线轮廓度	⌒	
	面轮廓度	⌓	
位置公差	位置度	⌖	有或无
	同心度（用于中心点）	◎	有
	同轴度（用于轴线）	◎	
	对称度	⌯	
	线轮廓度	⌒	
	面轮廓度	⌓	
跳动公差	圆跳动	↗	有
	全跳动	⌰	

表 8.18　部分几何公差的公差带定义、标注和解释示例（摘自 GB/T 1182—2008）

符号	公差带的定义	标注和解释
⏥ 平面度	公差带为间距等于公差值 t 的两平行平面所限定的区域 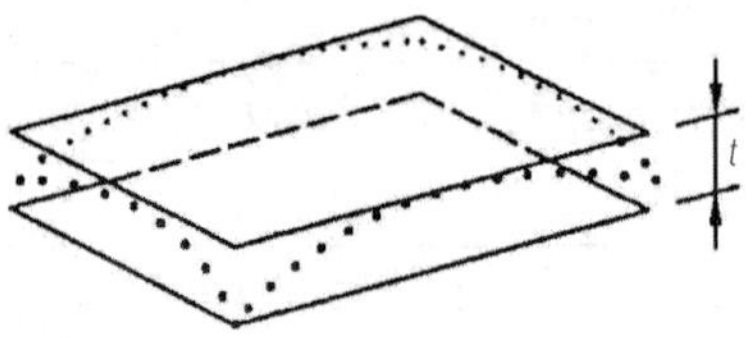	提取（实际）表面的平面度公差为 0.08mm 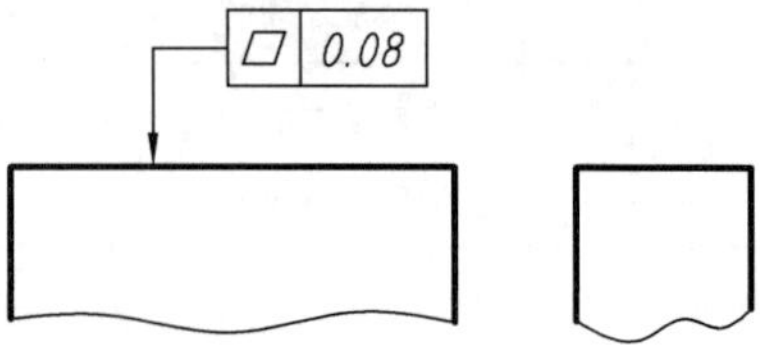

续表

符　号	公差带的定义	标注和解释
⌭ 圆柱度	公差带为半径差等于公差值 *t* 的两同轴圆柱面所限定的区域 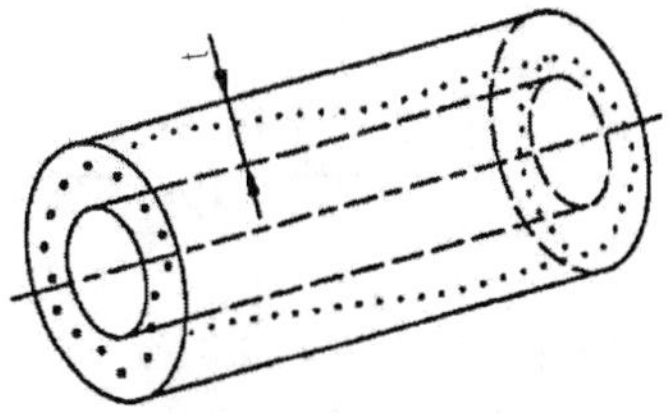	提取（实际）圆柱面应限定在半径差等于 0.1mm 的两同轴圆柱面之间 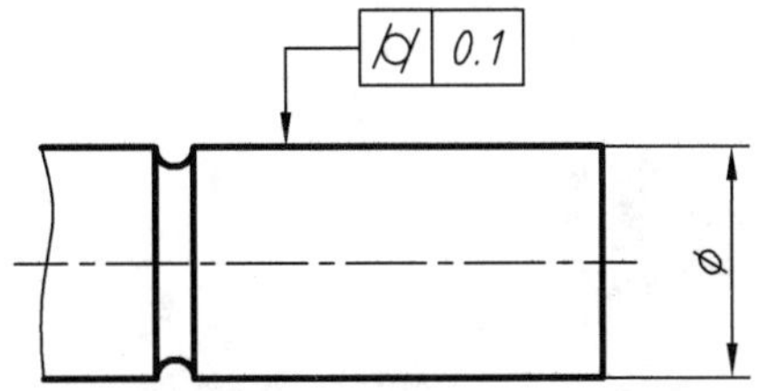
// 平行度	公差带为间距等于公差值 *t*、平行于基准面 *a* 的两平行平面所限定的区域 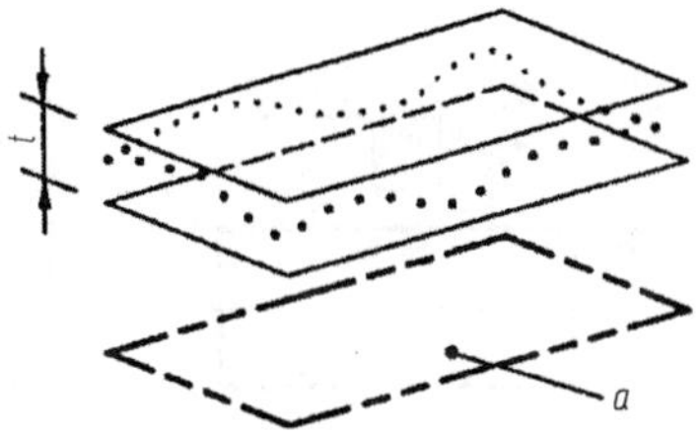	提取（实际）表面应限定在间距等于 0.01、平行于基准 *D* 的两平行平面之间 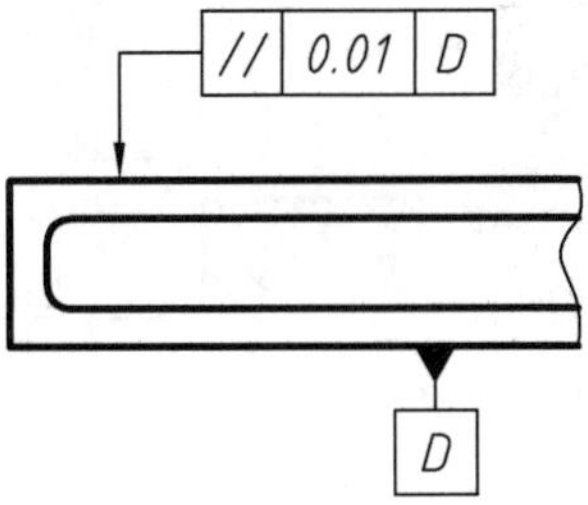
⊥ 垂直度	公差带为间距等于公差值 *t* 且垂直于基准轴线 *a* 的两平行平面所限定的区域 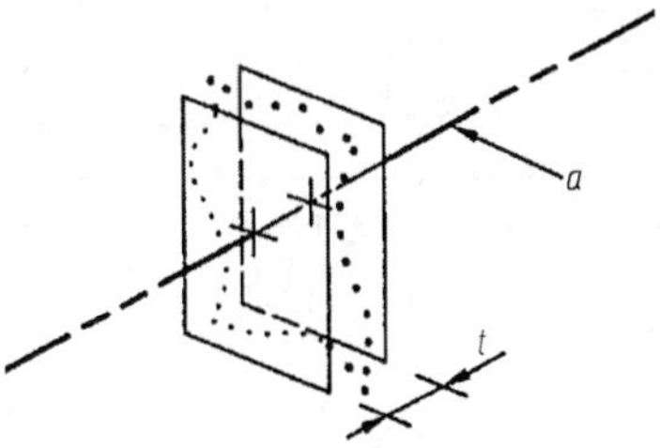	提取（实际）表面应限定在间距等于 0.08 的两平行平面之间，该两平行平面垂直于基准轴线 *A* 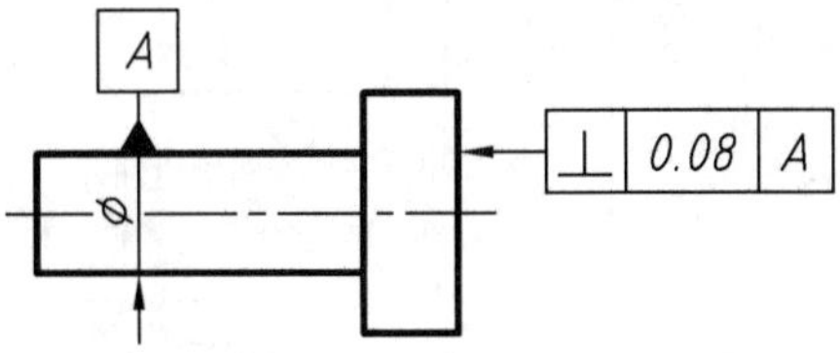
◎ 同轴度	公差值前标注符号ϕ，公差带为直径等于公差值ϕt 的圆柱面所限定的区域，该圆柱面的轴线与基准轴线 *a* 重合 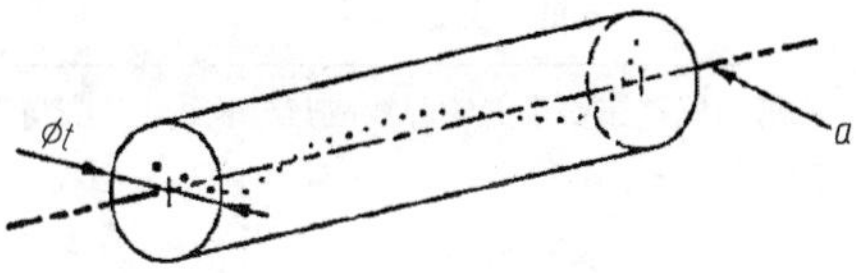	大圆柱面的提取（实际）中心线应限定在直径等于ϕ0.1、以基准轴线 *A* 为轴线的圆柱面内 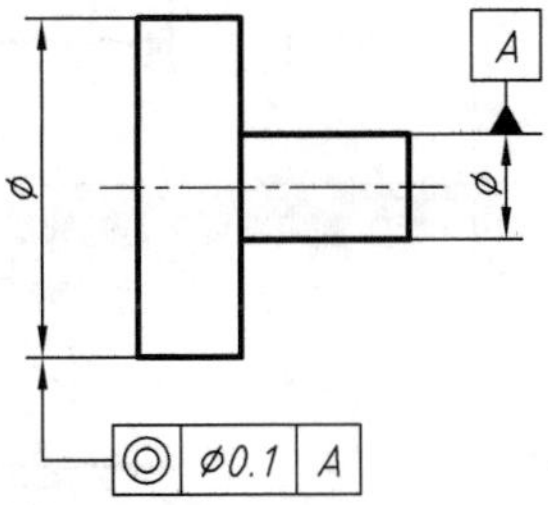

2. 几何公差在图样中的注法（表 8.19）

表 8.19 几何公差在图样中的注法（摘自 GB/T 1182—2008）

项　目	注法和示例
公差框格和基准符号	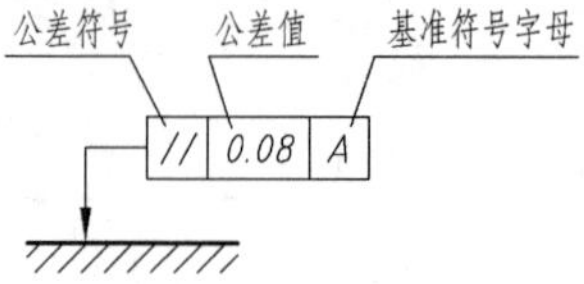 （a）被测要素与公差框格 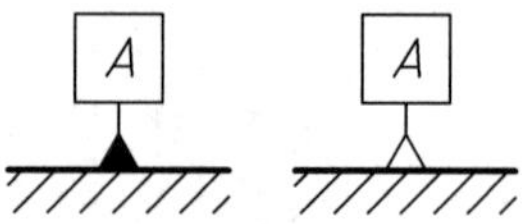 （b）基准要素与基准符号 图样中，几何公差的内容在公差框格中给出，公差框格是划分成两格或多格的矩形框格，用细实线绘制，带箭头的指引线（细实线）将框格与被测要素相连，用于标注被测要素。有基准要求时，用基准符号表示基准要素，其中的三角形涂黑或空白皆可。作为基准代号的字母用大写拉丁字母 A、B、C……表示，但为了避免混淆，不得采用 E、I、J、M、O、P 等字母
被测要素的注法	① 当被测要素为轮廓线或轮廓面时，箭头指向该要素的轮廓线或其延长线上（应与尺寸线明显错开，图（a）、图（b））。箭头也可指向引出线的水平线，引出线引自被测面（图（c）） 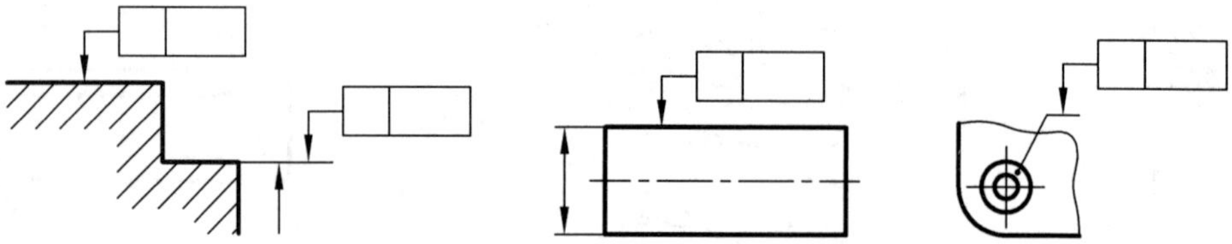 （a）　（b）　（c）
	② 当被测要素为轴线、对称平面时，箭头应位于相应尺寸线的延长线上 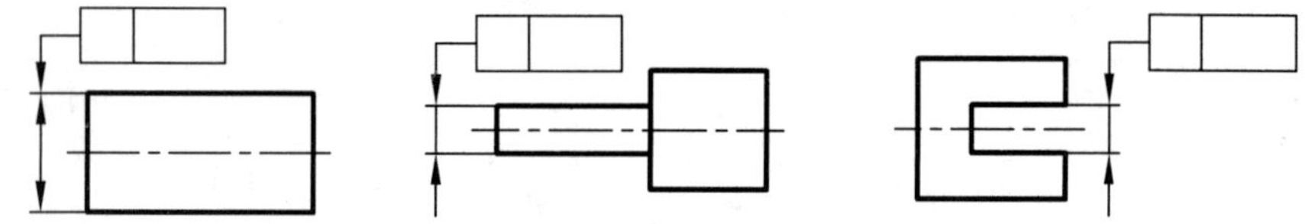
	③ 如果同一要素需给出几种形位公差要求，可将多个公差框格上下排列在一起。如果若干个分离的要素具有同一种形位公差要求，可用同一框格多条指引线标注 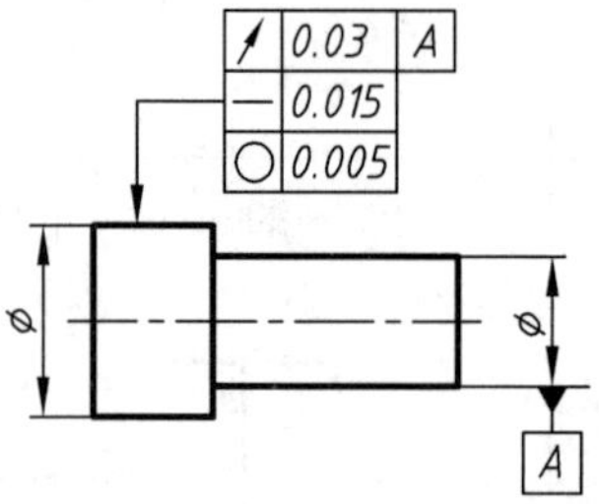 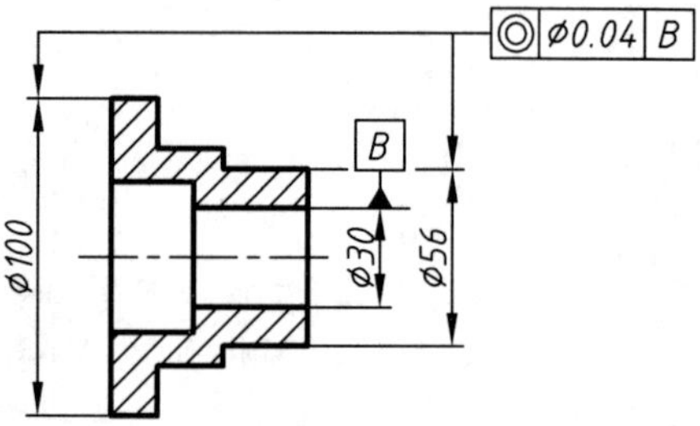
基准要素的注法	① 当基准要素是轮廓线或轮廓面时，基准三角形放置在要素的轮廓线或其延长线上（应与尺寸线明显错开）。基准三角形还可放置在该轮廓面引出线的水平线上 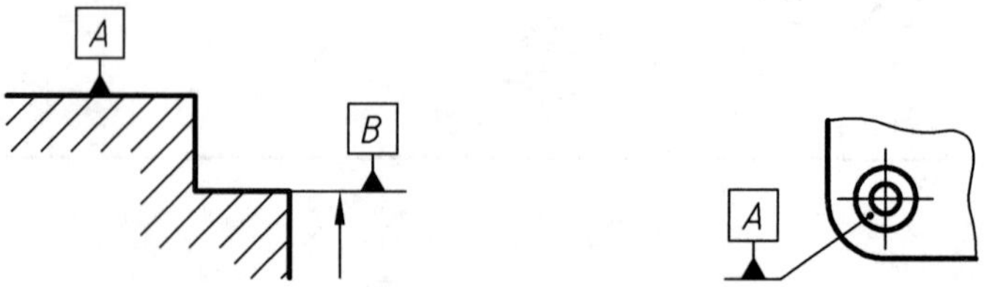

续表

<table>
<tr><th>项 目</th><th>注法和示例</th></tr>
<tr><td>基准要素的注法</td><td>② 当基准要素是轴线、中心平面时，基准三角形应放置在该尺寸线的延长线上。当基准符号影响尺寸线箭头时，基准三角形可代替一个箭头

</td></tr>
<tr><td>示例</td><td>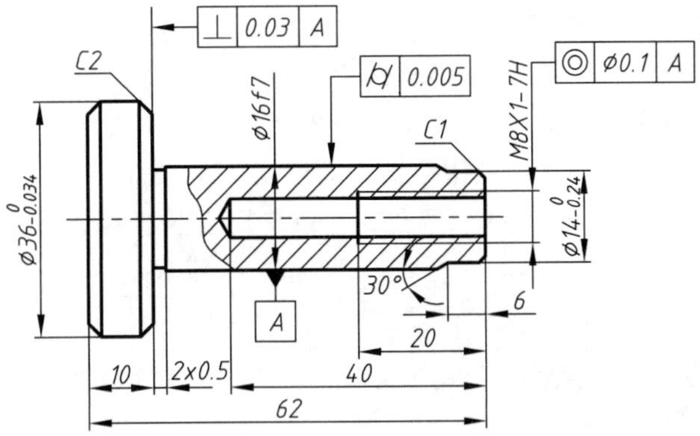

上图为小轴零件图，图中有三处几何公差要求：
① ⌭ 0.005：提取（实际）圆柱面，即φ16f 7 圆柱面，应限定在半径差等于 0.005mm 的两同轴圆柱面之间
② ⊥ 0.03 A：提取（实际）表面（φ36 圆柱右端面）应限定在间距等于 0.03mm 的两平行平面之间，该两平行平面垂直于基准轴线 A。A 表示φ16f7 圆柱面的轴线
③ ◎ φ0.1 A：M8×1-7H 螺纹大径圆柱的提取（实际）中心线（轴线）应限定在直径等于φ0.1、以基准轴线 A 为轴线的圆柱面内</td></tr>
</table>

8.6 实例测绘零件图

零件测绘，是指对现有零件进行测量和绘制的过程，这是工程技术人员在设计、改进、仿制或维修机器或部件过程中的一个必不可少的重要环节。

在部件的设计过程中，一般首先要按照设计意图画出部件结构示意图，再结合计算画出装配图，最后根据装配图拆画各组成零件的零件图；而在改进、仿制或维修机器或部件的过程中，在无原始图纸的情况下，往往需要首先按一定顺序将机器或部件拆开，并在拆卸过程中画出结构示意图，再进行实物测绘，画出零件草图，然后根据零件草图及示意图所示的装配关系画出装配图，同时进行各零件间尺寸和形状的协调并修改草图，最后画出它们的正式的零件工作图。

在测绘时，因受时间及工作场所的限制（一般在车间现场进行），工程技术人员不可能将绘图仪器搬到现场，而是凭目测或用简单测量工具（钢直尺、卡钳、游标卡尺等）得出零件各部分比例关系和形状大小，徒手在白纸或方格纸上画出零件草图（草图绘制基本方法见第 5.3.2 节），为绘制正式的、用以指导制造时的零件工作图作好充分有效的前期准备。

由于正式的绘图工作并不在现场，所以零件草图不能潦草，它是正式零件工作图的第一手资料和依据，必须包括该零件图上所要求的全部内容。因此，零件草图同样要求有完全、正确、清晰的视图和尺寸标注、线型分明、字体清楚、图面整齐、技术要求齐备，也必须有图框、标题栏、号签等全部内容。

当然，在有条件的情况下，现代测绘技术可以帮助工程技术人员摆脱手工测绘。如在仿制和改进工作中，可以用三维照相机获取现有零件的初始条件和数据，然后直接输入计算机进行图像-图形处理，以获得零件工作图，甚至直接进行无图化生产。人们把这一过程称为“逆向工程”。尽管这样，目前在一般中、小型企业，手工测绘方法由于其简单便捷，仍不失为一种主流方法。显然，手工测绘方法对工程技术人员本身的技能要求更高，也是工程师的基本技能之一。

下面以一个支架零件为例，体验对已有零件进行测绘的全过程。

1. 测绘前的准备工作

1）零件的工作性质、形体分析和结构分析

图 8.64（a）是测绘的对象。这是一个支架零件，属叉架类零件。图 8.64（b）是它的主体结构模型。图示位置是它的工作位置，右侧最大的端面是它的安装面，上下方向的定位靠右方凸起的倒置 U 形板的下边界，显然，右侧安装板下部两个前后对称分布的小孔即安装孔。

（a）支架实物　　（b）支架的主体结构

图 8.64　支架零件及其主体结构模型

对其主体结构进行形体分析，如图 8.65 所示。它由 7 个叠加部分组成，3 处进行了圆柱孔挖切、1 处作螺孔加工。

对其进行功能结构分析：上部水平圆柱制作为中空结构，是该零件的主要结构，为支承轴所设计；右部最大的一个侧平面板用来安装，而最右端的倒置 U 形板用于安装时的上下定位；最上部的圆柱凸台用于注油润滑，其内部的螺纹孔用于注油后旋入一个小盖而制作；连接水平圆柱和安装面板的三角形板用于加强结构的稳定性，否则安装后该零件的力学结

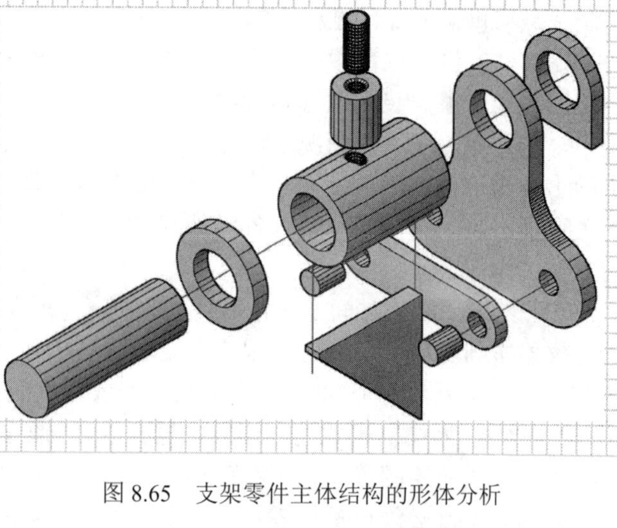

图 8.65　支架零件主体结构的形体分析

构处于一种“悬臂”状态，受力后有向左下倾倒的趋势。零件上这种起加强稳定性的结构称为加强筋、筋板或肋板，是叉架类、箱壳类零件上的常见结构。

对其进行局部工艺结构分析：该零件的材料是铸铝，因而其毛坯由铸造工艺而来。后期对其各安装或配合面进行了机械加工，即用去除材料的方法获得了程度要求不同的光滑的表面。因此在没有经过机械加工的表面的转角处，应留有铸造圆角、拔模斜度等铸造工艺结构；为保证安装、装配精度的表面，会有倒角、凸台等机械加工工艺结构。

2）零件的视图选择

（1）主视图的选择：由前面的分析可知，该零件是叉架类零件，故按其工作位置选择主视图的安放位置，再根据主视图应反映该零件形状特征和位置关系的要求，取图 8.64（b）中所示方向为主视图的投影方向。

（2）其他视图的选择：该零件主要部分（水平空心圆柱和安装面板）的长度和厚度在主视图上反映，其实形则反映在左视图上，因此左视图是必须选定的一个视图；有了这两个基本视图后，下部的三角形肋板在主视图反映实形、在左视图上反映厚度，即可表达完整；最右侧的倒置 U 形结构在主视图上表示其厚度，而其实形取一个右视的局部视图即可。只有上部的圆柱形凸台在主、左视图上均为矩形投影，但在标注了外圆直径尺寸和内部的螺纹标记后，无需再使用俯视图。因此，视图的数量只需两个基本视图和一个局部视图即可完整清晰地表达该零件的所有结构形状位置。

3）表达方案的确定

（1）主视图需表达的内部结构有两处，一处是上部的圆筒和顶部的螺纹孔，另一处是下部的安装孔。因此，主视图应采取全剖视图。但因为两处轴线不在同一剖切平面上，故采取阶梯剖的剖切方法。

（2）左视图为表达置于左右两端之间的圆筒外表面，采用 *B*—*B* 半剖视。从而在左视图上可清楚地表示出水平圆筒的中间部分与左右两端不是同一直径。

2. 绘制草图

草图的绘制工作是零件测绘中的一个必不可少的重要环节，也是一个工程师的基本功的真实表现。

绘制草图大致过程如下：

（1）根据上述讨论结果和该零件前、后对称的特点，确定并画出作图基准，目测并画出零件主体部分三个视图的内外轮廓线，如图 8.66（a）所示。

（2）根据实际零件加入局部工艺结构，如铸造圆角、倒角等，然后按分析结果对主视图用阶梯剖的方法画全剖视图，对左视图用单一剖的方法画半剖视图，如图 8.66（b）所示。

（3）按零件的工作位置及安装定位，确定三个方向的主要尺寸基准。例如，长度方向以右端大的安装面为主要基准；高度方向以右端凸起的 U 形块的下面为主要基准；由于零件前后对称，以其前、后对称面为宽度方向的主要尺寸基准。然后，标出所有的尺寸线与尺寸界线（图 8.66（c））。

（4）对零件各部分尺寸进行逐一测量，填入图中，并标注技术要求，如图 8.66（d）所示。简单的测量方法可见第 5.3.3 节。

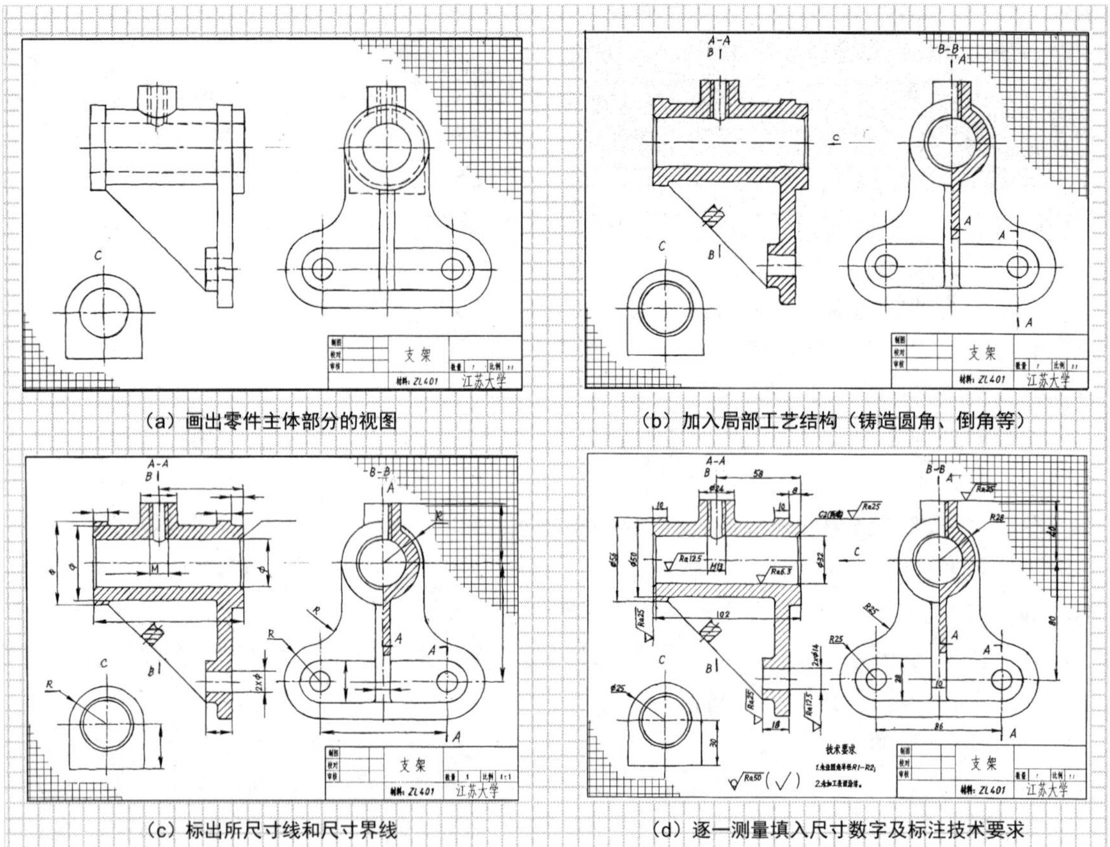

（a）画出零件主体部分的视图　（b）加入局部工艺结构（铸造圆角、倒角等）

（c）标出所尺寸线和尺寸界线　（d）逐一测量填入尺寸数字及标注技术要求

图 8.66　草图绘制过程

在测量时，零件上的所有尺寸并不都是可以直接测量获得的，如对称轴、对称面这些重要的理论定位元素，而要靠测量后换算而来。

以图 8.67 中零件的几个主要定位尺寸为例：零件以右端凸起的 U 形块下面（安装面 *A*）为高度方向的主要尺寸基准，因此中心高尺寸是由两个可直接测量到的尺寸换算而来的，如图 8.68（a）中的“H_1”和“R”，则中心高 $H=H_1-R$。

再看上部注油孔的中心到水平大圆柱右端面的尺寸“58”，其测量方法如图 8.68（b）所示。在直接测量获得尺寸“L_2”和“D”之后，其轴线至端面的距离 $L=L2+D/2$。

另外，零件总高尺寸以安装面 *A* 为界，由上、下两部分组成，它们的测量见图 8.68（a）；零件的总长尺寸为上部水平圆筒的长度其测量方法见图 8.68（b）。有了这个尺寸，再由右往左测量至安装面 *B*，即可将水平圆筒对安装面板在长度方向进行定位。

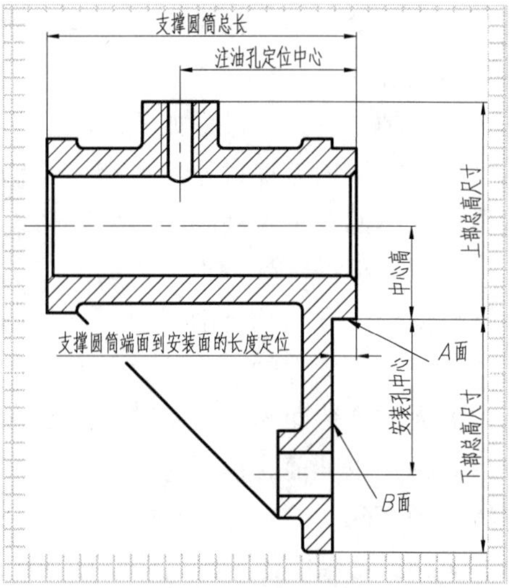

图 8.67　几个主要定位尺寸

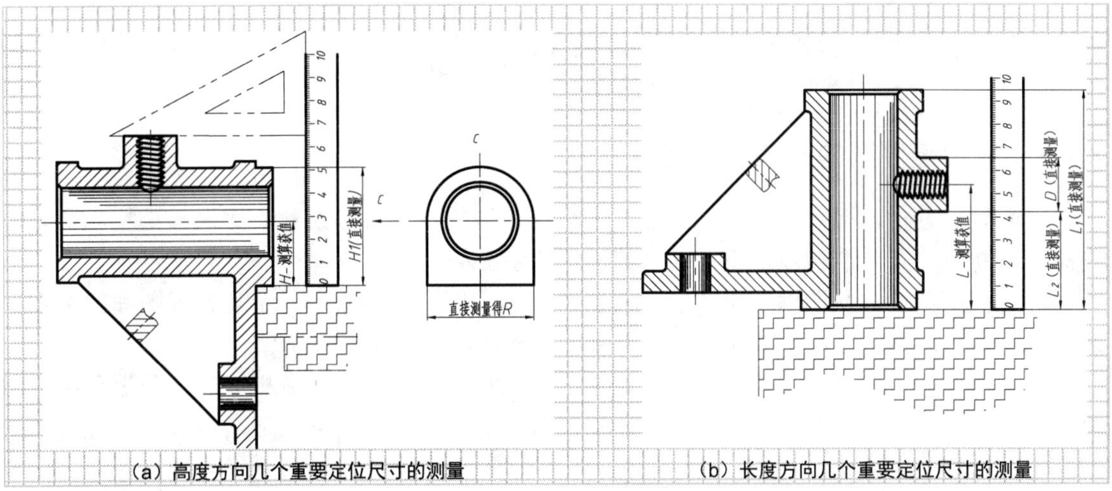

图 8.68 测算方法举例

3. 绘制零件图

（1）根据“合理标注尺寸”的原则调整部分尺寸，并根据现场调研，对该零件在装配体中的装配要求和工作要求，结合国家标准为该零件的加工制定技术要求，如表面结构、尺寸公差、几何公差等。这是一项十分烦琐但又很细致的工作，特别是要具备一定实际工作经验，才能制定出合理的技术要求。本例的技术要求如图 8.66（d）所示。

（2）检查无误后，画出其正规的零件图，如图 8.69 所示。

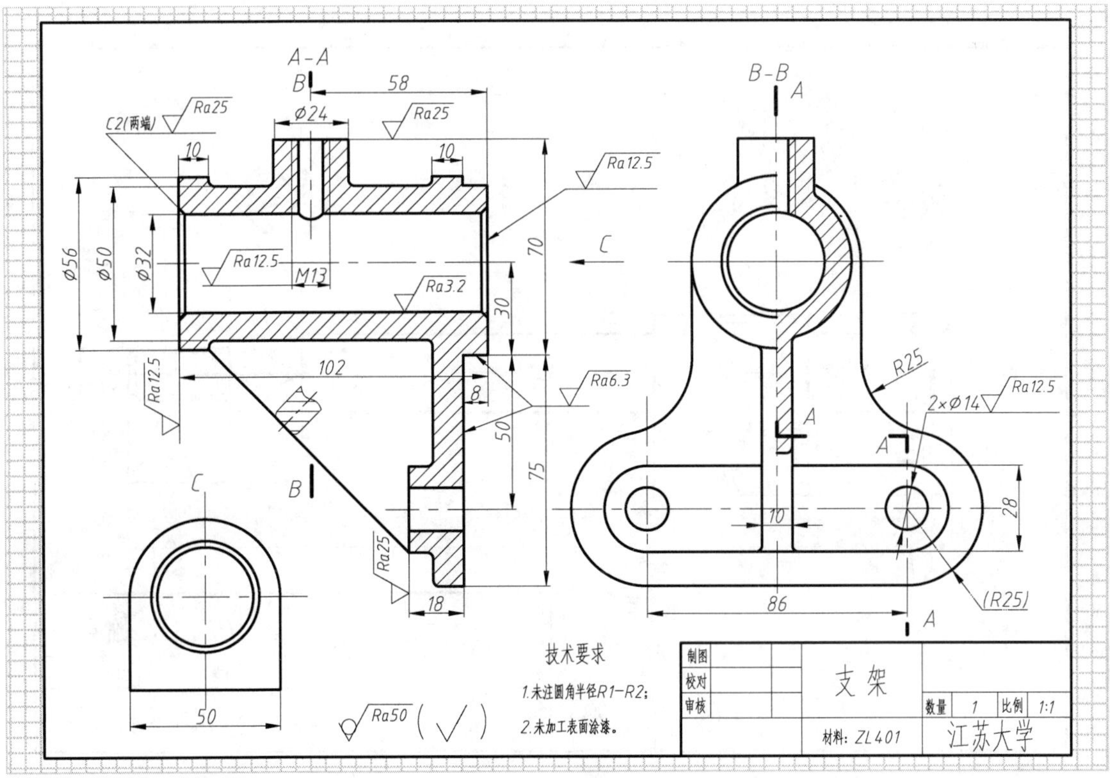

图 8.69 支架零件图

8.7 实例解读零件图

8.7.1 解读零件图的方法与步骤

（1）看标题栏，概括了解：从标题栏中可以获取零件名称、材料、比例、重量、数量等信息，以便对其有一个初步认识，并对其进行初步分类。

（2）视图分析：从图中找出主视图及其他基本视图和辅助视图，了解各视图间的关系、表达方法和表达重点，以便对所表达的零件的结构形状有一个初步印象。

（3）形体分析，想象整体形状：以结构分析为线索，利用形体分析法逐一分析各组成部分的结构形状和相对位置。一般先主体，后局部，先外形，后内部。最后将各部分综合起来想象出零件的整体形状。

（4）尺寸分析：首先分析其长、宽、高 3 个方向的主要尺寸基准，然后从基准出发，找出主要尺寸，并以结构分析为线索，找出各组成部分的定形尺寸、定位尺寸和尺寸公差，看懂每个尺寸的主要作用，以便掌握加工精度。

（5）技术要求分析：分析零件的表面粗糙度、尺寸公差、形状公差、位置公差以及其他技术要求，如热处理、表面修饰等，以便合理选用加工方法。

8.7.2 实例解读水阀阀杆（轴套类）零件

某水阀中的阀杆零件（图 8.2 中件 4），是一个典型的轴类零件，其零件图如图 8.70 所示。

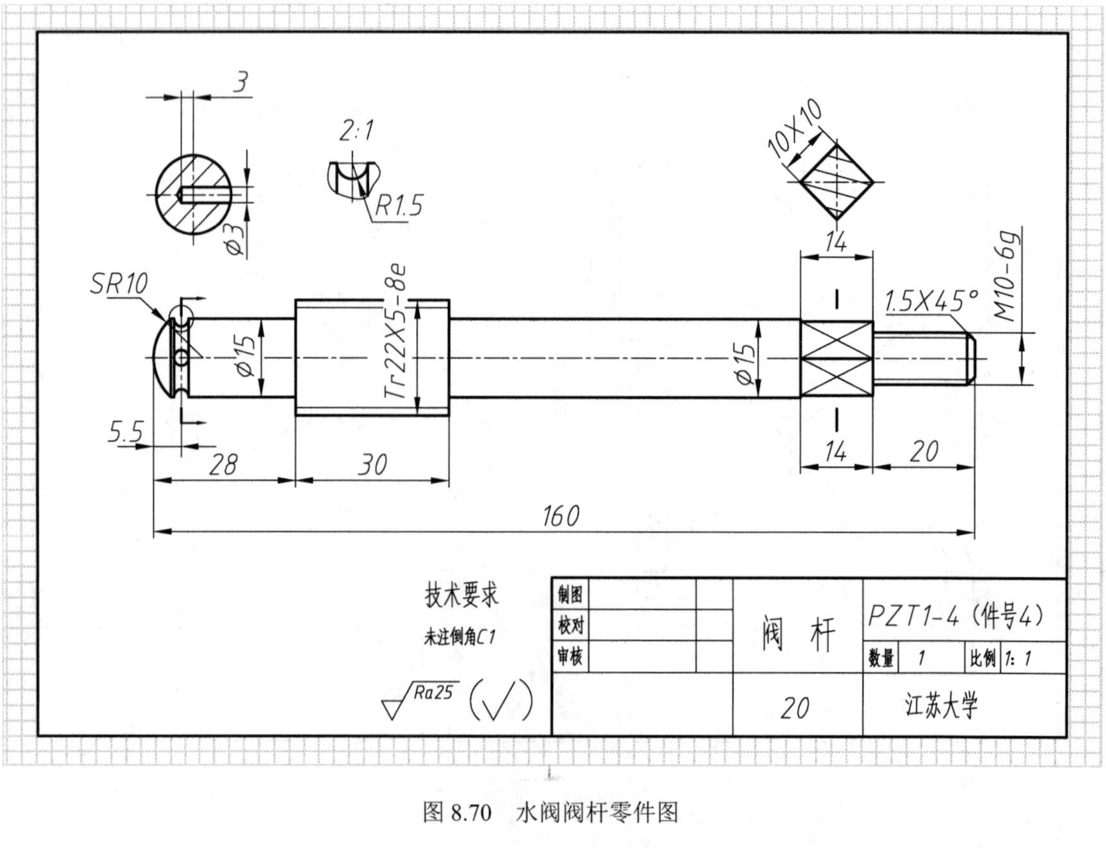

图 8.70 水阀阀杆零件图

读图时首先应该阅读标题栏。标题栏的信息非常重要。你可以由零件的名称、比例、数量等信息，对该零件的类型、大小、功用、应用场合有一个大致的印象；由零件的材料和零件的图号，结合相应的装配图，推测它的加工方法、加工精度和装配要求等。因此，标题栏的阅读也是读懂零件图的一个重要环节。

如本例中，阀杆零件的材料为 20 钢，即一种优质碳素结构钢，“20”表示平均含碳量为 20%，这种钢适用于制作杠杆、轴套、钩、螺钉、渗碳件和氰化件等。其结构性能等可查阅 GB/T 699—1988。

1. 阀杆零件的结构分析

1）主体结构分析

其主体结构分析如图 8.71 所示。这类零件的主体结构十分简单。从轴线方向来看，除了有一段长为 14 截面为 10×10 的正方形四棱柱，其他部分都是由直径不同的同轴圆柱体、圆环、球头等部分组合而成的。

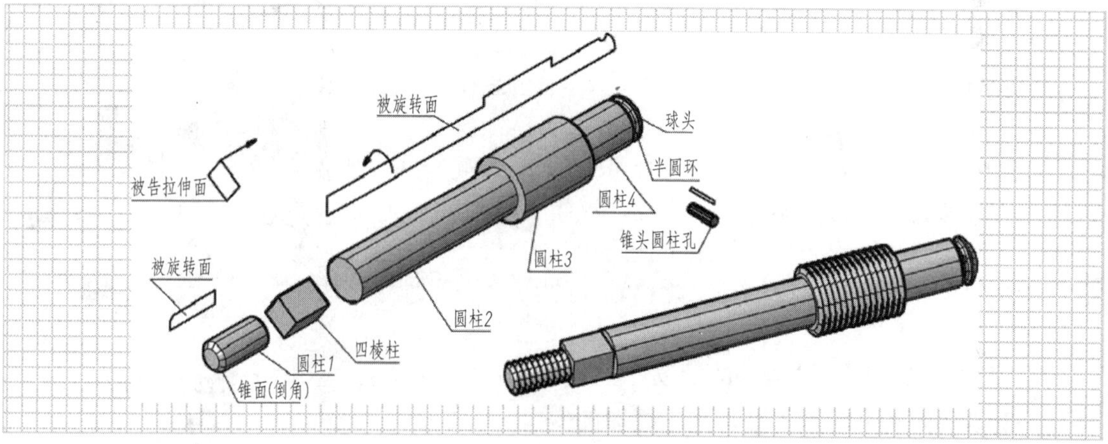

图 8.71 水阀阀杆的主体结构分析

2）阀杆的局部功能结构分析

如图 8.72 与图 8.73 所示，该阀杆的作用是连接并拉动阀门作提升或降下的运动，以起到水阀的开关作用。它在装配体内的工作位置是垂直放置（图 8.2）。

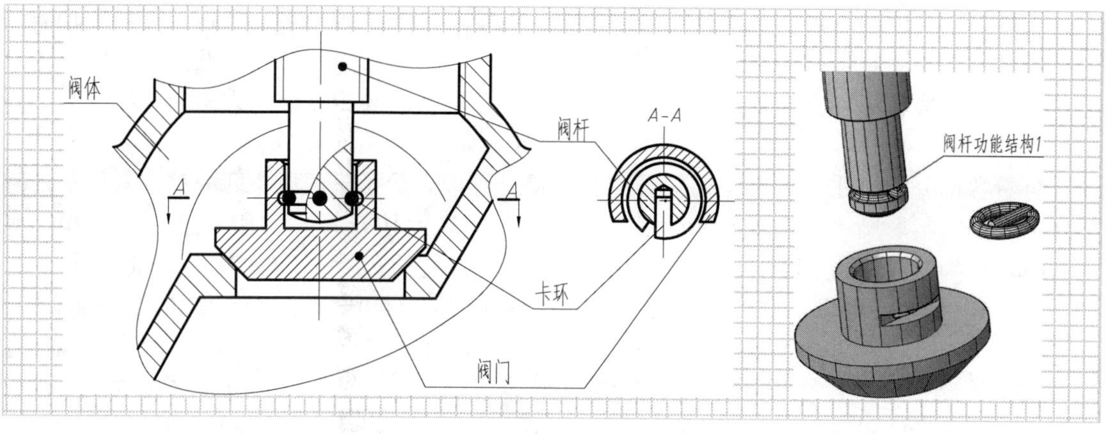

图 8.72 阀杆的局部功能结构①

功能结构①：阀杆下端（也就是零件图中的右端）开有一半圆环形槽，并正中垂直位置上钻有一个与半圆环直径相等的小孔，这是为它与阀门连接而设置的一个功能结构。为保证水阀关闭时的密封精度，阀门与阀体之间采用锥面接触。而要实现这一点，就要必须保证两者之间的同轴精度。因此，阀杆与阀门之间设置了一种活动连接，即安装时先将阀杆插入阀门内腔，使阀门内和阀杆下部外圆环形槽对齐后，用一根金属丝通过穿入阀杆下端的小孔，再将阀门与阀杆绕其轴线相对反向旋转一周，使金属丝弯成卡环状，既能使阀门和阀杆连接，又能自动调节其轴向同轴度。安装原理如图 8.72 所示。

功能结构②：如图 8.73 所示，阀杆的功能结构主要在阀杆上部的四棱柱及上部和中部各一段螺纹。阀杆的上下移动是通过手轮与阀杆上方的方头部分相嵌，带动阀杆绕其轴线转动，再通过阀杆与阀盖之间的螺纹连接，将转动变成了阀杆的上下移动。因此，在图 8.71 中阀杆主体结构的“圆柱 3”部分，制成外螺纹；而为将手轮与阀杆进行轴向固定，故在阀杆上端（圆柱 1）也制成了外螺纹。

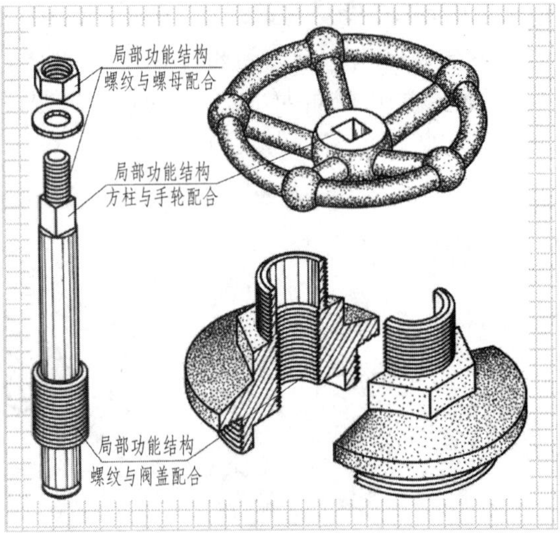

图 8.73 阀杆的局部功能结构②

3）阀杆的局部工艺结构

首先由标题栏上方的表面结构代号可知，该零件的所有表面均为机加工面。因此，该阀杆上的局部工艺结构均为机械加工工艺结构，如顶端（即零件图左端）的倒角，阶梯轴处的倒圆等。

2. 阀杆零件视图表达方法的解读

由于该零件属于轴类零件，故主视图的安放位置按加工位置选定（即图 8.70 中的轴线水平放置），而不是按其工作位置（图 8.2 中的轴线垂直）安放，且将加工面多的一端置于右方，以方便加工时看图。只需一个主视图，再辅以圆环槽处和方头处的两个断面图、一个反映圆环半径的局部放大图，即正确、完整、清晰地反映了该零件的结构形状。

3. 阀杆零件尺寸标注的解读

首先确定长、宽、高三个方向的尺寸基准。从图 8.70 所示零件图上分析，根据该轴装配时的定位需要，并结合设计和制造工艺，该零件在长度方向的主要尺寸基准为圆环槽小孔中心线；而在宽度和高度方向上，由于上-下、前-后均对称，故均以该两方向的对称面为主要尺寸基准。

再看各部分的尺寸。该零件从左至右由 7 部分组成。除了一段方头四棱柱，其他都是回转体，它们的定形尺寸均应为各段直径（方头部分为底面边长）和各段长度。如“20”和“M10-6g”为左端螺纹部分的定形尺寸（注意：倒角处的尺寸“C1.5”，它与旧标准中的“1.5×45°”是一个意思，即表示该处倒角度数为 45°（C 就表示 45°），倒角高度为 1.5），尺寸“10×10”和“14”为方头部分的定形尺寸，尺寸“30”和“Tr22×5”为中段梯形螺纹处的定形尺寸等。但考虑到加工和测量的方便，以及不能注成封闭尺寸链（否则尺寸累积误差不能消除）的规则，阀杆的全长尺寸 160 必须标定，而中段ϕ15 处圆柱的长度尺寸、右端圆环形槽和球头之间ϕ15 圆柱的长度和球头的球心位置等，则不能再标出。

主要的定位尺寸从主要基准出发。对于轴类零件，定位尺寸主要指轴线方向即长度方向。以上已指出，长度方向的主要尺寸基准为圆环槽小孔中心线，沿轴线向右，以尺寸 5.5 向球头一点定位，再以此定下全长 160 至最左端，因此，阀杆最左和最右两端成为了该零件长度方向的辅助基准。从左端起向右，尺寸 20 既是 M10 螺纹段的定形尺寸（长度），又是方头段的定位尺寸；从最右端向左，尺寸 28 是 Tr22 梯形螺纹段的定位尺寸。

4. 阀杆零件技术要求的解读

在零件图中出现的技术要求一般指符号表示的“表面结构”、“尺寸公差”和“几何公差”，还有一些文字说明等。在本例中，表面结构符号只标注了一种“√Ra 25（√）”，即表示所有的表面都是经过机械加工、即用去除材料的方法获得的，其表面粗糙度 *Ra*（轮廓算术平均偏差）的上限值为 25μm。这个精度较低，经粗车、粗刨、粗镗及地切断即可达到。由于该零件的应用场合属平稳且基本静止，不需频繁运转或启动，故按照表面结构参数值的选用原则，在满足功用要求和经济合理性的基础上，选取较低精度。

该零件除了两处螺纹，其他各段均无配合要求，故无需设置尺寸公差与形状位置公差。两处螺纹的公差要求分别分 6 级和 8 级精度，也是较低精度。其中，M10-6g，表示公称直径为 10mm 的普通粗牙螺纹，单线、右旋，查表（GB/T 198.1303）得螺距为 1.5mm，公差带代号为 6g，查表得标准公差值为 0.009mm；同理，Tr 22×5-8g，表示公称直径为 22mm 的梯形螺纹，螺距为 5，单线，右旋，公差带代号为 8g，查表得标准公差值为 0.033mm。

8.7.3　实例解读齿轮油泵泵盖（盘盖类）零件

并不是所有盘盖类零件的主体结构都是一个同轴复合回转体，图 8.74 所示的齿轮油泵泵盖就是一个结构较为复杂的盘盖类零件。

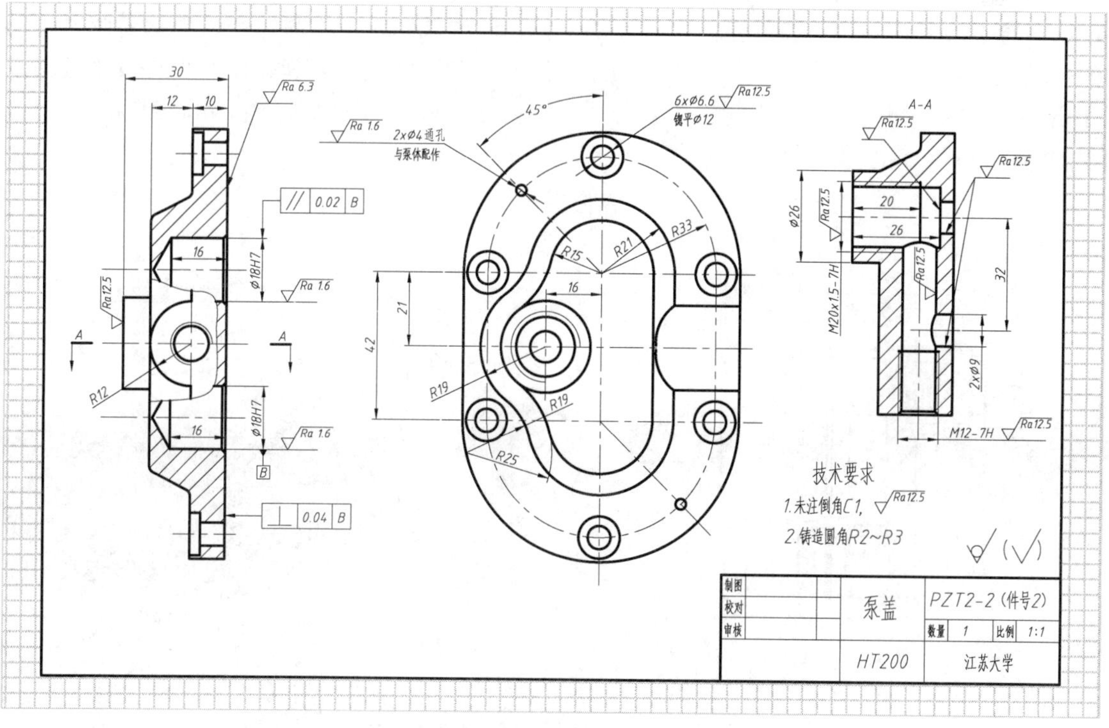

图 8.74　齿轮油泵泵盖零件图

齿轮油泵是一类泵类部件，顾名思义，是以齿轮传动为动力的一种泵油装置。其工作原理是利用齿轮传动使泵内产生压差，同时也利用齿轮的轮齿充当输送叶片，从而可使某油箱中的油输入指定管道。图 8.75 所示为某 1/4 英寸齿轮油泵装配图的主视图及该油泵的三维简化模型。对照图 8.74 和图 8.75 可以看出，所要研究的泵盖所在的位置，即安装在图示装配图的左端。

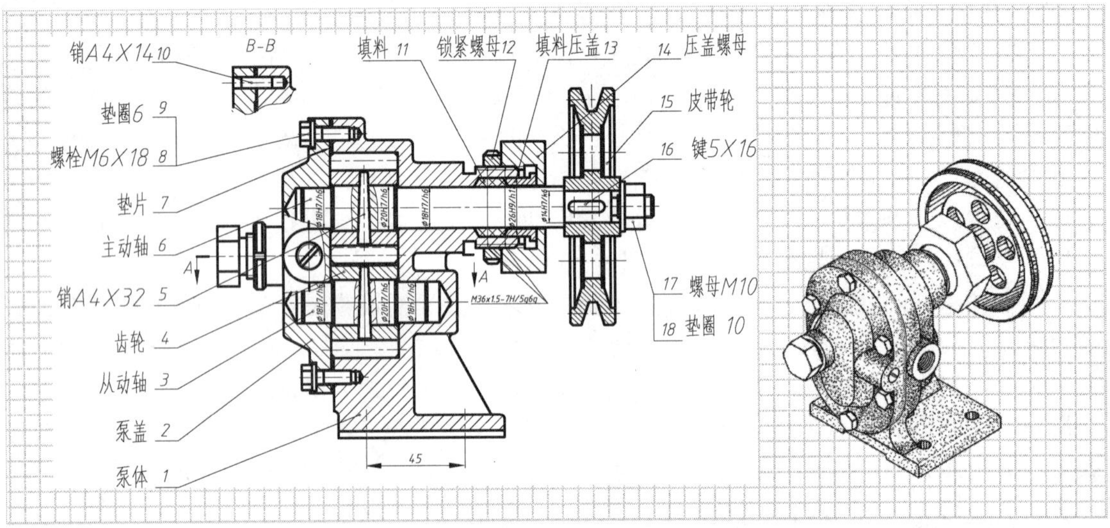

图 8.75 齿轮油泵装配图的主视图及其三维简化模型

为了加深理解，可以了解一下这个泵盖的功用。实际上，它不光起到一个“盖子”的作用，还起着一个支撑轴的作用，更重要的，这里面还要配置一个“卸压装置”。

齿轮油泵是靠泵体内腔的压力差工作的。当齿轮油泵正常工作时，在一对齿轮啮合传动的带动下，泵体腔内形成一个稳定的压力差，油被源源不断地吸入和排出。如果发生故障，如出油口堵塞，而机器却还在运转，就会造成腔内压力过大乃至爆腔，因此，需要有一个自动的卸压装置。这个装置就在泵盖内（图 8.76）。

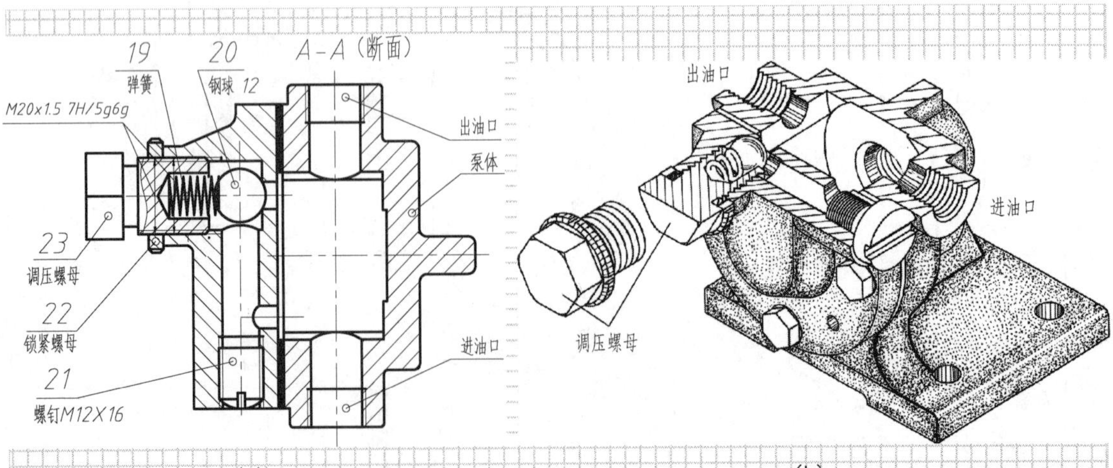

图 8.76 齿轮油泵中的自动卸压装置

从图 8.76 中可以看到，这个卸压装置由泵盖中的连通管道、钢球、弹簧、调压螺母、锁紧螺母组成。小钢球堵住卸压孔口，其压紧力（即工作压力）由弹簧和调压螺母控制，并由锁紧螺母固定。当出油口压力超过了额定的工作压力，腔内的油就会冲开由弹簧顶住的小钢球，使油通过泵盖上的通道流回进油口一端的油箱中，从而达到卸压的效果。

图 8.76 中泵盖前端被螺钉 21 堵住的部分其实是一个加工工艺孔，因为在泵盖上要加工一个“匚”形连通孔是办不到的，只有把这个主要通道一端打通（钻孔），装配时再堵上（图 8.77），不再拆卸。

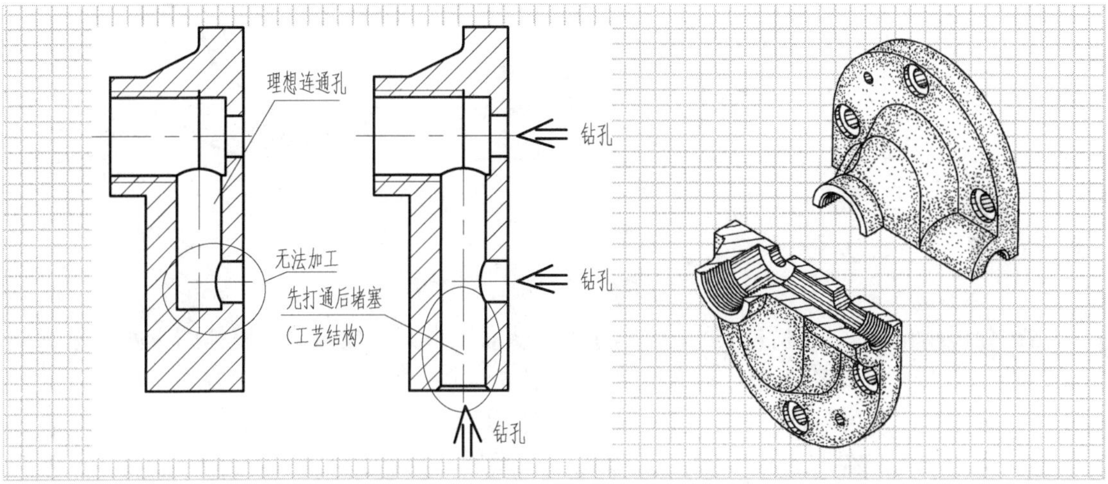

图 8.77　齿轮油泵泵盖上的工艺结构

通过了解泵盖的安装位置及其在油泵中的作用，对其零件图的解读会变得轻松易懂。

1. 机件表达方法的解读

首先，从图 8.74 泵盖零件图的标题栏中得知该零件的名称，可知属盘盖类零件，用于某泵类部件。又见其材料代号为 HT200，可知为铸件，在其上一定保留有非机械加工表面。

该零件属盘盖类零件，故主视图的安放位置为轴线水平放置，即按加工位置安放。整个零件图用了一个主视图、一个左视图和一个 *A—A* 全剖视图。主视图采用局部剖视图，既表达了该方向上前方的半圆柱外形和其上的一个螺孔，也表达了其内部主要对称面上的两处支承孔（用以支撑齿轮轴）；左视图采用外形视图，表达了其左端复杂的结构特别是 2 处定位销孔和 6 组装配用的沉孔。*A—A* 全剖视图则清楚地表达了（俯视方向）内部的穿孔布局。

2. 泵盖主体结构的解读

首先来看它的主体结构。其组成部分的分析，以先叠加、后挖切为最佳方法，因为这样做符合一个零件的生成过程。叠加部分的分析，较为方便的方法是找到它各个方向的外形视图，从而“拼接”出它的叠加部分，然后再从它的剖视图中寻找它的内部结构，获得其挖切部分的形体。

如图 8.78（a）的主视图所示，由于原图中左视图（图 8.78（d））已经是外形视图，故对主视图进行重点分析。将主视图首先“提取”其边界轮廓线，“去除”剖视部分的所有内部轮廓线及剖面线，再以投影关系为依据，结合左视图，并同时结合基本体的形成过程，按形体结构及相邻表面间应该出现的交线，补全主视图上的外形轮廓线，从而即可得出主视外形图（图 8.78（c））。

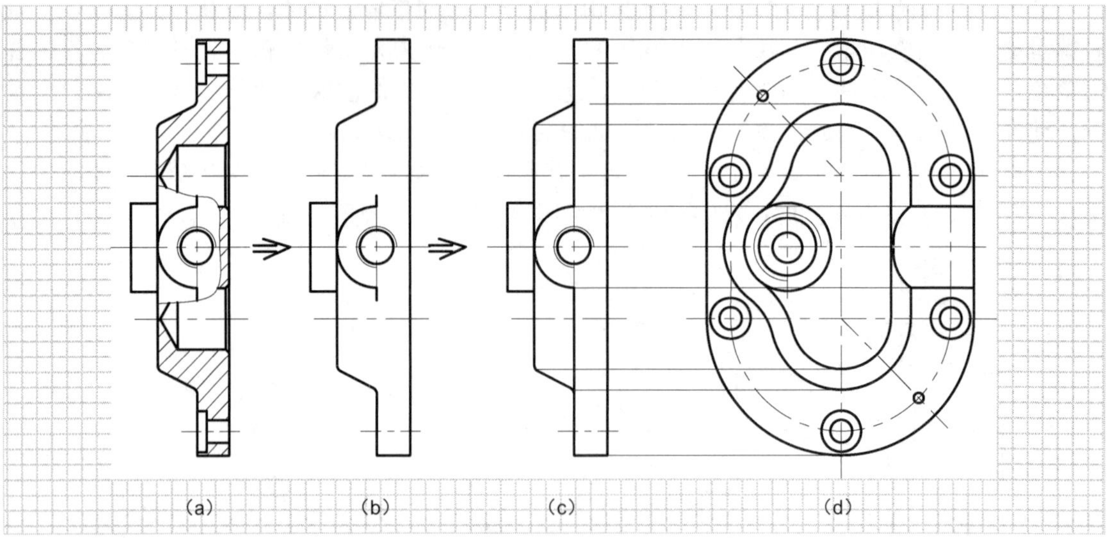

图 8.78 将主视图转变为外形视图

结合分析结果，即可进行对泵盖形体分析，从而获得其组成部分及整体的空间形象，如图 8.79 所示。特别注意，在进行基本体建模分析时，其 4 个组成部分均可视为拉伸体，其中有一个台状体属“角度拉伸”（图 8.79（a）），也可用 CAD 软件中的“放样”方法建样。图 8.79（b）是叠加后的结果，图 8.79（c）反映了成形后左侧形状，图 8.79（d）则主要反映的是右侧形状，图 8.79（e）即为泵盖零件。

该零件的局部功能结构较为简单，即两处螺纹分别用于左端的调压螺母和前端的紧定螺钉连接；两处销孔供安装圆柱销定位用；6 组连接孔用于与泵体的螺钉连接。

该零件的局部工艺结构有倒角、铸造圆角等，均为前面各例子中所提到的，读者可以自行分析。值得一提的是图 8.79（a）中的拉伸体 2，呈台状，即以角度拉伸方式建模。在工艺上，它属于铸造工艺结构，称为起模斜度。这是为起模的方便而设置的一种结构。

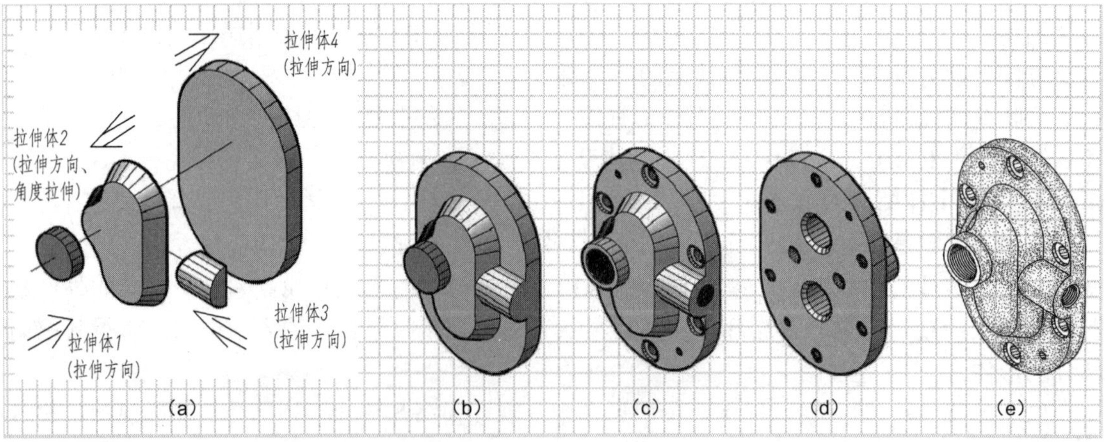

图 8.79 泵盖主体结构形体分析及空间形体化

3. 泵盖尺寸标注的解读

如图 8.74 所示，从零件图上已注的尺寸可知，泵盖右端面为与泵体的结合面，故应为该零件长度方向的主要尺寸基准，其总长尺寸 30、盖板（即图 8.79（a）中的拉伸体 4）的厚度尺寸直接从该基准标出；泵盖上、下基本对称，故高度方向的主要尺寸基准为上-下基本对称面，其内部有上-下排列的 2 个齿轮轴孔，上面的一个是支撑主动轮，因此其轴线的定位尺寸 21，以及上-下齿轮轴的中心距尺寸 42 至关重要，均从主要基准直接标出；宽度方向则以左-右主要对称面为主要尺寸基准，安装减压装置处的两个连通孔 2×ϕ9（见零件图中 *A—A* 断面图）的定位尺寸 32，即以此出发标出对称。

两处定位销孔呈反对称分布，定形尺寸“2×ϕ4 通孔/与泵体配作”的含义在上例中已解释，读者应该可以领会，其定位尺寸即为其圆心位置的定位，包含分布圆周的半径 *R*33 和角度尺寸 45°。

6 组连接孔均匀分布，定形尺寸统一标注为“6×⌀6.6⌴⌀12”，其中ϕ6.6 表示主要功能孔的直径，即用于螺钉连接时所需的光孔，其直径约等于螺钉公称直径的 1.1 倍。也就是说，可以从它标注的直径大小推知，选用的螺钉一定是 M6 的规格。符号“⌴”表示一种圆柱形凹坑，这是为了保证螺钉连接中垫圈与泵盖接合面的接触性能而设置的一个工艺结构。因为泵盖是一个铸件，没有与其他零件配合要求的表面，一般不需要进行机械加工，特别是盖板（图 8.79（a）中拉伸体 4）的左端面，因为中间有突起部分（拉伸体 3），也不可能进行整块平面的加工，只能在泵盖与垫圈接触的区域，加工出一个比垫圈外圈直径略大的凹坑，以达到该凹坑底面与轴线的垂直度，从而保证螺纹连接良好的接触性能和连接的可靠性。如果凹坑的深度小于 2mm，则在图中不进行标注，如本例中的“⌴⌀12”，读作“锪平，直径为 12”；如果该凹坑的深度超过了 2mm，则其标注如图 8.80（b）中的“6×⌀6.6⌴⌀12↧3”，表示“沉孔直径为ϕ12，沉孔深度为 3”，其中符号“↧”为深度符号。这一组连接孔在泵盖端面均匀且对称分布，故定位尺寸只有一个，即分布圆周的半径 *R*33，从定位基准直接标出。

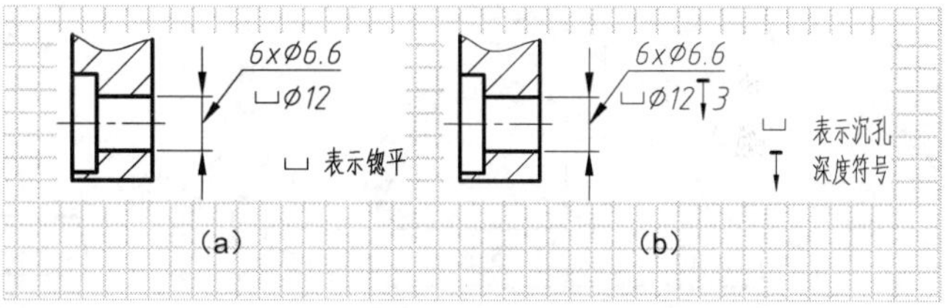

图 8.80 “锪平”与“沉孔”工艺结构的标注

4. 泵盖技术要求的解读

（1）尺寸公差：该零件起着支撑旋转轴的作用，因此，在与上、下两个轴的配合处有“ϕ18H7”的要求。它表示公称尺寸为ϕ18、基本偏差代号为 H、公差等级为 IT7 的圆柱孔。显然，这是与轴配合时采取基孔制中的基准孔。另外，在 *A—A* 的断面图上可以看到，零件与调压螺母配合处的内螺纹“M20×1.5-7H)”，是指公称直径为 20、螺距为 1.5 的细牙普通螺纹，单线、右旋，中径和顶径的公差带代号为 7H；而在前端工艺孔口的螺纹处 M12-7H，则表示公称直径为 12、单线、右旋的粗牙普通螺纹，中径与顶径的公差带代号为 7H。可见，此两处对螺纹的密封性都有较高的要求。

（2）表面结构要求：从零件图可知，该零件图仅对表面结构提出了粗糙度 *Ra* 的要求。图中共规定了共 4 种粗糙度要求，它们分别为：√Ra 1.6、√Ra 6.3、√Ra 12.5和√(√)。其中，用去除材料的方法获得的表面，*Ra* 值分别为 1.6μm（上下两个支撑孔，精度要求最高）、6.3 μm（零件右端面以及与调压螺母旋合的螺纹面，此两处均有较高的密封要求）、12.5 μm，用不去除材料的方法获得的表面（即不加工表面）的 *Ra* 值为 50 μm。

（3）几何公差要求：从零件图上可知，该零件有两处存在几何公差要求。一处是垂直度要求“⊥ 0.04 B”，表示泵体右端面为被测要素，泵体下面ϕ18H7 孔的轴线为基准要素，即泵体右端面相对于下面ϕ18H7 孔的轴线的垂直度不得大于 0.04；另一处是平行度要求

“// 0.02 B”，表示其被测要素为上面ϕ18H7 孔的轴线，基准要素为下面ϕ18H7 孔的轴线，即要求上孔轴线相对于下孔轴线的平行度不大于 0.02mm。这两处要求共同保证了齿轮啮合的安装精度和工作精度。

8.7.4 实例解读齿轮油泵泵体（箱壳类）零件

箱壳类零件是部件的主体零件，一般起容纳、支承、定位和密封等作用。这类零件结构复杂，加工位置多，且多为铸件。上述齿轮油泵的泵体就是一个典型的例子，如图 8.81 所示。

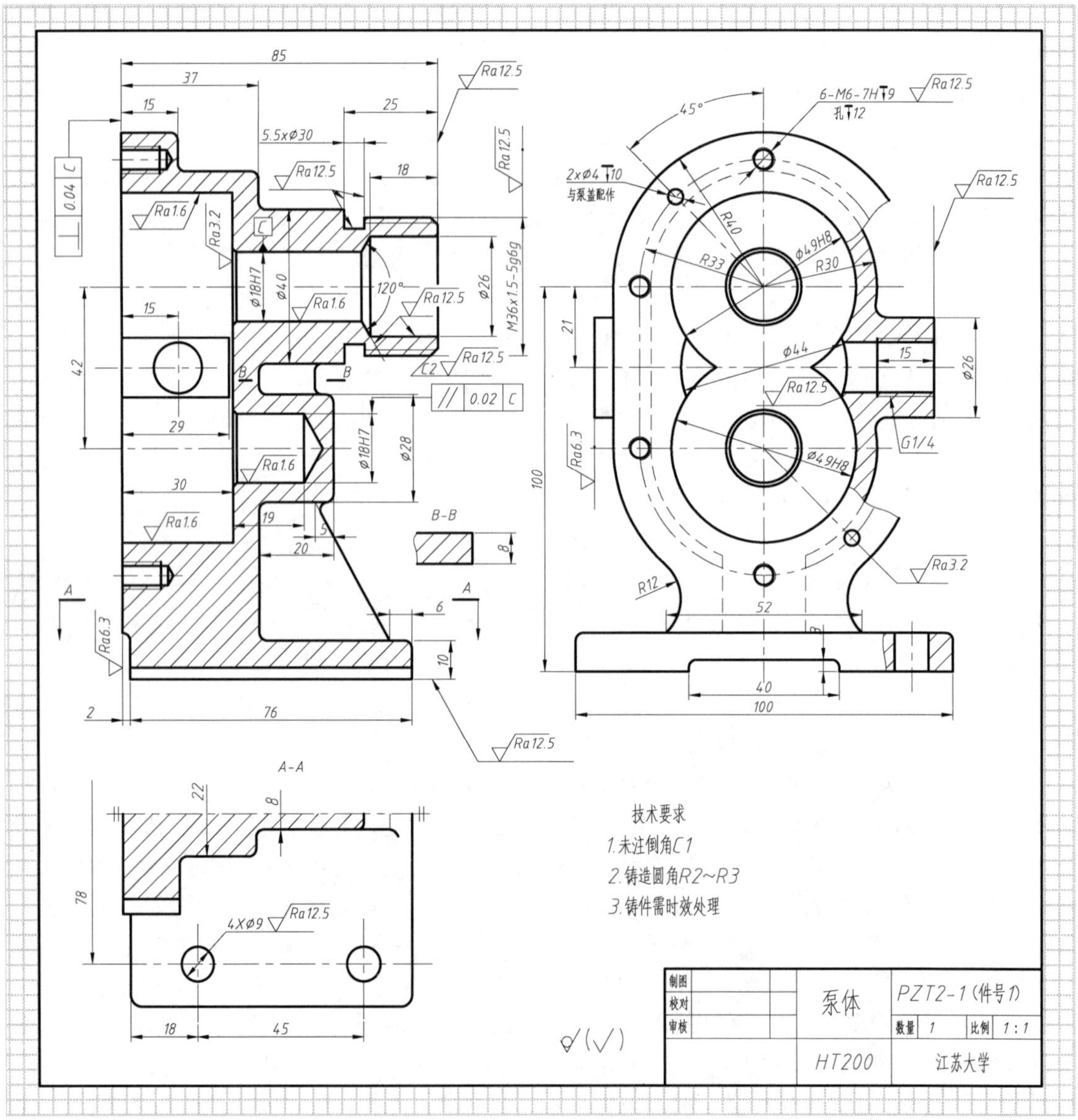

图 8.81 齿轮油泵泵体零件图

结合前面图 8.75 给出的齿轮油泵主视图及其三维简化模型，可知该泵体和大多数箱壳类零件一样，它的主要结构也包含了支承部分（上、下两处ϕ18 的轴孔，为支承齿轮轴设置）、包容部分（左视图中“8”字形空腔，为包容上下排列的两个齿轮而设置）、装配连接部分（左侧面板及其上的销孔和螺孔，为连接泵盖而设置）、安装部分（底板及其上安装用通孔）、支撑部分（肋板）等结构。

1．零件的表达方法

该泵体采用了 3 个基本视图（其中俯视图采用的 *A*—*A* 全剖视图，并作了对称图形的简化画法）和一个 *B*—*B* 断面。由于该零件属箱壳类零件，形状复杂，加工位置多，故主视图以零件的工作位置为安放位置，并采用单一剖切平面画出的全剖视图，表达内部轴孔和齿轮空腔的连接和相互位置情况，以及左端均布螺孔的轴向形状；左视图主要为外形视图，完整地表达出左端连接面板和齿轮空腔的形状，销孔与螺孔的布局，并采用局部剖视表达了前、后进出油口的内部结构；*A*—*A* 处的剖视图表达了该泵体支撑部分与底板处以肋板连接的情况；*B*—*B* 断面则表达了右侧上、下两处支撑孔外圆连接肋板的截面形状和厚度尺寸。

2．泵体的结构分析

首先还是讨论其主体结构。为了看懂这个主体结构，以进行形体分析，仍必须将主、左视图“恢复”为外形视图，从而看懂其叠加部分；然后再分析所挖切的基本形体，最后“聚零为整”得到空间整体形状。

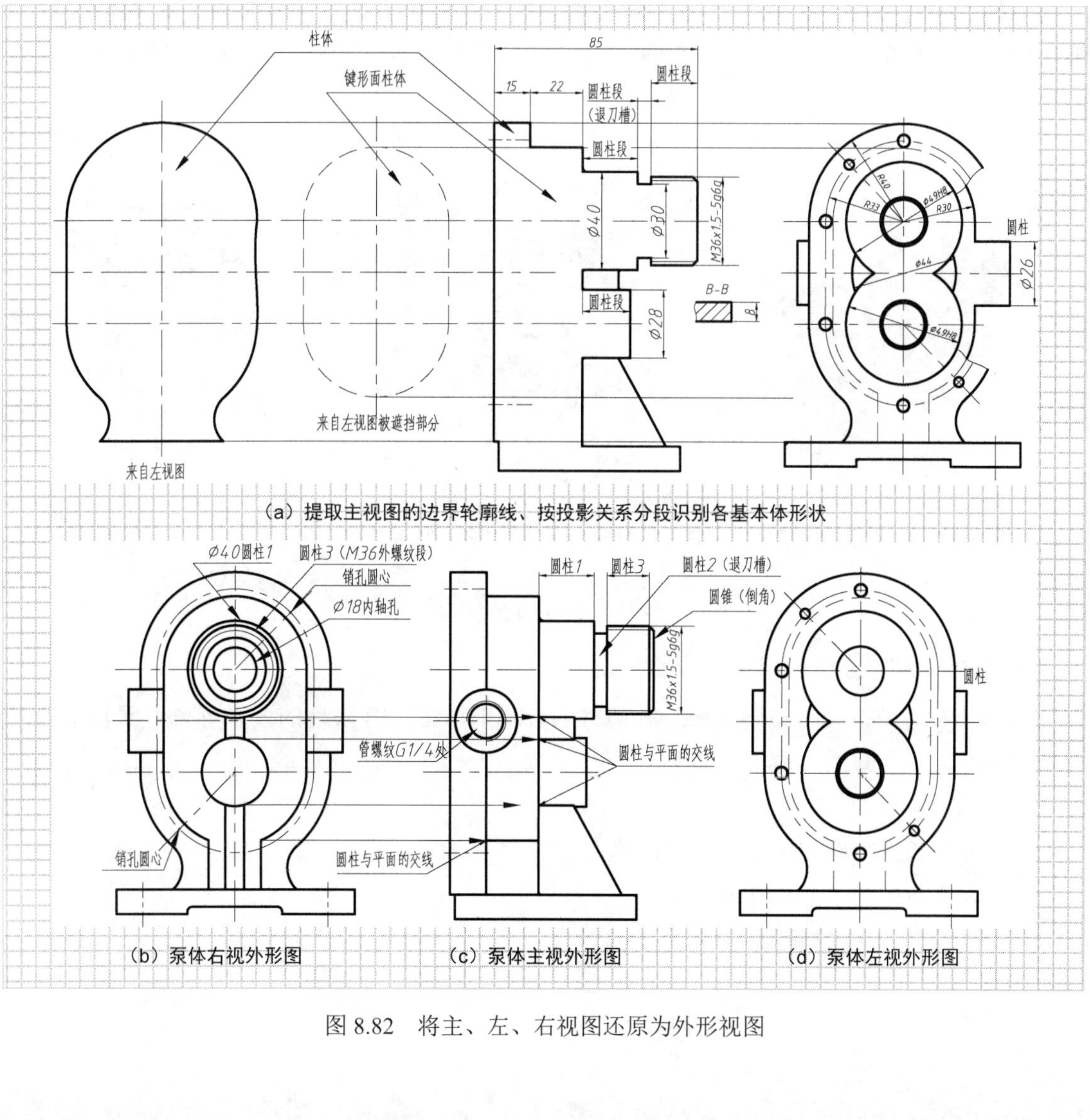

（a）提取主视图的边界轮廓线、按投影关系分段识别各基本体形状

（b）泵体右视外形图　（c）泵体主视外形图　（d）泵体左视外形图

图 8.82　将主、左、右视图还原为外形视图

（1）将主、左、右视图还原为外形视图，其转化过程见图 8.82。转化过程中，一定要各个视图按投影关系互相补充，对应想象每一基本形体各自的空间形状，再考虑两两基本形体的表面连接关系，为最后“拼接”整体做准备。图 8.82（a）主要是提取主视图的边界轮廓线后，结合左视图，按投影关系分段认清各基本体的形状；图 8.82（b）则在以上基础上，补全两两相邻基本体表面间的交线。在补全交线的过程中，由于主视图上左边结构大于右边的结构，导致左视图中有许多被遮挡部分，因此按投影关系补画了右视外形图，从而进一步找到各交线的投影位置，反映出零件整体形貌。根据分析结果，可得出根据该零件主视、左视和右视图还原的外形视图，如图 8.82（b）所示。

（2）根据该思路，可推知该零件的主体结构的叠加部分由矩形底板（长 76、宽 100、高 10）、连接面板（半径为 *R*40，两半圆中心距为 42）、“键形”柱体、用于支撑轴设置的几段圆柱及两处肋板、进出口处的凸台等，由此而产生的零件形体各叠加部分三维模型如图 8.83（a）所示。

至于其内部切割部分，则有：两处“8”字形的柱体（形状略有不同）、沿水平轴线方向的几处圆柱孔和螺孔、进出口处的螺孔加光孔、底板下方的矩形槽和 4 个均布的安装孔等，由此而产生的三维模型如图 8.83（b）所示。同时该图中也给出了成形后的泵体零件模型。

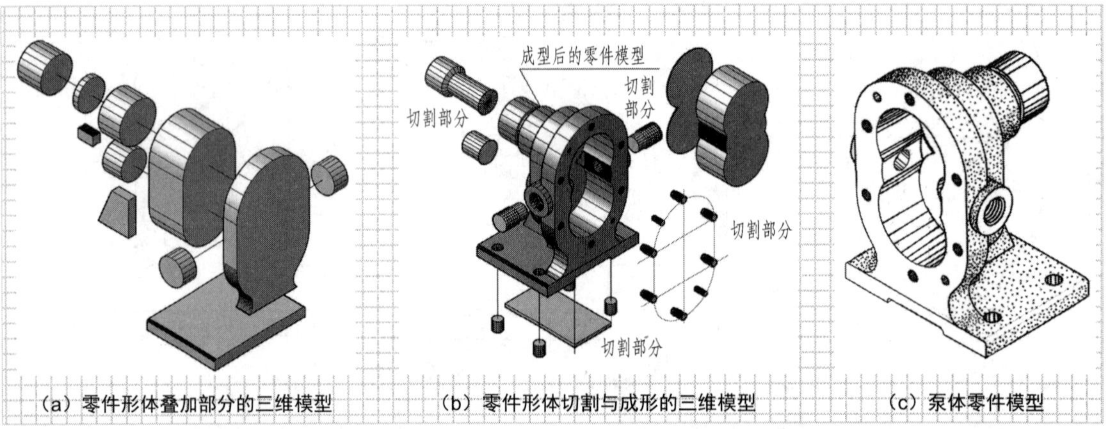

图 8.83　泵体的形体分析

3. 泵体的尺寸分析与技术要求的解读

基于以上诸多的实例，下面换一种问答的方式来讨论。有兴趣的读者可思考回答下列问题，参考答案紧随其后。

【问题】

（1）零件长度方向的主要尺寸基准是____________；

宽度方向的主要尺寸基准是____________；

高度方向的主要尺寸基准是____________。

（2）零件底板上共有________供安装连接用的孔，其定形尺寸为________，定位尺寸为________，表面结构代号是________，解释：________________。

（3）主视图右端螺纹代号 M36×1.5-5g6g，解释：________________。

（4）对于ϕ18H8，查国家标准后回答：表示孔的公称直径是______，公差带代号是______，其中基本偏差代号是______，基本偏差值是______，标准公差等级为______，标准公差值为______，上偏差为______，下偏差为______，上极限尺寸为______，下极限尺寸为______。

（5）从图中看出有______处有几何公差要求。图中 [// | 0.02 | A] 表示几何公差的名称是______，被测要素为______，基准要素为______，公差值为______。

（6）G1/4 表示______螺纹，“1/4”表示______，查相应国家标准得大径为______，小径为______，该螺纹的作用是________________。

（7）该零件的材料代号为______，表示______材料。

（8）请在图中指出哪些是机械加工表面，哪些是铸造表面。

【答案】

（1）零件长度方向的主要尺寸基准是 泵体左端面 ；

宽度方向的主要尺寸基准是 前、后对称面 ；

高度方向的主要尺寸基准是 泵体底面 。

（2）零件底板上共有 4 个 供安装连接用的孔，其定形尺寸为 4×ϕ9，定位尺寸 长度方向 18、45；宽度方向 78 ，表面结构代号是“$\sqrt{Ra\,12.5}$”，解释： 用去除材料的方法获得的表面，表面粗糙度 *Ra* 参数值不大于 12.5μm。

（3）主视图右端螺纹代号 M36×1.5-5g6g，解释： 普通细牙外螺纹，公称直径为 36，螺距为 1.5，单线，右旋，中径公差带代号为 5g，顶径公差带代号为 6g 。

（4）对于ϕ18H8，查国家标准后回答：表示孔的公称直径是 18 ，公差带代号是 H8 ，其中基本偏差代号是 H ，基本偏差值是 0 ，标准公差等级为 IT8 ，标准公差值为 0.027 ，上偏差为 +0.027 ，下偏差为 0 ，上极限尺寸为 ϕ18.033 ，下极限尺寸为 ϕ18 。

（5）从图中看出有 2 处有几何公差要求。图中 [// | 0.02 | A] 表示几何公差的名称是 平行度公差 ，被测要素为 ϕ18H8 下轴孔的轴线 ，基准要素为 ϕ18H8 上轴孔的轴线 ，公差值为 0.02 。

（6）G1/4 表示 圆柱管 螺纹，“1/4”表示 尺寸代号 ，查相应国家标准得大径为 13.157 ，小径为 11.445，该螺纹的作用是 用于连接进、出口管道 。

（7）该零件的材料代号为 HT200 ，表示 灰铸铁 材料。

（8）请在图中指出哪些是机械加工表面，哪些是铸造表面。

关于这一问题，读者可以观察两表面间是否有铸造圆角、是否标有表面结构代号等来判断，这里不再赘述。

—— 本章小结 ——

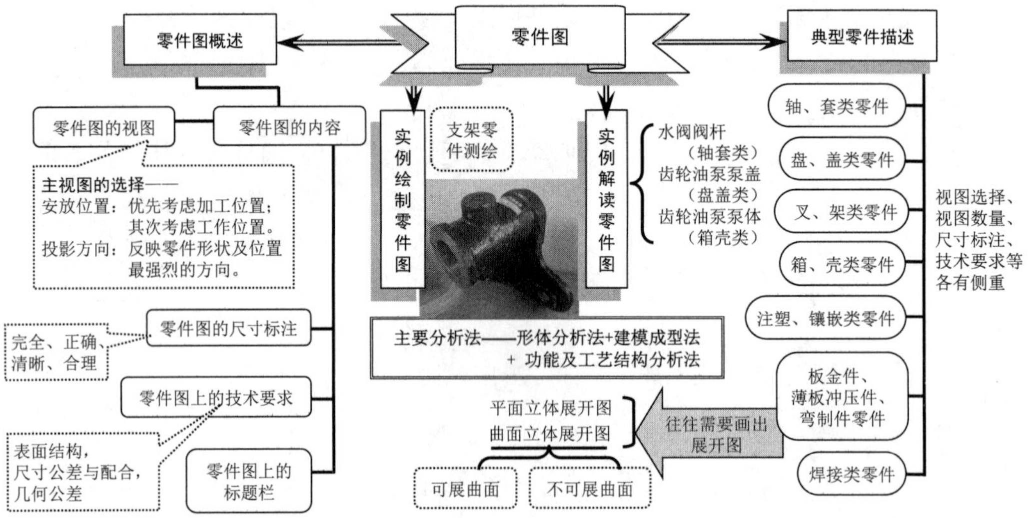
零件图
零件图概述
典型零件描述
零件图的视图
零件图的内容
主视图的选择——
安放位置：优先考虑加工位置；
其次考虑工作位置。
投影方向：反映零件形状及位置
最强烈的方向。
零件图的尺寸标注
完全、正确、
清晰、合理
零件图上的技术要求
表面结构，
尺寸公差与配合，
几何公差
零件图上的
标题栏
实例绘制零件图
支架零
件测绘
实例解读零件图
水阀阀杆
（轴套类）
齿轮油泵泵盖
（盘盖类）
齿轮油泵泵体
（箱壳类）
主要分析法——形体分析法+建模成型法
+ 功能及工艺结构分析法
平面立体展开图
曲面立体展开图
可展曲面
不可展曲面
往往需要画出
展开图
轴、套类零件
盘、盖类零件
叉、架类零件
箱、壳类零件
注塑、镶嵌类零件
板金件、
薄板冲压件、
弯制件零件
焊接类零件
视图选择、
视图数量、
尺寸标注、
技术要求等
各有侧重

第 9 章　部件装配图

Assembly Drawings

本章知识要点

装配图和零件图两大内容是本门课程的最终知识回归点。装配图的绘制和解读是本章的两个重要的知识要点。由零件图拼画装配图，必须对所表达的部件的工作原理、各零件之间的装配关系和相对位置有着清醒的认识；而读懂装配图，不仅是想象出部件的形状，而且更重要的是能根据装配图上给出的部件工作原理、各零件的相对位置、装配关系、结构形状，从装配图上把各个零件剥离出来，绘制成零件图，使其能成为加工制造的技术文件。

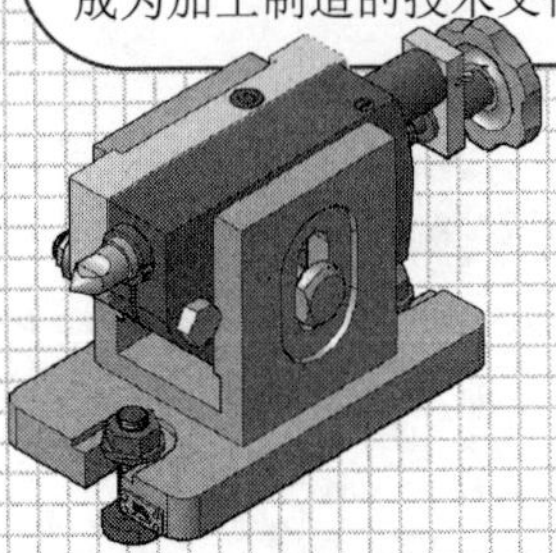

兴趣实践

设计一个支架用以支承图示小轴，要求如下：

两端轴径为22处（又称为轴颈）由支架支承，该支架可连同小轴一起在机座上沿燕尾导轨移动。根据支架的作用和有关尺寸构思该支架的形状，并选择适当的表达方案，画出该支架的图形，并标注尺寸。如果你设计的是一个由若干零件组成的支架，即部件，则请画出一套零件图和一张装配图。

探索思考

解读装配图并从装配图上拆画零件图，是一个工程师工程素质的重要技能之一，你能从中总结出一些规律吗？

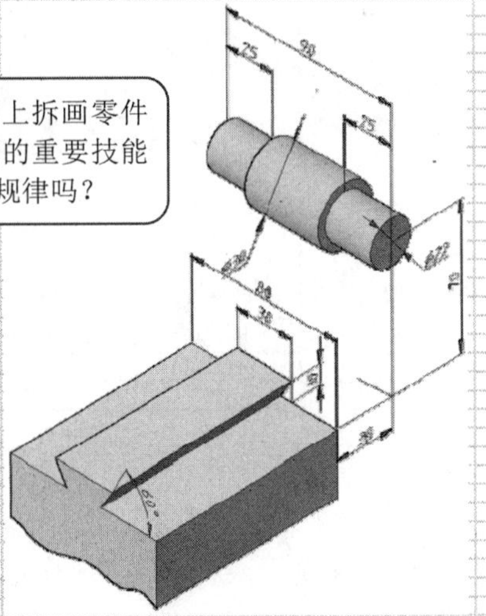

预习准备

从本章开始，就要进入本门课程知识点的另一个最终回归点——装配图的表达与解读阶段。零件图与装配图是不可分割、相辅相成的组成机械产品从设计、制造、装配、检验到使用、检修全过程的重要技术文件，预习本章第一节，并与零件图的内容做相应比较，找出零件图和装配图在表达方法上的相同和不同点。

9.1　装配图的内容

9.1.1　实例解读装配图的内容

机器与部件都是能代替人工操作的工具。机器可以由多个部件和零件组成。机器和部件的物理构成都包括执行系统、传动系统、操纵系统和控制系统、框架支撑系统及其他的辅助系统。不同的是，机器还有一个重要部分，即动力系统。因此机器可以做功而部件是不能做功的。

表达机器或部件的结构、工作原理、传动路线和零件装配关系的图样，称为装配图。下面以“旋塞阀（图 9.1）”部件的装配图为例，以进一步加深对装配图内容的了解。

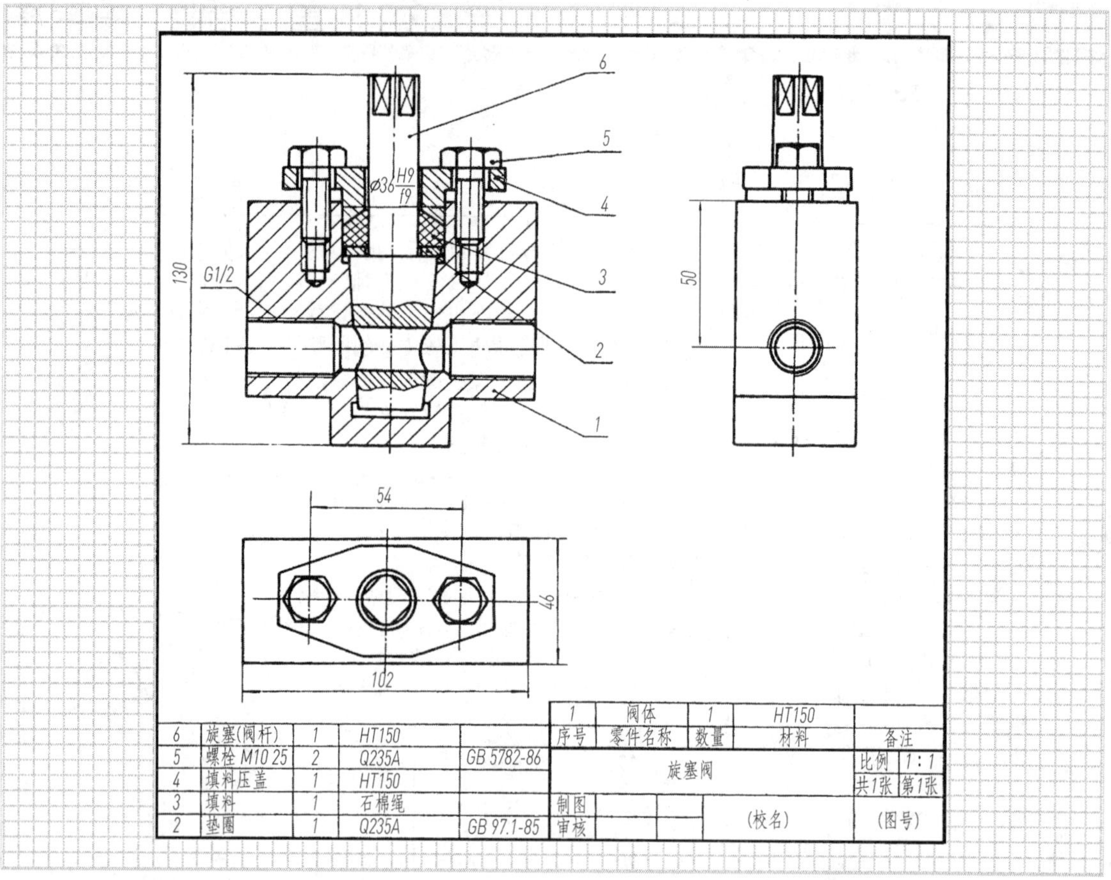

图 9.1　旋塞阀装配图

旋塞阀属于一种阀类部件。这类部件通常用于管道系统中控制液体流量，故又称为控制部件。由于这一类部件的目的是开启、闭合及控制液体流量的大小，因此其主要执行件中必有阀门、“阀门口”及带动阀门作开合运动的阀杆。结合图 9.1 和图 9.2，可以清楚地看到旋塞（即阀杆，零件 6）就是这样一个主要执行零件，其下端的圆台部分与阀体以锥面配合，圆台中部在垂直于其轴线方向有一通孔，随着旋塞绕轴线的转动，这一通孔与阀体上的一对通孔（连通进、出管道）对齐时，阀门打开为最大，成 90°时完全关闭，在其他相对位置时，流通量随孔口的错位角度而改变。

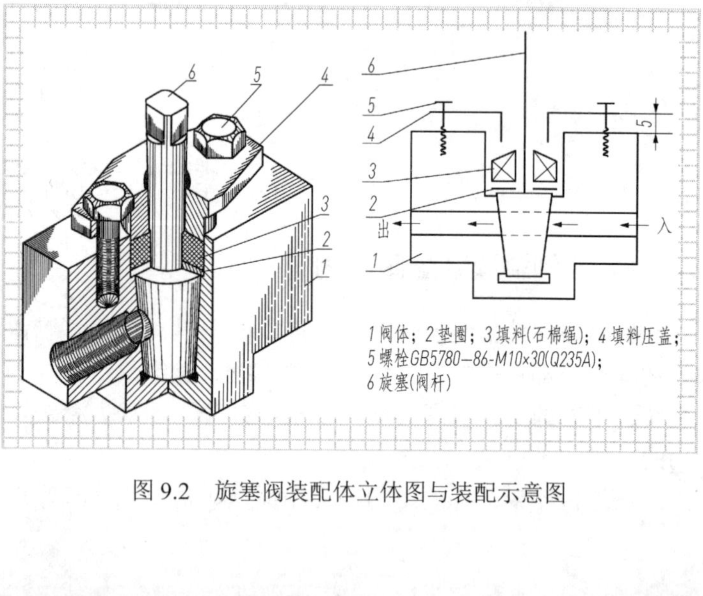

图 9.2　旋塞阀装配体立体图与装配示意图

当然，本章的研究目的是怎样（设计时）绘制和（分析及生产时）阅读理解装配图，而图 9.2 所示的立体图及装配示意图只是设计者或阅读者根据对装配图的理解而想象画出的辅助图形。换句话说，无论是绘图还是读图，其主要研究对象都是装配图。因此，装配图内容的表现力（正确、完整、清晰）如何达到最佳，使之既能充分表达设计者的设计目的，又能使执行者看懂并正确指导生产，这才是每一个工程师及工程技术人员应练就的基本技能。

从图 9.1 中可以看到，装配图的内容和零件图一样，也有 4 大内容：一组视图、尺寸标注、技术要求和标题栏。但与零件图相比，各项内容又有本质上的区别。由于装配图的表达对象不是一个零件而是两个或两个以上的、相互之间有装配连接关系的一组零件，所以它的视图在表达方法上与零件图有很多不同之处；又由于装配图上所涉及的零件都是已制造成形的合格零件，所以作为单个零件在制造时所需要的尺寸和技术要求，到了“装配”这一环节，已成为“完成时”，在装配图上所要标注的尺寸和技术要求，与零件图上的也有本质上的区别。另外，从图 9.1 上还可以明显地看到，装配图的视图标记中，多了一类“零件编号”的内容，在标题栏的正上方，还多了一张表格，称为明细表，其中填入了组成这个部件的各个零件的序号、代号、材料、数量等。下面将逐一介绍装配图上的 4 大内容。

9.1.2 装配图的视图选择

装配图的视图选择原则，除了要完整而清楚地表达整个部件的形状和位置特征，主要还是要表达机器或部件的工作原理、各零件间的装配和连接关系，以及主要零件的结构形状。

在一组视图中，主视图是反映该部件的关键视图，因此，装配图一般以机器（或部件）的工作位置为主视图的安放位置，并使主视图能够较多地表达该机器（或部件）的工作原理、零件间主要装配关系及主要零件的结构形状特征。装配图的表达方法和重点与零件图有所不同，一般多采用剖视图，用以表达零件主要装配干线（如工作系统、传动路线等）。选择主视图时，通常考虑以下几方面：①应能反映机器（或部件）的工作状态或安装状态；②应能反映机器（或部件）的整体形状特征；③应能表示主装配干线零件的装配关系；④应能表示机器（或部件）的工作原理。

如图 9.1 中所示的旋塞阀，其主视图就表达了以下 3 类信息。

（1）旋塞阀的工作原理：管道畅通时，旋塞 6 上的水平圆柱孔与阀体 1 上的水平圆柱孔对齐；如果转动旋塞 6，使旋塞上与阀体上两孔相对错开，则可达到开启或关闭通道、控制管道中介质流量的目的。

（2）旋塞阀的运动关系：通过某扳手工具，转动旋塞 6，可使其下端的水平圆柱孔与阀体 1 上的水平圆柱孔对齐或错开，以达到连通或封闭的目的。

（3）旋塞阀的密封关系：该阀采用填料密封装置。该装置由填料 3、填料压盖 4 及用做填料座的垫圈 2 组成。其中填料是一种石棉化工材料，做成绳状，绕在阀杆上，再由填料压盖压紧，并由两个螺栓 5 连接。为留有对填料的调节余地，安装时填料压盖下端与阀体上端面并不并紧，在阀工作一段时间后如填料稍有失效，可利用转动螺栓调节其压紧力，以延长填料的使用寿命。

其他视图的选择，则根据确定的主视图，针对装配体在主视图中尚未表达清楚的内容，再选取能反映其他装配关系、外形及局部结构的视图。一般情况下，部件中的每一种零件至少应在视图中出现一次。如旋塞阀装配图中的俯视图重点补充表达了填料压盖的端面形状，而左视图的出现，不仅与主、左视图一起，进一步表达了整个旋塞阀的外观，同时也完善了阀体的整体形象。

9.1.3 装配图的表达方法

装配图的表达方法和零件图基本相同，所以零件图中所应用的各种表达方法都适用于装配图，如视图、剖视、断面、局部放大图等。但由于机器或部件毕竟是由多个零件组成的，所以装配图还有下述的一些与零件图不同的表达方法。

1. 装配图的规定画法

（1）两零件的接触面和配合面只画一条线。但是，如果两相邻零件的公称尺寸不相同，即使间隙很小，也必须画成两条线，如图 9.3 所示。

（2）相邻两个或多个零件的剖面线应有区别，或者方向相反，或者方向一致但间隔不等，并相互错开，如图 9.3 所示。在同一张装配图中，所有剖视图、断面图中同一零件的剖面线方向、间隔和倾斜角度应一致。

（3）对于标准件以及轴、杆、键、销、球、手柄等实心零件，若剖切平面通过其对称平面或基本轴线时，则这些零件均按不剖绘制。在表明零件的通孔、盲孔、凹槽、键槽、销孔等构造时，可用局部剖视表示，如旋塞阀中阀杆的表示（图 9.3（b））。

读者可以尝试在旋塞阀主视图（图 9.3（b））中寻找这 3 条规定画法的应用。

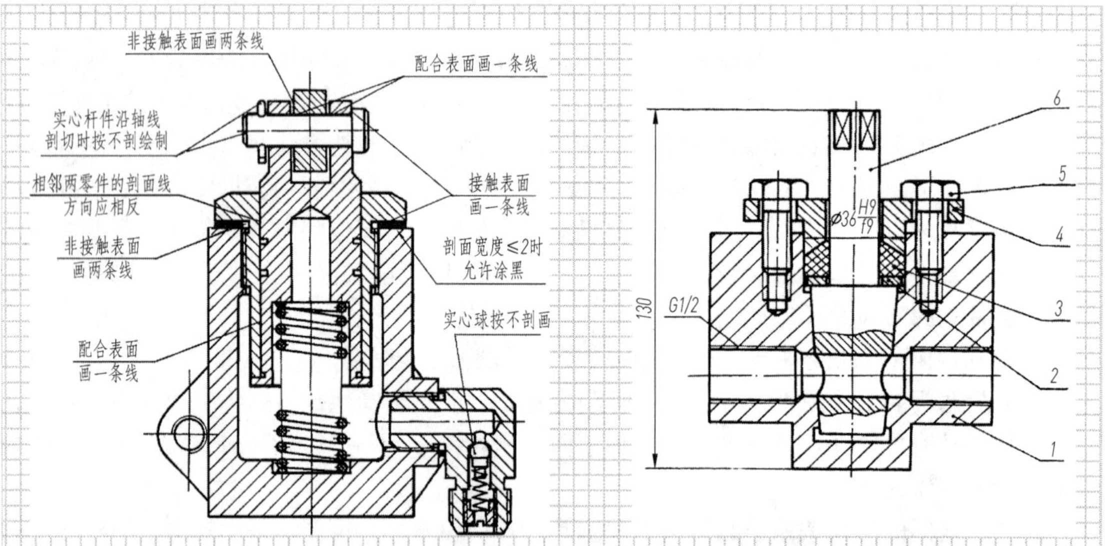

（a）接触面和非接触面画法、剖面线的画法　　（b）规定画法在旋塞阀主视图中的应用

图 9.3　装配图中的规定画法

2. 装配图的简化画法

简化画法是对某些标准件或工艺结构的固定形式的省略画法，以及对相同部分的简化画法。

（1）在装配图中，零件的局部工艺结构，如倒角、圆角、退刀槽等允许省略，如图 9.4 所示的轮齿部分及转轴右端的螺纹头部等。

（2）在装配图中，螺母和螺栓头部的截交线（双曲线）的投影允许省略，简化为六棱柱，如图 9.4 所示的螺母；对于螺纹连接等相同的零件组，在不影响看图的情况下，允许只详细地画出其中一组，而其余用点画线表示出其中心位置即可，如图 9.4 所示的螺钉连接组。

（3）在部件的剖视图中，对称于轴线的同一滚动轴承或油封的两部分，若其图形完全一样，可只画出一部分，另一部分用一对相交直线画出。其中，滚动轴承用十字形粗实线，油封用细实线如图 9.4 所示的轴承和油封。

（4）零件被弹簧挡住的部分，其轮廓线不画。可见部分应从弹簧丝剖切面的中心线往外画，如图 9.3（a）中的弹簧画法，也可参照第 7 章图 7.44。

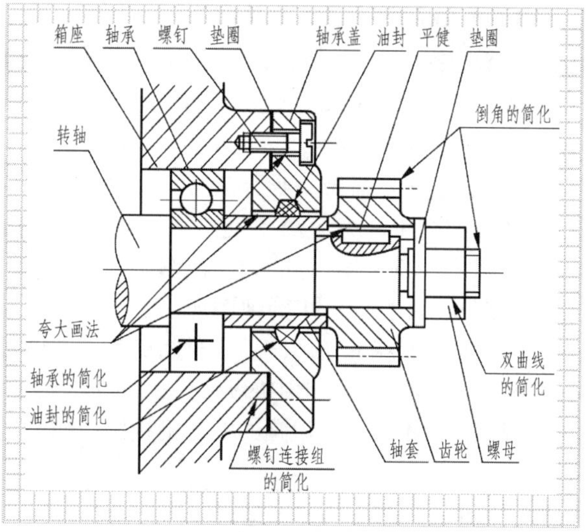

图 9.4　简化画法和夸大画法

3．装配图的特殊画法

1）假想画法

在装配图中，若需要表达某些运动零件的极限位置，可用双点画线画出它们的极限位置的外形图，如图 9.5 所示。此外，在装配图中，若需要表达出与本部件相关，但又不属于本部件的零件，也可采用假想画法画出相关部分的轮廓，如图 9.6 中的主视图所示。

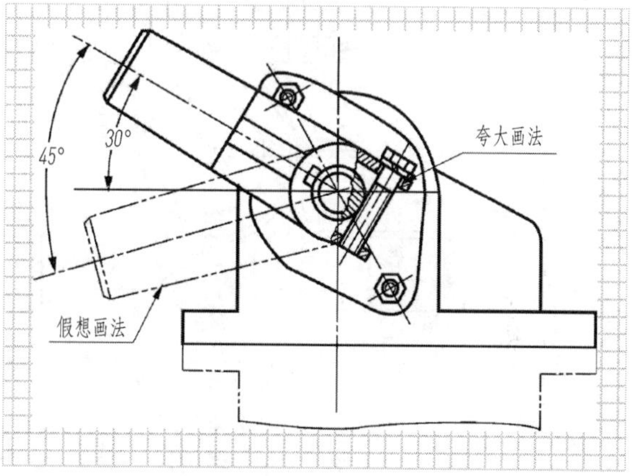

图 9.5　假想画法

2）夸大画法

对薄片零件、细丝弹簧、微小间隙等，若按它们的实际尺寸在装配图中很难画出或难以明显表达，均可按比例采用夸大画法。如图 9.5 所示的螺栓与光孔之间的间隙、图 9.4 中齿轮键槽与平键上顶面的间隙、旋塞阀螺钉与光孔间的间隙等，都是采用了夸大画法。

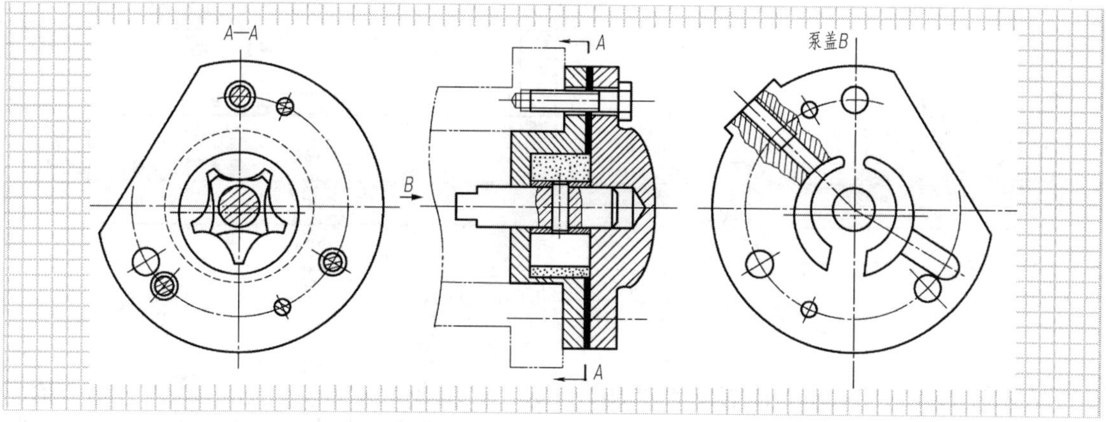

图 9.6　转子泵装配图画法

3）单独表达一个零件的画法

如所选择的视图已将大部分零件的形状、结构表达清楚，但仍有少数零件的某些方面还未表达清楚时，可单独画出这些零件的视图或剖视图，如图 9.6 所示的转子油泵，其中的泵盖 *B* 向视图就属于这种画法。

4）沿结合面剖切与拆卸画法

在装配图中，为了清楚表达被遮住部分的结构和装配关系，可假想沿某些零件的结合面剖切，画出其剖视图，此时只需画出被“截断”零件的剖面线，而在结合面上不要画出剖面线，如图 9.6 中的 *A*—*A* 剖视图所示。这种画法就是沿接合面剖切的表达方法。

拆卸画法是指假想将某些零件拆卸后画出其视图，如需要说明，可标注“拆去零件××”，如图 9.7 所示正滑动轴承中的俯视图，就是一个拆卸画法的例子。该图左右对称，其画法类似于半剖视图，只不过右半边画的不是剖视图，而是拆去了从 2 号至 7 号的零件后画出的半个视图。

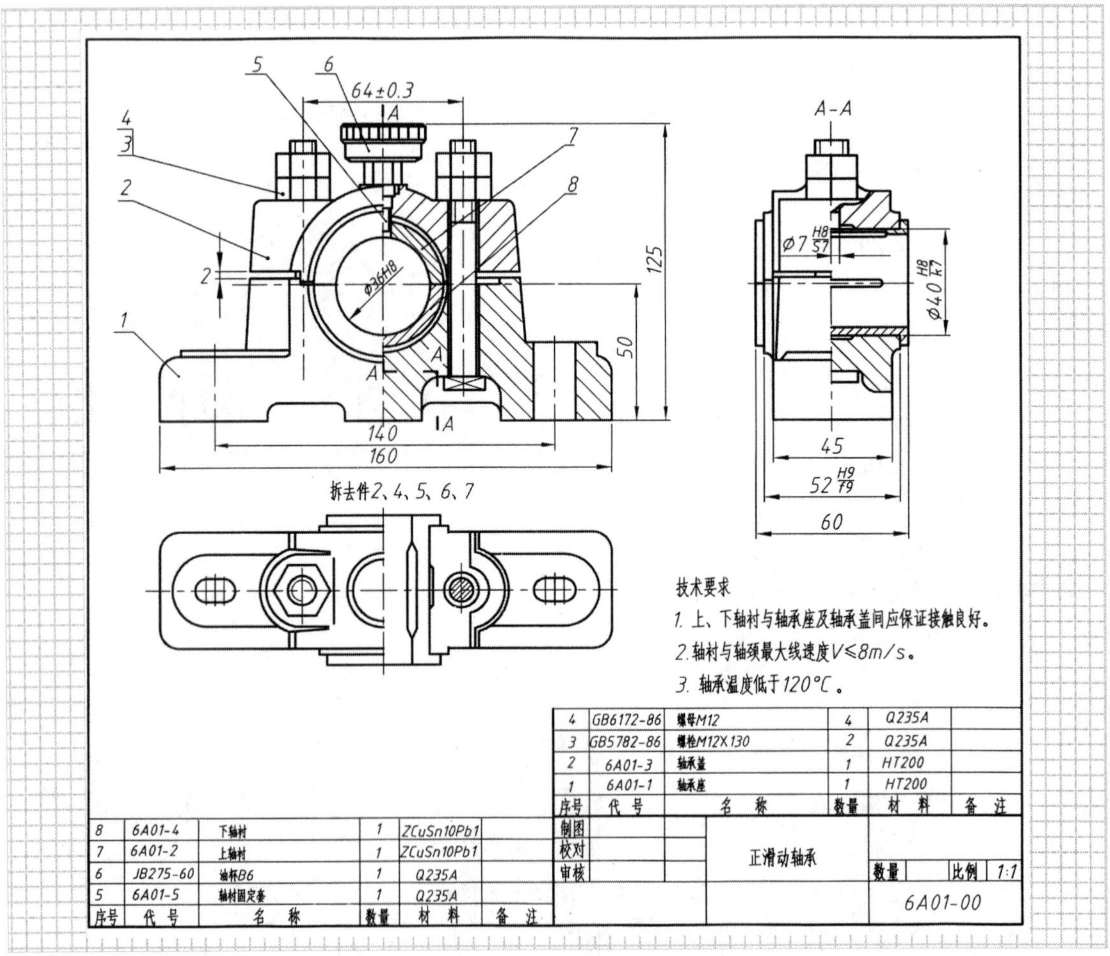

图 9.7　正滑动轴承装配图

5）展开画法

为清楚表达传动机构的传动路线和装配关系，可假想按传动顺序沿轴线剖开，然后依次摊平在一个平面上，向选定的投影面画出其剖视图，这样的方法称为展开画法，如图 9.8 所示的一个齿轮传动机构。

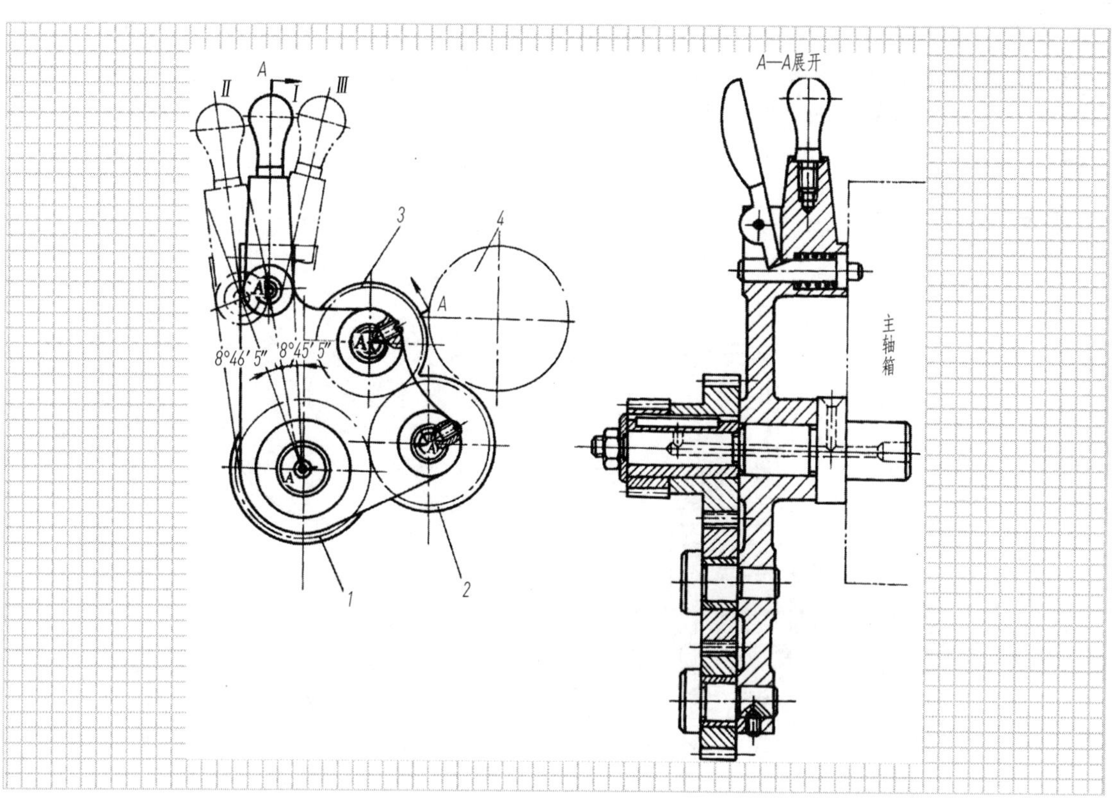

图 9.8 齿轮传动机构的展开画法

9.1.4 装配图的尺寸标注

如图 9.9 所示的回油阀，是一种用于管道系统中的安全装置。

如图 9.10 所示的回油阀装配图中，采用了 5 个视图。其中主视图采用全剖视图，清楚地表达了该部件的工作原理和各零件间的装配关系。

回油阀的安全保护作用由它的工作原理来解释：管道正常工作时，柴油从阀体（件 1）的下端孔进入，从右端孔流出。当主油路获得过量的油并超过允许压力时，阀门（件 2）即被压力抬起，过量的油即从阀体（件 1）和阀门（件 2）开启后的缝隙经阀体左端孔流出，再经管道流回油箱，以此卸压。阀内压力回到正常压力后，阀门上方的弹簧（件 7）自动压下阀门，管道恢复正常工作状态。阀门的开启与闭合由弹簧控制，而弹簧压力的大小由阀杆（件 10）按工作压力预先调节。

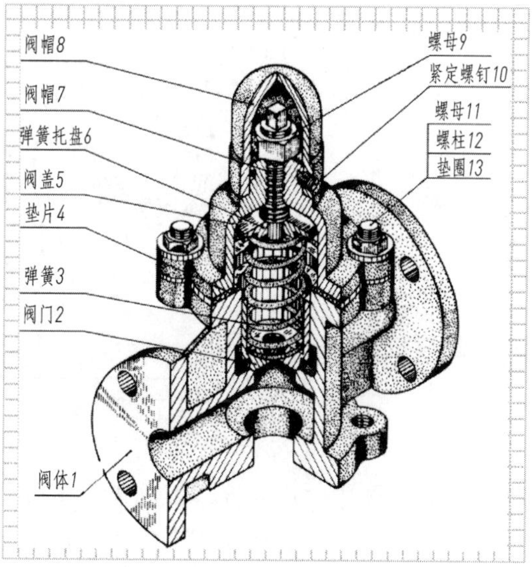

图 9.9 回油阀

阀的上端的阀帽（件 11）用以保护阀杆（件 10）免受损伤或触动。阀门中的螺孔，是在研磨阀门的锥形接触面时，连接带动阀门的支承杆和装卸阀门时用的。阀门下部有两个横向小孔，其作用一是快速溢油，以减少阀门运动的背压力，二是当拆卸阀门时，可先用一小棒插入横向小孔中不让阀门转动，因此可在阀门中放入支承杆，起卸阀门。阀体中与阀门配合的直径为ϕ64H80的孔的内表面采用了均布的4个凹槽结构，以减少加工面及减少阀门运动时的摩擦阻力。

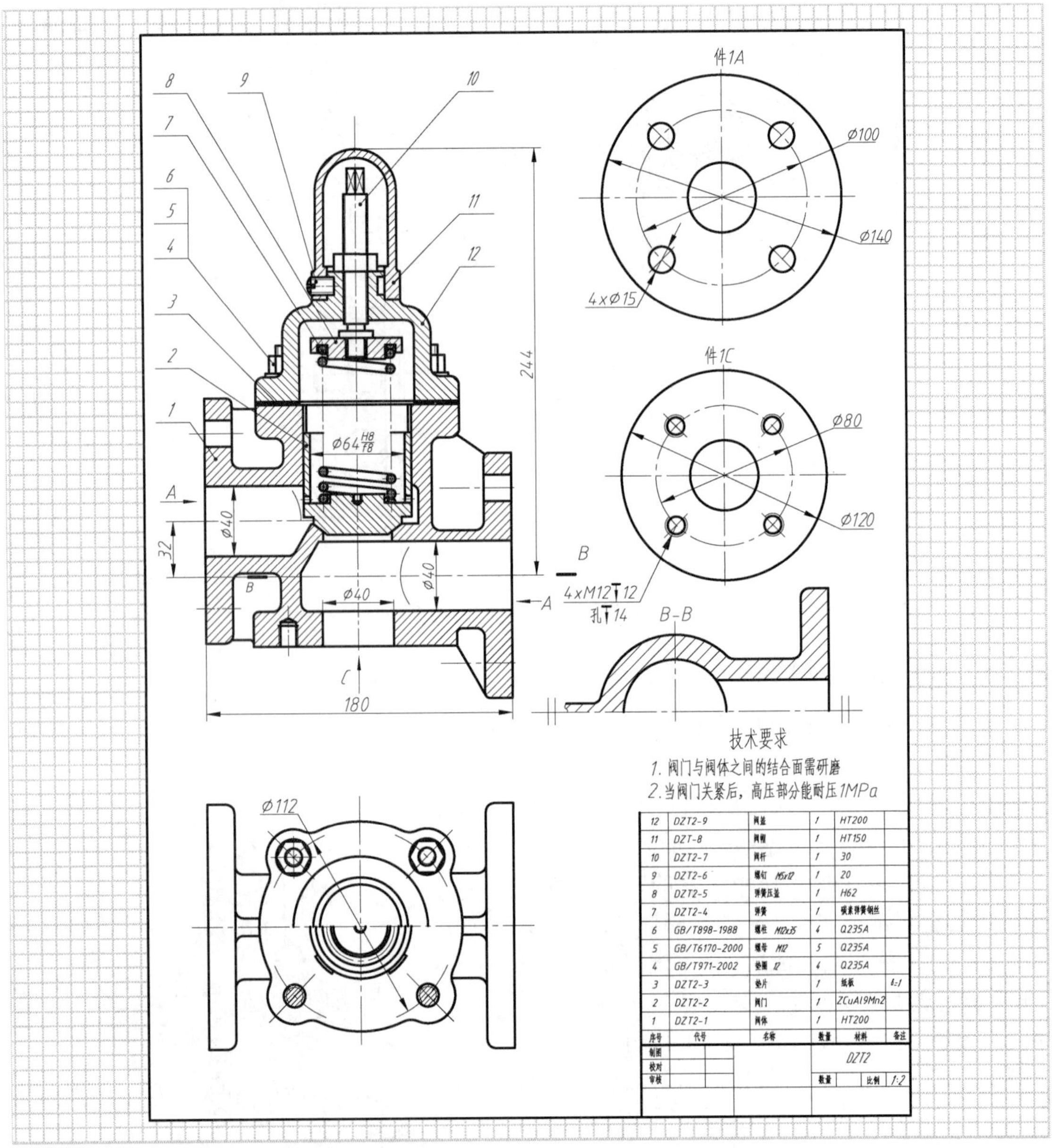

图 9.10 回油阀装配图

在装配图中的尺寸标注不同于在零件图中的尺寸标注。由于装配图不直接用于指导零件的生产制造，所以装配图不需注出零件的全部尺寸，而只需标注必要的尺寸。这些尺寸按其作用不同，大致可分为“性能规格尺寸”、“装配尺寸”、“安装尺寸”、“外形尺寸”以及其他重要尺寸等。

需要说明的是：上述各类尺寸之间不是相互孤立的，或界线分明的，装配图上的某些尺寸有时兼有几种意义；同样，一张装配图中也不一定都具有上述五类尺寸。在标注尺寸时，必须明确每个尺寸的作用，对装配图没有上述意义的结构尺寸不需注出。

1. 性能规格尺寸

这类尺寸集中地反映机器或部件的性能特点，在设计时就已确定。它是了解、设计和选用机器或部件的主要依据，表示机器、部件工作性能或规格的尺寸。如图 9.10 中回油阀进出油口的孔径ϕ40，它表明了该阀与所连通的管道的通径规格，是选用时的重要依据。

2. 装配尺寸

这是用以保证机器或部件的工作精度和性能的尺寸，它可分为以下两种。

（1）配合尺寸。表示两零件间配合性质和相对运动情况的尺寸。如图 9.10 所示的尺寸ϕ64H8/f8。

（2）装配位置尺寸。表示装配后有关组成件之间应达到的相对位置或间隙的尺寸，如图 9.7 所示正滑动轴承的轴孔中心到底面的中心高 50；图 9.10 俯视图中的尺寸ϕ112（4 组螺柱连接中心的分布圆周的直径），有些重要相对位置尺寸还可以在装配时靠增减垫片或更换垫片得到。

3. 安装尺寸

这是将机器或部件安装到其他零、部件或机座上所需要的尺寸，如图 9.10 中 *A* 向视图所示的两侧连接圆板（又称法兰盘）上的 4 个均布安装孔的分布圆周直径ϕ100、小孔直径 4×ϕ15 即为安装尺寸，还有 *C* 向视图所示的下部连接板的 4 个螺孔（4×ϕ12）及分布圆周直径ϕ80，也是安装尺寸，它们均提供了与之连接的面板上加工连接用光孔或螺孔的定形和定位尺寸，同时也提供了选用连接用螺纹紧固件的依据。

4. 外形尺寸

这是表示机器或部件的外形轮廓总长、总宽和总高的尺寸。它表明了机器或部件所占空间的大小，作为包装、运输和安装的依据。如图 9.10 中的总长尺寸 180、总宽尺寸ϕ140 和总高尺寸 244。

5. 其他重要尺寸

除了以上四类尺寸，在设计中尚有需要确定的、在装配或使用中必须说明的尺寸，如图 9.10 中进出孔口的轴间距 32；另外还有运动零件的位移尺寸等。

9.1.5 装配图中的技术要求

在装配图中，对于一些无法在图中表达清楚的技术要求，可以在图纸的空白处用文字说明。装配图中的技术要求一般有以下内容：

（1）有关产品性能、安装、使用、维护等方面的要求。

（2）有关试验、检验的方法和条件方面的要求。

（3）有关装配时的加工、密封和润滑等方面的要求。

如图 9.10 所示回油阀的技术要求（1．阀门与阀体之间的结合面需研磨；2．当阀门关紧后，高压部分能耐压 1MPa），即关于装配时的加工要求和有关检验条件方面的要求。

9.1.6 装配图的零件编号、明细栏和标题栏

为便于图纸管理、生产准备、机器装配和装配图的阅读，装配图上各零、部件都必须编

写序号。同一装配图中相同的零、部件（即每一种零、部件）只编写一个序号，并在标题栏上方填写与图中序号一致的明细栏。装配图上的零件编号和明细表的实际应用可见图9.10所示的回油阀装配图。

1. 零件序号及其编排（图9.10）

（1）为了便于阅读，装配图中所有零件都必须编号，形状、尺寸完全相同的零件只编一个序号，一般也只标一次。图中零件的序号应与明细栏中的该零件的序号一致。

（2）序号应尽可能注写在反映装配关系最清楚的视图上，且应沿水平或垂直方向排列整齐，并按顺时针或逆时针方向依次排列。

（3）零件序号的标注形式：零件序号是用指引线和数字来标注的。

① 指引线的画法：指引线应从所指零件的可见轮廓内用细实线向图外引出，并在指引线的引出端画出一个小圆点，如图9.11（a）所示。当所指部分很薄或剖面涂黑不宜画小圆点时，可在指引线的引出端用箭头代替，箭头指到该部分的轮廓线上，如图9.11（b）所示。指引线应尽可能分布均匀，不允许彼此相交。当通过有剖面线的区域时，不应与剖面线平行。必要时，指引线可以画成折线，但只可曲折一次，如图9.11（c）所示。

② 零件序号的标注形式：在装配图中，零件序号的常用标注形式有3种，如图9.11（a）所示。

一是在指引线的终端画一水平横线（细实线），并在该横线上方注写序号，其字高比该装配图中所注尺寸数字大一号或两号。

二是在指引线的终端画一细实线圆，并在该圆内注写序号，其字高比该装配图中所注尺寸数字大一号或两号。

三是在指引线终端附近注写序号，其字高比该装配图中所注尺寸数字大两号。

注意：在同一装配图中所采用的序号标注形式要一致。此外，装配关系清楚的紧固件组，可以采用公共指引线，如图9.11（d）所示。

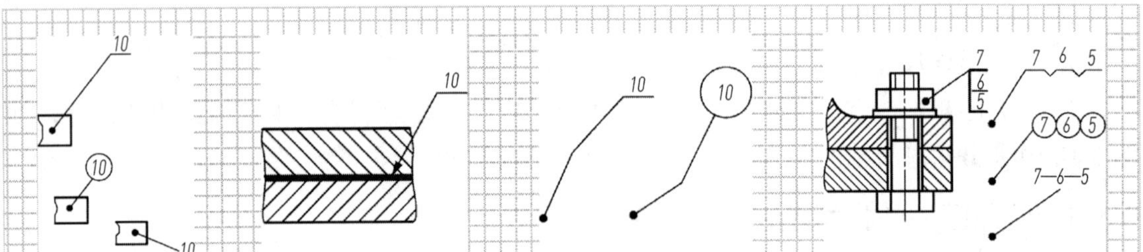

图9.11 零件序号的编注形式

2. 明细栏

明细栏是机器或部件中全部零件、部件的详细目录。明细栏画在标题栏正上方，其底边线与标题栏的顶边线重合，其内容和格式在国家标准（GB/T 10609.2－2009）中已有规定（图9.12（a））。本书推荐作业中采用的标题栏和明细栏格式如图9.12（b）所示。

绘制和填写明细栏时应注意以下几点：

（1）明细栏和标题栏的分界线是粗实线，明细栏的外框竖线是粗实线，明细栏的横线和内部竖线均为细实线（包括最上一条横线）。

（2）序号应按自下而上顺序填写，如向上延伸位置不够，可以在紧靠标题栏左边的位置自下而上延续，如图 9.7 所示。

（3）标准件的国家标准代号可写入备注栏。

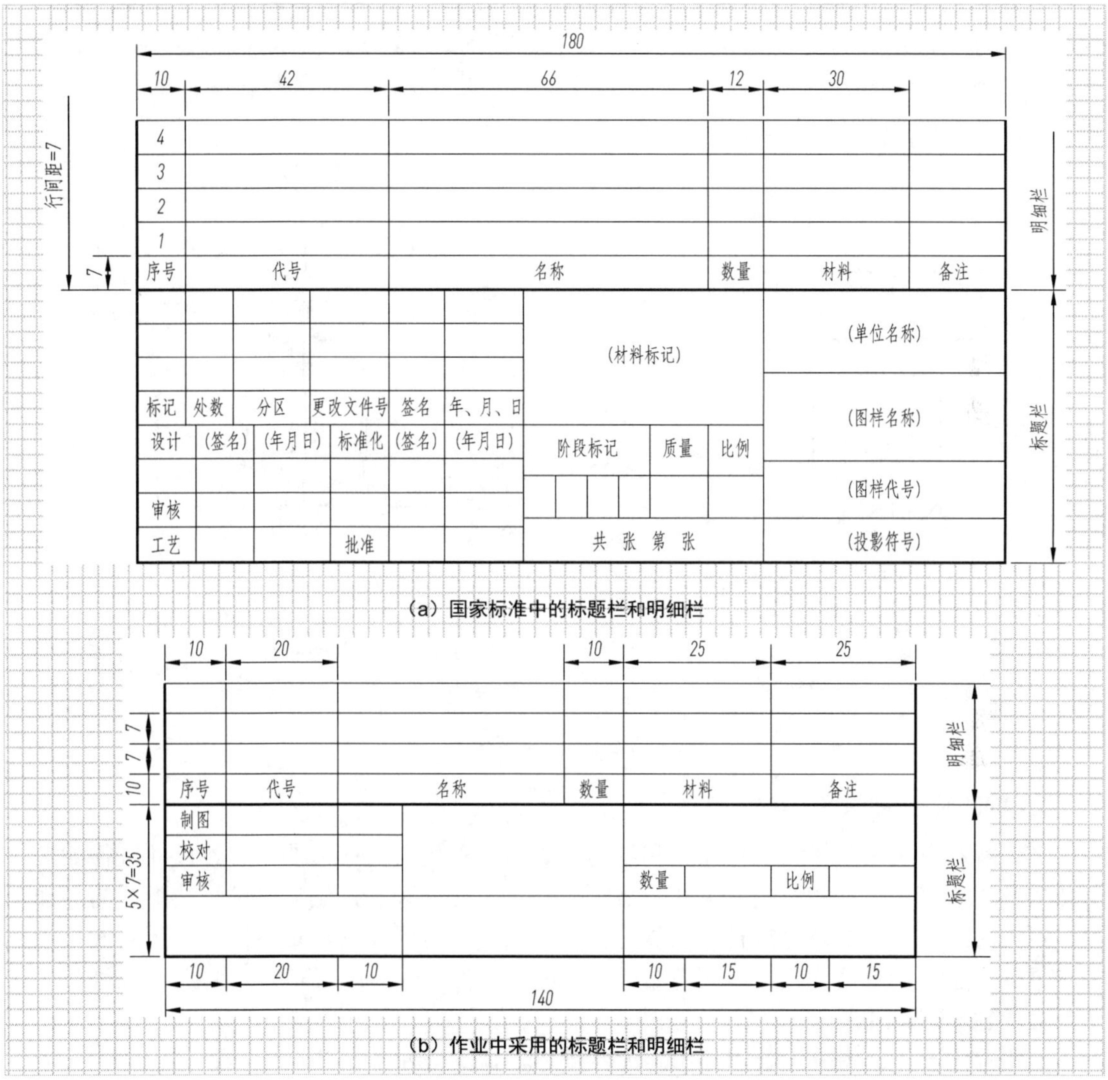

（a）国家标准中的标题栏和明细栏

（b）作业中采用的标题栏和明细栏

图 9.12 标题栏和明细栏

9.2 根据零件图绘制部件装配图

根据零件图绘制装配图是机械设计中对部件（装配体）进行测绘的一个重要环节。所谓装配体测绘，是指对现有的装配体（机器或部件的统称）中除标准零部件外的所有零件进行测绘，画出零件草图，以提供完整的有关技术资料，画出正规的装配图和零件图。

装配体的测绘工作在机器或部件的仿造、维修或改进的整个设计制造工作中是非常重要的一个环节。

装配体的测绘大致要经历以下几个步骤。

1. 分析了解测绘对象，画出装配示意图

在测绘时，应首先了解测绘对象的用途、性能、工作原理、结构特点及零件间的装配关系等有关内容。然后，为了便于下一步装配图的绘制，以及拆卸后的再组装配还原，在拆卸前最好用简明的符号和线条徒手画出该装配体的装配示意图，即表示零件间的相对位置、连接方式、装配关系的图形。这种图形可按透明方法画出，不存在零件的相互遮盖问题，如图 9.13 中的管钳和水阀的示意图。

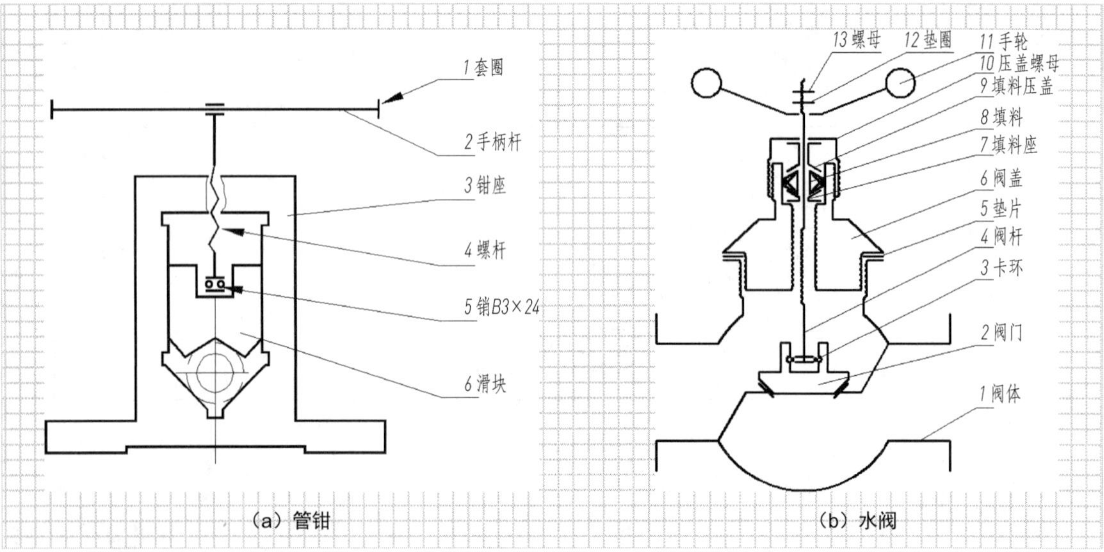

图 9.13　管钳和水阀的示意图

2. 拆卸装配体

在了解和分析装配体的工作原理和结构特点后，首先对一些重要的装配尺寸进行测量，并校验其主要精度，如相对位置尺寸、极限尺寸、装配间隙等，然后再进行装配体的拆卸工作，拆卸时应按可拆的顺序进行，过盈配合及高精度配合的零件尽量不拆，以免降低精度或损坏零件。零件拆下后，应逐一分类编号、登记并妥善保管，以防碰坏、生锈或丢失。

3. 绘制零件草图

除了标准零、部件，所有零件均应进行测绘，画出零件草图。

4. 绘制装配图和零件工作图

将零件草图进行整理、修改和完善，参照装配示意图，开始着手进行装配图的绘制（下面将详细讲解）。装配图完成后，根据装配图及零件草图，画出零件工作图。进行相互校验后，即可确定为生产用图样。

9.2.1　装配图的绘制

1. 确定表达方案

通过上述对装配体的分析了解、装配示意图的绘制、对装配体的拆卸及零件测绘，对装配体的工作原理、用途及结构特点有了充分的认识。在此基础上，可对该装配体的表达方案的选择有一个明确的指导思想。

1）主视图的选择

与零件图的绘制一样，装配图的视图选择，也是首先选择主视图，然后再选择其他视图。主视图投影方向的选择应符合结构形状特征选择原则，即选择反映部件的结构特点、装配关系、工作原理、主要零件的基本形状等的方向为主视图的投影方向。主视图的安放位置应符合工作位置选择原则，即与部件的工作位置一致，以便于设计和指导装配工作。

2）其他视图的选择

其他视图主要是补充表达在主视图中尚未表达或表达不够清楚的部分，以及考虑到看图的方便。所选择的每一个视图和剖视图以及各种特殊表达方法、规定画法和简化画法等都必须有其明确的表达目的和表达重点。

3）注意考虑装配体中常见的装置和结构

在设计和绘制装配图时，应考虑以下几方面的因素，以保证机器和部件的工作性能，并给零件的加工和装拆带来方便。

（1）考虑装配结构的合理性

① 接触面转角处的结构形式

当轴和孔配合，且轴肩和端面相互接触时，应在接触端面制成倒角或在轴肩部切槽，以保证两零件接触良好，如图 9.14（a）所示。而图 9.14（b）所示的装配结构则是不合理的，因为按此设计，同时要保证水平和垂直方向的两对表面完全接触是做不到的，因为加工误差不可避免。

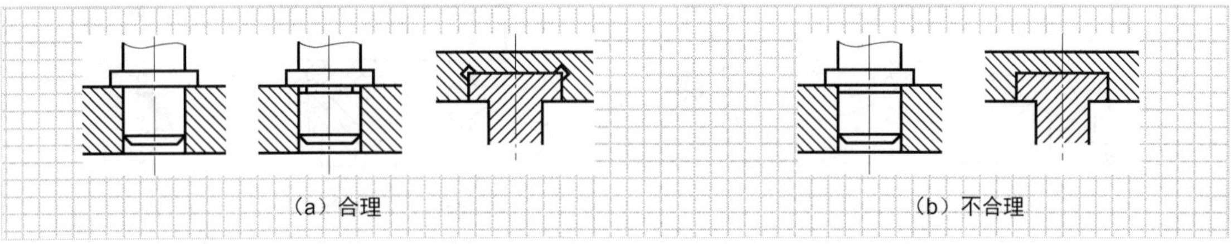

图 9.14　直角接触面处的结构

减少两个零件在同一方向上接触面的数量。为了避免装配时表面发生互相干涉，两零件在同一方向上应只有一对接触面，这样既可保证两面接触良好，又可降低加工要求，如图 9.15 所示。

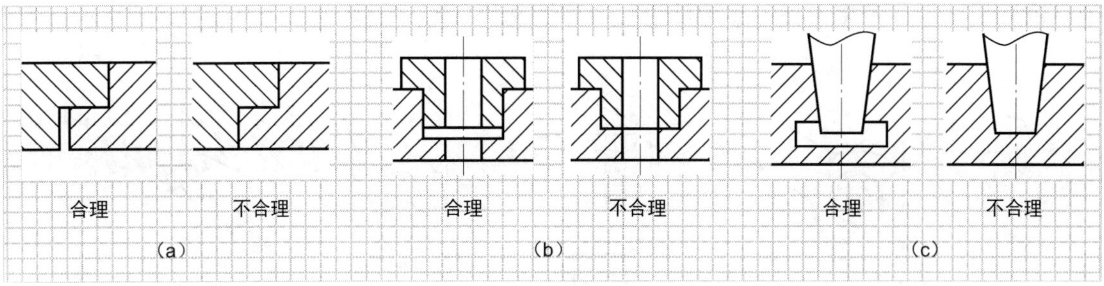

图 9.15　两零件接触面的合理性

② 合理减小接触面积

零件加工时的面积越大，其不平度和不直度的可能性就越大，故其接触面的不平稳性也越大，同时加工成本也会越高。因此，应合理地减小接触面积。

如图 9.16 所示的正滑动轴承（图 9.7）中的轴承座和下轴衬的接触面的情况。图 9.16（a）、（b）分别是下轴衬与轴承座的主、左视图，图 9.16（c）为两者装配后的主、左视图。为减小接触面积，提高接触平稳性，在下轴衬ϕB的外圆柱面及轴承座上与之相配合的ϕB内圆柱面中间均设计了凹槽。

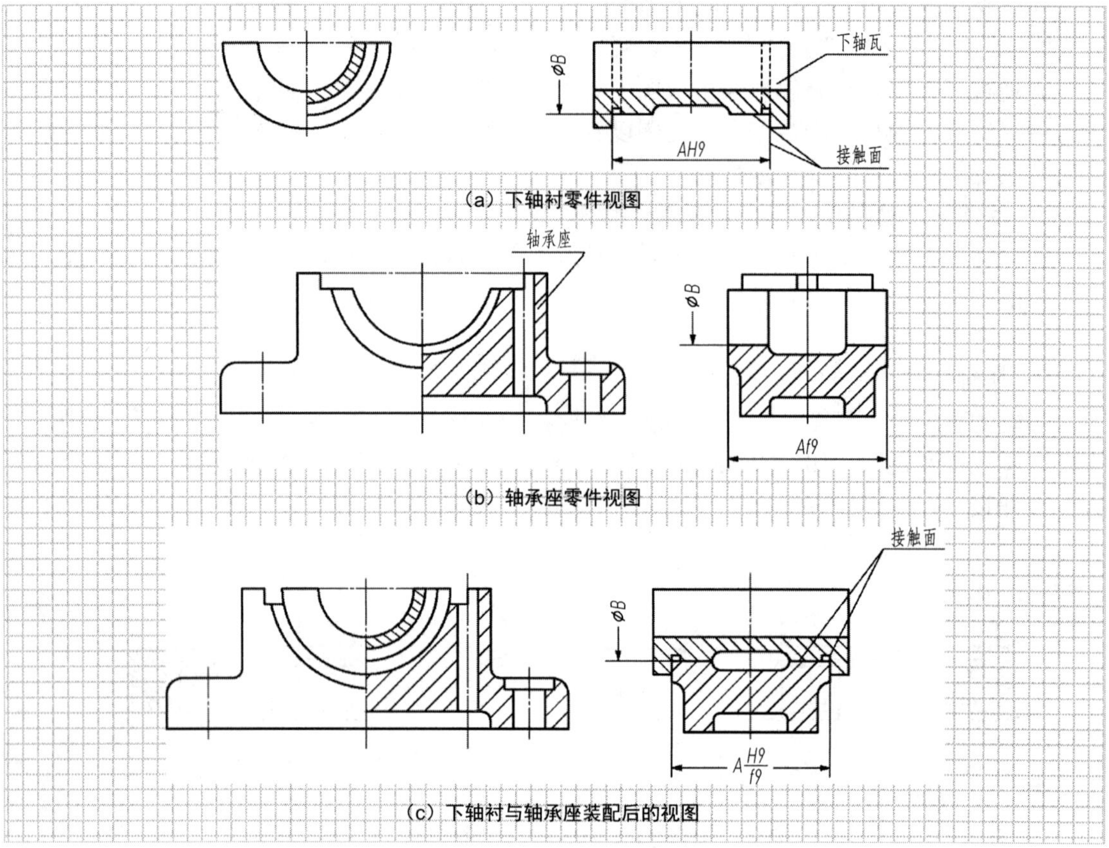

图 9.16　合理减小接触面积

③ 便于装拆和加工的合理结构

在采用螺纹连接之处要留有足够的装拆空间（如扳手），如图 9.17（a）所示，否则会给部件的装配和拆卸带来不便甚至无法进行，如图 9.17（b）所示。

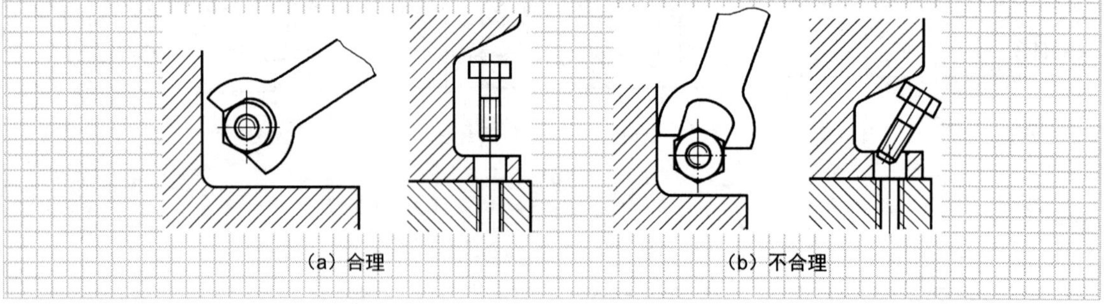

图 9.17　扳手的活动空间和螺钉的装拆空间

图 9.18 表明了保证加工和装拆的可能性与结构设计之间的关系。从该图可以看出，如要加工螺孔和装拆图示紧定螺钉，应该在轮缘上设计出工艺孔。

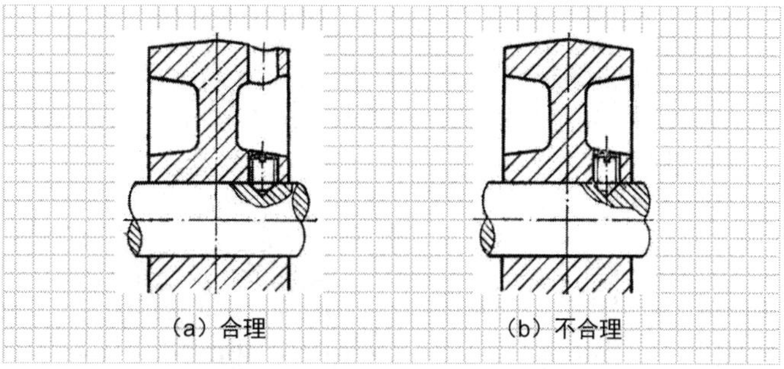

图 9.18　保证加工和装拆的可能性

（2）考虑装配体中的常用装置

① 螺纹连接的防松装置

为防止机器在工作中由于振动而将螺纹紧固件松开，常采用双螺母（两个螺母同时旋紧后，可反向抵紧螺杆上的螺旋面，从而阻止螺纹连接的松动）、弹簧垫圈（利用弹簧垫圈压紧后产生的弹簧力，抵制螺母的反向旋转而松动，画图时注意弹簧垫圈上的两条 45°粗实线斜线画成左高右低，表示抵制右旋螺母松动方向）、开口销和止退垫圈（止退垫圈必须和圆螺母配合使用，与之旋合的外螺纹段上也必须开出一道凹槽，止退垫圈上有一个向内和若干个向外伸出的卡片，旋紧后分别嵌入轴上的槽和圆螺母上的槽内，从而达到十分可靠的防松效果）等防松装置，其结构分别如图 9.19 和图 9.20 所示。

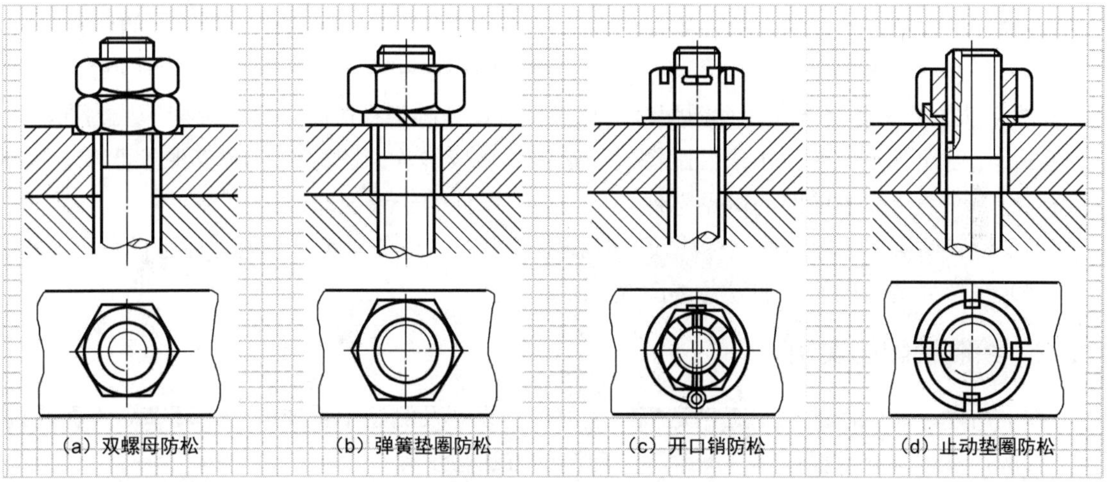

图 9.19　螺纹防松装置

② 密封装置

有些机器或部件，为了防止外界的灰尘、铁屑、水汽和其他不洁净物进入机体内部，以及防止内部液体的外溢，常需要采用密封装置。如图 9.21 所示的密封装置，就是用于泵和阀类部件中的常见密封结构，它依靠螺母、填料压盖将填料压紧，从而起到防漏作用。必须注意的是，填料压盖与阀体端面之间

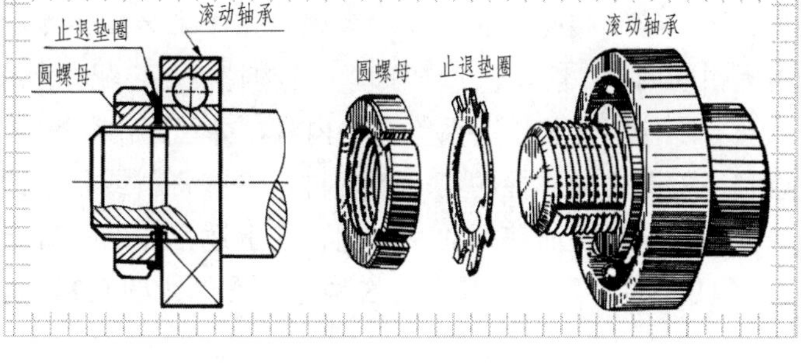

图 9.20　止退垫圈防松

应留有一定的间隙，以便当填料磨损后，还可拧紧填料压盖将填料压紧，使之继续起密封防漏作用。

如图 9.22 所示为两种常见的滚动轴承的密封装置，其中图 9.22（a）为毡圈式，图 9.22（b）为圈形油沟式。这些密封件的结构都已标准化。

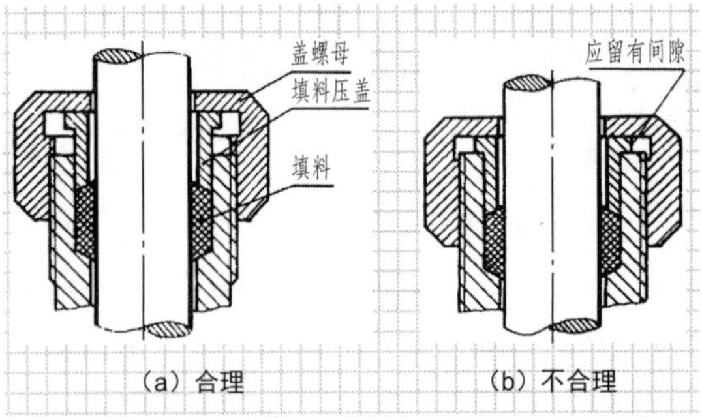

图 9.21　常见的密封装置

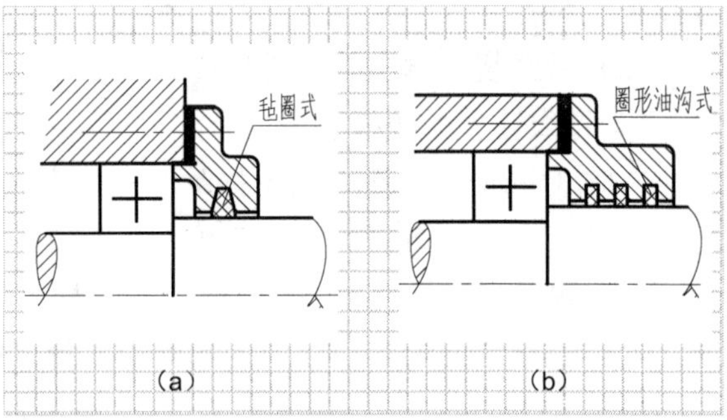

图 9.22　滚动轴承的两种密封装置

2. 画装配图

（1）根据所确定的视图表达方案及装配体的大小，确定画图比例和图纸幅面。在图纸上安排各视图的位置时，要留出标注零件序号、尺寸、技术要求、标题栏和明细栏的位置。

（2）画出各视图的主要轴线、装配干线、对称中心线和作图基线（主要零件的底面或端面），然后从主视图开始，其他视图配合进行投影画图。画剖视图时，应以装配干线为准，由里向外逐个画出各个零件。由于装配图要表达的零件较多，画图时要考虑零件之间的定位和遮盖问题，一般可先画前面的可见零件，后画后面零件的未遮盖部分。

（3）检查底稿，画剖面线，标注尺寸及技术要求，编写零件序号，填写标题栏和明细栏。

（4）校核并清理图面，加深各类图线，完成全图。

9.2.2　绘制装配图实例

如上所述，装配图的绘制工作是机器或部件的设计及测绘中重要的一个环节。下面通过一个实例，进一步介绍根据零件图绘制装配图的方法与步骤。

【例 9.1】机用虎钳装配图的绘制。

1）分析了解测绘对象

机用虎钳（图 9.23（a））是用来固定在机床上夹持被加工零件，以便对零件进行切削加工。到了绘制装配图的阶段，应该已完成了装配体测绘的前期工作。这时应已充分了解了机用虎钳的用途、性能、工作原理、结构特点、装配体所有的零件草图或零件图（标准件除外），以及各零件间的装配关系等有关内容，并已画出装配示意图（图 9.23（b））。这些内容应都是绘制装配图必须掌握的第一手资料。这些资料或是绘图者亲身参与部件测绘，或是直接引用他人的测绘结果而获得的。本例将在上述工作的基础上开始进行装配图的绘制。已知机用虎钳由 11 种零件组成，其中有 3 种是标准件，图 9.24 为其非标准零件的零件图。

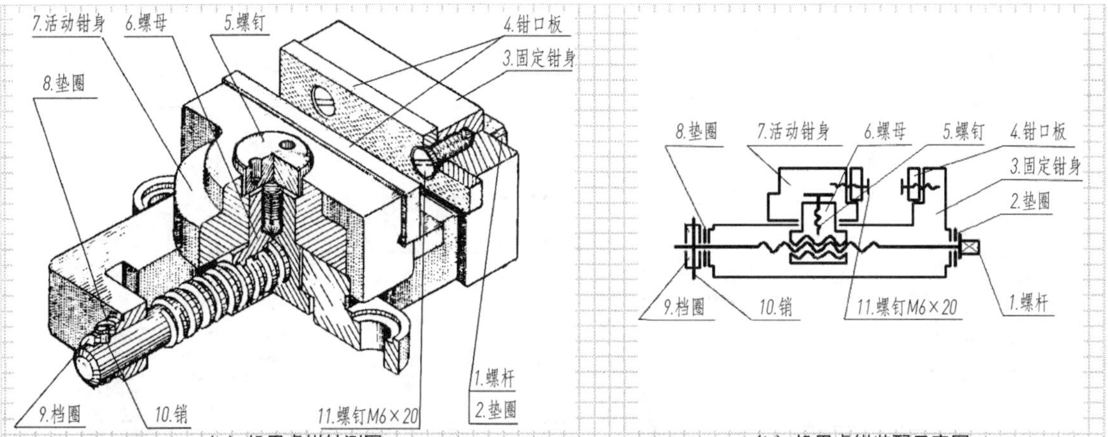

（a）机用虎钳轴测图　　（b）机用虎钳装配示意图

图 9.23　机用虎钳示意图

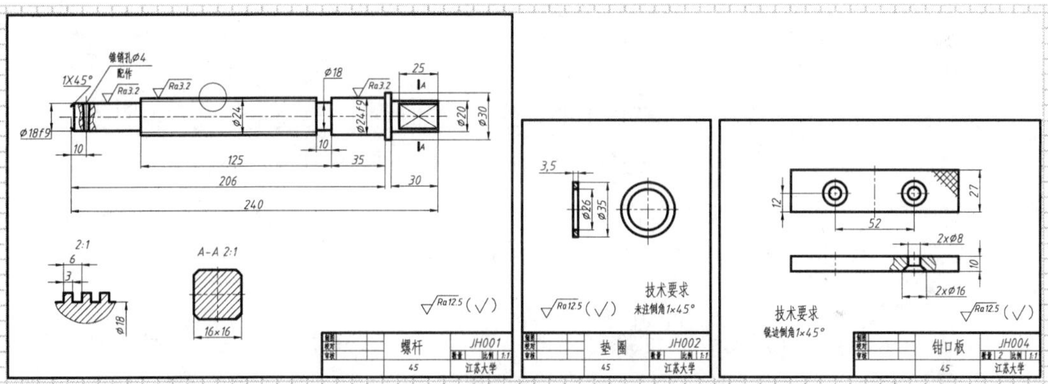

（a）螺杆（1 号件）、垫圈（2 号件）、钳口板（4 号件）零件图

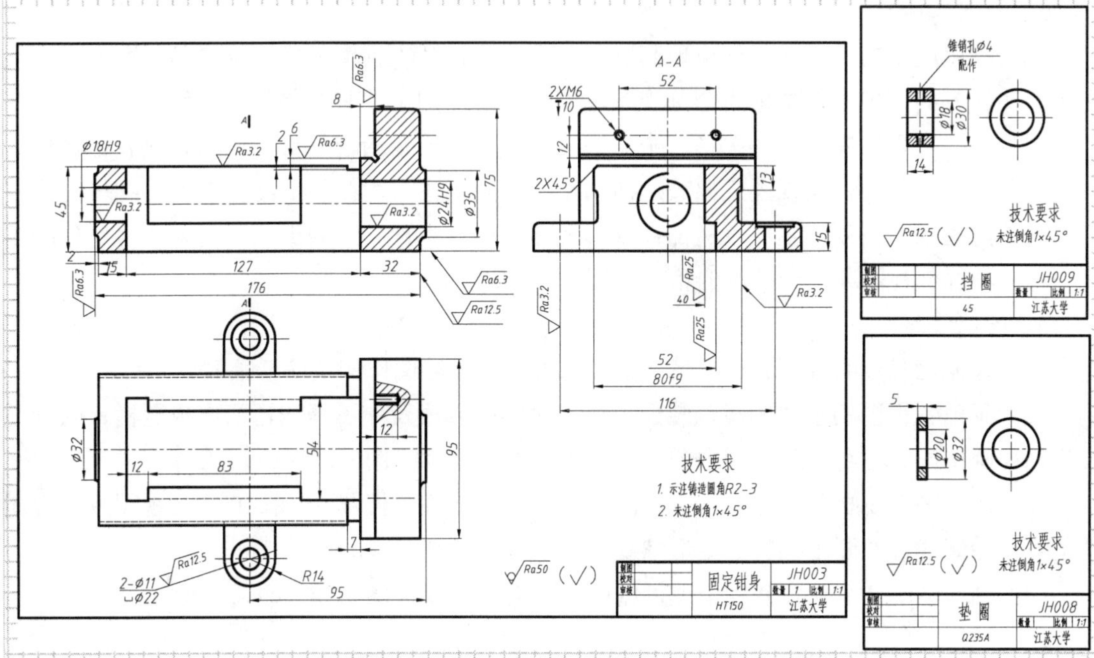

（b）固定钳身（3 号件）、挡圈（9 号件）、垫圈（8 号件）零件图

图 9.24　机用虎钳零件图

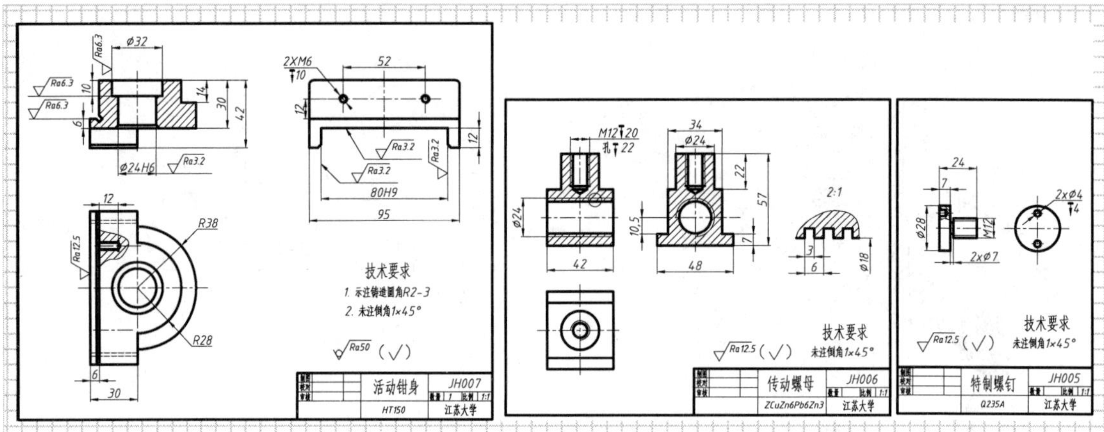

（c）活动钳身（7 号件）、传动螺母（6 号件）、特制螺钉（5 号件）零件图

图 9.24　机用虎钳零件图（续）

2）装配关系及工作原理分析

在图 9.23 所示的机用虎钳中，螺杆 1 的轴线是该部件的主要装配干线。螺杆 1 与固定钳身 3 的ϕ18 和ϕ24 的孔采用基孔制间隙配合，其轴向位置用销 10、挡圈 9 限制。活动钳身 7 与固定钳身两侧面也采用的是间隙配合。螺钉 5 与螺杆 1 上的螺母 6 连接，利用螺钉 5 调整螺母 6 与固定钳身之间的接触关系，两钳口板用螺钉 11 分别固定在活动钳身和固定钳身上，以便夹持工件。

机用虎钳的工作原理是：当转动螺杆 1 时，螺母 6 在螺杆 1 上做轴向移动，从而带动活动钳身 7 同向移动（移动范围为 0～79mm），使钳口板能自如地夹持或松开机件。

3）视图选择

根据机用虎钳的作用、工作原理和装配关系，选择其主视图的安放位置和投影方向为装配示意图的方向。主视图拟采用全剖视图，以表达部件的主要装配关系、工作原理及螺杆在固定钳身上连接限位情况；再选择一个半剖的左视图和一个俯视外形图，以补充表达零件之间的装配关系。其中，左视图主要表达活动钳身与固定钳身两侧面的配合关系、螺母与固定钳身的装配关系；俯视图主要表达部件外形及固定钳身中部的空腔形状；另外采用单独画出钳口板 4 的局部视图和矩形螺纹的移出断面。

4）绘制装配图

（1）根据已确定的视图表达方案及部件的大小选取绘图比例及图纸幅面。

（2）画出各视图的主要轴线、装配干线、对称中心线及作图基线，留出标题栏、明细栏位置，并画出固定钳身在各视图中的可见轮廓和剖视轮廓（图 9.25（a））。

（3）按水平干线画入螺杆 1、右端垫圈 2、左端垫圈 8、挡圈 9、销 10 在各视图或剖视图中的可见轮廓线，并画出螺杆上矩形螺纹的断面图（图 9.25（b））。

（4）画入活动钳身 7 在各视图或剖视中的可见轮廓线（图 9.25（c））。

（5）画入钳口板 4 及螺钉 11 在各视图或剖视图中的轮廓以及钳口板的 *A* 向视图（图 9.25（d））。

（6）画入传动螺母 6 及特制螺钉 5 在各视图或剖视图中的轮廓（图 9.25（e））。

（7）检查校核、注写必要的尺寸、加深各类图线等（图 9.25（f））。

（8）给零件编号、填写标题栏、明细栏、技术要求，完成全图（图 9.26）。

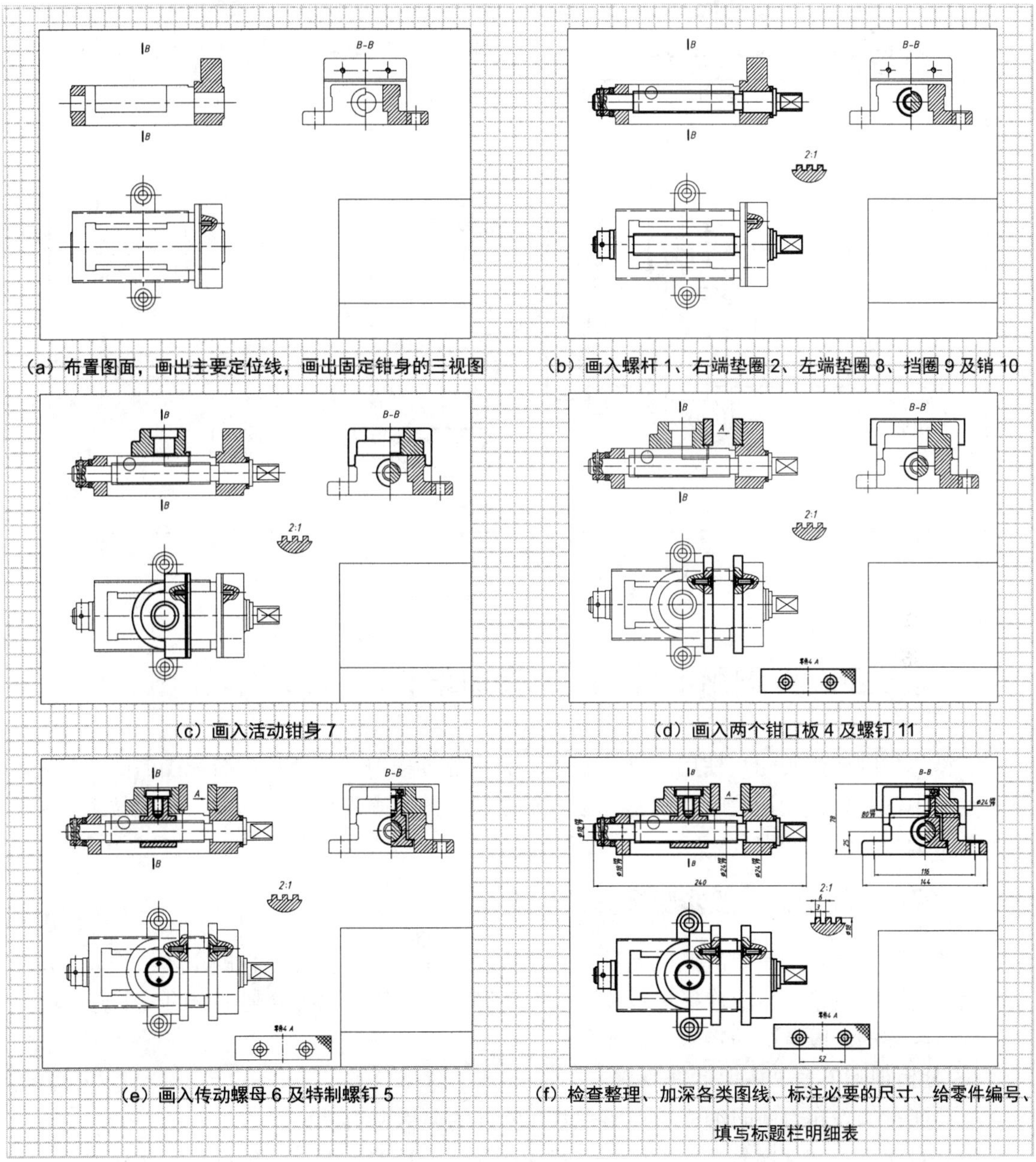

（a）布置图面，画出主要定位线，画出固定钳身的三视图

（b）画入螺杆 1、右端垫圈 2、左端垫圈 8、挡圈 9 及销 10

（c）画入活动钳身 7

（d）画入两个钳口板 4 及螺钉 11

（e）画入传动螺母 6 及特制螺钉 5

（f）检查整理、加深各类图线、标注必要的尺寸、给零件编号、填写标题栏明细表

图 9.25　机用虎钳装配图绘图过程

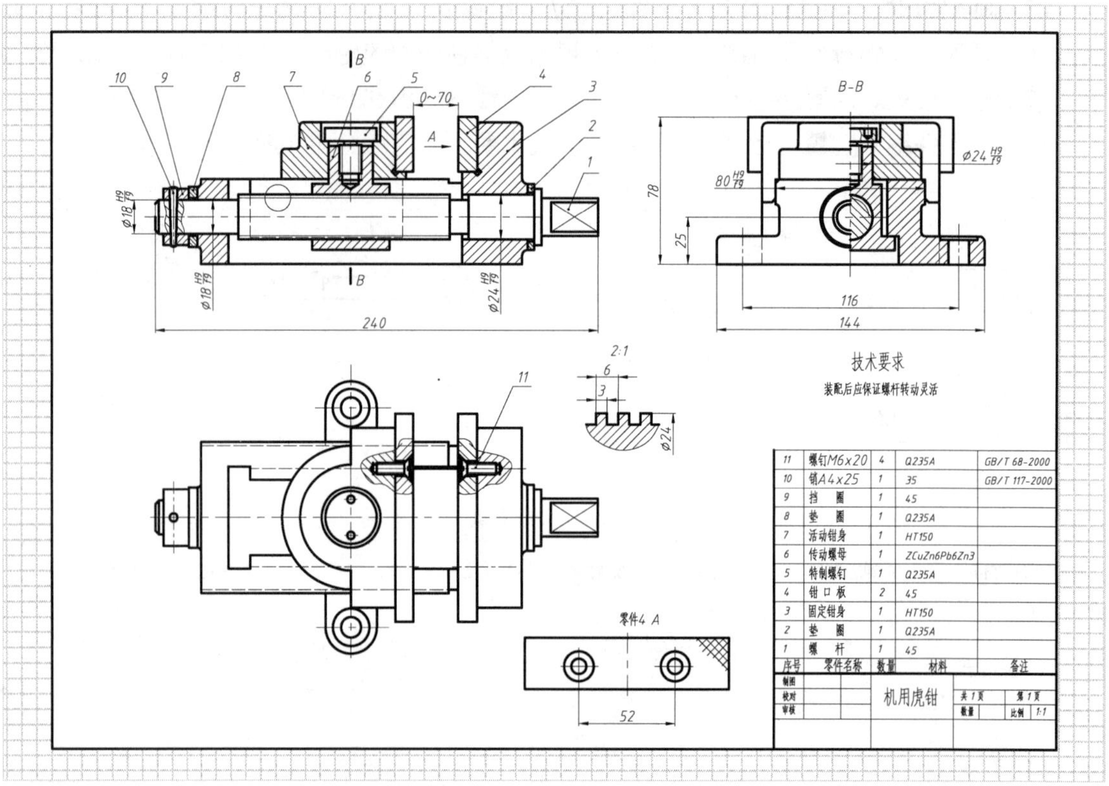

图 9.26 机用虎钳装配图

9.3 实例解读装配图及由装配图拆画零件图

在设计、制造、装配、使用、维修和技术交流等过程中，都会遇到装配图的阅读问题，且在设计中常常要在读懂装配图的基础上，根据装配图拆画零件图。因此，工程技术人员必须具备阅读装配图的能力。

9.3.1 解读装配图的一般步骤和方法

阅读装配图的目的是了解产品名称、功用和工作原理，看懂各零件的主要结构、作用、零件之间的相互位置、装配连接关系和装拆顺序等。它也是装配图绘制工作的一个逆过程。

读装配图的一般方法和步骤大致如下。

1. 分析视图关系，认识部件概貌

（1）通过调查和查阅明细栏和说明书获知零件的名称和用途。

（2）对照零、部件序号在装配图上查找这些零、部件的位置，了解标准和非标准零、部件的名称与数量。

（3）对视图进行分析，根据装配图上视图的表达情况，找出各个视图、剖视、断面等配置的位置和投影方向，从而理解各视图的表达重点。

通过以上这些内容的了解，并参阅有关尺寸，从而对部件的大体轮廓与内容有一个基本的了解。

2. 分析装配干线，看懂各零件特别是主要零件形状及其装配关系，了解工作原理

对照视图分析研究装配关系和工作原理，是读装配图的一个重要环节。看图应从反映装配关系比较明显的视图入手，再配合其他视图。首先分析装配干线，其次分离零件，看懂零件形状。分离零件是依据装配图的各视图对应关系、剖视图上零件的剖面线和零件序号的标注范围来进行的。当零件在装配图中表达不完整，可对有关的其他零件仔细观察分析后，再进行结构分析，从而确定零件的内外形状。在分析零件形状的同时，还应分析零件在部件中的运动情况，零件之间的配合要求、定位和连接方式等，从而了解工作原理。

3. 综合各部分结构，想象总体形状

在进行了以上分析后，还应该再返回来对装配图重新研究，参考下列问题，综合各部分的结构（执行系统、传动系统、操纵系统、控制系统、框架支撑系统及其他的辅助系统，如果是面向机器，则还有动力系统），想象总体形状。

（1）对反映机器或部件工作原理的装配关系和各运动部分的动作是否完全看懂。

（2）是否看懂该机器或部件中全部零件（特别是主要零件）的基本结构形状和作用。

（3）分析所注尺寸在装配图上所起的作用。

（4）该机器或部件的拆装顺序。

读图时，上述几个步骤是不能截然分开的，常常要穿插进行。读懂装配图的主要目的是拆画各非标准零件的零件图，以形成生产的指导性系列图样。

9.3.2　实例解读阀类部件装配图及拆画

1. 阀类部件总览

阀类部件我们已经不陌生。阀按照其控制器的液体分类，可分为气阀、水阀、油阀、阀门等。在其内部，要实现开关作用及流量调节作用，关键在于阀门的开合。因此，这类部件的执行构件总是由阀门口（往往做在阀体上）、阀门和阀杆组成的；而它的控制件一定是带动阀门开合的阀杆；阀门开关的驱动往往有手动（如图 9.1 的旋塞阀、图 1.2 的水龙头、图 8.2 的水阀等）、自动（即靠进出口端的压力变化推动阀门启动，而采用弹簧装置使其复原，如图 9.10 的回油阀）、气动或机动（由外置装置来控制阀门的开合）。

阀类部件的框架支撑系统往往由阀体和阀盖组成，其中阀体除了起支承和包容作用，还在于阀门口的设置及进出管道口的连接。细读以上的几个实例不难看出，阀类部件在一些装置上也有很多共性。例如，为了与管道安装相接，阀体两端往往设置有连接用的面板，如矩形板、圆形盘或法兰盘等结构，如回油阀、水阀等。为了防止流体（气体或液体）的泄漏，阀类部件往往会设置有密封装置（如填料密封装置、工业纸、橡胶等材料制成的密封圈等）。

图 9.27 是图 8.1 和图 8.2 所示水阀中的填料密封装置。这是一种常见的密封装置，一般由填料、填料座、填料压盖和压盖螺母等零件组成。它的密封件是填料，这是一种如同石棉等化工材料做成的垫圈垫片类的成形件，有时甚至就是绳状（如石棉绳）。这种密封件有一定的弹性和吸附性，压紧后可紧致地黏在轴和轴孔之间，使得轴既可以灵活转动又不至于泄漏。压紧件为填料压盖和填料座。各种场合中压紧件的外形结构可能不尽相同，但它们内部相对压紧填料的一面都有一个角度为 120°的锥形“喇叭口”，在这一对喇叭口的挤压下，填料既可填满相邻两零件之间的间隙，还可保证阀杆的灵活转动。在上述旋塞阀和下面将要讨论的截

止阀中，都有这样的填料密封装置，只是有的填料座与阀体做成一体（如截止阀），有的填料座是单独加工而成的（如水阀和旋塞阀等）。

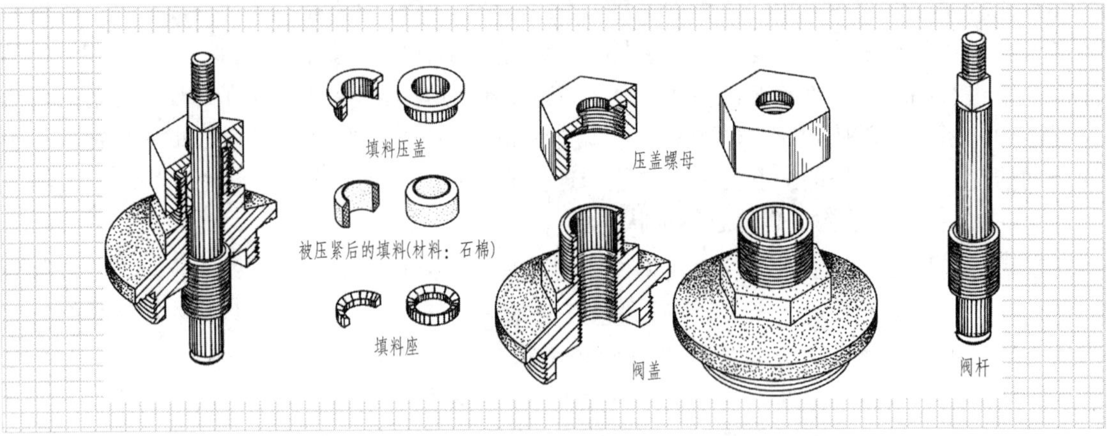

图 9.27　水阀中的填料式密封装置

为了保证工作的可靠性，在装配图上，还会有一些防松装置。例如，为防止机器在工作中由于振动而将螺纹紧固件松开，常采用双螺母、弹簧垫圈、止动垫圈和开口销等防松装置。如图 9.10 的回油阀中就有这样的双螺母防松装置，阀杆与阀盖之间已有螺纹接连，但在调整好弹簧压力后，在阀杆上端又加了一个螺母，就是为了防止松动而影响预设弹簧压力。

2. 解读截止阀装配图

下面将通过对截止阀装配图的详细解读，体会以上解读装配图的全过程。注意：解读任何一张装配图，都不能就图论图，而是要从功能、结构、装置等工程信息作为切入点，再以投影原理为手段，以形体分析为方法，从而达到解读的目的。

1）整体浏览全图

从图 9.28 所示装配图的标题栏中知道，图中部件名称为截止阀，属阀类部件。该装配图用了主、左、俯三个基本视图，3 个局部视图和 1 个 *C*—*C* 断面图。其中，主视图采取全剖视图，清楚地表达了截止阀的工作原理、各零件的相对位置和装配关系；左视图采用半剖视图，补充说明了阀体内腔，特别是填料压盖 12 与阀盖 6 之间的特制螺栓 8 的结构，外形视图的一半则进一步表达了整个截止阀的外形，特别是配合说明了填料压盖与阀盖之间的连接情况（连接件不仅有螺栓 8、螺母 9，还有圆柱销 10 和开口销 11）；俯视图采用 *B*—*B* 阶梯剖的方法绘制的全剖视图。该阶梯剖采用了上下两个平行的剖切平面。上面一个剖切平面横截阀盖的两支撑臂及阀杆，由此可俯视到填料压盖的端面形状，以及填料压盖处及阀盖上端处的螺栓和螺柱连接端部形状。下面一个剖切平面通过了前后两圆柱销 10 的轴线，由此可俯视圆柱销 10 与特制螺栓 8、阀盖 6 和开口销的连接情况。*C*—*C* 断面表明阀体内斜孔处为一圆柱形空腔；名为“件 3*A*”的局部视图表明了手轮的俯视形状；“件 4、5、6*A*”表明了阀杆螺母与阀盖之间的两处紧固螺钉的分布情况；“件 18*A*”局部视图则表示零件阀座的俯视形状。

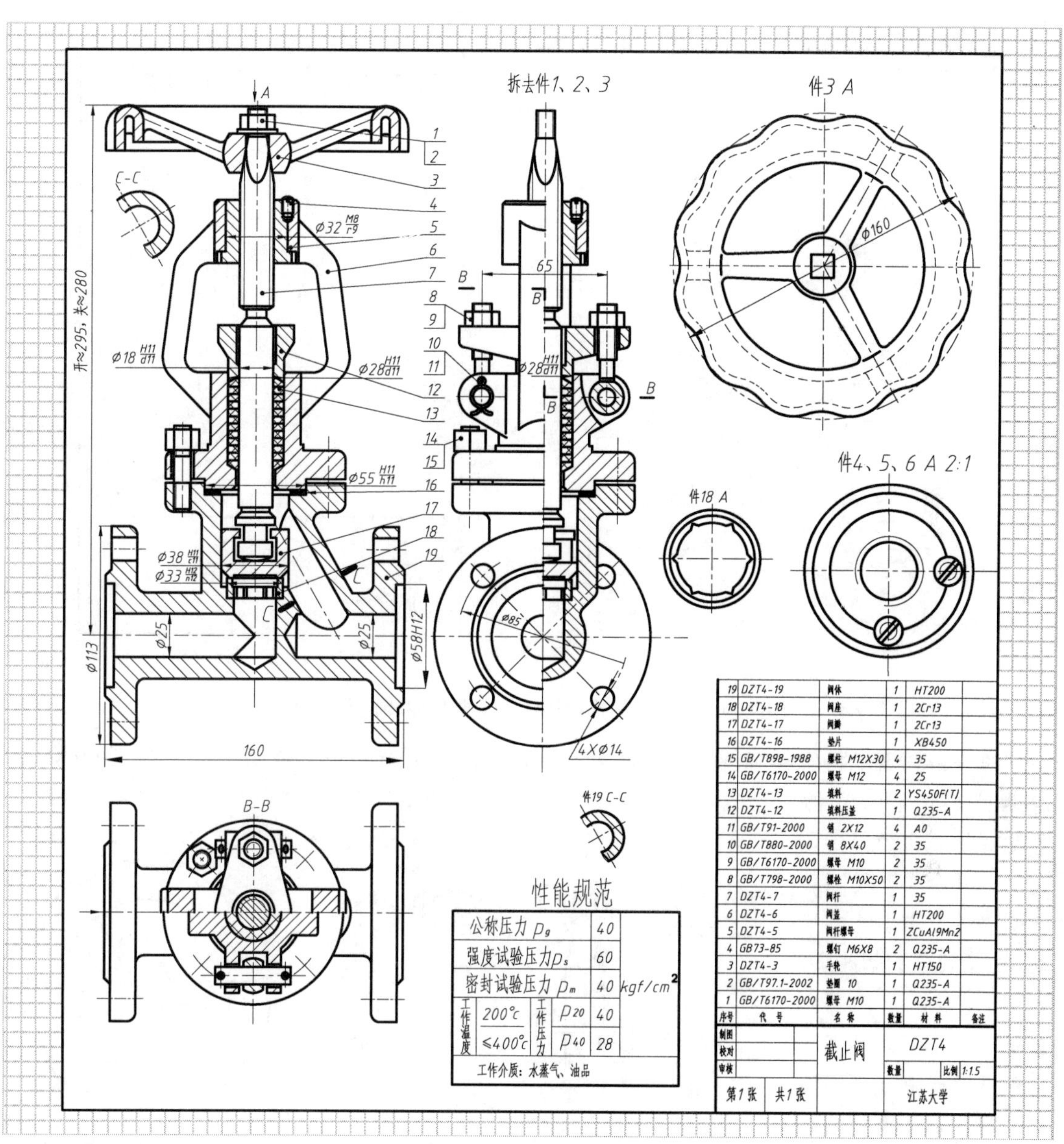

图 9.28　截止阀装配图

2）截止阀的工作原理及功能分析

阀类部件用来控制液体的流量，截止阀也不例外。因此，首先应找到截止阀的执行构件——阀座、阀门和阀杆。

配合明细表及主视图可知，该截止阀由 19 种零件组成，而执行构件阀座（18 号件）、阀门（17 号件，又叫阀瓣）和阀杆（7 号件）就在其中，它们与阀体（19 号件）、阀盖（6 号件）组成的框架系统，组成该部件的主要功能装置，如图 9.29 所示。

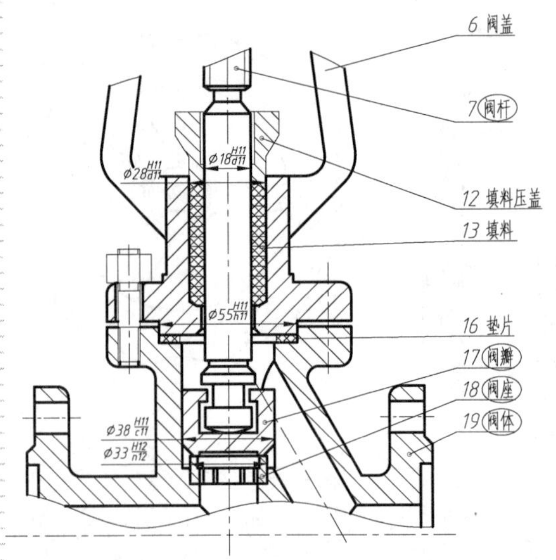

序号	代 号	名 称	数量	材 料	备注
19	DZT4-19	阀体	1	HT200	
18	DZT4-18	阀座	1	2Cr13	
17	DZT4-17	阀瓣	1	2Cr13	
16	DZT4-16	垫片	1	XB450	
15	GB/T898-1988	螺柱 M12X30	4	35	
14	GB/T6170-2000	螺母 M12	4	25	
13	DZT4-13	填料	12	YS450F(T)	
12	DZT4-12	填料压盖	1	Q235-A	
11	GB/T91-2000	销 2X12	4	A0	
10	GB/T880-2000	销 8X40	2	35	
9	GB/T6170-2000	螺母 M10	2	35	
8	GB/T798-2000	螺栓 M10X50	2	35	
7	DZT4-7	阀杆	1	35	
6	DZT4-6	阀盖	1	HT200	
5	DZT4-5	阀杆螺母	1	ZCuAl9Mn2	
4	GB73-85	螺钉 M6X8	2	Q235-A	
3	DZT4-3	手轮	1	HT150	
2	GB/T97.1-2002	垫圈 10	1	Q235-A	
1	GB/T6170-2000	螺母 M10	1	Q235-A	

制图		截止阀	DZT4	
校对				
审核			数量	比例 1:1.5
第1张	共1张		江苏大学	

图 9.29 截止阀的执行构件、主要功能装置及明细表

再分析该阀的操纵控制部分。很明显，主视图的上方有一个大手轮（3 号件，图 9.30），说明该截止阀一定是手动控制。也就是说，阀门的开合（即功能装置的终端）靠手轮的转动（功能装置的起始端）来实现。从图 9.30 可以看到，手轮与阀杆之间以楔形面接触，并以螺母旋紧，因此手轮的转动可带动阀杆的转动，通过阀杆与阀杆螺母之间的螺纹传动，使阀杆作上下移动，从而带动与阀杆下端相连的阀门（即阀瓣）的开合。

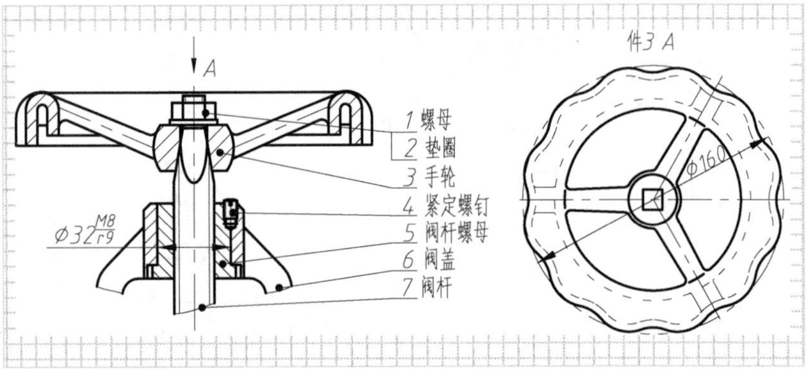

图 9.30 手轮及其装配

再从终端阀门（即阀瓣）处入手，可以看到，阀体 19 对称面中部，以“ϕ33 H12/n12”为配合要求安装有一

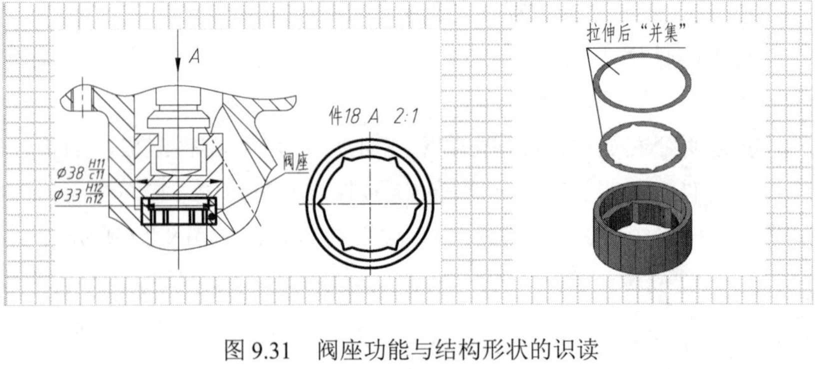

图 9.31 阀座功能与结构形状的识读

个阀座 18，该阀座的俯视形状如“件 18*A*”向局部视图所示，根据其主、俯视图，不难想象其结构形状，如图 9.31 所示。

在阀类部件中，阀杆、阀门及阀门口轴线的同轴度以及它们对安装面的垂直度要求很高，其精度直接影响到阀的工作效果。而为保证装配精度，制作阀座这样一个小的回转体零件并确保其加工精度，要比在形状复杂的阀体上进行精加工难度小得多。因此，专做一个阀座与阀体配合，而它们之间的配合精度等级为 12，是很容易达到的；阀体与阀座的装配采用摩擦焊连接方法，其原理是使两接触零件在高速旋转（约 1900r/min）中产生塑性变形而结合，而阀座内孔结构是在摩擦焊时，为装入支撑杆以传递动力而设置的，阀座以摩擦焊的方法与阀体连接后，即与阀体成为一体；阀座上端面与阀瓣 17（也就是阀门）下端面接触，同时阀瓣与阀体以ϕ38H11/c11 作间隙配合；阀瓣的结构形状也是值得推敲的，从主视图看，阀瓣中间插入阀杆 7，阀杆中间细，两头粗，如果阀瓣仅是上小下大的空心圆柱腔体，阀杆是装不进去的。因此，结合左视图“高平齐”部分，阀瓣的结构形状如图 9.32 所示；沿阀杆轴线往上找，可以找到其上部有一段螺纹，与阀杆螺母 5 作螺纹连接，而这个阀杆螺母与阀盖 6 以过盈配合“ϕ32 M8/r6”相嵌、并用两个紧固螺钉 4 加固（见图 9.28 中的件 4、5、6 *A* 向局部视图），使其不得有相对转动。再顺着阀杆向上，便到了该控制装置的起点——手轮 3，它们之间首先有一段锥面配合，然后以螺母垫片（1、2）锁紧。

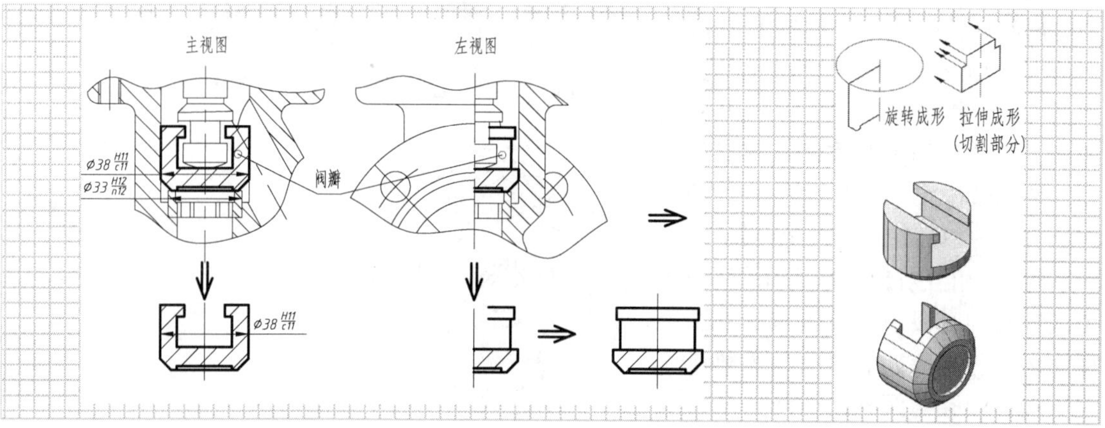

图 9.32　阀瓣功能与结构形状的识读

该阀体内部左、右两边各有一直径为ϕ25 的水平空腔，它们并不直接连通。其左、右两端是两个直径为ϕ113 的法兰盘，以与进出口管道相连接（图 9.33）。左端（进口）水平孔直通主要垂直通道，而右边（出口）水平孔与一斜孔连通（请读者自行分析：为什么是左端为进口右端为出口？思考时记住：阀类部件的能动根源是“压力差”的问题），该斜孔的另一端与主要垂直孔的上部连通。从图示位置分析（图 9.33），阀瓣下端面与阀座上端面之间画出的是一条公共轮廓线，故图示位置是闭合位置。而要打开这个阀门，使左、右

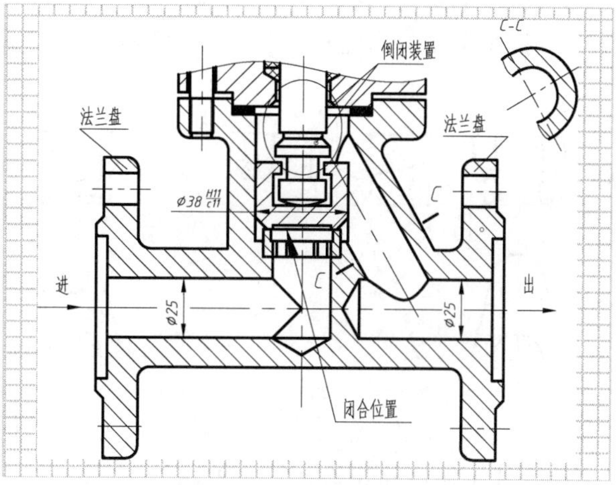

图 9.33　阀体-阀座-阀瓣及倒闭装置功能与结构形状的识读

进出孔连通，就应转动手轮，以带动阀杆转动，通过阀杆与阀杆螺母之间的螺纹传动，即可使阀杆带动阀瓣上升，直至主要垂直孔与斜连接处。此时左边水平孔处压力增大，流体压入，并通过斜孔从右边水平孔流出。

阀盖 6 和阀杆 7 上设有倒闭装置。即当阀杆上升至最高位置时，阀杆的锥面与阀盖的锥面相互贴合，可避免介质与填料经常接触，以延长填料的使用寿命，也可便于更换填料（图 9.33）。因此对于阀盖下端的这个内锥面来说，是为倒闭装置设置的一个功能结构，而不作“倒角”来理解和标注。

3）截止阀的密封装置

为了防止介质泄漏，在阀杆 7 和阀盖 6 之间设置有填料密封装置，即上面提到的，以填料 13 为密封件、以填料压盖 12 为压紧件。填料 13 是一种油浸石棉盘根，共有 12 个包在阀杆上。与上述水阀的填料密封装置不同的是，压紧并调节压紧力的零件不是压盖螺母，而是两个特制螺栓（件 8 和件 9）。为保证填料的密封性，同时又不妨碍阀杆的转动，在阀盖 6 和阀体 19 之间装有垫片 16，同时也起到密封作用。填料密封装置如图 9.34 所示。该装置的主要零件是填料压盖，关键结构在于下端的呈 120°的“喇叭口”，与阀体上端向上 120°的“喇叭口”相互对应，配合压紧 12 个油浸石棉盘根。填料压盖的外圆柱面与阀盖相应处的内腔、填料压盖下端内圆孔与阀杆之间均有配合要求。根据主、左、俯视图可以得到填料压盖的结构形状，图 9.35 显示了“拆画”填料压盖视图至获得其简化模型的过程。

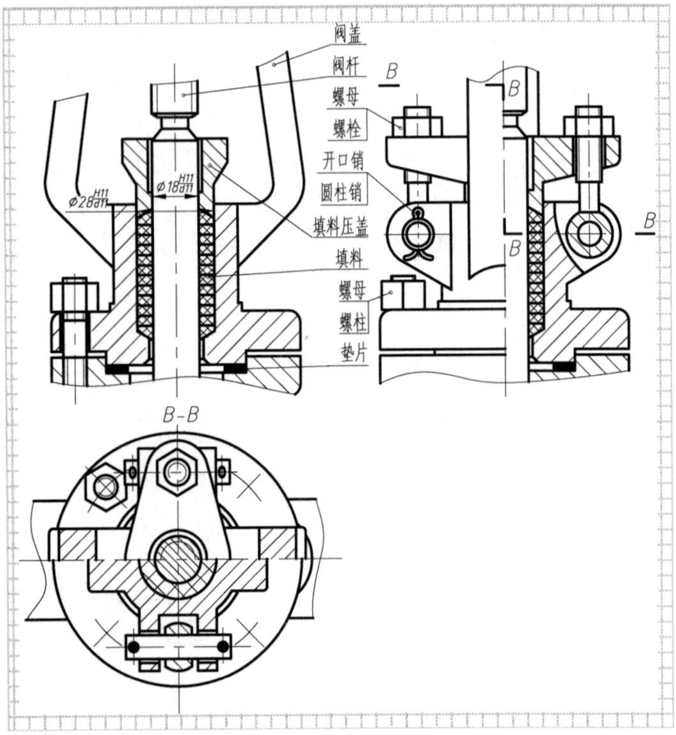

图 9.34　密封装置的识读

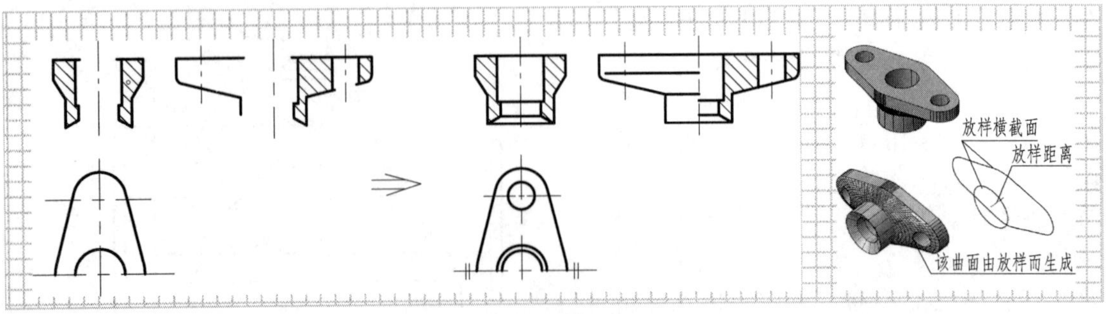

图 9.35　填料压盖的识读

4）截止阀的尺寸与技术要求的识读与分析

在了解了截止阀的各处结构以后，再从它的尺寸与技术要求来对其作进一步的了解。已知，一张装配图上的尺寸标注不是每一个零件的所有尺寸，而是一些必要的尺寸，如该部件的外形尺寸、性能规格尺寸、装配尺寸、安装尺寸等。其中，外形尺寸即指整个部件的总长、总宽、总高尺寸，这类尺寸的标注主要表明部件的整体大小，提供工作场地及包装运输的空间条件。如本例中的总长尺寸为 160±1；总高尺寸为“开约 295，关约 280”，这个标注也同时是一个极限位置尺寸；总宽尺寸为ϕ160，这个尺寸是手轮的最大直径尺寸，也就体现了该阀的总宽尺寸；性能（规格）尺寸是表达机器的性能或规格的尺寸，在设计时就确定好的，是设计、了解和选用机器的依据。如买电视机或计算机显示器时需提供 21 寸还是 35 寸的规格，家里水龙头坏了要配多大英寸的规格等。对于阀类或泵类部件（其实水龙头就是一种阀类部件），其性能（规格）尺寸多指进出口的尺寸。如本例中的规格尺寸就是阀体上进出油口的直径“ϕ25”；装配尺寸还可细分为配合尺寸、相对位置尺寸等，如本例中由上而下有“$\phi 32\frac{M8}{r6}$”、“$\phi 18\frac{H11}{d11}$”等 6 处配合尺寸，分别表明了阀杆螺母与阀盖之间、填料压盖与阀杆之间、填料压盖与阀盖之间、阀盖与阀体之间、阀瓣与阀体之间、阀座与阀体之间的配合精度要求。在左视图上可以看到有一处相对位置尺寸 65，表明了填料压盖与阀体之间两组螺栓连接的中心距大小；至于安装尺寸，则是指机器或部件安装在地基上或与其他部件相连接时所需要的尺寸。如本例中阀体左右两端的法兰盘，它们是用来相接于管道的结构，其上分布有 4 个ϕ14 的小孔，就是用来做螺栓或螺柱连接的，因此，尺寸“4×ϕ14”以及 4 个小孔的分布圆周的直径ϕ85，再加上圆盘外径ϕ113 和左右两端的台阶孔（用于插入管道相邻零件的突缘以对中定位）直径ϕ58H12，均属于本例中的安装尺寸。

装配图中的技术要求是用文字及符号表明的，一般指装配、检验和使用几个方面提出要求。如本例中列出的性能规范表格，就是对其提出的检验要求和使用要求。

3. 拆画主要零件的零件图

看懂装配图的主要目的，是要从装配图上将所有的非标准零件一个个地“剥离”出来，绘制成零件图，以指导生产；反之，只有做到了这一点，也才能看懂、想清楚整个部件或机器的形貌、结构、工作原理等。因此，从装配图上拆画零件图，是工程师或工程技术人员必备的基本功之一。同样，要做到正确地从装配图上拆画零件图，也不能“就图论图”，除了有极强的空间想象能力，还必须有意识地积累丰富的工程方面的知识和实践经验。

经过以上对截止阀的大致了解，该截止阀的主要零件是阀体、阀盖、阀杆、阀座、阀瓣、填料压盖和手轮等。其中，阀座、阀瓣、填料压盖的结构形状已在上述分析中获得。下面，仅通过阀体和阀盖这两个典型零件拆画过程的详细描述，给出拆画零件图的全过程和结果，其他零件的拆画工作，读者可自行练习。

1）拆画阀体零件图

（1）“裁切”相关视图

从以上的分析中已知，阀体在整个部件中首先是起到支撑、包容的作用，即它是整个部件的支撑系统，同时它又要求有极强的密封性，以保证稳定的压差和防止介质的泄漏。它的左右两端对外设有连接用的法兰盘，对内设有进出管道口，其内部管道连通孔的布局及工作原理在前面已有叙述，故不再重复。为了讨论方便，将与阀体相关的视图从原图上“裁切”，如图 9.36（a）所示，这也是拆画零件图时必须经历的第一步。

（2）分离零件

这是拆画零件图的重要的一环。首先是找出与被分离零件相关的所有视图，并将其另外画出（图 9.36（b））。然后再根据形体分析和投影关系补画出原图中被遮挡的轮廓线。补画轮廓线的过程，是考验你对组合体形体分析能力以及工程能力的综合能力的过程，例如，阀体内腔斜孔和垂直孔的相贯线，阀体上端面拆去螺柱后留下的螺孔等，如图 9.36（c）所示。

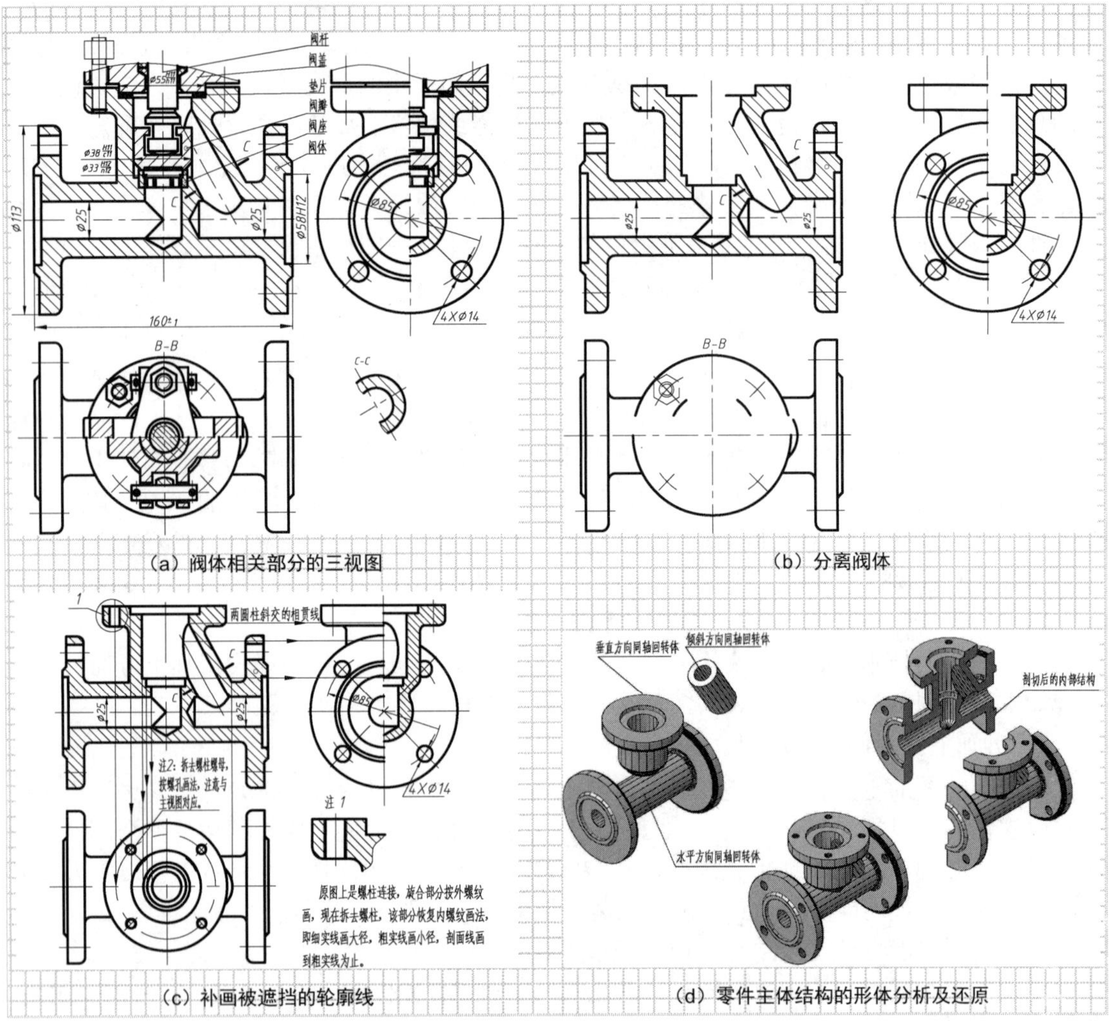

（a）阀体相关部分的三视图　（b）分离阀体

（c）补画被遮挡的轮廓线　（d）零件主体结构的形体分析及还原

图 9.36　阀体的识读与拆画

分离零件时重要的依据除了投影原理这一法则，还来自于三个方面：一是可见轮廓线，它们往往是相邻零件之间的分界线；二是剖面线，记住，相邻两个零件的剖面线是不同的，而同一个零件的剖面线是要求具有相同间隔和相同方向的。但剖面线的区分毕竟有限，因为方向只有正、反向 45°两个，间隔的疏密程度也有限，因此这时就要使用第三个依据，即零件编号的指引线来分析推断了。仅从图面来看，剖面线总是被围在一个封闭的粗实线线框中的，当遇到不相邻的两个或多个封闭线框又具有相同间隔相同方向的剖面线时，就应检查指向这些线框的编号指引线。如果它们中间只有一个指引线，那就有可能是同一个零件，再根据投影规律对投影进行形体分析；如果它们中间出现了两个以上的指引线，则肯定出现了不同的零件，这时同样要根据投影原理及对典型零件的认识去推理获得正确的结论。总之，分离零件是一项综合性很强的分析判断的思维推理过程，需要不断的练习才能达到目的。

在阀体的三个视图补画完善之后，它的主体结构也就浮出了水面。仔细观察，除右边的斜置的空心圆柱，它内外结构实际上分别是由两个方向的同轴回转体相交而成的。图 9.36（d）

给出了该阀体主体结构的形体分析与最终形状。

（3）阀体零件图的绘制

根据分离零件的结果绘制零件图，这也是作为一个工程师必备的基本功之一。绘制过程大致上分为三步曲，一是选定表达方案，包括主视图的安放位置、投影方向，视图的数量，视图的表达方案（视图、剖视图、断面图等）。总之，用最少的视图，最简洁的方法完整、正确、清晰地表达该零件；二是尺寸标注，以正确、完全、清晰、合理为目标；三是制定技术要求、正确填写标题栏。

看懂零件的结构形状后，要根据零件在装配图中的工作位置或零件的加工位置，重新选择视图，确定表达方案。此时可以参考装配图的表达方案，但要注意不应受原装配图的限制。

① **零件视图的选择**——关键在于主视图的选择。主视图的选择主要从两个方面考虑，一是“安放位置”，二是“投影方向”。其中，安放位置是指零件的上下位置关系，或者说“头”与“脚”的关系；而投影方向则是指前后位置关系。

在选择主视图的安放位置时，有两个原则，一个是“加工位置”选择原则，另一个是“工作位置”选择原则，其中加工位置选择原则优先。主视图是表达一个零件结构形状最为关键的一个视图。任何一个零件总是要先制作出来才能进入它的工作状态，而制作者在加工过程中，总是要以面前的图纸的要求进行加工的。因此主视图安放位置与零件各工序中的加工位置直接有关。

主视图选定后，其他视图则以“辅助说明”的身份出现，以零件内外结构表达完整、清晰为前提，采用尽可能少的视图数量。

在第 8.3 节中，曾对典型零件作过分类，如轴套类、轮盘类、叉架类和箱壳类等，对其相应的主视图选择、视图数量的选择及其尺寸标注等都进行了详尽的分析。显然，本例中的阀体属箱壳类零件，其主视图的安放位置应按工作位置选择，也就是装配图上的位置，投影方向也取该方向。为了表达其内部的连通孔的结构和布局，且上下左右又不对称，故主视图采用全剖视图；为了表达左右两法兰盘上各 4 个安装孔的分布，并补充说明内部连通孔的形状，以及垂直外圆柱下端与水平外圆柱的连接情况，左视图采用了半剖视图；俯视图也不能少，它补充说明了阀体上端面的形状及 4 个螺孔的分布；另外，对主视图上的斜置空心圆柱的截面结构，需用一个断面来表达，视图表达方案与视图数量如图 9.37 所示。

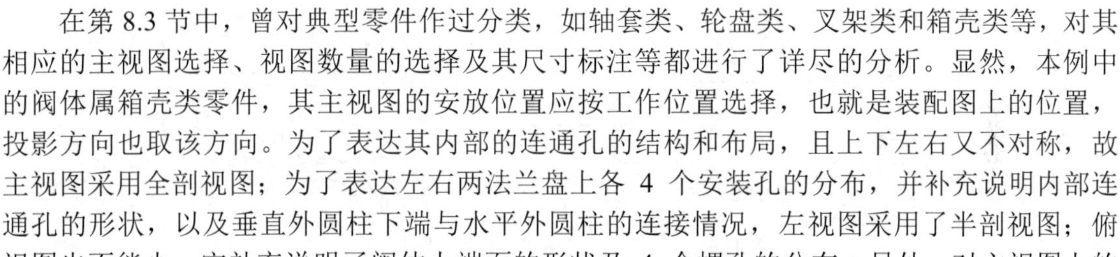

图 9.37　拆画阀体零件图——视图

在完善所拆画的零件时，特别要注意：原装配图上，零件的细小工艺结构，如倒角、倒圆、退刀槽等往往被省略。拆图时，这些结构必须补全，并标准化。

② **尺寸标注**——零件的尺寸标注在零件图中是一个必不可少的重要技术依据，它直接用于零件的加工和检验。零件图上标注尺寸的基本要求是：正确（所注尺寸要符合国家标准的有关规定）、完整（尺寸标注必须齐全，不遗漏、不重复）、清晰（所注尺寸的配置要整齐、清楚，便于看图）、合理（即所注尺寸既要考虑到整个零件设计要求和工艺要求的统一，其中包括零件的局部功能结构和局部工艺结构，又要求标注尺寸时，根据加工、测量和检验的具体要求进行调整，以达到其合理性）。

从装配图上拆画下的零件图，在上述标注的基本要求下，按"抄"、"查"、"算"、"量"的顺序进行标注。

"抄"，是指在原装配图中针对所拆画的零件已经给出的尺寸（图 9.38），如本例中阀体的长度尺寸"160±1"，进出口直径"ϕ25"，左、右法兰盘的几个直径尺寸"ϕ58H12"、"ϕ113"，法兰盘上 4 个小孔的定形定位尺寸"4×ϕ14"和"ϕ85"等，特别要注意到，阀体与阀座相嵌处有一个配合尺寸"$\phi 33\frac{H12}{n12}$"，转"抄"到阀体零件上，就应该写成"ϕ33 H12"；同样，阀体与阀盖之间的配合尺寸"$\phi 55\frac{H11}{n11}$"，也应该"抄"成"ϕ55 H11"；相反，在拆画阀座或阀盖零件图时，这两处尺寸应分别"抄"成"ϕ33 n12"和"ϕ55 n11"。

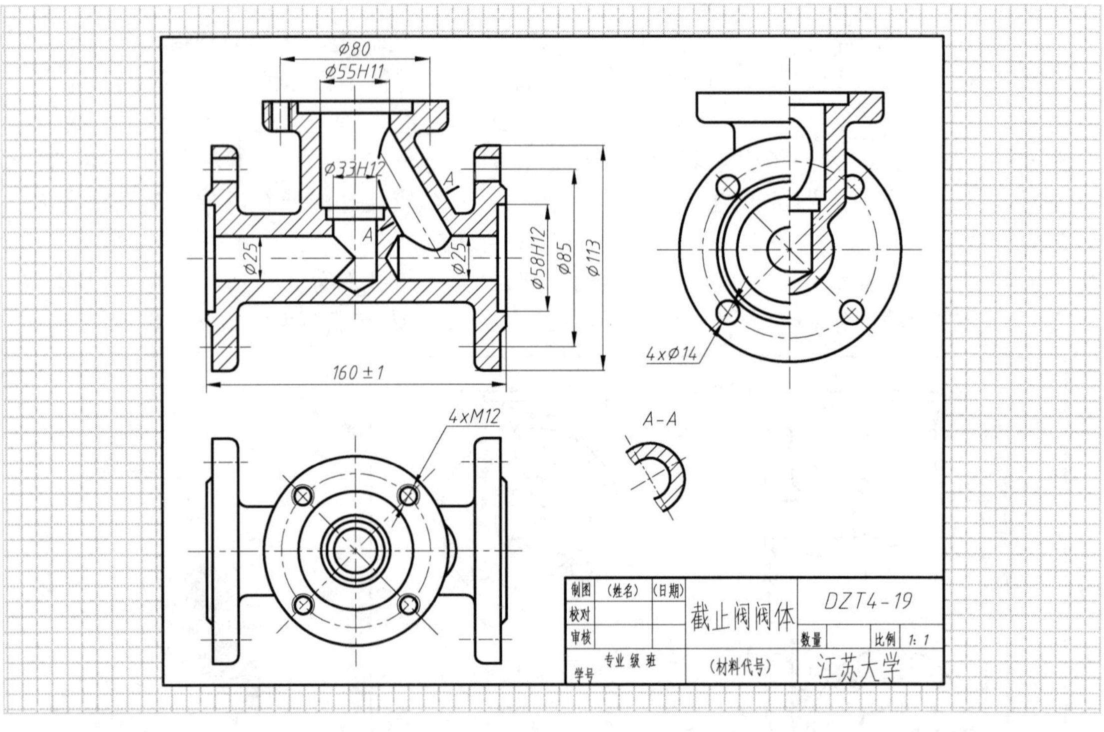

图 9.38　拆画阀体零件图——尺寸标注（通过"抄""查"获得的尺寸）

"查"，零件上某些尺寸数值（如与螺纹紧固件连接的零件通孔直径和螺纹尺寸；与键、销连接的尺寸；标注结构要素的倒角、倒圆、退刀槽等），应从明细栏或有关标准中查得。如本例中阀体上连接板上的 4 个均布螺孔的公称直径"4×M12"，就是从原装配图上相应的螺柱连接（件 14 和件 15）中，查明细表而来，如图 9.38 所示。

“算”，如所拆零件是齿轮、弹簧等传动零件或常用件，则其设计时所需参数，如齿轮的分度圆和齿顶圆、弹簧的自由高度和展开长度等，应根据装配图中所提供的参数，通过计算来确定。本例中没有此项。

“量”，在对所拆画的零件进行整体尺寸分析后，对照“正确、完全、清晰、合理”的基本要求，对装配图中没有标注出的该零件的其他尺寸，可在装配图中直接测量，并按装配图的绘图比例换算、圆整后标出，如图 9.39 所示。

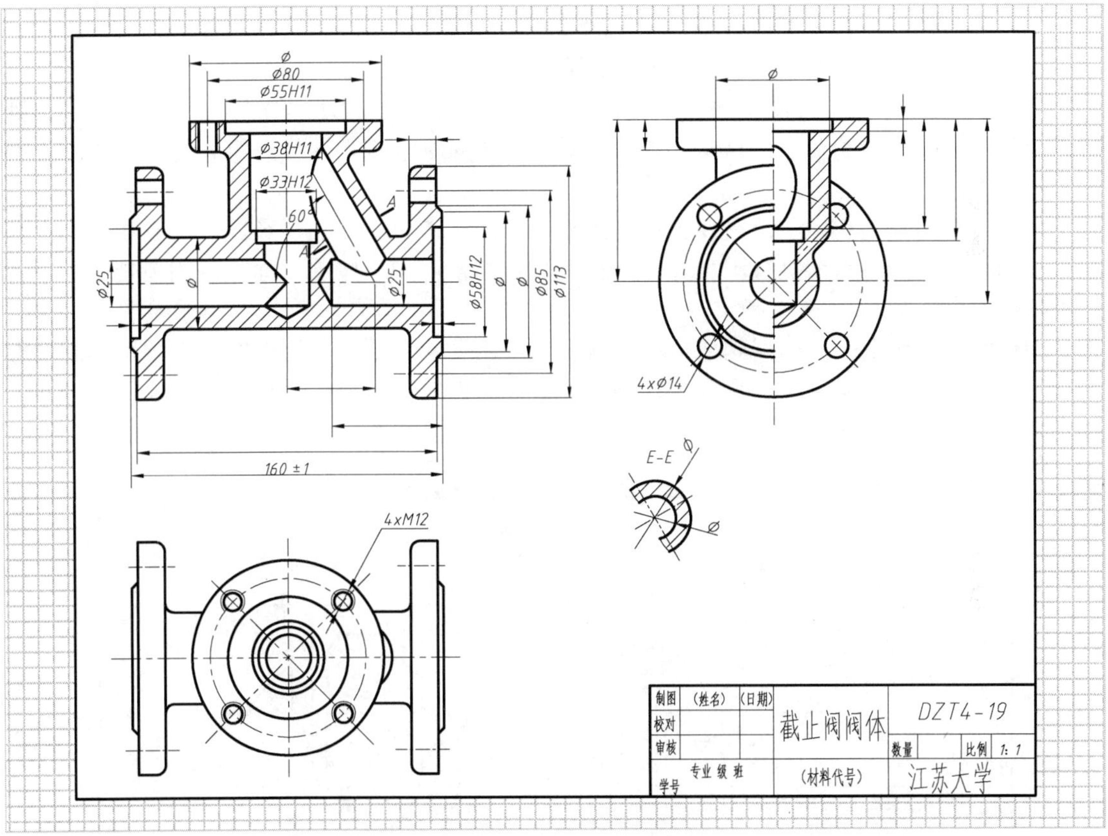

图 9.39　拆画阀体零件图——尺寸标注（通过“量”补充完整尺寸）

在标注所有的尺寸时，最有效的方法是按形体进行标注，按整体进行检查。即首先将阀体分为水平回转体系列、垂直回转体系列和倾斜回转体系列，分别标注其定形尺寸与定位尺寸。如水平回转体系列中，左右对称，中间段外径为“ϕ××”，内径已标，为“ϕ25”，总长度为“160±1”（已标），右端内孔长度从右端出发标出，左端内孔长度不需标，加工时与垂直孔打通即可；左右两端的法兰盘由于对称且结构相同，故只需标一处，它们是：圆盘外径“ϕ130”（已标）、圆盘厚度（测量并圆整，注意比例）、左右突起的圆台的上、下底直径、左右两端凹圆柱处的直径“ϕ58H12”（已标）和深度、左右两端面各 4 个小孔的直径（定形尺寸 4×ϕ14，已标）和分布圆周的直径（定位尺寸ϕ85，已标）。同理可分别标注垂直系列和倾斜系列的所有尺寸。所谓按整体进行检查，即指所有尺寸标注完毕后，以长、宽、高三个方向的主要尺寸基准为出发点，分别按三个方向由外向内进行检查。例如，长度方向以垂直回转体系列的公共轴线为主要基准，检查：对外有总长尺寸（160±1），左右两侧大圆盘的厚度尺寸，对内有两端凹圆柱处的深度尺寸、右端内圆孔的深度尺寸、斜圆柱轴线的定位尺寸（倾斜角度尺寸，该轴线与水平系列公共轴线交点和垂直轴线的定位尺寸）等，还有垂直系列的各内外圆柱的直径尺寸（其实它们既是长度尺寸，又是宽度尺寸）；在高度方向上，检查是否标有总高尺寸（即水平系列公共轴线到顶面的距离），对外检查顶端圆盘厚度，对内检查各垂直内孔的深度（为了清晰，这些尺寸都标在左视图上，并以内、外尺寸分类分别标注，便于看图与检查），以及水平系列各内、外直径尺寸（它们同时也是宽度尺寸）；同理还可检查宽度方向的总体尺寸及各形体的定形定位尺寸。以此方法，可保证所标尺寸的齐全、正确，做到不遗漏、不重复、不矛盾，符合国家标准，

③ **技术要求**——零件图中的技术要求主要包括表面结构、极限与配合、几何公差、热处理以及其他有关制造的要求。这些要求应按照有关国家标准规定的代（符）号或用文字正确注写在零件图中。

技术要求的制定和标注，需要较强的工程设计和制造方面的实践经验，以及相关的专业知识。同时还要严格贯彻执行国家标准的相关规定。常用的一些国家标准的相关规定，读者可以参见本书附录。

现在回到本例中来，根据阀体类零件在各项技术要求方面的类比，并结合国家标准的相关规定，为其进行表面结构、尺寸公差与几何公差方面的代（符）号标注，以及文字方面的技术要求注写，如图 9.40 所示。

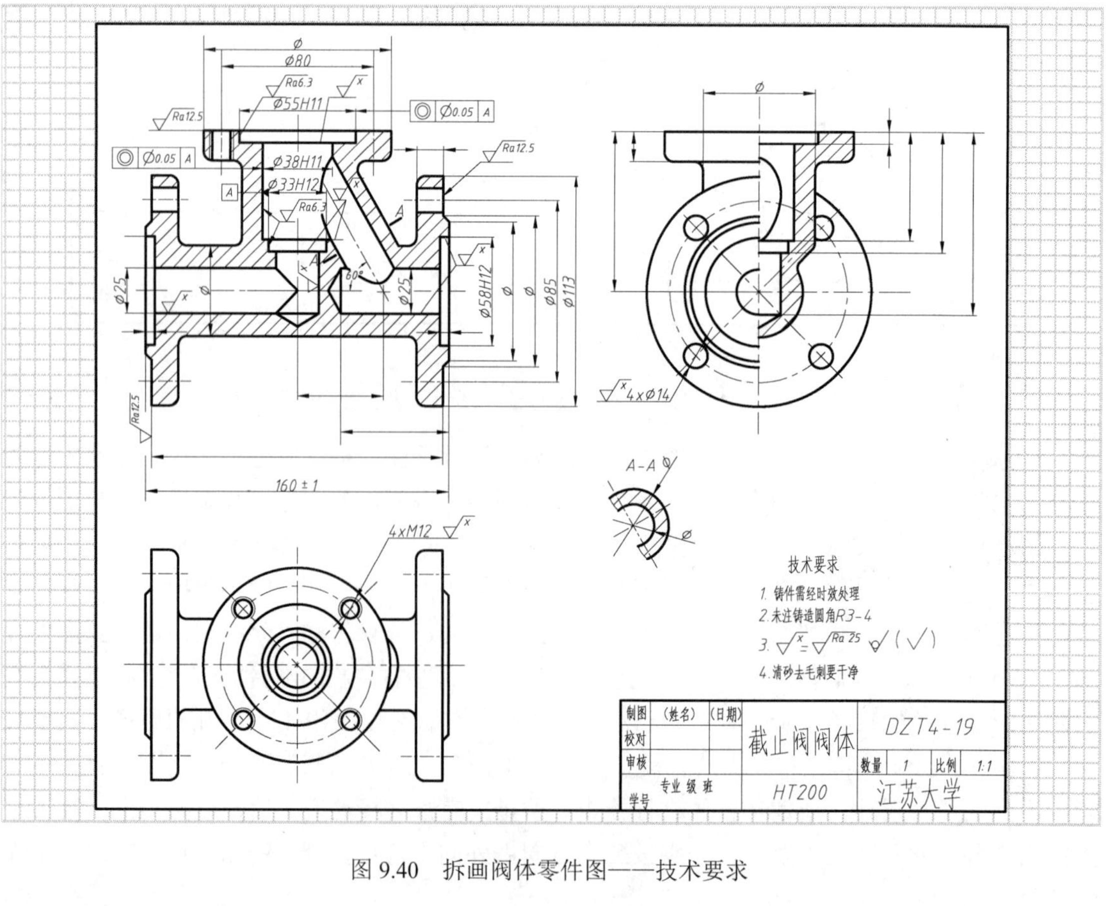

图 9.40　拆画阀体零件图——技术要求

由类比法知，该零件的应用场合为一般管道系统中，以不发生泄漏为主要目的。又因为阀类部件的应用场合一般都无特殊要求又非常广泛，故只要能满足使用要求，各种技术指标都应该尽量低。其实，所有零件的技术要求的制定都是遵循这一选用原则的。这样可使零件在保证使用要求和寿命的前提下，加工周期短、成本低、合格率高。

本例中，表面结构要求主要指表面粗糙度要求。这是零件表面结构要求中最起码的技术要求。由明细表中查得，阀体的材料为灰铸铁（HT200），可知阀体的毛坯由铸造而得。获得毛坯后，对于重要表面（配合表面、接触表面、安装面，还有螺孔、光孔、键槽等所有的功能结构）要进行不同程度的机械加工（分为粗加工、精加工、精密加工等）。本例的精度要求只需粗加工阶段即可保证，这可以从原装配图中给出的配合要求看出。在阀体与阀座之间的$\phi 33\frac{H12}{n12}$、阀体与阀瓣之间的$\phi 38\frac{H11}{c11}$、阀体与阀盖之间的$\phi 55\frac{H11}{h11}$，表明其尺寸公差要求为IT11、12 级，这在一般机械产品中的精度等级（IT5～IT13）中属偏低精度。因此也说明该零件的技术要求指标可取较低要求。所以，本例中所有毛坯表面的粗糙度取了$\circ\!\!\sqrt{}$($\sqrt{}$)，它表示这些表面均为铸造后的毛坯表面，已达到了铸造时应保证的基本要求，不再进行机械加工。在机械加工表面中，根据配合表面、接触表面、安装表面及螺纹加工、钻孔加工的不同加工方法加工用的工具等，取 3 处配合面为$\sqrt{Ra\ 6.3}$，表示：用去除材料的方法获得的表面，其表面粗糙度 Ra 的上限值为 6.3 微米（μm）；上、左、右 3 处接触面为$\sqrt{Ra\ 12.5}$（读者可以仿照以上解释作一回答）；其余加工面为$\sqrt{Ra\ 25}$。这三种表面粗糙度的精度在一般普通机床上都可以实现。

为零件标注表面结构要求，要学会从图中辨别出加工面和非加工面。对于初学者来说，可以试着这样判别：如果有一个表面在某一投影面上有积聚性投影，即用一条直线或一条曲线表示，与其相邻的两表面如果也在该投影面上有积聚性投影，且在两端与之相交（即有交点出现），则该表面是经过机械加工的表面，否则，在两端与相接的另两个表面的积聚性投影中有一个或两个都有圆角出现，则该表面一定是非加工表面。原因就在于前面提到过的，如铸造圆角、拔模斜度、过渡壁厚等铸造工艺结构，而后期的机械加工工序中，对一些重要表面作金属切削加工，去除了一层金属材料，也就消除了铸造圆角等工艺结构，从而也就在图中出现两类不同表面（机械加工面与非加工面）的表达，如图 9.41 所示。

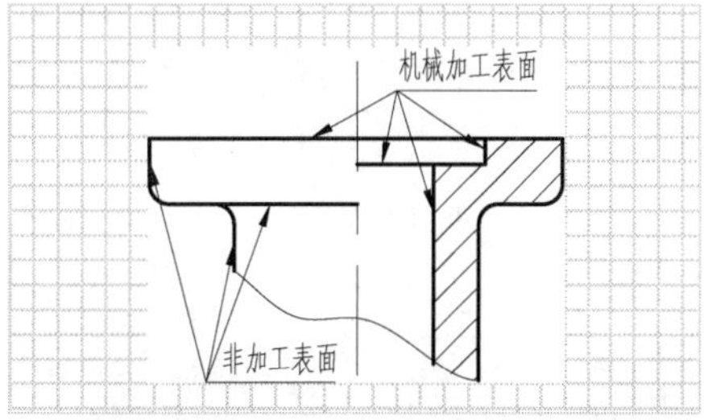

图 9.41　机械加工面与非加工面的辨别

关于本例中的几何公差要求，主要来自于对阀门与阀“门口”（即阀瓣与阀座）接触精度的保证。该处如果接触不良，则会造成泄漏或进出口压力差不稳定。而阀瓣嵌于阀体内，由阀杆带动开合运动，阀杆又与阀盖内嵌的阀杆螺母有螺纹连接，阀盖又是嵌于阀体之内，如此一环套一环，可知这些主要零件的同轴度是多么重要。因此，为其制定有两处几何公差要求是非常必要的。一处是ϕ55H11 对ϕ33H12 的同轴度为ϕ0.05；另一处是ϕ38H11 对ϕ33H12 的同轴度为ϕ0.05。

至于其他一些技术要求或尺寸标注方面的一些补充要要求，则用文字书写在标题栏上方的空白处，如图 9.40 所示。

④ **填写标题栏**——标题栏的填写也是将零件表达完整的不可缺少的重要环节。它详细地说明了零件的名称、材料、在装配图中的编号、数量及绘图比例，为读图者提供了重要的信

息，如图 9.42 所示。

2）拆画阀盖零件

阀盖零件的功能除了与阀体配合形成框架支承系统，还必须与阀体、密封装置等配合，在其内部形成密闭的保持稳定压力的空腔。

（1）裁切相关视图

裁切前首先在主视图找到标有“阀盖”即 6 号件的零件编号，顺着所指的位置去找它的上、下、左、右边界。很明显，其左右结构是两个对称的类似“把手”的形状，下边界也可以从垫片与阀体的不同的剖面线分离。这里容易出错的往往是它的上边界，即很容易忽略上端嵌有阀杆螺母的那一段。其实结合主视图下段的剖面线，以及左视图上一半外形视图中一条明显的相贯线，可以判断出该阀盖的主要结构分为上下两部分，而零件编号所指的地方正是连接上、下两部分的“把手”，该“把手”与上下外圆柱面都有相贯线。由此，从原装配图上“裁切”相关视图，如图 9.43（a）所示。

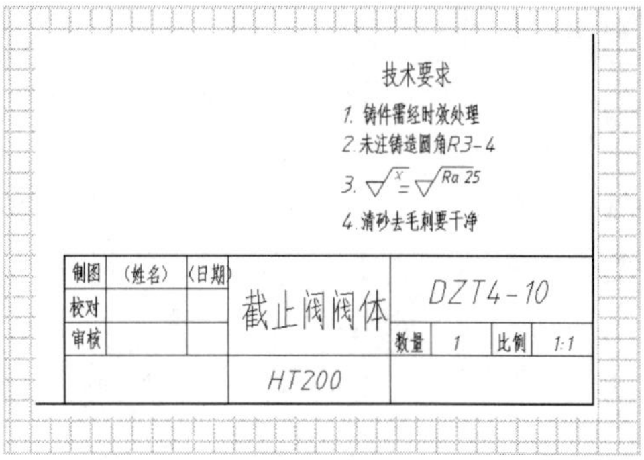

图 9.42 技术要求与标题栏的填写

（2）剥离零件

根据前面的分析，抓住投影原理（即三等关系），综合依据零件编号、轮廓线（注意相邻零件的配合表面、接触表面具有一条公共轮廓线，否则具有两条各自的轮廓线）和剖面线，首先“剥离”出该零件的大致框架，然后参考原图、三等关系等因素补画完善，如图 9.43（b）、（c）所示。分析时还特别要注意分析那些局部结构的功能和与相邻零件的配合关系，如阀盖下端有一段 45°的锥孔，这可不是倒角，而是如前所述，为了避免介质与填料经常接触以延长填料的使用寿命、也为了便于更换填料所设置的**倒闭装置**，即当阀杆升到最高位置时，阀杆的锥面与阀盖的锥面相互贴合。还有，与填料接触的那一段空心圆柱的下端，为了防止液体泄漏，压紧填料所设置的一段向上的 120°锥形“喇叭口”；另外还有上部，根据原图中“件 4、5、6A 向”视图，可知阀盖与阀杆螺母 5 之间有一对呈 90°沿圆周分布的螺孔，且是安装好后钻的孔，故阀盖与阀杆螺母上各有半个螺孔。最后，根据三等关系和构型原理，得出阀盖零件的主体结构，如图 9.43（d）所示。

（3）拆画阀盖零件图

仍按绘制过程的三步曲：一是选定表达方案，用最少的视图，最简洁的方法完整、正确、清晰地表达该零件；二是以正确、完全、清晰、合理为目标进行尺寸标注；三是制定技术要求、正确填写标题栏。

① 视图选择、确定表达方案

阀盖，顾名思义，应该属盘盖类零件，但具体到本例中，把它归属于叉架类零件更为合理。因为，从形状上来说，除了上部结构是以垂直公共轴线为回转轴的复合回转体，中部及下部均不是单纯的回转体；从加工工序上说，加工位置也并不单一。因此，把它归属为叉架类零件，主视图的安放位置按工作位置选取为宜。

根据原装配图，阀盖零件的表达仍以阀盖的主、俯、左视 3 个基本视图为主，其中，主视图作全剖，俯视图采用 *B—B* 阶梯剖的方法，左视图则仍作半剖视图；为补充说明上部两个

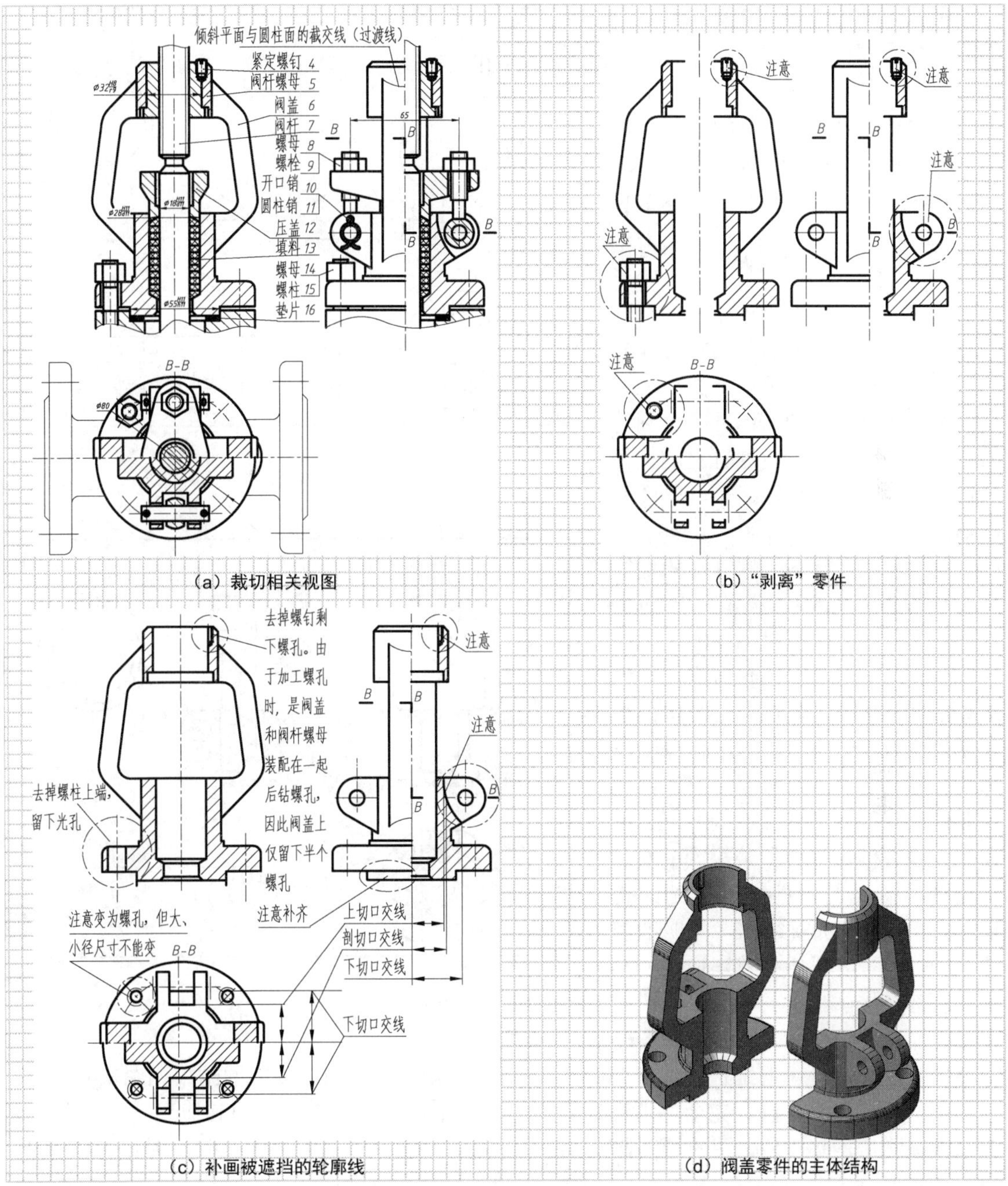

（a）裁切相关视图　（b）“剥离”零件　（c）补画被遮挡的轮廓线　（d）阀盖零件的主体结构

图 9.43　“裁切”及“剥离”阀盖相关视图

成 90°的半螺孔的分布情况，增加一个俯视的局部视图，该视图的依据是原装配图上的“件 4、5、6*A*”向局部视图，表达方案选择结果如图 9.44 所示。

② 尺寸标注

首先选择长、宽、高三个方向的尺寸基准如下：长度方向左右基本对称，故以垂直对称轴（面）为主要尺寸基准；同理，宽度方向以前后对称面为主要基准；高度方向则以下端面为主要基准。

仍以“抄”、“查”、“算”、“量”为序进行尺寸标注。

抄——即原装配图上已标注的、与阀盖相关的尺寸。如几个配合尺寸，由上而下（见图 9.45 中的主视图）有：$\phi 32$ H8（来自于$\phi 32\frac{\text{M8}}{\text{r9}}$）、$\phi 28$ H11（来自于$\phi 28\frac{\text{H11}}{\text{d11}}$）、$\phi 55$ H11（来自于$\phi 55\frac{\text{H11}}{\text{h11}}$）；左视图上两螺栓连接处的轴心距 65（与阀盖上的两销孔关联）。

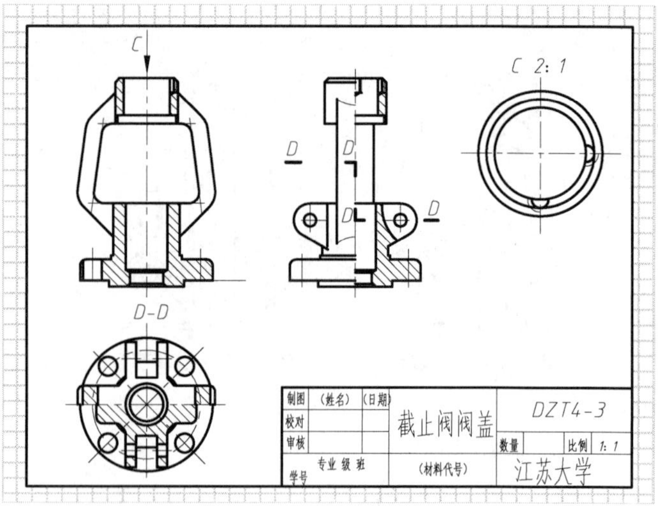

图 9.44 阀盖零件图——视图

查——根据原装配图上的标准件规格可在明细表或国家标准中查到的尺寸。如阀盖上部紧定螺钉孔的直径（虽然只有半个），查明细栏（图 9.29）可知为 M6。

算——如上述 M6 螺钉孔的螺纹深度和钻孔深度，可根据图 9.46 所示进行估算，即螺纹深度为（0.8～1）l（公称长度）$+0.5d$，钻孔深度大约为螺纹深度$+0.5d$，有时，当结构很小而使得所取螺钉很小时，钻孔深度与螺纹深度相等，因而本例紧定螺钉孔处取螺纹深度和钻孔深度为 8mm；再如阀盖的中部，参考原装配图的左、俯视图，阀盖与圆柱销连接处的孔径，也可由该销的直径$\phi 8$（见明细表件 10），按 $1.1d$ 进行估算，取为$\phi 9$；还有底部连接圆盘上的 4 个用于螺柱连接的光孔，其直径也可按该处螺柱的公称直径 M10（见明细栏中件 8）进行估算（$1.1d$），取为$\phi 11$。以上的结果如图 9.45 所示。

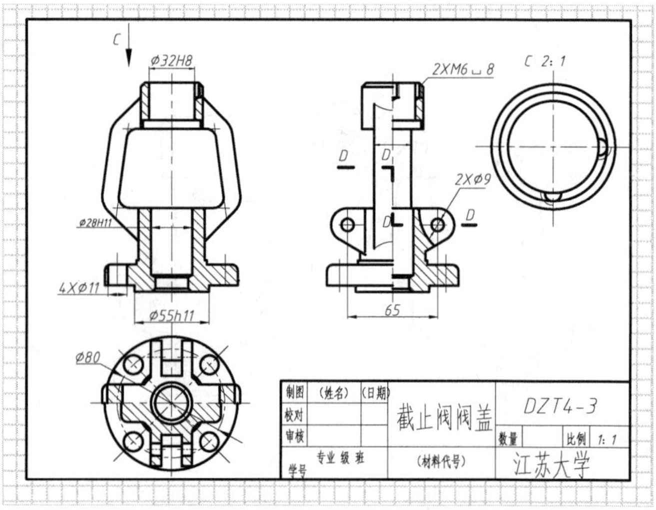

图 9.45 阀盖零件图——尺寸标注（“抄”与“查”）

量——对照“正确、完全、清晰、合理”的基本要求，对该零件的其他尺寸，可在装配图中直接测量，并按装配图的绘图比例换算、圆整后，以三个方向的主要尺寸基准依次标出，如图 9.46 所示。

③ 技术要求与标题栏

从明细栏中知，该零件与阀体配套，同为铸件，材料为灰铸铁（HT200）。从铸造工艺结构来看，对于铸造圆角，用文字表述其要求为“未注铸造圆角 $R3$～4”；并注有“清砂去毛刺”和“时效处理”的要求；

关于表面结构要求，主要仍为表面结构方面：“$\phi 32$M8”内表面为“$Ra3.2$（μm）”，“$\phi 28$H11”内表面为“$Ra6.3$（μm）”，“$\phi 55$h11”外表面为“$Ra6.3$（μm）”；其余加工面为“$Ra25$（μm）”；所有不加工面为“$Ra50$（μm）”。

几何公差方面，为保证阀杆、阀瓣、阀座一系列功能元件的同轴度，对阀盖而言，就是要保证"ϕ32M8（与阀杆螺母配合）"、"ϕ28H11（与填料压盖配合）"两处的轴线对"ϕ55h11（与阀体配合）"轴线的同轴度，此处定为ϕ0.015。完整的标注如图 9.47 所示。

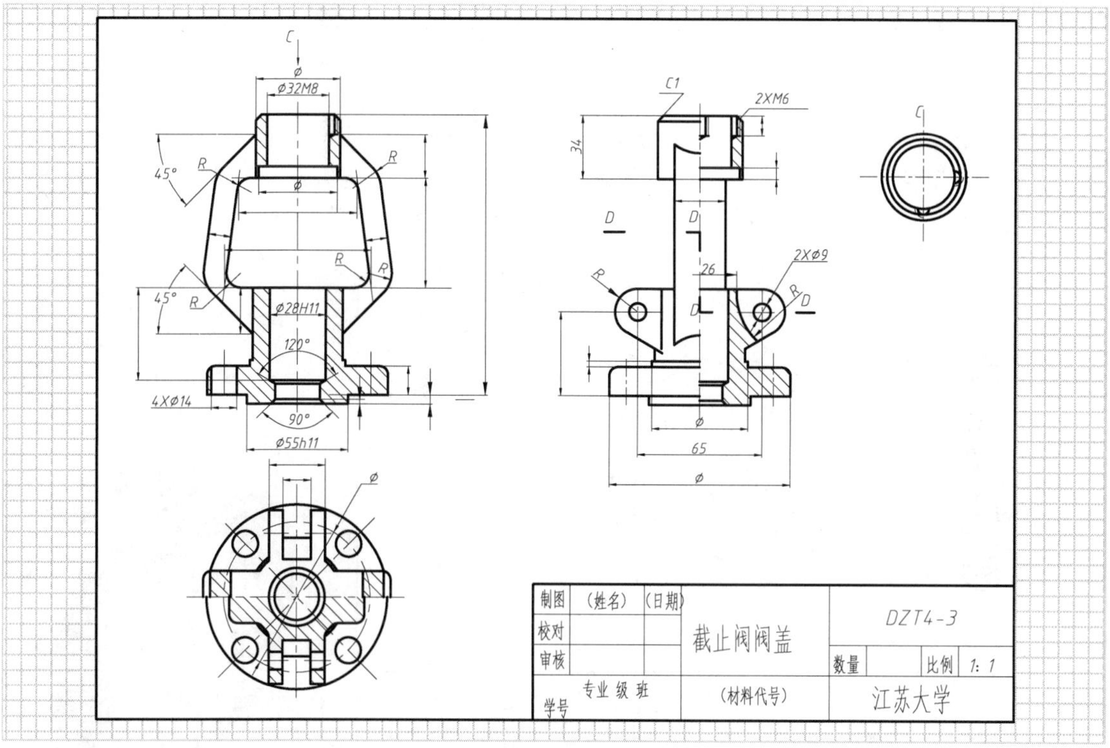

图 9.46　阀盖零件图——尺寸标注（"算"与"量"）

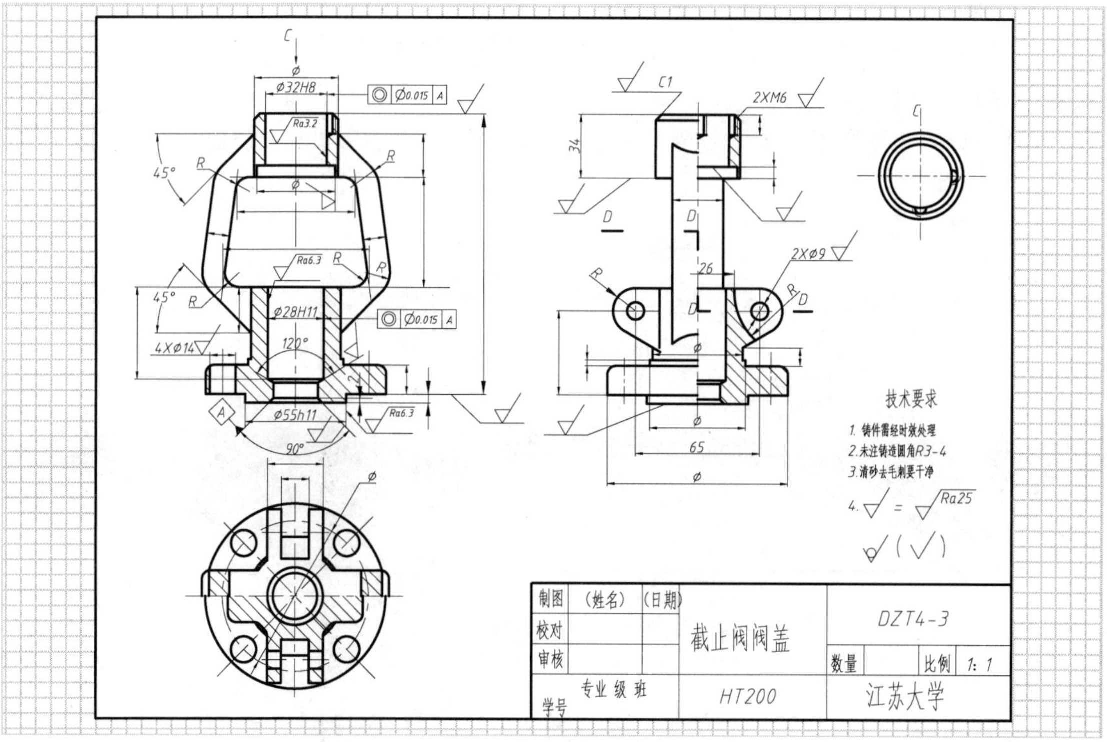

图 9.47　完整的阀盖零件图

4. 拆画其他零件图

至此，读者应该可以体会解读装配图的大致过程了。读者不妨试着将其他非标准零件一一“剥离”，获得它们的空间形象以及它们的零件图，最终获得截止阀的整体形象。

以下诸图给出了参考答案（仅限于视图与尺寸标注），供读者在经过了思索练习后参考。

（1）手轮（件 3）

如图 9.48 所示的手轮零件，主体部分为回转体，较难以理解的是其外圈和中间方孔到圆台孔的构型。其主体结构的成形过程不能单纯地从“旋转”考虑，而是要从“放样”与“扫掠”构型出发，才能达到解读的目的。

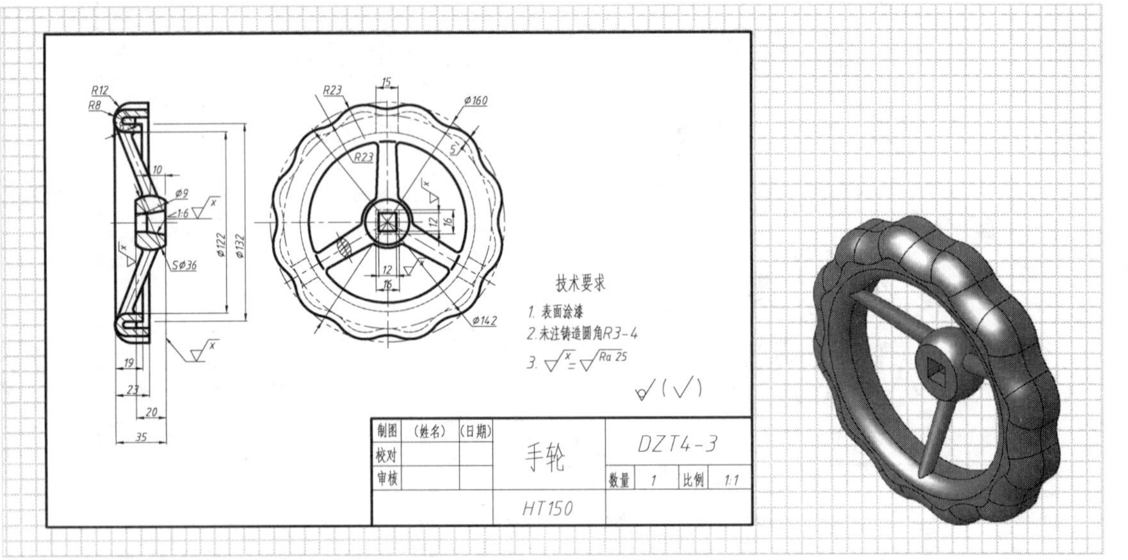

图 9.48 手轮零件图及其三维简化模型

（2）阀杆螺母（件 5）

阀杆螺母的构型过程主要按回转体进行，中间是梯型螺纹孔。在左端有一对呈 90°分布的小螺孔，成形原理简单（图 9.49）。

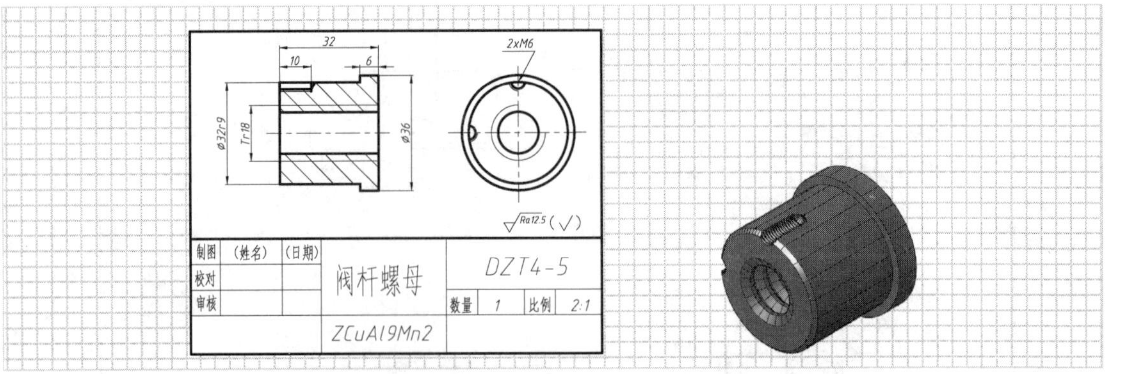

图 9.49 阀杆螺母零件图及其三维简化模型

（3）阀杆（件 7）

阀杆属轴类零件，构型过程简单。变化较大的在于其右端与手轮相嵌的一段，是圆柱与 4 块平面相交的结果（图 9.50）。

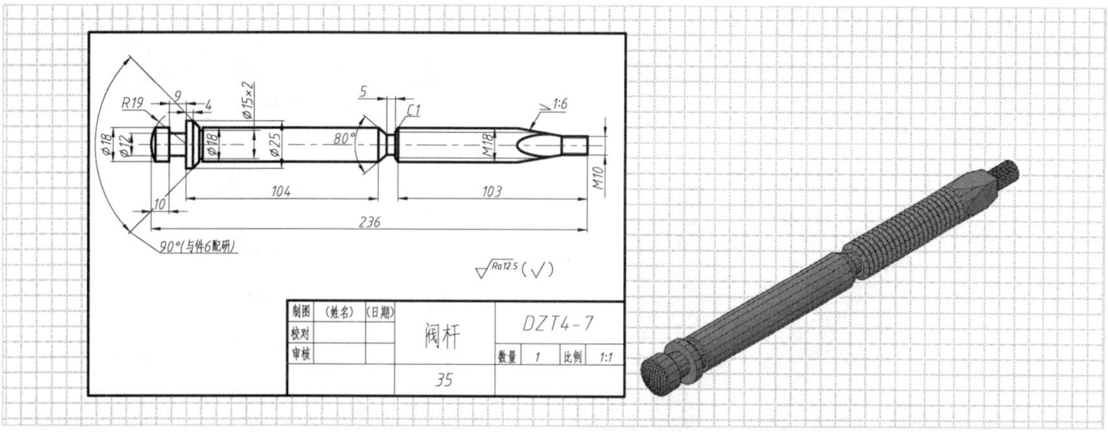

图 9.50 阀杆零件图及其三维模型

（4）特制螺栓（件 8）和填料压盖（件 12）

件 8 是两个特殊的螺栓，是标准件，代号为螺栓 M10×50 GB/T 798—2000。其特殊点就在于它的头部不是常见正六棱柱形或圆柱形，而是一个外表为圆环状，内表为圆柱孔的结构。标准结构为公称直径 M10，公称长度 50，头部内孔ϕ8（正好与件 10（标准件 8×40 的圆柱销）配合）。螺栓和填料压盖的零件图及其三维简化模型如图 9.51 和图 9.52 所示。

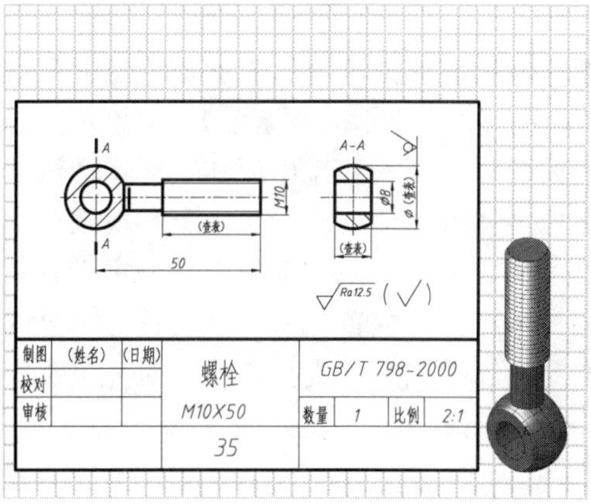

图 9.51 螺栓零件图及其三维简化模型

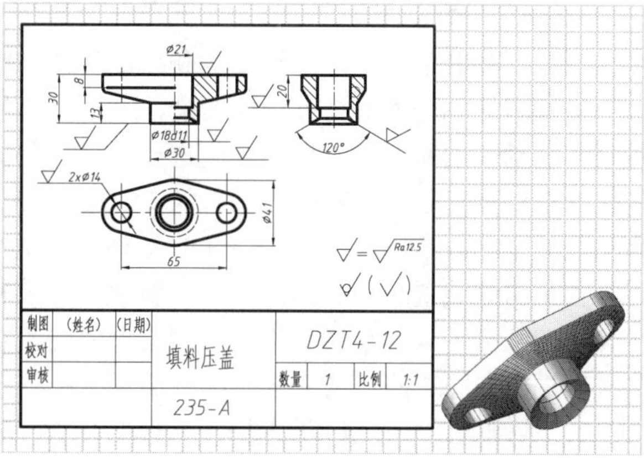

图 9.52 填料压盖零件图及其三维简化模型

（5）阀瓣（件 17）和阀座（件 18）（图 9.53 和图 9.54）

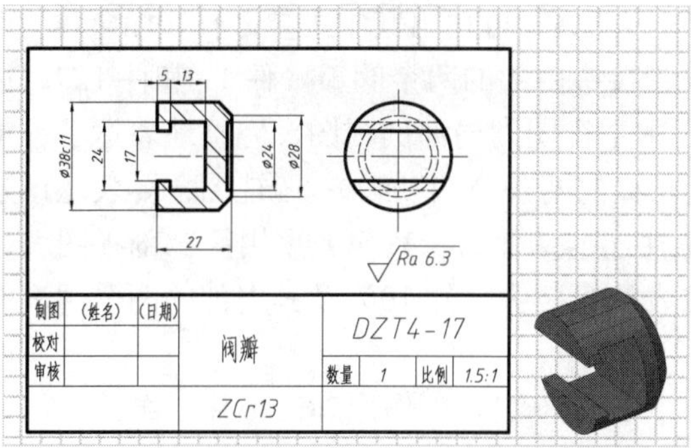

图 9.53 阀瓣零件图及其三维简化模型

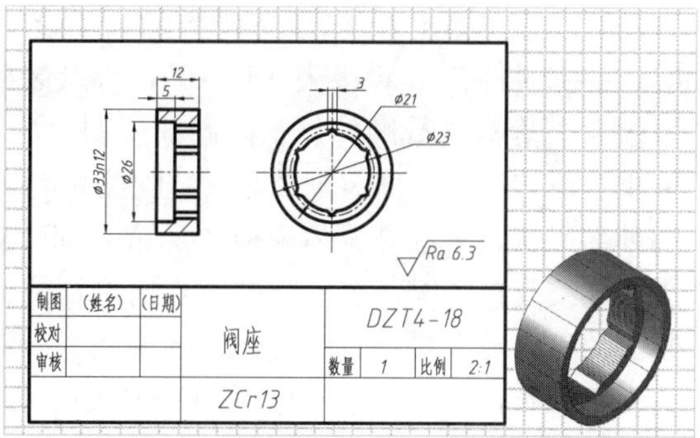

图 9.54 阀座零件图及其三维简化模型

5．截止阀装配图从二维平面走向三维空间（图 9.55）

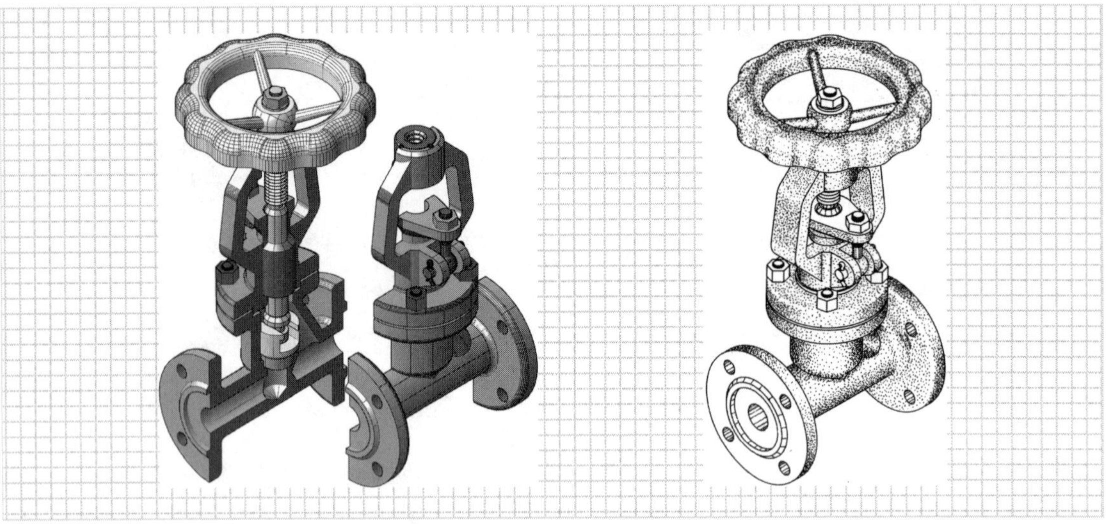

图 9.55　截止阀及其三维简化模型

9.3.3　实例解读泵类部件装配图及拆画

1．泵类部件总览

"泵"，顾名思义，是一种吸入和排出流体的机械，能把流体抽出或压入容器，也能把液体提送到高处。按其用途可分为气泵、水泵、油泵（如图 9.56 所示的柱塞泵）。不论是哪一种泵，它的驱动原理都是靠腔体内进出口处压力的连续变化来吸入和排出流体。而输送流体的执行部件往往是叶片、齿轮的轮齿，有时直接就是靠气体或液体的压力。由于实现泵类部件功能的驱动源是压力的变化，泵的密封性显得十分重要。因此，泵类部件内部一定设有密封装置。这些装置与阀类部件一样，有填料—填料座—填料压盖装置、密封圈装置等。泵的支撑框架部分无疑是泵体和泵盖两大主要零件，它们对内起着包容、支撑作用，对外负责安装及与进出口管道的连接。在一部机器系统中，属于执行部件。

2．实例解读柱塞泵装配图

图 9.56 所示为柱塞泵。顾名思义，这应该是一个由柱塞作为执行件的、能够输送一定流量和压力的液体的装置。要真正读懂这张装配图，还是应从它的工作原理和结构分析入手。

第一步，概括了解该泵概貌。结合右下方的明细表，该部件由 14 种零件组成，其中有 3 种是标准件（螺柱 2、螺母 3 和垫圈 4），经一一对照辨认，可找出其中主要零件，如泵体（件 6）、柱塞（件 7）、管接头（件 10），以及装配在管接头内部的两个阀瓣（件 11 和件 12）。该泵由 3 个基本视图和 2 个 *B* 向局部视图表达。其中主视图为局部剖视图，完整地表达了各零件主要形貌和其内部装配关系（装配线路为相互垂直的两条公共轴线）；俯视图主要表达该泵的外部形状、特别是泵体底板的形状，同时对螺柱连接（件 2、3、4）采用局部剖视图表达了其螺纹连接情况；左视图则重点用剖视的方法表达管接头（件 10）及其内部的两个阀瓣的装配关系，还有泵体右侧支撑板的形状。

第二步，根据对泵的作用的基本认识、并结合视图推演其工作原理。记住：泵的工作原理其实用一句话就可以概括，即利用进、出口相对压力的变化，达到吸入和排出流体的目的。

沿着这个思路，首先就要寻找柱塞泵的进、出口。结合图中三个基本视图可以在左视图上发现它们明显的位置，它们都集中在管接头上，一个在下方，一个在前方，且它们的轴线垂直相交。至于哪个是进口哪个是出口，还要留待看清楚其工作原理之后；既是柱塞泵，它的执行零件应该就是柱塞。从装配图上，可以在主视图上找到柱塞（件 7）的工作位置，它是水平放置在泵体内的，它的运动方向只能是左右往复运动。也就是说，当柱塞由左向右移动时，泵体内腔会形成真空，同时体外相对压力会增大，管接头里面的阀瓣（件 11）就被打开（即进口管道中带有压力的液体冲击阀瓣 11 下部的三瓣叶片，使其旋转上升），液体就由管接头下口吸入泵体（原来此口为进口）。而当柱塞由右向左移动时，泵体内液体压力增加，同时外部压力相对减小，从而使阀瓣 12 打开、同时阀瓣 11 关闭，液体即由管接头上前口（出口）压出，如此往复，即实现了连续输送一定压力的液体的目的。

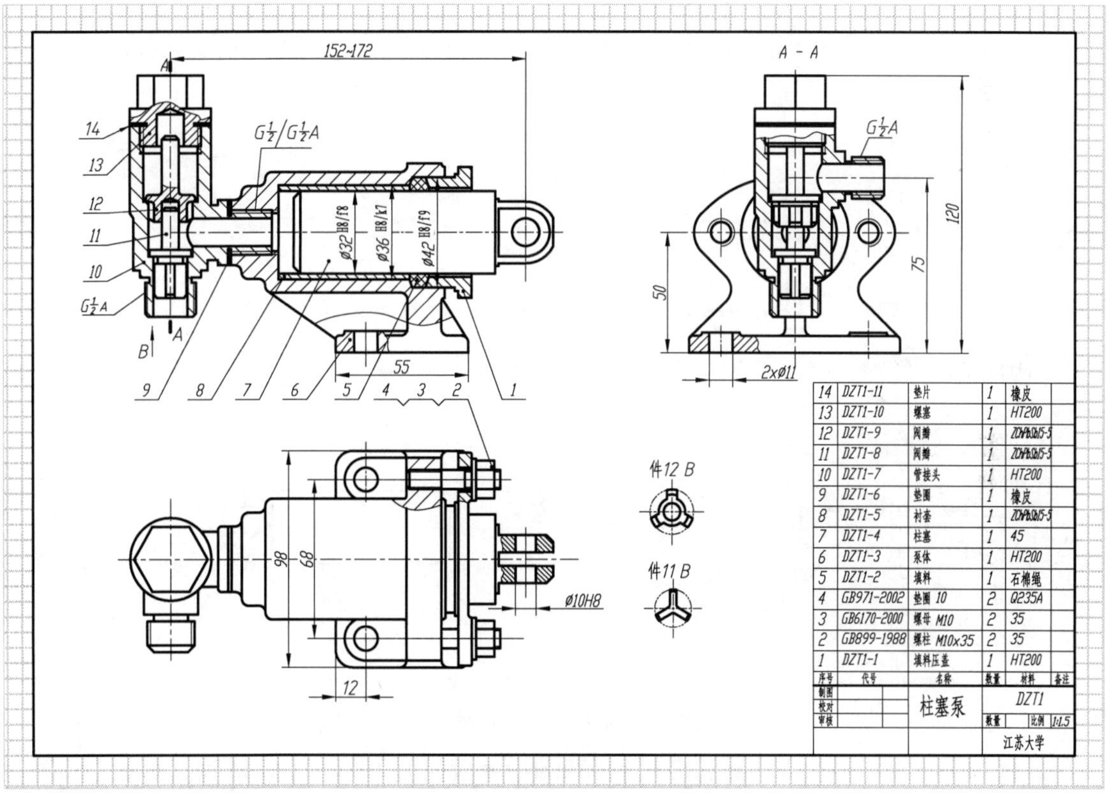

图 9.56　柱塞泵装配图

第三步，分析装配线路、装配关系、主要零件的作用。首先，由主视图可以清楚地看出，该泵有两个方向的运动，一个是柱塞在水平方向的往复运动，一个是两个同轴的阀瓣作上下垂直的往复运动，因此其装配线路也是在这两个方向。在水平方向上，泵体固定后，柱塞 7、衬套 8、填料 5 及填料压盖 1、管接头与泵体的接头部分，均有一个公共轴线，也即水平装配线路。其中，柱塞的作用已在前面有所认识，衬套 8 的作用则是提高装配精度，因为泵体是一个较为复杂的铸件，要达到与柱塞的配合精度、密封性，同时还要保证柱塞运动灵活，在加工工艺方面就增加了难度。但如果中间放置一个衬套（实际上就是一个简单的空心圆柱），不仅能达到以上要求，而且使加工工艺非常简单。为了保证泵的密封性能，此泵在柱塞、衬套、泵体之间采用了填料—填料压盖—填料座（填料座结构直接制作在泵体上）装置；在管接头与泵体的连接处（管螺纹）采用了橡胶垫圈 9 密封。再看垂直方向：以管接头内腔定位，其内装配有两个阀瓣及一个螺塞，螺塞与管接头为螺纹连接，其间用以橡胶垫片 14 密封；而两个阀瓣的作用在前面已有描述。

3．由柱塞泵装配图分离零件

是否看懂装配图的另一个重要环节就是能够根据装配图拆画零件图。这是一个工程技术人员的基本技能，也是一个部件乃至一个机械产品的设计能否变为现实的关键。而拆画零件图的重要环节，就在于你能否从装配图上把所有零件（标准零件可除外）分离出来。

分离零件的过程，在前面截止阀的描述中已经很详尽地介绍了一遍，在这里一起来试一条更快捷的路径。

首先，从主视图入手，因为主视图上完整而清晰地表达了各零件之间的装配关系和主要零件的内外结构形状。一次性地将所有非标准零件进行分离和补线，如图 9.57 所示。

然后参照所有视图补画原装配图上各零件相互遮挡的轮廓线，如图 9.58 所示。

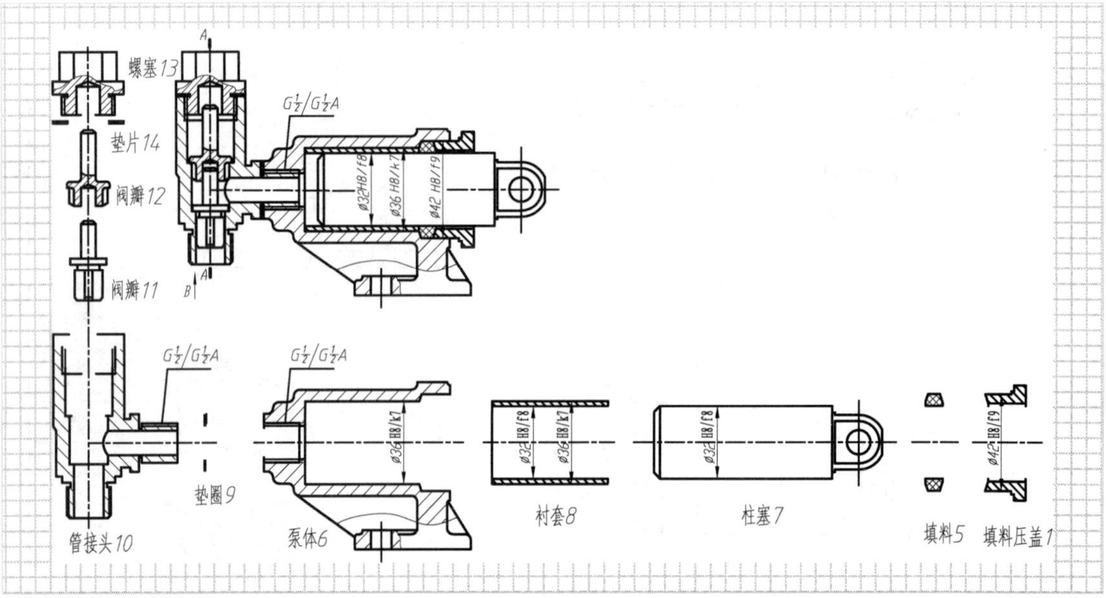

图 9.57　从主视图入手分离零件

在补画被遮挡轮廓线时，特别要注意整理那些螺纹连接部分，分析分离出来的是内螺纹还是外螺纹，然后分别按内、外螺纹的规定，画出其大径、小径和螺纹终止线，如图 9.57 所示，泵体左端与管接头连接处的管螺纹部分，分离后，在泵体上是内管螺纹，在管接头处则是外管螺纹；在管接头上部与螺塞的连接部分，分离后，管接头上是内螺纹，而螺塞上则是外螺纹，均需分别画法其大径、小径和螺纹终止线（图 9.58）。其实只要仔细观察，这些图线在原图上是留有痕迹的，但如果你对螺纹、螺纹连接及其画法没弄明白，那么你就不可能补全它们的表达。这就是常提到的，不能就图论图地去读图，而是要从结构、功能、工作原理、装配关系乃至加工工艺等多方面的工程知识去分析推测，才能得出正确的结论。例如，泵体与柱塞之间的填料密封装置，如果不知道压紧填料需两侧设置 120°“喇叭口”的结构，你在分离填料座和填料压盖时就不会去推想到它们端部的那个喇叭口。如铸造圆角、倒角、螺纹退刀槽、砂轮越程槽等工艺结构在分离后的“复原”，都需要积累丰富的工程知识才能做到。

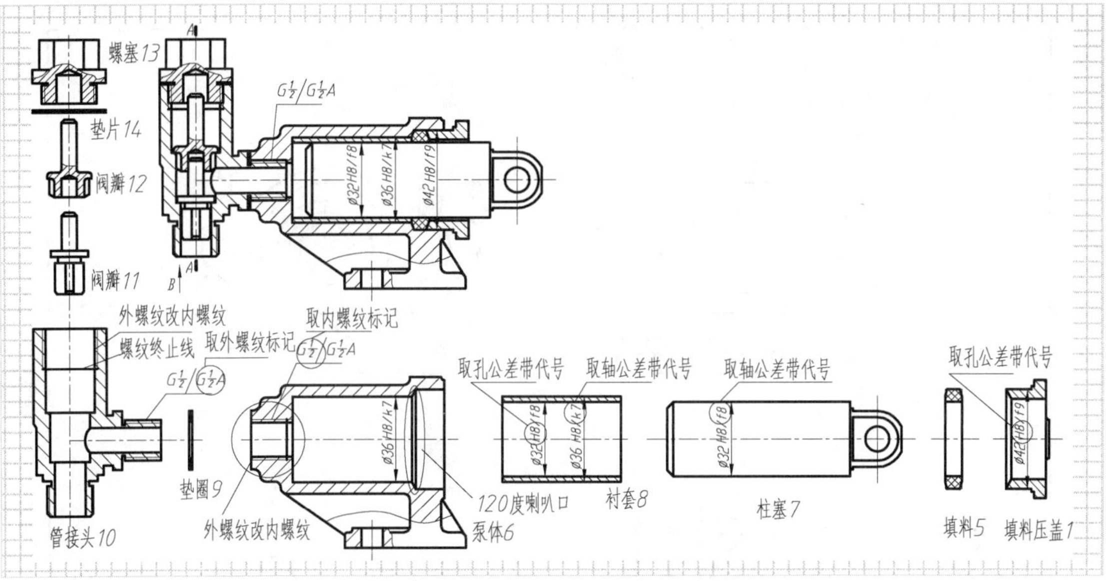

图 9.58　分离零件后的整理工作

至此，仅从主视图上就可得到除标准件以外的 11 种零件的主视图，再结合其他视图进行投影分析，就可以分别得到各零件的视图，从而获得它们的空间形状。这里仅举几个主要零件的视图为例，如图 9.59～图 9.64 所示。实际上，除泵体外这些图还不能称为完整的零件图，因为它们只给出了视图以及在原装配图上获得的尺寸，帮助读者走出了阅读装配图关键的一步，其余工作如标注所有的尺寸及制定技术要求等，读者可结合工程知识进行练习。

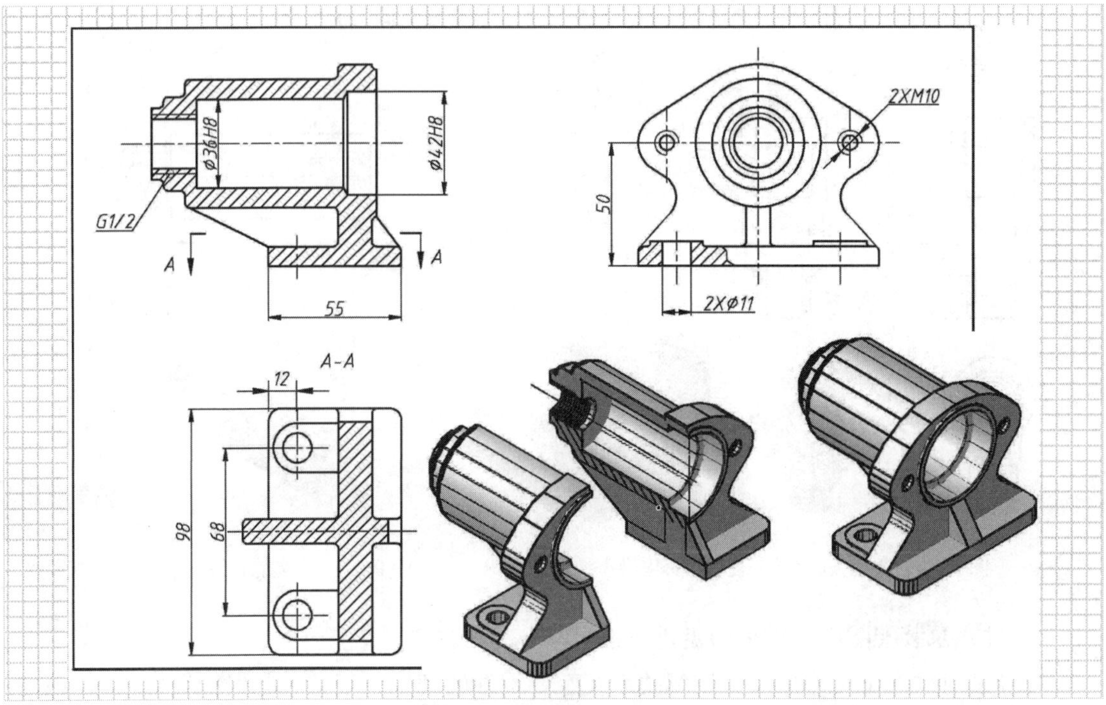

图 9.59　泵体的一组视图、形体模型及在原装配图上可直接获得的尺寸

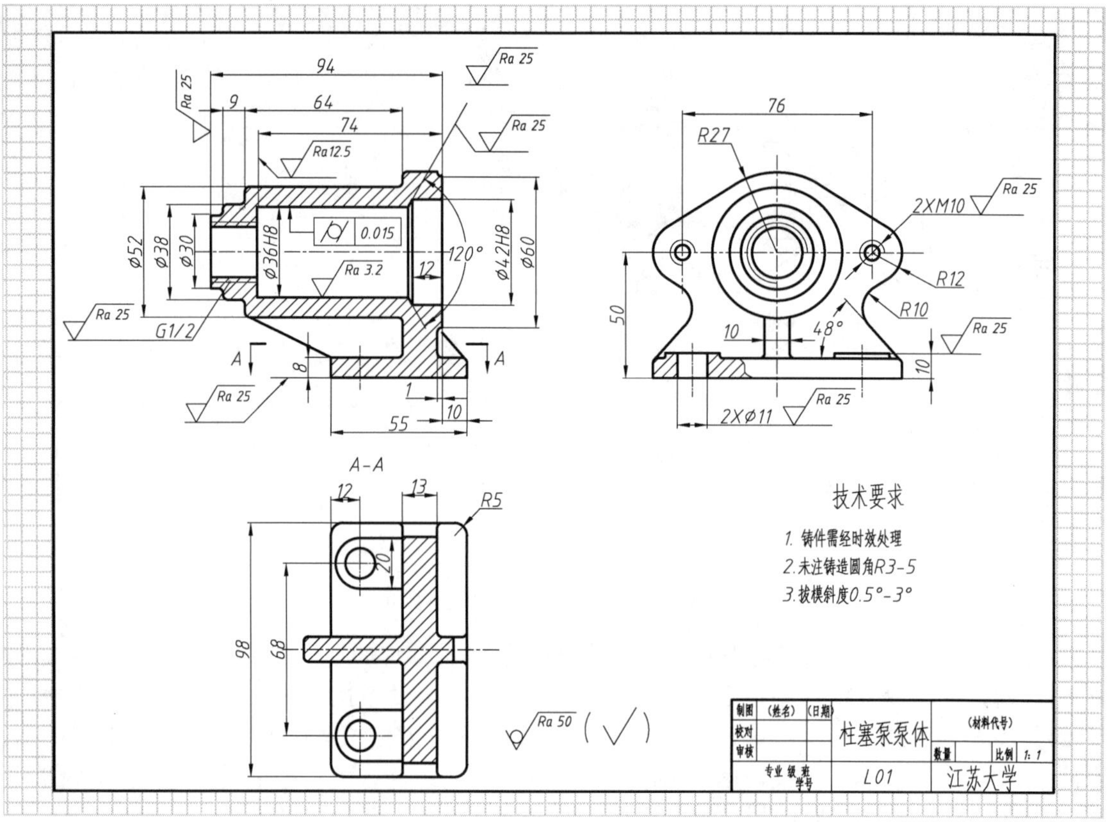

图 9.60　泵体零件图（图中技术要求的参数值仅供参考）

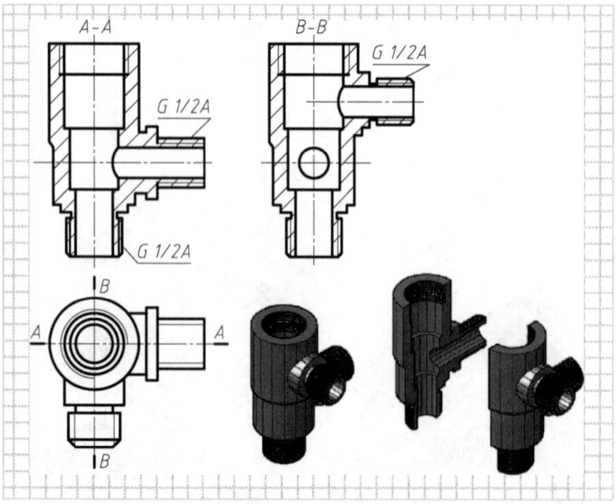

图 9.61　管接头的视图与三维简化模型

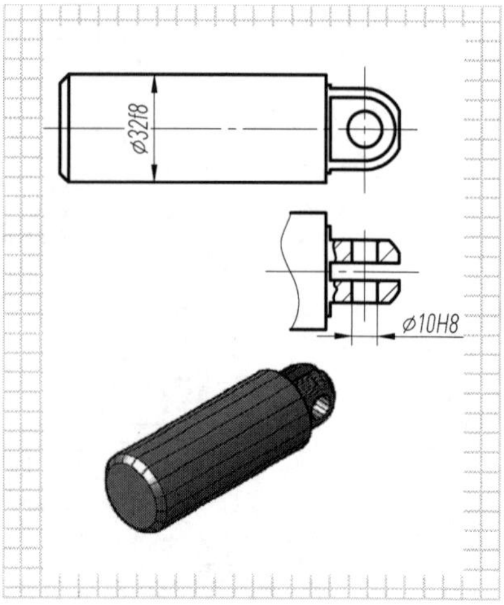

图 9.62　柱塞的视图与三维简化模型

4. 柱塞泵装配图由二维平面走进三维空间

在经过对柱塞泵工作原理、装配关系及主要零件的功用、形状、相对位置的认真分析解读后，整个装配体变得清晰了，这个柱塞泵便从二维平面图形走进了三维空间，图 9.65 给出了柱塞泵及其“分解图”（即按装配路线作出的零件拆分图）和三维简化模型。

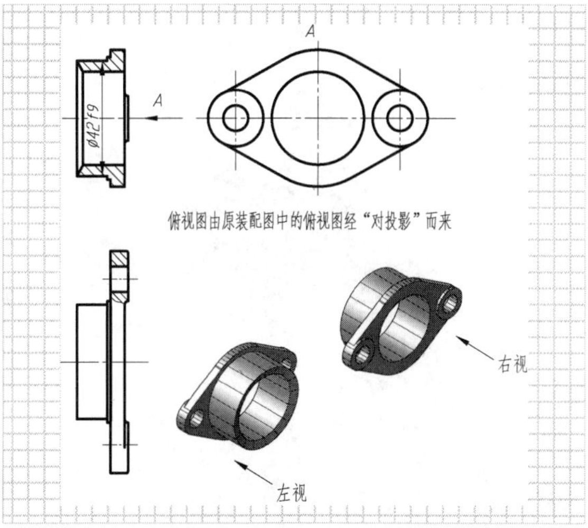

图 9.63　填料压盖的视图与三维简化模型

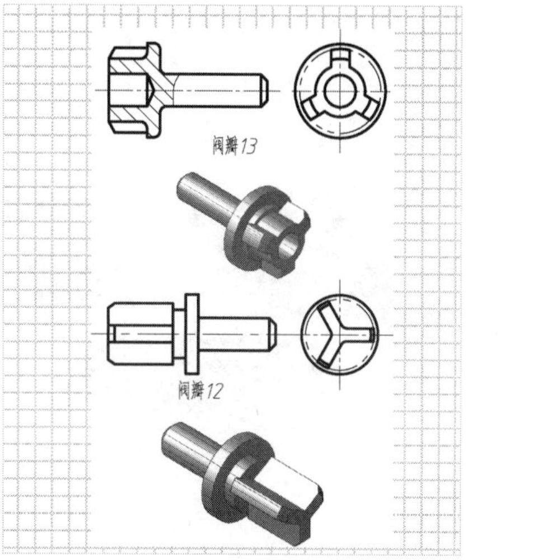

图 9.64　阀瓣 12 和阀瓣 13 的视图与三维简化模型

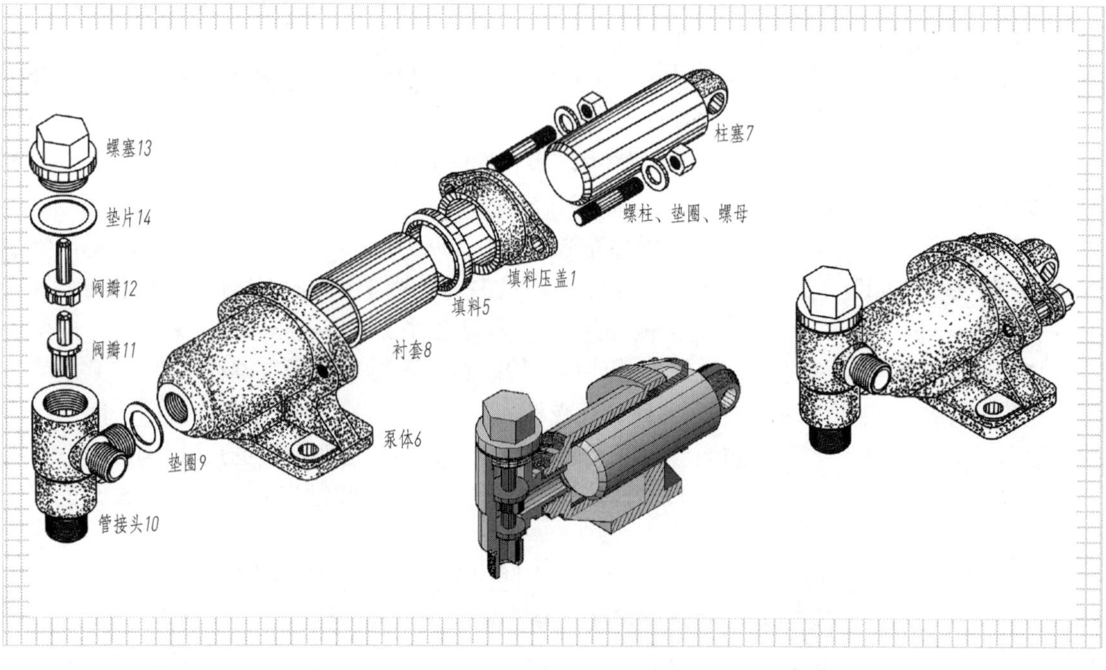

图 9.65　柱塞泵及其“分解图”

9.3.4　实例解读机床尾架装配图及拆画

尾架是机床上的一个辅助加工附件，主要用于车床和铣床。

铣床的加工特点与车床不同（参见附录 7.2 节），即铣床的刀具是安装在主轴上的，加工时刀具边旋转边进给，而工件则装夹在工作台上，并可随工作台作往复直线运动（图中的 X 和 Y 方向）。当需要进行各种沟槽加工、正齿轮、螺旋正齿轮、阿基米德螺线凸轮等的加工时，往往需要在铣床工作台的导轨上安装一个铣床分度头和一个尾架来配合工作。铣床分度头是铣床上的一个机床附件。利用分度刻度环和游标，定位销和分度盘以及交换齿轮，将装卡在卡盘和顶尖间的工件分成任意角度，从而将圆周分成任意等份，辅助机床利用各种不同形状的刀具进行加工。这时尾架协助支承作用是必不可少的，如图 9.66 所示。

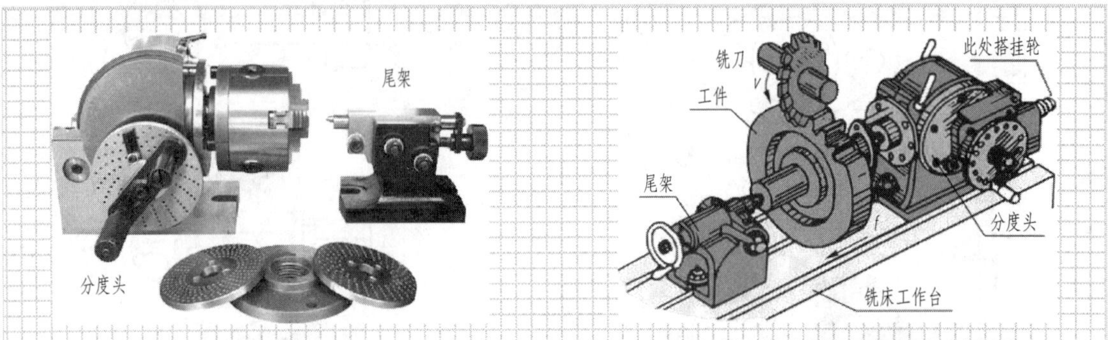

（a）铣床分度头及尾架　　（b）铣削齿轮时分度头与尾架的配合使用

图 9.66　铣床及组成部分

1．尾架部件总览

图 9.67 给出的尾架（型号为 FW250）就是用于铣床上的一个附件，如前所述，它和万能分度头配合使用，以用来支承被加工工件。

首先从明细表中可知，该尾架共由 28 种零件组成，其中 12 种标准件，16 种一般零件。俯瞰整个装配图，其上有 4 个基本视图（主视、俯视、左视和后视图），还有几处局部视图和断面图。然后将明细表中的零件名称与图中的零件序号进行一一对应，找到它的几个主要零件，如顶尖（件 12）、顶尖套（件 11）、底座（件 1）和本体（件 2）等。

从图中标注的尺寸来看，整个装配体总长 284～309（＝284＋25，尺寸“25”是顶尖的轴向调节的极限距离），总宽 128，总高 72；在顶尖套（件 11）与本体（件 2）之间、顶尖套（件 11）与板（件 8）之间、定位板（件 4）、本体（件 2）和底座（件 1）之间、定位键（件 17）和底座上的键槽之间、定位板（件 4）的内圆柱孔与高度调节螺栓（件 27）之间，还有为锁紧本体上的锯缝所用的螺栓 18，其光杆处与本体及定位板的圆孔内表面之间，均注有配合尺寸，表示这几处零件的配合表面及配合精度；另外，尾架下端的尺寸“40”和“8”、表示了定位键（件 17）、螺钉（件 16）和底座下端螺孔之间的装配尺寸；尺寸 125 则说明了顶尖中心轴的高度。

再从尾架的工作原理来作进一步了解：根据前面所述，这个尾架的功能是支承被加工零件的，直接与工件接触从而起到支承作用的就是半缺顶尖（件 12），这在主视图上可以找到。根据工件加工位置的不同，这个半缺顶尖需要进行三个位置的调节，即轴向移动的调节、高低位置的调节和倾斜角度的调节，以使半缺顶尖能够紧顶着工件起到支承工件的作用。

（1）轴向移动的调节。松开螺母（件 19），本体（件 2）上的锯缝即松开，于是顶尖套（件 11）不再夹紧。再转动手把（件 5），通过一系列零件，最后带动顶尖套（件 11）做轴向移动，于是半缺顶尖（件 12）随之做轴向移动。

（2）高低位置的调节。松开螺栓（件 24）上的螺母，则底座（件 1）、本体（件 2）、定位板（件 4）之间不再夹紧，再用六角扳手拧转内六角螺栓（件 27），当螺栓（件 27）上下移动时，通过销（件 28）带动定位板（件 4）上下移动，并带动本体（件 2）、顶尖套（件 1）和半缺顶尖（件 12）作上下移动。

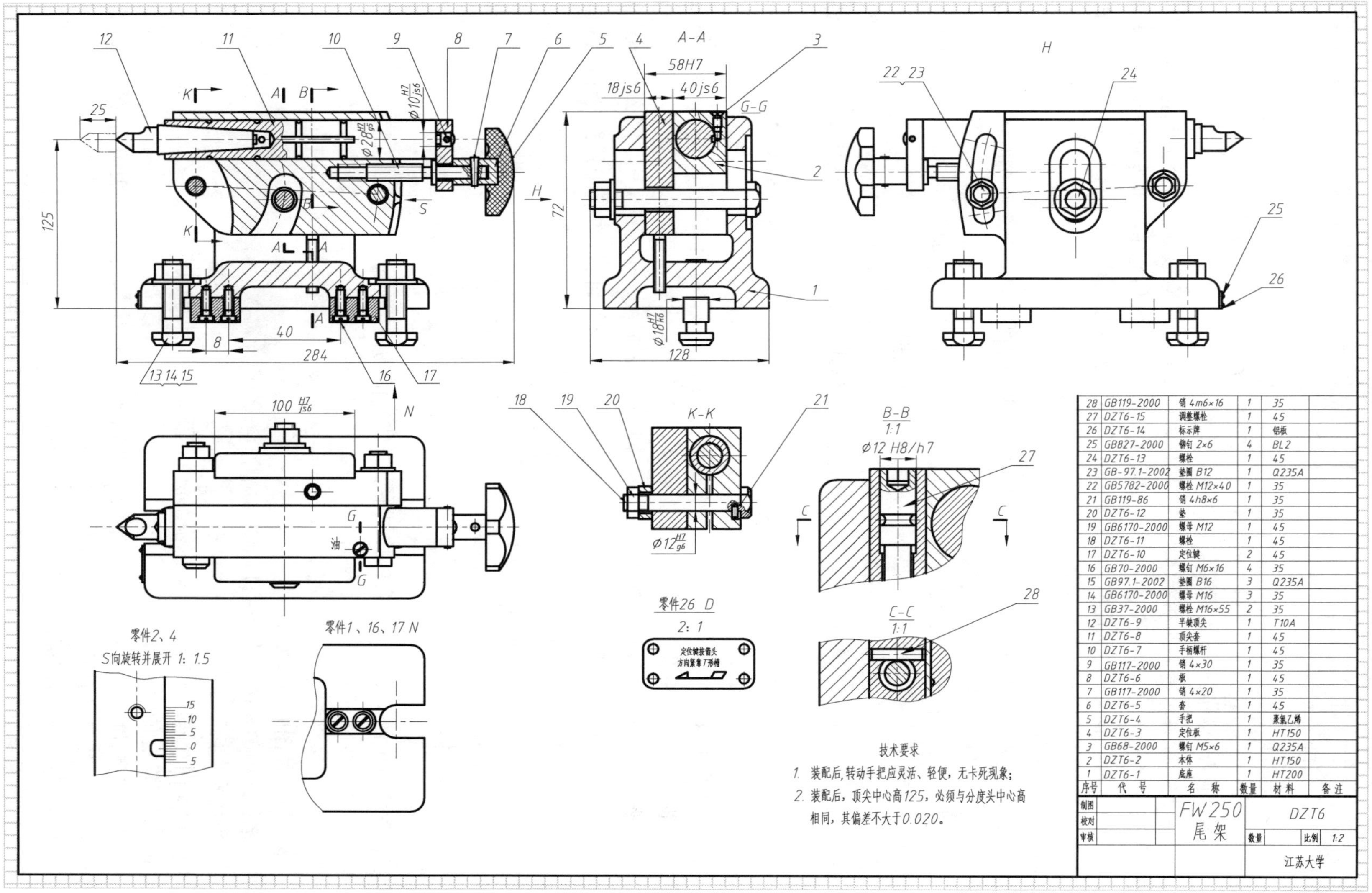

A-A
58H7
18js6
40js6
G-G
H
22 23
24
25
26
125
284
40
8
72
128
Ø10 H7/js6
Ø28 H7/g5
Ø18 H7/k6
100 H7/js6
K-K
Ø12 H7/g6
B-B
1:1
Ø12 H8/h7
C-C
1:1
油
零件26 D
2:1
定位键按箭头
方向紧靠T形槽
零件2、4
S向旋转并展开 1:1.5
零件1、16、17 N
28 GB119-2000 销 4m6×16 1 35
27 DZT6-15 调整螺栓 1 45
26 DZT6-14 标示牌 1 铝板
25 GB827-2000 铆钉 2×6 4 BL2
24 DZT6-13 螺栓 1 45
23 GB-97.1-2002 垫圈 B12 1 Q235A
22 GB5782-2000 螺栓 M12×40 1 35
21 GB119-86 销 4h8×6 1 35
20 DZT6-12 垫 1 35
19 GB6170-2000 螺母 M12 1 45
18 DZT6-11 螺栓 1 45
17 DZT6-10 定位键 2 45
16 GB70-2000 螺钉 M6×16 4 35
15 GB97.1-2002 垫圈 B16 3 Q235A
14 GB6170-2000 螺母 M16 3 35
13 GB37-2000 螺栓 M16×55 2 35
12 DZT6-9 半缺顶尖 1 T10A
11 DZT6-8 顶尖套 1 45
10 DZT6-7 手柄螺杆 1 45
9 GB117-2000 销 4×30 1 35
8 DZT6-6 板 1 45
7 GB117-2000 销 4×20 1 35
6 DZT6-5 套 1 45
5 DZT6-4 手把 1 聚氯乙烯
4 DZT6-3 定位板 1 HT150
3 GB68-2000 螺钉 M5×6 1 Q235A
2 DZT6-2 本体 1 HT150
1 DZT6-1 底座 1 HT200
序号 代号 名称 数量 材料 备注
制图
校对
审核
FW250
尾架
DZT6
数量
比例 1:2
江苏大学
技术要求
1. 装配后,转动手把应灵活、轻便,无卡死现象;
2. 装配后,顶尖中心高125,必须与分度头中心高相同,其偏差不大于0.020。

图 9.67　尾架装配图

（3）倾斜角度的调节。松开 *H* 向视图中的螺栓（件 22）及其左边两只螺母，上下搬动手把（件 5）、本体（件 2）就可绕螺栓（件 18）的轴线转动，使顶尖轴线倾斜，顶尖轴线对水平线的倾斜角度见 *S* 向视图。

尾架以定位键（件 17）定位，并用螺栓（件 13）固定在铣床工作台上。通过与尾架顶尖和分度头中心等高，由底座（件 1）和定位板（件 4）上的刻线对准来保证。

2. 读者能力小测试——从装配图上拆画零件图

阅读至此，读者对尾架的功能作用、工作原理、零件组成应该有了一个大概的了解。下一步就是细读阶段，也即从装配图上分离各零件，结合每个零件的作用和装配位置，认清每一个零件的结构、形状，达到能够拆画零件图的程度，从而再“聚零汇整”，让这个装配图在你的大脑中从平面图形走向三维立体。

1）细读装配图

有了前面诸多实例的解读经验，读者不妨在此试一试自己的能力，独立走完这一步。为了帮助思考，可以跟随以下问题的解答，走进细读阶段。

（1）转动手把（件 5）后，如何使顶尖前进或后退？顶尖能向前移动多少距离？

（2）定位板（件 4）作上下移动时，为什么能带动顶尖（件 12）上下移动？

（3）调节顶尖倾斜角度时，为什么要松开 *H* 向视图上的螺栓（件 22）及其左边两只螺母？

（4）顶尖套（件 11）和板（件 8）采用的是什么形式的连接，你能正确地写出该连接件的代号吗？

（5）顶尖套（件 11）外圆表面十字槽及本体（件 2）下部开的圆弧槽的作用是什么？

（6）定位键（件 17）和销（件 21、件 28）的作用是什么？

（7）说明顶尖套（件 11）与本体（件 2）配合处代号“ϕ28H7/g5”的含义：它表示的是基孔制还是基轴制？其中孔的公差带代号是什么、轴的公差代号又是什么？

（8）装配图中应注有性能、规格尺寸、总体尺寸、装配尺寸和安装尺寸，那么本例图中的“$100\frac{H7}{js6}$”、“$\phi 10\frac{H7}{js6}$”属于什么尺寸；284、128 属于什么尺寸；125 属于什么尺寸；25 又属于什么尺寸？

（9）说明拆卸下列零件的先后顺序：

① 拆卸顶尖套（件 11）的先后顺序；

② 拆卸定位板（件 4）的先后顺序。

2）拆画零件图

在回答完以上的问题后，可尝试按以下要求进行能力测试。

（1）依次拆画该柱塞泵的主要零件的零件工作图，如本体（件 2）、底座、定位板等。

注意：画完零件图后（至少画出底图后），再对本例给出的参考图形作比较。

“本体”零件图的要求如下。

① 选择适当的表达方法，并注出全部尺寸（配合尺寸需查出偏差）。

② 用代号直接注在图中的技术要求：

（a）前端面对通过ϕ28H7 轴线与锯槽的中心面的平行度为 0.01。

（b）ϕ28H7 孔的圆度为 0.05。

（c）表面粗糙度：前、后、顶三端面及ϕ28H7 表面为 $\sqrt{Ra0.8}$，ϕ12H7 表面为 $\sqrt{Ra1.6}$，其余加工面为 $\sqrt{Ra2.5}$，其余不加工表面：$\sqrt{}$($\sqrt{}$)。

③ 用文字集中书写在标题栏附近的技术要求：

（a）40js6 和定位板（件 4）的 18js6 配合后研磨到 58H7 的要求。

（b）锐角倒钝。

（c）铸件时效处理。

（2）画出尾架底座的一组视图，并标出图中已有的尺寸。

对于其他零件，可逐一尝试画出其一组视图和尺寸标注，对于技术要求的标注，仅作为练习，只需标出代号或符号即可。

3．尾架主要零件的拆画结果参考图样

1）本体零件

从装配图上拆画本体的分离过程如图 9.68 所示；拆画出的本体零件视图，从装配图上通过抄、查、算获得的尺寸及三维简化模型联想如图 9.69 所示；整理并最后完成的本体零件图如图 9.70 所示。

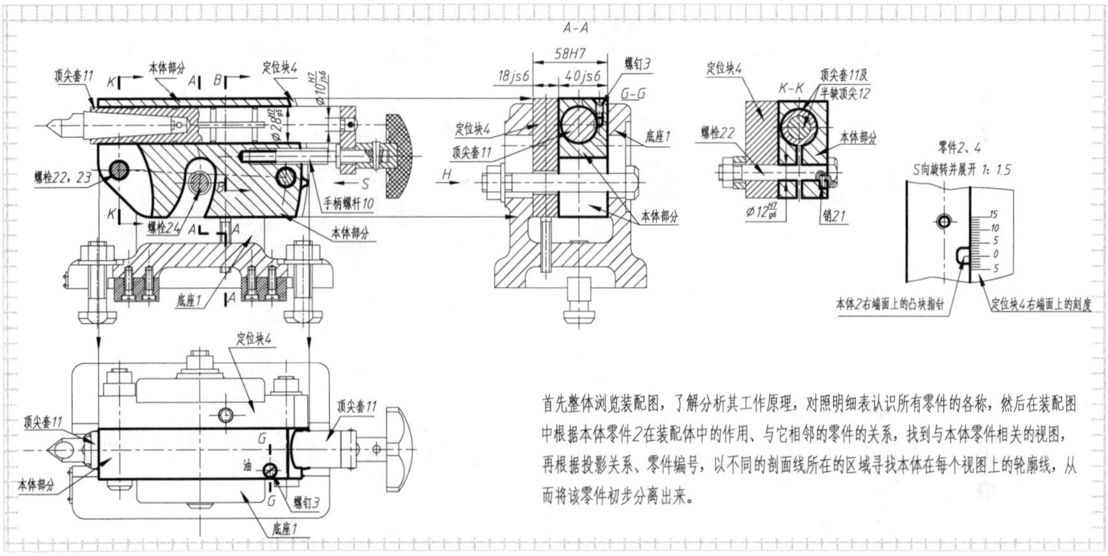

图 9.68　本体零件的分离过程

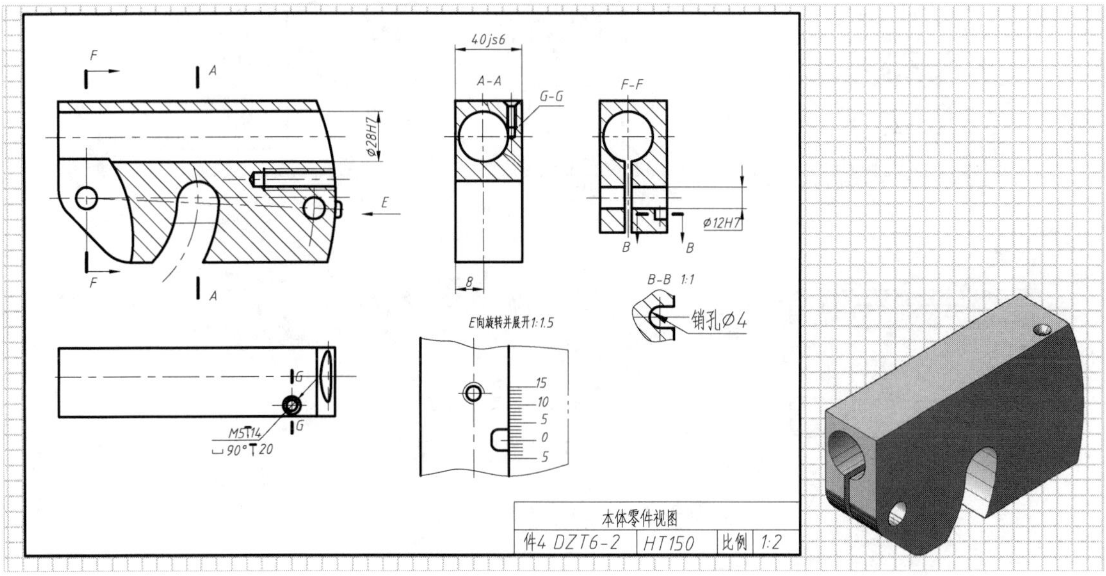

图 9.69　本体零件视图及给出尺寸的分离结果、三维简化模型

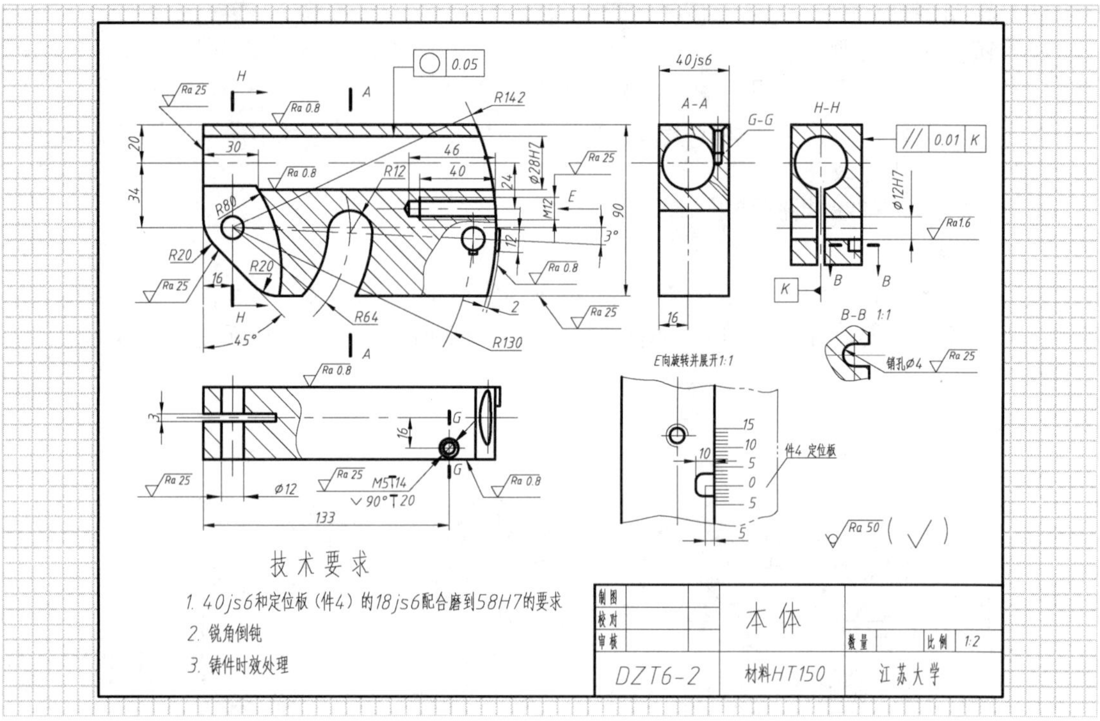

图 9.70　整理完成后的本体零件图

2）底座

对于尾架中的底座零件，分离过程如图 9.71 所示，初始分离结果及三维简化模型如图 9.72 所示，整理完工的底座零件图如图 9.73 所示。

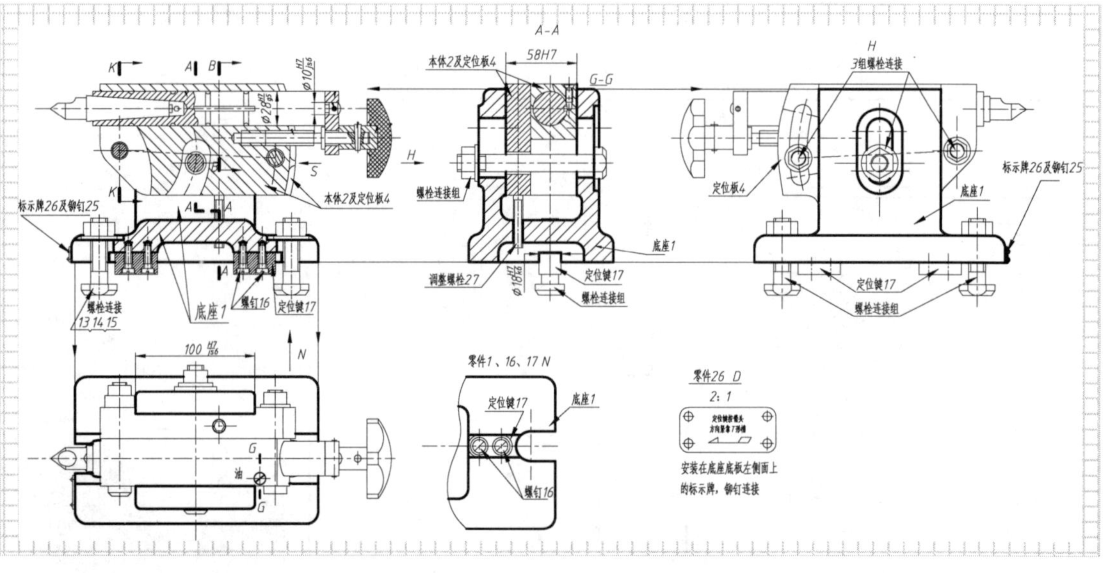

图 9.71　底座零件的分离过程

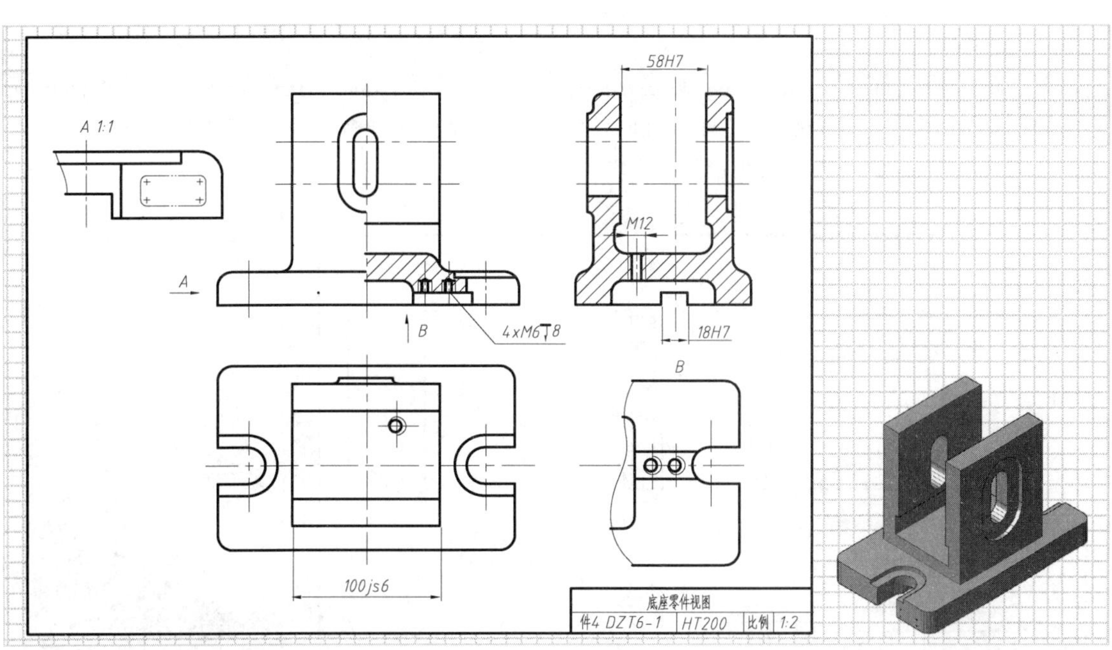

图 9.72　底座零件的一组视图、已有的尺寸及三维简化模型

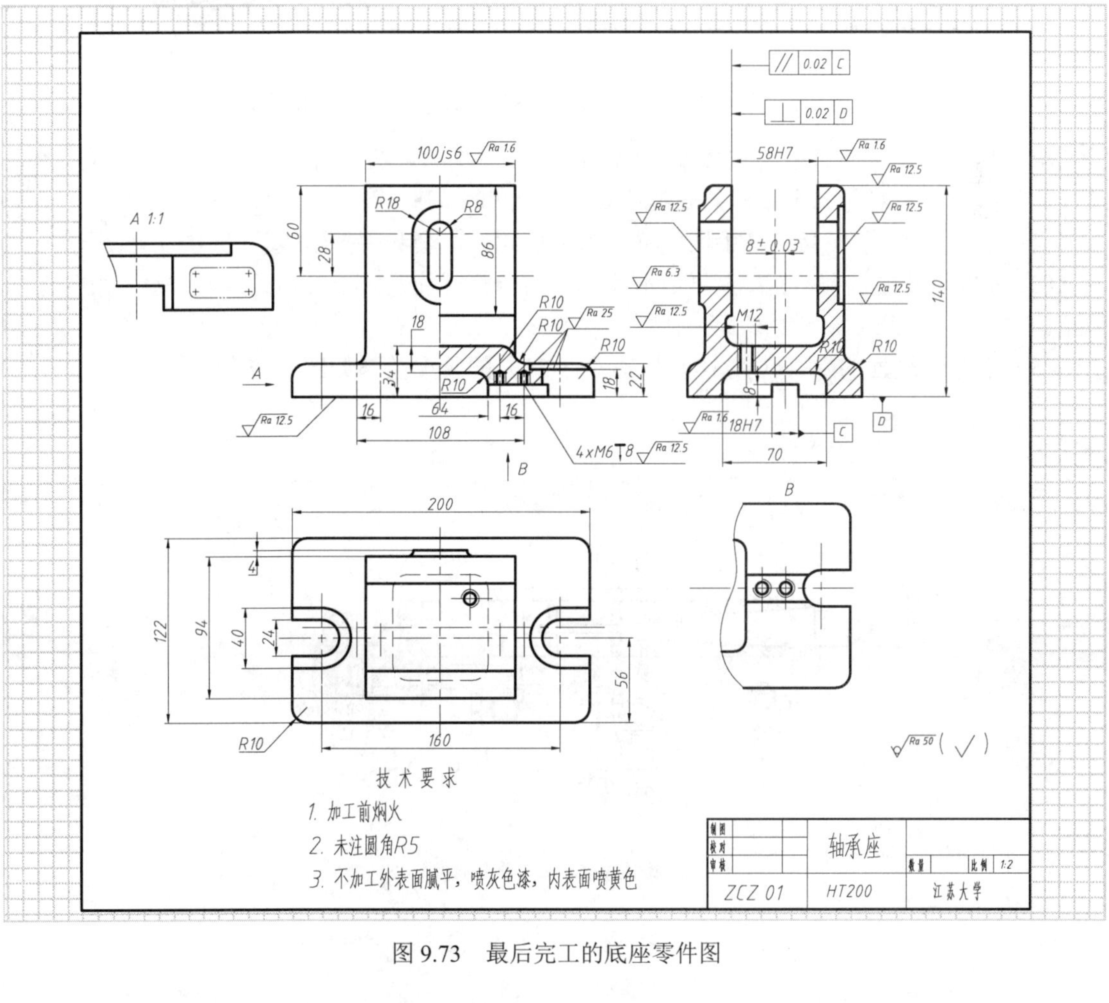

图 9.73　最后完工的底座零件图

3）定位板

对于定位板（件 4），仅给出了初始分离结果、从原装配图上可获得的尺寸及三维简化模型，如图 9.74 所示。有兴趣的读者，可以作进一步的分析、理解，完成尺寸标注、技术要求的制定与注写等工作，从而绘制出完整的零件图。

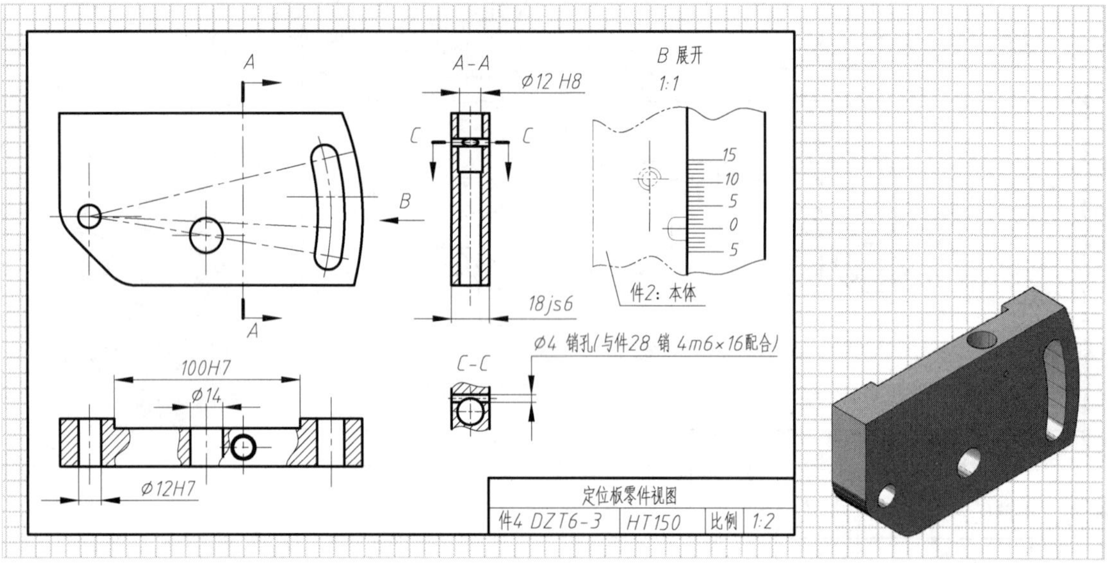

图 9.74 定位板零件的一组视图、已有的尺寸及三维简化模型

至于其他一般零件，采取按各条装配干线逐一拆画的方法仅给出一条线索，希望读者能从这些分离过程中对每一个零件的安装位置、形状和空间联想有一个“动态”了解。

（1）半缺顶尖-顶尖套-板-手柄装置（由手柄螺杆、套和手把组成），如图 9.75 所示；

（2）高低位置的调节装置。主要是本体内部的调整螺栓及定位插销的安装关系，如图 9.76 所示。

（3）本体锯缝处的螺钉（件 18）与销（件 21）的装配关系如图 9.77 所示。

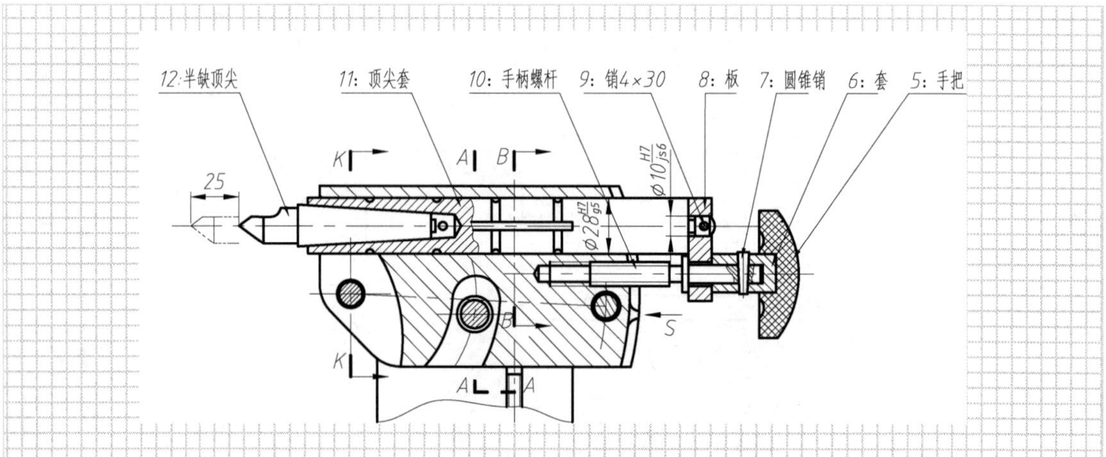

（a）主视图相关部分取自原装配图 1：2

图 9.75 半缺顶尖-顶尖套-板-手柄装置的零件拆分

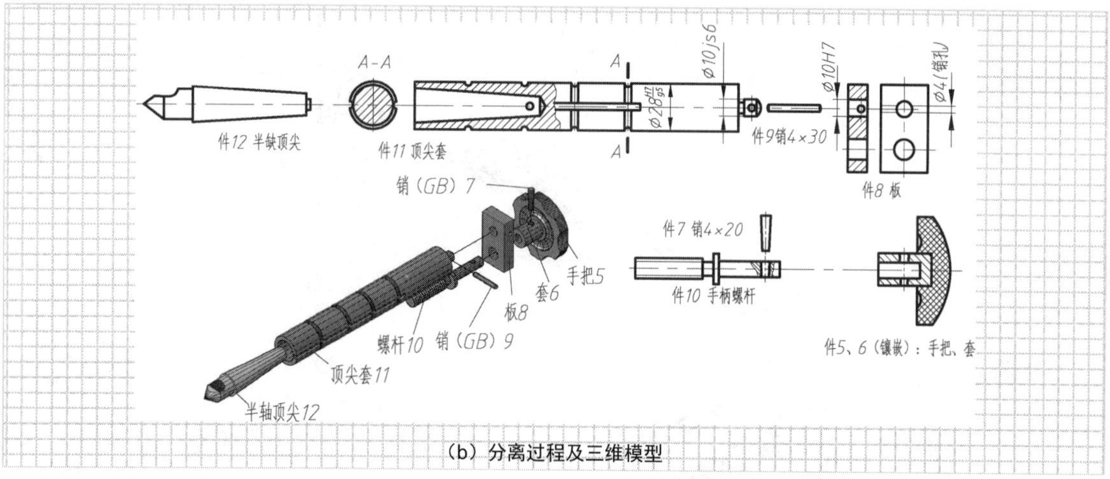

图 9.75　半缺顶尖-顶尖套-板-手柄装置的零件拆分（续）

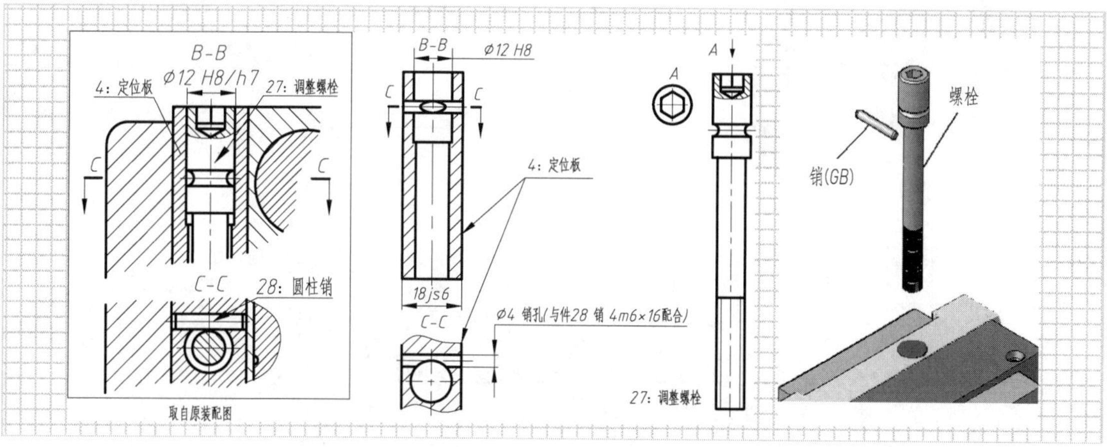

图 9.76　高低位置调节装置的零件拆分

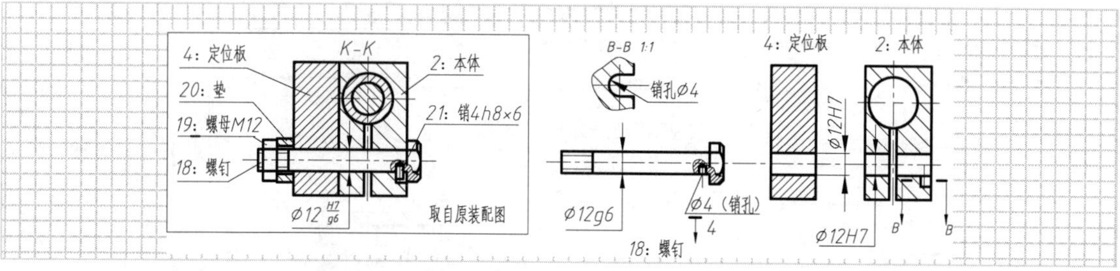

图 9.77　本体上锯缝夹紧装置的零件拆分

4. 尾架装配体从二维平面图形走向三维立体

经过以上的前端“带”读和后续读者的能力测试，尾架的空间形象也浮出水面了。图 9.78 给出了它的装配分解图和装配模型。

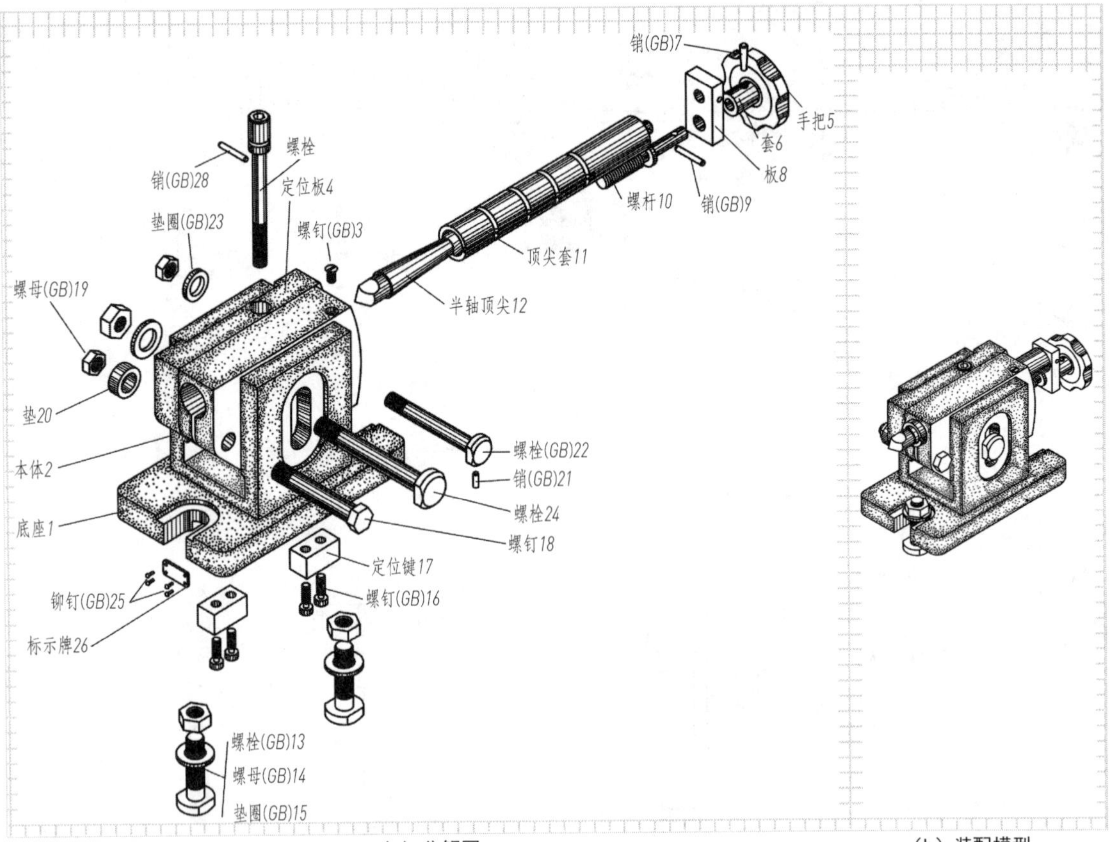

（a）分解图　　（b）装配模型

图 9.78　尾架装配体及其分解图

—— 本 章 小 结 ——

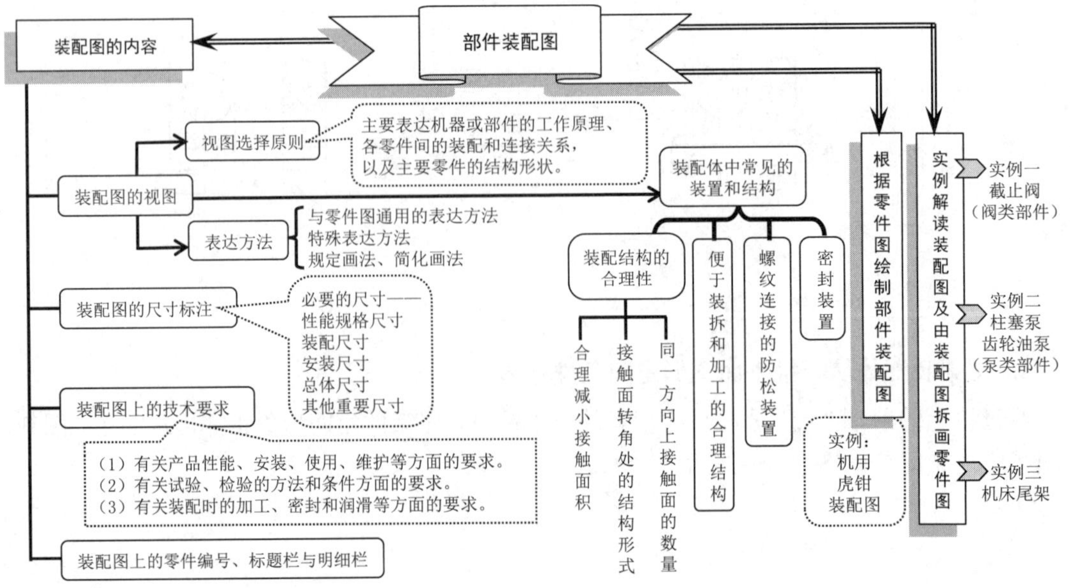

第 10 章　课程实践——装配体测绘

Multi-part Assembly Surveying and Drawing

本章知识要点

本章内容是一个实践性的总结和训练，可以检验读者对这门课程各个知识点的综合理解和掌握程度。

减速器是很多机器中常见的一类部件。以它的测绘为实践训练的主要线索，具有普遍的实践意义。

因此本章的知识要点在于：一是了解机械设计中的一个重要环节——装配体测绘的完整过程；二是通过对减速器上每一个部分、每一个结构的细致分析，不仅了解减速器本身的工作原理和结构特征，更重要的是了解设计阶段的设计思路，设计者是如何将每一个零件的几何构造、加工要求、材料选用、装配和工作精度有机巧妙地结合在一起的，从而使你感到前面还有多少工程上的理论与实际知识等着你去追求和探讨！

兴趣实践

去五金商店买一把最经典的弹子锁，或者一个门锁，或者还是前面提到的水龙头，对它们进行部件测绘，看看你是否有能力画出它们的装配图和一套零件图？

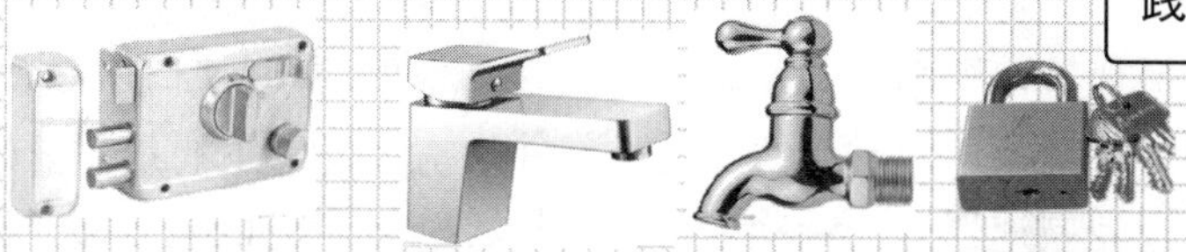

探索思考

在体验了减速器的完整测绘过程后，你能提出一些改进性的设计吗？它的密封性能、透气装置乃至外观设计等，都有很大的改良空间。它的油面指示装置早已过时，你能否找一个标准系列的油标换上，并画入装配图中？

预习准备

本章内容是对你的一个实践性的总结和训练，也是检验你是否具备了一个工程师的最基本的工程素质，即工程语言能力。请去实验室或上网看一看，减速器是一个什么样的部件，用在哪些场合，对照一个部件的组成部分，如工作部分、传动部分、操纵和控制部分、框架支承部分都有哪些。

10.1　装配体测绘的基本概念

所谓装配体测绘，是指对现有的装配体（机器或部件的统称）中除标准零、部件外的所有零件进行测量，整理并绘制出全套零件工作图和装配图的全过程。

在实际生产中，设计新产品或仿造产品时，往往需要测绘同类产品的部分或全部零件，供设计时参考；机器设备在进行维修时，如果其中有部分损坏，在无备件又无图纸的情况下，也需要测绘损坏部分，画出机械图样以便指导加工制造。因此，装配体的测绘工作在机器或部件的仿造、维修或改进的整个设计制造工作中是非常重要的一个环节。

装配体的测绘不是一个单纯的“照葫芦画瓢”的过程，而是一个再设计的过程。组成该装配体的所有零件中，标准件的选取、非标准件形状与尺寸的确定、零件加工时需要的技术要求、零件测绘结果是否满足装配要求等，都需要较强的工程实际经验。

关于零件的测绘及装配体的测绘步骤，分别在第 8 章和第 9 章都作过介绍，下面就以工程上常见的一类减速器部件为例，对零、部件测绘过程给出一个完整的概念。

10.2 齿轮减速器类部件简述

减速器，顾名思义，就是改变传动速度的一种部件。汽车的变速箱、各种机床上使用的减速器等，都属这类部件，这类部件的执行机构主要是齿轮机构。

齿轮减速器是一种动力传递机构，利用齿轮的速度转换器，将电机的每分钟回转数（转速）减速到所需要的工作转速。以一对齿轮传动为例，其减速比$=n_1/n_2=z_2/z_1$，其中 N_1 和 N_2 分别表示两啮合齿轮的转速，Z_1、Z_2 分别为两齿轮的齿数，这就是说，减速比等于两齿轮齿数的反比。

减速器的种类很多。常用的齿轮及蜗杆减速器按其传动及结构特点，大致可分为三类。

（1）齿轮减速器（图 10.1）。主要有圆柱齿轮减速器、圆锥齿轮减速器和圆锥-圆柱齿轮减速器三种。

（a）单级齿轮减速器（只有一对齿轮传动）　（b）多级齿轮减速器（多对齿轮传动，实现多级减速）

图 10.1　几种齿轮减速器外观图

（2）蜗杆减速器（图 10.2）。主要有圆柱蜗杆减速器、圆弧齿蜗杆减速器、锥蜗杆减速器和蜗杆-齿轮减速器等。

（3）行星齿轮减速器。主要有渐开线行星齿轮减速器、摆线针轮减速器和谐波齿轮减速器等。

在工程上，由一对齿轮组成的机构是齿轮传动最简单的形式，称为基本齿轮机构。而在实际机械中，仅采用一对齿轮传动，往往不能满足工作需要。例如，在机械式钟表中，要使时针、分针和秒针的转速具有一定的比例关系；在汽车后桥传动中，要根据汽车转弯时道路弯曲程度的不同，将发动机的转速分解为两个后轮的不同的转速等。所有这些都需要由多个基本齿轮机构用一定的方式组合成一个齿轮系统来进行传动，这种系统就称为轮系。它通常介于原动机和执行机构之间，把原动机的运动和动力传给执行机构。行星齿轮减速器就是一种典型的轮系。

图 10.2　几种蜗杆减速器外观图

轮系可以由圆柱齿轮、锥齿轮、圆柱螺旋齿轮和蜗杆蜗轮等多种类型的基本齿轮机构组成。根据运转时各轮轴线位置是否固定，又分为定轴轮系和周转轮系两大类。

定轴轮系根据其轴线相对位置是否平行，又分为平面定轴轮系（图 10.3）和空间定轴轮系（图 10.4）两类。

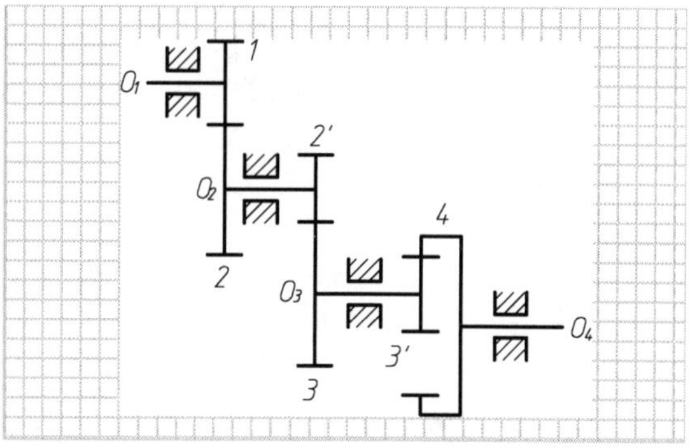

图 10.3　平面定轴轮系

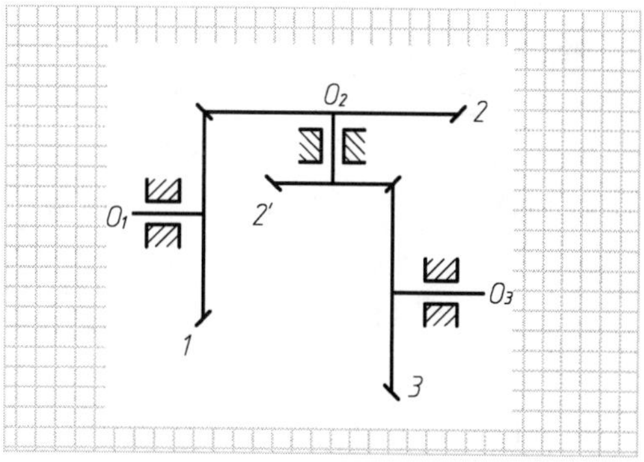

图 10.4　空间定轴轮系

在轮系运转时，若其中至少有一个齿轮的轴线位置不固定，而是绕着某一固定齿轮轴线转动，这种轮系就称为周转轮系。如图 10.5 所示，齿轮 2 的轴线位置就是不固定的，它活套在构件 H 上，且与齿轮 1 和 3 啮合。当构件 H 绕着轴线 O_H 转动时，齿轮 2 一方面绕自身轴线转动，同时又随着 H 件绕固定轴 O_H 转动，就像太阳系中的行星一样，既有自转，又有公转，“行星轮”由此得名。在周转轮系中，这种既自转又公转的齿轮就称为行星轮，如图中的齿轮 2；与行星轮啮合的，轴线固定的齿轮称为太阳轮，如图中的齿轮 1；而轴线固定且支撑行星轮活动构件就称为系杆（又称为转臂或行星架），如图中的构件 H。

按行星轮的自由度数目的不同，周转轮系又分为差动轮系和行星轮系两种，这些概念在后续课程《机械原理与设计》中可以了解，并对其原理和结构设计进行学习和掌握。

根据减速比的要求，减速器还分为单级减速器（即输入和输出之间只需一对齿轮传动）和多级减速器（在输入和输出之间，经两对或两对以上的齿轮啮合、将总减速比分配到各对齿轮以完成要求的减速比）等。

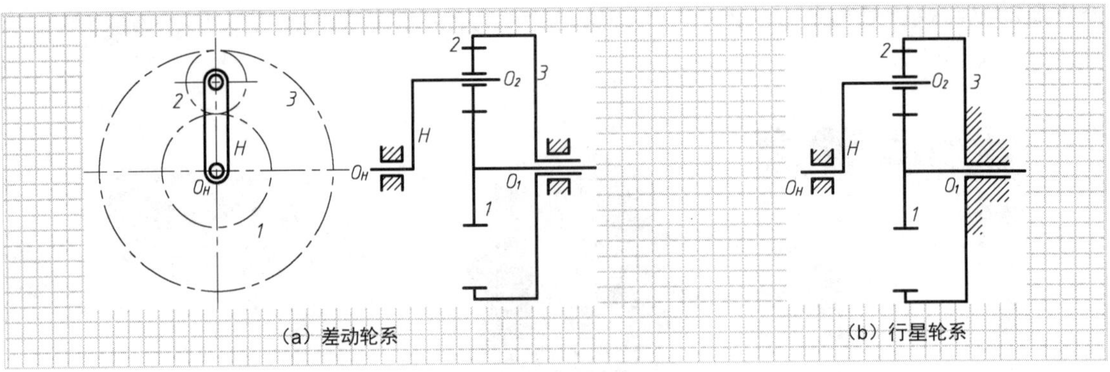

图 10.5 周转轮系

齿轮减速器尽管有许多类型，但其组成部分还是有共性的。

首先，它们的执行机构都是齿轮传动机构。要保证齿轮的啮合传动达到工作精度和要求，支承轴是必不可少的，支承轴的主要任务是安置齿轮，因此这根轴上不是安装一个齿轮就可完成任务的。如要保证齿轮的径向定位，就会有键或销连接；要保证齿轮的轴向定位，就会在轴本身设置轴肩，或另增加一些轴套、卡环类零件；要保证齿轮运转灵活，两端一定要有滚动轴承；要保证齿轮和轴承的润滑但又不能外泄，还要有一些沟、槽、甩油环、挡油圈及密封装置等。支承轴、齿轮及其为保证齿轮支承、定位、润滑、密封等零件便组成了一个轴系。一个减速器内至少有两根轴系（单级减速器），而支承轴系的部分就是底座和箱盖了。底座和箱盖不仅要承担包容和承担轴系的任务，还要承担密封、储存润滑油等任务。同时，为了解箱内润滑情况，还必须设置观察油面的装置，如油面指示器等；为了定期方便地清理和更换润滑油，就必须设置注油和清油装置；在密闭的空间内工作久了，里面的气体混浊或膨胀会造成爆炸，还必须设置透气装置等。

10.3 实例测绘单级直齿圆柱齿轮减速器

图 10.6（a）给出了本例中的测绘对象——单级直齿圆柱齿轮减速器。它一般用于电机与工作机之间的减速。

图 10.6 单级直齿圆柱齿轮减速器

10.3.1　分析了解减速器各组成部分的结构和功能，画出装配示意图

从以上分析可知，单级齿轮减速器即指只有一对齿轮传动的一级减速。打开箱盖可以看到，该减速器有两个轴系，每个轴上都装配有若干零件。在图 10.6（b）所示位置上，左边向后伸出的轴上有小齿轮，右边向前伸出的轴上是大齿轮，因此根据减速比$=n_{输入}/n_{输出}=z_2/z_1$，左边小齿轮轴为输入，右边则为输出。其工作原理也很简单，左端高速轴端部有一键槽，可与一皮带轮连接，并通过皮带轮传动与电机连接，经过减速器内的一对齿轮传动后，右端低速轴的键槽则用来与工作机的输入端连接。

1．分析了解减速器各组成部分的结构和功能

1）轴系（主要装配干线）

首先分析左边的输入轴系：仔细观察会发现，该减速器中的小齿轮是直接制作在轴上的，即小齿轮与轴是“连体”的。这样的轴往往称为“齿轮轴”。这是因为结构和传动比要求小齿轮的尺寸较小，导致其齿根圆直径与其相配合的轴径十分接近，而与其相配合的轴的直径必须根据它所承受的各种力学因素来设计，不能因为小齿轮的直径而减小轴的直径，因此只能把它们制成一体。

为了表达清楚，给出了该轴系相应的模型分解（图 10.7）和装配结构分析（图 10.8）。以小齿轮轴上的两个轴肩为基准，从前面依次装入的是：挡油环-滚动轴承-调整垫圈-小闷盖；从后面装入的顺序则为挡油环-滚动轴承-小端盘及密封圈。轴系零件的轴向定位基准分别为小齿轮轴的前后两处轴肩（见图 10.7 标记）。例如，前面的 4 个零件，挡油环装入至小齿轮轴前方轴肩止；滚动轴承装入至其内圈抵住甩油盘前端面；调整垫圈

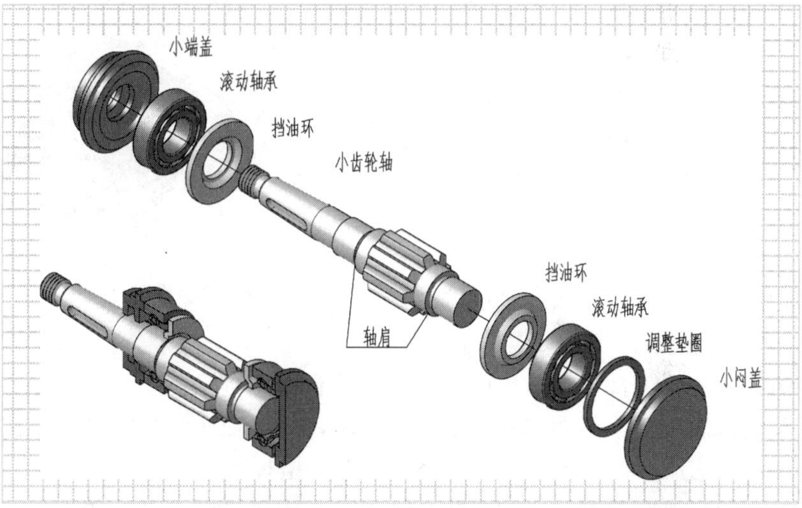

图 10.7　输入轴系零件拆分及装配结构的三维简化模型(其中略去密封圈)

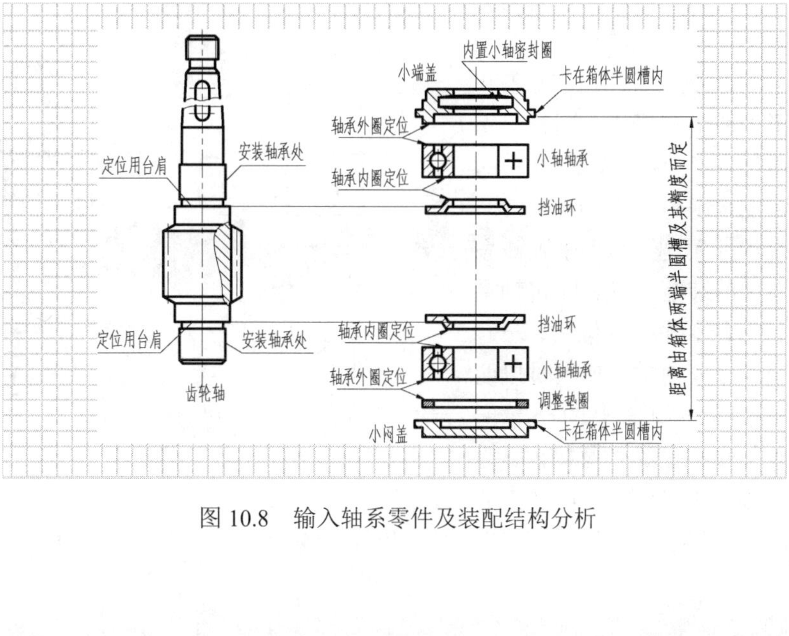

图 10.8　输入轴系零件及装配结构分析

装入至抵达轴承外圈；最后是小闷盖装入直抵调整垫圈前端面。后面的装配顺序也是如此，不再赘述。

轴上各零件的作用如下。

（1）挡油环。这要从减速器的润滑方式说起。由于此种减速器用的是稀油飞溅式润滑，即大齿轮旋转时将底座内的油带起，引起飞溅与雾化，不仅润滑齿轮，还散布到各部位，从而对各运动零件的表面进行润滑，以减少磨损。为了有良好的润滑效果，要求大齿轮的轮齿部分浸入润滑油中，其深度一般要求达两倍的全齿高。有润滑就会有泄漏，为防止润滑油的泄漏，在一些零件上或零件之间就必须有起密封作用的结构和装置，这些在前面的几个实例中都已有所了解，本例中如每个轴系两端的端盖、闷盖、端盖中的密封圈等都防止润滑油沿轴的表面向外渗透。其中，由于小齿轮轴的轮齿部分接近底座和箱盖的接合面，且又由于齿轮与轴是一个整体，润滑油极易沿轴进入滚动轴承内而稀释轴承的润滑脂，所以在小齿轮滚动轴承的两端设置了挡油盘，这样可借助它旋转时的离心力，将环面上的油甩掉。

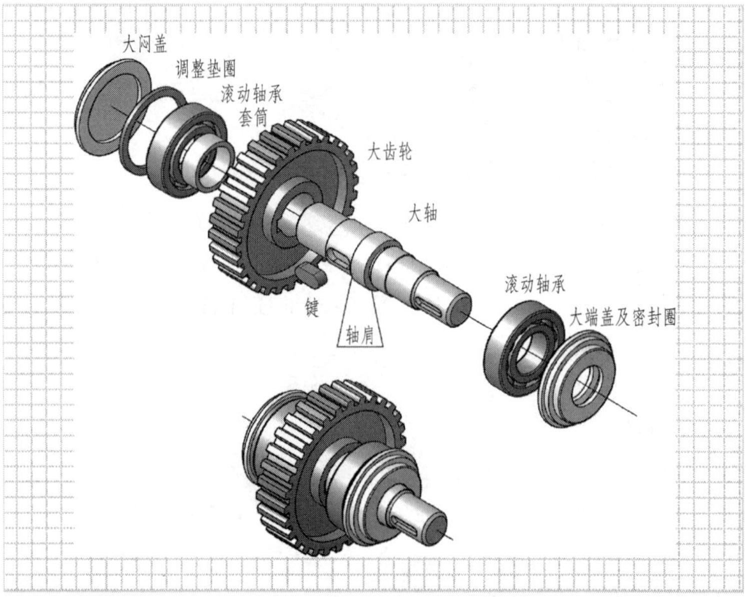

图 10.9　输出轴系零件拆分及装配结构的三维简化模型（其中略去密封圈）

（2）调整垫圈、小闷盖和小端盖。小闷盖（即无通孔的端盖）和小端盖（有通孔，以使轴可伸出体外）均为该轴系两端的圆形盖板，它们均有一圈向外凸起的卡圈，在轴系装配到位后卡在底座和箱盖的半圆槽内；调整垫圈的作用则要从整个轴系的装配来考量。图 10.7（b）给出了底座及其内部轴系零件的装配方法，即将轴系上所有零件放到位后，一起装入底座内的，装入时以两端端盖和闷盖上的凸起圈卡入底座上的半圆槽内。由于零件制造中不可避免的误差，不可能做到所有零件

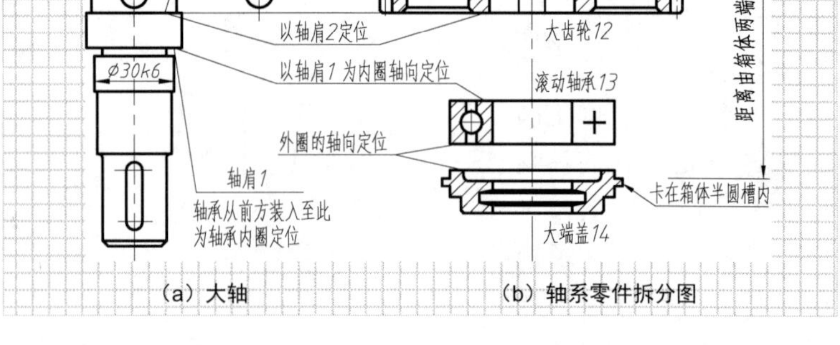

图 10.10　输出轴系零件拆分及装配结构分析（视图表达，略去密封圈）

轴向的累加长度就正好等于底座上两半圆槽相对端面的距离，因此必须使用可供调整间距的系列垫片，以“填满”轴向间隙。

（3）滚动轴承。滚动轴承的轴向定位必须对内圈和外圈分别单向定位，不允许同时从两侧抵死内圈和外圈。这是因为要保证滚动轴承既能起轴向和径向的支承作用，又要使其运转灵活，因此其滚动体与保持架及内、外圈之间都要留有一定的间隙，如果两侧都“卡死”了，就会无法转动。

其次，观察右侧输出轴系。有了刚才对输入轴系的了解，输出轴系的装配过程及各零件的功用也就一目了然了。图 10.9 和图 10.10 分别给出了这个轴系的装配分解图和用视图表达的装配分解图。

从两个图的对比可以看出，输出轴系的装配线路和输入轴系相同，轴上零件及其作用也相同，所不同的是装配方向相反，并且此处的齿轮和轴是分离式的，它们之间以普通平键连接及进行径向定位，而其轴向则是以轴肩和套筒定位。另外，该轴系零件中少了两个挡油环，这是因为大齿轮与其轴是分离式的，轮齿部分与轴面距离较远，加之齿轮与轴之间、齿轮与套筒之间都留有间隙，为飞溅或雾化油提供了较多的渠道，润滑油较难滞留在轴上并沿轴向两侧的轴承流入，因此不需使用挡油环。

2）油面观察装置

前面说过，减速器的运动零件是需要润滑的，并采用的是稀油飞溅式润滑方式，一般要求大齿轮浸入润滑油中，浸入的深度一般为两倍的全齿高。减速器是密闭的，为了能够随时观察和控制油面，在左侧设置有“油面观察装置”。大多情况下可采用专用的油面指示器、油针等。而本例中是用油面指示片、反光片、两个垫片和小盖组成的一个油面观察装置，并用 3 个 M3 的小螺钉固定在底座的左下侧，如图 10.11 所示。

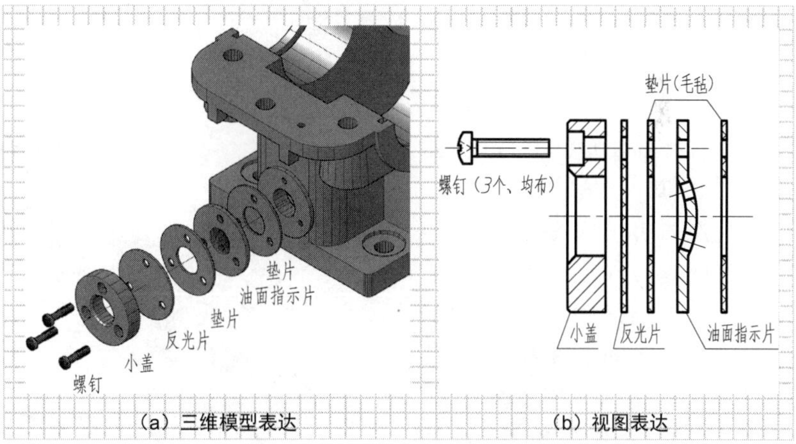

（a）三维模型表达　（b）视图表达

图 10.11　油面指示装置的拆装路线

该装置用的是螺钉连接，因此按螺钉连接的条件，除底座上加工成螺孔外，小盖、反光片、油面指示片和垫片上都均匀分布有三个相应的光孔，测量时注意其孔径约为 1.1*d*（*d* 为螺钉的公称直径）。为了保证能“透视”到箱中的油面，小盖和垫片中间都有相同的圆孔，而反光片上除了 3 个安装螺钉的均布小孔，中间是没有孔的，它的作用是将油面高低情况反射到人眼中。油面指示片中间部分是一个球面，其上开了两个小孔，起反射作用。

实际上，本例中采用的是一个最早期的油面指示装置，而且细心的读者会发现它的密封性能其实很低。现在这种装置早已发展并形成了一类系列的标准部件，统称为油标，只需根据需要选择使用，无需再进行结构设计。本例中之所以还举此种传统的例子，只是为了更细致地为读者提供这种装置的工作原理和结构分析。有兴趣的读者，不妨试着查阅有关国家标准，选用一种合适的油标，将本例中的这个装置进行更新，更换时注意，底座上与标准油标连接处会进行一些结构上的更改，这对读者也是一个很好的实践训练。

3）清油装置

清油装置的意义不难理解，减速器工作久了，内部的润滑油会产生许多污物、杂质，因此必须定期清理。如家中使用的水池一样，水池中的水用完了，将水池底部的塞子拔开放水。本例的减速器的底座上也有一个清油口，不过不在其底部（因为这样会影响减速器的安装），而是在其右侧下端。正常工作时，这个清油口用螺塞旋紧，为防止漏油，螺塞与底座结合面之间有一个垫圈。因此，这个清油装置由一个螺塞和一个垫圈组成，如图 10.12 所示。值得注意的是，底座内腔的底面是有一定的斜度的，经测量可知，左边厚度为 10mm，而右边的厚度为 8mm，其理由很简单，就是让箱内被清除的油沿这个斜面流干净。

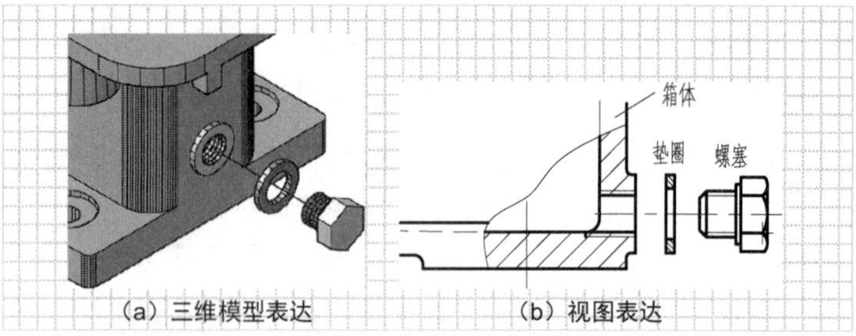

图 10.12　清油装置及其装配干线

4）透气装置

既然这个减速器是飞溅式润滑，就要求它的密封性能良好，但密封性好了，透气性就会差，而且对密闭箱内的工作情况也无法观察，因此透气、观察装置是减速器不可或缺的。另外，这个透气装置还可以用来注入润滑油。

箱盖的上顶面有一段斜面，在垂直于该段斜面的方向开有一方孔（视孔），透气装置就安装在这段斜面上。它主要由透气塞、视孔盖组成。首先将透气塞用螺母、垫圈固定在视孔盖上，然后再用均匀分布在 4 个角上的螺钉固定在箱盖的视孔上。考虑到密封，在箱盖视孔与视孔盖之间设置有垫片。图 10.13 给出了该装置的装配干线（分别用三维模型图 10.13（a）和视图 10.13（b）表达）。

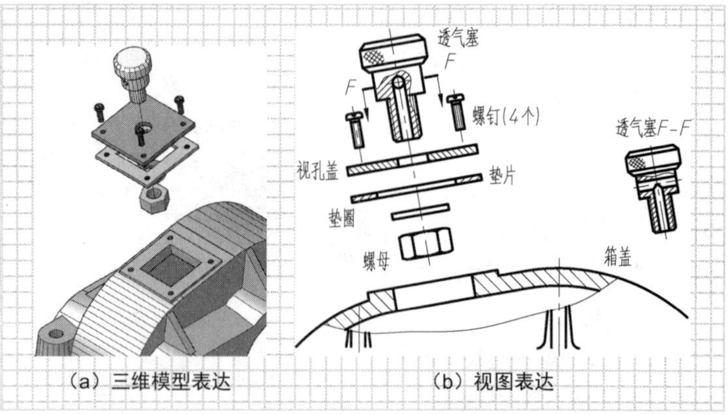

图 10.13　透气装置的装配干线及其三维简化模型

那么，这个装置是如何起到透气作用的呢？请注意透气塞上有一个小圆孔，同时，在它的垂直方向上还有一个直径相等的另一个小孔（图中的“*F—F*”断面），形成了一个丁字形通道，这就是透气通道。让这个通道呈丁字形而不直接打通是因为，如果直接打通透气孔，那么飞溅或雾化油就会直接外泄，因此，既要透气又要密封，就只能让气体的通道“转一个弯”了。

5）框架支撑系统

框架支撑系统由底座和箱盖组成，如图 10.14 所示。它们均铸造为毛坯，在安装面和装配面处进行机械加工。它们的作用和每一部分的结构已在前面内容提及。这里主要解释一下其安装和装配部分的结构。

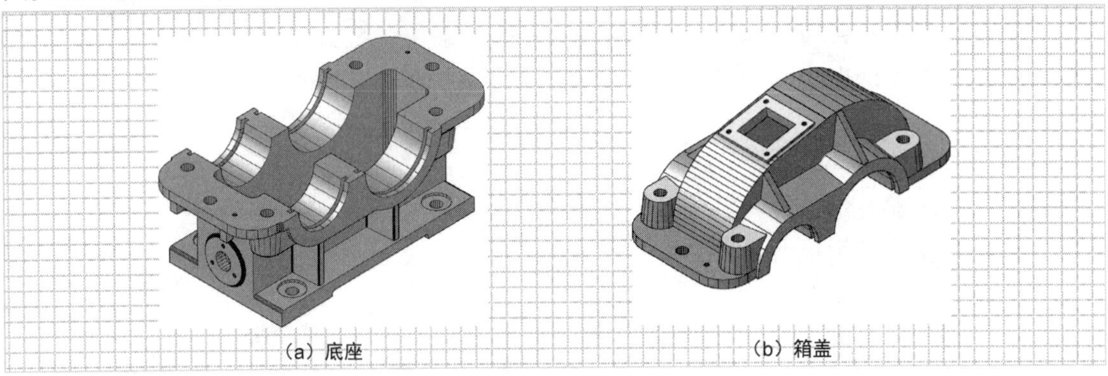

图 10.14 底座与箱盖的三维简化模型

(1) 底座（图 10.14（a））

首先是底座的底板，其上有 4 个均匀分布的沉孔，以供其用螺柱连接的方式安装在机座上。底板下端面的矩形槽，是为了加强安装面的接触性能，同时也是为了减少加工面。

底座上表面与箱盖的装配接合面，其上开有 6 个供螺栓连接用的光孔（直径约为 1.1*d*，*d* 为所选螺栓公称直径）和两个呈反对称的供定位用的锥销孔（注意这两个锥销孔不是事先加工的，而是与箱盖装配时与所选圆锥销配合加工的）。在 6 个螺栓光孔中，由于结构限制，对前后 4 个光孔专门设置了 4 个“U”型锥台（图 10.14，箱盖上也有如此结构，见图 10.14（b））。与箱盖配合连接时，用了 4 个较长螺栓（螺栓 GB5782—2000 M8×65），而左右两侧因为连接面板厚度较小，所以采用了两组较短螺栓（螺栓 GB5782—2000 M8×25）。

底座连接面板的下端还设置了前、后、左、右对称布置的供起吊搬运的结构，如图 10.15 所示。

底座上端沿两轴系轴线方向上并列的两个半圆柱孔，是为了支承左右两对轴承而设置的，也可称为轴承座结构。加工时与箱盖上的相同设置配合制作，因此在将要绘制的装配图上该处的尺寸标注一定是标注直径而不是半径，而且应在此处根据所选滚动轴承外圈的直径注有配合尺寸。半圆柱孔上的环形沟槽，是为安装两端的端盖和闷盖所设置的，如图 10.16 所示。

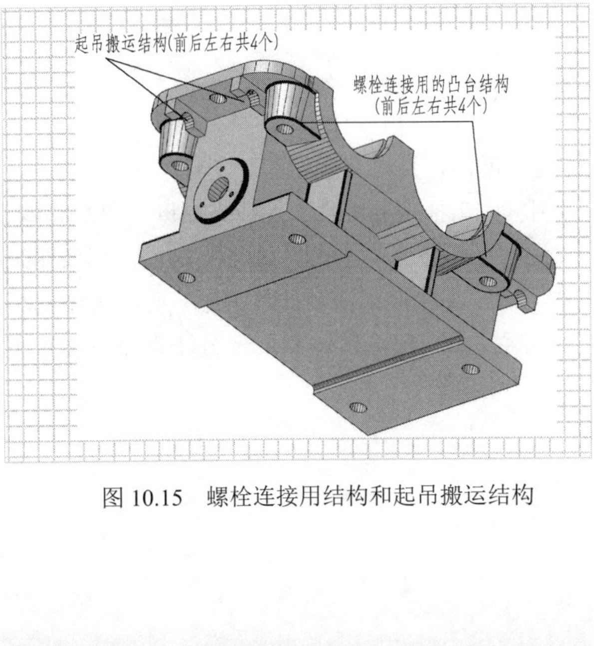

图 10.15 螺栓连接用结构和起吊搬运结构

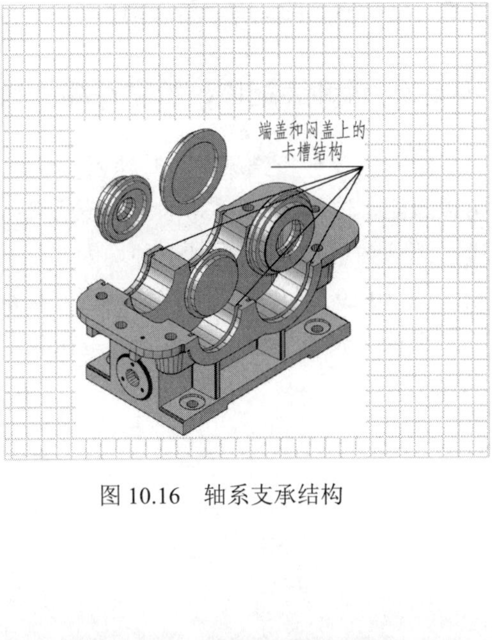

图 10.16 轴系支承结构

另外，为了结构的强度和稳定性，在轴承座与底板之间对称设置了 4 个加强筋（肋板）。

(2)箱盖(图 10.14(b))

箱盖与底座配合形成密闭空腔，并支承轴系运转。其上各结构的作用在前面均已介绍，此处不再赘述。

2. 画出装配示意图

至此，对整个减速器应该已经有了一个较为全面的了解。为了方便下一步装配图的绘制，以及拆卸后的再组装和还原，在拆卸前画出的表示该装配体上各零件间相对位置、连接方式、装配关系的装配示意图（图 10.17），并根据示意图上的顺序为零件依次编号。同时，为方便最终画装配图时的图面布局，还可在示意图上记录该部件的总体尺寸（总长约 231、总宽约 212、总高约 172）。

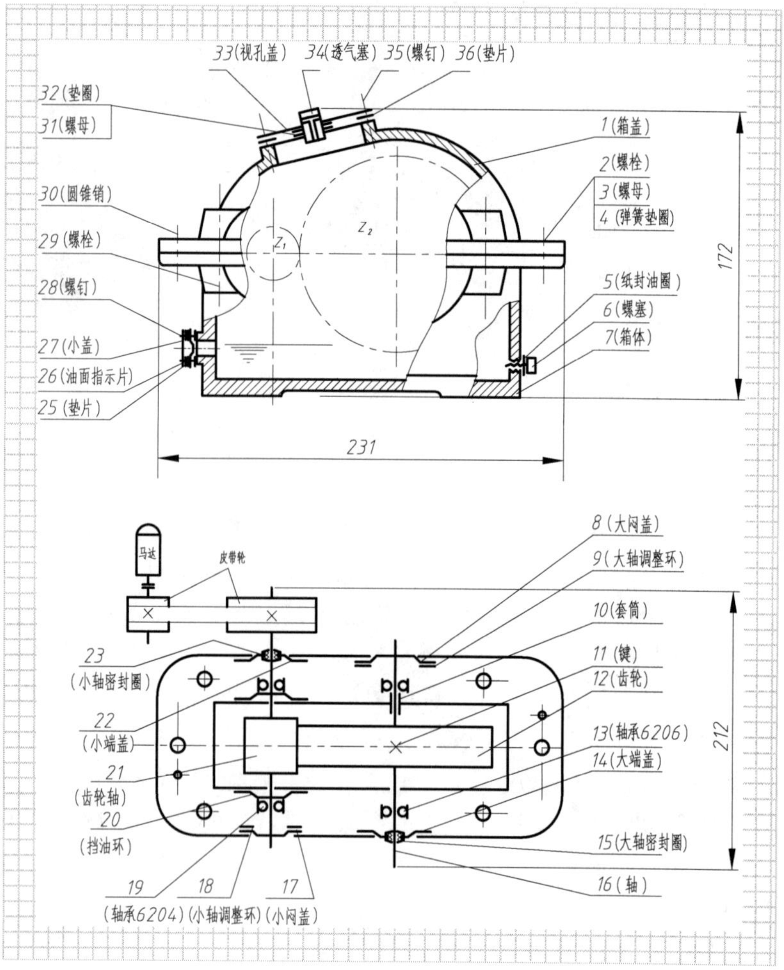

图 10.17　减速器装配示意图

10.3.2　拆卸装配体、给零件编号和填写明细表

根据以上分析结果，将减速器按装配干线逐一拆卸，并记录下它的装配顺序（图 10.18），可以看到，该减速器由 36 种零件装配而成。其中有 12 种是标准件（螺栓、螺母、弹簧垫圈、键、滚动轴承等），其他 24 种均为非标准件。逐一了解各零件名称、规格、材料，填写明细表（图 10.19），其中标准件采用国家标准编号，一般零件根据课题项目编号。明细表中的标准零部件（表中加粗字体部分）是在测量之后根据测量值套选的，其套选方法将在下一步骤中说明。

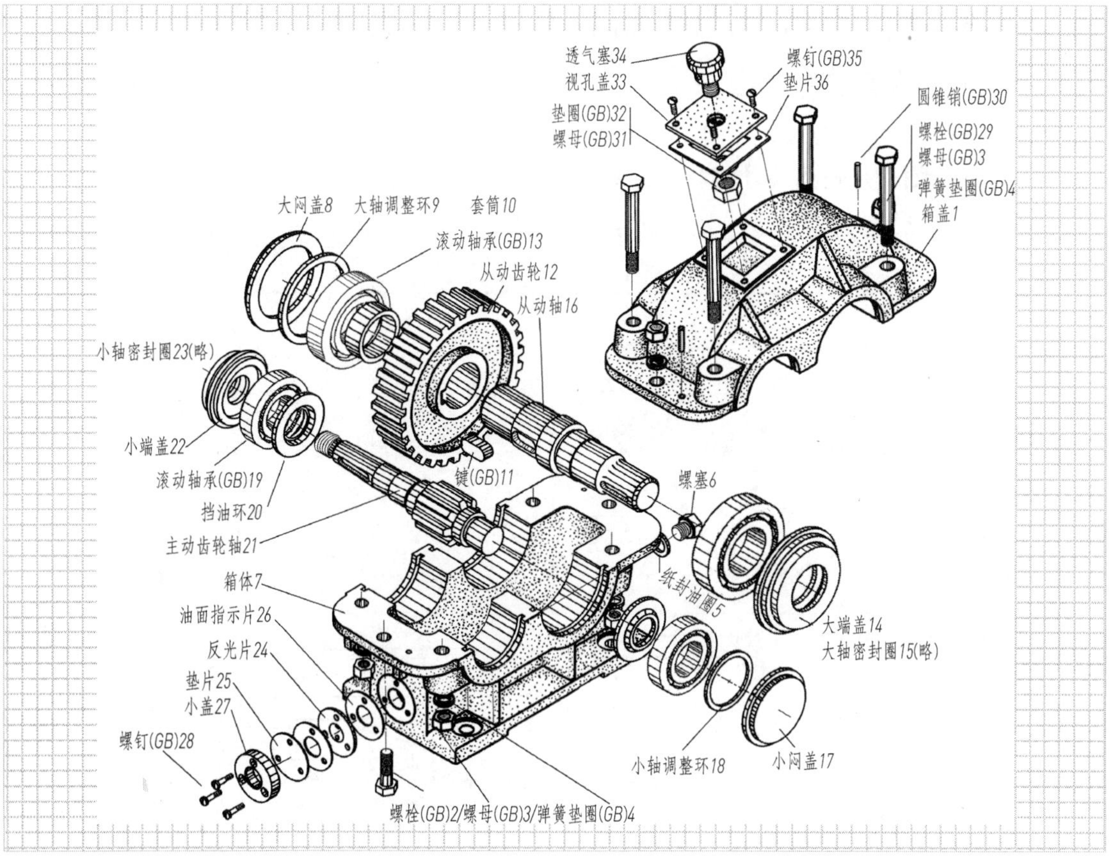

图 10.18　减速器装配分解图

序号	代　号	名　称	数量	材　料	备　注
36	JSQ-D027	垫　片	1	压纸板	
35	GB/T 67-2000	螺钉M3X10	4	Q235A	
34	JSQ-D026	透气塞	1	Q235A	
33	JSQ-D025	视孔盖	1	Q235A	
32	GB/T97.1-2003	垫圈 A10	1	Q235A	
31	GB/T6170-2000	螺母 M10	1	Q235A	
30	GB/T117-2000	圆锥销 3X18	2	45	
29	GB/T5782-2000	螺栓M8X65	4	Q235A	
28	GB/T 818-2000	螺钉M3X14	3	Q235A	
27	JSQ-D024	小　盖	1	HT150	
26	JSQ-D023	油面指示片	1	赛璐珞	
25	JSQ-D022	垫　片	2	毛毡	
24	JSQ-D021	反光片	1	铝	
23	JSQ-D020	小轴密封圈	1	毛毡	
22	JSQ-D019	小端盖	1	HT150	
21	m=2,z=15	齿轮轴	1	45	
20	JSQ-D017	挡油环	2	Q235A	
19	GB/T276-2013	轴承 6204	2		
18	JSQ-D015	小轴调整环	1	Q235A	

序号	代　号	名　称	数量	材　料	备　注
17	JSQ-D015	小闷盖	1	HT150	
16	JSQ-D014	轴	1	45	
15	JSQ-D013	大轴密封圈	1	毛毡	
14	JSQ-D012	大端盖	1	HT150	
13	GB/T276-2013	轴承 6206	2		
12	m=2,z=55	齿　轮	1	45	
11	GB/T1096-2003	键A10X22	1	45	
10	JSQ-D010	套　筒	1	Q235A	
9	JSQ-D009	大轴调整环	1	Q235A	
8	JSQ-D008	大闷盖	1	HT150	
7	JSQ-D007	箱　体	1	HT150	
6	JSQ-D006	螺　塞	1	Q235A	
5	ZB71-82	纸封油圈	1		
4	GB/T 93-2000	弹簧垫圈 8	6	Q235A	
3	GB/T6170-2000	螺母 M8	6	Q235A	
2	GB/T5782-2000	螺栓M8X25	2	Q235A	
1		箱　盖	1	HT150	

制图				
校对			比例	数量
审核				

图 10.19　单级直齿圆柱齿轮减速器的零件明细表

10.3.3 进行零件测绘工作，并绘制零件草图

零件草图的绘制过程，读者应该不再陌生，本书在第 8 章（零件图）中已有过详细的实例分析和描述，这里，仅就以下几点进行补充。

1．先画草图，并画出尺寸线和尺寸界限，再测量并填写尺寸数字

注意：切忌边测量边画图，费时费力，且缺少整体规划意识，延长不必要的测绘周期。

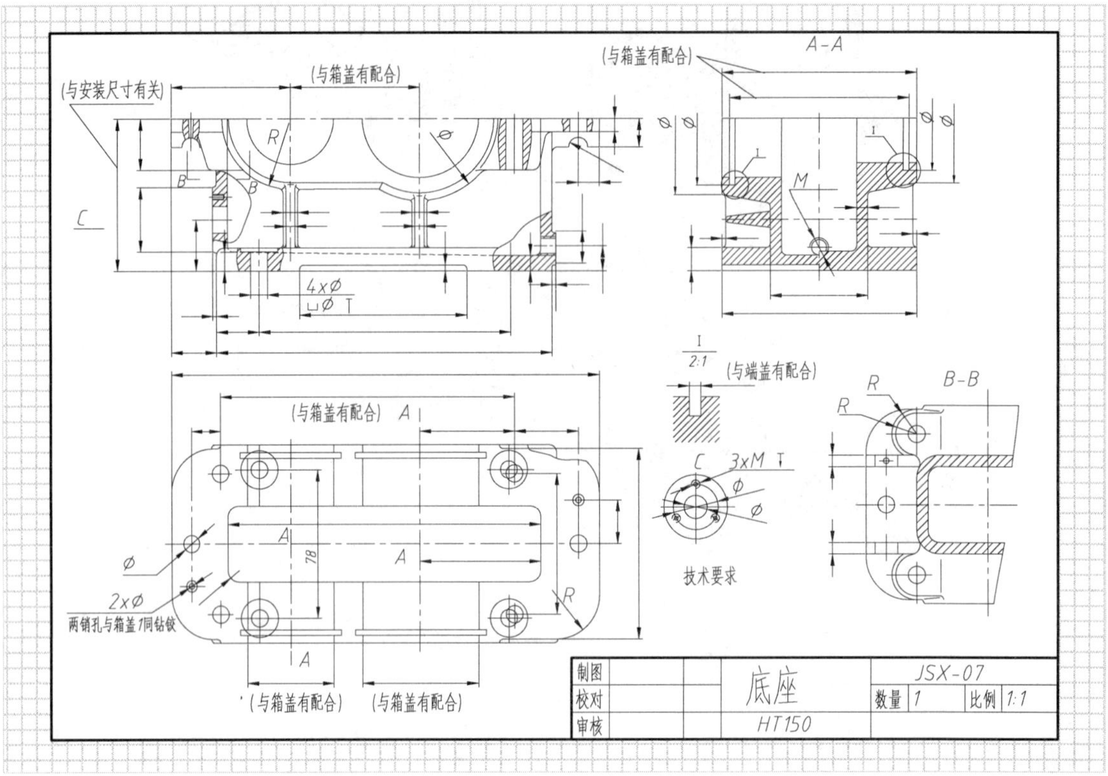

图 10.20 底座零件草图——测量前的草图及尺寸标注的准备

以底座零件草图的绘制为例（图 10.20）。根据其功能和结构分析，底座零件为箱壳类零件，材料为铸铁，内外结构复杂，加工面多，且加工基准不唯一，故取了主、俯、左三个基本视图，其中主、俯视图采用外形视图加局部剖视，左视图则采用阶梯剖的方式画出全剖视图（*A*—*A*）。另外，用 *B*—*B* 剖视图（仰视）表达连接面板下底面处的 U 形凸台、2 个起吊结构位置及中部箱体的断面，用 C 向局部视图表达左端与油标连接面处的形状，用一个按“2∶1”比例画出的局部放大图表达前后两端安装端盖及闷盖的凹槽的断面。首先布置图面，根据确定的表达方案画出各视图的基准线，然后再经目测画出各图形（也可先采用如图 10.21 所示的拓印法，先对上下两个大端面画出该部分俯视图的外形轮廓（**拓印前首先定出中心线，以此对上下两端面进行定位**），然后再以此为参照，按目测布局图面），并标出尺寸线与尺寸界线，如图 10.17 所示。

其中，对直径、半径尺寸标记上前缀“ϕ”和“*R*”，螺纹处标记上前缀“*M*”，在有配合加工处标记，如销孔处，注出“两销孔与箱盖 1 同钻铰”，在有配合的表面处也作出临

时的标记，以提醒标注尺寸时应给出尺寸公差，如图 10.20 中的标记“与箱盖有配合”、“与安装尺寸有关”等，这类标记在标注后擦去。还有底板上 4 个沉孔处也可留下“$\frac{4\times\phi}{\sqcup\phi\,\overline{\downarrow}}$”的标记。

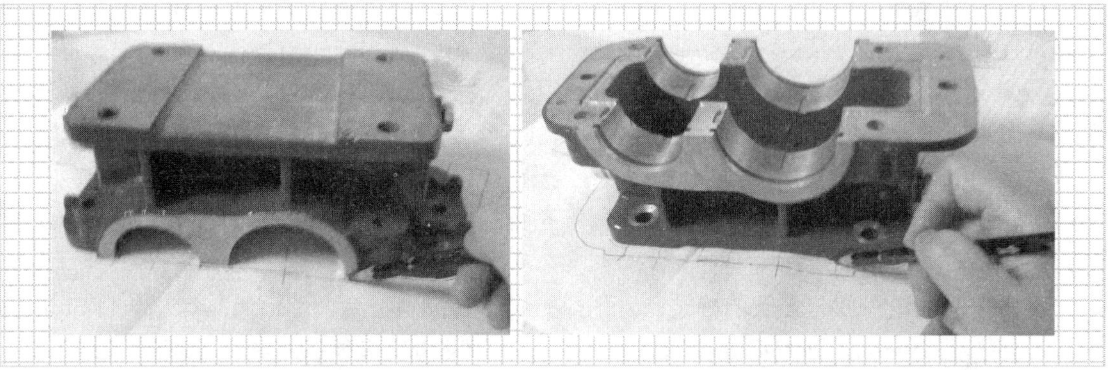

图 10.21 拓印法画出底座上、下端面的边界轮廓线

接下来才是测量。一般精度零件的常用测量工具及简单的测算方法在第 9 章中也已有介绍，读者在实际操作时可查阅。测量或测算结果可记录并标注到草图中，如图 10.22 所示。

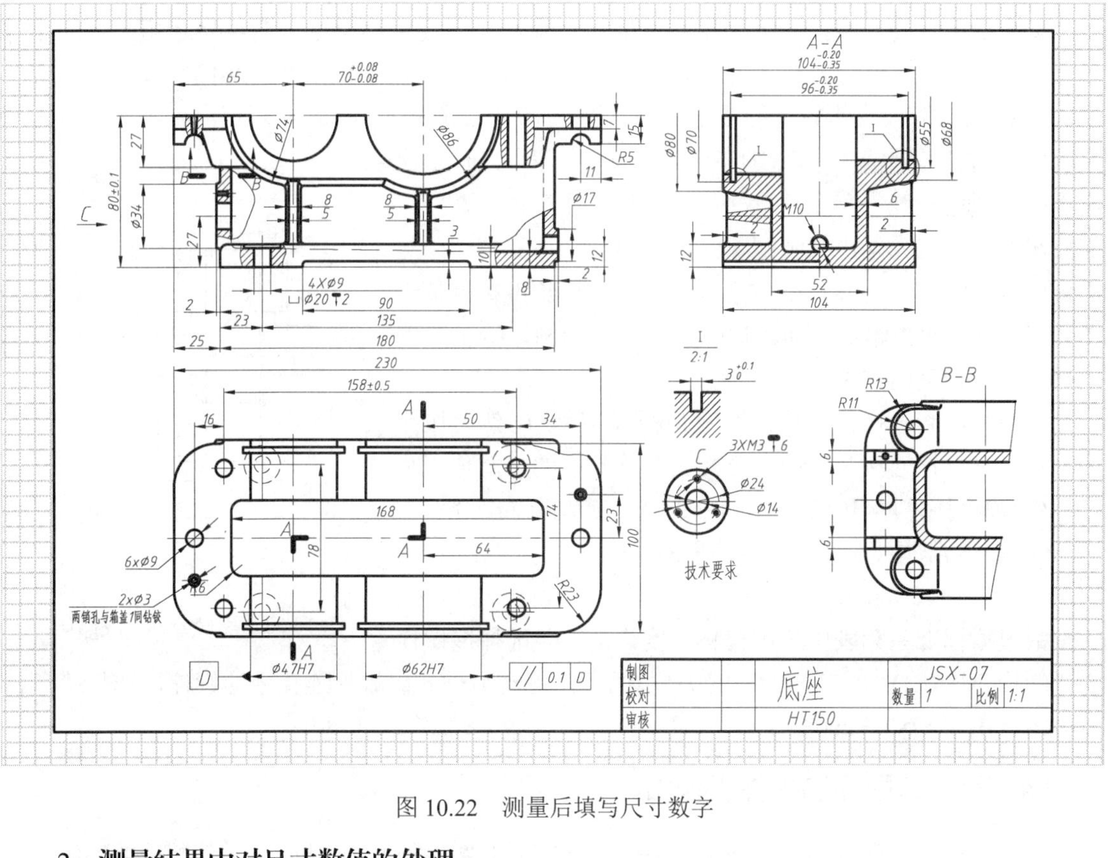

图 10.22 测量后填写尺寸数字

2. 测量结果中对尺寸数值的处理

一般情况下，对于非加工表面、非定位面、非接触面、非配合面的尺寸（也称为自由尺寸），其测量结果可作适当地圆整处理。除此之外的都属重要尺寸，特别是与标准零部件以及

与其他零件有配合要求的尺寸，必须考虑到装配、安装、定位精度而慎重确认。查阅国家标准，以及参考同类产品等，统一制定尺寸公差。

如上述底座零件上，与标准部件滚动轴承的半圆柱配合面上的直径尺寸及其公差，须在测量结果的范围内按标准选择轴承，再根据所选轴承的外圈来修订测量值，并根据标准的规定确定该直径尺寸及公差值。

又如左下部与油标连接处的三个小螺孔，也是先测量出螺孔小径 d_1，再根据 $d_1 \approx 0.85d$ 的关系算出大概的公称直径 d'，最后根据标准系列值套选其公称直径 d。一般情况下，当 d 小于或等于 4mm 时，标准系列值为 4、3、2 等规律递减，而大于 4mm 时，标准系列值按 4、6、8、10 等偶数级递增。另外，螺纹连接处的光孔直径，可按所选螺纹连接件的公称直径 d 测算，即 $d_{孔} \approx 1.1d$。

再如齿轮的轮齿部分参数的确定，可测到的尺寸是齿顶圆直径（$d_{a1}=34$，$d_{a2}=114$）和齿数（$Z_1=15$，$Z_2=55$）。则根据分度圆直径 $d=mz$ 及标准齿轮齿顶高 $h=m$、齿根高 $h_a=1.25m$ 的关系，可获得关系式 $d_a-2m=mz$，即 $m=d_a/(2+z)$，由此得到两个齿轮的模数和分度圆直径分别为：$m=2$，$d_1=30$，$d_2=110$。注意，如果算出来的模数 m 不是标准系列值，如 2、2.5、3 等，可适当调整齿顶圆直径的测量值。

3．标准零部件的选用

标准零部件的选用，一般根据测量值进行套选，选定后再反过来调整与之相配合的零件尺寸。如本例中选用的大小两对滚动轴承分别为“轴承 6204 GB/T 276—2013”和“轴承 6206 GB/T276—2013”，大齿轮上的普通平键“键 A10×22 GB/T 1096—2003”，底座和箱盖之间的定位锥销“圆锥销 3×18 GB/T 117—2000”等。只有螺栓连接中的螺栓长度，在经测量并套选出其公称直径“d”后，需按比例画法首先画出其装配草图，算出一个估算值 l'，然后再由标准的系列公称长度中查得相应的公称长度标准值。图 10.23 以底座与箱盖之间较短螺栓连接组为例，给出了确定螺栓公称长度的过程。

首先测量套选螺栓公称直径为 M8（即 $d=8$），然后按比例画法画出螺栓连接装配图，可知其公称长度的估算值 l'为

l'＝被连接件厚度（7＋7）＋$0.2d$（弹簧垫圈高度）

＋$0.8d$（螺母高度）＋（3～5）

＝（25～27）mm

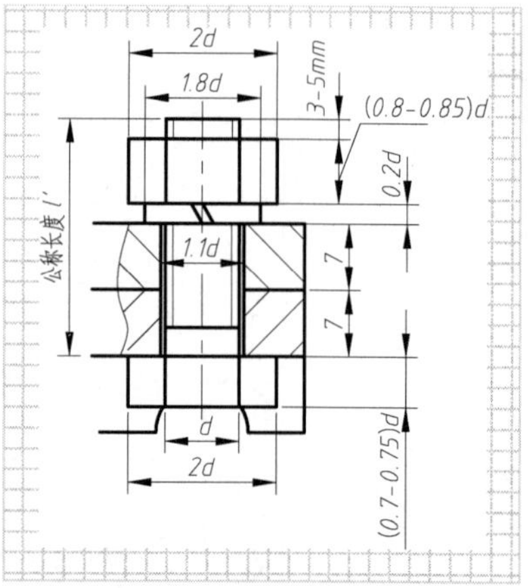

图 10.23 螺栓公称长度的确定

故根据标准系列表中选用公称长度为 25，即选择该螺栓为“螺栓 M8×25 GB/T 5782—2003”，同理，可对另外 4 组螺栓连接中的螺栓，选择“螺栓 M8×65 GB/T 5782—2003”。

10.3.4 绘制装配图和零件工作图

在绘制整理出所有的零件草图之后（标准零、部件除外），即开始着手装配图的绘制。绘制装配图的同时还要不断调整零件草图的结构和数据，因此，绘制装配图和零件工作图是一件并行的工作。

1. 绘制装配图

1）确定表达方案

根据拆、装减速器的过程所画的装配示意图，分析确定装配图的表达方案。

首先按工作位置，并按左低右高选择安放主视图，主要表达减速器的整体外观，以及用一对相切的细点画线圆表示此处有一对齿轮啮合（装配图的假想画法之一），并对各处螺纹连接、销连接、上部的透气装置、左下部的油面观察部分、右下部的清油结构以及底座内腔左高右低的底面等 6 处采用局部剖视。分析并确定表达方案如图 10.24 所示。

图 10.24 中的俯视图采用沿结合面剖切的画法，即可清楚地表达减速器两根轴系的装配情况；选择左视图（采用拆卸画法）补充表达左下方油标端面形状，输入输出轴与整体的相对位置，并用局部剖视补充表达主、俯视图上没有表达到的沉孔结构。

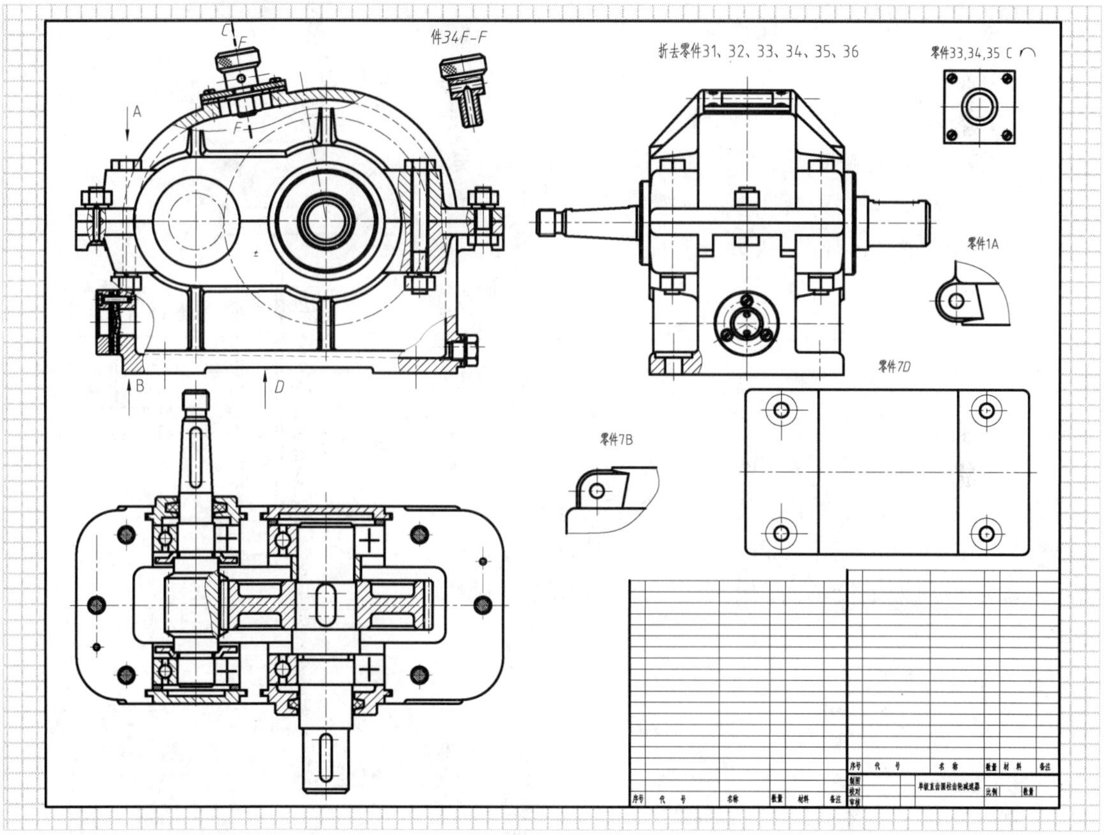

图 10.24　减速器装配图的视图

另外还需选择几处局部视图、断面图等，补充表达主要零件的形状和一些特殊结构，为读图及拆画零件图提供方便。如对底座（件 7）底面形状采取“单独画出一个零件”的方法画出 *D* 向视图；为表达箱盖（件 1）和底座（件 7）螺栓连接处的 U 形端面，须用“单独画出一个零件”的方法分别画出 *A* 向和 *B* 向局部视图；为表达透气装置处的盖板（件 33）、垫片（件 32）的形状和螺钉（件 35）连接的分布情况，须画出这 3 种零件装配后的 *C* 向局部视图；为表达透气塞（件 34）中的透气通道，须单独画出 *F*—*F* 断面。

2）作装配图

根据装配示意图上记录下来的装配体总体尺寸，以及确定下来的视图数量选择图幅，布置图面，画出各基准线，并首先从底座和箱盖的主、俯、左视图画起，其次按轴系、各装置的装配干线依次作出底图。

为了对各部分画法有一个详细清晰的了解，以下分别对一些细节进行专题注解。

（1）主视图上销连接及螺栓连接的画法

底座与箱盖之间首先用一对锥销定位，然后再用 6 组螺栓连接。锥销孔是底座与箱盖合上后一起进行钻铰的，锥销外表面与一锥孔内表面是接触表面，因此画图时应画出公共轮廓线，如图 10.25 所示。画图时可先根据查标准获得的圆锥销的尺寸画出圆锥销，再将相邻零件的轮廓线补画至锥销轮廓线处。

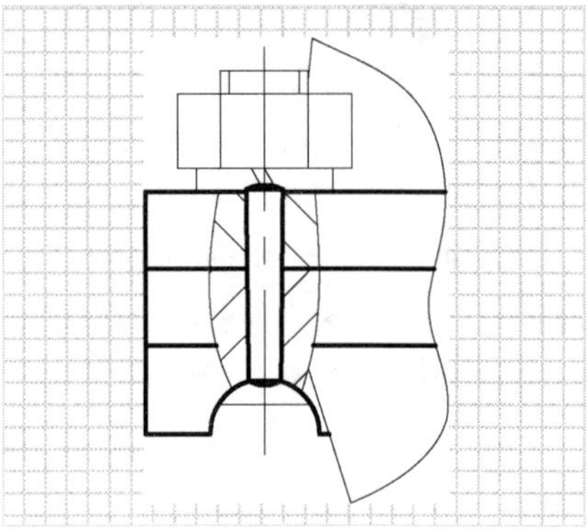

图 10.25　销连接画法

由于结构需要，6 组螺栓连接中有 2 组为较短螺栓，4 组为较长螺栓。为装配时操作工具（如扳手等）方便，一般情况下螺栓从下部穿入，而在上部加入垫圈和拧螺母，如本例中的较短螺栓连接组。但对较长螺栓组而言，由于下部两面板之间的距离限制，只能安排螺栓从上面穿入，下面安装垫圈和螺母，两种配置如图 10.26 所示。在装配图中，标准件均采用简化画法，即省略倒角、圆角等工艺结构，同时，对螺纹连接优先采用比例画法，即以螺纹的公称直径为因子，螺栓、螺母、垫圈各部分尺寸均采用规定比例画出，如图 10.23 所示。

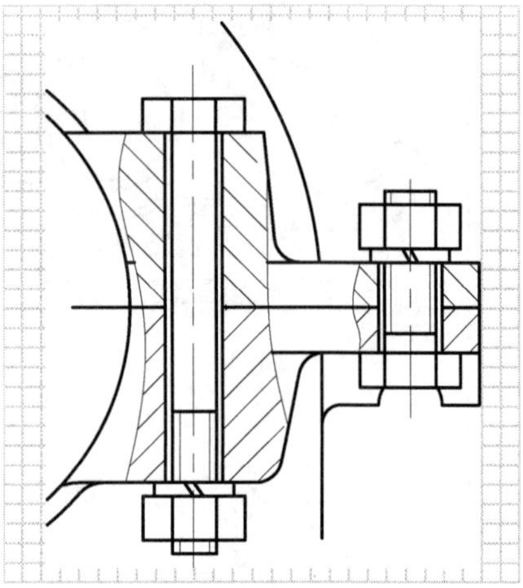

图 10.26　螺栓连接按简化比例画法

（2）俯视图上两个轴系的装配画法

两个轴系的装配示意图，其上所安装的零件以及装配画法分别如图 10.27 和图 10.28 所示。画图时首先画出轴，然后以图示轴肩为定位基面，按装配顺序分别从前端和后端依次画入。

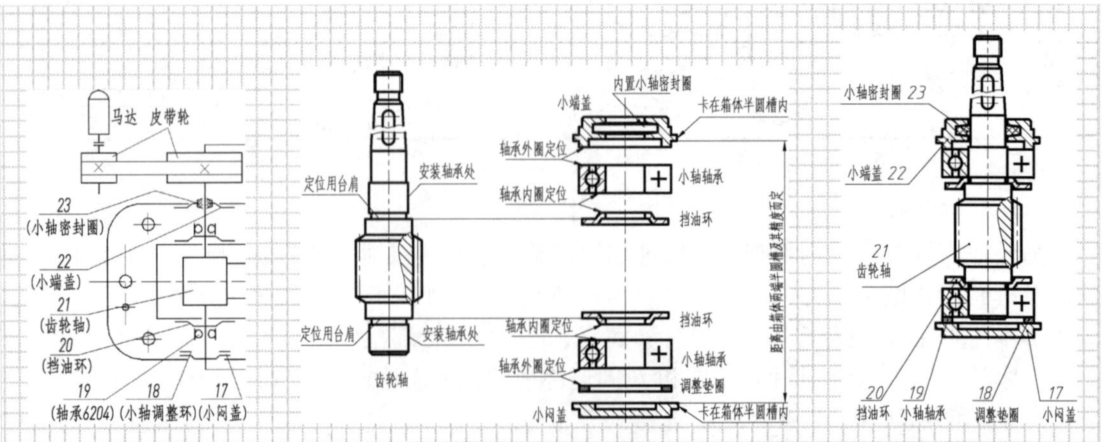

（a）装配示意图　（b）轴系零件（省略密封圈）　（c）装配图

图 10.27　输入轴系装配图画法

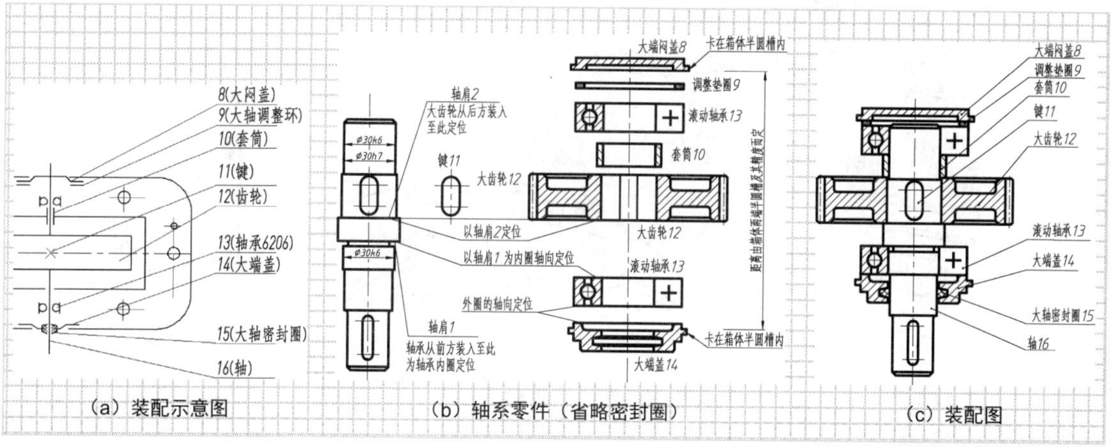

图 10.28 输出轴系装配图画法

为加深理解，图 10.29 放大给出了两轴系的邻接关系处的视图，即两齿轮啮合画法。而图 10.30 则给出了表达两个轴系工作原理和装配关系的完整的俯视图。

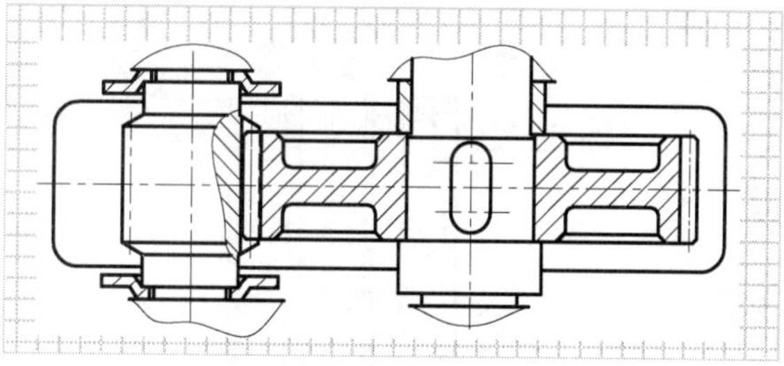

图 10.29 两齿轮啮合关系

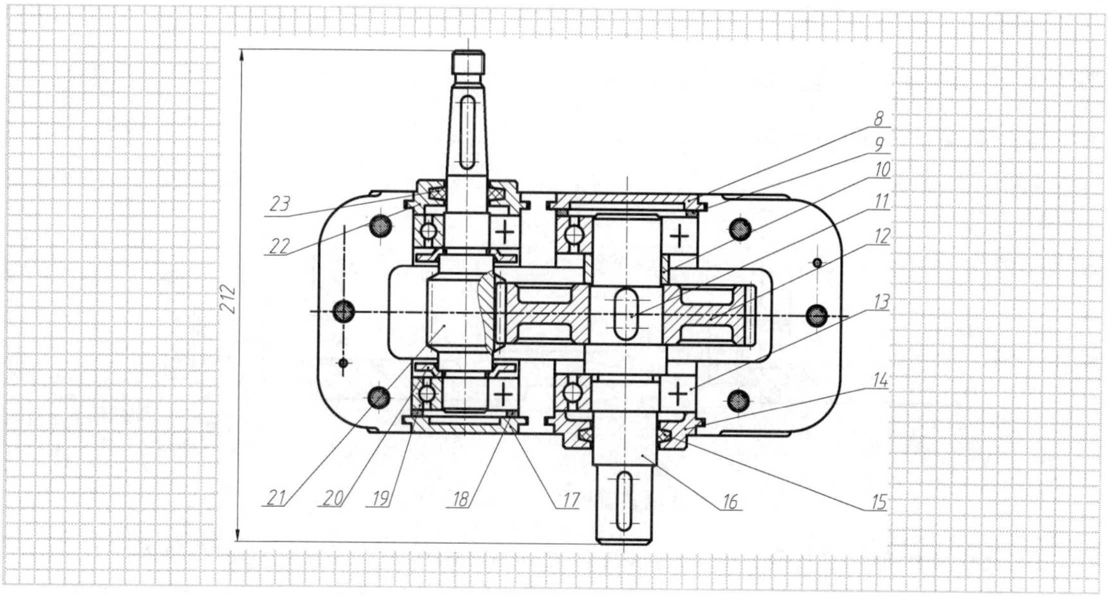

图 10.30 表达轴系工作原理和装配关系的俯视图

（3）透气装置的装配画法（图 10.31）

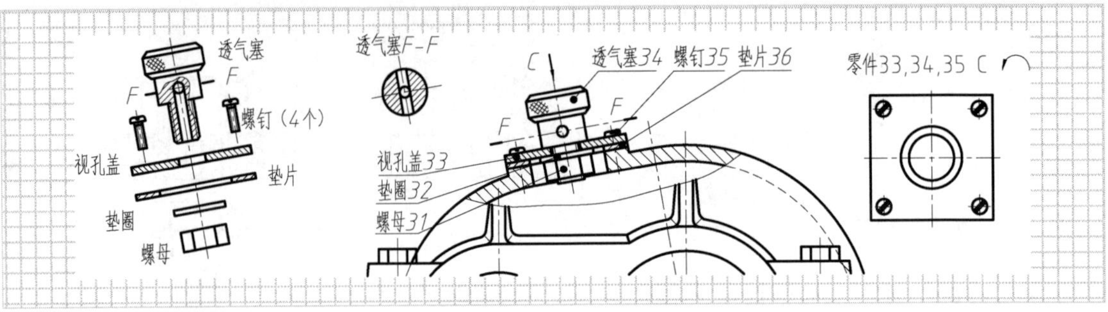

图 10.31　透气装置所用零件分解图及其装配图

（4）油面观察装置的装配画法（图 10.32）

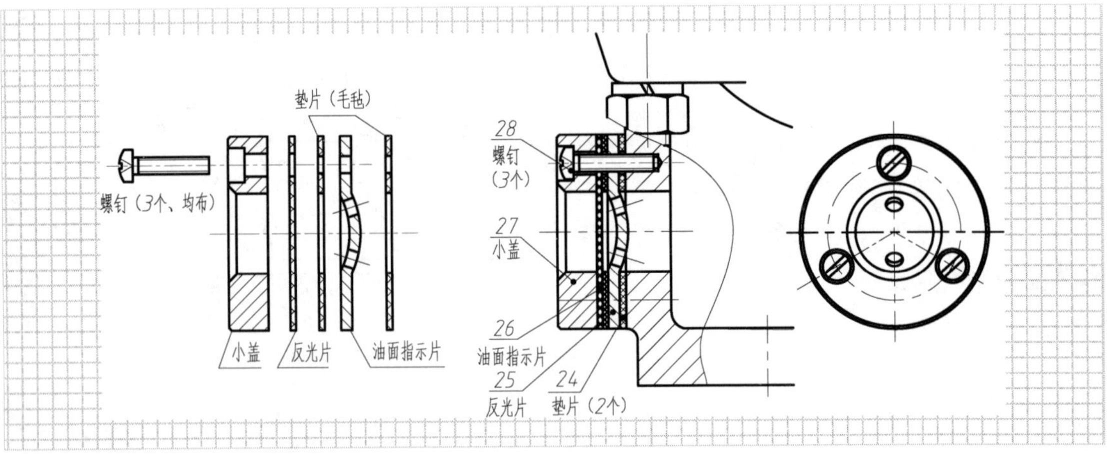

图 10.32　油面观察装置所用零件分解图及其装配图

（5）清油装置的装配画法（图 10.33）

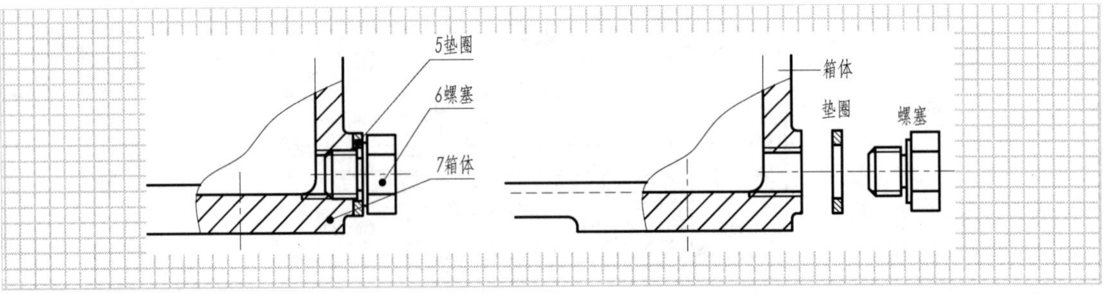

图 10.33　清油装置所用零件分解图及其装配图

3）尺寸分析与尺寸标注、技术要求的制定、零件编号及标题栏的绘制与填写

（1）减速器的尺寸分析：整个减速器的总体尺寸为长 231、宽 212、高 172。安装尺寸包括底板上有 4 个供安装用的沉孔的定形和定位尺寸（长度定位为 135、20，宽度定位为 78，安装孔径为 4×ϕ9，以供选择安装用螺柱，即孔径≈1.1×螺柱的公称直径 d），以及两齿轮的

中心高 80。规格尺寸为输入、输出端的轴径尺寸和键槽尺寸。它的装配尺寸很多，主要集中在俯视图上滚动轴承与轴或孔之间、端盖及闷盖与孔之间，调整垫圈与孔之间的配合尺寸，如图 10.34 所示。另外，主视图上两轴的中心距 70±0.08，俯视图中底座和箱盖接合面上 6 个螺栓和 2 个销之间的装配位置尺寸等都属于装配尺寸。

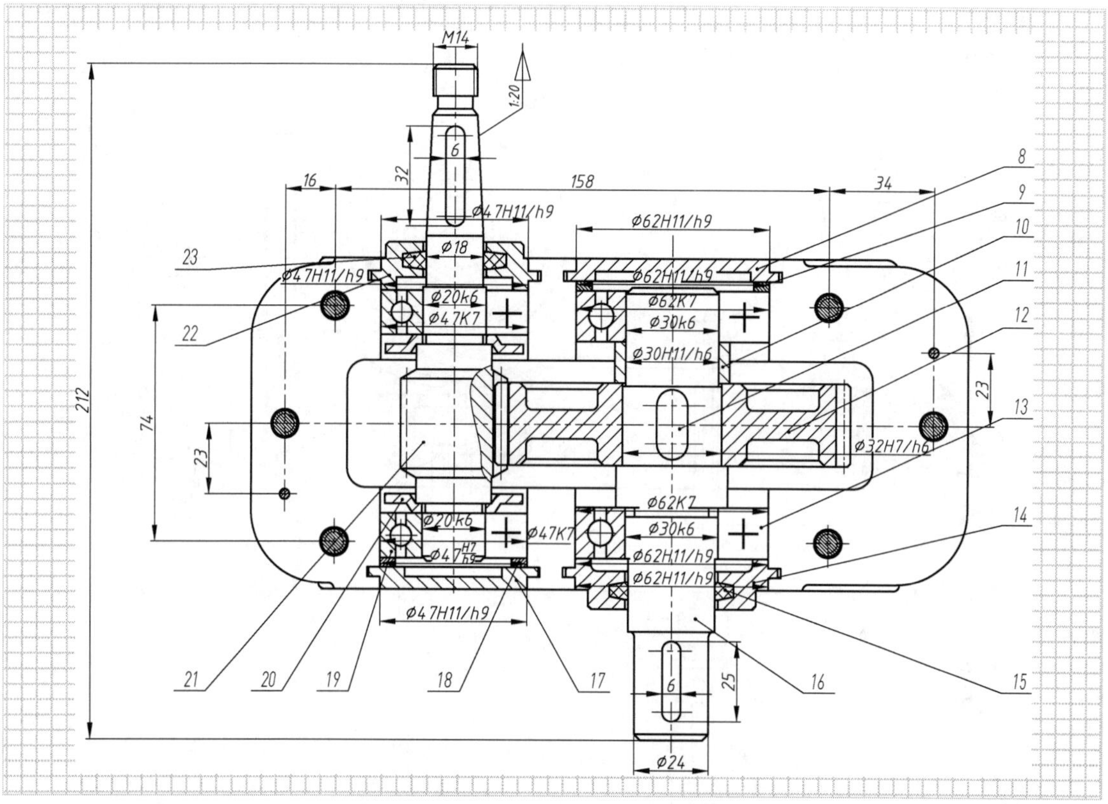

图 10.34　轴系中的装配尺寸及安装尺寸

（2）减速器的技术要求：根据装配图上应制定技术要求的内容，即有关产品性能、安装、使用、维护等方面的要求；有关试验、检验的方法和条件方面的要求；有关装配时的加工、密封和润滑等方面的要求等，并经过现场观察、同类产品的类比及工作环境的调研，制定以下几条技术要求。

① 装配前所有零件进行清洗，箱体内壁涂油漆；

② 减速箱表面涂灰色油漆；

③ 作空载正反转各 1h，要求平稳，负载运转油池温度不超过 35℃。

（3）给零件编号及填写明细表：根据拆、装减速器时已初步记录下来的示意图上的编号及明细表，再对照检查画图过程中是否有改变，调整或修改零件编号与明细表内容，正式画入或标入图、表中。

至此完成装配图，如图 10.35 所示。

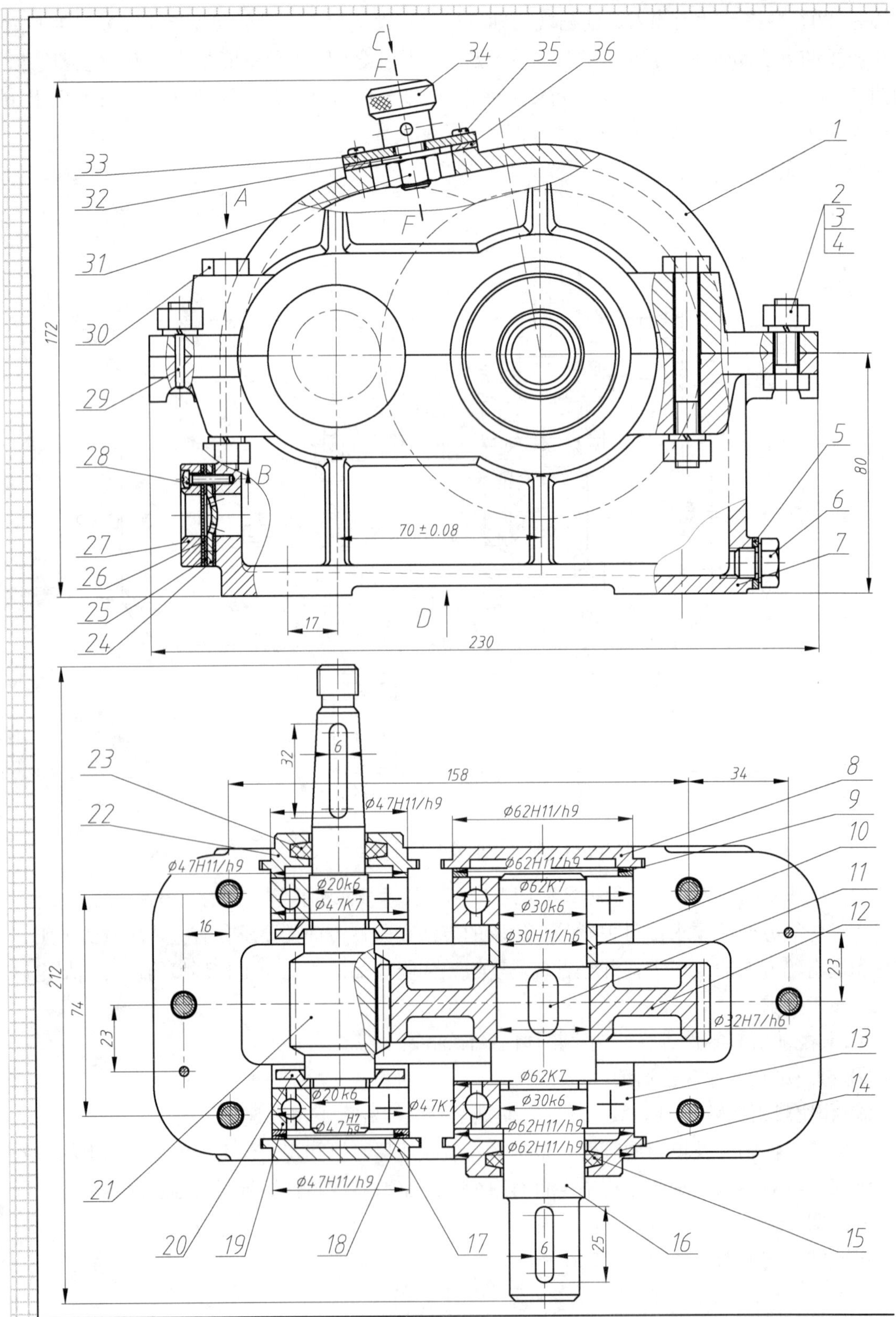

图 10.35 单级直齿圆柱

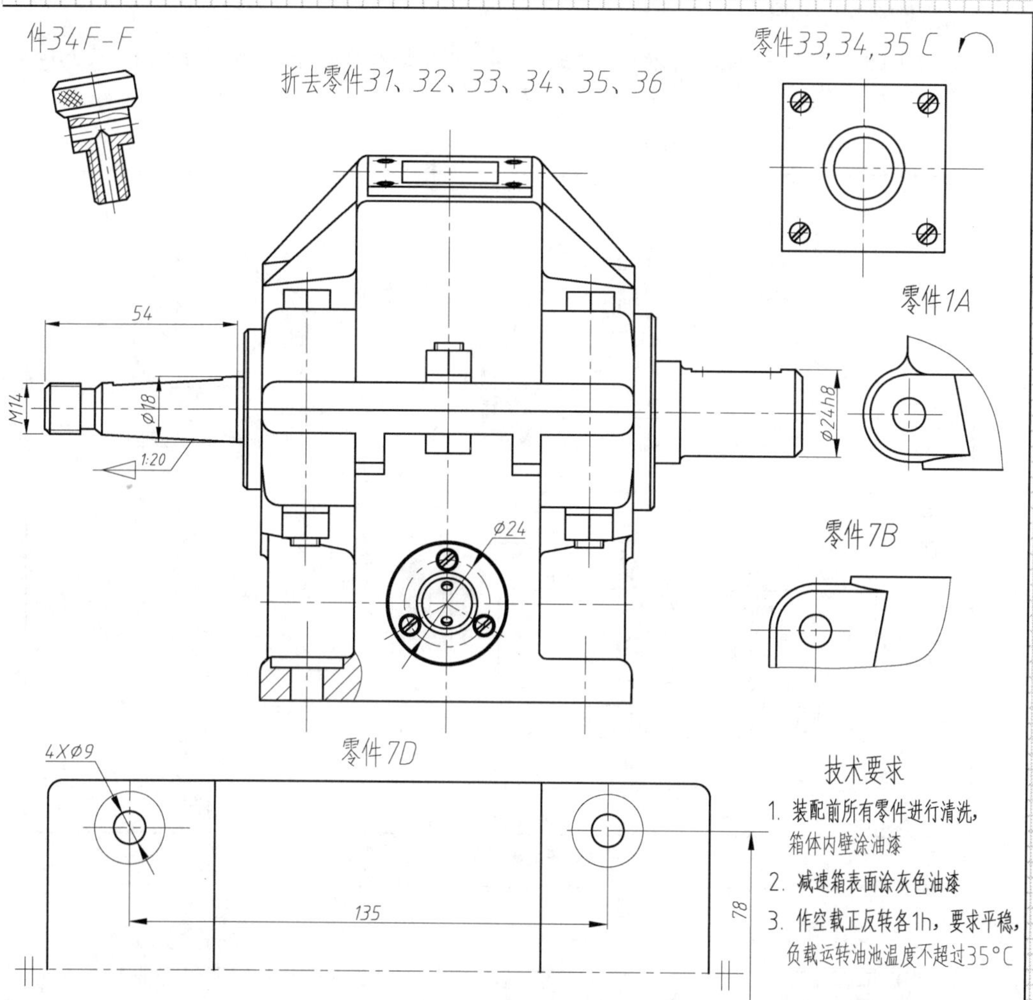

技术要求

1. 装配前所有零件进行清洗，箱体内壁涂油漆
2. 减速箱表面涂灰色油漆
3. 作空载正反转各1h，要求平稳，负载运转油池温度不超过35°C

序号	代号	名称	数量	材料	备注
36	JSQ-D0027	垫片	1	压纸板	
35	GB/T 67-2000	螺钉M3X10	4	Q235A	
34	JSQ-D0026	透气塞	1	Q235A	
33	JSQ-D0025	视孔盖	1	Q235A	
32	GB97.1-1985	垫圈A10	1	Q235A	
31	GB/T6170-2000	螺母M10	1	Q235A	
30	GB/T117-2000	圆锥销3X18	2	45	
29	GB/T5782-2000	螺栓M8X65	4	Q235A	
28	GB/T 818-2000	螺钉M3X14	3	Q235A	
27	JSQ-D0024	小盖	1	HT150	
26	JSQ-D0023	油面指示片	1	铝	
25	JSQ-D0022	垫片	2	毛毡	
24	JSQ-D0021	反光片	1	赛璐珞	
23	JSQ-D0020	小轴密封圈	1	毛毡	
22	JSQ-D0019	小端盖	1	HT150	
21	JSQ-D018 m=2,z=15	齿轮轴	1	45	
20	JSQ-D0017	挡油环	2	Q235A	
19	GB/T276-1994	轴承6204	2		
18	JSQ-D0016	小轴调整环	1	Q235A	

序号	代号	名称	数量	材料	备注
17	JSQ-D0015	小闷盖	1	HT150	
16	JSQ-D0014	轴	1	45	
15	JSQ-D0013	大轴密封圈	1	毛毡	
14	JSQ-D0012	大端盖	1	HT150	
13	GB/T276-1994	轴承6206	2		
12	JSQ-011 m=2,z=55	齿轮	1	45	
11	GB1096-1979	键A10X22	1	45	
10	JSQ-D010	套筒	1	Q235A	
9	JSQ-D009	大轴调整环	1	Q235A	
8	JSQ-D008	大闷盖	1	HT150	
7	JSQ-D007	箱体	1	HT150	
6	JSQ-D006	螺塞	1	Q235A	
5	ZB71-82	纸封油圈	1		
4	GB/T 93-1987	弹簧垫圈8	6	Q235A	
3	GB/T6170-2000	螺母M8	6	Q235A	
2	GB/T5782-2000	螺栓M8X25	2	Q235A	
1	JSQ-D001	箱盖	1	HT150	

制图		单级直齿圆柱齿轮减速器	比例	数量
校对				
审核				

齿轮减速器装配图

2. 绘制零件工作图

零件工作图的绘制依据主要来自测绘草图，同时还要在绘制装配图的过程中进行即时修改与调整。零件工作图的绘制方法与过程，在这里不再赘述。图 10.36 给出了减速器除标准零部件的所有非标准零件的工作图。

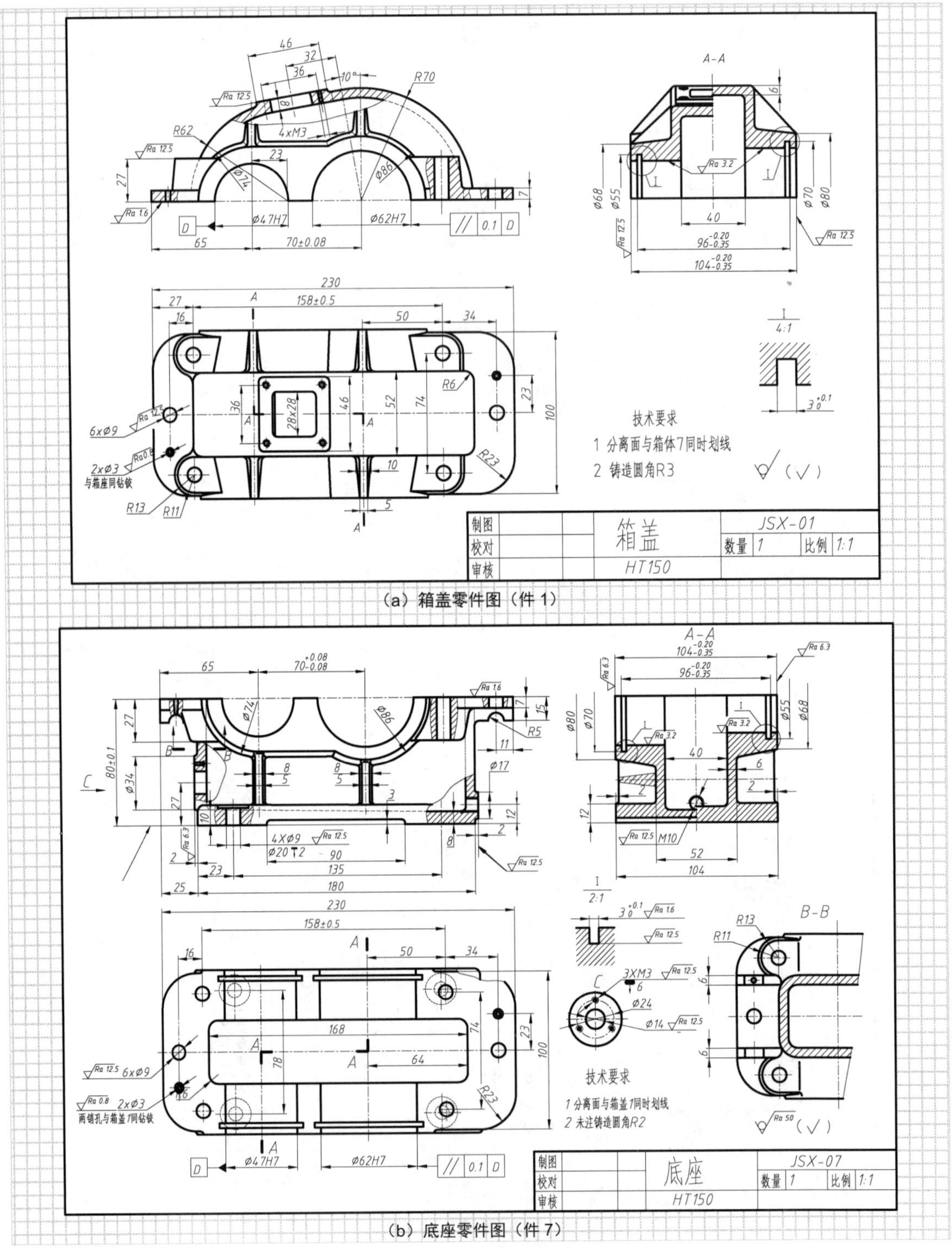

图 10.36 减速器中各零件图（标准件除外）

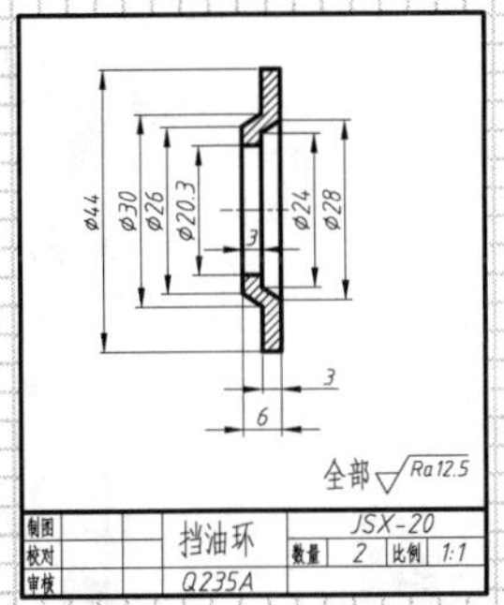

（c）挡油环（件 20）

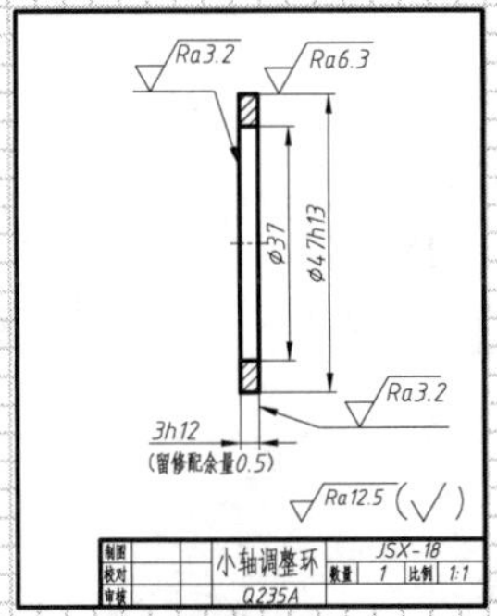

（d）小轴调整环（件 18）

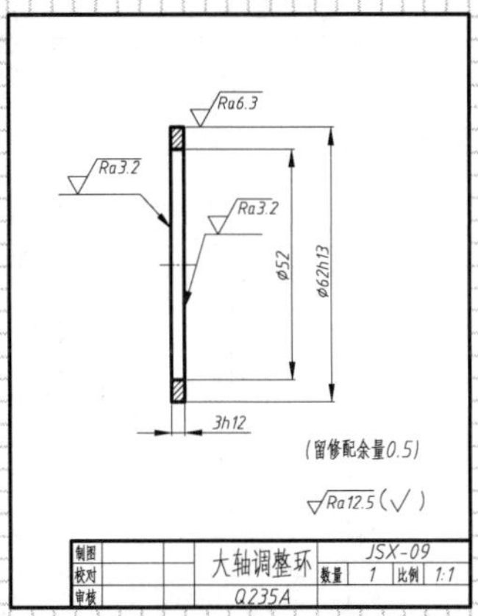

（e）大轴调整环（件 9）

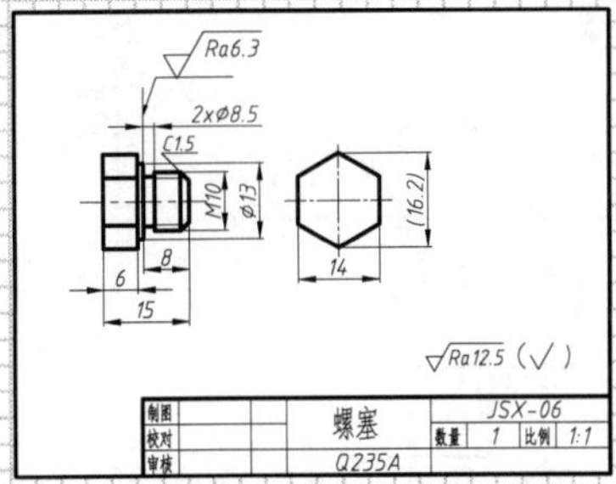

（f）螺塞（件 6）

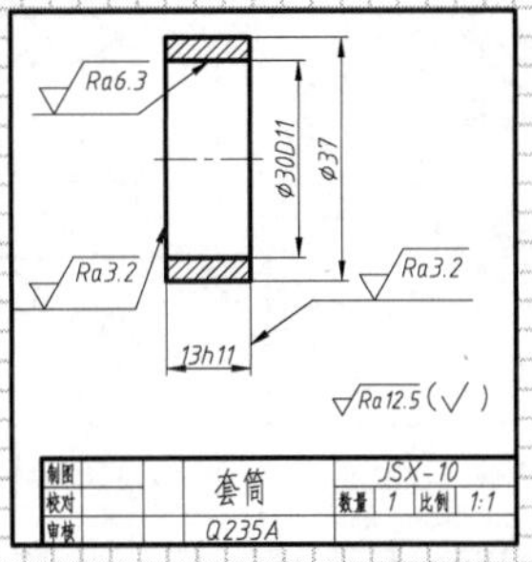

（g）套筒（件 10）

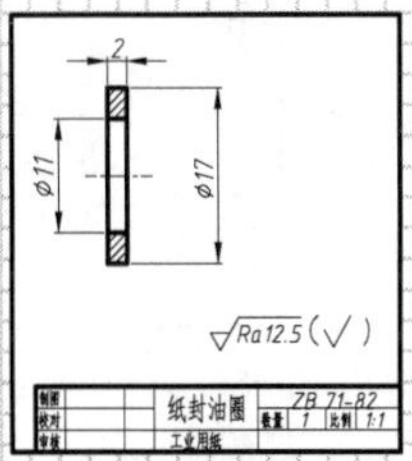

（h）纸封油圈（件 5）

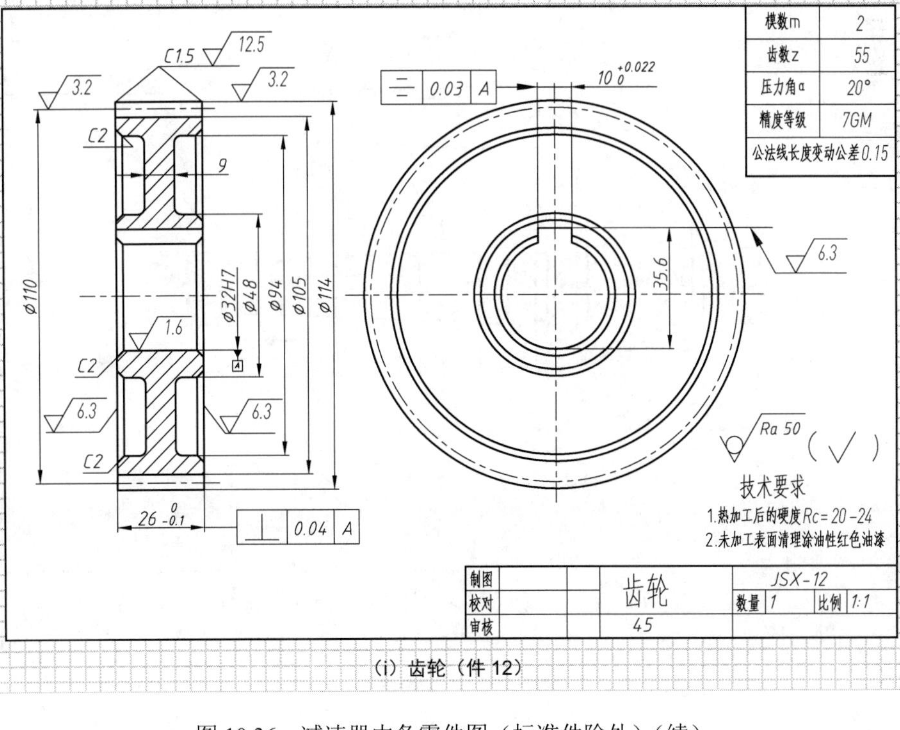

（i）齿轮（件 12）

图 10.36　减速器中各零件图（标准件除外）（续）

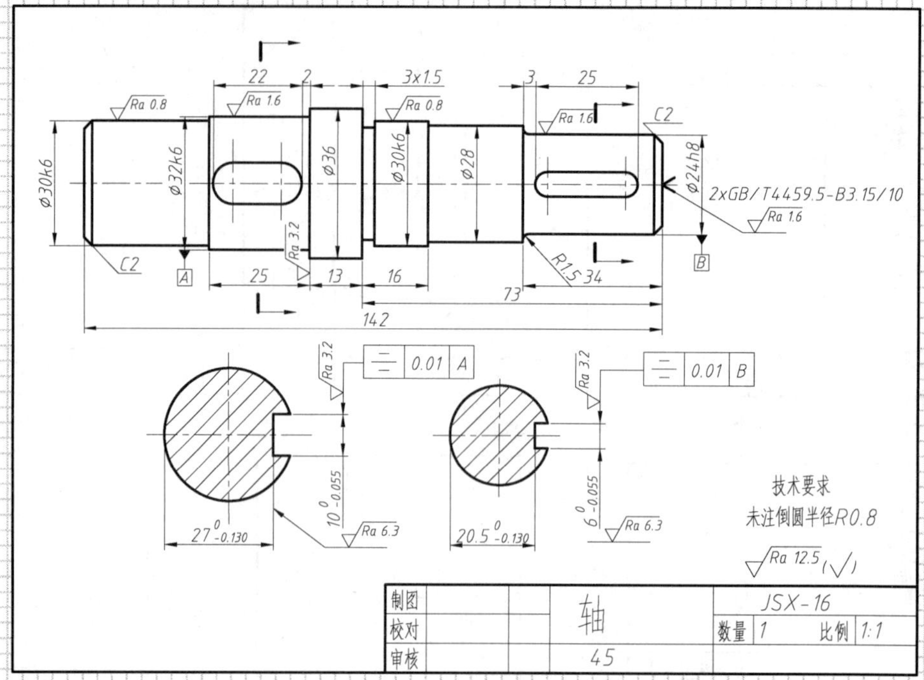

(j) 轴(件 16)

注：图中轴右端的标注 2xGB/T4459.5-B3.15/10，表示该轴加工时所需的工艺孔，即加工时用尾架夹持所用

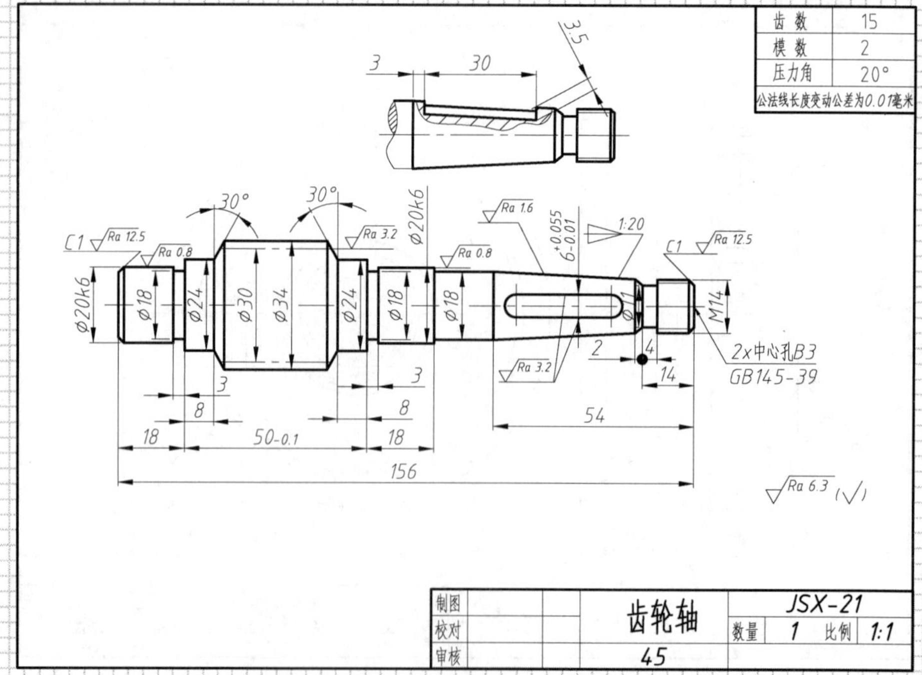

(k) 小齿轮轴(件 21)

图 10.36 减速器中各零件图(标准件除外)(续)

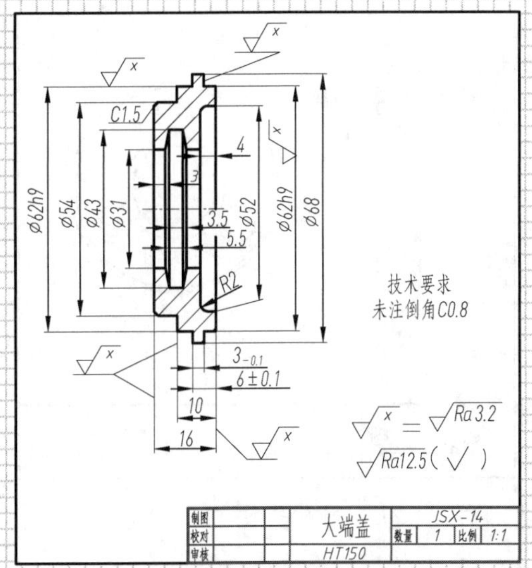

（l）大端盖（件 14）

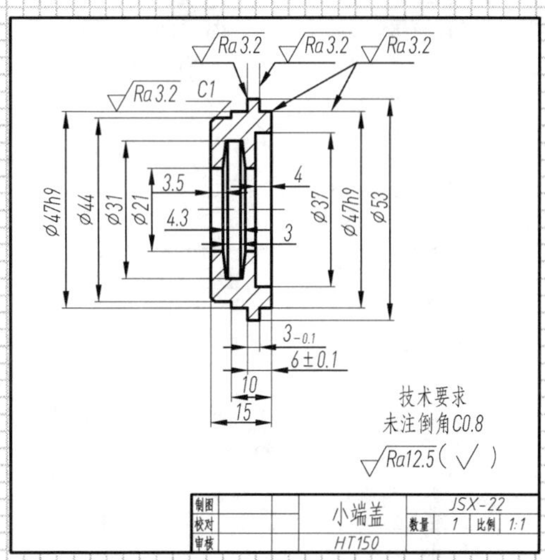

（m）小端盖（件 22）

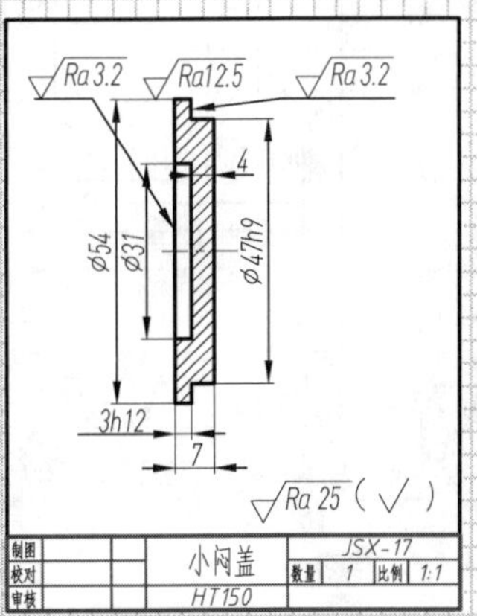

（n）小闷盖（件 17）

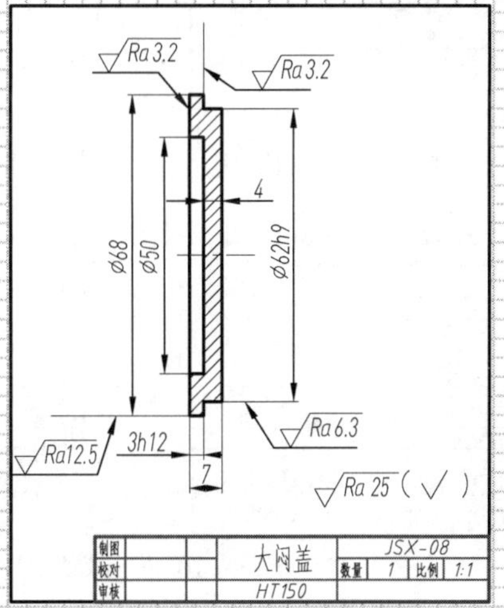

（o）大闷盖（件 8）

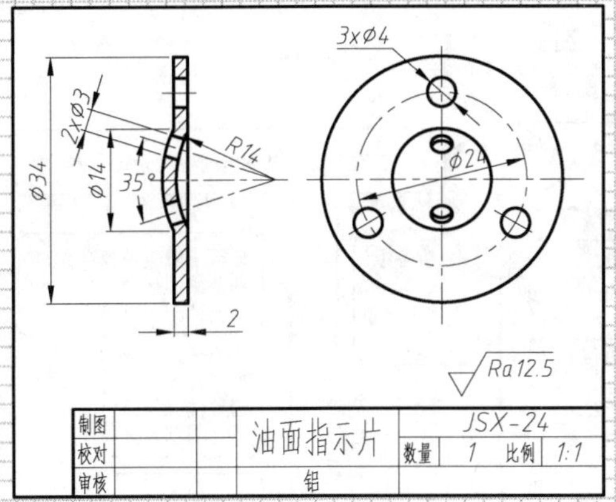

（p）油面指示片（件 24）

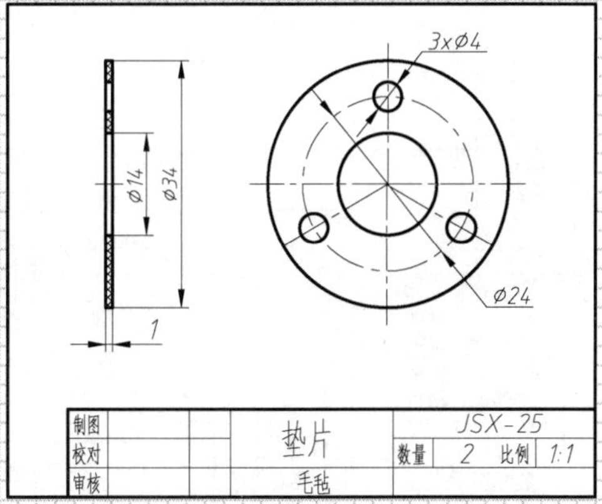

（q）垫片（件 25）

图 10.36　减速器中各零件图（标准件除外）（续）

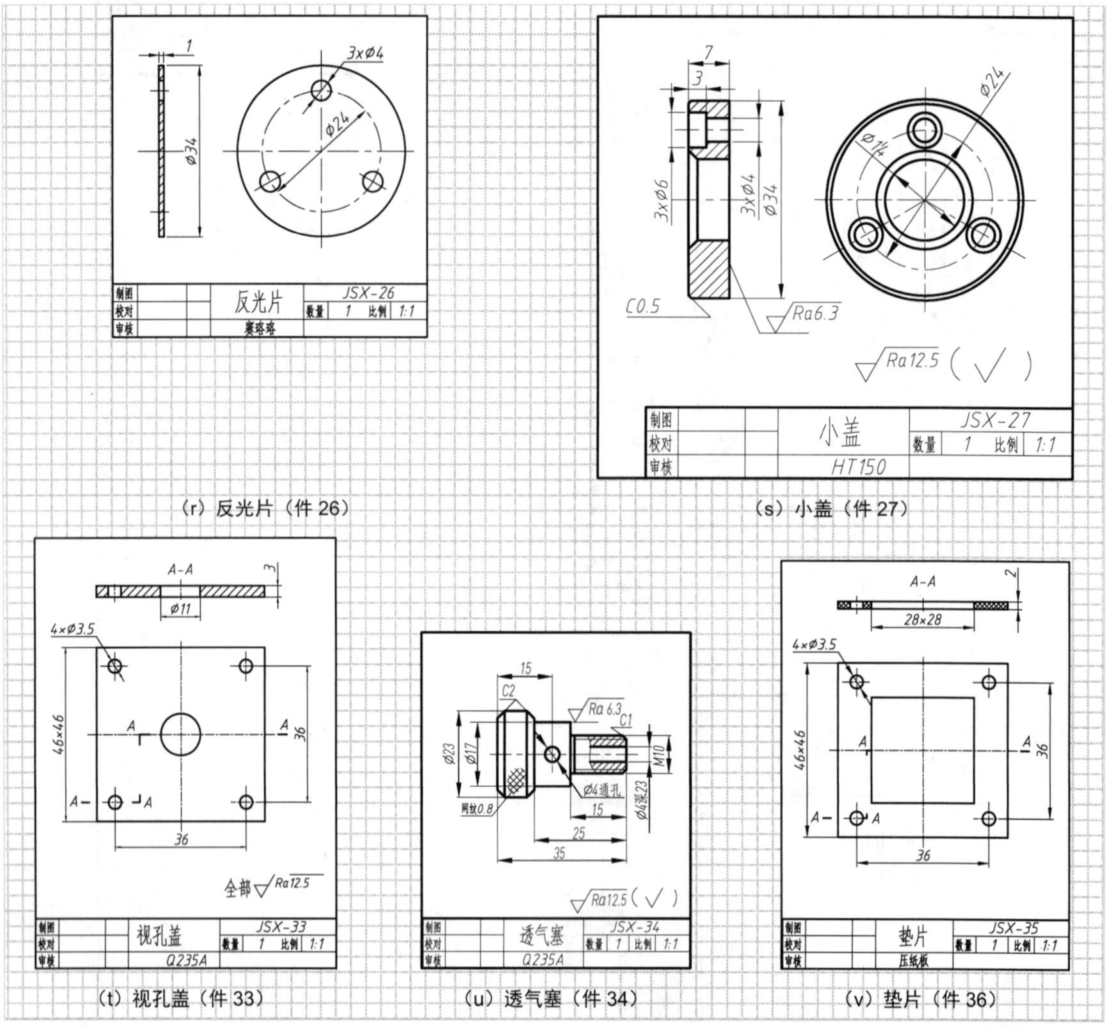

（r）反光片（件 26） （s）小盖（件 27）

（t）视孔盖（件 33） （u）透气塞（件 34） （v）垫片（件 36）

图 10.36 减速器中各零件图（标准件除外）（续）

—— 本 章 小 结 ——

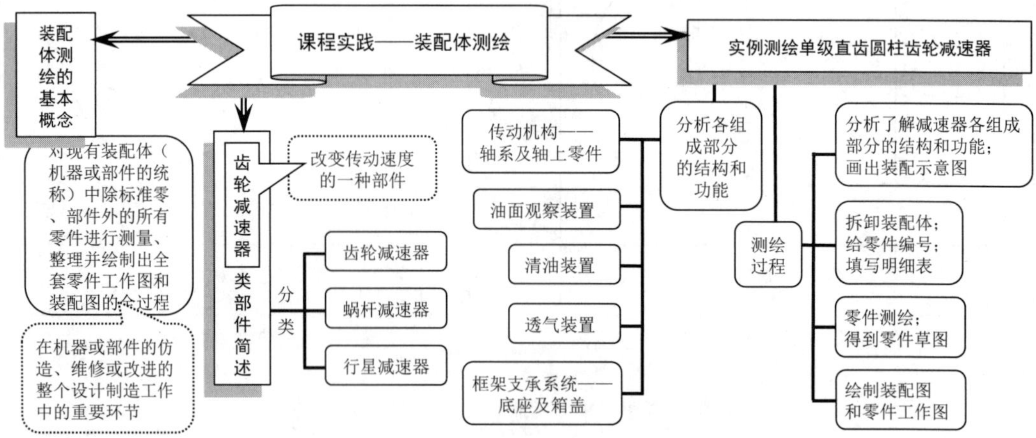

—— 课程总结导图 ——

课程总结

至此，工程图学课程可以说告一段落。但是对于你今后的专业学习，却恰恰是开始。工程图学课程的学习只是为你准备好了一个工程语言基础。因此，你在学习了这门课程后，最好能进行一个全面的回顾和总结。总结的主体思路可如下所示：

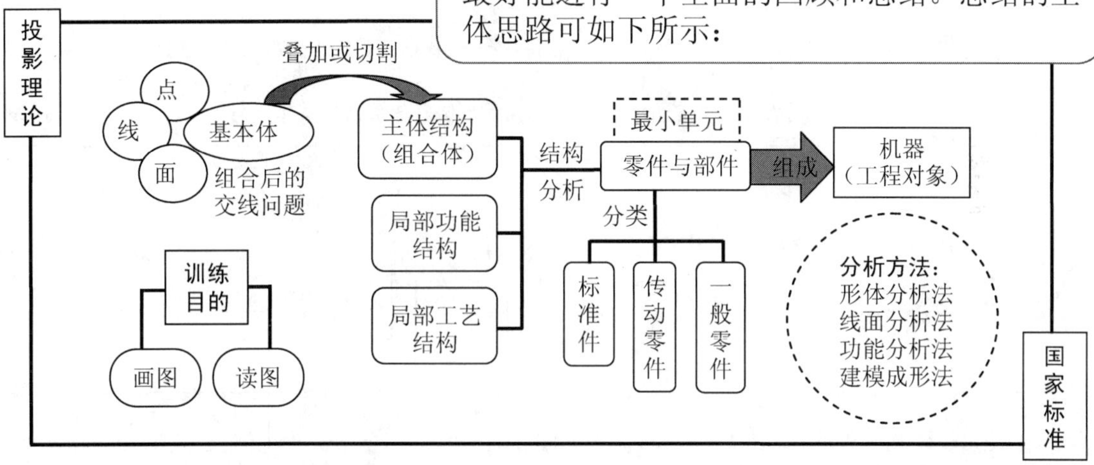

附录 1　螺纹及螺纹紧固件

附录 1.1　螺纹

1. 普通螺纹（摘自 GB/T 193—2003、GB/T 196—2003、GB/T 197—2003）

附表 1-1　普通螺纹直径与螺距标准组合系列、基本尺寸　（mm）

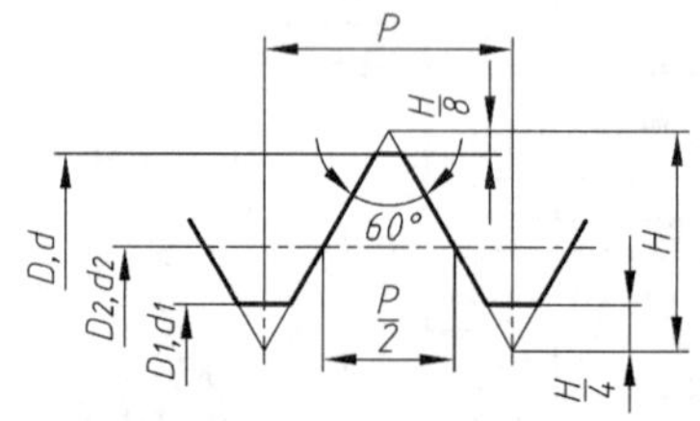

公称直径 D、d 第一系列	公称直径 D、d 第二系列	螺距 P 粗牙	螺距 P 细牙	粗牙小径 D_1、d_1
3		0.5	0.35	2.459
	3.5	(0.6)		2.850
4		0.7	0.5	3.242
	4.5	(0.75)		3.688
5		0.8		4.134
6		1	0.75，(0.5)	4.917
8		1.25	1，0.75，(0.5)	6.647
10		1.5	1.25，1，0.75，(0.5)	8.376
12		1.75	1.5，1.25，1，(0.75)，(0.5)	10.106
	14	2	1.5，(1.25)，1，(0.75)，(0.5)	11.835
16		2	1.5，1，(0.75)，(0.5)	13.835
	18	2.5	2，1.5，1，(0.75)，(0.5)	15.294
20		2.5		17.294

公称直径 D、d 第一系列	公称直径 D、d 第二系列	螺距 P 粗牙	螺距 P 细牙	粗牙小径 D_1、d_1
	22	2.5	2，1.5，1，(0.75)，(0.5)	19.294
24		3	2，1.5，1，(0.75)	20.752
	27	3	2，1.5，1，(0.75)	23.752
30		3.5	(3) 2，1.5，1，(0.75)	26.211
	33	3.5	(3) 2，1.5，(1)，(0.75)	29.211
36		4	3，2，1.5，(1)	31.670
	39	4		34.670
42		4.5	(4)，3，2，1.5，(1)	37.129
	45	4.5		40.129
48		5		42.587
	52	5		46.587
56		5.5	4，3，2，1.5，(1)	50.046

注：① 优先选用第一系列，括号内尺寸尽可能不用。第三系列未列入。② 中径 D_2、d_2 未列入。

2. 梯形螺纹（摘自 GB/T 5796.2—2005、GB/T 5796.3—2005、GB/T 5796.4—2005）

附表 1-2　梯形螺纹直径与螺距标准组合系列、基本尺寸　（mm）

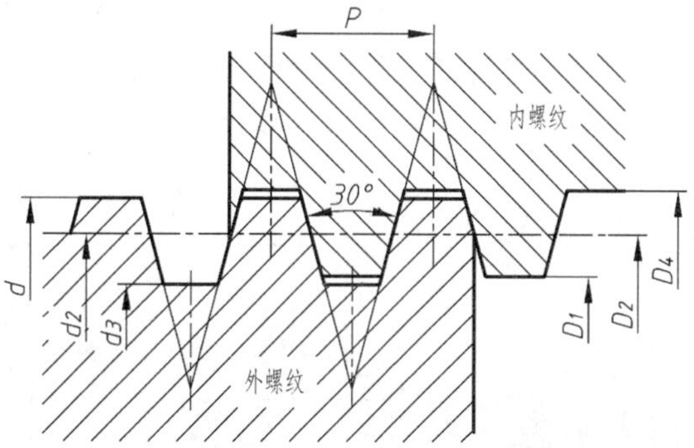

公称直径 d 第一系列	公称直径 d 第二系列	螺距 P	中径 $d_2=D_2$	大径 D_4	小径 d_3	小径 D_1
8		1.5	7.25	8.30	6.20	6.50
	9	1.5	8.25	9.30	7.20	7.50
		2	8.00	9.50	6.50	7.00
10		1.5	9.25	10.30	8.20	8.50
		2	9.00	10.50	7.50	8.00
	11	2	10.00	11.50	8.50	9.00
		3	9.50	11.50	7.50	8.00
12		2	11.00	12.50	9.50	10.00
		3	10.50	12.50	8.50	9.00
	14	2	13.00	14.50	11.50	12.00
		3	12.00	14.50	10.50	11.00
16		2	15.00	16.50	13.50	14.00
		4	14.00	16.50	11.50	12.00
	18	2	17.00	18.50	15.50	16.00
		4	16.00	18.50	13.50	14.00
20		2	19.00	20.50	17.50	18.00
		4	18.00	20.50	15.50	16.00
	22	3	20.50	22.50	18.50	19.00
		5	19.50	22.50	16.50	17.00
		8	18.00	23.00	13.00	14.00
24		3	22.50	24.50	20.50	21.00
		5	21.50	24.50	18.50	19.00
		8	20.00	25.00	15.00	16.00
	26	3	24.50	26.50	22.50	23.00
		5	23.50	26.50	20.50	21.00
		8	22.00	27.00	17.00	18.00
28		3	26.50	28.50	24.50	25.00
		5	25.50	28.50	22.50	23.00
		8	24.00	29.00	19.00	20.00
	30	3	28.50	30.50	26.50	29.00
		6	27.00	31.00	23.00	24.00
		10	25.00	31.00	19.00	20.00
32		3	30.50	32.50	28.50	29.00
		6	29.00	33.00	25.00	26.00
		10	27.00	33.00	21.00	22.00
	34	3	32.50	34.50	30.50	31.00
		6	31.00	35.00	27.00	28.00
		10	29.00	35.00	23.00	24.00
36		3	34.50	36.50	32.50	33.00
		6	33.00	37.00	29.00	30.00
		10	31.00	37.00	25.00	26.00
	38	3	36.50	38.50	34.50	35.00
		7	34.50	39.00	30.00	31.00
		10	33.00	39.00	27.00	28.00
40		3	38.50	40.50	36.50	37.00
		7	36.50	41.00	32.00	33.00
		10	35.00	41.00	29.00	30.00

3. 非密封管螺纹（摘自 GB/T 7307—2001）

附表 1-3 圆柱管螺纹的基本尺寸

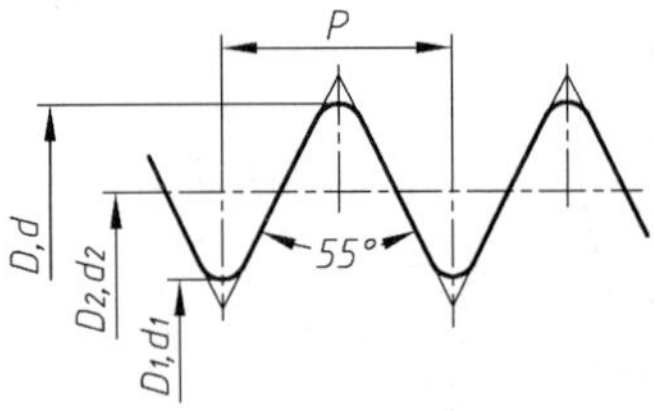

尺寸代号	每 25.4mm 内的牙数 n	螺距 P	基本直径	
			大径 D、d/mm	小径 D_1、d_1/mm
1/8	28	0.907	9.728	8.566
1/4	19	1.337	13.157	11.445
3/8	19	1.337	16.662	14. 950
1/2	14	1.814	20.955	18.631
5/8	14	1.814	22.911	20.587
3/4	14	1.814	26.441	24.117
7/8	14	1.814	30.201	27.877
1	11	2.309	33.249	30.291
1⅛	11	2.309	37.897	34.939
1¼	11	2.309	41.910	38.952
1½	11	2.309	47.803	44.845
1¾	11	2.309	53.746	50.788
2	11	2.309	59.614	56.656
2¼	11	2.309	65.710	62.752
2½	11	2.309	75.184	72.226
2¾	11	2.309	81.534	78.576
3	11	2.309	87.884	84.926
3½	11	2.309	100.330	97.372
4	11	2.309	113.030	110.072
4½	11	2.309	125.730	122.772
5	11	2.309	138.430	135.472
5½	11	2.309	151.130	148.172
6	11	2.309	163.830	160.872

4. 密封管螺纹

圆柱内螺纹与圆锥外螺纹（摘自 GB/T 7306.1—2000）、圆锥内螺纹与圆锥外螺纹（摘自 GB/T 7306.2—2000）。

附表 1-4 密封管螺纹的基本尺寸

尺寸代号	每 25.4mm 内的牙数 n	螺距 P	基准平面内的基本直径	
			大径 D、d/mm	小径 D_1、d_1/mm
1/16	28	0.907	7.723	6.561
1/8	28	0.907	9.728	8.566
1/4	19	1.337	13.157	11.445
3/8	19	1.337	16.662	14. 950
1/2	14	1.814	20.955	18.631
3/4	14	1.814	26.441	24.117
1	11	2.309	33.249	30.291
1¼	11	2.309	41.910	38.952
1½	11	2.309	47.803	44.845
2	11	2.309	59.614	56.656
2½	11	2.309	75.184	72.226
3	11	2.309	87.884	84.926
4	11	2.309	113.030	110.072
5	11	2.309	138.430	135.472
6	11	2.309	163.830	160.872

附录 1.2　螺纹紧固件的画法及标记

1. 六角头螺栓

六角头螺栓－C 级（GB/T 5780—2000）、六角头螺栓－A 和 B 级（GB/T 5782—2000）。

附表 1-5　六角头螺栓

（mm）

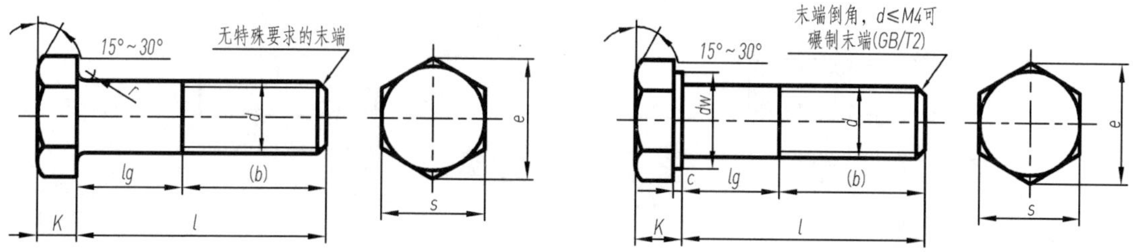

标 记 示 例

螺纹规格 d=M12、公称长度 l=80、性能等级为 8.8 级、表面氧化、产品等级 A 级的六角头螺栓（常用的是简化标记），

完整标记：螺栓 GB/T 5782－2000－M12×80－8.8－A－O

简化标记：螺栓 GB/T 5782　M12×80

螺纹规格 d			M3	M4	M5	M6	M8	M10	M12	M16	M20	M24	M30	M36	M42
b 参考	l≤125		12	14	16	18	22	26	30	38	46	54	66	—	—
	125>l≤200		18	20	22	24	28	32	36	44	52	60	72	84	96
	l>200		31	33	35	37	41	45	49	57	65	73	85	97	109
c			0.4	0.4	0.5	0.5	0.6	0.6	0.6	0.8	0.8	0.8	0.8	0.8	1
d_w	产品等级	A	4.57	5.88	6.88	8.88	11.63	14.63	16.63	22.49	28.19	33.61	—	—	—
		B、C	4.45	5.74	6.74	8.74	11.47	14.47	16.47	22	27.7	33.25	42.75	51.11	59.95
e	产品等级	A	6.01	7.66	8.79	11.05	14.38	17.77	20.03	26.75	33.53	39.98	—	—	—
		B、C	5.88	7.50	8.63	10.89	14.20	17.59	19.85	26.17	32.95	39.55	50.85	60.79	72.02
k 公称			2	2.8	3.5	4	5.3	6.4	7.5	10	12.5	15	18.7	22.5	26
r			0.1	0.2	0.2	0.25	0.4	0.4	0.6	0.6	0.8	0.8	1	1	1.2
s 公称			5.5	7	8	10	13	16	18	24	30	36	46	55	65
l（规格范围）			20～30	25～40	25～50	30～60	40～80	45～100	50～120	65～160	80～200	90～240	110～300	140～360	160～440
l 系列			12、16、20、25、30、35、40、45、50、55、60、65、70、80、90、100、110、120、130、140、150、160、180、200、220、240、260、280、300、320、340、360、380、400、420、440、460、480、500												

注：① A 级用于 d≤24 和 l≤10d 或≤150 的螺栓；B 级用于 d>24 和 l>10d 或>150 的螺栓。

② 螺纹规格 d 范围：GB/T 5780 为 M5～M64；GB/T 5782 为 M1.6～M64。

③ 公称长度 l 范围：GB/T 5780 为 25～500；GB/T 5782 为 12～500。

④ 表中列出了常用的优选螺纹规格，但 M1.6、M2、M2.5、M48、M56、M64 未列出。

⑤ 非优选螺纹规格 M3.5、M14、M18、M22、M27、M33、M39、M45、M52、M60 未列出。

2. 双头螺柱

双头螺柱 $b_m=1d$（GB/T 897－1988）、双头螺柱 $b_m=1.25d$（GB/T 898－1988）、双头螺柱 $b_m=1.5d$（GB/T 899－1988）、双头螺柱 $b_m=2d$（GB/T 900－1988）。

附表 1-6　双头螺柱　（mm）

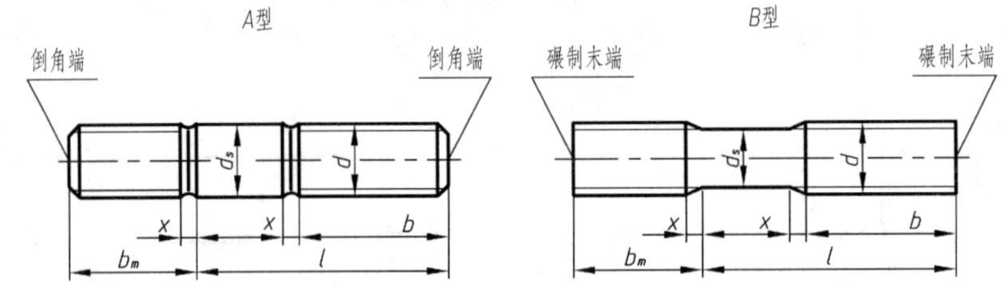

标 记 示 例

（1）两端均为粗牙普通螺纹，d=M12、l=50mm、性能等级 4.8 级、不经表面处理、B 型、$b_m=1d$ 的双头螺柱

完整标记：螺柱 GB/T 897－1988－M12×50－4.8

简化标记（常用）：螺柱 GB/T 897　M12×50

（2）旋入机体一端为粗牙普通螺纹，旋螺母一端为螺距 1 的细牙普通螺纹，d=M10、l=50mm、性能等级为 4.8 级、不经表面处理、A 型、$b_m=1d$ 的双头螺柱

完整标记：螺柱 GB/T 897－1988－AM10－M10×1×50－4.8

简化标记（常用）：螺柱 GB/T 897　AM10－M10×1×50

（3）旋入机体一端为过渡配合螺纹的第一种配合，旋螺母一端为粗牙普通螺纹，d=M10、l=50mm、性能等级为 8.8 级、镀锌钝化、B 型、$b_m=1.5d$ 的双头螺柱

完整标记：螺柱 GB/T 899－1988－GM10－M10×50－8.8－Zn·D

简化标记（常用）：螺柱 GB/T 899　GM10－M10×50－8.8－Zn·D

螺纹规格 d		M5	M6	M8	M10	M12	M16	M20	M24	M30	M36	M42
b_m（公称）	GB/T897	5	6	8	10	12	16	20	24	30	36	42
	GB/T898	6	8	10	12	15	20	25	30	38	45	52
	GB/T899	8	10	12	15	18	24	30	36	45	54	65
	GB/T900	10	12	16	20	24	32	40	48	60	72	84
d_s（max）		5	6	8	10	12	16	20	24	30	36	42
x（max）		2.5P										
$\frac{l}{b}$		$\frac{16\sim22}{10}$ $\frac{25\sim50}{16}$	$\frac{20\sim22}{10}$ $\frac{25\sim30}{14}$ $\frac{32\sim75}{18}$	$\frac{20\sim22}{12}$ $\frac{25\sim30}{16}$ $\frac{32\sim90}{22}$	$\frac{25\sim28}{14}$ $\frac{30\sim38}{16}$ $\frac{40\sim120}{26}$ $\frac{130}{32}$	$\frac{25\sim30}{16}$ $\frac{32\sim40}{20}$ $\frac{45\sim120}{30}$ $\frac{130\sim180}{36}$	$\frac{30\sim38}{20}$ $\frac{40\sim55}{30}$ $\frac{60\sim120}{38}$ $\frac{130\sim200}{44}$	$\frac{35\sim40}{25}$ $\frac{45\sim65}{35}$ $\frac{70\sim120}{46}$ $\frac{130\sim200}{52}$	$\frac{45\sim50}{30}$ $\frac{55\sim75}{45}$ $\frac{80\sim120}{54}$ $\frac{130\sim200}{60}$	$\frac{60\sim65}{40}$ $\frac{70\sim90}{50}$ $\frac{95\sim120}{60}$ $\frac{130\sim200}{72}$ $\frac{210\sim250}{85}$	$\frac{65\sim75}{45}$ $\frac{80\sim110}{60}$ $\frac{120}{78}$ $\frac{130\sim200}{84}$ $\frac{210\sim300}{91}$	$\frac{65\sim80}{50}$ $\frac{85\sim110}{70}$ $\frac{120}{90}$ $\frac{130\sim200}{96}$ $\frac{210\sim300}{109}$
l 系列		16、（18）、20、（22）、25、（28）、30、（32）、35、（38）、40、45、50、（55）、60、（65）、70、（75）、80、（85）、90、（95）、100、110、120、130、140、150、160、170、180、190、200、210、220、230、240、250、260、280、300										

注：P 是粗牙螺纹的螺距。

3. 螺钉

1）一字槽螺钉

附表 1-7　一字槽螺钉

（mm）

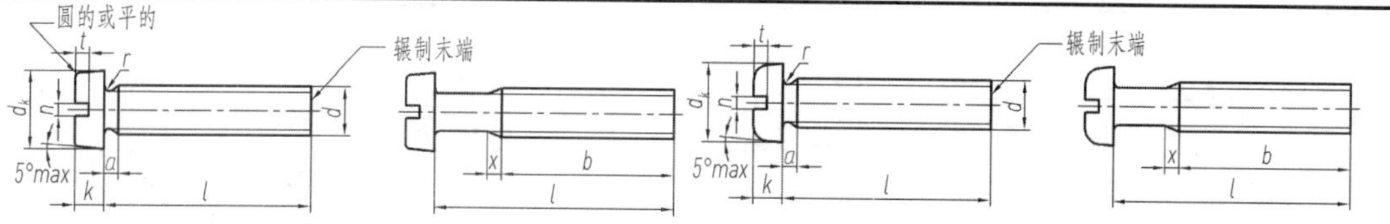

开槽圆柱头螺钉（GB/T 65—2000）　　开槽盘头螺钉（GB/T 67—2008）

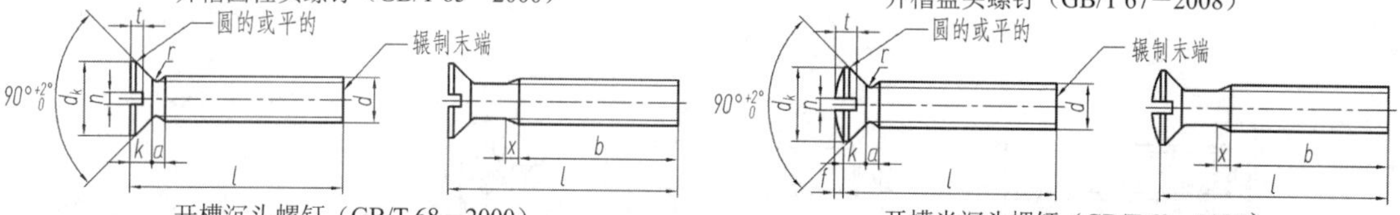

开槽沉头螺钉（GB/T 68—2000）　　开槽半沉头螺钉（GB/T 69—2000）

简 化 标 记 示 例

（1）螺纹规格 d=M5、公称长度 l=20mm、性能等级为 4.8 级，不经过表面处理的 A 级开槽圆柱头螺钉：　螺钉 GB/T 65　M5×20

（2）螺纹规格 d=M5、公称长度 l=20mm、性能等级为 4.8 级，不经过表面处理的 A 级开槽盘头螺钉：　螺钉 GB/T 67　M5×20

（3）螺纹规格 d=M5、公称长度 l=20mm、性能等级为 4.8 级，不经过表面处理的 A 级开槽沉头螺钉：　螺钉 GB/T 68　M5×20

螺纹规格 d			M1.6	M2	M2.5	M3	（M3.5）	M4	M5	M6	M8	M10
螺距 P			0.35	0.4	0.45	0.5	0.6	0.7	0.8	1	1.25	1.5
a		max	0.7	0.8	0.9	1	1.2	1.4	1.6	2	2.5	3
x		max	0.9	1	1.1	1.25	1.5	1.75	2	2.5	3.2	3.8
b		min	25	25	25	25	38	38	38	38	38	38
n		公称	0.4	0.5	0.6	0.8	1	1.2	1.2	1.6	2	2.5
		max	0.60	0.70	0.80	1.00	1.20	1.51	1.51	1.91	2.31	2.81
		min	0.46	0.56	0.66	0.86	1.06	1.26	1.26	1.66	2.06	2.56
GB/T 65—2000	t	min	0.45	0.6	0.7	0.85	1	1.1	1.3	1.6	2	2.4
	d_k	公称=max	3.00	3.80	4.50	5.50	6.00	7.00	8.50	10.00	13.00	16.00
		min	2.86	3.62	4.32	5.32	5.82	6.78	8.28	9.78	12.73	15.73
	k	公称=max	1.10	1.40	1.80	2.00	2.40	2.60	3.30	3.9	5.0	6.0
		min	0.96	1.26	1.66	1.86	2.26	2.46	3.12	3.6	4.7	5.7
GB/T 67—2008	t	min	0.35	0.5	0.6	0.7	0.8	1	1.2	1.4	1.9	2.4
	d_k	公称=max	3.2	4.0	5.0	5.6	7.00	8.00	9.50	12.00	16.00	12.00
		min	2.9	3.7	4.7	5.3	6.64	7.64	9.14	11.57	15.57	19.48
GB/T 67—2008	k	公称=max	1.00	1.30	1.50	1.80	2.10	2.40	3.00	3.6	4.8	6.0
		min	0.86	1.16	1.36	1.66	1.96	2.26	2.86	3.3	4.5	5.7
GB/T 65—2000 GB/T 67—2008	r	min	0.1	0.1	0.1	0.1	0.1	0.2	0.2	0.25	0.4	0.4
	l范围 / b螺纹长度		2~26 / 全螺纹	2.5~20 / 全螺纹	3~25 / 全螺纹	4~30 / 全螺纹	5~35 / 全螺纹	5~40 / 全螺纹	6~40 / 全螺纹 45~50 / b	8~40 / 全螺纹 45~60 / b	20~40 / 全螺纹 45~80 / b	12~40 / 全螺纹 45~80 / b
GB/T 68—2000	t	max	0.50	0.6	0.75	0.85	1.2	1.3	1.4	1.6	2.3	2.6
		min	0.32	0.4	0.50	0.60	0.9	1.0	1.1	1.2	1.8	2.0
GB/T 69—2000	t	max	0.80	1.0	1.2	1.45	1.7	1.9	2.4	2.8	3.7	4.4
		min	0.64	0.8	1.0	1.20	1.4	1.6	2.0	2.4	3.2	3.8
GB/T 68—2000 GB/T 69—2000	f	≈	0.4	0.5	0.6	0.7	0.8	1	1.2	1.4	2	2.3
	d_k 实际	公称=max	3.0	3.8	4.7	5.5	7.30	8.40	9.30	11.30	15.80	18.30
		min	2.7	3.5	4.4	5.2	6.94	8.04	8.94	10.87	15.37	17.78
	k	公称=max	1	1.2	1.5	1.65	2.35	2.7	2.7	3.3	4.65	5
	r	max	0.4	0.5	0.6	0.8	0.9	1	1.3	1.5	2	2.5
	l范围 / b螺纹长度		2.5~26 / 全螺纹	3~20 / 全螺纹	4~25 / 全螺纹	5~30 / 全螺纹	6~35 / 全螺纹	6~40 / 全螺纹	8~45 / 全螺纹 50 / b	8~45 / 全螺纹 50~60 / b	10~45 / 全螺纹 50~80 / b	22~45 / 全螺纹 50~80 / b
l 公称长度系列值			2，2.5，3，4，5，6，8，10，12，（14），16，20，25，30，35，40，45，50，（55），60，（65），70，（75），80									

注：① l 为公称长度，l 系列中括号内的规格尽可能不采用。对于 GB/T 65—2000 的螺钉，无 2.5mm 公称长度。对于 GB/T 68—2000 和 GB/T 69—2000 的螺钉，无 2mm 公称长度。

② 全螺纹 $b=l-a$。对于 GB/T 65—2000 和 GB/T 67—2008 的螺钉，公称长度 $l \leqslant 40$ 的，制成全螺纹。对于 GB/T 68—2000 和 GB/T 69—2000 的螺钉，公称长度 $l \leqslant 45$ 的，制成全螺纹。

2）十字槽螺钉

附表 1-8　十字槽螺钉　（mm）

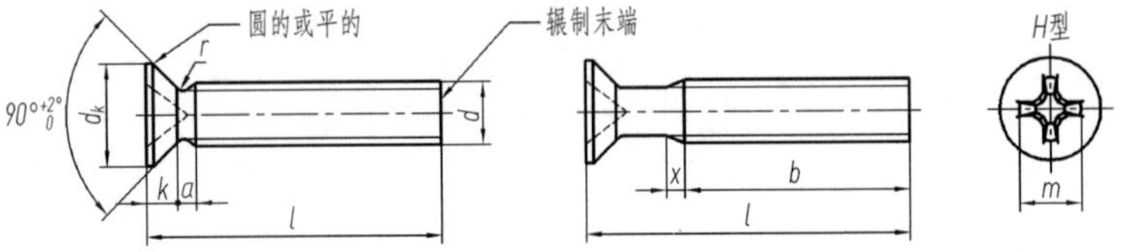

十字槽沉头螺钉（GB/T 819.1—2000）

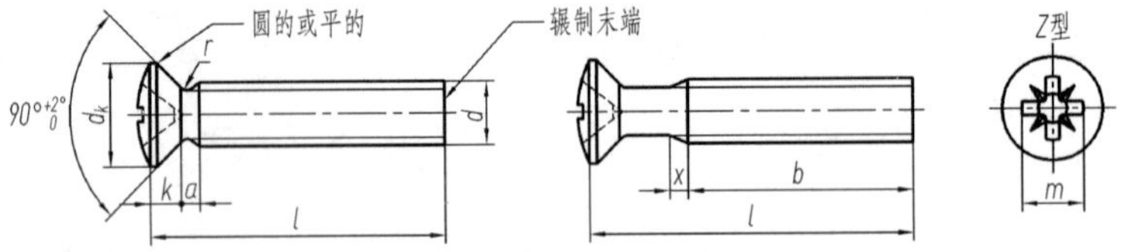

十字槽半沉头螺钉（GB/T 820—2000）

简 化 标 记 示 例

螺纹规格 d=M5、公称长度 l=20mm、性能等级为 4.8 级，H 型十字槽，不经过表面处理的 A 级十字槽沉头螺钉：

螺钉 GB/T 819.1　M5×20

螺纹规格 d	M1.6	M2	M2.5	M3	（M3.5）	M4	M5	M6	M8	M10
螺距 P	0.35	0.4	0.45	0.5	0.6	0.7	0.8	1	1.25	1.5
a max	0.7	0.8	0.9	1	1.2	1.4	1.6	2	2.5	3
x max	0.9	1	1.1	1.25	1.5	1.75	2	2.5	3.2	3.8
b min	25	25	25	25	38	38	38	38	38	38
d_k 实际值 公称=max	3.0	3.8	4.7	5.5	7.30	8.40	9.30	11.30	15.80	18.30
d_k 实际值 min	2.7	3.5	4.4	5.2	6.94	8.04	8.94	10.87	15.37	17.78
k 公称=max	1	1.2	1.5	1.65	2.35	2.7	2.7	3.3	4.65	5
r max	0.4	0.5	0.6	0.8	0.9	1	1.3	1.5	2	2.5
f（GB/T 820）≈	0.4	0.5	0.6	0.7	0.8	1	1.2	1.4	2	2.3
十字槽 GB/T 819.1—2000 槽号 No.	0		1		2			3	4	
十字槽 GB/T 819.1—2000 H型 m 参考	1.6	1.9	2.9	3.2	4.4	4.6	5.2	6.8	8.9	10
十字槽 GB/T 819.1—2000 H型 插入深度	0.9	1.2	1.8	2.1	2.4	2.6	3.2	3.5	4.5	5.7
十字槽 GB/T 819.1—2000 Z型 m 参考	1.6	1.9	2.8	3	4.1	4.4	4.9	6.6	8.8	9.8
十字槽 GB/T 819.1—2000 Z型 插入深度	0.95	1.20	1.73	2.01	2.20	2.51	3.05	3.45	4.60	5.64
十字槽 GB/T 820—2000 槽号 No.	0		1		2			3	4	
十字槽 GB/T 820—2000 H型 m 参考	1.9	2	3	3.4	4.8	5.2	5.4	7.3	9.6	10.4
十字槽 GB/T 820—2000 H型 插入深度	1.2	1.5	1.85	2.2	2.75	3.2	3.4	4.0	5.25	6.0
十字槽 GB/T 820—2000 Z型 m 参考	1.9	2.2	2.8	3.1	4.6	5	5.3	7.1	9.5	10.3
十字槽 GB/T 820—2000 Z型 插入深度	1.20	1.40	1.75	2.08	2.70	3.10	3.35	3.85	5.20	6.05
l范围 / b螺纹长度	3~26 全螺纹	3~20 全螺纹	3~25 全螺纹	4~30 全螺纹	5~35 全螺纹	5~40 全螺纹	6~45 全螺纹 50 b	8~45 全螺纹 50~60 b	10~45 全螺纹 50~60 b	12~45 全螺纹 50~60 b
l 公称长度系列值	3，4，5，6，8，10，12，（14），16，20，25，30，35，40，45，50，（55），60									

3）紧定螺钉

开槽锥端紧定螺钉（GB/T 71－1985）、开槽平端紧定螺钉（GB/T 73－1985）、开槽长圆柱端紧定螺钉（GB/T 75－1985）。

附表 1-9　紧定螺钉

（mm）

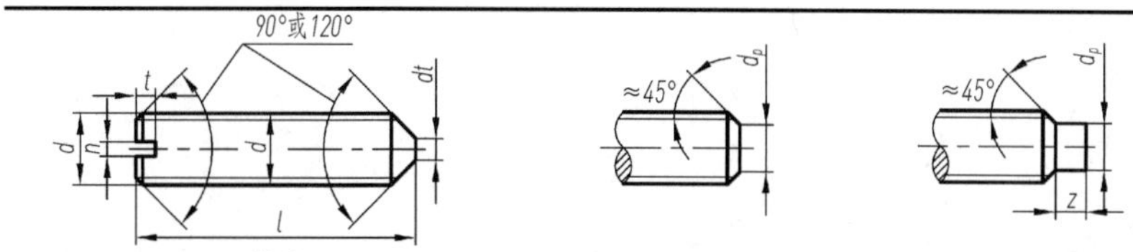

（a）锥端　（b）平端　（c）长圆柱端

简 化 标 记 示 例

螺纹规格 d=M5、公称长度 l=20、性能等级为 14H 级，表面氧化的开槽长圆柱端紧定螺钉：

螺钉 GB/T 75　M5×20

螺纹规格 d		M1.6	M2	M2.5	M3	M4	M5	M6	M8	M10	M12
螺距 P		0.35	0.4	0.45	0.5	0.7	0.8	1	5	1.5	1.75
n		0.25	0.25	0.4	0.4	0.6	0.8	1	1.2	1.6	2
t		0.74	0.84	0.95	1.05	1.42	1.63	2	2.5	3	3.6
d_t		0.16	0.2	0.25	0.3	0.4	0.5	1.5	2	2.5	3
d_p		0.8	1	1.5	2	2.5	3.5	4	5.5	7	8.5
z		1.05	1.25	1.5	1.75	2.25	2.75	3.25	4.3	5.3	6.3
l	GB/T 71－1985	2～8	3～10	3～12	4～16	6～20	8～25	8～30	10～40	12～50	14～60
	GB/T 73－1985	2～8	2～10	2.5～12	3～16	4～20	5～25	6～30	8～40	10～50	12～60
	GB/T 75－1985	2.5～8	3～10	4～12	5～16	6～20	8～25	10～30	10～40	12～50	14～60
l 系列		2、2.5、3、4、5、6、8、10、12、(14)、16、20、25、30、35、40、45、50、(55)、60									

注：l 为公称长度，l 系列中括号内的规格尽可能不采用。

4. 螺母

六角螺母－C 级（GB/T 41－2000）、I 型六角螺母－A 和 B 级（GB/T 6170－2000）、六角薄螺母（GB/T 6172.1－2000）。

附表 1-10　螺母

（mm）

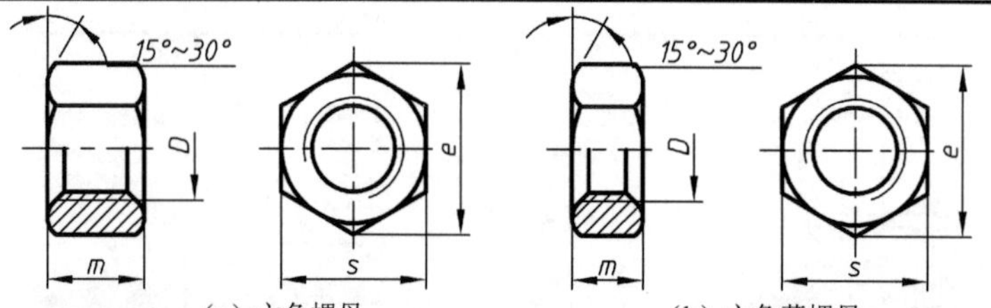

（a）六角螺母　（b）六角薄螺母

简 化 标 记 示 例

（1）螺纹规格 D=M12、性能等级为 5 级，不经表面处理、C 级的六角螺母：

螺母 GB/T 41　M12

（2）螺纹规格 D=M12、性能等级为 8 级，不经表面处理、A 级的 I 型六角螺母：

螺母 GB/T 6170　M12

螺纹规格 D		M3	M4	M5	M6	M8	M10	M12	M16	M20	M24	M30	M36	M42
e	GB/T 41	－	－	8.63	10.89	14.20	17.59	19.85	26.17	32.95	39.55	50.85	60.79	72.02
	GB/T 6170	6.01	7.66	8.79	11.05	14.38	17.77	20.03	26.75	32.95	39.55	50.85	60.79	72.02
	GB/T 6172.1	6.01	7.66	8.79	11.05	14.38	17.77	20.03	26.75	32.95	39.55	50.85	60.79	72.02
s	GB/T 41	－	－	8	10	13	16	18	24	30	36	46	55	65
	GB/T 6170	5.5	7	8	10	13	16	18	24	30	36	46	55	65
	GB/T 6172.1	5.5	7	8	10	13	16	18	24	30	36	46	55	65
m	GB/T 41	－	－	5.6	6.1	7.9	9.5	12.2	15.9	18.7	22.3	26.4	31.5	34.9
	GB/T 6170	2.4	3.2	4.7	5.2	6.8	8.4	10.8	14.8	18	21.5	25.6	31	34
	GB/T 6172.1	1.8	2.2	2.7	3.2	4	5	6	8	10	12	15	18	21

注：A 级用于 $D\leqslant16$；B 级用于 $D>16$。

5. 垫圈

1）平垫圈

小垫圈－A 级（GB/T 848－2002）、平垫圈－A 级（GB/T 97.1－2002）、平垫圈－倒角型 －A 级（GB/T 97.2－2002）。

附表 1-11 平垫圈 （mm）

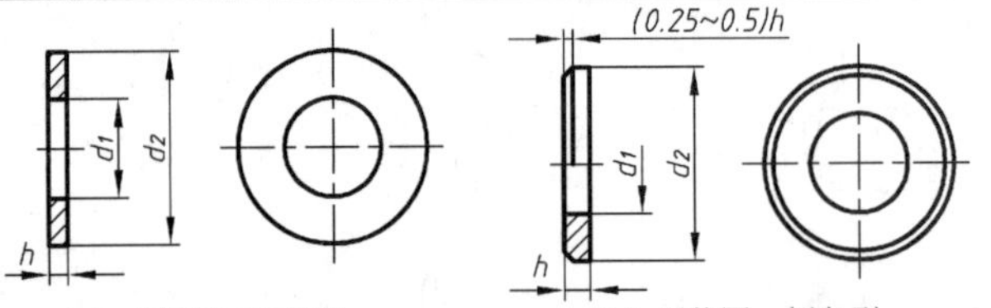

（a）小垫圈和平垫圈 （b）平垫圈－倒角型

简 化 标 记 示 例

标准系列、公称规格 8、性能等级为 200HV 级、不经表面处理、产品等级为 A 级的平垫圈：垫圈 GB/T 97.1 8

公称规格（螺纹大径 d）		1.6	2	2.5	3	4	5	6	8	10	12	14	16	20	24	30	36
d_1	GB/T 848	1.7	2.2	2.7	3.2	4.3	5.3	6.4	8.4	10.5	13	15	17	21	25	31	37
	GB/T 97.1	1.7	2.2	2.7	3.2	4.3	5.3	6.4	8.4	10.5	13	15	17	21	25	31	37
	GB/T 97.2	—	—	—	—	—	5.3	6.4	8.4	10.5	13	15	17	21	25	31	37
d_2	GB/T 848	3.5	4.5	5	6	8	9	11	15	18	20	24	28	34	39	50	60
	GB/T 97.1	4	5	6	7	9	10	12	16	20	24	28	30	37	44	56	66
	GB/T 97.2	—	—	—	—	—	10	12	16	20	24	28	30	37	44	56	66
h	GB/T 848	0.3	0.3	0.5	0.5	0.5	1	1.6	1.6	1.6	2	2.5	2.5	3	4	4	5
	GB/T 97.1	0.3	0.3	0.5	0.5	0.8	1	1.6	1.6	2	2.5	2.5	3	3	4	4	5
	GB/T 97.2	—	—	—	—	—	1	1.6	1.6	2	2.5	2.5	3	3	4	4	5

2）弹簧垫圈

标准型弹簧垫圈（GB/T 93－1987）、轻型弹簧垫圈（GB/T 859－1987）。

附表 1-12 弹簧垫圈 （mm）

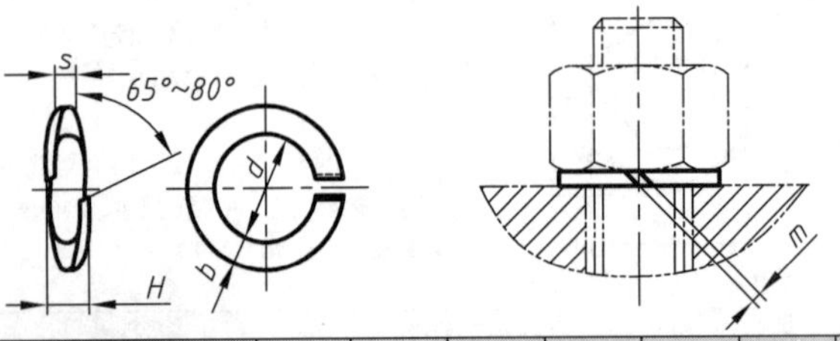

简 化 标 记 示 例

规格 16、材料为 Mn、表面氧化的标准型弹簧垫圈：垫圈 GB/T 93 16

规格（螺纹大径）		3	4	5	6	8	10	12	（14）	16	（18）	20	（22）	24	30
d		3.1	4.1	5.1	6.1	8.1	10.2	12.2	14.2	16.2	18.2	20.2	22.5	24.5	30.5
H	GB/T 93	1.6	2.2	2.6	3.2	4.2	5.2	6.2	7.2	8.2	9	10	11	12	15
	GB/T 895	1.2	1.6	2.2	2.6	3.2	4	5	6	6.4	7.2	8	9	10	12
S（b）	GB/T 93	0.8	1.1	1.3	1.6	2.1	2.6	3.1	3.6	4.1	4.5	5	5.5	6	7.5
S	GB/T 895	0.6	0.8	1.1	1.3	1.6	2	2.5	3	3.2	3.6	4	4.5	5	6
$m\leqslant$	GB/T 93	0.4	0.55	0.65	0.8	1.05	1.3	1.55	1.8	2.05	2.25	2.5	2.75	3	3.75
	GB/T 895	0.3	0.4	0.55	0.65	0.8	1	1.25	1.5	1.6	1.8	2	2.25	2.5	3
b	GB/T 895	1	1.2	1.5	2	2.5	3	3.5	4	4.5	5	5.5	6	7	9

注：① 括号内的规格尽可能不采用。② m 应大于零。

附录 2　键、销、滚动轴承、齿轮

附录 2.1　键

1. 平键和键槽的剖面尺寸（GB/T 1095—2003）、普通平键的型式尺寸（GB/T 1096—2003）

附表 2-1　普通平键和键槽　（mm）

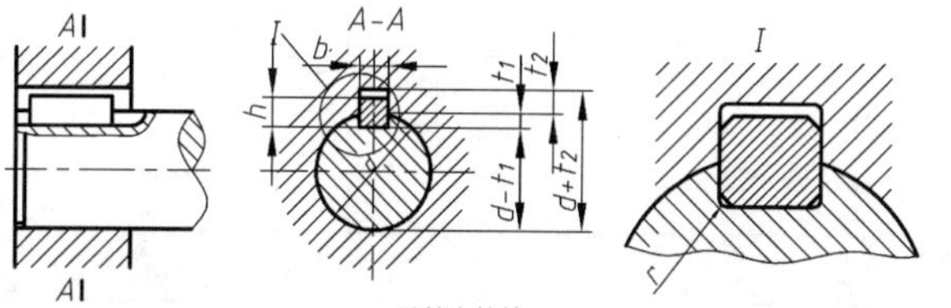

平键和键槽

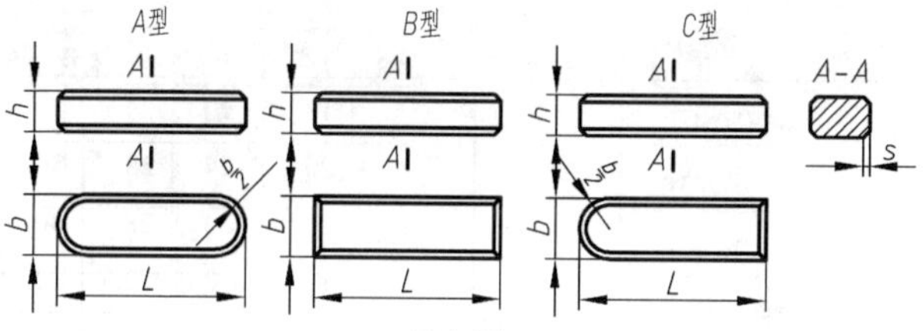

普通平键

标 记 示 例

（1）普通 A 型平键，宽度 b=6mm、高度 h=6mm、长度 L=16mm，标记为：GB/T 1096　键　6×6×16

（2）普通 B 型平键，宽度 b=6mm、高度 h=6mm、长度 L=16mm，标记为：GB/T 1096　键　B 6×6×16

轴	键			键　　槽				
公称直径 d	公称尺寸 $b \times h$	长度（L）范围	倒角或倒圆 s	宽度 b	深　　度		半径 r	
					轴 t_1	毂 t_2	min	max
自 6～8	2×2	6～20	0.16～0.25	2	1.2	1.0	0.08	0.16
>8～10	3×3	6～36		3	1.8	1.4		
>10～12	4×4	8～45		4	2.5	1.8		
>12～17	5×5	10～56	0.25～0.40	5	3.0	2.3	0.16	0.25
>17～22	6×6	14～70		6	3.5	2.8		
>22～30	8×7	18～90		8	4.0	3.3		
>30～38	10×8	22～110	0.40～0.60	10	5.0		0.25	0.40
>38～44	12×8	28～140		12				
>44～50	14×9	36～160		14	5.5	3.8		
>50～58	16×10	45～180		16	6.0	4.3		
>58～65	18×11	50～200		18	7.0	4.4		
>65～75	20×12	56～220	0.60～0.80	20	7.5	4.9	0.40	0.60
>75～85	22×14	63～250		22	9.0	5.4		
>85～95	25×14	70～280		25				
>95～110	28×16	80～320		28	10.0	6.4		
长度（L）系列	6、8、10、12、14、16、18、20、22、25、28、32、36、40、45、50、56、63、70、80、100、110							

2. 半圆键和键槽的剖面尺寸(GB/T 1098—2003)、半圆键的型式尺寸(GB/T 1099.1—2003)

附表 2-2 半圆键和键槽 (mm)

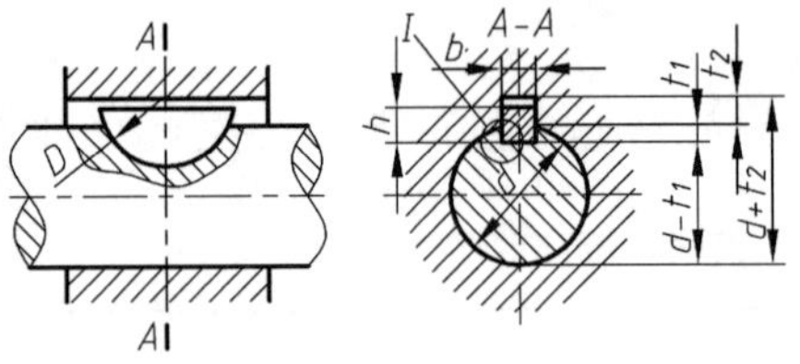

半圆键和键槽

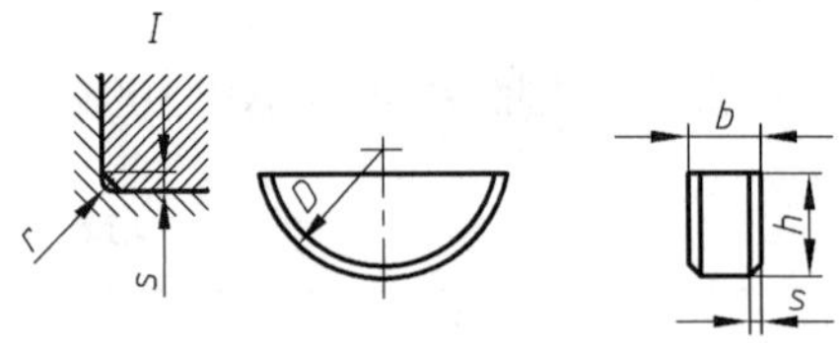

半圆键

标 记 示 例

宽度 b=6mm、高度 h=10mm、直径 D=25mm 普通型半圆键的标记为： GB/T 1099.1 键 6×10×25

轴径 d		键			键槽				
键传递扭矩	键定位用	公称尺寸 $b×h×D$	倒角或倒圆 s min	倒角或倒圆 s max	宽度 b	深度 轴 t_1	深度 毂 t_2	半径 r min	半径 r max
>5~6	>6~8	2×2.6×7	0.16	0.25	2	1.8	1	0.08	0.16
>6~7	>8~10	2×3.7×10				2.9			
>7~8	>10~12	2.5×3.7×10			2.5	2.7	1.2		
>8~10	>12~15	3×5×13			3	3.8	1.4		
>10~12	>15~18	3×6.5×16						0.16	0.25
>12~14	>18~20	4×6.5×16	0.25	0.40	4	5.0	1.8		
>14~16	>20~22	4×7.5×19				6			
>16~18	>22~25	5×6.5×16			5	4.5	2.3		
>18~20	>25~28	5×7.5×19				5.5			
>20~22	>28~32	5×9×22				7			
>22~25	>32~36	6×9×22			6	6.5	2.8		
>25~28	>36~40	6×10×25				7.5		0.25	0.40
>28~32	40	8×11×28	0.40	0.60	8	8	3.3		
>32~38	—	10×13×32			10	10			

3. 轴和轮毂上键槽的画法和尺寸标注

轴和轮毂上键槽的画法见下图。

键和键槽尺寸可根据轴的直径在附表 2-1 和附表 2-2 中查得。

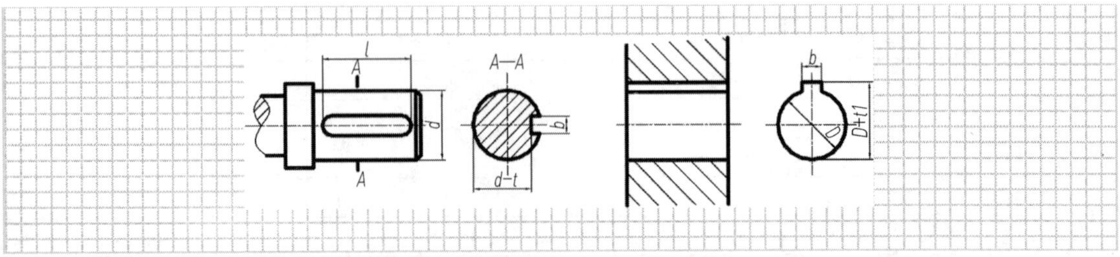

附录 2.2 销

1. 圆柱销（GB/T 119.1—2000）不淬硬钢和奥氏体不锈钢

附表 2-3 圆柱销

（mm）

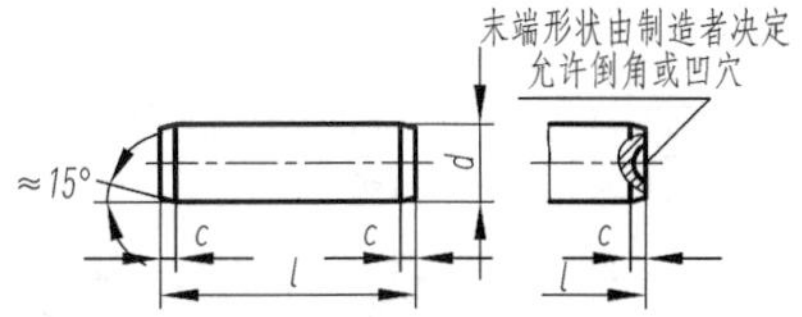

标 记 示 例

公称直径 d=6mm、公差为 m6、公称长度 l=25mm、材料为钢、不经淬火、不经表面处理的圆柱销：销 GB/T 119.1 6m6×30

公称直径 d	0.6	0.8	1	1.2	1.5	2	2.5	3	4	5
c≈	0.12	0.16	0.20	0.25	0.30	0.35	0.40	0.50	0.63	0.80
l（规格范围公称长度）	2～6	2～8	4～10	4～12	4～16	6～20	6～24	8～30	8～40	10～50
公称直径 d	6	8	10	12	16	20	25	30	40	50
c≈	1.2	1.6	2.0	2.5	3.0	3.5	4.0	5.0	6.3	8.0
l（规格范围公称长度）	12～60	14～80	18～95	22～140	26～180	35～200	50～200	60～200	80～200	95～200
l 系列	2、3、4、5、6、8、10、12、14、16、18、20、22、24、26、28、30、32、35、40、45、50、55、65、70、75、80、85、90、95、100、120、140、160、180、200									

2. 圆锥销（GB/T 117—2000）

附表 2-4 圆锥销

（mm）

A 型（磨削）

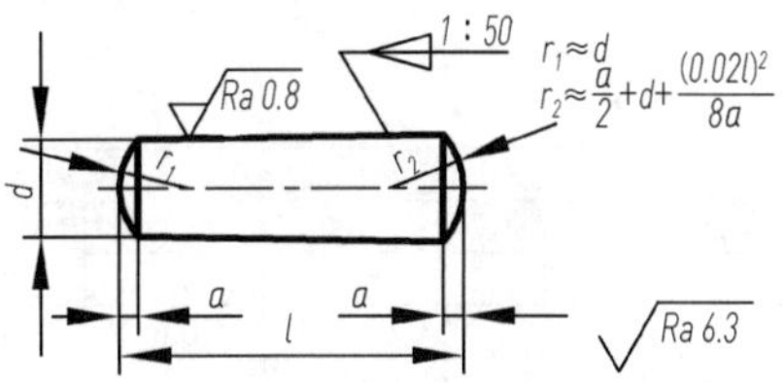

B 型（切削或冷镦）

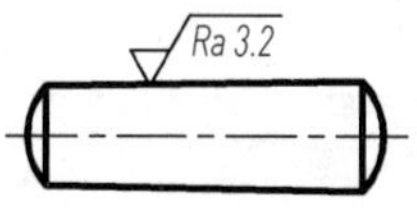

标 记 示 例

公称直径 d=10mm、长度 l=60mm、材料为钢、热处理硬度 28～38HRC、表面氧化处理 A 型圆锥销：销 GB/T 117 10×60

公称直径 d	0.6	0.8	1	1.2	1.5	2	2.5	3	4	5
a≈	0.08	0.1	0.12	0.16	0.20	0.25	0.30	0.40	0.50	0.63
l（规格范围公称长度）	4～8	5～12	6～16	6～20	8～24	10～35	10～35	12～45	14～55	18～60
公称直径 d	6	8	10	12	16	20	25	30	40	50
a≈	0.8	1.0	1.2	1.6	2.0	2.5	3.0	4.0	5.0	6.3
l（规格范围公称长度）	12～60	14～80	18～95	22～140	26～180	35～200	50～200	60～200	80～200	95～200
l 系列	2、3、4、5、6、8、10、12、14、16、18、20、22、24、26、28、30、32、35、40、45、50、55、65、70、75、80、85、90、95、100、120、140、160、180、200									

3. 开口销（GB/T 91—2000）

附表 2-5 开口销

（mm）

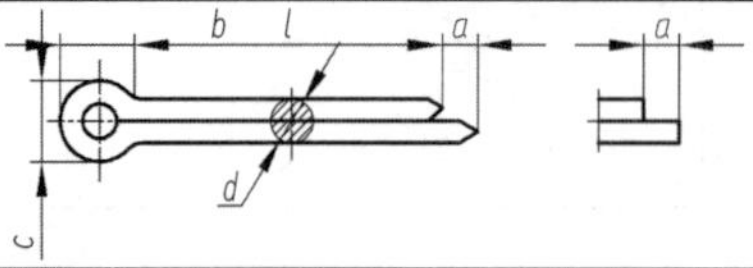

标 记 示 例

公称直径 d=5mm、长度 l=50mm、材料为低碳钢、不经表面处理的开口销的标记为：销 GB/T 91 5×50

公称规格		0.6	0.8	1	1.2	1.5	2	2.5	3	4	5	6.3	8	10	13
d	max	0.5	0.7	0.9	1.0	1.4	1.8	2.3	2.9	3.7	4.6	5.9	7.5	9.5	12.4
	min	0.4	0.6	0.8	0.9	1.3	1.7	2.1	2.7	3.5	4.4	5.7	7.3	9.3	12.1
C	max	1	1.4	1.8	2	2.8	3.6	4.6	5.8	7.4	9.2	11.8	15	19	24.8
	min	0.9	1.2	1.6	1.7	2.4	3.2	4	5.1	6.5	8	10.3	13.1	16.6	21.7
$b\approx$		2	2.4	3	3	3.2	4	5	6.4	8	10	12.6	16	20	26
a_{max}		1.6	1.6	1.6	2.5	2.5	2.5	2.5	3.2	4	4	4	4	6.3	6.3
l（规格范围公称长度）		4～12	5～16	6～20	8～26	8～32	10～40	12～50	14～65	18～80	22～100	30～120	40～160	45～200	70～200
l 系列		4、5、6、8、10、12、14、16、18、20、22、24、26、28、30、32、36、40、45、50、55、65、70、75、80、85、90、95、100、120、140、160、180、200													

注：公称规格等于开口销孔直径。对销孔直径推荐的公差为：公称规格≤1.2 时 H13；公称规格＞1.2 时 H14。

附录 2.3 滚动轴承

1. 深沟球轴承（60000 型）（GB/T 276—2013）

附表 2-6 深沟球轴承（60000 型）

（mm）

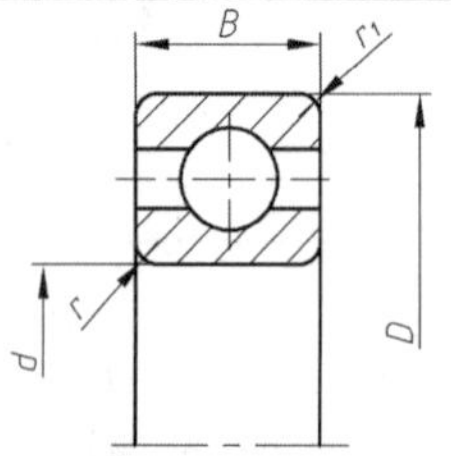

标 记 示 例

内径 d=20 的 60000 型深沟球轴承，尺寸系列为（0）2，组合代号为 62：

滚动轴承 6240 GB/T 276－2013

轴承代号	外形尺寸					轴承代号	外形尺寸				
	d	D	B	r_{smin}	r_{1smin}		d	D	B	r_{smin}	r_{1smin}
6000	10	26	8	0.3	—	6200	10	30	9	0.6	0.5
6001	12	28	8	0.3	—	6201	12	32	10	0.6	0.5
6002	15	32	9	0.3	0.3	6202	15	35	11	0.6	0.5
6003	17	35	10	0.3	0.3	6203	17	40	12	0.6	0.5
6004	20	42	12	0.6	0.5	6204	20	47	14	1	0.5
6005	25	47	12	0.6	0.5	6205	25	52	15	1	0.5
6006	30	55	13	1	0.5	6206	30	62	16	1	0.5
6007	35	62	14	1	0.5	6207	35	72	17	1.1	0.5
6008	40	68	15	1	0.5	6208	40	80	18	1.1	0.5
6009	45	75	16	1	0.5	6209	45	85	19	1.1	0.5
6010	50	80	16	1	0.5	6210	50	90	20	1.1	0.5
6011	55	90	18	1.1	0.5	6211	55	100	21	1.5	0.5
6012	60	95	18	1.1	0.5	6212	60	110	22	1.5	0.5
6013	65	100	18	1.1	0.5	6213	65	120	23	1.5	0.5
6014	70	110	20	1.1	0.5	6214	70	125	24	1.5	0.5
6015	75	115	20	1.1	0.5	6215	75	130	25	1.5	0.5
6016	80	125	22	1.1	0.5	6216	80	140	26	2	0.5
6017	85	130	22	1.1	0.5	6217	85	150	28	2	0.5
6018	90	140	24	1.5	0.5	6218	90	160	30	2	0.5
6019	95	145	24	1.5	0.5	6219	95	170	32	2.1	0.5
6020	100	150	24	1.5	0.5	6220	100	180	34	2.1	0.5

注：r_{smin} 为 r 的单向最小倒角尺寸；r_{1smin} 为 r_1 的单向最小倒角尺寸。

2. 圆柱滚子轴承（N 型，外圈无挡边）(GB/T 283—2007)

附表 2-7　圆柱滚子轴承（N 型，外圈无挡边）　(mm)

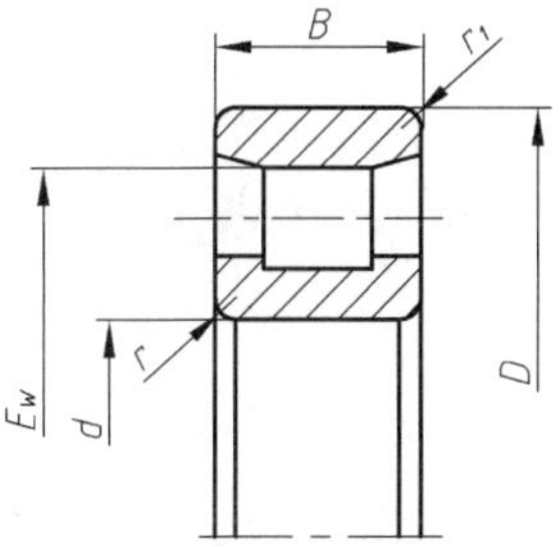

标 记 示 例

内径 d=30 的 N 型圆柱滚子轴承，尺寸系列为 10，内径代号为 06：

滚动轴承 N1006　GB/T 283－2007

轴承代号		外形尺寸					
N 型	*Nu* 型	d	D	B	E_w	r_{smin}	r_{1smin}
N202E	Nu202E	15	35	11	30.3	0.6	0.3
N203E	Nu203E	17	40	12	35.1	0.6	0.3
N204E	Nu204E	20	47	14	41.5	1	0.6
N205E	Nu205E	25	52	15	46.5	1	0.6
N206E	Nu206E	30	62	16	55.5	1	0.6
N207E	Nu207E	35	72	17	64	1.1	0.6
N208E	Nu208E	40	80	18	71.5	1.1	1.1
N209E	Nu209E	45	85	19	76.5	1.1	1.1
N210E	Nu210E	50	90	20	81.5	1.1	1.1
⋮	⋮	⋮	⋮	⋮	⋮	⋮	⋮
N304E	Nu304E	20	52	15	45.4	1.1	0.6
N305E	Nu305E	25	62	17	54	1.1	1.1
N306E	Nu306E	30	72	19	62.5	1.1	1.1
N307E	Nu307E	35	80	21	70.2	1.5	1.1
N308E	Nu308E	40	90	23	80	1.5	1.5
N309E	Nu309E	45	100	25	88.5	1.5	1.5
N310E	Nu310E	50	110	27	97	2	2
N311E	Nu311E	55	120	29	106.5	2	2
N312E	Nu312E	60	130	31	115	2.1	2.1

3. 圆锥滚子轴承（30000 型）（GB/T 297—1994）

附表 2-8 圆锥滚子轴承（30000 型） （mm）

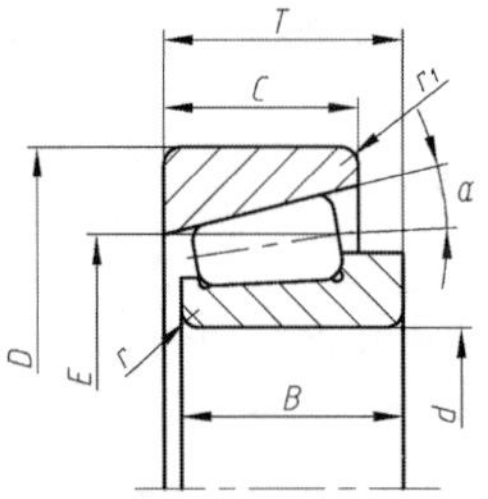

标 记 示 例

内径 d=20，尺寸系列代号为 02 的圆锥滚子轴承：

滚动轴承 30204 GB/T 297—1994

轴承代号	外形尺寸								
	d	D	T	B	r_{smin}	C	r_{1smin}	α	E
30202	15	35	11.75	11	0.6	10	0.6	—	—
30203	17	40	13.25	12	1	11	1	12° 57′ 10″	31.408
30204	20	47	15.25	14	1	12	1	12° 57′ 10″	37.304
30205	25	52	16.25	15	1	13	1	14° 02′ 10″	41.135
30206	30	62	17.25	16	1	14	1	14° 02′ 10″	49.990
30232	32	65	18.25	17	1	15	1	14°	52.500
30207	35	72	18.25	17	1.5	15	1.5	14° 02′ 10″	58.844
30208	40	80	19.75	18	1.5	16	1.5	14° 02′ 10″	65.730
30209	45	85	20.75	19	1.5	16	1.5	15° 06′ 34″	70.440
30210	50	90	21.75	20	1.5	17	1.5	15° 38′ 32″	75.078
30211	55	100	22.75	21	2	18	1.5	15° 06′ 34″	84.197
30212	60	110	23.75	22	2	19	1.5	15° 06′ 34″	91.876
30213	65	120	24.75	23	2	20	1.5	15° 06′ 34″	101.934
30214	70	125	26.25	24	2	21	1.5	15° 38′ 32″	105.748
30215	75	130	27.25	25	2	22	1.5	16° 10′ 20″	110.408
30216	80	140	28.25	26	2.5	22	2	15° 38′ 32″	119.169
30217	85	150	30.5	28	2.5	24	2	15° 38′ 32″	126.685
30218	90	160	32.5	30	2.5	26	2	15° 38′ 32″	134.901
30219	95	170	34.5	32	3	27	2.5	15° 38′ 32″	143.385
30220	100	180	37	34	3	29	2.5	15° 38′ 32″	151.310
30309	45	100	27.25	25	2	22	1.5	12° 57′ 10″	81.780
30310	50	110	29.25	27	2.5	23	2	12° 57′ 10″	90.633
30311	55	120	31.5	29	2.5	25	2	12° 57′ 10″	99.146
30312	60	130	33.5	31	3	26	2.5	12° 57′ 10″	107.769
30313	65	140	36	33	3	28	2.5	12° 57′ 10″	116.846
30314	70	150	38	35	3	30	2.5	12° 57′ 10″	125.244
30315	75	160	40	37	3	31	2.5	12° 57′ 10″	134.097

4. 推力球轴承（51000 型）（GB/T 301—1995）

附表 2-9　推力球轴承（51000 型）　　(mm)

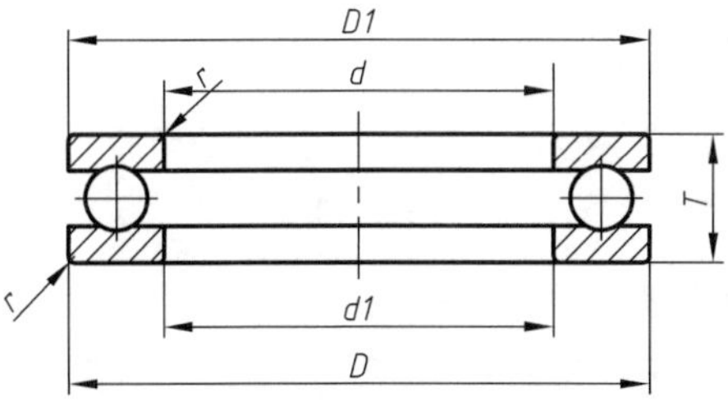

标 记 示 例

内径 d=20，510000 型推力球轴承，12 寸系列：

滚动轴承 51204　GB/T 301－1995

轴承代号	d	D	T	d_{1smin}	D_{1smax}	r_{smin}
51100	10	24	9	11	24	0.3
51101	12	26	9	13	26	0.3
51102	15	28	9	16	28	0.3
51103	17	30	9	18	30	0.3
51104	20	35	10	21	35	0.3
51105	25	42	11	26	42	0.6
51106	30	47	11	32	47	0.6
51107	35	52	12	37	52	0.6
51108	40	60	13	42	60	0.6
51109	45	65	14	47	65	0.6
51110	50	70	14	52	70	0.6
51111	55	78	16	57	78	0.6
51112	60	85	17	62	85	1
51113	65	90	18	67	90	1
51114	70	95	18	72	95	1
51115	75	100	19	77	100	1
51116	80	105	19	82	105	1
51117	85	110	19	87	110	1
51118	90	120	22	92	120	1
51120	100	135	25	102	135	1
51200	10	26	11	12	26	0.6
51201	12	28	11	14	28	0.6
51202	15	32	12	17	32	0.6
51203	17	35	12	19	35	0.6
51204	20	40	14	22	40	0.6
51205	25	47	15	27	47	0.6
51206	30	52	16	32	52	0.6
51207	35	62	18	37	62	1
51208	40	68	19	42	68	1
51209	45	73	20	47	73	1
51210	50	78	22	52	78	1
51211	55	90	25	57	90	1
51212	60	95	26	62	95	1
51213	65	100	27	67	100	1
51214	70	105	27	72	105	1

附录 3　零件的工艺结构

附录 3.1　零件倒圆和倒角（摘自 GB/T 6403.4－2008）

本附录规定了一般机械切削加工零件的外角和内角的倒圆与倒角，主要包括倒圆与倒角的型式、尺寸等内容，并给出了与直径ϕ相应的倒角尺寸 C_0、圆角半径 R 的推荐值，用于设计时选取。

附表 3-1　倒圆和倒角

项目名称	内容						
型式	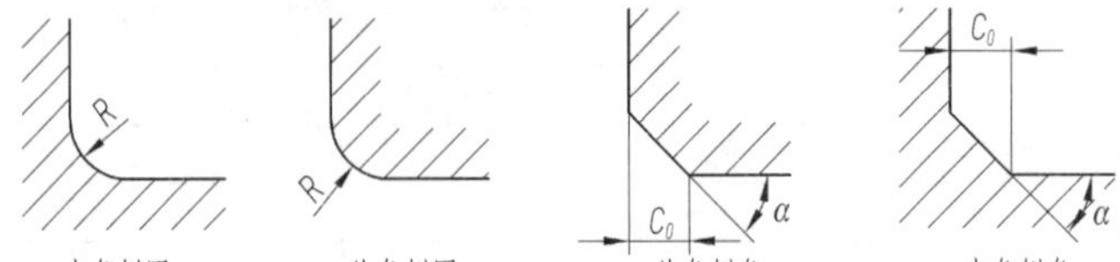 内角倒圆　外角倒圆　外角倒角　内角倒角						
装配形式	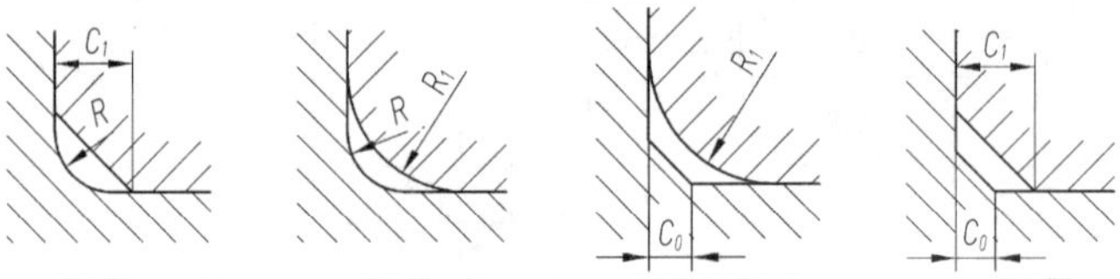 $C_1>R$　$R_1>R$　$0.58R_1>C_0$　$C_1>C_0$						
C_0、R 系列值/mm	0.1　0.2　0.3　0.4　0.5　0.6　0.8　1.0　1.2　1.6　2.0　2.5　3.0　4.0　5.0 6.0　8.0　10　12　16　20　25　32　40　50						
与轴径或孔径ϕ相应的 C_0、R 推荐值/mm	ϕ	<3	>3～6	>6～10	>10～18	>18～30	>30～50
	C_0或R	0.2	0.4	0.6	0.8	1.0	1.6
	ϕ	>50～80	>80～120	>120～180	>180～250	>250～320	>320～400
	C_0或R	2.0	2.5	3.0	4.0	5.0	6.0
	ϕ	>400～500	>500～630	>630～800	>800～1000	>1000～1250	>1250～1600
	C_0或R	8.0	10	12	16	20	25

附录 3.2　普通螺纹的退刀槽（摘自 GB/T 3－1997）

为了获得完整的螺纹，在加工螺纹之前，常在螺纹的有效长度之后预先加工一个深度大于牙型高度的环槽，这个槽称为螺纹退刀槽，其宽度 g_2 或 G_1 应大于螺纹收尾长度。退刀槽的简化画法参见附表 3-2。

附表 3-2　普通螺纹的退刀槽

（mm）

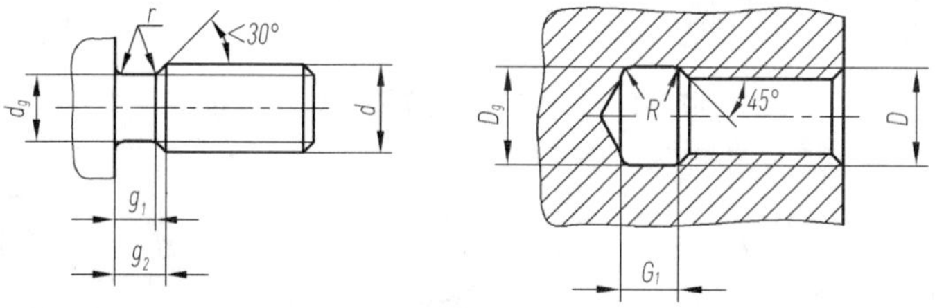

螺距 P	外螺纹				内螺纹			
	g_2 max	g_1 min	d_g	r ≈	G_1 一般	G_1 短的	D_g	R ≈
0.25	0.75	0.4	$d-0.4$	0.12	—	—		—
0.3	0.9	0.5	$d-0.5$	0.16	—	—	—	—
0.35	1.05	0.6	$d-0.6$	0.16	—	—		—
0.4	1.2	0.6	$d-0.7$	0.2	—	—		—
0.45	1.35	0.7	$d-0.7$	0.2	—	—		—
0.5	1.5	0.8	$d-0.8$	0.2	2	1		0.2
0.6	1.8	0.9	$d-1$	0.4	2.4	1.2		0.3
0.7	2.1	1.1	$d-1.1$	0.4	2.8	1.4	$D+0.3$	0.4
0.75	2.25	1.2	$d-1.2$	0.4	3	1.5		0.4
0.8	2.4	1.3	$d-1.3$	0.4	3.2	1.6		0.4
1	3	1.6	$d-1.6$	0.6	4	2		0.5
1.25	3.75	2	$d-2$	0.6	5	2.5		0.6
1.5	4.5	2.5	$d-2.3$	0.8	6	3		0.8
1.75	5.25	3	$d-2.6$	1	7	3.5		0.9
2	6	3.4	$d-3$	1	8	4		1
2.5	7.5	4.4	$d-3.6$	1.2	10	5		1.2
3	9	5.2	$d-4.4$	1.6	12	6	$D+0.5$	1.5
3.5	10.5	6.2	$d-5$	1.6	14	7		1.8
4	12	7	$d-5.7$	2	16	8		2
4.5	13.5	8	$d-6.4$	2.5	18	9		2.2
5	15	9	$d-7$	2.5	20	10		2.5
5.5	17.5	11	$d-7.7$	3.2	22	11		2.8
6	18	11	$d-8.3$	3.2	24	12		3
参考值	$\approx 3P$	—	—	—	$=4P$	$=2P$	—	$\approx 0.5P$

注：① d 为外螺纹的公称直径，D 为内螺纹的公称直径。

② 常用“g_2 max”和“一般”尺寸的退刀槽，“短的”退刀槽仅在结构受限时采用。

附录 3.3　砂轮越程槽（摘自 GB/T 6403.5－2008）

1. 回转面及端面砂轮越程槽

附表 3-3　回转面及端面砂轮越程槽的尺寸　（mm）

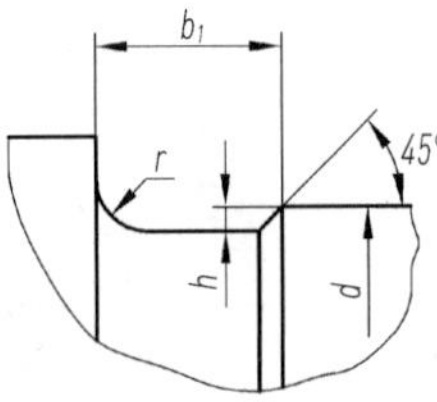

（a）磨外圆

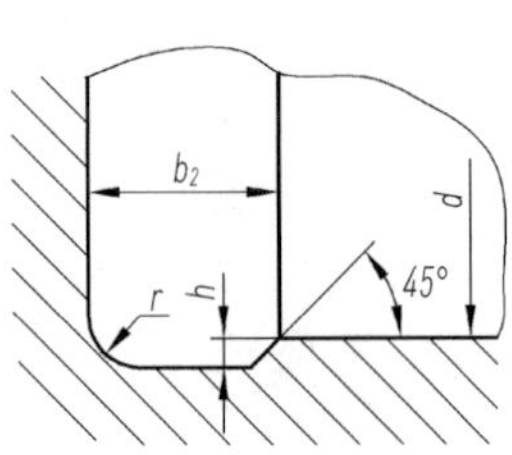

（b）磨内圆

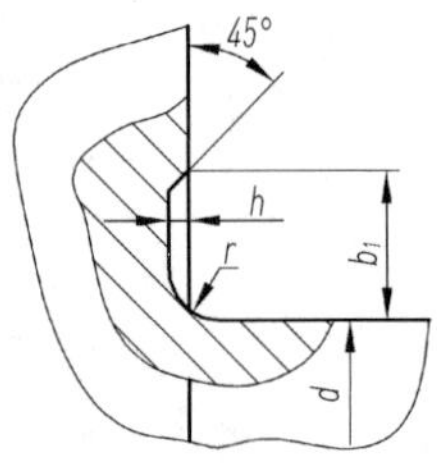

（c）磨外端面

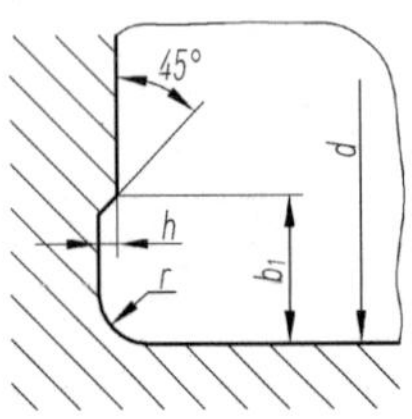

（d）磨内端面

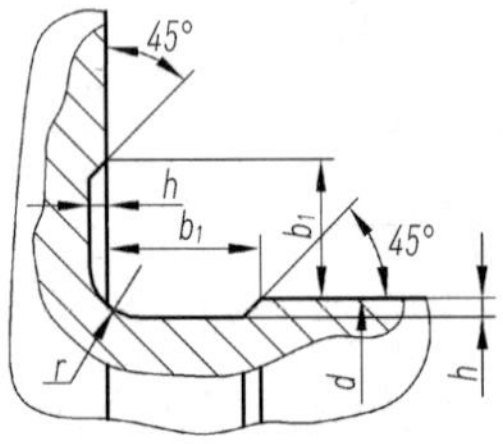

（e）磨外圆及端面

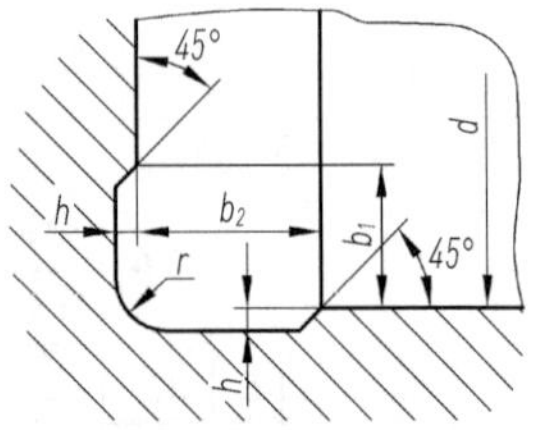

（f）磨内圆及端面

槽宽 b_1	0.6	1.0	1.6	2.0	3.0	4.0	5.0	8.0	10
槽宽 b_2	2.0	3.0		4.0		5.0		8.0	10
槽深 h	0.1	0.2		0.3	0.4		0.6	0.8	1.2
圆角 r	0.2	0.5		0.8	1.0		1.6	2.0	3.0
基本尺寸 d	～10			>10～50		>50～100		>100	

注：① 磨削具有数个直径的工件时，可使用同一规格的越程槽；直径 d 值大的零件，允许选择小规格越程槽。

② 越程槽深度 h 与圆角半径 r 之间应满足 $r \leqslant 3h$。

2. 平面砂轮越程槽

附表 3-4　平面砂轮越程槽的型式和尺寸　（mm）

型　式	尺　寸				
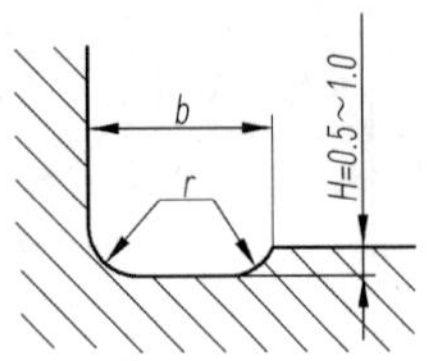	槽宽　b	2	3	4	6
	圆角　r	0.5	1.0	1.2	1.6

附录 3.4　紧固件通孔和沉孔

① 螺栓和螺钉通孔（GB/T 5277—1985）；② 铆钉用通孔（GB/T 152.1—1988）；
③ 沉头用沉孔（GB/T 152.2—1988）；　④ 圆柱头用沉孔（GB/T 152.3—1988）；
⑤ 六角头螺栓和六角螺母用沉孔（GB/T 152.4—1988）。

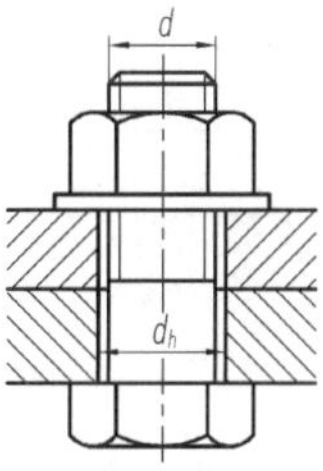

① 附表 3-5

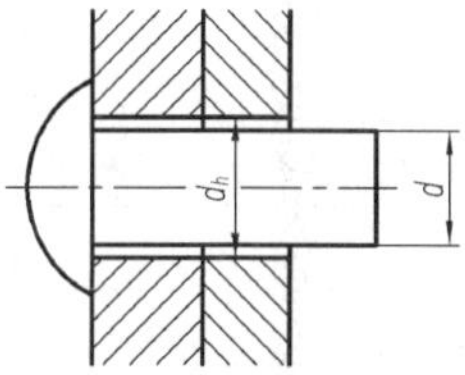

② 附表 3-6

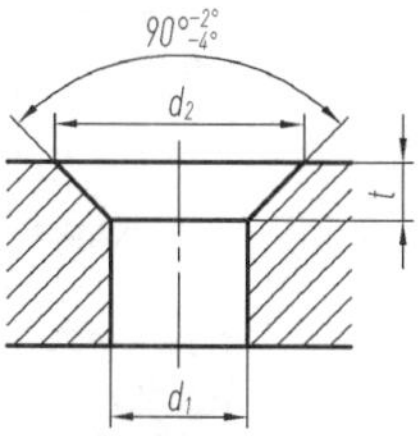

③ 附表 3-7

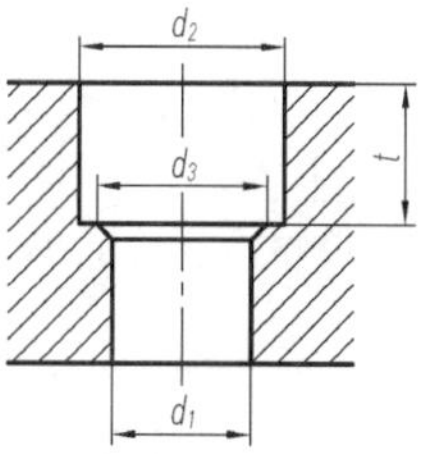

④ 附表 3-8

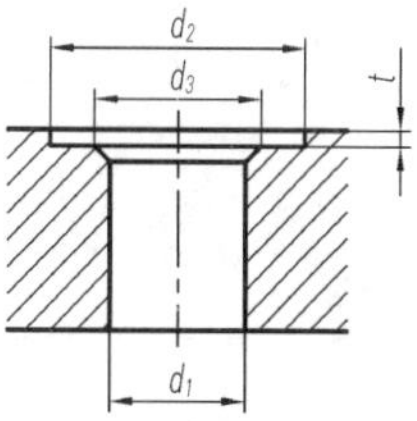

⑤ 附表 3-9

附表 3-5　螺栓和螺钉通孔（GB/T 5277—1985）

（mm）

螺纹规格 d		M1	1.2	1.4	1.6	1.8	2	2.5	3	3.5	4	4.5	5	6	7	8	10	12
孔径 d_h	精装配	1.1	1.3	1.5	1.7	2	2.2	2.7	3.2	3.7	4.3	4.8	5.3	6.4	7.4	8.4	10.5	13
	中等装配	1.2	1.4	1.6	1.8	2.1	2.4	2.9	3.4	3.9	4.5	5	5.5	6.6	7.6	9	11	13.5
	粗装配	1.3	1.5	1.8	2	2.2	2.6	3.1	3.6	4.2	4.8	5.3	5.8	7	8	10	12	14.5
螺纹规格 d		M14	16	18	20	22	24	27	30	33	36	39	42	45	48	52	56	60
孔径 d_h	精装配	15	17	19	21	23	25	26	31	34	37	40	43	46	50	54	58	62
	中等装配	15.5	17.5	20	22	24	26	30	33	36	39	42	45	48	52	56	62	66
	粗装配	16.5	18.5	21	24	26	28	32	35	38	42	45	48	52	56	62	66	70
螺纹规格 d		M64	68	72	76	80	85	90	95	100	105	110	115	120	125	130	140	150
孔径 d_h	精装配	66	70	74	78	82	87	93	98	104	109	114	119	124	129	134	144	155
	中等装配	70	74	78	82	86	91	96	101	107	112	117	122	127	132	137	147	158
	粗装配	74	78	82	86	91	96	101	107	112	117	122	127	132	137	144	155	165

注：也适用于螺柱；设计时应优先选用中等装配精度。

附表 3-6　铆钉用通孔（GB/T 152.1—1988）

（mm）

铆钉公称直径 d		0.6	0.7	0.8	1	1.2	1.4	1.6	2	2.5	3	3.5	4	5	6	8
孔径 d_h	精装配	0.7	0.8	0.9	1.1	1.3	1.5	1.7	2.1	2.6	3.1	3.6	4.1	5.2	6.2	8.2

铆钉公称直径 d		10	12	14	16	18	20	22	24	27	30	36
孔径 d_h	精装配	10.3	12.4	14.5	16.5	—	—	—	—	—	—	—
	粗装配	11	13	15	17	19	21.5	23.5	25.5	28.5	32	38

附表 3-7　沉头用沉孔（GB/T 152.2—1988）

（mm）

螺纹规格	M1.6	M2	M2.5	M3	M3.5	M4	M5	M6	M8	M10	M12	M14	M16	M20
孔径 d_1	1.8	2.4	2.9	3.4	3.9	4.5	5.5	6.6	9	11	13.5	15.5	17.5	22
d_2	3.7	4.5	5.5	6.4	8.4	9.6	10.6	12.8	17.6	20.3	24.4	28.4	32.4	40.4
$t\approx$	1	1.2	1.5	1.6	2.4	2.7	2.7	3.3	4.6	5.0	6.0	7.0	8.0	10.0

注：本表适用于沉头螺钉及半沉头螺钉用的沉孔尺寸。

附表 3-8 圆柱头用沉孔（GB/T 152.3－1988）

（mm）

螺纹规格	M1.6	M2	M2.5	M3	M4	M5	M6	M8	M10	M12	M14	M16	M20	M24	M30	M36
适用于内六角圆柱头螺钉 GB/T 70.1 的圆柱头沉孔尺寸																
孔径 d_1	1.8	2.4	2.9	3.4	4.5	5.5	6.6	9.0	11.0	13.5	15.5	17.5	22.0	26.0	33.0	39.0
d_2	3.3	4.3	5.0	6.0	8.0	10.0	11.0	15.0	18.0	20.0	24.0	26.0	33.0	40.0	48.0	57.0
t	1.8	2.3	2.9	3.4	4.6	5.7	6.8	9.0	11.0	13.0	15.0	17.5	21.5	25.5	32.0	38.0
d_3	—	—	—	—	—	—	—	—	—	16	18	20	24	28	36	42
适用于开槽圆柱头螺钉 GB/T 65、内六角花形圆柱头螺钉 GB/T 6190 和 GB/T 6191 的圆柱头沉孔尺寸																
孔径 d_1	—				4.5	5.5	6.6	9.0	11.0	13.5	15.5	17.5	22	—		
d_2	—				8	10	11	15	18	20	24	26	33	—		
t	—				3.2	4.0	4.7	6.0	7.0	8.0	9.0	10.5	12.5	—		
d_3	—				—	—	—	—	—	16	18	20	24	—		

附表 3-9 六角头螺栓和六角螺母用沉孔（GB/T 152.4－1988）

（mm）

螺纹规格	M1.6	2	2.5	3	4	5	6	8	10	12	14	16	18	20
孔径 d_1	1.8	2.4	2.9	3.4	4.5	5.5	6.6	9.0	11.0	13.5	15.5	17.5	20.0	22.0
d_2	5	6	8	9	10	11	13	18	22	26	30	33	36	40
d_3	—	—	—	—	—	—	—	—	—	16	18	20	22	24
螺纹规格	M22	24	27	30	33	36	39	42	45	48	52	56	60	64
孔径 d_1	24	26	30	33	36	39	42	45	48	52	56	62	66	70
d_2	43	48	53	61	66	71	76	82	89	98	107	112	118	125
d_3	26	28	33	36	39	42	45	48	51	56	60	68	72	76

注：① 本表规定了标准对边宽度的六角头螺栓和六角螺母用的沉孔尺寸。

② 对尺寸 t 只要能制出与通孔轴线垂直的圆平面即可。

附录 4　零件图的技术要求

附录 4.1　表面结构的表示法

附表 4-1　取样长度 l_r 的推荐值（GB/T 1031—2009）

Ra/μm	l_r/mm	l_n（$l_n=5\times l_r$）/mm
≥0.008～0.02	0.08	0.4
>0.02～0.1	0.25	1.25
>0.1～2.0	0.8	4.0
>2.0～10.0	2.5	12.5
>10.0～80.0	8.0	40.0

附表 4-2　加工方法、表面纹理、加工余量的注写示例

注 写 图 例	含　义
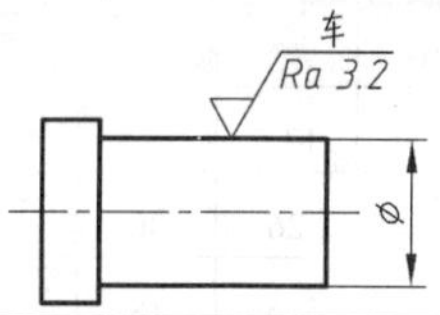	用车削加工方法获得的表面，*Ra* 上限值为 3.2μm
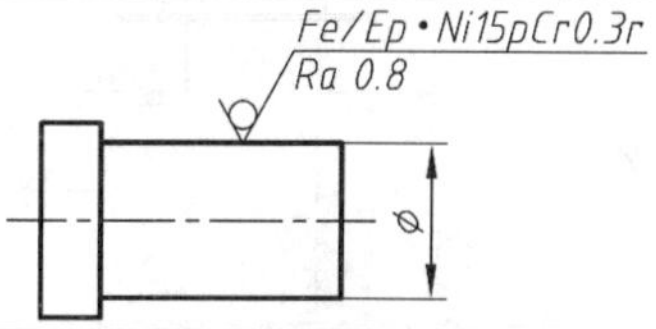	用不去除材料方法获得的表面；表面镀覆：钢件，镀镍/铬（符号参见 GB/T 13911）；*Ra* 上限值为 0.8μm
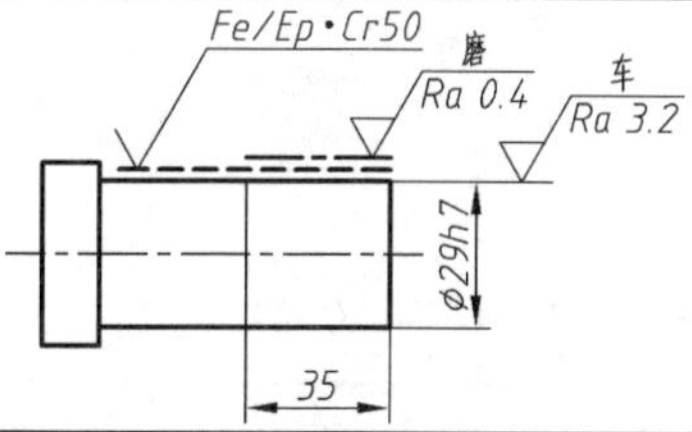	三个连续的加工工序： ① 车削加工，*Ra* 上限值为 3.2μm ② 表面镀覆：钢件，镀铬；无其他粗糙度要求 ③ 磨削加工，*Ra* 上限值为 0.4μm，仅对长为 35mm 的圆柱表面有效
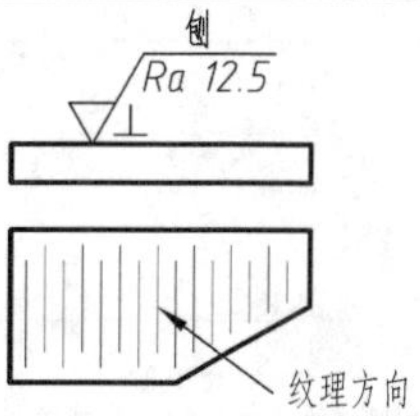	刨削加工，*Ra* 上限值为 12.5μm，纹理垂直于视图所在的投影面，此处是纹理垂直于板的长边
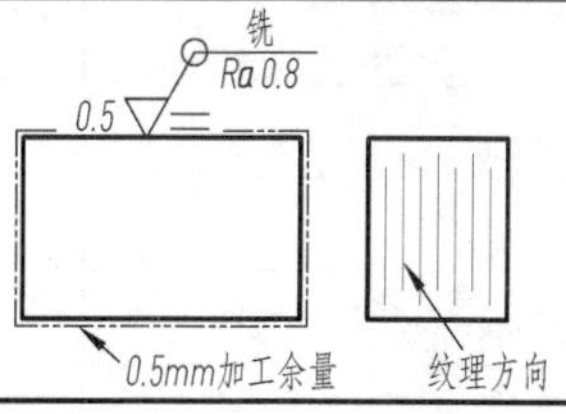	铣削加工，*Ra* 上限值为 3.2μm，纹理平行于视图所在的投影面，有 0.5mm 加工余量。在所在视图中，对组成封闭轮廓的四个表面有效，即长方体的左右上下四个表面，不包括前后两个表面

附表 4-3　表面结构要求图样注法的演变（GB/T 131—2006）

序号	主要变化	GB/T 131 的版本		
		1983（第一版）	1993（第二版）	2006（第三版）
1	参数注写格式和位置，“16%规则”	3.2	3.2　3.2	Ra 3.2
2	新的 *Rz* 为原 *Ry* 的定义，原 *Ry* 不再使用	Ry3.2	Ry3.2　Ry3.2	Rz 3.2
3	“最大规则”	无	1.6max	Ra max 1.6
4	取样长度的标注	1.6 0.8	1.6 0.8	-0.8/Ra 1.6
5	*Ra* 和其他参数	1.6 Ry6.3	1.6 Ry6.3	Ra 1.6 Rz 6.3
6	下限值	无	无	L Ra 1.6
7	上、下限值	3.2 1.6	3.2 1.6	U Ra 3.2 L Ra 1.6

注：在新绘制的图样中，应按最新版本的规定注写表面结构要求。

附录 4.2　极限与配合

附表 4-4　IT01 和 IT0 的标准公差值（摘自 GB/T 1800.1—2009）

公称尺寸/mm		标准公差等级		公称尺寸/mm		标准公差等级	
		IT01	IT0			IT01	IT0
大于	至	公差/m		大于	至	公差/m	
—	3	0.3	0.5	80	120	1	1.5
3	6	0.4	0.6	120	180	1.2	2
6	10	0.4	0.6	180	250	2	3
10	18	0.5	0.8	250	315	2.5	4
18	30	0.6	1	315	400	3	5
30	50	0.6	1	400	500	4	6
50	80	0.8	1.2				

附表 4-5　轴的基本偏差数值（摘自 GB/T 1800.1—2009）

（μm）

公称尺寸/mm		基本偏差数值（上极限偏差 es）												基本偏差数值（下极限偏差 ei）				
		所有标准公差等级												IT5 和 IT6	IT7	IT8	IT4～IT7	≤IT3 >IT7
大于	至	a	b	c	cd	d	e	ef	f	fg	g	h	js	j			k	
—	3	−270	−140	−60	−34	−20	−14	−10	−6	−4	−2	0	偏差 = $\pm\frac{IT_n}{2}$ 式中，IT_n是 IT 值数	−2	−4	−6	0	0
3	6	−270	−140	−70	−46	−30	−20	−14	−10	−6	−4	0		−2	−4		+1	0
6	10	−280	−150	−80	−56	−40	−25	−18	−13	−8	−5	0		−2	−5		+1	0
10	14	−290	−150	−95		−50	−32		−16		−6	0		−3	−6		+1	0
14	18																	
18	24	−300	−160	−110		−65	−40		−20		−7	0		−4	−8		+2	0
24	30																	
30	40	−310	−170	−120		−80	−50		−25		−9	0		−5	−10		+2	0
40	50	−320	−180	−130														
50	65	−340	−190	−140		−100	−60		−30		−10	0		−7	−12		+2	0
65	80	−360	−200	−150														
80	100	−380	−220	−170		−120	−72		−36		−12	0		−9	−15		+3	0
100	120	−410	−240	−180														
120	140	−460	−260	−200		−145	−85		−43		−14	0		−11	−18		+3	0
140	160	−520	−280	−210														
160	180	−580	−310	−230														
180	200	−660	−340	−240		−170	−100		−50		−15	0		−13	−21		+4	0
200	225	−740	−380	−260														
225	250	−820	−420	−280														
250	280	−920	−480	−300		−190	−110		−56		−17	0		−16	−26		+4	0
280	315	−1 050	−540	−330														
315	355	−1 200	−600	−360		−210	−125		−62		−18	0		−18	−28		+4	0
355	400	−1 350	−680	−400														
400	450	−1 500	−760	−440		−230	−135		−68		−20	0		−20	−32		+5	0
450	500	−1 650	−840	−480														
500	560					−260	−145		−76		−22	0					0	0
560	630																	
630	710					−290	−160		−80		−24	0					0	0
710	800																	
800	900					−320	−170		−86		−26	0					0	0
900	1 000																	
1 000	1 120					−350	−195		−98		−28	0					0	0
1 120	1 250																	
1 250	1 400					−390	−220		−110		−30	0					0	0
1 400	1 600																	
1 600	1 800					−430	−240		−120		−32	0					0	0
1 800	2 000																	
2 000	2 240					−480	−260		−130		−34	0					0	0
2 240	2 500																	
2 500	2 800					−520	−290		−145		−38	0					0	0
2 800	3 150																	

续表

公称尺寸/mm		基本偏差数值（下极限偏差 ei）													
		所有标准公差等级													
大于	至	m	n	p	r	s	t	u	v	x	y	z	za	zb	zc
—	3	+2	+4	+6	+10	+14		+18		+20		+26	+32	+40	+60
3	6	+4	+8	+12	+15	+19		+23		+28		+35	+42	+50	+80
6	10	+6	+10	+15	+19	+23		+28		+34		+42	+52	+67	+97
10	14	+7	+12	+18	+23	+28		+33		+40		+50	+64	+90	+130
14	18								+39	+45		+60	+77	+108	+150
18	24	+8	+15	+22	+28	+35		+41	+47	+54	+63	+73	+98	+136	+188
24	30						+41	+48	+55	+64	+75	+88	+118	+160	+218
30	40	+9	+17	+26	+34	+43	+48	+60	+68	+80	+94	+112	+148	+200	+274
40	50						+54	+70	+81	+97	+114	+136	+180	+242	+325
50	65	+11	+20	+32	+41	+53	+66	+87	+102	+122	+144	+172	+226	+300	+405
65	80				+43	+59	+75	+102	+120	+146	+174	+210	+274	+360	+480
80	100	+13	+23	+37	+51	+71	+91	+124	+146	+178	+214	+258	+335	+445	+585
100	120				+54	+79	+104	+144	+172	+210	+254	+310	+400	+525	+690
120	140	+15	+27	+43	+63	+92	+122	+170	+202	+248	+300	+365	+470	+620	+800
140	160				+65	+100	+134	+190	+228	+280	+340	+415	+535	+700	+900
160	180				+68	+108	+146	+210	+252	+310	+380	+465	+600	+780	+1 000
180	200	+17	+31	+50	+77	+122	+166	+236	+284	+350	+425	+520	+670	+880	+1 150
200	225				+80	+130	+180	+258	+310	+385	+470	+575	+740	+960	+1 250
225	250				+84	+140	+196	+284	+340	+425	+520	+640	+820	+1 050	+1 350
250	280	+20	+34	+56	+94	+158	+218	+315	+385	+475	+580	+710	+920	+1 200	+1 550
280	315				+98	+170	+240	+350	+425	+525	+650	+790	+1 000	+1 300	+1 700
315	355	+21	+37	+62	+108	+190	+268	+390	+275	+590	+730	+900	+1 150	+1 500	+1 900
355	400				+114	+208	+294	+435	+530	+660	+820	+1 000	+1 300	+1 650	+2 100
400	450	+23	+40	+68	+126	+232	+330	+490	+595	+740	+920	+1 100	+1 450	+1 850	+2 400
450	500				+132	+252	+360	+540	+660	+820	+1 000	+1 250	+1 600	+2 100	+2 600
500	560	+26	+44	+78	+150	+280	+400	+600							
560	630				+155	+310	+450	+660							
630	710	+30	+50	+88	+175	+340	+500	+740							
710	800				+185	+380	+560	+840							
800	900	+34	+56	+100	+210	+430	+620	+940							
900	1 000				+220	+470	+680	+1 050							
1 000	1 120	+40	+66	+120	+250	+520	+780	+1 150							
1 120	1 250				+260	+580	+840	+1 300							
1 250	1 400	+48	+78	+140	+300	+640	+960	+1 450							
1 400	1 600				+330	+720	+1 050	+1 600							
1 600	1 800	+58	+92	+170	+370	+820	+1 200	+1 850							
1 800	2 000				+400	+920	+1 350	+2 000							
2 000	2 240	+68	+110	+195	+440	+1 000	+1 500	+2 300							
2 240	2 500				+460	+1 100	+1 650	+2 500							
2 500	2 800	+76	+135	+240	+550	+1 250	+1 900	+2 900							
2 800	3 150				+580	+1 400	+2 100	+3 200							

附表 4-6　孔的基本偏差数值（摘自 GB/T 1800.1—2009）

（μm）

公称尺寸/mm		基本偏差数值																					
		下极限偏差 EI												上极限偏差 ES									
大于	至	所有公差等级												IT6	IT7	IT8	≤IT8	>IT8	≤IT8	>IT8	≤IT8	>IT8	≤IT7
		A	B	C	CD	D	E	EF	F	FG	G	H	JS	J			K		M		N		P 至 ZC
—	3	+270	+140	+60	+34	+20	+14	+10	+6	+4	+2	0	偏差 = $\pm\frac{IT_n}{2}$ 式中，IT_n 是 IT 值数	+2	+4	+6	0	0	−2	−2	−4	−4	在大于 IT7 的相应数值上增加一个 Δ 值
3	6	+270	+140	+70	+46	+30	+20	+14	+10	+6	+4	0		+5	+6	+10	−1+Δ		−4+Δ	−4	−8+Δ	0	
6	10	+280	+150	+80	+56	+40	+25	+18	+13	+8	+5	0		+5	+8	+12	−1+Δ		−6+Δ	−6	−10+Δ	0	
10	14	+290	+150	+95		+50	+32		+16		+6	0		+6	+10	+15	−1+Δ		−7+Δ	−7	−12+Δ	0	
14	18																						
18	24	+300	+160	+110		+65	+40		+20		+7	0		+8	+12	+20	−2+Δ		−8+Δ	−8	−15+Δ	0	
24	30																						
30	40	+310	+170	+120		+80	+50		+25		+9	0		+10	+14	+24	−2+Δ		−9+Δ	−9	−17+Δ	0	
40	50	+320	+180	+130																			
50	65	+340	+190	+140		+100	+60		+30		+10	0		+13	+18	+28	−2+Δ		−11+Δ	−11	−20+Δ	0	
65	80	+360	+200	+150																			
80	100	+380	+220	+170		+120	+72		+36		+12	0		+16	+22	+34	−3+Δ		−13+Δ	−13	−23+Δ	0	
100	120	+410	+240	+180																			
120	140	+460	+260	+200		+145	+85		+43		+14	0		+18	+26	+41	−3+Δ		−15+Δ	−15	−27+Δ	0	
140	160	+520	+280	+210																			
160	180	+580	+310	+230																			
180	200	+660	+340	+240		+170	+100		+50		+15	0		+22	+30	+47	−4+Δ		−17+Δ	−17	−31+Δ	0	
200	225	+740	+380	+260																			
225	250	+820	+420	+280																			
250	280	+920	+480	+300		+190	+110		+56		+17	0		+25	+36	+55	−4+Δ		−20+Δ	−20	−34+Δ	0	
280	315	+1 050	+540	+330																			
315	355	+1 200	+600	+360		+210	+125		+62		+18	0		+29	+39	+60	−4+Δ		−21+Δ	−21	−37+Δ	0	
355	400	+1 350	+680	+400																			
400	450	+1 500	+760	+440		+230	+135		+68		+20	0		+33	+43	+66	−5+Δ		−23+Δ	−23	−40+Δ	0	
450	500	+1 650	+840	+480																			
500	560					+260	+145		+76		+22	0					0		26		44		
560	630																						
630	710					+290	+160		+80		+24	0					0		30		50		
710	800																						
800	900					+320	+170		+86		+26	0					0		34		56		
900	1 000																						
1 000	1 120					+350	+195		+98		+28	0					0		40		66		
1 120	1 250																						
1 250	1 400					+390	+220		+110		+30	0					0		48		78		
1 400	1 600																						
1 600	1 800					+430	+240		+120		+32	0					0		58		92		
1 800	2 000																						
2 000	2 240					+480	+260		+130		+34	0					0		68		110		
2 240	2 500																						
2 500	2 800					+520	+290		+145		+38	0					0		76		135		
2 800	3 150																						

续表

公称尺寸/mm		基本偏差数值												Δ值					
		上极限偏差 ES																	
		标准公差等级大于 IT7												标准公差等级					
大于	至	P	R	S	T	U	V	X	Y	Z	ZA	ZB	ZC	IT3	IT4	IT5	IT6	IT7	IT8
—	3	−6	−10	−14		−18		−20		−26	−32	−40	−60	0	0	0	0	0	0
3	6	−12	−15	−19		−23		−28		−35	−42	−50	−80	1	1.5	1	3	4	6
6	10	−15	−19	−23		−28		−34		−42	−52	−67	−97	1	1.5	2	3	6	7
10	14	−18	−23	−28		−33		−40		−50	−64	−90	−130	1	2	3	3	7	9
14	18						−39	−45		−60	−77	−108	−150						
18	24	−22	−28	−35		−41	−47	−54	−63	−73	−98	−136	−188	1.5	2	3	4	8	12
24	30				−41	−48	−55	−64	−75	−88	−118	−160	−218						
30	40	−26	−34	−43	−48	−60	−68	−80	−94	−112	−148	−200	−274	1.5	3	4	5	9	14
40	50				−54	−70	−81	−97	−114	−136	−180	−242	−325						
50	65	−32	−41	−53	−66	−87	−102	−122	−144	−172	−226	−300	−405	2	3	5	6	11	16
65	80		−43	−59	−75	−102	−120	−146	−174	−210	−274	−360	−480						
80	100	−37	−51	−71	−91	−124	−146	−178	−214	−258	−335	−445	−585	2	4	5	7	13	19
100	120		−54	−79	−104	−144	−172	−210	−254	−310	−400	−525	−690						
120	140	−43	−63	−92	−122	−170	−202	−248	−300	−365	−470	−620	−800	3	4	6	7	15	23
140	160		−65	−100	−134	−190	−228	−280	−340	−415	−535	−700	−900						
160	180		−68	−108	−146	−210	−252	−310	−380	−465	−600	−780	−1 000						
180	200	−50	−77	−122	−166	−236	−284	−350	−425	−520	−670	−880	−1 150	3	4	6	9	17	26
200	225		−80	−130	−180	−258	−310	−385	−470	−575	−740	−960	−1 250						
225	250		−84	−140	−196	−284	−340	−425	−520	−640	−820	−1 050	−1 350						
250	280	−56	−94	−158	−218	−315	−385	−475	−580	−710	−920	−1 200	−1 550	4	4	7	9	20	29
280	315		−98	−170	−240	−350	−425	−525	−650	−790	−1 000	−1 300	−1 700						
315	355	−62	−108	−190	−268	−390	−475	−590	−730	−900	−1 150	−1 500	−1 900	4	5	7	11	21	32
355	400		−114	−208	−294	−435	−530	−660	−820	−1 000	−1 300	−1 650	−2 100						
400	450	−68	−126	−232	−330	−490	−595	−740	−920	−1 100	−1 450	−1 850	−2 400	5	5	7	13	23	34
450	500		−132	−252	−360	−540	−660	−820	−1 000	−1 250	−1 600	−2 100	−2 600						
500	560	−78	−150	−280	−400	−600													
560	630		−155	−310	−450	−660													
630	710	−88	−175	−340	−500	−740													
710	800		−185	−380	−560	−840													
800	900	−100	−210	−430	−620	−940													
900	1 000		−220	−470	−680	−1 050													
1 000	1 120	−120	−250	−520	−780	−1 150													
1 120	1 250		−260	−580	−840	−1 300													
1 250	1 400	−140	−300	−640	−960	−1 450													
1 400	1 600		−330	−720	−1 050	−1 600													
1 600	1 800	−170	−370	−820	−1 200	−1 850													
1 800	2 000		−400	−920	−1 350	−2 000													
2 000	2 240	−195	−440	−1 000	−1 500	−2 300													
2 240	2 500		−460	−1 100	−1 650	−2 500													
2 500	2 800	−240	−550	−1 250	−1 900	−2 900													
2 800	3 150		−580	−1 400	−2 100	−3 200													

附录 5　常用热处理和表面处理

热处理是将金属零件毛坯或半成品进行加热、保温，再以不同速度冷却以改变金属材料内部组织，从而改善材料机械性能（强度、硬度、韧性等）和切削性能的工艺方法。对热处理的技术要求主要是处理方法和指标（如硬度值）等内容。表面处理一般是在零件表面加镀（涂）层，以提高零件表面抗腐蚀性、耐磨性或使表面美观的处理方法。

附表 5-1　常用热处理及表面处理

热处理方法	解　　释	应　　用
退　火 （焖　火）	将钢件加热到临界温度以上 30～50°C，保温一段时间，然后随炉冷却	用来消除铸件内应力和组织不均匀及晶粒粗大等现象，降低钢的硬度，以利切削
正　火	将钢件加热到临界温度以上，保温一段时间，然后在空气中冷却	用来处理中、低碳钢及渗碳机件，使其组织细化，减少内应力，改善切削性能
淬　火	将钢件加热到临界温度以上，保温一段时间，然后放入淬火剂（油、水等）中急剧冷却	用来提高钢件的硬度和耐磨性，但淬火后会使钢件变脆，所以淬火后应进行回火
回　火	将淬火后的钢件加热到低于淬火的温度，保温一段时间，然后在空气或油中冷却	用来消除淬火后的脆性和内应力，提高钢的塑性和韧性
调　质	淬火后进行高温（300～700°C）回火称为调质	用来提高钢的韧性并使钢保持足够的硬度，同时使内部组织稳定
表面淬火 渗碳淬火 氮　化	使钢件表面具有高的硬度和耐磨性，而芯部保持原有的强度和韧性	表面淬火用于处理齿轮的轮齿；渗碳用于处理低碳非淬火钢；氮化用于处理含铬钼或铝的特种钢
镀　锌	用电解的方法在钢件表面上镀一层锌	防止钢件锈蚀
镀　铬	用电解的方法在钢件表面上镀一层铬	提高表面硬度、耐磨性和防腐蚀能力
发　蓝 （发黑）	将钢件置于氧化剂内，在 135～145°C 下进行氧化	防止机件腐蚀
涂　油 喷　漆	在工件表面上涂一层油或喷一层漆	美观，防锈蚀

注：① 不同的钢号，临界温度不同，一般为 710～750℃，个别合金钢为 800℃或 900℃。

② 参考 GB/T 12603—2005《金属热处理工艺分类及代号》和 JB/T 8555—2008《热处理技术要求在零件图样上的表示方法》等。

附录 6 常用工程材料

附表 6-1 常用材料简介

名 称	牌 号	特性及用途举例
灰铸铁	HT150	属中等强度铸铁。用于一般铸件，如机床座、端盖、皮带轮等
	HT200	属高强度铸铁。用于较重要铸件，如机座、齿轮、机床、床身、飞轮、皮带轮、齿轮箱、泵体、轴承座等
普通碳素结构钢	Q235A	有较高的强度和硬度，延伸率也相当大，可焊接。用于键、低速轻载齿轮、拉杆、栓、泵圈等
	Q275	
优质碳素结构钢	15	塑性、韧性、焊接性、冲压性能均极好，但强度低，一般用于螺钉、螺母、法兰盘等
	35	不经热处理可用于中等载荷零件，如拉杆、轴，经调质处理后适用于对强度及韧性要求较高的零件，如传动轴等
	45	通常在调质或正火后使用，用于强度较高的零件，如齿轮、机床主轴、花键轴、联轴器、丝杆等
	65Mn	强度高、淬透性好，易产生淬火裂纹，用于高强度、高耐磨、高弹性零件，如各种弹簧及经受摩擦的农机零件等
一般工程用铸造碳钢	ZG230-450	用于制造机座、箱体等
	ZG310-570	用于制造联轴器、汽缸、齿轮及重负荷的机架等
铬轴承钢	GCr15	用于负荷大，要求耐磨性高的零件，如滚动轴承的环、钢球、滚柱、航空上制造活塞门、轴、键、衬套等
铬钢	2Cr13	热处理后稳定性好，耐腐蚀，用于水阀阀体、阀门、水泵轴等
铸造铝青铜	ZCuAl9Mn2	加工性和耐磨性好，用于制造电器设备零件和在 250°C 以下工作的零件
铸造铅锑轴承合金	ZChPbSb15-5	耐磨性好，用于汽油发动机轴承，各种马力压缩机的外伸轴承，功率 100～250kW 的电动机、球磨机等
普通黄铜	H62	铜锌合金，用于制造散热器、垫圈、弹簧、各种网、螺钉等
铸造铝硅合金	ZL102（代号）	铸造性好，耐腐蚀，常用作压铸件、仪表壳等
	ZL104（代号）	用于高负荷的飞机发动机零件，如传动机匣、汽缸头等
铸造铝铜合金	ZL203（代号）	热强性好，铸造性差，抗蚀性低，用于在高温下工作，要求较高塑性的零件，中等负荷，形状简单的零件
油浸石棉盘根	YS450	用于回转轴、往复活塞或阀体上的密封材料
尼龙 66 尼龙 1010	尼龙 66 尼龙 1010	运动噪音小，用作传动零件，如齿轮等
软钢板纸	—	用作密封垫片
耐油橡胶板	3001 3002	用作密封件，如垫片等

注：① 灰铸铁 HT150：HT 表示灰铸铁，后面的数字表示抗拉强度值（MPa）。

② 普通碳素钢 Q235-A：Q 为汉字“屈”的拼音首字母，表示普通碳素钢屈服点，后面的数字表示屈服强度（MPa）；A 级、B 级、C 级、D 级质量逐渐提高。

③ 优质碳素结构钢 15：牌号的两位数字表示平均含碳量，15 号钢表示钢的含碳量为 0.15%。锰含量较高的钢，须加注元素符号“Mn”。

④ 一般工程用铸造碳钢 ZG230-450：ZG 表示铸钢，两个数字分别表示屈服点和抗拉强度（MPa）。

⑤ 普通黄铜 H62：H 表示黄铜，后面的数字表示平均含铜量的百分数。

⑥ ZL102：ZL 表示铸铝，数字表示含硅（10～13）%、余量为铝的铝硅合金。

附录 7 常用加工方法简介

机械零件可以通过铸、锻、焊加工获得，也可以由铸、锻、焊加工的毛坯经过机械加工而成，如附图 7-1 所示。

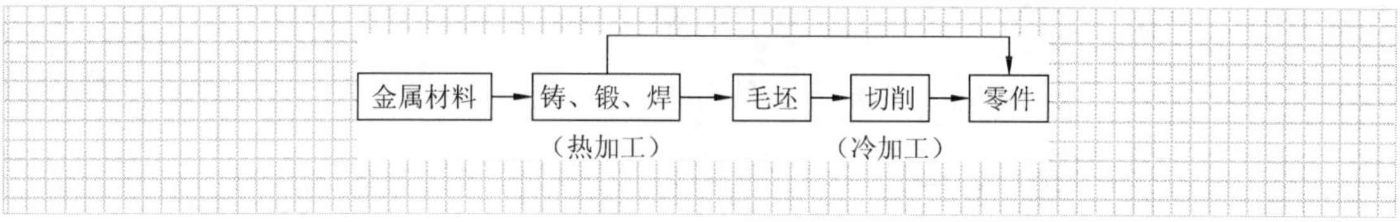

附图 7-1 机械零件的形成

附录 7.1 铸、锻、焊加工

1. 铸造生产

将熔融的金属液体浇注到铸型腔中，冷却凝固后获得零件毛坯或零件的方法称为铸造，如附图 7-2 所示。

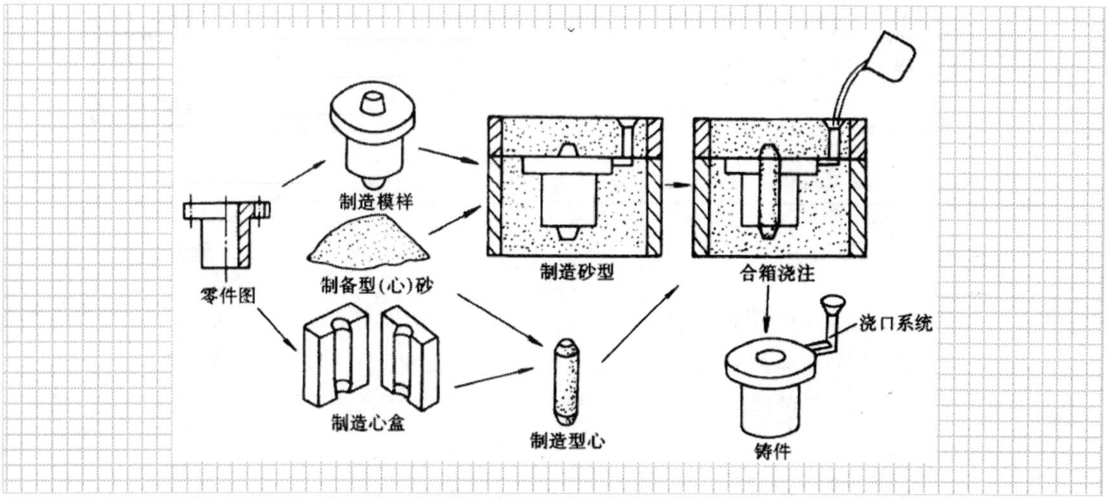

附图 7-2 铸造的过程

铸造生产的特点如下。

（1）可获得形状十分复杂的铸件；

（2）铸件的形状接近成品零件的形状，故省材省工；

（3）铸件的体积和质量适应范围大；

（4）原材料来源广，生产成本低；

（5）质量不稳定（缩孔、缩松、气孔、砂眼）故力学性能较差，不宜重载和冲击场合使用。

铸造方法如下。

（1）砂型铸造：用型砂和型芯砂制造铸型，如附图 7-2 所示。

（2）特种铸造：包括金属型铸造、压力铸造、熔模铸造、离心铸造、低压铸造等。

2. 锻压生产

利用外力使金属发生塑性变形，来获得具有一定形状、尺寸和力学性能的原材料、毛坯或零件的生产方法称为金属压力加工，压力加工的种类有轧制、拉拔、挤压、锻造、板料冲压，如附表 7-1 所示。

附表 7-1 锻压生产工艺

轧制	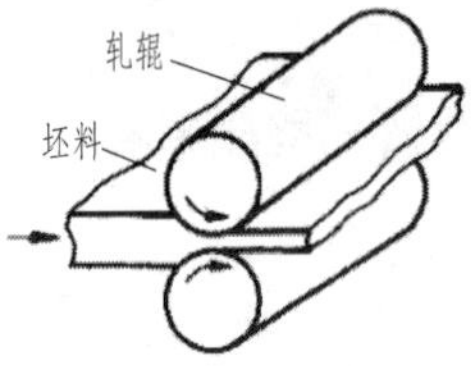 板材轧制	锻造	自由锻	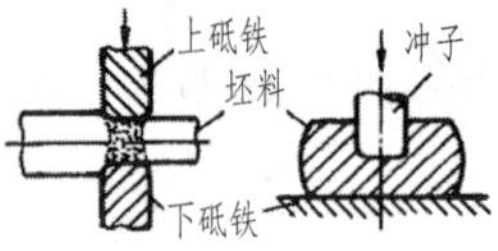 拔长 冲孔
拉拔	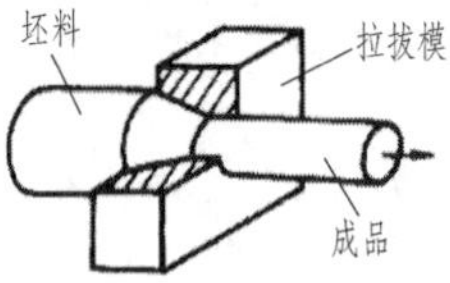 拉丝		模锻	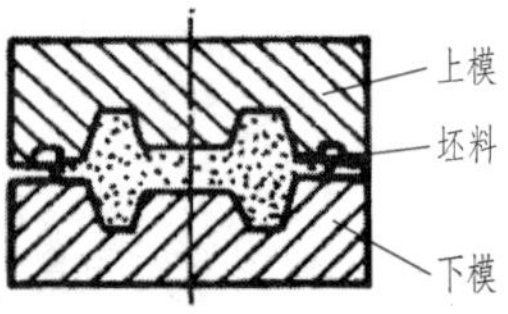 开式模锻
挤压	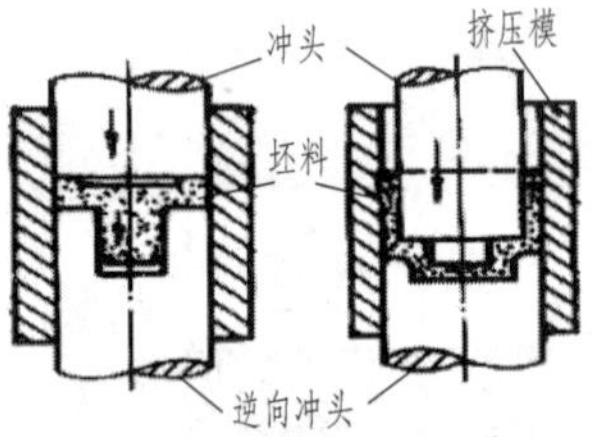 正挤 反挤	板料冲压		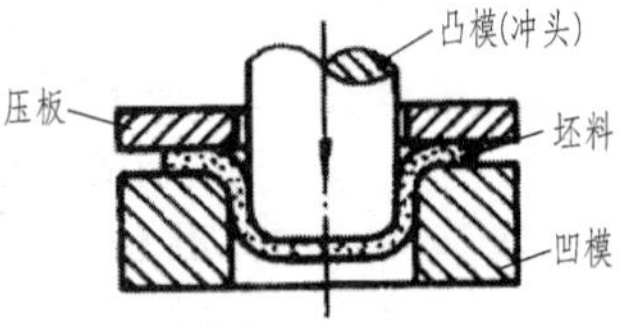

3. 焊接

焊接是通过加热或加压（或两种并用），并且用（或不用）填充材料，使焊件达到原子间结合的连接方法，是两种或两种以上同种或异种材料通过原子或分子之间的结合和扩散连接成一体的工艺过程。加热可使被焊金属接头熔化，形成共同的熔池，凝固后连接起来；加压可使被焊金属的连接处产生塑性变形，增加它们的真实接触面积。

金属的焊接，按其工艺过程的特点分熔焊、压焊和钎焊三大类。

熔焊是在焊接过程中将工件接口加热至熔化状态，不加压力完成焊接的方法。熔焊时，热源将待焊两工件接口处迅速加热熔化，形成熔池。熔池随热源向前移动，冷却后形成连续焊缝而将两工件连接成为一体。

压焊是在加压条件下，使两工件在固态下实现原子间结合，又称固态焊接。常用的压焊工艺是电阻对焊，当电流通过两工件的连接端时，该处因电阻很大而温度上升，当加热至塑性状态时，在轴向压力作用下连接成为一体。各种压焊方法的共同特点是在焊接过程中施加压力而不加填充材料。多数压焊方法如扩散焊、高频焊、冷压焊等都没有熔化过程，因而没有像熔焊那样的有益合金元素烧损和有害元素侵入焊缝的问题，从而简化了焊接过程，也改善了焊接安全卫生条件。同时由于加热温度比熔焊低、加热时间短，热影响区小。许多难以用熔焊焊接的材料，往往可以用压焊焊成与母材同等强度的优质接头。

钎焊是使用比工件熔点低的金属材料作钎料，将工件和钎料加热到高于钎料熔点、低于工件熔点的温度，利用液态钎料润湿工件，填充接口间隙并与工件实现原子间的相互扩散，从而实现焊接的方法。

附录 7.2　机械加工中的通用机床与典型切削工艺简介

机械加工主要为机械切削，即利用切削工具（包括刀具、磨具和磨料等）从毛坯上去除多余材料的成形加工方法。切削加工是一种非常重要的加工方法，使用广泛，能使零件获得很精确的几何形状、尺寸和较高的表面质量。

用于加工零件的机器称为机床。机床有很多种类。

（1）按加工精度可分为普通精度机床、精密机床和高精度机床。

普通机床：包括普通车床、钻床、镗床、铣床、刨插床等。

精密机床：包括磨床、齿轮加工机床、螺纹加工机床和其他各种精密机床。

高精度机床：包括坐标镗床、齿轮磨床、螺纹磨床、高精度滚齿机、高精度刻线机和其他高精度机床等。

（2）按自动化程度可分为手动操作机床、半自动机床和自动机床。

（3）按机床的控制方式，可分为仿形机床、程序控制机床、数控机床、适应控制机床、加工中心和柔性制造系统。

（4）按机床的适用范围，又可分为通用机床和专用机床。

（5）按工件大小和机床重量可分为仪表机床、中小型机床、大型机床、重型机床和超重型机床。

每一类机床又都有各自的型号系列。

1．车床与车削加工

车床是用来进行车削加工的机床，既可用车刀对工件进行车削加工，又可用钻头、扩孔钻、铰刀、丝锥、板牙、滚花刀等对工件进行加工。加工时，工件装夹在卡盘或顶尖上，车刀夹持在刀架上，通过主轴和刀架的相对运动完成对工件的车削加工。车削时的主运动是卡盘上工件在主轴带动下的旋转运动，刀具作轴向或径向移动。可加工的表面有内外圆柱面、圆锥面、成形回转面、端平面和各种内外螺纹面等。车床种类很多，按其用途和结构的不同，可分为普通车床、落地车床、立式车床、六角车床、仿形车床、多刀半自动车床、专门化车床、自动车床等，其中以普通车床应用最广。

附图 7-3 给出的是一个普通车床图例，附图 7-4 给出了它的结构示意图，而附图 7-5 给出了普通车床的典型加工工艺范围。

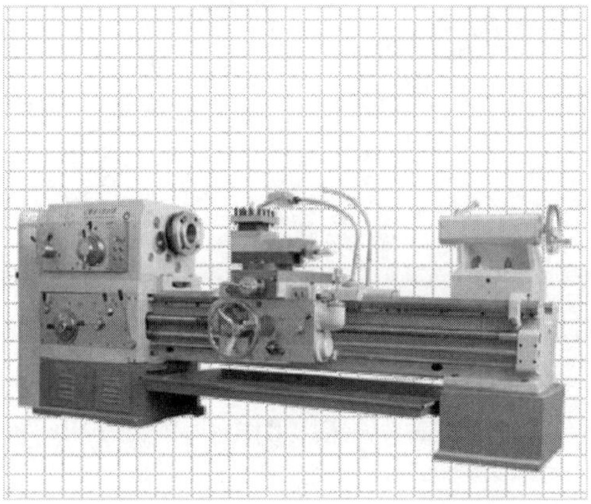

附图 7-3　普通车床

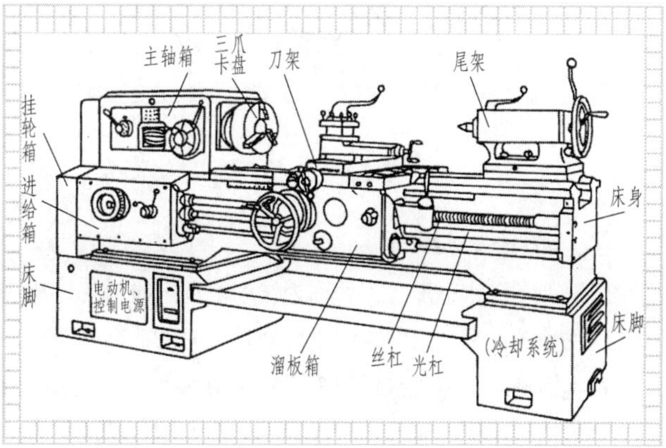

附图 7-4　普通车床的结构简图

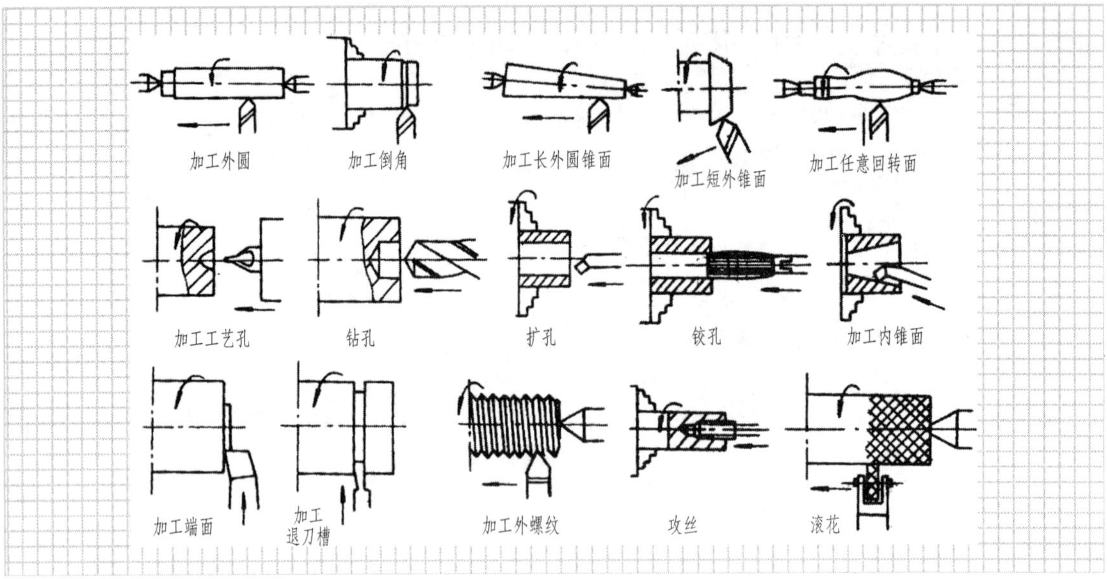

附图 7-5 普通车床的典型加工工艺范围

车削加工时使用的刀具称为车刀。车刀的种类很多，按其用途的不同，可分为外圆车刀（包括左、右偏刀）、镗孔车刀、切断刀、螺纹车刀和成形车刀等。对于外圆车刀，按其主偏角的大小，又分 90°、75°和 45°外圆车刀等。常用车刀的种类及形状如附图 7-6 所示。

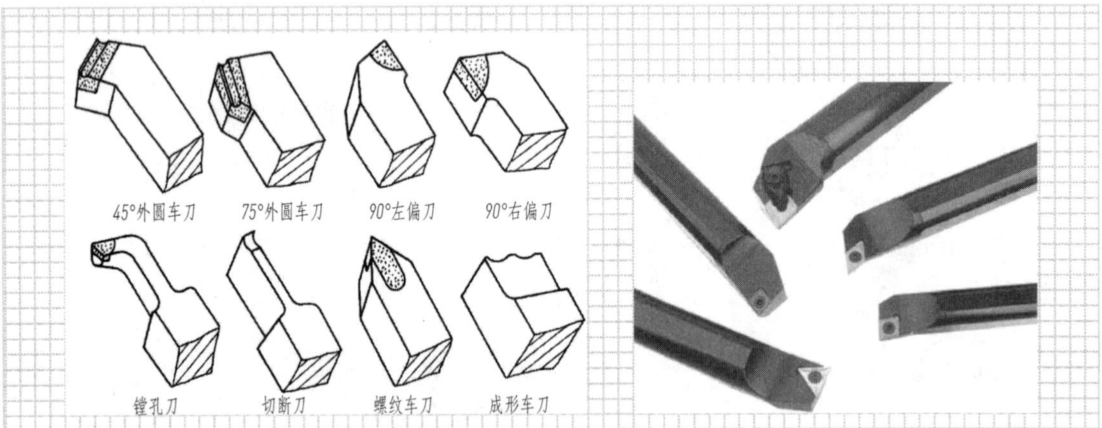

附图 7-6 常用车刀

2. 铣床与铣削加工

用铣刀在铣床上加工工件称为铣削。铣削时，工件用虎钳或专用夹具固定在铣床工作台上，铣刀则安装在铣床主轴的前端。铣削时的主运动是铣刀的旋转，进给运动一般是工件的直线移动。

铣床的种类很多，根据构造特点及用途不同，主要有升降台式铣床、工具铣床、工作台不升降铣床、龙门铣床和仿形铣床。此外还有仪表铣床和专门化铣床等。

附图 7-7 给出的是卧式万能升降台铣床及其结构图，附图 7-8 给出了铣床加工的典型表面。铣刀的种类也很多，常用铣刀如附图 7-9 所示。

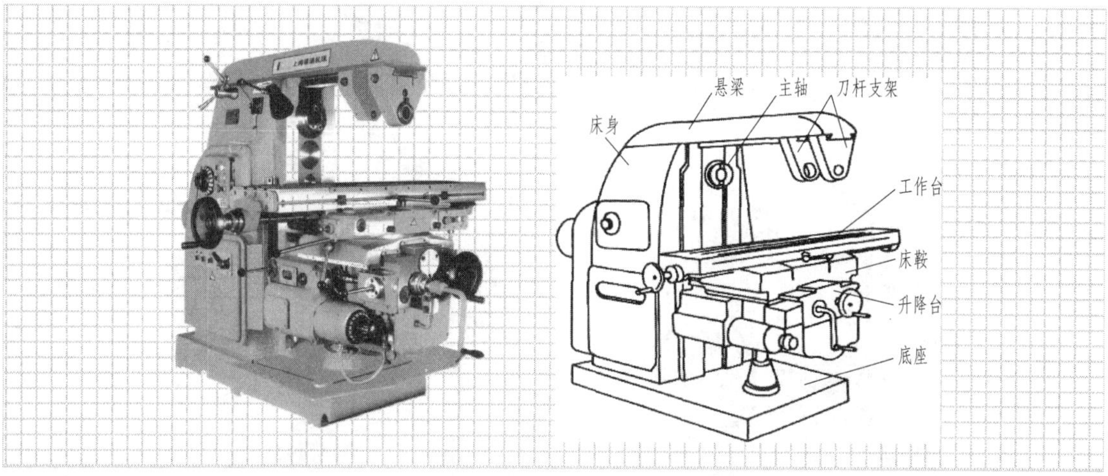

附图 7-7　卧式万能升降台铣床及其结构示意图

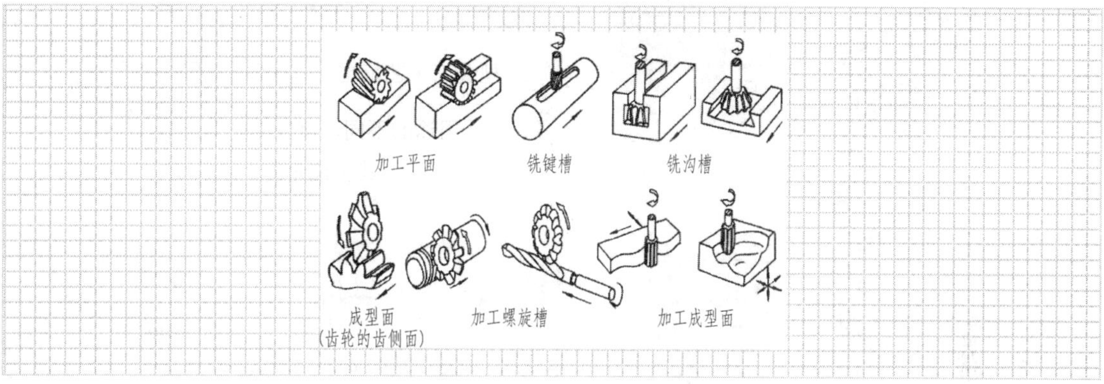

附图 7-8　铣床加工的典型表面

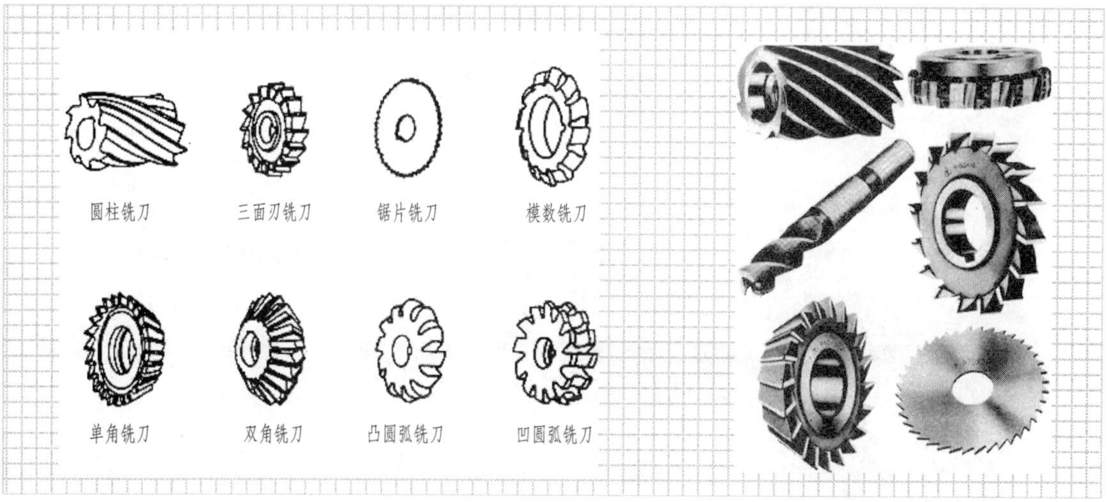

附图 7-9　常用铣刀

3. 钻床与钻削加工

钻削加工主要是在钻床上进行，也可在车床、铣床或镗床上进行。钻床的主要规格以最大钻孔直径表示。

按其结构和用途分类，主要有台式钻床、立式钻床和摇臂钻床。附图 7-10 给出的是摇臂钻床及其结构示意图。钻削的主运动是钻头旋转，工件固定，附图 7-11 给出了钻床上可完成的典型加工。

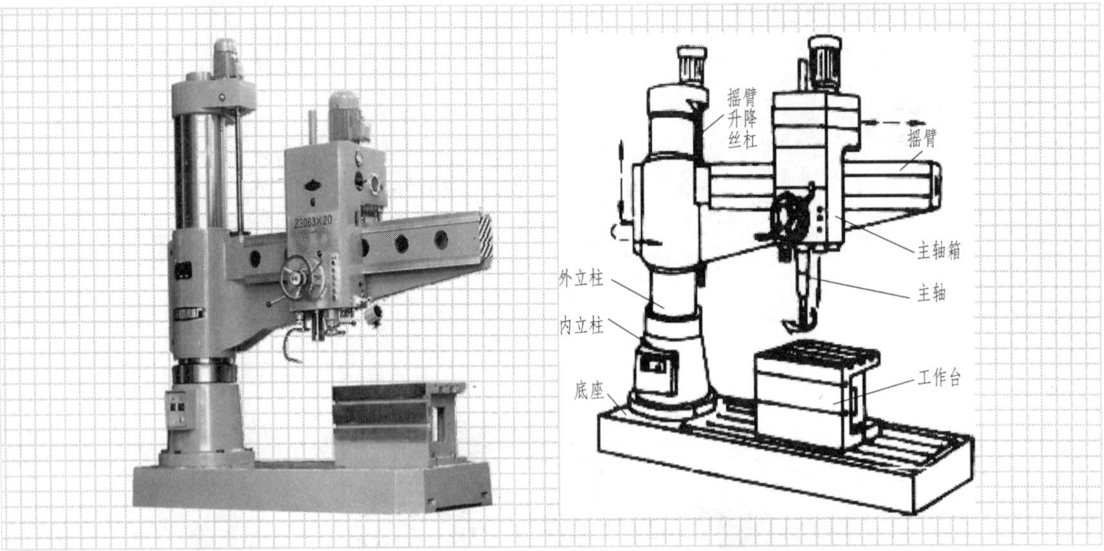

附图 7-10　摇臂钻床及其结构示意图

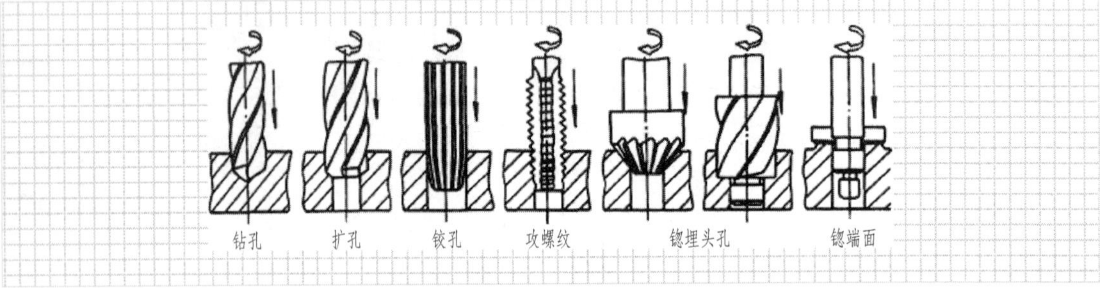

附图 7-11　钻床上完成的典型加工

钻削加工的刀具称为钻头。钻头的种类很多，主要有麻花钻、扁钻和深孔钻等。其中最常用的是麻花钻，如附图 7-12 所示。

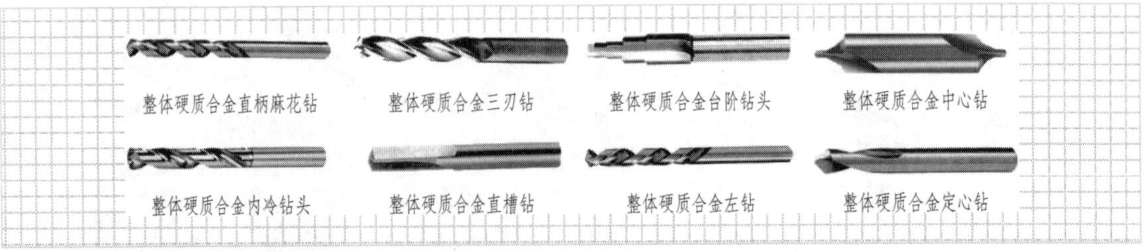

附图 7-12　常用的钻头

4. 镗床与镗削加工

镗削是利用镗刀对工件上已有的孔进行扩大与提高精度的加工方法。镗削加工主要是在镗床上进行，也可以在车床或铣床上进行。镗床的种类繁多，有卧式镗床、立式镗床、金刚镗床、坐标镗床和数控镗床等。

其中卧式镗床应用较广，坐标镗床精度较高。附图 7-13 给出了卧式镗床及其结构示意图。

卧式镗床的主轴通过电动机和主轴箱获得旋转运动（主运动），并可作轴向进给运动和随主轴箱沿立柱导轨的上、下移动。工件装在工作台上，可随工作台作纵横向及回转运动。镗杆安装在主轴前端的锥孔中，当镗杆较长时，可用尾架上的支承增加刚度。

附图 7-14 给出了卧式镗床的加工范围。

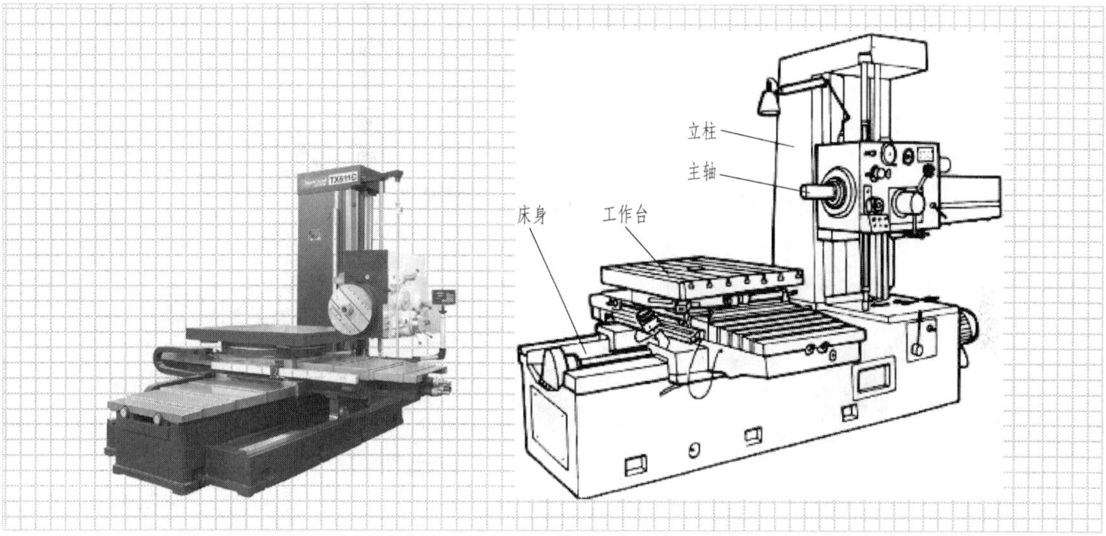

附图 7-13　卧式镗床及其结构示意图

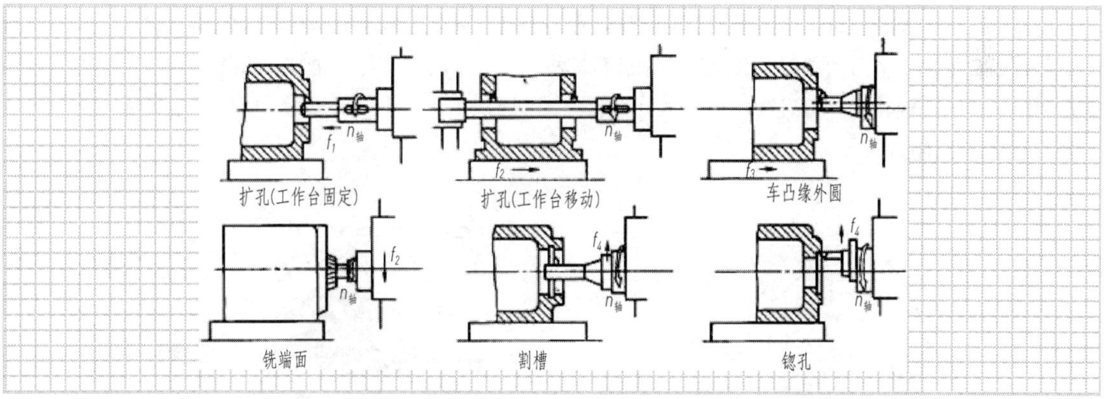

附图 7-14　卧式镗床的加工范围

镗削加工的工具称为镗刀。一般分为定装镗刀和浮动镗刀两种。定装镗刀又分为单刃镗刀和双刃固定式镗刀，镗刀与刀杆可做成整体，或将刀头固定在镗杆上（附图 7-15）；浮动镗刀工作时刀片插入镗杆的槽中，并能沿径向自由滑动，由两个对称的切削刃产生的切削力来自动平衡其位置，可补偿镗杆偏摆或刀具安装不准确所引起的加工误差，从而改善加工质量（附图 7-16）。

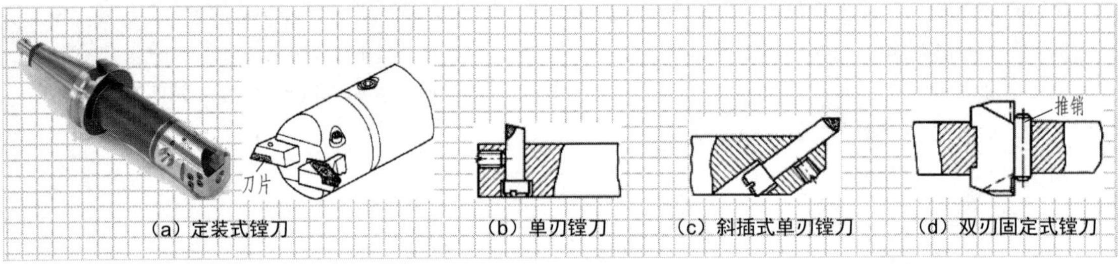

附图 7-15　定装镗刀

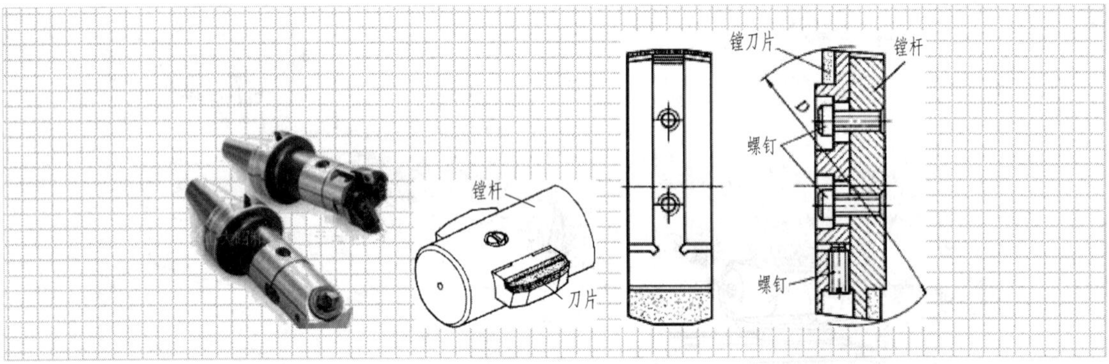

附图 7-16　浮动镗刀

5. 磨床与磨削加工

用砂轮、砂带等磨具对工件进行加工的方法，称为磨削。磨削与铣削有些相似（附图 7-17），磨削用的砂轮可看成一把多刀多刃的铣刀。其上每一颗磨粒都相当于一个刀齿，每一个粒尖都相当于一个刀刃。砂轮就是利用这些高速旋转的“刀刃”，从工件上切除一条薄层切屑，形成光滑表面。所以磨削实际上是一种多刀多刃的高速切削过程。

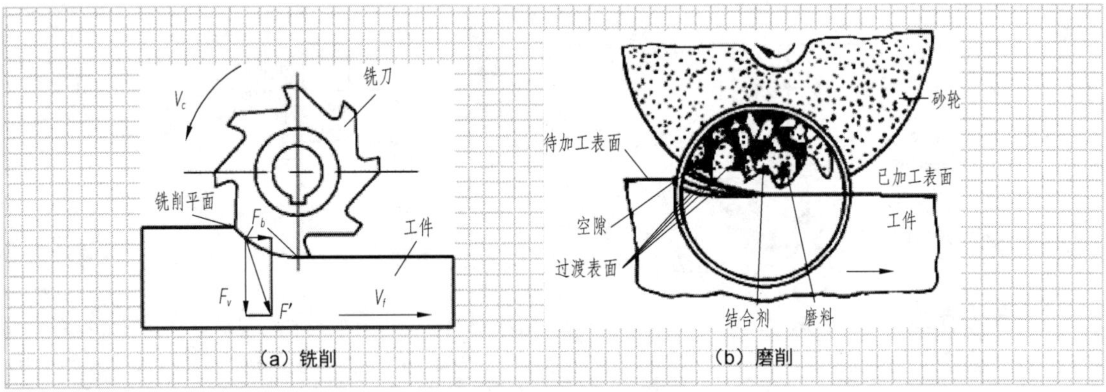

附图 7-17　磨削原理及磨削与铣削的比较

磨床种类也很多。常用的有外圆磨床、内圆磨床和平面磨床。其中外圆磨床又可分为普通外圆磨床、万能外圆磨床和无心外圆磨床。附图 7-18 给出了 3 种典型磨床图例，附图 7-19 给出了万能外圆磨床的结构简图。

（a）万能外圆磨床　　（b）万能内圆磨床　　（c）平面磨床

附图 7-18　典型磨床图例

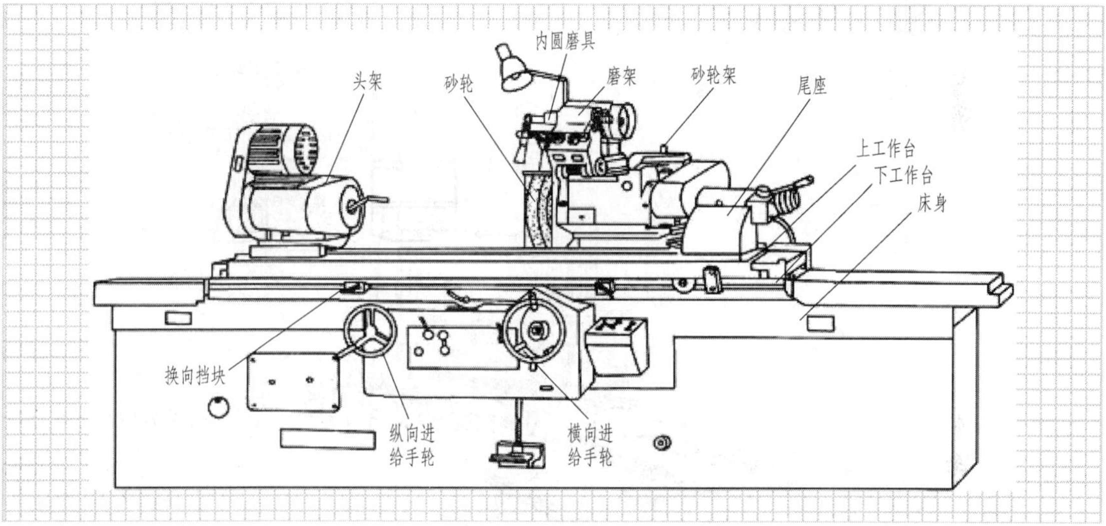

附图 7-19　万能外圆磨床结构简图

磨削范围很广，它可以利用不同类型的磨床和砂轮，以不同的磨削方式，分别加工工件的外圆、内圆、平面、沟槽、成形面（螺纹、花键、齿轮、导轨面）和刃磨刀具等。常见的磨削方式和应用范围如附图 7-20 所示。

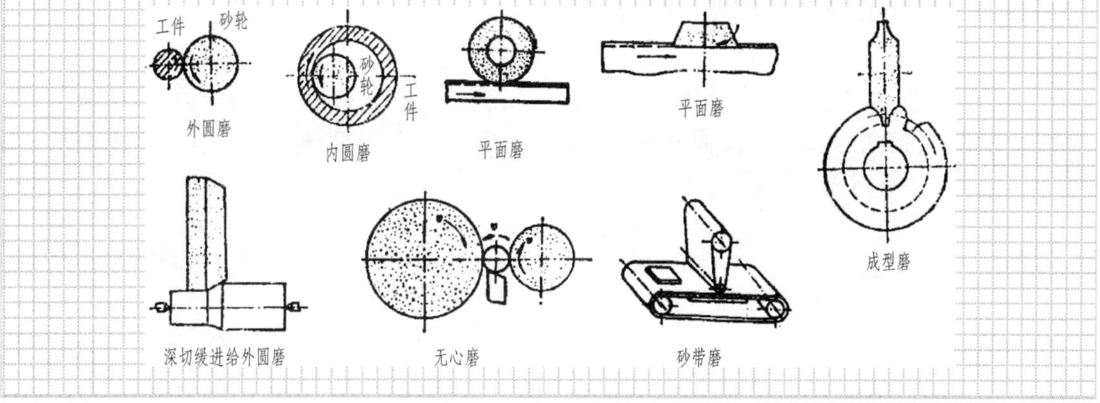

附图 7-20　磨削方式与应用

6. 刨床与刨削加工

刨削主要用于加工各种平面和沟槽。刨削加工的机床称为刨床。加工时，工件或刨刀作往复直线主运动。常见的刨床有牛头刨床、龙门刨床和插床（立式刨床）。附图 7-21 给出了这三种典型刨床的简图。

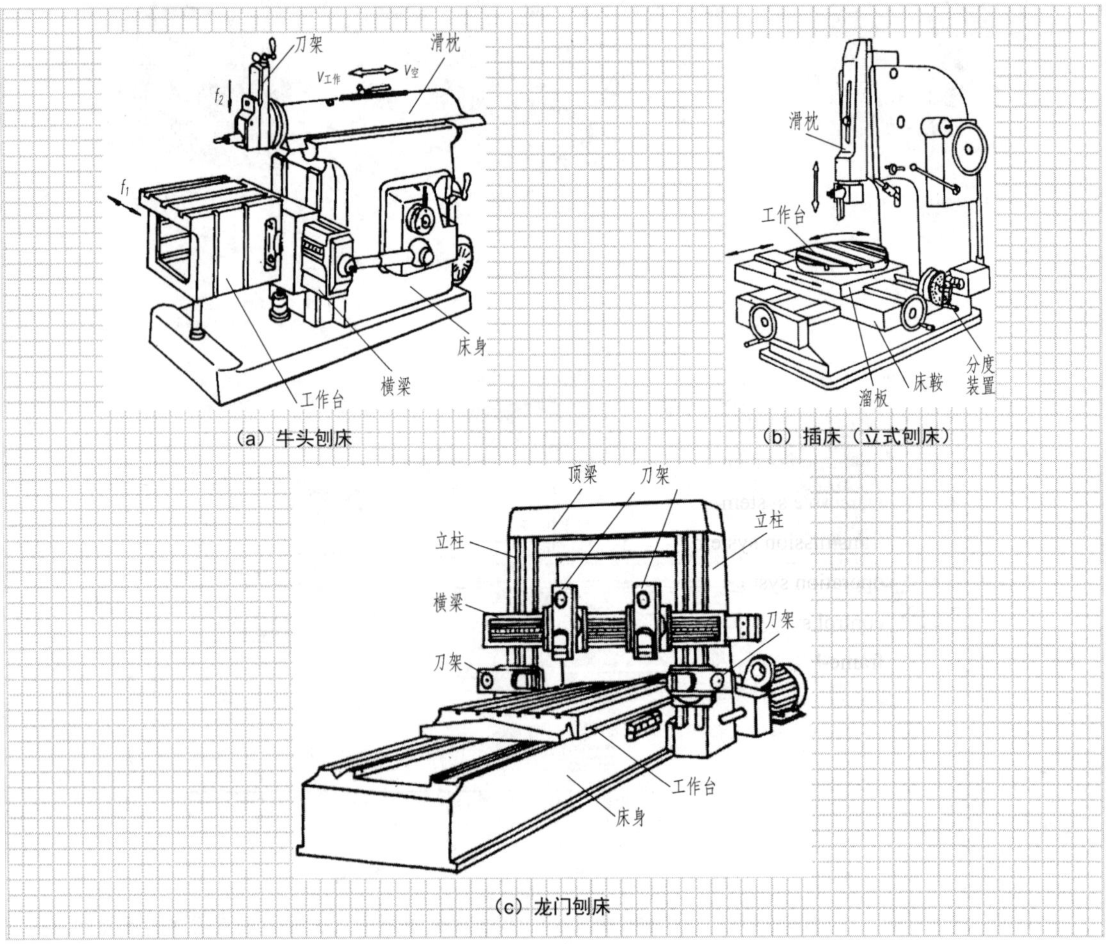

附图 7-21　三种典型刨床

其中，牛头刨床用于加工较小的工件；龙门刨床用于加工大型重型工件上的各种平面和沟槽；插床用于加工单件小批生产中的键槽、孔内的平面或成形表面。

附录 8　制图中常见术语的中英文对照表

（本部分术语以“机械产品及图样”“国家标准与几何作图”
“视图与投影”“零部件及其加工制造与材料代号”分类）

工程师	engineer
机械	machinery
机器	machine
机构	mechanism
构件	link
零件	machine parts
部件	assembly
组合件	package
成套设备	series of device
动力系统	dynamics system
执行系统	executive system
传动系统	transmission system
操作系统	operation system
控制系统	control system
框架支撑系统	frame-brace system
辅助系统	aided system
齿轮机构	gear mechanism
棘轮机构	ratchet mechanism
连杆机构	linkage
链轮机构	chain wheel mechanism
凸轮机构	cam mechanism
机械产品	products
机械产品实现过程	product realization process, PRP
工程图样	engineering drawing
机械图样	mechanical drawings
机械制图	mechanical drawing
计算机辅助制图	computer aided drawing, CAD
零件图	detail drawing
装配图	assembly drawing
示意图	schematic diagram
工程信息	engineering information
国家标准	state standard
徒手（画）	free hand
尺规作图	instrumental drawing
草图	sketch, draft
加深图线	heavy lines
字体	lettering, font
斜体	italic font, italic
大写字母	capital letters
小写字母	lower-case letters
数字	numeral
汉字	Chinese characters
比例	scale
原值比例	full size
放大比例	enlargement scale
缩小比例	reduction scale
绘图铅笔	pencil
三角板	triangles
丁字尺	T-square
图板	drawing board
比例（分度）尺	scale, architect's scale
圆规	compass
分规	dividers
曲线板	curve template
擦图片	erasing shield
胶带纸	drafting tape
绘图纸	drafting paper
描图纸	tracing paper
图纸幅面	formats
图框	border
装订边	filing margin
标题栏	title block
线段	line segment
线型	line type
线型比例	line type scale
图线	lines
粗实线	continuous thick line
可见轮廓线	visible outline
不可见轮廓线	invisible outline
细实线	continuous thin line
指引线	leader line

虚线	dashed line
双点画线	phantom line
中心线	（点画线）center line
轴线	axis line（draw with center line）
对称线	symmetrical line（draw with center line）
波浪线	wavy line（freehand continuous line）
双折线	thin continuous line with double zigzags
假想线	imaginary line
对角线	diagonal line
平分线	bisector

画法几何	descriptive geometry
图学	graphics
图解法	descriptive geometry solution
图示法	graphical representation
直角坐标轴	rectangular coordinate axes
直角坐标（系）	rectangular coordinate system
X 轴	X-axis
Y 轴	Y-axis
Z 轴	Z-axis
第一象限	first quadrant
第二象限	second quadrant
第三象限	third quadrant
第四象限	forth quadrant
三维空间	three dimensional space
第一角画法	first angle method
第三角画法	third angle method
投影法	projection method
投射中心	projection centre
投射线	projection line
投影面	projection plane
投影轴	projection axes
中心投影法	central projection method
平行投影法	parallel projection method
正投影法	orthogonal projection method
正投影（图）	orthogonal projection
斜投影法	oblique projection method
斜投影（图）	oblique projection
三投影体系	three - projective system
三面投影图	three - projection drawing

正立投影面	frontal plane（V-plane）
水平投影面	horizontal plane（H-plane）
侧立投影面	profile plane（W-plane）
投影规律	law of projection
三等关系	3-equivalency
高平齐	height align
长对正	length uniformly
宽相等	width equally
厚度	thickness
点	point
端点	end point
直线	straight line
斜线	oblique line
平行线	parallel
垂直线	vertical line
正垂线	V-perpendicular line
铅垂线	H-perpendicular line
侧垂线	W-perpendicular line
正平线	frontal line
水平线	horizontal line
侧平线	profile line
一般位置直线	general-position line
平面	plane（flat）
水平面	horizontal plane
正平面	frontal plane
侧平面	profile plane
垂直面	vertical plane
正垂面	V-perpendicular plane
铅垂面	H-perpendicular plane
侧垂面	W-perpendicular plane
一般位置平面	general plane
倾斜面	oblique plane
夹角	included angle
实长	true length
实形	true shape
实际距离	true distance
重影（合）点	coincident point
投影特性	characteristics of projection
直线性	linearity
垂直性	verticality

平行性	parallelism	钝角	blunt angle
类似形	similar shapes	直角	right angle
积聚性	accumulation	多边形	polygon
从属性（关系）	affiliation	三角形	triangle
不变性	constancy	正方形	square
等比性	ratio equivalency	菱形	rhombus
实形性	authenticity	矩形	rectangle
线上的点	points on a line	梯形	trapezoid, trapezium
面上的线	lines on a plane	正五边形	right pentagon
		正六边形	right hexagon
尺寸标注	dimensioning	正八边形	right octagon
尺寸	dimension	对边距	across flat
尺寸数字	dimension numeral	对角距	across corner
箭头	arrow, arrowhead	圆弧（弧）	circular arc
尺寸线	dimension line	半圆	semicircle
尺寸界线	extension lines	相切	tangent
角度尺寸	angular dimensions	切点	tangential point
定形尺寸	size dimensions	外接圆	external circle
定位尺寸	locating dimensions	内切圆	internal circle
外形尺寸	external dimension	外（切圆）心	circum center
总体尺寸	overall dimension	内（切圆）心	inside center
总长	total length	圆弧连接	tangency with lines or arcs
总宽	total width	公切线	common tangent
总高	total height	外切	external tangency
半径	radius(radii)	内切	internal tangency
直径	diameter	线段分析	analysis about lines
底面	underside	尺寸分析	analysis about dimensioning
外径	outer diameter	已知线段	given lines
内径	inner diameter	中间线段	intermediate lines
中心距	center-to-center spacing	连接线段	connecting lines
参考点	reference point		
基准点	datum point	视图	view
基准线	datum line	主（前）视图	front（main）view
基准面	datum plane	俯（顶）视图	top（plan）view
多余尺寸	redundant dimension	侧（端）视图	side（end）view
		左视图	left-hand view
几何作图	geometric construction	右视图	right-hand view
斜度	slope（incline）	仰视图	bottom view
锥度（形）	taper	后视图	back view
锐角	acute angle	几何体	geometrical solid

基本体	elementary unit
平面立体	polyhedral solid
立方体	cube
长方体	cuboid
棱柱	prism
正三棱柱	regular triangular prism
正四棱柱	right square prism
正五棱柱	regular pentagonal prism
正六棱柱	regular hexagonal prism
棱锥	pyramid
正三棱锥	regular triangular pyramid
正四棱锥	right square pyramid
正五棱锥	regular pentagonal pyramid
正六棱锥	regular hexagonal pyramid
斜棱锥	oblique pyramid
棱锥台	frustum of a pyramid
曲面立体	curved solid
回转体	revolved solid
旋转	revolve
拉伸	extrude
放样	loft
扫掠	sweep
圆柱体	right cylinder
圆锥体	cone
圆锥台	frustum of a cone
球体	sphere
圆环	torus
斜截正棱锥	truncated right prism
截平面	intersecting plane
截交线	intersection line
共有点	common point
棱线	edge line
母线	generator（generation）line
母线圆	generating circle
同心圆	concentric circles
素线圆	element circle
辅助素线法	element assistant
辅助纬圆法	circle assistant
辅助圆	auxiliary circle
辅助平面	auxiliary plane
相交平面	intersecting plane
相贯体	intersecting body
相贯线	intersection line
表面交线	intersection of surfaces
顶点	vertex
拐点	inflexion, inflection point
椭圆	ellipse
椭圆长轴	major axis of an ellipse
椭圆短轴	minor axis of an ellipse
抛物线	parabola
双曲线	hyperbola
渐开线	evolute
组合体	combination solids
叠加	superposition（union）
切割	subtraction
形体分析法	shape analysis method
线面分析法	line-shape analysis method
布尔运算	Boolin's law
并集运算	union
差集运算	subtract
交集运算	intersect
三维建模	3D modeling
CAD 模型	CAD models
轴测投影（轴测图）	axonometric projection
立体图	stereoscopic graph, 3D view
分解图（爆炸图）	exploded view
正轴测投影	orthogonal axonometric projection
斜轴测投影	oblique axonometric projection
轴间角	axes angle
轴向变形系数	coefficient of axial deformation
正等轴测投影（正等轴测图）	isometric projection
正二等轴测投影	di-metric projection
斜等轴测投影	cavalier axonometric projection
斜二等轴测投影	cabinet axonometric projection
图样画法	general principles of representation
表达方法	representation

基本视图 principle view
向视图 reference arrow layout
局部视图 partial view
斜视图 oblique view
外形视图 external view
剖切面 cutting plane , section plane
剖切符号 cutting symbol, section symbol
剖面区域 section area
剖面线 hatching
剖视图 section view
全剖视图 full section
半剖视图 half-section
局部剖视图 broken-out（local）section
单一剖切面 single sectional plane
2 个相交剖切面剖切的剖视图
section by 2 intersected sectional planes
几个平行剖切面剖切的剖视图
section by several parallel sectional planes
不平行于任何基本投影面剖切的剖视图
section by inclined sectional plane
几个剖切面剖切的剖视图
section by compounding cutting planes
断面图 cut
移出断面 removed cut
重合断面 superposition cut
横断面形状 cross section shape
十字肋板 cross rib
工字钢 I-beam
角钢 angle bar, L-bar（beam）
圆钢（铁）棒钢 round bar, rod iron
肋（筋、薄壁）板 rib
肋（辐）板（条） web
局部放大图 drawing of partial enlargement
规定画法 conventional representation
折断画法 conventional breaks
简化画法 simplified representation
省略画法 omission representation
示意画法 schematic representation
展开视图 aligned and developed view
标准零件 standard parts
通用零件 universal parts
螺纹 thread
螺纹牙型 thread tooth profile
三角形螺纹 triangular thread
矩形螺纹 square thread
梯形螺纹 trapezoidal（acme）thread
锯齿形螺纹 buttress thread
外（阳）螺纹 external（male）thread
内（阴）螺纹 internal（female）thread
球头 round heads
平头 flat heads
螺尾 thread runout
螺纹盲孔 blind threaded hole
螺纹终止线 thread end line
公称直径 nominal diameter
螺纹大径 major diameter
螺纹小径 minor diameter
螺纹中径 pitch（effective）diameter
牙底 root
牙顶 crest
螺距 pitch
导程 lead
旋向 revolving direction
螺纹角 thread angle
右旋螺纹 right hand-thread
左旋螺纹 left hand-thread
顺时针方向 clockwise
逆时针方向 counter-clockwise
线数 number of starts
单线螺纹 single-start thread
双线螺纹 double-start thread
多线螺纹 multiple thread
标准螺纹 standard thread
非标准螺纹 nonstandard thread
特殊螺纹 special thread
粗牙普通螺纹 coarse pitch thread
细牙普通螺纹 fine pitch thread
螺纹规格 screw size
普通（公制）螺纹 general（metric）thread

管螺纹	pipe thread
圆柱内管螺纹	parallel internal pipe thread
圆锥内管螺纹	taper internal pipe thread
圆柱外管螺纹	parallel external pipe thread
圆锥外管螺纹	taper external pipe thread
小螺纹	mini thread
传动螺纹	transmission thread
55°非密封管螺纹	55°unsealed pipe thread
55°密封管螺纹	55°sealed pipe thread
60°密封管螺纹	60°sealed pipe thread
米制锥螺纹	metric taper thread
自攻螺钉螺纹	self-drilling screw thread
木螺钉螺纹	wooden nail thread
气瓶专用螺纹	thread for gas tank
螺纹紧固件	screw fasteners
螺纹旋合长度	length of thread engagement
中旋合长度	thread engagement group-normal
螺栓	bolt
六角头螺栓	hexagon head bolt
方头螺栓	SQ bolt
双头螺柱	stud
有效长度	effective length
旋入（机件）端	metal end
连接端（旋螺母端）	nut end
螺栓联接	bolt joint
螺柱联接	stud joint
螺钉联接	screw joint
螺钉	screw
紧定螺钉	set screw
开槽球头螺钉	slotted round head screw
开槽圆柱头螺钉	slotted cheese head screw
开槽盘头螺钉	slotted pan head screw
开槽沉头螺钉	slotted countersunk screw
十字槽沉头螺钉	philips countersunk screw
内圆柱头六角螺钉	socket cap screw
开槽锥端紧定螺钉	slotted cone pointed set screw
开槽平端紧定螺钉	slotted flat point set screw
开槽长圆柱端紧定螺钉	slotted dog point set screw
螺母	nut
六角螺母	hex nut
六角薄螺母	hexagon thin nut
内六角圆螺母	castle nut
六角开槽螺母	hex slotted nut
I 型六角螺母 A 级和 B 级	grade A and grade B of type one hexagon nut
滚花螺母	knurling nut
垫圈（片）	washer or spacer
平垫圈	bright washer, flat washer
平垫圈倒角型	chamfer bright washer
	chamfered flat washer
小垫圈	small washer
大垫圈	big washer, large washer
特大垫圈	very big washer-grade
	extra large washer
弹簧垫圈	spring（lock）washer
标准型弹簧垫圈	standard spring washer
轻型弹簧垫圈	light type spring washer
重型弹簧垫圈	heavy type spring washer
外舌止动垫圈	tab washer
齿轮	gear
轮毂	hub
轮辐	spoke
标准齿轮	standard gear
渐开线齿轮	evolute gear
直齿圆柱齿轮	spur gear
斜齿轮	helical gear
锥（伞）齿轮	bevel gear
人字齿轮	herringbone wheel
蜗轮	worm wheel
蜗杆	worm
相交轴	intersecting shaft
主动（小齿）轮	pinion
从动（大齿）轮	follower gear
齿顶圆	addendum circle
齿根圆	dedendum circle
节圆（分度圆）直径	pitch circle diameter
节点	pitch point
齿顶高	addendum
齿根高	dedendum
齿高	total depth

齿厚	tooth thickness	滚动轴承	rolling bearing
槽宽	width of space	内圈	inner race ring
齿距	circular pitch	外圈	outer race ring
齿宽	tooth width	滚动体	rolling element
齿数	number of teeth	保持架、隔离圈	cage
模数	module	深沟球轴承	deep groove ball bearing
压力角	pressure angle	推力球轴承	thrust ball bearing
销	pin	圆锥滚子轴承	taper roller bearing
圆柱销	parallel（dowel）pin	上轴瓦	top shell
圆锥销	taper pin	下轴瓦	bottom shell
开口（尾）销	split cotter pin		
销联接	pin joint	标题栏	title block
键	key	明细表	detail block
普通平键	parallel key	零件名称	part's name
圆头普通平键	round end parallel key	图号	drawing number
方头普通平键	square parallel key		
单圆头普通平键	single round parallel key	技术要求	engineering requirements, technological requirements
半圆键	woodruff key		
钩头楔键	gib head（taper）key	轴套类零件	structure as shafts and sleeves
花键	spline	轮盘类零件	structure as wheels and plates
键槽	key way（slot）	叉架类零件	structure as brackets and forks
键联结	key joint	箱壳类零件	structure as boxes and housings
弹簧	spring	冲压件	punching
簧丝直（线）径	wire diameter of spring	注塑	plastic teeming
弹簧外径	external diameter	镶嵌	inlay
弹簧内径	internal diameter		
弹簧中径	effective diameter	杠杆	pry bar
弹簧节距	pitch	加工方法	manufacture method
支承圈数	number of end coils	工艺结构	feature structure
有效圈数	number of active coils	铸造工艺	casting processes
总圈数	number of total coils	铸造、铸件	casting
自由高度	free height	砂型铸造	sand casting
弹簧丝展开长度	stretched length of wire	型腔（空穴）	cavity
螺旋压缩弹簧	helical compression spring	型砂	molding sand, casting sand
螺旋拉伸弹簧	helical extension spring	型芯	core
螺旋扭转弹簧	helical torsion spring	起模斜度	draft or draught
涡卷弹簧	turbination spring	铸件缺陷	casting defect
板簧	leaf spring	缩孔	shrinkage cavity
片簧	blade spring	收缩裂纹（缝）	shrinkage crack
轴承	bearing	铸（浇）口	pouring head

冒（溢出）口	overflow
铸造（内）圆角	fillet
外圆角	round
过渡线	run-out line
壁厚	section（wall）thickness
机械加工工艺	machining processes
机床	machine tool
车床	lathe
刨床	planer
铣床	miller
钻床	borer
镗床	driller
绞磨机	milling machine
磨床	grinder
倒角	chamfer
退刀（越程）槽	undercut
凸台	boss club
凹坑	recessed surface
通孔	through hole
盲孔	blind hole
沉孔、埋头孔	countersink
锥形沉孔、埋头孔	countersunk hole
阶梯沉孔、埋头孔	counterbore hole
锪平（切鱼眼、刮平孔口处）	spotface
滚花	knurling
直纹滚花	straight knurling
网纹滚花	diamond knurling
轴肩	shoulder
V 形座（块）	vee block
凹槽、沟纹	groove
曲线槽	curved slot
T 形槽	tee groove（slot）
麻花钻	twist drill
钻头角	point angle
钻孔	drilling
铰孔	reaming
攻内螺纹	tapping
车内螺纹	internal thread lathing
套外螺纹	covering external thread
车外螺纹	external thread lathing

镀覆	plating
涂覆	coating
表面处理	surface treatment
粗车	rough turning, rough lathing
粗刨	rough planning
粗铣	rough milling
精车	fine turning, fine lathing
精铣	fine milling
精刨	fine planning
精拉	fine broaching
精镗	fine boring
精磨	fine grinding
研磨	grinding
抛光	polishing
超级精细研磨	super fine grinding
镗孔	boring
去毛刺	deburring
设计基准	design datum
工艺基准	process datum
主要基准	primary datum
次要基准	secondary datum
辅助基准	assistant datum
表面粗糙度	surface roughness
轮廓算术平均偏差	contour arithmetic mean deviation
不平度十点高度	ten-point height average
轮廓最大高度	maximum contour height
加工符号	finish marks
基本符号	element symbol
加工面	machined surface
互换性	interchangeability
误差	error, mistake, deviation
极限与配合	limits and fits
容差、加工余量	allowance
基本尺寸	basic size
实际尺寸	actual size
极限尺寸	limit size
尺寸偏差（偏差）	（dimension）deviation

尺寸公差（公差）	（dimension）tolerance
零线	zero line
尺寸公差带（公差带）	size tolerance zone
最大极限尺寸	maximum material condition
最小极限尺寸	minimum material condition
公差	tolerance
标准公差	standard tolerance
基本偏差	basic deviation
公差符号	tolerance symbol
公差等级代号	tolerance grade symbol
极限偏差	limiting deviation
上偏差	upper deviation
下偏差	lower deviation
上限（值）	upper limit
下限（值）	lower limit
配合	fitting
配合公差	tolerance on fit
配合制	fit system
间隙配合	clearance fit
过盈配合	interference fit
过渡配合	transition fit
基孔制配合	hole basis fits
基轴制配合	shaft basis fits
基准轴	basic shaft
基准孔	basic hole
配合代号	fit symbol
优先配合	preferred fit
优先数	preferred numbers
形状位置公差	geometrical tolerance
形位公差符号	geometrical tolerance symbol
形状误差	form error
位置误差	position error
直线度	straightness
平面度	flatness
圆度	roundness, circularity
圆柱度	cylindricity
线轮廓度	profile of a line
面轮廓度	profile of a surface
平行度	parallelism
垂直度	perpendicularity
倾斜度	angularity
同轴度	concentricity and coaxiality
对称度	symmetry
位置度	true position
圆跳动	circular runout
全跳动	total runout
公共轴线	common axis
基准要素	datum element
被测要素	measured element
基准代号	datum symbol
卡尺（钳）	caliper
内卡尺（钳）	internal（inside）caliper
外卡尺（钳）	outside caliper
卡（量）规	gauge calipers
游标卡尺	sliding（vernier）calipers

设计图	design drawing
外形图	figuration drawing
部件装配图	subassembly drawing
剖视装配图	sectional assembly
装配工作图	diagram assembly drawing
原理图	schematic diagram
明细栏	item block, list
序号，编号	item numbers
说明书	instruction, manual
结合面	junction surface
接触表面	contact surfaces
锥形体配合	taper fit

特殊规定　special conventions

沿结合面剖切画法

representations of making the cut along joint face

拆卸画法　representations of taking some parts apart

单独画出某一零件

representations of showing an individual part

假想画法	representations with phantom lines
简化画法	simplified representations
夸大画法	exaggerated representations
必要的尺寸	necessary dimensions
性能规格尺寸	specification dimensions

装配尺寸	assembly dimensions
安装尺寸	installation dimensions
外形尺寸	overall dimensions
极限位置尺寸	limit's dimensions
防松装置	locking device
密封装置	sealing installation
齿轮油泵	gear pump
柴油机	diesel engine
减速器	decelerator
节流阀	throttle（lever）
夹具体	jig body
滑动轴承	sliding bearing
联轴器	coupling or union
螺旋阀	thread valve
平口（虎、台）钳	flat nose clamp
球阀	ball valve
千斤顶	jack
水龙头	water tap
水阀	hydro-valve
手压阀	hand valve
尾架	tail bracket
旋塞阀	stopcock
柱塞泵	plunger pump
把手	handle
扳手	wrench
拨叉	transmission fork
端盖	end cover
法兰盘、凸缘	flange
管接头	nozzle
开关	switch
夹紧螺钉	clamp screw
连杆	connecting rod, coupler
曲柄，曲轴	crank
阀体	valve body, valve seat
阀盖	bonnet, valve cover
阀杆	valve handle
阀、阀门	valve
阀芯	valve core
阀芯垫	valve pad
密封垫（圈）	sealing gasket
调整垫	spacer
填料垫	stuffing spacer
填料	packing, stuffing
中填料	middle stuffing
上填料	above stuffing
填料压盖	packing gland
压盖螺母	packing nut
压紧套	packing set
轴承座	bearing seat
轴承盖	bearing cover
轴瓦固定套	bush fastness set
油杯	oil cup
支架	support
凸面磨盘	convex millstone
凹面磨盘	concave millstone
送料螺旋	feed spiral
摇把	crank
手轮	hand wheel
泵盖	pump cover
泵体	pump body
从动齿轮	driven-gear
从动轴	driven-shaft
主动齿轮	driving-gear
主动轴	driving-shaft
皮带轮	belt wheel
入口端	inlet side
出口端	outlet side
填料函	stuffing box
毡圈	felt ring
固定钳身	fixed clamp body
钳口板	clamp plank
活动钳身	movable clamp body
挡圈	ring
丝杆	screw rod
套螺母	sheathing nut
内衬圈	inner ring
锁紧螺母	lock nut
调节齿轮	adjusting gear

锁紧套	lock sleeve
底座	box
机座	base
轴套	sleeve
挡油盘	fender plate
调整环	adjustable washer
螺塞	plug
视孔	hole for oversee
透气塞	ventilator

材料	material
金属	metal
钢铁金属材料	ferrous materials
钢	steel
碳素结构钢	carbon constructional steel
优质碳素结构钢	quality carbon constructional steel
碳素工具钢	carbon tool steel
低合金结构钢	low alloy constructional steel
合金结构钢	alloy constructional steel
耐热钢	refractory steel
型钢	section
铸钢	strong steel
灰铸铁	grey cast iron
球墨铸铁	ductile cast iron
非铁金属	nonferrous metal
合金材料	alloy materials
普通黄铜	general brass
铸造铜合金	cast brass
锰黄铜	silvel
锡青铜	tin bronze
铝青铜	albronze
铸造铝合金	birmasil special alloy
硬铝	ultralumin
冷轧钢板	cold ralling plate
非金属材料	nonmetallic materials
耐热橡胶板	refractory rubber plate
耐油橡胶板	oil proof rubber plate
工业用毛毡	industrial felt
软钢纸板	soft steel paper board
酚醛层压布板	metal-bond laminated cloth plate
聚四氟乙烯树脂	polytetrafluorethylene colophony
工业有机玻璃	organic glass

热处理	heat-treatment
遇火	anneal
正火	normalize
淬火	quench
回火	temper
调质	harden and temper
表面淬火	surface quench
渗碳	carburize
渗氮	nitride
机械性能	mechanical properties
硬度	hardness
布氏（HB）硬度	Brinell hardness
洛氏（HRC）硬度	Rochwell hardness
维氏（HV）硬度	Vickers hardness
时效处理	ageing treatment
应力集中	stress concentration
表面处理	surface treatment
电镀	plating
镀铬	chrome plating
镀镍	nickel plating
镀铜	copper plating
镀锡	tin plating
发蓝、发黑	bluing、darkening
喷涂	spray coating
喷漆	spray lacquer
喷砂	sandblast
腐蚀	corrosion
焊接	weld
焊机	welder
焊剂	welding flux
焊料	solder
焊条	welding rod
焊缝	welding sew

参 考 文 献

戴立玲，杨世平，等．2006．工程制图．北京：北京大学出版社．

侯洪生，等．2012．机械工程图学．3 版．北京：科学出版社．

侯洪生，闫冠，谷艳华．2008．由二维视图复原三维立体的新方法．工程图学学报，32（3）．

胡琳，等．2006．工程制图．北京：机械工业出版社．

江苏大学工程图学课程组．2012．工程图学习题集．镇江：江苏大学出版社．

刘朝儒，等．2006．机械制图．5 版．北京：高等教育出版社．

钱可强，等．2011．机制制图．3 版．北京：高等教育出版社．

唐克中，等．2008．画法几何及工程制图．3 版．北京：高等教育出版社．